JAVA 程式設計藝術（第十版）（國際版）

（附範例光碟）

JAVA HOW TO PROGRAM 10/E

Paul Deitel、Harvey Deitel 原著

張子庭　編譯

DEITEL®

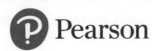
全華圖書股份有限公司

Ⓟ Pearson

國家圖書館出版品預行編目資料

JAVA 程式設計藝術 / Paul Deitel, Harvey Deitel
　　原著；張子庭, 全華研究室編譯. -- 十版. --
　　新北市：臺灣培生教育, 2016.05
　　　面；　　公分
　　國際版
　　譯自：Java how to program, 10th ed.
　　ISBN 978-986-280-343-1(平裝附光碟片)

　　1.Java(電腦程式語言)
312.32J3　　　　　　　　　　　　105007210

JAVA 程式設計藝術(第十版)(國際版)(附範例光碟)
JAVA HOW TO PROGRAM, 10/E

原著 / Paul Deitel、Harvey Deitel

編譯 / 張子庭

執行編輯 / 王詩蕙

發行人 / 陳本源

出版者 / 全華圖書股份有限公司

郵政帳號 / 0100836-1 號

圖書編號 / 06027027

十版四刷 / 2024 年 5 月

定價 / 新台幣 880 元

ISBN / 978-986-280-343-1

全華圖書 / www.chwa.com.tw

全華網路書店 Open Tech / www.opentech.com.tw

若您對書籍內容、排版印刷有任何問題，歡迎來信指導 book@chwa.com.tw

臺北總公司(北區營業處)
地址：23671 新北市土城區忠義路 21 號
電話：(02) 2262-5666
傳真：(02) 6637-3695、6637-3696
南區營業處
地址：80769 高雄市三民區應安街 12 號
電話：(07) 381-1377
傳真：(07) 862-5562

中區營業處
地址：40256 臺中市南區樹義一巷 26 號
電話：(04) 2261-8485
傳真：(04) 3600-9806(高中職)
　　　(04) 3601-8600(大專)

版權所有·翻印必究

目錄

本書16、18~25章以及附錄A-E之內容，均收錄於隨書光碟中

序言

1 電腦、網路與Java簡介

2　Java 應用程式介紹；輸入/輸出與運算子

3　類別、物件、方法與字串的介紹

4　控制敘述：第一部分

5　控制敘述：第二部分

6 方法：深入探討

7 陣列與 ArrayLists

8　類別與物件：深入探討

9　物件導向程式設計：繼承

10 物件導向程式設計：多型與介面

11　例外處理：深入探討

12　GUI 元件：第一部分

13 繪圖與 Java 2D

14 字串、字元和正規表示法

15　檔案、串流、物件序列化

16　泛型集合

17 Java SE 8 Lambdas 運算式與串流

18　遞迴

19　搜尋、排序與 Big O

20 泛型類別與方法

21 自訂泛型資料結構

22　GUI元件：第二部分

23　同步

24　透過 JDBC 存取資料庫

25 JavaFX GUI：第一部分

A 運算子優先權順序表

B ASCII 字元集

C 關鍵字和保留字

D 基本型別

E 使用偵錯程式

引言

　　我很早就對 Java 著迷，甚至早於在 1995 年出版的 1.0 版本，之後我一直是 Java 的開發者、作者、演說家、老師與 Oracle 公司的 Java 技術代表。在這趟旅程內，我得到被夥伴稱呼為 Paul Deitel，還有推崇及推薦他的《Java 程式設計藝術》的殊榮。在它的許多版本中，這本書被證明是最好的大學及專業課程用書，是由我和其他的人所開發，用來做 Java 程式語言教學的書。

　　讓此書成為好資源的原因之一，是他在 Java 的概念上有著徹底及深刻的見解，包含在新 Java SE 8 上的介紹。另一個原因，是此書對於概念與練習的目標能做到有效的軟體開發。

　　身為此書長時間的粉絲，我想指出在第十版當中讓我非常興奮的一些特點：

- 在 Java lambda 運算式與串流的新章節。這一章節以初級功能程式編寫開始，介紹 Java lambda 的運算式以及如何在集合上使用串流來執行功能編寫任務。

- 雖然同步從第一版書就是一項技巧，但由於多核心結構的關係，它的重要性還在持續增加。還有一個計時的範例——在 Java SE 8 中介紹使用新 Date/Time API 類別——在同步的章節，在多核心中展示出比起單核心更顯著的進步。

- JavaFX 是 Java 的 GUI/ 圖像 / 多媒體科技的更進一步，所以有三個章節在解釋，Deitel 的 JavaFX 之 live-code 風格教學法是很好的。其中的一個章節在紙本的書中，而另外兩個章節是在網路上。

　　他們為了資訊工程的學生與軟體的發展，編寫出富有良好資源的最新章節，請與我一起恭喜 Paul 跟 Harvey Deitel。

James L. Weaver
Java 技術代表
Oracle 公司

序言

The chief merit of language is clearness …
—Galen

　　歡迎蒞臨 Java 與《Java 程式設計藝術》第十版的世界！本書爲同學、教師以及軟體開發者們，呈現了最尖端的運算技術。本書也適用於基礎課程與專業課程，其順序是以 ACM/IEEE 課程建議爲基礎的入門課程，以及用來準備 AP Computer Science 測驗。請仔細閱讀本書序言，在此提到了很多關於本書的重要細節。

　　我們會將重點放在軟體工程的最佳實作上。本書的核心則是 Deitel 的招牌特色——「程式碼實況解說 (live-code approach)」——我們會使用完整可運作的程式來說明概念，而非只有片段的程式碼。尤其是在 Windows®、OS X® 與 Linux®。每個完整的程式碼範例，都伴隨著實際的範例執行。

與作者保持聯繫

　　在您閱讀本書時，如果碰上任何問題，請寫信到

```
deitel@deitel.com
```

　　我們會即刻爲您解答。關於此書的更新資訊，請拜訪

```
http://www.pearsonglobaleditions.com/deitel
```

　　如果想訂閱 Deitel® Buzz Online 新聞，請到

```
http://www.deitel.com/newsletter/subscribe.html
```

　　想追蹤我們的消息，請到

- Facebook® (http://www.deitel.com/deitelfan)
- Twitter® (@deitel)
- Google+ ™ (http://google.com/+DeitelFan)
- YouTube® (http://youtube.com/DeitelTV)
- LinkedIn® (http://linkedin.com/company/deitel-&-associates)

程式碼與影片

所有的程式碼都可以在本書原書之出版公司的網站上找到

http://www.pearsonglobaleditions.com/deitel

章節組織[1]

《Java 程式設計藝術》第十版適合各層級的程式課程，特別是 CS 1 與 CS 2 課程和相關學科的入門課程。本書的章節組織可以幫助教師們規劃課程大綱。（注意：**線上原文內容僅提供給購買原文書的讀者**）。

介紹

- 第 1 章：電腦、網路與 Java 簡介
- 第 2 章：Java 應用程式介紹；輸入 / 輸出與運算子
- 第 3 章：類別、物件、方法與字串的介紹

附加基本程式

- 第 4 章：控制敘述：第一部分
- 第 5 章：控制敘述：第二部分
- 第 6 章：方法：深入探討
- 第 7 章：陣列與 ArrayLists
- 第 14 章：字串、字元和正規表示法
- 第 15 章：檔案、串流、物件序列化

物件導向程式與設計

- 第 8 章：類別與物件：深入探討
- 第 9 章：物件導向程式設計：繼承
- 第 10 章：物件導向程式設計：多型與介面
- 第 11 章：例外處理：深入探討
- （線上原文內容）第 33 章：ATM 案例研究 第一部分：UML 的物件導向設計
- （線上原文內容）第 34 章：ATM 案例研究 第二部分：實作物件導向設計

Swing 繪圖使用者介面與 Java 2D 繪圖

- 第 12 章：GUI 元件：第一部分
- 第 13 章：繪圖與 Java 2D
- 第 22 章：GUI 元件：第二部分

1　網路章節在本原文書的 2014 秋季班的配套網站上。

數據結構、集合、Lambdas 與串流

- 第 16 章：泛型集合
- 第 17 章：Java SE 8 的 Lambdas 運算式與串流
- 第 18 章：遞迴
- 第 19 章：搜尋、排序與 Big O
- 第 20 章：泛型類別與方法
- 第 21 章：自訂泛型資料結構

同步；網際網路

- 第 23 章：同步
- (線上原文內容) 第 28 章：網路

JavaFX 繪圖使用界面：繪圖與多媒體

- 第 25 章：JavaFX GUI：第 1 部分
- (線上原文內容) 第 26 章：JavaFX GUI：第二部分
- (線上原文內容) 第 27 章：JavaFX 繪圖與多媒體

資料庫驅動桌面與網站發展

- 第 24 章：透過 JDBC 存取資料庫
- (線上原文內容) 第 29 章：Java Persistence API (JPA)
- (線上原文內容) 第 30 章：JavaServer ™ Faces 網路應用程式：第一部分
- (線上原文內容) 第 31 章：JavaServer ™ Faces 網路應用程式：第二部分
- (線上原文內容) 第 32 章：REST-Based 服務網站

新增與修改過的特色

以下是《Java 程式設計藝術》第十版更新的部分：

Java 標準版：Java SE 7 與新 Java SE 8

- 可作為 Java SE 7 或 Java SE 8 的參考書籍來使用。我們根據 Java SE 7、Java SE 8 或是將兩者結合，並按照大學課程與專業課程來設計此書。Java SE 8 的特色是具選擇性的，可以自由加入或減少。新的 Java SE 8 還加強了程式處理的能力。圖 1 列出了本書涵蓋的新 Java 特色。

Java SE 8 特色
Lambda 運算式
類型判讀的改進
@FunctionalInterface 註解
並行陣列排序
Java 集合的批量資料運算——Filter、map 與 reduce
函式庫升級支援 lambdas (例如：java.util.stream、java.util.function)
Date & Time API (java.time)
Java 同步 API 的改進
介面裡的 static 跟 default 方法
功能介面——被定義為只有一個 abstract 方法，而且可以包含 static 跟 default 方法
JavaFX 升級 (JavaFX enhancements)

圖 1　新 Java SE 8 的部分特色

● Java SE 8 lambda、串流與介面——default 與 static 方法

Java SE 8 中最重要的特色是 lambdas 跟互補技術，這些被列在第 17 章裡還有選擇教材的 Java SE 8。在第 17 章，您會看到 lambda 跟串流的功能程式，比起以往的程式編寫技術，可以幫助您增加寫程式的速度，可以更簡潔、更簡單、更少錯誤，而且更易於並行化 (增加多核心系統的性能)。您將會看到函式編寫程式補充物件。在閱讀第 17 章之後，您就可以靈活的重新實作本書中 Java SE 7 的例子（圖 2）。

前 Java-SE-8 標題	相同的 Java SE 8 討論與範例
第 7 章：陣列與 ArrayLists	17.3-17.4 節，一維陣列中介紹基本的 lambda 與串流能力的處理。
第 10 章：物件導向程式設計：多型與介面	10.10 節，介紹新 Java SE 8 介面特色 (default 方法、static 方法與功能介面概念)，支援有 lambda 與串流的功能介面程式。
第 12、22 章：GUI 元件：第一部分、第二部分	17.9 節，展示出如何使用 lambda 來運轉 Swing 事件監聽器功能介面。
第 14 章：字串、字元和正規表示法	17.5 節，展示出如何使用 lambdas 與串流來處理 String 物件的集合。
第 15 章：檔案、串流、物件序列化	17.7 節，展示出如何使用 lambdas 與串流來處理檔案裡的文本語法。
第 23 章：同步	展示出功能程式是能夠簡單並行的，所以它們可以在多核心結構中取得效益、加強運算，證明並行串流處理。當排列大型陣列時，顯示 Arrays 的 parallelSort 方法在多核心結構上，增進運算能力。
第 25 章：JavaFX GUI：第一部分	25.5.5 節，展示出如何使用 lambda 去執行 JavaFX 事件監聽器功能介面。

圖 2　Java SE 8 lambdas 及串流的討論與範例

- **Java SE 7 的 try-with-resources 敘述與 AutoClosable 介面**

  當您與 try-with-resources 敘述一起使用時，AutoClosable 物件減少資源裂縫的可能性，try-with-resources 是會自動關閉 AutoClosable 物件的。本書會在第 15 章開始使用 try-with-resources 與 AutoClosable 物件。

- **Java security**

  我們審核了電腦緊急維修團隊（CERT）Oracle 公司的安全編碼標準的 Java，作爲適合的入門教材。

  ```
  http://bit.ly/CERTOracleSecureJava
  ```

  請參閱本序言的安全性 Java 編程，以獲得更多的 CERT 資訊。

- **Java NIO API**

  我們更新了第 15 章，使用 Java NIO (new IO) API 的特色檔案處理的模板。

- **Java 文件**

  本書提供了許多 Java 文件的連結，您可由此學會更多元的主題。以下爲 Java SE 7 文件的連結

  ```
  http://docs.oracle.com/javase/7/
  ```

  以下爲 Java SE 8 文件的連結

  ```
  http://download.java.net/jdk8/
  ```

  當 Oracle 公司釋出 Java SE 8 連結會放置在

  ```
  http://docs.oracle.com/javase/8/
  ```

  如果有任何更新的連結，請到下列網址觀看

  ```
  http://www.pearsonglobaleditions.com/deitel
  ```

Swing 與 JavaFX GUI，繪圖與多媒體

- **Swing GUI 與 Java 2D 繪圖**

  Java 的 Swing GUI 是在第 3-10、12 與 22 章中的選擇教材 GUI 繪圖。Swing 現在是維護模式——Oracle 公司停止其發展並且只提供錯誤修正，但它還是 Java 的一部分，而且被廣泛使用。第 13 章會討論 Java 2D 繪圖。

- **JavaFX GUI，繪圖與多媒體**

  Java 的 GUI，繪圖與多媒體 API 的升級版即爲 JavaFX。第 25 章，我們將 JavaFX 2.2（2012 年發行）與 Java SE 7 並行使用。線上內容第 26-27 章——呈現附加的 JavaFX GUI 特色與介紹在 Java FX 8 與 Java SE 8 中的 JavaFX 繪圖與多媒體。第 25-27 章，我們使用 Scene Builder ——一個能快速與方便創造 JavaFX GUIs 的拖放工具。它是一個獨立的工具，所以您可以與任何 Java IDEs 工具分開使用。

- **擴充的 GUI 與繪圖展示**

  教師們在選擇入門教材時有許多 GUI 繪圖與多媒體的選擇。然而沒有任何一個如同本書，前面的第 12、13 與 22 章，深入探討 Swing GUI 與 Java 2D 繪圖。後面的第 25 章與網路的第 26、27 章，深入探討 JavaFX GUI 繪圖與多媒體。

同步

- **理想的多核心同步**

  在此版本中，我們很幸運地有檢閱者 Brian Goetz，《Java Concurrency in Practice》的合著者 (Addison-Wesley) 作為共同作家一同參與。我們更新第 23 章的 Java SE 8 技術與用語 (idiom)，增加了 parallelSort 與 sort 範例，它使用了 Java SE 8 Date/Time API 計時，在多核心系統上每次都運算與展示 parallelSort 更好的性能。我們涵蓋了「Java SE 8 並行 vs. 連續串流處理」的範例，一樣是使用 Date/Time API 來表現運作的性能。最後，我們增加了 Java SE 8 的 CompletableFuture 範例，演示連續與並行的長時間運算的執行。

- **SwingWorker 類別**

  我們使用 SwingWorker 類別來創造 multithreaded 使用者介面。在線上教材第 26 章，我們秀出 JavaFX 如何處理同步。

- **同步具有挑戰性**

  編寫同步應用程式是很困難且容易出錯的。同步有非常多的特色，我們指出哪些是最多人使用，哪些則應該留給專家。

確認金額數目

- **金額數目**

  在前面的章節，為了方便我們使用 double 來表示金額數目。因為考慮到只用 double 會造成潛在的金額計算錯誤，BigDecimal(較複雜的位元) 類別應該用來呈現金額數目。我們會在第 8 章及第 25 章中演示 BigDecimal。

物件技術

- **物件導向編寫與設計**

  我們使用早期物件方法，在第 1 章介紹最基本的概念與物件終端科技。學生可在第 3 章開發第一次自訂類別物件。早些接觸程式物件與類別，能讓學生立即「思考關於物件的事」，並更加徹底的掌握這樣的概念。

- **早期物件的真實案例研究**

  早期類別與物件演示以 Account、Student、AutoPolicy、Time、Employee、GradeBook 與 Card 的洗牌發牌案例研究為主題，逐步引導更深入的 OO 物件導向概念。

- **繼承、介面、多型與複合**

  我們使用一系列的案例研究，去描繪每一種 OO 面向的概念，以及解釋每一個優先建立企業應用程式強度的狀況。

- **例外處理**

  我們在書的前面部分結合了基本的例外處理，然後在第 11 章中提供較深入的例外處理。對於建立「mission-critical」與「business-critical」的例外處理是重要的，編寫程式者需要思考關於「當我要求執行的一項工作組件遇到困難該怎麼辦？當分量信號發生問題時，該怎麼辦？要使用 Java 組件，您需要知道的不只是當組件「運行良好」時的表現，您也需要知道組件「運行不好」時會「拋出」什麼例外。

- **Arrays 與 ArrayList 類別**

  第 7 章包含 Arrays 類別，它包含執行一般陣列操作的方法。還有 ArrayList 類別，它實現了動態調整大小的陣列資料結構。在學習如何定義您的類別時，本書有大量的原理練習。豐富的習題包含讓您透過模擬軟體技術建立您自己的電腦。第 21 章包含隨後的專案，建立您自己的程式編譯器，可以將高階語言程式編譯進機器語言碼，並在您的電腦上執行。

- **選擇線上課程的案例研究：發展物件導向設計與 ATM 的 Java 實作**

  線上教材第 33-34 章包含在物件導向設計，使用統一建模語言 (Unified Modeling Language ™ , UML) 的選擇性案例研究，這是為了建模物件導向系統的企業標準繪圖語言。我們設計與實作軟體，是為了簡易自動提款機 (automated teller machine, ATM)。我們分析一個由系統特別指定建立的典型要求的文件。決定實行系統所需的類別、類別必須具有的屬性、需要展示的行為類別與確立類別要如何與其他的系統需求互動。從我們建立完整的 Java 實作設計，學生大多會回饋說他們有「靈光一閃」的感覺 (light-bulb moment) ——案例研究幫助他們「融會貫通」(tie them all together)，而且真的了解物件導向設計。

資料結構與泛型集合

- **資料結構呈現**

  在第 7 章我們以 ArrayList 類別開始，我們第 16-21 章的資料結構討論提供泛型集合的深入討論，秀出如何使用 Java API 的內建集合。我們討論遞迴，它是用於樹狀資料結構。我們討論受歡迎的搜尋與排序演算法，為了要運用集合的內容以及提供 Big O 介紹——指的是描述演算法則如何解決問題。之後，我們秀出如何實現一般方法與類別以及自訂泛型資料結構 (這是針對主修資訊工程學系，大多數的程式編寫者應該要使用預設泛型集合)。Lambdas 與串流 (第 17 章的介紹) 對於泛型集合的同時工作特別有用。

資料庫

- **JDBC**

  第 24 章有 JDBC 與使用 Java DB 資料庫管理系統，這章節介紹結構化查詢語言 (Structured Query Language, SQL) 與以 OO 案例研究為特色的發展資料庫驅動程式說明文件。

- **Java Persistence API**

  新的網路第 29 章中，有 Java Persistence API (JPA)，標準物件關連映射 (object relational mapping, ORM) 使用 JDBC。ORM 工具可以觀看資料庫的架構及產生一套類別，此類別能讓您在沒直接使用 JDBC 與 SQL 下，跟資料庫互動。這加速資料庫應用程式的發展，減少錯誤與產生更具可攜性的程式碼。

網路應用程式發展

- **Java Server Faces (JSF)**

  網路第 30-31 章，更新了 JavaServer Faces (JSF) 科技的最新介紹，它促進建立 JSF 基本的網路應用程式。第 30 章有建立網路應用程式 GUIs、有效型式與對話追蹤範例。第 31 章討論數據驅動、Ajax-enabled JSF 應用程式——此章節以數據驅動多層次網路通訊書為特色，它允許使用者增加或搜尋接點。

- **網路服務**

  第 32 章，專注於創造與使用 REST 基本網路服務，今日大多數的網路服務都是使用 REST。

Java 程式安全編寫

建立企業強度的系統是困難的，此系統要能避免病毒、木馬等其他形式惡意軟體的惡意攻擊。今日，透過網路，此種攻擊可在一瞬間攻擊全世界。在程式開始發展的時候就建立防禦，可以有效的減少漏洞。我們將許多的 Java 安全性編碼練習 (適合入門教材) 編進我們的討論與程式碼範例中。

CERT® 協調中心 (Coordination Center) (www.cert.org) 是為了分析與及時應對攻擊所創。CERT——電腦緊急維修團隊——是卡內基梅隆大學軟體工程研究所 (the Carnegie Mellon University Software Engineering Institute) 內部的一個政府組織，CERT 發行與提倡安全碼標準，為了許多受歡迎的程式語言來幫助軟體發展商實行企業強度系統，來避免軟體實行時遭受攻擊。

我們想感謝 Robert C. Seacord，他是 CERT 的安全編碼經理，與卡內基大學資訊系副教授。Seacord 先生是《C 程式設計藝術》第七版的技術檢核人員，他從安全的角度審查我們 C 語言，並建議我們遵守 CERT 的 C 安全編碼標準。 這方面的經驗也影響我們《C++ 程式設計藝術》第九版與《Java 程式設計藝術》第十版程式碼習題。

選擇GUI 與繪圖案例研究

　　學生享受於建立 GUI 與繪圖應用程式。對於介紹 GUI 與繪圖的早期課程，我們結合了選擇教材 10-segment 的介紹來創造繪圖與 Swing 的圖形使用者介面 (graphical user interfaces, GUIs)。此案例研究的目的是創造簡單的多型繪圖應用程式，此程式內的使用者可以選擇繪畫的圖型、形狀的樣式 (像是顏色)、以及使用滑鼠來畫圖型。此案例研究，如第 10 章實現多型繪畫、第 12 章增加事件驅動 GUI、還有第 13 章用 Java 2D 加強繪畫能力，逐漸的往目標發展。

- 3.6 節—使用對話框 (Using Dialog Boxes)
- 4.15 節—創造簡單繪圖 (Creating Simple Drawings)
- 5.11 節—畫出矩形與橢圓形 (Drawing Rectangles and Ovals)
- 6.13 節—顏色與填滿圖形 (Colors and Filled Shapes)
- 7.17 節—畫出弧線 (Drawing Arcs)
- 8.16 節—使用具有繪圖功能的物件 (Using Objects with Graphics)
- 9.7 節—使用標籤以顯示文字與圖片 (Displaying Text and Images Using Labels)
- 10.11 節—用多型繪畫 (Drawing with Polymorphism)
- 習題 12.17—擴展介面 (Expanding the Interface)
- 習題 13.31—加入 Java 2D

教學方式

　　《Java 程式設計藝術》第十版包含幾百個完整可運作的範例，我們增強了程式的可讀性，並致力於建構完善工程化的軟體。

　　程式碼套色。我們會將重要的程式碼以灰色方框套色。

　　使用字型來標示重點。我們將關鍵字，以粗體標記，令其更容易辨識。我們以粗體的字型強調螢幕上出現的元件 (例如 File 選單)，以 Courier New 字型強調 Java 程式的文字 (例如，int x = 5)。

　　網站使用。所有原始碼都可從下列網址下載。

```
http://www.pearsonglobaleditions.com/deitel
```

　　目標。開場的語錄之後，會有一個章節學習目標列表。

　　圖解／圖形。本書包含豐富的圖表、線條圖、UML 示意圖、程式與程式輸出。

　　程式設計小技巧。我們加入了許多程式設計的小技巧，提醒您注意程式開發過程中的重要事項。這些小技巧與操作習慣，代表了我們總計七十年的程式設計與教學經驗中，蒐集得來的最佳經驗。

良好的程式設計習慣

「良好的程式設計習慣」會提醒及幫助您撰寫出清晰易懂，也更易維護的程式的技巧。

常見的程式設計錯誤
指出這些「常見的程式錯誤」，以減少您犯相同錯誤的可能性。

測試和除錯的小技巧
這些小技巧包括從您的程式中偵錯及除錯的建議；許多小技巧描述了 Java 的觀點，能夠從一開始就避免錯誤進入您的程式中。

增進效能的小技巧
這些小技巧會強調出可讓您的程式跑得更快，或是盡可能減少其記憶體用量的機會。

可攜性的小技巧
可攜性小技巧能幫助您撰寫出可在多種平台上執行的程式碼。

軟體工程的觀點
「軟體工程觀點」強調出會影響軟體系統建構的架構與設計議題，特別是針對大規模系統。

感視介面的觀點
「感視介面觀點」會強調出圖形使用者介面的設計習慣。這些觀點能幫助您遵照業界的規範，設計出吸引人、具有親和力的圖形使用者介面。

摘要清單。我們在每一章都提供了分節的摘要清單。

自我練習題與解答。我們加入了大量的自我練習題與解答，以供自修之用。所有選讀 ATM 案例研究中的習題，都有完整的解答。

習題。章末的習題包含：

- 簡單地複習重要術語及概念。
- 程式碼有什麼問題？
- 程式碼在做什麼？
- 撰寫個別的敘述與小部分的方法及類別。
- 撰寫完整的方法、類別及程式。
- 專題。
- 在許多章節中，包含進階習題。鼓勵您使用電腦與互聯網解決社會性議題。

這純粹是爲了 SE 8 所做的練習。讓我們看程式資源中心提供許多額外的習題與專題 (www.deitel.com/ProgrammingProjects/)。

《Java程式設計藝術》第十版所使用到的軟體

所有您在本書中需要用到的軟體，都可從網路上免費下載。請參考「序言」之後的「準備工作」一節，獲得這些下載的連結。

我們使用免費的 Java 標準版開發工具 (JDK) 來撰寫《Java 程式設計藝術》第十版大部分的範例。針對選讀的 Java SE 8 單元，我們則使用了 JDK 7 的 OpenJDK 早期釋出版。在第 25 章與一些網路章節，我們也使用了 Netbeans IDE。您可以在我們的 Java 資源中心找到其他的資源及軟體下載：

```
www.deitel.com/ResourceCenters.html
```

教師輔助教材

以下的補充資料是提供給通過 Pearson 的教師資源中心，認證過的教師使用：

```
(www.pearsoninternationaleditions.com/deitel)
```

- PowerPoint® 投影片包含書中所有的程式碼及圖片，加上重點摘要的清單。
- 多選題的測驗項目檔案 (大約每節兩題)。
- 解答手冊，包含大多數章末習題的解答。在分配家庭作業之前，教師應該檢查 IRC 以確保解決方案。

請不要寫信給我們要求使用 Pearson 的教師資源中心 (Pearson Instructor's Resource Center)，其中包含本書的教師輔助教材，也包括習題解答。這些內容受到嚴格管制，只有用此書教學的大學教師可以取得。教師只能透過 Peason 的業務代表，取得資源中心的使用權。上面並未提供「專題」的解答，如果您尚未註冊為教職人員，請聯絡您的 Pearson 業務代表。

致謝

我們要感謝 Abbey Deitel 及 Barbara Deitel 對於此專案的付出。我們有幸跟 Pearson 的專業出版團隊合作此專案。我們很感激 Tracy Johnson 主編的領導、智慧與能量。Tracy 與她的團隊處理全書所有的學術內容。Carole Snyder 招募此書的學術審閱者與安排審閱程序。Bob Engelhardt 安排此書的發行。Laura Gardner 為此書的封面設計。

審閱者

我們想要感謝近幾版的審閱者所付出的心力：一個傑出的學術團隊 Oracle Java 團隊成員、Oracle Java Champions 與其他行業的專家。他們審查文本與程式，還提供無數的建議來加強流暢度。我們感謝 Jim Weaver 與 Johan Vos (Pro JavaFX 2 的共同作者)，以及 Simon Ritter 在三個 JavaFX 章節的領導。

第十版的審閱者：

Lance Andersen (Oracle Corporation)、Dr. Danny Coward(Oracle Corporation)、Brian Goetz (Oracle Corporation)、Evan Golub (University of Maryland)、Dr. Huiwei Guan (Professor、Department of Computer & Information Science、North Shore Community College)、Manfred Riem (Java Champion)、Simon Ritter (Oracle Corporation)、Robert C. Seacord (CERT、Software Engineering Institute、Carnegie Mellon University)、Khallai Taylor (Assistant Professor、Triton College and Adjunct Professor、Lonestar College—Kingwood)、Jorge Vargas (Yumbling and a Java Champion)、Johan Vos (LodgON and Oracle Java Champion) and James L. Weaver (Oracle Corporation and author of Pro JavaFX 2)。

前版審閱者：

Soundararajan Angusamy (Sun Microsystems)、Joseph Bowbeer (Consultant)、William E. Duncan (Louisiana State University)、Diana Franklin (University of California、Santa Barbara)、Edward F. Gehringer (North Carolina State University)、Ric Heishman (George Mason University)、Dr. Heinz Kabutz (JavaSpecialists.eu)、Patty Kraft (San Diego State University)、Lawrence Premkumar (Sun Microsystems)、Tim Margush (University of Akron)、Sue McFarland Metzger (Villanova University)、Shyamal Mitra (The University of Texas at Austin)、Peter Pilgrim (Consultant)、Manjeet Rege、Ph.D. (Rochester Institute of Technology)、Susan Rodger (Duke University)、Amr Sabry (Indiana University)、José Antonio González Seco (Parliament of Andalusia)、Sang Shin (Sun Microsystems)、S. Sivakumar (Astra Infotech Private Limited)、Raghavan "Rags" Srinivas (Intuit)、Monica Sweat (Georgia Tech)、Vinod Varma (Astra Infotech Private Limited) and Alexander Zuev (Sun Microsystems)

Pearson 想要感謝下列人員審查全球板：

Leen Vuyge, Hogeschool Gent

Rosanne Els, University of KwaZulu-Natal

Mohit P. Tahiliani, National Institute of Technology Karnataka, Surathkal

給Brian Goetz的特別感謝

我們特別感謝有 Brian Goetz、Oracle 公司的 Java 語言建構者與 Java SE 8 的 Project Lambda 的特別領導，他也是 Java Concurrency in Practice 的共同作者，幫我們整本書做了詳細的審閱。他徹底的審閱每一個章節，提供了難以估計的幫助與非常具有建設性的意見。書中若是有任何其他的錯誤，都是我們自己造成的。

好的，事情就是這樣！在您閱讀本書時，我們竭誠歡迎您的意見、批評、指正與建議，讓本書變得更好。請來信至：

```
deitel@deitel.com
```

我們會即刻回應。我們希望您喜歡使用《Java 程式設計藝術》第十版，祝您好運！

Paul 與 Harvey Deitel

關於作者

Paul Deitel，是 Deitel & Associates 公司的 CEO 和技術經理，畢業於麻省理工學院，主修資訊科技。他擁有 Java 認證的程式員和 Java 認證的開發者身分，並且是 Oracle Java 冠軍。在 Deitel & Associates 公司，他已為業界客戶開設數百次課程，包括：思科、IBM、西門子、Sun 微系統、戴爾、富達、NASA 甘迺迪航空中心、國家風暴實驗室、White Sands 導彈、Rogue Wave 軟體、波音公司，SunGard 高等教育、北電網絡、Puma、iRobot 公司、Invensys 等等。他和他的合著者，Harvey M. Deitel 博士，是世界上最暢銷的程式設計程領域教科書、專業書籍和視訊教學的作者。

Harvey Deitel 博士，他是 Deitel & Associates 公司的董事長兼首席策略經理，在計算機領域擁有超過 50 年的經驗。Deitel 擁有麻省理工學電子工程學院學士和碩士學位、波士頓大學數學博士學位。他具有豐富的大學教學經驗，擔任過波士頓學院計算機科學系主任，之後與他兒子 Paul Deitel 在 1991 年共同創立 Deitel & Associates 公司。Deitels 公司的出版品贏得了國際上的認可，並翻譯成中文、韓文、日文、德文、俄文、西班牙文、法文、波蘭文、意大利文、葡萄牙文，希臘文，烏爾都文和土耳其文。 Deitel 博士已經開設過數百次課程給企業、學術、政府和軍方客戶。

關於Deitel® & Associates公司

Deitel & Associates 公司，由 Paul Deitel 和 Harvey Deitel 共同成立，是一家國際公認的著作和企業培訓機構，專注於計算機程式語言、物件導向技術、行動 app 和網際網路應用程式開發。該公司的客戶包括許多世界上規模最大的公司、政府機關、軍事部門和學術機構。公司為全球客戶在主流平台中的程式語言提供教師指導課程，包括 Java ™、Android 應用程式開發、Objective-C 和 iPhone app 應用程式開發、C++、C、Visual C＃®、Visual Basic®、Visual C++®、Python®、物件技術、互聯網和 Web 程式，並不斷增加軟體開發課程。

透過與 Pearson/Prentice Hall 39 年的出版合作關係，Deitel & Associates 公司出版了最先進的程式設計教科書、專業書籍及網頁的互動式影像課程。您可以用電子郵件連絡 Deitel & Associates 公司與作者：

```
deitel@deitel.com
```

想要了解更多關於 Deitel 公司的 Dive-Into® 系列企業培訓課程，請造訪：

```
http://www.deitel.com/training
```

要在您的組織機構開設教師指導培訓課程，可用電子郵件提出申請，寄到 deitel@deitel. com。

個人要購買 Deitel 公司圖書和網頁的互動式影像課程，可上網站 www.deitel.com 購買。公司、政府、軍隊和學術機構的批量訂單，請直接與 Pearson 出版公司聯繫。要更多資訊請與當地的 Pearson 供應商聯繫。

本節包含了您在使用本書之前應該複習的資訊。我們會將「準備工作」的更新張貼到本書的網站上：

```
http://www.pearsonglobaleditions.com/deitel
```

除此之外，我們提供 Dive-Into® 影片 (2014 年秋季班以後即可取得)，其展示了「準備工作」的指示。(**注意！此資源僅提供給購買原文書的讀者。**)

字型與命名慣例

我們會使用字型來區別螢幕上的元件 (例如選單名稱和選項) 與 Java 程式碼或指令。我們的慣例是以粗黑的字型，來強調螢幕上的元件 (例如 File 選單)，以及使用 Courier New 字型來表示 Java 程式碼跟指令 (例如：System .out.println())。

本書使用到的軟體

本書需要使用到的所有軟體，都可以免費從網路下載。除了針對 Java SE 8 的例外範例，全部的範例都是以 Java SE 7 與 Java SE 8 的 Java 標準軟體開發工具 (Java Standard Edition Development Kits, JDKs) 測試。

Java 標準版開發工具 Kit 7(JDK 7)

Windows、OS X 與 Linux 的 JDK 7 可在以下網址取得：

```
http://www.oracle.com/technetwork/java/javase/downloads/index.html
```

Java 標準版開發工具 Kit 8(JDK 8)

在此書發行時，Windows、OS X 與 Linux 的最新版 JDK 8 已發行，可從以下網站取得：

```
https://jdk8.java.net/download.html
```

一旦 JDK8 完整發行，可從以下網址取得：

```
http://www.oracle.com/technetwork/java/javase/downloads/index.html
```

JDK 安裝指示

在下載了 JDK 安裝器後，請確認並小心的跟隨 JDK 安裝指示：

```
http://docs.oracle.com/javase/7/docs/webnotes/install/index.html
```

雖然這些指示是為了 JDK 7，但它們也適用於 JDK 8——您將需要更新 JDK，根據任何特定版本的指令。

設定PATH環境變數

電腦的 PATH 環境變數會指出電腦在尋找應用程式，例如讓您能夠編譯與執行您的 Java 應用程式的應用程式 (分別叫做 javac 與 java) 時，會搜尋哪些目錄。請仔細遵循您平台上的 Java 安裝指引，以確保您有正確設定 PATH 環境變數。設定環境的步驟會因為執行系統或是執行系統的版本 (例如：Windows 7 到 Windows 8) 而有所不同。不同平台的指示列表在：

```
http://www.java.com/en/download/help/path.xml
```

如果沒有正確設定 PATH 變數，則當您使用 JDK 工具時，會收到類似如下訊息：

```
'java' is not recognized as an internal or external command,
operable program or batch file.
```

在此種情況下，請回頭檢查設定 PATH 的安裝指引，重新確認您的步驟是否正確。假如您下載了新版的 JDK，您可能會需要在 PATH 變數中改變 JDK 安裝目錄的名稱。

JDK 安裝目錄與 bin 子目錄

JDK 的安裝目錄因為平台而有所不同，以下為 Oracle 公司的 JDK 7 更新至 51 的目錄清單：

- Windows 上的 JDK 32 位元：

  ```
  C:\Program Files (x86)\Java\jdk1.7.0_51
  ```

- Windows 上的 JDK 64 位元：

  ```
  C:\Program Files\Java\jdk1.7.0_51
  ```

- Mac OS X：

  ```
  /Library/Java/JavaVirtualMachines/jdk1.7.0_51.jdk/Contents/Home
  ```

- Ubuntu Linux：

  ```
  /usr/lib/jvm/java-7-oracle
  ```

依照您的平台，如果您使用不同的 JDK 7 或 JDK 8，JDK 安裝資料夾的名稱有可能會不一樣。像是 Linux，它的安裝位置是依據您使用的安裝器，而且可能是根據使用的 Linux 版本。我們使用 Ubuntu Linux，PATH 環境變數一定是跟 JDK 安裝目錄的 bin 子目錄有關。

當在設定 PATH 的時候，要確定使用適當的 JDK 安裝目錄名稱來確定 JDK 的版本——像是新的 JDK 發表時，JDK 安裝目錄的名字會改變，通常會包含更新版本的數字。舉例來說，這篇文章正在撰寫時，JDK 7 正發表了 51 更新檔，這個版本的 JDK 安裝目錄的名字就會以 51 做結尾。

設定CLASSPATH環境變數

如果您在試圖執行 Java 程式時收到如下訊息：

```
Exception in thread "main" java.lang.NoClassDefFoundError: YourClass
```

表示您的系統需要修改 CLASSPATH 環境變數。要修正上述錯誤，請依循設定 PATH 環境變數的步驟，尋找 CLASSPATH 環境變數，然後編輯此變數以加入目前目錄——通常是以點號 (.) 來表示。在 Windows 上加入

```
.;
```

在 CLASSPATH 數值的開頭 (這些字元的前後都不可以有空白)。在其他平台上，請將分號換成適切的路徑分隔字元——通常是冒號 (:)。

設定 JAVA_HOME 環境變數

Java DB 資料庫軟體，您會在第 24 章中使用，以及一些網路上的章節會要求您幫 JDK 安裝目錄設定 JAVA_HOME 環境變數。您用來設定 PATH 的方法也可能會是用來設定其它的環境變數，例如：JAVA_HOME。

Java 整合開發環境(Integrated Development Environments, IDEs)

有很多的 Java 整合開發環境，這些您都可以用在 Java 程式編寫上。因為這個原因，我們在書中大多數的範例上只使用 JDK 命令列工具 (command-line tools)。

我們提供 Dive-Into® 的影片 (在 2014 年秋季班以後皆可取得)，此影片會秀出如何下載、安裝及使用三個受歡迎的 IDEs —— NetBeans、Eclipse 與 IntelliJ IDEA。我們在第 25 章及一些的網路章節中使用 NetBeans。**(注意：此資源僅提供給購買原文書的讀者。)**

NetBeans 下載

您可以從這裡下載：

```
http://www.oracle.com/technetwork/java/javase/downloads/index.html
```

NetBeans 版本與 JDK 綁在一起，都是為了 Java SE 的發展。網路 JavaServer Faces (JSF) 章節與網路服務章節，都使用 Java Enterprise Edition (Java EE) 版本的 NetBeans，您可以從這裡下載：

```
https://netbeans.org/downloads/
```

此版本支援 Java SE 與 Java EE。

Eclipse 下載

您可以從這裡下載 Eclipse IDE：

```
https://www.eclipse.org/downloads/
```

因為 Java SE 選擇 Eclipse IDE 為 Java 開發商，因為 Java 企業版 (Enterprise Edition, Java EE) 發展 (如 JSF 和網路服務)，所以選擇 Eclipse IDE 為開發商，因此版本同時支援兩種 Java SE 和 Java EE 軟體。

IntelliJ IDEA 社區版下載

您可以從這裡下載 IntelliJ IDEA 社區版：

```
http://www.jetbrains.com/idea/download/index.html
```

此免費版本只支援 Java SE。

獲得程式碼範例

《Java 程式設計藝術》第十版的範例皆可自此獲得：

```
http://www.pearsonglobaleditions.com/deitel
```

當您下載 ZIP 壓縮檔，請在電腦上選擇您要儲存的位置。選擇寫著 examples.zip 的內容，使用 ZIP 解壓縮工具，例如：7-Zip (www.7-zip.org)、WinZip (www.winzip.com) 或執行系統內建的壓縮工具。此書中介紹的範例都在：

- Windows：C:\examples
- Linux：您的使用者帳戶 home 資料夾的 examples 的子資料夾
- Mac OS X：您的 Documents 資料夾 examples 子資料夾

Java的Nimbus感視介面

Java 內含一個優雅的、跨平台的感視介面，稱做 Nimbus。針對使用圖形使用者介面 (第 12、22 章)的程式，我們設定了系統使用 Nimbus 作為預設的感視介面。

要為所有的 Java 應用程式，將 Nimbus 設定為預設介面，您必須在您的 JDK 安裝資料夾跟 JRE 安裝資料夾的 lib 資料夾中，都建立一個名為 swing.properties 的文字檔。請將下列程式碼放進該檔案中：

```
swing.defaultlaf=com.sun.java.swing.plaf.nimbus.NimbusLookAndFeel
```

更多關於這些安裝資料夾的資訊，請參訪 http://docs.oracle.com/javase/7/docs/webnotes/install/index.html。[請注意：除了單獨的 JRE 之外，JDK 安裝目錄底下還內含了一個 JRE。如果您使用的是依附於 JDK 的 IDE (例如 NetBeans)，可能也需要將這個 swing.properties 檔案放進內含的 jre 資料夾的 lib 資料夾中。] 現在，您已經準備好，可以使用《Java 程式設計藝術》第十版，開始 Java 學習。我們由衷希望您喜愛本書！

電腦、網路與Java簡介

1

Man is still the most extraordinary computer of all.
— *John F. Kennedy*

Good design is good business.
— *Thomas J. Watson, Founder of IBM*

學習目標

在本章節中，你將會學習到：

- 電腦領域近期令人興奮的發展。
- 電腦軟硬體與網路的基本概念。
- 資料階層。
- 各種程式語言。
- Java 及其他程式語言的重要性。
- 物件導向程式設計入門。
- 網際網路與全球資訊網的重要性。
- 典型的 Java 程式開發環境。
- 測試並啟動 Java 應用程式。
- 近期一些重要的軟體新科技。
- 如何跟上最新資訊科技。

1.1　簡介

歡迎來到 Java 的世界！ Java 是全世界最廣為使用的電腦程式設計語言。想必你已經很熟悉電腦能執行許多偉大的任務。透過本書，你將學會如何撰寫指令來命令電腦執行這些工作。**軟體**（亦即你所撰寫的指令）會負責控制**硬體**（亦即電腦）。

你會學到物件導向程式設計——現今最重要的程式設計方法。在本書中，你會建立許多軟體物件並加以運用。

Java 已成為許多公司滿足其企業程式設計需求所偏好的語言。在實作以網際網路為基礎的應用程式，或開發透過網路進行通訊的裝置軟體上，Java 也已成為最佳選擇。

Forester Research 公司預測，在 2015 年會有超過 20 億台個人電腦被使用[1]。根據 Oracle 的一項研究表示，97% 的企業電腦、89% 的個人電腦、30 億台裝置（圖 1.1）以及所有的藍光光碟播放器都是使用 Java，如今已有超過 9 百萬名 Java 開發者[2]。

根據 Gartner 的研究顯示，行動裝置會在使用者首選裝置上持續贏過個人電腦，預估有 19.6 億台智慧型手機及 3.88 億台平板電腦會進入市場，是個人電腦數量的 8.7 倍[3]。在 2018 年，手機應用程式 (apps) 的市場預估會達到 920 億美金[4]。這為撰寫手機應用程式的人創造了非常大量的工作機會，其中大多數的人都使用 Java 來寫程式（見 1.6.3 節）。

1　http://www.worldometers.info/computers.
2　http://www.oracle.com/technetwork/articles/java/javaone12review-1863742.html.
3　http://www.gartner.com/newsroom/id/2645115.
4　https://www.abiresearch.com/press/tablets-will-generate-35-of-this-years-25-billion-.

裝置		
飛機系統	自動提款機	車用資訊娛樂系統
藍光光碟播放器	有線電視	印影印
信用卡	電腦斷層掃描儀	桌上型電腦
電子閱讀器	遊戲機	GPS 系統
家電設備	家庭保全系統	電燈開關
彩券終端機	醫療設備	行動電話
磁振造影	停車收費站	印表機
通行證	機器人	路由器
智能卡	智慧電表	智慧筆
智慧型電話	平板電腦	電視
電視機上盒	自動調溫器	車載診斷系統

圖 1.1　使用 Java 的一些裝置

Java 標準版

由於 Java 的發展如此快速，所以《Java 程式設計藝術 (第十版)》的出版 [以標準版的 **Java Standard Edition 7（Java SE 7）**與 **Java Standard Edition 8（Java SE 8）**為基礎]，距第一版發行僅僅 17 年。Java Standard Edition 包含發展桌上型電腦與應用服務的能力。本書可與 Java SE 7 或 Java SE 8（在本書出版後發佈）一起使用。本書所有的 Java SE 8 都是以模組化、易於增刪的段落進行討論是其特色。

　　Java SE 8 之前的版本支援三種典範：程序化程式設計、物件導向程式設計、泛型程式設計，而 Java SE 8 增加了函數程式語言。在第 17 章，我們會演示如何使用函數程式設計將程式寫得更快、更精準、錯誤更少、更易於平行化（亦即，同時執行多項計算），有利於今日多核心硬體結構，以提升應用程式效能。

Java 企業版

由於運用廣泛，因此 Java 有兩種版本。**Java Enterprise Edition (Java EE)** 適用於大型、分散式網路。過去，大部分電腦應用程式都只能在「獨立」的電腦上執行（這些電腦沒有透過網路連接在一起）。如今，大部分應用程式撰寫的是透過網際網路及全球資訊網和全世界的電腦互相通訊。本書稍後會討論如何用 Java 撰寫架站軟體。

Java 精簡版

Java Micro Edition (Java ME) 是 Java SE 的子集，適用於小型、記憶體受限的裝置。例如：智慧型手錶、MP3 播放器、電視機上盒、智慧電表（監控耗電量）及其他。

1.2　電腦：硬體與軟體

電腦（computer）是一種裝置，能夠以遠超乎人類的速度，進行運算和邏輯判斷。現今許多個人電腦都能在一秒內執行幾十億次運算，這超過人類一輩子的極限。超級電腦（supercomputer）每秒已經可以執行幾千兆個指令！中國國防科技大學的超級電腦「天河 2」每秒可執行 33 萬億次計算（33.86 petaflops）[5]。具體來說，「天河 2」每秒可以為地球上的每個人都執行 3 百萬次的計算，而且它的上限還在迅速增加。

　　電腦處理資料，得依賴一組稱為**電腦程式（computer programs）**的指令來控制它。這些程式會指揮電腦，依序進行一連串由**電腦程式設計師（computer programmers）**編寫好的動作。在電腦上執行的程式，則稱為軟體（software）。在本書中，你會學到現今最重要的程式設計方法——物件導向程式設計（object-oriented programming），它能夠增加程式設計師的生產力，由此降低軟體開發的成本。

　　電腦包含各式各樣硬體（hardware）的裝置（例如：鍵盤、螢幕、滑鼠、硬碟、記憶體、DVD 光碟機和處理器）。電腦價格直直落，是源於硬體和軟體技術的快速發展。幾十年前，可能龐大到塞滿整個大房間、費用高達數百萬美金的電腦，現在可以刻在一片比指甲還小的矽晶片上，每片單價可能只要幾塊美金。諷刺的是，矽是地球上最豐富的材料之一——矽是構成尋常砂土的成分。矽晶片技術已經令電腦變得如此廉價，全世界有幾十億部一般用途的電腦被使用著，這個數字預計在未來幾年，還會以倍數成長。

1.2.1　摩爾定律

每年，你大概都可以預期得花上多一點點錢，來購買大多數的商品與服務。反例就是電腦與通訊領域，特別是用來支援這些技術的硬體價格。幾十年來，硬體價格下跌得很迅速。

　　每一到兩年，電腦的能力就會近乎倍增，價格卻沒有分毫成長。這項驚人的觀察結果，通常稱為**摩爾定律（Moore's Law）**，這是在 1960 年代以點出這項趨勢的人 Gordon Moore 來命名，他是 Intel 的共同創辦人——今日電腦與嵌入式系統所使用之處理器的領導製造商。摩爾定律與相關的觀察結果，在電腦用來執行程式的記憶體容量、電腦用來長期存放程式與資料的輔助儲存裝置容量（例如磁碟容量）以及處理器速度（電腦執行程式，亦即執行工作的速度）在這三點上尤其準確。

　　類似的成長也發生在通訊領域，對通訊頻寬（亦即傳送資訊的容量）的龐大需求所造成的劇烈競爭，使得成本直直下落。就我們所知，沒有其他領域像電腦與通訊一樣，科技進步的這麼快，而成本跌落的這麼迅速。這種驚人的進步幅度，真的促成了資訊革命。

1.2.2　電腦的架構

儘管外形各不相同，我們其實可以把電腦想像成各種**邏輯單元（logical unit）**或區塊（section）的組合（圖 1.2）：

5　http://www.top500.org/.

邏輯單元	描述
輸入單元 (Input unit)	這個「接收」區塊會從**輸入裝置**（**input device**）取得資訊，然後將資訊交到其他單元手裡進行處理。大多數資訊都是透過鍵盤、觸控式螢幕還有滑鼠裝置進入到電腦中。其他的輸入形式包括對你的電腦說話、掃描影像與條碼、讀取輔助儲存裝置 [例如硬碟、DVD 機、藍光光碟（Blu-ray Disc ™）機和 USB 隨身碟——也稱為「拇指碟」或「記憶棒」]、從網路攝影機取得影像、以及從網際網路取得資訊（例如當你從 YouTube® 下載影像，或是從 Amazon 下載電子書）。新的輸入形式包括從 GPS 裝置讀取位置，以及從智慧型手機或遊戲控制器的加速度感應器中，取得動態與方向資訊（像是微軟 ® 的 Kinect®、Xbox®、WiiTM Remote 跟 Sony® PlayStation® Move）。
輸出單元 (Output unit)	這個「輸出」區塊會接受電腦處理後的資訊，然後將之交給不同的**輸出裝置**（**output device**），令之能在電腦以外使用。今天電腦輸出的大部分資訊都是顯示在螢幕上、列印在紙上、在可攜式的媒體播放器（例如 Apple 風行的 iPod）和球場的大螢幕上播放為音訊或視訊、透過網際網路傳輸、或用來控制其他裝置，例如機器人與「智慧型」家電。資訊也經常輸出於輔助儲存裝置，例如：硬碟、DVD 光碟機、USB 隨身碟。近期流行的輸出是智慧型手機的震動。
記憶單元 (Memory unit)	這個存取快速，但容量相對較低的「倉儲」區塊，會將從輸入單元收到的資訊保存起來，在需要時，讓這些資訊可以馬上被處理。記憶單元也會保存處理後的資訊，直到可以由輸出單元交給輸出裝置為止。記憶單元中的資訊是揮發性的——電腦電源關閉時，它們通常就會消失。記憶單元通常稱為**記憶體**（**memory**）、**主記憶體**（**primary memory**）或**隨機存取記憶體**（**RAM**）。桌上型電腦及筆記型電腦的記憶體容量有 128GB。GB 是 gigabytes 的縮寫。一個 gigabyte 大約是十億個位元組，一個位元組是八位元，一個**位元**即為一個 0 或一個 1。
算術邏輯單元 (ALU)	這個「製造」區塊會執行諸如加、減、乘、除等計算。它也包含判斷機制，讓電腦，例如，能比較記憶單元中的兩個項目，看它們是否相等。在今日的系統中，ALU 通常會實作為下一個邏輯單元 CPU 的一部分。
中央處理單元 (CPU)	這個「管理」區塊會負責協調與監督其他區塊的作業。需要將資訊讀入記憶單元時，CPU 會告知輸入單元；當記憶單元的資訊需要用來運算時，CPU 會告知 ALU；要把記憶單元的資訊傳送到某個輸出裝置時，CPU 會告知輸出單元。今日許多電腦擁有多具 CPU，因此，能夠同時執行許多操作。**多核心處理器**（**multi-core processor**）在單顆積體電路晶片上實作了多具處理器——雙核心處理器有兩顆 CPU，四核心處理器有四顆 CPU。今日桌上型電腦的處理器，每秒可以執行幾十億個指令。
輔助儲存單元 (Secondary storage unit)	這是電腦長期、高容量的「倉儲」區塊。其他單元沒有要即刻使用的程式或資料，一般會被放在輔助儲存裝置中（例如硬碟），直到再次需要它們的時候，這可能發生在幾小時、幾天、幾個月或甚至幾年之後。輔助儲存裝置中的資訊是永久性的——即使電腦的電源關閉，它們也會被保存下來。要存取輔助儲存裝置的資料，所花的時間要比存取主記憶體的資料長上許多，然而輔助儲存裝置每單元的成本，卻比主記憶體少很多。輔助儲存單元包括：硬碟、DVD 光碟機、USB 隨身碟，有些能達到 2TB 的容量（TB 代表 terabyte；一個 terabyte 大約是一兆個位元組）。傳統的桌上電腦及筆記型電腦的硬碟容量可高達 2TB，而有些桌上電腦的容量可高達 4TB。

圖 1.2　電腦的邏輯單元

1.3　資料階層

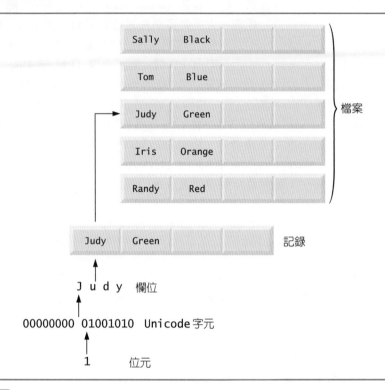

圖 1.3　資料階層

電腦所處理的資料項目，構成了一個**資料階層（data hierarchy）**，這個階層在結構上變得越來越大，也越來越複雜，從最簡單的資料項目（稱為位元）到較大的字元和欄位，依此類推。圖 1.3 描繪了一部分的資料階層。

位元

電腦中最小的資料項目，可用數值只有 0 或 1。這種資料項目稱為**位元（bit）**，是「二進位數字（binary digit）」，一個位數只有兩種可能數值的縮寫。這點相當驚人，因為電腦所執行的各種屬害功能，居然只用到數值 0 和 1 的最簡單操作——檢視位元的數值、設定位元的數值以及反轉位元的數值（從 1 變 0 或從 0 變 1）。

字元

對人類來說，要用低階形式位元處理資料，是很勞心費神的事。反之，人類比較喜歡處理十進位數字（0–9）、字母（A–Z 和 a–z）還有特殊符號（例如 $、@、%、&、*、（、）、_、+、"、:、?、/）。數字、字母以及特殊符號統稱**字元（character）**。電腦的**字元集（character set）**意指所有用來撰寫程式及呈現資料項目的字元集合。電腦只會處理 1 和 0，所以電腦的字元集，會用 1 和 0 的各種組合，來表示每個字元。Java 使用的是 **Unicode®** 字元，是由一個、兩個或四個位元組（byte）（8、16 或 32 個位元）所組成。Unicode 包含世界上許多語言的文字。請參閱附錄 H，以獲得更多關於 Unicode 的資訊。請參閱附錄 B，以獲得更多關於 **ASCII（American Standard Code for Information Interchange，美國標準資訊交換碼）** 字元集的資訊——常用的 Unicode 子集合，用來表示大寫與小寫字母，以及一些常用的特殊字元。

欄位

就像字元由位元所構成，**欄位（field）** 是由字元或位元組所構成。欄位是一組用來傳達意義的字元或位元組。例如，一個包含大寫與小寫字母的欄位，可能用來表示人名；例如十進位數字的欄位，則可能表示某人的年齡。

記錄

幾筆相關的欄位可以用來組成一筆記錄（record）（在 Java 中實作為 class）。例如，在薪資系統中，某位員工的記錄可能包含以下欄位（欄位可能的類型表示於括號中）：

- 員工識別編號（一個整數）
- 姓名（一串字元）
- 地址（一串字元）
- 時薪（帶有一位小數的數字）
- 年初至今的累計薪資（帶有一位小數的數字）
- 預扣的稅額（帶有一位小數的數字）

因此，記錄是由一群相關的欄位所構成。在上例中，所有欄位都屬於同一位員工。一家公司可能有許多位員工，每位員工都有一筆薪資記錄。

檔案

檔案（file） 由一群相關的記錄所構成。[請注意：一般而言，檔案包含的是隨機格式的隨機資料。在某些作業系統中，檔案只被簡單地視為位元組序列——亦即檔案中位元組的任何編排，例如將資料編排為記錄，都是由應用程式撰寫者所建立的檢視方式。] 一家公司擁有許多檔案是常見的事，有些檔案包含數十億，或甚至數千兆字元的資訊。

資料庫

資料庫（database） 是一堆組織好的資料的集合，以方便電腦存取或操作。目前最受歡迎的模組是關係資料庫（related database），此資料庫會將資料存在一個簡單的表（table）裡，表包含記錄與欄位。舉例來說，學生的表裡通常會有姓、名、主修、學年、學號及成績平均基（GPA）。每個學生的資料是一筆紀錄，每一筆紀錄中的每一條個別的資訊即是欄位。你可以搜尋、分類，或是根據資料的關係去操作資料到多個表或多個資料庫。舉例來說，一所大學可以使用合併後的學生資料庫與課程資料庫中的資料，來規劃住宿與膳食等等。我們將會在第 24 章進行討論。

大數據 (Big Data)

全世界產生的資料量非常龐大,而且增加的速度也非常快。根據 IBM 的調查,每天大約有 2.5EB(exabytes,艾位元組)筆資料產生,而且全世界 90% 的資料是在過去兩年被創造出來的[6]!根據數位時代(Digital Universe)的研究,全球的資料在 2012 年高達 2.8ZB(zettabytes,皆位元組)[7]。圖 1.4 為一些常見的位元組測量法。**大數據(Big Data)**的應用程式處理如此大量的資料,而且欄位還在快速增加,為軟體開發者創造了很多機會。根據高納德集團(Gartner Group)的研究顯示,2015 年的時候,全球會有超過四百萬個資訊科技工作支援大數據[8]。

單位 (Unit)	位元組 (Bytes)	近似值
1 千位元組 (KB)	1024 bytes	10^3(精確地說,是 1024 位元組)
1 百萬位元組 (MB)	1024 KB	10^6(1,000,000 位元組)
1 吉位元組 (GB)	1024 MB	10^9(1,000,000,000 位元組)
1 兆位元組 (TB)	1024 GB	10^{12}(1,000,000,000,000 位元組)
1 拍位元組 (PB)	1024 TB	10^{15}(1,000,000,000,000,000 位元組)
1 艾位元組 (EB)	1024 PB	10^{18}(1,000,000,000,000,000,000 位元組)
1 皆位元組 (ZB)	1024 EB	10^{21}(1,000,000,000,000,000,000,000 位元組)

圖 1.4 位元換算表

1.4 機器語言、組合語言與高階語言

程式設計師會使用各種程式語言來撰寫指令,有些電腦可以直接解讀,而其他的則需要中介的轉譯(translation)步驟。這類語言今日有幾百種正在使用中。這些語言可以分成三大類:

1. 機器語言(Machine language)
2. 組合語言(Assembly language)
3. 高階語言(High-Level language)

機器語言

任何電腦都只能直接了解自己的**機器語言**。機器語言通常是由一連串的數字所組成(最終可簡化成 1 和 0 的組合),這些數字會指揮電腦一次執行一個最基本的運算。機器語言是機器相關的(machine dependent),亦即特定的機器語言只能使用在某一種電腦上。這種語言對人類是很傷腦筋的。例如,下面是一段早期的機器語言程式,將加班費加上基本薪資,然後將結果存入總薪資:

```
+1300042774
+1400593419
+1200274027
```

---

6 http://www-01.ibm.com/software/data/bigdata/.
7 http://www.guardian.co.uk/news/datablog/2012/dec/19/big-data-study-digitaluniverse-global-volume.
8 http://tech.fortune.cnn.com/2013/09/04/big-data-employment-boom/.

組合語言和組譯器

用機器語言撰寫程式，對大部分程式設計師來說實在太慢又太枯燥乏味了。除了使用電腦能直接了解的數字串列外，程式設計師開始用類似英文的縮寫來表示基本運算。這些縮寫便構成**組合語言（assembly language）**的基礎。稱為「**組譯器（assembler）**」的轉譯程式（translator programs）被開發出來，以將早期的組合語言程式，利用電腦的速度轉換成機器語言。下面這段組合語言程式也會將加班費加入基本薪資，然後將結果存入總薪資：

```
load    basepay
add     overpay
store   grosspay
```

雖然這種程式碼對人類而言較清楚易懂，但除非轉譯成機器語言，否則電腦是無法理解的。

高階語言和編譯器

由於組合語言的出現，令電腦的使用率急速增加，但即使只是最簡單的工作，程式設計師還是得下許多指令。為了加快程式設計的速度，**高階語言（high-level language）**被開發出來。使用高階語言，只需撰寫單一敘述（statement）就能完成大量的工作。被稱為**編譯器（compiler）**的轉譯程式，可以將高階語言程式轉換成機器語言。高階語言讓你可以撰寫近似於日常英文的指令，也包含常用的數學符號。使用高階語言撰寫的薪資程式，可能包含如下的單一敘述（single statement）：

```
grossPay = basePay + overTimePay
```

從程式設計師的觀點來看，他們比較希望使用高階語言，而非機器語言或組合語言。Java 是目前最風行的高階程式設計語言之一。

直譯器

將大型的高階語言程式編譯成機器語言，可能會花上相當大量的電腦運算時間。直譯器（interpreter）程式被開發出來直接執行高階語言（無需等待編譯的延遲），不過執行速度來得較慢。我們會在 1.9 節討論更多直譯器的運作方式，在 1.9 節，你會學到 Java 使用一種聰明的混合機制，結合了編譯與直譯，在效能上經過縝密調控，最終用以執行程式。

1.5　物件技術簡介

即便現今對於更新穎、功能更強大的軟體之需求仍在急速飆升中，但想要快速、正確且經濟地開發軟體，仍是個無從捉摸的目標。「物件（object）」，或更準確地說，產生物件的「**類別（class）**」，基本上是可再利用的軟體元件。包括日期物件、音訊物件、視訊物件、汽車物件、人物件等等。幾乎所有名詞都可以合理地表示成由屬性（attribute）（例如名稱、顏色及尺寸）及行為（behavior）（例如計算、移動與通訊）所構成的軟體物件。軟體開發人員逐漸發現，採用模組化、物件導向的設計和實作方式，相較於過往流行的技巧如「結構化程式設計」，能將軟體開發人員的生產力提高許多——物件導向程式通常較容易理解、除錯和修改。

1.5.1　將汽車視為物件

為了幫助你理解物件及其內容，讓我們從一個簡單的比方開始。假設你想要開車，然後踩油門讓它開快點。你可以做這件事的前提是什麼？在開車之前，必須要先有人設計出車子。車子通常是從工程圖開始，類似於用來描述房屋設計的藍圖。這些工程圖中，含括了油門的設計。油門會把實際讓車輛加速的複雜機制隱藏起來不讓駕駛知道；就像剎車會把車子減速的機制隱藏起來，方向盤會把車子轉向的機制「隱藏」起來一樣。這讓人們即使對引擎、剎車、方向盤如何運作的機制一無所知，也能輕鬆地開車。

如同你無法在藍圖裡的廚房煮菜一樣，你也無法駕駛車子的工程圖。在你可以開這輛車之前，必須要利用描繪車子的工程圖先把車子建造出來。一輛完整的車包含實際讓車子加速的油門，但是這樣還不夠——車子不會自己加速（但願可以），所以司機必須踩油門讓車子加速。

1.5.2　方法與類別

以上述的車子為例，來介紹一些重要的物件導向程式設計概念。要在程式中執行任務，需要**方法（method）**。方法包含了實際執行任務的程式敘述。方法會隱藏這些敘述不讓使用者看見，就像車子的油門會隱藏加速車子的機制不讓駕駛看見一樣。在 Java 中，我們會建立稱為**類別（class）**的程式設計單元，存放一群會執行該類別任務的方法。例如，代表銀行帳號的類別，可能包含一個來存至帳戶的方法，一個用來從帳戶提款的方法，以及一個用來查詢帳戶目前餘額的方法。類別在概念上類似於車子的工程圖，後者包含了油門的設計、方向盤的設計等等。

1.5.3　實體化

就像必須要先有人使用工程圖建造車輛，你才能真的開車一樣；你也必須先從類別建構物件，程式才能執行類別方法所定義的工作。進行這項動作的程序稱為**實體化（instantiation）**。因此我們會將物件稱為其類別的**實體（instance）**。

1.5.4　再利用

就像車子的工程圖可以再利用許多次，以建造許多車輛一樣，你也可以再利用某個類別許多次，以建造許多物件。在建構新類別與新程式時，再利用現有的類別，可以節省時間與精力。再利用也可以幫助你建立更可靠、更有效的系統，因為既有的類別和元件，通常都已通過大量的測試、除錯以及效能的調整。就像可更換零件的概念是工業革命的關鍵一樣，可再利用的類別也是由物件技術所掀起之軟體革命的關鍵。

軟體工程的觀點 1.1
請利用建構區塊的方式來撰寫你的程式。請避免一切從零開始──盡量使用現有的元件。這種軟體再利用（software reuse）是物件導向程式設計的主要優點。

1.5.5　訊息與方法呼叫

你在開車時，踩油門會送出一筆訊息給車子以進行工作──亦即加速。同樣地，你也會傳送訊息給物件。每個訊息都會被實作為**方法呼叫（method call）**，它會告知物件的方法進行其工作。例如，程式可能會呼叫特定的銀行帳戶物件的存款方法，來增加帳戶的餘額。

1.5.6　屬性與實體變數

車子，除了完成任務的能力之外，還擁有屬性（attribute），例如其顏色、門數、油量、目前時速、行駛的總里程數（亦即其里程表的讀數）。就像其能力一樣，車子的屬性在工程圖中，也代表一部分的設計（例如，在工程圖中加入里程表和油表）。當你實際駕駛車輛時，這些屬性會跟隨著車子。每輛車都有它自己的屬性。例如，每台車都知道自己的油箱裡有多少汽油，但是不知道別的車子有多少汽油。

　　同樣地，物件在程式中使用時，也帶有其屬性。這些屬性會被定義為物件類別的一部分。例如，銀行帳戶物件會擁有餘額屬性（balance attribute），代表帳戶中的金額。每個銀行帳戶物件都知道它所代表的帳戶餘額，但是並不知道其他銀行帳戶的餘額。類別中的**實體變數（instance variable）**即代表屬性。

1.5.7　封裝與資訊隱藏

類別會將屬性和方法**封裝（encapsulate）**在物件中──物件的屬性和方法將密切相關。物件可能可以和其他物件溝通，但一般來說我們並不允許物件知道其他物件的實作方式──實作的細節會被隱藏在物件本身之中。我們將會了解到，這種**資訊隱藏（information hiding）**是良好軟體工程的關鍵。

1.5.8　繼承

　　透過**繼承（inheritance）**，我們可以快速便利地建造新的物件類別──新類別 [稱為**子類別（subclass）**會吸收現有類別（稱為**父類別（superclass）**]的特質，可能會重新制定這些特質，然後再加上它們自己獨特的性質。在我們的汽車比喻中，類別「敞蓬汽車」的物件，當然也是更一般性的類別「汽車」的物件，然而更明確地，這種車子的車頂可以打開或收起。

1.5.9　介面

Java 也提供**介面（interfaces）**，是關係方法的集合，通常會讓你知道告訴物件要做什麼，而不是怎麼做（我們在 Java SE 8 會看到一個例外）。在汽車的比喻中，「基本駕駛能力」的介面包括一個方向盤、一個油門和一個煞車，就可以讓司機指揮車子該如何運轉。一旦你知道如何使用介面去轉彎、加速、煞車，你就會開各種不同類型的車，就算製造商將這些系統設計得不一樣也無妨。

　　一個類別**實作**（implement）零個或多個介面，每一個介面可能會有一個或多個方法（method），就像車子實作不同的介面來執行基本的駕駛功能、控制收音機、控制空調系統及其他系統。如同汽車製造商實作能力各不相同，類別實作一個介面的方法也不一樣。舉例來說，一套軟體系統可能包括「備份」介面來方法儲存及還原。類別會依照要備份東西的不同類型來實作這些方法，比方說，程式、文字、音訊、影片等等，也會依照這些項目儲存在不同型態的裝置。

1.5.10　物件導向分析與設計（OOAD）

你馬上就要開始撰寫 Java 程式了。如何爲你的程式建立**程式碼**（code）（亦即程式指令）呢？或許，就像許多程式設計師一樣，你會簡單地打開電腦，然後開始打字。這種工作方式或許適用於小型程式（就像本書前面幾章的例子），但如果需要設計一套軟體系統，來控制某家大銀行的幾千台自動提款機時，該怎麼辦呢？或假設你需要在一個千人的軟體開發團隊中工作，建構下一代的美國空中交通管制系統，又該怎麼辦呢？源於此專案如此龐雜，你不該只是單純地坐下然後開始撰寫程式。

　　要建立最佳解決方案，你應該遵循詳盡的**分析**（analysis）步驟來判斷專案**需求**（requirement）（亦即，決定系統該做什麼），然後開發出能夠滿足這些需求的**設計**（design）（亦即，決定系統要如何做）。理想上，你會完成這整個程序，然後仔細重新檢視設計成果（或者讓別的軟體專家檢驗你的設計），才可以開始撰寫程式碼。如果這個程序是利用物件導向觀點來分析和設計系統，我們就稱之爲**物件導向分析與設計**（object-oriented analysis and design，OOAD）程序。像 Java 一類的程式語言，就是物件導向的（object oriented）。利用這類語言撰寫程式，稱爲**物件導向程式設計**（object-oriented programming，OOP），讓你可以將物件導向的設計，實作爲可運作的系統。

1.5.11　統一塑模語言

雖然現今有許多不同的 OOAD 程序，然而，只有一種用來溝通所有 OOAD 程序結果的圖形化語言得到廣泛的使用，這種語言，稱作**統一塑模語言**（Unified Modeling Language，**UML**），是目前最廣爲使用，用來模型化物件導向系統的圖像化策略。我們會在第 3 章與第 4 章呈現我們第一批的 UML 圖，然後在第 11 章整章中對物件導向程式設計進行深入探討時，再次使用它們。在第 33 至 34 章選讀的 ATM 軟體工程案例研究中，引導你實際操作一次物件導向設計程序時，呈現部分簡單的 UML 功能。

1.6　作業系統

作業系統（**operating system**）是一種讓使用者、應用程式開發者以及系統管理者，能更方便地使用電腦的軟體系統。作業系統提供各種服務，讓每支應用程式都能夠安全、有效率、並且與其他應用程式同步地（意即同時）執行。包含作業系統核心元件的軟體，稱為 **kernel**。常用的桌上型電腦作業系統包括 Linux、Windows 與 Mac OS X。智慧型手機與平板電腦經常使用的行動作業系統包括 Google 的 Android、與 Apple 的 iOS（用在其 iPhone、iPad 與 iPod Touch 裝置上），以及 Windows Phone 8 跟 BlackBerry OS。

1.6.1　Windows ── 專屬的作業系統

1980 年代中期，Microsoft 開發了 **Windows 作業系統**，包含圖形使用者介面，搭建在 DOS 之上──當時是一種極受歡迎的個人電腦作業系統，使用者透過輸入命令來與之互動。Windows 借用了許多一開始由 Xerox PARC 所開發出來的概念，這些概念因為早期 Apple Macintosh 作業系統而風行一時（例如圖像、選單、視窗）。Windows 8 是 Microsoft 的作業系統──其特色包括使用者介面的改善、更快的開機時間、對於安全特性的進一步增強、觸控式螢幕與多點觸控的支援等等。Windows 是一種專屬的作業系統，它由一家公司所獨佔。Windows 目前是全世界最廣為使用的作業系統。

1.6.2　Linux ── 開放原始碼作業系統

Linux 作業系統或許是開放原始碼運動最成功的範例。**開放原始碼軟體**（**Open source software**）是一種軟體開發方式，和早年主導軟體開發的專屬開發方式有所不同（像是 Windows、Apple 的 Mac OS X）。透過開放原始碼的開發方式，不論個人或公司都可以貢獻心力在開發、維護及改進軟體上，作為交換免費使用該軟體於自身用途的權利。相較於專屬軟體，通常會有更多的愛用者去檢驗開放原始碼，因此錯誤通常會較快被移除。開放原始碼也鼓勵更多創新發想。Sun 公司將其 Java 開發工具（Java Development Kit），以及許多相關的 Java 技術，都開放出其原始碼。

　　開放原始碼社群中的一些組織包括 Eclipse 基金會（Eclipse 整合開發環境能幫助 Java 程式設計師更便利地開發軟體）、Mozilla 基金會（Firefox 網頁瀏覽器的創建者）、Apache 軟體基金會（用來開發網頁應用程式的 Apache 網站伺服器的創建者）、GitHub 以及 SourceForge（提供管理開放原始碼專案的工具，目前在其管理之下有超過 26 萬個專案正在開發中）。

　　電腦與通訊領域快速地進展，價格的下降與開放原始碼軟體，讓我們現在要建立軟體事業，比一、二十年前要容易也經濟許多。Facebook 是個很好的例子，Facebook 從一間大學宿舍寢室開張，它是用開放原始碼軟體建構的[9]。

　　各式各樣的問題，諸如 Microsoft 的行銷威力、較少人使用具有使用者親和力的 Linux 應用程式、以及過多的 Linux 上市版本，例如 Red Hat Linux、Ubuntu Linux 以及其他許多不同版本，讓 Linux 無法在桌上型電腦上得到廣泛的使用。然而 Linux 在伺服器與嵌入式系統，例如 Google 的 Android 智慧型手機，變得極為流行。

9　http://developers.facebook.com/opensource.

1.6.3 Android

Android——成長最爲快速的行動與智慧型手機作業系統——是以 Linux kernel 和 Java 爲基礎。經驗老到的 Java 程式設計師可以快速地熟悉 Android 的開發。開發 Android 應用程式（App）的一項好處，是其平台的開放性。其作業系統是開放原始碼且免費的。

Android 作業系統係由 Android, Inc. 所開發，這家公司於 2005 年被 Google 併購。2007 年時，Open Handset AllianceTM 成立——一個包含 87 家公司的聯合組織（http://www.openhandsetalliance.com/oha_members.html）——以持續 Android 的開發、維護和發展，以及驅策的手機科技的創新，同時，減少消費者的成本並提高使用經驗。2013 年 4 月時，每天都有超過 150 萬台 Android 裝置（包括智慧型手機、平板電腦等等）被啓用[10]！2013 年 10 月時，Strategy Analytics 的報導指出，Android 手機的全球市佔率高達 81.3%，而 Apple 的市佔率爲 13.4%、微軟手機的市佔率爲 4.1%，黑莓機[11]的市佔率僅有 1%。Android 裝置現在包括智慧型手機、平板電腦、電子閱讀器、機器人、噴射機引擎、NASA 衛星、遊戲主機、冰箱、電視、相機、健康管理裝置、智慧手錶、車用資訊系統（用來控制收音機、GPS、電話、變溫裝置等），不勝枚舉[12]。

Android 智慧型手機將行動電話、網際網路客戶端（用來進行網頁瀏覽與網際網路通訊）、MP3 播放程式、遊戲主機、數位相機等功能，都包進一支擁有全彩多點觸控式螢幕的手持裝置中。多點觸控讓你能夠用單指或多指同時觸控螢幕的手勢來控制裝置。你可以透過 Google Play 與其他的 App 市集，將應用程式直接下載到 Android 裝置上。在撰寫本書的時候，**Google Play** 上頭有超過一百萬個 App，增加得非常快速[13]。

在我們出版的教科書 *Android How to Program, Second Edition* 以及專業書 *Android for Programmers: An App-Driven Approach, Second Edition* 中，我們都有介紹 Android app 的發展。在你學習完 Java 之後，你就可以直接開始編寫和執行 Android app 了。你可以把你的 App 放在線上的 Google Play（play.google.com），如果它們受歡迎，你甚至可以開展一番事業。請記住，Facebook、Microsoft 與 Dell，都是從宿舍寢室裡發跡的。

1.7 程式語言

在本節中，我們會簡短說明幾種常見的程式語言（圖 1.5）。在下節會介紹 Java。

程式語言	說明
Fortran	Fortran（FORmula TRANslator）由 IBM 公司於 1950 年代中期開發，用來進行需要複雜數學運算的科學和工程應用。Fortran 依然被廣爲使用，最新版本已物件導向化。

圖 1.5 其他程式語言 (1/3)

---

10 http://www.technobuffalo.com/2013/04/16/google-daily-android-activations-1-5-million/.
11 http://blogs.strategyanalytics.com/WSS/post/2013/10/31/Android-Captures-Record-81-Percent-Share-of-Global-Smartphone-Shipments-in-Q3-2013.aspx.
12 http://www.businessweek.com/articles/2013-05-29/behind-the-internet-of-thingsis-android-and-its-everywhere.
13 http://en.wikipedia.org/wiki/Google_Play.

程式語言	說明
COBOL	COBOL（COmmon Business Oriented Language）於 1950 年代晚期，由電腦製造商、美國政府和工業用電腦使用者共同開發出來，COBOL 的前身，是由美國海軍職業軍官及電腦科學家 Grace Hopper 所開發出來的語言。COBOL 仍然被廣泛使用於需要精確及有效率地處理大量資料的商業應用上。COBOL 的最新版也支援物件導向程式設計。
Pascal	1960 年代進行的研究，帶來了結構化程式設計（structured programming），一種有規則地撰寫程式的方法，比起先前技術所撰寫的大型程式，更為清晰、更易於測試、除錯及修改。這些研究中比較實際的成果之一，就是由 Niklaus Wirth 在 1971 年開發出來的 Pascal 程式語言。Pascal 的設計目標，是為了教導結構化程式設計，數十年來風行於大學課堂上。
Ada	Ada 建構在 Pascal 之上，是在美國國防部（Department of Defense，DOD）的資助下，於 1970 到 1980 年代初期研發出來。DOD 希望只要用一種語言，就能滿足大部分的需求。這種以 Pascal 為基礎的語言，名稱取自詩人拜倫爵士 (Lord Byron) 的女兒，Ada Lovelace 女士的名字。一般公認 Lovelace 女士在 1800 年代初期，寫出世界上第一支電腦程式（供 Charles Babbage 所設計的機械式計算裝置 Analytical Engine 使用）。Ada 的最新版也支援物件導向程式設計。
Basic	Basic 於 1960 年代在達特茅斯學院開發出來，用來向新生介紹何謂程式設計。許多新版的 Basic 皆支援物件導向。
C	C 語言是在 1970 年代初期，由貝爾實驗室的 Dennis Ritchie 所實作出來。C 語言一開始會廣為人知，是因為它是開發 UNIX 作業系統的語言。今日，一般用途的作業系統，絕大多數程式碼都是用 C 或者 C++ 寫出來的。
C++	C++，擴充版的 C 語言，是由貝爾實驗室的 Bjarne Stroustrup 於 1980 年代早期所開發。C++ 提供許多將 C 語言「整頓梳理」的特色，但更重要的是，它提供了物件導向程式設計的能力。
Objective-C	Objective-C 是一種以 C 語言為基礎的物件導向語言。它開發於 1980 年代早期，後來被 Next 所收購，而 Next 後來又被 Apple 所收購。它成為 Mac OS X 作業系統，以及所有用 iOS 驅動的裝置（例如 iPod、iPhone 與 iPad）的主要程式語言。
Visual Basic	Microsoft 的 Visual Basic 語言於 1990 年代早期問世，用來簡化 Microsoft Windows 應用程式的開發。最新版的 Visual Basic 也支援物件導向程式設計。
Visual C#	Microsoft 有三種主要的物件導向程式語言：Visual Basic、Visual C++（以 C++ 為基礎）、還有 C#（以 C++ 和 Java 為基礎，用來將網際網路與網頁整合至電腦應用程式中）。
PHP	PHP 是一種物件導向，「開放原始碼」的「腳本」語言，為一群使用者及開發者所支持，使用在許多網站中。PHP 獨立於平台之外，所有主要的 UNIX、Linux、Mac 與 Windows 作業系統都有其實作。PHP 也支援許多資料庫，包括 MySQL。
Perl	Perl（實際提取與報告語言），是世界上最被廣泛使用的物件導向語言之一，是為了網路程式發展的。在 1987 年被 Larry Wall 發明出來。它的特色是豐富的文本處理能力。

圖 1.5　其他程式語言 (2/3)

程式語言	說明
Python	Python，另一種物件導向腳本語言，於 1991 公開問世。由阿姆斯特丹國家數學及計算機科學研究所（CWI）的 Guido van Rossum 所開發，Python 從 Modula-3 借用非常多概念，後者是一種系統程式設計語言。Python 是「可擴充的」，它可以透過類別和程式設計介面來擴充。
JavaScript	JavaScript 是最廣為使用的腳本語言。它主要用來為網頁增添程式運作能力，例如，動畫以及與使用者互動。所有主要的網頁瀏覽器都有提供 JavaScript。
Ruby on Rails	Ruby 創造於 1990 年代中期，它是開放資源、物件導向的程式語言，有著簡單的語法，與 Python 很像。Ruby on Rails 結合腳本語言 Ruby 與 Rails Web 應用程式，由 37Signals 公司所開發。

圖 1.5　其他程式語言 (3/3)

1.8　Java

至今為止，微處理器革命最重要的貢獻，就是促成個人電腦的發展。微處理器對於智慧型消費電子產品，造成深遠的影響。體認到這點，Sun Microsystems 在 1991 年設立了一個公司內部的研究計畫，由 James Gosling 帶頭，這個計畫的成果，是一個以 C++ 為基礎的物件導向程式語言，Sun 稱之為 Java。

Java 的主要目標之一，是想要能撰寫出在各式各樣的電腦系統及電腦控制的裝置上，都可以執行的程式。有時我們將這稱為「只需撰寫一次，即可各處執行 (write once, run anywhere)」。

全球資訊網在 1993 年爆炸性的風行起來，Sun 公司看出利用 Java 在網頁上加入動態內容（dynamic content），例如互動與動畫的潛力。因為對資訊網的強烈興趣，Java 吸引了業界的注意力。Java 現在被用來開發大型的企業應用程式，強化網站伺服器的功能（伺服器就是負責提供網頁瀏覽器上所顯示之內容的電腦）、為消費裝置提供應用程式（例如手機、智慧型手機、電視機上盒等等），還有其他許多用途。Java 也是 Android 手機跟平板 APP 程式的最主要語言。Sun Microsystems 在 2010 年被 Oracle 併購。

Java 類別庫

你可以建立需要的每個類別與方法，來構成你的 Java 程式。然而，大多數的 Java 程式設計師會利用 **Java 類別庫（class library）**中，既有的豐富類別與方法，這套類別庫也稱為 **Java API（應用程式設計介面，Application Programming Interface）**。

增進效能的小技巧 1.1
使用 Java API 類別與方法，不要撰寫你自己的版本，可以增進程式的效率，因為這些類別和方法經過仔細的編寫，以便有效率地執行。這樣做也可以縮短程式開發的時間。

1.9　Java 與典型的開發環境

我們現在要來解釋，使用 Java 開發環境時，建立及執行 Java 程式的常用步驟。Java 程式通常會經過五個階段：編輯、編譯、載入、驗證、執行。我們會以標準版 Java SE Development Kit（JDK）為背景，在你開始在 Windows、Linux 與 OS X 上下載與安裝 JDK 前，來討論這五個階段。

第一階段：建立編輯程式

第一階段是使用編輯程式（editor program），通常簡稱為編輯器，來編輯檔案（圖 1.6）。你會利用編輯器來輸入 Java 程式 [通常稱為**原始碼（source code）**]，進行所有必要的更正，然後將程式儲存在輔助儲存裝置上，例如你的硬碟中。以 **.java 副檔名**結尾的檔案名稱，意指該檔案包含 Java 原始碼。

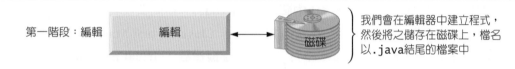

第一階段：編輯　｜編輯｜　←→　磁碟　我們會在編輯器中建立程式，然後將之儲存在磁碟上，檔名以 .java 結尾的檔案中

圖 1.6　典型的 Java 開發環境──編輯階段

　　Linux 系統最常用的兩種編輯器，是 vi 與 emacs。在 Windows 底下，記事本就夠用了。網路上也有許多免費或共享軟體的編輯器可以取得，包括 Notepad++（notepad-plus-plus. org）、EditPlus（www.editplus.com）、TextPad（www.textpad.com）與 jEdit（www.jedit.org）。

　　許多主要軟體供應商，都有推出**整合開發環境（Integrated Development Environment, IDE）**以供開發大型資訊系統的機構使用。IDE 會提供許多工具來支援軟體開發程序，包括用來撰寫及編輯程式的編輯器，以及用來找出**邏輯錯誤**，造成程式執行結果不正確的錯誤的除錯器。常用的 IDE 包括：

- Eclipse（www.eclipse.org）
- NetBeans（www.netbeans.org）
- IntelliJ IDEA（www.jetbrains.com）

　　書中我們提供此網站

```
www.deitel.com/books/jhtp10
```

　　這是 Dive-Into® 的影片，此影片會教你如何執行這本書中的 Java 應用程式，還有如何使用 Eclipse、NetBeans 跟 IntelliJ IDEA 發展新的 Java 應用程式。

第二階段：將 Java 程式編譯為中間碼

　　在第二階段，你會使用命令 **javac（Java 編譯器）**來**編譯**程式（圖 1.7）。例如，要編譯一個名為 Welcome.java 的程式，你會鍵入

```
javac Welcome.java
```

到你系統的命令列視窗中（亦即，Windows 的命令提示字元、Linux 的 shell 提示字元、或是 Mac OS X 的終端機應用程式）。程式編譯後，編譯器會產生一個叫做 Welcome.class 的 **.class** 檔，包含程式編譯後的版本。IDEs 基本上提供一個項目清單使其喚醒 Java 接受命令，例如：Build 或 Make。如果編譯器偵測錯誤，你需要回到第一階段去糾正錯誤。在第二章，我們會提到有哪些錯誤是會被編譯器偵測的。

圖 1.7　典型的 Java 開發環境──編譯階段

Java 編譯器會將 Java 原始碼轉譯成**中間碼（bytecode）**，中間碼代表執行階段（第 5 階段）程式會執行的工作。中間碼是利用 **Java 虛擬機器（Java Virtual Machine, JVM）**來執行，JVM 是 JDK 的一部分，也是 Java 平台的基礎。**虛擬機器（virtual machine, VM）**意指一種軟體應用程式，它會模擬電腦，但是將底層的作業系統與硬體隱藏起來，不讓與之互動的程式看見。如果同樣的 VM 實作在多種電腦平台上，那所有這些平台，就都可以使用此 VM 所執行的應用程式。JVM 是最被廣為使用的虛擬機器之一。Microsoft 的 .NET 也使用了類似的虛擬機器架構。

與針對特定電腦硬體的機器語言不同，中間碼是獨立於平台的，它們並不依附於特定的硬體平台上。因此，Java 中間碼具有**可攜性（portable）**，無需重新編譯原始碼，同樣的中間碼就能在任何包含 JVM 的平台上執行，只要該 JVM 看得懂用來編譯這個中間碼的 Java 版本即可。我們會透過 java 命令來呼叫 JVM。舉例來說，要執行一個名為 Welcome 的 Java 應用程式，你會在命令列視窗裡輸入命令

```
java Welcome
```

以呼叫 JVM，JVM 便會啟動執行此應用所需的步驟。如此便會進入第三階段。

第三階段：將程式載入到記憶體

在第 3 階段，JVM 會將程式放入記憶體加以執行，此程序稱為**載入（loading）**（圖 1.8）。JVM 的**類別載入器（class loader）**會取得包含程式中間碼的 .class 檔案，然後將之傳送到主記憶體中。類別載入器也會載入任何你的程式所使用到的，Java 所提供的 .class 檔。這些 .class 檔案可以從你系統上的磁碟，或是透過網路（例如你當地大學或公司的網路，或甚至網際網路）載入。

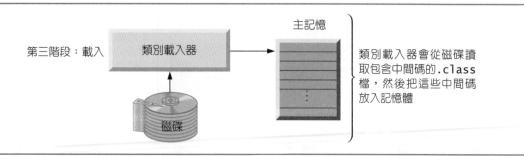

圖 1.8　典型的 Java 開發環境——載入階段

第四階段：驗證中間碼

在第四階段，類別都載入之後，**中間碼驗證器（bytecode verifier）** 會檢驗中間碼，以確保其合法有效，沒有違反 Java 的安全限制（圖 1.9）。Java 會施行強固的安全措施，以確保從網路取得的 Java 程式不會損害你的檔案或系統（例如電腦病毒或蠕蟲病毒）。

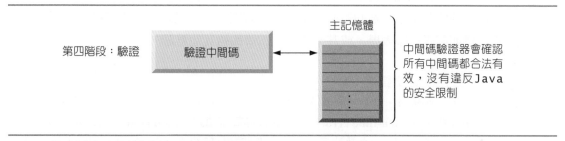

圖 1.9　典型的 Java 開發環境——驗證階段

第五階段：執行

在第五階段，JVM 會**執行**程式的中間碼，由此進行程式所指定的行動（圖 1.10）。在早期的 Java 版本中，JVM 只是 Java 中間碼的直譯器。這點造成大多數 Java 程式執行速度緩慢，因為 JVM 會一次一個地直譯並執行中間碼。有些現代電腦架構可以同時執行多個指令。今日的 JVM 通常會結合直譯以及所謂的**即時編譯（just-in-time compilation, JIT）**，來執行中間碼。在此過程中，JVM 會在編譯時期分析中間碼，尋找其中的熱點（hot spot），亦即中間碼中經常執行到的部分。針對這些部分，**即時（just-in-time, JIT）編譯器（compiler）**，也稱為 **Java 熱點編譯器（Java HotSpot™ compiler）** 會將中間碼轉譯成低階的電腦機器語言。當 JVM 再次碰到這些編譯過的部分時，便會執行速度較快的機器語言碼。因此，Java 程式實際上會經過二個編譯階段——第一階段將原始碼轉譯成中間碼（以在不同電腦平台的 JVM 之間達到可攜性），第二階段則是在執行時，將中間碼轉譯成執行此程式的實際電腦所使用的機器語言。

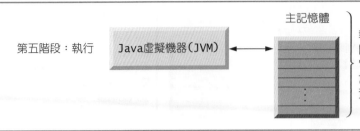

圖 1.10　典型的 Java 開發環境──執行階段

執行時可能會發生的問題

　　程式在第一次執行時可能會執行失敗。前述每個階段，都可能會因為各式各樣的錯誤而失敗，我們會在本書中時常提及這些錯誤。例如，正在執行的程式可能會試圖除以零（在 Java 的整數運算中，這是個非法的運算），這會造成 Java 程式顯示錯誤訊息。如果發生這種情形，你就必須回到編輯階段，做一些必要的修正，然後再次繼續後續幾個階段，以判斷你的修改是否有修正這個問題。[請注意：大部分 Java 程式都會輸入和輸出資料。當我們說程式顯示訊息時，通常意指它在你的電腦螢幕上顯示該則訊息。訊息與其他資料，也可能輸出到其他裝置，例如磁碟與印表機，或甚至經由網路傳輸給其他電腦。]

常見的程式設計錯誤 1.1
除以零這類錯誤，會發生在程式執行中，因此這類錯誤稱為**執行時期錯誤（run-time errors 或 execution-time errors）**。**致命性的執行錯誤（fatal runtime errors）**會造成程式立即終止，無法成功地完成工作。**非致命性的錯誤（nonfatal runtime errors）**允許程式繼續執行到結束，但通常會產生錯誤的結果。

1.10　測試執行 Java 應用程式

在本節中，你將會執行第一支 Java 應用程式，並與之互動。在課堂中學習如何執行一個繪畫程式，這個繪畫程式能一邊拖曳滑鼠一邊畫畫。在此會看到的元素與機能是你在此書中基本會學到的。使用圖形使用者介面（graphical user interface, GUI）可以控制畫筆顏色。你也可以回復前一個步驟畫的圖像。[請注意：我們會使用字體來區分不同的特色。我們的做法強調螢幕的特色，像是用半型的 sans-serif Helvetica 字體的標題與選單（例如資料夾選單），還有強調非螢幕元素，例如：資料夾名稱、程式碼、輸入（ProgramName.java）。]

　　在下列步驟中，你會透過命令視窗（Windows）、終端（OS X）、殼層（Linux）視窗，執行這個應用程式。透過此書，我們會提到這些視窗透過命令視窗（command window），並透過下列步驟畫出一個笑臉：

1. **檢查你的設定值**。請閱讀本書「準備工作」一節，以確認你有在電腦上正確地設定好 Java，並確認已將本書的範例複製到硬碟中。

2. **找到完成的應用程式**。請開啟命令視窗，並使用 cd command 來改變會話應用程式目錄（也稱做文件夾）。我們假設此書的例子是在 Windows 的 C:\examples 或是在

Linux/OS X 你的使用者帳戶的 Documents/examples 資料夾。在 Windows 鍵入 cd C:\examples\ch01\painter，然後按下 Enter。在 Linux/OS X，鍵入 cd ~/Documents/examples/ch01/painter，然後按下 Enter。

3. **執行繪畫應用程式**。跟隨應用程式的名稱（在此例當中是 Painter）喚醒 Java 的命令，執行應用程式。鍵入 java Painter，然後按下 Enter 去執行程式。圖 1.11 是繪畫 app 在 Windows、Linus、OS X 上執行，我們精簡了視窗以便於節省空間。

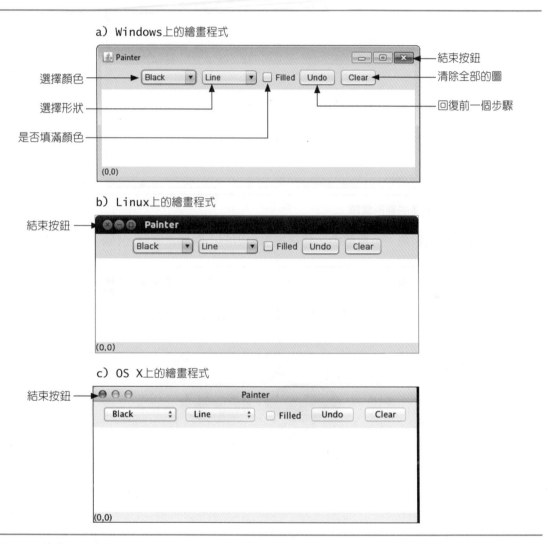

圖 1.11　繪畫 app 在 Windows7、Linus、OS X 上執行

[請注意：Java 命令是敏感的，也就是說大寫字母與小寫字母是不一樣的。在輸入名稱 Painter 時 P 需要大寫，不然程式會無法執行。確定 .class 會在 java 命令發生錯誤時展開，還有如果你收到錯誤訊息「Exception in thread "main" java.lang.No-ClassDefFoundError: Painter」你的系統有著 CLASSPATH 的問題。請參照此書中「準備工作」一節來解決這問題]

4. **請畫出一個填滿的黃色圓臉**。選擇**黃色**、**圓形**，並確定**填滿 (Filled)** 的格子有打勾。然後用滑鼠拖曳出一個大圓形（圖 1.12）

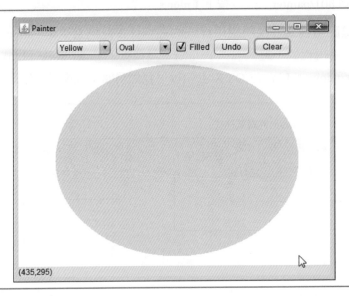

圖 1.12　畫一個黃色填滿的圓形當臉

5. **畫出藍色的眼睛**。選擇**藍色**，然後拖曳出兩個小圓形當眼睛。（圖 1.13）

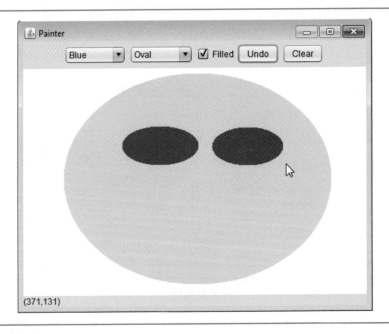

圖 1.13　畫出藍眼睛

6. **畫出黑色的眉毛跟鼻子**。選擇**黑色**，**直線**畫出眉毛與鼻子（圖 1.14）。線條不需要填滿，所以當你畫線條的時候，要取消填滿空格的勾勾。

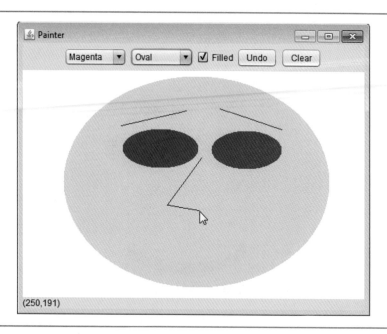

圖 1.14　畫出黑色的眉毛與鼻子

7. **畫出紅色的嘴巴**。選擇**紅色**、**圓形**，然後畫出嘴巴。（圖 1.15）

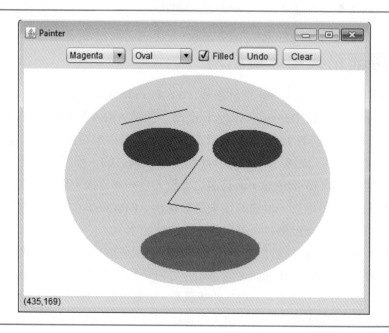

圖 1.15　畫出紅色嘴巴

8. **畫一個黃色的圓形使嘴巴便成微笑**。選擇**黃色**畫一個橢圓形在嘴巴的上面。(圖 1.16)

圖 1.16 畫出黃色橢圓使嘴巴微笑

9. **離開繪畫應用程式**。要離開繪畫程式,請按下結束按鈕(Windows 在右上角,Linux/OS X 則是左上角),是繪畫程式關閉。

1.11 網際網路與全球資訊網

在 1960 年代後期,美國國防高等研究計畫署(the Advanced Research Projects Agency of the United States Department of Defense, ARPA)推出一個給 ARPA 贊助的大學及研究所的主要電腦系統網路計劃,大約有 12 間學校與研究所。此計畫中,電腦與通信線路連接,且每秒可以執行 50,000 個位元的指令,在當時此速度是很驚人的,那時候與通信線路連接的電腦,最快每秒只能處理 110 個位元,而且還是少數人有網路連接。學術界當時即將大大的向前進步。ARPA 開始著手進行,很快的後來這被稱為 ARPANET,是網路的先驅。今日的網路速度是在每秒十億個位元至每秒百萬兆個位元的快速水平。

結果事情有著出乎意料的發展。雖然 ARPANET 使研究員可以連接他們的電腦,但是它的主要利益卻是加速及簡單化通訊,透過如今眾所皆知的電子郵件(e-mail)。到如今這依舊是一個網路世界的事實,透過 e-mail、即時訊息、檔案傳輸、還有社交多媒體(Facebook、Twitter)都可以在短時間內與全世界十億人口連結通訊。

在 ARPANET 上的通訊協定(一套規則)後來被稱做**傳輸控制協定(Transmission Control Protocol, TCP)**。TCP 確保訊息(由數個連續的部分組成,稱做封包)會準確的從傳送端送到接收端。

1.11.1　網際網路：網路中的網路

在網際網路早期發展的時代，全世界的組織就有著他們自己的網路，此網路是爲了組織內部溝通（intraorganization）與組織間溝通（interorganization）。許多關於網路的軟硬體出現，其中的一個挑戰是將許多不同的網路給連在一起。ARPA 完成了這一件事，藉由網路協定位置（IP），創造了眞正網路中的網路，目前網路世界架構的發展。這一連串的協議目前稱做 **TCP/IP**。

　　商人們很快的發現，藉由網路他們可以增加交易量，並向他們的客戶提供更好的服務，因此，許多公司開始花大錢去想辦法提高在網路上的點閱率。這產生了殘酷的商業競爭，通訊營運商、軟硬體製造商皆想盡辦法去滿足不斷增加的需求。因此在硬體成本直直落的時候，**頻寬（bandwidth）**的通訊線路上可夾帶的資訊量卻不斷的上升。

1.11.2　全球資訊網：與網路使用者保持友好

全球資訊網（World Wide Web）是一個關於網路硬體軟體的集合，它使得電腦使用者去找出及觀看各種主題的多媒體文件（有著多種文字、圖表、動畫、影音檔的文件）。網路的介紹是最近才有的事情。1989 年，歐洲核子研究組織（the European Organization for Nuclear Research，CERN）的 Tim Berners-Lee 研究了一種可以透過超連接（hyperlink）的文本文件分享資訊的技術。Berners-Lee 稱呼他的發明爲 **Hyper Text Markup Language（HTML）**。他也寫了一份通訊協定稱做 **Hyper Text Transfer Protocol（HTTP）**，幫超級文本資訊系統建立骨架，也就是後來的全球資訊網。

　　1994 年，Berners-Lee 建立了**全球資訊網財團（World Wide Web Consortium (W3C), www.w3.org）**，致力發展網路科技。W3C 的其中一個早期目標就是使全世界的人都可以使用網路，不論殘疾、語言、文化。在此書中，你會使用 Java 去建構一個基於網路的應用程式。

1.11.3　網頁服務與混搭程式

在第 32 章，我們會用許多篇幅來討論網頁服務（圖 1.17），並且介紹了**混搭（mashup）**這種應用程式開發方法，你可以藉由結合（通常是免費的）彼此互補的網頁服務以及其他形式的即時資訊來源，快速地開發威力強大又吸引人的應用程式。其中最早的一個混搭應用是 www.craigslist.org，它快速地結合並提供房地產廣告與 Google Maps 的地圖功能，以提供在地圖上可顯示出指定區域中待出租或出售的住家位置。

網頁服務來源	如何使用它們
Google Maps	地圖服務
Twitter	微型部落格
YouTube	視訊搜尋
Facebook	社交網路
Instagram	照片分享

圖 1.17　一些受歡迎的網頁服務 (www.programmableweb.com/apis/directory/1?sort=mashups)(2/1)

網頁服務來源	如何使用它們
Foursquare	行動打卡
LinkedIn	商務的社交網路
Groupon	社交商務
Netflix	電影出租
eBay	網路拍賣
Wikipedia	集體創作的百科全書
PayPal	付費
Last.fm	網路電台
Amazon eCommerce	購買書籍等商品
Salesforce.com	客戶關係管理 (CRM)
Skype	網路電話
Microsoft Bing	搜尋
Flickr	相片分享
Zillow	房地產比價
Yahoo Search	搜尋
WeatherBug	天氣

圖 1.17 一些受歡迎的網頁服務 (www.programmableweb.com/apis/directory/1?sort=mashups)(2/2)

1.11.4 Ajax

Ajax 是幫助網際網路上的應用程式，可以像桌面應用程式一樣地執行，這是項困難的工作，因為當資料在你的電腦與網路上的伺服器之間來回傳遞時，會令這類應用飽受傳輸延遲所苦。使用 Ajax，諸如 Google Maps 一類的應用，便能達到絕佳的效能，外觀和感受就像桌面應用一般。雖然在本書中，我們不會討論「原始的」Ajax 程式設計（它相當複雜），但我們會在第 31 章說明，如何使用 Java Server Faces（JSF）的 Ajax 元件，建立具有 Ajax 功能的應用程式。

1.11.5 物聯網

網際網路已經不再是電腦的網路，它現在是**物聯網（Internet of Things）**。這個物聯網是任何一個有 IP 位置的物件而且可以自動的透過網路發送資料，例如：有裝發信器來付通行費的車子、植入在人體內的心臟監測器、會回報用電使用量的智慧型儀表板、會根據天氣預測和家庭活動來調整室內溫度的智能控溫器。你可以在第 28 章使用 IP 位置去建立網路應用程式。

1.12 軟體技術

圖 1.18 列出了一些你會在軟體開發社群中常聽到的專門術語。我們為大多數的主題都設立了資源中心，其他還有一些正在進行中。

技術	說明
敏捷軟體開發 (Agile software development)	**敏捷軟體開發（agile software development）**是一套開發方法，試圖讓軟體的實作能夠較先前的方法來得快速，並且使用較少的資源。請參考敏捷聯盟（www.agilealliance.org）以及敏捷宣言（www.agilemanifesto.org）。
重構 (Refactoring)	**重構（refactoring）**牽涉到重新撰寫程式，令其更清晰、更易於維護，同時維持其正確性和功能。在敏捷開發方法中，重構被廣為使用。有許多 IDE 包含內建的重構工具，可以自動進行主要的改寫工作。
設計樣式 (Design patterns)	**設計樣式（design pattern）**是經過驗證的架構，可以用來建構具彈性、易維護的物件導向軟體。設計樣式的研究者們試圖列出重複出現的樣式，並鼓勵軟體設計者再利用它們，以更少的時間、金錢與精力，開發出品質更好的軟體。我們會在附錄 N 探討 Java 的設計樣式。
LAMP	MySQL 是一個開放原始碼的資料庫管理系統。PHP 是開發網頁應用時，最受歡迎的開放原始碼伺服端「腳本」語言。**LAMP** 是一個頭字語，代表許多開發者用來建構網頁應用的開放原始碼技術，LAMP 代表 Linux、Apache、MySQL 以及 PHP（或 Perl、或 Python 另外兩種腳本語言）。
視軟體為服務 (SaaS)	軟體一般被視為產品；大多數軟體仍然以此方式銷售。若要執行某個應用程式，你要向軟體商購買它。然後將它安裝在電腦上，在需要時執行。新版出現時，你會升級軟體，通常價錢並不便宜。對於有幾萬組系統必須維護，而這些系統又包含各式各樣電腦設備的機構來說，這項程序相當的繁複。在**視軟體為服務（Software as a Service, SaaS）**的概念中，軟體是在網路上其他地方的伺服器上頭執行。當伺服器更新時，全世界所有的客戶端都會看到新的功能，無需在本機上安裝。你會透過瀏覽器使用這項服務。瀏覽器具有很好的可攜性，所以可以在全世界任何地方，用各式各樣的電腦，執行同樣的應用程式。Salesforce.com、Google 以及 Microsoft 的 Office Live 及 Windows Live，全都提供了 SaaS。
視平台為服務 (PaaS)	**視平台為服務（Platform as a Service, PaaS）**的概念，是透過網頁以服務的方式，提供開發執行應用程式的運算平台，而非在你的電腦上安裝各種工具。PaaS 供應商包括 Google App Engine、Amazon EC2、Windows AzureTM 等等。
雲端運算 (Cloud computing)	SaaS 與 PaaS 都是**雲端運算（cloud computing）**的例子，你可以使用存在雲端中的軟體，透過電腦（或伺服器）可以在遠端的電腦中使用，而不是存在桌上電腦、筆記型電腦，或行動裝置。這使得你可以增加或是減少運算資源，好讓你隨時可以使用，這提供了使用者彈性、擴充性以及成本的節約。雲端運算還通過管理這些應用程式的服務提供商來省錢。
軟體開發工具 (SDK)	**軟體開發工具（Software Development Kit, SDK）**包含使用者可以用來撰寫應用程式的工具與文件。例如，你會使用 Java Development Kit（JDK）來建立及執行 Java 應用程式。

圖 1.18　軟體技術

　　軟體是複雜的。很多現實中的軟體應用程式需要花上好幾個月，甚至是好幾年去設計及運轉。當大量的軟體產品正在被開發，他們基本上提供使用者群一系列的版本，版本會不斷的更新。（圖 1.19）

版本	說明
Alpha	Alpha 版軟體是軟體產品最早釋出的版本，仍然處於如火如荼的開發中。Alpha 版通常錯誤叢生，不完整也不穩定，而且只會釋出給少量開發者來測試新功能、取得早期的回饋意見等等。
Beta	Beta 版是開發過程的較晚期，大多數重要錯誤都已經修正，新功能接近完成後，釋出給大量的開發者。Beta 版軟體比較穩定，但仍有可能修改。
候選版本	候選版本（release candidate）通常是功能完整而且（理當）沒有錯誤，已準備好提供社群使用的版本，社群提供了多元化的測試環境，軟體會在不同系統上被使用，包含各式各樣的限制，以及各式各樣的用途。
最終發行	一旦在候選版本中的錯誤被糾正了，最終的產品就會公開發行。軟體公司通常藉由網路發行升級軟體。
持續測試	使用這種方式開發的軟體，通常沒有版本編號（例如 Google 搜尋或 Gmail）。這類軟體存放在雲端（而非安裝在你電腦上），會持續地進行更新，而使用者永遠都可以使用最新版。

圖 1.19　軟體產品的版本術語

1.13　跟進最新資訊科技

圖 1.20 列出重要的技術與商業刊物，能幫助你了解最新的新聞、潮流和技術。你也可以在 www.deitel.com/ResourceCenters.html 找到持續增加中的網際網路及網頁資源中心。

刊物	URL
AllThingsD	allthingsd.com
Bloomberg BusinessWeek	www.businessweek.com
CNET	news.cnet.com
Communications of the ACM	cacm.acm.org
Computerworld	www.computerworld.com
Engadget	www.engadget.com
EWeek	www.eweek.com
Fast Company	www.fastcompany.com/
Fortune	money.cnn.com/magazines/fortune
GigaOM	gigaom.com
Hacker News	news.ycombinator.com

圖 1.20　技術與商業刊物 (1/2)

刊物	URL
IEEE Computer Magazine	www.computer.org/portal/web/computingnow/computer
InfoWorld	www.infoworld.com
Mashable	mashable.com
PCWorld	www.pcworld.com
SD Times	www.sdtimes.com
Slashdot	slashdot.org/
Technology Review	technologyreview.com
Techcrunch	techcrunch.com
The Next Web	thenextweb.com
The Verge	www.theverge.com
Wired	www.wired.com

圖 1.20　技術與商業刊物 (2/2)

自我測驗題

1.1 請填入下列各則陳述的空格：

a) 電腦是在一組稱為 _____ 的指令控制下處理資料。

b) 電腦的六個主要邏輯單元是 _____、_____、_____、_____、_____ 和 _____。

c) 本章討論了三類程式語言，亦即 _____、_____ 和 _____。

d) 能夠將高階語言程式轉譯成機器語言的程式稱為 _____。

e) _____ 是一種建立在 Linux kernel 與 Java 之上的智慧型手機作業系統。

f) _____ 軟體通常具備完整的功能（理當）沒有錯誤，並且已準備好供社群使用。

g) Wii Remote，和許多智慧型手機一樣，使用了 _____，讓裝置能夠對動作有所回應。

1.2 請填寫下列各句關於 Java 環境之敘述中的空格。

a) JDK 的 _____ 命令會執行 Java 應用程式。

b) JDK 的 _____ 命令會編譯 Java 程式。

c) Java 程式檔案必須以副檔名 _____ 結尾。

d) Java 程式編譯完成後，編譯器會產生一個副檔名為 _____ 的檔案。

e) Java 編譯器產生的檔案內含可被 Java 虛擬機器執行的 _____。

1.3 請填入下列各則陳述的空格（依據 1.5 節）：

a) 物件具有 _____ 性質——雖然物件可能知道如何透過良好設計的介面來與其他物件溝通，但是物件通常無法得知其他物件的實作細節。

b) Java 程式設計師致力於建立 _____，其中包含欄位與一組可用來處理這些欄位，為客戶提供服務的方法。

c) 以物件導向的觀點來分析及設計系統的過程，就稱為 _____。

d) 透過 _____，新類別的物件衍生時，會吸收現有類別的性質，然後再加上它們自己獨有的性質。

e) _____ 是一種圖形化語言，令設計軟體系統的人們可以用業界標準圖示來呈現其設計。

f) 物件的大小、形狀、顏色、重量，都被認為是物件類別的 _____。

自我測驗題解答

1.1 a) 程式　b) 輸入單元、輸出單元、記憶體單元、算術計算與邏輯單元、中央處理單元、輔助儲存單元　c) 機器語言、組合語言、高階語言　d) 編譯器　e) Android　f) 候選版本　g) 加速度量測器

1.2 a) Java　b) javac　c) .java　d) .class　e) 中間碼

1.3 a) 資訊隱藏　b) 類別　c) 物件導向分析與設計 (OOAD)　d) 繼承　e) 統一塑模語言 (UML)　f) 屬性

習題

1.4 請填入下列各則敘述的空格：

a) 電腦中，會負責從外界接收資訊以供電腦使用的邏輯單元是 ＿＿＿＿＿＿。

b) 指揮電腦解決問題的程序，稱爲 ＿＿＿＿＿＿。

c) ＿＿＿＿＿＿是一種電腦語言，利用類似英文的縮寫來表示機器語言指令。

d) ＿＿＿＿＿＿＿是電腦中負責將電腦處理過的資料傳給各種裝置，以便提供給外界使用的邏輯單元。

e) ＿＿＿＿＿＿與 ＿＿＿＿＿＿是電腦中負責保存資訊的邏輯單元。

f) ＿＿＿＿＿＿是電腦中負責執行運算的邏輯單元。

g) ＿＿＿＿＿＿是電腦中負責邏輯判斷的邏輯單元。

h) ＿＿＿＿＿＿語言最便於快速、簡單地撰寫程式。

i) 電腦唯一能夠直接了解的語言是該台電腦的 ＿＿＿＿＿＿。

j) ＿＿＿＿＿＿是電腦中負責協調其他所有邏輯單元行動的邏輯單元。

1.5 請填入下列敘述中的空格：

a) ＿＿＿＿＿＿＿是一個被獨立的編寫程式平台，物件被建立在允許程式被編寫一次的情況下，然後在沒修改的情況下在很多的電子產品上運作。

b) ＿＿＿＿＿＿、＿＿＿＿＿＿和＿＿＿＿＿＿是三個 Java 的版本的名字，分別用在建立三個不同的應用程式。

c) ＿＿＿＿＿＿＿是通訊線路資訊承載量，最近容量不斷增加而且價格降低。它可以做爲被連接的應用程式的基礎。

d) ＿＿＿＿＿＿是一個轉譯器，可以在有效率的情況下將早期的彙編語言轉成機器語言。

1.6 請填入下列各敘述的空格：

a) Java 程式通常會經過五個階段，分別是 ＿＿＿＿＿＿、＿＿＿＿＿＿、＿＿＿＿＿＿、＿＿＿＿＿＿ 以及 ＿＿＿＿＿＿。

b) ＿＿＿＿＿＿＿ 提供許多支援軟體開發程序的工具，例如撰寫與編輯程式用的編譯器、用來找出程式中邏輯錯誤的除錯器，還有其他許多功能。

c) java 命令會呼叫 ＿＿＿＿＿＿ 以執行 Java 程式。

d) ＿＿＿＿＿＿＿ 也是一種軟體應用，它會模擬電腦的運作，但是會將底層的作業系統與硬體隱藏起來，不讓與之互動的應用程式看見。

e) ＿＿＿＿＿＿ 會取得包含程式中間碼的 .class 檔案，然後將之移入到主記憶體中。

f) ＿＿＿＿＿＿ 會檢驗中間碼以確保它們是合法有效的。

1.7 請解釋何謂 JAVA 的 just-in-time (JIT) 編譯器？

1.8 你應當多次使用過世界上最常見的物件之一：手錶。試論下列各個術語及概念，要如何套用到手錶上頭：物件、屬性、行爲、類別、繼承（請考量，例如：鬧鐘）、抽象化、模型化、訊息、封裝、介面，還有資訊隱藏。

進階習題

在本書各章節，我們加入了進階習題，在這些習題中，我們會要求你解決對於個人、社會、國家以及世界真正重要的問題。若想對於努力在改造世界的全球性組織，或想對於相關的程式設計專案構想有更多了解，請拜訪我們的 Making a Difference 資源中心，位於：www.deitel.com/makingadifference。

1.9 （試用：**碳足跡計算程式**）有些科學家相信，碳排放，特別是來自燃燒化石燃料的碳排放，對於全球暖化有劇烈的影響，而我們是可以對抗這個情況的，只要我們個人採取行動，來限制自己對於碳基燃料的使用。機構與個人對於其「碳足跡 (carbon footprint)」越來越為關注。諸如 TerraPass

http://www.terrapass.com/carbon-footprint-calculator/

與 Carbon Footprint

http://www.carbonfootprint.com/calculator.aspx

等網站，都提供了碳足跡的計算程式。請測試執行這些計算程式，來計算你的碳足跡。後續幾章的習題會請你設計自己的碳足跡計算程式。為了準備這些習題，請研究計算碳足跡的公式。

1.10 （試用：**身體質量指數計算程式**）根據一份近期的估算，美國有三分之二的人口過重，這些人口中又有大約一半達到肥胖標準。這種現象造成某些疾病，如糖尿病和心臟病的患病率顯著提高。要判斷某人是否過重或肥胖，你可以使用一種測量標準，稱為身體質量指數 (body mass index，BMI)。美國衛生服務部在 http://www.nhlbi.nih.gov/guidelines/obesity/BMI/bmicalc.htm 提供了 BMI 計算程式。請使用它來計算你自己的 BMI。之後會有一個習題請你設計自己的 BMI 計算程式。為了準備此一習題，請研究計算 BMI 的公式。

1.11 （**混合動力車的屬性**）在本章中你學到關於類別的基礎概念。現在你要來「充實」某個稱為「混合動力車」類別的各個層面。混合動力車越來越受歡迎，因為比起純粹由汽油發動的車輛，它們通常可以得到較好的燃油里程數。請瀏覽網路，研究四到五種今日流行的混合動力車的特色，然後盡你所能地列出它們與混合動力車相關的屬性。例如，常見的屬性包括市區行車每加侖英里數、高速公路行車每加侖英里數。也請列出和電池有關的屬性（類型、重量等等）。

1.12 （**性別中立**）許多人想要消彌存在於各種溝通形式中的性別歧視。我們請你撰寫一支程式，能夠處理一段文字，然後將強調性別的字眼，替換成中性的字眼。假設你已經得到一個強調性別的字彙列表，以及它們中性的替換詞（例如，將「老婆」換成「配偶」；「男人」換成「人」；「女兒」換成「小孩」諸如此類等等），請解釋當你閱讀一段文字，然後手動進行這些替換時，你所使用的程序會不會產生奇怪如「woperchild」的詞彙？你將會學到「程序」，更正式的說法是「演算法」，演算法會決定欲執行的步驟，以及執行這些步驟的順序。我們將介紹如何開發演算法，然後轉換成可以在電腦上運行的 Java 程式。

Java應用程式介紹；
輸入/輸出與運算子

What's in a name?
That which we call a rose
By any other name would
smell as sweet.
— William Shakespeare

The chief merit of language is
clearness.
— Galen

One person can make a
difference and every person
should try.
— John F. Kennedy

學習目標

在本章節中，你將會學習到：
- 撰寫簡單的 Java 應用程式。
- 使用輸入與輸出敘述。
- Java 的基本型別。
- 記憶體的基本概念。
- 使用算術運算子。
- 算術運算子的優先順序。
- 撰寫各種判斷敘述。
- 使用關係運算子與等值運算子。

2.1　簡介

本章會介紹如何撰寫 Java 應用程式。一開始，我們會介紹幾個會在螢幕上顯示訊息的範例程式。接下來會呈現另一支程式，這支程式會向使用者取得兩個數值，計算此二數之和，然後顯示出結果。你將會學到如何命令電腦執行算術運算，然後儲存結果提供後續使用。最後一個範例會示範程式如何進行判斷。這支應用程式會比較數字，然後顯示訊息，顯示出比較後的結果。

　　本章會使用 JDK 提供的工具來編譯及執行程式。如果你傾向使用整合開發環境 (integrated development environment, IDE)，我們也在 http://www.deitel.com/books/jhtp10/ 上頭張貼了 Dive Into® 影片，以幫助你入手使用廣受歡迎的 Eclipse、NetBeans 和 IntelliJ IDEA 整合開發環境。

2.2　你的第一支 Java 程式：列印一行文字

Java 應用程式（**application**）是一種電腦程式，會在使用 **java 命令**啟動 Java 虛擬機器（JVM）時開始執行。本節稍後會討論如何編譯及執行 Java 應用程式。本節稍後，我們會討論如何編譯及執行 Java 應用程式。首先，我們會考量能夠顯示一行文字的簡單應用。圖 2.1 印出了這支程式，後頭加上一個方塊顯示其輸出。

```
1  // Fig. 2.1: Welcome1.java
2  // Text-printing program.
3
4  public class Welcome1
5  {
6     // main method begins execution of Java application
7     public static void main(String[] args)
8     {
```

圖 2.1　文字列印程式 (1/2)

```
 9        System.out.println("Welcome to Java Programming!");
10    } // end method main
11 } // end class Welcome1
```

```
Welcome to Java Programming!
```

圖 2.1　文字列印程式 (2/2)

　　這支程式包含行號。我們是爲了教學目的加入這些行號它們**不屬於** Java 程式的一部分。這個範例描繪了幾個重要的 Java 特色。我們會看到第 9 行在執行眞正的工作——在螢幕上顯示出 Welcome to Java Programming! 這個句子。

在程式中加入註解

我們會加入**註解**來**說明程式**，以增進程式的可讀性。Java 編譯器會忽略註解，因此程式在執行時，註解並不會令電腦執行任何動作。

　　依照慣例，我們會在每個程式的開頭加上註解，指出其插圖編號以及檔名。第 1 行的註解：

```
// Fig. 2.1: Welcome1.java
```

以 // 開頭，表示這是一句**單行註解 (end-of-line comment)**——註解部分會結束在 // 出現的那行行尾。單行註解不需要從該行的最前面開始；它也可以從行中開始，持續到該行結束（如第 6、10 與第 11 行）。第 2 行：

```
// Text-printing program.
```

是一個用來描述程式用途的註解。

　　Java 也有**傳統註解 (traditional comment)**，可以跨越多行，如下：

```
/* This is a traditional comment. It
   can be split over multiple lines */
```

這類註解是以分界符號 /* 和 */ 開始及結束。編譯器會忽略分界符號裡所有的文字。Java 分別從 C 與 C++ 程式語言，納入了傳統註解與單行註解。本書中只會使用單行註解。

　　Java 還提供第三種註解，**Javadoc 註解**。Javadoc 註解是以 /** 與 */ 作爲分界。編譯器會忽略分界符號裡面所有的文字。Javadoc 註解讓你能將程式的說明文件直接嵌入到程式中；這也是業界比較偏好的 Java 文件說明格式。**Javadoc 公用程式**（標準版 Java SE Development Kit 的一部分）會讀取 Javadoc 註解，然後以 HTML 格式來呈現程式說明文件。我們會在線上附錄 G 使用 javadoc 建立說明文件，解說 Javadoc 註解以及 Javadoc 公用程式。

常見的程式設計錯誤 2.1

遺漏傳統註解或 Javadoc 註解的其中一個分界符號，是一種語法錯誤。當編譯器碰到違反 Java 語言規則（亦即其語法）的程式碼，就會產生語法錯誤（syntax error）。這些規則與自然語言中規定句型結構的文法規則類似。語法錯誤又稱爲**編譯器錯誤**（**compiler error**）、**編譯時期錯誤**（**compile-time error**）或是**編譯錯誤**（**compilation error**），因爲編譯器會在編譯時期偵測到這些錯誤。編譯器的回應是發出一個錯誤訊息，並阻止你的程式繼續編譯下去。

良好的程式設計習慣 2.1
有些機構要求所有程式都應該以註解開頭，說明程式的目的、作者、日期以及最近
修改的日期。

測試和除錯的小技巧 2.1
當你寫了一個新程式或是修改舊的程式，要記得確定編碼的註解有跟上最新的修
改，編寫者常常會需要修改已經寫好的編碼，來訂正錯誤或是加強能力。更新你的
註解可以幫助確認編碼是否有正確的執行命令，這會讓程式在未來能更加輕易去理
解或是修改。編寫者如果使用或是更新編碼，然而此編碼沒有更新，這樣會造成編
碼錯誤的假設，其會導致錯誤或甚至是安全性的空白。

使用空白行

第 3 行是一行空白。空白行、空格字元與定位符號，會讓程式更容易閱讀。三者合稱**空白**
（**white space**）。編譯器會忽略空白。

良好的程式設計習慣 2.2
請利用空白行與空格來增加程式的可讀性。

宣告類別

第 4 行：

```
public class Welcome1
```

開始了 Welcome1 類別的**類別宣告**（**class declaration**）。每支 Java 程式都至少要包含一個你
（或程式設計師）所定義的類別。**關鍵字 class** 會開始一個類別宣告，後頭緊接著**類別名稱**
（Welcome1）。**關鍵字**（有時稱為**保留字**）會被保留供 Java 使用，關鍵字永遠以小寫字母拼
成。附錄 C 包含完整的 Java 關鍵字列表。

在第 2-7 章，我們定義的所有類別，都是以關鍵字 public 開頭。目前，我們只需要這個
關鍵字。在第 8 章，你會學到更多關於 public 和非 public 類別的事情。

public 類別的檔名

public 類別必須被放在一個檔名包含 ClassName.java 的檔案裡面，如此，類別 Welcome1 類
就會被存在檔案 Welcome1.java 中。

常見的程式設計錯誤 2.2
存放 public 類別的檔案，其名稱必須和類別相同（拼字和大小寫都要相同），後頭加上
.java 副檔名，否則就會產生編譯錯誤。

類別名稱與識別字

依照慣例，類別名稱會以大寫字母開頭，名稱中所用到的單字，第一個字母都要大寫（例如：SampleClassName）。類別名稱是一種**識別字（identifier）**，是由一串字母、數字、底線（_）以及錢號 ($) 所構成的字串，不能以數字開頭，也不能包含任何空白。例如 Welcome1、$value、_value、m_inputField1、button7 等，都是合法的識別字。7button 這個名稱不是有效的識別字，因為它以數字開頭，還有空白的名稱輸入區也不算是有效的識別字，因為它包含空白。一般來說一個識別字若沒有以大寫開頭，那它就不是類別名稱。Java 是要區分大小寫的（**case sensitive**），所以 value 與 Value 是不一樣的（但皆為有效）識別字。

類別主體

所有類別宣告的**主體（body）**，都是以**左大括弧** {（如第 5 行）開始。所有類別宣告，也必然是以相對應的**右大括號** }（第 11 行）作為結尾。我們將第 6-10 行縮排。

良好的程式設計習慣 2.3
請將界定類別主體的左右大括號之間所包含的整個主體縮排一「層」。此格式強調類別宣告的結構，它能使其較方便閱讀。我們建議用三個空格作為一層的縮排量。這種格式可以強調出類別宣告的結構，並增加可讀性。

測試和除錯的小技巧 2.2
當你鍵入開始的左大括號 { 之後，請立刻打上結束的右大括號 }，然後將游標移到兩個括號之間，縮排後再開始輸入主體。這種習慣有助於避免遺漏大括號所導致的錯誤。許多 IDE 會自動為你插入大括號。

常見的程式設計錯誤 2.3
若大括號沒有成對出現，是一種語法錯誤。

良好的程式設計習慣 2.4
許多 IDE 會在所有適當的地方，為你加入縮排。Tab 鍵也可以用來縮排程式碼，但是不同文字編輯器，定位點的位置可能會有所差異。大多數 IDE 都能讓你設定位點，在你每次按下 Tab 鍵時，插入指定數量的空白。

宣告方法

第 6 行：

```
// main method begins execution of Java application
```

是一個單行註解，用來說明程式第 7-10 行的用途。第 7 行：

```
public static void main(String[] args)
```

是所有 Java 應用程式的起點。識別字 **main** 之後的**小括號**，表示這是一種稱為**方法**

（**method**）的程式建構區塊。Java 的類別宣告通常包含一個或多個方法。在 Java 應用程式中，其中一個方法必須被命名為 main，而且一定要如第 7 行般加以定義；否則 JVM 就不會執行這個應用程式。方法會執行工作，也可以在完成工作時傳回資訊。我們會在 3.2.5 節中解釋關鍵字 static 的作用。關鍵字 void 表示這個方法不會傳回資訊。稍後，我們會看到方法要如何傳回資訊。目前，你在你的 Java 應用中只需模仿 main 的第一行就好了。第 7 行，小括號內的 String args[] 是 main 方法宣告的必要部分，我們會在第 7 章中討論。

第 8 行的左大括弧 {，開始了**方法宣告的主體**。主體的結尾必須有一個相對應的右大括號（第 10 行）。在大括號之間，方法主體中的第 9 行，我們有加以縮排。

良好的程式設計習慣 2.5

在每個方法宣告中，請將界於定義方法主體的左右大括號之間，整個主體的部分縮排一「層」。這會更突顯方法的結構，並且讓方法宣告更易於閱讀。

使用 System.out.println 進行輸出

第 9 行：

```
System.out.println("Welcome to Java Programming!");
```

會指示電腦執行一個動作——亦即印出雙引號之間（但不包含雙引號本身）所包含的**字串**（**string**）。字串有時被稱為**字元字串**（**character string**）或**字串字面**（**string literal**）。字串中的空白字元不會被編譯器所忽略。字串不能跨越多行程式碼，但如稍後將會見到的，這點並不會限制你在程式碼中使用長字串。

System.out 物件，稱為**標準輸出物件**（**standard output object**）。System.out 讓 Java 應用能夠在其執行的**命令列視窗**（**command window**）裡顯示資訊。在較新版的 Microsoft Windows 中，命令列視窗就是**命令提示字元**（**Command Prompt**）。在 UNIX/Linux/Mac OS X 中，命令列視窗則稱為**終端機視窗**（**terminal window**）或 **shell**。許多程式設計師會將之簡稱為**命令列**（**command line**）。

方法 **System.out.println** 會在命令列視窗中顯示（或印出）一行文字。第 9 行小括號內的字串，就是方法的**引數**（**argument**）。當 System.out.println 完成其工作時，會把輸出游標（顯示下一個字元的位置）放在命令列視窗下一行的開頭處。（這點與你在文字編輯器中，按下 Enter 鍵會發生的事情——類似游標會出現在文件中下一行的開頭）。

整個第 9 行，包括 System.out.println、小括號內的引數 "Welcomet to Java Programming!" 以及**分號**（**;**），統稱為**敘述**（**statement**）。方法通常包含一行或多行用來完成其工作的敘述。絕大多數敘述會以分號結尾。在執行第 9 行的敘述時，會在命令列視窗中顯示 **Welcome to Java Programming!**。

在學習撰寫程式時，有時故意「破壞」有效的程式，讓你藉此熟悉編譯器中的語法錯誤訊息，會對你有所幫助。這些訊息不一定永遠可以指出程式碼真正的問題所在。當你遇到錯誤訊息時，它會給你一個概念，讓你知道是什麼造成的。[請試著將圖 2.1 的程式移除一個分號或大括號，然後重新編譯程式，看看缺少這些符號會產生怎樣的錯誤訊息。]

測試和除錯的小技巧 2.3

當編譯器回報語法錯誤時，錯誤可能並不是發生在錯誤訊息所指示的那行程式上。首先，請檢查錯誤所回報的那一行程式。如果你沒有發現那行有錯，請檢查前幾行。

在右大括號使用單行註解以提高可讀性

我們會在方法宣告或類別宣告結束的右大括號後頭，加上單行註解。舉例來說，第 10 行：

```
} // end method main
```

會指出這是方法 **main** 的結尾右大括號，而第 11 行：

```
} // end class Welcome1
```

則指出這是類別 **Welcome1** 的結尾右大括號。每個註解都會明確指出它是哪個方法或類別的結尾。

編譯並執行你的第一支 Java 應用

我們現在已經準備好，要來編譯並執行程式了。我們假設你使用的是 Java Development Kit 的命令列工具，而非 IDE。為了幫助你入手使用這些常用的 IDE，我們提供了線上的 Dive Into® 影片，包括常用的 Eclipse、NetBeans 和 IntelliJ IDEA 等等。這些都在本書網站：

```
http://www.deitel.com/books/jhtp10
```

為了準備編譯此程式，請先開啟一個命令列視窗，然後把目錄切換到程式所在之處。許多作業系統是使用 cd 命令來切換目錄。例如，在 Windows 上：

```
cd c:\examples\ch02\fig02_01
```

便會切換到 fig02_01 目錄。在 UNIX/Linux/Max OS X 系統上，命令

```
cd ~/examples/ch02/fig02_01
```

會切換到 fig02_01 目錄。要編譯程式，請鍵入

```
javac Welcome1.java
```

如果程式沒有語法錯誤，這個命令就會建立一個叫 **Welcome1.class** 的新檔案（稱為 **Welcome1** 的**類別檔案**），這個檔案包含代表此一應用程式，獨立於平台的 Java 中間碼。當我們用 **java** 命令在特定平台上執行應用程式時，JVM 便會轉譯這些中間碼，成為底層作業系統及硬體能夠理解的指令。

常見的程式設計錯誤 2.4

當你試圖編譯程式時，如果收到諸如 "bad command or filename"、"javac:command not found" 或 "'javac' is not recognized as an internal or external command, operable program or batch file" 之類的訊息，表示你的 Java 軟體並未正確完成安裝，系統的 **PATH** 環境變數設定不正確。請再仔細翻閱本書「準備工作」一節中的安裝說明。在某些系統上，更正過 **PATH** 之後，可能需要重新開機或是開啟新的命令列視窗，才能讓這些設定生效。

　　每個語法錯誤訊息，都會包含發生錯誤的檔名與行號。例如，Welcome1.java:6 表示有一個錯誤發生在檔案 Welcome1.java 的第 6 行。訊息的其他部分則提供了有關該語法錯誤的資訊。

常見的程式設計錯誤 2.5

編譯器錯誤訊息 "class Welcome1 is public, should be declared in a file named Welcome1.java" 指出檔名與檔案中的 public 類別名稱不相符，或是你在編輯類別時輸入的類別名稱不正確。

執行 Welcome1 的應用

下列的例子，假設此書的範例是放在 Windows 的 C:\examples 或是在 Linux/OS X 的使用者帳戶的 Documents/examples 資料夾。為了在命令視窗中執行此程式，切換到目錄中包含在 Microsoft Windows 的 Welcome1.java—C:\examples\ch02\fig02_01 或　在 Linux/OS X 的 ~/Documents/examples/ch02/fig02_01。接著輸入：

```
java Welcome1
```

然後按下 Enter 執行這個程式。這個命令會啟動 JVM，JVM 會載入 Welcome1 類別的 .class 檔。這個命令不包含 .class 副檔名；否則 JVM 便不會執行這個程式。JVM 會呼叫 main 方法。接著，main 方法位於第 9 行的敘述會顯示 "Welcome to Java Programming!"。圖 2.2 顯示，在 Microsoft Windows 的**命令提示字元**視窗中執行的情形。[請注意：許多系統環境是以黑底白字來顯示命令提示字元。在我們的環境中調整了這項設定，使螢幕抓圖比較清晰好讀。]

測試和除錯的小技巧 2.4

當你嘗試執行 Java 程式時，如果收到諸如 "Exception in thread "main" java.lang.NoClassDefFoundError:Welcome1" 的訊息，就表示你的 CLASSPATH 環境變數設定有問題。請再仔細翻閱本書「準備工作」一節中的安裝說明。在某些系統上，設定 CLASSPATH 之後可能需要重新開機或是開啟新的命令列視窗。

圖 2.2　從命令提示字元執行 Welcome1

2.3　修改你的第一支 Java 程式

在本節中，我們修改了圖 2.1 的範例，利用多行敘述來印出一行文字，以及利用單行敘述來印出多行文字。

以多行敘述來顯示單行文字

我們可以用好幾種方法來顯示 Welcome to Java Programming!。圖 2.3 所示的類別 Welcome2，使用兩個敘述（第 9-10 行）來產生和圖 2.1 相同的結果。[請注意：從現在開始，我們會在每個程式碼中，將新增和重要的功能套色，就像本程式的第 9–10 行一樣。]

　　這支程式與圖 2.1 類似，所以我們只探討修改的部分。第 2 行：

```
// Printing a line of text with multiple statements.
```

```
 1  // Fig. 2.3: Welcome2.java
 2  // Printing a line of text with multiple statements.
 3
 4  public class Welcome2
 5  {
 6     // main method begins execution of Java application
 7     public static void main(String[] args)
 8     {
 9        System.out.print("Welcome to ");
10        System.out.println("Java Programming!");
11     } // end method main
12  } // end class Welcome2
```

```
Welcome to Java Programming!
```

圖 2.3　使用多行敘述印出單行文字

　　利用單行註解來說明這個程式的用途。第 4 行開始 Welcome2 類別的宣告。main 方法的第 9-10 行

```
System.out.print("Welcome to ");
System.out.println("Java Programming!");
```

會顯示一行文字。第一行敘述利用 System.out 的 print 方法來顯示一個字串。每個 print 或 println 敘述，都會在上一次 print 或 println 敘述停止顯示字元的地方，再繼續顯示

字元。與 println 不同之處在於，print 方法並不會把游標移到命令列視窗下一行的開頭
——程式所顯示的下一個字元，會立即接在 print 上一次所顯示的最後一個字元之後。因
此，第 10 行會將其引數的第一個字元（字母「J」），直接接在第 9 行程式所顯示最後一個字
元（字串結尾右雙引號前面的空白字元）後頭。

以單行敘述顯示多行文字

單行敘述可以利用**換行字元（newline character）**來顯示多行文字，換行字元會命令 System.
out 物件的 print 及 println 方法，將輸出游標放在命令列視窗的下一行開頭處。就像空
白行、空格字元與定位字元一樣，換行字元也是一種空白字元。圖 2.4 的程式輸出了四行文
字，使用換行字元來決定何時該換到下一行。這支程式與圖 2.1 及圖 2.3 的程式大部分相同。

```
1  // Fig. 2.4: Welcome3.java
2  // Printing multiple lines with a single statement.
3
4  public class Welcome3
5  {
6     // main method begins execution of Java application
7     public static void main(String[] args)
8     {
9        System.out.println("Welcome\nto\nJava\nProgramming!");
10    } // end method main
11 } // end class Welcome3
```

```
Welcome
to
Java
Programming!
```

圖 2.4　使用單行敘述印出多行文字

第 9 行：

```
System.out.println("Welcome\nto\nJava\nProgramming!");
```

會在命令列視窗顯示四行文字。一般情況下，字串中的字元，會以完全相同於它們出現在
雙引號中的樣貌來顯示。然而請注意，\ 和 n 的字元配對（在此敘述中重複出現了三次）並
不會顯示在螢幕上頭。**反斜線 (\)** 稱為**跳脫字元（escape character）**，對於 System.out 的
print 及 println 方法而言有特殊的意義。當反斜線出現在字串中時，Java 會將反斜線與其
後頭的一個字元組合成**跳脫序列（escape sequence）**。跳脫序列 \n 就代表換行字元。當換
行字元出現在 System.out 要輸出的字串中時，這個換行字元就會令螢幕的輸出游標移到命
令列視窗下一行的開頭。

　　圖 2.5 列出幾種常見的跳脫序列，並且描述這些跳脫序列會如何影響命令列視窗的字元
顯示。要參考完整的跳脫序列清單，請前往

```
http://docs.oracle.com/javase/specs/jls/se7/html/jls-3.html#jls-3.10.6
```

跳脫序列	描述
\n	換行。將螢幕游標移到下一行的開頭。
\t	水平定位。將螢幕游標移到下一個定位點。
\r	歸位。將螢幕游標移到目前該行的開頭——不會前進到下一行。任何在歸位字元之後輸出的字元，都會覆蓋掉先前在該行所輸出的字元。
\\	反斜線。用來印出反斜線字元。
\"	雙引號。用來印出雙引號字元。例如： System.out.println ("\"in quotes\"") ; 會顯示出 "in quotes"。

圖 2.5　一些常見的跳脫序列

2.4　使用 printf 顯示文字

System.out.printf 方法 [f 意指具格式（formatted）] 會顯示具有格式的資料。圖 2.6 利用了 printf 方法來輸出字串 "Welcome to" 與 "Java Programming!"。

```
1  // Fig. 2.6: Welcome4.java
2  // Displaying multiple lines with method System.out.printf.
3
4  public class Welcome4
5  {
6     // main method begins execution of Java application
7     public static void main(String[] args)
8     {
9        System.out.printf("%s%n%s%n",
10          "Welcome to", "Java Programming!");
11    } // end method main
12 } // end class Welcome4
```

```
Welcome to
Java Programming!
```

圖 2.6　使用 System.out.printf 方法顯示多行文字

第 9-10 行：

```
System.out.printf("%s%n%s%n",
    "Welcome to", "Java Programming!");
```

會呼叫 System.out.printf 方法顯示程式的輸出。此方法呼叫指定了三個引數。當方法需要多個引數時，這些引數會被放在**逗號分隔列表**（**comma-separated list**）中。

良好的程式設計習慣 2.6
在引數列中，在每個逗號（,）後頭多放一個空格，可以增加程式的可讀性。

第 9-10 行只代表一個敘述。Java 允許較長的敘述分成好幾行寫出。我們將第 10 行縮排，表示它是第 9 行的延續。

 常見的程式設計錯誤 2.6
從識別字或字串的中間斷開敘述，是一種語法錯誤。

printf 方法的第一個引數，是一個**格式字串**（**format string**），其中可能包含**固定文字**（**fixed text**）與**格式描述子**（**format specifier**）。printf 方法會以原貌輸出固定文字，就像使用 print 或 println 一樣。每個格式描述子，都是某個數值的佔位符（placeholder），同時指定了輸出資料的型別。格式描述子中也可能包含非必要的格式資訊。

格式描述子是以百分比符號（%）開頭，後頭接著代表資料型別的字元。例如，格式描述子 **%s** 便是字串的佔位符。第 9 行的格式字串指示 printf 方法應該要輸出兩個字串，兩個字串之後都要加上換行字元。在第一個格式描述子的位置，printf 方法會用格式字串之後的第 1 個引數數值加以替代。之後每個格式描述子的位置，printf 都會將其替代成下一個引數的數值。所以這個範例會將第一個 **%s** 替代成 "Welcome to"，第二個 %s 則替代成 "Java Programming!"。輸出顯示出了文件中的兩行會展示在這兩行中。

注意，我們並非使用跳脫字元 \n，而是使用 **%n** 格式說明，這是一個分行的符號，一個跨操作系統移植。你不能在引數中使用 %n 到 System.out.print 或 System.out.println。然而，在 System.out.println 顯示它的引數是跨操作系統移植之後，它會輸出分行符號。線上資源的附件 I 呈現較多的 printf 格式輸出細節。

2.5　另一支應用程式：整數加法

我們的下一支應用，會讀入兩個使用者由鍵盤輸入的**整數**（例如 –22、7、0 以及 1024），計算兩者之和，然後顯示出來。這支應用程式必須記住使用者所輸入，稍後要在程式中計算的數字。程式會將數字和其他資料記憶在電腦的記憶體中，透過稱為**變數**（**variable**）的程式元件去存取這些資料。圖 2.7 的程式說明了這些概念。在範例輸出中，我們會使用粗體字來表示使用者的輸入（例如 **45** 和 **72**）。

```
1  // Fig. 2.7: Addition.java
2  // Addition program that displays the sum of two numbers.
3  import java.util.Scanner; // program uses class Scanner
4
5  public class Addition
6  {
7     // main method begins execution of Java application
8     public static void main(String[] args)
9     {
10       // create a Scanner to obtain input from the command window
11       Scanner input = new Scanner(System.in);
12
```

圖 2.7　會顯示兩數和的加法程式 (1/2)

```
13          int number1; // first number to add
14          int number2; // second number to add
15          int sum; // sum of number1 and number2
16
17          System.out.print("Enter first integer: "); // prompt
18          number1 = input.nextInt(); // read first number from user
19
20          System.out.print("Enter second integer: "); // prompt
21          number2 = input.nextInt(); // read second number from user
22
23          sum = number1 + number2; // add numbers, then store total in sum
24
25          System.out.printf("Sum is %d%n", sum); // display sum
26      } // end method main
27  } // end class Addition
```

```
Enter first integer: 45
Enter second integer: 72
Sum is 117
```

圖 2.7 會顯示兩數和的加法程式 (2/2)

2.5.1 import 宣告

Java 一個強大的優點在於擁有豐富的預定義類別，你可以重複利用它們，而不必一切從頭開始。這些類別會被分組成**套件（package）**——包含相關類別的具名群組——統稱為 **Java 類別庫（Java class library）**或 **Java 應用程式設計介面（Java Application Programming Interface, Java API）**。第 3 行：

```
import java.util.Scanner; // program uses class Scanner
```

是一個 **import 宣告**，會幫助編譯器找到程式中所使用的類別。這行指出，這個範例使用了位於 **java.util** 套件中，Java 預定義的 Scanner 類別（我們馬上就會加以討論）。

常見的程式設計錯誤 2.7
所有 import 宣告都必須出現在此檔案的第一個類別宣告之前。將 import 宣告放在類別宣告的主體中，或類別宣告之後，都是種語法錯誤。

常見的程式設計錯誤 2.8
忘記為程式中使用到的類別加入 import 宣告，通常會造成編譯錯誤，得到類似 "cannot find symbol" 的訊息。發生這種狀況時，請確認有提供正確的 import 宣告，而且宣告中的名稱是正確的，大小寫也都無誤。

軟體工程的觀點 2.1

在每一個新的 Java 版本中，APIs 基本上會包含新的修復錯誤的能力，增強性能或是提供較好的手段來完成任務。因此，相對應的舊版書就不需要拿出來使用了。例如，APIs 有可能被反對，而且會從之後的 Java 版本中移除。

當你在瀏覽網路 API 說明時，會經常遇上被反對的 APIs。若使用被反對的 APIs 來編碼，編譯器會警告你，如果你使用 javac(遭強烈反對的命令列引數) 來編譯程式碼，編譯器會告訴你被反對的特點。對於每一種特點，線上資源（http://docs.oracle.com/javase/7/docs/api/）會指出並連結到新的特點，將過時的取代。

2.5.2　宣告 Addition 類別

第 5 行：

```
public class Addition
```

開始了 Addition 類別的宣告。這個 public 類別的檔案名稱一定要是 Addition.java。請記住，所有類別宣告的主體，都是以一個左大括號來開頭（第 6 行），然後以一個右大括號作為結尾（第 27 行）。

這個應用程式會從 main 方法開始執行（第 8-26 行）。左大括號（第 9 行）標明了方法 main 主體部分的起點，對應的右大括號(第 26 行)則標明其終點。在類別 Addition 主體中，方法 main 縮排了一層，main 主體中的程式碼又再縮排了另一層，以提供可讀性。

2.5.3　宣告與創造 Scanner，以從鍵盤取得使用者輸入

所謂**變數（variable）**，意指電腦記憶體的某個位置，我們可以將數值存放於此，提供程式後續使用。所有的 Java 變數在可使用之前，都必須先宣告其**名稱（name）**及**型別（type）**。變數名稱讓程式可以存取該變數在記憶體中的數值。變數名稱可以是任何有效的識別字──由一連串的字母、數字、底線（_）、錢字符號（$）所構成，不能以數字開頭，也不能包含任何空白。變數的型別會指出該記憶體位置所儲存的是何種資訊。就像其他敘述一樣，宣告敘述同樣是以分號（;）作為結束。

第 11 行：

```
Scanner input = new Scanner(System.in);
```

是一行**變數宣告敘述（variable declaration statement）**，指定了程式中所使用的變數名稱（input）和其型別（Scanner）。**Scanner** 讓程式可以讀入資料（例如數字和字串），以在程式中使用。這些資料可以來自許多來源，例如：磁碟的某個檔案，或使用者的鍵盤輸入。使用 Scanner 物件之前，必須先建立該物件，並指定其資料來源。

第 11 行的等號（=）表示這個 Scanner 變數 input 應該要在其宣告時，以等號右邊的運算式── new Scanner（System.in）──的結果，進行**初始化（initialized）**（意即準備好供程式使用）。這個運算式，使用了 **new** 關鍵字來建立一個 Scanner 物件，會讀入使用者在鍵

盤上輸入的字元。**標準輸入物件 System.in** 讓應用程式可以讀取使用者輸入的資訊位元組。Scanner 會將這些位元組轉譯成程式可使用的型別（例如 int）。

2.5.4　宣告變數以儲存整數

第 13-15 行的變數宣告敘述：

```
int number1; // first number to add
int number2; // second number to add
int sum; // sum of number1 and number2
```

宣告了變數 number1、number2 與 sum，儲存型別 **int** 的資料──亦即這些變數可以存放整數數值（例如 72、–1127 與 0）。這些變數都還沒有初始化。int 的數值範圍從 –2,147,483,648 到 +2,147,483,647。[請注意：實際的 int 數值不能包含逗號。]

　　其他資料型別包括 **float** 與 **double**，用來存放實數，還有 **char**，用來存放字元資料。實數包含小數點，像是 3.4、0.0 和 –11.19。char 型別的變數代表單獨的字元，例如大寫字母（例如 A）、數字（例如：7）、特殊字元（例如： * 或 %）或是跳脫序列（例如換行字元 \n）。型別 int、float、double 與 char 都稱為**基本型別（primitive type）**。基本型別的名稱都是關鍵字，必須全部以小寫字母表示。附錄 D 整理了八種基本型別（boolean、byte、char、short、int、long、float 及 double）的特性。

　　同型別的多個變數可以宣告在單一宣告中，用逗號將變數名稱分隔開來（意即變數名稱的逗號分隔列）。例如，第 13-15 行也可以寫成：

```
int number1, // first number to add
    number2, // second number to add
    sum; // sum of number1 and number2
```

良好的程式設計習慣 2.7
請在不同行宣告各個變數。這種格式讓我們可以在每個宣告的後頭，加上說明的註解。

良好的程式設計習慣 2.8
請選擇有意義的變數名稱，這樣會有助於程式的自我文件化（self-documenting）（亦即，我們只需閱讀程式，就可以了解它，而不用去閱讀說明手冊、或觀看大量的註解）。

良好的程式設計習慣 2.9
依照慣例，變數名稱識別字會用小寫字母開頭，而第一個單字之後的每個單字，第一個字母都要大寫。舉例來說，變數識別字 firstNumber 的第二個單字 Number，N 就是大寫。

2.5.5　提示使用者輸入

第 17 行：

```
System.out.print("Enter first integer: "); // prompt
```

使用了 System.out.print 來顯示訊息 "Enter first integer:"。這個訊息稱作**提示 (prompt)**，因為它會指示使用者去執行一項特定的行動。我們在此使用 print 方法而非 println，這樣使用者的輸入就會和提示出現在同一行。請回想 2.2 節，第一個字母大寫的識別字，通常表示類別名稱。所以，System 是一個類別。類別 System 包含在 **java.lang** 套件之中。請注意，我們並沒有在程式開頭使用 import 宣告匯入 System 類別。

軟體工程的觀點 2.2
系統預設所有 Java 程式都會匯入 java.lang 套件，因此，java.lang 中的類別，是 Java API 中唯一不需要 import 宣告的類別。

2.5.6　取得使用者輸入的 int

第 18 行：

```
number1 = input.nextInt(); // read first number from user
```

使用 Scanner 物件 input 的 nextInt 方法，取得使用者在鍵盤上輸入的整數。此時，該程式會等待使用者鍵入數字並按下 Enter 鍵，將這個數字提交給程式。

程式會假設這個使用者輸入的是有效整數值。如果使用者輸入的不是有效整數，就會造成執行時期的邏輯錯誤，程式將會終止運行。第 11 章，將會討論如何令程式有辦法處理這類錯誤，讓程式更加強健，這也叫做讓程式具有容錯能力（fault tolerant）。

在第 18 行，我們使用**設定運算子（assignment operator）**「=」，將 nextInt 方法呼叫的結果（一個 int 數值），存放到變數 number1 中。這個敘述讀作：「number1 **取得** input.nextInt() 的數值。」運算子 = 稱為**二元運算子**，因為它有兩個**運算元**：number1 和方法呼叫 input.nextInt() 的結果。這個敘述叫做設定敘述（assignment statement），因為它會將數值設定給某個變數。設定運算子 = 右邊的一切，必然會在執行設定之前，先行運算好。

良好的程式設計習慣 2.10
請在二元運算子的兩端分別加上一個空白，讓程式更易於閱讀。

2.5.7　提示輸入第二筆 int

第 20 行：

```
System.out.print("Enter second integer: "); // prompt
```

會提示使用者輸入第二筆整數。第 21 行：

```
number2 = input.nextInt(); // read second number from user
```

會讀入第二筆整數，並將之設定給變數 number2。

2.5.8 在運算中使用變數

第 23 行：

```
sum = number1 + number2; // add numbers then store total in sum
```

是一個設定敘述，會計算兩個變數 number1 和 number2 的和，再把結果用設定運算子 = 指派
給變數 sum。這個敘述讀做：「sum 取得 number1+number2 的數值」。通常，會在設定敘述中
執行運算。當程式碰到加法運算時，會利用儲存在變數 number1 和 number2 中的數值進行計
算。在前面的敘述中，加法運算子是一個二元運算子——它的兩個運算元就是變數 number1 和
number2。敘述中包含運算的部分，稱爲**運算式**（**expression**）。事實上，運算式可以是敘述的
任何一部分，而它會有一個與其相關的**數值**。例如，運算式 number1+number2 的數值，就是
這兩個數字的和。同樣地，運算式 input.nextInt() 的數值，就是使用者所輸入的值。

2.5.9 顯示運算結果

運算完成之後，第 25 行

```
System.out.printf("Sum is %d%n", sum); // display sum
```

會使用 System.out.printf 方法，顯示出 sum 的值。格式描述子 %d 是 int 數值的佔位符
（在此例中，爲 sum 的值）。格式字串中剩下的字元，是固定文字。所以，printf 方法會顯示
出 "Sum is" 字樣，其後接著變數 sum 的數值（就在格式描述子 %d 的位置），以及一個換行。

　　運算也可以在 printf 敘述中進行。我們可以將第 23 行與第 25 行，合併成一行敘述：

```
System.out.printf("Sum is %d%n", (number1 + number2));
```

運算式 number1 + number2 外圍的括弧並非必要，加入括弧只是爲了強調，是整個運算式的
數值會被輸出到 %d 格式描述子的位置上。

2.5.10 Java API 文件說明

對於使用到的每個新 Java API 類別，我們都會指出它位在哪個套件中。這個資訊會幫助你在
Java API 說明文件中找到各個套件及類別的說明。這份說明文件的網路版可以在下述網頁中
找到：

```
http://docs.oracle.com/javase/7/docs/api/index.html
```

你可以從以下網址下載：

```
http://www.oracle.com/technetwork/java/javase/downloads/index.html
```

附錄 F 會說明如何使用這份文件。

2.6　記憶體的概念

諸如 number1、number2 和 sum 等變數名稱，實際上是對應到電腦記憶體中的位置。每個變數都具有**名稱（name）、型別（type）、大小（size）**（以位元組表示）和**數值（value）**。

在圖 2.7 的加法程式中，當下列敘述（第 18 行）執行時：

```
number1 = input.nextInt(); // read first number from user
```

使用者所輸入的數值就會被放進名稱 number1 所對應到的記憶體位置，假設使用者輸入了 45，電腦會把這個整數值放入 number1 這個位置（圖 2.8），取代先前該位置的數值（如果有的話），則之前的數值將會遺失。

number1	45

圖 2.8　記憶體位置，顯示出變數 number1 的名稱及數值

在執行以下敘述（第 21 行）時：

```
number2 = input.nextInt(); // read second number from user
```

假設使用者輸入 72。電腦會將此整數值放入位置 number2。記憶體的樣貌現在如圖 2.9 所示。

number1	45
number2	72

圖 2.9　儲存 number1 和 number2 的數值之後的記憶體位置

在圖 2.7 的程式取得 number1 與 number2 的數值之後，會將這二個數值相加，再將總和放入變數 sum。敘述（第 23 行）

```
sum = number1 + number2; // add numbers, then store total in sum
```

會執行加法，然後取代任何先前存放在 sum 中的數值。在計算過 sum 之後，記憶體的樣貌如圖 2.10 所示。number1 與 number2 的數值長的與用來計算 sum 之前一模一樣。當電腦執行運算時，這些數值只是被讀取，並沒有被摧毀。因此，在從記憶體讀取數值時，過程並沒有破壞性。

number1	45
number2	72
sum	117

圖 2.10　儲存變數 number1 和變數 number2 的和之後的記憶體位置

2.7　算術運算

大部分程式都會執行算術運算。圖 2.11 整理了**算術運算子**（**arithmetic operator**）。請注意，有許多特殊符號並未使用在代數中。**星號**（*****）代表乘法，百分比符號（**%**）則是**餘數運算子**，我們很快就會加以討論。圖 2.11 的算術運算子是二元運算子，因為它們都使用了兩個運算元。舉例來說，運算式 f + 7 包含二元運算子 + 以及兩個運算元 f 和 7。

Java 操作	運算子	代數運算式	Java 運算式
加法	+	$f + 7$	f + 7
減法	−	$p − c$	p − c
乘法	*	bm	b * m
除法	/	x/y 或 $\frac{x}{y}$ 或 $x \div y$	x / y
餘數	%	$r \bmod s$	r % s

圖 2.11　算術運算子

　　整數除法會得到整數的商數。例如，運算式 7/4 會得到 1，運算式 17/5 會得到 3。整數除法中任何小數部分都會直接被捨棄（亦即無條件捨去）──不會進行四捨五入。Java 提供餘數運算子 %，會產生除法的餘數。運算式 x % y 會產生 x 除以 y 之後的餘數，因此，7 % 4 會得到 3，17 % 5 會得到 2。這個運算子最常使用於整數運算元，然而它也可以使用於其他算術型別。在本章習題與後續章節中，我們會考量幾種餘數運算子的有趣應用，例如判斷某個數字是否為另一個數字的倍數。

以單行橫式表示算術運算式

在 Java 中算術運算式必須寫成**單行橫式**（**straight-line form**），以助於將程式輸入電腦。因此，像是「a 除以 b」這樣的運算式就必須寫成 a/b，如此一來所有的常數、變數與運算子，都會出現在同一行。下列的代數表示法，通常不被編譯器所接受：

$$\frac{a}{b}$$

用小括號將子運算式分組

小括號是用來在 Java 運算式中將項目分組，用法與代數運算式完全相同。舉例來說，要將 a 乘以量值 b + c，我們會寫成

```
a * (b + c)
```

假如運算式中包含**巢狀括弧**（**nested parentheses**），像是

```
((a + b) * c)
```

則最內層的那組括弧（在本例中為 a + b）要先行計算。

運算子優先權規則

Java 會藉由「**運算子優先權規則（rules of operator precedence）**」，以準確的順序，使用算術運算式中的運算子，這套規則通常與代數中對應的概念相同：

1. 乘、除、餘數運算會最優先進行。如果運算式中包含數個這類運算，則會從左到右執行。乘、除和餘數運算子具有相同的優先權等級。

2. 接著，會執行加法和減法運算。如果運算式中包含數個這類運算，則會從左到右執行。加法和減法運算子具有相同的優先權等級。

這些規則讓 Java 能夠以正確的順序執行運算子[1]。我們說運算子從左往右執行時，意指其**結合律（associativity）**。有些運算子的結合律是從右往左。圖 2.12 整理了這些運算子優先權的規則。附錄 A 中有完整的優先權圖表。

運算子	運算	計算的順序（優先權）
*	乘法	最先計算。如果有多個這類運算子，則從左到右計算。
/	除法	
%	餘數	
+	加法	接著計算。如果有多個這類運算子，則從左到右計算。
-	減法	
=	設定	最後計算。

圖 2.12　算術運算子的優先權

代數運算式與 Java 運算式的範例

現在，讓我們依照運算子的優先權規則，考量幾個運算式。每個範例都會列出其代數運算式，以及其相對的 Java 運算式。下面的範例會求出五個變數的算術平均值：

代數：　　$m = \dfrac{a+b+c+d+e}{5}$

Java：　　m = (a + b + c + d + e) / 5;

小括號是必要的，因為除法比加法擁有更高的優先權。整個量值（a + b + c + d + e）會被除以 5。如果錯誤地漏寫了括號，運算式就會變成 a + b + c + d + e / 5，其計算過程為：

$a+b+c+d+\dfrac{e}{5}$

下列是直線方程式的範例：

代數：　　$y = mx + b$

Java：　　y = m * x + b;

1　我們使用樣本範例來解釋運算式的評估順序，小問題會發生在更複雜的運算式中，你將會在之後的章節中遇上。若是需要更多關於評估的資訊，請閱讀 The Java TM Language Specification 的第 15 章 (http://docs.oracle.com/javase/spacs/jls/se7/html/index.html)

這個運算式就不需要小括號。乘法運算子會先行計算，因爲乘法的優先權高於加法。設定會最後發生，因爲它比乘法或加法的優先權都來得低。

以下範例包括餘數（%）、乘法、除法、加法與減法的運算：

代數：　　　 $z = pr\%q + w/x - y$
Java：　　　z = p * r % q + w / x - y;
　　　　　　　⑥　　①　　②　④　　③　　⑤

敘述底下用圓圈括起的數字，表式 Java 執行這些運算子的先後順序。*、%、/ 運算會從左到右進行計算（意即其結合律爲從左到右），這是它們的優先權高於 + 與 -。接著會計算加法與減法。這些運算也是由左至右運算。設定（=）運算子會最後進行。

二次多項式的計算

爲了更進一步了解運算子優先權規則，請考量一個設定運算式，包含二次多項式 $ax^2 + bx + c$：

y = a * x * x + b * x + c;
⑥　①　②　④　③　⑤

乘法運算會以從左到右的順序進行計算（意即其結合律爲從左到右），因爲它們的優先權比加法高。Java 沒有指數的算術運算子，所以 x^2 平方要表示成 x * x。在第 5.4 節會說明另一種指數運算的方法。接著，加法運算會從左到右進行。假設 a、b、c、x 初始化（賦予數值）如下：a = 2、b = 3、c = 7、x = 5。圖 2.13 列出這些運算子的使用順序。

你可以使用多餘的括弧（不需要的括弧），來令運算式更加清楚明白。舉例來說，上述敘述可以加上小括號如下：

y = (a * x * x) + (b * x) + c;

Step 1.　　　y = 2 * 5 * 5 + 3 * 5 + 7;　（計算最左邊的乘法）
　　　　　　　2 * 5 is 10

Step 2.　　　y = 10 * 5 + 3 * 5 + 7;　（計算最左邊的乘法）
　　　　　　　10 * 5 is 50

Step 3.　　　y = 50 + 3 * 5 + 7;　（在計算加法之前，先計算乘法）
　　　　　　　　3 * 5 is 15

Step 4.　　　y = 50 + 15 + 7;　（計算最左邊的加法）
　　　　　　　50 + 15 is 65

Step 5.　　　y = 65 + 7;　（計算最後一個加法）
　　　　　　　65 + 7 is 72

Step 6.　　　y = 72　（最後一個運算－將72設定給 y）

圖 2.13　二次多項式的計算順序

2.8　判斷：等值運算子與關係運算子

條件式（**condition**）是一種運算式，結果非**真**（**true**）即**偽**（**false**）。本節會介紹 Java 的 **if 選擇敘述**（**if selection statement**），這種敘述讓程式能夠根據條件式的數值進行**判斷**（**decision**）。舉例來說，條件式「分數大於等於 60」可判斷學生考試是否及格。如果 if 敘述中的條件式為真（true），if 敘述的主體就會執行。如果條件式為偽，就不會執行主體的內容。我們馬上檢視一則範例。

if 敘述中的條件式，可以用**等值運算子**（== 與 !=）及**關係運算子**（>、<、>= 與 <=）來建立，圖 2.14 整理了這些運算子。兩種等值運算子擁有相同的優先權，但是低於關係運算子的優先權。等值運算子結合律也是從左到右。所有關係運算子都擁有相同的優先權等級，也是從左到右結合。

標準代數等值 或關係運算子	Java 等值和 關係運算子	Java 條件式範例	Java 條件式意義
等值運算子			
=	==	x == y	x 等於 y
≠	!=	x != y	x 不等於 y
關係運算子			
>	>	x > y	x 大於 y
<	<	x < y	x 小於 y
≥	>=	x >= y	x 大於等於 y
≤	<=	x <= y	x 小於等於 y

圖 2.14　等值運算子與關係運算子

圖 2.15 使用了六個 if 敘述，來比較使用者輸入的兩個整數。如果這些 if 敘述中，有任何一個條件式為真，與該 if 敘述相關的敘述就會被執行；否則，此敘述便會被忽略。我們使用了一個 Scanner 來讓使用者輸入整數，並將其儲存至變數 number1 與 number2。程式會比較這些數字，然後顯示出數值為真的比較結果。

```
1  // Fig. 2.15: Comparison.java
2  // Compare integers using if statements, relational operators
3  // and equality operators.
4  import java.util.Scanner; // program uses class Scanner
5
6  public class Comparison
7  {
8     // main method begins execution of Java application
9     public static void main(String[] args)
10    {
11       // create Scanner to obtain input from command line
12       Scanner input = new Scanner(System.in);
```

圖 2.15　使用 if 敘述、關係運算子與等值運算子來比較整數 (1/2)

```
13
14      int number1; // first number to compare
15      int number2; // second number to compare
16
17      System.out.print("Enter first integer: "); // prompt
18      number1 = input.nextInt(); // read first number from user
19
20      System.out.print("Enter second integer: "); // prompt
21      number2 = input.nextInt(); // read second number from user
22
23      if (number1 == number2)
24         System.out.printf("%d == %d%n", number1, number2);
25
26      if (number1 != number2)
27         System.out.printf("%d != %d%n", number1, number2);
28
29      if (number1 < number2)
30         System.out.printf("%d < %d%n", number1, number2);
31
32      if (number1 > number2)
33         System.out.printf("%d > %d%n", number1, number2);
34
35      if (number1 <= number2)
36         System.out.printf("%d <= %d%n", number1, number2);
37
38      if (number1 >= number2)
39         System.out.printf("%d >= %d%n", number1, number2);
40   } // end method main
41 } // end class Comparison
```

```
Enter first integer: 777
Enter second integer: 777
777 == 777
777 <= 777
777 >= 777
```

```
Enter first integer: 1000
Enter second integer: 2000
1000 != 2000
1000 < 2000
1000 <= 2000
```

```
Enter first integer: 2000
Enter second integer: 1000
2000 != 1000
2000 > 1000
2000 >= 1000
```

圖 2.15　使用 if 敘述、關係運算子與等值運算子來比較整數 (2/2)

Comparison 類別的宣告從第 6 行開始：

```
public class Comparison
```

此類別的 main 方法（第 9-40 行）會開始執行程式。第 12 行：

```
Scanner input = new Scanner(System.in);
```

宣告了 Scanner 變數 input，並且將一個會從標準輸入（亦即鍵盤）輸入資料的 Scanner 指定給它。

第 14-15 行

```
int number1; // first number to compare
int number2; // second number to compare
```

宣告了用來儲存使用者輸入數值的 int 變數。

第 17-18 行

```
System.out.print("Enter first integer: "); // prompt
number1 = input.nextInt(); // read first number from user
```

會提示使用者鍵入第一個整數，然後讀取輸入值。輸入值會被儲存至變數 number1 中。

第 20-21 行

```
System.out.print("Enter second integer: "); // prompt
number2 = input.nextInt(); // read second number from user
```

會提示使用者鍵入第二個整數，然後讀取輸入值。輸入值會被儲存至變數 number2。

第 23-24 行

```
if (number1 == number2)
    System.out.printf("%d == %d%n", number1, number2);
```

會比較變數 number1 和變數 number2 的數值，以判斷兩者是否相等。if 敘述永遠以關鍵字 if 開頭，後頭跟著一對包含條件式的小括號。if 敘述預期主體中會有一個敘述，但也可以包含多個敘述，只要這些敘述包含在一對大括號（{}）中。此例中主體敘述的縮排並非必要，但它可以突顯第 24 行是第 23 行開始的 if 敘述的一部分，藉此提升程式的可讀性。第 24 行只在變數 number1 與 number2 所儲存的數值相等時（亦即條件式為真時），才會執行。第 26-27 行、第 29-30 行、第 32-33 行、第 35-36 行以及第 38-39 行的 if 敘述，分別會使用運算子 !=、<、>、<= 與 >=，去比較 number1 與 number2。如果其中一或多個 if 敘述的條件式為真，則其相對應的主體敘述就會被執行。

常見的程式設計錯誤 2.9
搞混等值運算子 == 和設定運算子 =，會造成邏輯錯誤或語法錯誤。等值運算子應當要讀做「等於」，而設定運算子要讀做「取得」或「取得數值」。為了避免混淆，有些人會把等值運算子讀做「雙等號」或「等號等號」。

良好的程式設計習慣 2.11
程式每行只放一個敘述，將有助於程式可讀性。

　　每個 if 敘述的第一行最後，並沒有分號（;）。如果加上分號，就會造成執行時期的邏輯錯誤。例如，

```
if (number1 == number2); // logic error
    System.out.printf("%d == %d%n", number1, number2);
```

Java 實際上會將其解讀成

```
if (number1 == number2)
    ; // empty statement
System.out.printf("%d == %d%n", number1, number2);
```

其中自成一行的分號，稱為**空敘述**（**empty statement**），將成為 if 敘述的條件式為真的時候所執行的敘述。然而執行空敘述並不會進行任何動作。程式接著會繼續執行輸出敘述，這行敘述永遠都會執行，無論條件式是真或偽，因為這個輸出敘述已經不是 if 敘述的一部分了。

空白

請注意圖 2.15 使用空白的方式。請回想一下，編譯器通常會忽略空白。因此，敘述可以按照你的喜好分成數行或加上空白字元，而不會影響到程式的意義。但將識別字或字串分開則是不正確的。理想上，敘述應當要保持簡短，但並非總能如此。

 測試和除錯的小技巧 2.5
冗長的敘述可以將它分成幾行。如果必須將一個敘述分成幾行，請選擇有意義的換行點，例如逗號分隔列表中的逗號後面，或是在冗長運算式的某個運算子後面換行。假如一個敘述被分割成多行，請縮排所有後續的各行，直到該敘述結束為止。

目前討論過的運算子

圖 2.16 依優先權由大至小，展示了到目前為止我們討論過的運算子。除了設定運算子之外，所有運算子的結合律都是從左到右。設定運算子，=，其結合律是從右到左，設定運算式要算出值的變數皆置於運算子 = 左方，例如，運算式 x = 7 的值為 7。所以像 x = y = 0 這樣的運算式，其計算會像是寫成 x = (y = 0)，這個運算式會先將數值 0 指派給變數 y，然後將該設定的結果：0，指派給 x。

運算子	結合律	型別
* / %	由左至右	乘法
+ -	由左至右	加法
< <= > >=	由左至右	關係
== !=	由左至右	等值
=	由右至左	設定

圖 2.16　本書討論過的運算子優先權及結合律

良好的程式設計習慣 2.12

在撰寫包含許多運算子的運算式時，請參考運算子優先權圖表（附錄 A）。請確認運算式中的運算子，是按照你預期的順序執行。如果在複雜的運算式中，你不能確定計算順序的話，請使用小括號來強制運算順序，就像在代數運算式中所做的一樣。

2.9　總結

在本章中，你學會許多 Java 的重要功能，包括在**命令提示字元**視窗的螢幕上顯示資料、從鍵盤輸入資料、執行計算與判斷等。本章所呈現的幾個應用程式，介紹基本的程式設計觀念。在第 3 章中你將會見到，Java 應用程式的 main 方法通常只包含幾行程式，這些敘述通常會建立一些物件，來執行應用程式的任務。在第 3 章中，也會學到如何實作自己的類別，然後在應用程式使用這些類別的物件。

摘要

2.2 你的第一支 Java 程式：列印一行文字

- 當你使用 java 命令啓動 JVM 時，Java 應用程式便會開始執行。
- 註解會說明程式，增進程式的可讀性。編譯器會忽略註解。
- 以 // 開頭的註解稱爲行末（或單行）註解——它會結束在它出現的該行最末。
- 傳統註解可以跨越多行，以 /* 與 */ 爲分界。
- Javadoc 註解以 /** 與 */ 爲分界，讓你能夠將程式的說明文件直接嵌入到程式碼中。javadoc 公用程式可以根據這些註解產生 HTML 頁面。
- 當編譯器碰到違反 Java 語言規則的程式碼，便會發生語法錯誤也稱爲編譯器錯誤、編譯時期錯誤或編譯錯誤。它和自然語言中的文法錯誤類似。
- 空白行、空格字元和定位字元，統稱爲空白（white space）。空白會讓程式較易於閱讀，它們會被編譯器所忽略。
- 關鍵字專門保留提供給 Java 使用，而且永遠是以小寫字母組成。
- 關鍵字 class 會帶來類別宣告。
- 依照慣例，Java 所有的類別名稱都是以大寫字母開始，而且類別名稱中所有單字的第 1 個字母也會大寫（例如：SampleClassName）。
- Java 類別名稱是一種識別字，由一連串的字母、數字、底線（_）以及錢號（$）所構成，不能以數字開頭，也不能包含任何空白。
- Java 有大小寫之分，也就是說，大寫和小寫會被視爲不同字母。
- 每個類別宣告的主體，都會用大括號 { 和 } 作爲分界。
- public 類別宣告必須儲存在檔名與該類別相同，後頭加上「.java」副檔名的檔案之中。
- main 方法是所有 Java 應用的起點，而且開頭必須寫成

  ```
  public static void main(String[] args)
  ```
  否則，JVM將無法執行此應用程式。

- 方法會執行工作，並且在完成工作之後傳回資訊。關鍵字 void 表示這個方法會執行工作，但不會傳回資訊。
- 敘述會指揮電腦執行動作。
- 括在雙引號中的字串有時被稱爲字元字串、訊息或是字串常數。
- 標準輸出物件（System.out）會在命令列視窗中顯示文字。
- 方法 System.out.println 會在命令列視窗內顯示其引數，後頭加上一個換行字元。以將輸出游標移到下一行的開頭。
- 你可以使用 javac 命令編譯程式。假如程式碼沒有語法錯誤，這個指令就會建立一個類別檔案，其中包含代表此應用程式的 Java 中間碼。當你要執行程式時，這些中間碼會被JVM 所直譯。
- 要執行應用程式，請輸入 java，後頭跟隨包含 main 的類別名稱。

2.3　修改你的第一支 Java 程式

- System.out.print 會顯示其引數，然後把輸出游標直接放在其顯示的最後一個字元後面。

- 字串中的反斜線（\）是一個跳脫字元。Java 會將之與下一個字元組合成跳脫序列。跳脫序列 \n 代表換行字元。

2.4　使用 printf 顯示文字

- System.out.printf 方法（f 表示「具格式的」）會顯示具格式的資料。

- printf 方法的第一個引數，是一個格式字串，包含固定文字與格式描述子。每個格式描述子都會指定要輸出的資料型別，是出現在格式字串之後，相對應引數的佔位符。

- 格式描述子都是以百分比符號（%）開頭，後頭接著是代表資料型別的字元。格式描述子 %s 便是字串的佔位符。

- %n 格式說明是簡單的分行符號。你不能在引數中使用 %n 來 System.out.print 或 System.out.println。然而通過 System.out.println 分行符號的輸出後，它會顯示它的參數是跨系統操作移植。

2.5　另一支應用程式：整數加法

- import 宣告會幫助編譯器找出程式中所使用的類別。

- Java 豐富的預定義類別集合，會被分組為套件，具名的類別群組。這些套件統稱為 Java 類別庫或是 Java 應用程式設計介面（Java API）。

- 所謂變數，意指電腦記憶體的某個位置，可以存放數值供程式後續使用。在程式可以使用變數之前，所有變數都必須先宣告其名稱及型別。

- 變數名稱讓程式得以存取變數在記憶體中的數值。

- Scanner（java.util 套件）讓程式得以讀取程式將會使用的資料。在可以使用 Scanner 之前，程式必須先建立它，並指明其資料來源。

- 變數應該要先初始化，以準備好供程式使用。

- 運算式 new Scanner(System.in) 會建立一個 Scanner，它會從標準輸入物件（System.in）讀入資料。

- int 資料型別是用來宣告儲存整數值的變數。int 的數值範圍從 - 2,147,483,648 到 +2,147,483,647。

- float 與 double 型別會指定包含小數點的實數資料，例如 3.4 和 -11.19。

- 型別為 char 的變數代表單一字元，例如大寫字母（例如 A）、數字（例如 7）、特殊字元（例如 * 或 %）或是跳脫序列（例如換行 \n）。

- 像是 int、float、double 與 char 等型別，統稱為基本型別。基本型別的名稱都是關鍵字；因此必須全部為小寫字母。

- 提示訊息會指示使用者採取特定的動作。

- Scanner 方法 nextInt 會取得整數提供程式使用。
- 設定運算子「=」讓程式能夠將數值賦予某個變數。我們說它是二元運算子，因為它有兩個運算元。
- 帶有數值的部分敘述，稱為運算式。
- 格式描述子 %d 是 int 數值的佔位符。

2.6　記憶體的概念

- 變數名稱會對應到電腦記憶體的位置。每個變數都有名稱、型別、大小與數值。
- 數值被放入記憶體的某個位置時，就會取代該位置本來的數值，後者將會遺失。

2.7　算術運算

- 算術運算子包含 +（加）、−（減）、*（乘）、/（除）與 %（餘數）。
- 整數除法會得到整數的商數。
- 餘數運算子 % 會得到除法剩下來的餘數。
- 算術運算式必須寫成單行形式。
- 如果運算式中包含巢狀的括弧，那麼最內層的一組會先被計算。
- Java 會藉由運算子優先權規則，來判斷算術運算式中各運算子的確切運算順序。
- 當我們說運算子從左到右計算時，我們指的是其結合律。有些運算子的結合律是從右到左。
- 多餘的括弧可以令運算式更加清楚明白。

2.8　判斷：等值運算子與關係運算子

- if 敘述會按照條件式的數值（真或偽）做出判斷。
- if 敘述內的條件式是由等值運算子（== 以及 !=）和關係運算子（>、<、>= 以及 <=）所組成。
- if 敘述會以關鍵字 if 開頭，其後跟著一對小括號及其內的條件式，並預期主體中包含一個敘述。
- 空白敘述是一個不會執行任何工作的敘述。

自我測驗題

2.1　請填入下列敘述的空格：

　　a)　每個方法的主體都是以 _____ 開始，以 _____ 結束。

　　b)　_____ 敘述用於判斷。

　　c)　_____ 開始單行註解。

　　d)　_____ 、_____ 與 _____ 統稱為空白。

　　e)　_____ 是保留給 Java 使用。

    f) Java 應用程式一開始會執行 ＿＿＿＿＿ 方法。

    g) ＿＿＿＿＿、＿＿＿＿＿ 與 ＿＿＿＿＿ 方法會在命令列視窗中顯示訊息。

2.2 說明下列何者為眞 (true)，何者為僞 (false)。如果答案為僞，請說明理由。

    a) 程式執行時，註解會讓電腦在螢幕上顯示出 // 後頭的文字。

    b) 所有變數在宣告時，都必須給予一種型別。

    c) Java 會將變數 number 和 NuMbEr 視爲相同。

    d) 餘數運算子 (%) 只能用於整數運算元。

    e) 算術運算子 *、/、%、+、- 全都具有相同的優先權層級。

2.3 試撰寫敘述來完成下列工作：

    a) 將變數 c、thisIsAVariable、q76354 以及 number 宣告爲 int 型別。

    b) 提示使用者輸入一個整數。

    c) 輸入一個整數，並將此整數指定給 int 變數 value，假設 Scanner 變數 input 可以用來從鍵盤讀入數值。

    d) 於命令列視窗中，在同一行內印出 "This is a Java program" 訊息。請利用 System.out.println 方法。

    e) 於命令列視窗中，將 "This is a Java program" 訊息印出爲兩行，第一行應該以 Java 結束。請利用 System.out.printf 方法以及二個 %s 格式描述子。

    f) 如果變數 number 不等於 7，顯示 "The variable number is not equal to 7"。

2.4 請找出並更正下列各個敘述中的錯誤：

    a) if (c < 7);
```
    System.out.println("c is less than 7");
```
    b) if (c => 7)
```
    System.out.println("c is equal to or greater than 7");
```

2.5 請撰寫宣告、敘述或註解，來完成下列各項工作：

    a) 說明一個程式會計算三個整數的乘積。

    b) 建立一個 Scanner 物件呼叫 input，以從標準輸入裝置讀入數值。

    c) 將變數 x、y、z 和 result 宣告爲整數型別 int。

    d) 提示使用者輸入第一個整數。

    e) 讀入使用者輸入的第一個整數，並將之儲存至變數 x。

    f) 提示使用者輸入第二個整數。

    g) 讀入使用者輸入的第二個整數，並將之儲存至變數 y。

    h) 提示使用者輸入第三個整數。

    i) 讀入使用者輸入的第三個整數，並將之儲存至變數 z。

    j) 計算三個變數 x、y、z 所含整數的連乘積，然後將結果指定給變數 result。

    k) 顯示訊息 "Product is"，後頭加上變數 result 的數值。

2.6 請使用你在習題 2.5 中所寫的敘述，撰寫一個完整的程式，計算並顯示三個整數的乘積。

自我測驗題解答

2.1 a) 左括號 (`{`)、右括號 (`}`)　b) if　c) //　d) 空格字元、換行、定位　e) 關鍵字
f) main　g) System.out.print、System.out.println 和 System.out.printf。

2.2 a) 偽。註解並不會在程式執行時，造成任何行動。註解主要用於說明程式，以增進
程式的可讀性。

b) 真。

c) 偽。Java 有區分大小寫，所以這些變數是不同的。

d) 偽。在 Java 中，餘數運算子也可以使用非整數運算元。

e) 偽。運算子 *、/ 和 % 的優先權高於 + 和 -。

2.3 a) `int c, thisIsAVariable, q76354, number;`
or
```
int c;
int thisIsAVariable;
int q76354;
int number;
```
b) `System.out.print("Enter an integer: ");`
c) `value = input.nextInt();`
d) `System.out.println("This is a Java program");`
e) `System.out.printf("%s%n%s%n", "This is a Java", "program");`
f) `if (number != 7)`
　　`System.out.println("The variable number is not equal to 7");`

2.4 a) 錯誤：if 中條件式 (c < 7) 的右小括號後面多了分號。
更正：將右小括號後頭的分號去掉。[請注意：如果不修改，不論 if 條件式爲眞或
僞，都會執行該輸出敘述。]

b) 錯誤：關係運算子 => 不正確。更正：將 => 改爲 >=。

2.5 a) `// Calculate the product of three integers`
b) `Scanner input = new Scanner(System.in);`
c) `int x, y, z, result;`
or
```
int x;
int y;
int z;
int result;
```
d) `System.out.print("Enter first integer: ");`
e) `x = input.nextInt();`
f) `System.out.print("Enter second integer: ");`
g) `y = input.nextInt();`
h) `System.out.print("Enter third integer: ");`
i) `z = input.nextInt();`
j) `result = x * y * z;`
k) `System.out.printf("Product is %d%n", result);`

2.6　自我測驗題習題 2.6 的解答如下：

```
1   // Ex. 2.6: Product.java
2   // Calculate the product of three integers.
3   import java.util.Scanner; // program uses Scanner
4
5   public class Product
6   {
7      public static void main(String[] args)
8      {
9         // create Scanner to obtain input from command window
10        Scanner input = new Scanner(System.in);
11
12        int x; // first number input by user
13        int y; // second number input by user
14        int z; // third number input by user
15        int result; // product of numbers
16
17        System.out.print("Enter first integer: "); // prompt for input
18        x = input.nextInt(); // read first integer
19
20        System.out.print("Enter second integer: "); // prompt for input
21        y = input.nextInt(); // read second integer
22
23        System.out.print("Enter third integer: "); // prompt for input
24        z = input.nextInt(); // read third integer
25
26        result = x * y * z; // calculate product of numbers
27
28        System.out.printf("Product is %d%n", result);
29     } // end method main
30  } // end class Product
```

```
31 Enter first integer: 10
32 Enter second integer: 20
33 Enter third integer: 30
34 Product is 6000
```

習題

2.7　請填入下列各則敘述的空格：

a)　_____ 是用來說明程式與加強它的可讀性。

b)　在 Java 程式裡可以用 _____ 來做判斷。

c)　計算通常會透過 _____ 敘述來運算。

d)　有相同乘法運算式的為 _____ 與 _____。

e)　當一個運算式的小括號是巢狀的，_____ 設置在括號內的要先評估。

f)　電腦記憶體的位置會在很多的時候透過程式的執行包含不同的值，稱做 _____。

2.8　請撰寫能夠完成下列各項工作的 Java 敘述：

a)　顯示訊息 "Enter an integer:"，將游標留在下一行。

b)　將變數 b 除以 c 的餘數賦予給變數 a。

c) 說明這支程式會進行簡單的稅款計算（亦即透過文字，利用傳統註解來幫助說明文件）。

2.9 說明下列各個敘述為眞或僞。如果為僞，請說明理由。

a) 加法會在此式子中先進行：`a * b / (c + d) * 5`。

b) 以下皆為合理的變數名稱：`AccountValue`, `$value`, `value_in_$`, `account_no_1234`, `US$`, `her_sales_in_$`, `his_$checking_account`, `X!`, `_$_`, `a@b`, and `_name`。

c) In `2 + 3 + 5 / 4`，加法有最優先權。

d) 以下皆為不合理的變數名稱：`name@email.com`, `87`, `x%`, `99er`, and `2_`。

2.10 假設 x=5 並且 y=1，則下列各個敘述會顯示出什麼結果？

a) `System.out.printf("x = %d%n", x + 5);`

b) `System.out.printf("Value of %d * %d is %d\n", x, y, (x * y) );`

c) `System.out.printf("x is %d and y is %d", x, y);`

d) `System.out.printf("%d is not equal to %d\n", (x + y), (x * y) );`

2.11 下列各個用來處理變數的 Java 敘述中，何者的數值會被更動？

a) `p = i + j + k + 7;`

b) `System.out.println("variables whose values are modified");`

c) `System.out.println("a = 5");`

d) `value = input.nextInt();`

2.12 已知方程式 $y = ax^2 + 5x + 2$，下列哪些 Java 敘述可以正確表示此一方程式？

a) `y = a * x * x + 5 * x + 2;`

b) `y = a * x * x + (5 * x) + 2;`

c) `y = a * x * x + 5 * (x + 2);`

d) `y = a * (x * x) + 5 * x + 2;`

e) `y = a * x * (x + 5 * x) + 2;`

f) `y = a * (x * x + 5 * x + 2);`

2.13 請指出下列各個 Java 敘述中運算子的計算順序，然後說明每個敘述執行後 x 的數值（float 變數）。

a) `x = 7 + 3 * 6 / 2 - 1;`

b) `x = 2 % 2 + 2 * 2 - 2 / 2;`

c) `x = (3 * 9 * (3 + (9 * 3 / (3))));`

2.14 試撰寫一個應用程式，能在同一行顯示數字 1 到 4，相鄰兩數均以一個空格分開。請利用以下技巧：

a) 使用一個 System.out.println 敘述。

b) 使用四個 System.out.print 敘述。

c) 使用一個 System.out.printf 敘述。

2.15 （算術）試撰寫一應用程式，要求使用者輸入兩個整數，從使用者處取得這兩個數字，然後印出兩者的和、積、差及商（除法）。請利用圖 2.7 所展示的技巧。

2.16 （**比較整數**）試撰寫一個應用程式詢問使用者輸入一個整數，並展示此整數與它的平方是否大於、等於、不等於、或小於 100。請使用圖 2.15 中的技巧。

2.17 （**算術，最小與最大值**）試撰寫一應用程式，從使用者處輸入三個整數，然後顯示出這三個數字的總和、平均、乘積，以及最小與最大值。請用圖 2.15 所展示的技巧。[請注意：本習題的平均數計算，應當得到平均值的整數表示法。所以，如果總和為 7，那麼平均值就是 2，而非 2.3333...。]

2.18 （**用星號顯示圖形**）試撰寫一應用程式，用星號 (*) 顯示出矩形、橢圓形、箭頭以及菱形，如下所示：

```
********    ***        *          *
*       *  *   *        *  ***    * *
*       * *     *       * *****   *   *
*       * *     *       *   *    *     *
*       * *     *       *   *   *       *
*       * *     *       *   *    *     *
*       * *     *       *   *    *     *
*       *  *   *        *   *     *   *
********    ***         *  *       *
```

2.19 下頭這行程式碼會印出什麼？

```
System.out.printf("*%n**%n***%n****%n*****%n");
```

2.20 下列程式碼會印出什麼？

```
System.out.println("*");
System.out.println("***");
System.out.println("*****");
System.out.println("****");
System.out.println("**");
```

2.21 下列程式碼會印出什麼？

```
System.out.print("*");
System.out.print("***");
System.out.print("*****");
System.out.print("****");
System.out.println("**");
```

2.22 下列程式碼會印出什麼？

```
System.out.print("*");
System.out.println("***");
System.out.println("*****");
System.out.print("****");
System.out.println("**");
```

2.23 下列程式碼會印出什麼？

```
System.out.printf("%s%n%s%n%s%n", "*", "***", "*****");
```

2.24 （**最大與最小數**）試撰寫一個應用程式讀取五個整數，顯示與印出最大與最小值。請使用你在此章節中學到的程式編寫技巧。

2.25 （**可被 3 整除**）試撰寫一個應用程式讀取整數，並顯示與輸出它是否被 3 整除。[提示：使用剩餘的運算子，一個可被 3 整除的數字會餘 0。]

2.26 （倍數）試撰寫一個應用程式讀取兩個整數，決定第一個數的三倍是否為第二個數兩倍的倍數，然後發送出結果。[提示：使用餘數運算子。]

2.27 （星號棋盤格）試撰寫一應用程式，顯示出西洋跳棋棋盤圖案如下：

```
* * * * * * * *
 * * * * * * * *
* * * * * * * *
 * * * * * * * *
* * * * * * * *
 * * * * * * * *
* * * * * * * *
 * * * * * * * *
```

2.28 （圓形的直徑、周長、面積）我們偷偷向前看一下。在本章中，你已經學過整數和型別 int 了。Java 也可以表示出包含小數點的浮點數，比如 3.14159。試撰寫一應用程式，讓使用者輸入一個圓的整數半徑，並且使用浮點數 3.14159 當作 π，印出該圓的直徑、周長及面積。[請注意：你也可以使用預定義的 Math.PI 常數當作 π 的數值。這個常數比 3.14159 更精確。類別 Math 定義於套件 java.lang。該套件的類別會自動被載入，因此你不需要 import Math 類別，就能加以使用。] 請使用下列公式（r 是半徑）：

直徑 = $2r$

周長 = $2\pi r$

面積 = πr^2

請不要將每次計算的結果都存入變數。反之，請編排每個運算，讓數值成為 System.out.printf 敘述的輸出值。周長與面積運算所產生的數值，都是浮點數。這類數值在 System.out.printf 敘述中，可以用格式描述子 %f 來輸出。你會在第 3 章學到更多關於浮點數的內容。

2.29 （字元的整數值）我們再往前偷看一點點。在本章中，你已經學過整數和型別 int 了。Java 也能夠表示大寫字母、小寫字母和許多不同種類的特殊符號。每個字元都有一個對應的整數表示法。電腦所使用的字元集合，以及這些字元對應的整數表示法，我們稱之為電腦的「字元集 (character set)」。在程式中，你可以簡單地把字元放入單引號中，例如 'A'，來指定字元的數值。

你可以在該字元前面加上 (int)，就能得知該字元的等值整數，如下：

(int) 'A'

這種形式的運算子，稱為型別轉換運算子 (cast operator)。（在第 4 章會學到型別轉換運算子）。下面的敘述會輸出某個字元及其等效整數值。

System.out.printf("The character %c has the value %d%n", 'A', ((int) 'A'));

當我們執行前述的敘述時，它會將字元 A 和數值 65 (Unicode® 字元集的定義) 顯示在字串之中。格式描述子 %c 是字元的佔位符（在此例子中，為字元 'A'）。

請使用類似我們稍早在本習題所使用的敘述，試撰寫一應用程式，顯示出一些大寫字母、小寫字母、數字和特殊符號的等值整數。請顯示下列各者的等值整數：A B C a b c 0 1 2 $ * + / 以及空格字元。

2.30 **（分割整數的位數）** 試撰寫一個應用程式，從使用者處輸入一個五位數字，將此數字分解成個別的位數，然後將其印出，其中每個位數之間相隔三個空格。例如，如果使用者輸入數字 42339，則程式應該要印出：

```
4   2   3   3   9
```

假設使用者輸入的數字位數正確。但如果你執行程式，輸入超過五位的數字，會發生什麼事呢？如果你執行程式，輸入不到五位的數字，會發生什麼事呢？[提示：利用你在本章所學到的技巧，是有可能完成這個習題的。你需要同時使用除法和餘數運算以「撿出」每個個別的位數。]

2.31 **（平方與立方表）** 試撰寫一應用程式，只利用你在本章所學到的技巧，計算從 0 到 10 數字的平方和立方，然後將結果以表格形式印出如下。[請注意：這個程式不需要使用者輸入任何數值。]

```
number  square  cube
0       0       0
1       1       1
2       4       8
3       9       27
4       16      64
5       25      125
6       36      216
7       49      343
8       64      512
9       81      729
10      100     1000
```

2.32 **（負整數、正整數與零）** 試撰寫一個程式輸出五個數字並決定與發送負整數、正整數與零輸入的數字。

進階習題

2.33 **（身體質量指數計算程式）** 我們在習題 1.10 介紹過身體質量指數 (BMI) 計算程式。計算 BMI 的公式為

$$BMI = \frac{weightInPounds \times 703}{heightInInches \times heightInInches}$$

或者

$$BMI = \frac{weightInKilograms}{heightInMeters \times heightInMeters}$$

試建立一 BMI 計算程式，會以磅數讀入使用者的體重，以英吋讀入使用者的身高（或如果你喜歡的話，也可以用公斤或公尺），然後計算並顯示出該位使用者的身體質量指數。此外，請顯示下列衛生服務部 / 國家衛生院提供的資訊，讓使用者能評估自己的 BMI：

```
BMI VALUES
Underweight: less than 18.5
Normal:      between 18.5 and 24.9
Overweight:  between 25 and 29.9
Obese:       30 or greater
```

[請注意：在本章中，你已經學過使用 int 型別來表示整數了。用 int 數值來進行的 BMI 運算，完成時也會得到整數結果。在第 3 章，你會學到使用 double 型別來表示帶有小數點的數字。用 double 數值來進行的 BMI 運算，會產生帶有小數點的數字——這些數字就稱爲「浮點」數。]

2.34 （世界人口增長率計算程式）請利用網路來找到目前的世界人口，以及世界人口的年增率。試撰寫一應用程式，輸入這些數值，然後顯示出一、二、三、四、五年後的世界人口預估。

2.35 （**統計 Giza 金字塔**）Giza 金字塔位被認爲是那個時代最令人驚訝的工程。使用網路取得 Giza 金字塔的統計資料，然後找出用來建造的石頭用量平均數字、每塊石頭的平均重量、還有花了幾年去建造它。建立一個應用程式，以重量計算一年平均、一小時、一分鐘蓋多少。此應用程式須包含下列資訊：

a) 估計使用的石頭總量 (Estimated number of stones used)。

b) 每塊石頭的平均重量 (Average weight of each stone)。

c) 金字塔花了幾年蓋好（假設一年爲 365 天）。

Memo

類別、物件、方法與字串的介紹

Your public servants serve you right.
—*Adlai E. Stevenson*

Nothing can have value without being an object of utility.
—*Karl Marx*

學習目標

在本章節中,你將會學習到:

- 如何宣告類別,並用它來建立物件。
- 如何將類別的行為實作為方法。
- 如何將類別的屬性實作為實體變數與性質。
- 如何呼叫物件的方法並令其執行工作。
- 類別的實體變數與方法的區域變數有何差異。
- 基本型別與參照型別的差異。
- 如何使用建構子來初始化物件的資料。
- 如何表示與使用含小數點的數字。

3.1　簡介

[請注意：本章是根據 1.5 節所介紹之物件導向設計的專有名詞與概念所編寫。]

在第 2 章，你使用過既有的類別、物件與方法，你使用了預先定義的（predefined）標準輸出物件 System.out，使用它的方法 print、println 與 printf 在螢幕上展示資訊，你使用既有的 Scanner 類別來建立物件，此物件可以讓使用者用鍵盤輸入整數資料，並存放於記憶體內。透過此書，你會使用很多既有的類別與物件，這是 Java 為最強的物件導向語言的原因之一。

在本章中，你會學到如何建立你自己的類別與方法。你所建立的每一個新的類別將會變成新的型別，並用以宣告變數與建立物件。你可以視需要宣告新的類別，這是 Java 被視為可延展語言的原因之一。

我們會用一個案例來帶出類別的概念，透過建立及使用一個簡單且存在於真實世界的銀行帳戶類別——Account。此類別應該要提供一些實體變數，包括帳戶名稱（Name）和餘額（balance）等屬性，並且提供包含餘額查詢（getBalance）、存款（deposit）、提款（withdraw）等方法。我們會在本章的範例中建立 getBalance 與 deposit 方法，並讓你在練習題中完成 withdraw 方法。

在第 2 章，我們使用資料型態 int 來代表整數。在本章中，我們將介紹 double 來作為帳戶的餘額，它是具有小數點的數字，也稱為浮點數。[第 8 章中，當我們更深入探討物件導向技術時，我們會開始更精確地以 BigDecimal 類別（java.math 套件）來表示貨幣金額。]

一般而言，本書所開發的應用程式通常會由兩個或更多的類別所組成。如果你成為業界某個開發團隊的一份子，那你在開發的應用程式可能會包含數百，甚至是數千個類別。

3.2 實體變數、set 方法與 get 方法

在本節中，你會建立兩個類別——Account（圖 3.1）與 AccountTest（圖 3.2）。AccountTest 類別是一個應用程式，此程式的 main 方法會建立與使用 Account 物件來展示 Account 類別的能力。

3.2.1 Account 類別的實體變數、set 方法與 get 方法

不同的帳戶一般來說會有不同的名稱。因為如此，類別 Account（圖 3.1）包含一個 name 實體變數。一個類別的實體變數能讓此類別中的每一個物件（即每個實體）保存自己的資料。本章後續將會加入命名為 balance 的實體變數，以便追蹤紀錄帳戶中還有多少錢。Account 類別包含兩個方法：setName 方法（在 Account 物件中儲存帳戶名稱）與 getName 方法（從 Account 物件中取得其帳戶名稱）。

```java
1  // Fig. 3.1: Account.java
2  // Account class that contains an name instance variable
3  // and methods to set and get its value.
4
5  public class Account
6  {
7     private String name; // instance variable
8
9     // method to set the name in the object
10    public void setName(String name)
11    {
12       this.name = name; // store the name
13    }
14
15    // method to retrieve the name from the object
16    public String getName()
17    {
18       return name; // return value of name to caller
19    }
20 } // end class Account
```

圖 3.1 包含實體變數 name 及其 set 與 get 方法之 Account 類別

類別宣告

類別宣告從第 5 行開始：

```java
   public class Account
```

關鍵字 public（第 8 章中有詳細說明）是一個**存取修飾字**。現在，我們暫時先簡單地把所有類別都宣告為 public。每個以關鍵字 public 開頭的類別宣告，都必須儲存在名稱與該類別相同，後頭加上 .java 副檔名的檔案中，否則就會發生編譯上的錯誤。因此，public 的 Account 與 AccountTest 類別（圖 3.2）必須在不同的檔案中被宣告，分別為 Account.java 與 AccountTest.java。

　　每一個類別宣告，要在關鍵字 class 的後面接著類別名稱，如同此範例中的 Account。每一個類別的主體會被左右兩個大括號包著，如同圖 3.1 的第 6 行至第 20 行。

識別字與駝峰式命名法

類別名稱、方法名稱與變數名稱都是識別字，而且依照慣例全部都是使用一種我們在第 2 章中討論過，名為駝峰式的命名方法。此外，依照慣例，類別名稱要以大寫字母開頭，而方法名稱與變數名稱則要以小寫字母開頭。

實體變數 name

回想第 1.5 節，物件是有屬性的，此屬性實作為實體變數，並在整個物件的生命週期中都存在著。實體變數在物件的方法被呼叫以前就存在著，當方法被呼叫與完成執行後仍繼續存在，每一個類別的物件（實體）都有它自己的實體變數。一般來說，一個類別通常會有一個或多個方法，可用於操作屬於特定類別的物件之實體變數。

　　實體變數在一個類別宣告裡面，但是在類別方法的主體以外的地方被宣告。請見第 7 行：

```
private String name; // instance variable
```

在方法 setName（第 10-13 行）與 getName（第 16-19 行）的主體以外宣告了 String 類別的實體變數 Name 名稱。String 類別的變數可以保存文字串的值，像是 "Jane Green"。假如有很多 Account 物件，每一個都有自己的 name，因為 name 是實體變數，它可以被類別的任一個方法運用。

良好的程式設計習慣 3.1
我們比較喜歡先在類別的主體中列出類別的實體變數，如此一來，在類別方法使用變數之前，你就會先看到變數的名稱與型別。你也可以在類別方法宣告以外的任何地方，列出類別的實體變數，但分散的實體變數會致使程式碼難以閱讀。

存取修飾詞 public 與 private

大部分實體變數的宣告，是以關鍵字 private 開頭（如第 7 行）。和 public 一樣，關鍵字 private 也是一個存取修飾詞。以存取修飾詞 private 宣告的變數或方法，只有在它們的類別方法被宣告時才能存取它們。因此，變數 name 只能用在每個 Account 物件方法（此例中的 setName、getName）。你很快就會看到這會呈現強大的軟體工程機會。

Account 類別的 setName 方法

讓我們來看 setName 方法宣告的程式碼（第 10–13 行）：

```
public void setName(String name)
{
    this.name = name; // store the name
}
```

我們把每個方法宣告（本例為第 10 行）的第一行當作方法標頭。方法的**傳回型別**（在方法名稱之前）會在執行任務之後，指出要傳回給呼叫者的資料型別。傳回型別 void（第 10 行）表示 setName 會執行任務，但不會傳回（亦即回報）任何資訊給呼叫者。在第 2 章中，你使用過方法傳回資訊──舉例來說，你使用 Scanner 方法 nextInt，以取得使用者在鍵盤輸入的整數。當 nextInt 方法從使用者讀入數值之後，會傳回此數值供程式使用。你很快就會看到，Account 方法 getName 傳回它的值。

　　方法 setName 接收型別 String 的參數名稱──它代表一個要被傳去方法當做引數的名稱。當我們討論圖 3.2 的第 21 行呼叫的方法時，你會看到參數與引數如何互相搭配。

　　參數會被定義在以逗號相隔的**參數列**中，參數列位於方法名稱後頭的括弧裡。當有很多參數，每個參數都必須指定型別（在此例中，型別為 String）及變數名稱（在此例中，變數名稱為 name）。

參數為區域變數（Local Variables）

第 2 章中，我們在應用程式 main 方法中，宣告了應用程式的所有變數。宣告於特定方法主體（例如 main）中的變數，稱為**區域變數**，此種變數只能在該方法中使用。每個方法都只能使用它自己的區域變數，不能使用其他方法的區域變數。當方法結束時，區域變數的數值也會隨之消失。方法的參數也是該方法的區域變數。

setName 方法主體

每個方法主體會被一對包含一個或多個表現方法任務敘述的括號所分隔（見圖 3.1 的第 11 行和第 13 行）。在此範例中，方法主體包含一個單一敘述（第 12 行），其指派 name 參數的值到類別的 name 實體變數，因此在物件中儲存了帳戶名稱。

　　如果方法包含一個和實體變數名稱相同的區域變數（例如第 7 行及第 10 行），該方法主體會參照區域變數，而不是實體變數。在此範例中，區域變數可以說是方法主體中跟蹤實體變數。方法主體可以使用關鍵字 **this** 來明確地指向被跟蹤的實體變數，請見作業左半部的第 12 行。

良好的程式設計習慣 3.2
我們可以避免對關鍵字 this 的需求，只要選擇程式碼第 10 行中參數的不同名稱，但是使用第 12 行中所見的關鍵字 this 是被廣為接受的，用以使標識符號名稱增值最小化。

　　在第 12 行執行後，方法會完成它的任務，所以它會傳回給呼叫者。然後，你就會看到，在方法 main 的第 21 行的敘述（圖 3.2）呼叫方法 setName。

Account 類別的 getName 方法

方法 getName（第 16–19 行）

```
public String getName()                        關鍵字return會把String name
{                                              傳回方法的呼叫者
    return name; // return value of name to caller
}
```

傳回一個特定的 Account 物件的名稱給呼叫者，方法有一個空的參數列表，所以它不需要增加資訊來執行任務。方法會傳回一個 String，當方法指出一個傳回的型別，而不是呼叫 void 並且完成任務，它就必須傳回結果給它的呼叫者。呼叫 getName 方法一個敘述在 Account 物件（圖 3.2，第 16、26 行）會期待接收到 Account 的名字，一個 String 在方法宣告的傳回型別中特定出來。

圖 3.1 的第 18 行，**return** 敘述將 String 的實體變數 name 的值，傳回給呼叫者。舉例來說：當值要傳回給圖 3.22 的第 25-26 行的敘述時，敘述會使用數值來輸出名稱。

3.2.2 AccountText 類別建立與使用 Account 類別的物件

接下來，我們要在一個應用程式內使用 Account 類別，而且呼叫它的每一個方法。一個類別包含 main 方法，會開始執行 Java Account 應用程式，Account 類別不能自己執行，因為它不包含 main 方法——如果你輸入 java Account 在命令視窗，你會得到錯誤指示「Main method not found in class Account」。要修復這個錯誤，需要宣告一個分開的類別，此類別包含一個 main 的方法，或是放置一個 main 的方法在 Account 類別中。

Driver 類別 AccountTest

為了要幫助你準備在此書後面章節或企業中遇上的大型程式，我們使用分開的 AccountTest 類別（圖 3.2），它包含方法 main，用來測試 Account 類別。一旦方法 main 開始執行，它會在該類別或其他類別呼叫其他的方法；反之，那些方法也會呼叫其他方法。類別 AccountTest 的 main 方法會建立一個 Account 物件，並且呼叫它的 getName 與 setName 方法。這種類別有時稱為 driver 類別，就像是人（Person 物件）驅動一台車（Car 物件），只要它給予命令（走快一點、慢一點、左轉、右轉等等）。AccountTest 類別驅動一個 Account 物件，只要呼叫它的方法就能告知它要做什麼。

```
1  // Fig. 3.2: AccountTest.java
2  // Creating and manipulating an Account object.
3  import java.util.Scanner;
4
5  public class AccountTest
6  {
7      public static void main(String[] args)
8      {
9          // create a Scanner object to obtain input from the command window
10         Scanner input = new Scanner(System.in);
11
12         // create an Account object and assign it to myAccount
13         Account myAccount = new Account();
14
```

圖 3.2　建立與執行一個 Account 物件 (1/2)

```
15        // display initial value of name (null)
16        System.out.printf("Initial name is: %s%n%n", myAccount.getName());
17
18        // prompt for and read name
19        System.out.println("Please enter the name:");
20        String theName = input.nextLine(); // read a line of text
21        myAccount.setName(theName); // put theName in myAccount
22        System.out.println(); // outputs a blank line
23
24        // display the name stored in object myAccount
25        System.out.printf("Name in object myAccount is:%n%s%n",
26           myAccount.getName());
27     }
28 } // end class AccountTest
```

```
Initial name is: null

Please enter the name:
Jane Green

Name in object myAccount is:
Jane Green
```

圖 3.2 建立與執行一個 Account 物件 (2/2)

Scanner 物件,從使用者接收輸入

第 10 行建立一個 Scanner 物件叫做 input,因為它幫使用者輸入名稱,第 19 行提供使用者輸入名稱,第 20 行使用 Scanner 物件的 **nextLine** 方法,從使用者來讀取名字,而且指派它到區域變數 theName。輸入名字並按下 Enter 使程式執行,按下 Enter 在舊的一行後面插入一行新的字元。Nextline 方法讀取字元(包含空格,例如:Jane Green)直到遇上下一行,然後傳回時碰到,但是沒有包含新一行字元的字串 。

你會在書中看到很多 Scanner 類別提供多樣不同的輸入方法。有一個類似 nextLine 的方法,叫做 next,可以讀下一個字。當你打了一些字之後按下 Enter,next 方法會讀取字元直到遇上空格(例如: space、tab 或新的一行),然後傳回一串不包含空格的字元。所有在空格後的字元資訊並不會丟失,這些資訊將會被子敘述讀取,這在之後的程式中稱作 Scanner 的方法。

物件實例化──關鍵字 new 與建構子

第 13 行建立一個 Account 物件並且指派到型別 Account 的變數 myAccount,變數 myAccount 被**類別實體建立運算式 (class instance creation expression)** new Account() 的結果初始化,關鍵字 **new** 建立了特定類別的新物件──在此案例中是 Account。在括號右側的 Account 是必要的,就像你在 3.4 節會學到,這些括號與類別名稱的組合表示對建構子的呼叫,這跟方法有點像,但是被運算子暗中呼叫,以便在物件被建立時,初始化物件的實體變數。在 3.4 節中,你會看到如何在括號中放置一個引數,用來指定 Account 物件的 name 實體變數的初始值──你會增強類別 Account 使之可行。現在,我們只是把括號清空。第 10 行包含一個 Scanner 物件的類別實體建立運算式──運算式以 System.in 初始化 Scanner,它會告訴 Scanner 從哪裡讀取輸入。

呼叫 Account 類別的 getName 方法

第 16 行展示了呼叫物件的 getName 方法來獲得一個初始化的名稱，就像我們使用物件 System.out 來呼叫它們 print、printf 與 println 方法，我們可以使用物件 myAccount 來呼叫 getName 與 setName 方法。第 16 行呼叫 getName 使用在第 13 行建立的 myAccount 物件，此物件跟隨在**間格號** (.)，之後是方法名稱 getName 和一個空的括弧，因為並沒有跳過參數。當呼叫 getName 時：

1. 應用程式從呼叫（main 的第 16 行）轉移程序執行到宣告方法 getName（圖 3.1 的第 16-19 行）。因為 getName 被稱為通過 myAccount 的物件，getName「知道」該操縱的實體變數屬於哪一個物件。

2. 接著，getName 方法執行它的任務——亦即傳回 name（圖 3.1 的第 18 行）。當 return 敘述執行時，程式會繼續執行 getName 被呼叫的行為（圖 3.2 的第 16 行）。

3. System.out.printf 展示藉由 getName 方法傳回的 String，然後程式在 main 的第 19 行中繼續執行。

測試和除錯的小技巧 3.1

永遠不要使用一個使用者已經輸入的格式控制字串，當 System.out.printf 方法在第一個引數評估格式控制字串，此方法會根據在字串中的 conversion specifier 執行任務，如果使用者獲得格式控制字串，惡意使用者可以提供 conversion specifiers（由 System.out.printf 執行）使電腦出現安全漏洞。

null—String 變數的預設值

第一行輸出一個名稱　，它不像區域變數不會自動初始化，每一個實體變數都有**預設值**——這是一個當你沒有設定實體變數的初始值時，Java 所提供的值。因此，實體變數並不會在執行程式之前明確地初始化——除非它們必須初始化來評估其他的非初始值。型別 String 的實體變數預設值（像是此例中的 name）是 null，當我們考慮到參照型別時，將會在 3.3 節中做進一步的討論。

呼叫類別 Account 的 setName 方法

第 21 行呼叫 myAccount 的 setName 方法。方法的呼叫可以提供引數，此數值會指派到對應方法的參數中。在這個案例中，括號中的 main 的區域變數 theName 的值是引數，它會傳遞給 setName，讓方法可以執行它的任務。當 setName 被呼叫時：

1. 應用程式從 main 的第 21 行轉換程式執行到 setName 方法的宣告（圖 3.1 的第 10-13 行），在呼叫的括號（theName）中的引數值被指派到方法標頭（圖 3.1 的第 10 行）中相對應的參數（name）。因為 setName 透過 myAccount 物件被呼叫，所以 setName「知道」哪一個物件的實體變數在運作。

2. 接著，setName 方法會執行它的任務——也就是將 name 參數值指派到實體變數 name（圖 3.1 的第 12 行）。

3. 當程式執行到離 setName 最靠近的右括號時，它會回傳到 setName 被呼叫的地方（圖 3.2 的第 21 行），然後在圖 3.2 的第 22 行繼續下去。

方法呼叫的引數數目必須和方法宣告的參數列表中的參數數目相符，除此之外，方法呼叫中的引數類型必須與在方法宣告中相對應的參數類型一致(在第 6 章中會學到，引數的類型及其相對應的參數類型並不需要完全相同)。在我們的範例中，方法呼叫傳遞了一個 String 型別（theName）的引數——而方法宣告指定一個 String 型別的參數（name，在圖 3.1 的第 10 行中被宣告)。所以在此範例中，方法呼叫中的引數型別完全符合方法標頭中的參數型別。

展示被使用者輸入的名稱

圖 3.2 的第 22 行輸出了一個空白行。當對 getName 方法（第 26 行）的第二次呼叫執行時，使用者在第 20 行輸入的名稱會展示出來。當第 25-26 行的敘述完全執行時，就會到達方法 main 的結尾，所以程式結束。

3.2.3　用多種類別編寫與執行應用程式

在你開始執行應用程式之前，必須先在圖 3.1 與圖 3.2 中編譯類別。這是第一次你用多個類別來建立應用程式。AccountTest 類別有 main 方法，但 Account 類別沒有。要編譯這個應用程式，首先要轉換到有應用程式的原始碼檔案的目錄，然後輸入下列命令

```
javac Account.java AccountTest.java
```

可以同時編譯兩個類別。如果包含應用程式的目錄只有應用程式的檔案，你可以用下面這個命令來同時編譯兩個類別

```
javac *.java
```

在 *.java 中的星號 (*)，指出所有在當前目錄中檔案副檔名為 ".java" 的檔案。如果兩個類別都正確地編譯——也就是說，沒有顯示編譯錯誤——你可以透過下面這個命令使應用程式開始執行

```
java AccountTest
```

3.2.4　Account UML 類別圖，使用實體變數、set 與 get 方法

我們會常使用 UML 類別圖來總結類別的屬性與操作。在業界，UML 圖幫助系統設計師，在他以特定程式語言實作一個系統之前，以一種精確、圖表化、獨立程式語言的方式指定系統。圖 3.3 呈現的是圖 3.1 的 Account 類別的 **UML 類別圖**。

頂層區塊 (Top Compartment)

在 UML 中,每一個類別都在圖表類別中做模型,此模型為矩形,有著三層結構。在這個圖表,頂層區塊包含類別名稱 Account 在中間,而且是粗體。

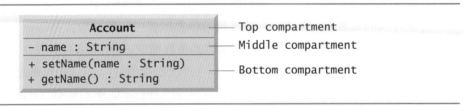

圖 3.3　圖 3.1 的 Account 類別的 UML 類別圖

中層區塊 (Middle Compartment)

中層區塊包含類別的屬性 name,其與 Java 同一名稱的實體變數是一致的。實體變數 name 在 Java 中是 private,所以 UML 圖表類別在屬性名稱前列出減號(*minus sign (–)*)存取修飾詞。在屬性名稱之後是冒號(:)與屬性模式,在此案例中是 String。

底層區塊 (Bottom Compartment)

底層區塊包含類別的**操作** setName 與 getName,這與 Java 中有著相同名字的方法一致。UML 模型操作是透過在存取修飾詞前列出操作名稱,此情況下是 + getName。這個加號(+)指出 getName 在 UML 中是一個公用操作(因為它在 Java 中是一個 public 方法)。操作 getName 不會有任何參數,所以在圖表類別中,跟在操作名稱後面的括號是空的,就像在圖 3.1 的第 16 行的宣告方法。操作 setName 同時也是一個公用操作,擁有叫做 name 的 String 參數。

傳回模式

UML 顯示出操作的傳回模式是通過放置冒號與在操作模式括號之後的傳回模式。Account 方法 getName(圖 3.1)有著 String 傳回模式。setName 方法不會傳回一個值(因為它在 Java 中傳回),所以 UML 圖表類別不會特定出一個傳回類別在此操作的括號之後。

參數

UML 將與 Java 不同的參數位元作為模型,通過列出參數名稱,此名稱在操作名稱後的括號內的冒號與參數模型後。UML 有自己的資料類型,這個類型與 Java 的很像,但是為了簡化,我們會使用 Java 資料類型。Account 的 setName 方法(圖 3.1)有 String 參數名稱 name,所以圖 3.3 列出 name : String 在方法名稱後的括號之間。

3.2.5　新增 AccountTest 類別的注意事項

static 方法 main

在第 2 章，每一個我們宣告的類別都有一個方法名稱叫做 main。回想 main 是一個特別的方法，總是可以藉由 Java Virtual Machine (JVM) 自動呼叫，在你執行應用程式的時候。你必須明確的呼叫其他方法來告訴它們去執行任務。

　　圖 3.2 的第 7–27 行宣告 main 方法。讓 JVM 去找出與呼叫 main 方法，來開始運轉應用程式的關鍵字是 static（第 7 行），它指出 main 是一個 static 方法。static 是特別的，因爲可以在沒有被宣告的方法下，建立類別的物件來呼叫，在此案例中，是 AccountTest 類別。在第 6 章我們會討論 static 方法的細節。

Import 宣告的注意事項

在圖 3.2（第 3 行）中的 import 宣告的注意事項，指出編寫者使用 Scanner 類別編寫程式。如同你在第 2 章所學的，System 類別與 String 類別都在 java.lang 的套件裡面，每支 Java 程式都會自動匯入 java.lang 套件，所以所有的程式都可以使用該套件的類別，而不必明確地加以匯入。其他你會在 Java 程式中使用到的類別，大多數都需要明確地匯入。

　　類別之間有著一種特別的關係，這些類別都是被編譯在同一個目錄裡的，像是 Account 與 AccountTest 類別。因爲系統的預設值，這些類別會被認爲是屬於同一個套件，被稱做**預設套件 (default package)**。在同一個套件裡的類別會自動被匯入到同套件其他類別原始碼的檔案，因此，當某套件中的類別要使用同一套件裡的另一個類別，像是當 AccountTest 類別使用 Account 類別，無需 import 宣告。

　　通過這個包含整個套件名稱與類別名稱的 java.util.Scanner，當我們提到 Scanner 類別時，在第 3 行的 import 宣告是不被要求的。這被認爲是類別的「完整類別名稱 (**fully qualified class name**)」舉例來說，圖 3.2 第 10 行也可以被寫成

```
java.util.Scanner input = new java.util.Scanner(System.in);
```

軟體工程的觀點 3.1
Java 編譯器並不需要 Java 原始碼中加入 import 宣告，只要原始碼每次提到類別名稱時，都使用完整類別名稱即可。大多數的 Java 程式編寫者，傾向更精確的程式設計風格偏好使用 import 宣告。

3.2.6　有 private 實體變數與 public 的 set、get 方法的軟體工程

如同你將會看到的，透過使用 *set* 與 *get* 方法，你可以使 private 資料嘗試的修改與控制，如何使資料呈現給呼叫者——這些是軟體工程不可忽視的好處。我們會在 3.5 節討論更多。

　　如果實體變數是 public，是任何類別的客人，就是任何其他類別呼叫此類別的方法，會看到資料而且做任何它要求的事情，包括設定它爲無效值（invalid value）。

你或許會想，儘管一個類別的客人無法直接接觸到 private 的實體變數，但客人無論想要做出什麼，都可以透過 *public* 的變數 *set* 與 *get* 方法。你會想說只要有 public 的 get 方法，可以偷看 private 資料很多次，而且可以透過 public 的 *set* 方法修正 private 資料法，但是 *set* 方法會被設計使引數有效化，還有拒絕任何將 *set* 資料變成無效值，例如：負數體溫、三月的範圍是 1~31 天、公司目錄裡面沒有的貨物編碼等等。而 *get* 方法可以呈現出不同格式的資料，舉例來說：一個 Grade 類別可能會儲存一個整數型別的成績在 0 到 100 之間，但是一個 getGrade 方法會傳回一個以字串型別的字母成績，像是「A」代表 90~100、「B」代表 80~89 等等。謹慎的控制 private 資料的取出與呈現，可以有效的減少錯誤，同時增加程式的堅實與安全程度。

以 private 存取修飾詞宣告實體變數，稱作是資料隱藏或是資訊隱藏，當一個程式建立（實體化）一個 Account 類別的物件，變數 name 會被封裝（隱藏）在這個物件之中，而且只有類別物件的方法可以存取。

軟體工程的觀點 3.2
用存取修飾詞放在每一個實體變數與方法宣告前，一般來說，實體變數應該被宣告為 private，方法被宣告為 public。此書稍後的章節中，我們會討論為什麼你會想要宣告一個方法為 private。

有著封裝資料 Account 物件的具體觀點

想想圖 3.4 中的 Account 物件。Private 實體變數 name 被藏在物件裡面（由內圈含有 name 表示）而且被 public 方法的外圈給保護起來（由外圈的 getName 與 setName 表示）。任何需要與 Account 物件互動的外來資料只可以呼叫外圈保護層的 public 方法來互動。

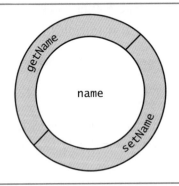

圖 3.4　| Account 物件的具體觀點有著封裝 private 實體變數與 public 方法的保護外圈

3.3　基本型別與參照型別

Java 的型別可分為基本型別和**參照型別**。在第 2 章，你曾使用過 int 類型的變數，這是基本型別的一種，其他的基本型別包括 boolean、byte、char、short、long、float 以及 double。所有非基本型別都是參照型別，所以類別就是參照型別，因為它指定了物件的型別。

基本型別變數一次只能儲存一個其所宣告之型別的數值。例如，int 變數一次只能夠儲存一個整數。當指派另一個數值給變數時，原來的數值就會被取代掉。基本型別的實體變數會有預設的初始值：byte、char、short、int、long、float 以及 double 都會被初始化爲 0，boolean 變數則會被初始化爲 false。針對基本型別變數，你可以在宣告中指派一個數值給它，來指定你自己的初始值，如下例：

```
private int numberOfStudents = 10;
```

程式使用**參照型別**的變數，來儲存物件在電腦記憶體內的位置，例如，一個變數被說成屬於一個程式內的物件。被**參照的物件**會包含實體變數，圖 3.2 的第 10 行：

```
Scanner input = new Scanner(System.in);
```

建立一個 Scanner 類別的物件，然後指派給 input 變數，對 Scanner 物件來說是一個參照型，圖 3.2 第 13 行：

```
Account myAccount = new Account();
```

建立一個 Account 類別的物件，然後指派到 myAccount 變數，對 Account 物件的參數型。參數型實體變數如果沒有明確的初始化，而是被預設值 null 初始化，代表「沒有相關性」。那也是爲什麼第一次呼叫 圖 3.2 的第 16 行會傳回 null ── name 的值還未設定，所以初始值 null 被傳回。

要在一個物件上呼叫方法，需要一個對照物件。圖 3.2，main 方法的敘述使用變數 myAccount 來呼叫 getName 方法（第 16、26 行）與 setName（第 21 行）來跟 Account 物件互動。原始型變數不屬於物件，所以此變數不能用來呼叫方法。

3.4　Account 類別：使用建構子初始化物件

如 3.2 節，在建立 Account 類別（圖 3.1）的物件時，其實體變數 String 會預設被初始化爲 null。如果你想在建立 Account 物件時，就提供課程名稱該怎麼辦？

你所宣告的每個類別都可以提供一種特殊的方法，叫做建構子，可以用來在建立物件時，初始化類別物件。事實上，每個物件建立時，Java 都需要呼叫建構子，所以這是一個理想的初始化物件的實體變數。下一個範例用建構子加強了圖 3.5 的 Account 類別，這樣可以接收一個名稱並使用它來初始化實體變數 name，當 Account 物件被建立時（圖 3.6）。

3.4.1　為了自訂物件的初始化宣告一個 Account 建構子

當宣告一個類別，爲了你的類別物件，可以提供自己的建構子來特定自訂初值。舉例來說，當建立一個物件時，會想出一個 Account 物件的名稱，就像在圖 3.6 的第 10 行：

```
Account account1 = new Account("Jane Green");
```

在此範例中，String 引數 "Jane Green" 要傳遞給 Account 物件的建構子，並用來初始化實體變數 name。先前的敘述要求類別要提供一個只要 String 參數的建構子。圖 3.5 包含這種建構子修改過的 Account 類別。

```
1  // Fig. 3.5: Account.java
2  // Account class with a constructor that initializes the name.
3
4  public class Account
5  {
6      private String name; // instance variable
```

圖 3.5　有著建構子初始化過 Account 類別的 name(1/2)

```
7
8      // constructor initializes name with parameter name
9      public Account(String name) // constructor name is class name
10     {
11         this.name = name;
12     }
13
14     // method to set the name
15     public void setName(String name)
16     {
17         this.name = name;
18     }
19
20     // method to retrieve the name
21     public String getName()
22     {
23         return name;
24     }
25 } // end class Account
```

圖 3.5　有著建構子初始化過 Account 類別的 name(2/2)

Account 建構子的宣告

26　圖3.5的第9-12行宣告Account的建構子。一個建構子必須與類別有同樣的名稱，建構子的參數列表指定建構子需要一個或是多個資料來運轉任務。第9行指出建構子有String參數叫做name，當你建立一個新的Account物件（如同圖3.6），回傳一個人的名字到建構子，其可以在name參數中接收名稱。建構子會指派name到實體變數name的第11行。

> 測試和除錯的小技巧 3.2
> 儘管這樣做是可以的，還是不要從建構子呼叫方法。我們會在第 10 章中解釋。

Account 類別的 name 參數的建構子與 setName 方法

回想 3.2.1 節的方法參數是區域變數。在圖 3.5 中，建構子與 setName 方法都有一個參數叫做 name。雖然這個參數有同一個標識符號（name），但是在第 9 行中的參數是一個建構子（setName 方法是看不見的）的區域變數，與在第 15 行的 setName 的區域變數（但建構子是看不見的）。

3.4.2　AccountTest 類別：當它們建立時，初始化 Account 物件

　　AccountTest 程式（圖 3.6）藉由建構子初始化兩個 Account 物件，第 10 行建立與初始化 Account 物件 Account1。關鍵字 new 要求貨幣從系統儲存 Account 物件，然後悄悄的呼叫類別的建構子來初始化物件。呼叫是由 name 類別的後面括號指定，其包含參數「Jane Green」，它是用來初始化新物件的名稱。第 10 行的實體類別運算式傳回一個參考的新物件，其被指派到 Acccount1。第 11 行重複這個過程，傳遞引數「John Blue」來初始化 Account2 的名稱。第 14–15 行，使用物件的 getName 方法來獲得名稱與顯示，當它們被建立時就被初始化。輸出顯示不同的名稱，並確認每一個帳戶都保持自己的實體變數名稱的複製檔。

```java
1  // Fig. 3.6: AccountTest.java
2  // Using the Account constructor to initialize the name instance
3  // variable at the time each Account object is created.
4
5  public class AccountTest
6  {
7     public static void main(String[] args)
8     {
9        // create two Account objects
10       Account account1 = new Account("Jane Green");
11       Account account2 = new Account("John Blue");
12
13       // display initial value of name for each Account
14       System.out.printf("account1 name is: %s%n", account1.getName());
15       System.out.printf("account2 name is: %s%n", account2.getName());
16    }
17 } // end class AccountTest
```

```
account1 name is: Jane Green
account2 name is: John Blue
```

圖 3.6　在每一個 Account 被建立的時候，使用 Account 建構子來初始化實體變數 name

建構子不能傳回數值

在建構子與方法之間的一個重大的不同點是建構子不能傳回數值，所以它們不能指定出一個傳回型（甚至是 void）。一般來說，建構子被宣告為 public，當在此書較後面使用 private 建構子時，我們會解釋。

預設建構子

回想圖 3.2 的第 13 行

```java
Account myAccount = new Account();
```

使用 new 來建立一個 Account 物件。在 new Account 後面的空括號，從類別的**預設建構子**中指出一個 call，在許多案例中沒有明確宣告建構子，編譯器提供一個預設建構子（沒有參數），當一個類別只有預設建構子時，類別的實體變數會初始化它們的預設值。在 8.5 節中你會學到類別可以有多重建構子。

在一個宣告建構子的類別中沒有預設建構子

如果你在一個類別中宣告一個建構子，編譯器不會為那個類別建立預設建構子。在此案例中，你沒辦法建立一個有實體類別，建立運算式的 new Account() 的 Account 物件，就像是我們在圖 3.2 中做的，除非你宣告的自訂建構子沒有參數。

 軟體工程的觀點 3.3
除非類別的實體變數的預設初始值被接受，否則每一個新物件在被建立時，要提供一個自訂建構子來確保你的實體變數適當的初始化，而且有著有意義的數值。

增加一個建構子到 Account 類別的 UML 圖形類別

圖 3.7 的 UML 圖形類別為圖 3.5 的 Account 類別模型，有一個 String name 參數的建構子。類似的操作，在範例圖中第三個間隔的 UML 將建構子作為模型。要從類別的操作中分辨建構子，UML 需要建構子靠近 **guillemets (« and »)**，而且放在建構子的名稱前。它的習慣上會在第三間隔中的其他操作前列出建構子。

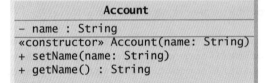

圖 3.7　圖 3.5 的 Account 類別的 UML 類別圖型

3.5　Account 類別的 Balance：浮點數

除了名字之外，我們現在宣告一個 Account 類別可以維持銀行帳戶餘額。大部分的帳戶 balance 都不是整數，所以 Account 類別以**浮點數**呈現帳戶餘額，有著小數點的數字，像是 43.95、0.0、−129.8873[在第 8 章中，我們會開始用 BigDecimal 類別，精確的呈現貨幣，如同你應在寫企業強度的貨幣應用程式一樣。]

　　為了儲存浮點數在記憶體內，Java 提供兩個原始型──float 與 double。float 型的變數呈現**單精度浮點數 (single-precision floating-point numbers)**，最多可以表示七位有效數字。double 型的變數呈現**倍精度浮點數 (double-precision floating-point numbers)**。double 需要的記憶體是 float 的兩倍，而且提供 15 位的有效位數，精度大約是 float 變數的兩倍。

　　多數的程式編寫員藉由 double 型呈現浮點數。事實上，Java 對待全部程式的原始碼（像是 7.33 跟 0.0975）輸入的浮點數都是用預設的 double 值。這種原始碼中的值，被稱為是**浮點文字 (floatingpoint literals)**。更多的資料請看附錄 D。

3.5.1 double 樣式的 balance 實體變數 Account 類別

我們下一個應用程式包含一個 Account 類別的版本 (圖 3.8)，這維持實體變數 name 跟銀行帳戶的 balance。一個典型的銀行會服務很多帳戶，每一個都有它的餘額，所以第 8 行宣稱 double 型的 balance 實體變數。每一個 Account 類別的實體（亦即物件）都包含自己的 name 跟 balance 的副本。

```java
1  // Fig. 3.8: Account.java
2  // Account class with a double instance variable balance and a constructor
3  // and deposit method that perform validation.
4
5  public class Account
6  {
7     private String name; // instance variable
8     private double balance; // instance variable
9
10    // Account constructor that receives two parameters
11    public Account(String name, double balance)
12    {
13       this.name = name; // assign name to instance variable name
14
15       // validate that the balance is greater than 0.0; if it's not,
16       // instance variable balance keeps its default initial value of 0.0
17       if (balance > 0.0) // if the balance is valid
18          this.balance = balance; // assign it to instance variable balance
19    }
20
21    // method that deposits (adds) only a valid amount to the balance
22    public void deposit(double depositAmount)
23    {
24       if (depositAmount > 0.0) // if the depositAmount is valid
25          balance = balance + depositAmount; // add it to the balance
26    }
27
28    // method returns the account balance
29    public double getBalance()
30    {
31       return balance;
32    }
33
34    // method that sets the name
35    public void setName(String name)
36    {
37       this.name = name;
38    }
39
40    // method that returns the name
41    public String getName()
42    {
43       return name;
44    }
45 } // end class Account
```

圖 3.8 Account 類別有著一個 double 實體變數 balance，與一個建構子跟有效運轉的 deposit 方法

Account 類別兩個參數建構子

此類別有著一個建構子跟四個方法，客戶在開戶後馬上存錢是很常見的事，所以建構子（第 11-19 行）現在接收第二個參數，double 型的 initialBalance，代表帳戶的開戶金額。第 17-18 行確保 initialBalance 大於 0.0，如果確認無誤，initialBalance 的值就會被指定給實體變數 balance。否則 balance 保持在 0.0——是它的預設初始值。

Account 類別 deposit 方法

deposit 方法（第 22–26 行）在完成任務後，並不會傳回任何資料，所以它的傳回型別是 void。這個方法接收一個參數叫做 depositAmount，這是一個會被加入到帳戶餘額的 double 數值，如果參數值是有效的（像是大於零的數）。第 25 行首先加入目前的 balance 與 depositAmount，建構出一個暫時的總和，然後將結果指定給 balance，由此取代先前的存款餘額。必須要了解計算在右邊的複合運算子（第 25 行）不會改動餘額，這就是爲什麼複合是必須的。

Account 類別 getBalance 方法

getBalance 方法（第 29–32 行）允許類別的客戶（像是其他的類別呼叫這個類別的方法）來存取特定 Account 物件的 balance 值。這方法指定了傳回型別爲 double 型與一個空的參數列表。

Account 的方法可以全部使用 balance

再一次，在第 18、25、31 行中的敘述，使用變數 balance，即使 balance 並未宣告於任何方法中。我們可以使用 balance 在這些方法中，因爲它是此類別的實體變數。

3.5.2　AccountTest 類別使用 Account 類別

AccountTest 類別（圖 3.9）建立兩個 Account 物件（第 9–10 行），並且初始化它們分別爲一個有效的 50.00 餘額與一個無效的 -7.53 餘額，爲了我們範例的目的，假設餘額大於等於零。在 13-16 行中對 System.out.printf 方法的呼叫輸出帳戶名稱與餘額，是透過呼叫每一個帳戶的 getName 與 getBalance 方法。

```java
1  // Fig. 3.9: AccountTest.java
2  // Inputting and outputting floating-point numbers with Account objects.
3  import java.util.Scanner;
4
5  public class AccountTest
6  {
7     public static void main(String[] args)
8     {
9        Account account1 = new Account("Jane Green", 50.00);
10       Account account2 = new Account("John Blue", -7.53);
11
```

圖 3.9　輸入與輸出有著 Account 物件的浮點數 (1/2)

```
12          // display initial balance of each object
13          System.out.printf("%s balance: $%.2f%n",
14              account1.getName(), account1.getBalance());
15          System.out.printf("%s balance: $%.2f%n%n",
16              account2.getName(), account2.getBalance());
17
18          // create a Scanner to obtain input from the command window
19          Scanner input = new Scanner(System.in);
20
21          System.out.print("Enter deposit amount for account1: "); // prompt
22          double depositAmount = input.nextDouble(); // obtain user input
23          System.out.printf("%nadding %.2f to account1 balance%n%n",
24              depositAmount);
25          account1.deposit(depositAmount); // add to account1's balance
26
27          // display balances
28          System.out.printf("%s balance: $%.2f%n",
29              account1.getName(), account1.getBalance());
30          System.out.printf("%s balance: $%.2f%n%n",
31              account2.getName(), account2.getBalance());
32
33          System.out.print("Enter deposit amount for account2: "); // prompt
34          depositAmount = input.nextDouble(); // obtain user input
35          System.out.printf("%nadding %.2f to account2 balance%n%n",
36              depositAmount);
37          account2.deposit(depositAmount); // add to account2 balance
38
39          // display balances
40          System.out.printf("%s balance: $%.2f%n",
41              account1.getName(), account1.getBalance());
42          System.out.printf("%s balance: $%.2f%n%n",
43              account2.getName(), account2.getBalance());
44      } // end main
45 } // end class AccountTest
```

```
Jane Green balance: $50.00
John Blue balance: $0.00

Enter deposit amount for account1: 25.53

adding 25.53 to account1 balance

Jane Green balance: $75.53
John Blue balance: $0.00

Enter deposit amount for account2: 123.45

adding 123.45 to account2 balance

Jane Green balance: $75.53
John Blue balance: $123.45
```

圖 3.9 輸入與輸出有著 Account 物件的浮點數 (2/2)

展示 Account 物件的初始餘額

當 getBalance 方法呼叫第 14 行 account1，account1 的差值會從圖 3.8 的第 31 行傳回，並且藉由 System.out.printf 敘述加以顯示（圖 3.9，第 13–14 行）。同樣地，當

getBalance 方法從第 16 行的 account2 被呼叫時，account2 的餘額會從圖 3.8 的第 31 行傳回，並且藉由 System.out.printf 敘述展示（圖 3.9，第 15-16 行）。account2 的餘額最初為 0.00，因為建構子拒絕 account2 一開始的餘額是負值，所以餘額保留了預設初始值。

具格式的浮點數展示

每一個餘額都會由 printf 輸出，伴隨著 %.2f 的格式說明。**%f 格式說明 (format specifier)** 曾是用來輸出 float 或 double 型的。在 % 與 f 之間的 .2 呈現有效數點的數字，其應該要被輸出到浮點數的小數點的右邊——也被稱做數字的**精度 (precision)**。任何浮點值輸出伴隨著 %.2f 會被環繞在百位數，舉例來說 123.457 會被四捨五入在 123.46，而 27.33379 會被四捨五入在 27.33。

從使用者讀取一個浮點數值與存錢

圖 3.9 的第 21 行提醒使用者輸入一個存款金額到 account1。第 22 行宣告區域變數 depositAmount 才儲存使用者輸入的存款，不同於實體變數（像是 name 跟 balance），區域變數不會將預設值初始化，所以一般來說必須明確的初始化。變數 depositAmount 的初始值會被使用者輸入的值給決定。

常見的程式設計錯誤 3.1
如果你嘗試使用初始化的區域變數，Java 編譯器會發出編譯錯誤，這可以幫助你避免危險的運作時間邏輯錯誤，它總是可以在編譯時，幫你找出錯誤而不是在運轉的時候。

第 22 行從使用者獲得輸入值，是藉由呼叫 Scanner 物件 inpput 的 nextDouble 其會回傳一個由使用者輸入的 double 值。第 23-24 行展示 depositAmount。第 25 行當方法使引數時，存款方法透過 depositAmount 呼叫物件 account1。當方法被呼叫時，引數的值會指派到 deposit 方法的參數 depositAmount（圖 3.8，第 22 行），然後 deposit 方法增加數值到餘額。圖 3.9 的第 28-31 行，輸出兩個帳戶的 names 與 balances 來顯示只有 account1 的 balance 改變。

第 33 行提醒使用者輸入一個存款到 account2。第 34 行從使用者獲得輸入，藉由呼叫 Scanner 物件輸入的 nextDouble 方法，第 35-36 行展示 depositAmount。第 37 行呼叫物件 account2 的存款方法透過 depositAmount 為方法的引數，然後 deposit 方法增加數值到餘額，最後第 40-43 行輸出兩個 name 跟 balances，但是只有 account2 的餘額改變。

在 main 方法中的重複程式碼

在第 13-14、15-16、28-29、30-31、40-41 跟 42-43 行的六個敘述是最相同的，它們每一個都輸出一個帳戶名稱與餘額。它們只有在 Account 物件上有所差異：account1 跟 account2。這樣的重複程式碼可以建立程式碼維護問題，當程式碼需要升級時，如果相同程式碼的六個複製檔都有著相同的錯誤或是升級，你必須要沒有錯誤的修改六次。習題 3.15 要求修改圖 3.9，使之包含一個 displayAccount 方法其為參數，Account 物件與輸出物件的名稱與餘額。你會藉由六個 displayAccount 的呼叫，取代 main 的重複敘述，透過展示 Account 的名稱與餘額的複製檔，因此減少程式的大小與增加維持能力。

 軟體工程的觀點 3.4
用呼叫一個方法來取代重複程式碼，可以減少程式的大小跟增加維持力。

Account 類別的 UML 圖像類別

圖 3.10 中的 UML 圖像類別精確的作為圖 3.8 的 Account 類別的模型。圖像模型在第二間隔中，String 型的 private 屬性 name 與 double 型的餘額。

Account
- name : String - balance : double
«constructor» Account(name : String, balance: double) + deposit(depositAmount : double) + getBalance() : double + setName(name : String) + getName() : String

圖 3.10　圖 3.8 的 Account 類別的 UML 圖像類別

　　Account 類別的建構子被第三間隔作為模型，藉由 String 的參數 name 與 double 型的 initialBalance 類別的四個 public 方法，也都被第三間隔作為模型。藉由 depositAmount 的 double 參數，操作 deposit；藉由一個傳回 double 的參數，操作 getBalance；藉由 String 型的 name 參數，操作 setName；以及透過傳回 String 型參數，操作 getName。

3.6　（選讀）GUI 與繪圖案例研究：使用對話框

本節選讀的案例研究，是為了那些想早點開始學習 Java 在建構圖形使用者介面（graphical user interface, GUI）及繪圖上強大功能的讀者所設計。我們會在後面章節深入探討。

　　GUI 與繪圖案例研究出現在 10 個簡短的小節中（請參閱圖 3.11）。每一節都會介紹新的概念，並提供螢幕截圖的範例，顯示出互動與執行結果的實例。在前幾節中，你會建立第一支繪圖應用程式。在後續幾節中，會使用物件導向程式設計的概念，來建立可以繪製各種形狀的應用程式。當我們在第 12 章正式介紹 GUI 時，我們會用滑鼠來選擇所要繪製的形狀及位置。在第 13 章，我們加入了 Java 2D 繪圖 API 的功能，用不同粗細的線條及填色來繪製形狀。我們希望你覺得這個案例研究兼具教育性與趣味性。

位置	標題─習題
3.6 節	使用對話框 ─ 使用對話框執行基本輸入和輸出
4.15 節	建立簡單的繪圖 ─ 在螢幕上顯示及繪製線條
5.11 節	繪製長方形與橢圓形 ─ 使用形狀來表示資料
6.13 節	顏色與填滿圖形 ─ 畫出標靶以及隨機圖形
7.17 節	繪製弧線 ─ 使用弧線繪製螺旋
8.16 節	使用具有繪圖功能的物件 ─ 將形狀儲存為物件
9.7 節	使用標籤以顯示文字與圖片 ─ 提供狀態資訊
10.10 節	利用多型來繪製圖形 ─ 辨別形狀之間的相似性
習題 12.17	擴充介面 ─ 使用 GUI 元件與事件處理
習題 13.31	加入 Java 2D ─ 使用 Java 2D API 來加強繪圖功能

圖 3.11　本書各章包含的 GUI 與繪圖案例研究的一覽表

在對話框中顯示文字

到目前為止，我們所呈現的程式都是在命令列視窗中進行輸出。許多應用程式會使用視窗或**對話框**（**dialog box**；也稱為 **dialog**）來顯示輸出。網頁瀏覽器，諸如 Firefox、Internet Explorer、Chrome 與 Safari，都會在它們自己的視窗中顯示網頁。電子郵件程式讓你能夠在視窗中輸入與閱讀訊息。通常，對話框就是程式向使用者顯示重要訊息的視窗。**JOptionPane** 類別提供了預先建構好的對話框，讓程式能夠顯示包含訊息的視窗，這類視窗稱為**訊息對話框 (message dialog)**。圖 3.12 會在訊息對話框中顯示 String "Welcome to Java"。

```java
1  // Fig. 3.12: Dialog1.java
2  // Using JOptionPane to display multiple lines in a dialog box.
3  import javax.swing.JOptionPane;
4
5  public class Dialog1
6  {
7     public static void main(String[] args)
8     {
9        // display a dialog with a message
10       JOptionPane.showMessageDialog(null, "Welcome to Java");
11    }
12 } // end class Dialog1
```

圖 3.12　使用 JOptionPane 在對話框裡顯示多行訊息

JOptionPane 類別 static 方法 showMessageDialog

第 3 行指出，程式會使用 **javax.swing** 套件中的 JOptionPane 類別。這個套件包含許多能幫助你建立**圖型使用者介面 (GUI)** 的類別。GUI 元件能讓使用者更容易輸入資料，也更容易將資料呈現給使用者。第 10 行會呼叫 JOptionPane 的 **showMessageDialog** 方法來顯示一個包含訊息的對話框。這個方法需要兩個引數。第一個引數會幫助 Java 應用程式判斷對話框擺放的位置。對話框通常是由擁有自己視窗的 GUI 應用來顯示。第一個引數會參照此視窗（稱為父視窗）然後令對話框出現在應用程式視窗的正中央。如果第一個引數為 null，對話框便會出現在你螢幕的正中央。第二個引數就是對話框內要顯示的 String。

介紹 static 方法

JOptionPane 方法 showMessageDialog 是一個所謂的 **static 方法**。這種方法通常會用來定義常用的工作。例如，有許多程式會顯示對話框，而每次進行這項任務的程式碼都相同。相對於要求你「從零開始」，建立程式碼來顯示對話框，JOptionPane 類別的設計者，已經為你宣告了一個會進行此項任務的 static 方法。要呼叫 static 方法，請在其類別名稱後面加上一個點號 (.) 和方法的名稱。如下：

```
ClassName.methodName(arguments)
```

請注意，在使用 static 方法 showMessageDialog 時，你並沒有建立 JOptionPane 類別的物件。我們會在第 6 章更詳盡地討論 static 方法。

在對話框中鍵入文字

圖 3.13 使用了另一個預先定義的 JOptionPane 對話框，稱為**輸入對話框 (input dialog)**，讓使用者可以輸入資料到程式中。程式會詢問使用者的姓名，然後回應一個訊息對話框，裡頭包含一個問候訊息，以及使用者所輸入的姓名。

```java
1  // Fig. 3.13: NameDialog.java
2  // Obtaining user input from a dialog.
3  import javax.swing.JOptionPane;
4
5  public class NameDialog
6  {
7     public static void main(String[] args)
8     {
9        // prompt user to enter name
10       String name = JOptionPane.showInputDialog("What is your name?");
11
12       // create the message
13       String message =
14          String.format("Welcome, %s, to Java Programming!", name);
15
16       // display the message to welcome the user by name
17       JOptionPane.showMessageDialog(null, message);
18    }
19 } // end class NameDialog
```

圖 3.13　從對話框取得使用者的輸入 (1/2)

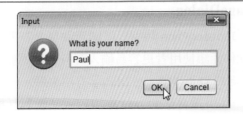 

圖 3.13 從對話框取得使用者的輸入 (2/2)

JOptionPane 類別的 static 方法 showInputDialog

第 10 行使用了 JOptionPane 的方法 **showInputDialog**，來顯示一個包含提示訊息與欄位（稱為**文字欄位**）的輸入對話框，使用者可以在欄位中輸入文字。showInputDialog 方法的引數，就是會指示使用者該輸入什麼東西的提示訊息。使用者會輸入字元到文字欄位中，然後點擊 OK 鍵或按下 Enter 鍵，以將這個 String 傳回給程式。showInputDialog 方法會傳回一個 String，包含使用者所輸入的字元，我們會將這個 String 存在變數 name 中。[請注意：如果你按下對話框的 Cancel 按鈕或 Esc 鍵，此方法便會傳回 null，程式所顯示的名稱便會是 "null"。]

String 類別的 static 方法 format

第 13-14 行使用了 static String 的方法 **format** 來傳回一個 String，其中包含一句問候與使用者輸入的姓名。format 方法的運作類似於 System.out.printf 方法，差別在於 format 會傳回具格式的 String，而非將之顯示在命令列視窗中。第 17 行會在訊息對話框中顯示問候語，如圖 3.12 一般。

GUI 與繪圖案例研究習題

3.1 請對圖 2.7 的加法程式進行修改，使用 JOptionPane 類別的方法，來進行以對話框為基礎的輸入及輸出。由於 showInputDialog 方法傳回的是 String，你必須將使用者輸入的 String 轉換成 int 以提供運算使用。Integer 類別的 static 方法 parseInt 會接收一個代表整數的 String 引數（包含 java.lang），然後以 int 傳回其數值。如果 String 中包含的不是有效整數，程式就會因錯誤而終止。

3.7　總結

在本章中，你學會如何宣告類別的實體變數，以維護每個類別物件的資料；學習如何用宣告來操作這些資料的方法。你學會如何呼叫方法，來告知方法執行工作，以及如何用引數傳遞資料給方法。學會方法的區域變數和類別的實體變數有何不同，以及只有實體變數才會自動初始化。我們也學會如何使用類別的建構子來指定物件實體變數的初始值。在整章中，我們看到如何使用 UML 建立類別圖，以模型化建構子、方法還有類別的屬性。最後，你學到如何使用浮點數──如何用基本型別 double 來儲存它們；如何利用 Scanner 物件來輸入它們，以及如何透過 printf 方法和格式描述子 %f 來顯示它們。〔在第 8 章我們將會使用 BigDecimal 類別呈現貨幣金額。〕讀者也開始選讀 GUI 和繪圖案例的閱讀，學習如何撰寫第一支 GUI 程式。在下一章，會開始介紹控制敘述，控制敘述會指定程式執行動作的順序。你會在方法中使用控制敘述，來編派方法應該要如何執行其任務。

摘要

3.2　實體變數、set 方法與 get 方法

- 每個你建立的類別都可變成一個新的被用來宣告變數與建立物件的類型。
- 你可以宣告新的類別（如果需要）；這是 Java 被認爲是具有延展性的語言的原因之一。

3.2.1　Account 類別的實體變數、set 方法與 get 方法

- 每個有 public 存取修飾詞的類別宣告，必須儲存在與類別有同樣名稱的檔案，並以 .java 檔名做結尾。
- 每個類別宣告都有關鍵字 class 隨在類別名稱之後。
- 類別、方法與變數的名稱是標識符號。按照慣例全部都使用大小寫混合的命名。類別名稱以大寫開頭，而方法與變數名稱則以小寫開頭。
- 一個有屬性的物件會被操作爲實體變數，並在其生命週期中被夾帶。
- 實體變數存在於方法呼叫物件之前、執行與完成執行之後。
- 一個類別一般會包含一個或多個方法，用來操作屬於特定類別的物件的實體變數。
- 實體變數會宣告在類別宣告之內，但是在類別的方法宣告的主體之外。
- 每個類別的物件（實體）都有它自己對類別的實體變數的複製。
- 大多數實體變數宣告會在關鍵字 private（一個存取修飾詞）之前，有存取修飾詞 private 的變數或方法宣告只有在類別的方法可被存取。
- 參數被宣告在用逗號分開的參數列表中，它放在方法宣告中的方法名稱之後的括號之中。逗號會分開多個參數，每個參數必須由變數名稱之後的類型指定。
- 在特定方法的主體中宣告的變數爲區域變數，其只可被用在方法中。當方法結束時，它的區域變數的值會不見，而方法的參數是方法的局部變數。
- 每個方法主體都被限制在左右的括號中（{ and }）。
- 每個有一個或多個敘述的方法主體都表現方法的任務。
- 方法的傳回類型指定出傳回到方法的呼叫者的資料的類型。關鍵字 void 指出方法會表現任務，但是不會傳回任何資訊。
- 在方法名稱之後的空的括號指出方法沒有要求任何參數表現任務。
- 當一個方法定出一個傳回型，而不是呼叫 void 並完成它的任務，方法必須傳回一個結果到它的呼叫方法。
- return 敘述從呼叫方法通過一個值到它的呼叫者。
- 類別通常會提供 public 方法允許類別的客人去設定或是取得 private 實體變數，這些方法的名稱不會用 set 或 get 做爲開頭，但是我們還是推薦此命名慣例。

3.2.2　Account 類別建立與使用 AccountTest 類別的物件

- 建立其他類別物件，然後呼叫物件的方法類別是驅動類別。

- Scanner 的方法 nextLine 讀取字元直到遇上新的行的字元，然後以 String 傳回字元。
- Scanner 的方法 next 讀取字元直到遇上任何空白字符，然後以 String 傳回字元。
- 類別實體建立運算式以關鍵字 new 開頭並建立新物件。
- 建構子與方法類似，但是會由 new 運算子自動的呼叫初始化物件的實體變數，當物件被建立的時候。
- 呼叫物件的方法，請在物件的名稱後使用點點為分開者，方法名稱與括號都包含方法的引數。
- 區域變數不是會自動初始化的，每個實體變數都有預設的初始值──由 Java 提供的值，當你不指定實體變數的初始值。
- 預設值是為了 String is null 型的實體變數。
- 方法呼叫支援數值──稱為引數──為了每個方法的引數，每個引數的數值會被指派到在方法頭中一致的參數。
- 呼叫方法的引數的數字必須符合在宣告方法的參數列表的參數數字。

3.2.3　用多個類別編寫與執行應用程式

- javac 命令可同時編寫多個類別，簡單的列出原始碼檔案名稱在命令之後，每個檔案名稱都由空格分開。如果目錄有包含一個應用程式的檔案，你可以透過 javac *.java 的命令編寫全部的類別。在 *.java 的星號 (*) 指出全部在目前目錄的檔案都應該被編寫。

3.2.4　Account UML 圖表類別，使用實體變數、set 與 get 方法

- 在 UML 中，每個類別都會在類別都是在圖像類別中，修改為有三個區塊的矩形。第一個區塊有類別的名稱用粗體放在中間。中間的區塊有類別的屬性，與在 Java 中的實體變數一致。最底下的區塊有類別的操作，與在 Java 中的方法與建構子一致。
- UML 呈現實體變數為屬性的名稱，跟隨在分號與類型的後面。
- 私人屬性在 UML 中是在減號 (-) 之前。
- UML 模型藉由列出在括號之後的操作名稱來操作。加號 (+) 在操作名稱之前指出操作在 UML 中是公開的（即為 Java 中的 public 方法）。
- UML 操作的參數以列出參數名稱為模型，跟隨在分號與在括號內的參數型之後。
- UML 藉由放置分號指出操作的傳回類型，而且傳回類型是在括號後的操作名稱之後。
- UML 類別圖像不會定出傳回類型給不傳回數值的操作。
- 宣告實體變數 private 被稱為隱藏資料或是隱藏資訊。

3.2.5　新增 AccountTest 類別的注意事項

- 你必須呼叫大部分的方法 main 而不是明確的告訴它們的任務。
- 放置 JVM 的主要關鍵與呼叫方法 main 來開始應用程式的執行是關鍵字 static，它指出 main 是 static 方法，其可在沒有建立類別物件的情況下被呼叫。

- 你使用在 Java 程式的類別大多數必須被明確的匯入。在同目錄中進行編譯的類別，它們之間存在一種特殊的關係。預設下，這樣的類別被認為是在同一個套件中─稱為預設套件。同一個套件中的類別會自動的被匯入到同套件其他類別的原始碼檔案中。當某個在套件中的類別使用在同一個套件的另一個類別時，無需 import 宣告。
- 如果你總是使用完整類別名稱，就不需要 import 宣告，包含它的套件名稱與類別名稱。

3.2.6 有 private 實體變數、set 與 get 方法的軟體工程

- 宣告實體變數 private 為隱藏資料或是隱藏資訊。

3.3 基本型別與參照型別

- Java 的型別可分為兩大類──基本型別與參照型別。基本型別包括 boolean、byte、char、short、int、long、float 以及 double。其他所有型別都是參照型別，所以類別就是參照型別，因為它指定了物件的型別。
- 基本型別變數一次只能儲存一個其所宣告之型別的數值。
- 基本型別的實體變數會由預設值初始化。型別 byte、char、short、int、long、float 以及 double，都會被初始化為 0。型別為 boolean 的變數，則會被初始化為 false。
- 參照型別的變數（稱為參照）會儲存物件在電腦記憶體中的位置。在程式中，這類變數會參照物件。所參照的物件可能包含許多實體變數與方法。
- 參照型別欄位預設上會被初始化為數值 null。
- 要呼叫物件的實體方法，必須透過指向物件的參照。基本型別的變數並沒有參照物件，因此不能用來呼叫方法。

3.4 Account 類別：使用建構子初始化物件

- 每個你宣告的類別可被選擇性的提供有參數的建構子，其可被用來在物件被建立時初始化類別的物件。
- Java 需要建構子呼叫每個被建立的物件。
- 建構子可被訂出參數但是不傳回類型。
- 如果類型不定義建構子，編寫器會提供預設沒有參數的建構子，而類別的實體變數會被預設值初始化。
- 如果你為了類別宣告建構子，編寫器不會建立預設的建構子給那個類別。
- UML 模型建構子在類別圖像的第三個區塊，要從類別的操作區分建構子，UML 放置單字「constructor（建構子）」在引號之間（« and »）建構子的名稱之前。

3.5 Account 類別的 Balance；浮點數

- 浮點數就是包含小數點的數字。Java 提供兩種用來在記憶體中儲存浮點數的基本型別──float 與 double。這兩種型別的主要差異在於，比起 float 變數，double 變數可以儲存較大的數量級，以及較精確的細節（稱為數值的精度）。

- float 型別的變數，代表單精度浮點數，具有七位有效數字。double 型別的變數，則代表倍精度浮點數。double 型別的變數需要的記憶體是 float 變數的兩倍，提供 15 位的有效位數——也大約是 float 變數精度的兩倍。
- 浮點字面在預設上為 double 型別。
- Scanner 方法 nextDouble 會傳回 double 數值。
- 格式描述子 %f 是用來輸出 float 或 double 型別的數值。格式描述子 %2f 指定了輸出時的精度，應當要到浮點數小數點後兩位。
- double 型別欄位的預設值為 0.0，int 型別欄位的預設值則是 0。

自我測驗題

3.1 請填入下列各個敘述的空格：

a) 每個以關鍵字 _____ 開頭的類別宣告，都必須儲存在與類別名稱完全相同，以副檔名 .java 結尾的檔案中。

b) 類別宣告中，關鍵字 _____ 後頭會緊跟著類別名稱。

c) 關鍵字 _____ 會向系統請求記憶體以儲存物件，然後呼叫相對應的類別建構子來初始化該物件。

d) 每個參數都必須指定 _____ 與 _____。

e) 根據預設，在同目錄中編譯的類別，會被視為同一套件，稱 _____。

f) Java 提供兩種用來在記憶體中儲存浮點數的基本型別：_____ 和 _____

g) double 型別的變數代表 _____ 浮點數。

h) Scanner 方法 _____ 會傳回一個 double 數值。

i) 關鍵字 public 是一個存取 _____。

j) 傳回型別 _____ 指出該方法不會傳回數值。

k) Scanner 方法 _____ 會讀入字元，直到碰到換行字元為止，然後以 String 將這些字元傳回。

l) String 類別位於 _____ 套件中。

m) 假如你永遠用完整類別名稱來參照類別，就不需要 _____。

n) _____ 意指帶有小數點的數字，像是 7.33、0.0975 或 1000.12345。

o) float 型別的變數代表 _____ 浮點數。

p) 格式描述子 _____ 是用來輸出型別為 float 或 double 的數值。

q) Java 的型別可分為兩大類—— _____ 型別和 _____ 型別。

3.2 請說明下列何者為真 (true)，何者為偽 (false)。如果為偽，請說明理由。

a) 依照慣例，方法名稱會以大寫字母開頭，而且名稱中後續的所有字詞，第一個字母也都要大寫。

b) 當套件中的類別使用同套件的另一個類別時，便不需要 import 宣告。

c) 在方法宣告中，方法名稱後頭的空括弧表示，這個方法並不需要參數來執行其工作。

　　d) 使用 private 存取修飾詞來宣告的變數或方法，只能被同類別的方法所使用。

　　e) 在特定方法主體內宣告的變數，稱為實體變數，可以使用在類別的所有方法之中。

　　f) 每個方法主體，都是以左右大括弧 ({ 與 }) 為界。

　　g) 基本型別的區域變數會預設被初始化。

　　h) 參照型別的實體變數會預設被初始化為數值 null。

　　i) 任何包含 public static void main(String[] args) 的類別，都可以用來執行應用程式。

　　j) 方法呼叫的引數數量，必須與方法宣告參數列的參數數量相符。

　　k) 出現在原始碼中的浮點數值，稱為浮點字面，預設型別為 float。

3.3 區域變數和欄位有何差異？

3.4 請解釋方法參數的用途。參數和引數有何差異？

自我測驗題解答

3.1 a) public　b) class　c) new　d) 型別，名稱　e) 預設套件　f) float、double　g) 倍精度 h) nextDouble　i) 修飾詞　j) void　k) nextLine　l) java.lang　m) import 宣告　n) 浮 點數　o) 單精度　p) %f　q) 基本，參照。

3.2 a) 偽。依照慣例，方法名稱會以小寫字母開頭，而且名稱中後續的每個字詞，第一個 字母都要大寫。b) 真。c) 真。d) 真。e) 偽。這類變數稱為區域變數，只能使用在宣 告它們的方法中。f) 真。g) 偽。基本型別的實體變數會預設被初始化。每個區域變數 則都必須明確地指派數值。h) 真。i) 真。j) 真。k) 偽。像這樣的浮點字面，預設值為 double 型別。

3.3 區域變數宣告在方法主體內，而且只能在從宣告點開始，到方法宣告結尾之間的區域 中使用。欄位宣告在類別中，但不是宣告在任何類別方法的主體內。此外，欄位可以 被該類別所有的方法存取。(我們會在第 8 章看到這點的例外狀況。)

3.4 參數代表方法執行工作所需的額外資訊。方法所需的每個參數，都會指定於方法宣告 中。引數則是實際交給方法參數的數值。在呼叫方法時，引數值會被傳遞給方法相對 應的參數，讓它能執行其工作。

習題

3.5 (關鍵字 new) 請問 new 關鍵字的作用為何？請解釋當你使用此關鍵字時，會發生什麼 事。

3.6 (預設建構子) 類別宣告有兩個參數的建構子。你會如何建立沒有參數的類別的實例？

3.7 (實體變數) 解釋實體變數的目的。

3.8 (在沒有輸入類別的情況下使用它們) 大多的類別需要在使用它們之前匯入到應用程 式，然而為什麼每個應用程式都允許使用 System 與 String 類別卻沒有匯入它們？

3.9 (在沒有輸入類別的情況下使用 It) 請解釋程式如何使用 Scanner 類別卻沒有輸入 It。

3.10 (set 與 get 方法) 請解釋對實體變數建立一個類別卻沒有 set 與 get 方法的弊端。

3.11 （**修改 Account 類別**）修改 Account 類別（圖 3.8）來提供 withdraw 方法，此方法會從 Account 中提領金錢，請確認提領的錢不會超出帳戶的餘額，如果超出了，餘額不可被改變，並顯示「提領金額超出餘額」的訊息。請修改 AccountTest 類別（圖 3.9）來測試方法 withdraw。

3.12 （**PetrolPurchase 類別**）請建立 PetrolPurchase 類別來呈現關於你購買的汽油的資訊。此類別應該包含五種以實體變數格式的資訊——加油站位置（String 型）、汽油類型（String 型）、以公升為單位購買（int 型）、每公升價格 (double)、與折扣 (double)。你的類別應該要有初始化五個實體變數的建構子，請提供 set 與 get 方法給每個實體變數。除此之外，請提供方法 getPurchaseAmount 計算淨買金額 (每公升金額加總) 減掉折扣，然後以 double 值傳回你付的淨額。請寫一個應用程式的 Petrol 類別展示 PetrolPurchase 類別的能力。

3.13 （**Car 類別**）建立包三個實體變數的 Car 類別一模型（String 型）、年分（String 型）、與價格。請提供初始化三個實體變數的建構子，還有 set 與 get 方法給每個建構子。如果價格不是正的，請勿設定它的值。請建立兩個 Car 物件並展示每個的價格，然後設定第一台車有 5% 的折扣，第二台車則是 7%。請再一次展示每台車的價格。

3.14 （**Date 類別**）建立包含三個實體變數的 Date 類別——月（int 型）、日（int 型）、與年（int 型）。請提供初始化三個實體變數的建構子並假設提供的值為正確的。請提供 set 與 get 方法給每個實體變數，再提供方法 displayDate 來展示月、日、與年，並以斜線 (/) 隔開。請寫一個 DateTest 的測試應用程式來展示類別 Date 的能力。

3.15 （**移除 main 方法中的重複程式碼**）在圖 3.9 的 AccountTest 類別中，main 方法包含六個敘述（第 13-14、15-16、28-29、30-31、40-41 與 42-43 行），每行都展示 Account 物件的 name 與 balance，請研究這些敘述，你會發現它們在 Account 物件開始操作時有所不同——account1 或 account2。在此習題中，你會定義新的 displayAccount 方法，其包含一個輸出敘述的複製。方法的參數會是 Account 物件，而方法會輸出物件的 name 與 balance。你之後會藉由呼叫 displayAccount 取代六個在 main 中的重複的敘述。

修改圖 3.9 的 AccountTest 類別來宣告之後的 displayAccount 方法再關閉 main 方法的右括號之後與類別 AccountTest 的右括號之前：

```
public static void displayAccount(Account accountToDisplay)
{
    // place the statement that displays
    // accountToDisplay's name and balance here
}
```

用展示 accountToDisplay 的 name 與 balance 敘述取代在方法的主體內的註解。

回想 main 是 static 方法，所以它可被呼叫在沒有先建立類別的物件的情況下。我們也宣告方法 displayAccount 為 static 方法。當 main 需要在同個類別呼叫另外的方法，但沒有先建立類別物件時，其他方法也必須宣告為 static。

一旦你完成 displayAccount 的宣告，用對 displayAccount 的呼叫修改 main 來取代展示 Account 的 name 與 balance 的敘述—每個會接收為他的引數 account1 或 account2 物件，然後測試升級的 AccountTest 類別來確保它生產與圖 3.9 同樣的輸出。

進階習題

3.16 **（目標心搏率計算程式）** 在運動時，你可以使用心搏率監測裝置，來觀察心搏率維持在訓練員跟醫師所建議的安全範圍內。根據美國心臟協會（American Heart Association，AHA）(www.americanheart.org/presenter.jhtml?identifier-=4736) 的說法，計算你最大心搏率的公式，是每分鐘 220 下減去你的年紀。你的目標心搏率範圍，是最大心搏率的 50–85%。[請注意：這些公式是 AHA 所提供的估計值。最大心搏率與目標心搏率，可能會因為個人的健康狀況、體格和性別，而有所不同。在你要開始或調整運動計畫時，請務必要諮詢醫師或合格的醫療照護人員。] 請建立一個叫做 HeartRates 的類別。這個類別應該要包含這個人的名字、姓氏和生日（包含個別的出生年、月、日的屬性）。你的類別應該要有一個建構子，接收這些資料作為參數。每個屬性都應該要提供 set 方法與 get 方法。此類別也應該要包含一個會計算並傳回個人年齡的方法，一個會計算並傳回個人最大心搏率的方法，以及一個會計算並傳回個人目標心搏率的方法。請撰寫一支 Java 應用程式，會提示使用者輸入個人資訊、實體化一個 HeartRates 類別的物件，然後從物件印出這些資訊，包括個人的名字、姓氏還有生日，然後計算並印出個人的年齡、最大心搏率以及目標心搏率範圍。

3.17 **（醫療記錄的電腦化）** 最近沸沸揚揚的醫療議題，就是醫療記錄的電腦化。人們小心地處理此一可能性，因為會有敏感的隱私及安全顧慮，以及其他原因。[我們會在後續習題中處理這些顧慮。] 電腦化醫療記錄，會讓病患比較容易跟不同的專業醫療照護人員分享其醫療檔案及病史。這可以改善醫療品質，幫助避免用藥衝突以及開藥的錯誤，減低成本，以及在緊急時可以拯救性命。在本習題中，你會設計一個「初階版」的個人 HealthProfile 類別。此類別屬性應當要包含個人的名字、姓氏、性別、生日（包含個別的出生年、月、日的屬性）、身高（以英吋表示）及體重（以磅表示）。你的類別應該要包含一個建構子，會接收這些資料。請為這些屬性都提供 set 方法和 get 方法。此類別也應該要包含會計算並傳回使用者年齡、最大心搏率、目標心搏率範圍（參見習題 3.16）、還有身體質量指數（BMI; 請參閱習題 2.33）的方法。試撰寫一 Java 應用程式，提示使用者輸入個人資訊、為該位使用者實體化一個 HealthProfile 類別的物件，包含個人的名字、姓氏、性別、生日、身高及體重。然後計算並印出個人的年齡、BMI、最大心搏率與目標心搏率範圍。此程式也應該要顯示習題 2.33 的 BMI 數值圖表。

控制敘述：第一部分

Let's all move one place on.
—Lewis Carroll

How many apples fell on Newton's head before he took the hint!
—Robert Frost

學習目標

在本章節中，你將會學習到：

- 基本的解題技巧。
- 透過由上而下，逐步精修的過程，開發演算法。
- 使用 if 和 if...else 選擇敘述，來選擇各種可能的行動。
- 使用 while 迴圈敘述，重複執行程式中的敘述。
- 使用計數器控制迴圈與警示值控制迴圈。
- 使用複合設定、遞增和遞減運算子。
- 基本資料型別的可攜性。

4.1　簡介

在開始撰寫程式解決問題之前，你應該先對問題有透徹的了解，並審慎規劃解決問題的方法。在撰寫程式時，你也該了解可用的建構區塊，並運用通過考驗的程式建構技巧。在本章及下一章中，我們會探討這些課題，說明結構化程式設計的理論及原則。本章所說明的概念，對建構類別與操作物件來說相當重要。

我們會介紹 Java 的 if、if...else 與 while 敘述，這三種建構區塊可以編派方法執行任務所需的邏輯。介紹 Java 的複合設定運算子、遞增和遞減運算子。最後，會討論 Java 基本型別的可攜性。

4.2　演算法

任何計算問題，都可藉由以特定順序執行一連串行動來解決。解決問題的程序，若表示為以下兩種觀點：

1. 要執行的**行動 (action)**，以及
2. 執行這些行動的**順序 (order)**

便稱為**演算法 (algorithm)**。以下範例說明了正確指定行動執行順序的重要性。

請考量某位主管早上起床去上班所依循的「早起精神好」演算法：(1) 起床；(2) 脫睡衣；(3) 淋浴；(4) 著裝；(5) 吃早餐；(6) 共乘汽車上班。此程序讓這位主管能精神飽滿地工作，進行各種決策。假設相同的步驟，以略微不同的順序進行：(1) 起床；(2) 脫睡衣；(3) 著裝；(4) 淋浴；(5) 吃早餐；(6) 共乘汽車上班。這樣的話，我們的主管就會濕淋淋地去上班了。指定程式中敘述執行的順序，稱為**程式控制 (program control)**。本章會使用 Java 的**控制敘述 (control statement)** 來探討程式控制。

4.3　虛擬碼

虛擬碼 (pseudocode) 是一種非正規的語言，可以幫助你發展演算法，而無需擔心 Java 語法嚴格的細節限制。我們所呈現的虛擬碼，對於發展演算法，然後轉換成 Java 程式的結構化部分，特別有用。虛擬碼類似日常英語——它很方便也很具親和力，但它並非真正的電腦程式語言。你會在圖 4.7 中看到用虛擬碼撰寫的演算法。

電腦無法執行虛擬碼。反之，虛擬碼是在試圖用程式語言如 Java，在程式撰寫出來前，幫助你「想出」程式用的。本章提供了幾個利用虛擬碼來開發 Java 程式的範例。

我們所呈現的虛擬碼風格只包含字元，讓你可以方便地使用任何文字編輯器來輸入虛擬碼。仔細寫好的虛擬碼程式，可以輕易地轉換成相應的 Java 程式。

虛擬碼通常只會描述在你將程式從虛擬碼轉換成 Java 後，程式在電腦上執行時會發生的行動。這些行動可能是輸入、輸出或計算。我們通常不會在虛擬碼中加入變數宣告，但有些程式設計師會選擇在虛擬碼的開頭處列出變數並敘述其用途。

4.4　控制結構

一般來說，程式中的敘述會依撰寫的順序，一個接一個地執行。這種程序稱為**循序執行 (sequential execution)**。我們馬上就會討論，有許多不同的 Java 敘述，能讓你指定下一個要執行的敘述，不必是循序的下一句。這稱為**控制權轉移 (transfer of control)**。

在 1960 年代，人們開始了解，任意使用控制權轉移，是軟體開發團隊所遭遇到的許多困難的禍源。矛頭指向 **goto 敘述**（當時大多數程式語言都會使用它），它讓你能指定將控制權轉移到程式中許多可能的所在。**結構化程式設計 (structured programming)** 這個詞彙，幾乎成為「**消滅 goto**」的同義詞。[請注意：Java 並沒有 goto 敘述，但 goto 這個字在 Java 中是保留字，不該在程式中用來當作識別字。]

Bohm 和 Jacopini [1] 的研究說明了撰寫程式可以不需要使用任何 goto 敘述。當年程式設計師的挑戰，就是將風格轉換為「不用 goto 的程式設計」。直到 1970 年代，大多數程式設計師才開始認真看待**結構化程式設計**。結果令人驚訝。軟體開發團隊可縮短開發時間，更常能準時推出系統，也更常能在預算範圍內完成軟體專案。這些成功的關鍵，在於結構化程式設計比較清楚明瞭，能夠較簡單的除錯和修改，一開始也比較不會出現錯誤。

Bohm 和 Jacopini 的研究說明，所有程式都可以只使用三種控制結構來撰寫：**循序結構 (sequence structure)**、**選擇結構 (selection structure)** 和**迴圈結構 (repetition structure)**。我們在介紹 Java 的控制結構實作時，會使用《Java 程式語言規格》中的術語「控制敘述」來稱呼它們。

Java 的循序結構

循序結構內建於 Java 中。除非特別指示，否則電腦就會按照敘述撰寫的順序，一行接一行地依序執行 Java 敘述——亦即循序。圖 4.1 的**活動圖 (activity diagram)** 描繪了典型的循序

1　C. Bohm, and G. Jacopini, "Flow Diagrams, Turing Machines, and Languages with Only Two FormationRules," Communications of the ACM, Vol. 9, No. 5, May 1966, pp. 336–371.

結構，在圖中兩個運算會依序執行。Java 允許在循序結構中，加入任意數量的行動。我們馬上就會看到，任何可以放置單一行動的位置，都可以放入一連串行動。

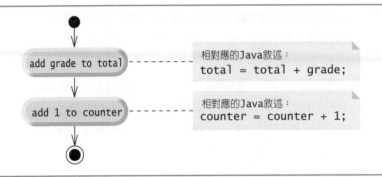

圖 4.1　循序結構活動圖

UML 活動圖能模型化軟體系統某部分的**工作流程**（**workflow**，也稱為**活動**）。這類工作流程可能包含演算法的某一部分，例如圖 4.1 的循序結構。活動圖是由各種符號所構成，例如**行動狀態符號**（**action-state symbol**，左右兩邊為弧形的矩形）、**菱形**和**小圓圈**等。這些符號會由**轉移箭號 (transition arrow)** 所連接，代表活動的流向──亦即代表行動應當發生的順序。

就像虛擬碼一樣，活動圖也可以幫助你發展及呈現演算法，雖然許多程式設計師比較喜愛虛擬碼。活動圖可以清楚說明控制結構的運作方式。我們會在本章及第 5 章使用 UML，來描繪控制敘述的控制流。

請考量圖 4.1 的循序結構活動圖。此圖包含兩個**行動狀態 (action state)**，代表會執行的行動。每個行動狀態都包含一個**行動描述 (action expression)**，例如「將 grade 加至 total」或「將 1 加至 counter」，指定了欲執行的特定行動。其他行動則可能包含運算或輸入 / 輸出操作。活動圖中箭號代表**轉移 (transition)**，用來指定行動狀態所表示的行動發生的順序。實作圖 4.1 活動圖所描繪之行動的程式，會先將 grade 加到 total，然後再將 counter 加 1。

活動圖頂部的**實心圓圈**代表活動的**初始狀態 (initial state)**──此為程式執行所模型化的行動前，工作流程的起點。出現在活動圖底部，外圍加上一個**空心圓圈的實心圓圈**，代表**最終狀態 (final state)**──程式執行完行動後，工作流程的終點。

圖 4.1 也包含右上角內摺的矩形。這些圖樣是 UML **註解**（**note**，就像 Java 的註解）──是用來描述圖中各符號作用的註解標籤。圖 4.1 利用了 UML 註解，來展示每個行動狀態所對應的 Java 程式碼。註解與其所描述的元件之間，會以**虛線**連接。活動圖通常不會顯示實作活動的 Java 程式碼。我們在此例中會這樣做，是為了說明活動圖與 Java 程式碼之間的關聯。要了解更多關於 UML 的資訊，請參閱我們的選讀案例研究（第 33-34 章）或拜訪 www.uml.org。

Java 的選擇敘述

Java 提供**三種選擇敘述**（**selection statement**，我們將在本章及第 5 章加以討論）。使用 if 敘述，如果條件式為真，就會執行（選擇）行動；如果條件式為偽，就會跳過這項行動。if…

else 敘述，會在條件式爲真時執行某項行動，在條件式爲僞時執行另一項行動。switch 敘述（第 5 章）則會依據運算式的值，執行許多不同行動的其中一個。

　　if 敘述是**單選敘述 (single-selection statement)**，因爲它會選擇或忽略單一行動（或者，如我們馬上就會看到的，選擇或忽略單一一組行動）。if…else 敘述則是**雙選敘述 (double-selection statement)**，因爲它會在兩項不同的行動（或兩組不同的行動）中擇一。switch 敘述則稱爲**多選敘述 (multiple-selection statement)**，因爲它會在多項不同的行動（或是多組不同的行動）中擇一。

Java 的重複敘述

Java 提供三種**重複敘述**（**repetition statement**，或稱爲**迴圈敘述 looping statement**），讓程式能夠反覆執行敘述，只要條件式（稱爲**迴圈持續條件 [loop-continuation condition]**）保持爲真。這些重複敘述包括 while、do…while 和 for 敘述（第 5 章會介紹 do…while 與 for 敘述；第 7 章介紹更強的 for 敘述）。while 與 for 敘述會執行其主體內的行動（或一組行動）零或多次，如果迴圈持續條件一開始爲僞，就不會執行該行動（或該組行動）。do…while 敘述會執行主體內的行動（或一組動作）一或多次。if、else、switch、while、do 和 for 都是 Java 的關鍵字。完整的 Java 關鍵字列表請參閱附錄 C。

Java 控制敘述的整理

Java 只有三種控制結構，之後我們都會稱之爲控制敘述：循序敘述、選擇敘述（三種）以及重複敘述（或稱迴圈敘述）（三種）。所有程式，都是透過結合上述三種敘述所構成，而各種敘述使用的數量，則會因應於程式所實作之演算法的需求，可以將每種控制敘述都模型化爲活動圖。如同圖 4.1，每張活動圖都會包含初始狀態與最終狀態，分別表示控制敘述的進入點和離開點。這種**單進 / 單出的控制敘述 (Single-entry/single-exit control statement)** 讓我們得以簡單地建立程式——我們只需將一個控制敘述的離開點，與另一個控制敘述的進入點相連接即可。這種方式稱爲**控制敘述堆疊 (control-statement stacking)**。我們會學到，還有一種連接控制敘述的方式——**巢狀控制敘述 (control-statement nesting)**——在這種建構方式中，一個控制敘述會出現在另一個控制敘述的內部。因此，Java 程式的演算法，就只利用這三種控制敘述，以及僅兩種方式組合而成。這是簡化程式設計的基礎。

4.5　if 單選敘述

程式會利用選擇敘述，從不同的行動方案選擇其中一種。例如，假設考試的及格成績是 60 分。這個虛擬碼敘述

> *If student's grade is greater than or equal to 60*
> 　*Print "Passed"*

會判斷條件式 "student's grade is greater than or equal to 60"（學生成績大或等於 60 分）是否爲真。如果條件式爲眞，就會印出 "Passed"（及格），然後依序「執行」下一個虛擬碼敘述。（請

記得，虛擬碼並非眞正的程式語言）。如果條件式爲偽，Print 敘述就會被忽略，然後依序執行下一個虛擬碼敘述。這個選擇敘述中第二行的縮排並非必要，但我們建議如此使用，因爲這樣會強調出結構化程式設計的內在結構。

前述虛擬碼的 If 敘述，可以撰寫成如下的 Java 程式碼：

```java
if (studentGrade >= 60)
    System.out.println("Passed");
```

Java 程式碼和虛擬碼很接近，這就是令虛擬碼能成爲實用的程式開發工具的特質之一。

if 敘述的 UML 活動圖

圖 4.2 描繪了單選的 if 敘述。此圖中包含了活動圖最重要的符號——菱形，或稱爲**決策符號 (decision symbol)**，表示此處需要進行一項決策。工作流程會沿著與決策符號相結合的**決策條件 (guard condition)** 所決定的路徑繼續執行，此條件可以爲眞或偽。從決策符號延伸出的每個轉移箭號，都包含一個決策條件（編派於轉移箭號旁的方括號中）。如果決策條件爲眞，工作流程就會進入轉移箭號所指向的行動狀態。在圖 4.2 中，學生成績如果大或等於 60，程式就會印出 "Passed"，然後轉移到活動的最終狀態。如果成績低於 60，程式就會立即轉移到最終狀態，不會顯示任何訊息。

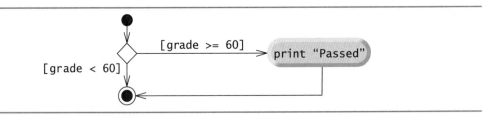

圖 4.2　if 單選敘述的 UML 活動圖

　　if 敘述是單進 / 單出的控制敘述。我們會看到，其他控制敘述的活動圖也會包含初始狀態、轉移箭號、指定需執行之行動的行動狀態、指定應執行之決策的決策符號（以及相關的決策條件）以及最終狀態。

4.6　if...else 雙選敘述

if 單選敘述只有在條件式爲眞時，才會執行指定的行動；否則此行動就會被跳過。**if⋯else 雙選敘述**則讓你可以指定條件式爲眞時要執行的行動，以及條件式爲偽時要執行的另一種行動。例如，以下虛擬碼敘述：

> *If student's grade is greater than or equal to 60*
> *   Print "Passed"*
> *Else*
> *   Print "Failed"*

會在學生成績大或等於 60 時，印出 "Passed" 字樣；在成績小於 60 時，印出 "Failed"。不論何種情況，列印完成之後，就會依序「執行」下一個虛擬碼敘述。

前述的 `If…else` 虛擬碼敘述，可以寫成 Java 程式碼如下：

```java
if (grade >= 60)
    System.out.println("Passed");
else
    System.out.println("Failed");
```

`else` 敘述的主體，我們也加以縮排，不論你選擇何種縮排慣例，都應該從頭到尾一致地使用在整個程式中。

 良好的程式設計習慣 4.1
請將 `if…else` 結構的兩個主體敘述，都加以縮排，許多 IDE 會為你進行這項任務。

 良好的程式設計習慣 4.2
如果有好幾層縮排，則各層的縮排量應該要相同。

if...else 敘述的 UML 活動圖

圖 4.3 描繪了 `if…else` 敘述的控制流程。同樣的，UML 活動圖中的符號（除了初始狀態、轉移箭號和最終狀態以外）代表行動狀態和決策。

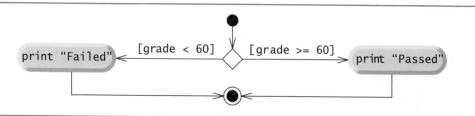

圖 4.3　`if…else` 雙選敘述的 UML 活動圖

巢狀 if…else 敘述

程式可以將 `if…else` 敘述放入另一個 `if…else` 敘述中，建立**巢狀的 if…else 敘述 (nested if…else statement)**，來測試多重狀況。例如，下列虛擬碼代表一個巢狀 `if…else`，會在考試成績大或等於 90 時印出 A；介於 80 到 89 之間時印出 B；介於 70 到 79 之間時印出 C；介於 60 到 69 之間印出 D；其他成績則印出 F。

> *If student's grade is greater than or equal to 90*
>   *Print "A"*
> *else*
>   *If student's grade is greater than or equal to 80*
>   *Print "B"*
>   *else*
>   *If student's grade is greater than or equal to 70*
>   *Print "C"*
>   *else*
>   *If student's grade is greater than or equal to 60*

```
                 Print "D"
        else
                 Print "F"
```

這段虛擬碼可以寫成以下 Java 程式碼：

```java
if (studentGrade >= 90)
    System.out.println("A");
else
    if (studentGrade >= 80)
        System.out.println("B");
    else
        if (studentGrade >= 70)
            System.out.println("C");
        else
            if (studentGrade >= 60)
                System.out.println("D");
            else
                System.out.println("F");
```

測試和除錯的小技巧 4.1

在巢狀 if…else 敘述中，確定你測試了每一種可能的情況。

　　如果變數 studentGrade 大或等於 90，巢狀 if…else 敘述中的前四個條件式都會爲眞，但只有第一個 if…else 敘述中的 if 敘述會被執行。在執行完該敘述後，最外層 if…else 敘述的 else 部分就會被跳過。許多程式設計師偏好將前述的巢狀 if…else 敘述寫成

```java
if (studentGrade >= 90)
    System.out.println("A");
else if (studentGrade >= 80)
    System.out.println("B");
else if (studentGrade >= 70)
    System.out.println("C");
else if (studentGrade >= 60)
    System.out.println("D");
else
    System.out.println("F");
```

兩種形式除了編譯器會予以忽略的空格和縮排之外，在意義上完全相同。後者這種形式可以避免程式碼向右縮排太多。這種縮排方式會造成一行原始碼只剩下很少的空間，而逼迫我們必須分行。

懸置 else 問題

Java 編譯器永遠會將 else 與前面最接近的 if 相連在一起，除非加上大括號 {} 告知編譯器不要這樣做。這種特性會造成所謂的**懸置 else 問題 (dangling-else problem)**。例如：

```java
if (x > 5)
    if (y > 5)
        System.out.println("x and y are > 5");
else
    System.out.println("x is <= 5");
```

表面上看來好像是說如果 x 大於 5 時，巢狀 if 敘述就會判斷 y 是否也大於 5。如果是的話，就輸出字串 "x and y are > 5"。否則，如果 x 不大於 5，好像 if…else 的 else 部分就會輸出字串 "x is <= 5"。小心！前述的巢狀 if…else 敘述，執行方式並不像表面上的那樣。編譯器實際上會將前述敘述解讀為

```
if (x > 5)
   if (y > 5)
       System.out.println("x and y are > 5");
else
   System.out.println("x is <= 5");
```

第一個 if 的主體，是一個巢狀 if…else。外層的 if 敘述會測試 x 是否大於 5。如果是的話，執行流程就會繼續測試 y 是否也大於 5。如果第二個條件為真，便會顯示恰當的字串——"x and y are > 5"。然而，如果第二個條件為偽，則會顯示字串 "x is <= 5"，儘管我們知道 x 大於 5。同樣不妙的是，如果外層 if 敘述的條件式為偽，那內層的 if…else 敘述就會被跳過，不會顯示任何東西。

為了逼迫前述巢狀 if…else 敘述能如一開始期盼地執行，我們必須將之寫成：

```
if (x > 5)
{
    if (y > 5)
            System.out.println("x and y are > 5");
}
else
    System.out.println("x is <= 5");
```

大括號指出，第二個 if 敘述是位於第一個 if 的主體內，else 則是和第一個 if 相關。習題 4.27-4.28，進一步探討了懸置 else 問題。

區塊

if 敘述通常預期主體內只包含一個敘述。要在 if 主體內（或 if…else 敘述的 else 主體內）放入多行敘述，請將這些敘述放在大括號內。包含在一對大括弧內的敘述，會構成一個**區塊 (block)**。在程式中，任何可以放置單一敘述的地方，都可以放置區塊。

以下範例 if…else 敘述的 else 部分，包含一個區塊：

```
if (grade >= 60)
   System.out.println("Passed");
else
{
   System.out.println("Failed");
   System.out.println("You must take this course again.");
}
```

在此例中，如果 grade 小於 60，程式就會執行 else 主體中的兩個敘述，並印出：

```
Failed
You must take this course again.
```

請注意 else 子句中包住這兩個敘述的大括號。這些大括號很重要。沒有這些大括號，則下列敘述：

```
System.out.println("You must take this course again.");
```

就會被排除在 if…else 敘述的 else 部分之外，不論成績是否小於 60，都會被執行。

　　語法錯誤（例如遺忘程式區塊某一邊的大括號）會被編譯器抓到。**邏輯錯誤（logic error，例如程式區塊兩邊的大括號都忘了）**則會在程式執行時造成影響。**致命性的邏輯錯誤 (fatal logic error)** 會造成程式執行失敗而提早終止。**非致命性的邏輯錯誤 (nonfatal logic error)** 會讓程式繼續執行，但產生不正確的結果。

　　就像區塊可以放置在任何能放置單一敘述的地方，區塊也可以包含空敘述。請回想一下 2.8 節，空敘述就是在一般會出現敘述的地方，只放置一個分號 (;)。

常見的程式設計錯誤 4.1
在 if 或 if…else 敘述的條件式後面放置分號，會在單選 if 敘述中造成邏輯錯誤，在雙選 if…else 敘述中造成語法錯誤 (當 if 部分包含真正的主體敘述時)。

條件運算子 (?:)

Java 提供**條件運算子 (conditional operator) (?:)**，可以用來代替 if...else 敘述。這可以使得程式碼更短更清晰。這是 Java 唯一的**三元運算子**（亦即，接受三個運算元的運算子）。?: 與其運算元共同形成一個**條件運算式 (conditional expression)**。第一個運算元（位於 ? 號左邊）是一個 boolean 運算式（亦即，可計算出 boolean 數值的條件式──**真**或**偽**），第二個運算元（介於 ? 號和 : 號之間）是當 boolean 運算式為真時，此條件運算式的數值；而第三個運算元（位於 : 號右邊）則是當 boolean 運算式為偽時，此條件運算式的數值。例如，敘述：

```
System.out.println(studentGrade >= 60 ? "Passed" : "Failed");
```

會印出 println 的條件運算式引數值。如果 boolean 運算式 studentGrade >= 60 為真時，這個敘述中的條件運算式數值便為字串 "Passed"，如果為偽，則為字串 "Failed"。因此，這個包含條件運算子的敘述，所執行的功能基本上與本節稍早所示的 if…else 敘述相同。條件運算子的優先權很低，所以通常會把整個運算式放進括號中。我們將會看到，條件運算式可以使用在某些 if…else 敘述無法使用的情形下。

測試和除錯的小技巧 4.2
在運算子 ? 的第二及第三運算元使用同樣的表示式來避免微小的錯誤。

4.7 Student 類別：巢狀 if…else 敘述

圖 4.4-4.5 的範例展示一個巢狀 if…else 敘述，這是根據學生的平均成績，用英文字母來決定學生的等級。

類別 Student

類別 Student（圖 4.4）具有和類別 Account 相似的特色（在第 3 章時討論）。類別 Student 儲存一個學生的名稱和平均成績，並提供方法來運算這些數值。此類別包含：

- 型別 String 的實體變數 name（第 5 行），用來儲存 Student 的名字。
- 型別 double 的實體變數 average（第 6 行），用來儲存 Student 在某課程的平均成績。
- 初始化 name 與 average 的建構子（第 9-18 行）——5.9 節中，你會學到如何以能夠測試多重條件的邏輯運算子，更精確地表示第 15-16 行與第 37-38 行。
- 方法 setName 與 getName（第 21–30 行），用來設定與取得 Student 的 name。
- 方法 setAverage 與 getAverage（第 33–46 行），用來設定與取得 Student 的 average。
- 方法 getLetterGrade（第 49–65 行），使用巢狀 if...else 敘述決定學生的等級（以英文字母表示）。

建構子與方法 setAverage 都使用巢狀 if 敘述（第 15-17 行與第 37-39 行）來驗證數值設定過 average——這些敘述確保數值是大於 0.0 並且小或等於 100.0；否則，average 的值是保持不變的。每一個 if 敘述都包含一個簡單的條件。如果第 15 行的條件為真，那麼，只有第 16 行的條件被測試，而且只有當第 15 行和第 16 行的條件都為真時，第 17 行的敘述才能執行。

軟體工程的觀點 4.1
回想第 3 章，你應該沒有從建構子呼叫方法（我們會在 10 章解釋為什麼），因為這個原因，在圖 4.4 中的第 15-17 行和第 37-39 行以及接下來的範例，有著完整的重複驗證碼。

```
1  // Fig. 4.4: Student.java
2  // Student class that stores a student name and average.
3  public class Student
4  {
5     private String name;
6     private double average;
7
8     // constructor initializes instance variables
9     public Student(String name, double average)
10    {
11       this.name = name;
12
13       // validate that average is > 0.0 and <= 100.0; otherwise,
```

圖 4.4　儲存學生名稱與平均的 Student 類別 (1/2)

```
14        // keep instance variable average's default value (0.0)
15        if (average > 0.0)
16           if (average <= 100.0)
17              this.average = average; // assign to instance variable
18     }
19
20     // sets the Student's name
21     public void setName(String name)
22     {
23        this.name = name;
24     }
25
26     // retrieves the Student's name
27     public String getName()
28     {
29        return name;
30     }
31
32     // sets the Student's average
33     public void setAverage(double average)
34     {
35        // validate that average is > 0.0 and <= 100.0; otherwise,
36        // keep instance variable average's current value
37        if (average > 0.0)
38           if (average <= 100.0)
39              this.average = average; // assign to instance variable
40     }
41
42     // retrieves the Student's average
43     public double getAverage()
44     {
45        return average;
46     }
47
48     // determines and returns the Student's letter grade
49     public String getLetterGrade()
50     {
51        String letterGrade = ""; // initialized to empty String
52
53        if (average >= 90.0)
54           letterGrade = "A";
55        else if (average >= 80.0)
56           letterGrade = "B";
57        else if (average >= 70.0)
58           letterGrade = "C";
59        else if (average >= 60.0)
60           letterGrade = "D";
61        else
62           letterGrade = "F";
63
64        return letterGrade;
65     }
66 } // end class Student
```

圖 4.4　儲存學生名稱與平均成績的 Student 類別 (2/2)

類別 StudentTest

爲了演示類別 Student 的 getLetterGrade 方法中的巢狀 if…else 敘述，類別 StudentTest 的 main 方法（圖 4.5）建立兩個 Student 物件（第 7–8 行）。接著，透過分別呼叫物件的 getName 與 getLetterGrade 方法，第 10-13 行顯示每一個 Student 的名字和以字母表示的等級。

```java
1   // Fig. 4.5: StudentTest.java
2   // Create and test Student objects.
3   public class StudentTest
4   {
5      public static void main(String[] args)
6      {
7         Student account1 = new Student("Jane Green", 93.5);
8         Student account2 = new Student("John Blue", 72.75);
9
10        System.out.printf("%s's letter grade is: %s%n",
11           account1.getName(), account1.getLetterGrade());
12        System.out.printf("%s's letter grade is: %s%n",
13           account2.getName(), account2.getLetterGrade());
14     }
15 } // end class StudentTest
```

```
Jane Green's letter grade is: A
John Blue's letter grade is: C
```

圖 4.5 建立與測試 Student 物件

4.8 while 迴圈敘述

迴圈敘述讓你可以指示程式，在某條件保持爲眞的情況下，反覆執行某項行動。虛擬碼敘述：

> *While there are more items on my shopping list*
> *Purchase next item and cross it off my list*

描述了在採購行程中，重複發生的行動。條件式 "there are more items on my shopping list"（我的採購清單上還有沒買的東西）可能爲眞或僞。如果爲眞，就會執行行動 "Purchase next item and cross it off my list"（購買下一件東西，然後將之從清單劃除）。只要條件式保持爲眞，這個行動就會一直反覆執行。while 迴圈敘述中所包含的敘述便構成其主體，可能是單一敘述，或單一區塊。最後，條件式將會變爲僞（當採購清單上最後一項物品購買完畢並劃除之後）。此時，迴圈會終止，然後執行緊隨迴圈敘述之後的第一個敘述。

　　舉個 Java 的 **while 迴圈敘述例子**，請考量一個程式片段，這個片段會找出第一個大於 100 的 3 的次方數。假設我們將 int 變數 product 初始化爲 3。在執行完下列 while 敘述之後，product 便會包含其結果：

```java
while (product <= 100)
    product = 3 * product;
```

當這個 while 敘述開始執行時，變數 product 的值爲 3。while 敘述每次循環，都會將 product 乘以 3，所以 product 的值會依序成爲 9、27、81、243 等等。當 product 變數變爲 243 時，while 敘述的條件式——product <= 100，就會爲僞。如此便會終止迴圈的執行，而 product 的最終數值就是 243。此時，程式會接著執行 while 敘述之後的下一個敘述。

常見的程式設計錯誤 4.2

如果你在 while 敘述的主體內，沒有提供最終會導致 while 的條件式變爲僞的敘述，通常會造成稱爲無窮迴圈（infinite loop，永遠不會終止的迴圈）的邏輯錯誤。

while 敘述的 UML 活動圖

圖 4.6 的 UML 活動圖，描繪了前述 while 敘述的控制流程。同樣地，活動圖中的符號（除了初始狀態、轉移箭號、最終狀態還有三個註解之外）表示行動狀態和決策。這張活動圖也引入了 UML 的**合流符號 (merge symbol)**，UML 中將合流符號與決策符號都表示爲菱形。

合流符號會將兩個活動流程合而爲一。在這張圖中，合流符號會合併來自初始狀態和行動狀態的轉移，所以兩者都會流向判斷迴圈是否該開始（或繼續）執行的決策。決策和合流符號可以由「進入」和「離開」的轉移箭號數目來區分。決策符號包含一個指向菱形的轉移箭號，以及兩個以上從菱形指出的轉移箭號，表示出從該點出發可能會有的轉移。

此外，從決策符號指出的每個轉移箭號，旁邊都會有一個決策條件。合流符號會有兩個以上指向菱形的轉移箭號，但只有一個從菱形指出的轉移箭號，表示有多個活動流程會合流以繼續某個活動。與合流符號相關的每個轉移箭號都不會有決策條件。

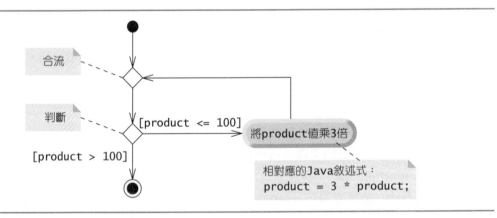

圖 4.6　while 迴圈敘述的 UML 活動圖

圖 4.6 清楚展示了本節稍早所討論的 while 敘述的迴圈結構。從行動狀態發出的轉移箭號會指回合流符號。程式流程會從合流部分再轉移回決策部分，此項決策會在迴圈每次循環前被測試。這個迴圈會一直執行，直到決策條件 product > 100 變爲 true 爲止。接著程式便會離開 while 敘述（到達其最終狀態），然後將控制權交給程式依序的下一個敘述。

4.9　演算法規劃：計數器控制迴圈

為了說明如何發展演算法，我們來解決學生考試平均成績問題的兩個變數。請考量下列問題陳述：

> 某班有十位學生參加考試。考試成績（從 0 到 100 的整數）已經批改出來。試求此次考試的全班平均成績。

全班平均成績等於全班成績的總和除以學生人數。在電腦上解決此問題的演算法，必須輸入每位學生的成績，追蹤所有輸入之成績的總和，計算平均值，然後印出結果。

使用計數器控制迴圈的虛擬碼演算法

讓我們使用虛擬碼，列出要執行的行動，並指定應當執行這些行動的順序。我們使用**計數器控制迴圈 (counter-controlled repetition)**，一次輸入一位學生的成績。這項技術是使用一個稱為**計數器 (counter；或稱控制變數 [control variable])** 的變數，來控制某一組敘述執行的次數。計數器控制迴圈經常被稱為**限定迴圈 (definite repetition)**，因為迴圈執行的次數，在迴圈開始執行之前就已經知道了。在這個範例中，當計數器超過 10 時，迴圈就會終止。本節呈現了一個完整開發的虛擬碼演算法（圖 4.7），以及一支相應的 Java 程式（圖 4.8），來展示此演算法的行動。4.10 節則會說明如何利用虛擬碼作為草稿，來開發這類演算法。

　　請注意圖 4.7 的演算法中，提及總和值和計數器 (counter) 的部分。**總和值 (total)** 是一個用來累計數值的變數。計數器則是用來計數的變數——在此例中，成績計數器會指出使用者正要輸入 10 筆成績中的哪一筆。在程式使用之前，用來存放總和值的變數通常會被初始化為 0。

軟體工程的觀點 4.2
經驗告訴我們，用電腦解決問題最困難的部分，就是發展出解決問題的演算法。一旦找到正確的演算法，就可以直接從演算法建立可行的 Java 程式。

```
1    Set total to zero
2    Set grade counter to one
3
4    While grade counter is less than or equal to ten
5        Prompt the user to enter the next grade
6        Input the next grade
7        Add the grade into the total
8        Add one to the grade counter
9
10   Set the class average to the total divided by ten
11   Print the class average
```

圖 4.7　使用計數器控制迴圈以解決班級平均成績問題的虛擬碼演算法

實作計數器控制迴圈

在圖 4.8 中，ClassAverage 的 main 方法（第 7–31 行）藉由圖 4.7 中虛擬碼描述的班級平均成績演算法而執行——它允許使用者輸入 10 個成績，然後計算與顯示平均成績。

```java
1  // Fig. 4.8: ClassAverage.java
2  // Solving the class-average problem using counter-controlled repetition.
3  import java.util.Scanner; // program uses class Scanner
4
5  public class ClassAverage
6  {
7     public static void main(String[] args)
8     {
9        // create Scanner to obtain input from command window
10       Scanner input = new Scanner(System.in);
11
12       // initialization phase
13       int total = 0; // initialize sum of grades entered by the user
14       int gradeCounter = 1; // initialize # of grade to be entered next
15
16       // processing phase uses counter-controlled repetition
17       while (gradeCounter <= 10) // loop 10 times
18       {
19          System.out.print("Enter grade: "); // prompt
20          int grade = input.nextInt(); // input next grade
21          total = total + grade; // add grade to total
22          gradeCounter = gradeCounter + 1; // increment counter by 1
23       }
24
25       // termination phase
26       int average = total / 10; // integer division yields integer result
27
28       // display total and average of grades
29       System.out.printf("%nTotal of all 10 grades is %d%n", total);
30       System.out.printf("Class average is %d%n", average);
31    } // end  main
32 } // end class ClassAverage
```

```
Enter grade: 67
Enter grade: 78
Enter grade: 89
Enter grade: 67
Enter grade: 87
Enter grade: 98
Enter grade: 93
Enter grade: 85
Enter grade: 82
Enter grade: 100

Total of all 10 grades is 846
Class average is 84
```

圖 4.8　使用計算控制迴圈解決班級平均成績問題

方法 main 中的區域變數（Local Variables）

第 10 行宣告並初始化了 Scanner 變數 input，這是用來讀取使用者輸入的值。第 13、14、20、26 行分別宣告區域變數 total、gradeCounter、grade 與 average，型別皆為 int。變數 grade 會儲存使用者的輸入值。

這些宣告出現在方法 main 的主體中。回想一下，宣告於方法主體中的變數就是區域變數，使用範圍僅限於從其變數宣告處開始，到此方法結束的右大括號處。區域變數的宣告必須在變數用於該方法之前。區域變數無法在宣告它的方法之外被使用。在 while 迴圈的主體中宣告的變數 grade 只能用於那個區塊。

初始化階段：初始化變數 total 與 gradeCounter

設定敘述（第 13-14 行）會把 total 初始化為 0，gradeCounter 初始化為 1。這些初始化會發生在變數在被用來計算之前。

常見的程式設計錯誤 4.3
在區域變數初始化前就使用其數值，會造成編譯錯誤。所有區域變數都必須先初始化，才能在運算式中使用其數值。

測試和除錯的小技巧 4.3
請初始化每個計數器與總和值，可以在其宣告中初始化，或是透過設定敘述。總和值通常會被初始化為 0。計數器通常會被初始化為 0 或 1，依使用情況而定（我們會針對何時要設定為 0，何時要設定為 1，分別舉例說明）。

處理階段：從使用者讀取 10 個成績

第 17 行指出，只要 gradeCounter 的值小或等於 10，while 敘述應該持續迴圈（也稱做循環）下去。當此條件保持為真，while 敘述就會反覆執行其大括號中的主體敘述（第 18-23 行）。

第 19 行會顯示提示訊息 "Enter grade:"（請輸入成績）。第 20 行會讀入使用者所輸入的成績，然後將之指派給變數 grade。接著，第 21 行會將使用者所輸入的新的 grade 與 total 相加，然後將運算結果指定給 total，取代 total 原來的數值。

第 22 行會將 gradeCounter 加 1，表示程式又處理了一筆成績，並且已經準備好讓使用者輸入下一筆成績。遞增 gradeCounter 最終會令 gradeCounter 超過 10。此時迴圈將會終止，因為其條件式（第 17 行）已變成偽。

最終階段：計算與顯示班級平均成績

當迴圈終止時，第 26 行會執行平均成績的計算，然後將結果指派給變數 average。第 29 行使用 System.out 的 printf 方法，顯示字樣 "Total of all 10 grades is"（10 筆成績的總和值為），後頭加上變數 total 的值。第 30 行接著會使用 printf 來顯示字樣 "Class average is"（班級平均成績為），後頭加上變數 average 的值。在執行第 31 行之後，程式就會終止。

請注意，此範例只包含一個類別，方法 main 執行所有的工作。在本章和第 3 章中，你看到的範例都包含兩個類別——一個包含實體變數以及使用那些變數來執行任務的方法；另一個包含方法 main，建立其他類別的物件並且呼叫它的方法。偶爾，當無法建立一個可重複使用的類別來演示概念時，我們會把程式的敘述完整地放在單一類別的 main 方法中。

關於整數除法及無條件捨去的注意事項

方法 main 所進行的平均值計算，會產生一個整數運算的結果。程式的輸出指出，在此次範例執行中，成績的總和值為 846，若將此數除以 10，應該會產生浮點數 84.6。然而，total/10（圖 4.8，第 26 行）的計算結果卻是整數 84，這是由於 total1 和 10 都是整數的緣故。將兩個整數相除，會造成**整數除法（integer division）**──計算結果的任何小數部分都會被**丟棄**（亦即捨去）。在下一節中，我們會看到如何在計算平均值時得到浮點數的結果。

常見的程式設計錯誤 4.4
以為整數除法會將結果四捨五入（而非無條件捨去），將會導致錯誤的結果。例如在一般算術中，7÷4 會得到 1.75，但在整數算術中，結果會被無條件捨去為 1，而非進位至 2。

關於演算溢出的注意事項

圖 4.8 的第 21 行

```
total = total + grade; // add grade to total
```

增加每一個使用者輸入到 **total** 的 **grade**。儘管這個敘述很簡單，仍有著潛在的問題──增加整數會導致 int 變數儲存一個過大的值。這就叫做**運算溢出**，並產生未定義行為 (http://en.wikipedia.org/wiki/Integer_overflow#Security_ramifications)。 圖 2.7 的 第 23 行，**Addition** 程式有同樣的問題，可以計算使用者輸入的兩個值的總和

```
sum = number1 + number2; // add numbers, then store total in sum
```

最大值與最小值可以儲存在一個整數變數，會藉由常數 MIN_VALUE 與 MAX_VALUE 分開呈現，它們都在整數類別中被定義。有一些相似的常數為了其他的整數類型與浮點數存在。每一個原型包在 **java.lang** 內都有一致的類型，在每一個類別的網路文件內，你可以看到常數值。整數類別的線上文件在：

```
http://docs.oracle.com/javase/7/docs/api/java/lang/Integer.html
```

在你執行圖 4.8 的第 21 行與圖 2.7 的第 23 行演算法之前，這是一個很好的練習，以確保它們不會溢出。此編碼顯示在 CERT 的網站 www.securecoding.cert.org，只需要搜索「NUM00-J 指南」。程式碼使用 **&&**（邏輯的 AND）與 **||**（邏輯的 OR）運算子，這兩個都在第 5 章做介紹。在企業強度的程式碼中，你應該執行檢查，就像是這些所有的計算。

更深入的探討接收使用者輸入

任何時候一個程式接收使用者輸入時，很多的問題會出現，圖 4.8 的第 20 行：

```
int grade = input.nextInt(); // input next grade
```

我們假設使用者輸入一個整數成績，從 0 到 100，然而，有一個人輸入一個低於 0 的成

績，或是一個大於 100 的整數，一個超過範圍的整數會被儲存在 int 變數裡，一個數字包含一個小數點，或是一個數值包含字母或特殊符號，就都不算是整數。

要確認輸入是有效的，企業強度的程式必須測試所有可能的錯誤。一個輸入成績的程式應該要**驗證**成績，透過使用**範圍**檢查來確定數值都是從 0 到 100。你可以要求使用者重複輸入任何超過範圍的數值來檢查，如果一個程式輸入特定範圍的數值（例：不連續的產品編碼），你可以確保每一個輸入都能跟設定範圍的數值相符。

4.10　演算法規劃：警示值控制迴圈

讓我們將 4.9 節的全班平均成績問題一般化。請考量以下問題：

試開發一個計算全班平均成績的程式，每次執行時，會處理隨機的學生數量。

在前一個計算全班平均的例子中，問題陳述已指定學生的人數，所以我們事先就已經知道成績有幾筆（10）。在本例中，我們並不知道程式執行時，使用者會輸入多少筆成績。此程式必須要能夠處理任意數量的考試成績。但程式要怎麼判斷何時停止輸入成績呢？它怎麼知道要在何時開始計算並印出全班平均成績呢？

解決此問題的一種方法，是使用一種稱為**警示值**（**sentinel value**，也稱為**訊號值** [signal value]、**虛值** [dummy value] 或**旗標值** [flag value]）的特殊數值，來表示「資料輸入的終點」。使用者會不停輸入成績，直到所有合法的成績都輸入完畢為止。然後使用者會輸入警示值，表示已經沒有成績要輸入。**警示值控制迴圈**經常被稱為**非限定迴圈** (**indefinite repetition**)，因為在迴圈開始執行之前，無法得知迴圈循環的次數。

很明顯地，我們所選擇的警示值絕對不能與有效的輸入值相混淆。考試成績都是非負整數，所以 -1 可作為本問題可用的警示值。因此，班級平均程式在執行時，可能會處理一連串輸入例如 95、96、75、74、89 與 -1。程式接著會計算並印出成績 95、96、75、74 和 89 的全班平均值；因為 -1 是警示值，所以不該列入平均計算。

以由上而下、逐步精修的方式發展虛擬碼演算法：頂端與第一次精修

我們利用一種稱為「**由上而下，逐步精修**」（**top-down, stepwise refinement**）的技巧，來開發這個計算全班平均的程式；這種方法，是開發完善的結構化程式，不可或缺的技巧。我們一開始，會撰寫一個虛擬碼的「**頂端**」（**top**）——表達出程式整體功能的一句話：

> *Determine the class average for the quiz*

頂端在作用上，是程式的完整描述。不幸的是，頂端很難表現出足夠的細節，足以讓我們撰寫 Java 程式。所以現在要來進行精修程序。我們先將頂端分成一連串較小的任務，並按照它們執行的先後順序排列出來。這個過程會得到下列**第一次精修**（**first refinement**）：

> *Initialize variables*
> *Input, sum and count the quiz grades*
> *Calculate and print the class average*

這個精修只使用到循序結構——所列出的步驟應一個接一個依序執行。

軟體工程的觀點 4.3

每次精修，以及頂端本身，都是演算法的完整描述——差別只在於精細的程度。

軟體工程的觀點 4.4

*請使用「建構區塊」建立程式。避免重寫軟體。盡量利用現成的區塊。這叫做**軟體再利用**（**software reuse**），是物件導向程式設計的中心思想。*

進行第二次精修

在由上而下的過程中，上述的軟體工程觀點，通常足夠你進行第一次精修所需。要進行下一層的精修——亦即**第二次精修（second refinement）**——我們得使用特定的變數。在此例中，我們需要一個目前數字的總和值，一個統計已處理多少筆成績的計數器，一個變數用來接收使用者所輸入的每一筆成績，以及一個變數用來存放計算出的平均值。虛擬碼敘述

> *Initialize variables*

可以精修如下：

> *Initialize total to zero*
> *Initialize counter to zero*

只有變數 *total* 與 *counter* 需要在使用前先初始化；變數 *average* 與 *grade*（分別用來存放計算出的平均值，以及使用者輸入的成績）並不需要初始化，因為它們的數值會在計算或輸入時被取代。

> 虛擬碼敘述

> *Input, sum and count the quiz grades*

需要一個迴圈結構，以連續輸入各筆成績。由於事先並不知道要處理多少筆成績，所以我們會使用警示值控制迴圈。使用者一次會輸入一筆成績。在輸入完最後一筆成績後，使用者會輸入警示值。程式會在每次輸入成績之後，測試其是否為警示值，並在使用者輸入警示值時，終止迴圈的執行。於是前述虛擬碼的第二次精修便為

> *Prompt the user to enter the first grade*
> *Input the first grade (possibly the sentinel)*
> *While the user has not yet entered the sentinel*
>   *Add this grade into the running total*
>   *Add one to the grade counter*
>   *Prompt the user to enter the next grade*
>   *Input the next grade (possibly the sentinel)*

在虛擬碼中，我們並未使用大括號括住構成 While 結構主體的敘述。我們只簡單地將 *While* 底下的敘述縮排，以顯示它們屬於此 *While* 結構。再次提醒，虛擬碼只是一種非正式的程式開發輔助工具。

虛擬碼敘述

Calculate and print the class average

可精修如下：

If the counter is not equal to zero
    Set the average to the total divided by the counter
    Print the average
else
    Print "No grades were entered"

我們在此會小心測試除以零的可能——除以零是一種邏輯錯誤，若未偵測到，將會造成程式不正常終止，或產生不正確的輸出。班級平均成績問題的第二次虛擬碼精修，如圖 4.9 所示。

測試和除錯的小技巧 4.4

在進行除法時，如果除數運算式的數值可能是零，請測試此一可能性，並加以處理（例如印出錯誤訊息），別容許錯誤發生。

---

1   *Initialize total to zero*
2   *Initialize counter to zero*
3
4   *Prompt the user to enter the first grade*
5   *Input the first grade (possibly the sentinel)*
6
7   *While the user has not yet entered the sentinel*
8   *Add this grade into the running total*
9   *Add one to the grade counter*
10   *Prompt the user to enter the next grade*
11   *Input the next grade (possibly the sentinel)*
12
13   *If the counter is not equal to zero*
14   *Set the average to the total divided by the counter*
15   *Print the average*
16   *else*
17   *Print "No grades were entered"*

圖 4.9 利用警示值控制迴圈，處理班級平均問題的虛擬碼演算法

在圖 4.7 和圖 4.9 中，我們在虛擬碼中加入空白行和縮排，令其更具可讀性。空白行將演算法區隔成不同階段，並隔開各控制敘述；縮排則強調出控制敘述的主體。

圖 4.9 的虛擬碼演算法，能解決更普遍性的班級平均成績問題。此一演算法的發展，經過兩次精修，有時我們會需要更多次精修。

軟體工程的觀點 4.5

當你所編寫的虛擬碼演算法已具備足夠的細節，讓你能夠將虛擬碼轉換成 Java 程式時，請終止由上而下，逐步精修的程序。通常在此時，實作 Java 程式將會簡單且直接。

軟體工程的觀點 4.6

有些程式設計師並不會使用虛擬碼一類的程式開發工具。他們覺得自己的終極目標是在電腦上解決問題，撰寫虛擬碼只會延遲最終結果的完成。雖然這樣做對於簡單熟悉的問題可能有用，然而在龐大複雜的專案裡，卻可能造成嚴重的錯誤和延誤。

實作警示值控制迴圈

圖 4.10 顯示，main 方法第 7-46 行，實作了圖 4.9 的演算法。雖然每筆成績都是整數，但平均值的計算很有可能會產生帶有小數的數目——換句話說，會產生實數（亦即浮點數）。int 型別不能表示實數，所以此類別使用了 double 型別來處理平均值。在本例中，你會看到控制敘述可以（循序地）堆疊在另一個控制敘述上面。while 敘述（第 22-30 行）之後，循序地接著一個 if...else 敘述（第 34-45 行）。此程式中大部分的程式碼都與圖 4.8 相同，因此我們只針對其中的新概念加以說明。

```java
1  // Fig. 4.10: ClassAverage.java
2  // Solving the class-average problem using sentinel-controlled repetition.
3  import java.util.Scanner; // program uses class Scanner
4
5  public class ClassAverage
6  {
7     public static void main(String[] args)
8     {
9        // create Scanner to obtain input from command window
10       Scanner input = new Scanner(System.in);
11
12       // initialization phase
13       int total = 0; // initialize sum of grades
14       int gradeCounter = 0; // initialize # of grades entered so far
15
16       // processing phase
17       // prompt for input and read grade from user
18       System.out.print("Enter grade or -1 to quit: ");
19       int grade = input.nextInt();
20
21       // loop until sentinel value read from user
22       while (grade != -1)
23       {
24          total = total + grade; // add grade to total
25          gradeCounter = gradeCounter + 1; // increment counter
26
27          // prompt for input and read next grade from user
28          System.out.print("Enter grade or -1 to quit: ");
29          grade = input.nextInt();
30       }
31
32       // termination phase
33       // if user entered at least one grade...
34       if (gradeCounter != 0)
35       {
```

圖 4.10　透過使用標記控制重複解決類別 average 問題 (1/2)

```
36              // use number with decimal point to calculate average of grades
37              double average = (double) total / gradeCounter;
38
39              // display total and average (with two digits of precision)
40              System.out.printf("%nTotal of the %d grades entered is %d%n",
41                 gradeCounter, total);
42              System.out.printf("Class average is %.2f%n", average);
43          }
44          else // no grades were entered, so output appropriate message
45              System.out.println("No grades were entered");
46      }
47 } // end class ClassAverage
```

```
Enter grade or -1 to quit: 97
Enter grade or -1 to quit: 88
Enter grade or -1 to quit: 72
Enter grade or -1 to quit: -1

Total of the 3 grades entered is 257
Class average is 85.67
```

圖 4.10　透過使用標記控制重複解決類別 average 問題 (2/2)

警示值控制迴圈與計數器控制迴圈的程式邏輯

第 37 行宣告 double 變數 average，讓我們可以將全班平均成績儲存為浮點數。第 14 行將 gradeCounter 變數初始化為 0，因為此時尚未輸入任何成績。請記得此程式使用了警示值控制迴圈來輸入成績。為了準確紀錄所輸入的成績筆數，只有在使用者輸入有效的成績時，程式才會遞增 gradeCounter 變數。

　　請比較此應用程式中的警示值控制迴圈以及計數器控制迴圈，兩者的程式邏輯。在計數器控制迴圈中，while 敘述（例如圖 4.8 的第 17-23 行）每次循環時，都會從使用者處讀入一筆數值，直到指定的循環數目完成為止。而在警示值控制迴圈裡，程式在抵達 while 之前，會先讀入第一筆數值（圖 4.10 的第 18-19 行）。這個數值會決定程式的控制流，是否應進入 while 敘述的主體。如果 while 的條件式為偽，表示使用者輸入了警示值，所以 while 的主體就不會執行（意即沒有輸入任何成績）。另一方面來說，如果條件式為真，主體便會開始執行，迴圈會將 grade 的數值加入到 total，並遞增到 gradeCounter（第 24-25 行）。然後迴圈主體的第 28-29 行會從使用者處輸入下一筆數值。接下來，程式的控制權會抵達第 30 行，結束迴圈主體的右大括弧，所以會繼續執行 while 條件式的測試（第 22 行）。此條件式利用使用者最新輸入的 grade，來判斷迴圈主體是否應當再次執行。grade 變數的數值，永遠是程式測試 while 條件式之前，最近一次使用者輸入的數值。這讓程式得以在處理剛剛輸入的數值之前（亦即將它加至 total 變數），先判斷該數值是否為警示值。如果輸入的數值是警示值，迴圈便會終止，程式也不會將 -1 加到 total 中。

良好的程式設計習慣 4.3
在警示值控制迴圈中，提示訊息應該要告訴使用者警示值為何。

迴圈終止之後，第 34-45 行的 `if...else` 敘述就會被執行。第 34 行的條件式會判斷是否有輸入任何成績。如果沒有輸入成績，這個 `if...else` 敘述的 else 部分（第 44-45 行）就會被執行，顯示訊息 `"No grades were entered"`（沒有輸入任何成績），接著方法會將控制權傳回給呼叫它的方法。

while 敘述的大括弧

請注意圖 4.10 中 while 敘述的區塊（第 23-30 行）。如果沒有這對大括弧，迴圈就會認為只有第一行敘述才是其主體，這行敘述會將 grade 加入到 total。區塊中其他三個敘述會掉到迴圈主體之外，使得電腦錯誤地解讀這段程式碼如下：

```
while (grade != -1)
   total = total + grade; // add grade to total
gradeCounter = gradeCounter + 1; // increment counter

// prompt for input and read next grade from user
System.out.print("Enter grade or -1 to quit: ");
grade = input.nextInt();
```

只要使用者沒有在第 19 行（在 while 敘述之前）輸入警示值 -1，上述程式碼就會在程式中造成無窮迴圈。

常見的程式設計錯誤 4.5
漏掉界定區塊的大括號時，可能會造成邏輯錯誤，例如無窮迴圈。要避免發生這種問題，有些程式設計師會將所有控制敘述的主體都括在大括號中，縱使主體只包含一個敘述亦然。

基本型別間的明確轉換與自動轉換

如果使用者至少輸入了一筆成績，圖 4.10 的第 37 行便會計算這些成績的平均值。請回想一下圖 4.8，整數除法會產生整數運算結果。即使將變數 average 宣告為 double，以下運算

```
double average = total / gradeCounter;
```

就會在除法結果被指派給 average 之前，把小數部分丟棄了。會發生這種狀況是因為 total 和 gradeCounter 兩者都是整數，而整數除法會產生整數運算結果。

大部分的平均數並不是非負整數（例如 0、-22、1024），因為如此，在本例中，我們以浮點數來計算全班平均成績。為了對整數值進行浮點數運算，我們必須暫時將這些數值當作浮點數以便計算使用。Java 提供了**單元轉型運算子（unary cast operator）**來完成這項工作。圖 4.10 的第 37 行使用了（**double**）轉型運算子——這是一個單元運算子——用來建立其運算元 total（出現在運算子的右邊）暫時性的浮點數副本。以此方式使用轉型運算子，稱為**明確轉型（explicit conversion）**或**強制型別轉換（type casting）**。total 中儲存的數值仍然是整數。

現在，這個運算是由浮點數（total 暫時性的 double 版）除以整數 gradeCounter 所構成。Java 只有在運算元的型別相同時，才知道要怎麼計算算術運算式。為了確保運算元型別相同，Java 會對於特定運算元執行所謂的**型別提升（promotion，或自動轉型 [implicit**

conversion]）操作。例如，在包含型別爲 int 和 double 之數值的運算式中，int 數值會被提升爲 double 數值，以供運算法使用。在此例中，gradeCounter 的數值會被提升爲 double 型別，然後才會進行浮點數除法，將運算結果指派給 average。只要在運算中對任何變數施用（double）轉型運算子，則此運算便會產生 double 的運算結果。在本章稍後，我們會討論所有的基本型別。你會在 6.7 節學到更多型別提升的規則。

常見的程式設計錯誤 4.6
轉型運算子可以用來在基本數值型別之間進行轉換，例如 int 和 double；或是在相關的參照型別間進行轉換（我們會在第 10 章討論）。轉換成錯誤的型別，可能會造成編譯錯誤或執行時期錯誤。

　　轉型運算子的撰寫方式，是在括號中放入任何型別名稱。此運算子爲**單元運算子（unary operator**，意即只會取用一個運算元的運算子）。Java 也支援單元版的正號（+）與負號（-）運算子，所以你可以撰寫類似 -7 或 +5 的運算式。轉型運算子的結合律爲由右至左，並且與其他單元運算子，像是單元 + 和單元 - 運算子，擁有相同的優先權。其優先權比**乘類運算子（multiplicative operator**）*、/ 和 % 高一個層級（請參閱附錄 A）。我們在附錄 A 裡，是以記號（*type*）來代表轉型運算子，表示任何型別名稱都可以用來構成轉型運算子。

　　第 42 行會顯示出全班平均。在此例中，我們會顯示四捨五入到百分位的全班平均。在 printf 格式控制字串中，格式描述子 **%.2f** 指出變數 average 的數值，應該要顯示到小數點後兩位的精度——由格式描述子中的 .2 所指定。（圖 4.10）的範例執行中輸入的三筆成績總和爲 257，會得到平均值爲 85.666666......。printf 方法會根據格式描述子中的精度，將這個結果四捨五入到指定位數。在此程式中，平均值會被進位到百分位，顯示爲 85.67。

浮點數精度

浮點數並不是一直都 100% 精準，但是它們有很多不同的運用，舉例來說，當我們說「正常的」體溫是華氏 98.6 度時，我們就不需要精確到小數點以下很多位數，當我們在溫度計上看到華氏溫度爲 98.6 度，可能準確的華氏溫度應該是 98.5999473210643 度。對於大部分的應用，比方說體溫，簡單說成華氏溫度爲 98.6 度就可以了。

　　浮點數字通常是除法的結果，例如本例中的班級平均成績的計算。在一般的算術中，當我們把 10 除以 3，結果會是 3.333333…，以無限重複的 3 的數列來表示。電腦只分配一個固定的空間來儲存這個值，所以被儲存的浮點數可能只是近似值。

　　由於浮點數具有不精確的性質，故型別 double 優於型別 float，因爲 double 變數可以較準確地表示浮點數。因爲這個原因，我們在本書中主要使用型別 double。在某些應用中，float 與 double 變數的精確性不足，爲了要有更準確的浮點數（例如貨幣計算時所需），Java 提供類別 BigDecimal（套件 java.math），我們會在第 8 章中討論。

常見的程式設計錯誤 4.7
使用浮點數的方式時，若假設它們會精確表示某數，可能會導致錯誤的結果。

4.11 演算法規劃：巢狀控制敘述

對於下一個範例，我們會再次使用虛擬碼和由上而下逐步精修的方式來設計演算法，並依此撰寫相對應的 Java 程式。我們已經了解控制敘述可以堆疊在另一個控制敘述之上（循序地）。在這個案例研究中，我們會檢驗另一種連接控制敘述的方式——亦即將控制敘述以**巢狀（nesting）**方式放入另一個控制敘述中。

請考量以下問題陳述：

某間大學開設了一門課程，幫學生準備不動產經紀人的國家證照考試。去年，有 10 位修完課程的學生參加了考試。學校想知道這些學生考的如何。你被要求撰寫一支程式，整理學生的考試成果。你擁有這 10 位學生的名單。在每個姓名後頭，如果該位學生有通過考試，就會標上一個 1，如果沒有，則會標上 2。

你的程式應該要以如下方式分析考試結果：

1. 輸入每位學生的考試結果（亦即 1 或 2）。每當程式要求輸入下一筆測驗結果時，在螢幕上顯示出訊息 "Enter result"（請輸入結果）。

2. 計算每種考試結果的人數。

3. 顯示出考試結果的整理，指出通過考試的學生人數和沒有通過的學生人數。

4. 如果有超過 8 位學生通過考試，就印出訊息 "Bonus to instructor!"（給老師獎金！）。

在仔細閱讀完問題陳述之後，我們提出以下觀點：

1. 這支程式必須要能處理 10 位學生的考試結果，我們可以使用計數器控制迴圈，因為考試結果的數量事先已經知道了。

2. 每筆測驗結果都是一個數值——不是 1 就是 2。每當程式讀入一筆考試結果時，必須判斷該數字是 1 或 2。我們在演算法中只會測試其結果是否為 1。如果這個數目不是 1，我們就假設它是 2。（習題 4.24 會考量此項假設會造成的後果。）

3. 我們使用了兩個計數器來追蹤考試結果——一個用來計算通過考試的學生人數，另一個用來計算沒通過的學生人數。

4. 在程式處理完全部結果後，必須判斷是否有超過 8 位學生通過考試。

讓我們以由上而下，逐步精修的方式來進行。我們從「頂端」的虛擬碼描述開始：

> *Analyze exam results and decide whether a bonus should be paid*

再次提醒，頂端是程式的完整表述，但是在虛擬碼可以自然轉換成 Java 程式前，可能還需要幾次精修。

我們第一次精修如下

> *Initialize variables*
> *Input the 10 exam results, and count passes and failures*
> *Print a summary of the exam results and decide whether a bonus should be paid*

此處，同樣地，即使我們已經擁有整支程式的完整描述，但我們還需要進一步的精修。現在要指定特定的變數，需要計數器來記錄通過和沒通過的人數，還有用來控制迴圈流程的計數器，以及一個用來存放使用者輸入值的變數。用來存放使用者輸入值的變數，並不會在演算法開頭被初始化，因為其數值會在迴圈的每次循環中，從使用者處讀入。

虛擬碼敘述

> *Initialize variables*

可精修如下：

> *Initialize passes to zero*
> *Initialize failures to zero*
> *Initialize student counter to one*

請注意，只有計數器會在演算法開頭被初始化。

虛擬碼敘述

> *Input the 10 exam results, and count passes and failures*

需要一個迴圈來連續輸入各筆考試結果，我們事先知道恰好有 10 位學生的考試成績，所以適合採用計數器控制迴圈。迴圈內部（意指在迴圈內構成巢狀結構）有一個雙選結構，會判斷每筆考試結果是通過或沒通過，然後依之遞增適當的計數器。因此前述的虛擬碼敘述會被修訂為

> *While student counter is less than or equal to 10*
>   *Prompt the user to enter the next exam result*
>   *Input the next exam result*
>   *If the student passed*
>   *Add one to passes*
>   *Else*
>   *Add one to failures*
>   *Add one to student counter*

我們利用空白行隔開 *If...Else* 控制結構，增進可讀性。

虛擬碼敘述

> *Print a summary of the exam results and decide whether a bonus should be paid*

可精修如下：

> *Print the number of passes*
> *Print the number of failures*
> *If more than eight students passed*
>   *Print "Bonus to instructor!"*

虛擬碼完整的第二次精修，並轉換為類別 Analysis

完整的第二次精修如圖 4.11 所示。請注意，圖中也使用了空白行來隔開 while 結構，以增進程式可讀性。這個虛擬碼現在已足夠精細，可以轉換成 Java 程式碼。

```
 1   Initialize passes to zero
 2   Initialize failures to zero
 3   Initialize student counter to one
 4
 5   While student counter is less than or equal to 10
 6       Prompt the user to enter the next exam result
 7       Input the next exam result
 8
 9       If the student passed
10           Add one to passes
11       Else
12           Add one to failures
13
14       Add one to student counter
15
16   Print the number of passes
17   Print the number of failures
18
19   If more than eight students passed
20       Print "Bonus to instructor!"
```

圖 4.11　考試結果問題的虛擬碼 (2/2)

實作此一虛擬碼演算法的 Java 類別，以及兩輪範例執行如圖 4.12 所示。main 的第 13、14、15 和 22 行宣告了會用來處理考試結果的變數。

測試和除錯的小技巧 4.5
在宣告區域變數時便加以初始化，可幫助你避免任何可能因爲試圖使用未初始化的變數，而造成的編譯錯誤，雖然 Java 並沒有要求區域變數的初始化應該要與宣告合併，但 Java 有要求區域變數應該要在運算式使用到其數值之前予以初始化。

```java
 1   // Fig. 4.12: Analysis.java
 2   // Analysis of examination results using nested control statements.
 3   import java.util.Scanner; // class uses class Scanner
 4
 5   public class Analysis
 6   {
 7      public static void main(String[] args)
 8      {
 9         // create Scanner to obtain input from command window
10         Scanner input = new Scanner(System.in);
11
12         // initializing variables in declarations
13         int passes = 0;
14         int failures = 0;
15         int studentCounter = 1;
16         int result; // one exam result (obtained from user)
17
18         // process 10 students using counter-controlled loop
19         while (studentCounter <= 10)
20         {
21            // prompt user for input and obtain value from user
```

圖 4.12　使用巢狀控制敘述分析考試結果 (1/2)

```
22              System.out.print("Enter result (1 = pass, 2 = fail): ");
23
24              result = input.nextInt();
25              // if...else is nested in the while statement
26              if (result == 1)
27                 passes = passes + 1;
28              else
29                 failures = failures + 1;
30              // increment studentCounter so loop eventually terminates
31              studentCounter = studentCounter + 1;
32          }
33
34          // termination phase; prepare and display results
35          System.out.printf("Passed: %d%nFailed: %d%n", passes, failures);
36
37          // determine whether more than 8 students passed
38          if (passes > 8)
39             System.out.println("Bonus to instructor!");
40      }
41  } // end class Analysis
```

```
Enter result (1 = pass, 2 = fail): 1
Enter result (1 = pass, 2 = fail): 2
Enter result (1 = pass, 2 = fail): 1
Enter result (1 = pass, 2 = fail): 1
Enter result (1 = pass, 2 = fail): 1
Enter result (1 = pass, 2 = fail): 1
Enter result (1 = pass, 2 = fail): 1
Enter result (1 = pass, 2 = fail): 1
Enter result (1 = pass, 2 = fail): 1
Enter result (1 = pass, 2 = fail): 1
Passed: 9
Failed: 1
Bonus to instructor!
```

```
Enter result (1 = pass, 2 = fail): 1
Enter result (1 = pass, 2 = fail): 2
Enter result (1 = pass, 2 = fail): 1
Enter result (1 = pass, 2 = fail): 2
Enter result (1 = pass, 2 = fail): 1
Enter result (1 = pass, 2 = fail): 2
Enter result (1 = pass, 2 = fail): 2
Enter result (1 = pass, 2 = fail): 1
Enter result (1 = pass, 2 = fail): 1
Enter result (1 = pass, 2 = fail): 1
Passed: 6
Failed: 4
```

圖 4.12　使用巢狀控制敘述分析考試結果 (2/2)

　　while 敘述（第 18-32 行）會循環 10 次。在每次循環中，迴圈都會輸入並處理一筆考試結果。請注意，用來處理各筆測驗結果的 if…else 敘述（第 25-28 行）是以巢狀方式存在於 while 敘述之內。如果 result 為 1，則 if...else 敘述會遞增 passes；否則，程式會假設 result 是 2，然後遞增 failures。第 31 行會在再次測試第 18 行的迴圈條件前，遞增 studentCounter。在輸入 10 筆數值之後，迴圈便會終止，第 35 行會顯示 passes 及 failures 的數值。第 38-39 行的 if 敘述會判斷是否有超過八位學生通過考試，如果有，就會輸出訊息 "Bonus to instructor!"。

　　圖 4.12 顯示了此程式兩輪範例執行的輸入和輸出結果。在第一輪範例執行時，main 方法第 38 行的條件式為 ture──有超過八位學生通過考試，因此程式會輸出訊息獎勵教師。

4.12　複合設定運算子

複合設定運算子（compound assignment operator），可以減短設定運算式。例如以下敘述：

variable = variable operator expression;

只要 *operator* 是二元運算子 +、-、*、/ 或 %（或其他本書之後會討論的二元運算子），都可以撰寫成如下形式：

variable operator= expression;

例如，你可以將敘述

```
c = c + 3;
```

利用**加法複合設定運算子**（addition compound assignment operator），+= 縮寫為

```
c += 3;
```

+= 運算子會將位於運算子右方的運算式數值，和位於運算子左方的變數值相加，然後將結果存入位於運算子左方的變數。因此，設定運算式 c += 3 會將 3 加到 c 之中。圖 4.13 列出算術複合設定運算子、使用這些運算子的範例運算式，以及這些運算子的用途說明。

設定運算子	範例運算式	說明	設定內容
假設：int c = 3, d = 5, e = 4, f = 6, g = 12;			
+=	c += 7	c = c + 7	將 10 設定予 c
-=	d -= 4	d = d - 4	將 1 設定予 d
*=	e *= 5	e = e * 5	將 20 設定予 e
/=	f /= 3	f = f / 3	將 2 設定予 f
%=	g %= 9	g = g % 9	將 3 設定予 g

圖 4.13　算術複合設定運算子

4.13　遞增和遞減運算子

Java 提供兩種單元運算子（整理於圖 4.14），可將數值變數的數值加 1 或減 1。它們是**單元遞增運算子 ++**，以及**單元遞減運算子 --**。程式可以使用遞增運算子 ++ 將變數 c 的值遞增以 1，而無需使用運算式 c = c + 1 或 c += 1。放置在變數前頭的遞增或遞減運算子，稱為**前**

置遞增（**prefix increment**）或**前置遞減**（**prefix decrement**）**運算子**。如果將遞增或遞減運算子放在變數後頭，分別稱爲**後置遞增**（**postfix increment**）或**後置遞減**（**postfix decrement**）運算子。

運算子	運算子名稱	範例運算式	說明
++	前置遞增	++a	將 a 遞增以 1，然後在 a 所處的運算式中，使用 a 的新值。
++	後置遞增	a++	在 a 所處的運算式中，使用 a 目前的數值，然後將 a 遞增以 1。
--	前置遞減	--b	將 b 遞減以 1，然後在 b 所處的運算式中，使用 b 的新值。
--	後置遞減	b--	在 b 所處的運算式中，使用 b 目前的數值，然後將 b 遞減以 1。

圖 4.14　遞增與遞減運算子

使用前置遞增（或遞減）運算子將變數加 1（或減 1）時，稱爲**前置遞增**（**preincrementing**）（或**前置遞減** [**predecrementing**]）。這樣做會令變數遞增（遞減）以 1；然後變數的新值會被使用在變數出現的運算式中。使用後置遞增（或遞減）運算子將變數加 1（或減 1）時，稱爲**後置遞增**（**postincrementing**）（或**後置遞減** [**postdecrementing**]）。這樣做會造成變數目前的數值被使用在變數出現的運算式中；然後變數的數值才被遞增以 1（遞減以 1）。

良好的程式設計習慣 4.4
與二元運算子不同，單元遞增與遞減運算子應該要緊鄰其運算元，中間沒有空格。

前置遞增與後置遞增運算子的差異

圖 4.15 說明了遞增運算子 ++ 的前置遞增版與後置遞增有何不同。遞減運算子（--）的運作方式也相類似。

第 9 行初始化變數從 c 到 5，而第 10 行輸出 c 的初始值。第 11 行輸出 c++ 運算式的值。此運算式後遞增變數 c，所以 c 的原來的值（5）輸出，然後 c 的值增加（6），因此第 11 行又輸出一次原始值（5）。第 12 行輸出 c 的新值（6）來證明第 11 行變數的值是需要增加的。

第 17 行重新設定 c 的值到 5，然後第 18 行輸出 c 的值。第 19 行輸出 ++c 的運算式的值，這運算式先遞增 c，所以它的值增加；然後新的值（6）輸出。第 20 行再一次輸出 c 的值來展示在第 19 行後，c 的值還是在 6。

```
1  // Fig. 4.15: Increment.java
2  // Prefix increment and postfix increment operators.
3
4  public class Increment
5  {
```

圖 4.15　前置遞增與後置遞增 (1/2)

```
6      public static void main(String[] args)
7      {
8          // demonstrate postfix increment operator
9          int c = 5;
10         System.out.printf("c before postincrement: %d%n", c); // prints 5
11         System.out.printf("     postincrementing c: %d%n", c++); // prints 5
12         System.out.printf(" c after postincrement: %d%n", c); // prints 6
13
14         System.out.println(); // skip a line
15
16         // demonstrate prefix increment operator
17         c = 5;
18         System.out.printf(" c before preincrement: %d%n", c); // prints 5
19         System.out.printf("     preincrementing c: %d%n", ++c); // prints 6
20         System.out.printf("  c after preincrement: %d%n", c); // prints 6
21     }
22 } // end class Increment
```

```
c before postincrement: 5
   postincrementing c: 5
 c after postincrement: 6

c before preincrement: 5
   preincrementing c: 6
 c after preincrement: 6
```

圖 4.15　前置遞增與後置遞增 (2/2)

以算術組合簡化複合設定、遞增與遞減運算子

我們可以利用算術複合設定運算子，以及遞增與遞減運算子來簡化程式敘述。舉例來說，圖 4.12 中的三個設定敘述（第 26、28、31 行）：

```
passes = passes + 1;
failures = failures + 1;
studentCounter = studentCounter + 1;
```

可以利用複合設定運算子撰寫成以下更精簡的式子：

```
passes += 1;
failures += 1;
studentCounter += 1;
```

或使用前置遞增運算子寫成

```
++passes;
++failures;
++studentCounter;
```

或使用後置遞增運算子寫成

```
passes++;
failures++;
studentCounter++;
```

如果敘述中只包含變數的遞增或遞減，則前置遞增或後置遞增的效果相同，前置遞減和後置遞減的效果也相同。只有當變數出現在更大的運算式中，前置遞增和後置遞增變數，才會產生不同的效果（前置遞減和後置遞減的狀況也一樣）。

常見的程式設計錯誤 4.8

試圖將遞增或遞減運算子施用在不能指派數值的運算式上，是一種語法錯誤。例如，撰寫 ++(x + 1) 是一種語法錯誤，因為 (x + 1) 並非變數。

運算子優先權與結合率

圖 4.16 展示了我們介紹過的運算子優先權和結合律。圖中從上到下，優先權依次遞減。第二欄說明了每一層優先權的運算子結合律。條件運算子（?:）；單元運算子遞增（++）、遞減（--）、正號（+）、負號（-）；轉型運算子；以及設定運算子 =、+=、-=、*=、/= 還有 %=；都是從右到左結合。在圖 4.16 的運算子優先權圖表中，其他所有的運算子都是從左到右結合。第三欄則列出每一組運算子的類型。

良好的程式設計習慣 4.5

在寫包含許多運算子的運算式時，請參閱運算子優先權順序表（附錄 A），以確認運算式中運算子的順序是你所期望的。如果在一個複雜的運算式中，你無法確定順序，可將運算式劃分成較小的敘述或使用括弧強制指定順序，就像你在代數運算式所做的。請務必遵守一些運算子的原則，例如設定運算子(=)是由右到左，而非由左到右。

運算子						結合律	類型
++	--					由右至左	單元後置
++	--	+	-	(*type*)		由右至左	單元前置
*	/	%				由左至右	乘法類
+	-					由左至右	加法類
<	<=	>	>=			由左至右	關係
==	!=					由左至右	等值
?:						由右至左	條件
=	+=	-=	*=	/=	%=	由右至左	設定

圖 4.16　本書到目前為止介紹過的運算子優先權及結合律

4.14　基本型別

附錄 D 的表格中，列出了 Java 的八種基本型別。就像其前身的 C 和 C++ 語言一樣，Java 也要求所有變數都要有型別。因此，Java 被稱為**強型別語言（strongly typed language）**。

在 C 和 C++ 中，程式設計師經常必須撰寫不同版本的程式來支援不同的電腦平台，因為不同電腦的基本型別並不保證相同。例如，在某台機器上一個 int 數值可能由 16 位元（2位元組）的記憶體來表示，在另一台機器上由 32 位元（4位元組）的記憶體來表示，又一台機器則用 64 位元（8位元組）來表示。在 Java 中，int 數值必然是 32 位元（4位元組）。

可攜性的小技巧 4.1

Java 的基本型別可攜於所有支援 Java 的電腦平台。

　　附錄 D 的每種型別都有以位元爲單位列出其大小（一個位元組有 8 位元）及數值範圍。因爲 Java 的設計者希望確保可攜性，所以選擇使用國際公認的字元格式標準（Unicode；更多相關資訊請參考 www.unicode.org）和浮點數格式標準（IEEE 754；更多相關資訊請參考 grouper.ieee.org/groups/754/）。

　　請回想一下 3.2 節，當基本型別的變數是在方法之外宣告爲類別欄位時，除非明確地予以初始化，否則會自動被賦予預設值。型別爲 char、byte、short、int、long、float 和 double 的實體變數，預設上都會被賦予數值 0。型別爲 boolean 的實體變數，則會預設被賦予數值 false。參照型別的實體變數，則會預設被賦予數值 null。

4.15 （選讀）GUI 與繪圖案例研究：建立簡單的繪圖

Java 吸引人的特色之一，就是它對於圖形的支援能力，讓你能夠在視覺上強化應用程式。我們現在要來介紹 Java 的其中一個繪圖能力——畫線。本節也會介紹如何建立視窗，以在電腦螢幕上顯示繪圖的基礎知識。

Java 座標系統

爲了在 Java 中繪圖，你必須先了解 Java 的**座標系統（coordinate system）**（圖 4.17），一種用來識別螢幕像點的機制。預設上，GUI 元件左上角的座標爲 (0, 0)。座標數對是由 x 座標（水平座標）與 y 座標（垂直座標）所構成。x 座標代表從左向右移動的水平位置。y 座標則代表從上往下移動的垂直位置。x **軸**會描繪出所有水平座標，y **軸**則描繪出所有垂直座標。座標會指出圖形應該要顯示於螢幕的何處。座標的度量單位是**像素（pixel）**。（pixel 這個詞源自於 picture element [圖像元素]）。像素是顯示器最小的解析度單位。

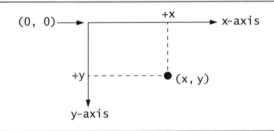

圖 4.17　Java 座標系統。度量單位爲像素

第一支繪圖應用程式

我們的第一支繪圖應用程式，只會簡單地畫出兩條線。DrawPanel 類別（圖 4.18）會執行實際的繪圖動作，DrawPanelTest 類別（圖 4.19）則會建立一個視窗來顯示其繪圖。在 DrawPanel 類別中，第 3-4 行的 import 敘述讓我們可以使用 **Graphics** 類別（位於 java.

awt 套件）和 **JPanel** 類別（位於 **javax.swing** 套件），前者提供各式各樣的方法，可以在螢幕上繪製文字和圖形；後者則提供一塊我們可以在其上繪圖的區域。

```java
1  // Fig. 4.18: DrawPanel.java
2  //  Using drawLine to connect the corners of a panel.
3  import java.awt.Graphics;
4  import javax.swing.JPanel;
5
6  public class DrawPanel extends JPanel
7  {
8     // draws an X from the corners of the panel
9     public void paintComponent(Graphics g)
10    {
11       // call paintComponent to ensure the panel displays correctly
12       super.paintComponent(g);
13
14       int width = getWidth(); // total width
15       int height = getHeight(); // total height
16
17       // draw a line from the upper-left to the lower-right
18       g.drawLine(0, 0, width, height);
19
20       // draw a line from the lower-left to the upper-right
21       g.drawLine(0, height, width, 0);
22    }
23 } // end class DrawPanel
```

圖 4.18　使用 drawLine 來連接圖板的四角

```java
1  // Fig. 4.19: DrawPanelTest.java
2  // Creating JFrame to display DrawPanel.
3  import javax.swing.JFrame;
4
5  public class DrawPanelTest
6  {
7     public static void main(String[] args)
8     {
9        // create a panel that contains our drawing
10       DrawPanel panel = new DrawPanel();
11
12       // create a new frame to hold the panel
13       JFrame application = new JFrame();
14
15       // set the frame to exit when it is closed
16       application.setDefaultCloseOperation(JFrame.EXIT_ON_CLOSE);
17
18       application.add(panel); // add the panel to the frame
19       application.setSize(250, 250); // set the size of the frame
20       application.setVisible(true); // make the frame visible
21    }
22 } // end class DrawPanelTest
```

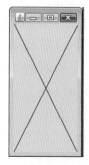

圖 4.19　建立 Jframe 以顯示 DrawPanel

　　第 6 行使用關鍵字 **extends**，表示 DrawPanel 是 JPanel 的擴充型別。關鍵字 extends 代表所謂的繼承關係，亦即我們的新類別 DrawPanel 一開始就具有 JPanel 類別裡原有的成員（資料與方法）。DrawPanel 所**繼承**（**inherit**）的 JPanel 類別，會出現在關鍵字 extends 的右邊。在這個繼承關係中，JPanel 稱為**父類別**（**superclass**），DrawPanel 則稱為**子類別**（**subclass**）。如此會讓 DrawPanel 類別具有 JPanel 類別的屬性（資料）和行為（方法），以及我們在 DrawPanel 類別的方法宣告中，所加入的新功能——更明確地說，沿著圖版對角線繪製兩條直線的能力。我們會在第 9 章詳細介紹繼承。目前，你在建立自己的繪圖程式時，只需要模仿我們的 DrawPanel 類別就好了。

paintComponent 方法

每個 JPanel，包括我們的 DrawPanel，都包含一個 paintComponent 方法（第 9-22 行），每當系統需要顯示 JPanel 時，就會自動呼叫此方法。paintComponent 方法必須要以第 9 行所示的方式來宣告。否則，系統就無法呼叫它。JPanel 第一次於螢幕上顯示時、螢幕上有視窗蓋過它又移開時、或其所在的視窗大小被重設時，便會呼叫此方法。paintComponent 方法要求一個 Graphics 物件作為引數，系統在呼叫 paintComponent 時會提供此一物件。

　　每一個你所建立的 paintComponent 方法，第一行敘述永遠都應該是

```
super.paintComponent(g);
```

這樣能確保在我們開始繪圖之前，圖板能夠適當地在螢幕上呈現。接下來，第 14-15 行會呼叫 DrawPanel 類別從 JPanel 類別繼承而來的方法。因為 DrawPanel 擴充自 JPanel，所以 DrawPanel 可以使用任何 JPanel 的公用方法。**getWidth** 方法與 **getHeight** 方法，分別會傳回 JPanel 的寬度和高度。第 14-15 行會將這些數值儲存在區域變數 width 與 height 中。最後，第 18 行和第 21 行會使用 Graphics 變數 g 呼叫 drawLine 方法，繪製兩條直線。**drawLine** 方法會在其四個引數所表示的兩個點之間，畫出一條直線。前兩個引數為第一個端點的 x 座標和 y 座標，後兩個引數則為另一個端點的 x 座標和 y 座標。如果你改變視窗大小，這些直線也會跟著依比例調整，因為其引數是使用圖板的寬度和高度來計算。在此應用程式中改變視窗的大小，會令系統呼叫 paintComponent，重新繪製 DrawPanel 的內容。

DrawPanelTest 類別

要在螢幕上顯示 DrawPanel，你必須把它放在視窗裡。你可以利用 **JFrame** 類別的物件，來建立視窗。在 DrawPanelTest.java（圖 4.19）中，第 3 行從 javax.swing 套件匯入了 JFrame。main 中的第 10 行，建立了一個 DrawPanel 物件，其中包含我們的繪圖，第 13 行則建立了一個新的 JFrame，會存放並顯示圖板。第 16 行會呼叫 JFrame 的 **setDefaultCloseOperation** 方法時傳引數 **JFrame.EXIT_ON_CLOSE**，指示應用程式應當要在使用者關閉視窗時，隨之終止。第 18 行會使用 JFrame 類別的 **add 方法**，將 DrawPanel 連接到 JFrame 上頭。第 19 行會設定 JFrame 的尺寸大小。**setSize** 方法會取用兩個參數，分別代表 JFrame 的寬度與高度。最後，第 20 行會以引數 true 來呼叫 JFrame

的 **setVisible** 方法，以顯示此 JFrame。JFrame 顯示時，便會自動呼叫 DrawPanel 的 paintComponent 方法（圖 4.18，第 9-22 行），繪製出兩條直線（請參閱圖 4.19 的範例輸出）。請試著調整視窗的大小，看看這兩條直線是否總是會依據視窗目前的寬度和高度來繪製。

GUI 與繪圖案例研究習題

4.1 使用迴圈與控制敘述來繪製線條，可以產生許多有趣的設計。

a) 請建立圖 4.20 左側螢幕擷圖中的設計。這個設計會從左上角開始畫線，使其成扇形展開，直到它們包覆圖板的左上半為止。其中一種方式，是將寬度與高度切分為等距的間隔（我們發現切成 15 個間隔的效果挺好）。線段的第一個端點永遠都是左上角（0，0）。我們可以從左下角開始，往上垂直移動一步，再往右水平移動一步，來找到第二個端點。請在兩個端點之間繪製一條直線。請繼續向上與向右各移動一步，以找出後續的各個端點。當你重新調整視窗大小時，圖案也應該要跟著調整其比例。

b) 請修改 (a) 部分的解答，讓線條同時從四個角落成扇形展開，如圖 4.20 右側的螢幕截圖所示。從對角伸出的線條，應該會在中間交錯。

4.2 圖 4.21 顯示了另外兩種使用 while 迴圈和 drawLine 方法建立的圖案設計。

a) 請建立圖 4.21 左側螢幕擷圖的圖案設計。一開始，請將圖板的四邊切分成相等的間隔（我們還是選擇 15 等分）。第一條直線從左上角開始，終點在底側邊線向右一步的地方。後續每一條直線，起點都會往左側邊線向下多移動一步，終點則往底側邊線向右多移動一步。請持續畫線，直到你碰到右下角為止。當你調整視窗大小時，此圖案也應該要依之調整其比例，令端點永遠會碰到邊線。

b) 請修改 (a) 部分的解答，將此圖案設計複製到全部四個角，如圖 4.21 右側的螢幕擷圖所示。

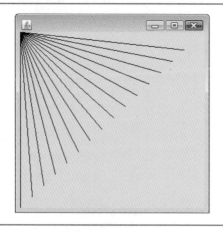 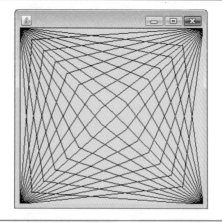

圖 4.20　從角落以扇形展開的線段

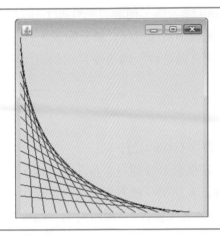 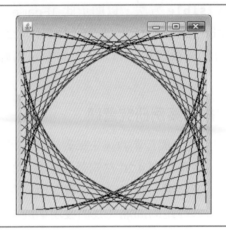

圖 4.21　使用迴圈與 drawLine 繪製的線條藝術

4.16　總結

本章介紹了基本的解題技巧，可用來建構類別，並為這些類別開發其方法。我們先示範了如何建構演算法（意即解決問題的方法），接著示範了如何透過多階段的虛擬碼開發，來精修演算法，最後得出可以放在方法中執行的 Java 程式碼。本章還示範了如何使用由上而下，逐步精修的方式，來規劃方法必須執行的指定行動，以及方法要執行這些行動必須依循的順序。

發展任何解題演算法，都只需要三種控制結構：循序、選擇和迴圈。更明確的說，本章說明了 if 單選敘述、if...else 雙選敘述以及 while 迴圈敘述。這些都是可用來建構許多問題解答的建構區塊。我們使用了控制敘述的堆疊組合方式，分別以計數器控制迴圈和警示值控制迴圈來計算一組學生成績的平均值，接著使用巢狀的控制敘述，來分析一組考試結果並使之進行決策。我們介紹了 Java 的複合設定運算子，及其遞增與遞減運算子。最後，討論了 Java 的基本型別。在第 5 章，我們會繼續討論控制敘述，介紹 for、do...while 以及 switch 敘述。

摘要

4.1　簡介

- 在著手撰寫程式解決問題之前，你必須先對問題有透徹的了解，並仔細規劃解決問題的方法。你也必須了解可使用的建構區段，並採用通過考驗的程式建構技巧。

4.2　演算法

- 任何計算問題都可以透過特定順序執行一連串行動，來加以解決。
- 將解決問題的程序，表示為欲執行的行動，以及執行這些行動的順序，便稱為演算法。
- 指定程式中敘述執行的順序，稱為程式控制。

4.3　虛擬碼

- 虛擬碼是一種非正規的語言，可以幫助你開發演算法，而無需在意 Java 語法的嚴格限制。
- 虛擬碼類似於日常英語——它很方便，也具有親和力，但它並非真正的電腦程式語言。
- 虛擬碼能幫助你在試圖用諸如 Java 的程式語言撰寫程式之前，先「想出」程式。
- 仔細準備良好的虛擬碼，可以很容易地轉換成相對應的 Java 程式。

4.4　控制結構

- 一般而言，程式中的敘述會按照它們撰寫的順序，一個接著一個地執行。這種程序便稱為循序執行。
- 各種不同的 Java 敘述，讓你能夠指定下一個要執行的敘述，不必是循序的下一個敘述。這稱為控制權轉移。
- Bohm 和 Jacopini 證明了，所有程式都可以只用三種控制結構來撰寫——循序結構、選擇結構和迴圈結構。
- 「控制結構」這個詞來自於計算機科學領域。《Java 程式語言規格》將「控制結構」稱為「控制敘述」。
- 「控制結構」是一個從資訊工程來的詞彙，Java Language Specification 將「控制結構」寫為「控制敘述」。
- 循序結構內建於 Java 中。除非特別指示，否則電腦會依撰寫順序，一個接一個地執行 Java 敘述——亦即，循序執行。
- 任何可以放置單一行動的地方，也都可以依序放置數個行動。
- 活動圖是 UML 的一部分。活動圖會模型化軟體系統某部分的工作流程（也稱為活動）。
- 活動符號是 UML 的一部分，一個活動符號的會建立軟體系統的一部分的工作流程模型。
- 活動圖由符號所構成——例如行動狀態符號、菱形還有小圓圈等——這些符號會由轉移箭號所連接，代表活動的流向。
- 行動狀態包含行動運算式，指定所要執行的特定行動。
- 活動圖中的箭號代表轉移，用來指定行動狀態所代表的行動發生的順序。

- 活動圖頂部的實心圓圈表示活動的初始狀態——在程式執行所模型化的行動以前，工作流程的開端。
- 出現在活動圖底部，外圍加上一層空心圓圈的實心圓圈，代表最終狀態——在程式執行完其行動之後的工作流程結尾。
- 右上角內摺的矩形是 UML 註解——用來描述圖中符號用途的說明標記。
- Java 有三種選擇敘述。
- if 單選敘述會選擇或忽略一或多個行動。
- if…else 雙選敘述則會在兩個行動或兩組行動之中擇一而行。
- switch 敘述則稱為多選敘述，因為它會在多項不同的行動，或多組不同的行動中，擇一而行。
- Java 提供了 while、do…while 以及 for 迴圈敘述，讓程式能在迴圈持續條件保持為真的情況下，反覆執行敘述。
- while 和 for 敘述會執行其主體內的行動零或多次——如果迴圈持續條件一開始為偽，就不會執行行動。do…while 敘述會執行其主體內的行動一或多次。
- if、else、switch、while、do 和 for 都是 Java 的關鍵字。關鍵字不能用來當作識別字，例如變數名稱。
- 每支程式的構成，都是依此程式實作的演算法所適宜的數量，結合了許多循序、選擇和迴圈敘述而成。
- 單進 / 單出的控制敘述，可藉由連接一者的離開點，與另一者的進入點，來彼此接續。這樣做稱為控制敘述堆疊。
- 控制敘述也可以巢狀放在另一個控制敘述中。

4.5　if 單選敘述

- 程式會使用選擇敘述，從不同的行動方案中擇一而行。
- 單選 if 敘述的活動圖包含了菱形符號，表示此處需執行一項決策。工作流程的流向，會由此符號相關的決策條件來決定。如果決策條件為真，工作流程就會進入相對應的轉移箭號所指向的行動狀態。
- if 敘述是單進 / 單出的控制敘述。

4.6　if...else 雙選敘述

- 只有條件式為 true 時，if 單選敘述才會執行指定的行動。
- if…else 雙選敘述會在條件為真時執行某項行動，在條件為偽時執行另一項行動。
- 程式可以使用巢狀的 if…else 敘述，來測試多重狀況。
- 條件運算子（?:）是 Java 唯一的三元運算子——它會接受三個運算元。運算元與 ?: 符號合起來便構成條件運算式。
- Java 編譯器會將 else 與前一個最接近的 if 連結在一起，除非你使用大括號來告訴編譯器不要這樣做。

- if 敘述只會預期主體內包含一個敘述。要在 if 的主體內（或 if…else 敘述的 else 主體內）放入多行敘述，請將這些敘述放在大括號中。
- 任何可以放置單個敘述的地方，都可以放置敘述區塊。
- 邏輯錯誤會在執行時造成影響。致命性的邏輯錯誤會造成程式執行失敗而提前終止。非致命性的邏輯錯誤允許程式繼續執行，但是會造成程式產生不正確的結果。
- 就像區塊可以放置在任何單一敘述可以放置的地方一樣，你也可以使用空敘述，就是在一般會放置敘述的地方，只放置一個分號（;）。

4.8　while 迴圈敘述

- while 迴圈敘述讓你可以指定程式，在某個條件保持為眞的情況下，反覆執行某項行動。
- UML 的合流符號，會將兩個活動的流程合而為一。
- 決策和合流符號可以藉由「進入」和「離開」的轉移箭號數量來區分。決策符號包含一個指向菱形的轉移箭號，以及兩個以上從菱形指出的轉移箭號，表示從該點可能會有的轉移。每個從決策符號指出的轉移箭號，都包含一個決策條件。合流符號會有兩個以上指向菱形的轉移箭號，但只有一個從菱形指出的轉移箭號，表示會有多個活動流程合流，繼續進行活動。這些與合流符號相關的轉移箭號，都不會有決策條件。

4.9　演算法規劃：計數器控制迴圈

- 計數器控制迴圈會使用一個稱爲計數器的變數（或稱控制變數），來控制某一組敘述執行的次數。
- 計數器控制迴圈通常稱爲限定迴圈，因爲反覆執行的次數，在迴圈開始執行之前，就已經知道了。
- 總和值是一個用來累計多個數值總和的變數。用來存放總和值的變數，通常會在使用於程式中之前，先初始化爲 0。
- 區域變數的宣告必須出現在該方法使用此一變數之前。區域變數不能在宣告它的方法以外加以存取。
- 兩個整數相除，會造成整數除法——計算結果的小數部分，會被無條件捨去。

4.10　演算法規劃：警示值控制迴圈

- 在警示值控制迴圈中，會使用一種稱爲警示值（也稱爲訊號值、虛值或旗標值）的特殊數值，來表示「資料輸入已達終點」。
- 我們必須選擇一個不會與有效輸入值混淆的警示值。
- 由上而下，逐步精修是開發完善的結構化程式，不可或缺的技巧。
- 除以零是一種語法錯誤。
- 要使用整數值進行浮點數運算，請將其中一個整數轉型爲 double。
- Java 只有在算術運算式的運算元型別相同時，才知道要怎麼計算算術運算式。爲了確保這點，Java 會對於特定的運算元執行所謂的型別提升操作。

- 單元轉型運算子的書寫方式,是在括號中寫下型別名稱。

4.12 複合設定運算子

- 複合設定運算子可以減短設定運算式。具有以下形式的敘述

  variable = variable operator expression;

  其中 operator 若屬於二元運算子 +、-、*、/ 或 %,就可以寫成以下形式:

  variable operator= expression;

- += 運算子會將位於運算子右方的運算式數值,和位於運算子左方的變數值相加,然後將結果存入位於運算子左方的變數。

4.13 遞增和遞減運算子

- 單元遞增運算子 ++,和單元遞減運算子 --,會將數值變數的值加 1 或減 1。
- 放置在變數之前的遞增或遞減運算子,分別為前置遞增或前置遞減運算子。放置在變數之後的遞增或遞減運算子,分別為後置遞增或後置遞減運算子。
- 使用前置遞增或遞減運算子來加 1 或減 1 時,分別叫做前置遞增或前置遞減。
- 前置遞增或前置遞減變數,會造成變數被遞增或遞減以 1;然後再將這個變數的新值,使用在其出現的運算式中。
- 使用後置遞增或遞減運算子加 1 或減 1 時,分別稱為後置遞增或後置遞減。
- 後置遞增或後置遞減變數,會造成其數值被使用在它出現的運算式中,然後該變數的數值才會被遞增或遞減以 1。
- 當敘述中只包含變數的遞增或遞減時,前置或後置遞增的效果是相同的,前置或後置遞減的效果也是相同的。

4.14 基本型別

- Java 要求所有變數都要有其型別。因此,Java 被稱為強型別語言。
- Java 使用的是 Unicode 字元,以及 IEEE 754 浮點數。

自我測驗題

4.1 請填入下列敘述的空格:

   a) 所有程式都可以用三種控制結構來撰寫:_____、_____ 以及 _____。

   b) _____ 敘述會用來在條件為真時執行某項行動,條件為偽時執行另一項行動。

   c) 反覆執行一組指令特定的次數,便稱為 _____ 迴圈。

   d) 當我們事先不知道一組敘述會反覆執行多少次時,可以用 _____ 值來終止迴圈。

   e) _____ 結構內建在 Java 之中;預設上,敘述會依照出現的順序來執行。

   f) 型別為 char、byte、short、int、long、float 和 double 的實體變數,預設上會被賦予數值 _____。

g) Java 是一種 _____ 語言，要求所有變數都需要有型別。

h) 假如遞增運算子是 _____ 於變數，則此變數會先遞增以 1，然後再以這個新數值使用於運算式中。

4.2 請說明下列何者為真，何者為偽。如果為偽，請說明理由。

a) 演算法是一種解決問題的程序，表示為要執行的行動，和執行這些行動的順序。

b) 放在一對小括弧中的一組敘述，我們稱之為區塊。

c) 選擇敘述會指定當某條件保持為真時，要反覆執行的行動。

d) 巢狀控制敘述會出現在另一個控制敘述的主體中。

e) Java 提拱算術複合設定運算子 +=、-=、*=、/= 和 %= 來可以減短設定運算式。

f) 基本型別（boolean、char、byte、short、int、long、float 和 double）只可攜於 Windows 平台。

g) 指定敘述在程式中執行的順序，便稱為程式控制。

h) 單元轉型運算子 (double)，會建立其運算元暫時性的整數副本。

i) 布林型別的實體變數，預設上會被賦予數值真。

j) 虛擬碼可以幫助你在動手將之撰寫為程式語言之前，先想出程式。

4.3 試撰寫四種不同的 Java 敘述，每個敘述都能夠將整數變數 x 減 1。

4.4 請寫出 Java 敘述來完成下列任務：

a) 使用一個敘述來分配 x, y 與 z 的總和，然後以 1 遞增。

b) 測試變數 count 是否大於 10，如果是，請顯示「Count 大於 10」。

c) 使用一個敘述以 1 遞減變數 x，然後從總數中減去它並儲存結果在 total 當中。

d) 在 q 被除數除了之後計算餘數，然後分配結果到 q。請用兩種方式寫這個敘述。

4.5 寫一個 Java 敘述來完成下列任務：

a) 宣告 int 型的 sum 變數並初始化為 0。

b) 宣告 int 型的 x 變數並初始化為 1。

c) 新增變數 x 到變數 sum，並分配結果到 sum。

d) 輸出「The sum is: 」，後面緊跟隨著 sum 的數值。

4.6 結合你在習題 4.5 寫的計算與輸出整數 sum，1 到 10 的 Java 應用程式敘述，使用 while 敘述來計算迴圈與遞增敘述。此迴圈必須在數值變成 11 時終止。

4.7 在計算之後請決定在 product *=x++ 敘述中的變數數值，假設全部的數值都是 int 型，而且有 5 個數開頭。

4.8 請找出並修正下列各組程式碼中的錯誤：

a)
```
while (c <= 5)
{
    product *= c;
    ++c;
```

b)
```
if (gender == 1)
    System.out.println("Woman");
else;
    System.out.println("Man");
```

4.9 以下 while 敘述有何錯誤？

```
while (z >= 0)
    sum += z;
```

自我測驗題解答

4.1 a) 循序、選擇、迴圈　b) if....else　c) 計數器控制（或限定）　d) 警示、訊號、旗標或虛　e) 循序　f) 0（零）　g) 強型別　h) 前置。

4.2 a) 真。 b) 偽。包含在大括弧（{ 與 }）內的一組敘述，我們稱之為區塊。　c) 偽。迴圈敘述會指定在某條件保持為真時，反覆執行某項行動。　d) 真。　e) 真。　f) 偽。基本型別 (boolean、char、byte、short、int、long、float 及 double) 可攜於所有支援 Java 的電腦平台。　g) 真。　h) 偽。單元轉型運算子 (double) 會為其運算元建立暫時性的浮點數副本。　i) 偽。型別為 boolean 的實體變數，預設會被賦予數值 false。　j) 真。

4.3 x = x + 1;

x += 1;

++x;

x++;

4.4 a) z = x++ + y;

b) if (count > 10)

System.out.println("Count is greater than 10");

c) total -= --x;

d) q %= divisor;

q = q % divisor;

4.5 a) int sum = 0;

b) int x = 1;

c) sum += x; or sum = sum + x;

d) System.out.printf("The sum is: %d%n", sum);

4.6 程式如下：

```
1   // Exercise 4.6: Calculate.java
2   // Calculate the sum of the integers from 1 to 10
3   public class Calculate
4   {
5      public static void main(String[] args)
6      {
7         int sum = 0;
8         int x = 1;
9
10        while (x <= 10) // while x is less than or equal to 10
11        {
12           sum += x; // add x to sum
13           ++x; // increment x
14        }
15
```

```
16            System.out.printf("The sum is: %d%n", sum);
17    }
18 } // end class Calculate
```

```
The sum is: 55
```

4.7 product = 25, x = 6

4.8 a) 錯誤：while 敘述的主體最靠近右括號的部分不見了。正確：在 ++c 敘述的後面加上右括號。

b) 錯誤：在 else 後的分號是邏輯錯誤，第二個輸出的敘述會一直執行。正確：移除 else 之後的分號。

4.9 z 變數的數值永遠不會在 while 敘述中改變，因此，如果迴圈持續的條件 (z >= 0) 是對的，那最初的迴圈會被建立。要避免最初的迴圈發生，z 必須遞減，這樣他最終會小於 0。

習題

4.10 比較 if 單選敘述 (single-selection) 與 while 迴圈敘述 (repetition statement)，這兩個的相似之處？不同之處？

4.11 請解釋當 Java 程式試圖將一個整數除以另一個整數時，會發生什麼事情。運算結果的小數部分會發生什麼事情？。我們要如何避免這種結果？

4.12 描寫兩個可以將控制敘述結合的方法。

4.13 哪種型別的迴圈，比較適合從使用者獲得輸入，直到使用者顯示沒有更多的輸入可以提供？哪種型別適合計算 5 的乘階？請簡單的描述這些任務該如何表現。

4.14 如果整數 x 跟 y 設定為 7 跟 3，那麼在 x=y++ 與 x=++y 中的 x 的值是多少？

4.15 請找出並修正下列各程式碼段落的錯誤。[請注意：每段程式碼的錯誤可能不只一個。]

a)
```
if (age >= 65);
        System.out.println("Age is greater than or equal to 65");
   else
        System.out.println("Age is less than 65)";
```

b)
```
int x == 1, total == 0;
while (x <= 10)
{
    total ++x;
    System.out.println(x);
}
```

c)
```
while (x <= 100)
    total += x;
    ++x;
```

d)
```
while (y =! 0)
{
System.out.println (y);
```

4.16 下列程式會印出什麼東西？

```java
1  // Exercise 4.16: Mystery.java
2  public class Mystery
3  {
4     public static void main(String[] args)
5     {
6        int x = 1;
7        int total = 0;
8
9        while (x <= 10)
10       {
11          int y = x * x;
12          System.out.println(y);
13          total += y;
14          ++x;
15       }
16
17       System.out.printf("Total is %d%n", total);
18    }
19 } // end class Mystery
```

從習題 4.17 到習題 4.20，請執行下列步驟：

a) 閱讀問題陳述。

b) 利用虛擬碼和由上而下、逐步精修的方式，規劃演算法。

c) 撰寫 Java 程式。

d) 測試、除錯並執行這個 Java 程式。

e) 處理三組完整的資料。

4.17 （燃油里程數）駕駛都很關心其汽車的燃油里程數。某位駕駛追蹤了幾趟旅程，他在每次加滿汽油後，都會記錄所行駛的英里數，以及所使用的汽油加侖數。請開發一支 Java 應用程式，可以輸入每趟旅程中，所行駛的英里數以及所使用的汽油加侖數（都以整數表示）。這支程式應該要計算並顯示出各趟旅程所得到的每加侖英里數，並印出截至目前為止所有旅程總計的每加侖英里數。所有平均值的計算，都應該要產生浮點數的結果。請利用 Scanner 類別和警示值控制迴圈來從使用者處取得資料。

4.18 （信用額度計算程式）請開發一支 Java 應用程式，判斷某幾位百貨公司顧客中，是否有人已經超出其記帳戶頭的信用額度。針對每位顧客，我們可以取得下列資料：

a) 帳號。

b) 當月月初的帳戶餘額。

c) 顧客本月所有簽帳項目的總金額

d) 本月所有存入顧客帳戶的總金額

e) 所容許的信用額度

程式應該以整數輸入上述所有資料，計算新的餘額（= 初始餘額 + 簽帳金額 - 存入金額）、顯示新的餘額，並判斷新的餘額是否超過顧客的信用額度。對於超過信用額度的顧客，程式應該要顯示訊息「超過信用額度」。

4.19 **（銷售佣金計算程式）**某家大公司會以佣金為基礎支付銷售人員薪資。銷售人員每週會領到 200 美元，加上該週銷售毛額的 9%。例如，某位銷售人員在一週內賣掉了價值 5000 美元的商品，他就會得到 200 美元再加上 5000 美元的 9%，或者說總計 650 美元。你會得到一份清單，列出每位銷售人員所賣掉的商品。這些品項的價格如下：

```
Item    Value
1       239.99
2       129.75
3        99.95
4       350.89
```

請開發一支 Java 應用程式，輸入某位銷售人員上週所賣出的商品項目，計算並顯示該位銷售人員的所得。銷售人員能夠賣出的商品數量並沒有限制。

4.20 **（稅金計算程式）**請開發一支 Java 應用程式，判斷三位員工各自的稅金。30,000USD 的薪資將會課 15% 的稅，超過則是 20% 的稅。你會得到一份員工名單，包含他們一年的薪資。你的程式應當要針對每位職員，輸入上述資訊，然後判斷並顯示該位員工的總薪資。請利用 Scanner 類別來輸入資料。

4.21 **（尋找最大數）**在電腦應用程式裡，經常會使用到尋找最大數值的程序。舉例來說，用來判斷銷售競賽獲勝者的程式，會輸入每位銷售人員所售出的商品數量。賣出最多商品的人就能贏得該項競賽。請先撰寫虛擬碼程式，再撰寫 Java 應用程式，輸入一連串 10 個整數，然後印出其中最大的整數。你的程式至少應該要使用到以下三個變數：

a) counter：會計數到 10 的計數器（亦即，會記錄已輸入多少數字，並判斷何時已輸入完全部 10 個數字）。

b) number：使用者最近輸入的整數。

c) largest：目前為止最大的數字。

4.22 **（表格輸出）**試撰寫一支 Java 應用程式，用迴圈印出以下數值表格：

N	N^2	N^3	N^4
1	1	1	1
2	4	8	16
3	9	27	81
4	16	64	256
5	25	125	625

4.23 **（找到兩個最大數）**使用類似習題 4.21 的方法找到兩個在 10 個數中最大的數。[請注意：每個數只會輸入一次。]

4.24 **（讓使用者輸入有效化）**修改圖 4.12 使使用者輸入有效化。如果輸入並非 1 或 2，使它不斷的迴旋值到使用者輸入正確的數字。

4.25 下列程式會印出什麼東西？

```
1  // Exercise 4.25: Mystery2.java
2  public class Mystery2
3  {
4     public static void main(String[] args)
5     {
```

```
6          int count = 1;
7
8          while (count <= 10)
9          {
10             System.out.println(count % 2 == 1 ? "****" : "+++++++");
11             ++count;
12         }
13     }
14 } // end class Mystery2
```

4.26 下列程式會印出什麼東西？

```
1  // Exercise 4.26: Mystery3.java
2  public class Mystery3
3  {
4     public static void main(String[] args)
5     {
6        int row = 10;
7
8        while (row >= 1)
9        {
10          int column = 1;
11
12          while (column <= 10)
13          {
14             System.out.print(row % 2 == 1 ? "<" : ">");
15             ++column;
16          }
17
18          --row;
19          System.out.println();
20       }
21    }
22 } // end class Mystery3
```

4.27 (懸置 else 問題) 試判斷以下各組程式碼,當 x 是 9, y 是 11,以及當 x 是 11、y 是 9
時,其輸出結果。編譯器會忽略 Java 程式中的縮排。此外,Java 編譯器永遠會將 else
與前一個最接近的 if 連結在一起,除非你利用大括號 ({}) 告訴編譯器不要這樣做。
乍看之下,你可能會無法確定特定的 else 究竟是搭配哪個 if——這種情況稱為「懸置
else 問題。」我們已將下列程式碼的縮排刪除,讓問題更具挑戰性。[提示:請運用你
學過的縮排習慣。]

a) `if (x < 10)`

   `if (y > 10)`

   `System.out.println("*****");`

   `else`

   `System.out.println("#####");`

   `System.out.println("$$$$$");`

b) `if (x < 10)`

   `{`

```
if (y > 10)
System.out.println("*****");
}
else
{
System.out.println("#####");
System.out.println("$$$$$");
}
```

4.28　（另一個懸置 else 問題）請修改題目所提供的程式碼，以產生此問題各部分所顯示的
輸出。請使用適當的縮排技巧。除了插入大括號和改變縮排之外，請不要做其他變
動。編譯器會忽略 Java 程式的縮排。我們已將下列程式碼的縮排刪除，讓問題更具挑
戰性。[請注意：某些部分有可能不需要任何修改。]

```
if (y == 8)
if (x == 5)
System.out.println("@@@@@");
else
System.out.println("#####");
System.out.println("$$$$$");
System.out.println("&&&&&");
```

a)　假設 x=5，y=8 時，會產生下列輸出：

```
@@@@@
$$$$$
&&&&&
```

b)　假設 x=5，y=8 時，會產生下列輸出：

```
@@@@@
```

c)　假設 x=5，y=8 時，會產生下列輸出：

```
@@@@@
```

d)　假設 x=5，y=7 時，會產生下列輸出：[請注意：else 後頭的最後三個輸出敘述，全
都屬於同一區塊。]

```
#####
$$$$$
&&&&&
```

4.29　（直角三角形）試撰寫一個程式能讓使用者輸入三角型的邊常，並使用編常化出一個由
星星組成的直角三角型。你的程式需要將 1 到 10 設定為基本的長度。

4.30　（迴文）迴文意某一串字元，不論正著唸或倒著唸都一樣。舉例來說，下列各個五位數
都是迴文：12321、55555、45554 以及 11611。試撰寫一個可以讀入五位整數的應用
程式，然後判斷其是否為迴文。如果輸入的數字不足五位數，請顯示一個錯誤訊息，
讓使用者重新輸入新的數值。

4.31　（印出二進位數的十進位等值數字）試撰寫一支應用程式，輸入一個只包含 0 或 1 的
整數（亦即一個二進位整數），然後印出其等值的十進位數值。[提示：請利用餘數和
除法運算子，從右至左，一次取出一個二進位數字的位數。在十進位數字系統中，最

右邊的位數量值爲 1，左邊的下一位量值則爲 10，然後是 100、1000....，依此類推。十進位數值 234 可以解讀爲 4 * 1 + 3 * 10 + 2 * 100。在二進位系統中，最右邊的位數量值爲 1，而往左一位數量值則爲 2，然後是 4、8、....，依此類推。二進位數字 1101 的等值十進位數便等於 1 * 1 + 0 * 2 + 1 * 4 + 1 * 8，或 1 + 0 + 4 + 8，也就是 13。]

4.32 （用星號繪製棋盤圖案）試撰寫一支只使用下列輸出敘述：

```
System.out.print("* ");
System.out.print(" ");
System.out.println();
```

來顯示以下棋盤圖案的應用程式。不使用引數呼叫 System.out.println 方法，會令程式輸出單一一個換行字元。[提示：本習題需要使用迴圈敘述。]

```
* * * * * * * *
 * * * * * * * *
* * * * * * * *
 * * * * * * * *
* * * * * * * *
 * * * * * * * *
* * * * * * * *
 * * * * * * * *
```

4.33 （2的被數的有線循環）試撰寫一應用程式，能夠在命令列視窗上持續顯示整數2的倍數——亦即2、4、8、12、32、64等等。你的迴圈應當不會終止（它應該要式無線循環）。那麼當你運作這個程式會發生什麼事？

4.34 （程式碼中有何錯誤？）下列敘述有何錯誤？提供更確的敘述來增加 x 與 y 的總和。

```
System.out.println(++(x + y));
```

4.35 （三角形的邊）試撰寫一個應用程式可以讀取三個由使用者輸入的非零的整數並決定與印出代表三角型的邊。

4.36 （正三角形的邊）試撰寫應用程式讀取三個非零的整數，並決定與輸出它們是否代表正三角型的三邊。

4.37 （階乘）非負數整數 n 的階乘寫做 n!（唸成「n 階乘」），其定義如下：

$$n! = n \cdot (n-1) \cdot (n-2) \cdot \ldots \cdot 1 \quad （當 n 大於等於 1 時）$$

並且

$$n! = 1 \quad （當 n 等於 0 時）$$

例如，5! = 5×4×3×2×1，等於 120。

a) 試撰寫一支應用程式，會讀入一個非負整數，然後印出其階乘。

b) 試撰寫一支應用程式，利用下列公式，計算數學常數 e 的近似值：請讓使用者輸入要計算的項數。

$$e = 1 + \frac{1}{1!} + \frac{1}{2!} + \frac{1}{3!} + \ldots$$

c) 試撰寫一應用程式，利用下列公式，計算出 ex 的值。請讓使用者輸入要計算的項數。

$$e^x = 1 + \frac{x}{1!} + \frac{x^2}{2!} + \frac{x^3}{3!} + \ldots$$

進階習題

4.38 （利用加密保障隱私權）網際網路通訊，與上網電腦儲存容量的爆炸性成長，大大增加了隱私權的顧慮。密碼學研究的課題，就是將資料編碼，令未獲授權的使用者難以閱讀它（並希望——利用最先進的策略——讓未經授權者無法閱讀它）。在本習題中，你將會研究加密與解密資料的簡單策略。某家想透過網際網路傳送資料的公司，要求你撰寫一支程式，可以加密資料以令其能夠更安全地傳輸。所有其資料都是以四位數的整數來傳送。你的應用程式應該要讀入使用者所輸入的四位數整數，然後依下列方式進行加密：請將每位數都取代成該位數加上 7，然後將新值對 10 取餘數的結果。接著，請將第 1 位數和第 3 位數交換，第 2 位數和第 4 位數交換。然後，請印出加密後的整數。試撰寫另一支應用程式，輸入加密後的四位數整數，然後將之解密（透過反轉加密策略）為原來的數目。[選讀專題：請研究一般性的「公開金鑰密碼學 (public key cryptography)」，以及特定的公開金鑰策略 PGP (Pretty Good Privacy)。你也可以研究一下 RSA 策略，這種加密法被廣為使用在工業強度的應用中。]

4.39 （缺水）幾個世紀以來世界人口有大幅的成長。持續的成長最終會造成種種挑戰，包括可呼吸的空氣、可飲用的水源、可耕作的耕地以及其他有限資源，都有其極限。有證據顯示，未來許多衝突都會因為鄰近國家的水源而產生糾紛。

在此習題中，研究水資源短缺的國家，如埃及的尼羅河已經接受了有數千年之久的祝福，然而因為人口不斷的增加，尼羅河水資源的分享也受到了威脅。獲得的資料顯示埃及的人口在 2014 年到 2030 年是呈現線性成長，查詢全世界每年每個個體的平均用水量，以立方米計算。查詢埃及每年可以從尼羅河允許消耗多少的總量。計算埃及用水的人口有多少。將埃及從 2014 年到 2030 年可消耗的總量結果列印在表格中。第一欄顯示 2014 到 2030 年上半年度，第二欄顯示平均總耗水量，第三欄顯示實際用量與預計消耗量的差額。

Memo

控制敘述：第二部分

5

The wheel is come full circle.
—William Shakespeare

All the evolution we know of proceeds from the vague to the definite.
—Charles Sanders Peirce

學習目標

在本章節中，你將會學習到：

- 計數器控制迴圈的基本原理。
- 使用 for 及 do...while 迴圈敘述，反覆執行程式的敘述。
- 了解如何使用 switch 選擇敘述，進行多重選擇。
- 使用 break 和 continue 程式控制敘述，來改變控制流。
- 使用邏輯運算子，在控制敘述中組成複雜的條件運算式。

5.1　簡介

本章會繼續呈現結構化程式設計的理論及原理，介紹其他所有的 Java 控制結構，除了一個以外。我們會示範 Java 的 for、do...while 還有 switch 敘述。透過一連串使用 while 和 for 的簡短範例，探討計數器控制迴圈的基本原理。我們會使用 switch 敘述，針對使用者所輸入的一組數值成績，計算相對應之字母等級 A、B、C、D 及 F的人數。我們會介紹 break 和 continue 程式控制敘述。討論 Java 的邏輯運算子，讓你能在控制敘述中，使用較複雜的條件運算式。最後，會總結 Java 的控制敘述，以及本章與第 4 章所呈現的，已通過考驗的解題技巧。

5.2　計數器控制迴圈的基本原理

本節會使用第 4 章所介紹的 while 迴圈敘述，來規畫計數器控制迴圈所需的元素，包括

1. **控制變數**（**control variable**，或迴圈計數器）。
2. 控制變數的**初始值 (initial value)**。
3. 每次通過迴圈（也稱為迴圈每次循環）時，控制變數的**遞增值**（或**遞減值**）。
4. **迴圈持續條件**會決定迴圈是否應該繼續執行。

為了了解這些計數器控制迴圈的元素，請考量圖 5.1 的應用程式，這支應用程式使用了一個迴圈來顯示從 1 到 10 的數字。

```
1  // Fig. 5.1: WhileCounter.java
2  // Counter-controlled repetition with the while repetition statement.
3
4  public class WhileCounter
5  {
6     public static void main(String[] args)
7     {
8        int counter = 1; // declare and initialize control variable
9
10       while (counter <= 10) // loop-continuation condition
11       {
```

圖 5.1　使用 while 迴圈敘述執行計數器控制迴圈 (1/2)

```
12          System.out.printf("%d  ", counter);
13          ++counter; // increment control variable
14       }
15
16       System.out.println();
17    }
18 } // end class WhileCounter
```

```
1 2 3 4 5 6 7 8 9 10
```

圖 5.1　使用 while 迴圈敘述執行計數器控制迴圈 (2/2)

　　在圖 5.1 中，計數器控制迴圈的各個元素定義於第 8、10、13 行。第 8 行將控制變數（counter）宣告為 int，在記憶體中為之保留空間，並將其初始值設定為 1。變數 counter 也可以用下列區域變數宣告及設定敘述，來宣告並初始化：

```
int counter; // declare counter
counter = 1; // initialize counter to 1
```

第 12 行會顯示每次迴圈循環時，控制變數 counter 的數值。第 13 行會在每次迴圈循環時，將控制變數遞增以 1。while 的迴圈持續條件（第 10 行）會測試控制變數的值是否小於等於 10（使條件式為 true 的最終值）。當控制變數為 10 時，程式還是會執行這個 while 的主體。迴圈會在控制變數超過 10 時（亦即 counter 變為 11 時）終止。

常見的程式設計錯誤 5.1
因為浮點數可能是近似值，若以浮點數變數來控制迴圈，可能會造成不精確的計數器值，以及不準確的終止條件測試。

測試和除錯的小技巧 5.1
請用整數來控制迴圈的計數。

　　圖 5.1 的程式可以更為精簡，請在第 8 行將 counter 初始化為 0，然後在 while 的條件式中前置遞增 counter，如下：

```
while (++counter <= 10) // loop-continuation condition
   System.out.printf("%d ", counter);
```

這個程式碼可省下一行敘述（而且包住迴圈主體的大括號也可以去除），因為 while 的條件式會在測試條件前，先遞增 counter 的值（請回想一下 4.13 節，++ 的優先權高於 <=）。 以這種壓縮的方式來撰寫程式需要練習，可能會造成程式碼較為難以閱讀、除錯、修改和維護，所以通常應該避免。

軟體工程的觀點 5.1
對於大多數你所撰寫的程式碼，「簡單扼要」是個好建議。

5.3　for 迴圈敘述

5.2 節介紹了計數器控制迴圈的基本原理。while 敘述可以用來實作任何計數器控制迴圈。Java 還提供了 for 迴圈敘述，可以在單行程式碼中，安排計數器控制迴圈的細節。圖 5.2 使用 for 重新實作了圖 5.1 的應用程式。

```
1   // Fig. 5.2: ForCounter.java
2   // Counter-controlled repetition with the for repetition statement.
3
4   public class ForCounter
5   {
6      public static void main(String[] args)
7      {
8         // for statement header includes initialization,
9         // loop-continuation condition and increment
10        for (int counter = 1; counter <= 10; counter++)
11           System.out.printf("%d  ", counter);
12
13        System.out.println();
14     }
15  } // end class ForCounter
```

```
1 2 3 4 5 6 7 8 9 10
```

圖 5.2　使用 for 迴圈敘述建立計數器控制迴圈

　　當 for 敘述（第 10-11 行）開始執行時，會宣告控制變數 counter，並將其初始化為 1。（請回想一下 5.2 節，計數器控制迴圈的前兩個元素，正是控制變數與它的初始值）。接著，程式會檢查迴圈持續條件 counter <= 10，此條件必須放在兩個必要的分號之間。因為 counter 的初始值為 1，所以此條件式一開始為真。因此，主體敘述（第 11 行）會顯示出控制變數 counter 的數值，亦即 1。在執行完迴圈主體後，程式會遞增運算式 counter++ 中的 counter，這個運算式出現在第二個分號的右邊。接著，程式會再次執行迴圈持續條件測試，以判斷程式是否要繼續下一次的迴圈循環。此時，控制變數的值為 2，因此條件式仍然為真（尚未超過最終值）──因此，程式會再次執行主體敘述（意即下一次的迴圈循環）。這個程序會持續下去，直到數字 1 到 10 都顯示過，counter 的數值變成 11，造成迴圈持續條件測試失敗，並終止迴圈為止（在重複執行迴圈主體 10 次之後）。接著程式會執行 for 之後的第一個敘述──在本例中為第 13 行。

　　圖 5.2（在第 10 行）使用了迴圈持續條件 counter <= 10。假如你誤將條件式編寫為 counter < 10，迴圈就只會循環 9 次。這種常見的邏輯錯誤，稱為「**偏差 1 錯誤 (off-by-one error)**」。

常見的程式設計錯誤 5.2
在迴圈敘述的迴圈持續條件中使用不正確的關係運算子，或是不正確的迴圈計數器，最終值都可能會造成偏差 1 錯誤。

測試和除錯的小技巧 5.2
在 while 或 for 敘述的條件式中使用最終值和 <= 關係運算子，有助於避免偏差 1 錯誤的發生。對於要印出數值 1 到 10 的迴圈，請將其迴圈持續條件寫成 counter <=10，不要寫成 counter < 10（會產生偏差 1 錯誤），或 counter < 11（正確的敘述）。許多程式設計師偏好所謂的以零為基數的計數方式，使用這種方式，若要計數 10 次，counter 會被初始化為零，迴圈持續條件則會寫成 counter < 10。

 測試和除錯的小技巧 5.3
如同第 4 章中提到的，因為邏輯錯誤所以整數會溢出，一個迴圈的控制變數也會溢出。撰寫迴圈時要注意這件事。

仔細檢視 for 敘述的標頭

圖 5.3 更仔細地檢視圖 5.2 的 for 敘述。這個 for 敘述的第一行（包括關鍵字 for，以及 for 後面括號中所有的內容）——如圖 5.2 的第 10 行——有時稱為 **for 敘述標頭（for statement header）**。for 標頭會「一手包辦所有事情」——它會以控制變數指定計數器控制迴圈中與重複有關的各項事情。如果 for 的主體超過一行敘述，就需要用大括號來界定迴圈主體。

圖 5.3　for 敘述標頭的組成元素

for 敘述的一般化格式

for 敘述的一般化格式如下：

> **for** *(initialization; loopContinuationCondition; increment)*
> *statement*

其中初始化運算式會指定迴圈的控制變數名稱，可視需要提供其初始值，loopContinuationCondition 會判斷迴圈是否要繼續執行，increment 則會修改控制變數的數值（可能是遞增或遞減），令迴圈持續條件最終會變為 false。for 標頭中的兩個分號都是必要的。如果迴圈持續條件一開始為 false，程式就不會執行 for 敘述的主體。反之，程式會執行 for 敘述後頭的第一個敘述。

以等效的 while 敘述來表示 for 敘述

在多數情況下，for 敘述都可以表示為以下等效的 while 敘述：

```
initialization;
while (loopContinuationCondition)
{
    statement
    increment;
}
```

在 5.8 節，我們會展示一種情況，for 敘述無法用等效的 while 敘述來表示。

通常，for 敘述會用來執行計數器控制迴圈，while 敘述則用來執行警示值控制迴圈。然而，while 和 for 都可以用來執行上述兩種迴圈。

for 敘述控制變數的使用域

如果 for 標頭中的 initialization 運算式宣告了控制變數(亦即變數名稱前面加上其型別，如圖 5.2)，該控制變數就只能在此 for 敘述中使用——它不存在於 for 敘述之外。這種使用上的限制，稱為變數的**使用域**（scope）。變數的使用域，定義了變數可使用於程式何處。例如，區域變數僅能夠使用在宣告該變數的方法中，而且只有從其宣告處，到該方法結束而已。我們會在第 6 章中詳細探討使用域。

常見的程式設計錯誤 5.3
當 for 敘述的控制變數是宣告於 for 標頭的初始化區段中，則在 for 主體之後使用此一控制變數，是一種編譯錯誤。

for 敘述標頭中的運算式並非必要

for 標頭中的三個運算式都是非必要的。如果省略 loopContinuationCondition，Java 會假設迴圈持續條件式永遠為真，由此造成無窮迴圈。如果程式在迴圈前已初始化了控制變數，則你可能會省略 initialization。如果程式會在迴圈主體的敘述中進行遞增計算，或根本不需要進行遞增，就可以省略 increment 運算式。for 的遞增運算式，其運作方式就像獨立寫成 for 主體的最後一行敘述。因此，運算式

```
counter = counter + 1
counter += 1
++counter
counter++
```

在 for 敘述中是等效的遞增運算式。許多程式設計師比較偏好 counter++，因為它比較簡潔，也因為 for 迴圈是在其主體執行完之後，才計算此遞增運算式，所以後置遞增似乎比較自然。在此例中，受到遞增的變數並沒有出現在更大的運算式中，所以前置遞增和後置遞增具有相同的效果。

常見的程式設計錯誤 5.4
如果在 for 標頭的右小括號後頭緊接著放置一個分號，會令 for 主體成為空敘述。這通常是一種邏輯錯誤。

測試和除錯的小技巧 5.4
當迴圈敘述中的迴圈持續條件永遠不會變成 false 時，就會產生無窮迴圈。為了避免計數器控制迴圈發生這種狀況，請確認在迴圈每次循環時，控制變數都會遞增（或遞減）。而在警示值控制迴圈中，請確認使用者有辦法輸入警示值。

將算術運算式放在 for 敘述的標頭中

在 for 敘述的初始化、迴圈持續條件和遞增等三個部分，都可以包含算術運算式。例如，假設 x = 2，y = 10。如果在迴圈主體中，x 和 y 都不會遭到修改，則下列敘述

```
for (int j = x; j <= 4 * x * y; j += y / x)
```

就等同於下列敘述

```
for (int j = 2; j <= 80; j += 5)
```

for 敘述的遞增量也可以是負值，在這種狀況下，其實就是**遞減**，迴圈會向下計數。

在敘述主體中，使用 for 敘述的控制變數

程式經常會顯示出控制變數的值，或是在迴圈主體的運算中使用到它，但這些用途並非必要。控制變數經常會被用來控制迴圈，但不在 for 主體中出現。

測試和除錯的小技巧 5.5
雖然控制變數的值可以在 for 迴圈的主體中予以改變，但請避免這樣做，因為這樣做可能會導致微妙的錯誤。

for 敘述的 UML 活動圖

for 敘述的 UML 活動圖，與 while 敘述很類似（圖 4.6）。圖 5.4 顯示了圖 5.2 的 for 敘述的 UML 活動圖。從這張圖可以明顯看出，初始化會在首度評估迴圈持續條件前執行一次，而遞增會在每次迴圈循環中，於迴圈的主體敘述執行完之後執行。

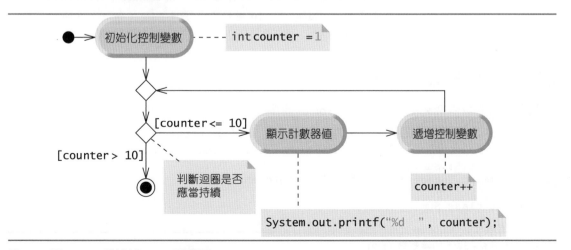

圖 5.4　圖 5.2 for 敘述的 UML 活動圖

5.4 使用 for 敘述的範例

以下範例會說明各種在 for 敘述中改變控制變數的技巧。在各個例子中，我們都會撰寫適當的 for 標頭。請注意，在遞減控制變數的迴圈中，關係運算子的改變。

a) 令控制變數從 1 變動到 100，每次遞增以 1。

```
for (int i = 1; i <= 100; i++)
```

b) 令控制變數從 100 變動到 1，每次遞減以 1。

```
for (int i = 100; i >= 1; i--)
```

c) 令控制變數從 7 變動到 77，每次遞增以 7。

```
for (int i = 7; i <= 77; i += 7)
```

d) 令控制變數從 20 變動到 2，每次遞減以 2。

```
for (int i = 20; i >= 2; i -= 2)
```

e) 令控制變數變動為數值 2、5、8、11、14、17、20：

```
for (int i = 2; i <= 20; i += 3)
```

f) 令控制變數變動為數值 99、88、77、66、55、44、33、22、11、0：

```
for (int i = 99; i >= 0; i -= 11)
```

常見的程式設計錯誤 5.5
在向下計數迴圈的迴圈持續條件中，使用不正確的關係運算子（例如：在向下計數到 1 的迴圈中，使用了 i <= 1 而非 i >= 1），通常是一種邏輯錯誤。

常見的程式設計錯誤 5.6
如果迴圈的控制變數增加或減少超過 1，不要在迴圈持續條件中使用等號運算子（!= 或 ==）。舉例來說，考慮到 for 敘述的標頭 for（int counter = 1; counter 1= 10; counter+=2），迴圈持續測試 counter != 10 絕對不會變成 false（無限循環的結果），因為 counter 被 2 在重複後增加。

應用：加總 2 到 20 的所有偶數

我們現在來考量兩個範例應用，示範 for 的簡單運用。圖 5.5 的應用程式使用 for 敘述，來加總 2 到 20 之間所有的偶數，然後將結果儲存至 int 變數 total。

```
1   // Fig. 5.5: Sum.java
2   // Summing integers with the for statement.
3
4   public class Sum
5   {
```

圖 5.5 使用 for 敘述加總整數 (1/2)

```
 6     public static void main(String[] args)
 7     {
 8        int total = 0;
 9
10        // total even integers from 2 through 20
11        for (int number = 2; number <= 20; number += 2)
12           total += number;
13
14        System.out.printf("Sum is %d%n", total);
15     }
16 } // end class Sum
```

```
Sum is 110
```

圖 5.5 使用 for 敘述加總整數 (2/2)

　　初始化和遞增運算式，都可以寫成以逗號分隔的列表，讓你可以使用多個初始化運算式或多個遞增運算式。例如，雖然不鼓勵這麼做，但可以將 for 敘述於圖 5.5 的第 11-12 行主體，藉由使用逗號合併至 for 標頭的遞增部分，如下：

```
for (int number = 2; number <= 20; total += number, number += 2)
   ; // empty statement
```

良好的程式設計習慣 5.1

為求可讀性，請盡量將控制敘述的標頭限制在一行之內。

應用：複利計算

讓我們使用 for 敘述來計算複利。請考量以下問題：

　　某人在儲蓄帳戶中存入 $1,000，年利率為 5%。假設所有利息都會留在戶頭內不加提領，請計算並印出 10 年內，每年年終帳戶內的餘額。請使用以下公式來計算餘額：

$$a = p\,(1 + r)^n$$

其中

　　p 為原本存入的金額 (亦即本金)。

　　r 為年利率 (例如以 0.05 來表示 5%)。

　　n 為年數。

　　a 為第 n 年年終的帳戶餘額。

　　要解決此問題 (圖 5.6)，需要使用迴圈以進行指定的運算，計算 10 年間每年的帳戶餘額。main 方法的第 8-10 行宣告了 double 變數 amount、principa 與 rate，並且將 principal 初始化為 1000.0，將 rate 初始化為 0.05。Java 會以 double 型別來處理浮點常數如 1000.0 及 0.05。同樣的，Java 會以 int 型別來處理整數常數如 7 和 -22。

```
1   // Fig. 5.6: Interest.java
2   // Compound-interest calculations with for.
3
4   public class Interest
5   {
6      public static void main(String args[])
7      {
8         double amount; // amount on deposit at end of each year
9         double principal = 1000.0; // initial amount before interest
10        double rate = 0.05; // interest rate
11
12        // display headers
13        System.out.printf("%s%20s%n", "Year", "Amount on deposit");
14
15        // calculate amount on deposit for each of ten years
16        for (int year = 1; year <= 10; year++)
17        {
18           // calculate new amount for specified year
19           amount = principal * Math.pow(1.0 + rate, year);
20
21           // display the year and the amount
22           System.out.printf("%4d%,20.2f%n", year, amount);
23        }
24     }
25  } // end class Interest
```

```
Year    Amount on deposit
  1            1,050.00
  2            1,102.50
  3            1,157.63
  4            1,215.51
  5            1,276.28
  6            1,340.10
  7            1,407.10
  8            1,477.46
  9            1,551.33
 10            1,628.89
```

圖 5.6　用 for 來計算複利

使用欄寬與對齊來格式化字串

第 13 行會顯示輸出結果的二個標題欄。第一欄為年份，第二欄為該年年終時的存款總額。我們使用格式描述子 %20s 來輸出 String "Amount on Deposit"（存款總額）。在 % 與轉換字元 s 之間的整數 20，表示此數值應當要以**欄寬（field width）** 20 來輸出──亦即，printf 方法至少會用 20 個字元的寬度，來顯示此一數值。假如所輸出的數值少於 20 個字元的寬度（在本範例中為 17 個字元），數值在欄位中預設會**靠右對齊（right justified）**。如果要輸出的 year 數值寬度超過四個字元，欄寬就會向右擴充以容納整個數值──這樣會將 amount 欄位也推向右邊，把原本整齊的表格欄位給打亂。若想將輸出值**靠左對齊（left justified）**，只需在欄寬前面加上一個**負號（－）格式旗標**即可（例如，%-20s）。

進行複利計算

這個 for 敘述（第 16-23 行）會執行其主體 10 次，將控制變數 year 從 1 變化至 10，每次遞增以 1。此迴圈會在 year 變成 11 的時候，終止執行（變數 year 就是問題陳述中的 n）。

類別會提供方法供物件執行一般工作。事實上，大多數方法必須透過指定的物件來呼叫。舉例來說，在圖 5.6 裡，為了輸出文字，第 13 行會針對 System.out 物件呼叫 printf 方法。許多類別也會提供不需透過物件，就能執行一般工作的方法，這些方法稱為 static 方法。例如，Java 並沒有指數運算子，所以 Java Math 類別的設計者就定義了 static 方法 pow，用來計算數值的次方數。在類別名稱後頭加上點號（.）跟方法名稱，便可以呼叫 static 方法，如下：

ClassName.methodName(arguments)

在第 6 章中，你會學到如何在自己的類別中實作 static 方法。

我們使用了 **Math** 類別的 **static** 方法 pow 來執行圖 5.6 的複利計算。Math.pow (x, y) 會計算 x 數值的 y 次方。此方法會接收兩個 double 引數，然後傳回一個 double 數值。第 19 行會執行運算 $a = p (1 + r)^n$，其中 a 為 amount、p 為 principal、r 為 rate、n 則是 year。Math 類別定義於 java.lang 套件，所以你無需匯入 Math 便能加以使用。

請注意，for 敘述的主體中包含運算 1.0 + rate，出現在傳遞給 Math.pow 方法的引數中。事實上，這個計算每次執行迴圈時都會產生相同的結果，因此每次循環時都重覆此計算，十分浪費資源。

增進效能的小技巧 5.1

在迴圈中，請避免進行結果永遠不會改變的運算──這類運算通常應該要放在迴圈之前。今日有許多精巧的最佳化編譯器，會在其所編譯的程式碼中，將這些運算移到迴圈之外。

格式化浮點數

每次計算完成後，第 22 行就會輸出存款年數以及該年年終的存款總額。我們以四個字元的欄寬（由 %4d 所指定）來輸出存款年數。存款總額則是依格式描述子 % ,20.2f 輸出為浮點數。**逗號（,）格式旗標（comma formatting flag）**表示此浮點數值在輸出時，應該要加上位數**區隔符號（grouping separator）**。實際上使用的區隔符號，會因使用者的地區設定（亦即國家）不同而有所不同。例如，在美國，輸出數字會用逗號來區隔每三位數字，用小數點來區隔數字的小數部分，例如 1,234.45。格式描述子中的數字 20 表示，此數值應該要在 20 個字元的欄寬內，向右對齊輸出。這個 .2 則指定了所格式化之數值的精度──在此例中，此數值會被四捨五入到最接近的百分位，小數點後包含兩位數值。

關於顯示四捨五入數值的警告

在本例中，我們將 amount、principal 以及 rate 皆宣告為 double 型別。我們在處理的是金額的小數部分,因此需要數值中能容許小數點的型別。不幸的是,浮點數有可能會闖禍。我們簡單解釋,在使用 double(或 float)表示金額時,會發生什麼差錯(假設金額會顯示到小數點後兩位):有兩筆 double 金額儲存在機器中,分別是 14.234(為了顯示,通常會四捨五入為 14.23)和 18.673(為了顯示,通常會四捨五入為 18.67),當這兩筆金額相加時,內部產生的總和為 32.907,通常會在顯示時進位成 32.91。於是,你的輸出結果可能如下:

```
    14.23
 + 18.67
 -------
    32.91
```

但如果有人依顯示金額將兩個數字相加,會預期總和是 32.90。我們警告過你了!

測試和除錯的小技巧 5.6
不要使用型別為 double(或 float)的變數執行精確的貨幣運算。浮點數的不精確性可能會造成錯誤。在習題中,你會學到如何使用整數來執行精確的貨幣運算。Java 也提供了類別 java.math.BigDecimal 來進行精確的金額運算。請見圖 8.16。

5.5　do…while 迴圈敘述

do...while 迴圈敘述,類似於 while 敘述。在 while 中,程式會在迴圈的一開始,執行迴圈主體之前,先測試迴圈持續條件;如條件為偽,主體就永遠不會被執行。do...while 敘述則會在迴圈主體執行完之後,才會去測試迴圈持續條件;因此,主體永遠會至少被執行一次。在 do...while 敘述終止後,程式會繼續依序執行迴圈之後的下一敘述。圖 5.7 使用了一個 do...while 來輸出數字 1-10。

```java
1   // Fig. 5.7: DoWhileTest.java
2   // do...while repetition statement.
3
4   public class DoWhileTest
5   {
6      public static void main(String[] args)
7      {
8         int counter = 1;
9
10        do
11        {
12           System.out.printf("%d  ", counter);
13           ++counter;
14        } while (counter <= 10); // end do...while
15
16        System.out.println();
17     }
18  } // end class DoWhileTest
```

```
1 2 3 4 5 6 7 8 9 10
```

圖 5.7　do…while 迴圈敘述

　　第 8 行宣告並初始化了控制變數 counter。在進入 **do...while** 敘述後，第 12 行會輸出 counter 的數值，接著第 13 行會遞增 counter。然後，程式會測試位於迴圈底部的迴圈持續條件（第 14 行）。如果此條件爲真，迴圈會從第一個主體敘述（第 12 行）繼續執行下去。假如此條件爲僞，迴圈便會終止，程式會繼續執行迴圈之後的下一個敘述。

do…while 重複敘述的 UML 活動圖

圖 5.8 包含此 **do...while** 敘述的 UML 活動圖。從這張圖我們可以清楚看出，迴圈持續條件要到迴圈至少執行一次行動狀態之後，才會進行評估。請比較這張活動圖與 while 敘述的活動圖（圖 4.6）。

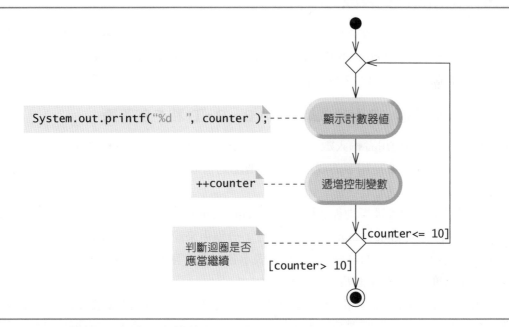

圖 5.8　do...while 迴圈敘述的 UML 活動圖

在 do…while 括號內的重複敘述

如果主體中只有一個敘述，就不必在 **do...while** 迴圈敘述中使用大括號。然而，許多程式設計師仍然會使用大括號，以避免 while 敘述與 do...while 敘述彼此混淆。例如：

```
while (condition)
```

通常是 while 敘述的第一行。主體包含單個敘述，沒有使用大括號的 **do...while** 敘述，長的則像是：

```
do
     statement
while (condition);
```

兩者可能會造成混淆。讀者可能會誤以爲最後一行—— while (*condition*);——是一個包含空敘述（分號本身）的 while 敘述。因此，主體僅有一個敘述的 **do...while** 敘述，通常會依以下方式撰寫：

```
do
{
    statement
} while (condition);
```

 良好的程式設計習慣 5.2
一律在 do...while 敘述中加入大括號。這樣有助於避免在 while 敘述和只包含一個敘述的 do...while 敘述之間造成混淆。

5.6　switch 多選敘述

第 4 章討論過 if 單選敘述與 if...else 雙選敘述。**switch 多選敘述**會根據某個型別為 byte、short、int 或 char 的**常整數運算式（constant integral expression）**的可能數值，執行不同的行動。在 Jave SE 7 也可能表達成 String，我們會在 5.7 節討論。

使用 switch 敘述，來計算成績為 A、B、C、D 和 F 的等第

圖 5.9 計算一組由使用者輸入數字的班級平均成績，並使用 switch 敘述來決定哪一種成績跟 A、B、C、D 或 F 是相等的成績，並且增加適當成績計算。這個程式也顯示出各個等第的學生一覽表。

相較於先前的班級平均程式版本，LetterGrades 的 main 方法（圖 5.9）宣告實體變數 total（第 9 行）與 gradeCounter（第 10 行）分別用來記錄使用者所輸入的成績總和，以及所輸入的成績筆數。第 11-15 行宣告用來表示各個成績等第的計數器變數，需要注意的是在第 9-15 行中的變數被明確初始化為 0。

方法 main 有兩個主要部分，第 26-56 行會使用警示值控制迴圈從使用者處讀入任意筆數的整數成績，並更新實體變數 total 和 gradeCounter，每輸入一筆成績就隨之適當增加的成績等第。第 59-80 行則會輸出一份報告，包含輸入的總成績、平均成績以及各成績等第的學生人數。讓我們更詳細地來檢視這些部分。

```
1  // Fig. 5.9: LetterGrades.java
2  // LetterGrades class uses switch statement to count letter grades.
3  import java.util.Scanner;
4
5  public class LetterGrades
6  {
7      public static void main(String[] args)
8      {
9          int total = 0; // sum of grades
10         int gradeCounter = 0; // number of grades entered
11         int aCount = 0; // count of A grades
12         int bCount = 0; // count of B grades
13         int cCount = 0; // count of C grades
14         int dCount = 0; // count of D grades
15         int fCount = 0; // count of F grades
```

圖 5.9　LetterGrades 類別使用 switch 敘述來計算字母等級 (1/3)

```
16
17      Scanner input = new Scanner(System.in);
18
19      System.out.printf("%s%n%s%n   %s%n   %s%n",
20          "Enter the integer grades in the range 0-100.",
21          "Type the end-of-file indicator to terminate input:",
22          "On UNIX/Linux/Mac OS X type <Ctrl> d then press Enter",
23          "On Windows type <Ctrl> z then press Enter");
24
25      // loop until user enters the end-of-file indicator
26      while (input.hasNext())
27      {
28          int grade = input.nextInt(); // read grade
29          total += grade; // add grade to total
30          ++gradeCounter; // increment number of grades
31
32          //  increment appropriate letter-grade counter
33          switch (grade / 10)
34          {
35              case 9:  // grade was between 90
36              case 10: // and 100, inclusive
37                  ++aCount;
38                  break; // exits switch
39
40              case 8: // grade was between 80 and 89
41                  ++bCount;
42                  break; // exits switch
43
44              case 7: // grade was between 70 and 79
45                  ++cCount;
46                  break; // exits switch
47
48              case 6: // grade was between 60 and 69
49                  ++dCount;
50                  break; // exits switch
51
52              default: // grade was less than 60
53                  ++fCount;
54                  break; // optional; exits switch anyway
55          } // end switch
56      } // end while
57
58      // display grade report
59      System.out.printf("%nGrade Report:%n");
60
61      // if user entered at least one grade...
62      if (gradeCounter != 0)
63      {
64          // calculate average of all grades entered
65          double average = (double) total / gradeCounter;
66
67          // output summary of results
68          System.out.printf("Total of the %d grades entered is %d%n",
69              gradeCounter, total);
70          System.out.printf("Class average is %.2f%n", average);
```

圖 5.9　LetterGrades 類別使用 switch 敘述來計算字母等級 (2/3)

```
71              System.out.printf("%n%s%n%s%d%n%s%d%n%s%d%n%s%d%n%s%d%n",
72                 "Number of students who received each grade:",
73                 "A: ", aCount,   // display number of A grades
74                 "B: ", bCount,   // display number of B grades
75                 "C: ", cCount,   // display number of C grades
76                 "D: ", dCount,   // display number of D grades
77                 "F: ", fCount); // display number of F grades
78          } // end if
79        else // no grades were entered, so output appropriate message
80            System.out.println("No grades were entered");
81      } // end main
82 } // end class LetterGrades
```

```
Enter the integer grades in the range 0-100.
Type the end-of-file indicator to terminate input:
  On UNIX/Linux/Mac OS X type <Ctrl> d then press Enter
  On Windows type <Ctrl> z then press Enter
99
92
45
57
63
71
76
85
90
100
^Z

Grade Report:
Total of the 10 grades entered is 778
Class average is 77.80

Number of students who received each grade:
A: 4
B: 1
C: 2
D: 1
F: 2
```

圖 5.9 LetterGrades 類別使用 switch 敘述來計算字母等級 (3/3)

從使用者讀取成績

第 19-23 行提示使用者輸入整數成績,然後輸入檔案結尾的指示符號,以結束輸入作業。**檔案結尾指示符號**(**end-of-file indicator**)是一組因系統而異的按鍵組合,使用者會鍵入它,以表示沒有更多資料要輸入。在第 15 章,你會看到程式從檔案讀入資料時,會如何使用檔案結尾指示符號。

在 UNIX/Linux/Mac OSX 系統上,要輸入檔案結尾,可以鍵入以下序列:

<Ctrl> d

上述序列必須自成一行。這個符號表示要同時按下 *Ctrl* 鍵和 *d* 鍵。在 Windows 系統上,要輸入檔案結尾,可以輸入

> *<Ctrl> z*

[請注意：在某些系統上，在你鍵入檔案結尾按鍵序列之後，必須按下 Enter 鍵。此外，在輸入檔案結尾指示符號時，Windows 系統通常會在螢幕上顯示字元 ~Z，如圖 5.9 的輸出所示。]

 可攜性的小技巧 5.1
輸入檔案結尾的按鍵組合，會依系統不同而有所差異。

　　while 敘述（第 26-56 行）會取得使用者的輸入。第 26 行的條件式會呼叫 Scanner 方法 **hasNext**，來判斷是否還有輸入資料。如果還有輸入資料，這個方法便會傳回 boolean 值 true，否則，傳回 false。接著這個傳回值，會被使用為 while 敘述條件式的數值。一旦使用者輸入檔案結尾指示符號，hasNext 方法就會傳回 false。

　　第 28 行會從使用者處輸入一筆成績。第 29 行使用了 += 運算子，將 grade 加入到 total。第 30 行遞增了 gradeCounter。這些變數用來計算平均成績。第 33-55 行使用 switch 敘述，根據成績去增加適當的成績等第。

處理成績

switch 敘述（第 33-55 行），會判斷要遞增哪個成績等第計數器。我們假設使用者輸入的是介於 0-100 之間的合法成績。成績落在 90-100 便代表 A、80-89 代表 B、70-79 代表 C、60 到 69 代表 D、0 到 59 則代表 F。switch 敘述包含一個區塊，區塊裡則包含一連串 **case 標籤**（**case label**），以及一個非必要的**預設狀況**（**default case**）。這些狀況在此範例中，會依成績決定要遞增哪個計數器。

　　控制流抵達 switch 時，程式會計算 switch 關鍵字後頭，小括號內的運算式（grade/10）。此運算式便是 switch 的**控制運算式**（**controlling expression**）。程式會比較此運算式的數值（必須計算成型別為 byte、char、short 或 int 的整數類數值）以及每個 case 標籤。第 33 行的控制運算式會執行整數除法，無條件捨去計算結果的小數部分。因此，當我們將從 0 至 100 的數值除以 10 時，結果必然會是 0 到 10 的數值。我們在 case 標籤中，使用了其中幾個。例如，如果使用者輸入了整數 85，控制運算式就會計算出 8。switch 會比較 8 與各個 case 標籤。如果有符合的標記（case 8：位於第 40 行），程式就會執行該 case 的敘述。針對整數 8，第 41 行會遞增 bCount，因為 80 幾分的成績屬於 B 級。**break 敘述**（第 42 行）會令程式的控制權前進到 switch 之後的第 1 個敘述——在此程式中，我們會抵達 while 迴圈結尾，因此，控制權會流向 while 的條件式（第 26 行），以判斷此迴圈是否應繼續執行。

　　在我們的 switch 中，case 會明確地測試數值 10、9、8、7、6。請注意第 35-36 行測試數值 9 和 10 的狀況（兩者都代表 A 級）。以此方式連續列出狀況，兩者間沒有任何敘述，會讓這兩個狀況執行同一批敘述——當控制運算式數值為 9 或 10 的時候，都會執行第 37-38 行的敘述。switch 敘述並沒有提供測試數值範圍的機制，所以每個需要測試的數值，都必須列在獨立的 case 標籤中。每個 case 都可以包含多行敘述。switch 敘述與其他控制敘述的不同之處在於，其 case 內的多個敘述，並不需要以大括號括住。

沒有 break 敘述的 case

如果沒有 break 敘述,每當 switch 中有狀況符合時,該狀況以及後續狀況的敘述都會被執行,直到遇到 break 敘述,或遇到該 switch 的結尾爲止。這種情形經常稱爲「落入」後續的 case 中。(這對於撰寫精簡的程式,來顯示習題 5.29 的循環歌曲「耶誕節的十二天(The Twelve Days of Christmas)」來說,是種完美的特性。)

常見的程式設計錯誤 5.7
忘記在 switch 中需要 break 敘述的地方加入 break 敘述,是一種邏輯錯誤。

default 的 case

如果控制運算式的數值與任何 case 標籤都不相符,就會執行 default 狀況(第 52-54 行)。我們在本範例裡使用了 default 狀況,來處理所有小於 6 的控制運算式數值——亦即,所有不及格的成績。如果沒有任何相符的狀況,switch 也沒有 default 狀況,程式控制權就會簡單地從 switch 之後的第一個敘述繼續執行下去。

測試和除錯的小技巧 5.7
在一個 switch 敘述中,要確認你測試了所有可能的控制運算式的數值。

展示成績報告

第 59-80 行輸出被使用者輸入的成績(如同在圖 5.9 中的輸出 / 輸入視窗)。第 62 行決定使用者是否輸入至少一個成績,這會有助於我們避免除以零的錯誤。如果使用者有輸入成績,第 65 行就會計算平均成績,第 68-77 行接著會輸出所有成績的總和值、全班平均成績以及各成績等第的學生人數。如果沒有輸入任何成績,第 80 行便會輸出一個適當的訊息。圖 5.9 的輸出是根據十筆成績計算出的範例成績報表。

switch 敘述的 UML 活動圖

圖 5.10 顯示了一般化 switch 敘述的 UML 活動圖。大多數 switch 敘述會在每個 case 中都使用 break,以便在處理完該 case 之後,能夠終止此一 switch 敘述。圖 5.10 藉由在活動圖中加入 break 敘述來強調這一點。這張圖清楚地指出,每個 case 末尾的 break 敘述,會令程式的控制權立即離開該 switch 敘述。

switch 最後一個 case(或可選用的 default 狀況,它會出現在最後)的 break 敘述是不必要的,因爲程式會從 switch 之後的下一個敘述繼續執行。

測試和除錯的小技巧 5.8
請在 switch 敘述中提供 default 狀況。加入 default 狀況,會逼迫你一定得處理例外狀況。

良好的程式設計習慣 5.3
雖然 switch 中的每個 case 和 default 狀況可以依任何順序撰寫，但請將 default 狀況置於最後。如果 default 狀況列在最後，就不需為其加上 break 了。

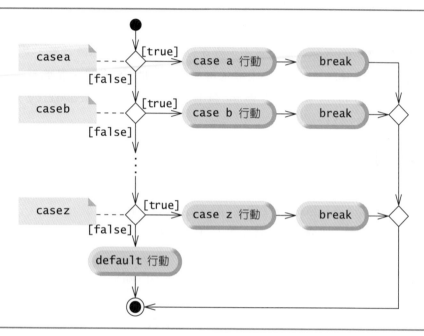

圖 5.10　包含 break 敘述的 switch 多選敘述 UML 活動圖

關於 switch 每個 case 運算式的注意事項

在使用 switch 敘述時，請記得每個 case 都必須包含整數常數運算式——也就是說，任意整數常數的組合，且計算結果為一整數常數值（例如 -7、0 或 221）——或是一個 String。整數常數就是一個整數值。此外，你也可以使用**字元常數（character constant）**——放在單引號內的特定字元，例如 'A'、'7' 或是 '$' ——代表字元的整數值及 enum 常數（我們會於 6.10 節介紹 enum 常數）。（附錄 B 列出了 ASCII 字元集中各字元的整數值；此字元集是 Java 所使用之 Unicode® 字元集的子集合）。

各個 case 的運算式也可以是**常數變數（constant variable）**——所包含的數值在整個程式執行期間都不會改變的變數。這種變數會用關鍵字 final 來宣告（第 6 章會加以討論）。Java 有一個稱為**列舉（enumeration）**的功能，我們也會在第 6 章加以介紹——列舉型別的常數也可以用來作為 case 的標記。

在第 10 章中，我們會介紹一種實作 switch 邏輯更優雅的方式——我們會使用稱為多型的技巧來建構程式；這樣建構的程式，通常會比用 switch 邏輯建構的程式，來得更清楚易懂、易於維護，擴充性也較佳。

5.7 類別 AutoPolicy 案例研究：在 switch 敘述裡的 String 敘述

Strings 可被用在 switch 敘述裡當作控制運算式，而 String 可以在被標籤的情況下使用。為了展示 String 可以如同前面所述，我們將執行一個應用程式，滿足以下要求：

> 你被一家服務美國東北部各州的汽車保險公司所雇用，範圍涵蓋康乃狄克州、緬因州、麻薩諸塞州、新罕布夏州、紐澤西州、紐約州、賓州、羅德島州與佛蒙特州。此公司要你寫一支程式，此程式能夠產生報告，檢查他們的每個汽車保險政策，是否執行於下列有「無過失」汽車保險的州──麻薩諸塞州、紐澤西州、紐約州、賓州。

Java 應用程式能夠符合這些條件的有兩個類別──AutoPolicy（圖 5.11）與 AutoPolicyTest（圖 5.12）。

AutoPolicy 類別

類別 AutoPolicy（圖 5.11）呈現一個汽車保險政策。此類別包含：

- int 實體變數 accountNumber（第 5 行）儲存政策的帳戶數量。
- String 實體變數 makeAndModel（第 6 行）儲存汽車的製造與模型（例如 Toyota Camry）。
- String 實體變數 state（第 7 行）儲存州的雙字母縮寫，表示執行策略的州（例如 "MA" 等於 Massachusetts）。
- 一個建構子（第 10-15 行）初始化類別的實體變數。
- 方法 setAccountNumber 與方法 getAccountNumber（第 18-27 行）設定與取得 AutoPolicy 的 accountNumber 實體變數。
- 方法 setMakeAndModel 與方法 getMakeAndModel（第 30-39 行）設定與取得 AutoPolicy 的 makeAndModel 實體變數。
- 方法 setState 與方法 getState（第 42-51 行）設定與取得 AutoPolicy 的 state 實體變數。
- 方法 isNoFaultState（第 54-70 行）傳回一個 boolean 值，指出政策是否在無過失汽車保險的州執行；注意方法名稱──對於傳回 boolean 值的 get 方法的命名慣例是以 is 開頭，而不是 get（此種方法通常稱做謂詞方法）。

在 isNoFaultState 方法中，switch 敘述的控制運算式（第 59 行）是由 AutoPolicy 方法 getState 傳回的 String。Switch 敘述比較控制運算式的值伴隨著 case 標籤（第 61 行）來決定政策是否在麻州、紐澤西州、紐約州或賓州執行。如果有相符合的，第 62 行設定區域變數 noFaultState 到 true 與 switch 敘述終止，否則，default 案例設定 noFaultState 到 false（第 65 行）。isNoFaultState 方法傳回區域變數 noFaultState 的值。

簡單來說，我們沒有在建構子或是 set 方法中讓 AutoPolicy 的資料有效化，而且我們假設州的縮寫都是兩個大寫字母。此外，一個真的 AutoPolicy 類別會包含很多其他的實體變數與方法，像是帳戶持有者的名稱、地址等等。在習題 5.30 中，你會被要求利用在 5.9 節中學到的技巧，透過使州的縮寫有效化，來加強 AutoPolicy 類別。

```java
1  // Fig. 5.11: AutoPolicy.java
2  // Class that represents an auto insurance policy.
3  public class AutoPolicy
4  {
5     private int accountNumber; // policy account number
6     private String makeAndModel; // car that the policy applies to
7     private String state; // two-letter state abbreviation
8
9     // constructor
10    public AutoPolicy(int accountNumber, String makeAndModel, String state)
11    {
12       this.accountNumber = accountNumber;
13       this.makeAndModel = makeAndModel;
14       this.state = state;
15    }
16
17    // sets the accountNumber
18    public void setAccountNumber(int accountNumber)
19    {
20       this.accountNumber = accountNumber;
21    }
22
23    // returns the accountNumber
24    public int getAccountNumber()
25    {
26       return accountNumber;
27    }
28
29    // sets the makeAndModel
30    public void setMakeAndModel(String makeAndModel)
31    {
32       this.makeAndModel = makeAndModel;
33    }
34
35    // returns the makeAndModel
36    public String getMakeAndModel()
37    {
38       return makeAndModel;
39    }
40
41    // sets the state
42    public void setState(String state)
43    {
44       this.state = state;
45    }
46
47    // returns the state
48    public String getState()
49    {
50       return state;
51    }
52
53    // predicate method returns whether the state has no-fault insurance
54    public boolean isNoFaultState()
55    {
56       boolean noFaultState;
57
58       // determine whether state has no-fault auto insurance
59       switch (getState()) // get AutoPolicy object's state abbreviation
60       {
```

圖 5.11　呈現汽車保險政策的類別 (1/2)

```
61              case "MA": case "NJ": case "NY": case "PA":
62                 noFaultState = true;
63                 break;
64              default:
65                 noFaultState = false;
66                 break;
67           }
68
69           return noFaultState;
70        }
71  } // end class AutoPolicy
```

圖 5.11 呈現汽車保險政策的類別 (2/2)

類別 AutoPolicyTest

類別 AutoPolicyTest（圖 5.12）建立兩個 AutoPolicy 物件（main 中的第 8-11 行）。第 14-15 行將每個目標傳送到 static 方法 policyInNoFaultState（第 20-28 行），其使用 AutoPolicy 方法來決定與展示目標是否為無過失汽車保險的州所接收與呈現。

```
1   // Fig. 5.12: AutoPolicyTest.java
2   // Demonstrating Strings in switch.
3   public class AutoPolicyTest
4   {
5      public static void main(String[] args)
6      {
7         // create two AutoPolicy objects
8         AutoPolicy policy1 =
9            new AutoPolicy(11111111, "Toyota Camry", "NJ");
10        AutoPolicy policy2 =
11           new AutoPolicy(22222222, "Ford Fusion", "ME");
12
13        // display whether each policy is in a no-fault state
14        policyInNoFaultState(policy1);
15        policyInNoFaultState(policy2);
16     }
17
18     // method that displays whether an AutoPolicy
19     // is in a state with no-fault auto insurance
20     public static void policyInNoFaultState(AutoPolicy policy)
21     {
22        System.out.println("The auto policy:");
23        System.out.printf(
24           "Account #: %d; Car: %s;%nState %s %s a no-fault state%n%n",
25           policy.getAccountNumber(), policy.getMakeAndModel(),
26           policy.getState(),
27           (policy.isNoFaultState() ? "is": "is not"));
28     }
29  } // end class AutoPolicyTest
```

```
The auto policy:
Account #: 11111111; Car: Toyota Camry;
State NJ is a no-fault state

The auto policy:
Account #: 22222222; Car: Ford Fusion;
State ME is not a no-fault state
```

圖 5.12 在 switch 中顯示 String

5.8　break 與 continue 敘述

除了選擇敘述與重複敘述外，Java 也提供了 break 敘述和 **continue** 敘述（我們會於本節及附錄 L 加以介紹）來改變控制流程。我們在前一節說明過，要如何使用 break 來中斷 switch 敘述的執行。在本節中，會討論如何在迴圈敘述中使用 break。

break 敘述

當我們在 while、for、do...while 或 switch 中執行 break 敘述時，程式會立即離開該控制敘述。程式會繼續執行該控制敘述後頭的第一個敘述。break 敘述的常見用途，是用來提早離開迴圈，或跳過 switch 剩下的部分（如圖 5.9 所示）。圖 5.13 展示了如何使用 break 敘述來離開 for 迴圈。

```
1  // Fig. 5.13: BreakTest.java
2  // break statement exiting a for statement.
3  public class BreakTest
4  {
5     public static void main(String[] args)
6     {
7        int count; // control variable also used after loop terminates
8
9        for (count = 1; count <= 10; count++) // loop 10 times
10       {
11          if (count == 5)
12             break; // terminates loop if count is 5
13
14          System.out.printf("%d ", count);
15       }
16
17       System.out.printf("%nBroke out of loop at count = %d%n", count);
18    }
19 } // end class BreakTest
```

```
1 2 3 4
Broke out of loop at count = 5
```

圖 5.13　用 break 敘述離開 for 敘述

　　以巢狀方式建構於 for 敘述（第 9-15 行）內的第 11-12 行的 if 敘述，在偵測到 count 為 5 時，就會執行第 12 行的 break 敘述。如此便會終止 for 敘述，程式會接著執行第 17 行（for 敘述之後的第一個敘述），此行會顯示一個訊息，指出迴圈終止時控制變數的值。這個迴圈只會完整執行其主體 4 次，而非 10 次。

continue 敘述

在 while、for 或 do…while 中執行 continue 敘述時，會跳過迴圈主體剩下的敘述，直接進行下一輪迴圈循環。在 while 與 do...while 敘述中，程式會在執行 continue 敘述之後，立即測試迴圈持續條件。在 for 敘述中，則會先執行遞增運算，然後測試迴圈持續條件。

```
1  // Fig. 5.14: ContinueTest.java
2  // continue statement terminating an iteration of a for statement.
3  public class ContinueTest
4  {
5     public static void main(String[] args)
6     {
7        for (int count = 1; count <= 10; count++) // loop 10 times
8        {
9           if (count == 5)
10             continue; // skip remaining code in loop body if count is 5
11
12          System.out.printf("%d ", count);
13       }
14
15       System.out.printf("%nUsed continue to skip printing 5%n");
16    }
17 } // end class ContinueTest
```

```
1 2 3 4 6 7 8 9 10
Used continue to skip printing 5
```

圖 5.14　continue 敘述會終止 for 敘述的其中一次循環

　　圖 5.14 使用了 continue 敘述，以便在巢狀 if 敘述（第 10 行）偵測到 count 數值為 5 時，跳過第 12 行的敘述。在執行 continue 敘述時，程式控制權會前進至 for 敘述中控制變數的遞增運算（第 7 行）。

　　我們在 5.3 節曾提過，在大多數情況下，可以用 while 來取代 for。當 while 的遞增運算式位於 continue 敘述後頭時，這點並不成立。在這種情況下，遞增運算並不會在程式測試迴圈持續條件之前被執行，所以 while 的執行方式，會與 for 有所不同。

軟體工程的觀點 5.2
有些程式設計師覺得 break 與 continue 違反了結構化程式設計的原則。因為可以用結構化程式設計的技巧，來達到相同的效果，所以這些程式設計師不會使用 break 或 continue。

軟體工程的觀點 5.3
要求軟體工程品質，與要求軟體最佳效率之間，總會有所拉扯。有時要達到其中一個目標，就必須犧牲另一個目標。除了效能極度重要的狀況外，你都可以運用以下經驗法則：首先，請讓你的程式碼簡單又正確；然後才追求快速以及輕薄短小，但只在有需要時這麼做。

5.9　邏輯運算子

if、if...else、while、do...while 與 for 敘述都需要條件式，以判斷如何繼續程式的控制權流向。截至目前為止，我們只學過簡單的條件式，例如 count <= 10、number != setinelValue 或 total > 1000。簡單的條件式只使用到關係運算子 >、<、>=、<=，與等值

運算子 == 及 !=，而且每個運算式只會測試一個條件。若要在決策時測試多個條件，我們會在不同的敘述，或巢狀的 if 或 if...else 敘述中進行這些測試。有時候，控制敘述需要更複雜的條件，來判斷程式的控制權流向。

　　Java 的**邏輯運算子**（**logical operators**）讓你可以組合簡單的條件式，來建構較複雜的條件式。邏輯運算子包括 &&（條件且）、||（條件或）、&（布林邏輯且）、|（布林邏輯相容或）、^（布林邏輯互斥或）以及！（邏輯否定）。[請注意:& | 與 ^ 運算子在運用到整數型運算元時，也是位元運算子。我們會在附錄 K 討論位元運算子。]

條件且 (&&) 運算子

假設想在程式某處確認兩個條件式皆為眞，才選擇特定的執行路徑。在此情形下，我們可以使用 **&&**（**條件且 [conditional AND]**）運算子：

```
if (gender == FEMALE && age >= 65)
    ++seniorFemales;
```

這個 if 敘述包含兩個簡單條件式。條件式 gender == FEMALE 會比較 gender 變數與 FEMALE 常數，來判斷某人是否爲女性。條件 age >= 65 則用來判斷某人是否爲年長者。if 敘述會考量以下組合條件：

```
gender == FEMALE && age >= 65
```

只有兩個簡單條件式皆為眞時，此條件才會爲眞。在此情形下，if 敘述的主體會將 seniorFemales 遞增以 1。如果這兩個簡單條件式裡，有其一爲僞，或兩者皆爲僞，程式就會跳過此一遞增動作。有些程式設計師發現，若將上述的組合條件式加上非必要的括號，可讓程式更具可讀性，如下：

```
(gender == FEMALE) && (age >= 65)
```

　　圖 5.15 的表格整理了 && 運算子各種眞僞值的情形。這個表格顯示了 *expression1* 與 *expression2* 運算式的數值，全部四種 false 與 true 的可能組合。這種表格稱爲**眞值表**（**truth table**）。Java 會評估所有包含關係運算子、等值運算子或邏輯運算子的運算式，爲 false 或 true。

expression1	expression2	expression1 && expression2
false	false	false
false	true	false
true	false	false
true	true	true

圖 5.15　&&（條件且）運算子的真值表

條件或（||）運算子

現在假設想確認兩個條件式，至少有一為真，再選擇特定的執行路徑。在這種情況下，我們會使用 ||（**條件或 [conditional OR]**）運算子，如以下程式片段所示：

```
if ((semesterAverage >= 90) || (finalExam >= 90))
    System.out.println ("Student grade is A");
```

這個敘述也包含兩個簡單條件式。條件式 semesterAverage >= 90 可用來判斷學生在本課程中，是否因為整個學期的優秀表現而能得到 A。條件式 finalExam >= 90 則可用來判斷學生是否因為期末考的傑出表現，而能得到 A。接著 if 敘述會考量組合條件

```
(semesterAverage >= 90) || (finalExam >= 90)
```

如果這兩個簡單條件式有一為真，便給予學生 A 的成績。請注意，只有當兩個簡單條件式皆為偽時，才不會印出訊息 "Student grade is A"（學生成績為 A）。圖 5.16 是條件或運算子（||）的真值表。運算子 && 的優先權高於運算子 ||。兩個運算子都是從左到右結合。

expression1	expression2	expression1 || expression2
false	false	false
false	true	true
true	false	true
true	true	true

圖 5.16　||（條件或）運算子的真值表。

複雜條件式的捷徑運算

包含 && 或 || 的運算式，只會計算到確定此條件式為真或偽時，就會停止。因此，以下運算式的計算：

```
(gender == FEMALE) && (age >= 65)
```

只要 gender 不等於 FEMALE（亦即整個運算式為 false），就會立刻停止；反之，如果 gender 等於 FEMALE，才會繼續執行（也就是說，整個運算式還有可能為 true，只要條件式 age >= 65 為 true 的話）。條件且運算式和條件或運算式的這種特性，我們稱為**捷徑運算（short-circuit evaluation）**。

常見的程式設計錯誤 5.8
在使用 && 運算子的運算式中，某個條件式——我們稱這種條件式為相依條件式——可能會需要另一條件式為真，此相依條件式的運算才會有意義。在這種情況下，相依條件式應該要放在另一個條件式的後頭，否則可能會產生錯誤。舉例來說，在運算式 (i! = 0) && (10/i == 2) 中，第二個條件式必須放在第一個條件式的後頭，否則可能會發生除以零的錯誤。

布林邏輯且（&）和布林邏輯相容或（|）運算子

布林邏輯且（**boolean logical AND**，**&**）和**布林邏輯相容或**（**boolean logical inclusive OR**，**|**）**運算子**與 && 及 || 運算子功能完全相同，但 & 和 | 運算子永遠會計算其兩個運算元（意即，它們不會進行捷徑運算）。因此，下列運算式：

```
(gender == 1) & (age >= 65)
```

必然會評估 age >= 65，無論 gender 是否等於 1。如果布林邏輯且或布林邏輯相容或運算子右側的運算元，會產生有需要的**副作用**（**side effect**）時（例如，修改變數值），這種特性就會十分有用。例如下列運算式：

```
(birthday == true) | (++age >= 65)
```

保證條件式 ++age >= 65 一定會被計算。因此，不管整個運算式結果為真或偽，age 變數的值都會被遞增。

測試和除錯的小技巧 5.9

為了清楚呈現，請避免在條件式中使用具有副作用的運算式。這些副作用可能看起來很精巧，卻會讓程式碼變得難以理解，也可能導致微妙的邏輯錯誤。

測試和除錯的小技巧 5.10

引數（=）運算式一般來說應該不會用在條件式裡。每個條件式都必須以一個 boolean 值為結果，否則，會發生編譯錯誤。在條件式中，引數只有在 boolean 運算式被分配到 boolean 變數時會編譯。

布林邏輯互斥或（^）

包含**布林邏輯互斥或**（**boolean logical exclusive OR**，**^**）運算子的條件式，只有在其中一個運算元為 true，另一個運算元為 false 時才會為 true。如果兩個運算元皆為 true 或皆為 false，整個條件式就為 false。圖 5.17 是布林邏輯互斥或運算子（^）的真值表。這個運算子也保證會計算其兩個運算元。

expression1	expression2	expression1 ^ expression2
false	false	false
false	true	true
true	false	true
true	true	false

圖 5.17 ^（布林邏輯互斥或）運算子的真值表

邏輯否定（!）運算子

!（**邏輯否定** [**logical NOT**，也稱為 **logical negation**，或 **logical complement**]）運算子，會「反

轉」條件式的意義。不同於組合兩個條件式的**二元**邏輯運算子 &&、||、&、| 及 ^，邏輯否定運算子是單元運算子，只會使用一個條件式作為運算元。邏輯否定運算子條件式前面，在原條件式（尚未加上邏輯否定運算子前）為 false 時，會選擇執行路徑，如以下程式片段所示：

```
if (! (grade == sentinelValue))
   System.out.printf("The next grade is %d%n", grade);
```

只有在 grade 不等於 sentinelValue 的情況下，才會執行 printf 呼叫。包住 grade == sentinelValue 條件式的小括號是必要的，因為邏輯否定運算子的優先權高於等值運算子。

在大多數情況下，你可以透過適當的關係或等值運算子，用不同方式來表達條件式，以避免使用邏輯否定運算子。例如，前面這個敘述可以改寫如下：

```
if (grade != sentinelValue)
   System.out.printf("The next grade is %d%n", grade);
```

這種彈性能幫助你用更便利的方式來表達條件式。圖 5.18 是邏輯否定運算子的真值表。

expression	!expression
false	true
true	false

圖 5.18　!（邏輯否定）運算子的真值表。

邏輯運算子的範例

圖 5.19 使用了邏輯運算子，來產生本節所討論的真值表。這些表格輸出顯示了所評估的 boolean 運算式，及其運算結果。我們使用 **%b 格式描述子**來根據 boolean 運算式的數值，顯示 "true" 或 "false" 字樣。第 9-13 行會產生 && 的真值表。第 16-20 行會產生 || 的真值表。第 23-27 行會產生 & 的真值表。第 30-35 行會產生 | 的真值表。第 38-43 行會產生 ^ 的真值表。第 46-47 行會產生 ! 的真值表。

```java
1  // Fig. 5.19: LogicalOperators.java
2  // Logical operators.
3
4  public class LogicalOperators
5  {
6     public static void main(String[] args)
7     {
8        // create truth table for && (conditional AND) operator
9        System.out.printf("%s%n%s: %b%n%s: %b%n%s: %b%n%s: %b%n%n",
10          "Conditional AND (&&)", "false && false", (false && false),
11          "false && true", (false && true),
12          "true && false", (true && false),
13          "true && true", (true && true));
14
15       // create truth table for || (conditional OR) operator
16       System.out.printf("%s%n%s: %b%n%s: %b%n%s: %b%n%s: %b%n%n",
17          "Conditional OR (||)", "false || false", (false || false),
18          "false || true", (false || true),
```

圖 5.19　邏輯運算子 (1/2)

```java
19             "true || false", (true || false),
20             "true || true", (true || true));
21
22         // create truth table for & (boolean logical AND) operator
23         System.out.printf("%s%n%s: %b%n%s: %b%n%s: %b%n%s: %b%n%n",
24             "Boolean logical AND (&)", "false & false", (false & false),
25             "false & true", (false & true),
26             "true & false", (true & false),
27             "true & true", (true & true));
28
29         // create truth table for | (boolean logical inclusive OR) operator
30         System.out.printf("%s%n%s: %b%n%s: %b%n%s: %b%n%s: %b%n%n",
31             "Boolean logical inclusive OR (|)",
32             "false | false", (false | false),
33             "false | true", (false | true),
34             "true | false", (true | false),
35             "true | true", (true | true));
36
37         // create truth table for ^ (boolean logical exclusive OR) operator
38         System.out.printf("%s%n%s: %b%n%s: %b%n%s: %b%n%s: %b%n%n",
39             "Boolean logical exclusive OR (^)",
40             "false ^ false", (false ^ false),
41             "false ^ true", (false ^ true),
42             "true ^ false", (true ^ false),
43             "true ^ true", (true ^ true));
44
45         // create truth table for ! (logical negation) operator
46         System.out.printf("%s%n%s: %b%n%s: %b%n", "Logical NOT (!)",
47             "!false", (!false), "!true", (!true));
48     }
49 } // end class LogicalOperators
```

```
Conditional AND (&&)
false && false: false
false && true: false
true && false: false
true && true: true
Conditional OR (||)
false || false: false
false || true: true
true || false: true
true || true: true
Boolean logical AND (&)
false & false: false
false & true: false
true & false: false
true & true: true
Boolean logical inclusive OR (|)
false | false: false
false | true: true
true | false: true
true | true: true
Boolean logical exclusive OR (^)
false ^ false: false
false ^ true: true
true ^ false: true
true ^ true: false
Logical NOT (!)
!false: true
!true: false
```

圖 5.19　邏輯運算子 (2/2)

目前為止討論過的運算子優先權與結合律

圖 5.20 列出了到目前為止討論過的 Java 運算子優先權與結合律。我們以優先權由高而低，從上到下顯示運算子。

運算子	結合律	類型
++　--	由右至左	單元後置
++　--　+　-　!　*(type)*	由右至左	單元前置
*　/　%	由左至右	乘法類
+　-	由左至右	加法類
<　<=　>　>=	由左至右	關係
==　!=	由左至右	等值
&	由左至右	布林邏輯且
^	由左至右	布林邏輯互斥或
|	由左至右	布林邏輯相容或
&&	由左至右	條件且
||	由左至右	條件或
?:	由右至左	條件
=　+=　-=　*=　/=　%=	由右至左	設定

圖 5.20　目前為止我們討論過的運算子優先權與結合律

5.10　結構化程式設計摘要

就像建築師設計建物時，會運用其行業的集體智慧；程式設計師在設計程式時也該如此。我們這個領域比建築領域年輕得多，集體的智慧也稀少許多。我們已經知道結構化程式設計，能夠產生比非結構化程式更容易了解、測試、除錯、修改，甚至更容易在數學上證明其正確的程式。

Java 控制敘述是單一進入點與單一離開點

圖 5.21 利用 UML 活動圖，總整理了 Java 的控制敘述。其初始狀態與最終狀態分別代表各個控制敘述的單一進入點和單一離開點。任意連接活動圖中的符號，可能導致非結構化的程式。因此，程式設計專家選擇有限量的控制敘述，並僅以兩種簡單的方式組合控制敘述，來建構結構化的程式。

　　為求簡單化，Java 只包含單一進入點與單一離開點的控制敘述，只有一種方式可以進入，也只有一種方式可以離開控制敘述。循序連接控制敘述來建構結構化程式，相當的簡單，一個控制敘述的最終狀態，會連接到下一個控制敘述的初始狀態。也就是說，控制敘述會一個接一個地依序擺放在程式中。我們稱這種方式為控制敘述堆疊。建構結構化程式的規則，也允許以巢狀方式組合控制敘述。

形成結構化程式的規則

圖 5.22 列出建構結構化程式的規則。這些規則假設行動狀態可以用來表示任何行動。這些規則也假設，我們會從最簡單的活動圖開始（圖 5.23），此圖中僅包含一個初始狀態、一個行動狀態、一個最終狀態以及轉移箭號。

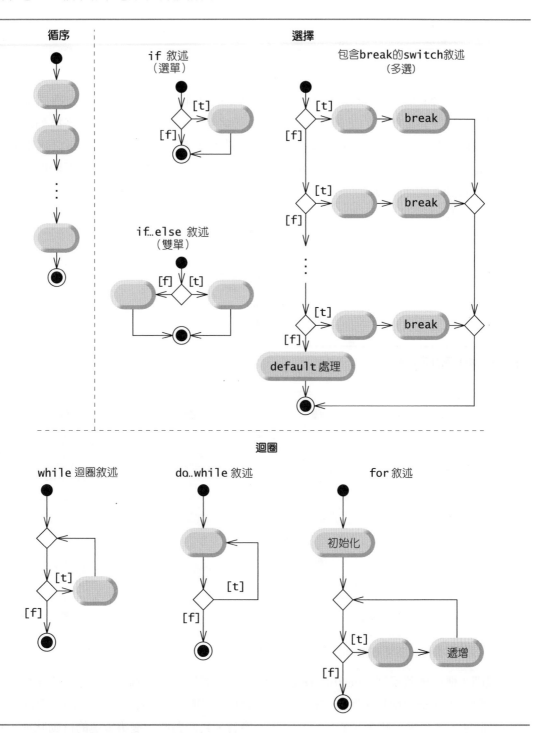

圖 5.21　Java 的單進 / 單出循序、選擇和迴圈敘述

建構結構化程式的規則
1. 從最簡單的活動圖開始（圖 5.23）。
2. 任何行動狀態，都可以替換成兩個循序的行動狀態。
3. 任何行動狀態，都可以替換成任何控制敘述（循序的行動狀態、if、if⋯else、switch、while、do⋯while 或 for）。
4. 可任意次數及任意順序運用規則 2 和規則 3。

圖 5.22　建構結構化程式的規則

　　運用圖 5.22 的規則，永遠能得到妥善結構化的活動圖，擁有整齊、如建構區塊的外觀。例如，反覆對最簡單的活動圖運用規則 2，便會產生一張包含許多循序排列之行動狀態的活動圖（如圖 5.24）。規則 2 會產生控制敘述的堆疊組合，所以我們稱之為**堆疊規則**（**stacking rule**）。圖 5.24 的直虛線並非 UML 的一部分──我們只是用之來區隔四張示範運用圖 5.22 規則 2 的活動圖。

圖 5.23　最簡單的活動圖

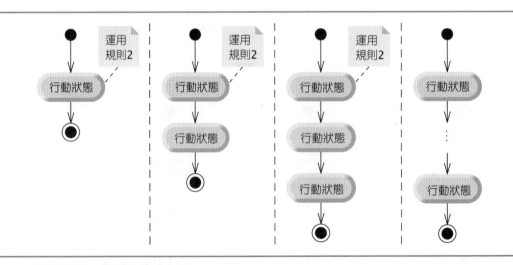

圖 5.24　反覆對最簡單的活動圖運用圖 5.22 的規則 2

　　規則 3 稱為**巢狀規則**（**nesting rule**）。反覆對最簡單的活動圖運用規則 3，就會產生一張活動圖，包含整齊地以巢狀方式結合的控制敘述。例如，在圖 5.25 中，最簡單活動圖中的行動狀態，被替換為雙選（if...else）敘述。接著，我們對此一雙選敘述的行動狀態，再次運用規則 3，將兩者都再替換爲雙選敘述。包圍雙選敘述的虛線活動狀態符號，代表其所取代的行動狀態。[請注意：圖 5.25 的虛線箭號和虛線行動狀態符號，並不屬於 UML。此處使用這些虛線符號，只在於說明任何行動狀態都可替換為控制敘述。]

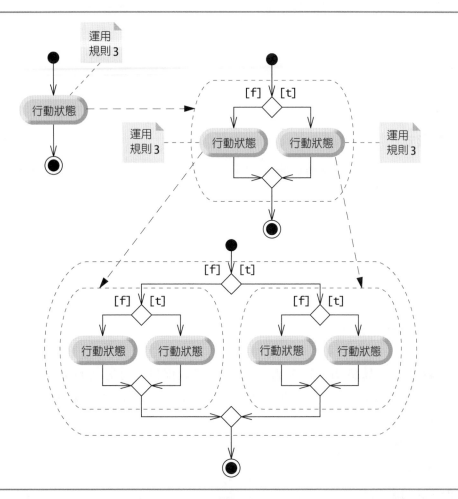

圖 5.25　對於最簡單的活動圖，反覆運用圖 5.22 的規則 3

　　規則 4 會產生規模更大、內容更多、巢狀層次更深的敘述。運用圖 5.22 的規則所產生的活動圖，可構成所有可能的結構化活動圖，也因此可構成所有可能的結構化程式。結構化方法的美好之處，在於我們只有七種簡單的單進 / 單出控制敘述，並且只用兩種簡單的方式來組合它們。

　　如果遵照圖 5.22 的規則，便不會產生「非結構化」的活動圖（如圖 5.26 所示）。如果你不確定某張活動圖是否爲結構化，請反向運用圖 5.22 的規則，看能否將此圖簡化爲最簡單的活動圖。如果你有辦法簡化，則原圖就是結構化的，反之則否。

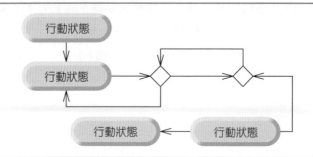

圖 5.26 「非結構化」的活動圖

三種控制形式

結構化程式設計讓撰寫程式變得更簡單。要實作演算法,只需要三種控制形式:

- 循序
- 選擇
- 迴圈

循序結構很基本。僅需依敘述應執行的順序排列即可。選擇結構可用三種方法來實作:

- if 敘述(單選)
- if....else 敘述(雙選)
- switch 敘述(多選)

事實上,我們很容易證明,簡單的 if 敘述就足以提供任何形式的選擇——任何可以用 if...else 敘述和 switch 敘述達到的事情,都可以透過結合 if 敘述來實作(雖然可能不是很容易看懂或很有效率)。

迴圈結構也可用三種方法來實作:

- while 敘述
- do…while 敘述
- for 敘述

[請注意:其實還有第四種迴圈敘述:加強版 for 敘述。我們會在 7.7 節加以討論。] 我們很容易證明,while 敘述便足以提供**任何**形式的迴圈。所有 do...while 和 for 可以辦到的事情,while 敘述也都可以辦到(雖然可能不是很方便)。

綜合以上結論,可知任何 Java 程式所需的控制形式,都可以用

- 循序
- if 敘述(選擇)
- while 敘述(重複)

來表示,而且上述三種結構,可以只用兩種方式來組合:堆疊和巢狀。的確,結構化程式設計就是簡化程式設計的核心。

5.11 （選讀）GUI 與繪圖案例研究：繪製長方形與橢圓形

本節會示範如何使用 Graphics 方法 **drawRect** 與 **drawOval** 來繪製矩形和橢圓形。這兩種方法示範於圖 5.27。

```
1  // Fig. 5.27: Shapes.java
2  // Demonstrates drawing different shapes.
3  import java.awt.Graphics; //handle the display
4  import javax.swing.JPanel;
5
6  public class Shapes extends JPanel
7  {
8     private int choice; // user's choice of which shape to draw
9
10    // constructor sets the user's choice
11    public Shapes(int userChoice)
12    {
13       choice = userChoice;
14    }
15
16    // draws a cascade of shapes starting from the top-left corner
17    public void paintComponent(Graphics g)
18    {
19       super.paintComponent(g);
20
21       for (int i = 0; i < 10; i++)
22       {
23          // pick the shape based on the user's choice
24          switch (choice)
25          {
26             case 1: // draw rectangles
27                g.drawRect(10 + i * 10, 10 + i * 10,
28                   50 + i * 10, 50 + i * 10);
29                break;
30             case 2: // draw ovals
31                g.drawOval(10 + i * 10, 10 + i * 10,
32                   50 + i * 10, 50 + i * 10);
33                break;
34          }
35       }
36    }
37 } // end class Shapes
```

圖 5.27　根據使用者的選擇，繪製一連串圖形

第 6 行開始 Shapes 類別的宣告，此類別擴充自 JPanel 類別。實體變數 choice 會決定 paintComponent 應該要畫出矩形還是橢圓形。這個 Shapes 建構子，會以 userChoice 參數所傳遞的數值，來初始化 choice。

paintComponent 方法會執行實際的繪圖動作。請記住，每個 paintComponent 方法的第一個敘述，都應該要呼叫 super.paintComponent，如第 19 行。第 21-35 行會重複 10 次迴圈，繪製出 10 個圖形。巢狀的 switch 敘述（第 24-34 行）會選擇要繪製矩形還是橢圓形。

如果 choice 為 1，程式就會繪製矩形。第 27-28 行會呼叫 Graphics 方法 drawRect。drawRect 方法要求四個引數。前兩個引數代表矩形左上角的 x 座標與 y 座標。後兩個引數代表矩形的寬度與高度。在此例中，我們會從左上角向下及向右各 10 個像素的地方開始，然後在迴圈的每次循環中，將圖形的左上角再向下與向右各移動 10 個像素。矩形的寬度與高度則從 50 個像素開始，然後每次循環時增加 10 個像素。

如果 choice 為 2，則程式會繪製橢圓形。程式會建立一個想像的矩形，稱為**邊框矩形**（**bounding rectangle**），在其中放入一個橢圓形，與邊框的四邊中點相切。drawOval 方法（第 31-32 行）與 drawRect 方法一樣，也會要求四個引數。這些引數會指定橢圓形邊框的位置和大小。在此例中傳給 drawOval 的數值，與第 27-28 行傳遞給 drawRect 的數值完全相同。因為此例中邊框的寬度與高度相同，所以第 27-28 行會畫出一個圓形。你可以試著修改程式來繪製矩形和橢圓形以當作練習，看看 drawOval 與 drawRect 兩者有何關連。

ShapesTest 類別

圖 5.28 負責處理使用者的輸入，並且根據使用者的回應建立視窗來顯示適當的圖形。第 3 行匯入 JFrame 來處理顯示作業，第 4 行匯入 JOptionPane 來處理輸入作業。第 11-13 行會以一個輸入對話框提示使用者輸入，並將使用者的回應儲存在變數 input 中。注意，當在 JOptionPane 中顯示多行提示文字時，你必須以 \n 開始新的一行，而不是 %n。第 15 行使用 Integer 方法 parseInt，將使用者輸入的 String 轉換成 int，並將結果儲存在變數 choice 中。第 18 行建立了一個 Shapes 物件，並且將使用者的選擇傳遞給其建構子。第 20-25 行會執行此案例研究中建立及設定視窗的標準運算式——建立一個框架，設定為當關閉時，應用程式亦隨之結束，並且加入繪圖，設定框架大小，並令之顯示出來。

```java
1  // Fig. 5.28: ShapesTest.java
2  // Test application that displays class Shapes.
3  import javax.swing.JFrame;
4  import javax.swing.JOptionPane;
5
6  public class ShapesTest
7  {
8     public static void main(String[] args)
9     {
10        // obtain user's choice
11        String input = JOptionPane.showInputDialog(
12           "Enter 1 to draw rectangles\n" +
13           "Enter 2 to draw ovals");
14
15        int choice = Integer.parseInt(input); // convert input to int
16
17        // create the panel with the user's input
18        Shapes panel = new Shapes(choice);
19
20        JFrame application = new JFrame(); // creates a new JFrame
21
22        application.setDefaultCloseOperation(JFrame.EXIT_ON_CLOSE);
23        application.add(panel);
24        application.setSize(300, 300);
```

圖 5.28　取得使用者輸入，然後建立一個 JFrame 以顯示 Shapes (1/2)

```
25        application.setVisible(true);
26    }
27 } // end class ShapesTest
```

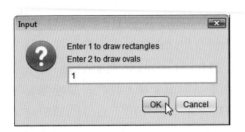

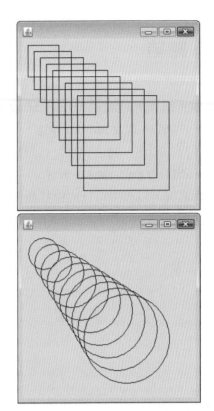

圖 5.28　取得使用者輸入，然後建立一個 JFrame 以顯示 Shapes (2/2)

GUI 與繪圖案例研究習題

5.1　請在 JPanel（圖 5.29）內以其中心為圓心，畫出 12 個同心圓。最中心的圓形，半徑應為 10 個像素，每向外一層，半徑要比前一個圓多 10 個像素。一開始請先找出 JPanel 的中心。要找到圓形的左上角，請從中心向左及向上各位移一個半徑長。邊框的寬度與高度，皆等於此圓的直徑（亦即兩倍半徑）。

圖 5.29　繪製同心圓

5.2　請修改章末習題 5.16，使用對話框來讀取輸入值，並使用不同長度的矩形來繪製長條圖。

5.12　總結

在本章中，我們完成了對於 Java 控制敘述的介紹，這些控制敘述讓你能夠控制方法中的執行流程。第 4 章討論過 Java 的 if 敘述、if...else 敘述及 while 敘述。本章則展示了 for、do...while 以及 switch 敘述。我們說明任何演算法都能藉由組合循序結構（亦即依敘述應執行的順序，將之列出）、三種選擇敘述（if、if...else 與 switch），以及三種迴圈敘述（while、do...while 及 for）來開發。在本章與第 4 章，我們討論過你要如何組合這些建構區塊，以利用可行的程式建構與解題技巧。本章也介紹了 Java 的邏輯運算子，讓你能夠在控制敘述中使用更複雜的條件運算式。在第 6 章裡，我們會更深入地檢視方法。

摘要

5.2　計數器控制迴圈的基本原理

- 計數器控制迴圈需要一個控制變數、控制變數的初始值、每次通過迴圈時（也稱爲每次迴圈循環）依之修改控制變數的遞增值（或遞減值），以及用來判斷迴圈是否應當要繼續迴圈的持續條件。

- 你可以在同一個敘述中宣告變數並加以初始化。

5.3　for 迴圈敘述

- while 敘述可以用來實作任何計數器控制迴圈。

- for 敘述會在其標頭中，編派計數器控制迴圈的細節。

- for 敘述開始執行時，其控制變數便已完成宣告及初始化。接著，程式會檢查迴圈持續條件。假如此條件式的初始值爲眞，主體才會執行。在迴圈主體執行完之後，會執行遞增運算式。然後，程式會再次測試迴圈持續條件，以判斷是否應繼續下一次迴圈循環。

- for 敘述的一般格式如下：

    ```
    for (initialization; loopContinuationCondition; increment)
        statement
    ```

    其中 initialization 運算式會指定迴圈控制變數的名稱並提供其初始值，loopContinuationCondition 會判斷迴圈是否要繼續執行，increment 則會修改控制變數，讓迴圈持續條件終究會變爲 false。for 標頭中的兩個分號都不可省略。

- 大部分 for 敘述都可以改寫爲等效的 while 敘述如下：

    ```
    initialization;
    while (loopContinuationCondition)
    {
        statement
        increment;
    }
    ```

- 通常，for 敘述會用來進行計數器控制迴圈，while 敘述則用來進行警示值控制迴圈。

- 如果 for 標頭中的 initialization 運算式宣告了控制變數，則此控制變數只能使用於 for 敘述中——此變數不存在於 for 敘述之外。

- for 標頭中的三個運算式都可以省略。如果省略 loopContinuationCondition，Java 會假設其永遠爲眞，由此造成無窮迴圈。如果控制變數在迴圈開始前已初始化過，你就可以省略 initialization 運算式。如果遞增運算會由迴圈主體中的敘述來進行，或者根本不需要執行遞增運算，就可以省略 increment 運算式。

- for 中的遞增運算式，其運作方式就如同位於 for 主體最末，一個獨立的敘述一般。

- for 敘述可以使用負的遞增值（亦即遞減），來向下計數。

- 如果迴圈持續條件一開始爲 false，程式就不會執行 for 敘述的主體。反之，程式會繼續執行 for 敘述後頭的第一個敘述。

5.4　使用 for 敘述的範例

● Java 會將 1000.0 及 0.05 這類浮點常數，視為 double 型別來處理。同樣的，Java 會將 7 和 -22 這類整數常數視為 int 型別來處理。

● 格式描述子 %4s 會以 4 的欄寬輸出 String——也就是說，printf 方法會至少用 4 個字元 的寬度去顯示其數值。如果輸出值寬度少於 4 個字元，預設上輸出值會在欄位中向右對 齊。如果其數值寬度大於 4 個字元，則欄寬會放大，以容納正確數量的字元。要向左對齊 數值，請使用負整數來指定欄寬。

● Math.pow（x, y）會計算 x 數值的 y 次方。這個方法會接受兩個 double 引數，傳回一筆 double 數值。

● 格式描述子中的逗號格式旗標，會指定浮點數在輸出時，要以位數區隔符號分組。實際上 使用的位數區隔符號，會因使用者的地區設定（亦即國家）不同而有所差異。在美國，每 三位數字就會用逗號來區隔，小數部分則會用小數點來區隔，例如 1,234.45。

● 格式描述子中的 . 會指定其右邊的整數，為此數值的精度。

5.5　do...while 迴圈敘述

● do...while 迴圈敘述類似於 while 迴圈敘述。在 while 中，程式會在迴圈一開始，執行主 體之前，先測試迴圈持續條件，如果條件為偽，主體就完全不會被執行。do...while 敘述 會在執行完迴圈主體之後，才會測試迴圈持續條件，因此，迴圈主體至少會被執行一次。

5.6　switch 多選敘述

● switch 多選敘述會根據某個常整數運算式（一個型別為 byte、short、int 或 char，但非 long 的常數值）的可能數值，執行不同的行動。

● 檔案結尾指示符號是一種因系統而異的按鍵組合，會終止使用者的輸入。在 UNIX/Linux/ Mac OS X 系統上，檔案結尾指示符號是在單獨一行中輸入序列 <Ctrl> d。這個記號表示要 同時按下 Ctrl 鍵和 d 鍵。在 Windows 系統上，請鍵入 <Ctrl> z 來輸入檔案結尾。

● Scanner 方法 hasNext，會判斷是否還有輸入資料。如果還有輸入資料，則此方法會傳回 boolean 數值 true，否則傳回 false。只要使用者尚未輸入檔案結尾指示符號，hasNext 方法就會傳回 true。

● switch 敘述包含一個區塊，區塊中又包含一連串 case 標籤，以及一個非必要的 default 狀況。

● 當控制流抵達 switch 時，程式會評估 switch 控制運算式，然後將其數值與每個 case 標籤 相比較。如果有相符的 case，程式就會執行該 case 的敘述。

● 在案例之間相繼的列出沒有敘述的案例，使得它們表現同一套敘述。

● 你希望在 switch 中測試的每個數值，都必須列出於個別的 case 標籤中。

● 每個 case 都可以包含多個敘述，而且這些敘述並不需要放在大括號中。

● 如果沒有 break 敘述，每當 switch 中有相符的狀況時，該狀況的敘述與後續狀況的敘述都 會被執行，直到遇到 break 敘述，或該 switch 敘述的結尾為止。

- 如果控制運算式的數值不相符任何 case 標籤，就會執行非必要的 default 狀況。如果沒有相符的狀況，switch 也沒有 default 狀況，程式控制權就會簡單地從 switch 之後的第一個敘述繼續進行。

5.7 AutoPolicy 類別案例研究：在 switch 敘述裡的 String 敘述

- String 可以被用在一個 switch 敘述的控制運算式與 case 標籤。

5.8 break 和 continue 敘述

- 在執行 while、for、do...while 或 switch 時，break 敘述會令程式立即離開該敘述。
- 在執行 while、for 或 do...while 時，continue 敘述會跳過迴圈剩下的主體敘述，直接進行下一次循環。在 while 與 do...while 敘述中，程式會立即測試迴圈持續條件。在 for 敘述中，則會先執行遞增運算式，程式才會測試迴圈持續條件。

5.9 邏輯運算子

- 簡單條件式只包含關係運算子 >、<、>=、<=，等號運算子 == 以及 !=，而且每個運算式只會測試單一條件。
- 邏輯運算子讓你可以組合簡單的條件式，建構較複雜的條件式。邏輯運算子包括 &&（條件且）、||（條件或）、&（布林邏輯且）、|（布林邏輯相容或）、^（布林邏輯互斥或）以及 !（邏輯否定）。
- 要確認兩個條件式皆為真，請使用 &&（條件且）運算子。如果兩個簡單條件裡有一個為偽或兩個皆為偽，則整個運算式就為偽。
- 要確認兩個條件式中至少有一個為真，請利用 ||（條件或）運算子，如果兩個簡單條件式有一或兩個為真，則此運算式就為真。
- 使用 && 或 || 運算子的條件式，會利用捷徑計算——它們只會計算到可確知條件式為真或偽時，便會停止。
- & 與 | 運算子的功用和 && 和 || 運算子一模一樣，但它們永遠會把兩個運算元都計算出來。
- 包含布林邏輯互斥或運算子（^）的簡單條件式為真，若且唯若其中一個運算元為 true 且另一運算元為 false。如果兩個運算元皆為 true 或皆為 false，整個條件式就為 false。這個運算子也保證會計算它的兩個運算元。
- 單元！（邏輯否定）運算子會「反轉」條件式的值。

自我測驗題

5.1 （填空題）請填入下列敘述的空格：

    a) 通常，_____ 敘述會用於計數器控制迴圈，_____ 敘述則用於警示值控制迴圈。

b) do...while 敘述是在執行迴圈主體 _____ 測試迴圈持續條件；因此，迴圈主體至少會執行一次。

c) _____ 敘述會根據整數變數或運算式的可能數值，從多個行動中進行選擇。

d) 在迴圈敘述中執行 _____ 敘述時，會跳過迴圈主體剩下的敘述，直接進行下一次迴圈循環。

e) _____ 運算子可以在選擇特定的執行路徑之前，用來確認兩條件式皆為眞。

f) 如果 for 標頭的迴圈持續條件一開始為 _____，程式就不會執行 for 敘述的主體。

g) 會執行一般工作，但不需要透過物件的方法，稱為 _____ 方法。

5.2 （是非題）請指出下列各個陳述何者為眞，何者為僞。如果為僞，請說明理由。

a) 在 switch 選擇敘述中，default 狀況是必要的。

b) switch 選擇敘述的最後一個狀況，必須加上 break 敘述。

c) 運算式 ((x > y) && (a < b)) 為眞，如果 x > y 為眞或 a < b 為眞。

d) 包含 || 運算子的運算式，如果其兩個運算元中有其中一者或兩者皆為眞，此運算式便為眞。

e) 格式描述子中的逗號 (,) 格式化旗標（例如，%,20.2f），會指示數值輸出時應當要加上千位數區隔符號。

f) 要在 switch 敘述中測試某個數值範圍，請在 case 標籤中，在範圍的起迄值之間，加上一個連字號 (-)。

g) 連續列出狀況 (case)，其間不包含任何敘述，讓這些狀況 (case) 能夠執行同一組敘述。

5.3 （撰寫敘述）試撰寫一個或一串的 Java 敘述來完成下列任務：

a) 使用 for 敘述總結 1 到 99 之間的奇數，假設整數變數 sum 與 count 被宣告了。

b) 使用 pow 方法計算 2.5 數值上升到 3。

c) 使用 while 迴圈與計數器變數 i 輸出 1 到 20 之間的整數，假設變數 i 被宣告了，但是沒有初始化。每行只要輸出五個數 [秘訣：使用 i % 5 的計算，當運算式的數值是 0，輸出新行段的字元；不然輸出 tab 字元，假設此代碼是應用程式，請使用 System.out.printIn() 方法來輸出新行段的字元，並使用 System.out.print('\t') 方法輸出 tab 字元。]

d) 使用 for 敘述重複 (c) 部分。

5.4 （尋找錯誤）請找出下列各程式碼片段中的錯誤，並說明如何更正：

a)
```
i = 1;
while (i <= 10);
    ++i;
}
```

b)
```
for (k = 0.1; k != 1.0; k += 0.1)
    System.out.println(k);
```

c)
```
switch (n)
    {
```

```
        case 1:
            System.out.println("The number is 1");
        case 2:
            System.out.println("The number is 2");
            break;
        default:
            System.out.println("The number is not 1 or 2");
            break;
    }
```

d) The following code should print the values 1 to 10:

```
    n = 1;
    while (n < 10)
        System.out.println(n++);
```

自我測驗題解答

5.1　a) for, while　b) 之後　c) switch　d) continue　e) &&（條件且）　f) false　g) static。

5.2　a) 偽。default 狀況是非必要的。如果無需執行預設行動，就不需要撰寫 default 狀況。
b) 偽。break 敘述是用來離開 switch 敘述。switch 敘述的最後一個狀況並不需要加上
break 敘述。　c) 偽。在使用 && 運算子時，兩個關係運算式必須皆為真，整個運算
式才會為真。　d) 真。　e) 真。　f) 偽。switch 敘述並沒有提供測試數值範圍的機制，
所以每個必須測試的數值，都應該要分列於獨立的 case 標籤中。　g) 真。

5.3　a)
```
    sum = 0;
    for (count = 1; count <= 99; count += 2)
        sum += count;
```
b)
```
    double result = Math.pow(2.5, 3);
```
c)
```
    i = 1;
    while (i <= 20)
    {
        System.out.print(i);
        if (i % 5 == 0)
            System.out.println();
        else
            System.out.print('\t');
        ++i;
    }
```
d)
```
    for (i = 1; i <= 20; i++)
    {
        System.out.print(i);
        if (i % 5 == 0)
            System.out.println();
        else
            System.out.print('\t');
    }
```

5.4　a)　錯誤：while 標頭後面的分號會導致無窮迴圈，而且還少了左大括號。

更正：一個移除分號，並且在 ++x 後頭加上右大括號，或者將分號和 } 兩者皆移除。

b)　錯誤：使用浮點數來控制 for 敘述可能會無法運作，因爲浮點數在大部分電腦上都是以近似值表示。

更正：使用整數，並執行正確的運算，來獲得你想要的數值：

```
for (k = 1; k != 10; k++)
    System.out.println((double) k / 10);
```

c)　錯誤：少掉的程式碼，是第一個 case 的敘述中少了 break 敘述。

更正：在第一個 case 的敘述最末，加入一個 break 敘述。這種 break 敘述的短少，未必是錯誤，如果你希望每次執行 case1 敘述的時候，都會執行 case2 的敘述的話，那這樣就是正確的。

d)　錯誤：在 while 的迴圈持續條件中，使用了不正確的關係運算子。

更正：使用 <= 運算子，而非 <，或者將 10 改爲 11。

習題

5.5　請描述計數迴圈的基本四元素？

5.6　請說明 while 與 for 迴圈敘述有何不同？

5.7　當你需要執行至少一次迴圈，do…while 和 while 使用何種敘述爲佳？

5.8　請說明 break 與 continue 敘述有何不同？

5.9　請找出下列各程式碼片段的錯誤，並加以更正：

a)　```while(i=1; i<=10,i+)
System.out.print1n(i);```

b)　下列程式碼應該要印出整數 value 是負數或零：

```
switch (value)
{
    Case value < 0:
        System.out.println("Negative");
    case 0:
        System.out.println("Zero");
}
```

c)　下列程式碼應該要輸出從 19 到 1 的奇數：

```
for (int i = 19; i > 1; i =+ 1)
            System.out.println(i);
```

d)　下列程式碼應該要輸出從 1 到 50 的整數：

```
          counter = 0;
do
  {
          System.out.println(counter + 1);
          counter += 2;
  } while (counter <= 51);
```

5.10 下列程式會執行什麼行動？

```java
1   // Exercise 5.10: Printing.java
2   public class Printing
3   {
4      public static void main(String[] args)
5      {
6         for (int i = 1; i <= 10; i++)
7         {
8            for (int j = 1; j <= 5; j++)
9               System.out.print('@');
10
11            System.out.println();
12         }
13      }
14   } // end class Printing
```

5.11 （極端值）試撰寫一個應用程式找到一些整數中的最小與最大值，然後計算兩個極端值的總和。使用者會被提示有多少數值應該輸入到應用程式中。

5.12 （被 3 整除的整數）試撰寫應用程式計算 1 到 30 之間可被 3 整除的整數的總和。

5.13 （一系列的總和）找出 1、2、3……n, 的總和，n 的範圍是 1 到 100。使用 long 型，展示結果在表格格式中並顯示 n 與一致的總和。如果這是產品而非總和，你會遇上什麼樣的累積產品的變數問題。

5.14 （修改複合利息程式）請修改圖 5.6 的複合利息應用程式，重複它的步驟為了不同的利率 5%、6%、7%、8%、9% 與 10%。使用 for 迴圈來改變利率。

5.15 （三角形列印程式）試撰寫一應用程式，會依次顯示以下各個圖案，一個圖案接在另一個下頭。請使用 for 迴圈來產生這些圖案。所有星號 (*) 都應該用形式為 System.out.print('*'); 的單一敘述印出；此敘述會令星號以並排方式印出。形式為 System.out.println(); 的敘述可用來換行。形式為 System.out.print (' '); 的敘述，則可用來顯示一個空格，供最後兩個圖案使用。程式中不該有其他輸出敘述。[提示：最後兩個圖案需要在每一行的開頭，印出適當數量的空白。]

```
(a)               (b)               (c)               (d)
*                 **********        **********                 *
**                *********          *********                **
***               ********            ********               ***
****              *******              *******              ****
*****             ******                ******             *****
******            *****                  *****            ******
*******           ****                    ****           *******
********          ***                      ***          ********
*********         **                        **         *********
**********        *                          *        **********
```

5.16 （長條圖列印程式）某種有趣的電腦應用程式，會顯示出圖形與長條圖。試撰寫一應用程式，會讀入 5 個介於 1 到 30 之間的數字。對於每個讀入的數值，你的程式應該要顯示出同樣數量的相鄰星號。例如，如果程式讀入數字 7，就應該要印出 *******。請在讀入全部五個數字之後，再顯示星號的長條圖。

5.17 **(學生成績)** 有五個學生取得下列成績：學生 1「A」學生 2「C」學生 3「B」學生 4「A」
學生 5「B」。試撰寫應用程式讀取下列系列：
a) 學生名稱
b) 學生字母成績
你的程式應該使用 switch 敘述來決定多少學生取得 A、B、C 與 D 成績。使用迴圈來
輸入五個學生的成績然後展示結果。

5.18 **(修改複合利息程式)** 修改圖 5.6 的程式，只能是用整數來計算複合利息。[提示：將
所有貨幣金額以便士的整數計算，然後使用乘法和餘數操作將結果轉換成美元與美
分，在美元與美分之間插入句號。

5.19 假設 i = 2、j = 3、k = 2 和 m = 2。請問下列各則敘述會印出什麼東西？
a) `System.out.println(i == 2);`
b) `System.out.println(j == 5);`
c) `System.out.println((i >= 0) && (j <= 3));`
d) `System.out.println((m <= 100) & (k <= m));`
e) `System.out.println((j >= i) || (k != m));`
f) `System.out.println((k + i < j) | (4 - j >= k));`
g) `System.out.println(!(k > j));`

5.20 **(計算 π 值)** 從無限數列計算 π 值：

$$\pi = 4 - \frac{4}{3} + \frac{4}{5} - \frac{4}{7} + \frac{4}{9} - \frac{4}{11} + \cdots$$

印出一個表格，藉由計算這個數列第一組 20 萬個項目，顯示 π 的近似值。你必須測
試多少次，才能得到第一個接近 3.14159 的數字開頭？

5.21 **(畢氏數)** 直角三角形有可能三邊長皆為整數。可構成直角三角形三邊長的一組三個
整數，稱為畢氏數 (Pythagotean triple)。這三邊長必須滿足此關係：兩股長的平方和，
等於斜邊長的平方。試撰寫一應用程式，會顯示出畢氏數 side1、side2、hypotenuse 的
表格，而且三個數都不大於 500。請使用一個三層的巢狀 for 迴圈來嘗試所有的可能
性。這種方法，就是「暴力法」(brute-force) 的一例。你會在一些進階的計算機科學課
程中學到，有許多有趣的問題，除了十足的暴力法之外，是沒有別種已知的解題演算
法的。

5.22 **(修改三角形列印程式)** 修改習題 5.15，從 4 個獨立的星號三角形結合你的程式碼，
使得這四個圖案相鄰 (side by side)(提示：請巧妙的運用巢狀的 for 迴圈)。

5.23 **(笛摩根定律)** 在本章中，我們討論了邏輯運算子 &&、&、||、|、^ 和 !。笛摩根定律
有時能讓我們較便利地表示邏輯運算式。笛摩根定律指出，運算式 !(condition1 &&
condition2) 在邏輯上等價於 (!condition1|| !condition2)。同樣的，運算式 !(condition1 ||
condition2) 和 (!condition1 && !condition2) 在邏輯上也是等價的。請利用笛摩根定律，
寫出下列各運算式的等價運算式，然後試撰寫一應用程式，來證明每個小題中，原來
的運算式和新的運算式，都會產生相同的數值：

a) !(x < 5) && !(y >= 7)

b) !(a == b) || !(g != 5)

c) !((x <= 8) && (y > 4))

d) !((i > 4) || (j <= 6))

5.24 （菱形列印程式）試撰寫一應用程式，印出下列菱形圖案。你可以使用列印單一星號（*）、單一空格、或單一換行字元的輸出敘述。請盡量多使用迴圈（包含巢狀的 for 敘述），盡量減少輸出敘述的數量。

```
    *
   ***
  *****
 *******
*********
 *******
  *****
   ***
    *
```

5.25 （修改鑽石輸出程式）修改你在習題 5.24 中寫的程式，讀取 1 到 19 中的奇數來指出鑽石中的行數。你的程式必須展示適當的鑽石大小。

5.26 對於 break 敘述和 continue 敘述的其中一個批評，就是兩者都不結構化。實際上，這兩種敘述永遠可以替換爲結構化敘述，雖然這樣做有可能很彆扭。請就一般狀況說明，你要如何從程式迴圈中移除 break 敘述，並將之置換成等效的結構化敘述。[提示：break 敘述會令程式離開迴圈主體。離開迴圈的另一種方式，就是令迴圈持續條件的測試失敗。請想想如何在迴圈持續條件測試中使用第二個測試，表示「因爲『中斷』狀況，而提早離開迴圈」]。請使用你在此題開發出的技巧，將圖 5.13 中的 break 敘述移除。

5.27 下列程式片段會做什麼事情？

```
for (i = 1; i <= 5; i++)
{
   for (j = 1; j <= 3; j++)
   {
      for (k = 1; k <= 4; k++)
         System.out.print('*');
      System.out.println();
   } // end inner for
      System.out.println();
} // end outer for
```

5.28 請說明一般而言，你要如何移除程式迴圈中的 continue 敘述，然後將之置換成結構化的等效敘述。請使用你在此題開發出的技巧，將圖 5.14 程式中的 continue 敘述移除。

5.29 （歌曲「聖誕節的十二天」）試撰寫一應用程式，使用迴圈與 switch 敘述，印出歌曲「The Twelve Days of Christmas（聖誕節的十二天）」。其中一個 switch 敘述，應該要用來印出每一天（"first"、"second" 等等）。另一個 switch 敘述，則應該要用來印出每段歌詞剩餘的部分。請拜訪網站：en.wikipedia.org/wiki/The_Twelve_Days_of_Christmas_(song)，取得這首歌的歌詞。

5.30 （修改 AutoPolicy 類別）修改圖 5.11 的 classAutoPolicy 以驗證東北方州的兩位州碼。
州　碼：CT(Connecticut)、MA(Massachusetts)、ME(Maine)、NH(New Hampshire)、
NJ(New Jersey)、NY(New York)、PA(Pennsylvania) 以及 VT(Vermont)。在 AutoPolicy
方法 setState 中，使用邏輯 OR 運算元 (section5.9) 在一個 if…else 敘述裡建立一個複
合條件用以比較兩位碼的方法參數。若州碼錯誤，if…else 敘述中 else 的部分會顯現
一個錯誤訊息。在之後的章節中，你會學習如何使用意外處理機制表明一個方法接收
了一個無效值。

進階習題

5.31 （全球暖化事實測驗）頗具爭議的全球暖化議題，因為由美國前副總統高爾出演的「不
願面對的真相」這部電影，而廣為人知。高爾和聯合國科學家網路，跨政府氣候變遷
委員會，共同獲得 2007 年的諾貝爾獎，以表揚其「致力於建立並宣導人們對於人為
氣候變遷的更多認知」。請上網研究全球暖化議題的雙邊意見（你可以搜尋如「全球
暖化懷疑論」之類的字眼）。請建立一個關於全球暖化，包含五個問題的複選測驗，
每個問題都有四個可能的答案（編號 1–4）。請客觀並力求公平地表達此議題的雙邊意
見。接著，請撰寫一支應用程式來管理這個測驗，計算正確答案的數量（零到五題），
然後傳回一個訊息給使用者。如果使用者答對了五題，請印出「棒呆了」；如果答對
四題，請印出「非常好」，如果答對三題以下，請印出「是時候溫習一下你對全球暖
化的知識了」，然後從你找到事實知識的網站中選列幾個給使用者看。

5.32 （財富分配）世界各地有許多民間團體致力於捐獻一部份年所得用於公益，而捐獻的
比例各不相同。其中，只有當所得總額超越一定門檻時，這部分的公益捐款機制才
會實施。蒐集世界某特定的團體捐獻機制。你需要輸入團體名稱，其收益門檻，以
及年總營業額。如果年營業額低於機制門檻將不會有任何捐獻，除外，你需要輸入
捐獻額比例，總營業額，以及計算特定團體某人員是否每年需要給付某特定額度的
收入用於公益。

5.33 （人口增長）人口急速增長是能夠造成全球糧食危機的許多原因之一。你需要尋求一
個能夠憑藉現有人口數以預測未來人口數，增長程度，以及時期的公式。如果中國現
有 13.5 億人，請找出 10 年後的人口數以及增長值為 1 在 1% 到 7% 間的人口增長比
例。例如：one formula is future = current * $e^{(rate * time)}$。

方法：深入探討

6

Form ever follows function.
—Louis Henri Sullivan

E pluribus unum.
(One composed of many.)
—Virgil

O! call back yesterday, bid time return.
—William Shakespeare

Call me Ishmael.
—Herman Melville

Answer me in one word.
—William Shakespeare

There is a point at which methods devour themselves.
—Frantz Fanon

學習目標

在本章節中，你將會學習到：

- static 方法及欄位如何與類別關聯，而非物件。
- 方法呼叫堆疊如何支援方法的呼叫／傳回機制。
- 關於引數提升及強制轉型。
- 套件如何群組相關的類別。
- 如何產生亂數，來實作遊戲應用。
- 如何將宣告的可見範圍限制在程式的特定區域中。
- 何謂方法多載，以及如何建立多載方法。

6.1　簡介

經驗顯示，開發和維護大型程式最好的方法，就是從短小、簡單的片段，或稱**模組**（**module**），開始建構。這種技巧稱為**各個擊破**（**divide and conquer**）。我們在第 3 章首度介紹它，可以幫助你模組化程式。在本章中，我們會更深入地研究方法，並著重在如何宣告與使用方法，以助於設計、實作、操作與維護大型程式。

你會發現，不需透過類別物件亦能呼叫某些方法，這些方法稱為 static 方法。你會學到如何宣告包含多個參數的方法。也會學到 Java 要如何追蹤目前所執行的是哪個方法，方法的區域變數要如何維護於記憶體中，以及方法在執行完後，怎麼知道該返回何處。

我們會短暫地岔題，討論模擬產生亂數的技巧，並開發一種稱為 craps 的賭場骰子遊戲的電腦版，這個遊戲會運用到目前為止大部分你在本書中使用過的程式技巧。此外，還會學到如何在程式中宣告不能改變的數值（亦即常數）。

在開發應用程式時，你使用或建立許多類別，可能擁有多個同名的方法。這種技術稱為多載（overloading），是用來實作會執行類似工作，但引數的型別或數量不同的方法。

我們會在第 18 章，繼續對於方法的討論。遞迴提供一種另類的方式去思考方法和演算法。

6.2　Java 的程式模組

你在撰寫 Java 程式時，會將新的方法與類別，還有預先定義於 Java 應用程式介面（Java Application Programming Interface，也稱為 Java API 或 Java 類別庫）及其他各式各樣類別庫中的方法及類別相結合。

相關的類別通常會被群組至套件中，讓它們可以匯入程式再利用。你將會學到如何將你自己的類別分組至不同的套件中。Java API 提供了非常豐富的預定義類別，所包含的方法可以處理常見的數學運算、字串處理、字元處理、輸入 / 輸出操作、資料庫操作、網路操作、檔案處理、錯誤檢查以及其他許多有用的工作。

軟體工程的觀點 6.1

請好好熟悉 Java API 所提供的豐富類別及方法 (http://docs.oracle.com/javase/7/docs/api/)。在 6.8 節，我們會大略介紹幾種常用的套件。附錄 F 會解釋要如何瀏覽 JAVA API 的說明文件。不要「從零開始」，盡可能再利用 Java API 的類別和方法，如此可以減少程式的開發時間，也避免造成程式錯誤。

各個擊破的類別和方法

類別和方法可將任務分成許多個自成一體的單元，藉以將程式模組化。在你撰寫過的每支程式中，都宣告過方法。方法主體中的敘述只需撰寫一次，其他方法無從得知其內容，而且它們可能會在程式的好幾個地方被重複使用。

　　將程式模組化為方法的動機之一是各個擊破的策略，使用這種策略，我們會從短小、簡單的片段開始建構程式，以讓程式的開發更容易管理。另一個動機則是**軟體再利用（software reusability）**——使用現成的方法作為建構區塊，來建立新的程式。通常，你所建構的程式大部分都可以來自標準化的方法，而不必自行撰寫客製化的程式碼。例如，在之前的程式中，我們不需定義如何從鍵盤讀取資料—— Java 在 Scanner 類別的方法中，提供了這些功能。還有一個動機則是避免程式碼的重複。將程式切割成有意義的方法，能讓程式更容易除錯和維護。

軟體工程的觀點 6.2

為了促進軟體再利用，你應該限制每個方法都只會進行單一的、完善定義的工作，而且方法的名稱，應該有效地表達出該項工作為何。

測試和除錯的小技巧 6.1

只執行一項工作的方法，比起執行多項工作的方法，會更容易測試和除錯。

軟體工程的觀點 6.3

如果你無法選擇一個簡潔有力的名稱來表達某個方法，那麼這個方法可能就是試圖做了太多不同的工作。請將這個方法拆解成幾個較小的方法。

Method 和 Calls 之間的階層關係

如你所知，方法是透過方法呼叫來使用，而當被呼叫的方法完成其工作時，它會將運算結果或只是控制權，傳回給呼叫者。這種程式架構，可以類比於管理階層的結構（圖 6.1）。老闆（呼叫者）會要求員工（被呼叫的方法）進行一項工作，並在工作完成後回報（傳回）結果。方法 boss 並不知道方法 worker 如何執行其指定的工作。worker 可能也會呼叫其他的 worker 方法，但 boss 並不知情。這種「隱藏」實作細節的做法，能夠促成良好的軟體工程。圖 6.1 顯示，方法 boss 會以階層的方式，與幾個方法 worker 溝通。方法 boss 會將職責分配給各個方法 worker。在此例中，對 worker4 和 worker5 而言，worker1 便像是其「方法 boss」。

測試和除錯的小技巧 6.2
當你呼叫一個會傳回數值的方法（無論成功與否）時，要確定此方法傳回的數值。
當方法無效時，要能夠適當地處理。

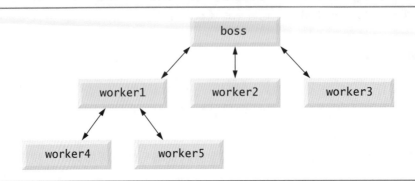

圖 6.1　方法 boss ／方法 worker 的階層關係

6.3　static 方法、static 欄位、Math 類別

雖然大部分的方法在回應方法呼叫時，是透過特定物件來執行，但情形並非總是如此。有時方法所執行的工作與任何物件的內容無關。這種方法適用於類別，它與宣告它的類別成為一體，這種方法稱為 static 方法，或**類別方法 (class method)**。

　　類別包含一些便利的 static 方法，執行常見的工作，是一種很平常的情形。例如，請回想一下我們在圖 5.6 使用了 Math 類別的 static 方法 pow 來計算數值的次方數。要將方法宣告為 static，請在方法宣告傳回型別的前面，寫上關鍵字 static。對於程式中匯入的類別，若欲呼叫其內的 static 方法時，可指明該類別名稱，再加上點號（.）與該方法名稱，如下所示：

ClassName.methodName(arguments)

Math 類別的方法

我們在本節中使用多種 Math 的類別方法，來呈現 static 方法的概念。Math 類別提供一組可用來進行常用數學運算的方法。例如，你可以用以下 static 方法計算 900.0 的平方根：

```
Math.sqrt(900.0)
```

上述運算式的計算結果為 30.0。sqrt 方法會接收一個 double 型別的引數，然後傳回 double 型別的結果。若想在命令列視窗中輸出上述方法呼叫的數值，你可以撰寫如下敘述：

```
System.out.println(Math.sqrt(900.0));
```

在這個敘述中，sqrt 傳回的數值會成為 println 方法的引數。在呼叫 sqrt 方法前，並不需要建立 Math 物件。此外，所有 Math 類別的方法都是 static 方法。因此，要呼叫這些方法，都是在方法名稱前面加上類別名稱 Math 及點號（.）分隔符號。

軟體工程的觀點 6.4

Math 類別屬於 java.lang 套件，編譯器會自動予以匯入，所以要使用 Math 的方法，並不需要匯入 Math 類別。

方法的引數可以是常數、變數或運算式。如果 c = 13.0、d = 3.0、f = 4.0 的話，則以下敘述：

```
System.out.println(Math.sqrt(c + d * f));
```

會計算並輸出 13.0 + 3.0 * 4.0 = 25.0 的平方根——也就是 5.0。圖 6.2 整理了幾種 Math 的類別方法。在此圖中，x 與 y 的型別皆為 double。

方法	說明	範例
abs (x)	x 的絕對值	abs (23.7) 等於 23.7 abs (0.0) 等於 0.0 abs (-23.7) 等於 23.7
ceil (x)	將 x 進位成不小於 x 的最小整數。	ceil(9.2) 等於 10.0 ceil (-9.8) 等於 -9.0
cos (x)	x 的三角餘弦函數值 (x 為弧度)	cos (0.0) 等於 1.0
exp (x)	指數方法 e^x	exp (1.0) 等於 2.71828 exp (2.0) 等於 7.38906
floor (x)	將 x 捨去成不大於 x 的最大整數。	floor (9.2) 等於 9.0 floor (-9.8) 等於 -10.0
log (x)	x 的自然對數 (基底數為 e)	log (Math.E) 等於 1.0 Math.log (Math.E * Math.E) = 2.0
Max (x, y)	x 與 y 的較大值	Math.max (2.3, 12.7) = 12.7 Math.max (-2.3, -12.7) = -2.3
min (x, y)	x 與 y 的較小值	Math.max (2.3, 12.7) = 2.3 min(-2.3, -12.7) 等於 -12.7
pow (x, y)	x 的 y 次方 (意即 x^y)	pow(2.0, 7.0) 等於 128.0 pow (9.0, 0.5) 等於 3.0
sin (x)	x 的三角正弦函數值 (x 為弧度)	sin (0.0) 等於 0.0
sqrt (x)	x 的平方根	sqrt (900.0) 等於 30.0
tan (x)	x 的三角正切函數值 (x 為弧度)	tan (0.0) 等於 0.0

圖 6.2　Math 類別方法

static 變數

請回想一下第 3.2 節，類別的每個的物件都會維護自己的屬性副本，代表這些屬性的欄位也稱為實體變數——該類別的每個物件（實體）在記憶體中都擁有該變數個別的實體。而有些欄位，並不是每個類別都物件都擁有其個別的實體。這些欄位就是 static 欄位，也稱為**類別變數（class variable）**。在建立包含 static 欄位的類別物件時，該類別的所有物件會共用一個該類別 static 欄位的副本。類別變數（亦即 static 變數）加上實體變數，便代表了類別的欄位。你會在 8.11 節中學到更多關於 static 欄位的知識。

Math 類別常數 PI 和 E

Math 類別宣告了兩個欄位，來表示兩個常用的數學常數——**Math.PI** 與 **Math.E**。Math.PI（3.141592653589793）是圓周長對直徑的比率。常數 Math.E（2.718281828459045）則是自然對數（計算方式為 Math 的 static 方法 log）的基底數。

　　這些欄位在 Math 類別中，是以修飾詞 public、final、static 來宣告。將之宣告為 public，讓你可以在自己的類別中使用這些欄位。任何用關鍵字 **final** 宣告的欄位都是常數——在欄位初始化之後，其數值就不能再修改。PI 與 E 被宣告為 final，因為它們的數值永遠不會改變。將它們宣告為 static，讓它們可以透過類別名稱 Math 加上點號（.）分隔符號來存取，就像 Math 類別的方法一樣。

為什麼 main 方法要宣告成 static？

當你用 java 命令執行 Java 虛擬機器（JVM）時，JVM 會試著呼叫你所指定之類別的 main 方法——這時此類別還沒有建立任何物件。將 main 宣告為 static，讓 JVM 無需建立此類別的實體，就可以呼叫 main。當你執行應用時，你會將其類別名稱當作 java 命令的引數，如下所示：

```
java ClassName argument1 argument2 …
```

JVM 會載入「ClassName」所指定的類別，然後使用此類別名稱來呼叫 main 方法。在上述命令中，「ClassName」是給予 JVM 的**命令列引數（command-line argument）**，告訴它要執行哪個類別。在 ClassName 之後，你也可以指定一個 String 列表（以空格相隔）作為命令列引數，JVM 會將這些引數傳遞給你的應用程式。這些引數可能會用來指定應用程式執行的選項（例如：檔名）。你會在第 7 章學到，你的應用程式可以存取這些命令列引數，然後用它們來自訂應用程式。

6.4　宣告包含多個參數的方法

方法經常需要多份資訊，才能完成其任務。我們現在就來考量一下，要如何撰寫你的方法，以使用多個參數。

　　圖 6.3 使用了一個叫做 maximum 的方法，來判斷並傳回三個 double 數值中的最大者。在 main 中，第 14-18 行會提示使用者輸入三個 double 數值，然後從使用者處讀入這三筆數值。第 21 行呼叫了 maximum 方法（宣告於第 28 到 41 行），以判斷從引數收到的三個數值中，何者最大。當 maximum 方法傳回結果給第 21 行時，程式會將 maximum 的傳回值指定給區域變數 result。接著第 24 行會輸出此一最大值。在本節最後，我們會討論第 24 行中 + 運算子的使用。

```java
 1  // Fig. 6.3: MaximumFinder.java
 2  // Programmer-declared method maximum with three double parameters.
 3  import java.util.Scanner;
 4
 5  public class MaximumFinder
 6  {
 7     // obtain three floating-point values and determine maximum value
 8     public static void main(String[] args)
 9     {
10        // create Scanner for input from command window
11        Scanner input = new Scanner(System.in);
12
13        // prompt for and input three floating-point values
14        System.out.print(
15           "Enter three floating-point values separated by spaces: ");
16        double number1 = input.nextDouble(); // read first double
17        double number2 = input.nextDouble(); // read second double
18        double number3 = input.nextDouble(); // read third double
19
20        // determine the maximum value
21        double result = maximum(number1, number2, number3);
22
23        // display maximum value
24        System.out.println("Maximum is: " + result);
25     }
26
27     // returns the maximum of its three double parameters
28     public static double maximum(double x, double y, double z)
29     {
30        double maximumValue = x; // assume x is the largest to start
31
32        // determine whether y is greater than maximumValue
33        if (y > maximumValue)
34           maximumValue = y;
35
36        // determine whether z is greater than maximumValue
37        if (z > maximumValue)
38           maximumValue = z;
39
40        return maximumValue;
41     }
42  } // end class MaximumFinder
```

```
Enter three floating-point values separated by spaces: 9.35 2.74 5.1
Maximum is: 9.35
```

```
Enter three floating-point values separated by spaces: 5.8 12.45 8.32
Maximum is: 12.45
```

```
Enter three floating-point values separated by spaces: 6.46 4.12 10.54
Maximum is: 10.54
```

圖 6.3　程式設計師宣告的 maximum 方法，包含三個 double 參數

public 與 static 關鍵字

maximum 方法以關鍵字 public 開頭,指出此方法「可供公眾使用」——可由別的類別的方法加以呼叫。關鍵字 static 讓 main 方法(另一個 static 方法)在指定方法名稱時,可以不用加上類別名稱 MaximumFinder,便能夠呼叫 maximum,如第 21 行所示,同類別的 static 方法可以直接呼叫彼此。其他任何類別要使用 maximum 方法,都必須要完整寫出類別名稱加上方法名稱。

maximum 方法

請思考 maximum 方法的宣告(第 28-41 行)。第 28 行指出,此方法會傳回一個 double 數值,方法名稱為 maximum,以及此方法需要三個 double 參數(x、y、z)來完成其工作。多個參數會以逗號分隔列表的方式來編派。當第 21 行呼叫 maximum 時,參數 x、y、z 會分別以引數 number1、number2、number3 的數值來初始化。方法宣告中的每個參數,都必須對應到方法呼叫中的引數。此外,每個引數的型別,也必須與所對應的參數一致。例如,型別為 double 的參數可以接收諸如 7.35、22、-0.03456 的數值,但不能接收 String,如 "hello" 或是布林值 true 或 false。6.7 節會討論每種基本型別的參數,在方法呼叫中可提供的引數型別。

　　要判定最大值,我們會先假設參數 x 包含最大值,因此第 30 行所宣告的區域變數 maximumValue 會被初始化為參數 x 的數值。當然,最大值有可能包在參數 y 或參數 z 之中,所以必須將這兩個數值與 maximumValue 相比較。第 33-34 行的 if 敘述會判斷 y 是否大於 maximumValue。如果是的話,第 34 行會將 y 指派給 maximumValue。第 37-38 行的 if 敘述會判斷 z 是否大於 maximumValue。如果是的話,第 38 行會將 z 指派給 maximumValue。此時,三筆數值中的最大者已存放在 maximumValue 中,所以第 40 行會將此數值傳回到第 21 行。當程式控制權傳回到當初呼叫 maximum 的地方時,maximum 的參數 x、y、z,已然不存在於記憶體中。

軟體工程的觀點 6.5
方法最多只能傳回一筆數值,但所傳回的數值可以是指向物件的參照,而物件中可以包含許多數值。

軟體工程的觀點 6.6
只有當類別中不只一個方法需要使用到該變數,或是程式在類別各自方法呼叫之間,需要儲存該變數的數值時,才應將該變數宣告為類別的欄位。

常見的程式設計錯誤 6.1
宣告同型別的方法參數時,寫成 float x, y 而非 float x, float y,是一種語法錯誤——參數列中每個參數都需要型別。

藉由再利用 Math.max 方法來實作 maximum 方法

Maximum 方法亦可實作成呼叫兩次 Math.max，如下所示：

```
return Math.max(x, Math.max(y,z));
```

第一次呼叫 Math.max 時，指定引數為 x 和 Math.max(y,z)。在呼叫任何方法之前，必須先計算出該方法所有的引數值。如果引數是方法呼叫，此方法呼叫必然會先被執行，以決定其傳回值。因此，在上述敘述中，Math.max(y,z) 會被評估以判斷 y 與 z 的較大者。然後，此結果會被當作第二個引數，傳給另一個 Math.max 呼叫，它會傳回兩引數中的較大者。這是軟體再利用的好例子——藉由重覆使用可找出兩數值中較大者的 Math.max，找到三個數值中最大者。請注意，這行程式碼比起圖 6.3 的第 30-38 行，明顯簡潔了許多。

透過字串串接，來組合字串

Java 允許你使用運算子 + 或 +=，將 String 物件組合成較大的字串。這稱為**字串串接**（**string concatenation**）。當運算子 + 的兩個運算元都是 String 物件時，運算子 + 便會建立一個新的 String 物件，其中右側運算元的字元，會被放在左運算元的字元之後——例如，運算式 "hello" + "there"，會建立 String "hello there"。

圖 6.3 的第 24 行，運算式 "Maximum is:" + result 將運算子 + 使用在型別為 String 與 double 的運算元上。在 Java 中，所有的基本型別數值和物件都有其 String 表示法。當 + 運算子的一個運算元是 String 時，則另一個運算元也會被轉換成 String，然後兩者會被串接在一起。在第 24 行，double 數值會被轉換成其 String 表示法，然後放在 String "Maximum is: " 的後頭。如果此 double 值有任何尾數的零，當此數字轉換成 String 時，這些零都會被丟棄——例如，9.3500 會被表示為 9.35。

在 String 串接中所使用的基本數值，都會被轉換為 String。與 String 串接的布林數值，則會被轉換為 String "true" 或 "false"。所有物件都包含一個叫做 toString 的方法，會傳回物件的 String 表示法（我們會在後續章節中，更詳盡地討論 toString 方法）。當物件和 String 串接時，會自動呼叫該物件的 toString 方法，以獲得該物件的 String 表示法。ToString 也可以明確地加以呼叫。

你可以將較大的 String 字面切割成幾個較小的 String，然後將它們分成數行，以增進可讀性。在這種情況下，這些 String 便可以用串接的方式來重組。我們會在第 14 章中討論關於 String 的細節。

常見的程式設計錯誤 6.2

將 String 字面分成多行，是一種語法錯誤。必要時，你可以將一個 String 切割成幾個較小的 String，然後使用串接來組成你想要的 String。

常見的程式設計錯誤 6.3

將用來進行字串串接的 + 運算子，和用來進行加法的 + 運算子搞混，可能會導致奇怪的結果。Java 會從左到右評估運算子的運算元。例如，如果整數變數 y 包含數值 5，則運算式 "y + 2 = " + y + 2 會得到字串 "y + 2 = 52"，而非 "y + 2 = 7"，因為一開始 y 值 (5) 會被串接到字串 "y + 2 = "，然後數值 2 會再被串接到新的較大字串 "y + 2 = 5"。運算式 "y + 2 = " + (y + 2) 才會產生所需的結果 "y + 2 = 7"。

6.5 關於宣告及使用方法的注意事項

有三種呼叫方法的方式：

1. 只使用方法名稱，呼叫同類別內的其他方法——例如圖 6.3，第 21 行的 maximum(number1, number2, number3)。

2. 使用物件參照變數，加上一個點號（.）和方法名稱，來呼叫被參照物件的非 static 方法——例如圖 3.2，第 16 行的方法呼叫 myAccount.getName()，這是從 AccountTest 的 main 方法去呼叫 Account 類別。Non-static 方法通常被稱為**實體方法（instance methods）**。

3. 使用類別名稱和點號（.）來呼叫類別的 static 方法——例如 6.3 節的 Math.sqrt(900.0)。

Static 方法只能直接呼叫其他在同類別的 static 方法（亦即，只使用方法名稱），也只能直接處理同類別中的 static 變數。要存取類別的實體變數與實體方法，static 方法必須使用該類別物件的參照。實體方法可存取全部的欄位(static 變數與實體變數)與類別的方法。請回想一下，static 方法是與其類別互為一體，而實體方法卻是與特定的類別實體(物件)相關，而且可處理該物件的實體變數。同類別的許多物件都擁有各自的實體變數副本，也可能同時存在。假設 static 方法要直接呼叫實體方法，static 方法如何知道要處理哪個物件的實體變數？如果在實體方法被呼叫時，此類別沒有任何物件存在，會發生什麼事？因此，Java 不會允許 static 方法直接存取同一類別的實體變數與實體方法。

有三種方式可以將控制權傳回給呼叫方法的敘述。如果方法不會傳回結果，則當程式流程抵達方法結尾的右大括號或執行以下敘述時，便會傳回控制權：

```
return;
```

如果方法會傳回運算結果，則下列敘述

```
return expression;
```

就會計算 expression 的值，然後將結果傳回給呼叫者。

常見的程式設計錯誤 6.4

在類別宣告的主體之外，或是在另一方法的主體之內宣告方法，是一種語法錯誤。

常見的程式設計錯誤 6.5
在方法主體之內，將參數重新宣告為區域變數，是一種編譯錯誤。

常見的程式設計錯誤 6.6
忘記從應該要傳回數值的方法傳回數值，是一種編寫錯誤。如果所指定的傳回型別不是 void，則此方法必須包含 return 敘述，傳回與方法的傳回型別相容的數值。從傳回型別宣告為 void 的方法傳回數值，是一種編寫錯誤。

6.6　方法呼叫堆疊與活動記錄

想了解 Java 如何執行方法呼叫，我們得先考量某種稱為堆疊（stack）的資料結構（亦即相關的資料項目集合）。你可以將堆疊想像成一疊盤子。把盤子堆到一疊盤子上頭時，通常會把它放在頂端（稱為把盤子推入 [push] 到堆疊）。同樣地，從一碟盤子拿下一個盤子時，也都會從頂端拿取（稱為把盤子移出 [pop] 堆疊）。堆疊被稱為後進先出的資料結構（last-in, first-out [LIFO] data structure），最後推入到堆疊的物件，會最先從堆疊中移出。

當程式呼叫方法時，被呼叫的方法必須要知道如何再回到呼叫者，所以發出呼叫的方法其返回位址會被推入到**程式執行堆疊**（**program execution stack**，有時也稱為方法呼叫**堆疊 [method-call stack]**）中。如果發生一連串方法呼叫，則返回位址會按照後進先出的順序推入到堆疊中，如此每個方法就能夠返回自己的呼叫者。

程式執行堆疊也包含程式執行時，每次方法呼叫所使用到的區域變數的記憶體空間。這些存放在程式執行堆疊中的資料，稱為方法呼叫的**活動記錄**（**activation record**）或**堆疊框**（**stack frame**）。進行方法呼叫時，該方法呼叫的活動記錄，就會被推入到程式執行堆疊中。當方法返回其呼叫者時，此方法呼叫的活動記錄便會從堆疊中移出，程式就再也無法使用這些區域變數。如果區域變數中存放著某物件的參照，而且是程式中唯一擁有此物件參照的變數，則當包含該區域變數的活動記錄從堆疊中移出時，程式便再也無法存取此一物件，這個物件最終會在「垃圾收集」（garbage collection）時，從記憶體中遭到刪除。我們會在 8.10 節討論垃圾收集。

當然，電腦記憶體是有限的，所以只有特定數量的記憶體，可以用來存放程式執行堆疊上的活動記錄。如果方法呼叫的數量超過程式執行堆疊所能儲存的活動記錄量，就會發生稱為**堆疊溢位**（**stack overflow**）的錯誤。我們將在第 11 章中深入討論。

6.7　引數提升及強制轉型

方法呼叫的另一項重要特性，是**引數提升**（**argument promotion**）──如果可能的話，把引數的數值轉換成方法所預期接收的參數型別。例如，程式可以用 int 引數來呼叫 Math 的 sqrt 方法，即使此方法預期接收的是 double 引數。以下敘述：

```
System.out.println(Math.sqrt(4));
```

會正確地計算 Math.sqrt(4)，印出數值 2.0。方法宣告的參數列會令 Java 先將 int 數值 4 轉換為 double 數值 4.0，再將此數值傳給 sqrt 方法。如果不符合 Java 的**提升規則**（**promotion rule**），這樣的轉換可能會導致編譯錯誤。提升規則指定了哪些轉換是可容許的——也就是說，有哪些轉換可以在不損失資料的情況下進行。在上述的 sqrt 範例中，int 可以在數值不改變的情況下，轉換成 double。然而，將 double 轉換成 int 時，卻會截去 double 的小數部分——因此，有部分數值會遺失。將大範圍的整數型別轉換成小範圍的整數型別（例如 long 轉換成 int 或 int 轉換成 short），也可能會導致數值的改變。

提升規則會被應用於包含兩種以上基本型別的運算式中，也會被應用於基本型別數值作為引數傳遞給方法時。每個數值都會被提升至該運算式中「最高」的型別（實際上，運算式會使用每個數值的暫時性副本——原先數值的型別會保持不變）。圖 6.4 列出了基本型別，以及每種型別所能提升的類型。請注意，對某一型別只能合法提升至表格中位於其上方的型別。例如，int 可以提升為其上方的 long、float 與 double 型別。

型別	合法的提升
double	無
float	double
long	float 或 double
int	long、float 或 double
char	long、float 或 double
short	int、long、float 或 double（但不包含 char）
byte	short、int、long、float 或 double（但不包含 char）
boolean	無（Java 並不認為 boolean 數值是數字）

圖 6.4　基本型別所容許的型別提升

將數值轉換為圖 6.4 表格中較低的型別時，如果低型別無法表示高型別的值，將會導致數值的改變（例如 int 數值 2000000 無法表示為 short，而任何有小數的浮點數，也都無法表示為 long、int 或 short 等整數型別）。因此，在可能因為轉換而導致資訊損失的情況下，Java 編譯器會要求你使用強制轉型運算子（4.10 節曾介紹），明確地強制進行轉型，否則就會發生編譯錯誤。這讓你可以從編譯器手中「取得控制權」。等於是在說：「我知道這樣轉換可能會損失資訊，可是就我的用途而言，這並沒有關係。」假設以 square 方法計算整數的平方，此時就需要 int 引數。由於呼叫 square 所傳的引數 doubleValue 為 double 型別，故必須將方法呼叫寫成：

```
square((int) doubleValue)
```

這個方法呼叫會明確地將變數 doubleValue 的數值副本，強制轉型成整數，供 square 方法使用。因此，如果 doubleValue 的數值為 4.5，則方法會收到數值 4，傳回結果為 16 而非 20.25。

常見的程式設計錯誤 6.7

將基本型別的數值轉換成另一種基本型別，如果新型別並非合法的提升型別，則其數值可能會改變。例如，把浮點數值轉換成整數值，可能造成運算結果的尾數捨去錯誤（遺失小數部分）。

6.8 Java API 套件

如你所見，Java 有許多預先定義的類別，並且依相關性分類成為所謂的套件。這些套件統稱為 Java 應用程式設計介面（Java API），或稱為 Java 類別庫。Java 其中一項強大之處，便在於 Java API 包含成千上萬的類別。圖 6.5 列出一些重要的 Java API 套件，而這僅是 Java API 中可再利用元件的一小部分而已。

套件	說明
`java.awt.event`	**Java Abstract Window Toolkit Event 套件**包含讓 java.awt 和 javax.swing 套件的 GUI 元件，具有事件處理能力的類別與介面。（請參閱第 12 章與第 22 章）
`java.awt.geom`	**Java 2D Shapes 套件**包含用來處理 Java 進階二維繪圖能力的類別及介面。（請參閱第 13 章）
`java.io`	**Java Input/Output 套件**包含讓程式能夠輸入及輸出資料的類別及介面。（請參閱第 15 章）
`java.lang`	**Java Language 套件**包含許多 Java 程式需要的類別及介面（本書處處提及）。編譯器會將這個套件匯入到所有程式中。
`java.net`	**Java Networking 套件**包含讓程式能夠透過諸如網際網路的計算機網路進行通訊的類別與介面。（請參閱第 28 章）
`java.security`	**Java Security 套件**包含類別與介面用來加強應用程式安全性。
`java.sql`	**JDBC 套件**包含用來處理資料庫的類別及介面。（請參閱第 24 章）
`java.util`	**Java Utilities 套件**包含實用類別與介面，其可以儲存與處理大量資料，很多這樣的類別與介面會升級來支援 Java SE 8 的新 lambda 能力。（請參閱第 16 章）
`java.util.concurrent`	**Java Concurrency 套件**包含工具類別及介面，用來實作能同步進行多項工作的程式。（請參閱第 23 章）
`javax.swing`	**Java Swing GUI Components 套件**包含 Java Swing GUI 元件的類別及介面，提供具可攜性的 GUI 支援。（請參閱第 12 章與第 22 章）
`javax.swing.event`	**Java Swing Event 套件**包含讓 javax.swing 套件中的 GUI 元件具備事件處理能力（例如對按鍵做反應）的類別與介面。（請參閱第 12 章與第 22 章）
`javax.xml.ws`	**JAX-WS 套件**包含 Java 用來處理網頁服務的類別及介面（請參閱第 32 章）
`javafx packages`	JavaFX 是未來較受歡迎的技術，我們會在第 25 章、線上 JavaFX GUI 與多媒體章節討論這些 packages。

圖 6.5 Java API 套件（部分內容）(1/2)

套件	說明
一些 Java SE 8 套件在本書的使用	
`java.time`	新的 Java SE 8 **Date/Time API 套件**包含處理日期與時間的類別與介面，此套件的特色為設計來取代舊的 java.util 套件的日期與時間能力。(請參閱第 23 章)
`java.util.function` 與 `java.util.stream`	此套件包含 Java SE 8 的功能性程式編寫能力的類別與介面 (請參閱第 17 章)

圖 6.5　Java API 套件 (部分內容)(2/2)

　　Java 中可使用的套件相當多。除了圖 6.5 所整理的部分外，Java 還包含用來處理複雜繪圖、進階圖形使用者介面、列印、進階網路功能、安全性、資料庫處理、多媒體、協助工具 (供殘疾人士使用)、同步化程式、密碼學、XML 處理，以及其他許多功能的套件。要瀏覽完整的 Java 套件，請參考

```
http://docs.oracle.com/javase/7/docs/api/overview-summary.html
http://download.java.net/jdk8/docs/api/overview-summary.html
```

你也可以在位於 http://docs.oracle.com/javase/7/docs/api/ 的 Java API 說明文件中，找到更多關於預先定義的 Java 類別方法的資訊。在拜訪這個網站時，點選 Index 連結，就可以看到 Java API 中所有的類別與方法，按字母順序排列。找到類別名稱，然後點擊其連結，就可以看到該類別的線上說明。點選 METHOD 連結，就可以看到這個類別的方法列表。每個 `static` 方法在列出時，其傳回型別前面都會加上「`static`」字樣。

6.9　案例研究：產生亂數

現在，我們暫時岔題一下，來聊聊某一類熱門的程式設計應用——模擬與遊戲。在本節和下一節中，我們會開發出一支包含多個方法，結構完善的遊戲程式。這支程式使用了大部分目前學過的控制敘述，也會引入幾種新的程式設計觀念。

　　機會因子 (element of chance) 可以透過 SecureRandom 類別 (`java.security` 套件) 的物件引入。Random 類別的物件可以產生亂數的 `boolean`、`byte`、`float`、`double`、`int`、`long` 和高斯數值。在接下來幾個範例中，我們會使用 SecureRandom 類別的物件來產生亂數值。

移到安全隨機數字

本書最新的版本使用 Java 的 Random 類別來獲得「隨機」數值，此類別生產可能被惡意程式員預測的確定數值。SecureRandom 物件生產非**確定的隨機數**是不可預測的。

　　確定隨機數是很多軟體安全性缺口的來源，大多的程式編寫語言都有類似 Java 的 SecureRandom 類別用來生產非確定隨機數，以避免這種問題。從現在開始，只要我們提到「隨機數」，指的是「安全隨機數」。

SecureRandom 物件的建立

一個新的亂數產生器物件可以用以如下方式建立：

```
SecureRandom randomNumbers = new SecureRandom();
```

它可以被使用來生產數值，我們在這裡只有討論隨機整數值。想了解更多關於 SecureRandom 類別的資訊，請參閱 docs.oracle.com/javase/7/docs/api/java/security/SecureRandom.html。

獲得隨機 int 數值

請考量以下敘述：

```
int randomValue = randomNumbers.nextInt();
```

SecureRandom 方法 nextInt 會產生一個隨機的整數值，若此方法真的是隨機產生數值，那麼相同範圍的每個數值在每次 nextInt 呼叫的時候，被選中的機會（或機率）應該都是相等的。

藉由 nextInt 改變數值範圍的產生

nextInt 方法直接產生的數值範圍，通常與特定的 Java 應用所需的數值範圍有所不同。例如，模擬丟擲銅板的程式，可能只需要 0 來表示「人頭」，1 表示「字面」。模擬丟擲一顆骰子的程式，則可能需要範圍 1–6 的隨機整數。在電玩中，會隨機預測下一艘飛越天際的是哪一型太空船（四種可能性之一）的程式，可能會需要範圍 1–4 的隨機整數。針對上述這類情形，SecureRandom 類別提供了另一種版本的 nextInt 方法，會接收一個整數引數，然後傳回範圍從零到此引數值（但不包含此引數值）之間的隨機數值。例如，要模擬丟擲銅板，以下敘述會傳回 0 或 1：

```
int randomValue = randomNumbers.nextInt(2);
```

丟擲一顆六面骰子

為了示範亂數的使用，讓我們開發一支程式，模擬丟擲一顆骰子 20 次，然後顯示出每次擲出的點數。我們一開始會使用 nextInt 來產生範圍 0-5 的亂數，如下所示：

```
int face = randomNumbers.nextInt(6);
```

其中，引數為 6 ——稱為**規模設定係數**（**scaling factor**）——代表 nextInt 應該要產生幾種獨特的數值（在此情況下為六種：0、1、2、3、4、5）。這個操作，稱為 SecureRandom 方法 nextInt 所產生之數值範圍的**規模設定**（**scaling**）。

一顆骰子各面的數值為 1-6，而非 0-5，所以我們會將先前的亂數結果加上**平移量**（**shifting value**）——在此例中平移量為 1 ——來**平移**（**shift**）所產生的亂數數值範圍，如下所示：

```
int face = 1 + randomNumbers.nextInt(6);
```

平移量（1）會指定所需隨機整數範圍的第一筆數值。上述敘述會指派一個範圍為 1-6 的隨機整數給 face。

丟擲一顆六面骰子 20 次

圖 6.6 顯示了兩次範例輸出，以確認前述運算的結果是介於範圍 1-6 之間的整數，而且程式每次執行時，都會產生不同的亂數序列。第 3 行會從 java.security 套件匯入 SecureRandom 類別。第 10 行會建立 SecureRandom 物件 randomNumbers 來產生亂數值。第 16 行使用了迴圈，來丟擲骰子 20 次。迴圈中的 if 敘述（第 21-22 行），會在每輸出五個數字之後換行。

```java
1  // Fig. 6.6: RandomIntegers.java
2  // Shifted and scaled random integers.
3  import java.security.SecureRandom; // program uses class SecureRandom
4
5  public class RandomIntegers
6  {
7     public static void main(String[] args)
8     {
9        // randomNumbers object will produce secure random numbers
10       SecureRandom randomNumbers = new SecureRandom();
11
12       // loop 20 times
13       for (int counter = 1; counter <= 20; counter++)
14       {
15          // pick random integer from 1 to 6
16          int face = 1 + randomNumbers.nextInt(6);
17
18          System.out.printf("%d  ", face); // display generated value
19
20          // if counter is divisible by 5, start a new line of output
21          if (counter % 5 == 0)
22             System.out.println();
23       }
24    }
25 } // end class RandomIntegers
```

```
1 5 3 6 2
5 2 6 5 2
4 4 4 2 6
3 1 6 2 2
```

```
6 5 4 2 6
1 2 5 1 3
6 3 2 2 1
6 4 2 6 4
```

圖 6.6 平移及規模設定隨機整數

丟擲一顆六面骰子 600 萬次

爲了證明 nextInt 所產生的數字出現機率大致相同，讓我們用圖 6.7 的應用程式，來模擬丟擲骰子 600 萬次。從 1 到 6 的每個整數，出現次數都應該大約爲 100 萬次。

```java
1  // Fig. 6.7: RollDie.java
2  // Roll a six-sided die 6000 times.
3  import java.security.SecureRandom;
4
5  public class RollDie
6  {
7     public static void main(String[] args)
8     {
9        // randomNumbers object will produce secure random numbers
10       SecureRandom randomNumbers = new SecureRandom();
11
12       int frequency1 = 0; // count of 1s rolled
13       int frequency2 = 0; // count of 2s rolled
14       int frequency3 = 0; // count of 3s rolled
15       int frequency4 = 0; // count of 4s rolled
16       int frequency5 = 0; // count of 5s rolled
17       int frequency6 = 0; // count of 6s rolled
18
19       // tally counts for 6,000,000 rolls of a die
20       for (int roll = 1; roll <= 6000000; roll++)
21       {
22          int face = 1 + randomNumbers.nextInt(6); // number from 1 to 6
23
24          // use face value 1-6 to determine which counter to increment
25          switch (face)
26          {
27             case 1:
28                ++frequency1; // increment the 1s counter
29                break;
30             case 2:
31                ++frequency2; // increment the 2s counter
32                break;
33             case 3:
34                ++frequency3; // increment the 3s counter
35                break;
36             case 4:
37                ++frequency4; // increment the 4s counter
38                break;
39             case 5:
40                ++frequency5; // increment the 5s counter
41                break;
42             case 6:
43                ++frequency6; // increment the 6s counter
44                break;
45          }
46       }
47
48       System.out.println("Face\tFrequency"); // output headers
49       System.out.printf("1\t%d%n2\t%d%n3\t%d%n4\t%d%n5\t%d%n6\t%d%n",
50          frequency1, frequency2, frequency3, frequency4,
51          frequency5, frequency6);
52    }
53 } // end class RollDie
```

圖 6.7　丟擲一顆骰子 600 萬次 (1/2)

```
Face      Frequency
1         999501
2         1000412
3         998262
4         1000820
5         1002245
6         998760
```

```
Face      Frequency
1         999647
2         999557
3         999571
4         1000376
5         1000701
6         1000148
```

圖 6.7　丟擲一顆骰子 600 萬次 (2/2)

　　如範例輸出所示，規模設定和平移 nextInt 方法所產生的數值，讓程式可以模擬一顆骰子的丟擲。此應用程式使用了巢狀控制敘述（switch 巢狀內嵌於 for 之內）來計算骰子每一面出現的次數。這個 for 敘述（第 20-46 行）會循環 600 萬次。在每次循環中，第 22 行都會產生 1 到 6 的亂數。接著這個數值會被用來作為 switch 敘述（第 25-45 行）的控制運算式（第 25 行）。根據 face 的數值，switch 敘述會在每次迴圈循環時，遞增 6 個計數器變數的其中之一。此 switch 敘述沒有 default 狀況，因為我們對第 22 行的運算式產生的所有可能骰子點數，都有一個對應的 case 處理。請執行此程式，然後觀察結果。你會發現，每次執行程式時，都會產生不同的結果。

　　當我們在第 7 章學習陣列時，會展示一種優雅的方式，用一行敘述取代程式中整段 switch 敘述！然後，當我們研究 Java SE 8 第 17 章中新的功能性程式編寫能力，會顯示如何取代擲骰子的迴圈，它是 switch 敘述與展示單一敘述結果的敘述。

適用於亂數的規模設定與平移

先前，我們用以下敘述來模擬一顆骰子的丟擲：

```
int face = 1 + randomNumbers.nextInt(6);
```

這個敘述永遠會指派給 face 變數範圍為 $1 \leq face \leq 6$ 的整數。此一數值範圍的寬度（意即此範圍中連續整數的數量）為 6，而範圍的起始數值為 1。在上述敘述中，數值範圍的寬度是由傳遞給 SecureRandom 方法 nextInt 的引數 6 所決定；範圍的起始數值則是加入到 randomNumbers.nextInt(6) 的數字 1。我們可以將此結果一般化為：

```
int number = shiftingValue + randomNumbers.nextInt(scalingFactor);
```

其中 **shiftingValue**（平移量）會指定所需的連續整數範圍的第一筆數值，**scalingFactor**（規模設定係數）則會指定範圍內有多少數字。

　　你也可以從一組數值中隨機選出整數，而非從連續的整數範圍中挑選。例如，若想從數列 2、5、8、11、14 中取得亂數，你可以使用以下敘述：

```
int number = 2 + 3 * randomNumbers.nextInt(5);
```

在此例中，randomNumberGenerator.nextInt(5) 會產生範圍 0-4 的數值。所產生的每個數值都會被乘以 3 以得到數列 0、3、6、9、12 中的數值。我們將此數值加 2，平移數值的範圍以得到數列 2、5、8、11、14 中的數值。我們可以以將此結果一般化爲

```
int number = shiftingValue +
    differenceBetweenValues * randomNumbers.nextInt(scalingFactor);
```

其中，**shiftingValue**（**平移量**）會指定所需之數值範圍的第一個數字，differenceBetweenValues 則代表數列中連續數字的公差值，**scalingFactor**（**規模設定係數**）則指定了此範圍內有多少數字。

Performance 的注意事項

使用 SecureRandom 取代 Random 來達到較高的安全等級，會產生一個重大的效能損失。對於「casual」應用程式而言，你可能想要從 java.util 套件使用 Random 類別——只是要用 Random 取代 SecureRandom。

6.10　案例研究：機率遊戲；介紹 enum 型別

有一種流行的機率遊戲，稱爲「craps」，遍布於全世界的賭場和後巷中。這種遊戲的規則很簡單：

> 你會丟擲兩粒骰子。每粒骰子都有六個面，分別包含 1、2、3、4、5 及 6 點。當骰子停下來時，將兩粒骰子朝上的點數相加。如果第一次便擲出總點數 7 或 11，就算你贏。如果第一次擲出總點數 2、3 或 12（稱爲「Craps」），就算你輸（亦即「莊家」獲勝）。如果第一次擲出總點數 4、5、6、8、9 或 10，這會變成你的「點數」。要獲勝，必須繼續丟擲骰子，直到「達到點數」（意即擲出相同的總點數）爲止。如果在達到點數之前，你擲出 7 點，便算是輸。

圖 6.8 使用幾個方法來實作 craps 遊戲的邏輯，以模擬 craps 遊戲。main 方法（第 21-65 行）會視需要呼叫 rollDice 方法（第 68-81 行），以丟擲骰子並計算總點數。範例輸出顯示了在第一次丟擲便獲勝或落敗，以及在後續丟擲中獲勝或落敗的情形。

```
1  // Fig. 6.8: Craps.java
2  // Craps class simulates the dice game craps.
3  import java.security.SecureRandom;
4
5  public class Craps
6  {
7     // create secure random number generator for use in method rollDice
8     private static final SecureRandom randomNumbers = new SecureRandom();
9
10    // enum type with constants that represent the game status
11    private enum Status {CONTINUE, WON, LOST};
```

圖 6.8　Craps 類別，模擬骰子遊戲 craps (1/3)

```java
12
13     // constants that represent common rolls of the dice
14     private static final int SNAKE_EYES = 2;
15     private static final int TREY = 3;
16     private static final int SEVEN = 7;
17     private static final int YO_LEVEN = 11;
18     private static final int BOX_CARS = 12;
19
20     // plays one game of craps
21     public static void main(String[] args)
22     {
23         int myPoint = 0; // point if no win or loss on first roll
24         Status gameStatus; // can contain CONTINUE, WON or LOST
25
26         int sumOfDice = rollDice(); // first roll of the dice
27
28         // determine game status and point based on first roll
29         switch (sumOfDice)
30         {
31             case SEVEN: // win with 7 on first roll
32             case YO_LEVEN: // win with 11 on first roll
33                 gameStatus = Status.WON;
34                 break;
35             case SNAKE_EYES: // lose with 2 on first roll
36             case TREY: // lose with 3 on first roll
37             case BOX_CARS: // lose with 12 on first roll
38                 gameStatus = Status.LOST;
39                 break;
40             default: // did not win or lose, so remember point
41                 gameStatus = Status.CONTINUE; // game is not over
42                 myPoint = sumOfDice; // remember the point
43                 System.out.printf("Point is %d%n", myPoint);
44                 break;
45         }
46
47         // while game is not complete
48         while (gameStatus == Status.CONTINUE) // not WON or LOST
49         {
50             sumOfDice = rollDice(); // roll dice again
51
52             // determine game status
53             if (sumOfDice == myPoint) // win by making point
54                 gameStatus = Status.WON;
55             else
56                 if (sumOfDice == SEVEN) // lose by rolling 7 before point
57                     gameStatus = Status.LOST;
58         }
59
60         // display won or lost message
61         if (gameStatus == Status.WON)
62             System.out.println("Player wins");
63         else
64             System.out.println("Player loses");
65     }
66
67     // roll dice, calculate sum and display results
```

圖 6.8 Craps 類別，模擬骰子遊戲 craps (2/3)

```
68     public static int rollDice()
69     {
70         // pick random die values
71         int die1 = 1 + randomNumbers.nextInt(6); // first die roll
72         int die2 = 1 + randomNumbers.nextInt(6); // second die roll
73
74         int sum = die1 + die2; // sum of die values
75
76         // display results of this roll
77         System.out.printf("Player rolled %d + %d = %d%n",
78             die1, die2, sum);
79
80         return sum;
81     }
82 } // end class Craps
```

```
Player rolled 5 + 6 = 11
Player wins
```

```
Player rolled 5 + 4 = 9
Point is 9
Player rolled 4 + 2 = 6
Player rolled 3 + 6 = 9
Player wins
```

```
Player rolled 1 + 2 = 3
Player loses
```

```
Player rolled 2 + 6 = 8
Point is 8
Player rolled 5 + 1 = 6
Player rolled 2 + 1 = 3
Player rolled 1 + 6 = 7
Player loses
```

圖 6.8　Craps 類別，模擬骰子遊戲 craps (3/3)

rollDice 方法

依照遊戲規則，玩家第一次丟擲時必須擲兩粒骰子，之後每次丟擲也一樣。我們宣告了 rollDice 方法（圖 6.8，第 68-81 行）來丟擲骰子並計算其總點數。rollDice 方法只宣告了一次，但是會從 main 的兩個地方加以呼叫（第 26 行和第 50 行），main 方法包含了完整的 craps 遊戲邏輯。rollDice 方法不接收引數，所以參數列是空的。每次呼叫 rollDice 方法，都會傳回骰子的總點數，所以方法標頭指定了傳回型別為 int（第 68 行）。雖然第 71 和 72 行看起來一模一樣（除了骰子的名稱之外），但這兩行不一定會產生相同的結果。這兩個敘述會產生範圍 1 到 6 的亂數值。變數 randomNumbers（使用於第 71-72 行）並非宣告於此方法中。反之，它是宣告為此類別的 private static final 變數，並於第 8 行被初始化。這讓我們可以建立一個 SecureRandom 物件，然後在每次呼叫 rollDice 時重複利用它。如果程式中包含多個 Craps 的實體，它們會共用這同一個 SecureRandom 物件。

main 方法的區域變數

這個遊戲相當複雜。玩家可能會在第一次丟擲時就決定輸贏，或是在後續任何一次丟擲中決定輸贏。如果玩家在第一次丟擲時沒有決定輸贏，main 方法（第 21-65 行）會使用區域變數 myPoint（第 23 行）來儲存「點數」，以區域變數 gameStatus（第 24 行）來記錄整個遊戲的狀況，還會用區域變數 sumOfDice（第 26 行）來儲存最近一次丟擲的骰子總點數。變數 myPoint 會被初始化為 0，以確保此應用程式可以通過編譯。如果你沒有初始化 myPoint，編譯器會發出錯誤訊息，因為 switch 敘述並非每個 case 都有指派數值給 myPoint，因此程式有可能會在指派數值給 myPoint 之前使用到它。相較之下，gameStatus 就不必初始化，因為 switch 敘述的每個 case 都會指派數值給它——因此，它在使用之前保證會初始化，因此不需要加以初始化（第 24 行）。

enum 型別 Status

區域變數 gameStatus（第 24 行）被宣告成一種新的型別，稱為 Status（宣告於第 11 行）。型別 Status 是 Craps 類別的 private 成員，因為 Status 只會在該類別中被使用。Status 是一種稱為**列舉（enum）**的型別，在最簡單的形式下，這種型別會宣告以識別字來表示的一組常數。列舉是一種特殊的類別，係透過關鍵字 enum 和型別名稱（在此例中為 Status）來引入程式中。和其他類別一樣，大括號（{ 和 }）會界定出 enum 宣告的主體。在大括號中，是一個**列舉常數（enum constant）**的逗號分隔列表，每個常數代表一個獨特的數值。enum 中的識別字必須是獨一無二的（你會在第 8 章學到更多關於列舉的資訊）。

良好的程式設計習慣 6.1
慣例上，列舉常數的名稱，只會使用大寫字母，這樣會讓它們很顯眼，提醒你它們並非變數。

　　Status 型別的變數只能指派給列舉中（第 11 行）所宣告的三個常數之一，否則便會發生編譯錯誤。遊戲獲勝時，程式會將區域變數 gameStatus 設定為 Status.WON（第 33 行和第 54 行）。遊戲落敗時，程式會將區域變數 gameStatus 設定為 Status.LOST（第 38 行和第 57 行）。其他情況下，程式會將區域變數 gameStatus 設定為 Status.CONTINUE（第 41 行），指示遊戲尚未結束，必須再擲一次骰子。

良好的程式設計習慣 6.2
使用列舉常數（像是 Status.WON、Status.LOST 與 Status.CONTINUE）而不是實數（像是 0、1 與 2）會使得程式更容易的讀取與維持。

main 方法的邏輯

main 方法的第 26 行會呼叫 rollDice，選取兩個介於 1 到 6 之間的亂數，顯示第一個骰子與第二個骰子的點數，以及兩者的總點數，然後將總點數傳回。接著 main 方法會進入 switch 敘述（第 29-45 行），使用第 26 行所得到的 sumOfDice 變數來判定遊戲是獲勝、落敗，還是必須繼續下一次丟擲。能夠在第一次丟擲骰子就判定輸贏的總點數，在第 14-18 行宣告為 public static final int 常數。這些識別名稱，使用了賭場對於這些點數的術語。這些常數，就像 enum 常數一樣，依慣例會全部用大寫字母來宣告，令其在程式中看來顯眼。第 31-34 行會用 SEVEN（7）或 YO_LEVEN（11）來判定玩家是否在第一次丟擲時便已獲勝。第 35-39 行則會用 SNAKE_EYES（2）、TREY（3）或 BOX_CARS（12）來判定玩家是否於第一次丟擲時便已落敗。在第一次丟擲之後，如果遊戲尚未結束，default 狀況（第 40-44 行）會將 gameStatus 設定為 Status.CONTINUE，將 sumOfDice 的數值儲存在 myPoint 中，並顯示此點數。

如果我們還在試圖「達成點數」（意即前一次丟擲要繼續進行遊戲），便會執行第 48-58 行的迴圈。第 50 行會再擲一次骰子。如果 sumOfDice 的值等於 myPoint（第 53 行），第 54 行就會把 gameStatus 設定為 Status.WON，然後終止迴圈，因為遊戲已然結束。如果 sumOfDice 的值為 SEVEN（第 56 行），第 57 行會將 gameStatus 設定為 Status.LOST，然後終止迴圈，因為遊戲已然結束。當遊戲結束時，第 61-64 行會顯示一個訊息，指出玩家是獲勝或落敗，然後終止程式。

這支程式使用了各種我們曾經討論過的程式控制機制。Craps 類別使用到兩個方法——main 與 rollDice（main 呼叫了它兩次），還有 switch、while、if…else 與巢狀的 if 控制敘述。也請注意 switch 敘述中多重 case 標籤的使用，對於總點數 SEVEN 和 YO_LEVEN（第 31-32 行）執行相同的敘述，對於總點數 SNAKE_EYES、TREY 和 BOX_CARS（第 35-37 行）執行另一批相同的敘述。

為何有些常數不定義為 enum 常數

你可能會好奇，為什麼我們將骰子的總點數宣告為 public static final int 常數，而非 enum 常數。原因是因為程式必須拿 int 變數 sumOfDice（第 26 行）與這些常數做比較，以判定每次投擲的結果。假設我們宣告了 enum Sum，包含這些常數（例如 Sum.SNAKE_EYES），代表遊戲中使用到的五種總點數，然後在 switch 敘述（第 29-45 行）中使用這些常數。這樣做會讓我們無法使用 sumOfDice 作為 switch 敘述的控制運算式，因為 Java 不允許 int 與列舉常數做比較。如果想達到與目前程式相同的功能，我們必須使用 Sum 型別的變數 currentSum，作為 switch 的控制運算式。不幸的是，Java 沒有提供任何簡單的方式，把 int 數值轉換成特定的 enum 常數。我們可以用另一個 switch 敘述來完成這項工作。這顯然很累贅，也沒法增加程式的可讀性（因此推翻了使用 enum 的動機）。

6.11　宣告的使用域

你已經看過諸如類別、方法、變數和參數等 Java 個體的宣告。宣告會引入名稱，這些名稱可以用來參照這些 Java 個體。所謂宣告的**使用域（scope）**，意指我們可以使用其名稱來參照此一宣告個體的程式區域。在程式的這個區域中，我們稱此個體「位於使用域內」。本節會介紹一些關於使用域的重要議題。

使用域的基本規則如下：

1. 參數宣告的使用域，為該宣告所在的方法主體。

2. 區域變數宣告的使用域，係從其宣告處開始，一直到該區塊的結尾。

3. 出現在 for 敘述標頭初始化段落中的區域變數宣告，其使用域為 for 敘述的主體，以及標頭中其他的運算式。

4. 方法或欄位的使用域，為類別的整個主體。這讓實體方法，可以使用類別的欄位和其他方法。

任何區塊都可能包含變數宣告。如果方法的區域變數或參數名稱與類別欄位名稱相同時，則此欄位會被「隱藏」起來，直到區塊執行結束為止，這種現象稱為**遮蔽（shadowing）**。要存取一個區塊中的遮蔽欄位：

- 如果欄位是實體變數，會先寫 this，然後加一個點號，例如 this.x.
- 如果欄位是 static 類別變數，會先寫類別名稱，然後加一個點號，例如 ClassName.x。

圖 6.9 說明了欄位與區域變數的使用域問題。第 7 行宣告了欄位 x，並將之初始化為 1。這個欄位會在任何宣告了名為 x 區域變數的區塊（或方法）中遭到遮蔽。main 方法（第 11–23 行）宣告了一個區域變數 x（第 13 行）並將之初始化為 5。我們輸出此一區域變數的數值，藉以顯示欄位 x（其數值為 1）在 main 中遭到了遮蔽。此程式也宣告了其他兩個方法── useLocalVariable（第 26-35 行）和 useField（第 38-45 行），兩者都不接收引數，也不會傳回數值。main 方法會各呼叫這兩個方法兩次（第 17-20 行）。useLocalVariable 方法宣告了區域變數 x（第 28 行）。首次呼叫 useLocalVariable 方法（第 17 行）時，它會建立區域變數 x，並將之初始化為 25（第 28 行），輸出 x 的數值（第 30-31 行），遞增 x（第 32 行），然後再次輸出 x 的數值（第 33-34 行）。第二次呼叫 uselLocalVariable 方法（第 19 行）時，它會重新建立區域變數 x，重新將其初始化為 25，所以這兩次呼叫 useLocalVariable 的輸出一模一樣。

```java
1  // Fig. 6.9: Scope.java
2  // Scope class demonstrates field and local variable scopes.
3
4  public class Scope
5  {
6     // field that is accessible to all methods of this class
7     private static int x = 1;
8
9     // method main creates and initializes local variable x
10    // and calls methods useLocalVariable and useField
11    public static void main(String[] args)
12    {
13       int x = 5; // method's local variable x shadows field x
14
15       System.out.printf("local x in main is %d%n", x);
16
17       useLocalVariable(); // useLocalVariable has local x
```

圖 6.9　說明欄位與區域變數使用域的 Scope 類別 (1/2)

```
18          useField(); // useField uses class Scope's field x
19          useLocalVariable(); // useLocalVariable reinitializes local x
20          useField(); // class Scope's field x retains its value
21
22          System.out.printf("%nlocal x in main is %d%n", x);
23       }
24
25       // create and initialize local variable x during each call
26       public static void useLocalVariable()
27       {
28          int x = 25; // initialized each time useLocalVariable is called
29
30          System.out.printf(
31             "%nlocal x on entering method useLocalVariable is %d%n", x);
32          ++x; // modifies this method's local variable x
33          System.out.printf(
34             "local x before exiting method useLocalVariable is %d%n", x);
35       }
36
37       // modify class Scope's field x during each call
38       public static void useField()
39       {
40          System.out.printf(
41             "%nfield x on entering method useField is %d%n", x);
42          x *= 10; // modifies class Scope's field x
43          System.out.printf(
44             "field x before exiting method useField is %d%n", x);
45       }
46 } // end class Scope
```

```
local x in main is 5

local x on entering method useLocalVariable is 25
local x before exiting method useLocalVariable is 26

field x on entering method useField is 1
field x before exiting method useField is 10

local x on entering method useLocalVariable is 25
local x before exiting method useLocalVariable is 26

field x on entering method useField is 10
field x before exiting method useField is 100

local x in main is 5
```

圖 6.9 說明欄位與區域變數使用域的 Scope 類別 (2/2)

　　useField 方法沒有宣告任何區域變數。因此當它參照 x 時，使用的是該類別的欄位 x（第 7 行）。首次呼叫 useField 方法（第 18 行）時，會輸出欄位 x 的數值 (1)（第 40-41 行），將欄位 x 乘以 10（第 42 行），然後在傳回之前，再次輸出欄位 x 的數值 (10)（第 43-44 行）。下次呼叫 useField 時（第 20 行），欄位已為修改後的數值 (10)，所以方法會先輸出 10，然後輸出 100。最後，在 main 方法中，程式會再次輸出區域變數 x 的數值（第 22 行），證明沒有任何方法呼叫會修改 main 的區域變數 x，因為這些方法所參照的，都是其他使用域中名為 x 的變數。

最小權限原則

在一般的概念裡面，「東西」應該要有能完成工作的能力，僅此而已。舉例來說，一個變數不應該在它不被需要的時候被看見。

> **測試和除錯的小技巧 6.3**
> 宣告變數在它們第一次被使用時，越靠近越好。

6.12　方法多載

同一個類別中可以宣告多個同名的方法，只要這些方法有不同的參數列即可（由參數的個數、型別和順序決定），這稱為**方法多載**（**method overloading**）。在呼叫多載的方法時，編譯器會檢查呼叫中引數的個數、型別和順序，來選出合適的方法。方法多載通常被用來建立幾個同名的方法，這些方法會執行相同或類似的工作，但針對不同的引數型別或個數來進行。例如，Math 方法 abs、min、max（概述於 6.3 節）都被多載為四種版本：

1. 兩個 double 參數
2. 兩個 float 參數
3. 兩個 int 參數
4. 兩個 long 參數

我們的下個範例，會示範如何宣告及呼叫多載方法，我們會在第 8 章說明建構子的多載。

宣告多載方法

MethodOverload 類別（圖 6.10）包含兩個多載版本的 square 方法：一個會計算 int 的平方（並傳回一個 int），一個會計算 double 的平方（並傳回一個 double）。雖然這兩種方法擁有相同的名稱和相似的參數列及主體，但你可將兩者視為不同的方法。把這兩種方法的名稱分別想成「int 的 square」與「double 的 square」，可能會有所助益。

```
1  // Fig. 6.10: MethodOverload.java
2  // Overloaded method declarations.
3
4  public class MethodOverload
5  {
6     // test overloaded square methods
7     public static void main(String[] args)
8     {
9        System.out.printf("Square of integer 7 is %d%n", square(7));
10       System.out.printf("Square of double 7.5 is %f%n", square(7.5));
11    }
12
13    // square method with int argument
14    public static int square(int intValue)
15    {
16       System.out.printf("%nCalled square with int argument: %d%n",
```

圖 6.10　多載方法的宣告 (1/2)

```
17             intValue);
18        return intValue * intValue;
19    }
20
21    // square method with double argument
22    public static double square(double doubleValue)
23    {
24        System.out.printf("%nCalled square with double argument: %f%n",
25            doubleValue);
26        return doubleValue * doubleValue;
27    }
28 } // end class MethodOverload
```

```
Called square with int argument: 7
Square of integer 7 is 49

Called square with double argument: 7.500000
Square of double 7.5 is 56.250000
```

圖 6.10　多載方法的宣告 (2/2)

　　第 9 行使用引數 7 呼叫了 square 方法。字面整數值會被視為 int 型別，所以第 9 行的方法呼叫會執行第 14-19 行 int 參數的 square 方法版本。類似地，第 10 行使用引數 7.5 來呼叫 square 方法。字面浮點數值會被視為 double 型別，所以第 10 行的方法呼叫會呼叫第 22-27 行 double 參數的 square 版本。這兩個方法都會先印出一行文字，證明在兩種情況下都會呼叫合適的方法。第 10 行與第 24 行的數值，是以格式描述子 %f 來顯示。由於未指定其精度，浮點數值會用預設的六位精度來顯示。

區別多載方法

編譯器會藉由方法的**簽名式（signature）**來區別多載方法——簽名式會由方法的名稱、參數的個數、型別及順序組合而成。如果編譯器在編譯時只看方法的名稱，圖 6.10 的程式碼就會模稜兩可——編譯器不知道要如何區別這兩個 square 方法（第 14-19 行、第 22-27 行）。在內部，編譯器會使用較長的方法名稱，包含原本的方法名稱、每個參數的型別，以及參數的確切順序，以判斷類別中的方法是否在此類別中獨一無二。

　　例如，在圖 6.10 中，編譯器可能會使用邏輯名稱「int 的 square」來代表指定了 int 參數的 square 方法，用「double 的 square」來代表指定了 double 參數的 square 方法（編譯器實際使用的名稱比較複雜一些）。如果 method1 的宣告開頭如下：

```
void method1(int a, float b)
```

則編譯器可能會使用邏輯名稱「int 及 float 的 method1」。如果參數列被指定為

```
void method1(float a, int b)
```

則編譯器可能會使用邏輯名稱「float 及 int 的 method1」。參數型別的順序很重要——編譯器會認為前兩個 method1 標頭是不一樣的。

多載方法的傳回型別

在討論編譯器所使用的方法邏輯名稱時，並沒有提到方法的傳回型別。方法呼叫並不會用傳回型別來分辨。如果你多載了，差別只在於傳回型別的方法，而用單獨的敘述呼叫其中一個方法如下：

```
square(2);
```

編譯器將無法判斷要呼叫哪個版本的方法，因爲傳回值被忽略了。當兩個方法擁有相同的簽名式，但傳回型別不同時，編譯器會發出錯誤訊息，指出該方法已然定義於類別中。如果多載方法有不同的參數列，是可以有不同傳回型別的。此外，多載方法的參數數目也不一定要相同。

常見的程式設計錯誤 6.8
用完全相同的參數列宣告多載方法，是一種編譯錯誤，無論其傳回型別是否有所不同。

6.13　（選讀）GUI 與繪圖案例研究：顏色及填滿圖形

雖然你可以只用直線和基本形狀創造出許多有趣的設計，但 Graphics 類別所提供的功能遠不止如此。我們要介紹兩項功能，是顏色與填滿圖形。加入顏色，會豐富使用者在電腦螢幕上看到的繪圖。形狀可以用同一種顏色來填滿。

電腦螢幕上所顯示的顏色，是以紅、綠、藍的顏色元素來定義（稱爲 RGB 值，**RGB values**），各元素分別包含 0 到 255 的整數。某個顏色元素的數值越高，則在最後的顏色中，此顏色的濃度就會越高。Java 使用 java.awt 套件的 Color 類別，以 RGB 值來表示顏色。爲求便利，Color 類別（套件 java.awt）包含 13 種預定義的 static Color 物件——BLACK、BLUE、CYAN、DARK_GRAY、GRAY、GREEN、LIGHT_GRAY、MAGENTA、ORANGE、PINK、RED、WHITE 及 YELLOW。每個物件都可以透過類別名稱及點號來取用，例如 Color.RED。Color 類別也包含一個形式如下的建構子：

```
public Color(int r, int g, int b)
```

讓你可以指定紅、綠、藍元素的數值，來建立自訂的顏色。

Graphics 方法 fillRect 和 fillOval 分別會繪製填滿的矩形與填滿的橢圓形。這兩個方法的參數和 drawRect 和 drawOval 相同；前兩個參數是圖形的左上角座標，後兩個參數決定其寬度和高度。圖 6.11 和圖 6.12 的範例會在螢幕上繪製並顯示一個黃色笑臉，來示範顏色和填滿圖形。

```
1  // Fig. 6.11: DrawSmiley.java
2  // Demonstrates filled shapes.
3  import java.awt.Color;
4  import java.awt.Graphics;
5  import javax.swing.JPanel;
6
7  public class DrawSmiley extends JPanel
8  {
9     public void paintComponent(Graphics g)
10    {
11       super.paintComponent(g);
12
13       // draw the face
14       g.setColor(Color.YELLOW);
15       g.fillOval(10, 10, 200, 200);
16
17       // draw the eyes
18       g.setColor(Color.BLACK);
19       g.fillOval(55, 65, 30, 30);
20       g.fillOval(135, 65, 30, 30);
21
22       // draw the mouth
23       g.fillOval(50, 110, 120, 60);
24
25       // "touch up" the mouth into a smile
26       g.setColor(Color.YELLOW);
27       g.fillRect(50, 110, 120, 30);
28       g.fillOval(50, 120, 120, 40);
29    }
30 } // end class DrawSmiley
```

圖 6.11　用顏色和填滿圖形來繪製笑臉

　　圖 6.11 的第 3-5 行 import 敘述會匯入類別 Color、Graphics 及 JPanel。DrawSmiley 類別（第 7-30 行）會使用 Color 類別來指定繪圖的顏色，並使用 Graphics 類別來繪圖。

　　JPanel 類別同樣提供了讓我們繪圖的區域。paintComponent 方法中，第 14 行使用了 Graphics 方法 setColor 將目前的繪圖顏色設定為 Color.YELLOW。setColor 方法需要一個引數，亦即設定繪圖顏色的 Color。在此例中，我們使用預定義的物件 Color.YELLOW。

　　第 15 行會繪出一個直徑為 200 的圓代表臉──當寬度及高度引數相同時，fillOval 方法便會繪出圓形。接下來，第 18 行會將顏色設定為 Color.Black，第 19-20 行則會繪出眼睛。第 23 行用橢圓形畫出嘴巴，然而這不太是我們想要的。

　　要做出笑臉，我們得「潤飾」一下這個嘴形。第 26 行將顏色設定為 Color.YELLOW，這樣我們繪製的任何圖形，都會和臉融為一體。第 27 行畫出一個矩形，高度是嘴巴的一半。這樣便會「擦去」嘴巴的上半部，只剩下下半部。為了畫出更好的微笑，第 28 行畫出另一個橢圓形，稍微遮住嘴巴的上半部。DrawSmileyTest 類別（圖 6.12）會建立並顯示一個包含此繪圖的 JFrame。在顯示此 JFrame 時，系統會呼叫 paintComponent 方法來繪製此笑臉。

```
1   // Fig. 6.12: DrawSmileyTest.java
2   // Test application that displays a smiley face.
3   import javax.swing.JFrame;
4
5   public class DrawSmileyTest
6   {
7       public static void main(String[] args)
8       {
9           DrawSmiley panel = new DrawSmiley();
10          JFrame application = new JFrame();
11
12          application.setDefaultCloseOperation(JFrame.EXIT_ON_CLOSE);
13          application.add(panel);
14          application.setSize(230, 250);
15          application.setVisible(true);
16      }
17  } // end class DrawSmileyTest
```

圖 6.12　建立 JFrame 以顯示笑臉

GUI 與繪圖案例研究習題

6.1　請利用 fillOval 方法來繪製一個標靶，此標靶會以兩種隨機顏色交互間隔，如圖 6.13 所示。請以隨機引數來使用建構子 Color(int r, int g, int b) 來產生隨機顏色。

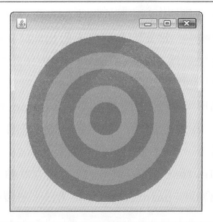
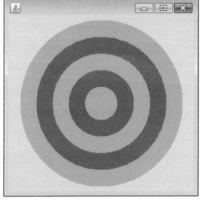

圖 6.13　兩種隨機顏色彼此交替的標靶

6.2 請建立一支程式，會以隨機的顏色、位置、大小，畫出 10 個隨機的填滿圖形（圖 6.14）。paintComponent 方法應該包含一個會循環 10 次的迴圈。在每次循環中，迴圈都應該要判斷要繪製填滿的矩形還是橢圓形，產生隨機的顏色，然後隨機選擇座標和尺寸。其座標應該根據圖板的寬度和高度來做選擇，邊長應該要限制在視窗寬度或高度的一半之內。

圖 6.14 隨機產生的圖形

6.14 總結

在本章，你學到更多關於方法宣告的細節。也學到如何區別實體方法（instance methods）和 static 方法的差異，以及如何在方法名稱前面加上其類別名稱和點號（.）來呼叫 static 方法。你學會如何使用運算子 **+** 和 **+=** 來進行字串串接。我們討論了方法呼叫堆疊與活動記錄，是如何記錄已呼叫的方法，以及當這些方法完成其工作時，必須返回的去處。我們也討論了 Java 在基本型別之間進行自動轉換時使用的型別提升規則，以及如何使用強制轉型運算子來進行明確的型別轉換。接著，你學到 Java API 中一些常用的套件。

你看到要如何利用 enum 型別及 public static final 變數來宣告具名常數。使用了 SecureRandom 類別來產生亂數以供模擬使用。也學到類別中欄位及區域變數的使用域。最後，你學到藉由提供方法相同的名稱，但不同的簽名式，來多載同類別中的方法。這些方法可以用來執行相同或類似的工作，但是使用不同的參數型別或個數。

在第 7 章中，你會學到如何使用陣列來維護資料列表及表格，並且會看到以更優雅的方式實作丟擲 600 萬次骰子的應用程式。我們將展示 GradeBook 案例研究的二個加強版。你也會學到當應用程式開始執行時，如何讀取傳遞給 main 方法的命令列引數。

摘要

6.1 簡介

- 經驗顯示，開發及維護大型程式最好的方法，就是從短小、簡單的片段，或曰模組，開始建構。這種技巧稱為各個擊破。

6.2 Java 的程式模組

- 方法係宣告於類別之內。類別通常會被集結於套件中，讓它們可以匯入再利用。
- 方法讓你可以將工作切分成自成一體的單元，以模組化程式。方法中的敘述只會撰寫一次，並且會隱藏起來不讓其他方法看見。
- 使用現有的方法作為建構區塊來建立新的程式，是一種軟體再利用的方式，讓你可以避免在程式中撰寫重複的程式碼。

6.3 static 方法、static 欄位、Math 類別

- 方法呼叫會指定要呼叫的方法名稱，並且所呼叫的方法要執行工作所需的引數。當方法呼叫完成時，方法會將運算結果，或單純將控制權，傳回給呼叫者。
- 類別可能包含 static 方法，以在無需該類別物件的情況下，執行常用工作。任何 static 方法執行其工作所需的資料，都可以在方法呼叫中作為引數傳遞給方法。要呼叫 static 方法，請撰寫宣告此方法的類別名稱，再加上點號（.）及方法名稱，如下所示

  ClassName.methodName(arguments)

- Math 類別提供了用來進行常用數學運算的 static 方法。
- 常數 Math.PI（3.141592653589793）是圓周長除以直徑的比率。常數 Math.E（2.718281828459045）則是自然對數（以 Math 的 static 方法 log 來計算）的基數。
- Math.PI 與 Math.E，都是以修飾詞 public、final 及 static 來宣告。宣告成 public 讓你可以在你自己的類別中使用這些欄位。使用關鍵字 final 宣告的欄位會是常數──其數值在初始化之後，就不能再修改。PI 和 E 都被宣告為 final，因為它們的值永遠不會改變。將這些欄位宣告為 static，讓它們可以透過類別名稱 Math 加上點號（.）分隔符號來存取，就像 Math 類別的方法一樣。
- 類別的所有物件，都會共用同一個類別 static 欄位的副本。類別變數與實體變數，加起來便代表了類別的欄位。
- 當你用 java 指令來執行 Java 虛擬機器（JVM）時，JVM 會載入所指定的類別，並使用該類別名稱來呼叫 main 方法。你也可以指定額外的命令列引數，JVM 會將之傳遞給應用程式。
- 你可以在宣告的每個類別中都放入 main 方法──只有被用來執行應用程式的類別的 main 方法，會被 java 命令所呼叫。

6.4　宣告包含多個參數的方法

- 在呼叫方法時，程式會製作一個方法引數的副本，並將之指派給方法相對應的參數。當程式控制權返回到當初呼叫方法的地方時，方法的參數便已經從記憶體中移除。

- 方法最多只能傳回一筆數值，但其所傳回的數值，可以是指向包含許多數值的物件的參照。

- 只有在變數需要被類別中的多個方法使用，或是在各次類別方法的呼叫之間，程式必須保留這些變數的數值時，才應將變數宣告爲類別的欄位。

- 當方法擁有多個參數時，我們會以逗號分隔列表來編派這些參數。方法宣告中的每個參數，都必須對應到方法呼叫中的一個引數。此外，每個引數也必須相容於所對應之參數的型別。如果方法不會接收任何引數，則其參數列就是空的。

- String 可以使用運算子 **+** 來串接，這個運算子會將右運算元的字元，放在左運算元的字元後頭。

- Java 每個基本型別的數值和每個物件，都具有 String 表示法。當物件與 String 串接時，這個物件就會先被轉換成 String，然後再將兩個 String 串接在一起。

- 如果 boolean 與 String 串接，則會使用 "true" 或 "false" 字眼來表示 boolean 數值。

- Java 的所有物件都包含一個叫做 toString 的方法，會傳回該物件內容的 String 表示法。當物件和 String 串接時，JVM 會自動呼叫這個物件的 toString 方法，來取得該物件的 String 表示法。

- 你可以把過長的 String 字面切割成幾個較小的 String，把它們放在多行程式碼中，以增進可讀性，然後再使用串接重組這些 String。

6.5　關於宣告及使用方法的注意事項

- 呼叫方法有三種方式——單獨使用方法名稱來呼叫同類別中的其他方法；使用包含指向物件之參照的變數，後頭加上點號（.）和方法名稱，以呼叫所參照之物件的方法；或是使用類別名稱加上點號（.），以呼叫類別的 static 方法。

- 有三種方式，可以將控制權傳回給原先呼叫方法的敘述。如果方法不會傳回運算結果，則當程式流程抵達方法結尾的右大括號，或是敘述

  ```
  return;
  ```

  時，就會傳回控制權。如果方法會傳回運算結果，則敘述

  ```
  return expression;
  ```

  就會計算 expression 的數值，然後立即將所得數值傳回給呼叫者。

6.6　方法呼叫堆疊與活動記錄

- 堆疊被稱爲後進先出（LIFO）的資料結構——最後推入到堆疊的項目，會最先從堆疊中彈出。

- 被呼叫的方法必須知道如何返回其呼叫者，所以發出呼叫之方法的返回位址，會在呼叫方法時，被推入到程式執行堆疊中。如果發生一連串方法呼叫，則接續的返回位址會按照後進先出的順序推入到堆疊中，所以最後一個執行的方法，會最先返回呼叫者。

- 程式執行堆疊也包含程式執行時，每次方法呼叫所使用到的區域變數的記憶體空間。這份資料稱為方法呼叫的活動記錄或堆疊框。在呼叫方法時，此方法呼叫的活動記錄，會被推入到程式執行堆疊中。當方法返回呼叫者時，其活動記錄會由堆疊中彈出，程式便不再記得這些區域變數。

- 如果方法呼叫的數量超過程式執行堆疊所能儲存的活動記錄數量，便會發生稱為堆疊溢位的錯誤。此應用程式可以正確編譯，但其執行會造成堆疊溢位。

6.7　引數提升及強制轉型

- 引數提升會把引數數值轉換成方法在相對應的參數中預期接收的型別。

- 提升規則會被應用在包含兩種以上基本型別數值的運算式中，以及將基本型別數值作為引數傳遞給方法時。每個數值都會被提升到運算式中「最高」的型別。在資訊有可能會因為轉型而遺失的情況下，Java 編譯器會要求你使用強制轉型運算子，明確地進行強制轉型。

6.9　案例研究：產生亂數

- SecureRandom 類別（java.security 套件）的物件可以產生非決定性的亂數值。

- SecureRandom 方法 nextInt 會產生隨機 int 數值。

- SecureRandom 類別提供另一種版本的 nextInt 方法，會接受一個 int 引數，然後傳回一個介於 0 到此引數值之間，但不包含此引數值的數值。

- 固定範圍內的亂數，可以用以下方式產生

```
int number = shiftingValue + randomNumbers.nextInt(scalingFactor);
```

其中 shiftingValue 會指定此連續整數範圍的第一筆數值為何，scalingFactor 則會指定範圍內有多少數字。

- 亂數也可以取自非連續的整數範圍，如下所示

```
int number = shiftingValue +
    differenceBetweenValues * randomNumbers.nextInt(scalingFactor);
```

其中 shiftingValue 會指定此數值範圍的第一筆數字，differenceBetweenValues 代表數列連續兩數值的公差，scalingFactor 則指定了範圍內有多少數字。

6.10　案例研究：機率遊戲；介紹 enum 型別

- 列舉是由關鍵字 enum 加上型別名稱來引入程式中。與任何類別一樣，大括號（{ 和 }）會界定出 enum 宣告的主體。大括號內是一個列舉常數的逗號分隔列表，每個常數都代表一個獨特的數值。enum 中的識別字必須獨一無二。enum 型別的變數，只可指派給該 enum 型別的常數。

- 常數也可以宣告為 private static final 變數。這些常數按照慣例，會全部宣告為大寫字母，令其在程式中顯而易見。

6.11　宣告的使用域

- 使用域是程式個體，諸如變數或方法，可用其名稱來加以參照的程式區域。在程式的這塊區域中，我們稱此個體爲「位於使用域中」。
- 參數宣告的使用域，是出現該宣告的方法主體。
- 區域變數宣告的使用域，是從宣告出現的地方開始，一直到該區塊的結尾。
- 出現在 for 敘述標頭初始化段落中的區域變數宣告，其使用域爲 for 敘述的主體，以及標頭中其他的運算式。
- 類別的方法或欄位，其使用域爲整個類別主體。這讓類別的方法可以用簡單的名稱，來呼叫同類別的其他方法，以及取用此類別的欄位。
- 任何區塊都可能包含變數宣告。如果方法的區域變數或參數名稱和欄位相同時，則此欄位會遭到遮蔽，直到該區塊執行結束爲止。

6.12　方法多載

- Java 允許在類別中多載方法，只要這些方法擁有不一樣的參數組合（由參數的個數、順序及型別來決定）即可。
- 多載方法可藉由其簽名式來分辨——簽名式結合了方法名稱及參數的個數、型別及順序。

自我測驗題

6.1　請填入下列敘述的空格：

 a) 方法是透過 _____ 來叫用。

 b) 只有在宣告它的方法內，程式才會認得的變數，稱爲 _____。

 c) 被呼叫的方法內的 _____ 敘述，可以用來將運算式的數值傳回給發出呼叫的方法。

 d) 關鍵字 _____ 會指出方法不會傳回數值。

 e) 資料只能夠從堆疊的 _____ 加入或移除。

 f) 堆疊被稱爲 _____ 的資料結構，最後推入堆疊的項目，會最先從堆疊中彈出。

 g) 三種從被呼叫的方法，將控制權傳回給呼叫者的途徑，是 _____、_____ 及 _____。

 h) _____ 類別的物件可以產生亂數。

 i) 程式執行堆疊包含程式執行時，每次方法呼叫所使用的區域變數的記憶體空間。這些資料，位於程式執行堆疊中，稱爲方法呼叫的 _____ 或 _____。

 j) 如果方法呼叫的次數，超過程式執行堆疊所能儲存的數量，就會發生稱爲 _____ 的錯誤。

 k) 宣告的 _____，指的是程式中能夠以其名稱來參照其所宣告之個體的區域。

 l) 可能會有幾個同名的方法，各自處理不同型別或不同數量的引數。這種功能稱爲方法 _____。

6.2 針對圖 6.8 的 Craps 類別，請指出下列各個體的使用域：

a) 變數 randomNumbers。

b) 變數 die1。

c) 方法 rollDice。

d) 方法 main。

e) 變數 sumOfDice。

6.3 試撰寫一應用程式，測試圖 6.2 中 Math 類別的方法呼叫範例確實會產生預期的結果。

6.4 請寫出下列各方法的方法標頭：

a) hypotenuse 方法，會接受兩個倍精度的浮點引數 side1 和 side2，並傳回一個倍精度的浮點數運算結果。

b) smallest 方法，會接受三個整數 x、y 和 z，並傳回一個整數。

c) instructions 方法，不接受任何引數，也不會傳回數值。[請注意：這種方法通常會用來對使用者顯示指引。]

d) intToFloat 方法，接受整數引數 number，並傳回一筆浮點數。

6.5 請找出下列各程式片段的錯誤，請說明如何修正這些錯誤。

a)
```
void g()
{
    System.out.println("Inside method g");
    void h()
    {
        System.out.println("Inside method h");
    }
}
```

b)
```
int sum(int x, int y)
{
    int result;
    result = x + y;
}
```

c)
```
void f(float a);
{
    float a;
    System.out.println(a);
}
```

d)
```
void product()
{
    int a = 6, b = 5, c = 4, result;
    result = a * b * c;
    System.out.printf("Result is %d%n", result);
    return result;
}
```

6.6 試撰寫一完整的 Java 應用程式，提示使用者鍵入球體的 double 半徑，然後呼叫 sphereVolume 方法，以計算並顯示出該球體的體積。請使用以下敘述來計算球體體積：

```
double volume = (4.0 / 3.0) * Math.PI * Math.pow(radius, 3)
```

自我測驗題解答

6.1 a) 方法呼叫　b) 區域變數　c) return　d) void　e) 頂端　f) 後進先出　g) return；或 return expression；或碰到方法的結尾右大括號　h) SecureRandom　i) 活動記錄，堆疊框　j) 堆疊溢位　k) 使用域　l) 方法多載。

6.2 a) 類別主體　b) 定義 rollDice 方法主體的區塊　c) 類別主體　d) 類別主體　e) 定義 main 方法主體的區塊。

6.3 下圖的解答展示了圖 6.2 的 Math 類別方法：

```java
1  // Exercise 6.3: MathTest.java
2  // Testing the Math class methods.
3  public class MathTest
4  {
5     public static void main(String[] args)
6     {
7        System.out.printf("Math.abs(23.7) = %f%n", Math.abs(23.7));
8        System.out.printf("Math.abs(0.0) = %f%n", Math.abs(0.0));
9        System.out.printf("Math.abs(-23.7) = %f%n", Math.abs(-23.7));
10       System.out.printf("Math.ceil(9.2) = %f%n", Math.ceil(9.2));
11       System.out.printf("Math.ceil(-9.8) = %f%n", Math.ceil(-9.8));
12       System.out.printf("Math.cos(0.0) = %f%n", Math.cos(0.0));
13       System.out.printf("Math.exp(1.0) = %f%n", Math.exp(1.0));
14       System.out.printf("Math.exp(2.0) = %f%n", Math.exp(2.0));
15       System.out.printf("Math.floor(9.2) = %f%n", Math.floor(9.2));
16       System.out.printf("Math.floor(-9.8) = %f%n", Math.floor(-9.8));
17       System.out.printf("Math.log(Math.E) = %f%n", Math.log(Math.E));
18       System.out.printf("Math.log(Math.E * Math.E) = %f%n",
19          Math.log(Math.E * Math.E));
20       System.out.printf("Math.max(2.3, 12.7) = %f%n", Math.max(2.3, 12.7));
21       System.out.printf("Math.max(-2.3, -12.7) = %f%n",
22          Math.max(-2.3, -12.7));
23       System.out.printf("Math.min(2.3, 12.7) = %f%n", Math.min(2.3, 12.7));
24       System.out.printf("Math.min(-2.3, -12.7) = %f%n",
25          Math.min(-2.3, -12.7));
26       System.out.printf("Math.pow(2.0, 7.0) = %f%n", Math.pow(2.0, 7.0));
27       System.out.printf("Math.pow(9.0, 0.5) = %f%n", Math.pow(9.0, 0.5));
28       System.out.printf("Math.sin(0.0) = %f%n", Math.sin(0.0));
29       System.out.printf("Math.sqrt(900.0) = %f%n", Math.sqrt(900.0));
30       System.out.printf("Math.tan(0.0) = %f%n", Math.tan(0.0));
31    } // end main
32 } // end class MathTest
```

```
Math.abs(23.7) = 23.700000
Math.abs(0.0) = 0.000000
Math.abs(-23.7) = 23.700000
Math.ceil(9.2) = 10.000000
Math.ceil(-9.8) = -9.000000
Math.cos(0.0) = 1.000000
Math.exp(1.0) = 2.718282
Math.exp(2.0) = 7.389056
Math.floor(9.2) = 9.000000
Math.floor(-9.8) = -10.000000
```

```
Math.log(Math.E) = 1.000000
Math.log(Math.E * Math.E) = 2.000000
Math.max(2.3, 12.7) = 12.700000
Math.max(-2.3, -12.7) = -2.300000
Math.min(2.3, 12.7) = 2.300000
Math.min(-2.3, -12.7) = -12.700000
Math.pow(2.0, 7.0) = 128.000000
Math.pow(9.0, 0.5) = 3.000000
Math.sin(0.0) = 0.000000
Math.sqrt(900.0) = 30.000000
Math.tan(0.0) = 0.000000
```

6.4 a) `double hypotenuse(double side1, double side2)`

b) `int smallest(int x, int y, int z)`

c) `void instructions()`

d) `float intToFloat(int number)`

6.5 a) 錯誤：方法 h 被宣告於方法 g 之內。請將 h 的宣告移到 g 的宣告之外。

b) 錯誤：這個方法應該要傳回一個整數，但卻沒有。

更正：請刪除變數 result，將敘述

`return x + y;`

放到方法中，或是在方法主體的最末，加上以下敘述：

`return result;`

c) 錯誤：參數列右小括號後頭的分號是不正確的，參數 a 也不該在方法中重新宣告。

更正：請刪除參數列右小括號後頭的分號，並刪除宣告 float a;。

d) 錯誤：此方法在不打算傳回數值的情況下，卻傳回了數值。

更正：將傳回型別由 void 改爲 int。

6.6 下圖的解答會使用使用者輸入的半徑，來計算球體的體積。

```java
1   // Exercise 6.6: Sphere.java
2   // Calculate the volume of a sphere.
3   import java.util.Scanner;
4
5   public class Sphere
6   {
7      // obtain radius from user and display volume of sphere
8      public static void main(String[] args)
9      {
10        Scanner input = new Scanner(System.in);
11
12        System.out.print("Enter radius of sphere: ");
13        double radius = input.nextDouble();
14
15        System.out.printf("Volume is %f%n", sphereVolume(radius));
16     } // end method determineSphereVolume
17
18     // calculate and return sphere volume
19     public static double sphereVolume(double radius)
20     {
```

```
21        double volume = (4.0 / 3.0) * Math.PI * Math.pow(radius, 3);
22        return volume;
23    } // end method sphereVolume
24 } // end class Sphere
```

```
Enter radius of sphere: 4
Volume is 268.082573
```

習題

6.7　下列各個敘述執行完後，x 的數值爲何？

　　a)　x = Math.abs(-7.5);

　　b)　x = Math.floor(5 + 2.5);

　　c)　x = Math.abs(9) + Math.ceil(2.2);

　　d)　x = Math.ceil(-5.2);

　　e)　x = Math.abs(-5) + Math.abs(4);

　　f)　x = Math.ceil(-6.4) - Math.floor(5.2);

　　g)　x = Math.ceil(-Math.abs(-3 + Math.floor(-2.5)));

6.8　**(停車費)** 某間停車場最低收費爲 \$2.00，可停三小時。超過三小時後，每小時多收 \$0.50，不滿一小時以一小時計算。任意 24 小時內，最多收費 \$10.00。假設沒有車子會一次停超過 24 小時。試撰寫一應用程式，可以計算並顯示昨天停在停車場的每位顧客應付的費用。你應該要輸入每位顧客的停車時數。這支程式應該要顯示出目前顧客的停車費用，也應該要計算並顯示昨天一整天的營運收入。這支程式應該要使用 calculateCharges 方法，來計算每位顧客的費用。

6.9　**(四捨五入)** Math.floor 也可以用來將數值四捨五入到最接近的整數——例如：

　　y = Math.floor(x + 0.5);

會將數字 x 四捨五入到最接近的整數，然後將結果指派給 y。試撰寫一應用程式，會讀入 double 數值，然後使用上述敘述，將每筆數字四捨五入到最接近的整數。對於每筆所處理的數字，請顯示出原來的數字和四捨五入後的數字。

6.10　**(四捨五入)** 要將數字四捨五入到指定的小數位數，請使用如下敘述：

　　y = Math.floor(x * 10 + 0.5) / 10;

會將 x 四捨五入到十分位（意即小數點後一位）。

　　y = Math.floor(x * 100 + 0.5) / 100;

則會將 x 四捨五入到百分位（意即小數點後二位）。試撰寫一應用程式，定義四種用不同方式四捨五入數字 x 的方法：

　　a)　**roundToInteger(number)**

　　b)　**roundToTenths(number)**

　　c)　**roundToHundredths(number)**

　　d)　**roundToThousandths(number)**

針對每筆讀入的數值,程式都應該要顯示出原始數值、四捨五入到最接近的整數數字、四捨五入到最接近十分位的數字、四捨五入到最接近百分位的數字,以及四捨五入到最接近千分位的數字。

6.11 回答下列問題:

a) 「隨機」選擇數字是什麼意思?

b) 為什麼 SecureRandom 類別的 nextInt 方法對模擬機率遊戲有用?

c) 為什麼有時候用 SecureRandom 物件來縮放或轉換生產的數值是必要的?

d) 為什麼真實世界狀況的計算機模擬是有用的技巧?

6.12 試撰寫敘述,將下列範圍中的隨機整數,指派給變數 n:

a) $2 \le n \le 6$.

b) $4 \le n \le 50$.

c) $0 \le n \le 7$.

d) $1000 \le n \le 1030$.

e) $-5 \le n \le 1$.

f) $-2 \le n \le 9$.

6.13 試撰寫敘述,顯示取自下列集合的隨機數字:

a) 0, 3, 6, 9, 12.

b) 1, 2, 4, 8, 16, 32.

c) 10, 20, 30, 40.

6.14 (地板和天花板) 試撰寫 myFloor 和 myCeil 兩種方法。它會採用 double num 變數 int myFloor(double num) 和 int myCeil(double num)。

myFloor 方法取得 num 並傳回小於或等於 x 的最大整數,myCeil 函數取得 num 並傳回大於或等於 x 的最小數。

不要使用任何 Math 類別方法。將這個方法與一個應用程式合併,會發出一個 double 值到函數中,並測試它們計算所需結果能力。

6.15 (斜邊計算) 試定義方法 hypotenuse,在指定直角三角形的兩股長時,計算其斜邊長。此方法應該要接收兩個 double 型別的引數,然後以 double 傳回斜邊長。請將此方法加入到應用程式中,此應用程式會讀入兩個數值給 side1 和 side2,然後用 hypotenuse 方法進行計算。請利用 Math 方法 pow 和 sqrt 來判斷圖 6.15 中各三角形的斜邊長。[請注意:Math 類別也提供了 hypot 方法,來執行這個計算。]

三角形	股長 1	股長 2
1	3.0	4.0
2	5.0	12.0
3	8.0	15.0

圖 6.15　習題 6.15 三角形斜邊計算

6.16 （**倍數**）試撰寫一 isMultiple 方法，來判斷一對整數中，第二個整數是否爲第一個的倍數。這個方法應該要接收兩筆整數引數，如果第二個整數是第一個的倍數就傳回 true，否則傳回 false。[提示：請利用餘數運算子。] 請將此方法加入到應用程式中，此應用程式會輸入一連串的整數配對（一次輸入一對），然後判斷每對整數的第二個數值，是否爲第一個的倍數。

6.17 （**5 的倍數**）試撰寫一 isDivisible 方法，使用餘數運算子（%）來判斷 10 個被輸入的整數是否爲五的倍數。此方法應該要接收一個整數引數，如果該整數爲 5 的倍數就傳回 true，否則就傳回 false。請將此方法加入到應用程式中，此應用程式會輸入一連串整數（一次一個），並判斷各個整數是否爲 5 的倍數。

6.18 （**顯示星號正方形**）試撰寫一個 squareOfAsterisks 方法，會顯示出由星號構成的實心正方形（列數與行數相等），其邊長由整數參數 side 來指定。例如，如果 side 是 4，此方法應該要顯示

```
****
****
****
****
```

請將此方法加入到應用程式中，此應用程式會從使用者處讀入一個整數值給 side，然後使用方法 squareOfAsterisks 印出星號。

6.19 （**顯示任何字元的正方形**）請修改習題 6.18 所建立的方法，接收第二個型別爲 char，稱爲 fillCharacter 的參數。請使用引數所提供的 char 建立正方形。因此，如果 side 是 5，fillCharacter 是 # 時，此方法應該要印出

```
#####
#####
#####
#####
#####
```

請使用以下敘述（其中 input 是一個 Scanner 物件）來讀入使用者在鍵盤上輸入的字元：
```
char fill = input.next().charAt(0);
```

6.20 （**圓形面積**）試撰寫一應用程式，提示使用者輸入圓的半徑，然後使用叫做 circleArea 的方法來計算此圓的面積。

6.21 （**美化 String**）試撰寫可以完成以下任務的方法：
a) 檢查字串是否在一個完整的 stop 結束，若不是，加入一個完整的 stop。
b) 檢查字串是否由一個大寫字母開始，若不是，加入一個大寫字母。
c) 請利用在 (a) 部分與 (b) 部分所開發出的方法，撰寫一個 beautifyString 方法，接收使用者的字串，並從 (a) 與 (b) 部分呼叫方法，確定字串的正確性，就是字串必須由一個大寫字母開頭並以完整的 stop 結尾。切記必須在美化字串後將它輸出。

6.22 （**溫度轉換**）實現下列整數方法：
a) Kelvin 方法使用下面的計算傳回開氏溫度（Kelvin temperature）相當於攝氏溫度
```
Kelvin = Celsius + 273.15;
```

b) Celsius 方法用下面的計算傳回攝氏相當於開氏溫度

```
Celsius = Kelvin - 273.15;
```

c) 使用 (a) 與 (b) 的方法來撰寫應用程式使使用者輸入開氏溫度並展示相當於攝氏的溫度，或是輸入攝氏溫度並展示相當於開氏溫度。

6.23 （尋找最小值）試撰寫一方法 minimum3，傳回三個浮點數中的最小值。請利用 Math.min 方法來實作 minimum3。請將此方法加入到應用程式中，此應用程式會從使用者讀入三筆數值，然後判斷最小的數值並顯示結果。

6.24 （完全數）如果某個整數所有的因數，包括 1（但不包括該數字本身），加起來等於原本的數字，則此整數便稱為完全數（perfect number）。例如，6 是一個完全數，因為 6 = 1 + 2 + 3。請撰寫方法 isPerfect，判斷參數 number 是否為一完全數。請在應用程式中使用此方法，顯示出 1 到 1000 中所有的完全數。請顯示每個完全數的因數，以確認該數確實是完全數。試挑戰你電腦的運算能力，測試遠大於 1000 的數字。請顯示出結果。

6.25 （質數）某個正整數如果只能被 1 和自己除盡，便是質數。例如，2、3、5、7 是質數，但 4、6、8、9 則不是。數字 1，根據定義，並非質數。

a) 試撰寫一方法，判斷某數是否為質數。

b) 請在應用程式中使用此一方法，判斷並顯示所有小於 10,000 的質數。在小於 10,000 的數字中，你必須測試多少數字，才能確定你已找到所有的質數？

c) 一開始，你可能會以為 n/2 是你要判斷數字 n 是否為質數，必須測試的數字數量上限，但其實你最多只需要計算到 n 的平方根即可。請重新撰寫程式，然後兩種方法都執行看看。

6.26 （計算數字的總和）試撰寫一方法，可以接收四個整數值，並返回數字的總合。例如，給予數字 7631，此方法應當要傳回 17。請將此方法加入到應用程式中，此應用程式會從使用者處讀入一數值，並顯示其結果。

6.27 （最大公因數）兩個整數的最大公因數（GCD），就是能整除這兩個整數的最大整數。試撰寫一個 gcd 方法，會傳回兩整數的最大公因數。[提示：你可以使用歐幾里德演算法。你可以在 en.wikipedia.org/wiki/Euclidean_algorithm 找到相關的資訊。] 請將此方法加入到應用程式中，此應用程式會從使用者處讀入兩筆數值，並顯示其結果。

6.28 撰寫 sportsRecommender 方法輸入攝氏溫度並在 20–30℃ 時傳回「今天氣溫適合運動」10–40℃ 時傳回「今天運動時請注意氣溫變化」。建立一個應用程式來測試方法。

6.29 （丟銅板）試撰寫一個模擬丟銅板的應用程式。每當使用者選擇選單選項「丟銅板」時，程式就會丟擲一枚銅板。請計算銅板每一面出現的次數。請顯示其結果。程式應該要呼叫個別的方法 flip，不接收引數，會傳回 Coin enum（HEADS 及 TAILS）中的數值。[請注意：如果程式有擬真地模擬丟銅板，那麼銅板每一面出現的次數，應該接近一半的丟擲次數。]

6.30 （猜數字）試撰寫一應用程式，會玩「猜數字」如下：你的程式會從範圍 1 到 1000 之間選擇一個隨機整數，作為要猜的數字。此應用程式會提示訊息「請猜一個介於 1 到

1000 之間的數字」。玩家會輸入第一次猜測。如果玩家的猜測不正確，你的程式應該要顯示「太大，再猜一次」或是「太小，再猜一次」，以幫助玩家「瞄準」正確答案。程式應當要提示使用者，輸入下一筆要猜測的數字。當使用者輸入正確答案時，要顯示「恭喜，你猜到了數字！」，然後讓使用者選擇是否要再玩一次。[請注意：本題所採用的猜測技巧，類似於二分搜尋法，我們會在第 19 章加以討論。]

6.31 **(修改猜數字)** 請修改習題 6.30 的程式，計算玩家猜測的次數。如果次數小於 10 次，請顯示「你一定懂得箇中奧秘，不然就是運氣太好！」。如果玩家在第 10 次才猜中，請顯示「啊哈！你懂箇中奧秘！」。如果玩家超過 10 次才猜中，請顯示「你應該可以做得更好！」。為什麼不該超過 10 次才猜中呢？嗯，因為在每次「聰明的猜測」中，玩家都應該可以剔除掉一半的數字，然後對於剩下一半的數字再猜測，以此類推。

6.32 **(兩點間距離)** 試撰寫 distance 方法，計算兩點（x1，y1）和（x2，y2）之間的距離。所有數字與傳回值都是 double 型別。請將此方法加入到應用程式中，讓使用者可以輸入這些點的座標。

6.33 **(修改 craps 遊戲)** 請修改圖 6.8 的 craps 程式，提供押注的功能。請將變數 bankBalance 初始化為 1000 元。請提示玩家輸入一個 wager。請檢查 wager 是否小於等於 bankBalance，若否，請使用者重新輸入 wager，直到輸入合法的 wager 為止。接著，請進行一次 craps 遊戲。如果玩家獲勝，請把 bankBalance 加上 wager，然後顯示新的 bankBalance。如果玩家落敗，請把 bankBalance 減去 wager，然後顯示新的 bankBalance，檢查 bankBalance 是否歸零，如果是的話，請顯示訊息「抱歉，你輸光了！」。在遊戲進行中，請顯示各式各樣的訊息，來製造一些「閒話」，像是「哦，你快破產了，是吧？」，或「哦，來嘛，拚一下！」，或「你賺很大，是時候換成現金了！」請把「閒話」實作成獨立的方法，會隨機選取要顯示的字串。

6.34 **(二進位、八進位與十六進位表)** 試撰寫一應用程式，針對 1 到 256 之間的十進位數字，將其相對應的二進位、八進位、十六進位數字顯示成一張表格。如果你不熟悉這些數字系統，請先閱讀附錄 J。

改造世界

隨著電腦價格直落，現在每個學生，無論經濟狀況好壞，在學校都可以有一台電腦用。這開創了許多令人興奮的可能性，能夠改善全世界學生的學習經驗，如接下來五個習題所示。[請注意：請仔細審視各種提案構想，例如一學童一電腦計畫 (One Laptop Per Child Project，www.laptop.org)。此外，也請研究「綠色」電腦——這些裝置能「變成綠色」的關鍵特色為何？請仔細研究 Electronic Product Environmental Assessment Tool（www.epeat.net，電子產品環保評估工具），它能幫助你評估桌上型電腦、筆記型電腦以及螢幕的「綠色程度」，以幫助你決定要購買哪個產品。]

6.35 **(電腦輔助教學)** 電腦在教育上的運用，稱為電腦輔助教學 (computer-assisted instruction，CAI)。請撰一個程式，幫助小學生學習乘法。請使用 SecureRandom 物件

產生兩個個位數的正整數。然後，程式應該提示使用者問題，像是

How much is 6 times 7?

接著學生要輸入答案，接下來，程式檢查會學生的答案。如果答對，請顯示訊息「Very good!」，然後再問另一題乘法。如果答錯，請顯示訊息「No. Please try again.」，讓學生重新回答同樣的題目，直到他終於答對為止。你應該要使用個別的方法，來產生每個新問題。程式開始執行時，以及使用者每次答對問題時，就應該要呼叫這個方法。

6.36 （電腦輔助教學：減低學生疲倦）CAI 教學環境的一個問題，就是學生的疲倦。我們可以藉由變換電腦的回應，維持學生的注意力，來減輕這個問題。請修改習題 6.35 的程式，針對各個答案顯示出各種評語：

對於正確答案可能的回應：

Very good!
Excellent!
Nice work!
Keep up the good work!

對於錯誤答案可能的回應：

No. Please try again.
Wrong. Try once more.
Don't give up!
No. Keep trying.

請使用亂數產生器，挑選 1 到 4 之間的數字，以針對每個正確或錯誤答案，選擇四種合適回應的其中一種。請使用 switch 敘述來發出回應。

6.37 （電腦輔助教學：觀察學生表現）更精密的電腦輔助教學系統，會觀察學生在一段時間內的表現。是否要開始新的主題，通常會根據學生是否成功克服前一個主題來決定。請修改習題 6.36 的程式，計算學生輸入之答案的正確和錯誤次數。在學生輸入 10 筆答案後，你的程式應該要計算其正確答案的百分比。如果正確率低於 75%，請顯示「請尋求老師的協助」，然後重新設置程式，讓下一位學生使用。如果正確率高於 75%，請顯示「恭喜，你已經準備好進入下一階段！」，然後重新設置程式，讓下一位學生使用。

6.38 （電腦輔助教學：難度）習題 6.35 到 6.37 開發出一套電腦輔助教學程式，能幫助教導小學生乘法。請修改程式，讓使用者能輸入難度。難度為 1 時，程式在問題中只應使用個位數的數字；難度為 2 時，數字則可以是雙位數；依此類推。

6.39 （電腦輔助教學：改變問題類型）請修改習題 6.38 的程式，讓使用者能夠選擇想要學習的算術問題。選項 1 代表只學習加法問題、2 代表只學習減法問題、3 代表只學習乘法問題、4 代表只學習除法問題、5 則代表隨機混合上述四種類型。

陣列與ArrayLists

*Begin at the beginning, ...
and go on till you come to the
end:then stop.*
—Lewis Carroll

*To go beyond is as wrong as to
fall short.*
—Confucius l

學習目標

在本章中，你將會學習到：

- 何謂陣列。
- 利用陣列將資料儲存至數值列表或表格，或從中取出資料。
- 宣告陣列、初始化陣列，以及參照陣列中的個別元素。
- 利用加強版 for 敘述走訪陣列。
- 將陣列傳遞給方法。
- 宣告並操作多維陣列。
- 使用可變長度的引數列。
- 將命令列引數讀入到程式中。
- 建立一個物件導向教師成績簿類別。
- 利用 Array 類別的方法，進行常見的陣列操作。
- 利用 ArrayList 類別，操作動態調整大小，類似陣列的資料結構。

7.1 簡介

本章會介紹**資料結構**（**data structure**）──相關資料項目的集合。**陣列**（**array**）是由同型別的相關資料項目所構成的資料結構，陣列可以讓我們方便地處理相關的數值群組。陣列一旦建立之後，就會保持相同的長度，但我們可以重新設定陣列變數，令其參照到另一個長度不同的新陣列。在第 16-21 章中，會更深入地探討資料結構。

在討論如何宣告、建立以及初始化陣列之後，本書會呈現實際的範例，來說明常用的陣列操作。我們會介紹 Java 的例外處理機制，並利用這種機制，在程式試圖存取不存在的陣列元素時，令程式得以繼續執行。另外呈現了一個案例研究，檢視在撲克牌遊戲應用中，陣列可以如何協助洗牌與發牌的模擬。我們會介紹 Java 的加強版 for 敘述，讓程式可以比 5.3 節所介紹的計數器控制 for 敘述，更輕易地存取陣列中的資料。

建立兩個 GradeBook 案例研究的版本，使用陣列讓類別維護記憶體中的一組成績，以及分析學生多次考試的成績。並展示如何使用可變長度的引數列，建立可為不同個數的引數所呼叫的方法，以及示範如何在 main 方法中處理命令列引數。接下來，會呈現如何利用 java.util 套件 Arrays 類別的 static 方法，來進行一些常見的陣列操作。

雖然經常被使用，但陣列的能力其實很有限。例如，你必須指定陣列的大小，且如果在執行時想要修改陣列大小，就必須以程式碼另建新陣列的方式為之。在本章最後，我們會介紹 Java API 的集合類別內，其中一種 Java 內建的資料結構。這些類別所提供的功能，比傳統陣列來得強大。它們可再利用、可靠、威力強大、又有效率。我們會將重點放在 ArrayList 集合上。ArrayList 跟陣列類似，但是它提供了額外的功能，例如**動態調整大小**（**dynamic resizing**）──它們會在執行時自動增加大小，以容納更多元素。

Java SE 8

在讀過第 17 章之後，Java SE 8 Lambdas 與串流，你將能夠再執行很多第 7 章的例子，並且更加精確與有秩序的使用，並且更簡單的是，它們能夠在多核心的電腦上並行的增加運轉能力。

7.2　陣列

陣列意指一群具有相同型別數值的變數（稱爲**陣列元素 [element]** 或**陣列成員 [component]**）。陣列也是物件，所以會被視爲參照型別。你馬上就會見到，一般想像的陣列，其實是一個指向記憶體中陣列物件的參照。陣列元素可以是基本型別或參照型別（其中也包括陣列，我們會在 7.11 節看到）。要參照陣列中的特定元素，我們得指定陣列的參照名稱，以及該元素在陣列中的**位置編號**（**position number**）。元素的位置編號，稱作元素的**索引**（**index**）或**下標**（**subscript**）。

邏輯陣列表示法

圖 7.1 展示了一個整數陣列 c 的邏輯表示法。此陣列包含 12 個元素。程式會使用**陣列存取運算式**（**array-access expression**）來參照各個陣列元素，此種運算式包含陣列名稱，後頭加上特定元素的索引，放在方括號（[ ]）中。所有陣列的第一個元素索引皆爲零，有時會被稱爲第零元素。因此，陣列 c 中的元素便爲 c[0]、c[1]、c[2]、以此類推。陣列 c 的最高索引爲 11，比 12 少 1 —— 12 是陣列元素的個數。陣列的命名慣例，與其他變數相同。

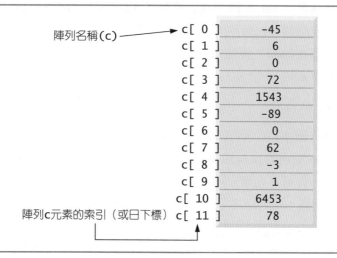

圖 7.1　包含 12 個元素的陣列

　　索引必須是非負整數。程式可以使用運算式作爲索引。例如，如果我們假設變數 a 爲 5，變數 b 爲 6，則敘述：

```
c[a + b] += 2;
```

就會將 2 加到陣列元素 c[11]。陣列名稱加上索引，就是陣列存取運算式，這種運算式可以放在設定運算的左側，以便將新的數值放入陣列元素中。

常見的程式設計錯誤 7.1

索引必須是 int 數值，或是可以提升為 int 的型別——亦即 byte、short 或 char，但 long 則不行，否則會產生編譯錯誤。

讓我們更仔細地檢視圖 7.1 的陣列 c。陣列的名稱是 c。每個陣列物件都知道自己的長度，會將之儲存在 length 實體變數中。運算式 c.length 可以讀取陣列 c 的 length 欄位，藉以決定該陣列的長度。即使陣列的 length 實體變數為 public，我們也無法加以修改，因為它是一個 final 變數。此陣列的 12 個元素分別為 c[0]、c[1]、c[2]、...、c[11]。c[0] 的數值是 -45，c[1] 的數值是 6，c[2] 的數值是 0，c[7] 的數值是 62，c[11] 的數值是 78。要計算陣列 c 前三個元素所包含的數值總和，然後將結果儲存於變數 sum，我們可以撰寫

```
sum = c[0] + c[1] + c[2];
```

要將 c[6] 的數值除以 2，然後將運算結果指定給變數 x，我們可以撰寫

```
x = c[6] / 2;
```

7.3　宣告與建立陣列

陣列物件會佔用記憶體空間。就像其他物件一樣，陣列也是用關鍵字 new 來建立。要建立陣列物件，你會在包含關鍵字 new 的**陣列建立運算式**（**array-creation expression**）中，指定陣列元素的型別及數目。該運算式傳回的參照可被儲存至陣列變數。以下宣告與**陣列建立運算式**（**array-creation expression**）會建立一個陣列物件，包含 12 個 int 元素，並且將該陣列的參照儲存於陣列變數 c：

```
int[] c = new int[12];
```

上述運算可以用來建立圖 7.1 所示的陣列。在建立陣列時，每個陣列元素都會得到一個預設數值，其中，數值基本型別的預設值為零；boolean 的預設值為 false；參照的預設值則為 null。馬上就會看到，你可以在建立陣列時，提供非預設的元素初始值。

要建立圖 7.1 的陣列，也可以用下列兩個步驟來進行：

```
int[] c; // declare the array variable
c = new int[12]; // create the array; assign to array variable
```

在宣告中，型別後頭的方括號指出 c 是一個參照到陣列的變數（亦即會儲存陣列參照的變數）。在設定敘述中，陣列變數 c 接收一個參照，指向含有 12 個 int 元素的新陣列。

常見的程式設計錯誤 7.2

在陣列宣告中，在宣告的方括號裡指定元素的個數（例如 int[12] c;)是一種語法錯誤。

　　程式可以在單一宣告中，建立數個陣列。下列宣告會為 b 保留 100 個元素，為 x 保留 27 個元素的空間：

```
String[] b = new String[100], x = new String[27];
```

　　當陣列型別與方括號結合於宣告開頭時，宣告中所有的識別字便都是陣列變數。在此例中，變數 b 和 x 都會參照到 String 陣列。為了可讀性，我們偏好每個宣告只宣告一個變數。上述宣告等同於：

```
String[] b = new String[100]; // create array b
String[] x = new String[27]; // create array x
```

良好的程式設計習慣 7.1

為了可讀性，每個宣告只宣告一個變數。請把每個宣告都放在獨立一行中，並加入註解來說明所宣告的變數。

　　當每個宣告只包含一個變數時，方括號可以放在型別後頭，也可以放在陣列變數名稱後頭，如下：

```
String b[] = new String[100]; // create array b
String x[] = new String[27]; // create array x
```

常見的程式設計錯誤 7.3

在單個宣告中宣告多個陣列變數，可能會造成微妙的錯誤。請考量宣告 int[] a, b, c;。如果 a、b、c 都應該要宣告成陣列變數，那麼這個宣告便是正確的——將方括號直接放在型別後面，表示宣告中所有的識別字都是陣列變數。然而如果只有 a 要宣告為陣列變數，b 和 c 只是個別的 int 變數，那麼這個宣告便是錯誤的——宣告 int a[], b, c; 才會得到想要的結果。

　　程式可以宣告任何型別的陣列。每個基本型別陣列的元素，會包含陣列所宣告型別的值。同樣地，在參照型別的陣列中，每個元素都是該陣列所宣告型別的物件參照。例如，int 陣列中的每個元素都是一筆 int 數值，而 String 陣列中的每個元素，都是一個指向 String 物件的參照。

7.4　使用陣列的範例

本節會呈現幾個範例，說明如何宣告陣列、建立陣列、初始化陣列以及操作陣列元素。

7.4.1　建立並初始化陣列

圖 7.2 的應用程式使用了 new 關鍵字來建立一個包含 10 個 int 元素的陣列，這些元素值一開始為 0（int 變數的預設值）。第 9 行宣告了 array 參照變數，可指向由 int 元素所構成的陣列，並用一個有 10 個 int 元素的陣列的參照變數輸出初始化變數。第 11 行輸出欄位的

標題。第一欄爲陣列元素的索引（0-9），第二欄爲陣列元素的預設値（0）。

```java
1  // Fig. 7.2: InitArray.java
2  // Initializing the elements of an array to default values of zero.
3
4  public class InitArray
5  {
6     public static void main(String[] args)
7     {
8        // declare variable array and initialize it with an array object
9        int[] array = new int[10]; // new creates the array object
10
11       System.out.printf("%s%8s%n", "Index", "Value"); // column headings
12
13       // output each array element's value
14       for (int counter = 0; counter < array.length; counter++)
15          System.out.printf("%5d%8d%n", counter, array[counter]);
16    }
17 } // end class InitArray
```

```
Index    Value
    0        0
    1        0
    2        0
    3        0
    4        0
    5        0
    6        0
    7        0
    8        0
    9        0
```

圖 7.2　以預設値 0 來初始化陣列元素

第 14-15 行的 for 敘述輸出索引值（由 counter 所代表）及每個陣列元素的數値（由 array[counter] 所代表）。迴圈控制變數 counter 一開始數值爲 0——索引值是從 0 開始。因此使用以 0 爲基底的計數，讓迴圈能夠存取陣列的每個元素。for 的迴圈持續條件使用了運算式 array.length（第 14 行）來判斷陣列的長度。在此例中，陣列長度爲 10，所以只要控制變數 counter 小於 10，迴圈就會持續執行。包含 10 個元素的陣列，其最高索引值爲 9，所以迴圈持續條件會使用小於運算子，以確保迴圈不會試圖存取陣列結尾之後的元素（也就是說，在迴圈最後一輪循環時，counter 等於 9）。我們馬上就會看到 Java 在執行時，遇到超出範圍的索引會發生什麼事情。

7.4.2　使用陣列初始值設定式

你可以建立一個陣列，然後利用**陣列初始值設定式**（**array initializer**）將其元素初始化。此設定式是由一對在大括號及其中由逗號分隔的表示式 [也稱爲**初始值設定列**（**initializer list**）] 所組成。在此種情況下，陣列長度會由初始值設定列中的元素個數來決定。例如：

```java
int[] n = { 10, 20, 30, 40, 50 };
```

會建立一個包含五個元素的陣列，索引值為 0-4。元素 n[0] 會被初始化為 10，n[1] 初始化為 20，依此類推。當編譯器遇到包含初始值設定列的陣列宣告時，會計算設定列中的初始值個數來決定陣列的大小，然後「私下」建立適當的 new 操作。

　　圖 7.3 的應用程式使用 10 筆數值來初始化一個整數陣列（第 9 行），然後以表格來顯示陣列。用來顯示陣列元素的程式碼（第 14-15 行）與圖 7.2 是一模一樣的（第 15-16 行）。

```
1  // Fig. 7.3: InitArray.java
2  // Initializing the elements of an array with an array initializer.
3
4  public class InitArray
5  {
6     public static void main(String[] args)
7     {
8        // initializer list specifies the initial value for each element
9        int[] array = {32, 27, 64, 18, 95, 14, 90, 70, 60, 37};
10
11       System.out.printf("%s%8s%n", "Index", "Value"); // column headings
12
13       // output each array element's value
14       for (int counter = 0; counter < array.length; counter++)
15          System.out.printf("%5d%8d%n", counter, array[counter]);
16    }
17 } // end class InitArray
```

```
Index    Value
    0       32
    1       27
    2       64
    3       18
    4       95
    5       14
    6       90
    7       70
    8       60
    9       37
```

圖 7.3　使用陣列初始值設定式來初始化陣列元素

7.4.3　計算數值並存入陣列

圖 7.4 的應用程式會建立一個包含 10 個元素的陣列，然後將 2 到 20 的偶數值（2，4，6，...，20）分別指定給各個元素。接著應用程式會以表格格式來顯示陣列。第 12-13 行的 for 敘述，將控制變數 counter 目前的數值乘以 2 後再加 2，用來設定陣列元素的數值。

```
1  // Fig. 7.4: InitArray.java
2  // Calculating values to be placed into elements of an array.
3
4  public class InitArray
5  {
6     public static void main(String[] args)
7     {
8        final int ARRAY_LENGTH = 10; // constant
```

圖 7.4　計算要放入陣列元素的數值 (1/2)

```
9        int[] array = new int[ARRAY_LENGTH]; // create array
10
11       // calculate value for each array element
12       for (int counter = 0; counter < array.length; counter++)
13          array[counter] = 2 + 2 * counter;
14
15       System.out.printf("%s%8s%n", "Index", "Value"); // column headings
16
17       // output each array element's value
18       for (int counter = 0; counter < array.length; counter++)
19          System.out.printf("%5d%8d%n", counter, array[counter]);
20    }
21 } // end class InitArray
```

```
Index    Value
    0        2
    1        4
    2        6
    3        8
    4       10
    5       12
    6       14
    7       16
    8       18
    9       20
```

圖 7.4　計算要放入陣列元素的數值 (2/2)

　　第 8 行使用了 final 修飾詞將常數變數 **ARRAY_LENGTH** 宣告為數值 **10**。常數變數必須在使用前予以初始化，而且之後便不能夠再修改。如果你試圖在宣告初始化 fianl 變數之後修改它，編譯器便會發出錯誤訊息如下：

```
cannot assign a value to final variable variableName
```

良好的程式設計習慣 7.2
常數變數也稱為具名常數（named constant）。比起使用字面數值（例如，10），它們通常會讓程式較為易讀。具名常數如 **ARRAY_LENGTH**，清楚地指出了它的用途，然而字面數值卻可能會在不同的上下文中代表不同的意義。

良好的程式設計習慣 7.3
如同在 **ARRAY_LENGTH** 中一樣，多字命名的常數應該使用底線(_)來分開每個字。

常見的程式設計錯誤 7.4
在 final 變數被初始化之後，分配數值過去是一種編寫錯誤。簡單地說，就是在 final 變數初始化結果之前，嘗試存取它的數值導致編寫錯誤，如同「variableName 變數可能不會初始化。」

7.4.4　計算陣列元素的總和

陣列元素經常用來表示一系列可用於計算的數值。舉例來說，若陣列元素表示某班級的考試成績，則該班教授可能會希望加總陣列中所有的元素，然後再計算該班考試成績的平均分數。本章使用 GradeBook 類別的例子，即圖 7.14 及圖 7.18，便是使用這個技巧。

　　圖 7.5 會加總包含 10 個元素的整數陣列所存放的數值總和。程式會在第 8 行宣告、建立，並初始化此陣列。for 敘述會進行此項計算。[請注意：提供陣列初始值的數值，通常會被讀入程式中，而非使用初始值設定式來指定。例如，應用程式可從使用者處，或從磁碟上的檔案（如第 15 章的討論）。將資料讀入到程式中（而非「寫死」在程式中），可以讓程式更容易再利用，因為程式可使用於不同的資料集合。]

```java
1  // Fig. 7.5: SumArray.java
2  // Computing the sum of the elements of an array.
3
4  public class SumArray
5  {
6     public static void main(String[] args)
7     {
8        int[] array = {87, 68, 94, 100, 83, 78, 85, 91, 76, 87};
9        int total = 0;
10
11       // add each element's value to total
12       for (int counter = 0; counter < array.length; counter++)
13          total += array[counter];
14
15       System.out.printf("Total of array elements: %d%n", total);
16    }
17 } // end class SumArray
```

```
Total of array elements: 849
```

圖 7.5　計算陣列元素的總和

7.4.5　使用長條圖表示陣列資料

許多程式會利用圖形介面，將資料呈現給使用者。舉例來說，數值資料經常會被顯示為長條圖中的長條。在此類長條圖中，較長的長條依比例表示出較大的數值。利用長條圖呈現數值資料的一種簡單方式，就是以星號（*）構成的長條來表示每筆數值。

　　教授經常會想要檢視考試成績的分布。教授可能會繪製各個等級的成績人數，以將考試成績的分布視覺化。假設某次考試的成績為 87、68、94、100、83、78、85、91、76、87。其中包含一個 100 分，兩個 90 幾分，四個 80 幾分，兩個 70 幾分，一個 60 幾分，沒有低於 60 分的人。我們的下個應用程式（圖 7.6）會將這些成績分布資料，儲存在包含 11 個元素的陣列中，各自對應到其中一個成績等級。例如，array[0] 會表示分數為 0-9 的人數，array[7] 表示分數為 70-79 的人數，array[10] 則代表分數為 100 的人數。本章稍後的 GradeBook 類別版本（圖 7.14 及圖 7.18），包含根據成績等級，來計算各成績出現頻率的程式碼。目前，我們先使用指定的成績頻率，來手動建立此一陣列。

```
 1  // Fig. 7.6: BarChart.java
 2  // Bar chart printing program.
 3
 4  public class BarChart
 5  {
 6     public static void main(String[] args)
 7     {
 8        int[] array = {0, 0, 0, 0, 0, 0, 1, 2, 4, 2, 1};
 9
10        System.out.println("Grade distribution:");
11
12        // for each array element, output a bar of the chart
13        for (int counter = 0; counter < array.length; counter++)
14        {
15           // output bar label ("00-09: ", ..., "90-99: ", "100: ")
16           if (counter == 10)
17              System.out.printf("%5d: ", 100);
18           else
19              System.out.printf("%02d-%02d: ",
20                 counter * 10, counter * 10 + 9);
21
22           // print bar of asterisks
23           for (int stars = 0; stars < array[counter]; stars++)
24              System.out.print("*");
25
26           System.out.println();
27        }
28     }
29  } // end class BarChart
```

```
Grade distribution:
00-09:
10-19:
20-29:
30-39:
40-49:
50-59:
60-69: *
70-79: **
80-89: ****
90-99: **
  100: *
```

圖 7.6　長條圖列印程式

　　此應用程式會從陣列讀入數字，然後將這些資訊繪製為長條圖。它會顯示各個成績範圍，然後接著一串星號，表示此一範圍的成績人數。為了標記每個長條，第 16-20 行會根據目前 counter 的數值，輸出成績範圍（例如 "70-79"）。當 counter 為 10 時，第 17 行會輸出 100（欄寬為 5），後頭加上一個冒號和一格空格，以將標記 "100:" 與其他長條標記對齊。巢狀 for 敘述（第 23-24 行）會輸出長條。請注意第 23 行的迴圈持續條件（stars < array[counter]）。每當程式到達內層的 for 時，迴圈就會從 0 計數到 array[counter]，由此使用 array 中的數值來決定要顯示的星號數。在此例中，沒有學生的成績低於 60，因此

array[0]-array[5] 都爲零，故前六個成績範圍後頭不會顯示星號。第 19 行中，格式描述子 **%02d** 表示需將 int 數值格式化爲兩位數的欄寬。而其中的 **0 旗標**則表示當數值的位數少於欄寬（2）時，應該在數值之前補上 0。

7.4.6　使用陣列元素作為計數器

有時候，程式會利用計數器變數來統計資料，例如問卷結果。在圖 6.7 中，擲骰子程式使用了個別的計數器，來追蹤當程式擲骰 600 萬次後，一顆骰子各面的出現次數。此應用程式的陣列版本，如圖 7.7 所示。

```java
1  // Fig. 7.7: RollDie.java
2  // Die-rolling program using arrays instead of switch.
3  import java.security.SecureRandom;
4
5  public class RollDie
6  {
7     public static void main(String[] args)
8     {
9        SecureRandom randomNumbers = new SecureRandom();
10       int[] frequency = new int[7]; // array of frequency counters
11
12       // roll die 6,000,000 times; use die value as frequency index
13       for (int roll = 1; roll <= 6000000; roll++)
14          ++frequency[1 + randomNumbers.nextInt(6)];
15
16       System.out.printf("%s%10s%n", "Face", "Frequency");
17
18       // output each array element's value
19       for (int face = 1; face < frequency.length; face++)
20          System.out.printf("%4d%10d%n", face, frequency[face]);
21    }
22 } // end class RollDie
```

```
Face Frequency
   1    999690
   2    999512
   3   1000575
   4    999815
   5    999781
   6   1000627
```

圖 7.7　使用陣列取代 switch 的擲骰子程式

　　圖 7.7 使用 frequency 陣列（第 10 行）計算骰子每個點數發生的次數。此程式以第 14 行的單行敘述取代圖 6.7 的第 22-45 行。第 14 行使用亂數值決定迴圈各次循環中，應該要遞增哪個 frequency 元素。第 14 行的計算產生 1 到 6 的亂數，所以 frequency 陣列的大小，須足以儲存六個計數器。不過，我們使用含有七個元素的陣列，但忽略掉 frequency[0]，主要是點數爲 1 時增加 frequency[1]，而非 frequency[0]，這樣比較合乎邏輯。因此，每個點數值被用爲 frequency 陣列的索引。在第 14 行，方括號內的運算會先被評估，以判斷要遞增

哪個陣列元素，接著 ++ 運算子會將此元素加一。我們也將圖 6.7 的第 49-51 行，替換成走訪 frequency 陣列的迴圈，以輸出結果（第 19-20 行）。在 17 章學習 Java SE 8 的新功能之程式編譯能力，我們將展現如何將第 13-14 和 19-20 行更換成單一敘述。

7.4.7 使用陣列來分析問卷結果

我們的下個範例，會使用陣列來整理問卷調查所收集到的資料。請考量以下問題陳述：

有 20 位學生被要求對學生自助餐廳的食物評分，分數從 1 到 5，1 表示「極差」，5 表示「很棒」。請將這 20 個回應存放於一個整數陣列中，然後判斷每個評分等級的頻率。

這是個典型的陣列處理應用（圖 7.8）。我們希望能整理每種回應（即 1 到 5 級）的數量。responses 陣列（第 9-10 行）是一個含有 20 個元素的整數陣列，存放著學生的問卷調查結果。陣列的最後一筆數值，是蓄意寫錯的回覆（14）。在執行 Java 程式時，會檢查陣列元素索引的有效性（所有索引都必須大於等於 0，並且小於陣列長度）。只要試圖存取索引範圍外的元素，就會造成稱為 ArrayIndexOutOfBoundsException 的執行時期錯誤。在本節最後，我們會討論無效的回覆數值，示範**陣列界限檢查（bounds checking）**，並介紹 Java 的例外處理機制，此機制可用來偵測並處理 ArrayIndexOutOfBoundsException。

```java
1  // Fig. 7.8: StudentPoll.java
2  // Poll analysis program.
3
4  public class StudentPoll
5  {
6     public static void main(String[] args)
7     {
8        // student response array (more typically, input at run time)
9        int[] responses = {1, 2, 5, 4, 3, 5, 2, 1, 3, 3, 1, 4, 3, 3, 3,
10          2, 3, 3, 2, 14};
11       int[] frequency = new int[6]; // array of frequency counters
12
13       // for each answer, select responses element and use that value
14       // as frequency index to determine element to increment
15       for (int answer = 0; answer < responses.length; answer++)
16       {
17          try
18          {
19             ++frequency[responses[answer]];
20          }
21          catch (ArrayIndexOutOfBoundsException e)
22          {
23             System.out.println(e); // invokes toString method
24             System.out.printf("   responses[%d] = %d%n%n",
25                answer, responses[answer]);
26          }
27       }
28
29       System.out.printf("%s%10s%n", "Rating", "Frequency");
30
```

圖 7.8　問卷分析程式 (1/2)

```
31           // output each array element's value
32           for (int rating = 1; rating < frequency.length; rating++)
33               System.out.printf("%6d%10d%n", rating, frequency[rating]);
34      }
35 } // end class StudentPoll
```

```
java.lang.ArrayIndexOutOfBoundsException: 14
   responses[19] = 14

Rating Frequency
     1         3
     2         4
     3         8
     4         2
     5         2
```

圖 7.8　問卷分析程式 (2/2)

frequency 陣列

我們使用含有六個元素的陣列 frequency（第 11 行）計算每種回答的次數。每個元素都會被使用為計數器，計算六種可能的問卷回答發生的次數。例如，frequency[1] 計算食物評比為 1 的學生數量，frequency[2] 計算食物評比為 2 的學生數量，依此類推。

統計結果

for 敘述（第 15–27 行）會從陣列 responses 一次讀取一筆回覆，並遞增計數器 frequency[1] 到 frequency[5] 的其中之一；我們忽略 frequency[0]，因為問卷的回覆限制在範圍 1–5 之間。迴圈中最重要的敘述出現在第 19 行。這個敘述會依據 responses[answer] 的數值，遞增適當的 frequency 計數器。

讓我們一步步追蹤此 for 敘述的前幾次循環：

- 當計數器 answer 為 0 時，responses[answer] 等於 responses[0] 的數值（亦即 1，請參閱第 9 行）。在此情況下，frequency[responses[answer]] 會被解讀為 frequency[1]，而計數器 frequency[1] 會以 1 被遞增。要評估此運算式，我們會從最內層的中括號內的數值（answer，目前為 0）開始。answer 的數值會被插入到運算式中，然後評估下一對中括號（responses[answer]）。這個數值會用來作為 frequency 陣列的索引，以判斷要遞增哪個計數器（在此例中為 frequency[1]）。

- 下一次進入迴圈時，answer 為 1，responses[answer] 等於 responses[1] 的數值（亦即 2，請參閱第 9 行），所以 frequency[responses[answer]] 會被解讀為 frequency[2]，使 frequency[2] 被遞增。

- 當 answer 為 2 時，responses[answer] 代表陣列 responses[2] 的數值（就是 5，請參閱第 9 行），所以，frequency[responses[answer]] 會被解讀為 frequency[5]，造成 frequency[5] 被遞增，以此類推。

　　不論該次問卷調查中有多少個回覆，程式僅需一個含有 6 個元素的陣列（忽略元素 0）統計調查結果，因爲所有正確的回覆數值都介於 1 到 5 之間，而 6 元素的陣列索引値爲 0 到 5。在程式的輸出畫面中，frequency 一欄只統計 responses 陣列 20 個數值中的 19 個，這是因爲 responses 陣列的最後一個元素爲不正確的回覆，故未計入。

7.5　例外狀況處理：處理錯誤的回覆

例外（exception）意指程式執行時發生的問題。「例外」這個說法，暗示這個問題並不常發生——如果「慣例」是指某敘述通常會正確執行，那問題就代表「該慣例的例外」。**例外處理（exception handling）**讓你能夠建立**可容錯的程式（fault-tolerant program）**，能夠解決（或處理）例外狀況。在許多情況下，這樣可以讓程式繼續執行，就像沒發生過問題一樣。例如，StudentPoll 應用程式仍然會顯示調查結果（圖 7.8），縱使其中有一筆回覆超出答案範圍。而更嚴重的問題可能會使程式無法繼續正常地執行，因此需要程式通知使用者此問題後再終止執行。當 JVM 或方法偵測到問題時，例如不合法的陣列索引，或不合法的方法引數，它就會**丟出（throw）**例外——也就是說，發生例外囉。

7.5.1　try 敘述

要處理例外狀況，請將任何可能丟出例外的程式碼，放入 **try 敘述**中（第 17–20 行）。**try 區塊**（第 17–20 行）包含可能會丟出例外的程式碼，**catch 區塊**（第 21–26 行）則包含例外發生時，用來處理例外的程式碼。你可以撰寫許多 catch 區塊，分別處理 try 區塊可能丟出的各種例外狀況。只要第 19 行正確遞增 frequency 陣列的某個元素，第 21-26 行便會被忽略。界定 try 區塊與 catch 區塊主體的大括號是必要的。

7.5.2　執行 catch 區塊

當程式自 responses 陣列讀取數值 14 後，會嘗試對 frequency[14] 加 1，然而此元素卻位於陣列界限之外，因爲 frequency 陣列只含有 6 個元素（使用索引 0 到 5）。由於陣列界限的檢查是在執行時進行，所以 JVM 會產生例外狀況（明確地說，第 19 行會丟出一個 **ArrayIndexOutOfBoundException** 通知程式這個問題）。此時 try 區塊會終止執行，開始執行 catch 區塊——如果你在 try 區塊中宣告任何變數，則此時它們已不再位於使用域內，故無法在 catch 區塊中存取。

　　catch 區塊會宣告一個例外型別（IndexOutOfRangeException）以及一個例外參數（e）。catch 區塊可以處理所指定型別的例外。在 catch 區塊中，你可透過參數的識別字，與捕捉到的例外物件互動。

測試和除錯的小技巧 7.1

在撰寫程式存取陣列元素時，請確保陣列索引永遠大於等於 0，且小於陣列長度。這可以避免你程式中發生 ArrayIndexOutOfBoundsException。

軟體工程的觀點 7.1

企業系統即便做過許多測驗還是有著錯誤，我們對企業系統的要求是能夠抓取並處理運行時的例外，像是 `ArrayIndexOutOfBoundsException`，來確保系統在未升級時，依舊能夠執行並等到工程師來處理問題。

7.5.3　例外參數的 toString 方法

當第 21–26 行捕捉到例外時，程式會顯示一個訊息，指出有問題發生。第 23 行會自動呼叫例外物件的 toString 方法，以取得此例外物件中儲存的錯誤訊息，並加以顯示。此例中一旦顯示完訊息之後，程式便會認為例外狀況已處理，然後繼續執行 catch 區塊結尾右大括號後頭的下一個敘述。在此例中，會碰到 for 敘述的結尾（第 27 行），因此程式會前進至第 15 行遞增控制變數。我們會在第 8 章再次利用到例外處理，而第 11 章則會深入的探討例外處理。

7.6　案例研究：模擬洗牌與發牌

本章到目前為止所舉出的範例，使用的都是包含基本型別元素的陣列。請回想一下 7.2 節，陣列元素可以是基本型別或參照型別。本節會使用亂數產生器以及參照型別元素的陣列，亦即代表撲克牌的物件，來開發一個模擬洗牌與發牌的類別。接著這個類別便可以用來實作特定撲克牌遊戲的應用。本章章末的習題，會使用本節所開發的類別，建構一個簡單的撲克牌應用程式。

　　我們會先開發類別 Card（圖 7.9），來代表單張撲克牌，包含牌面（亦即 "Ace"[A]、"Deuce"[2]、"Three"[3]、...、"Jack"[J]、"Queen"[Q]、"King"[K]）與花色（亦即 "Hearts"［紅心］、"Diamonds"［方塊］、"Clubs"［梅花］、"Spades"［黑桃］）。接著，我們會開發 DeckOfCards 類別（圖 7.10），此類別會產生一副 52 張牌，其中每個元素都是一個 Card 物件。接著我們會建立一個測試程式（圖 7.11）用來展示類別 DeckOfCards 的洗牌與發牌功能。

Card 類別

Card 類別（圖 7.9）包含兩個 String 實體變數：face 和 suit，用來儲存某張 Card 牌面名稱與花色名稱的參照。此類別的建構子（第 10-14 行）會接收兩個 String，用來初始化 face 和 suit。toString 方法（第 17-20 行）會建立一個 String，包含這張牌的 face、字串 "of"，還有這張牌的 suit。我們可以明確地呼叫 Card 的 toString 方法，取得代表 Card 物件的字串（例如 "Ace of Spades"）。當我們在預期使用 String 的地方使用物件時，便會自動呼叫此物件的 toString 方法（例如，當 printf 使用 %s 格式描述子將物件輸出為 String，或是利用 + 運算子將物件與 String 串接時）。為了讓程式展現這樣的行為，toString 必須以圖 7.9 中所示的標頭來宣告。

```
1  // Fig. 7.9: Card.java
2  // Card class represents a playing card.
3
4  public class Card
5  {
6     private final String face; // face of card ("Ace", "Deuce", ...)
7     private final String suit; // suit of card ("Hearts", "Diamonds", ...)
8
9     // two-argument constructor initializes card's face and suit
10    public Card(String face, String suit)
11    {
12       this.face = face;
13       this.suit = suit;
14    }
15
16    // return String representation of Card
17    public String toString()
18    {
19       return face + " of " + suit;
20    }
21 } // end class Card
```

圖 7.9　代表單張撲克牌的 Card 類別

DeckOfCards 類別

DeckOfCards 類別（圖 7.10）宣告了一個名為 deck 的 Card 陣列作為實體變數（第 7 行）。參照型別陣列的宣告，就和其他陣列一樣。DeckOfCards 類別也宣告了一個整數實體變數 currentCard（第 8 行），代表將要從下一張 Card 來處理（順序號是 0-51）；以及一個具名常數 NUMBER_OF_CARDS（第 9 行）表示一副牌中 Card 的數目（52 張）。

```
1  // Fig. 7.10: DeckOfCards.java
2  // DeckOfCards class represents a deck of playing cards.
3  import java.security.SecureRandom;
4
5  public class DeckOfCards
6  {
7     private Card[] deck; // array of Card objects
8     private int currentCard; // index of next Card to be dealt (0-51)
9     private static final int NUMBER_OF_CARDS = 52; // constant # of Cards
10    // random number generator
11    private static final SecureRandom randomNumbers = new SecureRandom();
12
13    // constructor fills deck of Cards
14    public DeckOfCards()
15    {
16       String[] faces = {"Ace", "Deuce", "Three", "Four", "Five", "Six",
17          "Seven", "Eight", "Nine", "Ten", "Jack", "Queen", "King"};
18       String[] suits = {"Hearts", "Diamonds", "Clubs", "Spades"};
19
20       deck = new Card[NUMBER_OF_CARDS]; // create array of Card objects
21       currentCard = 0; // first Card dealt will be deck[0]
```

圖 7.10　代表一副撲克牌的 DeckOfCards 類別（1/2）

```
22
23        // populate deck with Card objects
24        for (int count = 0; count < deck.length; count++)
25           deck[count] =
26              new Card(faces[count % 13], suits[count / 13]);
27     }
28
29     // shuffle deck of Cards with one-pass algorithm
30     public void shuffle()
31     {
32        // next call to method dealCard should start at deck[0] again
33        currentCard = 0;
34
35        // for each Card, pick another random Card (0-51) and swap them
36        for (int first = 0; first < deck.length; first++)
37        {
38           // select a random number between 0 and 51
39           int second =  randomNumbers.nextInt(NUMBER_OF_CARDS);
40
41           // swap current Card with randomly selected Card
42           Card temp = deck[first];
43           deck[first] = deck[second];
44           deck[second] = temp;
45        }
46     }
47
48     // deal one Card
49     public Card dealCard()
50     {
51        // determine whether Cards remain to be dealt
52        if (currentCard < deck.length)
53           return deck[currentCard++]; // return current Card in array
54        else
55           return null; // return null to indicate that all Cards were dealt
56     }
57  } // end class DeckOfCards
```

圖 7.10　代表一副撲克牌的 DeckOfCards 類別 (2/2)

DeckOfCards 的建構子

此類別的建構子，會以 NUMBER_OF_CARDS 個元素來實體化 deck 陣列（第 20 行）。deck 的元素預設為 null，所以建構子使用了一個 for 敘述（第 24–26 行）將 deck 中填滿 Card。此迴圈會將控制變數 count 初始化為 0，然後在 count 小於 deck.length 時持續迴圈，令 count 會變化為 0 到 51 的整數值（deck 陣列的索引）。每張 Card 都會被實體化，並且用兩個字串來初始化——一個來自陣列 faces(包含從 "Ace" 到 "King" 的 String)，另一個來自 suits 陣列（包含字串 "Hearts"、"Diamonds"、"Clubs" 和 "Spades"）。運算 count%13 會得到 0 到 12 之間的數值（第 16-17 行中 faces 陣列的 13 個索引），運算 count/13 則會得到 0 到 3 之間的數值（第 18 行 suits 陣列的 4 個索引）。deck 陣列初始化之後，便包含所有花色（先 "Hearts"，然後 "Diamonds"，然後 "Clubs"，然後 "Spades"），Cards 牌面包含 "Ace" 到 " King"。在此例中，我們使用 String 陣列來表示牌面和花色。在習題 7.34 中，我們會要求你修改此範例,使用 enum 常數的陣列,來表示牌面和花色。

DeckOfCards 的 shuffle 方法

shuffle 方法(第 30-46 行)會洗一副牌中的 Card。此方法會循環全部 52 張 Card(陣列索引 0 到 51)。針對每一張 Card,會隨機選擇一個介於 0 到 51 之間的數字,以選擇另一張 Card。接著,目前的 Card 物件與亂數選擇的 Card 物件會在陣列中被交換。這個交換是由第 42-44 行的三個設定敘述來進行。額外的變數 temp 會暫時儲存要交換的兩個 Card 物件的其中之一。只用以下兩個敘述,是無法進行交換的:

```
deck[first] = deck[second];
deck[second] = deck[first];
```

如果 deck[first] 是 "Spades" 的 "Ace",而 deck[second] 是 "Hearts" 的 "Queen",在經過第一次設定之後,兩個陣列元素都包含 "Hearts" 的 "Queen","Spades" 的 "Ace" 則不見了——因此我們需要額外的 temp 變數。在這個 for 迴圈結束之後,Card 物件會變成隨機的順序。整個陣列在一次迴圈中總共做了 52 次交換,如此 Card 物件的陣列就洗好牌了!

　　[請注意:我們建議在真實的撲克牌遊戲中,使用所謂的公正洗牌演算法。這種演算法會確保所有可能的洗牌順序出現的機率都相等。習題 7.35 要你研究最普遍的 Fisher-Yates 演算法,並且用它來重現 DeckOfCards 方法 shuffle。]

DeckOfCards 的 dealCard 方法

dealCard 方法(第 49-56 行)會發出陣列中的一張 Card。請回想一下,currentCard 表示下一張將被發出的 Card 的索引(代表位於牌堆頂端的 Card)。因此,第 52 行會比較 currentCard 與陣列 deck 的長度。如果 deck 不是空的(即 currentCard 小於 52),第 53 行會傳回「頂端」的 Card,然後後置遞增 currentCard 以準備下次呼叫 dealCard——否則,就傳回 null。請回想一下第 3 章,null 就代表「沒有指向任何東西的參照」。

洗牌與發牌

圖 7.11 展示了 DeckOfCards 類別。第 9 行建立了一個名為 myDeckOfCards 的 DeckOfCards 物件。DeckOfCards 的建構子,會建立一副包含 52 個 Card 物件的牌,依花色與牌面的順序排列。第 10 行會呼叫 myDeckOfCards 的 shuffle 方法,來重新排列 Card 物件。第 13–20 行會發出全部 52 張 Card,然後將它們印出為四欄,每欄 13 張 Card。第 16 行會呼叫 myDeckOfCards 的 dealCard 方法來發出一張 Card,然後將這張 Card 向左對齊顯示在寬度為 19 個字元的欄位中。當 Card 輸出為 String 時,會自動呼叫 Card 的 toString 方法(圖 7.9,第 17-20 行)。第 18-19 行會在每印出四張 Cards 之後換行。

```
1  // Fig. 7.11: DeckOfCardsTest.java
2  // Card shuffling and dealing.
3
4  public class DeckOfCardsTest
5  {
6     // execute application
7     public static void main(String[] args)
8     {
9        DeckOfCards myDeckOfCards = new DeckOfCards();
10       myDeckOfCards.shuffle(); // place Cards in random order
11
12       // print all 52 Cards in the order in which they are dealt
13       for (int i = 1; i <= 52; i++)
14       {
15          // deal and display a Card
16          System.out.printf("%-19s", myDeckOfCards.dealCard());
17
18       if (i % 4 == 0) // output a newline after every fourth card
19         System.out.println();
20       }
21    }
22 } // end class DeckOfCardsTest
```

```
Six of Spades     Eight of Spades  Six of Clubs       Nine of Hearts
Queen of Hearts   Seven of Clubs   Nine of Spades     King of Hearts
Three of Diamonds Deuce of Clubs   Ace of Hearts      Ten of Spades
Four of Spades    Ace of Clubs     Seven of Diamonds  Four of Hearts
Three of Clubs    Deuce of Hearts  Five of Spades     Jack of Diamonds
King of Clubs     Ten of Hearts    Three of Hearts    Six of Diamonds
Queen of Clubs    Eight of Diamonds Deuce of Diamonds Ten of Diamonds
Three of Spades   King of Diamonds Nine of Clubs      Six of Hearts
Ace of Spades     Four of Diamonds Seven of Hearts    Eight of Clubs
Deuce of Spades   Eight of Hearts  Five of Hearts     Queen of Spades
Jack of Hearts    Seven of Spades  Four of Clubs      Nine of Diamonds
Ace of Diamonds   Queen of Diamonds Five of Clubs     King of Spades
Five of Diamonds  Ten of Clubs     Jack of Spades     Jack of Clubs
```

圖 7.11 洗牌與發牌

避免 NullPointerExceptions

在圖 7.10 中，我們建立一個 52 張牌的 deck 陣列——每一個新建立的參照型陣列中的元素被預設初始化為 null。參照型的變數是類別的欄位，這個欄位會被預設初始化。一個 NullPointerException 會在你嘗試呼叫一個 null 參照方法時發生。在工業強度的程式碼，請確保該參照不是 null，尤其是在你使用它們去呼叫方法來避免 NullPointerExceptions 之前。

7.7 加強版 for 敘述

加強版 for 敘述（enhanced for statement），可以不使用計數器，巡訪陣列中的元素，由此避開「踩出」陣列範圍的可能性。我們會在 7.16 節說明如何對於 Java API 內建的資料結構（稱為集合），使用加強版 for 敘述。加強版 for 敘述的語法如下：

```
for (parameter : arrayName)
    statement
```

其中 **parameter** 包含**型別**與**識別字**（例如 int number），arrayName 則是要巡訪的陣列。參數的型別必須要與陣列中的元素型別一致。下一個範例將會說明，在此迴圈連續的循環中，識別字會代表陣列中連續的元素值。

圖 7.12 使用了加強版的 for 敘述（第 12-13 行）來加總學生成績陣列中整數的總和。此一加強版 for 敘述的參數型別為 int，因為陣列中包含的是 int 數值——迴圈在每次循環中，都會從陣列選擇一個 int 數值。加強版 for 敘述會一個接一個地巡訪陣列中連續的數值。此敘述的標頭可讀做「每次循環中，將陣列的下一個元素指定給 int 變數 number，然後執行接下來的敘述。」因此，在每次循環中，number 識別字都會代表陣列中的某個 int 數值。第 12-13 行等同於如下所示之圖 7.5 第 12-13 行，以計數器控制迴圈的方式加總陣列中的整數，差別只在於加強版 for 敘述無法存取 counter：

```
for (int counter = 0; counter < array.length; counter++)
    total += array[counter];
```

```
1  // Fig. 7.12: EnhancedForTest.java
2  // Using enhanced for statement to total integers in an array.
3
4  public class EnhancedForTest
5  {
6     public static void main(String[] args)
7     {
8        int[] array = {87, 68, 94, 100, 83, 78, 85, 91, 76, 87};
9        int total = 0;
10
11       // add each element's value to total
12       for (int number : array)
13          total += number;
14
15       System.out.printf("Total of array elements: %d%n", total);
16    }
17 } // end class EnhancedForTest
```

```
Total of array elements: 849
```

圖 7.12 使用加強版 for 敘述來加總陣列中的整數

加強版 for 敘述會簡化巡訪陣列的程式碼。然而，請注意，加強版 for 敘述只能用來取得陣列元素——它不能用來更改元素。如果程式需要更改元素，請使用傳統的計數器控制 for 敘述。

加強版 for 敘述可以用來取代計數器控制 for 敘述，只要巡訪陣列的程式碼不需要存取表示目前陣列元素索引的計數器值。舉例來說，加總陣列中的整數，只需要存取元素值，而非各個元素的索引。但是，如果程式基於某些原因必須使用到計數器，而不僅是巡訪陣列（例如，在陣列元素值後頭印出索引編號，像本章之前的範例一樣），請使用計數器控制的 for 敘述。

測試和除錯的小技巧 7.2

加強版 for 敘述簡化了程式碼，透過陣列，程式碼會更加的可靠並且可以消除一些可能的錯誤，像是不適當的指出控制變數的初始值、迴圈持續測試與遞增運算式。

Java SE 8

每一個 for 敘述與加強的 for 敘述重複順序從起始值到結束值。第 17 章 Java SE 8 Lambdas 與串流中，你會學到關於 Stream 類別與它的 forEach 方法。一起執行時，透過集合，它們會提供一個優雅且較精確及錯誤較少的方法來迭代，讓某些迭代可以與其他方法並行發生，來達到較好的多核心系統效能。

7.8　傳遞陣列給方法

本節會說明如何將陣列和陣列元素作為引數傳給方法。要傳遞陣列引數給方法，請撰寫陣列的名稱，但不要加上中括號。例如，如果陣列 hourlyTemperatures 的宣告如下：

```
double[] hourlyTemperatures = new double[24];
```

則方法呼叫

```
modifyArray(hourlyTemperatures);
```

就會將陣列 hourlyTemperatures 的參照傳給方法 modifyArray。每個陣列物件都「知道」自己的長度（透過其 length 欄位）。因此，當我們傳遞陣列物件的參照給方法時，並不需要傳遞陣列長度作為額外的引數。

　　為了讓方法可以透過方法呼叫接收陣列參照，方法的參數列必須指定陣列參數。例如，方法 modifyArray 的標頭可能撰寫如下：

```
void modifyArray(double[] b)
```

表示 modifyArray 的參數 b 會接收 double 陣列的參照。由於方法呼叫傳入了陣列 hourlyTemperature 的參照，所以當被呼叫的方法使用陣列變數 b 時，它就會和呼叫者中的 hourlyTemperatures，參照到相同的陣列物件。

　　當方法的引數是整個陣列，或參照型別的個別陣列元素時，被呼叫的方法會收到其參照的副本。然而當方法的引數是基本型別的個別陣列元素時，被呼叫的方法會收到元素數值的副本。這種基本型別數值稱為**純量（scalar，或 scalar quantity）**。要將個別的陣列元素傳遞給方法，請使用此陣列元素的索引表示方式，作為方法呼叫中的引數。

　　圖 7.13 展示了傳遞整個陣列，和傳遞基本型別的陣列元素給方法，兩者之間的差異。請注意 main 會直接呼叫 static 方法 modifyElement（第 19 行）以及 modifyElement（第 30 行）。請回想一下 6.4 節，類別的 static 方法可以直接呼叫同類別的其他 static 方法。

　　第 16-17 行的加強版 for 敘述會輸出 array 中的五個 int 元素。第 19 行會呼叫 modifyArray 方法，將 array 作為引數傳入。modifyArray 方法（第 36-40 行）會收到 array

的參照副本，然後利用此參照將 array 的每個元素都乘以 2。爲了證明 array 中的元素已被修改，第 23-24 行會再次輸出 array 中的五個元素。如同輸出所顯示的，modifyArray 方法已然將所有元素的數值倍增。我們不能在第 38-39 行使用加強版 for 敘述，因爲我們會修改陣列的元素。

```java
1  // Fig. 7.13: PassArray.java
2  // Passing arrays and individual array elements to methods.
3
4  public class PassArray
5  {
6     // main creates array and calls modifyArray and modifyElement
7     public static void main(String[] args)
8     {
9        int[] array = {1, 2, 3, 4, 5};
10
11        System.out.printf(
12           "Effects of passing reference to entire array:%n" +
13           "The values of the original array are:%n");
14
15        // output original array elements
16        for (int value : array)
17           System.out.printf("   %d", value);
18
19        modifyArray(array); // pass array reference
20        System.out.printf("%n%nThe values of the modified array are:%n");
21
22        // output modified array elements
23        for (int value : array)
24           System.out.printf("   %d", value);
25
26        System.out.printf(
27           "%n%nEffects of passing array element value:%n" +
28           "array[3] before modifyElement: %d%n", array[3]);
29
30        modifyElement(array[3]); // attempt to modify array[3]
31        System.out.printf(
32           "array[3] after modifyElement: %d%n", array[3]);
33     }
34
35     // multiply each element of an array by 2
36     public static void modifyArray(int array2[])
37     {
38        for (int counter = 0; counter < array2.length; counter++)
39           array2[counter] *= 2;
40     }
41
42     // multiply argument by 2
43     public static void modifyElement(int element)
44     {
45        element *= 2;
46        System.out.printf(
47           "Value of element in modifyElement: %d%n", element);
48     }
49  } // end class PassArray
```

圖 7.13　傳遞陣列與傳遞個別陣列元素給方法 (1/2)

```
Effects of passing reference to entire array:
The values of the original array are:
   1 2 3 4 5

The values of the modified array are:
   2 4 6 8 10

Effects of passing array element value:
array[3] before modifyElement: 8
Value of element in modifyElement: 16
array[3] after modifyElement: 8
```

圖 7.13　傳遞陣列與傳遞個別陣列元素給方法 (2/2)

　　圖 7.13 接著展示了當個別的原始型別陣列元素的副本傳遞給一個方法時，在被呼叫的方法中修改此副本，並不會影響在呼叫方法的陣列中元素原本的數值。第 26-28 行在調用方法 modifyElement 之前輸出 array[3] 的數值。請記住，在呼叫 modifyArray 之後，該元素被修改了，現在該元素的數值是 8。第 30 行呼叫 modifyElement 方法，然後傳遞 array[3] 作為引數。記住，array[3] 其實是陣列中的一個 int 數值（8）。因此，程式會傳遞 array[3] 的數值副本。modifyElement 方法（第 43-48 行）會將透過引數收到的數值乘以 2，把結果儲存在參數 element 中，然後輸出 element 的值（16）。由於方法參數就像區域變數一樣，當宣告它的方法執行完畢之後，就不再存在，因此當 modifyElement 方法終止後，方法參數 element 便會被摧毀。當程式將控制權傳回給 main 之後，第 31-32 行會輸出未被修改的 array[3] 數值（也就是 8）。

7.9　傳值 v.s. 傳址呼叫

上例說明陣列與基本型別陣列元素，是如何作為引數傳給方法。我們現在更仔細地來檢視一下，在普遍狀況下，引數是如何傳遞給方法的。在許多程式語言中，有兩種在方法呼叫中傳遞引數的方式，分別是**傳值呼叫**（**pass-by-value**）和**傳址呼叫**（**pass-by-reference**）（也稱為 **call-by-value** 和 **call-by-reference**）。當引數透過傳值呼叫時，會傳遞引數數值的副本給被呼叫的方法。被呼叫的方法只會使用這個副本來執行工作，更改被呼叫方法中的副本，並不會影響到呼叫者中原始的變數值。

　　當引數透過傳址呼叫時，被呼叫的方法便可以直接存取呼叫者中的引數值，並在有需要時修改這個資料。傳址呼叫會去除複製大量資料的可能性，從而增進效能。

　　不像其他語言，Java 不允許你自由選擇傳值或傳址呼叫──所有的引數都是傳值呼叫。方法呼叫可以傳遞兩種型態的數值給方法──基本型別數值的副本（例如型別 int 和 double 的數值），以及物件參照的副本。物件本身無法傳遞方法。當方法修改基本型別的參數時，對於參數的改變，並不會影響呼叫者中原本的引數值。例如，當圖 7.13 中 main 的第 30 行將 array[3] 傳遞給方法 modifyElement 時，第 45 行將參數 element 的數值加倍的敘述，對於 main 中 array[3] 的數值並不會有影響。這點對於參照型別的參數也是一樣。如果你更改參照型別的參數，讓它指向另一個物件，則只有該參數會指到新的物件──存放於呼叫者的變數中的參照，仍然會指向原本的物件。

　　雖然物件的參照是透過傳值呼叫，方法仍然可以使用物件參照的副本，呼叫此物件的 public 方法，藉此和被參照的物件互動。由於儲存在參數中的參照，是以引數方式傳遞的參照副本，所以被呼叫方法中的參數，和原呼叫方法中的引數，會指向記憶體中相同的物件。例如，在圖 7.13 中，modifyArray 方法中的參數 array2，和 main 中的變數 array，都會指向記憶體中相同的陣列物件。透過參數 array2 做的任何變更，都會施加在原呼叫方法中 array 所參照的物件上。在圖 7.13 的 modifyArray 中，利用 array2 對於所做的修改，會影響到 main 中 array 所參照的陣列物件的內容。因此，透過物件的參照，被呼叫的方法便可以直接操作呼叫者的物件。

增進效能的小技巧 7.1

以傳址方式傳遞陣列，而不是陣列本身，這在效能考量上是合理的做法。因為 Java 是以傳值方式傳遞，如果陣列物件被傳遞，則每個元素的副本都得要傳遞。對於大型的、經常被傳遞的陣列來說，這不但會浪費時間，還會消耗大量的儲存空間來存放陣列的副本。

7.10　案例研究：使用陣列儲存成績的 GradeBook 類別

我們現在呈現 GradeBook 類別發展的案例研究第一部分，指導者可以使用它來完成學生考試成績與展示成績報告，其包含成績、班級平均、最低分、最高分與成績分佈長條圖。此章節提供的 GradeBook 版本以一維陣列儲存一次考試成績。第 7.12 節中，我們呈現使用二維陣列來儲存學生多次考試成績的 GradeBook 版本。

將學生成績儲存在 GradeBook 類別的陣列中

GradeBook 類別（圖 7.14）會使用 int 陣列儲存某次考試的多筆學生成績。陣列 grades 被宣告為實體變數（第 7 行），因此每個 GradeBook 物件都會維護自己的一組成績。建構子（第 10-14 行）包含兩個參數——課程名稱與成績陣列。當應用程式（例如圖 7.15 的 GradeBookTest 類別）建立 GradeBook 物件時，會傳遞一個現有的 int 陣列給建構子，建構子會將此陣列的參照指定給實體變數 grade（第 13 行）。grades 陣列的大小，取決於傳遞給建構子的陣列長度。因此，GradeBook 物件便可以處理不同筆數的成績。在所傳送之陣列中的成績數值，可以由使用者輸入、或是從磁碟上的檔案讀入（如第 15 章的討論）。在我們的測試程式中，會使用一組成績來初始化陣列（圖 7.15，第 10 行）。一旦成績儲存在 GradeBook 類別的實體變數 grades 中之後，類別的所有方法便都可以隨其需要，多次存取 grades 的元素，來進行各種計算。

```
1  // Fig. 7.14: GradeBook.java
2  // GradeBook class using an array to store test grades.
3
4  public class GradeBook
5  {
```

圖 7.14　使用陣列來儲存考試成績的 GradeBook 類別 (1/4)

```
 6      private String courseName; // name of course this GradeBook represents
 7      private int[] grades; // array of student grades
 8
 9      // constructor
10      public GradeBook(String courseName, int[] grades)
11      {
12         this.courseName = courseName;
13         this.grades = grades;
14      }
15
16      // method to set the course name
17      public void setCourseName(String courseName)
18      {
19         this.courseName = courseName;
20      }
21
22      // method to retrieve the course name
23      public String getCourseName()
24      {
25         return courseName;
26      }
27
28      // perform various operations on the data
29      public void processGrades()
30      {
31         // output grades array
32         outputGrades();
33
34         // call method getAverage to calculate the average grade
35         System.out.printf("%nClass average is %.2f%n", getAverage());
36
37         // call methods getMinimum and getMaximum
38         System.out.printf("Lowest grade is %d%nHighest grade is %d%n%n",
39            getMinimum(), getMaximum());
40
41         // call outputBarChart to print grade distribution chart
42         outputBarChart();
43      }
44
45      // find minimum grade
46      public int getMinimum()
47      {
48         int lowGrade = grades[0]; // assume grades[0] is smallest
49
50         // loop through grades array
51         for (int grade : grades)
52         {
53            // if grade lower than lowGrade, assign it to lowGrade
54            if (grade < lowGrade)
55               lowGrade = grade; // new lowest grade
56         }
57
58         return lowGrade;
59      }
60
```

圖 7.14　使用陣列來儲存考試成績的 GradeBook 類別 (2/4)

```
61     // find maximum grade
62     public int getMaximum()
63     {
64        int highGrade = grades[0]; // assume grades[0] is largest
65
66        // loop through grades array
67        for (int grade : grades)
68        {
69           // if grade greater than highGrade, assign it to highGrade
70           if (grade > highGrade)
71              highGrade = grade; // new highest grade
72        }
73
74        return highGrade;
75     }
76
77     // determine average grade for test
78     public double getAverage()
79     {
80        int total = 0;
81
82        // sum grades for one student
83        for (int grade : grades)
84           total += grade;
85
86        // return average of grades
87        return (double) total / grades.length;
88     }
89
90     // output bar chart displaying grade distribution
91     public void outputBarChart()
92     {
93        System.out.println("Grade distribution:");
94
95        // stores frequency of grades in each range of 10 grades
96        int[] frequency = new int[11];
97
98        // for each grade, increment the appropriate frequency
99        for (int grade : grades)
100          ++frequency[grade / 10];
101
102       // for each grade frequency, print bar in chart
103       for (int count = 0; count < frequency.length; count++)
104       {
105          // output bar label ("00-09: ", ..., "90-99: ", "100: ")
106          if (count == 10)
107             System.out.printf("%5d: ", 100);
108          else
109             System.out.printf("%02d-%02d: ",
110                count * 10, count * 10 + 9);
111
112          // print bar of asterisks
113          for (int stars = 0; stars < frequency[count]; stars++)
114             System.out.print("*");
115
```

圖 7.14　使用陣列來儲存考試成績的 GradeBook 類別 (3/4)

```
116              System.out.println();
117          }
118      }
119
120      // output the contents of the grades array
121      public void outputGrades()
122      {
123          System.out.printf("The grades are:%n%n");
124
125          // output each student's grade
126          for (int student = 0; student < grades.length; student++)
127              System.out.printf("Student %2d: %3d%n",
128                  student + 1, grades[student]);
129      }
130 } // end class GradeBook
```

圖 7.14 使用陣列來儲存考試成績的 GradeBook 類別 (4/4)

　　processGrades 方法 (第 29-43 行) 包含一系列方法呼叫，會輸出一份報表，統整所有的成績。第 32 行會呼叫 outputGrades 方法，印出 grades 陣列的內容。在 outputGrades 方法中，第 126-128 行使用 for 敘述來輸出每一位學生的成績。在此例中必須使用計數器控制的 for 迴圈，因爲第 127-128 行會使用計數器變數 student 的數值，將每筆成績輸出到特定的學生編號旁邊 (參閱圖 7.15 的輸出)。雖然陣列索引從 0 開始，但教授通常會將學生從 1 開始編號。因此，第 127-128 行會輸出 student + 1 作爲學生編號，以產生 "Student 1:"、"Student 2:" 等成績標記。

　　processGrades 方法接下來會呼叫 getAverage 方法（第 35 行），來取得陣列中成績的平均。getAverage 方法（第 78-88 行）使用了加強版 for 敘述來加總 grades 陣列中的數值，然後再計算其平均。加強版 for 敘述標頭中的參數（亦即 int grade）會指出每次循環時，int 變數 grade 會取用 grades 陣列中的一個數值。第 87 行的平均值運算，使用了 grades.length 來判斷要計算平均的成績筆數。

　　processGrades 方法中，第 38-39 行會呼叫 getMinimum 及 getMaximum 方法，分別判斷所有參加考試學生的最低分及最高分。這兩個方法各使用了一個加強版 for 敘述，來巡訪 grades 陣列。getMinimum 方法中，第 51-56 行會巡訪陣列，第 54-55 行會將每筆成績與 lowGrade 相比較；如果成績低於 lowGrade，就將 lowGrade 設定爲該筆成績。當第 58 行執行時，lowGrade 便包含了陣列中最低的成績。getMaximum 方法（第 62-75 行）的運作類似於 getMinimum 方法。

　　最後，在 processGrades 方法中，第 42 行呼叫了 outputBarChart 方法，使用類似圖 7.6 的技巧，印出成績資料的分布圖。在該範例中，我們是透過簡單的觀察各筆成績，用手動計算各等級（亦即 0-9、10-19、...、90-99 及 100）中成績的筆數。在此例中，第 99-100 行會使用類似於圖 7.7 及圖 7.8 的技巧，來計算各等級中成績出現的頻率。第 96 行會宣告並建立包含 11 個 int 的 frequency 陣列，以儲存各個成績等級中成績出現的頻率。針對 grades 陣列中每筆 grade，第 99-100 行會遞增 frequency 陣列中適當的元素。要判斷應當遞增哪個元素，第 100 行會將目前的 grade 透過整數除法除以 10。例如，若 grade 等於

85，第 100 行就會遞增 frequency[8]，更新範圍為 80-89 之中的成績筆數。第 103-117 行接著會根據 frequency 陣列中的數值，印出長條圖（請參閱圖 7.15）。就像圖 7.6 的第 23-24 行，圖 7.14 的第 113-116 行也會使用 frequency 陣列中的數值，來判斷每條長條要顯示的星號數量。

展示 GradeBook 類別的 GradeBookTest 類別

圖 7.15 的應用程式會使用 int 陣列 gradesArray（宣告並初始化於第 10 行），建立一個 GradeBook 類別的物件（圖 7.14）。第 12-13 行會傳遞一份課程名稱，以及 gradesArray 給 GradeBook 的建構子。第 14-15 行會顯示一個歡迎訊息，包括儲存在 GradeBook 類別的課程名稱。第 16 行則會呼叫 GradeBook 物件的 processGrades 方法。輸出會統整 myGradeBook 中的 10 筆成績。

軟體工程的觀點 7.2

測試配件（test harness；或稱測試應用程式）會負責建立欲測試之類別的物件，並提供其資料。這份資料可以來自許多來源。測試資料可以使用陣列初始值設定式直接放入陣列；也可以來自使用者在鍵盤上的輸入；可以來自檔案（第 15 章所學）；或者也可以來自資料庫（第 24 章所學）或網路（如線上版的第 28 章）。在將這份資料傳送給類別的建構子，以實體化物件之後，測試配件應該要呼叫物件，來測試其方法並操作其資料。在測試配件中以此方式搜集資料，讓類別可以操作來自數種不同來源的資料。

```java
1  // Fig. 7.15: GradeBookTest.java
2  // GradeBookTest creates a GradeBook object using an array of grades,
3  // then invokes method processGrades to analyze them.
4  public class GradeBookTest
5  {
6     // main method begins program execution
7     public static void main(String[] args)
8     {
9        // array of student grades
10       int[] gradesArray = {87, 68, 94, 100, 83, 78, 85, 91, 76, 87};
11
12       GradeBook myGradeBook = new GradeBook(
13          "CS101 Introduction to Java Programming", gradesArray);
14       System.out.printf("Welcome to the grade book for%n%s%n%n",
15          myGradeBook.getCourseName());
16       myGradeBook.processGrades();
17    }
18 } // end class GradeBookTest
```

```
Welcome to the grade book for
CS101 Introduction to Java Programming

The grades are:

Student  1:  87
Student  2:  68
Student  3:  94
```

圖 7.15 GradeBookTest 使用成績陣列來建立 GradeBook 物件，然後呼叫 processGrades 方法來加以分析 (1/2)

```
Student  4: 100
Student  5:  83
Student  6:  78
Student  7:  85
Student  8:  91
Student  9:  76
Student 10:  87

Class average is 84.90
Lowest grade is 68
Highest grade is 100

Grade distribution:
00-09:
10-19:
20-29:
30-39:
40-49:
50-59:
60-69: *
70-79: **
80-89: ****
90-99: **
  100: *
```

圖 7.15　GradeBookTest 使用成績陣列來建立 GradeBook 物件，然後呼叫 processGrades 方法來加以分析 (2/2)

Java SE 8

在第 17 章 Java SE 8 Lambdas 與串流，圖 17.5 的範例使用串流方法 min、max、count 與 average，在不重寫敘述的情況下，優雅且精確地處理 int 陣列的元素。在第 23 章，圖 23.29 的範例在一次的方法呼叫中，使用串流方法 summaryStatistics 來執行所有的操作。

7.11　多維陣列

包含兩個維度的多維陣列，經常會被用來表示數值表格，其中包含編排為列（rows）及行（columns）的資訊。要識別特定的表格元素，必須指定兩個索引。根據慣例，第一個索引會指定元素的列、第二個索引則指定行。需要使用兩個索引來識別特定元素的陣列，稱為**二維陣列（two-dimensional array）**（多維陣列可以不只兩個維度）。Java 並不直接支援多維陣列，但它允許你指定一個一維陣列，令其元素也是一維陣列，由此達到相同的效果。圖 7.16 展示了一個名為 a 的二維陣列，包含三列與四行（亦即一個 3 乘 4 的陣列）。一般來說，包含 *m* 列與 *n* 行的陣列，稱為 **m 乘 n (m-by-n)** 陣列。

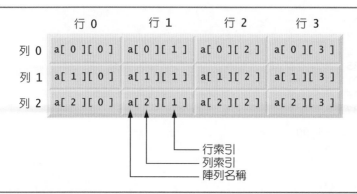

圖 7.16　包含三列與四行的二維陣列

在圖 7.16 中，陣列 a 的每個元素都是由形式為 a[*row*][*column*] 的陣列存取運算式來加以識別；其中 a 為陣列名稱，*row* 和 *column* 為陣列索引，藉由 row 的編號（列號）與 column 的編號（行號），可識別陣列中的每個元素。列 0 中元素的名稱，第一個索引值皆為 0；而行 3 中元素的名稱，第二個索引值皆為 3。

一維陣列的陣列

就像一維陣列一樣，多維陣列也可以在宣告中利用陣列初始值設定式來初始化。具有兩列及兩行的二維陣列 b，可以用巢狀的**陣列初始值設定式（nested array initializer）**來宣告及初始化，如下：

```
int[][] b = {{1, 2}, {3, 4}};
```

初始值會以列分組，包含在大括號中。所以 1 和 2 會分別初始化 b[0][0] 和 b[0][1]，3 和 4 則會分別初始化 b[1][0] 與 b[1][1]。編譯器會計算巢狀陣列初始值設定式的數量（等於外層大括號中，內層大括號的組數）以判斷陣列 b 的列數。編譯器會計算巢狀陣列初始值設定式中各列的初始值數量，以判斷該列的行數。我們馬上就會發現，這代表著每一列可以有不同的長度。

多維陣列會被維護為一維陣列的陣列。因此前面所宣告的陣列 b，事實上是由兩個獨立的一維陣列所構成，一個包含第一個巢狀初始值設定式的數值 {1,2}，另一個則包含第二個巢狀初始值設定式的數值 {3,4}。因此，陣列 b 本身是一個包含兩個元素的陣列，而其每個元素都是一個包含 int 數值的一維陣列。

擁有不同列長度的二維陣列

Java 表示多維陣列的方法，讓它們相當具有彈性。事實上，在陣列 b 中，各列的長度不一定要相同。例如：

```
int[][] b = {{1, 2}, {3, 4, 5}};
```

會建立包含兩個元素（由巢狀陣列初始值設定式的數量所決定）的整數陣列 b，而這兩個元素代表二維陣列的兩列。b 的每個元素都是一個指向包含 int 變數之一維陣列的參照。第 0 列的 int 陣列，是一個包含兩個元素（1 和 2）的一維陣列，第 1 列的 int 陣列，則是包含三個元素（3、4 與 5）的一維陣列。

使用陣列建立運算式來建立二維陣列

每列都擁有相同行數的多維陣列，可以利用陣列建立運算式來建立。例如，以下這行敘述會宣告陣列 b，然後指定給它一個 3 乘 4 陣列的參照：

```
int[][] b = new int[3][4];
```

在此例中，我們使用了字面常數 3 和 4 分別指定列數及行數，但這並非必要。程式也可以使用變數來指定陣列的維數，因為 new 是在執行時期而非編譯時期建立陣列。就像建立一維陣列一樣，在建立多維陣列的物件時，陣列元素就會被初始化。

每列包含不同行數的多維陣列，可依以下方式來建立：

```
int[][] b = new int[2][]; // create 2 rows
b[0] = new int[5]; // create 5 columns for row 0
b[1] = new int[3]; // create 3 columns for row 1
```

上述敘述會建立一個包含兩列的二維陣列。第 0 列包含 5 行，第 1 列則包含 3 行。

二維陣列的範例：顯示元素值

圖 7.17 展示了利用陣列初始值設定式來初始化二維陣列，並利用巢狀 for 迴圈來**走訪（traverse）**陣列（亦即操作各陣列中的各個元素）。InitArray 類別的 main 方法，宣告了兩個陣列。array1 的宣告（第 9 行）使用了相同長度的巢狀陣列初始值設定式，將第一列初始化為數值 1、2、3；第二列初始化為數值 4、5、6。array2 的宣告（第 10 行）則使用了不同長度的巢狀初始值設定式。在此例中，第一列會被初始化為兩個元素，數值分別為 1 和 2。第二列會被初始化為一個元素，數值為 3。第三列則會被初始化為三個元素，數值分別為 4、5、6。

```
1  // Fig. 7.17: InitArray.java
2  // Initializing two-dimensional arrays.
3
4  public class InitArray
5  {
6     // create and output two-dimensional arrays
7     public static void main(String[] args)
8     {
9        int[][] array1 = {{1, 2, 3}, {4, 5, 6}};
10       int[][] array2 = {{1, 2}, {3}, {4, 5, 6}};
11
12       System.out.println("Values in array1 by row are");
13       outputArray(array1); // displays array1 by row
14
15       System.out.printf("%nValues in array2 by row are%n");
16       outputArray(array2); // displays array2 by row
17    }
18
```

圖 7.17　初始化二維陣列 (1/2)

```
19     // output rows and columns of a two-dimensional array
20     public static void outputArray(int[][] array)
21     {
22         // loop through array's rows
23         for (int row = 0; row < array.length; row++)
24         {
25             // loop through columns of current row
26             for (int column = 0; column < array[row].length; column++)
27                 System.out.printf("%d  ", array[row][column]);
28
29             System.out.println();
30         }
31     }
32 } // end class InitArray
```

```
Values in array1 by row are
1 2 3
4 5 6

Values in array2 by row are
1 2
3
4 5 6
```

圖 7.17　初始化二維陣列 (2/2)

　　第 13 和 16 行會呼叫 outputArray 方法（第 20-31 行），分別輸出 array1 和 array2 的元素。outputArray 方法的參數—— int[][]array ——表示該方法會接收一個二維陣列。for 敘述（第 23-30 行）會輸出二維陣列的各列。在外層 for 敘述的迴圈持續條件中，運算式 array.length 會用來判斷陣列中的列數。在內層 for 敘述中，則會用運算式 array[row].length 來判斷陣列目前此列中的行數。內層 for 敘述的條件式，讓迴圈能夠判斷各列中確切的行數。在圖 7.18 展示巢狀的加強版 for 敘述。

使用 for 敘述進行常見的多維陣列操作

許多常見的陣列操作，都會使用 for 敘述。例如，下列 for 敘述會將圖 7.16 中陣列 a 列 2 的所有元素都設定爲零：

```
for(int column = 0; column < a[2].length; column++)
    a[2][column] = 0;
```

由於我們指定列 2，因此第一個索引必定是 2（0 爲第一列，1 爲第二列）。這個 for 迴圈只會改變第二個索引（亦即行索引）。假如陣列 a 的列 2 包含四個元素，則前述的 for 敘述，就等同於以下設定敘述：

```
a[2][0] = 0;
a[2][1] = 0;
a[2][2] = 0;
a[2][3] = 0;
```

下列巢狀 for 敘述會加總陣列 a 中所有元素的數值總和：

```
int total = 0;
for (int row = 0; row < a.length; row++)
{
    for (int column = 0; column < a[row].length; column++)
        total += a[row][column];
}
```

這些巢狀 for 敘述會一次加總陣列中的一列元素。外層 for 敘述一開始會將 row 索引設定為 0，這樣子第一列的元素就可以被內層的 for 敘述加總。接著外層的 for 敘述會將 row 加為 1，這樣第二列就可以加總。然後，外層的 for 敘述會將 row 加為 2，這樣第三列就可以加總。當外層 for 敘述終止時，便可以顯示出變數 total。在下個範例中，會說明如何使用巢狀的加強版 for 敘述，以類似的方式處理二維陣列。

7.12　案例研究：使用二維陣列的 GradeBook 類別

在第 7.10 節中，我們呈現了 GradeBook 類別（圖 7.14），此類別使用了一個一維陣列來儲存學生在單次考試中的成績。在大多數學期中，學生會參加多次考試。教授很可能會想要分析整個學期的成績，不管是針對單一學生，或是針對整班。

在 GradeBook 類別中，將學生成績儲存於二維陣列內

圖 7.18 的 GradeBook 類別使用二維陣列 grades 來儲存一群學生參加數次考試的成績。陣列的每一列代表每一個學生整學期課程的成績，每一行則代表參加某次考試所有學生的成績。GradeBookTest 類別（圖 7.19）會將陣列作為引數傳遞給 GradeBook 建構子。在此例中，我們會使用 10 乘 3 的陣列，來儲存十位學生三次考試的成績。此類別有五個方法，會進行陣列操作來處理成績。每個方法都類似於先前一維陣列版本的 GradeBook 類別（圖 7.14）中相對應的方法。getMinimum 方法（第 46-62 行）會判斷該學期中任何學生的最低成績。getMaximum 方法（第 65-83 行）會判斷該學期中任何學生的最高成績。getAverage 方法（第 86-96 行）會計算特定學生的該學期平均成績。outputBarChart 方法（第 99-129 行）會輸出整學期學生成績的分布長條圖。outputGrades 方法（第 132-156 行）會以表格格式輸出陣列，附帶每個學生的學期平均。

```java
1  // Fig. 7.18: GradeBook.java
2  // GradeBook class using a two-dimensional array to store grades.
3
4  public class GradeBook
5  {
6     private String courseName; // name of course this grade book represents
7     private int[][] grades; // two-dimensional array of student grades
8
9     // two-argument constructor initializes courseName and grades array
10    public GradeBook(String courseName, int[][] grades)
11    {
12       this.courseName = courseName;
```

圖 7.18　使用二維陣列儲存成績的 GradeBook 類別（1/4）

```java
13          this.grades = grades;
14      }
15
16      // method to set the course name
17      public void setCourseName(String name)
18      {
19          this.courseName = courseName;
20      }
21
22      // method to retrieve the course name
23      public String getCourseName()
24      {
25          return courseName;
26      }
27
28      // perform various operations on the data
29      public void processGrades()
30      {
31          // output grades array
32          outputGrades();
33
34          // call methods getMinimum and getMaximum
35          System.out.printf("%n%s %d%n%s %d%n%n",
36              "Lowest grade in the grade book is", getMinimum(),
37              "Highest grade in the grade book is", getMaximum());
38
39          // output grade distribution chart of all grades on all tests
40          outputBarChart();
41      }
42
43      // find minimum grade
44      public int getMinimum()
45      {
46          // assume first element of grades array is smallest
47          int lowGrade = grades[0][0];
48
49          // loop through rows of grades array
50          for (int[] studentGrades : grades)
51          {
52              // loop through columns of current row
53              for (int grade : studentGrades)
54              {
55                  // if grade less than lowGrade, assign it to lowGrade
56                  if (grade < lowGrade)
57                      lowGrade = grade;
58              }
59          }
60
61          return lowGrade;
62      }
63
64      // find maximum grade
65      public int getMaximum()
66      {
67          // assume first element of grades array is largest
```

圖 7.18　使用二維陣列儲存成績的 GradeBook 類別 (2/4)

```
68          int highGrade = grades[0][0];
69
70          // loop through rows of grades array
71          for (int[] studentGrades : grades)
72          {
73              // loop through columns of current row
74              for (int grade : studentGrades)
75              {
76                  // if grade greater than highGrade, assign it to highGrade
77                  if (grade > highGrade)
78                      highGrade = grade;
79              }
80          }
81
82          return highGrade;
83      }
84
85      // determine average grade for particular student (or set of grades)
86      public double getAverage(int[] setOfGrades)
87      {
88          int total = 0;
89
90          // sum grades for one student
91          for (int grade : setOfGrades)
92              total += grade;
93
94          // return average of grades
95          return (double) total / setOfGrades.length;
96      }
97
98      // output bar chart displaying overall grade distribution
99      public void outputBarChart()
100     {
101         System.out.println("Overall grade distribution:");
102
103         // stores frequency of grades in each range of 10 grades
104         int[] frequency = new int[11];
105
106         // for each grade in GradeBook, increment the appropriate frequency
107         for (int[] studentGrades : grades)
108         {
109             for (int grade : studentGrades)
110                 ++frequency[grade / 10];
111         }
112
113         // for each grade frequency, print bar in chart
114         for (int count = 0; count < frequency.length; count++)
115         {
116             // output bar label ("00-09: ", ..., "90-99: ", "100: ")
117             if (count == 10)
118                 System.out.printf("%5d: ", 100);
119             else
120                 System.out.printf("%02d-%02d: ",
121                     count * 10, count * 10 + 9);
122
```

圖 7.18　使用二維陣列儲存成績的 GradeBook 類別 (3/4)

```
123              // print bar of asterisks
124              for (int stars = 0; stars < frequency[count]; stars++)
125                 System.out.print("*");
126
127              System.out.println();
128          }
129      }
130
131      // output the contents of the grades array
132      public void outputGrades()
133      {
134         System.out.printf("The grades are:%n%n");
135         System.out.print("                   "); // align column heads
136
137         // create a column heading for each of the tests
138         for (int test = 0; test < grades[0].length; test++)
139            System.out.printf("Test %d  ", test + 1);
140
141         System.out.println("Average"); // student average column heading
142
143         // create rows/columns of text representing array grades
144         for (int student = 0; student < grades.length; student++)
145         {
146            System.out.printf("Student %2d", student + 1);
147
148            for (int test : grades[student]) // output student's grades
149               System.out.printf("%8d", test);
150
151            // call method getAverage to calculate student's average grade;
152            // pass row of grades as the argument to getAverage
153            double average = getAverage(grades[student]);
154            System.out.printf("%9.2f%n", average);
155         }
156      }
157 } // end class GradeBook
```

圖 7.18　使用二維陣列儲存成績的 GradeBook 類別 (4/4)

getMinimum 與 getMaximum 方法

getMinimum 方法、getMaximum 方法、outputBarChart 方法及 outputGrades 方法都會利用巢狀 for 敘述來巡訪 grades 陣列——例如 getMinimum 方法宣告中的巢狀加強版 for 敘述（第 50-59 行）。外層的加強版 for 敘述會巡訪二維陣列 grades，並在每次的循環中將每一列分別依序指定給參數 studentGrades。參數名稱之前的方括號表示 studentGrades 會參照到一個一維 int 陣列——亦即 grades 陣列中的某一列，其中包含某一位學生的成績。

要找出全部最低的成績，內層的 for 敘述會將目前的一維陣列 studentGrades 中的元素，與變數 lowGrade 相比較。例如，外層的 for 第一次循環時，grades 的列 0 會被指定給參數 studentGrades。內層加強版 for 敘述接著會巡訪 studentGrades，將每筆 grade 數值與 lowGrade 相比較。如果某一筆成績低於 lowGrade，則將 lowGrade 設定為該筆成績。在外層加強版 for 敘述的第二次循環時，grades 的列 1 會被指定給 studentGrades，而此列中的元素，會和 lowGrade 變數相比較。這個動作會重覆進行，直到 grades 的每一列都被走訪過為止。當巢狀敘述執行完畢後，lowGrade 便包含了此二維陣列中的最低成績。getMaximum 方法的運作方式類似於 getMinimum 方法。

outputBarChart 方法

圖 7.18 的方法幾乎與圖 7.14 一模一樣。然而，要輸出整學期的整體成績分布，此例中的方法使用了巢狀的加強版 for 敘述（第 107-111 行），根據二維陣列中所有的成績，建立一維陣列 frequency。其他用來顯示圖表的程式碼，則在這二個 outputBarChart 方法中完全相同。

outputGrades 方法

outputGrades 方法（第 132-156 行）使用了巢狀 for 敘述來輸出 grades 陣列的數值，以及每位學生的學期平均成績。其輸出結果（圖 7.19）就像是教授實際成績簿的表格格式。第 138-139 行會印出每次考試的行標題。我們在此使用計數器控制的 for 敘述，讓我們可以用編號來識別每次考試。同樣地，第 144-155 行的 for 敘述，會先用計數器變數來輸出列標題，以識別每個學生（第 146 行）。

雖然陣列的索引是從 0 開始，但第 139 及 146 行是輸出 test + 1 及 student + 1，以產生從 1 開始計數的 test 及 student 編號（參閱圖 7.19）。內層 for 敘述（第 148-149 行）會使用外層 for 敘述的計數器變數 student 來走訪 grades 陣列的特定列，以輸出所有學生的考試成績。加強版的 for 敘述可以巢狀內嵌在計數器控制的 for 敘述中，反之亦然。最後，第 153 行會藉由將目前的 grades 列（亦即 grades[student]）傳遞給 getAverage 方法，以取得每個學生的學期平均。

getAverage 方法

getAverage 方法（第 86-96 行）會取用一個引數──特定學生考試結果的一維陣列。當第 153 行呼叫 getAverage 時，其引數為 grades[student]，指定了二維陣列 grades 中，應該要傳遞給 getAverage 方法的特定列。例如，使用圖 7.19 所建立的陣列，引數 grades[1] 便代表了儲存於二維陣列 grades 列 1 的三筆數值（成績的一維陣列）。請回想一下，二維陣列就是元素為一維陣列的陣列。getAverage 方法會計算陣列元素的總和，再將總和除以測試結果的筆數，然後以 double 數值傳回浮點數的運算結果（第 95 行）。

展示 GradeBook 類別的 GradeBookTest 類別

圖 7.19 使用名為 gradesArray 的二維 int 陣列（宣告並初始化於第 10-19 行）建立 GradeBook 類別的物件（圖 7.18）。第 21-22 行會將 gradesArray 及課程名稱傳遞給 GradeBook 的建構子。第 23-24 行會展示歡迎訊息並包含課程名稱，然後第 25 行接著會呼叫 myGradeBook. ProcessGrades，展示該學期學生成績的統整報告。

```java
1  // Fig. 7.19: GradeBookTest.java
2  // GradeBookTest creates GradeBook object using a two-dimensional array
3  // of grades, then invokes method processGrades to analyze them.
4  public class GradeBookTest
5  {
6     // main method begins program execution
7     public static void main(String[] args)
8     {
9        // two-dimensional array of student grades
10       int[][] gradesArray = {{87, 96, 70},
11                              {68, 87, 90},
12                              {94, 100, 90},
13                              {100, 81, 82},
14                              {83, 65, 85},
15                              {78, 87, 65},
16                              {85, 75, 83},
17                              {91, 94, 100},
18                              {76, 72, 84},
19                              {87, 93, 73}};
20
21       GradeBook myGradeBook = new GradeBook(
22          "CS101 Introduction to Java Programming", gradesArray);
23       System.out.printf("Welcome to the grade book for%n%s%n%n",
24          myGradeBook.getCourseName());
25       myGradeBook.processGrades();
26    }
27 } // end class GradeBookTest
```

```
Welcome to the grade book for
CS101 Introduction to Java Programming

The grades are:

Test 1 Test 2 Test 3 Average
Student 1 87 96 70 84.33
Student 2 68 87 90 81.67
Student 3 94 100 90 94.67
Student 4 100 81 82 87.67
Student 5 83 65 85 77.67
Student 6 78 87 65 76.67
Student 7 85 75 83 81.00
Student 8 91 94 100 95.00
Student 9 76 72 84 77.33
Student 10 87 93 73 84.33

Lowest grade in the grade book is 65
Highest grade in the grade book is 100

Overall grade distribution:
00-09:
10-19:
20-29:
30-39:
40-49:
50-59:
60-69: ***
70-79: ******
80-89: ***********
90-99: *******
  100: ***
```

圖 7.19　使用二維成績陣列來建立 GradeBook 物件，接著呼叫 processGrades 方法加以分析的
　　　　 GradeBookTest 類別

7.13　可變長度的引數列

使用**可變長度的引數列**（**variable-length argument list**），可以建立能接收不定數量引數的方法。在方法參數列中，型別及其後的**刪節號**（**...**），表示此方法可接收此一特定型別的不定數量引數。在參數列中，這樣的刪節號只能出現一次，而且刪節號及其型別，必須放在參數列的最後。雖然可以使用方法多載和陣列傳遞，來完成大部分可變長度引數列能夠完成的事情，但是在方法的參數列裡使用刪節號，會比較簡潔。

　　圖 7.20 展示了方法 average（第 7-16 行），它會接收可變長度的 double 數列。Java 會將可變長度的引數列表，視爲元素型別全部相同的陣列來處理。因此，方法主體可以視參數 numbers 爲 double 陣列來操作它。第 12-13 行使用了加強版的 for 迴圈來走訪陣列，並計算陣列中的 double 總和值。第 15 行會利用 numbers.length 來得到陣列 numbers 的大小，以在計算平均時使用。main 中，第 29、31 和 33 行，分別會使用兩個引數、三個引數和四個引數來呼叫 average 方法。因爲 average 方法擁有可變長度的引數列（第 7 行），所以無論呼叫者傳入多少 double 引數，此方法都能計算其平均。輸出結果顯示了每次對於 average 方法的呼叫，都會傳回正確的數值。

常見的程式設計錯誤 7.5
將表示可變長度引數列的刪節號放在參數列中間，是一種語法錯誤。刪節號只能放在參數列的最後頭。

```
1  // Fig. 7.20: VarargsTest.java
2  // Using variable-length argument lists.
3
4  public class VarargsTest
5  {
6     // calculate average
7     public static double average(double... numbers)
8     {
9        double total = 0.0;
10
11       // calculate total using the enhanced for statement
12       for (double d : numbers)
13          total += d;
14
15       return total / numbers.length;
16    }
17
18    public static void main(String[] args)
19    {
20       double d1 = 10.0;
21       double d2 = 20.0;
22       double d3 = 30.0;
23       double d4 = 40.0;
24
25       System.out.printf("d1 = %.1f%nd2 = %.1f%nd3 = %.1f%nd4 = %.1f%n%n",
26          d1, d2, d3, d4);
```

圖 7.20　使用可變長度引數列 (1/2)

```
27
28        System.out.printf("Average of d1 and d2 is %.1f%n",
29          average(d1, d2));
30        System.out.printf("Average of d1, d2 and d3 is %.1f%n",
31          average(d1, d2, d3));
32        System.out.printf("Average of d1, d2, d3 and d4 is %.1f%n",
33          average(d1, d2, d3, d4));
34    }
35 } // end class VarargsTest
```

```
d1 = 10.0
d2 = 20.0
d3 = 30.0
d4 = 40.0

Average of d1 and d2 is 15.0
Average of d1, d2 and d3 is 20.0
Average of d1, d2, d3 and d4 is 25.0
```

圖 7.20　使用可變長度引數列 (2/2)

7.14　使用命令列引數

我們也可藉由在 main 的參數列中加入型別爲 String[]（亦即 String 陣列）的參數，讓我們能夠從命令列傳遞引數給應用程式（這些引數稱作**命令列引數 [command-line argument]**），就像在本書所有應用程式中做的一樣。根據慣例，此參數會被命名爲 args。當使用 java 指令執行應用程式時，Java 會將 java 命令中，出現在類別名稱後頭的命令列引數，傳遞給應用程式的 main 方法，作爲陣列 args 中的字串。命令列引數的數量，可以藉由存取陣列的 length 屬性來取得。命令列引數的常見用途，包括傳遞選項與檔案名稱給應用程式。

下一個範例，會使用命令列引數來決定陣列的大小，陣列第一個元素的數值，以及用來計算陣列其他元素數值的遞增量。命令

```
java InitArray 5 0 4
```

會傳遞三個引數 5、0、4 給應用程式 InitArray。命令列引數是以空格相隔，而非逗號。當此命令執行時，InitArray 的 main 方法會收到一個含有三個元素的陣列 args（意即 args.length 等於 3），其中 args[0] 包含 String"5"，args[1] 包含 String"0"，args[2] 則包含 String"4"。這支程式會判斷如何使用這些引數——在圖 7.21 中，會將這三個命令列引數轉換爲 int 數值，然後用之來初始化陣列。當程式執行時，如果 args.length 不是 3，程式就會印出錯誤訊息然後終止（第 9-12 行）。否則的話，第 14-32 行便會根據命令列引數的數值，初始化並顯示陣列。

第 16 行會取得 args[0]——一筆指定了陣列大小的 String——然後將之轉換成程式可以在第 17 行用來建立陣列的 int 數值。類別 Interger 的 static 方法 parseInt，會將其 String 引數轉換成 int。

第 20–21 行轉換 args[1] 與 args[2] 命令行引數爲整數值，並分別儲存它們在 initialValue 與 increment 中。第 24–25 行爲了每個陣列的元素計算數值。

```
1  // Fig. 7.21: InitArray.java
2  // Initializing an array using command-line arguments.
3
4  public class InitArray
5  {
6     public static void main(String[] args)
7     {
8        // check number of command-line arguments
9        if (args.length != 3)
10          System.out.printf(
11             "Error: Please re-enter the entire command, including%n" +
12             "an array size, initial value and increment.%n");
13       else
14       {
15          // get array size from first command-line argument
16          int arrayLength = Integer.parseInt(args[0]);
17          int[] array = new int[arrayLength];
18
19          // get initial value and increment from command-line arguments
20          int initialValue = Integer.parseInt(args[1]);
21          int increment = Integer.parseInt(args[2]);
22
23          // calculate value for each array element
24          for (int counter = 0; counter < array.length; counter++)
25             array[counter] = initialValue + increment * counter;
26
27          System.out.printf("%s%8s%n", "Index", "Value");
28
29          // display array index and value
30          for (int counter = 0; counter < array.length; counter++)
31             System.out.printf("%5d%8d%n", counter, array[counter]);
32       }
33    }
34 } // end class InitArray
```

```
java InitArray
Error: Please re-enter the entire command, including
an array size, initial value and increment.
```

```
java InitArray 5 0 4
Index   Value
    0       0
    1       4
    2       8
    3      12
    4      16
```

```
java InitArray 8 1 2
Index   Value
    0       1
    1       3
    2       5
    3       7
    4       9
    5      11
    6      13
    7      15
```

圖 7.21　利用命令列引數來初始化陣列

第一輪執行的輸出顯示了，當應用程式收到的命令列引數數量不足時會發生的情形。第二輪執行，則利用了命令列引數 5、0、4，分別指定陣列大小 (5)、第一個元素的數值 (0)、以及陣列中每筆數值的遞增量 (4)。其對應的輸出說明了這些數值會建立一個包含整數 0、4、8、12、16 的陣列。第三輪執行的輸出則說明了命令列引數 8、1、2 所產生的陣列，其 8 個元素為 1 到 15 的非負奇數。

7.15 Arrays 類別

Arrays 類別針對常用的陣列操作，提供了 **static** 方法，讓你無需一切從零開始。這些方法包括 **sort**，用來排序陣列（亦即以遞增順序編排元素）；**binarySearch**，用來在陣列中進行搜尋（亦即判斷陣列中是否包含特定數值，如果有的話，判斷此數值位於何處）；**equals**，用來比較陣列；以及 **fill**，用來把數值放入陣列中。這些方法都有被多載以處理基本型別以及物件的陣列。我們本節的重點，在於使用 Java API 所提供的內建功能。第 19 章會說明如何實作排序及搜尋演算法，這些演算法備受計算機科學研究者及學生的關注。

圖 7.22 使用了 Arrays 方法 sort、binarySearch、equals 與 fill，也說明了要如何利用 System 類別的 static **arraycopy** 方法來複製陣列。在 main 中，第 11 行會排序陣列 doubleArray 的元素。Arrays 類別的 static 方法 sort，預設上會將陣列元素以遞增的順序排列。我們會在本章稍後，討論如何以遞減排序。sort 的多載版本，讓你能夠排序特定範圍的元素。第 12-15 行會輸出排序後的陣列

```
1  // Fig. 7.22: ArrayManipulations.java
2  // Arrays class methods and System.arraycopy.
3  import java.util.Arrays;
4
5  public class ArrayManipulations
6  {
7     public static void main(String[] args)
8     {
9        // sort doubleArray into ascending order
10       double[] doubleArray = {8.4, 9.3, 0.2, 7.9, 3.4};
11       Arrays.sort(doubleArray);
12       System.out.printf("%ndoubleArray: ");
13
14       for (double value : doubleArray)
15          System.out.printf("%.1f ", value);
16
17       // fill 10-element array with 7s
18       int[] filledIntArray = new int[10];
19       Arrays.fill(filledIntArray, 7);
20       displayArray(filledIntArray, "filledIntArray");
21
22       // copy array intArray into array intArrayCopy
23       int[] intArray = {1, 2, 3, 4, 5, 6};
24       int[] intArrayCopy = new int[intArray.length];
25       System.arraycopy(intArray, 0, intArrayCopy, 0, intArray.length);
26       displayArray(intArray, "intArray");
```

圖 7.22　Arrays 類別的方法 (1/2)

```
27          displayArray(intArrayCopy, "intArrayCopy");
28
29          // compare intArray and intArrayCopy for equality
30          boolean b = Arrays.equals(intArray, intArrayCopy);
31          System.out.printf("%n%nintArray %s intArrayCopy%n",
32             (b ? "==" : "!="));
33
34          // compare intArray and filledIntArray for equality
35          b = Arrays.equals(intArray, filledIntArray);
36          System.out.printf("intArray %s filledIntArray%n",
37             (b ? "==" : "!="));
38
39          // search intArray for the value 5
40          int location = Arrays.binarySearch(intArray, 5);
41
42          if (location >= 0)
43             System.out.printf(
44                "Found 5 at element %d in intArray%n", location);
45          else
46             System.out.println("5 not found in intArray");
47
48          // search intArray for the value 8763
49          location = Arrays.binarySearch(intArray, 8763);
50
51          if (location >= 0)
52             System.out.printf(
53                "Found 8763 at element %d in intArray%n", location);
54          else
55             System.out.println("8763 not found in intArray");
56       }
57
58       // output values in each array
59       public static void displayArray(int[] array, String description)
60       {
61          System.out.printf("%n%s: ", description);
62
63          for (int value : array)
64             System.out.printf("%d ", value);
65       }
66 } // end class ArrayManipulations
```

```
doubleArray: 0.2 3.4 7.9 8.4 9.3
filledIntArray: 7 7 7 7 7 7 7 7 7 7
intArray: 1 2 3 4 5 6
intArrayCopy: 1 2 3 4 5 6

intArray == intArrayCopy
intArray != filledIntArray
Found 5 at element 4 in intArray
8763 not found in intArray
```

圖 7.22 Arrays 類別的方法 (2/2)

第 19 行會呼叫 Arrays 類別的 static 方法 fill，來將 filledIntArray 的 10 個元素全都設定為 7。fill 的多載版本，讓你能夠使用相同的數值來填入指定範圍的元素。第 20 行會呼叫類別的 displayArray 方法（宣告於第 59-65 行）以輸出 filledIntArray 的內容。

第 25 行會將 intArray 的元素複製到 intArrayCopy 中。第一個傳入 System 方法 arraycopy 的引數（intArray），是我們要從之複製元素的陣列。第二個引數（0）則是指定要從陣列中複製的元素範圍的起點。這個數值可以是任何合法的陣列索引。第三個引數（intArrayCopy）指定了將會用來儲存副本的目的陣列。第四個引數（0）指定了第一筆所複製的元素，應該要儲存在目的陣列中哪個位置的索引。最後一個引數指定了要從第一個引數的陣列中複製的元素數量。在此例中，我們會複製陣列中所有的元素。

第 30 和 35 行呼叫了 Arrays 類別的 static 的 equals 方法，以判斷兩陣列是否所有元素都相等。如果兩陣列包含相同順序的相同元素，則此方法會傳回真；否則它會傳回偽。

測試和除錯的小技巧 7.3

當在比較陣列內容時，總是使用 Arrays.equals(array1, array2)，它比較兩個陣列的內容，而不是使用 array1.equals(array2)，它是用來比較 array1 與 array2 是否歸屬於同一個陣列物件。

第 40 和 49 行呼叫 Arrays 類別的 static 方法 binarySearch，使用第二引數（分別為 5 和 8763）作為鍵值，對 intArray 進行二分搜尋。如果找到 value，binarySearch 會傳回該元素的索引；否則，binarySearch 會傳回負值。所傳回的負值，會根據搜尋鍵值所插入的位置而定——如果進行的是插入操作，則此索引就是鍵值會被插入到陣列該處的索引。在 binarySearch 判斷出插入點之後，它會將其改為負值然後減 1，以得到傳回值。

例如，在圖 7.22 中，數值 8763 的插入點會是陣列中索引為 6 的元素。binarySearch 方法會將插入點改為 –6，將之減 1 然後傳回數值 –7。將插入點減 1 可以保證 binarySearch 方法只有在有找到鍵值時才會傳回正值 (>= 0)，反之亦然。此傳回值對於將元素插入到排序後的陣列中很有用。第 19 章會詳盡地討論二分搜尋。

常見的程式設計錯誤 7.6

將未經排序的陣列傳給 binarySearch 是一種邏輯錯誤——它會傳回未定義的數值。

Java SE 8—Arrays 類別方法 parallelSort

Arrays 類別現在有一些在多核心硬體上較有優勢的新「並行」方法。Arrays 方法 parallelSort 可以更有效率地在多核系統上排序大型陣列。在 23.12 節，我們建立一個非常大的陣列，並使用 Java SE 8 的 Date/Time API，來比較使用 sort 方法與 parallelSort 時，需要使用多長的時間去排序陣列。

7.16 集合與 ArrayList 類別的介紹

Java API 提供了幾種預定義的資料結構，稱為**集合（collection）**，用來儲存相關物件的群組。這些類別提供了有效率的方法來組織、儲存、取用資料，而你無需知道資料的儲存方式。這會縮短應用程式開發的時間。

你已經使用過陣列來儲存物件列。陣列並不會在執行時自動改變它的大小，以容納更多元素。集合類別 **ArrayList<T>**（位於 java.util 套件）提供了此問題一種便利的解決方案——它可以動態改變其大小，以容納更多元素。T（依慣例命名）是一個佔位符（placeholder）——在宣告新的 ArrayList 時，請將之替換成你想要 ArrayList 存放的元素型別。這點類似於在宣告陣列時指定其型別，但這些集合類別只能夠使用非基本型別。例如：

```
ArrayList<String> list;
```

宣告 list 為一個只能夠儲存 String 的 ArrayList 集合。透過這種佔位符，便可以使用任何型別的類別，稱為**泛型類別（generic class）**。只有非原始型可被用來宣告變數與生產一般類別物件，但是 Java 提供一個辦法——稱為裝箱（boxing）——允許原始數值被包裝為與一般類別一起使用的物件。所以，舉例來說：

```
ArrayList<Integer> integers;
```

宣告 integers 為 ArrayList 其只能儲存整數。當你放置整數值到 ArrayList<Integer> 當中，整數值會被裝箱（包裝）為整數物件，而當你從 ArrayList<Integer> 取得整數物件並分配物件到 int 變數，在物件中的整數值是未裝箱的（未包裝的）。

其他的泛型集合類別及泛型，會分別於第 16 章及第 20 章加以討論。圖 7.23 展示了 ArrayList<T> 類別一些常用的方法。

方法	說明
add:	在 ArrayList 尾端增加一筆元素。
clear	移除 ArrayList 中所有的元素。
contains	如果 ArrayList 包含指定的元素則傳回 true，否則傳回 false。
get	傳回位於指定索引的元素。
indexOf	傳回指定元素在 ArrayList 中第一次出現的索引。
remove	多載方法。會移除第一次出現指定值的元素，或是指定索引的元素。
size	傳回 ArrayList 中儲存的元素數量。
trimToSize	將 ArrayList 的容量減縮至目前的元素數量。

圖 7.23　ArrayList<T> 類別的一些方法和性質

圖 7.24 示範了一些常用的 ArrayList 功能。第 10 行會建立一個新的 ArrayList 的字串，擁有預設的初始容量 10 個元素。此容量表示 ArrayList 在不增長的情況下，可以存放多少個資料項目。ArrayList 的背後，是使用陣列來實作。當 ArrayList 增長時，它必須建立更大的內部陣列，然後將每個元素複製到新的陣列中。這是費時的操作。如果每加入一個元素，ArrayList 就要增長一次，會很沒有效率。反之，它只會在有元素要加入，而且元素的數量等於容量時，才會增長——也就是說，沒有空間存放新元素時。

```java
 1  // Fig. 7.24: ArrayListCollection.java
 2  // Generic ArrayList collection demonstration.
 3  import java.util.ArrayList;
 4
 5  public class ArrayListCollection
 6  {
 7     public static void main(String[] args)
 8     {
 9        // create a new ArrayList of Strings with an initial capacity of 10
10        ArrayList<String> items = new ArrayList<String>();
11
12        items.add("red"); // append an item to the list
13        items.add(0, "yellow"); // insert "yellow" at index 0
14
15        // header
16        System.out.print(
17           "Display list contents with counter-controlled loop:");
18
19        // display the colors in the list
20        for (int i = 0; i < items.size(); i++)
21           System.out.printf(" %s", items.get(i));
22
23        // display colors using enhanced for in the display method
24        display(items,
25           "%nDisplay list contents with enhanced for statement:");
26
27        items.add("green"); // add "green" to the end of the list
28        items.add("yellow"); // add "yellow" to the end of the list
29        display(items, "List with two new elements:");
30
31        items.remove("yellow"); // remove the first "yellow"
32        display(items, "Remove first instance of yellow:");
33
34        items.remove(1); // remove item at index 1
35        display(items, "Remove second list element (green):");
36
37        // check if a value is in the List
38        System.out.printf("\"red\" is %sin the list%n",
39           items.contains("red") ? "" : "not ");
40
41        // display number of elements in the List
42        System.out.printf("Size: %s%n", items.size());
43     }
44
45     // display the ArrayList's elements on the console
46     public static void display(ArrayList<String> items, String header)
47     {
48        System.out.print(header); // display header
49
50        // display each element in items
51        for (String item : items)
52           System.out.printf(" %s", item);
53
54        System.out.println();
55     }
56  } // end class ArrayListCollection
```

圖 7.24　展示泛型的 ArrayList<T> 集合 (1/2)

```
Display list contents with counter-controlled loop: yellow red
Display list contents with enhanced for statement: yellow red
List with two new elements: yellow red green yellow
Remove first instance of yellow: red green yellow
Remove second list element (green): red yellow
"red" is in the list
Size: 2
```

圖 7.24　展示泛型的 ArrayList<T> 集合 (2/2)

　　add 方法會加入元素到 ArrayList 中（第 12-13 行）。一個引數的 add 方法，會將其引數附加到 ArrayList 的尾端。兩個引數的 add 方法，則會在指定的位置插入新元素。其第一引數索引，就像陣列一樣，集合的索引也是從零開始。第二引數是要插入到該索引的數值。位於插入元素之後的所有元素的索引都會被以 1 遞增。插入元素通常會比將元素附加到 ArrayList 的尾端要來得慢。

　　第 20-21 行會顯示 ArrayList 中的項目。**size** 方法會傳回目前 ArrayList 中有多少元素。ArrayList 的 **get** 方法（第 21 行）會取得位於指定索引的元素。第 24-25 行會藉由呼叫 display 方法（定義於第 46-55 行），再次顯示陣列元素。第 27–28 行會多增加兩個元素到 ArrayList 中，然後第 29 行會再次顯示元素，以確認這兩筆元素有加入到集合的最後。

　　remove 方法是用來移除具有指定值的元素（第 31 行）。它只會移除第一個此種元素。如果 ArrayList 中沒有這樣的元素，則 remove 不會做任何事。此方法的多載版本，會移除位於指定索引的元素（第 34 行）。在移除某個元素之後，所有位於被移除元素後頭的元素，其索引都會被以 1 遞減。

　　第 39 行使用了 **contains** 方法，來確認某項目是否位於 ArrayList 中。如果 ArrayList 中找到該元素，則 contains 方法會傳回真，否則便傳回偽。此方法會依序比較其引數與 ArrayList 中的每個元素，所以在大型的 ArrayList 中使用 contains，效率會不佳。第 42 行顯示了 ArrayList 的大小。

Java SE 7─菱形符號（<>）用來生產一般類別物件

試想圖 7.24 的第 10 行：

```
ArrayList<String> items = new ArrayList<String>();
```

請注意 ArrayList<String> 出現在變數宣告與類別實體建立運算式當中。Java SE 7 介紹**菱形符號（<>）**使敘述減化如同這樣。在類別實體建立運算式中使用 <> 為一般類別的物件，在尖括號裡面使得編譯器決定會出現什麼。在 Java SE 7 與高階語言當中，前面的敘述可寫成：

```
ArrayList<String> items = new ArrayList<>();
```

當編譯器在類別實體建立運算式遇上菱形符號(<>)，它會使用 items 變數的宣告來決定 ArrayList 的元素類型（String）──這被稱做推斷元素類型（inferring the element type）。

7.17 （選讀）GUI 與繪圖案例研究：繪製弧線

利用 Java 的繪圖功能，我們便可以建立出若要一行行撰寫程式碼來繪製，會累人許多的複雜繪圖。在圖 7.25 與 7.26 中，我們透過陣列和迴圈敘述，使用 Graphics 方法 fillArc，繪製出一道彩虹。在 Java 中繪製弧線與繪製橢圓很類似——因為弧線就是橢圓的一部分。

圖 7.25 的一開始，是一般會用來建立繪圖的 import 敘述。第 10-11 行宣告並建立了兩個新的顏色常數：VIOLET（紫色）和 INDIGO（靛青色）。你想必知道，彩虹的顏色是紅橙黃綠藍靛紫。Java 只預定義了前五種顏色的常數。第 15-17 行初始化了一個陣列，其中包含彩虹的顏色，從最內層的弧開始。陣列開頭會先存放兩個 Color.WHITE 元素，你馬上就會看到，這樣做是為了要畫出彩虹中心的空弧線。實體變數可以在宣告時初始化，如第 10–17 行所示。建構子（第 20–23 行）只包含單個敘述，以參數 Color.WHITE 來呼叫 setBackground 方法（繼承自 JPanel 類別）。**setBackground** 方法會取用一筆 Color 引數，然後設定元件的背景為該顏色。

```java
1  // Fig. 7.25: DrawRainbow.java
2  // Drawing a rainbow using arcs and an array of colors.
3  import java.awt.Color;
4  import java.awt.Graphics;
5  import javax.swing.JPanel;
6
7  public class DrawRainbow extends JPanel
8  {
9     // define indigo and violet
10    private final static Color VIOLET = new Color(128, 0, 128);
11    private final static Color INDIGO = new Color(75, 0, 130);
12
13    // colors to use in the rainbow, starting from the innermost
14    // The two white entries result in an empty arc in the center
15    private Color[] colors =
16       {Color.WHITE, Color.WHITE, VIOLET, INDIGO, Color.BLUE,
17        Color.GREEN, Color.YELLOW, Color.ORANGE, Color.RED};
18
19    // constructor
20    public DrawRainbow()
21    {
22       setBackground(Color.WHITE); // set the background to white
23    } // end DrawRainbow constructor
24
25    // draws a rainbow using concentric arcs
26    public void paintComponent(Graphics g)
27    {
28       super.paintComponent(g);
29
30       int radius = 20; // radius of an arc
31
32       // draw the rainbow near the bottom-center
33       int centerX = getWidth() / 2;
34       int centerY = getHeight() - 10;
35
```

圖 7.25　利用弧線和顏色陣列來繪製彩虹 (1/2)

```
36          // draws filled arcs starting with the outermost
37          for (int counter = colors.length; counter > 0; counter--)
38          {
39             // set the color for the current arc
40             g.setColor(colors[counter - 1]);
41
42             // fill the arc from 0 to 180 degrees
43             g.fillArc(centerX - counter * radius,
44                centerY - counter * radius,
45                counter * radius * 2, counter * radius * 2, 0, 180);
46          }
47       }
48 } // end class DrawRainbow
```

圖 7.25　利用弧線和顏色陣列來繪製彩虹 (2/2)

　　paintComponent 中，第 30 行宣告了區域變數 radius，以決定各條弧線的半徑。區域變數 centerX 和 centerY（第 33-34 行）會決定彩虹中心點的位置。第 37-46 行的迴圈會利用控制變數 counter，從陣列的尾端倒數計數，先畫出最大的弧線，然後將後續各個較小的弧線，擺在前一個弧線上頭。第 40 行會從陣列中取得顏色，設定繪製目前的弧線所使用的顏色。我們在陣列開頭加入 Color.WHITE 的原因，是因為要在中心建立空的弧線。否則，彩虹的中心會是紫色的實心半圓。[請注意：你可以改變陣列中的個別顏色和顏色數量，來建立新的設計。]

　　第 43-45 行的 **fillArc** 方法呼叫會繪製一個填滿的半圓。fillArc 方法需要六個參數。前四個參數表示所要繪製之弧線的邊框。前兩個參數指定了邊框左上角的座標，後兩個指定了邊框的寬度與高度。第五個參數是橢圓的起始角度，第六個參數則指定了**掃角（sweep）**，或曰弧線覆蓋的量。起始角度和掃角都是用度數來衡量，0 度指向正右方。正值的掃角會逆時鐘方向畫弧，負值的掃角則會順時鐘方向畫弧。另一種類似 fillArc 的方法是 drawArc ——它需要的參數和 fillArc 完全相同，但是只會畫出弧線的邊，而不會填滿它。

　　類別 DrawRainbowTest（圖 7.26）建立並設定了一個 JFrame 來顯示彩虹。一旦程式要顯示 JFrame，系統便會呼叫類別 DrawRainbow 中的 paintComponent 方法，在螢幕上繪製彩虹。

```
1 // Fig. 7.26: DrawRainbowTest.java
2 // Test application to display a rainbow.
3 import javax.swing.JFrame;
4
5 public class DrawRainbowTest
6 {
7    public static void main(String[] args)
8    {
9       DrawRainbow panel = new DrawRainbow();
10      JFrame application = new JFrame();
11
12      application.setDefaultCloseOperation(JFrame.EXIT_ON_CLOSE);
13      application.add(panel);
14      application.setSize(400, 250);
15      application.setVisible(true);
16   }
17 } // end class DrawRainbowTest
```

圖 7.26　建立 JFrame 來顯示彩虹 (1/2)

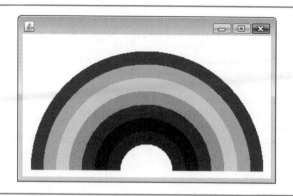

圖 7.26　建立 JFrame 來顯示彩虹 (2/2)

GUI 與繪圖案例研究習題

7.1 （繪製螺旋線）在本習題中，你會使用 **drawLine** 方法和 **drawArc** 方法來繪製螺旋線。

    a)　要繪製位於圖板中央，方形的螺旋線（如圖 7.27 左側的截圖），請使用 **drawLine** 方法。其中一個技巧，是利用迴圈，在每次畫過兩條線之後，便增加線段的長度。接下來要繪製的線段方向，應該要依循清楚的模式，例如下、左、上、右。

    b)　繪製一個圓形的螺旋線（如圖 7.27 右側的截圖），請利用方法 **drawArc**，一次繪製一個半圓。每個接續的半圓，都應該要有較大的半徑（如邊框的寬度所指定），而且要從前一個半圓結束的地方繼續繪製。

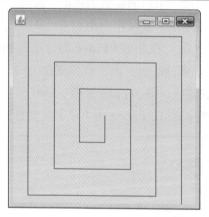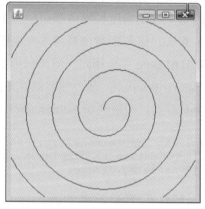

圖 7.27　使用 drawLine 方法（左圖）和 drawArc 方法（右圖）來繪製螺旋線

7.18　總結

本章開始對資料結構做介紹，探討如何使用陣列來儲存資料到數值列表及表格，以及從之取得資料。本章的範例展示了要如何宣告陣列、初始化陣列，以及參照陣列中的個別元素。本章介紹了加強版的 for 敘述，用來巡訪陣列。我們運用了例外處理來測試 ArrayIndexOutOfBoundsException，當程式試圖存取位於陣列界限之外的元素時，便會產生此種錯誤。說明了如何將陣列傳遞給方法，以及如何宣告並操作多維陣列。最後，本章展現了要如何撰寫方法，使用可變長度的引數列，以及如何讀取命令列傳遞給程式的引數。

我們介紹了 ArrayList<T> 泛型集合，它提供陣列所擁有的一切功能與效能，再加上其他有用的功能如動態改變大小。我們使用了 add 方法，將新項目加入到 ArrayList 的尾端，或是將項目插入到 ArrayList 中。remove 方法會被用來移除第一次出現指定項目的陣列元素；另一個多載版本的 remove，則會被用來移除位於特定索引的項目。並使用了 size 方法，來取得 ArrayList 的項目數量。

我們會在第 16 章繼續資料結構的討論。第 16 章會介紹 Java 集合架構，它會使用泛型，讓你能夠指定特定的資料結構確切要存放何種型別的物件。也會介紹 Java 其他的預定義資料結構以及其他 Arrays 類別的方法，以供陣列操作。

你在讀過本章之後，便能夠使用第 16 章所討論到的一些 Arrays 方法，不過有些 Arrays 方法還是需要本書稍後所呈現的概念知識。第 20 章會呈現關於泛型的主題，泛型提供了建立方法與類別的一般化模型的途徑，這些類別與方法可以只宣告一次，但使用於許多不同的資料型別上。第 21 章，自訂泛型資料結構，會說明要如何建立動態資料結構，諸如串列、佇列、堆疊、樹等等，可以在程式執行時擴增和減縮的資料結構。

目前，我們已經介紹過類別、物件、控制敘述、方法、陣列，還有集合的基本概念。在第 8 章中，我們會更仔細的檢視類別與物件。

摘要

7.1 簡介

- 陣列是由相同型別的相關資料項目，所構成的固定長度資料結構。

7.2 陣列

- 陣列是一組變數（稱為陣列元素或成員），包含型別全都相同的數值。陣列也是物件，所以會被視為參照型別。
- 程式會透過陣列存取運算式來參照任何一個陣列元素，陣列存取運算式包含陣列名稱、後頭加上特定元素的索引，放在方括號（[]）中。
- 所有陣列的第一個元素，索引皆為零，有時被被叫做第 0 元素。
- 索引必須是非負整數。程式可以使用運算式作為索引。
- 每個陣列物件都知道自己的長度，並將這個資訊儲存在實體變數 length 中。

7.3 宣告與建立陣列

- 要建立陣列物件，請在使用關鍵字 new 的陣列建立運算式中，指定陣列元素的型別及元素數目。
- 建立陣列時，每個陣列元素都得到一個預設值——數值基本型別元素為零；boolean 型別為 false；參照則為 null。
- 宣告陣列的時候，型別和方括號可以合併起來放在宣告開頭，表示此宣告中所有的識別字都是陣列變數。
- 基本型別陣列的每個元素，都包含陣列宣告之型別的變數。參照型別陣列的每個元素，都是指向陣列宣告之型別物件的參照。

7.4 使用陣列的範例

- 程式可以使用陣列初始值設定式，來建立陣列並初始化其元素。
- 使用關鍵字 final 宣告的常數變數，必須在使用前先加以初始化，而且之後便不能再修改。

7.5 例外狀況處理：處理錯誤回覆

- 「例外」意指在程式執行時發生的錯誤。「例外」這個說法暗示了此一問題並不常發生——如果「規則」是敘述通常能正確執行，那麼此問題就代表「規則的例外」。
- 例外處理使你能夠建立容忍錯誤的程式。
- Java 程式執行時，JVM 會檢查陣列索引，以確定其大於等於 0，並且小於陣列長度。如果程式使用了無效的索引，Java 就會產生例外，以指示程式在執行時發生了錯誤。
- 要處理例外，請將任何可能丟出例外的程式碼，放入 try 敘述之中。
- try 區塊包含可能會丟出例外的程式碼，catch 區塊則包含了發生例外狀況時，用來處理的程式碼。

- 你可以撰寫許多 catch 區塊來處理相對應的 try 區塊可能丟出的各種例外狀況。

- 當 try 區塊終止執行時，任何宣告於此 try 區塊的變數都會落出使用域之外。

- catch 區塊會宣告一個型別，以及一個例外參數。在 catch 區塊中，你可以使用參數的識別字來與被捕捉到的例外物件互動。

- 當程式開始執行了，陣列元素索引會確認是否為有效的——所有的索引都必須大於或等於 0 而且小於陣列的長度。如果嘗試使用無效的索引來取得元素，會發生 ArrayIndexOutOfRangeException 的例外。

- 例外物件的 toString 方法會傳回該例外的錯誤訊息。

7.6 案例研究：模擬洗牌與發牌

- 當某一物件被使用在程式預期出現 String 的地方時（例如當 printf 用 %s 格式描述子將某物件輸出為 String，或是當物件利用運算子 + 與 String 串接時），此物件的 toString 就會自動被呼叫。

7.7 加強版 for 敘述

- 加強版的 for 敘述讓你無需使用計數器，便能夠走訪陣列或是陣列或集合的元素。加強版 for 敘述的語法如下：

  > **for** (*parameter : arrayName*)
  >   *statement*

  其中，parameter（參數）包含型別與識別字（例如 int number），arrayName 則是迴圈要巡訪的陣列。

- 加強版 for 敘述不能夠用來修改陣列中的元素。如果程式需要修改元素，請使用傳統的計數器控制 for 敘述。

7.8 傳遞陣列給方法

- 當引數是透過傳值呼叫時，會建立一個引數值的副本，然後將之傳遞給被呼叫的方法。被呼叫的方法只會使用副本來執行工作，

7.9 傳值 v.s. 傳址呼叫

- 當引數是透過傳址呼叫時，被呼叫的方法便可以直接存取呼叫者中引數的數值，也可能會加以修改。

- Java 中所有的引數都是傳值呼叫。方法呼叫有可能傳送兩種型別的數值給方法—基本型別數值的副本以及物件參照的副本。雖然物件參照是透過傳值呼叫，方法仍然可以使用物件參照的副本，呼叫其 public 方法，來與被參照的物件互動。

- 要傳遞物件參照給方法，只需在方法呼叫中指定參照到物件的變數名稱就可以了。

- 當你傳遞陣列，或參照型別陣列的個別元素給方法時，被呼叫的方法會收到一個陣列或元素參照的副本。當你傳遞基本型別的個別元素時，被呼叫的方法會收到元素值的副本。

- 要將個別陣列元素傳遞給方法，請使用陣列的索引名稱。

7.11 多維陣列

- 包含兩個維度的多維陣列，經常會被用來表示數值表格，其中包含被編排爲列及行的資訊。
- 包含 m 列 n 行的二維陣列，稱爲 m 乘 n 陣列。這種陣列可以使用如下形式的陣列初始値設定式來初始化它們。

    arrayType[][] *arrayName* = {{*row1 initializer*}, {*row2 initializer*}, …};

- 多維陣列會被維護爲個別的一維陣列。因此，二維陣列中各列的長度不一定要相同。
- 每一列都包含相同行數的多維陣列，可以使用如下形式的陣列建立運算式來建立：

    arrayType[][] *arrayName* = **new** *arrayType*[*numRows*][*numColumns*];

7.13 可變長度的引數列

- 在方法的參數列中，於引數型別後頭加上刪節號（…），代表此方法會接收此一特定型別，不定數量的引數。刪節號在參數列中只能出現一次。而且必須出現在參數列的最後頭。
- 可變長度的引數列，在方法主體中會被視爲陣列來處理。陣列的引數數目，可以利用陣列的 length 欄位來取得。

7.14 使用命令列引數

- 要從命令列傳遞引數給 main，請在 main 的參數列中加入型別爲 String[] 的參數。依慣例，main 的參數會取名爲 args。
- Java 會將 java 命令中出現在類別名稱後頭的命令列引數，傳遞給應用程式的 main 方法，成爲 args 陣列中的 String。

7.15 Arrays 類別

- Arrays 類別提供了進行常見陣列操作的 static 方法，包括用來排序陣列的 sort，用來搜尋排序後之陣列的 binarySearch，用來比較陣列的 equals，以及用來將項目放入陣列的 fill。
- System 類別的 arraycopy 方法讓你可以將一個陣列的元素複製到另一個陣列。

7.16 集合與 ArrayList 類別的介紹

- JavaAPI 的集合類別提供了有效率的方法，幫助你編排、儲存、取用資料，而且你無需知道資料的儲存方式。
- ArrayList<T> 類似於陣列，但可以動態調整大小。
- 包含一個引數的 add 方法，會將元素附加到 ArrayList 的尾端。
- 包含兩個引數的 add 方法，會將新元素插入到 ArrayList 中指定的位置。
- size 方法會傳回 ArrayList 中目前的元素數量。
- 引數爲物件參照的 remove 方法，會移除第一筆符合引數值的元素。
- 包含整數引數的 remove 方法，會移除位於指定索引的元素，而其後的所有元素索引都會減一。

- 如果有在 `ArrayList` 中找到元素，`contains` 方法便會傳回眞，否則就會傳回僞。

自我測驗題

7.1 請填入下列敘述的空格：

a) 數值列表和表格可以儲存在 _____ 和 _____ 中。

b) 陣列是一群具有相同 _____ 數值的 _____（稱爲元素或成員）。

c) _____ 讓你可以走訪陣列元素，而無需使用計數器。

d) 用來參照特定陣列元素的數字，稱作元素的 _____。

e) 使用兩個索引值的陣列稱爲 _____ 陣列。

f) 使用加強版 for 敘述 _____ 來走訪 double 陣列 numbers。

g) 命令列引數會被儲存在 _____ 中。

h) 請使用運算式 _____ 來取得命令列中引數的總數。假設命令列引數是儲存在 String args[] 中。

i) 已知命令 java MyClass test，則第一個命令列引數是 _____。

j) 方法參數列中的 _____ 代表方法可以接收不定數量的引數。

7.2 請判斷下列敘述何者爲眞，何者爲僞。如果答案爲僞，請說明理由。

a) 陣列可以儲存許多不同型別的數值。

b) 陣列的索引通常應該是 float 型別。

c) 一個被傳入方法，並且在方法中遭到修改的個別陣列元素，在被呼叫的方法執行完成後，便會包含修改過的數值。

d) 命令列引數是用逗號來分隔。

7.3 請針對名爲 fractions 的陣列進行下列工作：

a) 宣告常數 ARRAY_SIZE，並將之初始化爲 10。

b) 宣告一個包含 ARRAY_SIZE 個型別爲 double 之元素的陣列，並將元素初始化爲 0。

c) 參照陣列元素 4。

d) 將數值 1.667 指定給陣列元素 9。

e) 將數值 3.333 指定給陣列元素 6。

f) 使用 for 敘述加總陣列的所有元素。宣告整數變數 i 作爲此迴圈的控制變數。

7.4 請針對名爲 table 的陣列進行下列工作：

a) 請將此陣列宣告並建立爲一個包含三列及三行的整數陣列。假設常數 ARRAY_SIZE 已經宣告爲 3。

b) 此陣列包含多少元素？

c) 使用 for 敘述，將每個陣列元素初始化爲其索引的總和。假設整數變數 i 和 j 已宣告爲控制變數。

7.5 請找出並更正下列程式片段中的錯誤：

```
a)  final int ARRAY_SIZE = 5;
    ARRAY_SIZE = 10;
b)  Assume int[] b = new int[10];
    for (int i = 0; i <= b.length; i++)
        b[i] = 1;
c)  Assume int[][] a = {{1, 2}, {3, 4}};
        a[1, 1] = 5;
```

自我測驗題解答

7.1 a) 陣列、集合　b) 型別；變數　c) 加強版 for 敘述　d) 索引（或下標，或位置編號）
e) 二維　f) for (double d:numbers)　g) String 陣列，慣例上取名爲 args　h) args.length
i) test　j) 刪節號 (...)。

7.2 a) 僞。陣列只能儲存同型別的數值。

b) 僞。陣列索引必須是整數或整數運算式。

c) 針對陣列個別的基本型別元素：僞。被呼叫的方法會收到並操作此一元素數值的副本，所以加以修改並不會影響到原來的數值。然而，如果是將陣列參照傳遞給方法，那麼被呼叫方法對於陣列元素的修改，就眞的會影響到原本的陣列。針對個別的參照型別元素：眞。被呼叫的方法會收到此一元素的參照副本，而修改所參照的物件，將會反應在原始的陣列元素上頭。

d) 僞。命令列引數是以空格相隔。

7.3 a) `final int ARRAY_SIZE = 10;`
b) `double[] fractions = new double[ARRAY_SIZE];`
c) `fractions[4]`
d) `fractions[9] = 1.667;`
e) `fractions[6] = 3.333;`
f) `double total = 0.0;`
```
    for (int x = 0; x < fractions.length; x++)
        total += fractions[x];
```

7.4 a) `int[][] table = new int[ARRAY_SIZE][ARRAY_SIZE];`
b) Nine.
c)
```
    for (int x = 0; x < table.length; x++)
        for (int y = 0; y < table[x].length; y++)
            table[x][y] = x + y;
```

7.5 a) 錯誤：在數值被初始化後分配它爲常數。

正確：在 final int ARRAY_SIZE 宣告中分配正確的數值爲常數或宣告其他變數。

b) 錯誤：參考在陣列範圍之外的陣列元素 (b[10])。

正確：改變 <= 運算子爲 <。

c) 錯誤：陣列索引有不正確的操作。

正確：改變敘述爲 a[1][1] = 5;。

習題

7.6 請填入下列敘述的空格：

a) 一維陣列 p 包含 5 個元素。第三和第四個元素的名稱為 _____ 和 _____。

b) 一個一維陣列 k 包含 3 個元素。_____ 敘述設定第二元素值為 2。

c) 一個敘述宣告有三列四行的二維度整數陣列 r 是 _____。

d) 一個 5 乘 6 的陣列包含了 _____ 列、_____ 行和 _____ 個元素。

e) 陣列 d 第 5 行第 6 列的元素名稱是 _____。

7.7 是非題，若答案為非請解釋原因

a) 要指出在陣列中特定位置或元素，我們定出陣列名稱與陣列中元素的安排，以 1 為起始點。

b) 陣列宣告默認初始化陣列中的元素為整數 0。

c) 要指出 200 個位置被保存在整數陣列 p 當中，你會撰寫一個宣告整數 p[] = new int[200];。

d) 對於一個初始化 20 個元素整數陣列為 0 的應用程式，使用迴圈是比較好的。

e) 要在使用迴圈的二維陣列中存取元素，穿越列的行為要在外圍迴圈完成，穿越行的行為要在內圈迴圈完成。

7.8 請撰寫 Java 敘述，來完成下列各項工作：

a) 顯示陣列 r 元素 10 的值。

b) 將一維整數陣列 g 的 6 個元素都初始化為 -1。

c) 找出浮點數陣列 c 的 100 個元素中的最大值。

d) 將陣列 a 的 100 個元素複製到陣列 b，但要成相反順序。

e) 計算第 3 個到第 10 個元素的產物，兩者皆包含在百個元素的整數陣列 w 中。

7.9 請考量一個 2 乘 3 的整數陣列 t。

a) 請撰寫一行敘述來宣告並建立 t。

b) t 有幾列？

c) t 有幾行？

d) t 有多少元素？

e) 請寫出 t 的第 1 列中所有元素的存取運算式。

f) 請寫出 t 的第 2 列中所有元素的存取運算式。

g) 請撰寫單行敘述，將陣列 t 中第 0 列、第 1 行的元素設定為零。

h) 請撰寫個別的敘述，將 t 的各個元素初始化為零。

i) 請撰寫巢狀 for 敘述，將 t 的各個元素初始化為零。

j) 請撰寫巢狀 for 敘述，從使用者處輸入 t 的元素值。

k) 請撰寫一系列敘述，用來判斷並顯示 t 中的最小值。

　　l)　請撰寫單個 printf 敘述,來顯示 t 第一列的元素。

　　m)　請撰寫一個敘述,加總 t 第三行的所有元素。請不要使用迴圈。

　　n)　請撰寫一系列敘述,以表格格式顯示 t 的內容。請在頂端列出行索引作爲標題,並在每列的左邊印出列索引。

7.10　(像素量化) 請使用一維陣列來解決以下問題:你想要在一個圖檔上執行基本壓縮。假定你僅會壓縮圖檔的其中一行,而像素色彩僅在陣列中以數字呈現。你被要求量化在此行中的像素值。換句話說,任何在特定範圍出現的像素質都會是以下範圍。而這就建立了足以被更加以壓縮的多餘值。複寫陣列中原本的值:

　　(a)　for 0-20:10

　　(b)　for 21-40:30

　　(c)　for 41-60:50

　　(d)　for 61-80:70

　　(e)　for 81-100:90

　　(f)　for 101-120:110

　　(g)　for 121-140:130

　　(h)　for 141-160:150

　　(i)　for 161-180:170

7.11　請撰寫敘述來進行下列一維陣列操作:

　　a)　設定指數 10-20 中的元素,皆爲包含,整數陣列 counts 爲 0。

　　b)　將整數陣列 bonus 的所有 20 個元素都乘以 2。

　　c)　以直行格式來顯示整數陣列 bestScores 的 10 個數值。

7.12　(消除重複) 以一個一爲陣列解決以下問題:

　　寫一個輸入 10 個數字的應用程式,每個數字介於 10-100,皆包含。將所有以讀取的數存於一個所有元素值皆設爲 -1 的陣列裡。假定任一個 -1 值代表一個陣列元素不存在。你接著處理陣列,從你輸入 -1 值的陣列中消除重複。執行陣列內容以確保重複輸入的值已被消除。(注意:不要執行值爲 -1 的陣列元素)

7.13　請標記 5 乘 6 二維陣列 table 中的元素,指出它們在下列程式片段中被設定爲零的順序:

```
for (int col = 0; col < 6; col++)
{
    for (int row = 0; row < 5; row++)
    {
        table[row][col] = 0;
    }
}
```

7.14　(可變長度參數列) 寫一個可以計算一系列整數平均值,並以可變長度參數列傳遞給方法 average 的應用程式

7.15　(命令行參數) 寫一個能夠取得並估算命令行參數最大與最小值的程式。在計算任何東西前須確保命令行參數傳遞的確實性。

7.16 （**運用增強的 for 敘述**）試撰寫一個運用增強的 for 敘述，求出通過命令行參數 int 數值的絕對值。

7.17 （**擲骰子**）試撰寫一應用程式，模擬丟擲兩粒骰子。此應用程式應該要使用 Random 類別的物件一次，以丟擲第一粒骰子，然後再使用第二次，丟擲第二粒骰子。接著請計算兩個數值的總和。由於每粒骰子都可能出現 1 到 6 的整數值，所以數值的總和將會介於 2 到 12 之間；其中 7 會是最常出現的總和，2 和 12 會是最不常出現的總和。圖 7.28 列出了兩粒骰子 36 種可能的組合。你的應用程式應該要丟擲骰子 3600 萬次。請使用一維陣列來記錄每種可能總和值出現的次數。請將結果以表格顯示。

	1	2	3	4	5	6
1	2	3	4	5	6	7
2	3	4	5	6	7	8
3	4	5	6	7	8	9
4	5	6	7	8	9	10
5	6	7	8	9	10	11
6	7	8	9	10	11	12

圖 7.28　兩粒骰子 36 種可能的總和值

7.18 （**Craps 遊戲**）試撰寫一應用程式，執行 100 萬次 craps 遊戲（圖 6.8）然後回答下列問題：

a) 有多少局遊戲是在丟擲第一次骰子，第二次…第二十次，以及超過二十次時獲勝的？

b) 有多少局遊戲是在丟擲第一次骰子，第二次…第二十次，以及超過二十次時落敗的？

c) craps 遊戲獲勝的機會有多少？[請注意：你應該會發現，craps 是賭場中最公平的遊戲之一。你覺得這表示了什麼？]

d) craps 遊戲的平均長度為何？

e) 當玩遊戲的時間越長，獲勝的機會越大嗎？

7.19 （**航空訂位系統**）一家小型航空公司剛購買了一台電腦，來運作其最新的自動訂位系統。你被要求開發這套新的系統。你要撰寫一支應用程式，來分配該家航空公司唯一一架飛機每趟航程的座位。（載客量：10 人）。

你的程式應該要顯示出下列選項：Please type 1 for First Class（頭等艙請輸入 1）和 Please type 2 for Economy（經濟艙請輸入 2）。如果使用者輸入了 1，你的應用程式應該要分配給他一個頭等艙（座位 1-5）的位子。如果使用者輸入 2，你的應用程式應該要分配給他一個經濟艙（座位 6-10）的位子。接著，你的程式應該要顯示一張登機證，指出乘客的座位編號，以及該座位是在飛機的頭等艙還是經濟艙。

請使用 boolean 基本型別的一維陣列來表示飛機的座位圖。請將此陣列所有的元素都初始化為 false，表示所有座位都是空的。當各個座位分配出去後，請將相對應的陣列元素設定為 true，表示該座位不可再分配。

你的程式永遠不該把已經分配出去的座位再次分配出去。當經濟艙客滿後，你的應用程式應該要詢問顧客，是否願意接受頭等艙的座位（反之亦然）。如果顧客接受，請進行適當的劃位。如果顧客不接受，請顯示訊息 "Next flight leaves in 3 hours"（下一班飛機會在 3 小時後出發）。

7.20 （總銷售量）請使用二維陣列來解決以下問題：某家公司有四位推銷員（1 到 4），他們會銷售五種不同的產品（1 到 5）。一天一次，每位推銷員都會針對銷售出去的每種商品，交出一張便條。每張便條上都會包含下列資訊：

a) 推銷員編號

b) 產品編號

c) 當天該產品售出的總金額

如此一來，每位推銷員每天都會交出 0 到 5 張便條。假設我們可以取得上個月所有便條中的資訊。試撰寫一應用程式，會讀入上個月所有的銷售資訊，然後按照每位推銷員和每種產品，統整出總銷售金額。所有的總金額，都應該要存入二維陣列 sales 中。在處理完上個月的所有資料後，請用表格顯示出結果，其中每一行代表某位推銷員，每一列則代表某個特定產品。加總每一列的資料，以取得上個月每項產品的總銷售金額。加總每一行的資料，以取得上個月每位推銷員的總銷售金額。你的輸出應該要在所加總的各列右邊印出該列總和，在所加總的各行最底印出該行總和。

7.21 （烏龜繪圖法）Logo 語言讓烏龜繪圖法的概念名聞遐邇。請想像一隻機械龜，會在 Java 程式的控制下，在房間內走動。這隻機械龜拿著一枝筆，可以放在兩個位置，抬起和落下。當筆落下時，烏龜會描繪出它移動的形狀；當筆抬起時，烏龜就會自由移動，不會寫出任何東西。在此問題中，你會模擬機械龜的運作，建立起一個電腦化的繪圖板。

請使用 20 乘 20 的陣列 floor，將之全部初始化為零。從某個包含命令的陣列讀入命令。請隨時紀錄烏龜當時的位置，以及當時筆是抬起還是落下。假設烏龜永遠會從 floor 的位置 (0，0) 開始，筆是抬起的。你的應用程式必須處理的烏龜命令集，如圖 7.29 所示。

命令	含意
1	筆抬起
2	筆落下
3	向右轉
4	向左轉
5,10	向前移動 10 個空格 (可以用不同的數字來取代 10)
6	顯示 20 乘 20 的陣列
9	結束輸入資料 (警示值)

圖 7.29　烏龜繪圖法的命令

假設此烏龜目前位在接近 floor 中央的位置。下列「程式」會畫出並顯示一個 12 乘 12 的正方形，結束後筆是抬起的：

```
2
5,12
3
5,12
3
5,12
3
5,12
1
6
9
```

當筆落下，烏龜在移動時，請將 floor 陣列適當的元素設定爲 1。給予命令 6（顯示陣列）時，請將陣列中爲 1 的地方顯示星號或任何你所選擇的符號。如果爲零，請顯示空格。

試撰寫一應用程式來實作此處所討論的烏龜繪圖功能。請撰寫幾個烏龜繪圖程式，來畫出有趣的圖案。請加入其他的命令，增添你的烏龜繪圖語言的威力。

7.22 （騎士行）對於西洋棋迷來說，一個有趣的難題就是騎士行問題，此問題一開始是由數學家尤拉提出。西洋棋中的騎士，可否以在空的西洋棋盤上移動，經過全部 64 格，而且每格只經過一次？我們會在此深入研究這個迷人的問題。

騎士只能走 L 形（往某個方向移動兩格，再往垂直方向移動一格）。因此，如圖 7.30 所示，從空棋盤中央附近的方格開始，騎士（標記爲 K）可以有八種不同的走法（編號從 0 到 7）。

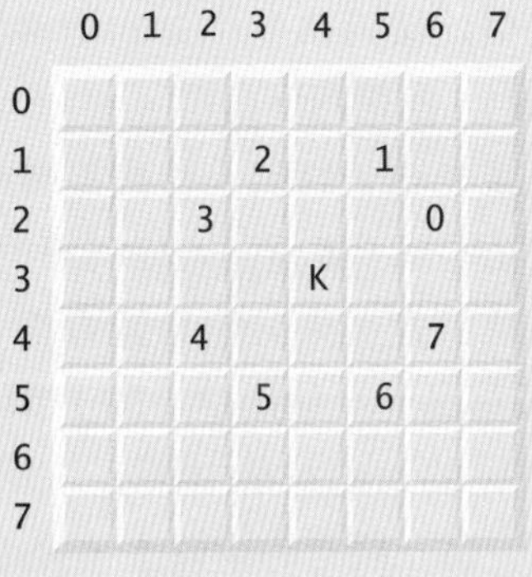

圖 7.30 騎士 8 種可能的走法

a) 請在紙上畫出一張 8x8 的棋盤，然後試著自己動手來玩騎士行。在你開始的空格填入 1；在你的第二格填入 2；在第三格填入 3；依此類推。在開始騎士行之前，請評估一下你覺得自己能走多遠，請記得，完整的遊戲會包含 64 次移動。你走了多遠？這和你的估計值接近嗎？

b) 現在讓我們來開發一個應用程式，在棋盤上移動騎士。棋盤由 8x8 的二維陣列 board 來表示。每個空格都會被初始化爲零。我們以水平和垂直分量，來描述騎士的八種移動方式。例如，圖 7.30 所示的移動方式 0，是水平右移兩步，再垂直上移一步。移動方式 2 則是水平左移一步，再垂直上移兩步。水平左移和垂直上移，都以負數來表示。八種移動方式，可以表示爲兩個一維陣列 horizontal 和 vertical，如下：

```
horizontal[0] = 2  vertical[0] = -1
horizontal[1] = 1  vertical[1] = -2
horizontal[2] = -1 vertical[2] = -2
horizontal[3] = -2 vertical[3] = -1
horizontal[4] = -2 vertical[4] = 1
horizontal[5] = -1 vertical[5] = 2
horizontal[6] = 1  vertical[6] = 2
horizontal[7] = 2  vertical[7] = 1
```

令變數 currentRow 和 currentColumn 分別代表騎士目前位置的列和行。要實行移動方式 moveNumber，其中 moveNumber 介於 0 到 7 之間，你的應用程式應該要利用敘述

```
currentRow += vertical[moveNumber];
currentColumn += horizontal[moveNumber];
```

試撰寫一應用程式，在棋盤上移動騎士。請維護一個計數器，數值從 1 到 64。請記錄騎士每移動到一格，最新的計數。請測試騎士每種可能的移動，看騎士是否已到過該方格。請測試每種可能的移動，確保騎士不會跑出棋盤。請執行該應用程式。騎士有辦法移動多少步？

c) 在試著撰寫和執行騎士行應用程式之後，你可能已經得到一些價值連城的心得。我們會利用這些心得，來開發移動騎士的經驗法則（意即常識規則）。經驗法則並不保證成功，但是審愼開發的經驗法則，會大幅提升成功的機率。你可能已經觀察到，棋盤外緣的空格比接近棋盤中央的空格要來得難以處理。事實上，最棘手，或者說最難以到達的，就是四個角落。

直覺可能會建議你，應該先試著將騎士移到最棘手的空格，然後先留下容易到達的空格，這樣當遊戲接近尾聲，棋盤開始變得擁擠時，成功的機會會比較大。

我們可以根據方格有多難到達，來分類每個方格，以開發出某種「可及性的經驗法則」，然後永遠將騎士移動到（使用騎士的 L 型移動）最難抵達的格子中。我們會在二維陣列 accessibility 的每個空格中標示一個數字，指出該特定空格可以從旁邊多少個空格移動過來。在一個空的棋盤上，接近中央的 16 個空格每個可及性都爲 8；四個角落的空格可及性則爲 2；其他空格則爲 3、4 或 6，如下：

```
2 3 4 4 4 4 3 2
3 4 6 6 6 6 4 3
4 6 8 8 8 8 6 4
4 6 8 8 8 8 6 4
4 6 8 8 8 8 6 4
4 6 8 8 8 8 6 4
3 4 6 6 6 6 4 3
2 3 4 4 4 4 3 2
```

試撰寫一個新版的騎士行，利用此一可及性經驗法則。騎士應該永遠要移動到可

及性最低的方格內。如在可及性相同，騎士可以移到可及性相同的任一格內。因此，遊戲可能會從四個角落中的任一格開始。[請注意：當騎士在棋盤上移動時，你的應用程式應該要隨著越來越多空格被佔據，而減少可及性的數字。以此方式，在遊戲的任何時刻，每個空格的可及性數字就會一直準確地等於可到達此空格的其他空格數量。] 請執行這個版本的應用程式。你能走完全部的空格嗎？請修改此應用程式，執行 64 次遊戲，每次都從棋盤上不同的空格出發。你成功完成了幾次遊戲？

d) 請撰寫另一個版本的騎士行應用程式，會在遇到兩個以上可及度相等的空格時，預想這些「平手」的空格可以到達的空格，來決定要選擇哪個空格。你的應用程式應該要移動到下一步可以抵達擁有最低可及度的空格的空格。

7.23 （騎士行：暴力法）在習題 7.22 中的 (c) 部分，我們開發了騎士行問題的一個解答。這個解法使用所謂的「可及性經驗法則」，能夠產生許多解答，而且執行起來很有效率。隨著電腦效能的持續增加，我們便可以用強大的運算能力跟相對來說較粗糙的演算法，解出更多的問題。我們把這種方式稱爲「暴力」解題法。

a) 使用亂數產生器，讓騎士隨機在西洋棋盤上走動（依合法的 L 形移動方式）。你的應用程式應該要走過一次遊戲，然後顯示最後的棋盤。騎士走了多遠？

b) 最可能的情況是，(a) 部分的應用程式只走出很短的移動步數。現在請修改你的應用程式，嘗試走 1000 次。請使用一維陣列來記錄每次騎士行達到的距離。當你的應用程式結束 1000 次嘗試之後，應該要用簡潔的表格顯示出這些資訊。最好的結果是什麼？

c) 最可能的情況是，(b) 部分的應用程式會交出一些「不賴的」走法，但並沒有走完全程。現在，請讓你的程式一直執行，直到走完全程爲止。[留意：這個版本的應用程式，在高效能的電腦上可能得執行好幾個小時。] 同樣的，請記錄每種移動步數的次數表格，然後在首度找到走完全程的方法後，將此表格顯示出來。在產生完整的行程之前，你的應用程式嘗試了多少次？總共花了多少時間？

d) 請比較暴力法版本的騎士行，與可及性經驗法則版本。何者需要對問題做更審愼的研究？何種演算法比較難開發？何者需要較多的運算能力？使用可及性經驗法則，我們能（事先）確定必然能走完全程嗎？使用暴力法，我們能（事先）確定必然能走完全程嗎？請討論一般來說，使用暴力法解題的優缺點。

7.24 （八皇后）西洋棋愛好者的另外一個謎題，就是八皇后問題。試問：是否有可能在一個空的西洋棋盤上，放置八個皇后棋子，其中沒有任何一位皇后可以「攻擊」另一位皇后（也就是說，沒有兩位皇后會在同一列，同一行，或相同的對角線上）？請利用習題 7.22 發展出來的構想，規劃一種解決八皇后問題的經驗法則。請執行你的應用程式。[提示：我們可以將棋盤的每一格都指定一個數值，指出如果將皇后放在此格內，空棋盤上會有多少方格被「消去」。四個角都會被指定給數值 22，如圖 7.31 所示。一旦這些「消除數字」全部放入 64 個方格，則某個適當的經驗法則可能如下：將下一位皇后放在消除數字最小的方格內。爲什麼這個策略在直覺上挺吸引人呢？]

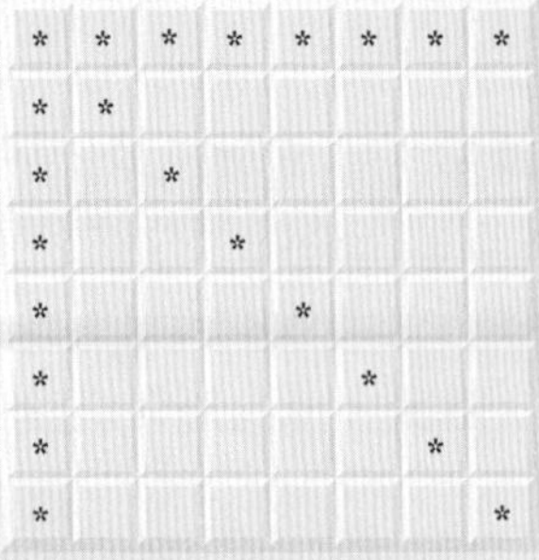

圖 7.31　將皇后放在左上角，會消去 22 個方格

7.25 （八皇后：暴力法）在此習題中，你會開發幾種暴力法，來解決習題 7.24 中介紹的八皇后問題。

　　a)　利用習題 7.23 所開發的隨機暴力法技巧，來解決八位皇后問題。

　　b)　使用窮舉技巧（亦即測試八皇后在西洋棋盤上所有可能的位置組合）來解決八皇后問題。

　　c)　為什麼窮舉式的暴力法有可能不適合解決騎士行問題？

　　d)　請比較隨機暴力法和窮舉暴力法的異同。

7.26 （騎士行：封閉行程測試）在騎士行遊戲（習題 7.22）中，當騎士移動 64 次，經過棋盤上的每個格子，且每個格子只經過一次，便是一個完整的行程。所謂封閉行程 (closed tour) 意指第 64 步移動後，位置距離騎士出發的位置只差一格的情形。請修改你在習題 7.22 中撰寫的程式，當完整行程出現時，測試它是否為封閉行程。

7.27 （埃拉托斯特尼篩法）質數意指任何大於 1 的整數，只能被自己和 1 整除。埃拉托斯特尼篩法是一種找質數的方法。其操作方式如下：

　　a)　建立一個基本型別的 boolean 陣列，將所有元素都初始化為真 (true)。索引為質數的陣列元素，會保持為真。其他所有的陣列元素最終都會被設定為偽 (false)。

　　b)　從陣列索引 2 開始，判斷特定元素是否為真。如果是的話，巡訪陣列剩下的部分，然後針對該則包含數值真的元素，將所有索引值為其索引值倍數的元素，都設定為偽。接著，繼續前進到下一筆數值為真的元素。針對陣列索引 2，陣列中所有元素 2 之後，索引值為 2 的倍數的元素（例如索引 4、6、8、10 等等），都將其設為偽；針對索引值 3，陣列中所有元素 3 之後，索引值為 3 的倍數的元素（例如 6、9、12、15 等），都設為偽；依此類推。

當此程序完成時，陣列元素如果仍然為真，就表示其索引是一個質數。我們可以顯示出這些索引。試撰寫一應用程式，使用包含 1000 個元素的陣列來判斷並顯示出介於 2 到 999 之間的質數，請忽略陣列元素 0 和 1。

7.28 （模擬：龜兔賽跑）在此問題中，你會重建這場經典的龜兔賽跑比賽。你會使用亂數產生器，模擬這宗值得記念的事件。

我們的參賽者，將從 70 個方格中的第 1 個方格開始比賽。每個方格都代表比賽路線上的一個可能位置。終點在第 70 個方格，先抵達或超過第 70 個方格的參賽者，將會得到一簍新鮮的紅蘿蔔和萵苣作為獎勵。競賽路線沿著滑溜的山坡向山上蜿蜒，所以參賽者有時也會失足跌倒。

時鐘每秒會滴答一次。在時鐘每次滴答時，你的應用程式就應該要根據圖 7.32 的規則，調整這些動物的位置。請使用變數來追蹤動物們的位置（亦即位置編號 1-70）。請讓每隻動物都從位置 1（「起跑線」）開始起跑。如果動物跌倒回到第 1 格之前，請將動物移回第 1 格。

動物	移動類型	時間比例	實際移動
烏龜	快速移動	50%	向右移動三格
	滑一跤	20%	向左移動六格
	慢速移動	30%	向右移動一格
兔子	睡覺	20%	不移動
	大跳躍	20%	向右移動九格
	大滑一跤	10%	向左移動十二格
	小跳躍	30%	向右移動一格
	小滑一跤	20%	向左移動二格

圖 7.32　用來調整烏龜與兔子所在位置的規則

請產生介於範圍 $1 \leq i \leq 10$ 之間的隨機整數 i，來製造圖 7.32 中的百分比。對烏龜而言，當 $1 \leq i \leq 5$ 時，會進行「快速移動」；當 $6 \leq i \leq 7$ 時，會「滑一跤」；或是當 $8 \leq i \leq 10$ 時，c 會「慢速移動」。請使用類似的技巧來移動兔子。

請顯示下列訊息，然後開始比賽：

```
BANG !!!!!
AND THEY'RE OFF !!!!!
```

然後，每次時鐘滴答時（也就是迴圈反覆一次），請顯示出一條包含 70 個位置的直線，以字母 T 表示烏龜的位置，字母 H 表示兔子的位置。有時候，兩位參賽者會落在同一個方格內。在這種情況下，烏龜會咬一下兔子，你的應用程式應該從該位置開始，顯示出 "OUCH!!!"。除了 T、H 或 OUCH!!!（平手的狀況）之外的輸出位置，都應該是空白的。

在顯示完每一行之後，請測試這兩隻動物是否已抵達或超過第 70 格。

如果有的話，請顯示獲勝者，然後結束模擬。

如果是烏龜獲勝，請顯示 TORTOISE WINS!!! YAY!!!

如果是兔子獲勝，請顯示 Hare wins. Yuch.

如果兩隻動物在同一次時鐘滴答時獲勝，你或許可以站在烏龜那邊（「弱者」），或是顯示 It's a tie.

如果沒有動物獲勝，請再次進行迴圈以模擬下一次時鐘滴答。

當你準備好執行你的應用程式時，請召集一群觀眾來觀看比賽。

你會很驚訝，這些觀眾是多麼的投入！

在本書稍後，我們會介紹許多 Java 功能，例如圖形、影像、動畫、音訊與多執行緒。在你學習這些功能時，可能會很開心地想要加強你的龜兔賽跑模擬。

7.29 （費伯那契數列） 費伯那契數列

0, 1, 1, 2, 3, 5, 8, 13, 21, …

是從 0 和 1 開始，數列的特性是，後續每一項，都等於前兩項的和。

a) 請撰寫一方法 fibonacci(n) 來計算第 n 個費伯那契數。請將此方法加入到應用程式中，讓使用者能夠輸入 n 值。

b) 請找出在你的系統上，能夠顯示的最大費伯那契數。

c) 請修改你在 (a) 部分撰寫的應用程式，使用 double 取代 int，計算並傳回費伯那契數，然後利用此修改過的程式，重做 (b) 部分。

習題 7.30 至習題 7.34 比較具有挑戰性。一旦完成這些問題，你應該可以輕易實作出大部分風行的撲克牌遊戲。

7.30 （洗牌與發牌） 請修改圖 7.11 的應用程式，來發出一手五張牌。接著請修改圖 7.10 的 DeckOfCards 類別，加入可以判斷手頭的牌是否包含下列牌型的方法：

a) 一對

b) 兩對

c) 三條（例如三張 J）

d) 鐵支（例如四張 A）

e) 同花（五張牌都是同樣花色）

f) 順子（五張牌具有連續的牌面數值）

g) 葫蘆（兩張牌是同一牌面，另外三張牌是另一牌面）

[提示：在圖 7.9 的 Card 類別中加入方法 getFace 和 getSuit]。

7.31 （洗牌與發牌） 請利用習題 7.30 所開發的方法，撰寫一支應用程式來發出兩手五張牌，評估這兩手牌，然後判斷哪一手牌較佳。

7.32 （專題：洗牌與發牌） 請修改習題 7.31 開發的應用程式，令其可以模擬發牌員。發牌員的五張牌會「牌面朝下」，所以玩家無法看到牌。這支應用程式接著應該要評估發牌員手上的牌，根據手頭上牌的好壞，來決定發牌員要將原本手中的牌換掉一張、兩張或三張以上。接著這支應用程式應該要重新評估發牌員手頭的牌。[留意：這是個困難的問題！]

7.33 （專題：洗牌與發牌） 請修改習題 7.32 所開發的應用程式，令其可以自動處理發牌員手頭的牌，但讓玩家可以決定要換掉手頭的哪些牌。接著這支應用程式應該要判斷這兩手牌中，何者勝出。現在請使用這支新的應用程式，來和電腦比賽 20 場。誰獲勝比較多次？你還是電腦？請找個朋友來和電腦比賽 20 場。誰獲勝比較多次？根據這些比賽的結果，請再改良你的撲克遊戲。（這也是個困難的問題。）請再玩 20 場。修改過的應用程式有變得比較厲害嗎？

7.34 （**專題：洗牌與發牌**）請修改圖 7.9-7.11 的應用程式，使用 Face 與 Suit 列舉，來表示撲克牌的牌面和花色。請將這些列舉在其各自的原始碼檔案中，宣告為 public 型別。每張 Card 都應該要包含 Face 和 Suit 實體變數。這兩個變數應該要由 Card 建構子加以實體化。在 DeckOfCards 類別中，請建立一個 Face 的陣列，用 Face 列舉中的常數名稱來加以初始化，以及一個 Suit 的陣列，用 Suit 列舉中的常數名稱來加以初始化。[請注意：當你將列舉常數輸出為 String 時，就會顯示其常數名稱。]

7.35 （**Fisher-Yates 洗牌算法**）在網路上搜尋 Fisher-Yates 洗牌算法，然後用它重新實作在圖 7.10 的 shuffle 方法。

專題：建立你自己的電腦

在以下幾個問題中，我們會暫時離開高階語言程式設計的世界，「剝開」一部電腦，觀察其內部結構。我們會介紹機器語言程式設計，並撰寫幾個機器語言程式。進行這項練習是一個彌足珍貴的經驗，接著我們會建立一台電腦（透過基於軟體的模擬技術），你可以在這台電腦上，執行你自己的機器語言程式。

7.36 （**機器語言程式設計**）讓我們來建立一部叫做 Simpletron 的電腦。誠如其名所示，它是一部簡單，但功能強大的機器。Simpletron 只會執行用它能夠直接了解的語言所撰寫的程式：Simpletron 機器語言，或簡稱 SML。

Simpletron 包含一個累加器 (accumulator)——一種特殊的暫存器，Simpletron 在使用資訊來進行運算，或以各種方式檢驗資訊之前，都會將之放入此累加器內。Simpletron 處理的所有資訊，都是以字組 (word) 為單位。字組是一個有號的四位數十進位數字，例如 +3364、-1293、+0007 或 -0001。Simpletron 配備有 100 個字組的記憶體，而這些字組是由其位置編號 00, 01, …99 來參照。

在執行 SML 程式之前，我們必須先將程式載入，或曰放入記憶體鐘。所有 SML 程式的第一個指令（或敘述）永遠會放在位置 00。模擬器會從這個位置開始執行程式。

SML 的每則指令都佔用 Simpletron 記憶體一個字組的空間（因此，指令是有號的四位數十進位數字）。我們可以假設 SML 指令的正負號永遠是正號，但資料字組的正負號可能正可能負。Simpletron 記憶體的每個位置都可能包含指令、程式所使用的資料數值，或是未使用的記憶體區域（也因此未定義）。每則 SML 指令的前兩位數，為操作碼 (operation code)，會指定要執行的操作。SML 的操作碼統整於圖 7.33。

操作碼	含意
輸入 / 輸出操作	
`final int READ = 10;`	從鍵盤讀入一個字組，並存入記憶體的特定位置。
`final int WRITE = 11;`	從記憶體的特定位置讀取一個字組，顯示於螢幕上。
載入 / 儲存操作	
`final int LOAD = 20;`	從記憶體的特定位置載入一個字組到累加器中。

圖 7.33 Simpletron 機器語言 (SML) 的操作碼 (1/2)

操作碼	含意
`final int STORE = 21;`	從累加器將字組存入到記憶體的特定位置。
算術操作	
`final int ADD = 30;`	將累加器中的字組，加上記憶體特定位置的字組（運算結果會留在累加器中）。
`final int SUBTRACT = 31;`	將累加器中的字組，減掉記憶體特定位置的字組（運算結果會留在累加器中）。
`final int DIVIDE = 32;`	將累加器中的字組，除以記憶體特定位置的字組（運算結果會留在累加器中）。
`final int MULTIPLY = 33;`	將累加器中的字組，乘以記憶體特定位置的字組（運算結果會留在累加器中）。
控制權移轉操作：	
`final int BRANCH = 40;`	分支到記憶體的特定位置。
`final int BRANCHNEG = 41;`	如果累加器為負值，則分支到記憶體的特定位置。
`final int BRANCHZERO = 42;`	如果累加器為零，則分支到記憶體的特定位置。
`final int HALT = 43;`	終止。程式已完成其任務。

圖 7.33 Simpletron 機器語言 (SML) 的操作碼 (2/2)

SML 指令的後二位數是運算元——包含操作的對象字組的記憶體位址。讓我們來考量幾支簡單的 SML 程式。

第一支 SML 程式（圖 7.34），會從鍵盤讀入二筆數字，計算並顯示其總和。指令 +1007 會從鍵盤讀取第一個數字，然後將之放入記憶體位置 07（該處已初始化為零）。接著指令 +1008 會將下一筆數字讀入位置 08。載入指令 +2007，會把第一個數字放進累加器，而加法指令 +3008 會把第二個數字與累加器中的數字相加。所有的 SML 算術指令都會將運算結果放在累加器內。儲存指令 +2109 會將運算結果放回記憶體位置 09；而寫入指令 +1109 會從此位置讀取該筆數字，然後加以顯示（以有號的四位數十進位數字表示）。終止指令 +4300 會終止執行。

第二支 SML 程式（圖 7.35）會從鍵盤讀入兩筆數字，然後判斷並顯示出其中較大的數值。請注意，使用指令 +4107 作為有條件的控制權轉移，與 Java 的 if 敘述很類似。

現在請撰寫 SML 程式來完成下列工作：

a) 使用警示值控制迴圈來讀入 10 筆正數。計算並顯示其總和。

記憶體位置	數值	指令
00	+1007	（讀取 A）
01	+1008	（讀取 B）
02	+2007	（載入 A）
03	+3008	（加上 B）

圖 7.34 讀入兩筆整數並計算其總和的 SML 程式 (1/2)

記憶體位置	數值	指令
04	+2109	(儲存 C)
05	+1109	(寫入 C)
06	+4300	(終止)
07	+0000	(變數 A)
08	+0000	(變數 B)
09	+0000	(結果 C)

圖 7.34 讀入兩筆整數並計算其總和的 SML 程式 (2/2)

記憶體位置	數值	指令
00	+1009	(讀取 A)
01	+1010	(讀取 B)
02	+2009	(載入 A)
03	+3110	(減去 B)
04	+4107	(若數值為負，則分支到 07)
05	+1109	(寫入 A)
06	+4300	(終止)
07	+1110	(寫入 B)
08	+4300	(終止)
09	+0000	(變數 A)
10	+0000	(變數 B)

圖 7.35 會讀入兩筆整數並判斷其中較大者的 SML 程式

b) 使用計數器控制迴圈讀入七筆數字，其中有些是正數，有些是負數，然後計算並顯示其平均值。

c) 讀入一串數字，判斷並顯示出最大的數字。所讀入的第一筆數字，會指出應該要處理多少筆數字。

7.37 (電腦模擬器) 在這個問題中，你將會建立起自己的電腦。不，你並不用動手去把零件焊在一起。反之，你會使用威力強大的軟體模擬技術，為習題 7.36 的 Simpletron，建立一個物件導向的軟體模型。你的 Simpletron 模擬器會將你正在使用的電腦轉變為 Simpletron，而且你真的能夠執行、測試及除錯你在習題 7.36 所撰寫的 SML 程式。

當你執行你的 Simpletron 模擬器時，一開始應該會顯示：

```
*** Welcome to Simpletron! ***
*** Please enter your program one instruction ***
*** (or data word) at a time. I will display ***
*** the location number and a question mark (?). ***
*** You then type the word for that location. ***
*** Type -99999 to stop entering your program. ***
```

你的程式應該要使用包含 100 個元素的一維陣列 memory，來模擬 Simpletron 的記憶體。現在假設模擬器已經在運行，讓我們檢視一下輸入圖 7.35（習題 7.35）的程式時，會出現的對話：

```
00  ?  +1009
01  ?  +1010
02  ?  +2009
03  ?  +3110
04  ?  +4107
05  ?  +1109
06  ?  +4300
07  ?  +1110
08  ?  +4300
09  ?  +0000
10  ?  +0000
11  ?  -99999
```

你的程式應該要顯示出記憶體位置，後頭再加上一個問號。問號右邊的每個數值，都是由使用者所輸入。輸入警示值 -99999 之後，程式應該要顯示下列訊息：

```
*** Program loading completed ***
*** Program execution begins ***
```

SML 程式現在已經被放進（或曰載入）到 memory 陣列中。現在 Simpletron 要來執行 SML 程式。程式會從位置 00 的指令開始執行，就像 Java 一樣，執行是循序進行的，除非因為控制權移轉被導向程式的其他部分。

請使用變數 accumulator 來表示累加暫存器。請使用變數 instructionCounter 來追蹤正在執行的指令所在的記憶體位置。請使用變數 operationCode 來指示目前正在進行的運算（亦即指令的前二位數）。請使用變數 operand 指出目前指令正在操作的記憶體位置。因此，operand 會是目前正在執行之指令的後二位數。請勿直接從記憶體執行指令。反之，請將下一筆要執行的指令，從記憶體傳遞給變數 instructionRegister。接著請「挑出」前二位數，將其放入 operationCode，再「挑出」後二位數，將其放入 operand。當 Simpletron 開始執行時，這些特殊的暫存器都會被初始化為零。

現在，讓我們來逐步檢視位於記憶體位置 00 的第一個 SML 指令，+1009 的執行過程。這個程序稱為指令執行循環。

instructionCounter 會告訴下一筆要執行的指令位置。使用下列 Java 敘述，以抓取 memory 位置的內容：

```
instructionRegister = memory[instructionCounter];
```

要從指令暫存器中抽出操作碼和運算元，請使用下列敘述：

```
operationCode = instructionRegister / 100;
operand = instructionRegister % 100;
```

現在 Simpletron 必須判斷此操作碼是否為讀取指令（而非寫入、載入等等）。一個 switch 敘述會區別 SML 的十二種操作。在 switch 敘述中，會模擬各種 SML 指令的行為，如圖 7.36 所示。我們馬上會討論分支指令，其他的就留給你了。

當 SML 程式完成執行時,每個暫存器的名稱和內容,以及完整的記憶體內容,都應該要顯示出來。這種印出方式,經常被稱為電腦傾印(computer dump; 不是的,computer dump 並不是指丟棄舊電腦的地方)。為了幫助你撰寫你的傾印方法,圖 7.37 顯示了一個範例傾印格式。執行完 Simpletron 程式之後的傾印,將會顯示出程式執行結束的那一刻,指令的實際數值和資料數值。

指令	說明
read:	顯示提示訊息 "Enter an integer",然後輸入整數,並將之儲存在記憶體位置 memory[operand] 中。
load:	accumulator = memory[operand];
add:	accumulator += memory[operand];
halt:	這個指令會顯示以下訊息: *** Simpletron execution terminated ***

圖 7.36 在 Simpletron 中,幾個 SML 指令的行為

```
REGISTERS:
accumulator          +0000
instructionCounter      00
instructionRegister  +0000
operationCode           00
operand                 00
MEMORY:
        0     1     2     3     4     5     6     7     8     9
0   +0000 +0000 +0000 +0000 +0000 +0000 +0000 +0000 +0000 +0000
10  +0000 +0000 +0000 +0000 +0000 +0000 +0000 +0000 +0000 +0000
20  +0000 +0000 +0000 +0000 +0000 +0000 +0000 +0000 +0000 +0000
30  +0000 +0000 +0000 +0000 +0000 +0000 +0000 +0000 +0000 +0000
40  +0000 +0000 +0000 +0000 +0000 +0000 +0000 +0000 +0000 +0000
50  +0000 +0000 +0000 +0000 +0000 +0000 +0000 +0000 +0000 +0000
60  +0000 +0000 +0000 +0000 +0000 +0000 +0000 +0000 +0000 +0000
70  +0000 +0000 +0000 +0000 +0000 +0000 +0000 +0000 +0000 +0000
80  +0000 +0000 +0000 +0000 +0000 +0000 +0000 +0000 +0000 +0000
90  +0000 +0000 +0000 +0000 +0000 +0000 +0000 +0000 +0000 +0000
```

圖 7.37 傾印範例

讓我們繼續執行我們程式的第一個指令——亦即,位於位置 00 的 +1009。如果們曾指出過的,switch 敘述會模擬此項工作,它會提示使用者輸入數值,讀取該數值,並將之儲存在記憶體位置 memory[operand]。這個數值接著會被讀入位置 09。

此時,第一個指令的模擬就完成了。剩下的事情,就是準備讓 Simpletron 執行下一個指令。由於方才所執行的指令並非控制權轉移;我們只需遞增指令計數暫存器如下即可:

`instructionCounter++;`

這個動作,便完成了第一個指令的模擬執行。整個過程(意即指令執行週期)會重新開始,抓取下一個指令來執行。

現在，讓我們來考量分支指令——控制權的轉移——要怎麼模擬。我們需要做的，就是適當地調整指令計數器的數值。因此，無條件分支指令 (40) 就會在 switch 敘述中模擬如下：

```
instructionCounter = operand;
```

我們可以使用以下敘述，模擬「如果累加器為零則分支」的條件分支指令

```
if (accumulator == 0)
    instructionCounter = operand;
```

此時，你應該實作自己的 Simpletron 模擬器，然後執行習題 7.36 中每個撰寫的 SML 程式。你可以用一些附加功能修飾一下 SML，並且在模擬器中提供這些功能。

模擬器應該要檢查各種不同類型的錯誤。在程式載入階段，例如，使用者輸入到 Simpletron memory 的每個數字，都必須介於範圍 -9999 到 +9999 之間。模擬器應該要測試每筆輸入的數字，是否皆在這個範圍之內；如果不在範圍內，則繼續提示使用者重新輸入數字，直到使用者輸入了正確的數字為止。

在執行階段，模擬器應該要檢查各種嚴重錯誤，例如企圖除以零、企圖執行無效的操作碼、還有累加器溢位（亦即，算術操作，得到小於 -9999，或大於 +9999 的數值）。這類嚴重錯誤稱為致命性錯誤 (fatal error)。當偵測到致命性錯誤時，你的模擬器應該要顯示錯誤訊息，例如：

```
*** Attempt to divide by zero ***
*** Simpletron execution abnormally terminated ***
```

然後應該要依照先前討論過的格式，顯示出完整的電腦傾印。這樣做可以幫助使用者找到程式中的錯誤。

7.38 **（修改 Simpletron 模擬器）** 在習題 7.37 中，你撰寫了一個電腦的軟體模擬，此電腦能夠執行以 Simpletron 機器語言 (SML) 撰寫的程式。在本習題中，我們提出了 Simpletron 模擬器幾種修改的方式和改良。在第 21 章的習題中，我們會請你建立一個編譯器，可用來將高階語言（Basic 的變化版）撰寫的程式，轉換成 SML。若要執行編譯器所產生之程式，下列修改與改良項目中有幾個可能是必要的：

a) 擴充 Simpletron 模擬器的記憶體到包含 1000 個記憶體位置，讓 Simpletron 能夠處理比較大的程式。

b) 允許模擬器執行餘數運算。這個修改需要增加一個 SML 指令。

c) 允許模擬器執行指數運算。這個修改需要增加一個 SML 指令。

d) 修改模擬器，以使用 16 進位來表示 SML 指令，而非整數值。

e) 修改模擬器以允許輸出換行字元。這個修改需要增加一個 SML 指令。

f) 修改模擬器，以在整數值之外，也能夠處理浮點數值。

g) 修改模擬器以處理字串輸入。[提示：Simpletron 的每個字組都可以切分成二組，每組包含一個二位數整數。每個二位數整數，都代表字元的十進位 ASCII 編碼（參閱附錄 B）。請增加一個機器指令，能夠輸入字串，並從特定的 Simpletron 記憶體位置開始儲存該字串。該位置的前半字組，會等於該字串中所包含的字元數

目（亦即字串長度）。後續每個半字組，都包含一個 ASCII 字元，表示爲十進位的二位數。機器語言指令會將每個字元都轉換成 ASCII 碼，然後將之指定給一個半字組。]

h) 修改模擬器，來處理如何輸出以 (g) 部分格式所儲存的字串。[提示：增加一個機器語言指令，會顯示從特定 Simpletron 記憶體位置開始的字串。該位置的前半字組，代表該字串所包含的字元數目（亦即字串長度）。後續的每個半字組，都包含一個 ASCII 字元，表示爲十進位的二位數。機器語言指令會檢查長度，然後將每個二位數數字轉譯成相對應的字元，以顯示此字串。]

進階習題

7.40　（民意調查）網際網路與全球資訊網讓更多人能夠串連組織，參與行動、表達意見，諸如此類等。2008 年的美國總統大選，大量使用了網際網路來傳達候選人的訊息，以及爲其陣營募款。在本題中，你會撰寫一支簡單的民意調查程式，讓使用者能夠評比五項社會意識，給分從 1（最不重要）到 10（最重要）。請選擇五個對你來說重要的理念（例如政治議題、全球環保議題）。請利用一維陣列 topics（型別爲 String）來儲存五種理念。爲了統整問卷回覆，請使用 5 列 10 行的二維陣列 responses（型別爲 int）每一列都對應到 topics 陣列中的某個元素。程式在執行時，應該會要求使用者，評比每個議題。請找你的朋友和家人來做問卷調查。然後請讓程式顯示出結果的統整，包括：

a) 一個表格報表，五個主題列於左側，10 種評分位於頂端，在每一行印出該主題所得到的評分數量。

b) 在每列最右邊，請顯示出該議題的平均評分。

c) 哪個議題得到最高的總分？請顯示議題與其總分。

d) 哪個議題得到最低的總分？請顯示議題與其總分。

Memo

類別與物件：深入探討

8

學習目標

在本章節中，你將會學習到：

- 使用 throw 敘述來指出問題已發生。
- 在建構子中使用關鍵字 this 去呼叫另一個同類別的建構子。
- 使用 static 變數和 static 方法。
- 匯入類別的 static 成員。
- 使用 enum 型別建立一組常數，各自擁有獨一無二的識別字。
- 使用參數宣告 enum 常數。
- 使用 BigDecimal 精確換算貨幣。

8.1 簡介

我們現在要來更深入地檢視如何建立類別、控制類別成員的存取以及建構子。我們會演示如何 throw 出例外來指出問題已經發生（第 7.5 節討論 catching 例外）。我們使用 this 關鍵字使一個建構子方便地呼叫另一個同類別中的建構子。我們會討論複合（composition）——這種能力讓類別可以擁有其它類別物件的參照作為成員。我們重新檢驗 *set* 方法與 *get* 方法的使用。回想第 6.10 節中介紹的基本 enum 型別，可以宣告一組常數。在本章中，我們會討論 enum 型別與類別之間的關係，說明 enum 就和類別一樣，可以宣告在自己的檔案中，建立自己的建構子、方法以及欄位。本章也會詳細討論 static 類別成員與 final 實體變數的細節。我們會說明同一套件中類別之間的特殊關係。最後，我們會說明如何使用類別 BigDecimal 來執行精確換算貨幣。類別中兩個新增的型別——巢狀類別與匿名內部類別——會在第 12 章討論。

8.2 Time 類別案例研究

我們的第一個範例包含兩個類別——Time1（圖 8.1）和 Time1Test（圖 8.2）。Time1 類別會表示一日中的時刻。Time1Test 類別則是一個應用程式類別，其 main 方法會建立 Time1 類別的物件並呼叫其方法。程式的輸出結果如圖 8.2 所示。

Time1 類別宣告

Time1 類別的 private int 實體變數 hour、minute 以及 second（圖 8.1，第 6-8 行），是以通用時間格式來表示時間（亦即 24 小時制，hours 的範圍落在 0-23 之間，minutes 和 seconds 的範圍落在 0-59 之間）。Time1 類別包含 public 方法 setTime（第 12-25 行）、toUniversalString（第 28-31 行）及 toString（第 34-39 行）。這些方法也稱為類別，提供給使用者的 public 服務（public service）或 public 介面（public interface）。

```
1  // Fig. 8.1: Time1.java
2  // Time1 class declaration maintains the time in 24-hour format.
3
4  public class Time1
5  {
6     private int hour;   // 0 - 23
7     private int minute; // 0 - 59
8     private int second; // 0 - 59
9
10    // set a new time value using universal time; throw an
11    // exception if the hour, minute or second is invalid
12    public void setTime(int hour, int minute, int second)
13    {
14       // validate hour, minute and second
15       if (hour < 0 || hour >= 24 || minute < 0 || minute >= 60 ||
16          second < 0 || second >= 60)
17       {
18          throw new IllegalArgumentException(
19             "hour, minute and/or second was out of range");
20       }
21
22       this.hour = hour;
23       this.minute = minute;
24       this.second = second;
25    }
26
27    // convert to String in universal-time format (HH:MM:SS)
28    public String toUniversalString()
29    {
30       return String.format("%02d:%02d:%02d", hour, minute, second);
31    }
32
33    // convert to String in standard-time format (H:MM:SS AM or PM)
34    public String toString()
35    {
36       return String.format("%d:%02d:%02d %s",
37          ((hour == 0 || hour == 12) ? 12 : hour % 12),
38       minute, second, (hour < 12 ? "AM" : "PM"));
39    }
40 } // end class Time1
```

圖 8.1　Time1 類別宣告，會維護 24 小時制的時間

預設建構子

在此例中，Time1 類別並沒有宣告建構子，所以此類別會包含編譯器所提供的預設建構子。
每個 int 實體變數都會得到預設值 0。我們也可以在類別主體中宣告實體變數時，使用和區
域變數相同的初始化語法予以初始化。

方法 setTime 與拋出例外

setTime 方法（第 12-25 行）是一個 public 方法，宣告了 3 個 int 參數，並用之來設定時
間。第 15-16 行測試了每個引數，來判斷其數值是否位於合法範圍內。hour 的數值必須大於

等於 0 且小於 24，因為世界時制格式是用 0 到 23 之間的整數來代表小時（例如：下午 1 點就是 13 時，下午 11 點是 23 時，午夜是 0 時，正中午則是 12 時）。同樣地，minute 與 second 數值也必須大於等於 0 且小於 60。對於落在此範圍之外的數值，setTime 會丟出（throw）型別為 IllegalArgumentException 的**例外（exception）**（第 18-19 行），這樣便能告訴使用者程式碼，它傳入了不合法的引數給方法。如你在第 7.5 節學過的，可以使用 try...catch 來捕捉例外狀況，並且試著從中回復，在圖 8.2 也是如此做。**throw 敘述**（圖 8.1，第 18 行）會建立一個型別為 IllegalArgumentException 的新物件。類別名稱後頭的小括號，表示呼叫 IllegalArgumentException 的建構子。在此例中，呼叫了能自訂錯誤訊息的建構子。在建立例外物件之後，throw 敘述馬上會終止方法 setTime，例外則會被傳回給試圖設定時間的程式碼。如果參數值都是有效的，第 22-24 行分配它們到 hour、minute 和 second 實體變數。

軟體工程的觀點 8.1

對於方法，例如圖 8.1 中的 setTime，在使用它們來設定實體變數值確保物件的資料是已被修改過，只有在如果全部的引數都是有效的時候之前，使全部方法的引數有效化。

toUniversalString 方法

toUniversalString 方法（第 28-31 行）不取用引數，會以世界時制格式傳回 String，其中，時、分、秒分別以兩位數表示——回想一下，你可以在 printf 格式規格（例：%02d）中使用旗標 0，使得在特定欄位中開頭無數字的位置填入 0。舉例來說，若時間是 1:30:07PM，則此方法會傳回 13:30:07。第 30 行使用了 String 類別的 static 方法 **format**，傳回一個 String，其中包含格式化後的 hour、minute 及 second 數值，各數值皆佔兩位數，可能包含開頭的 0（由旗標 0 所指定）。format 方法類似於 System.out.printf 方法，不同之處在於 format 會傳回格式化後的 String，而非將之顯示在命令列視窗上。toUniversalString 方法會將這個格式化後的 String 傳回。

toString 方法

toString 方法（第 34-39 行）不取用引數，會以標準時間格式傳回 String，其中包含 hour、minute、second 的數值，以冒號分隔，後頭再加上 AM 或 PM（例如，11:30:17AM 或 1:27:06PM）。就像 toUniversalString 方法一樣，toString 方法也會使用 static 的 String 的 format 方法，將 minute 和 second 格式化為兩位數，並視需要加入開頭的 0。第 37 行使用了條件運算子（?:）來判定 String 中的 hour 值——如果 hour 等於 0 或 12（AM 或 PM），將會顯示為 12，其他數字則會顯示為 1 到 11。第 30 行的條件運算子會判斷 String 中要傳回 AM 還是 PM。

請回想一下 Java 中所有的物件都包含 toString 方法，會傳回一個該物件的 String 表示法。我們選擇傳回包含標準格式時間的 String。當 Time1 物件出現在需要 String 的程式碼處，就會自動呼叫 toString 方法，例如在呼叫 System.out.printf，使用 %s 格式描述子來輸出數值時。

使用 Time1 類別

Time1Test 類別（圖 8.2）使用了 Time1 類別。第 9 行宣告並建立了一個 Time1 物件，並將之指派給區域變數 time。運算子 new 會自動呼叫 Time1 類別的預設建構子，因為 Time1 類別沒有宣告任何建構子。第 12 行會呼叫 private 方法 displayTime（第 35-39 行），會先用世界時制格式輸出時間，藉由呼叫 Time1 的 toUniversalString 和 toString 方法，然後再用標準格式輸出。注意，toString 可能在這裡被隱式呼叫，而非顯式呼叫。接下來，第 16 行會呼叫 time 物件的 setTime 方法以更改時間。接著，第 17 行呼叫 displayTime 再次用兩種不同格式輸出時間，以確認時間有正確地設定。

軟體工程的觀點 8.2

回想第 3 章，以存取修飾詞 private 宣告的方法，只能被已宣告 private 方法的類別中的其他方法呼叫。這種方法常被歸到公共方法或輔助方法，因為它們一般被用在支援類別的其他方法之運算。

```java
1  // Fig. 8.2: Time1Test.java
2  // Time1 object used in an app.
3
4  public class Time1Test
5  {
6     public static void main(String[] args)
7     {
8        // create and initialize a Time1 object
9        Time1 time = new Time1(); // invokes Time1 constructor
10
11       // output string representations of the time
12       displayTime("After time object is created", time);
13       System.out.println();
14
15       // change time and output updated time
16       time.setTime(13, 27, 6);
17       displayTime("After calling setTime", time);
18       System.out.println();
19
20       // attempt to set time with invalid values
21       try
22       {
23          time.setTime(99, 99, 99); // all values out of range
24       }
25       catch (IllegalArgumentException e)
26       {
27          System.out.printf("Exception: %s%n%n", e.getMessage());
28       }
29
30       // display time after attempt to set invalid values
31       displayTime("After calling setTime with invalid values", time);
32    }
33
34    // displays a Time1 object in 24-hour and 12-hour formats
```

圖 8.2　在應用程式中使用 Time1 物件 (1/2)

```
35      private static void displayTime(String header, Time1 t)
36      {
37          System.out.printf("%s%nUniversal time: %s%nStandard time: %s%n",
38              header, t.toUniversalString(), t.toString());
39  }
40  } // end class Time1Test
```

```
After time object is created
Universal time: 00:00:00
Standard time: 12:00:00 AM

After calling setTime
Universal time: 13:27:06
Standard time: 1:27:06 PM

Exception: hour, minute and/or second was out of range

After calling setTime with invalid values
Universal time: 13:27:06
Standard time: 1:27:06 PM
```

圖 8.2　在應用程式中使用 Time1 物件 (2/2)

使用無效的數值呼叫 Time1 方法 setTime

為了證實 setTime 方法會驗證其引數，第 23 行對於 hour、minute 與 second，都使用了不合法的引數 99 來呼叫 setTime 方法。這個敘述被放在 try 區塊中（第 21-24 行），以防 setTime 丟出 IllegalArgumentException ——因為引數全都不合法，所以它會這樣做。當此情況發生時，第 25-28 行會捕捉這個例外狀況，然後第 27 行會呼叫其 getMessage 方法，來顯示這個例外的錯誤訊息。第 31 行會再次用兩種不同格式輸出時間，以確認當我們提供不合法的引數時，setTime 方法並不會修改時間。

關於 Time1 類別宣告的注意事項

請針對 Time1 類別，考量幾個關於類別設計的問題，實體變數 hour、minute 及 second 都宣告為 private，類別內部實際使用的資料表示方式，與類別的使用者無關。例如，如果 Time1 內部改用自午夜算起的累積秒數，或自午夜算起的累積分鐘數和秒數來表示時間，是完全可以理解的。使用者還是可以使用相同的 public 方法，得到相同的結果，而對此全無知曉。（習題 8.5 會請你在 Time1 類別中，改用自午夜算起的秒數來表示時間，然後證明這種改變，類別的使用者會完全一無所覺。）

軟體工程的觀點 8.3
類別會簡化程式設計，因為使用者可以只使用類別所開放的 public 方法。這些方法通常是以使用者導向來設計，而非實作導向。使用者不會知道，也不需涉入類別的實作。使用者通常只需關心類別做了什麼，但不需知道類別如何做這些工作。

軟體工程的觀點 8.4
介面不會像實作一樣頻繁地修改。當實作改變時，與實作相關的程式碼也必須跟著改變。隱藏實作的方式，可以降低別部分的程式依賴類別實作細節的可能性。

Java SE 8—Date/Time API

本節的範例以及本章較後面的某些範例，演示了代表日期和時間的類別中，各種不同類別實作的概念。在專業的 Java 程式中，並非只是建立你自己的日期和時間類別，通常你會重複使用 Java API 所提供的類別。雖然 Java 有處理日期與時間的類別，但 Java SE 8 引進一個新的 **Date/Time API** 應用程式——由套件 java.time 中的類別所定義——這是 Java SE 8 內建的應用程式，我們應該利用 Date/Time API 的效能，不要用 Java 之前版本中的相同功能。新的 API 修復了舊類別的問題，並提供更強大、更易於使用的操作日期、時間、時區、月曆及其他。我們在第 23 章中利用一些 Date/Time API 的特色，連結下列網址，你可以學到更多關於 Date/Time API 類別的知識：

```
download.java.net/jdk8/docs/api/java/time/package-summary.html
```

8.3　成員的存取控制

存取修飾詞 public 和 private 會控制類別變數及方法的存取權。在第 9 章，我們會介紹另一個存取修飾詞 protected。public 方法的主要目的，是向類別使用者呈現出一個觀點，關於類別提供了哪些服務（類別的 public 介面）。使用者不需要關心類別如何完成其工作。因此，使用者無法存取類別的 private 變數和 private 方法（亦即其實作細節）。

圖 8.3 示範了類別以外的程式，無法直接存取 private 類別成員。第 9-11 行試圖直接存取 Time1 物件 time 的 private 實體變數 hour、minute 和 second。編譯此程式時，編譯器會產生錯誤訊息，告知不可存取這些 private 成員。此程式假定使用的是圖 8.1 的 Time1 類別。

```java
1  // Fig. 8.3: MemberAccessTest.java
2  // Private members of class Time1 are not accessible.
3  public class MemberAccessTest
4  {
5     public static void main(String[] args)
6     {
7        Time1 time = new Time1(); // create and initialize Time1 object
8
9        time.hour = 7; // error: hour has private access in Time1
10       time.minute = 15; // error: minute has private access in Time1
11       time.second = 30; // error: second has private access in Time1
12    }
13 } // end class MemberAccessTest
```

```
MemberAccessTest.java:9: hour has private access in Time1
      time.hour = 7; // error: hour has private access in Time1
          ^
MemberAccessTest.java:10: minute has private access in Time1
      time.minute = 15; // error: minute has private access in Time1
          ^
MemberAccessTest.java:11: second has private access in Time1
      time.second = 30; // error: second has private access in Time1
          ^
3 errors
```

圖 8.3　Time1 類別的 private 成員是不可存取的

常見的程式設計錯誤 8.1

不是類別中的方法，試圖存取類別的 private 成員，是一種編譯錯誤。

8.4　使用 this 參照，來參照目前物件的成員

每個物件都可以利用關鍵字 this，來存取指向自己的參照（有時稱為 **this 參照 [this reference]**）。當對某特定物件呼叫其實體方法時，方法的主體會自動使用關鍵字 this，來參照物件的實體變數及其他方法。這使得類別的程式碼得以知道應該要操作哪個物件。你可以在圖 8.4 中看到，在實體方法的主體中，你也可以明確地使用關鍵字 this。8.5 節會介紹關鍵字 this 另一項有趣的用途。8.11 節會解釋為什麼不能在 static 方法中使用關鍵字 this。

　　我們現在要來示範自動及明確的使用 this 參照（圖 8.4）。這個範例是我們第一次在一個檔案裡面宣告兩個類別——ThisTest 類別宣告於第 4-11 行，SimpleTime 類別宣告於第 14-47 行。我們這樣做是為了說明當編譯包含超過一個類別的 .java 檔案時，編譯器會針對每個所編譯的類別，產生獨立的，副檔名為 .class 的類別檔案。在此例中，會產生兩個獨立的檔案——SimpleTime.class 和 ThisTest.class。當一個原始 (.java) 檔包含多個類別宣告時，編譯器會將這些類別的類別檔案都放在同一個資料夾裡。此外也請注意，圖 8.4 只有將 ThisTest 類別宣告為 public。一個原始檔只能包含一個 public 類別——否則就會發生編譯錯誤。非 public 類別只能被同一個套件中的類別使用。所以在此例中，SimpleTime 類別只能被 ThisTest 類別使用。

```
1  // Fig. 8.4: ThisTest.java
2  // this used implicitly and explicitly to refer to members of an object.
3
4  public class ThisTest
5  {
6     public static void main(String[] args)
7     {
8        SimpleTime time = new SimpleTime(15, 30, 19);
9        System.out.println(time.buildString());
10    }
11 } // end class ThisTest
12
13 // class SimpleTime demonstrates the "this" reference
14 class SimpleTime
15 {
16    private int hour; // 0-23
17    private int minute; // 0-59
18    private int second; // 0-59
19
20    // if the constructor uses parameter names identical to
21    // instance variable names, the "this" reference is
22    // required to distinguish between the names
23    public SimpleTime(int hour, int minute, int second)
24    {
```

圖 8.4　自動與明確地使用 this 來參照物件的成員 (1/2)

```
25          this.hour = hour; // set "this" object's hour
26          this.minute = minute; // set "this" object's minute
27          this.second = second; // set "this" object's second
28      }
29
30      // use explicit and implicit "this" to call toUniversalString
31      public String buildString()
32      {
33          return String.format("%24s: %s%n%24s: %s",
34              "this.toUniversalString()", this.toUniversalString(),
35              "toUniversalString()", toUniversalString());
36      }
37
38      // convert to String in universal-time format (HH:MM:SS)
39      public String toUniversalString()
40      {
41          // "this" is not required here to access instance variables,
42          // because method does not have local variables with same
43          // names as instance variables
44          return String.format("%02d:%02d:%02d",
45              this.hour, this.minute, this.second);
46  }
47  } // end class SimpleTime
```

```
this.toUniversalString(): 15:30:19
    toUniversalString(): 15:30:19
```

圖 8.4 自動與明確地使用 this 來參照物件的成員 (2/2)

　　SimpleTime 類別（第 14-47 行）宣告了三個 private 實體變數──hour、minute 與 second（第 16-18 行）。建構子（第 23-28 行）會接收 3 筆 int 引數，來初始化 SimpleTime 物件。建構子所使用的參數名稱（第 23 行）與類別的實體變數名稱（第 16-18 行）一模一樣。所以我們使用 this 參照的實體變數（第 25-27 行）。

> **測試和除錯小技巧 8.1**
> 如果你用 x = x 代替 this.x = x，大多數的 IDE 都會發布警告；此敘述 x = x；通常被稱為無操作（no-op）(no operation)。

　　buildString 方法（第 31-36 行）會傳回敘述明確及自動地使用 this 參照所產生的 String。第 34 行明確地使用 this 參照來呼叫 toUniversalString 方法。第 35 行則自動地使用 this 參照來呼叫同一個方法。這兩行程式碼會執行相同的工作。你通常不會明確地使用 this 來參照目前物件中其他的方法。此外，在 toUniversalString 方法中，第 45 行明確地使用了 this 參照，來存取每一個實體變數。此非必要，因為該方法並沒有任何區域變數遮蔽掉類別的實體變數。

> **增進效能的小技巧 8.1**
> Java 為了節省儲存空間，類別中的每個方法都只會儲存一個副本，因此，所有該類別的物件皆呼叫該方法的副本。另一方面，每個物件都各自擁有該類別實體變數（亦即非 static 的欄位）的副本。該類別的所有方法都會自動使用 this 參照，來判斷類別要操作的特定物件為何。

　　類別 ThisTest 類別的 main 方法（第 6-10 行）展示了 SimpleTime 類別。第 8 行建立了一個 SimpleTime 類別的實體，並呼叫其建構子。第 9 行呼叫了物件的 buildString 方法，然後顯示其結果。

8.5　Time 類別案例研究：多載建構子

如你所知，你可以宣告自己的建構子，來指示類別物件應該如何初始化。接下來，將會呈現具有數個**多載建構子（overloaded constructor）**的類別，可讓該類別的物件使用不同的方式來初始化。要多載建構子，你只需提供多個具有不同簽名式（signature）的建構子宣告即可。

具有多載建構子的 Time2 類別

Time1 類別的預設建構子（圖 8.1）會將 hour、minute 及 second 初始化為預設值 0（亦即世界時制的午夜）。這個預設建構子，無法讓類別使用者以特定的非零值來初始化其時間。Time2 類別（圖 8.5）包含五個多載建構子，提供多種便利的方式來初始化新類別 Time2 的物件。每個建構子都會初始化物件，使其從一致的狀態開始。本程式中的四個建構子會呼叫第五個建構子，而第五個建構子會再呼叫 setTime 方法以確認提供給 hour 的數值介於 0 到 23 的範圍之間，提供給 minute 和 second 的數值介於 0 到 59 的範圍之間。編譯器會將建構子呼叫中引數的數量、型別及順序，與每個建構子宣告所指定的參數數量、型別及順序作比對，藉以呼叫適當的建構子。Time2 類別也為每個實體變數提供了 *set* 方法和 *get* 方法。

```
1  // Fig. 8.5: Time2.java
2  // Time2 class declaration with overloaded constructors.
3
4  public class Time2
5  {
6     private int hour; // 0 - 23
7     private int minute; // 0 - 59
8     private int second; // 0 - 59
9
10    // Time2 no-argument constructor:
11    // initializes each instance variable to zero
12    public Time2()
13    {
14       this(0, 0, 0); // invoke constructor with three arguments
15    }
16
17    // Time2 constructor: hour supplied, minute and second defaulted to 0
18    public Time2(int hour)
19    {
20       this(hour, 0, 0); // invoke constructor with three arguments
21    }
22
23    // Time2 constructor: hour and minute supplied, second defaulted to 0
24    public Time2(int hour, int minute)
25    {
26       this(hour, minute, 0); // invoke constructor with three arguments
27    }
```

圖 8.5　包含多載建構子的 Time2 類別 (1/3)

```
28
29     // Time2 constructor: hour, minute and second supplied
30     public Time2(int hour, int minute, int second)
31     {
32        if (hour < 0 || hour >= 24)
33           throw new IllegalArgumentException("hour must be 0-23");
34
35        if (minute < 0 || minute >= 60)
36           throw new IllegalArgumentException("minute must be 0-59");
37
38        if (second < 0 || second >= 60)
39           throw new IllegalArgumentException("second must be 0-59");
40
41        this.hour = hour;
42        this.minute = minute;
43        this.second = second;
44     }
45
46     // Time2 constructor: another Time2 object supplied
47     public Time2(Time2 time)
48     {
49        // invoke constructor with three arguments
50        this(time.getHour(), time.getMinute(), time.getSecond());
51     }
52
53     // Set Methods
54     // set a new time value using universal time;
55     // validate the data
56     public void setTime(int hour, int minute, int second)
57     {
58        if (hour < 0 || hour >= 24)
59           throw new IllegalArgumentException("hour must be 0-23");
60
61        if (minute < 0 || minute >= 60)
62           throw new IllegalArgumentException("minute must be 0-59");
63
64        if (second < 0 || second >= 60)
65           throw new IllegalArgumentException("second must be 0-59");
66
67        this.hour = hour;
68        this.minute = minute;
69        this.second = second;
70     }
71
72     // validate and set hour
73     public void setHour(int hour)
74     {
75        if (hour < 0 || hour >= 24)
76           throw new IllegalArgumentException("hour must be 0-23");
77
78        this.hour = hour;
79     }
80
81     // validate and set minute
82     public void setMinute(int minute)
```

圖 8.5　包含多載建構子的 Time2 類別 (2/3)

```
83    {
84        if (minute < 0 || minute >= 60)
85            throw new IllegalArgumentException("minute must be 0-59");
86
87        this.minute = minute;
88    }
89
90    // validate and set second
91    public void setSecond(int second)
92    {
93        if (second < 0 || second >= 60)
94            throw new IllegalArgumentException("second must be 0-59");
95
96         this.second = second;
97    }
98
99    // Get Methods
100   // get hour value
101   public int getHour()
102   {
103       return hour;
104   }
105
106   // get minute value
107   public int getMinute()
108   {
109       return minute;
110   }
111
112   // get second value
113   public int getSecond()
114   {
115       return second;
116   }
117
118   // convert to String in universal-time format (HH:MM:SS)
119   public String toUniversalString()
120   {
121       return String.format(
122           "%02d:%02d:%02d", getHour(), getMinute(), getSecond());
123   }
124
125   // convert to String in standard-time format (H:MM:SS AM or PM)
126   public String toString()
127   {
128       return String.format("%d:%02d:%02d %s",
129           ((getHour() == 0 || getHour() == 12) ? 12 : getHour() % 12),
130           getMinute(), getSecond(), (getHour() < 12 ? "AM" : "PM"));
131 }
132 } // end class Time2
```

圖 8.5　包含多載建構子的 Time2 類別 (3/3)

Time2 類別的建構子——透過 this 從一個建構子呼叫另一個建構子

第 12-15 行宣告了所謂的**無引數建構子（no-argument constructor）**，其呼叫無需引數。一旦在類別中宣告了任何建構子，編譯器就不會再提供預設的建構子。這個無引數建構子，會確保 Time2 類別的使用者可以使用預設值來建立 Time2 物件。這類建構子只會依照建構子主體內明訂的方式初始化物件。在其主體中，我們會介紹一種 this 參照的使用方式，只能用做建構子主體的第一個敘述。第 14 行使用 this 的方法呼叫語法呼叫具有三個參數的 Time2 建構子（第 30-44 行），同時分別提供數值 0 給 hour、minute 與 second。此處使用 this 參照的方式相當常見，這樣可以再利用類別其他建構子所提供的初始化程式碼，而不用在無引數的建構子主體中定義類似的程式碼。Time2 的五個建構子中，有四個運用了這種語法，讓類別比較容易維護和修改。如果我們需要改變初始化 Time2 類別物件的方式，只需修改其他建構子所呼叫的那個建構子即可。

常見的程式設計錯誤 8.2
在建構子主體中使用 this 來呼叫同類別的其他建構子時，如果該呼叫並非建構子的第一個敘述，是一種編譯錯誤。如果方法試圖直接透過 this 來呼叫建構子，也是一種編譯錯誤。

第 18–21 行所宣告的 Time2 建構子具有一個 int 參數代表 hour，它會與值為 0 的 minute 和 second 一起傳遞給第 30–44 行的建構子。第 24–27 行宣告的 Time2 建構子，則會接收兩個 int 參數，代表 hour 和 minute，這兩者會跟代表 second 的 0 值一起傳遞給第 30–44 行的建構子。就像無引數建構子一樣，這幾個建構子都會呼叫第 30–44 行的建構子，以將重覆的程式碼減至最低。第 30-44 行所宣告的 Time2 建構子，會接受三個 int 參數，分別代表 hour、minute 與 second。這個建構子會呼叫 setTime 來初始化實體變數。

第 47-51 行宣告的 Time2 建構子，會接受一個指向另一個 Time2 物件的參照。在這種情況下，Time2 引數中的數值會被傳給第 30-44 行具有三個引數的建構子，以初始化 hour、minute 和 second。第 50 行另可使用 time.hour、time.minute 與 time.second 直接存取建構子引數 time 的 hour、minute 及 second 數值——即使 hour、minute 及 second 在 Time2 類別中宣告成 private 變數亦然。這是源於同類別物件之間的特殊關係。我們馬上就會看到，為什麼比較偏好使用 *get* 方法。

軟體工程的觀點 8.5
當類別物件擁有指向同類別另一物件的參照時，前者可以存取後者所有的資料和方法（包括 private 的成員）。

Time2 類別的 setTime 方法

如果任何方法的引數超出範圍，setTime 方法（第 56–70 行）丟出 IllegalArgumentException（第 59、62 與 65 行）。否則它會設定 Time2 的實體變數為引數數值（第 67–69 行）。

與 Time2 類別的 Set 方法與 Get 方法以及建構子有關的注意事項

Time2 的 *get* 方法在整個類別中被呼叫。尤其是，toUniversalString 與 toString 方法分別在第 122 行與 129-130 行呼叫 getHour、getMinute 與 getSecond 方法。在個別的案例中，這些方法會直接存取類別的私人資料，而無需呼叫 *get* 方法。然而，考量將時間的表示方法，從三個 int 數值（需要 12 位元組的記憶體）改變為單一 int 數值，代表自午夜起流逝的總秒數（只需要 4 位元組的記憶體）。如果我們做這樣的改變，只有直接存取 private 資料的方法需要修改——更清楚地說，就是三個引數的建構子、setTime 方法與為了時、分、秒的獨立的 *set* 與 *get* 方法。這樣不需要修改 toUniversalString 或 toString 方法的主體，因為它們不會直接存取資料。以此方式設計類別，會減少在更改類別實作時，發生程式錯誤的可能性。

同樣地，每個 Time2 建構子可能包含一個從三引數的建構子而來的適當敘述，這麼做可能會稍微較具效能，因為多餘的建構子呼叫會被消除。但是，複製敘述會讓我們較難修改類別內部的資料表示法。讓 Time2 建構子去呼叫包含三個引數的建構子，可以讓三引數建構子實作的任何修改都只有一次。此外，編譯器也會最佳化程式，移除對於簡單方法的呼叫，將之代替換成這些方法所定義的程式碼——這種技巧稱為行內化程式碼（inlining the code），可以改善程式的效能。

使用 Time2 類別的多載建構子

Time2Test 類別（圖 8.6）會呼叫多載的 Time2 建構子（第 8-12 行與第 24 行）。第 8 行呼叫了無引數的建構子。程式的第 9-12 行，示範了傳遞引數給其他的 Time2 建構子。第 9 行呼叫了單引數的建構子，位於圖 8.5 的第 18–21 行，它會接收一個 int。第 10 行呼叫了位於圖 8.5 第 24–27 行的雙引數建構子。第 11 行則呼叫了位於圖 8.5 第 30–44 行的三引數建構子。第 12 行呼叫了圖 8.5 第 47-51 行，會取用一個 Time2 的單引數建構子。接下來，此應用程式會顯示每個 Time2 物件的 String 表示法，以確認它們被正確地初始化（第 15-19 行）。第 24 行會建立新的 Time2 物件，並試圖傳遞三筆不合法的數值給其建構子來初始化 t6。當建構子試圖用不合法的小時數值來初始化物件的 hour 時，就會產生 IllegalArgumentException。我們會在第 26 行捕捉到這個例外，然後將其錯誤訊息，顯示於輸出畫面的最後一行。

```java
1  // Fig. 8.6: Time2Test.java
2  // Overloaded constructors used to initialize Time2 objects.
3
4  public class Time2Test
5  {
6     public static void main(String[] args)
7     {
8        Time2 t1 = new Time2(); // 00:00:00
9        Time2 t2 = new Time2(2); // 02:00:00
10       Time2 t3 = new Time2(21, 34); // 21:34:00
11       Time2 t4 = new Time2(12, 25, 42); // 12:25:42
12       Time2 t5 = new Time2(t4); // 12:25:42
13
```

圖 8.6　用來初始化 Time2 物件的多載建構子 (1/2)

```
14        System.out.println("Constructed with:");
15        displayTime("t1: all default arguments", t1);
16        displayTime("t2: hour specified; default minute and second", t2);
17        displayTime("t3: hour and minute specified; default second", t3);
18        displayTime("t4: hour, minute and second specified", t4);
19        displayTime("t5: Time2 object t4 specified", t5);
20
21        // attempt to initialize t6 with invalid values
22        try
23        {
24            Time2 t6 = new Time2(27, 74, 99); // invalid values
25        }
26        catch (IllegalArgumentException e)
27        {
28            System.out.printf("%nException while initializing t6: %s%n",
29                e.getMessage());
30        }
31    }
32
33    // displays a Time2 object in 24-hour and 12-hour formats
34    private static void displayTime(String header, Time2 t)
35    {
36        System.out.printf("%s%n   %s%n   %s%n",
37            header, t.toUniversalString(), t.toString());
38 }
39 } // end class Time2Test
```

```
Constructed with:
t1: all default arguments
   00:00:00
   12:00:00 AM
int2:
hour specified; default minute and second
   02:00:00
   2:00:00 AM
t3: hour and minute specified; default second
   21:34:00
   9:34:00 PM
t4: hour, minute and second specified
   12:25:42
   12:25:42 PM
t5: Time2 object t4 specified
   12:25:42
   12:25:42 PM

Exception while initializing t6: hour must be 0-23
```

圖 8.6 用來初始化 Time2 物件的多載建構子 (2/2)

8.6 預設建構子與無引數建構子

每個類別都至少一定要有一個建構子。如果在類別宣告中，你沒有提供建構子，編譯器就會
建立預設的建構子，呼叫時不需引數。預設建構子會將實體變數初始化為其宣告中指定的初
始值，或是預設值（基本數值型別為零，boolean 數值為 false；參照則為 null）。在 9.4.1
節，會學到預設建構子也會進行另一項任務。

如果你的類別中有宣告建構子,編譯器就不會產生預設建構子。在此情況下,如果需要預設的初始化,就必須宣告一個無引數建構子。就像預設建構子一樣,無引數的建構子也是以空括號來呼叫。Time2 的無引數建構子(圖 8.5,第 12-15 行)會呼叫三引數的建構子,每個參數都傳遞予 0,來明確地初始化 Time2 物件。由於 0 是 int 實體變數的預設值,此例中的無引數建構子其實可以宣告爲空的主體。這樣的話,每個實體變數都會在呼叫無引數建構子時,得到其預設值。如果我們沒有宣告無引數建構子,此類別的使用者便無法使用運算式 newTime2() 來建立 Time2 物件。

測試和除錯的小技巧 8.2
請確認你沒有在建構子定義中加入傳回型別。Java 允許類別中除了建構子以外的方法也可以擁有與類別相同的名稱,並指定其傳回型別。這些方法並非建構子,在實體化類別物件時,也不會被呼叫。

常見的程式設計錯誤 8.3
如果程式在試圖初始化類別物件時,傳遞了錯誤數量或型別的引數給類別的建構子,就會發生編譯錯誤。

8.7　關於 Set 方法及 Get 方法的注意事項

如你所知,類別的 private 欄位只能被其方法使用。典型的操作可能是用 computeInterest 方法,來調整客戶的銀行帳戶餘額(亦即 BankAccount 類別的 private 實體變數)。Set 方法經常被稱爲**修改方法(mutator method)**,因爲這些方法通常會改變物件的狀態——亦即修改實體變數的數值。*Get* 方法也經常被稱爲**存取方法(accessor method)**或**查詢方法(query method)**。

Set 及 Get 方法對比於 public 資料

提供 *set* 和 *get* 功能好像和把實體變數宣告爲 public 沒啥兩樣。但這正是 Java 適合軟體工程的微妙處之一。public 實體變數可以讓任何方法讀取或寫入,只要此方法具有包含該變數之物件參照。如果將實體變數宣告爲 private,public 的 *get* 方法仍舊可以讓其他方法存取該變數;但是 *get* 方法可以控制使用者存取它的方式。例如:*get* 方法可以控制資料傳回的格式,使客戶端程式不受實際的資料表示法的影響。public 的 *set* 方法可以和應該仔細地端詳嘗試修改變數的值,並在需要時丟出例外。例如,如果試圖將某月幾號設定爲 37,就會被拒絕;試圖將某人體重設爲負值,也會被拒絕。所以,雖然 *set* 和 *get* 方法提供了存取 private 資料的途徑,但其存取是限制在方法的實作下。這樣有助於促進良好的軟體工程。

軟體工程的觀點 8.6
類別應該永遠都沒有 public 非常數資料,但宣告資料 public static final 資料後,你就可以提供常數給你的類別之客戶端。舉例來說,Math 類別提供 pblic static final 常數 Math.E 與 Math.PI。

測試和除錯的小技巧 8.3
如果你的常數值有可能在未來的版本中改變，請不要提供 public static final 常數。

Set 方法的有效性檢查

資料完整性的優點，不會只因為把實體變數宣告成 private 就自動出現——你必須提供有效性的檢查。Java 可以設計出更好的程式。類別的 *set* 方法可以傳回數值，指出使用者試圖指定無效的資料給類別物件。類別的使用者可以測試 *set* 方法的傳回值，以判斷使用者對於物件的修改嘗試是否成功，並依之採取適當的行動。然而，*set* 方法的傳回型別通常會宣告為 void，然後使用例外處理來指示出使用者試圖指定無效的資料。我們會在第 11 章更詳細地討論例外處理。

軟體工程的觀點 8.7
在合適的時候，請提供 public 方法來修改及取得 private 實體變數的數值。這種架構有助於隱藏類別的實作不讓使用者知道，由此提高程式修改的彈性。

測試和除錯的小技巧 8.4
使用 set 與 get 方法幫你於建立較容易偵錯及維護的類別。如果只有一個方法會執行特定的任務，如同設定在物件中的實體變數，類別就會比較容易偵錯及維護。如果實體變數沒有適當的設定，就可在單一的方法主體中鎖定實際修改實體變數的程式碼，如此一來，你的偵錯就只要專注在一個方法上。

判定方法

存取方法另一種常見的用途，是測試某項條件為真或偽——這種方法通常稱為**判定方法**（**predicate method**）。例如，ArrayList 的 isEmpty 方法，如果 ArrayList 是空的，它就會傳回 true。程式可能會在試圖從 ArrayList 讀入下個項目之前，先測試 isEmpty。

8.8　複合

類別可以包含指向其他類別物件的參照，作為類別成員。這項功能稱為**複合**（**composition**），有時也稱為**擁有關係**（**has-a relationship**）。例如，AlarmClock 物件需要知道目前的時間，以及它應該要響鈴的時間，所以如果 AlarmClock 物件中包含兩個指向 Time 物件的參照，是很合理的事情。一輛車子擁有一個方向盤、一個煞車踏板和一個加油踏板。

Date 類別

此複合範例包含三個類別：Date（圖 8.7）、Employee（圖 8.8）及 EmployeeTest（圖 8.9）。Date 類別（圖 8.7）宣告了實體變數 month、day 及 year（第 6-8 行）來表示日期，其建構子會接收三個 int 參數，第 17-19 行檢查月份的合法性——如果數值超出範圍，第 18-19 行此方法就會丟出例外。第 22-25 行驗證 day 的合法性。如果對照月份之後，日期是不對的（除了閏年的二月有 29 天），第 24-25 行會將其丟出例外。第 28-31 行執行二月的閏年測驗。如果是二月，且是 29 天但不是閏年，第 30-31 行會將其丟出例外。如果沒有例外被丟出去，那麼第 33-35 行會初始化日期的實體變數，而且第 38 行輸出 this 參照作為 String。由於 this 是一個指向目前 Date 物件的參照，所以會自動呼叫此物件的 toString 方法（第 42-45 行）以取得該物件的 String 表示法。在這個例子中，我們假設 year 的值是正確的──具有產業優勢的 Date 類別應該也會驗證年。

```java
1  // Fig. 8.7: Date.java
2  // Date class declaration.
3
4  public class Date
5  {
6     private int month; // 1-12
7     private int day; // 1-31 based on month
8     private int year; // any year
9
10    private static final int[] daysPerMonth =
11       {0, 31, 28, 31, 30, 31, 30, 31, 31, 30, 31, 30, 31};
12
13    // constructor: confirm proper value for month and day given the year
14    public Date(int month, int day, int year)
15    {
16       // check if month in range
17       if (month <= 0 || month > 12)
18          throw new IllegalArgumentException(
19             "month (" + month + ") must be 1-12");
20
21       // check if day in range for month
22       if (day <= 0 ||
23          (day > daysPerMonth[month] && !(month == 2 && day == 29)))
24          throw new IllegalArgumentException("day (" + day +
25             ") out-of-range for the specified month and year");
26
27       // check for leap year if month is 2 and day is 29
28       if (month == 2 && day == 29 && !(year % 400 == 0 ||
29          (year % 4 == 0 && year % 100 != 0)))
30          throw new IllegalArgumentException("day (" + day +
31             ") out-of-range for the specified month and year");
32
33       this.month = month;
34       this.day = day;
35       this.year = year;
36
37       System.out.printf(
38          "Date object constructor for date %s%n", this);
39    }
40
41    // return a String of the form month/day/year
42    public String toString()
43    {
44       return String.format("%d/%d/%d", month, day, year);
45 }
46 } // end class Date
```

圖 8.7　Date 類別宣告

Employee 類別

Employee 類別（圖 8.8）包含實體變數 firstName、lastName、birthDate 和 hireDate。
成員 firstName 及 lastName 是指向 String 物件的參照。birthDate 及 hireDate 成員則是
指向 Date 物件的參照。由此可知類別可以用指向其他類別物件的參照，作爲其實體變數。
Employee 的建構子（第 12-19 行）使用四個參數表示姓氏、名字、出生日期和雇用日期。
參數所參照的物件，會被指派給 Employee 物件的實體變數。在呼叫 Employee 的 toString
方法時，會傳回一個 String，其中包含該位員工的姓名，以及兩個 Date 物件的 String 表示
法。這兩個 String 都是藉由自動呼叫 Date 類別的 toString 方法而得到。

```java
1  // Fig. 8.8: Employee.java
2  // Employee class with references to other objects.
3
4  public class Employee
5  {
6     private String firstName;
7     private String lastName;
8     private Date birthDate;
9     private Date hireDate;
10
11    // constructor to initialize name, birth date and hire date
12    public Employee(String firstName, String lastName, Date birthDate,
13       Date hireDate)
14    {
15       this.firstName = firstName;
16       this.lastName = lastName;
17       this.birthDate = birthDate;
18       this.hireDate = hireDate;
19    }
20
21    // convert Employee to String format
22    public String toString()
23    {
24       return String.format("%s, %s  Hired: %s  Birthday: %s",
25    lastName, firstName, hireDate, birthDate);
26    }
27 } // end class Employee
```

圖 8.8 包含指向其他物件之參照的 Employee 類別

EmployeeTest 類別

EmployeeTest 類別（圖 8.9）會建立兩個 Date 物件來表示 Employee 的出生日期及雇用日
期。第 10 行藉由傳遞兩個 String（代表 Employee 的姓和名）及兩個 Date 物件（代表其
出生日期及雇用日期）給建構子，來建立一個 Employee 物件並初始化其實體變數。第 12
行自動呼叫了 Employee 的 toString 方法，輸出其實體變數的數值，顯示該物件被正確地
初始化。

```
1  // Fig. 8.9: EmployeeTest.java
2  // Composition demonstration.
3
4  public class EmployeeTest
5  {
6     public static void main(String[] args)
7     {
8        Date birth = new Date(7, 24, 1949);
9        Date hire = new Date(3, 12, 1988);
10       Employee employee = new Employee("Bob", "Blue", birth, hire);
11
12       System.out.println(employee);
13    }
14 } // end class EmployeeTest
```

```
Date object constructor for date 7/24/1949
Date object constructor for date 3/12/1988
Blue, Bob Hired: 3/12/1988 Birthday: 7/24/1949
```

圖 8.9　複合範例

8.9　列舉

在圖 6.8 中，我們介紹過基本的 enum 型別，此型別會定義一組常數，以不同的識別字來表示它們。在該程式中，enum 常數代表的是遊戲的狀態。在本節中，我們會討論 enum 型別與類別之間的關係。就像類別一樣，所有的 enum 型別都是參照型別。enum 型別是透過 **enum 宣告**（**enum declaration**）來宣告，這是一個以逗號相隔的 enum 常數列表──宣告中可能選擇性地包含其他傳統類別的元素，例如建構子、欄位或方法。每個 enum 宣告在宣告 enum 類別時，都具有以下限制：

1. enum 常數會自動宣告為 final，因其宣告的常數不可修改。
2. enum 常數會自動宣告為 static。
3. 試圖用 new 運算子來建立 enum 型別的物件，必然會造成編譯錯誤。

enum 常數可以使用在任何可使用常數的地方，例如 switch 敘述的 case 標記，或是用來控制加強版的 for 敘述。

宣告 enum 型別的實體變數、建構子和方法

圖 8.10 說明了如何在 enum 型別中宣告實體變數、建構子及方法。這個 enum 宣告（第 5-37 行）包含兩部分──enum 常數及 enum 型別的其他成員。第一部分（第 8-13 行）宣告了六個 enum 常數，每個 enum 常數後面，都選擇性地跟著引數，這些引數會被傳遞給 **enum 建構子**（**enum constructor**，第 20-24 行）。就像類別的建構子一樣，enum 建構子也可以指定任意數量的參數，並且可以多載。在此例中，enum 建構子要求兩個 String 參數。要妥善地初始化每個 enum 常數，這些常數後面都會加上小括號，裡面包含兩個會被傳遞給 enum 建構子的 String。第二部分（第 16-36 行）宣告了 enum 型別的其他成員──兩個實體變數（第 16-17 行）、一個建構子（第 20-24 行）以及兩個方法（第 27-30 行及第 33-36 行）。

　　第 16–17 行宣告實體變數 title 與 copyrightYear。Book 中的每個 enum 常數，實際上都是一個型別爲 Book 的物件，擁有自己的實體變數 title 與 copyrightYear 的副本。其建構子（第 20–24 行）會取用兩個 String 參數，一個指定書名，另外一個則指定其版權年份。第 22–23 行會將這些參數指定給其實體變數。第 27–36 行宣告了兩個方法，會分別傳回書名與版權年份。

```java
1  // Fig. 8.10: Book.java
2  // Declare an enum type with constructor and explicit instance fields
3  // and accessors for these fields
4
5  public enum Book
6  {
7     // declare constants of enum type
8     JHTP("Java How to Program", "2015"),
9     CHTP("C How to Program", "2013"),
10    IW3HTP("Internet & World Wide Web How to Program", "2012"),
11    CPPHTP("C++ How to Program", "2014"),
12    VBHTP("Visual Basic How to Program", "2014"),
13    CSHARPHTP("Visual C# How to Program", "2014");
14
15    // instance fields
16    private final String title;
17    private final String copyrightYear;
18
19    // enum constructor
20    Book(String title, String copyrightYear)
21    {
22       this.title = title;
23       this.copyrightYear = copyrightYear;
24    }
25
26    // accessor for field title
27    public String getTitle()
28    {
29       return title;
30    }
31
32    // accessor for field copyrightYear
33    public String getCopyrightYear()
34    {
35       return copyrightYear;
36 }
37 } // end enum Book
```

圖 8.10　宣告包含建構子、明確的實體欄位、以這些欄位的存取方法的 enum 型別

使用 enum 型別 Book

圖 8.11 測試了 enum 型別 Book，並示範如何巡訪某個範圍的 enum 常數。針對每個 enum，編譯器都會產生一個 static 方法 **values**（呼叫於第 12 行），會依 enum 常數宣告的順序，傳回 enum 常數的陣列。第 12-14 行使用了加強版的 for 敘述，來顯示所有 enum Book 中宣告的常數。第 14 行呼叫了 enum　Book 的 getTitle 及 getCopyrightYear 方法，以取得與常數相關

的書名及版權年份。當 enum 常數轉換成 String 時（例如第 13 行的 book），常數的識別字會用來作為其 String 表示法（例如 JHTP 會用來表示第一個 enum 常數）。

```java
1  // Fig. 8.11: EnumTest.java
2  // Testing enum type Book.
3  import java.util.EnumSet;
4
5  public class EnumTest
6  {
7     public static void main(String[] args)
8     {
9        System.out.println("All books:");
10
11       // print all books in enum Book
12       for (Book book : Book.values())
13          System.out.printf("%-10s%-45s%s%n", book,
14             book.getTitle(), book.getCopyrightYear());
15
16       System.out.printf("%nDisplay a range of enum constants:%n");
17
18       // print first four books
19       for (Book book : EnumSet.range(Book.JHTP, Book.CPPHTP))
20          System.out.printf("%-10s%-45s%s%n", book,
21             book.getTitle(), book.getCopyrightYear());
22    }
23 } // end class EnumTest
```

```
All books:
JHTP       Java How to Program                            2015
CHTP       C How to Program                               2013
IW3HTP     Internet & World Wide Web How to Program       2012
CPPHTP     C++ How to Program                             2014
VBHTP      Visual Basic How to Program                    2014
CSHARPHTP  Visual C# How to Program                       2014

Display a range of enum constants:
JHTP       Java How to Program                            2015
CHTP       C How to Program                               2013
IW3HTP     Internet & World Wide Web How to Program       2012
CPPHTP     C++ How to Program                             2014
```

圖 8.11　測試 enum 型別

　　第 19-21 行使用了 **EnumSet** 類別的 static 方法 **range**（宣告於 java.util 套件）來顯示 enum Book 常數的某個範圍。range 方法會取用兩個參數——該範圍內的第一個及最後一個 enum 常數——然後傳回一個 EnumSet，包含這兩個常數及其間的所有常數。例如，運算式 EnumSet.range（Book.JHTP, Book.CPPHTP）會傳回一個 EnumSet，其中包含 Book.JHTP、Book.CHTP、Book.IW3HTP 與 Book.CPPHTP。就像陣列一樣，加強版 for 敘述也可以使用在 EnumSet 上頭，所以第 12-14 行便使用了加強版 for 敘述，來顯示 EnumSet 中每本書的書名及版權年份。EnumSet 類別提供了其他幾種 static 方法，來建立源自於同個 enum 型別的 enum 常數集合。

常見的程式設計錯誤 8.4
在 enum 宣告中，於 enum 型別的建構子、欄位或方法之後才宣告 enum 常數，是一種語法錯誤。

8.10 垃圾收集

每個物件都會佔用系統資源，例如記憶體。我們需要有紀律的方法，在不需要這些資源時，將之交還給系統，否則就可能會發生「資源漏失」，讓資源無法再被你的程式，或甚至其他的程式使用。JVM 會執行自動的**垃圾收集（garbage collection）**，以取回不會再使用到的物件，所佔用的記憶體。當某個物件再也沒有參照指向它時，此物件便符合被回收的資格。這通常會在 JVM 執行其**垃圾收集器（garbage collector）**時發生。因此，在其他語言如 C 和 C++ 中常出現的記憶體漏失（因為這些語言並不會自動回收記憶體）比較不會出現在 Java 中，不過有時還是會在一些微妙的狀態下發生。別種資源漏失還是會發生。例如，應用程式有可能開啟了磁碟上的檔案，並修改其內容。如果此程式沒有關閉檔案，則其他任何要使用這個檔案的應用程式，就必須等到此應用程式終止才行。

關於 Object 類別的 finalize 方法的注意事項

在 Java 中的每個類別都有 Object 類別的方法（java.lang 套件），其中之一便是 finalize 方法（在第 9 章，你會學到更多關於 Object 類別的事情）。你不應該使用方法 finalize，因為它會造成很多問題，而且我們無法確定此方法是否會在程式終止前被呼叫。

　　Finalize 原本的目的是要允許垃圾收集器對物件執行**終止清理工作（termination housekeeping）**時，會於回收物件的記憶體之前，呼叫物件的 finalize 方法。現在，它被認為對於任何使用系統資源的類別來說，是一個比較好的實務用法——比方說磁碟上的檔案——當程式中的資源不再被需要時，提供程式設計者一個可以呼叫用來釋放資源的方法。當你和 **try-with-resources** 敘述一起使用 AutoClosable 物件時，AutoClosable 物件會減少類似的資源漏失。如同其名稱所暗示，一旦 **try-with-resources** 敘述結束使用物件，AutoClosable 物件會自動關閉。我們會在 11.12 節中討論更多細節。

軟體工程的觀點 8.8
很多 Java API 類別（例：Scanner 類別與從桌面讀取或寫入的檔案類別）提供 close 或 dispose 方法，在它們不再被需要時，它們讓程式設計者呼叫來釋放資源。

8.11 static 類別成員

每個物件都擁有該類別所有實體變數的個別副本。在某些情況下，特定的變數只該有一個副本，供類別所有的物件共用。在此種狀況下，便會使用 **static 欄位（staticfield）**——也稱為**類別變數（class variable）**。static 變數會用來表示**全類別性的資訊（classwide information）**——所有該類別的物件，都會共用同一個資訊。static 變數的宣告，是以關鍵字 static 開頭。

Motivating static

我們用一個範例，來說明爲何要使用 static 資料。假設有個電玩遊戲，裡頭有 Martian（火星人）及其他太空生物。每位 Martian 只要知道至少有其他四位 Martian 也在場，就會變得很勇敢，而且會攻擊其他太空生物。如果在場的 Martian 不到五位，它們就會變得很懦弱。因此，每位 Martian 都需要知道 martianCount。我們可以將 martianCount 當作實體變數加入到 Martian 類別中。如果我們這麼做，那每位 Martian 都會有此實體變數各自獨立的副本，而每當要建立新的 Martian 時，我們就得更新所有 Martian 物件中的實體變數 martianCount。這樣不僅浪費空間在儲存多餘的副本，浪費時間在更新個別的副本，也很容易產生錯誤。反之，我們可以將 martianCount 宣告爲 static，讓 martianCount 成爲屬於全類別的資料。每位 Martian 都可以看到 martianCount，就像它是 Martian 類別的實體變數一樣，但程式只會維護一個 static 的 martianCount 副本。這樣可以節省空間。也藉由讓 Martian 建構子遞增 static martianCount 以節省時間——該變數只有一個副本，所以我們無需針對每位 Martian 物件來遞增個別的副本。

軟體工程的觀點 8.9
當類別所有的物件都必須使用同一個變數副本時，請使用 static 變數。

類別使用域

static 變數擁有類別使用域——它們可以被使用在所有類別方法。要取用類別的 public static 成員，我們可以透過指向該類別物件的參照，或使用類別名稱加上點號（.）及成員名稱來進行，例如 Math.random()。要取用類別的 private static 類別成員，使用者程式碼只能夠透過該類別的方法。事實上，static 類別成員甚至在該類別尚未有物件存在時，便已存在——在執行時期，只要此類別一載入記憶體，便可以取用這些成員。當類別尚未有物件存在時，若要存取其 public static 成員（即使有物件也可以這樣做），請在 static 成員前頭加上類別名稱與點號（.），例如 Math.PI。若要在類別尚未有物件存在時存取其 private static 成員，請提供 public static 方法，然後在方法名稱前面加上類別名稱與點號來呼叫它。

軟體工程的觀點 8.10
即使類別尚未實體化任何物件，static 類別變數和方法就已存在，而且可以使用。

static 方法不能存取非 static 類別成員

static 方法不能存取非 static 類別成員，因爲 static 方法可以在尚未有類別物件被實體化之前，便加以呼叫。基於相同原因，this 參照也無法使用在 static 方法中。this 參照必須指向該類別特定的物件，然而在呼叫 static 方法時，該類別可能沒有任何物件在記憶體中。

常見的程式設計錯誤 8.5

如果 static 方法只用方法名稱來呼叫同類別的實體（非 static）方法，便會發生編譯錯誤。同樣的，如果 static 方法試圖只用變數名稱來存取同類別的實體變數，也會發生編譯錯誤。

 常見的程式設計錯誤 8.6

在 static 方法中參照 this，是一種編譯錯誤。

追蹤已建立的 Employee 物件數量

我們的下一支程式宣告了兩個類別——Employee（圖 8.12）和 EmployeeTest（圖 8.13）。Employee 類別宣告了 private static 變數 count（圖 8.12，第 7 行）以及 public static 方法 getCount（第 36-39 行）。這個 static 變數 count 會負責維護 Employee 類別到目前為止所建立的物件總數。在第 7 行中類別變數被初始化為零。如果未初始化 static 變數，編譯器將指派預設值給它——在此例中為 0，型別為 int。

```java
1  // Fig. 8.12: Employee.java
2  // Static variable used to maintain a count of the number of
3  // Employee objects in memory.
4
5  public class Employee
6  {
7     private static int count = 0; // number of Employees created
8     private String firstName;
9     private String lastName;
10
11    // initialize Employee, add 1 to static count and
12    // output String indicating that constructor was called
13    public Employee(String firstName, String lastName)
14    {
15       this.firstName = firstName;
16       this.lastName = lastName;
17
18       ++count;  // increment static count of employees
19       System.out.printf("Employee constructor: %s %s; count = %d%n",
20          firstName, lastName, count);
21    }
22
23    // get first name
24    public String getFirstName()
25    {
26       return firstName;
27    }
28
29    // get last name
30    public String getLastName()
31    {
32       return lastName;
```

圖 8.12　用來維護記憶體中 Employee 物件個數的 static 變數 (1/2)

```
33      }
34
35      // static method to get static count value
36      public static int getCount()
37      {
38          return count;
39      }
40 } // end class Employee
```

圖 8.12　用來維護記憶體中 Employee 物件個數的 static 變數 (2/2)

　　當 Employee 物件存在時，Employee 物件的任何方法都可以使用 count 變數——此例是在建構子中遞增 count（第 18 行）。public static 方法 getCount（第 36-39 行）會傳回到目前為止所建立的 Employee 物件總數。當 Employee 類別沒有物件存在時，使用者程式碼可以透過類別名稱來呼叫 getCount 方法以取用變數 count，如 Employee.getCount()。如果類別有物件存在，getCount 方法也可以透過任何指向 Employee 物件的參照來呼叫。

良好的程式設計習慣 8.1

請使用類別名稱及點號 (.) 來呼叫所有的 static 方法，以強調所呼叫的方法是 static 方法。

EmployeeTest 類別

EmployeeTest 方法 main（圖 8.13）實體化了兩個 Employee 物件（第 13-14 行）。在呼叫各個 Employee 物件的建構子時，圖 8.12 的第 15-16 行會將 Employee 的姓和名指派給實體變數 firstName 和 lastName。這兩個敘述並不會製造原始 String 引數的副本。實際上，Java 的 String 物件是**不可變易的（immutable）**——它們在建立之後，便不能修改。因此，讓許多參照指向同一個 String 物件，是安全的。但這對於 Java 其他大多數類別來說，事情通常並非如此。如果 String 物件是不可變易的，你可能會好奇，為什麼我們可以使用運算子 + 或 += 來串接 String 物件。字串串接操作其實會產生一個新的 String 物件，包含串接後的內容。原本的 String 物件並不會遭到修改。

```
1 // Fig. 8.13: EmployeeTest.java
2 // Static member demonstration.
3
4 public class EmployeeTest
5 {
6     public static void main(String[] args)
7     {
8         // show that count is 0 before creating Employees
9         System.out.printf("Employees before instantiation: %d%n",
10            Employee.getCount());
11
12        // create two Employees; count should be 2
13        Employee e1 = new Employee("Susan", "Baker");
14        Employee e2 = new Employee("Bob", "Blue");
```

圖 8.13　static 成員範例 (1/2)

```
15
16        // show that count is 2 after creating two Employees
17        System.out.printf("%nEmployees after instantiation:%n");
18        System.out.printf("via e1.getCount(): %d%n", e1.getCount());
19        System.out.printf("via e2.getCount(): %d%n", e2.getCount());
20        System.out.printf("via Employee.getCount(): %d%n",
21           Employee.getCount());
22
23        // get names of Employees
24        System.out.printf("%nEmployee 1: %s %s%nEmployee 2: %s %s%n",
25           e1.getFirstName(), e1.getLastName(),
26           e2.getFirstName(), e2.getLastName());
27 }
28 } // end class EmployeeTest
```

```
Employees before instantiation: 0
Employee constructor: Susan Baker; count = 1
Employee constructor: Bob Blue; count = 2
Employees after instantiation:
via e1.getCount(): 2
via e2.getCount(): 2
via Employee.getCount(): 2

Employee 1: Susan Baker
Employee 2: Bob Blue
```

圖 8.13　static 成員範例 (2/2)

　　當 main 結束時，區域變數 e1 與 e2 會被忽略——請記得區域變數只存在於宣告完成執行的區域。因為 e1 與 e2 是唯一對在第 13-14 行中產生的物件 Employee 參照（圖 8.13）。這些物件在 main 終止時會變成「符合垃圾收集」。

　　在一般的應用程式中，垃圾收集者可能最終會回收記憶體給任何符合物件收集的物件。如果任何物件在程式終止前都不需要回收，操作系統會回收程式使用的記憶體。JVM 不保證什麼時候或是否垃圾收集者會執行。當它執行時，有可能沒有物件或是只有符合物件的子集被收集。

8.12　static 匯入

在 6.3 節中，你學過 Math 類別的 static 欄位及方法。我們會在欄位和方法名稱前面加上類別名稱 Math 與點號（.）來呼叫 Math 類別的 static 欄位及方法。static 匯入宣告可以匯入類別的 static 成員或介面，使你能夠在類別中，使用非完整識別名稱來存取這些成員——使用所匯入的 static 成員時，無需再使用類別名稱與點號。

　　static 匯入宣告有兩種形式——匯入特定的 static 成員（稱為**單個 static 匯入**），或匯入類別所有的 static 成員（稱作**需求時 static 匯入**）。下列語法會匯入特定的 static 成員：

```
import static packageName.ClassName.staticMemberName;
```

其中 *packageName* 表示類別所屬的套件（如 java.lang），*ClassName* 表示類別名稱（如

Math），*staticMemberName* 則表示 **static** 欄位或方法的名稱（如 **PI** 或 **abs**）。下列語法則會匯入類別中所有的 **static** 成員：

```
import static packageName.ClassName.*;
```

星號（*****）表示所指定之類別所有的 **static** 成員都可使用於此檔案中。**static** 匯入宣告只會匯入 **static** 類別成員。一般的 **import** 敘述才是用來指示程式中所使用到的類別。

展示 static 匯入

圖 8.14 示範了一個 **static** 匯入。第 3 行是一個 **static** 匯入宣告，會匯入 java.lang 套件中 **Math** 類別所有的 **static** 欄位及方法。第 9–12 行取用了 **Math** 類別的 **static** 欄位 **E**（第 11 行）和 **PI**（第 12 行）以及 **static** 方法 **sqrt**（第 9 行）及 **ceil**（第 10 行），並且在欄位名稱或方法名稱前面，沒有加上類別名稱 Math 及點號。

常見的程式設計錯誤 8.7
如果程式試圖匯入多個擁有相同簽名式的 static 方法，或多個擁有相同名稱的 static 欄位，便會發生編譯錯誤。

```
1  // Fig. 8.14: StaticImportTest.java
2  // Static import of Math class methods.
3  import static java.lang.Math.*;
4
5  public class StaticImportTest
6  {
7     public static void main(String[] args)
8     {
9        System.out.printf("sqrt(900.0) = %.1f%n", sqrt(900.0));
10       System.out.printf("ceil(-9.8) = %.1f%n", ceil(-9.8));
11       System.out.printf("E = %f%n", E);
12       System.out.printf("PI = %f%n", PI);
13    }
14 } // end class StaticImportTest
```

```
sqrt(900.0) = 30.0
ceil(-9.8) = -9.0
E = 2.718282
PI = 3.141593
```

圖 8.14 static 匯入 Math 類別方法

8.13 final 實體變數

最低權限原則（**principle of least privilege**）是良好軟體工程的基礎。就應用程式而言，此項原則指出，程式碼所能得到的權限與存取權，應該只限於要完成其指定任務之所需，不應更多。這樣做可以讓程式更強健，避免程式碼意外（或惡意）修改它不該存取的變數值，或呼叫它不該使用的方法。

　　我們來看看這項原則要如何應用在實體變數上。有些實體變數需要可以修改，有些則否。你可以使用關鍵字 final 來指定變數是不可修改的（也就是說它是常數），這樣一來任何修改此變數的嘗試，就會造成錯誤。例如，

```
private final int INCREMENT;
```

　　會宣告一個型別為 int 的 final 實體變數 INCREMENT。這類變數可以在宣告時加以初始化。如果沒有的話，則類別的所有建構子，都必須初始化它。在建構子中初始化常數，讓此類別的每個物件都可以擁有不同的常數值。如果 final 變數沒有在其宣告中初始化，或是沒有在所有建構子中初始化，便會發生編譯錯誤。

軟體工程的觀點 8.11
宣告實體變數為 final 幫助加強最小權限原則。如果實體變數不應該被修改，就宣告為 final 來避免修改。舉例來說，在圖 8.8 中，實體變數 firstName、lastName、birthDate 與 hireDate 在初始化之後就不被修改了，所以它們都被宣告為 final。我們會加強這部分的練習在之後的程式設計當中，你會在第 23 章，看到其他關於 final 的好處。

常見的程式設計錯誤 8.8
試圖在 final 實體變數初始化後修改它，是一種編譯錯誤。

測試和除錯的小技巧 8.5
試圖修改 final 實體變數，會在編譯時便被抓到，而非造成執行時期的錯誤。如果可能的話，能在編譯時期抓出錯誤總是好的，不要讓它們溜進執行時期（經驗指出，執行時期的修復代價通常高上好幾倍）。

軟體工程的觀點 8.12
如果對於類別所有的物件，此欄位都會在宣告時即設定為同一數值，那麼此 final 欄位也該宣告為 static。在初始化之後，其數值永遠不會改變。因此，我們不需要讓類別的每個物件，都擁有此欄位個別的副本。將欄位宣告為 final，可以讓類別的所有物件共用這個 final 欄位。

8.14　套件存取權

如果方法或變數在類別中宣告時沒有指定存取修飾詞（public、protected 或 private——我們會在第 9 章討論 protected），此方法或變數就會被視為具有**套件存取權（package access）**。對於只包含一個類別宣告的程式，這點並不會有特別的影響。然而，如果程式使用了同一套件中的多個類別（亦即一群相關的類別）時，這些類別就可以直接透過指向適當類別的物件參照，來存取彼此具有套件存取權的成員，或以類別名稱來存取 static 成員。套件存取權很少會使用到。

　　圖 8.15 的應用程式展示了套件存取權。這支程式在一個原始檔中包含了兩個類別——PackageDataTest 應用程式類別（第 5-21 行）和 PackageData 類別（第 24-41 行）。所以這兩個類別會被認為屬於同一個套件，因此，PackageDataTest 類別便可以修改 PackageData 物件中的套件存取權資料。當你編譯這支程式時，編譯器會產生兩個獨立的 .class 檔——PackageDataTest.class 和 PackageData.class。編譯器會將這兩個 .class 檔案放在同個目錄底下。你也可以將 PackageData 類別（第 24-41 行）放在個別的原始檔中。只要兩個類別是在磁碟上的同個目錄中編譯，套件存取權關係就仍然生效。

　　在 PackageData 類別的宣告中，第 26-27 行宣告了沒有存取修飾詞的實體變數 number 和 string——因此，這兩者便是套件存取權實體變數。PackageDataTest 應用程式的 main 方法建立了一個 PackageData 類別的實體（第 9 行），以展示它直接修改 PackageData 實體變數的能力（如第 15-16 行所示）。修改後的結果，可以在輸出視窗上看到。

```
1  // Fig. 8.15: PackageDataTest.java
2  // Package-access members of a class are accessible by other classes
3  // in the same package.
4
5  public class PackageDataTest
6  {
7     public static void main(String[] args)
8     {
9        PackageData packageData = new PackageData();
10
11       // output String representation of packageData
12       System.out.printf("After instantiation:%n%s%n", packageData);
13
14       // change package access data in packageData object
15       packageData.number = 77;
16       packageData.string = "Goodbye";
17
18       // output String representation of packageData
19       System.out.printf("%nAfter changing values:%n%s%n", packageData);
20    }
21 } // end class PackageDataTest
22
23 // class with package access instance variables
24 class PackageData
25 {
26    int number; // package-access instance variable
27    String string; // package-access instance variable
28
29    // constructor
30    public PackageData()
31    {
32       number = 0;
33       string = "Hello";
34    }
35
```

圖 8.15　類別的套件存取權成員，可以被同套件的其他類別使用 (1/2)

```
36     // return PackageData object String representation
37     public String toString()
38     {
39        return String.format("number: %d; string: %s", number, string);
40 }
41 } // end class PackageData
```

```
After instantiation:
number: 0; string: Hello

After changing values:
number: 77; string: Goodbye
```

圖 8.15　類別的套件存取權成員，可以被同套件的其他類別使用 (2/2)

8.15　使用 BigDecimal 精準計算貨幣

在之前的章節中，我們使用 double 型別的值顯示貨幣計算，在第 5 章，我們討論過有些 double 值是代表大約的數值。任何需要精確的浮點數的計算——像是財金方面的應用——應該使用 **BigDecimal**（**java.math** 套件）類別。

使用 BigDecimal 計算利息

圖 8.16 重複執行圖 5.6 的利息計算範例，藉由使用 **BigDecimal** 類別的物件去進行計算。我們也引進 **NumberFormat**（**java.text** 套件）類別，格式化數值作為特定區域（locale-specific）的 String——舉例來說，在美國，數值 1234.56 會被格式化為 "1,234.56"，而在歐洲地區則會被格式化為 "1.234,56"。

```
1  // Interest.java
2  // Compound-interest calculations with BigDecimal.
3  import java.math.BigDecimal;
4  import java.text.NumberFormat;
5
6  public class Interest
7  {
8     public static void main(String args[])
9     {
10        // initial principal amount before interest
11        BigDecimal principal = BigDecimal.valueOf(1000.0);
12        BigDecimal rate = BigDecimal.valueOf(0.05); // interest rate
13
14        // display headers
15        System.out.printf("%s%20s%n", "Year", "Amount on deposit");
16
17 // calculate amount on deposit for each of ten years
18        for (int year = 1; year <= 10; year++)
19        {
20           // calculate new amount for specified year
21           BigDecimal amount =
22              principal.multiply(rate.add(BigDecimal.ONE).pow(year));
```

圖 8.16　用 BigDecimal 的複合利息計算 (1/2)

```
23
24          // display the year and the amount
25          System.out.printf("%4d%20s%n", year,
26             NumberFormat.getCurrencyInstance().format(amount));
27       }
28    }
29 } // end class Interest
```

```
Year    Amount on deposit
  1           $1,050.00
  2           $1,102.50
  3           $1,157.62
  4           $1,215.51
  5           $1,276.28
  6           $1,340.10
  7           $1,407.10
  8           $1,477.46
  9           $1,551.33
 10           $1,628.89
```

圖 8.16　用 BigDecimal 的複合利息計算 (2/2)

建立 BigDecimal 物件

第 11-12 行宣告與初始化 BigDecimal 變數 principal 與 rate，藉由使用 BigDecimal static 方法 **valueOf**，其可以接收一個 double 引數與傳回一個 BigDecimal 物件，此物件可以代表被指定的正確的數值。

用 BigDecimal 運轉利息計算

第 21-22 行用 BigDecimal 方法 multiply、add 與 pow 進行利息計算。以下為第 22 行運算式的數值：

1. 首先，運算式 rate.add(BigDecimal.ONE) 增加 1 到 rate 來產生一個包含 1.05 的 BigDecimal——這等於圖 5.6 的第 19 行 1.0 + rate。BigDecimal 常數 **ONE** 代表數值 1。BigDecimal 類別也提供一般使用的常數 **ZERO** (0) 與 **TEN** (10)。

2. 接下來，BigDecimal 方法 pow 在先前的結果被呼叫，用來在乘冪的 year 增加 1.05——這等於傳遞 1.0 + rate 與 year 到圖 5.6 第 19 行的方法 Math.pow。

3. 最後，我們在 principal 物件呼叫 BigDecimal 方法 multiply，傳遞先前的結果做為引數，傳回一個代表特定年年底時的存款的 BigDecimal。

既然運算式 rate.add(BigDecimal.ONE) 在每一個迴圈內產生相同的數值，我們可以在第 **12** 行初始化 rate 為 1.05；然而我們選擇模仿圖 5.6 第 19 行的精確計算。

用 NumberFormat 格式化貨幣值

在迴圈中的每一個迭代，第 26 行：

```
NumberFormat.getCurrencyInstance().format(amount)
```

1. 首先，運算式使用 NumberFormat 的 static 方法 **getCurrencyInstance** 來取得一個 NumberFormat，此爲先前更改設定而完成的，用來格式化數值爲區域設定特性貨幣 Strings。舉例來說，在美國，數值 1628.89 會被格式化爲 $1,628.89。區域設定特性格式化是國際化——自製應用程式給使用者的各種地區與語言的處理中一個重要的部分。

2. 接下來，運算式使用方法 NumberFormat 方法 **format**（由 getCurrencyInstance 傳回到物件）來運轉 amount 數值的格式化。方法 format 之後傳回區域設定特性 String 陳述。

BigDecimal 的捨入值

除了精確的計算之外，BigDecimal 也提供如何將數值控制被除。藉由預設所有計算爲正確與沒有捨入值的發生。如果你沒有指定 BigDecimal 的捨入值，一個被數值無法被正確除掉，像是 1 不能被 3 除，因爲結果是 0.3333333，一個 ArithmeticException 會發生。

雖然我們沒有在此範例中這樣做，當你創造 BigDecimal 時，可以藉由提供一個 MathContext 物件（java.math 套件）到 BigDecimal 類別的建構子，指定 BigDecimal 的**四捨五入模式 (rounding mode)**。你也可以提供一個 MathContext 到多樣的 BigDecimal 方法進行計算。MathContext 類別包含一些先前電腦設定而改變的 MathContext 物件，你可以在以下網址中學到：

```
http://docs.oracle.com/javase/7/docs/api/java/math/MathContext.html
```

預設之下，每一個 MathContext 使用一個叫做「四捨五入」來解釋捨入模式常數 HALF_EVEN 在：

```
http://docs.oracle.com/javase/7/docs/api/java/math/
    RoundingMode.html#HALF_EVEN
```

BigDecimal 數值比例

一個 BigDecimal 的比例是到小數點右邊的數值，如果你需要一個 BigDecimal 除到特定的數字，可以呼叫 BigDecimal 方法 setScale。舉例來說，下列運算式傳回一個 BigDecimal 伴隨著兩個數字四捨五入到小數點右邊：

```
amount.setScale(2, RoundingMode.HALF_EVEN)
```

8.16 （選讀）GUI 與繪圖案例研究：使用具有繪圖功能的物件

你到目前爲止所看到的大部分繪圖，每次執行程式時都不會有所變化。6.13 節中的習題 6.2，曾要求建立一支會隨機產生形狀及顏色的程式。在那個習題中，系統每次呼叫 paintComponent 重繪圖板時，所畫出的圖形都會不一樣。要建立比較穩定的繪圖，令其每次重繪時都長的一樣，我們必須儲存關於所顯示之圖形的資訊，這樣每當系統呼叫 paintComponent 時，我們都可以重製它們。爲了達成此一目的，要來建立一組形狀類別，以儲存關於每種形狀的資訊。我們會讓這些類別的物件，能藉由 Graphics 物件來畫出自己，以將這些類別設計得很「聰明」。

MyLine 類別

圖 8.17 宣告了 MyLine 類別，擁有上述所有的功能。MyLine 類別匯入了 Color 和 Graphics（第 3-4 行）。第 8-11 行所宣告的實體變數是用來表示繪製直線所需的座標值，第 12 行所宣告的實體變數，則會儲存直線的顏色。第 15-22 行的建構子會取用五個參數，每個參數會分別用來初始化這五個實體變數。第 25-29 行的 draw 方法需要一個 Graphics 物件，然後用來在正確的座標上，以正確的顏色畫出直線。

```java
1  // Fig. 8.17: MyLine.java
2  // MyLine class represents a line.
3  import java.awt.Color;
4  import java.awt.Graphics;
5
6  public class MyLine
7  {
8     private int x1; // x-coordinate of first endpoint
9     private int y1; // y-coordinate of first endpoint
10    private int x2; // x-coordinate of second endpoint
11    private int y2; // y-coordinate of second endpoint
12    private Color color; // color of this line
13
14    // constructor with input values
15    public MyLine(int x1, int y1, int x2, int y2, Color color)
16    {
17       this.x1 = x1;
18       this.y1 = y1;
19       this.x2 = x2;
20       this.y2 = y2;
21       this.color = color;
22    }
23
24    // Actually draws the line
25    public void draw(Graphics g)
26    {
27       g.setColor(color);
28       g.drawLine(x1, y1, x2, y2);
29 }
30 } // end class MyLine
```

圖 8.17 MyLine 類別代表直線

DrawPanel 類別

在圖 8.18 中，我們宣告了 DrawPanel 類別，它會產生隨機的 MyLine 類別物件。第 12 行宣告了一個 MyLine 陣列，用以儲存要繪製的直線。在建構子（第 15-37 行）中，第 17 行將背景色設定為 Color.WHITE。第 19 行會建立一個陣列，長度為 5 到 9 之間的亂數值。第 22-36 行的迴圈則會為陣列中的每個元素建立一個新的 MyLine 物件。第 25-28 行會為每條線段的端點產生隨機的座標值，第 31-32 行則會爲每條線段產生隨機的顏色。第 35 行會使用隨機產生的數值來建立一個新的 MyLine 物件，然後將之儲存到陣列中。paintComponent 方法使用了加強版的 for 敘述（第 45-46 行）來巡訪陣列 lines 中的 MyLine 物件。每次循環都會呼叫目前 MyLine 物件的 draw 方法，並將 Graphics 物件傳給該方法以在圖板上繪圖。

```java
1  // Fig. 8.18: DrawPanel.java
2  // Program that uses class MyLine
3  // to draw random lines.
4  import java.awt.Color;
5  import java.awt.Graphics;
6  import java.security.SecureRandom;
7  import javax.swing.JPanel;
8
9  public class DrawPanel extends JPanel
10 {
11    private SecureRandom randomNumbers = new SecureRandom();
12    private MyLine[] lines; // array on lines
13
14    // constructor, creates a panel with random shapes
15    public DrawPanel()
16    {
17       setBackground(Color.WHITE);
18
19       lines = new MyLine[5 + randomNumbers.nextInt(5)];
20
21       // create lines
22       for (int count = 0; count < lines.length; count++)
23       {
24          // generate random coordinates
25          int x1 = randomNumbers.nextInt(300);
26          int y1 = randomNumbers.nextInt(300);
27          int x2 = randomNumbers.nextInt(300);
28          int y2 = randomNumbers.nextInt(300);
29
30          // generate a random color
31          Color color = new Color(randomNumbers.nextInt(256),
32             randomNumbers.nextInt(256), randomNumbers.nextInt(256));
33
34          // add the line to the list of lines to be displayed
35          lines[count] = new MyLine(x1, y1, x2, y2, color);
36       }
37    }
38
39    // for each shape array, draw the individual shapes
40    public void paintComponent(Graphics g)
41    {
42       super.paintComponent(g);
43
44       // draw the lines
45       for (MyLine line : lines)
46          line.draw(g);
47    }
48 } // end class DrawPanel
```

圖 8.18　建立隨機的 MyLine 物件

類別 TestDraw

圖 8.19 的 TestDraw 類別會建立一個新視窗來顯示我們的繪圖。由於我們只會在建構子中設定一次線條的座標,所以如果呼叫 paintComponent 重新繪製螢幕上的圖形,這些圖形也不會改變。

```java
1  // Fig. 8.19: TestDraw.java
2  // Creating a JFrame to display a DrawPanel.
3  import javax.swing.JFrame;
4
5  public class TestDraw
6  {
7     public static void main(String[] args)
8     {
9        DrawPanel panel = new DrawPanel();
10       JFrame app = new JFrame();
11
12       app.setDefaultCloseOperation(JFrame.EXIT_ON_CLOSE);
13       app.add(panel);
14       app.setSize(300, 300);
15       app.setVisible(true);
16    }
17 } // end class TestDraw
```

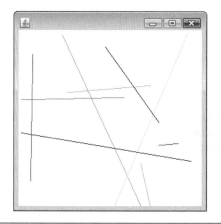

圖 8.19　建立 JFrame 以顯示 DrawPanel

GUI 與繪圖案例研究習題

8.1　　請擴充圖 8.17 到圖 8.19 的程式,以隨機繪製矩形及橢圓。請建立 MyRectangle 與 MyOval 類別。這兩個類別都應該包含座標值 $x1$、$y1$、$x2$、$y2$;一個顏色;以及一個 boolean 旗標用來判斷圖形內部是否要填滿。請在每個類別中宣告一個包含引數的建構子,這些引數會被用來初始化所有的實體變數。為了幫助你繪製矩形與橢圓,這兩個類別應該要提供 getUpperLeftX、getUpperLeftY、getWidth 及 getHeight 等方法,分別會計算圖形左上角 x 座標、左上角 y 座標、圖形長度與寬度。左上角的 x 座標會是兩個 x 座標中的最小值,左上角的 y 座標也是兩個 y 座標中的最小值,寬度是兩個 x 座標相減的絕對值,高度則是兩個 y 座標相減的絕對值。

DrawPanel 類別擴充自 JPanel，會處理圖形的建立。它應該要宣告三個陣列，每種圖形一個。每個陣列的長度都是 1 到 5 之間的亂數，類別 DrawPanel 的建構子會用隨機的位置、大小、顏色及填滿與否，在每個陣列中填入圖形。

此外，請修改三個圖形類別，加入以下功能：

a) 加入一個無引數的建構子，將圖形的座標設為 0，顏色設為 Color.BLACK，填滿與否則設為 false（MyRect 及 MyOval）。

b) 請為各類別的實體變數撰寫 *set* 方法。設定座標值的方法，應該要在設定座標前先驗證其引數是否大於等於零──若否，應將座標設定為零。建構子應該要呼叫 *set* 方法，而非直接初始化區域變數的值。

c) 請為各類別的實體變數撰寫 *get* 方法。draw 方法應該要透過 *get* 方法來參照座標，而非直接加以存取。

8.17　總結

在本章中，我們介紹了更多關於類別的概念。Time 類別的案例研究呈現了一個完整的類別宣告，包含 private 資料、讓初始化更具彈性的 public 多載建構子、用來操作類別資料的 *set* 及 *get* 方法，以及可用兩種不同格式傳回 Time 物件 String 表示法的方法。你也學到，所有類別都可以宣告 toString 方法，令之傳回該類別物件的 String 表示法，而每當類別物件出現在程式碼預期要使用 String 的地方，便會自動呼叫此一 toString 方法。

你學到 this 參照會自動被用在類別的非 static 方法中，以存取類別的實體變數和其他非 static 方法。也看到，如何明確地使用 this 參照來存取類別的成員（包括被遮蔽的成員），以及如何在建構子中使用 this 來呼叫類別其他的建構子。

我們討論了由編譯器所提供的預設建構子，以及程式設計師所提供的無引數建構子有何差異。學到類別可以包含指向其他類別物件的參照作為成員──此種概念稱為複合。並看到 enum 類別型別，了解到要如何使用它來建立一組常數，供程式使用。你學到 Java 的垃圾收集能力，以及它會如何（無法預測地）回收不再使用的物件所占據的記憶體。本章解釋了為何要使用類別的 static 欄位，也示範了如何在類別中宣告和使用 static 欄位及方法。也學到如何宣告及初始化 final 變數。

學習如何將自己的類別放入套件中以供再利用，以及如何將這些類別匯入程式。最後，你學到不使用存取修飾詞來宣告欄位，預設上會獲得套件存取權限。並看到同套件下的類別之間的關係，套件中的類別可以彼此存取彼此的套件存取權成員。

在下一章中，你會學到 Java 物件導向程式設計的重要層面：繼承。會看到所有 Java 的類別，都直接或間接關聯至稱為 Object 的類別。也會開始了解到，這種類別間的關係如何讓你建立出更具威力的應用程式。

摘要

8.2 Time 類別案例研究

- 類別的 public 方法也稱為類別的 public 服務或 public 介面。它們呈現給類別使用者一個觀點，關於類別提供了哪些服務。
- 類別使用者無法直接存取類別的 private 成員。
- String 類別的 static 方法 format 類似於 System.out.printf，但 format 會傳回格式化後的字串，而非將之顯示在命令列視窗上。
- Java 所有的物件都包含 toString 方法，此方法會傳回物件的 String 表示法。當物件出現在程式碼中需要 String 的地方，程式就會自動呼叫 toString 方法。

8.3 成員的存取控制

- 存取修飾詞 public 和 private 控制了類別變數和方法的存取權。
- public 方法的主要用途，是向類別使用者呈現一個觀點，關於類別提供了哪些服務。使用者不需要關心類別如何完成其工作。
- 類別的使用者無法直接存取類別的 private 變數和 private 方法（亦即其實作細節）。

8.4 使用 this 參照，來參照目前物件的成員

- 某物件的非 static 方法會自動使用關鍵字 this 來參照物件的實體變數和其他方法。我們也可以明確地使用關鍵字 this。
- 編譯器會對於每個所編譯的類別，都產生一個副檔名為 .class 的個別檔案。
- 如果區域變數與類別欄位有相同的名稱，則此區域變數將會遮蔽該欄位。你可以在方法中使用 this 參照，明確地參照被遮蔽的欄位。

8.5 Time 類別案例研究：多載建構子

- 多載建構子讓類別物件可以用不同的方式初始化。編譯器會藉由簽名式來區分多載建構子。
- 要讓建構子呼叫同類別其他的建構子，你可以使用 this 關鍵字，後頭加上一對包含該建構子引數的小括號。這種建構子呼叫只能出現在建構子主體的第一個敘述。

8.6 預設建構子及無引數建構子

- 若類別沒有提供建構子，編譯器就會建立預設建構子。
- 如果類別有宣告建構子，編譯器便不會建立預設建構子。在此情況下，如果你需要預設的初始化，你必須宣告一個無引數的建構子。

8.7 關於 Set 方法及 Get 方法的注意事項

- *set* 方法一般被稱為修改方法，因為它們通常會改變數值。*Get* 方法一般被稱為存取方法或查詢方法。判定方法會測試某條件為真或偽。

8.8　複合

● 類別可以擁有其他類別物件的參照作爲成員。這種功能稱爲複合，有時也叫做擁有關係。

8.9　列舉

● 所有 enum 型別都是參照型別。enum 型別是透過 enum 宣告來宣告，enum 宣告是一個以逗號分隔的 enum 常數列表。宣告中可以選擇性的加入其他傳統類別的元件，例如建構子、欄位或方法。

● enum 常數會自動宣告爲 final，因其所宣告的常數不該被修改。

● enum 常數會自動宣告爲 static。

● 任何使用 new 運算子來建立 enum 型別物件的嘗試，都會造成編譯錯誤。

● enum 常數可用於任何可以使用常數的地方，例如 switch 敘述的 case 標記，或是用來控制加強版 for 敘述。

● enum 宣告中的每個 enum 常數後頭，都可選擇性地加上要傳遞給 enum 建構子的引數。

● 針對每個 enum，編譯器都會產生一個稱爲 values 的 static 方法，會依 enum 常數宣告的順序，傳回一個 enum 常數的陣列。

● EnumSet 的 static 方法 range 會接收範圍中第一個和最後一個 enum 常數，然後傳回包含這兩個常數之間所有常數的 EnumSet，其中也包含這兩個常數。

8.10　垃圾收集與 finalize 方法

● Java 虛擬機器（JVM）會進行自動的垃圾收集，回收被不再使用的物件佔據的記憶體。當物件不再有參照指向它時，此物件就是垃圾收集的候選者。這類物件的記憶體，會在 JVM 執行其垃圾收集器時被回收。

8.11　static 類別成員

● static 變數代表全類別性的資訊，由類別的物件所共用。

● static 變數擁有類別使用域。類別的 public　static 成員，可以透過指向該類別任一物件的參照來存取，或是在成員名稱前加上類別名稱及點號（.）來存取。使用者程式碼只能夠透過類別的方法來存取類別的 private　static 類別成員。

● 類別一載入到記憶體中，static 類別成員就已存在了。

● 宣告爲 static 的方法不能夠存取非 static 的類別成員，因爲即使類別尚未實體化任何物件，還是可以呼叫 static 方法。

● static 方法中無法使用 this 參照。

8.12　static 匯入

● static 的匯入宣告讓你可以無需使用類別名稱和點號（.），便能夠參照所匯入的 static 成員。單個 static 匯入宣告會匯入一個 static 成員，而需求時 static 匯入，則會匯入類別所有的 static 成員。

8.13　final 實體變數

- 就應用程式而言，最低權限原則指出程式碼只應被授予完成其指定任務所需的權限及存取權。

- 關鍵字 final 表示該變數不可被修改。這類變數必須在宣告時加以初始化，或是類別的每個建構子都必須加以初始化。

8.14　套件存取權

- 如果類別中宣告方法或變數時沒有指定存取修飾詞，該方法或變數就會被視為具有套件存取權。

8.15　使用 BigDecimal 精準計算貨幣

- 任何需要精確的浮點數的應用程式——像是財金應用程式——應該使用 BigDecimal 類別（java.math 套件）。

- BigDecimal static 方法 valueOf 有著 double 引數傳回 BigDecimal，其代表被指定的精確值。

- BigDecimal 方法 add，加入它的引數 BigDecimal 到 BigDecimal，在這個方法上呼叫與傳回結果。

- BigDecimal 提供常數 ONE (1), ZERO (0) 與 TEN (10).

- BigDecimal 方法 pow 提升它第一個引數到它的第二引數的權力。

- BigDecimal 方法 multiply 並聯它的引數 BigDecimal 藉由 BigDecimal 方法呼叫與傳回結果。

- NumberFormat 類別（java.text 套件）提供格式化數值作為區域設定特性 Strings。類別的 static 方法 getCurrencyInstance 傳回一個 NumberFormat 作為區域設定特性貨幣數值。

- NumberFormat 方法 format 執行格式化。

- 區域設定特性格式化是國際化中一個重要的部分——定製的過程讓你的應用程式符合當地使用者的多元化與語言環境。

- BigDecimal 讓你能控制如何除數值——藉由預設所有的計算為正確與沒有捨入值發生。如果你沒有指定如何運行 BigDecimal 數值，並給定數值，將會發生 ArithmeticException 例外。

- 當你創造 BigDecimal 時，可以藉由提供一個 MathContext 物件（java.math 套件）到 BigDecimal 類別的建構子，指定 BigDecimal 的捨入模式 (rounding mode)。你也可以提供一個 MathContext 到多樣的 BigDecimal 方法進行計算。預設之下，每一個 MathContext 使用一個叫做「四捨五入」來解釋捨入模式常數。

- 一個 BigDecimal 的比例是到小數點右邊的數值，如果你需要一個 BigDecimal 除到特定的數字，你可以 call BigDecimal 方法 setScale。

自我測驗題

8.1 請填入下列敘述的空格：

a) 一個 _____ 輸入類別的所有 static 成員。

b) String 類別的 static 方法 _____ 類似於 System.out.printf 方法，但前者會傳回格式化後的 String，而非在命令列視窗上顯示 String。

c) 如果方法中包含與類別欄位同名的區域變數，此區域變數就會在其方法的使用域中，_____ 該欄位。

d) 類別的 public 方法也被稱作類別的 _____ 和 _____。

e) _____ 宣告會指定匯入單一類別。

f) 如果類別有宣告建構子，編譯器便不會產生 _____。

g) 當物件出現在程式碼中需要 String 的地方，程式便會自動呼叫物件的 _____ 方法。

h) Get 方法一般稱為 _____ 或 _____。

i) _____ 方法會測試某條件為真或偽。

j) 針對每個 enum，編譯器都會產生一個叫做 _____ 的 static 方法，會依 enum 常數宣告的順序，傳回一個 enum 常數的陣列。

k) 複合有時被稱為 _____ 關係。

l) _____ 宣告包含一個以逗號相隔的常數列表。

m) _____ 變數代表全類別性的資訊，為類別的所有物件共用。

n) _____ 宣告會匯入一個 static 成員。

o) _____ 指出，程式碼只應被授予要完成其指定工作所需的權限與存取權。

p) 關鍵字 _____ 表示變數不可被修改。

q) _____ 宣告只會從特定套件中匯入程式有使用到的類別。

r) Set 方法一般稱為 _____，因為它通常會改變數值。

s) 使用 _____ 類別執行精確的貨幣運算。

t) 藉由 _____ 指令確定一個問題已經出現。

自我測驗題解答

8.1 a) static import on demand　b) format　c) 遮蔽　d) public services、public interface　e) 單一型別匯入　f) 預設建構子　g)toString　h) 存取方法、查詢方法　i) 判定　j) values　k) has-a　l) enum　m) static　n) 單個 static 匯入　o) 最低權限原則　p) final　q) type-import-on-demand　r) mutator 方法　s) BigDeciaml　t) throw。

習題

8.2 （根據 8.14 節）解釋 Java 中套件存取的概念。解釋套件存取的不足。

8.3 敘述一個你可以重複使用在 Java 中父類別的建構子的範例。

8.4 （圓柱類別）創造一個有著半徑與高屬性的圓柱類別，兩個屬性的預設值皆為 1。請提供方法計算圓柱的體積，即為圓周率乘以半徑乘以高的平方。半徑與高皆有 set 與 get 方法。Set 方法應該證明半徑與高是正整數。試撰寫一個程式測試圓柱類別。

8.5 （修改類別的內部資料表示法）圖 8.5 的 Time2 類別如果使用自當天午夜算起的總秒數，而非使用三個整數值 hour、minute 及 second 來表示時間，是完全可以理解的事情。使用者可以使用相同的 public 方法取得相同的結果。請修改圖 8.5 的 Time2 類別，將 Time2 實作為以午夜過後的總秒數來表示時間，並說明這樣的修改類別使用者完全無所覺。

8.6 （存款帳戶類別）請建立 SavingsAccount 類別。請使用 static 變數 annualInterestRate 來儲存所有帳戶持有人的年利率。此類別的每個物件都包含一個 private 實體變數 savingsBalance，指出該存戶目前擁有的存款餘額。請提供 calculateMonthlyInterest 方法，將 savingsBalance 乘以 annualInterestRate 再除以 12，計算每月的利息——這個利息應該加入到 savingsBalance 中。請提供 static 方法 modifyInterestRate，將 annualInterestRate 設定成新的數值。請撰寫程式來測試 SavingsAccount 類別。請實體化兩個 SavingAccount 物件 saver1 及 saver2，其餘額分別為 $2000.00 及 $3000.00。請將 annualInterestRate 設定為 4%，計算出 12 個月每月的利息，然後印出這兩位存戶的新餘額。接著，請將 annualInterestRate 設定為 5%，然後計算下個月的利息，並印出兩位存戶的新餘額。

8.7 （改良 Time2 類別）請修改圖 8.5 的 Time2 類別，加入一個 tick 方法，會將 Time2 物件中儲存的時間遞增一秒。請提供 incrementMinute 方法將分鐘遞增以一，以及 incrementHour 方法將小時遞增以一。請撰寫程式來測試 tick 方法、incrementMinute 和 incrementHour 方法，以確認它們可以正確運作。請務必測試下列狀況：

a) 遞增到下一分鐘

b) 遞增到下一小時

c) 遞增到下一天（亦即由 11:59:59PM 遞增到 12:00:00AM）。

8.8 （改良 Date 類別）請修改圖 8.7 的 Date 類別，以對於實體變數 month、day 與 year 的初始值執行錯誤檢查（目前僅驗證月和日）。請提供 nextDay 方法將天數遞增一日。請撰寫程式用迴圈來測試 nextDay 方法，在每次循環時印出日期，以說明此方法能正確地運作。請測試以下狀況：

a) 遞增到下個月

b) 遞增到下一年

8.9 請撰寫一個能生成 n 個 10-100 隨機數字的程式碼。[注意：只可以輸入 Scanner 和 SecureRandom 類別]

8.10 請撰寫一個 enum 型別 Food，其常數（APPLE、BANANA、CARROT）會取用兩個參數——型別（蔬菜或水果）和卡路里數量。請撰寫程式來測試 Food enum，顯示出 enum 名稱與它們的資訊。

8.11　**（複數）**請建立一個叫做 Complex 的類別，以執行複數算術。複數的形式如下：

*realPart + imaginaryPart * i*

其中，i 等於

$\sqrt{-1}$

請撰寫程式來測試你的類別。請使用浮點變數來表示類別的 private 資料。請提供建構子，讓此類別的物件在宣告時能夠初始化。請提供包含預設值的無引數建構子，以處理未提供初始值的狀況。請提供會執行以下操作的 public 方法：

a)　將兩個 Complex 複數相加：實部與實部相加，虛部與虛部相加。

b)　將兩個 Complex 複數相減：將左運算元的實部減去右運算元的實部，左運算元的虛部減去右運算元的虛部。

c)　以形式（realPart, imaginaryPart）印出 Complex 複數。

8.12　**（Date 與 Time 類別）**請建立一類別 DateAndTime，結合習題 8.7 修改後的 Time2 類別和習題 8.8 修改後的 Date 類別。請修改 incrementHour 方法，當時間遞增至隔天時，就呼叫 nextDay 方法。請修改 toString 和 toUniversalString 方法，以在時間以外，也輸出日期。請撰寫程式來測試此一新類別 DateAndTime。特別是，請測試將時間遞增到隔天的狀況。

8.13　**（整數集合）**請建立 IntegerSet 類別。每個 IntegerSet 物件都可以存放範圍 0-100 的整數。此集合是由一個 boolean 陣列來表示。如果整數 i 位於集合內，陣列元素 a[i] 就為 true。如果整數 j 不在集合內，陣列元素 a[j] 就為 false。無引數的建構子會將此陣列初始化為「空集合」（亦即全部都是 false 數值）。

請提供下列方法：static 方法 union，會建立兩個現有集合的聯集（也就是說，只要兩個現有集合中，某個陣列元素在其一中為 true，則在新集合的陣列中，此元素也會被設定為 true ——否則，新集合的元素就會被設定為 false）。static 的 intersection 方法，會建立兩個現有集合的交集（也就是說，只要兩個現有集合中，某個陣列元素在其一中為 false，則在新集合的陣列中，此元素也會被設定為 false ——否則，新集合的元素就會被設定為 true）。insertElement 方法，將新的整數 k 加入到集合中（將 a[k] 設定為 true）。deleteElement 方法，將整數 m 刪除（將 a[m] 設定為 false）。toString 方法，傳回一個字串，包含一個以空格相隔的數字列表。列表中只包含集合現有的元素。請用 --- 來表示空集合。isEqualTo 方法會判斷兩集合是否相同。請撰寫程式來測試 IntegerSet 類別。請實體化數個 IntegerSet 物件。請測試你所有的方法都可以正確運作。

8.14　**（fancyTime 類別）**請生產有下列能力的 fancyTime 類別：

a)　在多種格式中輸出時間，例如：

```
HH:MM:SS a.m. / p.m. (12 小時制)
HH:MM:SS (24 小時制)
HH:MM (24 小時制)
```

b) 使用建構子來生產日期物件並用 (a) 部分的格式的時間來初始化日期。在第一個案例中，建構子應該接收三個整數值如同 string 呈現正午（a.m. 或 p.m.）。在第二個案例中，它應該接收三個整數值。在第三個案例中，它應該接收兩個整數值。無論是三個格式中的哪一個，你需要生產 displayTime 方法來輸出時間。此方法會使用可以假設三個數值（1、2 與 3）的標記號。如果標記為 1，那第一個時間格式會顯示；如果標記為 2，第二個格式會顯示；如果為 3，第三個格式會顯示。

8.15　**（有理數）**請建立一個叫做 Rational 的類別，執行分數的算術。請撰寫程式來測試你的類別。請使用整數變數來表示類別的 private 實體變數：numerator 和 denominator。請提供建構子，讓此類別的物件能在宣告時加以初始化。此建構子應以最簡分數的形式儲存分數。分數

2/4

等於 1/2，所以在物件中會將 numerator 儲存為 1，denominator 儲存為 2。請提供包含預設值的無引數建構子，以處理未提供初始值的狀況。請提供可執行下列操作的 public 方法：

a) 相加兩個 Rational 分數：相加的結果應儲存為最簡分數。請將之實作為 static 方法。
b) 相減兩個 Rational 分數：相減的結果應儲存為最簡分數。請將之實作為 static 方法。
c) 相乘兩個 Rational 分數：相乘的結果應儲存為最簡分數。請將之實作為 static 方法。
d) 相除兩個 Rational 分數：相除的結果應儲存為最簡分數。請將之實作為 static 方法。
e) 以 a/b 的格式傳回 Rational 分數的 String 表示法，其中 a 為 numerator，b 為 denominator。
f) 以浮點數格式傳回 Rational 分數的 String 表示法。（請考量提供格式化的功能，讓類別使用者可以指定小數點後精度的位數。）

8.16　**（Huge Integer 類別）**請建立 HugeInteger 類別，使用包含 40 個元素的位數陣列，儲存最多 40 位數的整數。請提供 input、output、add 和 subtract 方法。parse 方法應當要接收一個 String，利用 charAt 方法取出每個位數，然後將每個位數等值的整數放入整數陣列中。要比較 HugeInteger 物件，請提供下列方法：isEqualTo、isNotEqualTo、isGreaterThan、isLessThan、isGreaterThanOrEqualTo 以 及 isLessThanOrEqualTo。 這些方法都是判定方法，如果兩個 HugeInteger 物件的關係成立的話，就傳回 true；如果關係不成立則傳回 false。請提供判定方法 isZero。如果你雄心勃勃，也可以提供 multiply、divide 和 remainder 方法。[請注意：基本 boolean 數值可以透過 %b 格式描述子輸出為 "true" 或 "false" 字樣。]

8.17　**（井字遊戲）**請建立類別 TicTacToe，讓你可以撰寫玩井字遊戲的程式。此類別包含一個 3 乘 3 的 private 二維陣列。請使用列舉來代表陣列中每一格的數值。這些列舉常數應該要命名為 X、O 及 EMPTY（表示不包含 X 或 O 的位置）。建構子應該將遊戲的每一格都初始化為 EMPTY。請讓兩位人類玩家來玩遊戲。當第一位玩家行動時，請在指定方格內放入 X；當第二位玩家行動時，請放入 O。玩家的每一步，都必須下在空方格。在每一步之後，請判斷是否有人獲勝，或者打成平手。如果你感到雄心勃

勃，請修改你的程式，讓電腦來代表其中一位玩家。此外，也請讓玩家決定，他要先下或後下。如果你超級雄心勃勃，請開發一個程式，可以在 4 乘 4 乘 4 的棋盤上玩三維版的井字遊戲。[請注意：這是極具挑戰性的專題！]

8.18 （**Account** 類別與 **BigDeciaml balance**）請重新撰寫單元 3.5 的 Account 類別以儲存用 BigDecimal 物件表達的餘額並以 BigDeciimal 處理所有運算。

進階習題

8.19 （**邊境保護局**）很多邊境保護的機構（像是澳大利亞海關與邊境保護局，還有加拿大邊境服務局）都在保護國界上有很大的責任。他們不只保護國界不受到非法移民的侵犯，也防止國內的非法物質（像是毒品與有害農產品的移出。具體上，剛下飛機的乘客一般來說是受到觀察與審查異常行為或旅遊模式的對象。舉例來說，一個旅客會受到近一步的審查可能因為前一個抵達的國家是預先識別的國家。一個說沒有攜帶任何食物的旅客，如果被發現有攜帶食物也會受到審查。近一步的審查會包含行李的完全搜查、x 光掃描、搜身等等。你要去研究其中一個邊境保護機構，並了解更多關於他們進入航空旅行乘客的操作流程。

你要創建一個 passenger 類別，其會追蹤一些屬性數值會協助海關人員完成完成任務。這些屬性包含姓名、護照號碼、護照簽發日期、他們是否夾帶任何農產品、武器、或超過十萬美金的現金、還有他們抵達之前的位置。

你之後要創建其他屬性，包含乘客攜帶的農產品的實際狀況、武器、與金錢數量。如果有任何實際與要求之間的差異，就需要進一步的檢查。如果先前指出的三樣物品又超出預先訂定的量，就需要進一步的檢查。如果有，無論是哪一種，都會對乘客採取行動。

Memo

物件導向程式設計：繼承

9

學習目標

在本章中，你將學到：

- 繼承如何促進軟體再利用。
- 父類別與子類別的概念，以及兩者之間的關係。
- 使用關鍵字 **extends** 建立類別，以繼承另一個類別的屬性及行為。
- 使用存取修飾詞 **protected**，讓子類別能取用父類別的成員。
- 使用 **super** 來取用父類別成員。
- 如何在繼承階層中使用建構子。
- **Object** 類別的方法，**Object** 為所有類別的直接或間接父類別。

9.1 簡介

本章會繼續討論物件導向程式設計（OOP），介紹 OOP 的一項主要特性——**繼承**（**inheritance**）；繼承是一種軟體再利用的形式，會在建立新類別時吸收現有類別的成員，然後增添新的或修改的功能。透過繼承，你可以將新類別建立在已通過考驗及除錯的高品質軟體上，來節省程式開發的時間。繼承也會提升有效地實作及維護系統的可能性。

在建立類別時，你可以指定新類別去繼承現有類別的成員，而不用完全宣告新的成員。這個現有類別稱為**父類別**（**superclass**），而新類別則稱為**子類別**（**subclass**）。（C++ 語言則將父類別稱為**基礎類別 [base class]**，子類別稱為**衍生類別 [derived class]**。）每個子類別都可能成為未來其他子類別的父類別。

子類別可以加入自己的欄位和方法。因此，子類別通常比父類別更為特定，代表更特殊的一群物件。子類別會展現其父類別的行為，也可以修改這些行為，令其能妥善地操作子類別。這就是繼承有時也會稱為**特殊化**（**specialization**）的原因。

直接父類別（**direct superclass**），指的是子類別明確繼承的父類別。**間接父類別**（**indirect superclass**）指的則是在定義了類別之間繼承關係的**類別階層**（**class hierarchy**）中，任何位於其直接父類別之上的類別。在 9.2 節會看到圖中的繼承關係，以便幫助了解這些關係。在 Java 中，類別階層是以 Object 類別（位於 java.lang 套件中）為起點，Java 的所有類別，都是直接或間接地擴充自（extend，或稱繼承自）Object 類別而來。9.6 節列出了 Object 類別的方法，這些方法會被所有的 Java 類別所繼承。Java 只支援**單一繼承**（**single inheritance**），亦即每個類別只能衍生自唯一一個直接父類別。與 C++ 不同，Java 並不支援多重繼承（亦即一個類別可以衍生自多個直接父類別）。第 10 章會解釋如何使用 Java 介面，來實現多重繼承的許多優點，同時又避免其相關的問題。

我們得分辨**是一種關係**（**is a relationship**）和**擁有關係**（**has a relationship**）的不同。
是一種關係代表繼承。在是一種關係中，子類別物件也可以視為父類別的物件來處理——例
如，汽車是一種交通工具。相對地，擁有關係則代表複合（請參閱第 8 章）。在擁有關係中，
物件包含指向其他物件的成員參照——例如，汽車擁有方向盤（而汽車物件擁有指向方向盤
物件的參照）。

　　新類別可以繼承自**類別庫**（**class library**）中的類別。企業會開發自己的類別庫，也可
以利用世界上其他可取得的類別庫。未來，大部分的新軟體可能會從**標準化的可再利用元件**
（**standardized reusable component**）組合而成，就跟今日的汽車和大部分電腦硬體的組成方
式一樣。這樣能幫助我們開發功能更強大、更豐富也更經濟的軟體。

9.2　父類別與子類別

經常，我們會看到某類別的物件也是另一個類別的物件。例如，CarLoan（汽車貸款）是一
種 Loan（貸款），就和 HomeImprovementLoan（住屋整修貸款）還有 MortgageLoan（抵押貸款）
一樣。因此，在 Java 中，我們可以說 CarLoan 類別繼承自 Loan 類別。在這個脈絡下，Loan
類別是父類別，CarLoan 類別則是子類別。CarLoan 是一種特殊的 Loan，但我們不能說所有的
Loan 都是一種 CarLoan —— Loan 可以是任何種類的貸款。圖 9.1 列出了幾個父類別與子類
別的簡單案例——父類別通常「比較一般化」，子類別則「比較特定」。

父類別	子類別
Student	GraduateStudent、UndergraduateStudent
Shape	Circle、Triangle、Rectangle、Sphere、Cube
Loan	CarLoan、HomeImprovementLoan、MortgageLoan
Employee	Faculty、Staff
BankAccount	CheckingAccount、SavingsAccount

圖 9.1　繼承範例

　　因為每個子類別物件都是一種父類別物件，而一個父類別可以有許多子類別，所以
父類別所代表的物件集合，通常大於任何其子類別所代表的物件集合。舉例來說，父類別
Vehicle 代表所有的交通工具，包括汽車、卡車、船、腳踏車等等。相較之下，子類別 Car
代表的是較小，較特定的交通工具子集合。

大學社區成員階層

繼承關係會構成樹狀的階層結構。父類別與子類別之間存在階層關係。讓我們來開發一個範
例類別階層（圖 9.2），又稱為**繼承階層**（**inheritance hierarchy**）。大學社區包含數以千計的
成員，包括僱員、學生和校友。僱員又分成教師和職員。教師成員又可分為主管（例如院長
和系主任）或老師。階層中可能包含其他許多類別。舉例來說，學生就可以分成研究生和大
學生。大學生又可以分成大一生、大二生、大三生和大四生。

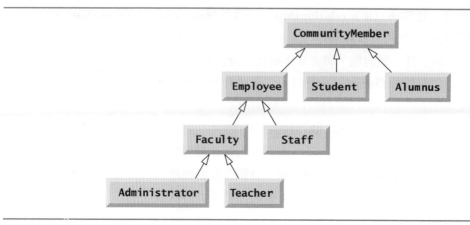

圖 9.2　大學 CommunityMember 的繼承階層之 UML 類別圖

　　階層中的每個箭號，都代表是一種關係。若我們順著類別階層中的箭號往上走，可以指出，例如，Employee 是一種 CommunityMember，或 Teacher 是一種 Faculty 成員。CommunityMember 是 Employee、Student 與 Alumnus 的直接父類別，也是圖中其他所有類別的間接父類別。從底部開始，你可以順著箭號往上走，運用是一種關係，直到最上層的父類別為止。舉例來說，Administrator 是一種 Faculty 成員，是一種 Employee，是一種 CommunityMember，然後，當然是一種 Object。

圖形階層

現在請考量圖 9.3 的 Shape 繼承階層。此階層從父類別 Shape 開始，然後擴充為 TwoDimensionalShape 及 ThreeDimensionalShape，亦即 Shapes 不是 TwoDimensionalShape，就是 ThreeDimensionalShape。此階層的第三層，包含了特定種類的 TwoDimensionalShape 及 ThreeDimensionalShape。就像圖 9.2 一樣，我們也可以從此圖底部，沿著箭號往上，走到類別階層中最頂端的父類別，來找出數個是一種關係。例如，Triangle 是一種 TwoDimensionalShape，也是一種 Shape；而 Sphere 是一種 ThreeDimensionalShape，也是一種 Shape。此階層可以包含其他許多類別。例如，橢圓形和梯形也都是 TwoDimensionalShape。

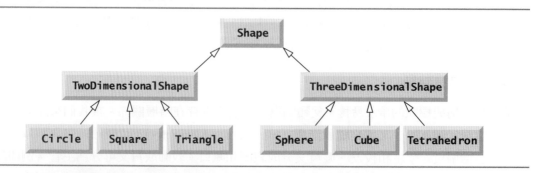

圖 9.3　Shape 的繼承階層之 UML 類別圖

並非所有的類別關係，都是繼承關係。我們在第 8 章討論過擁有一種關係 (has-a relationship)，其中類別的成員，是指向其他類別物件的參照。這種關係是利用現有類別的複合，來建立類別。例如，有三個類別 Employee、BirthDate 與 TelephoneNumber，若說 Employee 是一種 BirthDate，或 Employee 是一種 TelephoneNumber，都不恰當。然而，Employee 擁有 BirthDate，Employee 也擁有 TelephoneNumber。

我們可以用類似的方式來處理父類別物件及子類別物件——兩者的共通性會出現在父類別成員中。所有擴充自共同父類別的物件，都可以視為該父類別的物件來處理——這些物件與其父類別之間存在是一種關係。本章稍後與第 10 章中，我們還會考量許多利用是一種關係的範例。

子類別可以自訂其繼承自父類別的方法。要做這件事情，子類別會用適當的實作，**覆寫**（**override**，或稱重新定義 [redefine]）父類別的方法，如同我們經常在本章的程式碼範例中看到的那樣。

9.3　protected 成員

第 8 章已經討論過存取修飾詞 public 和 private。只要程式有指向該類別物件的參照，或指向其子類別物件的參照，就可以取用類別的 public 成員。類別的 private 成員，則只有類別本身才能加以存取。在本節，我們會介紹存取修飾詞 **protected**。使用 protected 存取權，會提供介於 public 與 private 之間的存取權限層級。父類別的 protected 成員，只能被父類別的成員、其子類別的成員，以及同套件中其他類別的成員存取—— protected 成員也具有套件存取權。

所有父類別的 public 和 protected 成員，在它們變為子類別成員時，都會保有原來的存取修飾詞——父類別的 public 成員會變成子類別的 public 成員，父類別的 protected 成員會變成子類別的 protected 成員。父類別的 private 成員，在類別本身以外的地方，是無法加以存取的。反之，它們會被隱藏在子類別中，只能夠透過繼承自父類別的 public 及 protected 方法來加以存取。

子類別方法僅需透過成員名稱即可使用父類別的 public 與 protected 成員。當子類別方法覆寫了所繼承的父類別方法時，子類別還是可以在父類別方法名稱的前面，加上關鍵字 **super** 和一個點號（.）分隔符號，來使用父類別的方法。我們會在 9.4 節中，討論如何使用遭到覆寫的父類別成員。

軟體工程的觀點 9.1

子類別的方法不能直接存取父類別的 private 成員。子類別只能透過父類別所提供，由子類別繼承的非 private 方法，來更改父類別 private 實體變數的狀態。

軟體工程的觀點 9.2

宣告 private 實體變數，有助於測試、偵錯及正確地修改系統。如果子類別可以存取其父類別的 private 實體變數，那麼繼承該子類別的類別，亦能存取這個實體變數。以此方式傳播應為 private 的實體變數的存取權，資訊隱藏的好處就會消失殆盡。

9.4 父類別與子類別之間的關係

我們現在要來使用一個繼承階層,其中包含在公司薪資應用程式中的各種員工類型,藉之來討論父類別與其子類別之間的關係。在這家公司中,佣金員工(會被表示為父類別物件)會領到其銷售額的某個百分比,而底薪加佣金的員工(會被表示為子類別物件)則會領到底薪加上其銷售額的某個百分比。

關於這些類別之間關係的討論,我們將之分做五個範例。第一個範例宣告了 CommissionEmployee,此類別直接繼承自 Object 類別,宣告了代表名字、姓氏、社會安全號碼、抽佣比率以及總銷售額的 private 實體變數。

第二個範例宣告了 BasePlusCommissionEmployee 類別,此類別也直接繼承自 Object 類別,宣告了代表名字、姓氏、社會安全號碼、抽佣比率、總銷售額以及基本薪資的 private 實體變數。我們撰寫了此類別所需的每一行程式碼,來建立這個類別——我們馬上就會看到,如果透過繼承 CommissionEmployee 類別來建立此類別,將會有效率許多。

第三個範例宣告了一個新的 BasePlusCommissionEmployee 類別,擴充自 CommissionEmployee 類別(亦即 BasePlusCommissionEmployee 是一種擁有底薪的 CommissionEmployee)。這種軟體再利用,讓我們在開發新的子類別時,可以少寫一點程式碼。在此例中,BasePlusCommissionEmployee 類別會試圖存取 CommissionEmployee 的 private 成員——這會造成編譯錯誤,因為子類別不能存取父類別的 private 實體變數。

第四個範例會說明,如果 CommissionEmployee 類別的實體變數宣告為 protected,則 BasePlusCommissionEmployee 子類別就可以直接存取這些資料。這兩個 BasePlusCommissionEmployee 類別具有完全相同的功能,但我們會說明,為何繼承版比較容易建立及管理。

在討論過使用 protected 實體變數的便利性之後,我們會建立第五個範例,將 CommissionEmployee 的實體變數宣告回 private,以強制執行良好的軟體工程。接著我們會說明,BasePlusCommissionEmployee 要如何使用 CommissionEmployee 的 public 方法以(在控制下)操作繼承自 CommissionEmployee 的 private 實體變數。

9.4.1 建立並使用 CommissionEmployee 類別

一開始,我們會先宣告 CommissionEmployee 類別(圖 9.4)。第 4 行開始了類別宣告,指出 CommissionEmployee 類別是 **extends(繼承自)Object** 類別(來自 **java.lang** 套件)。這會讓 CommissionEmployee 類別繼承 Object 類別的方法—— Object 類別沒有任何欄位。如果你沒有明確指示新類別要擴充自哪個類別,該類別就會自動地擴充自 Object。因此,通常不會在程式碼中加入「extends Object」——在此例中這樣做,只是為了說明之用。

CommissionEmployee 的方法及實體變數概觀

CommissionEmployee 類別的 public 服務包含一個建構子(第 13-34 行)、earnings 方法(第 87-90 行)和 toString 方法(第 93-101 行)。第 37-52 行針對類別的實體變數(宣告於第 6-8

行）firstName、lastName、socialSecurityNumber。這三個實體變數被宣告爲 final，因爲它們在初始化之後不需要進行修改，這也是爲什麼我們不提供相應 *set* 方法的原因。第 55-84 行的 grossSales 及 commissionRate 宣告了 public 的 *get* 方法與 *set* 方法（在第 9-10 行宣告）。此類別將實體變數都宣告爲 private，所以其他類別的物件無法直接存取這些變數。

```java
1   // Fig. 9.4: CommissionEmployee.java
2   // CommissionEmployee class represents an employee paid a
3   // percentage of gross sales.
4   public class CommissionEmployee extends Object
5   {
6      private final String firstName;
7      private final String lastName;
8      private final String socialSecurityNumber;
9      private double grossSales; // gross weekly sales
10     private double commissionRate; // commission percentage
11
12     // five-argument constructor
13     public CommissionEmployee(String firstName, String lastName,
14        String socialSecurityNumber, double grossSales,
15        double commissionRate)
16     {
17        // implicit call to Object's default constructor occurs here
18
19        // if grossSales is invalid throw exception
20        if (grossSales < 0.0)
21           throw new IllegalArgumentException(
22              "Gross sales must be >= 0.0");
23
24        // if commissionRate is invalid throw exception
25        if (commissionRate <= 0.0 || commissionRate >= 1.0)
26           throw new IllegalArgumentException(
27              "Commission rate must be > 0.0 and < 1.0");
28
29        this.firstName = firstName;
30        this.lastName = lastName;
31        this.socialSecurityNumber = socialSecurityNumber;
32        this.grossSales = grossSales;
33        this.commissionRate = commissionRate;
34     } // end constructor
35
36     // return first name
37     public String getFirstName()
38     {
39        return firstName;
40     }
41
42     // return last name
43     public String getLastName()
44     {
45        return lastName;
46     }
47
48     // return social security number
```

圖 9.4　CommissionEmployee 類別，代表支領總銷售額固定百分比的雇員 (1/2)

```
49      public String getSocialSecurityNumber()
50      {
51         return socialSecurityNumber;
52      }
53
54      // set gross sales amount
55      public void setGrossSales(double grossSales)
56      {
57         if (grossSales < 0.0)
58            throw new IllegalArgumentException(
59               "Gross sales must be >= 0.0");
60
61         this.grossSales = grossSales;
62      }
63
64      // return gross sales amount
65      public double getGrossSales()
66      {
67         return grossSales;
68      }
69
70      // set commission rate
71      public void setCommissionRate(double commissionRate)
72      {
73         if (commissionRate <= 0.0 || commissionRate >= 1.0)
74            throw new IllegalArgumentException(
75               "Commission rate must be > 0.0 and < 1.0");
76
77         this.commissionRate = commissionRate;
78      }
79
80      // return commission rate
81      public double getCommissionRate()
82      {
83         return commissionRate;
84      }
85
86      // calculate earnings
87      public double earnings()
88      {
89         return commissionRate * grossSales;
90      }
91
92      // return String representation of CommissionEmployee object
93      @Override // indicates that this method overrides a superclass method
94      public String toString()
95      {
96         return String.format("%s: %s %s%n%s: %s%n%s: %.2f%n%s: %.2f",
97            "commission employee", firstName, lastName,
98            "social security number", socialSecurityNumber,
99            "gross sales", grossSales,
100           "commission rate", commissionRate);
101     }
102 } // end class CommissionEmployee
```

圖 9.4 CommissionEmployee 類別，代表支領總銷售額固定百分比的雇員 (2/2)

CommissionEmployee 類別的建構子

建構子不會被繼承，因此 CommissionEmployee 類別並沒有繼承 Object 類別的建構子。然而，子類別仍然可以使用父類別的建構子。事實上，Java 要求，任何子類別建構子的第一件工作，就是呼叫其直接父類別的建構子，不論是明確的，或是自動的（如果沒有指定建構子呼叫的話），以確定繼承自其父類別的實體變數，都會妥善地被初始化。在此例中，CommissionEmployee 類別的建構子還是會自動呼叫 Object 類別的建構子。明確呼叫父類別建構子的語法，我們會於 9.4.3 節中討論。如果程式碼中沒有對於父類別建構子的明確呼叫，Java 會自動呼叫父類別的預設建構子或無引數建構子。圖 9.4 的第 17 行的註解指出，程式會在何處自動呼叫父類別 Object 的預設建構子（你並沒有撰寫這個呼叫的程式碼）。Object 類別的預設（空）建構子並不會做任何動作。即使類別沒有建構子，編譯器自動為該類別宣告的預設建構子，還是會呼叫其父類別的預設建構子或無引數建構子。

在自動呼叫 Object 的建構子之後，第 20-22 行與 25-27 行會使 grossSales 與 commissionRate 引數有效。如果這些都有效化了（也就是建構子不會丟出 IllegalArgumentException），第 29–33 行會分配建構子的引數到類別的實體變數。我們不會在分配它們到相對應的實體變數之前，使 firstName、lastName 與 socialSecurityNumber 引數的數值有效。我們可以驗證名字和姓氏的合法性——或許確認它們的長度合理。同樣地，我們可以使用正規表示式（14.7 節）來驗證社會安全編號，以確認其包含九個數字，破折號可加可不加（例如 123-45-6789 或 123456789）。

CommissionEmployee 類別的 earnings 方法

earnings 方法（第 87-90 行）會計算 CommissionEmployee 的收入。第 89 行會將 commissionRate 乘以 grossSales，再傳回計算結果。

CommissionEmployee 類別的 toString 方法及 @Override 標記

toString 方法（第 93-101 行）很特殊——它是所有類別都會直接或間接繼承自 Object 類別的方法之一（我們會在 9.6 節整理這些方法）。toString 方法會傳回一個代表物件的 String。每當物件必須被轉變成 String 表示法，例如透過 %s 格式描述子，用 printf 或 String 的 format 方法輸出物件時，程式就會自動呼叫此方法。Object 類別的 toString 方法會傳回一個 String，其中包含物件的類別名稱。此方法主要是一個佔位符，可以被子類別所覆寫，以指定子類別物件中資料合適的 String 表示法。CommissionEmployee 類別的 toString 方法覆寫了 Object 類別的 toString 方法。在呼叫時，CommissionEmployee 的 toString 方法會使用 String 方法 format 來傳回一個 String，其中包含關於此 CommissionEmployee 的資訊。要覆寫父類別的方法，子類別必須宣告具有與父類別方法相同簽名式（方法名稱、參數數量、參數型別以及參數型別的順序）的方法—— Object 類別的 toString 方法無參數，所以 CommissionEmployee 類別宣告的 toString 也沒有任何參數。

第 93 行使用 **@Override 標記**（annotation）來指出下列方法宣告（例如 toString）應該覆寫父類別方法。此標記幫助編譯器抓取一些常見的錯誤。舉例來說，此例中，你會企圖覆寫父類別方法 toString，它以小寫 t 與大寫 S 拼成。如果你不慎使用小寫 s，編譯器會標記為錯誤，因為父類別不包含命名 toString 的方法。如果你沒用 **@Override 標記**，toString 會變成完全不同的方法，而且如果 CommissionEmployee 在 String 被需要時也不會被呼叫。

　　另外一個常見的覆寫錯誤，是在參數列中使用了錯誤的參數數量或型別。這些問題都會造成父類別方法意外的多載，而不是覆寫已存在的方法。如果你嘗試在子類別物件上呼叫此方法（有著正確數字與參數類型），父類別的版本會被忽略——可能造成細微的邏輯錯誤。當編譯器遇上用 @Override 宣告的方法時，它會比對此方法的簽名式與父類別方法的簽名式。如果兩者沒有完全匹配，編譯器就會發出錯誤訊息，諸如「方法並未覆寫或實作父類別的方法」。你便可以修改你方法的簽名式，令其能與父類別的方法完全匹配。

測試和除錯的小技巧 9.1

雖然 @Override 註解是選擇性的，請使用 @Override 標記來宣告覆寫方法，以在編譯時期確保你有正確地定義其簽名式。在編譯時期發現錯誤，永遠好過在執行時期發現。因此，圖 7.9 中的 toString 方法與第 8 章的範例應該與 @Override 一起宣告。

常見的程式設計錯誤 9.1

使用限制性較強的存取修飾詞去覆寫方法，是一種語法錯誤——父類別的 public 方法在子類別中不能變成 protected 或 private 方法；而父類別的 protected 方法在子類別中不能變成 private 方法。這樣做會破壞是一種關係；在此關係中，所有子類別的物件都要能夠回應對於父類別所宣告之 public 方法的呼叫。舉例來說，如果某個 public 方法可以被覆寫為 protected 方法或 private 方法，那麼子類別的物件就無法像父類別物件一樣地回應相同的方法呼叫。一旦某方法在父類別中宣告為 public，在其所有此類別的直接和間接子類別中，這個方法都會保持為 public。

CommissionEmployeeTest 類別

圖 9.5 會測試 CommissionEmployee 類別。第 9-10 行會實體化一個 CommissionEmployee 物件，並呼叫 CommissionEmployee 的建構子（圖 9.4 的第 13-34 行）以將其名字初始化為 "Sue"、姓氏初始化為 "Jones"、社會安全編號為 "222-22-2222"、總銷售量為 10000（10,000 美元）而抽佣比率為 .06（即 6%）。第 15-24 行使用了 CommissionEmployee 的 *get* 方法取得此物件的實體變數值以供輸出。第 26-27 行呼叫了此物件的 setGrossSales 方法與 setCommissionRate 方法，來變更實體變數 grossSales 和 commissionRate 的數值。第 29-30 行會輸出更新後的 CommissionEmployee 的 String 表示法。當物件透過 %s 格式描述子輸出時，程式就會自動呼叫物件的 toString 方法，以取得該物件的 String 表示法。[請注意：在本章中，我們並不會使用類別的 earnings 方法——它們會在第 10 章被大量地使用。]

```
1   // Fig. 9.5: CommissionEmployeeTest.java
2   // CommissionEmployee class test program.
3
4   public class CommissionEmployeeTest
```

圖 9.5　CommissionEmployee 類別測試程式 (1/2)

```
 5  {
 6     public static void main(String[] args)
 7     {
 8        // instantiate CommissionEmployee object
 9        CommissionEmployee employee = new CommissionEmployee(
10           "Sue", "Jones", "222-22-2222", 10000, .06);
11
12        // get commission employee data
13        System.out.println(
14           "Employee information obtained by get methods:");
15        System.out.printf("%n%s %s%n", "First name is",
16           employee.getFirstName());
17        System.out.printf("%s %s%n", "Last name is",
18           employee.getLastName());
19        System.out.printf("%s %s%n", "Social security number is",
20           employee.getSocialSecurityNumber());
21        System.out.printf("%s %.2f%n", "Gross sales is",
22           employee.getGrossSales());
23        System.out.printf("%s %.2f%n", "Commission rate is",
24           employee.getCommissionRate());
25
26        employee.setGrossSales(5000);
27        employee.setCommissionRate(.1);
28
29        System.out.printf("%n%s:%n%n%s%n",
30           "Updated employee information obtained by toString", employee);
31     } // end main
32  } // end class CommissionEmployeeTest
```

```
Employee information obtained by get methods:

First name is Sue
Last name is Jones
Social security number is 222-22-2222
Gross sales is 10000.00
Commission rate is 0.06

Updated employee information obtained by toString:

commission employee: Sue Jones
social security number: 222-22-2222
gross sales: 5000.00
commission rate: 0.10
```

圖 9.5　CommissionEmployee 類別測試程式 (2/2)

9.4.2　建立並使用 BasePlusCommissionEmployee 類別

我們現在要來討論關於繼承的第二部分，我們會宣告並測試（一個全新且獨立的）BasePlusCommissionEmployee 類別（圖 9.6），其中包含名字、姓氏、社會安全編號、總銷售額、抽佣比率與底薪。BasePlusCommissionEmployee 類別的 public 服務包含一個 BasePlusCommissionEmployee 建構子（第 15-42 行）、以及 earnings 方法（第 111-114 行）和 toString 方法（第 117-126 行）。第 45-108 行為類別的 private 實體變數（宣告於第 7-12 行　）firstName、lastName、socialSecurityNumber、grossSales、commissionRate

與 baseSalary 宣告了 public 的 *get* 方法與 *set* 方法。這些變數與方法，封裝了有底薪的佣金員工全部所需的特徵要素。請注意此類別和 CommissionEmployee 類別（圖 9.4）的相似之處——在本例中，我們尚未利用此一相似性。

```java
1  // Fig. 9.6: BasePlusCommissionEmployee.java
2  // BasePlusCommissionEmployee class represents an employee that receives
3  // a base salary in addition to commission.
4
5  public class BasePlusCommissionEmployee
6  {
7     private final String firstName;
8     private final String lastName;
9     private final String socialSecurityNumber;
10    private double grossSales; // gross weekly sales
11    private double commissionRate; // commission percentage
12    private double baseSalary; // base salary per week
13
14    // six-argument constructor
15    public BasePlusCommissionEmployee(String firstName, String lastName,
16       String socialSecurityNumber, double grossSales,
17       double commissionRate, double baseSalary)
18    {
19       // implicit call to Object's default constructor occurs here
20
21       // if grossSales is invalid throw exception
22       if (grossSales < 0.0)
23          throw new IllegalArgumentException(
24             "Gross sales must be >= 0.0");
25
26       // if commissionRate is invalid throw exception
27       if (commissionRate <= 0.0 || commissionRate >= 1.0)
28          throw new IllegalArgumentException(
29             "Commission rate must be > 0.0 and < 1.0");
30
31       // if baseSalary is invalid throw exception
32       if (baseSalary < 0.0)
33          throw new IllegalArgumentException(
34             "Base salary must be >= 0.0");
35
36       this.firstName = firstName;
37       this.lastName = lastName;
38       this.socialSecurityNumber = socialSecurityNumber;
39       this.grossSales = grossSales;
40       this.commissionRate = commissionRate;
41       this.baseSalary = baseSalary;
42    } // end constructor
43
44    // return first name
45    public String getFirstName()
46    {
47       return firstName;
48    }
49
50    // return last name
```

圖 9.6　BasePlusCommissionEmployee 類別代表除佣金外，還有領底薪的員工 (1/3)

```
51      public String getLastName()
52      {
53         return lastName;
54      }
55
56      // return social security number
57      public String getSocialSecurityNumber()
58      {
59         return socialSecurityNumber;
60      }
61
62      // set gross sales amount
63      public void setGrossSales(double grossSales)
64      {
65         if (grossSales < 0.0)
66            throw new IllegalArgumentException(
67               "Gross sales must be >= 0.0");
68
69         this.grossSales = grossSales;
70      }
71
72      // return gross sales amount
73      public double getGrossSales()
74      {
75         return grossSales;
76      }
77
78      // set commission rate
79      public void setCommissionRate(double commissionRate)
80      {
81         if (commissionRate <= 0.0 || commissionRate >= 1.0)
82            throw new IllegalArgumentException(
83               "Commission rate must be > 0.0 and < 1.0");
84
85         this.commissionRate = commissionRate;
86      }
87
88      // return commission rate
89      public double getCommissionRate()
90      {
91         return commissionRate;
92      }
93
94      // set base salary
95      public void setBaseSalary(double baseSalary)
96      {
97         if (baseSalary < 0.0)
98            throw new IllegalArgumentException(
99               "Base salary must be >= 0.0");
100
101        this.baseSalary = baseSalary;
102     }
103
104     // return base salary
105     public double getBaseSalary()
106     {
```

圖 9.6　BasePlusCommissionEmployee 類別代表除佣金外，還有領底薪的員工 (2/3)

```
107         return baseSalary;
108     }
109
110     // calculate earnings
111     public double earnings()
112     {
113         return baseSalary + (commissionRate * grossSales);
114     }
115
116     // return String representation of BasePlusCommissionEmployee
117     @Override
118     public String toString()
119     {
120         return String.format(
121             "%s: %s %s%n%s: %s%n%s: %.2f%n%s: %.2f%n%s: %.2f",
122             "base-salaried commission employee", firstName, lastName,
123             "social security number", socialSecurityNumber,
124             "gross sales", grossSales, "commission rate", commissionRate,
125             "base salary", baseSalary);
126     }
127 } // end class BasePlusCommissionEmployee
```

圖 9.6　BasePlusCommissionEmployee 類別代表除佣金外，還有領底薪的員工 (3/3)

　　BasePlusCommissionEmployee 在第 5 行中並沒有指定「extends Object」，所以此類別會自動擴充自 Object。此外，就跟 CommissionEmployee 類別的建構子（圖 9.4 的第 13-34 行）一樣，BasePlusCommissionEmployee 類別的建構子也會自動呼叫 Object 類別的預設建構子，如第 19 行的註解所示。

　　BasePlusCommissionEmployee 的 earnings 方法（第 111-114 行）會傳回將 BasePlusCommissionEmployee 的底薪，加上該雇員總銷售額乘以抽佣比率的運算結果。

　　BasePlusCommissionEmployee 類別覆寫了 Object 方法 toString 以傳回一個包含此 BasePlusCommissionEmployee 資訊的 String。再次，我們使用格式描述子 %2f 將總銷售額、抽佣比率與底薪，格式化為具有小數點後兩位精度的浮點數（第 121 行）。

測試 BasePlusCommissionEmployee 類別

圖 9.7 會測試 BasePlusCommissionEmployee 類別。第 9-11 行建立了一個 BasePlusCommissionEmployee 物件，並且傳遞 "Bob"、"Lewis"、"333-33-3333"、5000、0.04 及 300 給建構子，分別表示名字、姓氏、社會安全編號、總銷售額、抽佣比率以及底薪。第 16-27 行使用了 BasePlusCommissionEmployee 的 *get* 方法，取得此物件的實體變數值以供輸出。第 29 行呼叫了此物件的 setBaseSalary 方法來變更底薪。setBaseSalary 方法（圖 9.6 的第 95-102 行）會確認實體變數 baseSalary 不會被指派給負值。圖 9.7 的第 33 行明確地呼叫 toString 方法以取得此物件的 String 表示法。

```java
1    // Fig. 9.7: BasePlusCommissionEmployeeTest.java
2    // BasePlusCommissionEmployee test program.
3
4    public class BasePlusCommissionEmployeeTest
5    {
6       public static void main(String[] args)
7       {
8          // instantiate BasePlusCommissionEmployee object
9          BasePlusCommissionEmployee employee =
10            new BasePlusCommissionEmployee(
11            "Bob", "Lewis", "333-33-3333", 5000, .04, 300);
12
13         // get base-salaried commission employee data
14         System.out.println(
15            "Employee information obtained by get methods:");
16         System.out.printf("%n%s %s%n", "First name is",
17            employee.getFirstName());
18         System.out.printf("%s %s%n", "Last name is",
19            employee.getLastName());
20         System.out.printf("%s %s%n", "Social security number is",
21            employee.getSocialSecurityNumber());
22         System.out.printf("%s %.2f%n", "Gross sales is",
23            employee.getGrossSales());
24         System.out.printf("%s %.2f%n", "Commission rate is",
25            employee.getCommissionRate());
26         System.out.printf("%s %.2f%n", "Base salary is",
27            employee.getBaseSalary());
28
29         employee.setBaseSalary(1000);
30
31         System.out.printf("%n%s:%n%n%s%n",
32            "Updated employee information obtained by toString",
33            employee.toString());
34      } // end main
35   } // end class BasePlusCommissionEmployeeTest
```

```
Employee information obtained by get methods:

First name is Bob
Last name is Lewis
Social security number is 333-33-3333
Gross sales is 5000.00
Commission rate is 0.04
Base salary is 300.00

Updated employee information obtained by toString:

base-salaried commission employee: Bob Lewis
social security number: 333-33-3333
gross sales: 5000.00
commission rate: 0.04
base salary: 1000.00
```

圖 9.7　BasePlusCommissionEmployee 測試程式

關於 BasePlusCommissionEmployee 類別的注意事項

BasePlusCommissionEmployee 類別的程式碼（圖 9.6）大部分都跟 CommissionEmployee 類別（圖 9.4）相似，甚至一模一樣。例如，private 實體變數 firstName 和 lastName，還有方法 setFirstName、getFirstName、setLastName 與 getLastName，都跟 CommissionEmployee 類別一模一樣。兩個類別也都包含 private 實體變數 socialSecurityNumber、commissionRate、grossSales 以及與其對應的 *get* 及 *set* 方法。此外，BasePlusCommissionEmployee 的建構子幾乎和 CommissionEmployee 類別的建構子一模一樣，差別只在 BasePlusCommissionEmployee 的建構子也會設定 baseSalary。其餘新增到 BasePlusCommissionEmployee 類別的成員包括 private 實體變數 baseSalary，還有 setBaseSalary 及 getBaseSalary 方法。BasePlusCommissionEmployee 類別的 toString 方法幾乎與 CommissionEmployee 類別的 toString 方法一模一樣，差別只在前者也會用小數點後二位的精度輸出實體變數 baseSalary。

我們基本上是從 CommissionEmployee 類別將程式碼複製貼上到 BasePlusCommissionEmployee 類別，再修改 BasePlusCommissionEmployee 類別加入底薪與操作底薪的方法。這種「複製貼上」法經常錯誤叢生而且耗時費力。更糟糕的是，這樣做會將相同的程式碼散布在整個系統中，導致程式碼維護的夢魘。我們是否有途徑可以「吸收」某個類別的實體變數和方法，令其成為其他類別的一部分，而不用複製這些程式碼呢？接下來我們會回答這個問題，使用更優雅的方式來建構類別，以突顯出繼承的優點。

軟體工程的觀點 9.3
透過繼承，階層中所有類別共用的實體變數與方法會被宣告於父類別中。當父類別中的共用特性有所修改時——子類別就會跟著繼承這些修改。如果不用繼承，你就得對所有包含問題程式碼副本的原始檔進行修改。

9.4.3 建立 CommissionEmployee-BasePlusCommissionEmployee 繼承階層

我們現在要來重新宣告 BasePlusCommissionEmployee 類別（圖 9.8），此類別擴充自 CommissionEmployee 類別（圖 9.4）。BasePlusCommissionEmployee 類別物件是一種 CommissionEmployee，因為繼承會交付 CommissionEmployee 的功能。BasePlusCommissionEmployee 類別也具有實體變數 baseSalary（圖 9.8，第 6 行）。關鍵字 extends（第 4 行）指示了繼承。BasePlusCommissionEmployee 繼承了 CommissionEmployee 的實體變數與方法。

軟體工程的觀點 9.4
在物件導向系統的設計階段，你會找到關係靠近的特定類別。你應該「分解出」一般的實體變數與方法並且放置它們在父類別，然後使用繼承來發展子類別。

軟體工程的觀點 9.5
宣告子類別不會影響它的父類別的原始碼。繼承保存父類別的完整性。

　　只有 CommissionEmployee 的 public 與 protected 成員可以在子類別中被直接存取。CommissionEmployee 建構子並不會被繼承。因此，BasePlusCommissionEmployee 的 public 服務包含其建構子（第 9-23 行）、繼承自 CommissionEmployee 的 public 方法、以及 setBaseSalary 方法（第 26-33 行）、getBaseSalary（第 36-39 行）、earnings（第 42-47 行）還有 toString 方法（第 50-60 行）。earnings 方法和 toString 方法覆寫了 CommissionEmployee 類別中相對應的方法，因為它們的父類別版本並沒有正確地計算 BasePlusCommissionEmployee 的收入或傳回正確的 String 表示法。

```java
1  // Fig. 9.8: BasePlusCommissionEmployee.java
2  // private superclass members cannot be accessed in a subclass.
3
4  public class BasePlusCommissionEmployee extends CommissionEmployee
5  {
6     private double baseSalary; // base salary per week
7
8     // six-argument constructor
9     public BasePlusCommissionEmployee(String firstName, String lastName,
10       String socialSecurityNumber, double grossSales,
11       double commissionRate, double baseSalary)
12    {
13       // explicit call to superclass CommissionEmployee constructor
14       super(firstName, lastName, socialSecurityNumber,
15          grossSales, commissionRate);
16
17       // if baseSalary is invalid throw exception
18       if (baseSalary < 0.0)
19          throw new IllegalArgumentException(
20             "Base salary must be >= 0.0");
21
22       this.baseSalary = baseSalary;
23    }
24
25    // set base salary
26    public void setBaseSalary(double baseSalary)
27    {
28       if (baseSalary < 0.0)
29          throw new IllegalArgumentException(
30             "Base salary must be >= 0.0");
31
32       this.baseSalary = baseSalary;
33    }
34
35    // return base salary
36    public double getBaseSalary()
37    {
38       return baseSalary;
39    }
40
41    // calculate earnings
42    @Override
43    public double earnings()
44    {
45       // not allowed: commissionRate and grossSales private in superclass
46       return baseSalary + (commissionRate * grossSales);
```

圖 9.8　子類別不能存取父類別的 private 成員 (1/2)

```
47      }
48
49      // return String representation of BasePlusCommissionEmployee
50      @Override
51      public String toString()
52      {
53         // not allowed: attempts to access private superclass members
54         return String.format(
55            "%s: %s %s%n%s: %s%n%s: %.2f%n%s: %.2f%n%s: %.2f",
56            "base-salaried commission employee", firstName, lastName,
57            "social security number", socialSecurityNumber,
58            "gross sales", grossSales, "commission rate", commissionRate,
59            "base salary", baseSalary);
60      }
61 } // end class BasePlusCommissionEmployee
```

```
BasePlusCommissionEmployee.java:46: error: commissionRate has private access
in CommissionEmployee
      return baseSalary + (commissionRate * grossSales);
                           ^
BasePlusCommissionEmployee.java:46: error: grossSales has private access in
CommissionEmployee
      return baseSalary + (commissionRate * grossSales);
                                            ^
BasePlusCommissionEmployee.java:56: error: firstName has private access in
CommissionEmployee
          "base-salaried commission employee", firstName, lastName,
                                                ^
BasePlusCommissionEmployee.java:56: error: lastName has private access in
CommissionEmployee
          "base-salaried commission employee", firstName, lastName,
                                                           ^
BasePlusCommissionEmployee.java:57: error: socialSecurityNumber has private
access in CommissionEmployee
          "social security number", socialSecurityNumber,
                                    ^
BasePlusCommissionEmployee.java:58: error: grossSales has private access in
CommissionEmployee
          "gross sales", grossSales, "commission rate", commissionRate,
                         ^
BasePlusCommissionEmployee.java:58: error: commissionRate has private access
inCommissionEmployee
          "gross sales", grossSales, "commission rate", commissionRate,
                                                        ^
```

圖 9.8　子類別不能存取父類別的 private 成員 (2/2)

子類別的建構子必須呼叫父類別的建構子

所有子類別的建構子都一定要自動或明確地呼叫其父類別的建構子，以初始化繼承自父類別的實體變數。在第 14-15 行，BasePlusCommissionEmployee 的六引數建構子（第 9-23 行）中，明確地呼叫了 CommissionEmployee 類別的五引數建構子（宣告於圖 9.4 第 13-34 行）以初始化 BasePlusCommissionEmployee 物件中父類別的部分（意即變數 firstName、 lastName、socialSecurityNumber、grossSales 與 commissionRate）。我們會透過**父類別建構子呼叫語法（superclass constructor call syntex）**來進行這項工作——使用 super 關鍵字，後頭加上一對小括號，包含父類別建構子的引數。其被使用來初始化父類別實體變數 firstName、lastName、socialSecurityNumber、grossSales 與 commissionRate。

如果 BasePlusCommissionEmployee 的建構子不會明確的呼叫父類別的建構子，編譯器呼叫父類別的無引數建構子或預設建構子。CommissionEmployee 類別並沒有無引數或預設建構子，因此編譯器會發出錯誤訊息。圖 9.8 第 14-15 行明確地呼叫父類別建構子，必須是子類別建構子主體中的第一個敘述。當父類別包含無引數建構子，你可以使用 super() 來明確地呼叫該建構子，但很少人會這樣做。

軟體工程的觀點 9.6
你先前學過不應該從建構子呼叫一個類別的方法，我們會在第 10 章中解釋。從一個子類別呼叫一個父類別不會否定這個建議。

BasePlusCommissionEmployee 的 Earnings 和 toString 方法

編譯器碰到圖 9.8 的第 46 行時會產生錯誤，因為父類別 CommissionEmployee 的實體變數 commissionRate 與 grossSales 都宣告為 private——子類別 BasePlusCommissionEmployee 的方法並不被允許使用父類別 CommissionEmployee 的 private 實體變數。我們在圖 9.8 中來標示出錯誤的程式碼。基於同個理由，編譯器也會對 BasePlusCommissionEmployee 的 toString 方法的第 56-58 行，發出其他的錯誤訊息。使用繼承自 CommissionEmployee 類別的 *get* 方法，就可以避免 BasePlusCommissionEmployee 的錯誤。舉例來說，第 46 行可以分別使用 getCommissionRate 與 getGrassSales 來存取 CommissionEmployee 的 private 實體變數 commissionRate 與 grossSales。第 56-58 行也可以使用適當的 *get* 方法來取得父類別的實體變數值。

9.4.4 使用 protected 實體變數的 CommissionEmployee-BasePlusCommissionEmployee 繼承階層

為了讓 BasePlusCommissionEmployee 類別可以直接存取父類別的實體變數 firstName、lastName、socialSecurityNumber、grossSaies 與 commissionRate，我們可以在父類別將這些成員宣告為 protected。就像我們在 9.3 節所討論的，父類別的 protected 成員可以被所有該父類別的子類別所存取。在新的 CommissionEmployee 類別中，我們只修改了圖 9.4 的第 6–10 行，改用 protected 存取修飾詞來宣告這些實體變數如下：

```
protected final String firstName;
protected final String lastName;
protected final String socialSecurityNumber;
protected double grossSales; // gross weekly sales
protected double commissionRate; // commission percentage
```

類別宣告的其他部分，都和圖 9.4 一模一樣（我們不會在此展示）。

　我 們 也 可 以 將 CommissionEmployee 的 實 體 變 數 宣 告 爲 public， 讓 子 類 別 BasePlusCommissionEmployee 可以存取它們。然而，宣告 public 實體變數是很糟糕的軟體 工程，因爲這樣會讓人不設限地存取這些變數，而大大增加了出錯的機率。透過 protected 實 體變數，子類別就能使用這些實體變數；但那些不是子類別，也不屬於同個套件的類別，就無 法直接存取這些變數——請回想一下，protected 類別成員，也能被同套件的其他類別看見。

BasePlusCommissionEmployee 類別

BasePlusCommissionEmployee 類 別（ 圖 9.9） 擴 充 自 使 用 protected 實 體 變 數 的 新 版 CommissionEmployee 類 別。BasePlusCommissionEmployee 物 件 會 繼 承 CommissionEmployee 的 protected 實 體 變 數 firstName、lastName、 socialSecurityNumber、grossSales 及 commissionRate —— 這 些 變 數 現 在 都 是 BasePlusCommissionEmployee 的 protected 成員。因此，編譯器在編譯 earnings 方法的第 45 行，以及 toString 方法的第 54-56 行時，便不會再產生錯誤訊息。如果還有其他類別擴充 了此一版本的 BasePlusCommissionEmployee，新的子類別也可以存取這些 protected 成員。

```java
1  // Fig. 9.9: BasePlusCommissionEmployee.java
2  // BasePlusCommissionEmployee inherits protected instance
3  // variables from CommissionEmployee.
4
5  public class BasePlusCommissionEmployee extends CommissionEmployee
6  {
7     private double baseSalary; // base salary per week
8
9     // six-argument constructor
10    public BasePlusCommissionEmployee(String firstName, String lastName,
11       String socialSecurityNumber, double grossSales,
12       double commissionRate, double baseSalary)
13    {
14       super(firstName, lastName, socialSecurityNumber,
15          grossSales, commissionRate);
16
17       // if baseSalary is invalid throw exception
18       if (baseSalary < 0.0)
19          throw new IllegalArgumentException(
20             "Base salary must be >= 0.0");
21
22       this.baseSalary = baseSalary;
23    }
24
25    // set base salary
26    public void setBaseSalary(double baseSalary)
27    {
28       if (baseSalary < 0.0)
29          throw new IllegalArgumentException(
30             "Base salary must be >= 0.0");
31
32       this.baseSalary = baseSalary;
33    }
```

圖 9.9　BasePlusCommissionEmployee 會從 CommissionEmployee 繼承 protected 實體變數 (1/2)

```
34
35      // return base salary
36      public double getBaseSalary()
37      {
38          return baseSalary;
39      }
40
41      // calculate earnings
42      @Override
43      public double earnings()
44      {
45          return baseSalary + (commissionRate * grossSales);
46      }
47
48      // return String representation of BasePlusCommissionEmployee
49      @Override
50      public String toString()
51      {
52          return String.format(
53              "%s: %s %s%n%s: %s%n%s: %.2f%n%s: %.2f%n%s: %.2f",
54              "base-salaried commission employee", firstName, lastName,
55              "social security number", socialSecurityNumber,
56              "gross sales", grossSales, "commission rate", commissionRate,
57              "base salary", baseSalary);
58      }
59 } // end class BasePlusCommissionEmployee
```

圖 9.9　BasePlusCommissionEmployee 會從 CommissionEmployee 繼承 protected 實體變數 (2/2)

一個子類別物件包含所有父類別的實體變數

當你建立 BasePlusCommissionEmployee 物件時，它會包含繼承階層中到目前為止所宣告的所有實體變數——亦即所有來自 Object、CommissionEmployee 與 BasePlusCommissionEmployee 類別的實體變數。BasePlusCommissionEmployee 類別並不會繼承 CommissionEmployee 的五引數建構子，但是會明確地呼叫它（第 14-15 行），以初始化 BasePlusCommissionEmployee 繼承自 CommissionEmployee 類別的實體變數。同樣地，CommissionEmployee 類別的建構子會自動呼叫 Object 類別的建構子。BasePlusCommissionEmployee 的建構子必須明確地呼叫 CommissionEmployee 的建構子，因為 CommissionEmployee 並沒有提供可以自動呼叫的無引數建構子。

測試 BasePlusCommissionEmployee 類別

此例中的 BasePlusCommissionEmployee 類別跟圖 9.7 一模一樣，也會產生同樣的輸出，所以我們並不在此展示。雖然圖 9.6 的 BasePlusCommissionEmployee 類別版本並未使用繼承，而圖 9.9 的版本使用了繼承，但這兩種類別提供的是相同的服務。圖 9.9 的原始碼（第 59 行）比圖 9.6（第 127 行）短上許多，因為大多數 BasePlusCommissionEmployee 的功能，現在都是繼承自 CommissionEmployee——現在 CommissionEmployee 類別的功能只有一個副本。這令程式碼較易於維護、修改與偵錯，因為與佣金員工相關的程式碼，只存在於 CommissionEmployee 類別中。

關於使用 protected 實體變數的注意事項

在此例中，我們將父類別的實體變數宣告為 protected，讓子類別可以存取它們。繼承 protected 實體變數可以稍微提昇效能，因為我們在子類別中可以直接存取這些變數，而不用擔負 *set* 或 *get* 方法呼叫的管理負擔。然而在多數情況下，使用 private 實體變數以鼓勵妥善的軟體工程，把程式碼最佳化的問題交給編譯器，是較佳的做法。你的程式碼會較易於維護、修改與偵錯。

　　使用 protected 實體變數會造成幾個潛在問題。第一，子類別物件可以直接設定所繼承的變數值，無須使用 *set* 方法。因此，子類別物件有可能會指派無效的數值給變數，造成物件可能處於不正確的狀態。舉例來說，如果我們將 CommissionEmployee 的實體變數 grossSales 宣告為 protected，子類別物件（比如 BasePlusCommissionEmployee）就可以將負值指派給 grossSales。另一個使用 protected 實體變數的問題，就是我們會有比較高的機率，將子類別方法撰寫為相依於父類別的資料實作。在實際操作上，子類別應該只相依於父類別的服務（亦即非 private 方法），而不能相依於父類別的資料實作。在父類別中使用 protected 實體變數，如果父類別的實作有所改變，我們可能得修改所有該父類別的子類別。例如，如果為了某些原因，我們要將實體變數 firstName 和 lastName 的名稱改為 first 和 last，就得對子類別中所有對於父類別實體變數 firstName 與 lastName 的直接參照也隨之修改。

　　在這種情況下，我們會說此軟體很**脆弱（fragile）**或**易碎（brittle）**；因為父類別的小小修改，都有可能「毀壞」子類別的實作。你應該要能夠自由修改父類別的實作，但同時仍提供相同的服務給子類別。當然，如果父類別的服務有所改變，我們還是得重新實作子類別。第三個問題在於，類別的 protected 成員會被同套件的所有類別看見，就和包含這些 protected 成員的類別一樣，我們不見得總是想要這樣。

軟體工程的觀點 9.7
當父類別的某個方法只應提供給其子類別與同套件的其他類別，但不應提供給其他使用者時，請使用 protected 存取修飾詞。

軟體工程的觀點 9.8
將父類別的實體變數宣告為 private（而非 protected），讓我們可以修改這些實體變數的父類別實作，而不會影響到子類別的實作。

測試和除錯的小技巧 9.2
盡可能不要在父類別中加入 protected 實體變數。反之，請加入用來存取 private 實體變數的非 private 方法。這樣做能確保該類別的物件能保持在正確的狀態。

9.4.5　使用 private 實體變數的 CommissionEmployee-BasePlusCommissionEmployee 繼承階層

CommissionEmployee 繼承階層

CommissionEmployee 類別（圖 9.10）將實體變數 firstName、lastName、socialSecurityNumber、grossSales 與 commissionRate　宣告為 private（第 6–10 行）並提供了 public 方法 getFirstName、getLastName、getSocialSecurityNumber、setGrossSales、getGrossSales、setCommissionRate、getCommissionRate、earnings 和 toString，以操作這些數值。earnings 方法（第 93-96 行）與 toString 方法（第 99-107 行）使用了此類別的 get 方法來取得實體變數的數值。如果我們決定修改實體變數的名稱，earnings 方法跟 toString 方法的宣告就不需要跟著修改——只有直接操作變數的 set 方法和 get 方法主體需要修改。這些修改只發生在父類別中——子類別不需要任何改變。像這樣將修改所造成的影響只限制在特定區域中擴散，是一種優良的軟體工程實作方式。

```java
1  // Fig. 9.10: CommissionEmployee.java
2  // CommissionEmployee class uses methods to manipulate its
3  // private instance variables.
4  public class CommissionEmployee
5  {
6     private final String firstName;
7     private final String lastName;
8     private final String socialSecurityNumber;
9     private double grossSales; // gross weekly sales
10    private double commissionRate; // commission percentage
11
12    // five-argument constructor
13    public CommissionEmployee(String firstName, String lastName,
14       String socialSecurityNumber, double grossSales,
15       double commissionRate)
16    {
17       // implicit call to Object constructor occurs here
18
19       // if grossSales is invalid throw exception
20       if (grossSales < 0.0)
21          throw new IllegalArgumentException(
22             "Gross sales must be >= 0.0");
23
24       // if commissionRate is invalid throw exception
25       if (commissionRate <= 0.0 || commissionRate >= 1.0)
26          throw new IllegalArgumentException(
27             "Commission rate must be > 0.0 and < 1.0");
28
29       this.firstName = firstName;
30       this.lastName = lastName;
31       this.socialSecurityNumber = socialSecurityNumber;
```

圖 9.10　CommissionEmployee 類別會使用方法來操作其 private 實體變數 (1/3)

```
32          this.grossSales = grossSales;
33          this.commissionRate = commissionRate;
34      } // end constructor
35
36      // return first name
37      public String getFirstName()
38      {
39          return firstName;
40      }
41
42      // return last name
43      public String getLastName()
44      {
45          return lastName;
46      }
47
48      // return social security number
49      public String getSocialSecurityNumber()
50      {
51          return socialSecurityNumber;
52      }
53
54      // set gross sales amount
55      public void setGrossSales(double grossSales)
56      {
57          if (grossSales < 0.0)
58              throw new IllegalArgumentException(
59                  "Gross sales must be >= 0.0");
60
61          this.grossSales = grossSales;
62      }
63
64      // return gross sales amount
65      public double getGrossSales()
66      {
67          return grossSales;
68      }
69
70      // set commission rate
71      public void setCommissionRate(double commissionRate)
72      {
73          if (commissionRate <= 0.0 || commissionRate >= 1.0)
74              throw new IllegalArgumentException(
75                  "Commission rate must be > 0.0 and < 1.0");
76
77          this.commissionRate = commissionRate;
78      }
79
80      // return commission rate
81      public double getCommissionRate()
82      {
83          return commissionRate;
84      }
85
86      // calculate earnings
```

圖 9.10 CommissionEmployee 類別會使用方法來操作其 private 實體變數 (2/3)

```
87      public double earnings()
88      {
89          return getCommissionRate() * getGrossSales();
90      }
91
92      // return String representation of CommissionEmployee object
93      @Override
94      public String toString()
95      {
96          return String.format("%s: %s %s%n%s: %s%n%s: %.2f%n%s: %.2f",
97              "commission employee", getFirstName(), getLastName(),
98              "social security number", getSocialSecurityNumber(),
99              "gross sales", getGrossSales(),
100             "commission rate", getCommissionRate());
101     }
102 } // end class CommissionEmployee
```

圖 9.10　CommissionEmployee 類別會使用方法來操作其 private 實體變數 (3/3)

BasePlusCommissionEmployee 類別

子類別 BasePlusCommissionEmployee（圖 9.11）繼承了 CommissionEmployee 的非 private 方法，並且能夠透過這些方法存取父類別的 private 成員。BasePlusCommissionEmployee 類別有幾處修改，和圖 9.9 有所不同。earnings 方法（第 43-47 行）與 toString 方法（第 50-55 行）都會呼叫 getBaseSalary 方法來取得底薪值，而非直接存取 baseSalary。如果我們決定要重新命名實體變數 baseSalary，則只有 setBaseSalary 方法和 getBaseSalary 方法的主體需要修改而已。

```
1  // Fig. 9.11: BasePlusCommissionEmployee.java
2  // BasePlusCommissionEmployee class inherits from CommissionEmployee
3  // and accesses the superclass's private data via inherited
4  // public methods.
5
6  public class BasePlusCommissionEmployee extends CommissionEmployee
7  {
8      private double baseSalary; // base salary per week
9
10     // six-argument constructor
11     public BasePlusCommissionEmployee(String firstName, String lastName,
12         String socialSecurityNumber, double grossSales,
13         double commissionRate, double baseSalary)
14     {
15         super(firstName, lastName, socialSecurityNumber,
16             grossSales, commissionRate);
17
18         // if baseSalary is invalid throw exception
19         if (baseSalary < 0.0)
20             throw new IllegalArgumentException(
21                 "Base salary must be >= 0.0");
22
```

圖 9.11　BasePlusCommissionEmployee 類別繼承自 CommissionEmployee，並且透過所繼承的 public 方法來存取父類別的 private 資料 (1/2)

```
23        this.baseSalary = baseSalary;
24     }
25
26     // set base salary
27     public void setBaseSalary(double baseSalary)
28     {
29        if (baseSalary < 0.0)
30           throw new IllegalArgumentException(
31              "Base salary must be >= 0.0");
32
33        this.baseSalary = baseSalary;
34     }
35
36     // return base salary
37     public double getBaseSalary()
38     {
39        return baseSalary;
40     }
41
42     // calculate earnings
43     @Override
44     public double earnings()
45     {
46        return getBaseSalary() + super.earnings();
47     }
48
49     // return String representation of BasePlusCommissionEmployee
50     @Override
51     public String toString()
52     {
53        return String.format("%s %s%n%s: %.2f", "base-salaried",
54           super.toString(), "base salary", getBaseSalary());
55     }
56 } // end class BasePlusCommissionEmployee
```

圖 9.11　BasePlusCommissionEmployee 類別繼承自 CommissionEmployee，並且透過所繼承的 public 方法來存取父類別的 private 資料 (2/2)

BasePlusCommissionEmployee 類別的 earnings 方法

earnings 方法（第 43-47 行）覆寫了 CommissionEmployee 的 earnings 方法（圖 9.10，第 87-90 行），以計算有底薪的佣金員工的收入。這個新版的方法，會藉由使用 super.earnings()（第 46 行）來呼叫 CommissionEmployee 的 earnings 方法，以取得收入中佣金的部分。請注意子類別用來呼叫被覆寫的父類別方法時所使用的語法——在父類別方法名稱的前面，加上關鍵字 super 與點號 (.) 分隔符號。此一方法呼叫是良好的軟體工程實作方式——如果某方法能執行另一個方法全部或部分的行為，請呼叫此方法，不要複製其程式碼。藉由讓 BasePlusCommissionEmployee 的 earnings 方法呼叫 CommissionEmployee 的 earnings 方法來計算 BasePlusCommissionEmployee 物件的部分收入，我們就可以避免複製程式碼，而減少程式碼維護的問題。

常見的程式設計錯誤 9.2
當父類別的方法被子類別覆寫時，子類別的版本經常會呼叫父類別的版本來執行部分的工作。在呼叫父類別方法時，如果沒有在父類別方法名稱的前面加上關鍵字 super 及點號（.）分隔符號，就會造成子類別方法呼叫自己，而可能造成稱為無窮遞迴的錯誤。遞迴，如果使用得當，是一種強大的功能，我們會在第 18 章加以討論。

BasePlusCommissionEmployee 類別的 toString 方法

同樣地，BasePlusCommissionEmployee 的 toString 方法（圖 9.11，第 50-55 行）也覆寫了 CommissionEmployee 的 toString 方法（圖 9.10，第 93-101 行），以傳回某位有底薪的佣金員工適當的 String 表示法。這個新版的方法藉由運算式 super.toString()（圖 9.11，第 54 行）來呼叫 CommissionEmployee 的 toString 方法，以建立 BasePlusCommissionEmployee 物件部分的 String 表示法（亦即字串 "commission employee" 以及 CommissionEmployee 類別的 private 實體變數值）。BasePlusCommissionEmployee 的 toString 方法接著會輸出 BasePlusCommissionEmployee 物件剩下的 String 表示法（亦即 BasePlusCommissionEmployee 類別的底薪數值）。

測試 BasePlusCommissionEmployee 類別

BasePlusCommissionEmployeeTest 類別會對於 BasePlusCommissionEmployee 物件執行與圖 9.7 相同的操作，並產生同樣的輸出，所以我們並不在此展示它。雖然你看到的每個 BasePlusCommissionEmployee 類別都會展現一模一樣的行為，但圖 9.11 的版本才是最佳的軟體工程。藉由繼承及呼叫能夠隱藏資料以確保正確性的方法，既有效率也有效地建構出了一個設計優良的類別。

9.5　子類別的建構子

我們曾解釋過，實體化子類別的物件時，會在子類別的建構子中，啟動連鎖的建構子呼叫，子類別建構子在執行其工作前，會先呼叫其直接父類別的建構子，它可以明確地透過 super 參照來呼叫，或自動地呼叫父類別的預設建構子或無引數建構子。同樣地，如果此父類別是衍生自其他類別——當然，所有類別都是如此，除了 Object 以外——這個父類別建構子就會呼叫階層中上一層類別的建構子，然後依此類推下去。連鎖呼叫中最後呼叫的建構子，永遠是 Object 類別的建構子。原始子類別建構子的主體，會最後一個結束執行。所有父類別的建構子都會操作子類別所繼承的父類別實體變數。例如，請再次考量圖 9.10 及圖 9.11 的 CommissionEmployee-BasePlusCommissionEmployee 階層。

　　當程式建立 BasePlusCommissionEmployee 物件時，會呼叫其建構子。這個建構子會呼叫 CommissionEmployee 的建構子，後者又會呼叫 Object 的建構子。Object 類別的建構子主體是空的，所以會立即將控制權傳回給 CommissionEmployee 的建構子，後者接著會初始化 CommissionEmployee 的 private 實體變數，而這些變數也是 BasePlusCommissionEmployee

物件的一部分。當 CommissionEmployee 的建構子執行完畢之後，會將控制權傳回給 BasePlusCommissionEmployee 的建構子，後者會初始化 BasePlusCommissionEmployee 物件的 baseSalary。

軟體工程的觀點 9.9

即使建構子沒有指派數值給實體變數，Java 還是會確保這些變數會被初始化為其預設值（例如，基本數值型別會被設為 0，boolean 會被設為 false，參照會被設為 null）。

9.6　Object 類別

如我們在本章稍早所討論的，在 Java 中所有的類別都直接或間接繼承自 Object 類別（java.lang 套件），所以其他所有的類別都會繼承 Object 類別的 11 個方法（有些是多載的）。圖 9.12 整理了 Object 的方法。我們會在本書各處，討論到幾種 Object 方法（如圖 9.12 中所示）。

方法	說明
equals	此方法會比較二個物件是否相等，如果相等則傳回 true，否則傳回 false。此方法會取用任何 Object 作為引數。如果必須比較特定類別的物件是否相等，則此類別應該要覆寫 equals 方法以比較二物件的內容是否相同。實作此方法的需求，請參考此方法的說明文件，位於 docs.oracle.com/javase/7/docs/api/java/lang/Object.html#equals(java.lang.Object)。equals 預設的實作方式，是使用運算子 == 來判斷兩個參照是否指向記憶體中的同個物件。14.3.3 節會說明 String 類別的 equals 方法，並分辨使用 == 來比較 String 物件和使用 equals 有何不同。
hashCode	Hashcodes 是一筆 int 數值，會被使用在稱為雜湊表（討論於 16.11 節）的資料結構中，進行資訊的高速儲存及取用。此方法在 Object 類別預設的 toString 方法中，也有加以呼叫。
toString	此方法（於 9.4.1 節介紹過）會傳回物件的 String 表示法。此方法預設的實作方式，會傳回該物件的套件名稱及其類別名稱，之後加上該物件的 hashCode 方法所傳回的數值的十六進位表示法。
wait, notify,notifyAll	notify、notifyAll 方法與三種多載版本的 wait 是跟多線執行有關，我們會在第 23 章加以討論。
getClass	Java 的所有物件在執行時都曉得自己的型別。getClass 方法（使用於 10.5 和 12.5 節）會傳回一個 Class 類別（java.lang 套件）的物件，包含關於物件型別的資訊，例如類別名稱（由 Class 方法 getName 傳回）。
finalize	此一 protected 方法會在垃圾收集器回收物件的記憶體之前，由垃圾收集器所呼叫，來執行物件終止時的清理工作。請回想一下（於 8.10 節中介紹），我們無法確知 finalize 方法何時，或會否被呼叫。因此，大多數程式設計師應該要避免使用 finalize 方法。

圖 9.12　Object 方法 (1/2)

方法	說明
clone	這個 protected 方法不取用引數，會傳回一個 Object 參照，在呼叫時會複製物件的副本。其預設的實作方式會進行所謂的**淺層複製（shallow copy）**——物件的實體變數值，會被複製到同型別的另一物件中。對參照型別來說，則只會複製其參照。覆寫 clone 方法的典型實作，是進行**深層複製（deep copy）**，為所有參照型別的實體變數都產生新物件。要正確地實作 clone 相當困難。因此，我們並不鼓勵你使用它。許多業界的專家建議，應該要改為使用物件的序列化。我們會在第 15 章討論物件的序列化。從第 7 章得知陣列是物件。因此，如同其他的物件，陣列繼承 Object 類別的成員。每個陣列都擁有覆寫 clone 方法，作為陣列的副本。然而如果陣列儲存參照到物件，這個物件就不會被複製，也就是進行淺層複製。

圖 9.12　Object 方法 (2/2)

9.7　（選讀）GUI 與繪圖案例研究：使用標籤來顯示文字與圖像

程式在圖形使用者介面中，需要顯示資訊或指引給使用者時，經常會使用標籤。**標籤（label）**是一種用來識別螢幕上的 GUI 元件，並且隨時告知使用者程式目前狀態的便利方式。在 Java 中，**JLabel** 類別（來自 javax.swing 套件）的物件能夠顯示文字、圖片或同時顯示兩者。圖 9.13 的範例示範了幾種 JLabel 功能，包括一個純文字的標籤，以及一個同時包含文字及圖片的標籤。

```java
1  // Fig 9.13: LabelDemo.java
2  // Demonstrates the use of labels.
3  import java.awt.BorderLayout;
4  import javax.swing.ImageIcon;
5  import javax.swing.JLabel;
6  import javax.swing.JFrame;
7
8  public class LabelDemo
9  {
10    public static void main(String[] args)
11    {
12       // Create a label with plain text
13       JLabel northLabel = new JLabel("North");
14
15       // create an icon from an image so we can put it on a JLabel
16       ImageIcon labelIcon = new ImageIcon("GUItip.gif");
17
18       // create a label with an Icon instead of text
19       JLabel centerLabel = new JLabel(labelIcon);
20
21       // create another label with an Icon
22       JLabel southLabel = new JLabel(labelIcon);
```

圖 9.13　包含文字和圖片的 JLabel (1/2)

```
23
24        // set the label to display text (as well as an icon)
25        southLabel.setText("South");
26
27         // create a frame to hold the labels
28        JFrame application = new JFrame();
29
30        application.setDefaultCloseOperation(JFrame.EXIT_ON_CLOSE);
31
32        // add the labels to the frame; the second argument specifies
33        // where on the frame to add the label
34        application.add(northLabel, BorderLayout.NORTH);
35        application.add(centerLabel, BorderLayout.CENTER);
36        application.add(southLabel, BorderLayout.SOUTH);
37
38        application.setSize(300, 300); // set the size of the frame
39        application.setVisible(true); // show the frame
40    } // end main
41 } // end class LabelDemo
```

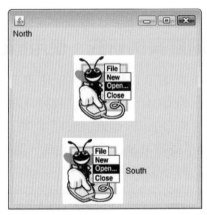

圖 9.13　包含文字和圖片的 JLabel (2/2)

　　第 3–6 行匯入了我們要顯示 JLabel 所需的類別。java.awt 套件的 BorderLayout 包含可用來指定將 GUI 元件放在 JFrame 何處的常數。ImageIcon 類別代表一張可以顯示在 JLabel 上頭的圖片，JFrame 類別則代表包含所有標籤的視窗。

　　第 13 行建立了一個 JLabel，會顯示其建構子引數──字串 "North"。第 16 行宣告了區域變數 labelIcon，並將一個新的 ImageIcon 指派給它。ImageIcon 的建構子會接收一個 String，指出圖片的路徑。由於我們只指定了檔案名稱，所以 Java 會假設它跟 LabelDemo 類別位在同一個目錄中。ImageIcon 可以載入 GIF、JPEG 與 PNG 格式的影像。第 19 行使用了會顯示 labelIcone 的 JLabel 來宣告並初始化區域變數 centerLabel。第 22 行使用了類似第 19 行的 JLabel 來宣告並初始化區域變數 southLabel。然而，第 25 行呼叫了 setText 方法來改變此標籤所顯示的文字。我們可以對任何 JLabel 呼叫 setText 來改變其文字。這個 JLabel 會同時顯示圖示與文字。

　　第 28 行建立了會顯示這些 JLabel 的 JFrame，第 30 行則指出程式應當要在 JFrame 關閉時隨之結束。我們在第 34-36 行藉由呼叫具兩個參數的多載 add 方法版本，將這些標籤加至 JFrame。第一個參數是我們想要加入的元件，第二個參數則是此元件應該放置的區域。所有的 JFrame 都有一個相關的**版面配置（layout）**，來幫助 JFrame 定位所加入的 GUI 元件。JFrame 預設的版面配置稱爲 **BorderLayout（邊界版面配置）**，包含五個區域── NORTH（上方）、SOUTH（下方）、EAST（右方）、WEST（左方）還有 CENTER（中央）。這五個區域，都在類別 BorderLayout 中宣告爲常數。若呼叫一個引數的 add 方法時，JFrame 會自動將元件放在 CENTER。假如某個位置上已經有元件存在，新來的元件就會取代其位置。第 38 和 39 行設定了 JFrame 的大小，並令其顯示在螢幕上頭。

GUI 與繪圖案例研究習題

9.1 請修改習題 8.1 的 GUI 與繪圖案例研究習題，加入一個 JLabel 作爲狀態列，顯示出所顯示的各種圖形各有幾個。DrawPanel 類別應該要宣告一個方法，傳回一個包含狀態文字的 String。main 方法會先建立 DrawPanel，然後建立 JLabel，將這個狀態文字作爲引數傳遞給 JLabel 的建構子。請將這個 JLabel 物件附加到 JFrame 的 SOUTH 區域，如圖 9.14 所示。

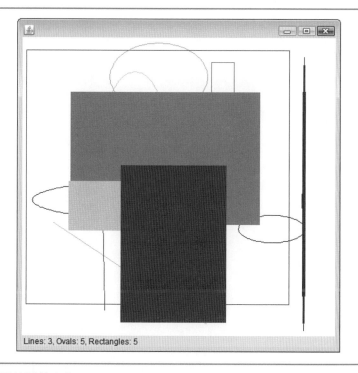

圖 9.14 會顯示圖形統計數字的 JLabel

9.8 總結

本章介紹了繼承——藉由吸收現有類別的成員，並在其之上加入新功能，來建立類別的能力。你學到父類別與子類別的概念，以及使用關鍵字 extends 來建立子類別，繼承父類別的成員。我們說明了要如何使用 @Override 標記來指明欲覆寫父類別方法的方法，以避免意外的方法多載。我們介紹了 protected 存取修飾詞，子類別的方法可以直接存取父類別的 protected 成員。你也學到如何使用 super 來存取被覆寫的父類別成員。你也看到在繼承階層中會如何使用建構子。最後，你也學到 Object 類別的方法，Object 類別是所有 Java 類別的直接或間接父類別。

在第 10 章，會藉由介紹多型，更進一步地討論繼承機制——多型是一種物件導向的概念，讓我們能夠撰寫程式，以更一般化的方式，便利地處理因繼承而彼此牽連的各式各樣類別物件。在研讀完第 10 章之後，你就會熟悉類別、物件、封裝、繼承和多型——物件導向程式設計的關鍵技術。

摘要

9.1　簡介

- 繼承可以縮短程式開發時程。
- 子類別（在類別宣告的第一行中以關鍵字 extends 來指示）的直接父類別，意指子類別所繼承的父類別。間接父類別則是指在類別階層中，距離子類別兩層以上的父類別。
- 在單一繼承中，類別只會衍生自一個直接父類別。在多重繼承中，類別則可以衍生自多個直接父類別。Java 並不支援多重繼承。
- 子類別比其父類別要來得特定，代表較小的物件群組。
- 子類別的每個物件，也都是其父類別的物件。然而，父類別的物件並不是其子類別的物件。
- 是一種關係代表繼承。在是一種關係中，子類別的物件也可以視爲父類別物件來處理。
- 擁有關係則代表複合。在擁有關係中，類別物件中包含了指向其他類別物件的參照。

9.2　父類別與子類別

- 單一繼承關係會構成樹狀的階層架構——父類別與其子類別之間，存在著階層關係。

9.3　protected 成員

- 只要程式擁有指向父類別或其任何一個子類別的物件參照，就可以隨時隨地存取父類別的 public 成員。
- 父類別的 private 成員，則只有在父類別的宣告中才能直接存取。
- 父類別的 protected 成員，保護層級介於 public 和 private 存取權之間。這些成員可以被父類別的成員、其子類別的成員，以及同套件中其他類別的成員所取用。
- 父類別的 private 成員會在子類別中遭到隱藏，只能夠透過繼承自父類別的 public 或 protected 方法來加以存取。
- 子類別可以在父類別方法名稱前面加上 super 與點號 (.) 分隔符號，來取用被覆寫的父類別方法。

9.4　父類別與子類別之間的關係

- 子類別不能存取其父類別的 private 成員，但可以存取其非 private 成員。
- 子類別可以使用關鍵字 super，後頭加上一對小括號，包含父類別建構子的引數，來呼叫父類別的建構子。這個敘述必須是子類別建構子主體的第一個敘述。
- 父類別的方法有可能在子類別中遭到覆寫，以爲此子類別宣告適合的實作。
- 標記 @Override 會指出某個方法應該要覆寫父類別的方法。當編譯器遇到宣告爲 @Override 的方法，會比對此方法的簽名式和父類別的方法簽名式。如果找不到完全準確的匹配，編譯器就會發出錯誤訊息，諸如「方法並未覆寫或實作父型別的方法」。
- toString 方法不取用引數，會傳回一個 String。Object 類別的 toString 方法通常會被子類別覆寫。

- 在使用 **%s** 格式描述子輸出物件時，會自動呼叫該物件的 **toString** 方法，以取得其 **String** 表示法。

9.5 子類別的建構子

- 子類別建構子的第一個工作，是呼叫其直接父類別的建構子，以確保繼承自父類別的變數有得到初始化。

9.6 Object 類別

- 請參考圖 9.12 Object 類別的方法表格。

自我測驗題

9.1 請填入下列敘述的空格：

a) _____ 是一種軟體再利用的形式，使用它，新的類別會取得現存類別的成員，然後加上新功能。

b) 父類別的 _____ 成員，可以在父類別的宣告和子類別的宣告中加以存取。

c) 在 _____ 關係中，子類別的物件也可以視爲其父類別的物件來加以處理。

d) 在 _____ 關係中，類別物件會包含指向其他類別物件的參照作爲成員。

e) 在單一繼承中，類別與其子類別存在 _____ 關係。

f) 只要程式擁有指向父類別物件，或任何其子類別物件的參照，便可以在任何地方存取父類別的 _____ 成員。

g) 當子類別的物件實體化時，會自動或明確地呼叫父類別的 _____。

h) 子類別的建構子可以透過關鍵字 _____ 呼叫父類別的建構子。

9.2 請指出下列敘述何者爲眞，何者爲僞。如果爲僞，請說明理由。

a) 父類別建構子不會被子類別繼承。

b) 擁有關係 (has-a relationship) 是透過繼承來實現。

c) 一個 Car 類別跟 SteerWheel 以及 Brakes 類別爲是一種關係 (is-a relationship)。

d) 當子類別使用相同簽名式重新定義父類別方法，子類別會多載 (overload) 父類別方法。

自我測驗題解答

9.1 a) 繼承 b) public 和 protected c) 是一種或繼承 d) 擁有或複合 e) 階層 f) public g) 建構子 h) super。

9.2 a) 眞。

b) 僞。擁有關係 (has-a relationship) 是透過複合實施；是一種關系 (is-a relationship) 是透過繼承來實施。

c) 僞。這是擁有關係 (has-a relationship) 的例子。Car 類別和 Vehicle 類別是一種關系 (is-a relationship)。

d) 僞。這被稱爲覆寫 (overriding) 而不是多載 (overloading)。多載的方法是擁有相同的名稱，但不同的簽名式。

習題

9.3　（使用複合而非繼承）很多用繼承寫成的程式也可被複合寫成，反之亦然。請以複合重寫 CommissionEmployee–BasePlusCommissionEmployee 的 BasePlusCommissionEmployee 類別（圖 9.11）的階層。

9.4　（缺陷機會）每個程式碼中多餘的行都是一個缺陷機會。請討論繼承促進缺陷減少的方法。

9.5　（Student 繼承階層）請畫出一個類似圖 9.2 顯示的大學學生繼承階層。使用 Student 作爲的父類別的階層，然後用 UndergraduateStudent 與 GraduateStudent 類別擴充 Student，然後將階層擴展的越深越好（即爲很多層）。舉例來說，Freshman、Sophomore、Junior 和 Senior 可擴展成 UndergraduateStudent、DoctoralStudent 與 MastersStudent，都可爲 GraduateStudent 的子類別。在畫出階層後，請討論類別之間的關係。[請注意：在此習題中你不需要寫任何程式碼。]

9.6　（Shape 繼承階層）圖形的世界遠比圖 9.3 的繼承階層所包含的圖形來得龐大。請寫下所有你能夠想到的形狀——包括二維空間和三維空間——然後將這些形狀編排爲較完整的 Shape 階層，包含越多層越好。你的階層中應該要以 Shape 作爲頂端。類別 TwoDimensionalShape 和 ThreeDimensionalShape 應該要擴充自 Shape。請將額外的子類別，像是 Quadrilateral 和 Sphere，依需要將之加入到階層中正確的位置上。

9.7　（protected v.s. privates）s 一些設計師不喜歡使用 protected 存取，因爲他們相信它會破壞類別的封裝。討論在父類別使用 protected 存取和 privates 存取的優劣。

9.8　（Quadrilateral 繼承階層）試針對類別 Quadrilateral、Trapezoid、Parallelogram、Rectangle 和 Square 撰寫一個繼承階層。請利用 Quadrilateral 作爲階層的父類別。請建立並使用 Point 類別來代表圖形中的頂點。請讓階層越深越好（亦即層數越多越好）。並爲每個類別指定實體變數和方法。Quadrilateral 類別的 private 實體變數應該包含 Quadrilateral 類別四個頂點的 x-y 座標對。試撰寫一程式，會實體化你的類別物件，然後輸出每個物件的面積（Quadrilateral 類別除外）。

9.9　（每個程式碼片段的功能是甚麼？）

a) 假設以下的方法呼叫位於一個子類別的覆寫 earnings 方法：

```
super.earnings( )
```

b) 假設下行的程式碼出現在一個方法宣告之前：

```
@Override
```

c) 假設下行的程式碼以陳述的形式出現在建構子主體中：

```
super(firstArgument, secondArgument) ;
```

9.10 撰寫不超過兩行程式碼使以下作業能順利執行：

a) 從類別 Fruit 中指定出類別 Orange

b) 宣告你將要從類別 Orange 類別裡覆寫 oString 方法 t。

c) 從子類別 Orange 的建構子呼叫父類別 Fruit 的建構子。假設父類別地的建構子接收了兩個 String，一個用在圖形，另一個顏色；和卡路里的 integer。

9.11 (super) 解釋關鍵字 super 的使用，且提供各種用途的優勢。

9.12 （使用 super）一個方法 decode () 被宣告在一個 parent 類別裡，且 child 也是。你要如何從 child 裡存取屬於 parent 的 decode()？

9.13 （從一個類別的主體呼叫 get 方法）圖 9.10-9.11 中，earnings 以及 toString 方法分別從同樣的類別裡呼叫不同的 get 方法。解釋從類別裡呼叫 get 方法的好處。

9.14 （**Employee** 階層）在這個章節中，你學習了在類別 BasePlusCommissionEmploee 繼承類別 CommisionEmployee 的一個繼承階層。但是，並不是所有的 employees 都屬於 CommissionEmployees。在這個練習中，你要建立一個更廣義的可以析出 CommissionEmployee 中屬性和行為因子的 Employee 父類別。對所有 Employees 來說廣義的屬性跟行為就是 firstName、lastName、socialSecurityNumber、getFirstName、getLastName、getSocialSecurityNumber 以及一部份的 toString 方法。建立一個新的包含這些參考變數以及方法還有建構子的 Employee 父類別。

9.15 （生產一個新的 **Employee** 子類別）其他 Employee 的類別可能包含 SalariedEmployee，那些每個星期拿薪水的、PieceWorker，那些依照產量拿薪水的、或 HourlyEmployee，那些依照小時數拿薪水的員工。請生產 HourlyEmployee 類別從 Employee 類別繼承（習題 9.14）而且有 hours 實體變數（一個 double）呈現小時工作、wage 實體變數（一個 double）呈現每小時薪水，將姓、名、社會安全碼、每小時薪水與每小時工作以引數呈現的建構子，set 與 get 法用來操作 hours 與 wage，earnings 方法計算 HourlyEmployee 的收入根據小時工作與 toString 方法傳回 HourlyEmployee 的字串呈現。setWage 方法確保 wage 是非負數，而 setHours 應該確保小時的數值是在 0 與 168 之間（一周最多的小時數）。請使用 HourlyEmployee 類別在測試程式中，就是與圖 9.5 相像的那一個。

物件導向程式設計：
多型與介面

學習目標

在本章節中，你將會學習到：

- 多型的概念。
- 使用覆寫方法來達成多型。
- 分辨抽象類別與具象類別。
- 宣告抽象方法以建立抽象類別。
- 多型如何讓系統更具擴充性，也更容易維護。
- 在執行時期判斷物件的型別。
- 宣告並實作介面，並更加熟悉 Java SE 8 介面。

10.1 簡介

我們會解釋及說明繼承階層的**多型（polymorphism）**，繼續對物件導向程式設計的研究。多型讓你可以「撰寫一般化概念」，而非「撰寫特定細節」。更清楚地說，多型讓你可以撰寫程式，直接或間接處理擁有相同父類別的物件，就像它們全都是這個父類別的物件一樣，如此便能夠簡化程式設計。

　　請考量以下多型範例。假設我們建立了一支程式，會模擬幾種動物的運動方式，以進行生物學研究。類別 Fish、Frog 及 Bird，代表我們所研究的三類動物。請想像一下，這些類別都擴充自父類別 Animal，此類別包含方法 move，並且會以 x-y 座標記錄動物目前的位置。所有子類別都會實作 move 方法。我們的程式會維護一個 Animal 陣列，包含指向各種 Animal 子類別物件的參照。為了要模擬動物的運動方式，程式每秒都會送出相同的訊息給所有物件——亦即 move。各種 Animal 都會用自己的方式去回應 move 訊息—— Fish 可能會游出三呎、Frog 可能會跳出五呎、Bird 則可能飛出十呎。每個物件都知道要如何針對其特定的移動方式，正確地修改自己的 x-y 座標。倚賴個別物件在回應相同的方法呼叫時，知道要如何「做正確的事情」(亦即對於該物件型別來說適當的行動)，是多型的關鍵概念。送給各種物件相同的訊息（在此例中為 move），得到許多形式的結果——多型之名由此而來。

擴充性的實作

利用多型，我們便可以設計並實作出很容易擴充的系統——在加入新類別時，只要此一新類別是程式能夠一般化處理的繼承階層的一員，程式的一般化部分可以無需修改，或只需稍加修改。新的程式會直接的插入進去。程式唯一要修改的部分，只有對於我們新加入階層的類別，需要直接知道的部分。例如，如果我們擴充 Animal 類別，建立出 Tortoise 類別（此類別對 move 訊息的回應可能是爬行一吋），則我們只需要撰寫 Tortoise 類別，以及模擬中需要實體化 Tortoise 物件的部分。模擬中，一般化地告知每個 Animal 移動的部分，可以維持不變。

本章概述

首先，我們會討論常見的多型範例。接著，會提供一個簡單範例，來說明多型的行為。使用父類別參照，同時多型地操作父類別物件與子類別物件。

接著我們會呈現一個案例研究，再次拜訪 9.4.5 節的雇員階層。我們開發了一套簡單的薪資應用，會使用每位雇員的 earnings 方法，多型地計算幾種不同雇員的每週薪資。雖然每位雇員的薪資計算方式各不相同，但多型讓我們得以「一般化」地處理這些員工。在此案例研究中，我們擴大了這個階層，加入兩個新類別——SalariedEmployee（表示領固定週薪的人）以及 HourlyEmployee（表示領時薪，而且加班費以 1.5 倍計算的人）。我們在「抽象」類別 Employee 中，為新版階層中所有的類別宣告了一組共用的功能，「實體」類別 SalariedEmployee、HourlyEmployee 以及 CommissionEmployee 都會直接繼承自此一類別；而「實體」類別 BasePlusCommissionEmployee 則是間接繼承自此類別。你馬上就會看到，源於 Java 的多型功能，當我們透過父類別 Employee 的參照（不管 employee 的類型）去呼叫各個雇員的 earnings 方法時，都會執行正確的收入子類別計算。

撰寫特定細節

偶爾，在執行多型處理時，我們會需要撰寫「特定細節」。我們的 Employee 案例研究，會示範程式可以在執行期間，判斷物件的型別，然後依此對於該物件執行某工作。在此案例研究中，我們決定將 BasePlusComissionEmployee 的底薪增加 10%。所以，我們使用了這項能力，來判斷某個特定的雇員物件，是否是一種 BasePlusCommissionEmployee。如果是的話，我們便將該位雇員的底薪增加 10%。

介面

本章接著會介紹 Java 介面，介面對於將常用功能指定給可能毫無關連的類別，特別管用。這讓無關連的類別物件，得以多型地處理——**實作**了相同介面的物件，就可以回應所有的介面方法呼叫。為了示範建立及使用介面，我們修改了薪資應用程式，建立出一個一般性的應付帳款應用程式，可以計算出應付給公司雇員的薪水，也可以計算採購進貨的貨單總額。你將會看到，介面可以讓類別具有多型的能力，就像使用繼承一樣。

10.2　多型範例

我們現在來考量另外幾個多型的範例。

四邊形

如果 Rectangle 類別衍生自 **Quadrilateral** 類別，那麼 Rectangle 物件就是更特殊版本的 Quadrilateral。任何可以對 Quadrilateral 進行的運算（譬如計算周長或面積），也都可以對 Rectangle 進行。這些操作也可以對其他的 Quadrilateral 來執行，例如 Square、Parallelogram 還有 Trapezoid。多型發生在當程式透過父類別 Quadrilateral 的變數呼叫方法時——在執行時期，會根據父類別變數中所儲存的參照型別，呼叫正確的子類別方法版本。你會在 10.3 節看到一個簡單的程式碼範例，說明此項程序。

電玩中的太空物件

假設我們要設計一個電玩，這個電玩會操作類別 Martian、Venusian、Plutonian、SpaceShip 和 LaserBeam 的物件。請想像一下，這些類別都繼承自父類別 SpaceObject，而此父類別包含方法 draw。每個子類別都會實作此方法。螢幕管理程式會維護一個集合（例如 SpaceObject 陣列），包含指向這些各式各樣類別物件的參照。要更新螢幕時，螢幕管理程式只需定期傳送同樣的訊息給所有物件——亦即 draw。然而，每個物件會根據其類別，以自己的方式做出回應。例如，Martian 物件可能會將自己繪製成具有適當數目觸手的綠眼睛紅色火星人。SpaceShip 物件可能會將自己繪製成銀光閃亮的飛碟。LaserBeam 物件則可能將自己繪製成一道橫跨螢幕的明亮紅色光束。再一次，傳送給各式各樣物件的相同訊息（在本例中，為 draw），會得到許多形式的結果。

　　螢幕管理程式可以利用多型，讓系統程式碼能以最少的變動，加入新的類別到系統中。假設我們想要增加 Mercurian 物件到我們的遊戲中。要完成這項任務，我們會建立 Mercurian 類別，擴充自 SpaceObject，並提供它自己的 draw 方法實作。當 Mercurian 物件出現在 SpaceObject 集合中時，螢幕管理程式碼會去呼叫其 draw 方法，就像它對集合中其他所有物件所做的一樣，不論其型別為何。所以新的 Mercurian 物件可以直接是「外掛進來」，程式設計師完全無需修改螢幕管理程式碼。因此，在無需修改系統的情況下（除了要建立新類別，還有修改建立新物件的程式碼之外），你便可以利用多型機制，將系統建立時未曾考慮到的額外型別，便利地加入到系統中。

軟體工程的觀點 10.1

多型讓你可以處理一般性的問題，讓執行時期的環境去處理特定細節。你可以命令物件以適宜於該物件的方式行動，而無需知道其型別（只要這些物件屬於相同的繼承階層）。

軟體工程的觀點 10.2

多型可以提升擴充性：利用多型呼叫的軟體，可以獨立於訊息傳送對象的物件型別。有辦法回應現有方法呼叫的新物件型別，就能夠加入到系統中，而不用修改底層的系統。只有要實體化新物件的使用者端程式碼，必須加以修改以納入新的型別。

10.3　說明多型的行為

第 9.4 節 建 立 了 一 個 類 別 階 層，其 中，BasePlusCommissionEmployee 類 別 繼 承 自 CommissionEmployee。該 節 的 範 例 在 操 作 CommissionEmployee 物 件 和 BasePlusCommissionEmployee 物件時，是使用指向它們的參照來呼叫其方法——我們用父類別變數來儲存父類別物件，用子類別變數來儲存子類別物件。這種指定方式很自然而且直接——父類別變數的用途就是參照父類別物件，子類別變數的用途就是參照子類別物件。然而，你馬上會看到，也可能有其他的指定方式。

在下個範例中，我們會使用父類別參照，指向子類別物件。接著我們會說明如何透過父類別參照，來引用子類別的方法，以取用子類別的功能——是所參照之物件的型別，而非變數的型別，決定了要呼叫哪個方法。這個範例說明了任何子類別的物件，都可以視為其父類別的物件來處理，讓我們得以進行許多有趣的操作。程式可以建立父類別變數的陣列，參照到許多子類別型別的物件。我們可以這樣做，因為所有子類別物件都是一種父類別物件。例如，我們可以將 BasePlusCommissionEmployee 物件的參照，指定給父類別 CommissionEmployee 的變數，因為 BasePlusCommissionEmployee 是一種 CommissionEmployee，所以我們可以將 BasePlusCommissionEmployee 視為 CommissionEmployee 來處理。

稍後你將會在本章中學到，你無法視父類別物件為子類別物件，因為父類別物件並不是一種任何其子類別的物件。例如，我們不能將 CommissionEmployee 物件的參照，指定給子類別 BasePlusCommissionEmployee 的變數，因為 CommissionEmployee 物件並不是一種 BasePlusCommissionEmployee —— CommissionEmployee 並沒有實體變數 baseSalary，也沒有 setBaseSalary 方法與 getBaseSalary 方法。是一種關係只適用於從子類別到階層上層的直接（及間接）父類別而已，反之則否（亦即不會從父類別，直接到子類別或旁系的子類別）。

Java 編譯器並不允許你將父類別的參照指定給子類別的變數，除非你明確地將父類別的參照轉型成子類別型別。為什麼我們會想要進行這種設定呢？父類別的參照只能夠用來呼叫宣告於父類別中的方法——透過父類別參照，呼叫只有子類別才有的方法，會造成編譯錯誤。如果程式需要對於父類別變數所參照的子類別物件，執行子類別特有的操作的話，則程式必須先透過稱為**向下轉型（downcasting）**的技巧，將父類別參照轉型成子類別參照。這樣程式便能夠呼叫不存在於父類別中的子類別方法。我們會在第 10.5 節說明向下轉型的範例。

軟體工程的觀點 10.3
雖然被允許，你還是應該避免向下轉型。

圖 10.1 的範例示範了三種使用父類別及子類別變數的方式，來存放指向父類別和子類別物件的參照。前兩種方式很直覺——就如 9.4 節一樣，我們將父類別參照指定給父類別變數，將子類別參照指定給子類別變數。接著，我們會將子類別參照指定給父類別變數，已

說明子類別和父類別之間的關係（亦即，是一種關係）。此程式利用了圖 9.10 與圖 9.11 的
CommissionEmployee 類別及 BaseCommissionEmployee 類別。

```java
1  // Fig. 10.1: PolymorphismTest.java
2  // Assigning superclass and subclass references to superclass and
3  // subclass variables.
4
5  public class PolymorphismTest
6  {
7     public static void main(String[] args)
8     {
9        // assign superclass reference to superclass variable
10       CommissionEmployee commissionEmployee = new CommissionEmployee(
11          "Sue", "Jones", "222-22-2222", 10000, .06);
12
13       // assign subclass reference to subclass variable
14       BasePlusCommissionEmployee basePlusCommissionEmployee =
15          new BasePlusCommissionEmployee(
16          "Bob", "Lewis", "333-33-3333", 5000, .04, 300);
17
18       // invoke toString on superclass object using superclass variable
19       System.out.printf("%s %s:%n%n%s%n%n",
20          "Call CommissionEmployee's toString with superclass reference ",
21          "to superclass object", commissionEmployee.toString());
22
23       // invoke toString on subclass object using subclass variable
24       System.out.printf("%s %s:%n%n%s%n%n",
25          "Call BasePlusCommissionEmployee's toString with subclass",
26          "reference to subclass object",
27          basePlusCommissionEmployee.toString());
28
29       // invoke toString on subclass object using superclass variable
30       CommissionEmployee commissionEmployee2 =
31          basePlusCommissionEmployee;
32       System.out.printf("%s %s:%n%n%s%n",
33          "Call BasePlusCommissionEmployee's toString with superclass",
34          "reference to subclass object", commissionEmployee2.toString());
35    } // end main
36 } // end class PolymorphismTest
```

```
Call CommissionEmployee's toString with superclass reference to superclass
object:

commission employee: Sue Jones
social security number: 222-22-2222
gross sales: 10000.00
commission rate: 0.06

Call BasePlusCommissionEmployee's toString with subclass reference to
subclass object:

base-salaried commission employee: Bob Lewis
social security number: 333-33-3333
gross sales: 5000.00
commission rate: 0.04
base salary: 300.00
```

圖 10.1　將父類別參照與子類別參照，指定給父類別變數與子類別變數 (1/2)

```
Call BasePlusCommissionEmployee's toString with superclass reference to
subclass object:

base-salaried commission employee: Bob Lewis
social security number: 333-33-3333
gross sales: 5000.00
commission rate: 0.04
base salary: 300.00
```

圖 10.1　將父類別參照與子類別參照，指定給父類別變數與子類別變數 (2/2)

　　在圖 10.1 中，第 10-11 行建立了一個 CommissionEmployee 物件，然後將其參照指定給一個 CommissionEmployee 變數。第 14-16 行建立了一個 BasePlusCommissionEmployee 物件，然後將其參照指定給一個 BasePlusCommissionEmployee 變數。這些設定操作很自然——例如，CommissionEmployee 變數的主要用途，也就是儲存指向 CommissionEmployee 物件的參照。第 19-21 行使用 commissionEmployee 來明確地呼叫 toString。因為 commissionEmployee 指向 CommissionEmployee 物件，所以會呼叫父類別版本的 toString。同樣地，第 24-27 行使用了 basePlusCommissionEmployee 明確地對於 BasePlusCommissionEmployee 物件呼叫 toString。這會呼叫 BasePlusCommissionEmployee 版本的 toString。

　　第 30-31 行接著會將子類別物件 basePlusCommissionEmployee 的參照指定給父類別 CommissionEmployee 的變數，第 32-34 行會用此變數來呼叫 toString 方法。當父類別變數包含指向子類別物件的參照時，這個參照會被用來呼叫方法，所呼叫的會是此方法的子類別版本。因此，在第 34 行的 commissionEmployee2.toString() 實際上會呼叫 BasePlusCommissionEmployee 的 toString 方法。Java 編譯器允許這種「跨用」，因為子類別的物件是一種其父類別的物件（反之則否）。當編譯器遇到透過變數呼叫方法的時候，編譯器會檢查該變數的類別型別，以判斷此方法能不能呼叫。假如該類別包含適當的方法宣告（或繼承了適當的方法宣告），此呼叫便會被編譯。在執行期間，變數所參照的物件型別，則會決定真正要使用的方法為何。這項程序，稱為動態繫結(dynamic binding)，會於 10.5 節加以討論。

10.4　抽象類別與方法

當我們想到類別時，會假設程式會建立該型別的物件。有時候，宣告你永遠不會用來建立物件的類別——稱為**抽象類別（abstract class）**——可能會有其用處。因為這些類別只在繼承階層中作為父類別使用，所以我們也將之稱為**抽象父類別（abstract superclass）**。這些類別不能用來實體化物件，因為我們馬上就會看到，抽象類別是不完整的。子類別必須宣告這些「缺少的片段」，以建立「具象」的類別，你才能用此來實體化物件。否則，這些子類別也會是抽象類別。我們會在 10.5 節示範抽象類別。

抽象類別的用途

抽象類別的用途，是提供一種妥當的父類別，讓其他類別可以繼承，並藉此共用相同的設計。例如在圖 9.3 的 Shape 階層中，子類別會繼承作為 Shape 應有的概念——或許是一些共通屬性如 location、color 及 borderThickness；還有諸如 draw、move、resize 及 changeColor 等行為。可以用來實體化物件的類別，稱為**具象類別（concrete class）**。具象類別會為所有它們宣告的方法，提供實作（有些實作可以是繼承而來）。例如，我們可以從抽象父類別 TwoDimensionalShape 衍生出具象類別 Circle、Square 與 Triangle。同樣地，我們也可以從抽象父類別 ThreeDimensionalShape 衍生出具象類別 Sphere、Cube 與 Tetrahedron。抽象父類別過於一般化，而無法建立真正的物件——它們只定義了子類別共有的特性。我們要能夠建立物件，必須要有更多細節才行。例如，如果你送出 draw 訊息給抽象類別 TwoDimensionalShape，此類別知道應該要畫出二維圖形，卻不知道要畫哪一種特定的圖形，所以它無法實作真正的 draw 方法。具象類別提供了特定的細節，讓我們可以合理地實體化物件。

並非所有的階層都包含抽象類別。然而，你經常會撰寫只使用抽象父類別型別的使用者端程式碼，以減少使用者端程式碼對於某一群子類別型別的相依性。例如，你可以撰寫一個方法，包含一個抽象父類別型別的參數。在呼叫此方法時，此方法便可以接受任何直接或間接擴充自參數型別所指定之父類別的具象類別物件。

抽象類別有時會構成好幾層繼承階層。比如，圖 9.3 的 Shape 階層，會從抽象類別 Shape 開始。階層的下一層，則是抽象類別 TwodimensionalShape 與 ThreeDimensionalShape。階層的下一層宣告了 TwoDimensionalShape 的具象類別（Circle、Square 與 Triangle）以及 ThreeDimensionalShape 的具象類別（Sphere、Cube 與 Tetrahedron）。

宣告抽象類別與抽象方法

你可以利用關鍵字 abstract 來宣告抽象類別。抽象類別通常包含一或多個**抽象方法（abstract method）**。抽象方法就是一種宣告中包含關鍵字 abstract 的實體方法，如下：

```
public abstract void draw(); // abstract method
```

抽象方法並不提供實作。包含任何抽象方法的類別，都必須明確地宣告為 abstract，即便此類別包含一些具象（非抽象）方法亦然。所有抽象父類別的具象子類別，都必須針對所有父類別的抽象方法，提供具象的實作。建構子和 static 方法不可以宣告為 abstract。建構子無法繼承，所以 abstract 建構子永遠無法被實作。雖然非 private 的 static 方法會被繼承，但它們無法被覆寫。由於 abstract 方法本來就是要加以覆寫，這樣它們才能根據物件型別來處理物件，所以將 static 方法宣告為 abstract 是沒道理的。

軟體工程的觀點 10.4

抽象類別宣告了類別階層中多種類別共有的屬性和行為（包含抽象與具象）。抽象類別通常包含一或多個抽象方法，子類別如果要成為具象類別，必須覆寫這些方法。抽象類別的實體變數和具象方法，也遵守繼承的一般規則。

常見的程式設計錯誤 10.1
試圖實體化抽象類別的物件，是一種編譯錯誤。

常見的程式設計錯誤 10.2
子類別如果沒有實作父類別的抽象方法，是一種編譯錯誤，除非此一子類別也被宣告為 abstract。

使用抽象類別來宣告變數

雖然我們不能實體化抽象父類別的物件，但你馬上就會看到，我們可以利用抽象父類別來宣告變數，以存放任何衍生自此抽象父類別的具象類別物件參照。我們會利用這類變數以多型地操作子類別物件。你也可以使用抽象父類別的名稱，來呼叫抽象父類別所宣告的 static 方法。

　　請想想多型的另一種應用。某個繪圖程式需要能夠顯示許多形狀，包括你在撰寫完繪圖程式之後，新增到系統中的新形狀型別。這支繪圖程式可能需要顯示諸如 Circle、Triangle、Rectangle 等等衍生自抽象類別 Shape 的圖形。這支繪圖程式會利用 Shape 變數，來管理所顯示的物件。若要繪製此繼承階層中的任何物件，繪圖程式會使用父類別 Shape 的變數，其中包含指向子類別物件的參照，以呼叫此物件的 draw 方法。此方法在父類別 Shape 中是宣告為 abstract；因此每個具象子類別都必須以該圖形特定的行為，來實作 draw 方法——Shape 繼承階層中的每個物件，都知道要如何繪製自己。這支繪圖程式不必擔心每個物件的型別，或程式是否曾處理過該型別的物件。

多層式軟體系統

在實作所謂的多層式軟體系統時，多型特別地有用。例如在作業系統中，每種實體裝置的操作方式差異都可能相當大。即使如此，從裝置讀寫資料的命令，可能具有一定程度的一致性。針對每種裝置，作業系統必須使用稱為裝置驅動程式的軟體，來控制系統與裝置之間所有的通訊。送給裝置驅動程式物件的寫入訊息，會依照該驅動程式所處的環境，以及它操作特定裝置的方式，而有特定的解讀。然而，寫入呼叫本身，與寫入系統其他任何裝置基本上毫無差別——將一些記憶體中的位元組，放到該裝置上。物件導向的作業系統，可能會利用抽象父類別來適用於所有裝置驅動程式的「介面」。然後，透過繼承此抽象父類別，就可以建構行為全都類似的子類別。裝置驅動程式的方法，會在抽象父類別中宣告為抽象方法。這些抽象方法的實作，會由對應於特定裝置驅動程式的具象子類別來提供。新裝置一直不斷開發出來，而且通常是在作業系統推出後很久才出現。當你購置新裝置時，通常會附有裝置製造商所提供的裝置驅動程式。在你將裝置連接到電腦，並安裝好驅動程式之後，此項裝置便立即可以運作了。這是另一個多型機制如何讓系統具有擴充性的優雅範例。

10.5　案例研究：利用多型建立薪資系統

本節會重新檢視我們用了整個9.4節開發的CommissionEmployee-BasePlusCommissionEmployee 階層。現在我們要使用抽象方法與多型，來根據補強後的員工繼承階層，計算薪資，此階層符合以下需求：

> 公司會每週支付員工薪資。員工有四種：固定薪資員工（salaried employee）會得到固定的週薪，不論其工作時數多寡；時薪員工（hourly employee）會得到時薪以及超過40小時工時後每小時的加班費（亦即其時薪的1.5倍）；抽佣員工（commission employee）會得到其銷售額的某個百分比；底薪抽佣員工（salaried-commission employee）會得到底薪加上銷售額的某個百分比。針對目前的支薪週期，公司決定要增加10%的底薪，來獎勵底薪抽佣員工。該公司想要撰寫一支應用程式，以多型地計算其薪資。

我們使用 abstract 類別 Employee 來表示員工的一般性概念。擴充自 Employee 類別包含 SalariedEmployee、CommissionEmployee 以及 HourlyEmployee。BasePlusCommissionEmployee 類別——擴充自 CommissionEmployee——則代表最後一種員工。圖 10.2 的 UML 類別圖，顯示了我們多型員工薪資應用程式的繼承階層。抽象類別名稱 Employee 是以斜體字表示——這是 UML 的慣例。

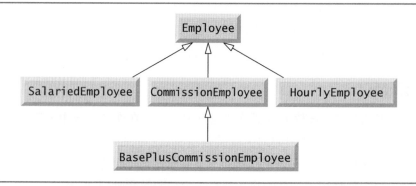

圖 10.2　Employee 階層的 UML 類別圖

　　抽象父類別 Employee 宣告了此一階層的「介面」——亦即，程式可以透過所有 Employee 物件呼叫的一組方法。我們在此使用「介面」這個詞，是一種普遍性的意義，指的是各種程式可以與任何 Employee 子類別物件溝通的方式。請小心不要把「介面」的普遍性概念，與 10.9 節的主題，Java 介面的正式概念搞混了！每位員工，不管他的薪資怎麼計算，都會有一個名字、一個姓氏與一組社會安全編號，所以 private 實體變數 firstName、lastName 及 socialSecurityNumber 會出現在抽象父類別 Employee 中。

　　圖 10.3 的左欄從上到下列出此階層中的五個類別，最上方則分別為 earnings 方法與 toString 方法。這個圖針對各個類別，顯示了這兩種方法的預期結果。我們並未列出父類別 Employee 的 *get* 方法，因為任何子類別皆未覆寫這些方法——這些方法都會被繼承，並且被子類別以「原樣」使用。

	earnings	toString
Employee	abstract	*firstName lastName* social security number: *SSN*
Salaried- Employee	weeklySalary	salaried employee: *firstName lastName* social security number: *SSN* weekly salary: *weeklySalary*

Hourly-
Employee
	if (hours <= 40)
	　wage * hours
	else if (hours > 40)
	{
	　40 * wage +
	　(hours - 40) *
	　wage * 1.5
	}
		hourly employee: *firstName lastName*
		social security number: *SSN*
		hourly wage: *wage*, hours worked:*hours*

Commission- Employee	commissionRate * grossSales	commission employee:*firstName lastName* social security number: *SSN* gross sales: *grossSales*; commission rate: *commissionRate*
BasePlus- Commission- Employee	(commissionRate * grossSales) + baseSalary	base salaried commission employee: 　　　*firstName lastName* social security number: *SSN* gross sales: *grossSales*; commission rate: *commissionRate*; base salary: *baseSalary*

圖 10.3　Employee 階層類別的多型介面

以下幾個小節會實作圖 10.2 的 Employee 類別階層。第一小節會實作抽象父類別 Employee。接下來四小節則會各實作一個具象類別。最後一小節則實作了一支測試程式，會建立所有上述類別的物件，然後多型地處理這些物件。

10.5.1　抽象父類別 Employee

Employee 類別（圖 10.4）除了用來傳回 Employee 實體變數數值的 *get* 方法之外，還提供了 earnings 方法及 toString 方法。earnings 方法當然通用於所有的員工。但是每種薪資計算方式，則取決於該位員工的特定類別。所以我們在父類別 Employee 中將 earnings 方法宣告為 abstract，因為特別的預設實作對此方法而言毫無意義──因為沒有足夠的資訊可以判斷要傳回的 earnings 金額為何。

每個子類別都會用適宜的實作方式來覆寫 earnings。要計算員工的所得，程式會將指向員工物件的參照指定給父類別 Employee 的變數，然後再對該變數呼叫 earnings 方法。我們會維護一個 Employee 變數的陣列，其中每個變數都存放了一個指向 Employee 物件的參照。你不能直接使用 Employee 類別來生產 Employee 物件這種東西，因為 Employee 是抽象類別。然而因為繼承，所有 Employee 的子類別物件，還是可以視同 Employee 物件。程式會走訪整個陣列，然後針對每個 Employee 物件呼叫 earnings 方法。Java 會多型地處理這些方法呼叫。在 Employee 中將 earnings 宣告為 abstract 方法，讓透過 Employee 物件呼叫 earnings 能通過編譯，也逼迫所有 Employee 的直接具象子類別必須要覆寫 earnings。

Employee 類別的 toString 方法會傳回一個 String，其中包含員工的名字、姓氏與社會安全編號。我們稍後會看到，Employee 的每個子類別都覆寫了 toString 方法，以建立該類別物件的 String 表示法，其中包含員工類型（例如 "salaried employee:"）後頭再加上該位員工的其他資訊。

讓我們來考量 Employee 類別的宣告（圖 10.4）。此類別包含會接收名字、姓氏和社會安全編號作爲引數建構子（第 11-17 行）；會傳回名字、姓氏和社會安全編號的 get 方法（分別位於第 20-23 行、第 26-29 行、第 32-35 行）；會傳回 Employee 的 String 表示法的 toString 方法（第 38-43 行）；以及 abstract 方法 earnings（第 46 行），會被所有的具象子類別加以實作。此例中 Employee 建構子並未驗證其參數；通常，程式應該要提供這類驗證功能才對。

```java
1  // Fig. 10.4: Employee.java
2  // Employee abstract superclass.
3
4  public abstract class Employee
5  {
6     private final String firstName;
7     private final String lastName;
8     private final String socialSecurityNumber;
9
10    // constructor
11    public Employee(String firstName, String lastName,
12       String socialSecurityNumber)
13    {
14       this.firstName = firstName;
15       this.lastName = lastName;
16       this.socialSecurityNumber = socialSecurityNumber;
17    }
18
19    // return first name
20    public String getFirstName()
21    {
22       return firstName;
23    }
24
25    // return last name
26    public String getLastName()
27    {
28       return lastName;
29    }
30
31    // return social security number
32    public String getSocialSecurityNumber()
33    {
34       return socialSecurityNumber;
35    }
36
37    // return String representation of Employee object
38    @Override
39    public String toString()
40    {
```

圖 10.4　Employee 抽象父類別 (1/2)

```
41        return String.format("%s %s%nsocial security number: %s",
42           getFirstName(), getLastName(), getSocialSecurityNumber());
43     }
44
45     // abstract method must be overridden by concrete subclasses
46     public abstract double earnings(); // no implementation here
47 } // end abstract class Employee
```

圖 10.4　Employee 抽象父類別 (2/2)

　　我們爲什麼決定將 earnings 方法宣告爲 abstract 方法？只是因爲在類別 Employee 中提供此方法的實作並沒有意義。我們無法爲普遍性的 Employee 計算所得——我們必須先知道特定種類的 Employee，才能判斷適當的所得計算方式。藉由將此方法宣告爲 abstract，我們會指示每個具象子類別都必須提供適當的 earnings 實作，讓程式可以透過父類別 Employee 的變數，多型地呼叫任何 Employee 型別的 earnings 方法。

10.5.2　具象子類別 SalariedEmployee

SalariedEmployee 類別（圖 10.5）擴充自 Employee 類別（第 4 行），並且覆寫了抽象方法 earnings（第 38-42 行），令 SalariedEmployee 成爲具象類別。此類別包含接收名字、姓氏、社會安全編號及週薪作爲引數的建構子（第 9-19 行）；用來指定新的非負值給實體變數 weeklySalary 的 set 方法（第 22-29 行）；會傳回 weeklySalary 數值的 get 方法（第 32-35 行）；用來計算 SalariedEmployee 薪資的 earnings 方法（第 38-42 行）；以及 toString 方法（第 45-50 行），此方法會傳回一個 String，其中包含員工類型，亦即 "Salaried employee:"，後頭加上透過父類別 Employee 的 toString 方法，以及 SalariedEmployee 的 getWeeklySalary 方法所產生的員工特定資訊。SalariedEmployee 類別的建構子會將名字、姓氏和社會安全編號傳遞給 Employee 的建構子（第 12 行）以初始化父類別的 private 實體變數。再一次，我們會在建構子與 setWeeklySalary 方法中複製 weeklySalary 的驗證碼。回想一下。可以在 static 類別方法從建構子與 set 方法呼叫更加複雜的驗證碼。

測試和除錯的小技巧 10.1
我們認爲你不應該從建構子呼叫一個類別的實體變數——你可以呼叫 static 類別方法與要求呼叫父類別的建構子之一。如果你跟隨這項建議，你可以避免呼叫類別的覆寫方法直接或間接的問題。

```
1  // Fig. 10.5: SalariedEmployee.java
2  // SalariedEmployee concrete class extends abstract class Employee.
3
4  public class SalariedEmployee extends Employee
5  {
6     private double weeklySalary;
7
8     // constructor
9     public SalariedEmployee(String firstName, String lastName,
```

圖 10.5　SalariedEmployee 類別擴充了抽象類別 Employee(1/2)

```
10            String socialSecurityNumber, double weeklySalary)
11       {
12          super(firstName, lastName, socialSecurityNumber);
13
14          if (weeklySalary < 0.0)
15             throw new IllegalArgumentException(
16                "Weekly salary must be >= 0.0");
17
18          this.weeklySalary = weeklySalary;
19       }
20
21       // set salary
22       public void setWeeklySalary(double weeklySalary)
23       {
24          if (weeklySalary < 0.0)
25             throw new IllegalArgumentException(
26                "Weekly salary must be >= 0.0");
27
28          this.weeklySalary = weeklySalary;
29       }
30
31       // return salary
32       public double getWeeklySalary()
33       {
34          return weeklySalary;
35       }
36
37       // calculate earnings; override abstract method earnings in Employee
38       @Override
39       public double earnings()
40       {
41          return getWeeklySalary();
42       }
43
44       // return String representation of SalariedEmployee object
45       @Override
46       public String toString()
47       {
48          return String.format("salaried employee: %s%n%s: $%,.2f",
49             super.toString(), "weekly salary", getWeeklySalary());
50       }
51 } // end class SalariedEmployee
```

圖 10.5　SalariedEmployee 類別擴充了抽象類別 Employee(2/2)

　　earnings 方法會覆寫 Employee 的抽象方法 earnings 以提供具象的實作，此方法會傳回 SalariedEmployee 的週薪。如果我們沒有實作 earnings，SalariedEmployee 就必須宣告為 abstract ——否則 SalariedEmployee 將無法通過編譯。當然，在此例中我們希望 SalariedEmployee 是具象類別。

　　toString 方法（第 45-50 行）覆寫了 Employee 方法 toString。若 SalariedEmployee 沒有覆寫 toString，SalariedEmployee 就會繼承 Employee 版本的 toString。若是這樣，SalariedEmployee 的 toString 方法就只會簡單傳回員工的全名和社會安全編號，這些資訊並不足以代表 SalariedEmployee。為了產生 SalariedEmployee 完整的 String 表示法，子

類別的 toString 方法會傳回 "salaried employee:"，後頭加上藉由呼叫父類別的 toString 方法（第 49 行）所取得的父類別 Employee 特定資料（亦即名字、姓氏及社會安全編號）──這是程式碼再利用的好例子。SalariedEmployee 的 String 表示法也包含了藉由呼叫此類別的 getWeeklySalary 方法所得到的員工週薪。

10.5.3 具象子類別 HourlyEmployee

HourlyEmployee 類別（圖 10.6）也是擴充自 Employee（第 4 行）。這個類別包含一個以名字、姓氏、社會安全編號、時薪與工作時數接收的建構子（第 10-25 行）。第 28-35 行及第 44-51 行宣告了 set 方法，分別會將新數值指定給實體變數 wage 和 hours。setWage 方法（第 28-35 行）會確保 wage 是非負值，setHours 方法（第 44-51 行）則會確保 hours 的數值介於 0 到 168（一週的總時數）之間。HourlyEmployee 類別還包含了 *get* 方法（第 38-41 行及第 54-57 行），分別會傳回 wage 和 hours 的數值；earnings 方法（第 60-67 行），會計算 HourlyEmployee 的所得；還有 toString 方法（第 70-76 行），會傳回一個 String，包含員工的類型（"hourly employee:"）及員工專屬的資訊。HourlyEmployee 的建構子與 SalariedEmployee 的建構子一樣，也會將名字、姓氏與社會安全編號傳遞給父類別 Employee 的建構子（第 13 行），以初始化 private 實體變數。此外，toString 方法也會呼叫父類別的 toString 方法（第 74 行），以取得 Employee 專屬的資訊（亦即名字、姓氏和社會安全編號）──這是程式碼再利用的良好範例。

```java
1  // Fig. 10.6: HourlyEmployee.java
2  // HourlyEmployee class extends Employee.
3
4  public class HourlyEmployee extends Employee
5  {
6     private double wage; // wage per hour
7     private double hours; // hours worked for week
8
9     // constructor
10    public HourlyEmployee(String firstName, String lastName,
11       String socialSecurityNumber, double wage, double hours)
12    {
13       super(firstName, lastName, socialSecurityNumber);
14
15       if (wage < 0.0) // validate wage
16          throw new IllegalArgumentException(
17             "Hourly wage must be >= 0.0");
18
19       if ((hours < 0.0) || (hours > 168.0)) // validate hours
20          throw new IllegalArgumentException(
21             "Hours worked must be >= 0.0 and <= 168.0");
22
23       this.wage = wage;
24       this.hours = hours;
25    }
26
```

圖 10.6　HourlyEmployee 類別，擴充自 Employee(1/2)

```
27      // set wage
28      public void setWage(double wage)
29      {
30         if (wage < 0.0) // validate wage
31            throw new IllegalArgumentException(
32               "Hourly wage must be >= 0.0");
33
34         this.wage = wage;
35      }
36
37      // return wage
38      public double getWage()
39      {
40         return wage;
41      }
42
43      // set hours worked
44      public void setHours(double hours)
45      {
46         if ((hours < 0.0) || (hours > 168.0)) // validate hours
47            throw new IllegalArgumentException(
48               "Hours worked must be >= 0.0 and <= 168.0");
49
50         this.hours = hours;
51      }
52
53      // return hours worked
54      public double getHours()
55      {
56         return hours;
57      }
58
59      // calculate earnings; override abstract method earnings in Employee
60      @Override
61      public double earnings()
62      {
63         if (getHours() <= 40) // no overtime
64            return getWage() * getHours();
65         else
66            return 40 * getWage() + (getHours() - 40) * getWage() * 1.5;
67      }
68
69      // return String representation of HourlyEmployee object
70      @Override
71      public String toString()
72      {
73         return String.format("hourly employee: %s%n%s: $%,.2f; %s: %,.2f",
74            super.toString(), "hourly wage", getWage(),
75            "hours worked", getHours());
76      }
77   } // end class HourlyEmployee
```

圖 10.6　HourlyEmployee 類別，擴充自 Employee(2/2)

10.5.4　具象子類別 CommissionEmployee

CommissionEmployee 類別（圖 10.7）擴充自 Employee 類別（第 4 行）。這個類別包含以名字、姓氏、社會安全編號、銷售量和抽佣比率作為引數的建構子（第 10-25 行）；分別用來指定有效新數值給實體變數 commissionRate 與 grossSales 的 set 方法（第 28-34 行及第 43-50 行）；用來從這些實體變數取得數值的 get 方法（第 37-40 行，以及第 53-56 行）；用來計算 CommissionEmployee 薪資的 earnings 方法（第 59-63 行）；以及 toString 方法（第 66-73 行），會傳回員工的類型，亦即 "commission employee:"，加上員工專屬的資訊。其建構子也會將名字、姓氏和社會安全編號傳遞給父類別 Employee 的建構子（第 14 行），以初始化 Employee 的 private 實體變數。toString 方法會呼叫父類別的 toString 方法（第 70 行），以取得 Employee 專屬的資訊（亦即名字、姓氏和社會安全編號）。

```java
1  // Fig. 10.7: CommissionEmployee.java
2  // CommissionEmployee class extends Employee.
3
4  public class CommissionEmployee extends Employee
5  {
6     private double grossSales; // gross weekly sales
7     private double commissionRate; // commission percentage
8
9     // constructor
10    public CommissionEmployee(String firstName, String lastName,
11       String socialSecurityNumber, double grossSales,
12       double commissionRate)
13    {
14       super(firstName, lastName, socialSecurityNumber);
15
16       if (commissionRate <= 0.0 || commissionRate >= 1.0) // validate
17          throw new IllegalArgumentException(
18             "Commission rate must be > 0.0 and < 1.0");
19
20       if (grossSales < 0.0) // validate
21          throw new IllegalArgumentException("Gross sales must be >= 0.0");
22
23       this.grossSales = grossSales;
24       this.commissionRate = commissionRate;
25    }
26
27    // set gross sales amount
28    public void setGrossSales(double grossSales)
29    {
30       if (grossSales < 0.0) // validate
31          throw new IllegalArgumentException("Gross sales must be >= 0.0");
32
33       this.grossSales = grossSales;
34    }
35
36    // return gross sales amount
37    public double getGrossSales()
38    {
```

圖 10.7　CommissionEmployee 類別，擴充自 Employee (1/2)

```
39          return grossSales;
40      }
41
42      // set commission rate
43      public void setCommissionRate(double commissionRate)
44      {
45          if (commissionRate <= 0.0 || commissionRate >= 1.0) // validate
46              throw new IllegalArgumentException(
47                  "Commission rate must be > 0.0 and < 1.0");
48
49          this.commissionRate = commissionRate;
50      }
51
52      // return commission rate
53      public double getCommissionRate()
54      {
55          return commissionRate;
56      }
57
58      // calculate earnings; override abstract method earnings in Employee
59      @Override
60      public double earnings()
61      {
62          return getCommissionRate() * getGrossSales();
63      }
64
65      // return String representation of CommissionEmployee object
66      @Override
67      public String toString()
68      {
69          return String.format("%s: %s%n%s: $%,.2f; %s: %.2f",
70              "commission employee", super.toString(),
71              "gross sales", getGrossSales(),
72              "commission rate", getCommissionRate());
73      }
74  } // end class CommissionEmployee
```

圖 10.7　CommissionEmployee 類別，擴充自 Employee (2/2)

10.5.5　間接具象子類別 BasePlusCommissionEmployee

BasePlusCommissionEmployee 類別（圖 10.8）擴充自 CommissionEmployee 類別（第 4 行），因此是 Employee 類別的間接子類別。BasePlusCommissionEmployee 類別包含接收名字、姓氏、社會安全編號、銷售量、抽佣比率與底薪作為引數的建構子（第 9-20 行）。此建構子會將這些引數，除了底薪以外，傳遞給 CommissionEmployee 的建構子（第 13-14 行），以初始化父類別實體變數。BasePlusCommissionEmployee 類別也包含一個 set 方法（第 23-29 行），用來指定新數值給實體變數 baseSalary；以及一個 get 方法（第 32-35 行），用來傳回 baseSalary 的數值。earnings 方法（第 38-42 行）會計算 BasePlusCommissionEmployee 的薪資。earnings 方法中，第 41 行會呼叫父類別 CommissionEmployee 的 earnings 方法，來取得該位**員工薪資**中佣金的部分──這又是一個程式碼再利用的良好範例。BasePlusCommissionEmployee 的 toString 方法（第 45-51 行）會產生一個

BasePlusCommissionEmployee 的 String 表示法，其中包含 "base-salaried"，後頭加上藉由呼叫父類別 CommissionEmployee 的 toString 方法所取得的字串（第 49 行），然後再加上底薪。結果會是一個以 "base-salaried commission employee" 開頭的字串，後面接著該位 BasePlusCommissionEmployee 的其他資訊。請回想一下，CommissionEmployee 類別的 toString 方法也是藉由呼叫其父類別（亦即 Employee）的 toString 方法以取得員工的名字、姓氏與社會安全編號——又是一個程式碼再利用的例子。BasePlusCommissionEmployee 的 toString 方法會啟動連鎖的方法呼叫，總共跨越了三層的 Employee 階層。

```java
1  // Fig. 10.8: BasePlusCommissionEmployee.java
2  // BasePlusCommissionEmployee class extends CommissionEmployee.
3
4  public class BasePlusCommissionEmployee extends CommissionEmployee
5  {
6     private double baseSalary; // base salary per week
7
8     // constructor
9     public BasePlusCommissionEmployee(String firstName, String lastName,
10       String socialSecurityNumber, double grossSales,
11       double commissionRate, double baseSalary)
12    {
13       super(firstName, lastName, socialSecurityNumber,
14          grossSales, commissionRate);
15
16       if (baseSalary < 0.0) // validate baseSalary
17          throw new IllegalArgumentException("Base salary must be >= 0.0");
18
19       this.baseSalary = baseSalary;
20    }
21
22    // set base salary
23    public void setBaseSalary(double baseSalary)
24    {
25       if (baseSalary < 0.0) // validate baseSalary
26          throw new IllegalArgumentException("Base salary must be >= 0.0");
27
28       this.baseSalary = baseSalary;
29    }
30
31    // return base salary
32    public double getBaseSalary()
33    {
34       return baseSalary;
35    }
36
37    // calculate earnings; override method earnings in CommissionEmployee
38    @Override
39    public double earnings()
40    {
41       return getBaseSalary() + super.earnings();
42    }
43
```

圖 10.8　BasePlusCommissionEmployee 類別，擴充自 CommissionEmployee (1/2)

```
44    // return String representation of BasePlusCommissionEmployee object
45    @Override
46    public String toString()
47    {
48       return String.format("%s %s; %s: $%,.2f",
49          "base-salaried", super.toString(),
50          "base salary", getBaseSalary());
51    }
52 } // end class BasePlusCommissionEmployee
```

圖 10.8　BasePlusCommissionEmployee 類別，擴充自 CommissionEmployee (2/2)

10.5.6　多型處理、instanceof 運算子與向下轉型

要測試我們的 Employee 階層，圖 10.9 針對 SalariedEmployee、HourlyEmployee、CommissionEmployee、BasePlusCommissionEmployee 這四個具象類別，分別各建立了一個物件。此程式會先透過各物件自己的型別，非多型地操作這些物件；然後多型地，使用 Employee 變數的陣列來操作這些物件。在多型處理這些物件時，程式會將每位 BasePlusCommissionEmployee 的底薪增加 10%——這需要在執行時判斷物件的型別。最後，程式會多型地判斷並輸出 Employee 陣列中各物件的型別。第 9-18 行建立了四個具象的 Employee 子類別的物件。第 22-30 行非多型地分別輸出了這些物件的 String 表示法及其薪資。當物件使用 %s 格式描述子，透過 printf 輸出為 String 時，會自動呼叫各個物件的 toString 方法。

```
1  // Fig. 10.9: PayrollSystemTest.java
2  // Employee hierarchy test program.
3
4  public class PayrollSystemTest
5  {
6     public static void main(String[] args)
7     {
8        // create subclass objects
9        SalariedEmployee salariedEmployee =
10          new SalariedEmployee("John", "Smith", "111-11-1111", 800.00);
11       HourlyEmployee hourlyEmployee =
12          new HourlyEmployee("Karen", "Price", "222-22-2222", 16.75, 40);
13       CommissionEmployee commissionEmployee =
14          new CommissionEmployee(
15          "Sue", "Jones", "333-33-3333", 10000, .06);
16       BasePlusCommissionEmployee basePlusCommissionEmployee =
17          new BasePlusCommissionEmployee(
18          "Bob", "Lewis", "444-44-4444", 5000, .04, 300);
19
20       System.out.println("Employees processed individually:");
21
22       System.out.printf("%n%s%n%s: $%,.2f%n%n",
23          salariedEmployee, "earned", salariedEmployee.earnings());
24       System.out.printf("%s%n%s: $%,.2f%n%n",
25          hourlyEmployee, "earned", hourlyEmployee.earnings());
26       System.out.printf("%s%n%s: $%,.2f%n%n",
```

圖 10.9　Employee 階層測試程式 (1/3)

```
27                 commissionEmployee, "earned", commissionEmployee.earnings());
28          System.out.printf("%s%n%s: $%,.2f%n%n",
29             basePlusCommissionEmployee,
30             "earned", basePlusCommissionEmployee.earnings());
31
32          // create four-element Employee array
33          Employee[] employees = new Employee[4];
34
35          // initialize array with Employees
36          employees[0] = salariedEmployee;
37          employees[1] = hourlyEmployee;
38          employees[2] = commissionEmployee;
39          employees[3] = basePlusCommissionEmployee;
40
41          System.out.printf("Employees processed polymorphically:%n%n");
42
43          // generically process each element in array employees
44          for (Employee currentEmployee : employees)
45          {
46             System.out.println(currentEmployee); // invokes toString
47
48             // determine whether element is a BasePlusCommissionEmployee
49             if (currentEmployee instanceof BasePlusCommissionEmployee)
50             {
51                // downcast Employee reference to
52                // BasePlusCommissionEmployee reference
53                BasePlusCommissionEmployee employee =
54                   (BasePlusCommissionEmployee) currentEmployee;
55
56                employee.setBaseSalary(1.10 * employee.getBaseSalary());
57
58                System.out.printf(
59                   "new base salary with 10%% increase is: $%,.2f%n",
60                   employee.getBaseSalary());
61             }
62
63             System.out.printf(
64                "earned $%,.2f%n%n", currentEmployee.earnings());
65          }
66
67          // get type name of each object in employees array
68          for (int j = 0; j < employees.length; j++)
69             System.out.printf("Employee %d is a %s%n", j,
70                employees[j].getClass().getName());
71    } // end main
72 } // end class PayrollSystemTest
```

```
Employees processed individually:

salaried employee: John Smith
social security number: 111-11-1111
weekly salary: $800.00
earned: $800.00
```

圖 10.9　Employee 階層測試程式 (2/3)

```
hourly employee: Karen Price
social security number: 222-22-2222
hourly wage: $16.75; hours worked: 40.00
earned: $670.00

commission employee: Sue Jones
social security number: 333-33-3333
gross sales: $10,000.00; commission rate: 0.06
earned: $600.00

base-salaried commission employee: Bob Lewis
social security number: 444-44-4444
gross sales: $5,000.00; commission rate: 0.04; base salary: $300.00
earned: $500.00

Employees processed polymorphically:

salaried employee: John Smith
social security number: 111-11-1111
weekly salary: $800.00
earned $800.00

hourly employee: Karen Price
social security number: 222-22-2222
hourly wage: $16.75; hours worked: 40.00
earned $670.00
commission employee: Sue Jones
social security number: 333-33-3333
gross sales: $10,000.00; commission rate: 0.06
earned $600.00

relabase-salaried commission employee: Bob Lewis
social security number: 444-44-4444
gross sales: $5,000.00; commission rate: 0.04; base salary: $300.00
new base salary with 10% increase is: $330.00
earned $530.00

Employee 0 is a SalariedEmployee
Employee 1 is a HourlyEmployee
Employee 2 is a CommissionEmployee
Employee 3 is a BasePlusCommissionEmployee
base salary: $300.00
```

圖 10.9　Employee 階層測試程式 (3/3)

建立 Employee 陣列

第 33 行宣告了 employees，並將包含四個 Employee 變數的陣列指定給它。第 36 行將指向 SalariedEmployee 物件的參照，指定給 employee[0]。第 37 行將指向 HourlyEmployee 物件的參照，指定給 employee[1]。第 38 行將指向 CommissionEmployee 物件的參照，指定給 employee[2]。第 39 行將指向 BasePlusCommissionEmployee 物件的參照，指定給 employee[3]。這些設定敘述都是合法的，因為 SalariedEmployee 物件是一種 Employee 物件，HourlyEmployee 物件是一種 Employee 物件，CommissionEmployee 物

件是一種 Employee 物件，BasePlusCommissionEmployee 物件也是一種 Employee 物件，因此，我們可以將指向 SalariedEmployee、HourlyEmployee、CommissionEmployee 和 BasePlusCommissionEmployee 物件的參照，指定給父類別 Employee 的變數，即使 Employee 是抽象類別亦然。

多型地處理 Employee

第 44-65 行巡訪了 employees 陣列，並透過變數 currentEmployee 來呼叫 toString 方法與 earnings 方法；currentEmployee 變數在每次循環時，都會被指定給陣列中不同的 Employee 參照。輸出內容說明了，程式確實呼叫了各類別適當的方法。所有針對 toString 方法與 earnings 方法的呼叫，都會在執行時期根據 currentEmployee 所參照的物件型別加以解析。這項程序稱為**動態繫合（dynamic binding）**或**延後繫合（late binding）**。例如，第 46 行會自動呼叫 currentEmployee 所參照之物件的 toString 方法。源於動態繫合，Java 會在執行時期決定要呼叫哪個類別的 toSring 方法，而非在編譯時期決定。只有 Employee 類別的方法，才可以透過 Employee 變數來呼叫（而 Employee 當然也包含了 Object 類別的方法）。父類別參照只能用來呼叫父類別的方法——程式會多型地呼叫子類別的方法實作。

對於 BasePlusCommissionEmployee 執行型別專屬的操作

我們針對 BasePlusCommissionEmployee 物件進行特殊的處理——當在執行時期遇到這類物件時，我們會將其底薪增加10%。在多型處理物件時，通常不必擔心特定細節，但若要調整底薪，我們確實得在執行時期去判斷 Employee 物件的特定型別。第 49 行使用了 **instanceof** 運算子來判斷某個特定的 Employee 物件，其型別是否為 BasePlusCommissionEmployee。如果 currentEmployee 所參照的物件是一種 BasePlusCommissionEmployee，第 49 行的條件式為真。這點對於任何 BasePlusCommissionEmployee 子類別的物件也成立，因為子類別與其父類別之間具有是一種關係。第 53-54 行會將 currentEmployee 從 Employee 型別向下轉型為 BasePlusCommissionEmployee 型別——只有在此物件與 BasePlusCommissionEmployee 具有是一種關係時，我們才能進行這種轉型。第 49 行的條件式，會確認情況是如此。如果要在目前的 Employee 物件上，去呼叫 BasePlusCommissionEmployee 的方法 getBaseSalary 與 setBaseSalary 的話，向下轉型是必要的——你馬上就會看到，試圖直接對父類別參照，呼叫子類別獨有的方法，是一種編譯錯誤。

常見的程式設計錯誤 10.3
將父類別變數指定給子類別變數（沒有明確地轉型），是一種編譯錯誤。

常見的程式設計錯誤 10.4
在向下轉型參照時，如果所參照的物件在執行時期與轉型運算子所指定的型別間並沒有是一種關係的話，便會發生 ClassCastException。

　　如果第 49 行的 instanceof 運算式為 true，第 53-60 行便會執行 BasePlusCommissionErnployee 物件所需的特殊處理。第 56 行利用 BasePlusCommissionEmployee 變數 employee，來呼叫子類別獨有的 getBaseSalary 與 setBaseSalary 方法，以取得員工的底薪然後將之提高 10%。

多型地呼叫 earnings

第 63-64 行針對 currentEmployee 呼叫了 earnings 方法，此呼叫會多型地呼叫適當的子類別物件的 earnings 方法。第 63-64 行透過多型取得 SalariedEmployee、HourlyEmployee 與 CommissionEmployee 的薪資，所產生的結果與第 22-27 行個別取得這些員工的薪資相同。第 63-64 行所取得的 BasePlusCommissionEmployee 薪資金額，則高於第 28-30 行所取得的金額，因為其底薪增加了 10%。

取得每個 Employee 的類別名稱

第 68–70 行以 String 顯示了每位員工的型別。每個物件都知道自己的類別，也可以透過 getClass 方法來存取這個資訊；所有類別都會從 Object 類別繼承此方法。**getClass** 方法會傳回型別為 **Class**（位於 java.lang 套件）的物件，其中包含與物件型別相關的資訊，包括其類別名稱。第 70 行會對於目前的物件呼叫 getClass 方法，以取得其執行時期的類別。getClass 呼叫的結果，會被用來呼叫 **getName**，以取得物件的類別名稱。

使用向下轉型避免編譯錯誤

在前個範例中，我們藉由在第 53–54 行將 Employee 變數向下轉型為 BasePlusCommissionEmployee 變數，避免了幾個編譯錯誤的發生。如果你將第 54 行的轉型運算子（BasePlusCommissionEmployee）移除，然後試圖將 Employee 變數 currentEmployee 直接指定給 BasePlusCommissionEmployee 變數 employee，你就會得到編譯錯誤 "incompatible types"。這個錯誤指出，試圖將父類別物件 currentEmployee 的參照指定給子類別變數 employee，是不被允許的。編譯器不允許這種指定方式，因為 CommissionEmployee 並不是一種 BasePlusCommissionEmployee——是一種關係只存在於子類別與其父類別之間，反之則否。

　　類似地，如果第 56 和 60 行使用父類別變數 currentEmploye 來呼叫子類別專屬的方法 getBaseSalary 與 setBaseSalary，我們便會在這幾行得到 "cannot find symbol" 的編譯錯誤。試圖透過父類別變數來呼叫子類別專屬的方法，是不被允許的——縱使第 56 與 60 行的執行，只會發生在第 49 行的 instanceof 傳回 true，表示 currentEmployee 持有指向 BasePlusCommissionEmployee 物件的參照時亦然。使用父類別 Employee 的變數，我們只能呼叫 Employee 類別中宣告的方法—— earnings、toStrinf 以及 Employee 的 *get* 及 *set* 方法。

軟體工程的觀點 10.5

雖然實際上會呼叫的方法，是根據變數在執行時期所參照的物件型別而定，但是變數只能夠用來呼叫屬於該變數型別成員的方法，這點是由編譯器來驗證。

10.6　父類別與子類別變數間可容許的設定行為整理

既然你已經見過一個會多型地處理各種子類別物件的完整應用程式，現在我們要來整理在子類別與父類別物件及變數之間，你可以做和不可以做的事情。儘管子類別物件也是一種父類別物件，兩種類別無論如何並不相同。如先前所討論的，子類別物件可視爲父類別物件來處理。但因爲子類別可能具有額外的子類別專屬成員，因此除非透過明確轉型，否則將父類別參照指定給子類別變數，是不被允許的——這種設定操作，會在父類別物件中造成未定義的子類別成員。

　　我們討論了三種適合的方法將父類別與子類別參照，指定給父類別與子類別型別變數的途徑：

1. 將父類別參照指定給父類別變數，是很直接的。
2. 將子類別參照指定給子類別變數，是很直接的。
3. 將子類別參照指定給父類別變數是安全的，因爲子類別物件是一種父類別物件。然而，這個父類別變數，只能參照父類別的成員。如果這個程式想透過父類別變數來參照子類別專屬的成員，編譯器就會回報錯誤。

10.7　final 方法與類別

我們在 6.3 節與 6.10 節看過，變數可以宣告爲 final，以指示其初始化之後便不能修改——這種變數代表常數值。我們也可以用修飾詞 final 來宣告方法、方法參數與類別。

final 方法無法覆寫

父類別的 **final 方法**，無法被子類別覆寫——這保證了 final 方法的實作，會被階層中所有的直接及間接子類別所使用。宣告爲 private 的方法，會自動成爲 final，因爲我們無法在子類別中覆寫它們。宣告爲 static 的方法，也會自動成爲 final。final 方法的宣告永遠不會改變，因此所有的子類別都會使用相同的方法實作，對於 final 方法的呼叫，會在編譯時期便已解析——這稱爲**靜態繫合**（**static binding**）。

final 類別不能是父類別

final 類別不能延伸建立子類別。final 類別中的所有方法，都會自動成爲 final。String 類別是 final 類別的一個例子。如果你可以建立 String 的子類別，則任何程式預期使用 String 的地方，就都可以使用該子類別的物件。由於 String 類別無法擴充，所以使用 String 的程式，就可以仰賴 Java API 所指定的 String 物件功能。將類別宣告爲 final，也可以防止程式設計師建立避開安全限制的子類別。

　　我們現在討論的是宣告變數、方法與 final 類別，我們強調如果有可以成爲 final 的東西，那它就應該要是 final。編寫器可以在接收到 final 的時候使表現更佳化。當我們研究第 23 章的同時共作 (concurrency) 時，你會看到 final 變數使它可以將你的程式更加平行 (parallelize)，在如今的多核心系統處理器。要對於如何使用關鍵字 final 有更深入的了解，

請參訪

```
http://docs.oracle.com/javase/tutorial/java/IandI/final.html
```

 常見的程式設計錯誤 10.5
試圖宣告 final 類別的子類別，是一種編譯錯誤。

 軟體工程的觀點 10.6
在 Java API 中，大部分的類別都不是宣告成 final。這讓我們可以使用繼承與多型。
然而，在某些情況下，將類別宣告為 final 是很重要的──通常為了安全因素。還
有，除非你有小心的設計一個類別來延展，不然你應該宣告類別為 final 以避免（大
多為子集）錯誤。

10.8　建構子的呼叫方法

不要從建構子呼叫覆寫方法。當建立子類別物件時，這會導致覆寫方法在子類別物件完全初
始化之前被呼叫。

回想當你建構一個子類別物件時，它的建構子首次呼叫其中一個直接父類別的建構子。
如果父類別的建構子呼叫一個覆寫的方法，子類別的版本方法會被父類別的建構子呼叫──
在子類別建構子的主體有機會被執行之前。這可能會導致一個細微、難以察覺的錯誤，如果
子類別方法被呼叫是依靠初始化，那就不會在子類別建構子的主體被執行。

從建構子呼叫一個 static 方法是被接受的。例如，建構子與 set 方法通常執行特定實體
變數的驗證。如果驗證碼很簡短，它就可以被接受複製在建構子與 set 方法中。如果需要較長
的驗證，可定義 static 驗證方法（一般是 private 輔助方法）然後從建構子與 set 方法呼叫
它。建構子呼叫一個 final 實體方法也是被接受的，此方法不能直接或間接呼叫覆寫實體方法。

10.9　建立並使用介面

[請注意：如同透過 Java SE 7 所撰寫的此章節與程式碼範例，Java SE 8 的加強介面會在第 10.10
節與第 17 章中討論更多的細節。]

我們的下一個範例（圖 10.11- 圖 10.15），會重新檢視 10.5 節的薪資系統。假設範例中的公
司，想使用單一的應付帳款系統來執行多種會計運算──除了計算必須付給每位員工的薪資
之外，公司也必須計算每張進貨單（意即所購買的貨物帳單）的應付帳款。雖然運用在不相
關的事情上（亦即員工 / 進貨單），但兩者的運算，都和取得某種應付金額有關。針對員工，
應付款項指的是員工的薪資。針對進貨單，應付款項指的則是進貨單上所列之貨物的總價。
我們有辦法在單一的應用程式中，透過多型計算不同的東西，例如：員工和進貨單的應付款
項嗎？ Java 有提供某種功能，要求不相關的類別必須實作一組共通的方法（例如：計算應付
金額的方法）嗎？ Java 的**介面**（**interface**）所提供的，正是這種功能。

標準化互動

介面定義並標準化了各類事物，如：人或系統可以彼此溝通的方式。例如：收音機的控制裝置，就是收音機的使用者與收音機內部元件之間的介面。這些控制裝置只能讓使用者執行有限的操作（譬如選台、調整音量、選擇 AM 或 FM），而不同的收音機則可能會以不同的方式實作控制裝置（例如使用按鈕、刻度盤、聲控裝置等）。介面會指定收音機必須讓使用者執行哪些操作，但並不會指定這些操作該如何執行。

軟體物件透過介面進行溝通

軟體物件也會透過介面進行溝通。Java 介面會描述一組可以針對物件呼叫的方法，以告訴物件，例如，執行某些工作，或傳回某些資訊。下一個範例會使用稱為 Payable 的介面，來描述某一群物件的功能，這些物件必須具有收受付款的能力，因此也必須提供方法，來判斷正確的應付款項金額。**介面宣告（interface declaration）**會以關鍵字 **interface** 開頭，裡頭只包含常數和 abstract 方法。與類別不同，所有的介面成員都必須為 public，而且介面不得指定任何實作細節，例如：具象方法的宣告或實體變數。介面中宣告的所有方法，都會自動成為 public abstract 方法；而所有的欄位，也都會自動成為 public、static 及 final。

良好的程式設計習慣 10.1
根據 Java 語言規範，不使用關鍵字 public 與 abstract 來宣告介面的方法，是一種合宜的作法，因為這些關鍵字在介面方法的宣告中是多餘的。同樣地，常數的宣告也不該使用關鍵字 public、static 與 final，因為它們同樣是多餘的。

使用介面

要使用介面，必須有某個具象類別指明它**實作了（implements）**這個介面，而且此類別必須依介面宣告中指定的簽名式，來宣告介面中的所有方法。要指定類別實作某個介面，請在你類別宣告第一行的最後頭，加上關鍵字 implements 及介面的名稱。類別如果沒有實作介面的所有方法，就是一個抽象類別，必須宣告為 abstract。實作介面就像是與編譯器簽訂契約，約定「我會宣告介面所指定的所有方法，或者我會把類別宣告為 abstract」。

常見的程式設計錯誤 10.6
implements 某個介面的具象類別，如果少了實作此介面的任何方法，便會造成編譯錯誤，指出此類別必須宣告為 abstract。

連結無關的型別

當無關的類別需要共用共通的方法及常數時，通常會使用介面。這樣做讓不相關的類別物件，得以多型地處理——實作了同一介面的類別物件，能夠回應同一個方法呼叫。你可以建立一個介面，描述所需的功能，然後在任何需要這些功能的類別中，實作此一介面。例如，在本節所開發的應付帳款應用程式中，我們在任何必須具備計算應付金額能力的類別中（例如：Employee、Invoice），都實作介面 Payable。

介面 VS. 抽象類別

當沒有預設的實作要繼承時，通常會使用介面來替代 abstract 類別——亦即沒有欄位，也沒有預設的方法實作時。就像 public abstract 類別一樣，介面也通常是 public 型別。就像 public 類別一樣，public 介面也必須宣告在名稱與介面相同而加上 .java 為副檔名的檔案中。

軟體工程的觀點 10.7
很多開發商覺得介面是比類別還重要的模型科技，尤其是在 Java SE 8 強化的新界面。（見 10.10 節）

標籤介面

我們會在第 15 章看到「標籤介面（也稱做製造者介面）」的概念——不包含任何方法或常數的空介面。這些介面，會被用來為類別增添是一種關係。例如，在第 15 章，我們會討論某種稱為物件序列化的機制，可以將物件轉換成位元組表示法，也可以將這些位元組表示法轉換回物件。要讓此機制能夠操作你的物件，你只需在類別宣告的第一行最末，加入 implements Serializable，以將其標記為 Serializable 即可。這樣一來，你的類別的所有物件，就都和 Serializable 有是一種關係。

10.9.1　開發 Payable 階層

為了建立可以針對員工與進貨單等等事物計算應付款項的應用程式，我們會先建立介面 Payable，其中包含 getPaymentAmount 方法，此方法會傳回必須付給任何實作此介面的類別物件的 double 金額。getPaymentAmount 方法是 Employee 階層的 earnings 方法的一般化版本—— earnings 方法專門針對 Employee 計算應付金額，getPaymentAmount 則適用於廣泛的無關連物件。在宣告介面 Payable 之後，我們會介紹 Invoice 類別，此類別實作了 Payable 介面。接著會修改 Employee 類別，令其也實作 Payable 介面。最後，會更新 Employee 的子類別 SalariedEmployee，將 SalariedEmployee 的 earnings 方法，重新命名為 getPaymentAmount，以將其「納入」Payable 階層。

良好的程式設計習慣 10.2
在介面中宣告方法時，所選擇的方法名稱請以一般化的角度來描述方法用途，因為此方法可能會被許多不相關的類別實作。

Invoice 類別與 Employee 類別都代表公司必須要能夠計算付款金額的事物。這兩個類別都實作了 Payable 介面，所以程式可以針對 Invoice 物件及 Employee 物件，同樣地呼叫 getPaymentAmount 方法。我們馬上就會看到，讓這家公司的應付帳款應用程式，得以多型地進行所需的 Invoice 物件及 Employee 物件處理。

圖 10.10 的 UML 類別圖，顯示了我們的應付帳款應用程式所使用的階層。此階層是從 Payable 介面開始。UML 分辨介面與其他類別的方式，是在介面名稱上頭，用雙角括號（«

與 »）括起「interface」字眼。UML 圖會透過稱為**實現（realization）**的關係，來表示類別與介面之間的關係。我們會說某類別「實現」，亦即實作了某個介面的方法。類別圖會使用帶有中空箭頭的虛線箭號，來模型化實現關係，這些箭號會從執行實作的類別，指向介面。圖 10.10 的類別圖指出 Invoice 類別與 Employee 類別各自實現了 Payable 介面。就像圖 10.2 的類別圖一樣，Employee 類別是以斜體字呈現，表示此類別為一抽象類別。具象類別 SalariedEmployee 擴充自 Employee，並繼承了其父類別與 Payable 介面之間的實現關係。

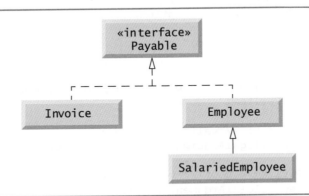

圖 10.10　Payable 介面階層的 UML 類別圖

10.9.2　Payable 介面

Payable 介面的宣告，從圖 10.11 的第 4 行開始。Payable 介面包含 public abstract 方法 getPaymentAmount。此方法並未被明確宣告為 public 或 abstract。介面方法必然為 public 及 abstract，因此它們並不需要這樣宣告。Payable 介面只包含一個方法──介面可以擁有任意數量的方法。此外，getPaymentAmount 方法不帶參數，但介面方法是可以有參數的。介面也可以包含會自動被宣告為 final 及 static 的欄位。

```
1   // Fig. 10.11: Payable.java
2   // Payable interface declaration.
3
4   public interface Payable
5   {
6      double getPaymentAmount(); // calculate payment; no implementation
7   }
```

圖 10.11　Payable 介面宣告

10.9.3　Invoice 類別

我們現在要來建立 Invoice 類別（圖 10.12）以表示只包含一種零件付款資訊的簡單進貨單。此類別宣告了 private 實體變數 partNumber、partDescription、quantity 及 pricePerItem（第 6-9 行），分別代表零件編號、零件描述、訂貨量以及單價。Invoice 類別也包含一個建構子（第 12-26 行）、操作該類別實體變數的 *get* 方法及 *set* 方法（第 29-69 行）以及一個 toString 方法（第 72-78 行），會傳回 Invoive 物件的 String 表示法。setQuantity 方法（第 41-47 行）與 setPricePerItem 方法（第 56-63 行）會確保
quantity 與 pricePerItem 只會取得非負數值。

```java
1   // Fig. 10.12: Invoice.java
2   // Invoice class that implements Payable.
3
4   public class Invoice implements Payable
5   {
6      private final String partNumber;
7      private final String partDescription;
8      private int quantity;
9      private double pricePerItem;
10
11     // constructor
12     public Invoice(String partNumber, String partDescription, int quantity,
13        double pricePerItem)
14     {
15        if (quantity < 0) // validate quantity
16           throw new IllegalArgumentException("Quantity must be >= 0");
17
18        if (pricePerItem < 0.0) // validate pricePerItem
19           throw new IllegalArgumentException(
20              "Price per item must be >= 0");
21
22        this.quantity = quantity;
23        this.partNumber = partNumber;
24        this.partDescription = partDescription;
25        this.pricePerItem = pricePerItem;
26     } // end constructor
27
28     // get part number
29     public String getPartNumber()
30     {
31        return partNumber; // should validate
32     }
33
34     // get description
35     public String getPartDescription()
36     {
37        return partDescription;
38     }
39
40     // set quantity
41     public void setQuantity(int quantity)
42     {
43        if (quantity < 0) // validate quantity
44           throw new IllegalArgumentException("Quantity must be >= 0");
45
46        this.quantity = quantity;
47     }
48
49     // get quantity
50     public int getQuantity()
51     {
```

圖 10.12　實作 Payable 的 Invoice 類別 (1/2)

```
52          return quantity;
53      }
54
55      // set price per item
56      public void setPricePerItem(double pricePerItem)
57      {
58          if (pricePerItem < 0.0) // validate pricePerItem
59              throw new IllegalArgumentException(
60                  "Price per item must be >= 0");
61
62          this.pricePerItem = pricePerItem;
63      }
64
65      // get price per item
66      public double getPricePerItem()
67      {
68          return pricePerItem;
69      }
70
71      // return String representation of Invoice object
72      @Override
73      public String toString()
74      {
75          return String.format("%s: %n%s: %s (%s) %n%s: %d %n%s: $%,.2f",
76              "invoice", "part number", getPartNumber(), getPartDescription(),
77              "quantity", getQuantity(), "price per item", getPricePerItem());
78      }
79
80      // method required to carry out contract with interface Payable
81      @Override
82      public double getPaymentAmount()
83      {
84          return getQuantity() * getPricePerItem(); // calculate total cost
85      }
86 } // end class Invoice
```

圖 10.12 實作 Payable 的 Invoice 類別 (2/2)

一個類別只能延伸另一個類別，但可以實現很多介面

第 4 行指出 Invoice 類別實作了 Payable 介面。就和所有類別一樣，Invoice 類別也自動地擴充自 Object。Java 並不允許子類別繼承多個父類別，但它允許子類別繼承一個父類別，但可以依其需求，實作任意數量的介面。要實作多個介面，請在類別宣告的關鍵字 implements 後頭，加上以逗號分隔的介面名稱列表，如下：

```
public class ClassName extends SuperclassName implements FirstInterface,
    SecondInterface, …
```

軟體工程的觀點 10.8
實作了多種介面的類別，所有的物件都和其實作的每個介面型別，具有是一種關係。

　　　　Invoice 類別實作了 Payable 介面唯一的抽象方法——getPaymentAmount 方法宣告於第 81-85 行。此方法會計算此進貨單應付的總額。此方法會將 quantity 的數值乘以 pricePerItem 的數值（藉由合適的 *get* 方法來取得），然後將計算結果傳回。此方法滿足了 Payable 介面實作此方法的需求——我們履行了與編譯器之間的介面契約。

10.9.4　修改 Employee 類別來實作 Payable 介面

現在，我們要修改 Employee 類別，令其實作 Payable 介面。圖 10.13 包含修改後的類別，除了兩處以外，其他部分都與圖 10.4 一模一樣。首先，圖 10.13 的第 4 行指出 Employee 類別現在 implements Payable 介面。所以必須在整個 Employee 階層中，將 earnings 都改名為 getPaymentAmount。然而，就像圖 10.4　Employee 類別的 earnings 方法一樣，在 Employee 類別中實作 getPaymentAmount 方法並沒有意義，因為我們沒法計算一般性 Employee 應付的薪資——我們必須先知道 Employee 的特定類型。因此，在圖 10.4 中，將 earnings 方法宣告為 abstract，所以 Employee 類別必須宣告為 abstract。這會迫使 Employee 所有的具象子類別，都要以實作覆寫 earnings。

```java
1  // Fig. 10.13: Employee.java
2  // Employee abstract superclass that implements Payable.
3
4  public abstract class Employee implements Payable
5  {
6     private final String firstName;
7     private final String lastName;
8     private final String socialSecurityNumber;
9
10    // constructor
11    public Employee(String firstName, String lastName,
12       String socialSecurityNumber)
13    {
14       this.firstName = firstName;
15       this.lastName = lastName;
16       this.socialSecurityNumber = socialSecurityNumber;
17    }
18
19    // return first name
20    public String getFirstName()
21    {
22       return firstName;
23    }
24
25    // return last name
26    public String getLastName()
27    {
28       return lastName;
29    }
30
31    // return social security number
32    public String getSocialSecurityNumber()
33    {
```

圖 10.13　實作了 Payable 的 Employeeabstract 類別 (1/2)

```
34          return socialSecurityNumber;
35      }
36
37      // return String representation of Employee object
38      @Override
39      public String toString()
40      {
41          return String.format("%s %s%nsocial security number: %s",
42              getFirstName(), getLastName(), getSocialSecurityNumber());
43      }
44
45      // Note: We do not implement Payable method getPaymentAmount here so
46      // this class must be declared abstract to avoid a compilation error.
47 } // end abstract class Employee
```

圖 10.13　實作了 Payable 的 Employeeabstract 類別 (2/2)

　　在圖 10.13 中，我們以不同的方式來處理此一情況。請回想一下，當類別實作介面時，是與編譯器簽訂了一個契約，指出此類別會實作介面中所有的方法，或是會將此類別宣告為 abstract。因為 Employee 類別不提供 getPaymentAmount 方法，此類別必須被宣告為 abstract。任何 abstract 類別的具象子類別，都必須實作介面的方法，以履行父類別與編譯器之間的契約。如果子類別沒有這麼做，它也必須宣告成 abstract。如第 45-46 行的註解所示，圖 10.13 的 Employee 類別並沒有實作 getPaymentAmount 方法，所以此類別被宣告為 abstract。Employee 的所有直接子類別，都會繼承父類別要實作 getPaymentAmount 方法的契約，因此必須實作此方法，才能成為可實體化物件的具象類別。擴充任一 Employee 具象子類別的類別，也會繼承 getPaymentAmount 的實作，因此也會是具象類別。

10.9.5　修改 SalariedEmployee 類別，以供 Payable 階層使用

圖 10.14 包含擴充自 Employee，修改後的 SalariedEmployee 類別，此類別履行了父類別 Employee 實作 Payable 方法 getPaymentAmount 的契約。這個版本的 SalariedEmployee 與圖 10.5 一模一樣，但它將 earnings 方法，換成了 getPaymentAmount 方法（第 39-43 行）。請回想一下，Payable 版本的方法，會具有比較一般化的名稱，以應用於可能性質互異的類別。（如果我們包含其餘從 10.5 節的── HourlyEmployee、CommissionEmployee 和 BasePlusCommissionEmployee 的 Employee 子類別 ── 在此範例中，它們的 earningsmethods 應該也都重新命名為 getPaymentAmount。我們把這些修改留做習題 10.15，而此處的測試程式，只使用到 SalariedEmployee。習題 10.16 會要求你在圖 10.4-10.9 的整個 Employee 類別階層中實作 Payable 介面，但不修改 Employee 子類別）。

```
1  // Fig. 10.14: SalariedEmployee.java
2  // SalariedEmployee class that implements interface Payable.
3  // method getPaymentAmount.
4  public class SalariedEmployee extends Employee
5  {
6      private double weeklySalary;
7
```

圖 10.14　實作 Payable 介面方法 getPaymentAmount 的 SalariedEmployee 類別 (1/2)

```
8      // constructor
9      public SalariedEmployee(String firstName, String lastName,
10        String socialSecurityNumber, double weeklySalary)
11     {
12        super(firstName, lastName, socialSecurityNumber);
13
14        if (weeklySalary < 0.0)
15           throw new IllegalArgumentException(
16              "Weekly salary must be >= 0.0");
17
18        this.weeklySalary = weeklySalary;
19     }
20
21     // set salary
22     public void setWeeklySalary(double weeklySalary)
23     {
24        if (weeklySalary < 0.0)
25           throw new IllegalArgumentException(
26              "Weekly salary must be >= 0.0");
27
28        this.weeklySalary = weeklySalary;
29     }
30
31     // return salary
32     public double getWeeklySalary()
33     {
34        return weeklySalary;
35     }
36
37     // calculate earnings; implement interface Payable method that was
38     // abstract in superclass Employee
39     @Override
40     public double getPaymentAmount()
41     {
42        return getWeeklySalary();
43     }
44
45     // return String representation of SalariedEmployee object
46     @Override
47     public String toString()
48     {
49        return String.format("salaried employee: %s%n%s: $%,.2f",
50           super.toString(), "weekly salary", getWeeklySalary());
51     }
52  } // end class SalariedEmployee
```

圖 10.14　實作 Payable 介面方法 getPaymentAmount 的 SalariedEmployee 類別 (2/2)

　　當類別實作介面時，繼承所提供的是一種關係仍然適用。Employee 類別實作了 Payable 介面，所以我們可以說 Employee 是一種 Payable。事實上，任何擴充自 Employee 的類別物件，也都是一種 Payable 物件。例如，SalariedEmployee 物件是一種 Payable 物件。實作介面之類別的任何子類別物件，也都可以視為此介面型別的物件。因此，就像我們可以將 SalariedEmployee 物件的參照指定給父類別 Employee 的變數一樣，我們也可以將 SalariedEmployee 物件的參照，指定給 Payable 介面的變數。Invoice implements

Payable，所以 Invoice 物件也是一種 Payable 物件，我們也可以將 Invoice 物件的參照，指定給 Payable 變數。

軟體工程的觀點 10.9
當方法參數宣告為父類別或介面型別時，此方法會多型地處理所接收到的引數物件。

軟體工程的觀點 10.10
使用父類別參照，我們可以多型地呼叫任何父類別及父類別的父類別（例如 Object 類別）所宣告的任何方法。使用介面參照，我們可以多型地呼叫介面、介面的父介面（介面可以擴充自其他介面），以及 Object 類別所宣告的任何方法──介面型別的變數必然會參照到某個物件才能呼叫方法，而所有物件都包含 Object 類別的方法。

10.9.6　使用 Payable 介面以多型處理 Invoice 及 Employee 物件

PayableInterfaceTest（圖 10.15）說明了我們可以在單一的應用程式中，使用 Payable 介面多型地處理一組 Invoice 物件與 Employee 物件。第 9 行宣告了 payableObjects，並將一個包含四個 Payable 變數的陣列指定給它。第 12-13 行將 Invoice 物件的參照，指定給 payableObjects 的前兩個元素。第 14-17 行接著將 SalariedEmployee 物件的參照，指定給 payableObjects 剩下的兩個元素。這些設定敘述都是合法的，因為 Invoice 是一種 Payable，SalariedEmployee 是一種 Employee，而 Employee 是一種 Payable。第 23-29 行使用了加強版的 for 敘述，以多型地處理 payableObjects 中所有的 Payable 物件，將這些物件印出為 String，加上應付的款項金額。第 27 行透過 Payable 介面參照呼叫了 toString 方法，即使 Payable 介面並未宣告 toString 方法──所有參照（包含介面型別參照）都會指向擴充自 Object 的物件，因此都具有 toString 方法（此處也可以自動地呼叫 toString 方法。）第 28 行呼叫了 Payable 方法 getPaymentAmount 來取得 payableObjects 中所有物件的付款金額，不論該物件的實際型別為何。從輸出可知，第 27-28 行的方法，呼叫了 toString 方法與 getPaymentAmount 方法正確的類別實作。例如，for 迴圈第一次循環時，currentPayable 所參照的是一個 Invoice，因此執行的是 Invoice 類別的 toString 與 getPayAmount 方法。

```java
1  // Fig. 10.15: PayableInterfaceTest.java
2  // Payable interface test program processing Invoices and
3  // Employees polymorphically.
4  public class PayableInterfaceTest
5  {
6     public static void main(String[] args)
7     {
8        // create four-element Payable array
9        Payable[] payableObjects = new Payable[4];
10
11       // populate array with objects that implement Payable
12       payableObjects[0] = new Invoice("01234", "seat", 2, 375.00);
13       payableObjects[1] = new Invoice("56789", "tire", 4, 79.95);
```

圖 10.15　Payanble 介面測試程式，會多型地處理 Invoice 與 Employee（1/2）

```
14        payableObjects[2] =
15            new SalariedEmployee("John", "Smith", "111-11-1111", 800.00);
16        payableObjects[3] =
17            new SalariedEmployee("Lisa", "Barnes", "888-88-8888", 1200.00);
18
19        System.out.println(
20            "Invoices and Employees processed polymorphically:");
21
22        // generically process each element in array payableObjects
23        for (Payable currentPayable : payableObjects)
24        {
25            // output currentPayable and its appropriate payment amount
26            System.out.printf("%n%s %n%s: $%,.2f%n",
27                currentPayable.toString(), // could invoke implicitly
28                "payment due", currentPayable.getPaymentAmount());
29        }
30    } // end main
31 } // end class PayableInterfaceTest
```

```
Invoices and Employees processed polymorphically:

invoice:
part number: 01234 (seat)
quantity: 2
price per item: $375.00
payment due: $750.00

invoice:
part number: 56789 (tire)
quantity: 4
price per item: $79.95
payment due: $319.80

salaried employee: John Smith
social security number: 111-11-1111
weekly salary: $800.00
payment due: $800.00

salaried employee: Lisa Barnes
social security number: 888-88-8888
weekly salary: $1,200.00
payment due: $1,200.00
```

圖 10.15　Payanble 介面測試程式，會多型地處理 Invoice 與 Employee (2/2)

10.9.7　Java API 的常用介面

當在開發 Java 應用程式時，你會廣泛的使用介面。Java API 包含了很多的介面，而且很多的 Java API 方法用介面的引數並傳回介面的數值。圖 10.16 綜觀了幾種較常用的，我們會在之後的章節中使用到的 Java API 介面。

介面	描述
Comparable	Java 包含數種比較運算子（亦即 <、<=、>、>=、==、!=）讓你可以進行基本型別數值的比較。然而，這些運算子卻無法用於物件的比較。使用 Comparable 介面，讓 implements 此介面的類別物件，能夠進行比較。Comparable 介面經常用來進行集合中物件的排序，例如陣列。我們會在第 16 章以及第 20 章使用到 Comparable 介面。
Serializable	此介面可用來識別類別，指出其物件可以從某種儲存裝置（例如磁碟上的檔案、資料庫欄位）寫入（亦即序列化）或讀出（亦即解序列化），或是透過網路來傳輸。我們會在第 15 章和第 28 章，網路運作中使用 Serializable 介面。
Runnable	任何代表任務表現的類別，這樣的物件通常在平行中執行，此技巧稱為多執行緒（第 23 章）的技巧進行同步執行，其類別都會實作此方法。此介面中包含一個方法，run，會描述此物件執行時的行為。
GUI 事件監聽介面	你每天都會使用圖形使用者介面 (GUI)。你可能會在網頁瀏覽器中，輸入想要造訪的網址，或是按一個按鍵，回到前一個網站。瀏覽器會回應你的互動，執行所需的工作。互動行為稱為事件，而瀏覽器用來回應事件的程式碼，便稱為事件處理常式。在第 12 章以及第 22 章，你會學到如何建立 GUI 及事件處理常式，以回應使用者的互動。事件處理常式會宣告在實作了適當的事件監聽介面的類別中。每一種事件監聽介面，都訂定了一或多種方法必須加以實作以回應使用者互動的方法。
SwingConstants	藉由可以與 try-with-resource 敘述（第 11 章）的類別來操作，幫助避免資源洩漏。

圖 10.16　Java API 的常用介面

10.10　Java SE 8 介面升級

此節中介紹 Java SE 8 的新介面特色。我們會在之後的章節中討論更多的細節。

10.10.1　default 介面方法

Java SE 8 之前，介面方法只能是 public abstract 方法。意思是介面會指定哪些操作是必須執行，但哪些類別不應該執行。

在 Java SE 8，介面也包含 public 預設方法（default methods），藉由具體的預設操作來指出當一個執行類別沒有覆寫方法時如何操作。如果類別執行，則此類別也會接收介面的 default 執行。宣告一個 default 方法，在方法的傳回之前放置關鍵字 default 並且提供一個具體方法的執行。

增加方法到現有的介面

在 Java SE 8 之前，增加方法到介面會破壞實作類別，使其不能實作新方法。回想，如果你沒有實作任何一個介面的方法，就必須宣告你的類別為 abstract。

當 default 方法被加入時，在原有介面實作任何類別都不會被破壞——此類別簡單的接收新的 default 方法。當類別實作在 Java SE 8 介面，這個類別會「簽一個合約」跟編譯器說：「我將宣告所有 abstract 方法，由介面指定或是自行宣告類別為 abstract」——實作類別不會需要覆寫介面的 default 方法，但如果有需要時，它也可以覆寫。

軟體工程的觀點 10.11
Java SE 8 的 default 方法能夠讓你發展現有介面，藉由增加新方法到那些介面而不會破壞程式碼，就能夠使用它們。

介面 vs. abstract 類別

在 Java SE 8 之前，一個介面會典型的被使用（而不是 abstract 類別），是在當沒有實作細節去繼承時——沒有欄位與沒有方法實作。藉由 default 方法，你可以在介面中宣告一般方法實作，這可以讓你更有彈性的設計類別。

10.10.2　static 介面方法

在 Java SE 8 之前，對於連結的介面類別，包含 static 輔助方法這是很常見，這是為了讓工作中的物件實作介面。第 16 章中，你會學到關於類別 Collections，它包含很多 static 輔助方法。舉例來說，Collections 方法 sort 可以排序任何類別的物件。藉由 static 介面方法，輔助方法現在可以直接宣告在介面中，而不是單獨的類別。

10.10.3　功能介面

在 Java SE 8 中，任何包含一個 abstract 方法的介面就會被稱為功能介面（functionalinterface）。有許多的介面是 Java SE 7 APIs 以及 Java SE 8。本書中，你會使用到的一些功能介面包含：

- ActionListener（第 12 章）——你會執行這個介面來定義一個方法，當使用者按下一個按鈕來呼叫時。
- Comparator（第 16 章）——你會執行這個介面來定義一個方法，此方法可以比較兩個物件來展示第一個物件是否少於、等於、或大於第二個。
- Runnable（第 23 章）——你會執行這個介面來定義一個任務，其會並行地執行著你的程式其他部分。

功能介面在 Java SE 8 的新 lambda 範例中廣泛的被使用（第 17 章中介紹）。在第 12 章，你通常實作介面是藉由一個被稱為匿名內層類別來實作介面的方法。在 Java SE 8，lambdas 提供一個速記符號用來創造匿名方法，使編譯器自動的轉換到匿名內層類別。

10.11 （選讀）GUI 與繪圖案例研究：運用多型繪圖

你可能有注意到，在 GUI 與繪圖案例研究習題 8.1 所建立（以及在 GUI 與繪圖案例研究習題 9.1 中曾加以修改）的繪圖程式中，圖形類別之間有許多相似之處。使用繼承，我們可以「解析出」三個類別的共同特徵，然後將其放入單一的圖形父類別中。接下來，使用父類別型別的變數，我們就能夠多型地操作這些圖形物件。移除多餘的程式碼，會讓我們得到較簡短、較具彈性、也較易於維護的程式。

GUI 與繪圖案例研究習題

10.1 請修改繪圖案例研究習題 8.1 與習題 9.1 的 MyLine、MyOval、MyRectangle 類別，以建立圖 10.17 的類別階層。MyShape 階層的類別應該要是「聰明」的圖形類別，它們會知道要如何繪製出自己（如果提供以一個 Graphics 物件，告訴它們要把圖畫在哪裡的話）。一旦程式從此階層建立出物件，在其餘生之中，就能夠視之為 MyShape 物件，多型地操作它。

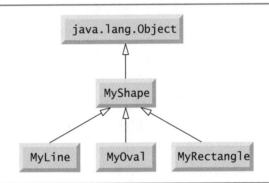

圖 10.17　MyShape 階層

在你的解答中，圖 10.17 的 MyShape 類別必須為 abstract。因為 MyShape 代表的是普遍性的圖形，你不能在不知道圖形確切為何的情況下，去實作 draw 方法。在此階層中，代表圖形座標與顏色的資料，應該要宣告為 MyShape 類別的 private 成員。除了這些共通的資料外，MyShape 也應該要宣告下列方法：

a) 一個無引數建構子，將圖形所有的座標皆設定為 0，將顏色設定為 Color.BLACK。

b) 一個建構子，會根據其引數所提供的數值，來初始化座標及顏色。

c) 個別座標及顏色的 set 方法，讓程式設計師能夠設定在階層中圖形的任何資料。

d) 個別座標及顏色的 get 方法，讓程式設計師能夠取得在階層中圖形的任何資料。

e) abstract 方法

```
public abstract void draw (Graphics g);
```

程式的 paintComponent 方法會呼叫此方法，以在螢幕上繪製圖形。

請確認你有妥善的進行封裝，MyShape 類別中所有的資料都必須為 private。你需要妥善地宣告 *set* 方法與 *get* 方法來操作這些資料。MyLine 類別應該要提供無引數的建構子，以及具有座標與顏色引數的建構子。**MyOval** 類別與 **MyRectangle** 類別應該要提供無引數的建構子以及有引數的建構子，後者的引數代表了座標、顏色以及此圖形是否要填滿。其無引數建構子除了設定初始值之外，還應該要將此圖形設定為無填滿的圖形。

如果你知道空間中的兩點，便可以繪製出線段、矩形與橢圓形。線段需要座標 $x1$、$y1$、$x2$、$y2$。**Graphics** 類別的 **drawLine** 方法會將此兩點相連，形成一條直線。如果你要用相同的四個座標值（$x1$、$y1$、$x2$、$y2$）來繪製橢圓形和矩形，你可以先計算出繪製這兩種形狀所需的四個引數。這兩種形狀都需要左上角的 x 座標（兩個 x 座標中較小者）、左上角的 y 座標（兩個 y 座標中較小者）、寬度（兩個 x 座標差值的絕對值）以及高度（兩個 y 座標差值的絕對值）。矩形和橢圓形都應該包含一個 **filled** 旗標，決定是否要將圖形繪製成填滿的圖形。

程式中不該有 MyLine、MyOval 或 MyRectangle 變數——只能有包含指向 MyLine、MyOval 和 MyRectangle 物件參照的 MyShape 變數。此程式應該要隨機產生各種圖形，並將之儲存在 MyShape 型別的陣列中。paintComponent 方法應該要走訪這個 **MyShape** 陣列，然後繪製出每個圖形（亦即多型地呼叫每個圖形的 **draw** 方法）。

請讓使用者可以指定（透過輸入對話框）要生成的圖形數量。程式接著會產生並顯示出這些圖形，加上一個狀態列，告知使用者各種圖形生成的數量。

10.2　（修改繪圖應用程式）在習題中，你建立了一個 MyShape 階層，其中 MyLine、MyOval 與 MyRectangle 類別，都是直接擴充自 MyShape 類別。如果你的階層有妥善的設計，應該會發現到 MyOval 與 MyRectangle 類別之間的相似處。請重新設計及實作 MyOval 和 MyRectangle 類別的程式碼，「解析出」兩者的共通特性，放入 abstract 類別 MyBoundedShape 中，產生出圖 10.18 的階層。

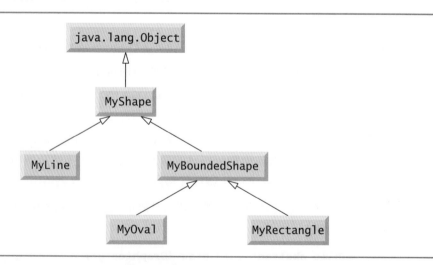

圖 10.18　加入 MyBoundedShape 的 MyShape 階層

MyBoundedShape 類別應該要宣告兩個建構子，類似 MyShape 類別的建構子，但加入一個會設定此圖形是否要填滿的參數。MyBounderShape 類別也應該要宣告用來操作填滿旗標的 get 方法與 set 方法，以及用來計算左上角 x 座標、左上角 y 座標、寬度還有高度的方法。請記得，繪製橢圓形或矩形所需的數值，可以從兩個座標（x, y）中計算出來。如果有妥善的設計，新的 MyOval 和 MyRectangle 類別，應該各自擁有兩個建構子和一個 draw 方法。

10.12　總結

本章介紹了多型——針對類別階層中具有相同父類別的物件，將它們全部視之為此父類別物件加以處理的能力。我們討論了多型如何讓系統更具擴充性也更容易維護，然後我們示範了如何使用覆寫方法來影響多型的行為。我們介紹了抽象類別，讓你得以提供一個適宜的父類別，讓其他類別加以繼承。你學到抽象類別可以宣告抽象方法，所有的子類別若要成為具象類別，就必須實作這些方法，而程式可以使用抽象類別的變數，來多型地呼叫子類別對於抽象方法的實作。你也學到如何在執行時期判斷物件的型別。我們解釋了 final 方法及類別的概念。最後，本章討論了如何宣告及實作介面，作為可能的不同的類別另一種途徑，來操作一般的功能性，使的這些類別的物件可被多行處理。

你現在應該對於類別、物件、封裝、繼承、介面還有多型，應該都很熟悉了——這些是物件導向程式設計最基本的層面。在下一章中，會學到例外狀況，可在程式執行時用於處理錯誤。例外處理能提供更強韌的程式。

摘要

10.1　簡介

- 多型讓我們能撰寫程式處理擁有共同父類別的物件，就像這些物件都是此父類別的物件一樣；這可以簡化程式的設計。

- 透過多型，我們可以設計及實作出易於擴充的系統。若要加入新類別，程式唯一需要修改的部分，就是那些對於你新加入階層的類別，需要直接知道的部分而已。

10.3　說明多型的行為

- 當編譯器碰到透過變數進行的方法呼叫時，編譯器會藉由檢查此變數的類別型別，來判斷是否能呼叫此方法。如果類別中包含(或繼承)適當的方法宣告，這個呼叫便會通過編譯。在執行時，變數所參照的物件型別，則會決定真正要使用的方法為何。

10.4　抽象類別與方法

- 抽象類別不能夠用來實體化物件，因為它們並不完整。

- 抽象類別的主要目的，是提供一個適當的父類別，讓其他類別可以繼承，並藉此分享共通的設計。

- 能夠用來實體化物件的類別稱為具象類別。具象類別會提供所有其宣告的方法的實作（有些實作可以是繼承而來）。

- 程式設計師經常會撰寫只使用到抽象父類別的使用者端程式碼，以減少使用者端程式碼與特定子類別型別的相依性。

- 抽象類別有時候會構成階層中的好幾層。

- 抽象類別通常包含一或多個抽象方法。

- 抽象方法並不提供實作。

- 只要包含抽象方法的類別，就必須宣告為 abstract 類別。所有具象的子類別，都必須為父類別的每個抽象方法提供實作。

- 建構子與 static 方法都不能宣告為 abstract。

- 抽象父類別的變數可以存放指向任何衍生自此父類別之實體類別物件的參照。程式通常會利用這類變數，以多型地操作子類別物件。

- 在實作多層式軟體系統時，多型會特別地有用。

10.5　案例研究：利用多型建立薪資系統

- 階層的設計者可以藉由在父類別中加入 abstract 方法，要求每個具象子類別都得提供適當的方法實作。

- 大多數方法呼叫都是在執行時根據正在操作的物件型別來解析。此種程序稱為動態繫合或延後繫合。

- 父類別變數只能用來呼叫父類別所宣告的方法。

- instanceof 運算子會判斷物件與特定型別之間是否存在是一種關係。
- Java 的每個物件都知道自己所屬的類別，我們可以透過 Object 的 getClass 方法來取得這些資訊，此方法會傳回一個 Class 型別（套件 java.lang）的物件。
- 是一種關係只適用於子類別與其父類別之間，反之則否。

10.7　final 方法與類別

- 在父類別中宣告為 final 的方法無法在子類別中覆寫。
- 宣告為 private 的方法會自動成為 final，因為你無法在子類別中覆寫它們。
- 宣告為 static 的方法也會自動成為 final。
- final 方法的宣告永遠不會改變，所以所有的子類別都會使用同一個實作，而針對 final 方法的呼叫，會在編譯時期被解析——這稱為靜態繫合。
- 因為編譯器知道先移除 final 方法的呼叫可以最佳化程式，因此在每個 final 方法呼叫的位置用其宣告的程式碼來置換——這種技巧稱為程式碼行內化。
- 宣告為 final 的類別無法作為父類別。
- 所有 final 類別中的方法，自然也是 final 方法。

10.9　建立並使用介面

- 介面會制訂容許執行哪些操作，但不會制訂這些操作要如何執行。
- Java 介面描述了一組可以針對物件呼叫的方法。
- 介面宣告是以關鍵字 interface 起頭。
- 所有的介面成員都必須為 public，而且介面不得制訂任何實作細節，例如：具象方法的宣告或實體變數。
- 所有介面中宣告的方法都會自動成為 public abstract 方法，而所有的欄位，都會自動成為 public、static 以及 final。
- 要使用介面，具象類別必須指明它 implements 這個介面，而且必須依照介面宣告中指定的簽名式，來宣告介面中的每個方法。如果類別沒有實作介面的所有方法，則此類別就必須宣告為 abstract。
- 實作介面就像是在與編譯器簽訂契約，約定「我會宣告介面中指定的所有方法，或者我會把我的類別宣告為 abstract」。
- 介面通常會使用在有許多無關的類別，需要共用共通的方法與常數時。這樣讓無關連的類別物件，可以多型地處理——實作了同一介面的類別物件，可以回應相同的方法呼叫。
- 你可以建立一個介面來描述所需的功能，然後在任何需要此項功能的類別中實作這個介面。
- 如果沒有預設的實作要繼承時——亦即沒有實體變數也沒有預設的方法實作時——通常會使用介面來取代 abstract 類別。
- 就像 public abstract 類別一樣，介面通常是 public 型別，所以它們通常會單獨宣告在與介面同名，副檔名為 .java 的檔案中。

- Java 不允許子類別繼承多個父類別，但它允許類別繼承一個父類別並實作多個介面。
- 實作了多個介面的類別，其所有的物件對於所實作的每個介面型別，都具有是一種關係。
- 介面可以用來宣告常數。這些常數會自動成為 public、static、final。

10.10　Java SE 8 介面升級

- 在 Java SE 8，一個介面會宣告 default 方法——也就是說 public 方法有著具體的執行，會指出一個操作如何被執行，
- 當一個類別實作介面時，如果它沒有覆寫它們，類別會接收介面的 default 具體執行。
- 在一個介面中宣告一個 default 方法，你會放置關鍵字 default，在方法傳回型別和提供一個完整方法主體之前。
- 當你透過 default 方法強化現有介面——在原有介面實作任何類別都不會被破壞——它會簡單的接收預設方法執行。
- 藉由預設的方法，你可以在介面中（而不是 abstract 類別）宣告一般方法執行，其給予你更多彈性設計你的類別。
- Java SE 8，介面包含 public static 方法。
- Java SE 8，任何介面只含有一個方法，就被稱為功能介面，有很多介面是透過 Java APIs 執行。
- 功能介面在 Java SE 8 的新 lambda 範例中廣泛的被使用。如同你會看到的，lambdas 提供一個速記符號用來創造匿名方法。

自我測驗題

10.1 請填入下列敘述的空格：
　　a) 如果一個類別包含至少一個 abstract 方法，它就是一個 _____ 類別。
　　b) 可以實體化物件的類別稱為 _____ 類別。
　　c) _____ 包含運用一個父類別變數去呼叫方法，在父類別及子類別物件上，使你能夠「撰寫一般化概念」。
　　d) 該方法沒有介面方法以及沒有提供實作，必須使用關鍵字 _____ 宣告。
　　e) 將儲存在父類別變數的參照，轉型到子類別型別，被稱為 _____。

10.2 請指出下列敘述何者為真，何者為偽。如果為偽，請說明理由。
　　a) abstract 類別通常包含多個 abstract 方法。
　　b) 透過子類別變數呼叫一個僅有子類別的方法是不被允許的。
　　c) 如果父類別宣告 abstract 的方法，子類別必須執行那個方法。
　　d) 一個屬於實現一個 abstract 方法的類別物件，可以被看作是屬於那個介面型態的物件。

10.3 （Java SE 8 介面）請填入下列敘述的空格：
　　a) 在 Java SE 8，介面可以被宣告 _____，也就是說 public 方法具體實施指定的操作子應該如何被執行。

b) 如同 Java SE 8，介面現在可以包含 ＿＿＿＿＿＿＿＿ 輔助方法。

c) 如同 Java SE 8，任何介面只含有一個方法，就被稱為 ＿＿＿＿＿＿。

自我測驗題解答

10.1 a) abstract　b) concrete　c) Polymorphism　d) abstract　e) downcasting。

10.2 a) 偽。抽象類別通常包含一或多個 abstract 方法。　b) 偽。透過父類別變數呼叫一個僅有子類別的方法是不被允許的。　c) 偽。只有具體子類別必須實作這個方法　c) 偽。在父類別中宣告為 final 的方法，無法在子類別中覆寫。　d) 真。

10.3 a) default methods。　b) static。　c) functional interface。

習題

10.4 多型的一個例子就是多載 (overloading)。請描述多載如何使得你能夠設計同名但功能不相同的一般方法。

10.5 請解釋你如何能夠建立一個 abstract 類別呼叫 encoder/decoder，以便父類別提供特殊 encoder(jpeg、mpeg)。請舉出一些方法。

10.6 請指出一個可能錯誤使用多型的例子。

10.7 討論三種能夠正確地使你指派父與子類別到父與子類別型態的方法。

10.8 請比較 abstract 方法與介面。請提出為什麼你會選擇抽象類別，而非另一個介面？

10.9 （Java SE 8 介面）請解釋 default 方法如何使你可以將新方法加入現有的介面，並避免損壞原有介面的執行類別？

10.10 （Java SE 8 介面）功能介面是甚麼？

10.11 （Java SE 8 介面）為什麼將 static 方法加入介面很實用？

10.12 （修改薪資系統）請修改圖 10.4-10.9 的薪資系統，以在 Employee 類別中加入 private 實體變數 birthDate。請使用圖 8.7 的 Date 類別來表示員工的生日。請在 Date 類別中加入 get 方法。請假設薪資每個月會處理一次。請建立一個 Employee 變數的陣列，來存放指向各種員工物件的參照。請在迴圈中（多型地）計算每位 Employee 的薪資，如果該位 Employee 的生日出現在當月，則在這位員工的薪資中加入 100.00 元的禮金。

10.13 （專題：圖形階層）請實作圖 9.3 所示的 Shape 階層。所有的 TwoDimensionalShape 都必須包含 getArea 方法來計算二維圖形的面積。所有的 ThreeDimensionalShape 都必須包含 getArea 和 getVolume 方法，分別計算三維圖形的表面積和體積。請建立一支程式，使用 Shape 參照的陣列，指向階層中各個具象類別的物件。此程式應該要針對每個陣列元素所參照的物件，印出其文字描述。此外，在處理陣列所有圖形的迴圈中，請判斷各個圖形是 TwoDimensionalShape 或 ThreeDimensionalShape。如果是 TwoDimensionalShape，請顯示其面積。如果是 ThreeDimensionalShape，請顯示其面積和體積。

10.14（修改薪資系統） 請修改圖 10.4-10.9 的薪資系統，加入額外的 Employee 子類別 PieceWorker，代表其薪資是以所生產的商品數量為基準計算的員工。PieceWorker 類別應該要包含 private 實體變數 wage（用來儲存該位員工每生產一件商品的工資）及 pieces（用來儲存所生產的商品數量）。請在 PieceWorker 類別中提供 earnings 方法的具象實作，用其所生產的商品數量乘以每件商品的工資，來計算此位員工的薪資。請建立一個 Employee 變數的陣列，儲存指向新的 Employee 階層中各種具象類別物件的參照。針對每個 Employee 物件顯示其 String 表示法及薪資。

10.15（修改應付帳款系統） 在此習題中，我們會修改圖 10.11–10.15 的應付帳款系統，加入圖 10.4–10.9 中薪資應用程式的完整功能。此應用程式仍然會處理兩個 Invoice 物件，但現在應該要處理四種 Employee 子類別，每種類別各一個物件。如果目前所處理的物件是 BasePlusCommissionEmployee，則應用程式應該要將這位 BasePlusCommissionEmployee 的底薪增加 10%。最後，這支應用程式應該輸出每筆物件的應付金額。請完成下列步驟，以建立新的應用程式。

a) 請修改 HourEmployee 類別（圖 10.6）與 CommissionEmployee 類別（圖 10.7），將兩者放入 Payable 階層中，作為實作了 Payable 的 Employee 版本（圖 10.13）的子類別。[提示：在各子類別中，將 earnings 方法的名稱改成 getPaymentAmount，令此類別滿足與 Payable 介面之間的繼承契約。]

b) 修改 BasePlusCommissionmEmployee 類別（圖 10.8），令其擴充自 (a) 部分所建立的 CommissionEmployee 類別版本。

c) 請修改 PayableInterfaceTest（圖 10.15）以多型地處理二個 Invoice、一個 SalariedEmployee、一個 HourlyEmployee、一個 CommissionEmployee 與一個 BasePlusCommissionEmployee。請先輸出所有 Payable 物件的 String 表示法。接著，如果該物件是 BasePlusCommissionEmployee，請將其底薪增加 10%。最後，請輸出所有 Payable 物件的應付金額。

10.16（修改應付帳款系統） 我們可以在應付帳款應用程式中，加入薪資應用程式（圖 10.4-10.9）的功能，而無需修改 Employee 的子類別 SalariedEmployee、HourlyEmployee、CommissionEmployee 或 BasePlusCommissionEmployee。要達成這項任務，你可以修改 Employee 類別（圖 10.4）以實作 Payable 介面，然後宣告 getPaymentAmount 方法來呼叫 earnings 方法。getPaymentAmount 方法會被 Employee 階層中的子類別所繼承。當我們針對特定的子類別物件呼叫 getPaymentAmount 時，便會多型地呼叫該子類別適當的 earnings 方法。請使用圖 10.4-10.9 薪資應用程式的原始 Employee 階層，來重新實作習題 10.15。請依此習題中描述的方式修改 Employee 類別，然後請不要修改任何 Employee 的子類別。

進階習題

10.17（碳足跡介面：多型） 利用你在本章所學到的介面，你便可以為各種可能無關的類別，指定相似的行為。全世界的政府與企業，都越來越關注於碳足跡的問題（每年排放二氧化碳到大氣中的排放量），這些碳足跡來自建築物燃燒各式各樣的燃料取得熱能，交通工具燃燒燃料取得動力，等等。許多科學家將所謂的全球暖化現象，歸責於這些溫室氣體。請利用繼承建立三個無關的小類別—— Building、Car 與 Bicycle。請提供每個類別各自獨特的屬行及行為，是與其他類別不相同的。請撰寫一個包含 getCarbonFootprint 方法的介面 CarbonFootprint。請讓你的每個類別實作這個介面，令其 getCarbonFootprint 方法可以適切地計算出該類別的碳足跡（請參考幾個解釋如何計算碳足跡的網站）。請撰寫一應用程式，建立這三個類別的物件，將指向這些物件的參照存放在 ArrayList<CarbonFootprint> 中，然後巡訪此 ArrayList，多型地呼叫每個物件的 getCarbonFootprint 方法。針對每一個物件，請印出一些識別資訊以及此物件的碳足跡。

Memo

例外處理：深入探討

It is common sense to take a method and try it.If it fails, admit it frankly and try another. But above all, try something.
—Franklin Delano Roosevelt

O! throw away the worser part of it, And live the purer with the other half.
—William Shakespeare

If they're running and they don't look where they're going I have to come out from somewhere and catch them.
—Jerome David Salinger

學習目標

在本章節中，你將會學習到：

- 何謂例外處理，以及如何處理例外狀況。
- 何時要使用例外處理。
- 使用 **try** 區塊包起可能會發生例外的程式碼。
- 拋出例外，以指出發生的問題。
- 使用 **catch** 區塊來指定例外處理程式。
- 使用 **finally** 區塊來釋出資源。
- 了解例外類別階層。
- 建立使用者定義的例外。

11.1　簡介

如你在第 7 章所知，例外是一種指示，會指出程式在執行時遇到的問題。例外處理讓你可以
建立解決（或處理）例外狀況的應用程式。在許多情況下，處理例外讓程式可以繼續執行，
就像沒有發生過問題一樣。本章所介紹的功能，可以幫助你撰寫出強韌而具有容錯能力的程
式，可以處理發生的問題，然後繼續執行或是優雅的結束。Java 的例外處理機制部分建構在
Andrew Koenig 與 Bjarne Stroustrup 的成果上 [1]。

　　首先，我們會處理程式將整數除以零時所發生的例外情況，以此示範基本的例外處理技
術。接著，我們會介紹一些位於 Java 例外處理類別階層頂端的類別。你之後便會知道，只
有直接或間接擴充自 Throwable（java.lang 套件）的類別，才可以用來進行例外處理。接
著我們會說明如何使用例外連鎖——當你呼叫指示例外狀況的方法時，你可以拋出另一個例
外，將原始的例外與新的例外連鎖在一起。這讓你可以在原本例外狀況中，加入應用程式專
屬的資訊。接下來，我們會介紹先決條件和後置條件，當你的方法被呼叫和當其傳回時，這
兩個條件必須為真。接著，我們會介紹聲明（assertion），你可以在開發時期用它幫助除錯。
最後，我們也會討論在 Java SE 7 中介紹的兩種例外處理的功能——使用單一的捕捉處理常
式，來捕捉多重例外；以及新的 try-with-resources 敘述，在 try 區塊中使用完資源後，會自
動將之釋放。

　　本章聚焦於例外處理的概念，並且介紹一些展示多項功能的範例。如同你會在之後的章
節中會看到的，很多 Java APIs 的方法丟出我們可以在程式碼中處理的例外。圖 11.1 是一些
你已經看過或是你會學的例外類型。

1　Koenig, A., and B. Stroustrup. Exception Handling for C++ (revised), Proceedings of the Usenix C++
Conference, Kpp.149176, San Francisco, April 1990.

章節	例外使用的範例
第 7 章	ArrayIndexOutOfBoundsException
第 8-10 章	IllegalArgumentException
第 11 章	ArithmeticException、InputMismatchException
第 15 章	SecurityException、FileNotFoundException、IOException、 ClassNotFoundException、IllegalStateException、 FormatterClosedException、NoSuchElementException
第 16 章	ClassCastException、UnsupportedOperationException、 NullPointerException、custom exception types
第 20 章	ClassCastException、custom exception types
第 21 章	IllegalArgumentException、custom exception types
第 23 章	InterruptedException、IllegalMonitorStateException、 ExecutionException、CancellationException
第 28 章	MalformedURLException、EOFException、SocketException、 InterruptedException、UnknownHostException
第 24 章	SQLException、IllegalStateException、PatternSyntaxException
第 31 章	SQLException

圖 11.1　本書出現的多種例外類型

11.2　範例：未使用例外處理，將數值除以零

首先，我們會示範在未使用例外處理的應用程式中發生錯誤時，會發生什麼事情。圖 11.2 會提示使用者輸入兩個整數，然後將其傳給 quotient 方法，此方法會計算整數商數，然後傳回一筆 int 運算結果。在此例中，當方法偵測到問題而且無法處理時，你就會看到藉由方法**丟出**（**thrown**）的例外（即為發生例外）。

```java
1  // Fig. 11.2: DivideByZeroNoExceptionHandling.java
2  // Integer division without exception handling.
3  import java.util.Scanner;
4
5  public class DivideByZeroNoExceptionHandling
6  {
7     // demonstrates throwing an exception when a divide-by-zero occurs
8     public static int quotient(int numerator, int denominator)
9     {
10        return numerator / denominator; // possible division by zero
11     }
12
13     public static void main(String[] args)
14     {
15        Scanner scanner = new Scanner(System.in);
16
```

圖 11.2　未使用例外處理的整數除法 (1/2)

```
17          System.out.print("Please enter an integer numerator: ");
18          int numerator = scanner.nextInt();
19          System.out.print("Please enter an integer denominator: ");
20          int denominator = scanner.nextInt();
21
22          int result = quotient(numerator, denominator);
23          System.out.printf(
24              "%nResult: %d / %d = %d%n", numerator, denominator, result);
25   }
26 } // end class DivideByZeroNoExceptionHandling
```

```
Please enter an integer numerator: 100
Please enter an integer denominator: 7

Result: 100 / 7 = 14
```

```
Please enter an integer numerator: 100
Please enter an integer denominator: 0
Exception in thread "main" java.lang.ArithmeticException: / by zero
        at DivideByZeroNoExceptionHandling.quotient(
        DivideByZeroNoExceptionHandling.java:10)
        at DivideByZeroNoExceptionHandling.main(
        DivideByZeroNoExceptionHandling.java:22)
```

```
Please enter an integer numerator: 100
Please enter an integer denominator: hello
Exception in thread "main" java.util.InputMismatchException
        at java.util.Scanner.throwFor(Unknown Source)
        at java.util.Scanner.next(Unknown Source)
        at java.util.Scanner.nextInt(Unknown Source)
        at java.util.Scanner.nextInt(Unknown Source)
        at DivideByZeroNoExceptionHandling.main(
        DivideByZeroNoExceptionHandling.java:20)
```

圖 11.2　未使用例外處理的整數除法 (2/2)

堆疊蹤跡

圖 11.2 的範例第一次執行，顯示了一次成功的除法。在第二次執行時，使用者輸入數值 0 作為分母。程式輸出了幾行資訊，來回應這個不合法的輸入值。這個資訊稱為**堆疊蹤跡（stack trace）**；其中包含一個描述性的訊息，顯示出例外的名稱（java.lang.ArithmeticException）；以及例外發生時，方法呼叫的堆疊（亦即呼叫串鏈）。堆疊蹤跡包含程式一直到例外發生時的執行路徑，由一個方法接一個方法所構成。這些資訊有助於偵錯程式。

ArithmeticException 的堆疊蹤跡

第一行會指出所發生的是 ArithmeticException。例外名稱後頭的文字（/ by zero）指出此例外是因為試圖除以零而發生。Java 並不允許整數運算除以零。當發生此情形時，Java 就會拋出 ArithmeticException。算術中有各式各樣的問題，所以會使用額外的資料（/ by zero）來提供更細節的資訊。Java 允許浮點數值除以零。這種運算會造成正無限大或負無限大的數值，在 Java 中會以浮點數表示（但顯示爲字串 Infinity 或 -Infinity）。如果 0.0 除以 0.0，則運算結果會是 NaN（not a number，非數字），在 Java 中也是以浮點數表示（但顯示爲 NaN）。如果你需要比較浮點數值與 NaN，請使用 Float 類別的 isNaN（float 數值用）或是 Double 類別的（double 數值用）。Float 與 Double 類別都在 java.lang 套件中。

從堆疊蹤跡的最後一行開始，我們看到例外狀況是在 main 方法當中在第 22 行被偵測到。堆疊蹤跡的每一行都包括類別名稱和方法（DivideByZeroNoExceptionHandling.main），後頭跟隨著檔名和行號（DivideByZeroNoExceptionHandling.java:22）。往堆疊蹤跡的上層看，我們會看到例外發生在 quotient 方法的第 10 行。這些呼叫串鏈最上頭的一列，會指出**拋出點（throw point）**──例外最初發生的地方。這個例外的拋出點位在 quotient 方法的第 10 行。

InputMismatchException 的堆疊蹤跡

在第三次執行時，使用者輸入字串 "hello" 作爲分母。請再次留意所顯示出來的堆疊蹤跡。堆疊蹤跡告訴我們發生了 InputMismatchException（java.util 套件）。我們先前從使用者處輸入數值資料時，假設使用者會輸入正確的整數值。然而使用者偶爾會犯錯，輸入非整數值。當 Scanner 的方法 nextInt 收到無法表示爲合法整數的 String 時，就會發生 InputMismatchException。從堆疊蹤跡的尾端開始，我們看到此例外是在 main 方法的第 20 行被偵測到。往堆疊蹤跡的上層看，我們看到例外是發生在 nextInt 方法。請注意檔名和行號的地方，我們看到的文字是 UnknownSource。這表示 JVM 無法取得所謂的偵錯符號，這些符號會提供關於該方法之類別的檔名與行號資訊── Java API 的類別通常會出現此一情形。許多 IDE 能夠存取 Java API 的原始碼，就會在堆疊蹤跡中顯示出檔名與行號。

程式終止

在圖 11.2 的執行範例中，當例外發生，印出堆疊蹤跡時，程式也會隨之結束。這點在 Java 中並非總是如此──有時即使發生例外，印出堆疊蹤跡後，程式還是可以繼續執行。在這種情況下，應用程式可能會產生非預期的結果。例如，圖形使用者介面（GUI）應用程式通常會繼續執行。下一節會示範要如何處理這些例外。在圖 11.2 中，兩種例外都是在 main 方法中被偵測到。在下個範例中，我們會看看要如何處理這些例外，讓程式能夠正常執行到完結。

11.3　範例：處理 ArithmeticException 和 InputMismatchException

圖 11.3 的 程 式 建 立 在 圖 11.2 之 上，使 用 了 例 外 處 理 來 處 理 任 何 可 能 會 發 生 的 ArithmeticException 和 InputMistmatchException。這支應用程式仍然會提示使用者輸入兩筆整數，然後將之傳給 quotient 方法，此方法會計算商數，然後傳回 int 運算結果。這個版本的程式使用了例外處理，所以如果使用者犯了錯，程式會捕捉到這個例外並且加以處理──在此例中，是讓使用者再輸入一次。

```
1  // Fig. 11.3: DivideByZeroWithExceptionHandling.java
2  // Handling ArithmeticExceptions and InputMismatchExceptions.
3  import java.util.InputMismatchException;
4  import java.util.Scanner;
5
6  public class DivideByZeroWithExceptionHandling
7  {
8     // demonstrates throwing an exception when a divide-by-zero occurs
9     public static int quotient(int numerator, int denominator)
10        throws ArithmeticException
11     {
12        return numerator / denominator; // possible division by zero
13     }
14
15     public static void main(String[] args)
16     {
17        Scanner scanner = new Scanner(System.in);
18        boolean continueLoop = true; // determines if more input is needed
19
20        do
21        {
22           try // read two numbers and calculate quotient
23           {
24              System.out.print("Please enter an integer numerator: ");
25              int numerator = scanner.nextInt();
26              System.out.print("Please enter an integer denominator: ");
27              int denominator = scanner.nextInt();
28
29              int result = quotient(numerator, denominator);
30              System.out.printf("%nResult: %d / %d = %d%n", numerator,
31                 denominator, result);
32              continueLoop = false; // input successful; end looping
33           }
34           catch (InputMismatchException inputMismatchException)
35           {
36              System.err.printf("%nException: %s%n",
37                 inputMismatchException);
38              scanner.nextLine(); // discard input so user can try again
39              System.out.printf(
40                 "You must enter integers. Please try again.%n%n");
41           }
42           catch (ArithmeticException arithmeticException)
43           {
44              System.err.printf("%nException: %s%n", arithmeticException);
45              System.out.printf(
46                 "Zero is an invalid denominator. Please try again.%n%n");
47           }
48        } while (continueLoop);
49     }
50  } // end class DivideByZeroWithExceptionHandling
```

```
Please enter an integer numerator: 100
Please enter an integer denominator: 7

Result: 100 / 7 = 14
```

圖 11.3　處理 ArithmeticException 和 InputMismatchException (1/2)

```
Please enter an integer numerator: 100
Please enter an integer denominator: 0

Exception: java.lang.ArithmeticException: / by zero
Zero is an invalid denominator. Please try again.

Please enter an integer numerator: 100
Please enter an integer denominator: 7

Result: 100 / 7 = 14
```

```
Please enter an integer numerator: 100
Please enter an integer denominator: hello

Exception: java.util.InputMismatchException
You must enter integers. Please try again.

Please enter an integer numerator: 100
Please enter an integer denominator: 7

Result: 100 / 7 = 14
```

圖 11.3　處理 ArithmeticException 和 InputMismatchException (2/2)

圖 11.3 的範例第一次執行是一次成功的執行，沒有遭遇到任何問題。第二次執行時，使用者輸入零當做分母，於是發生了 ArithmeticException 例外。在第三次執行時，使用者輸入字串 "hello" 當做分母，於是發生了 InputMismatchException。針對這兩個例外，程式都會告知使用者所犯的錯誤，然後提示他輸入兩個新的整數。在範例的這幾次執行中，程式都有順利地執行完畢。

InputMismatchException 類別匯入於第 3 行。ArithmeticException 類別並不需要匯入，因為它位於 java.lang 套件中。第 18 行建立了 boolean 變數 continueLoop，如果使用者尚未輸入合法的數值，此變數就會保持為 true。第 20-48 行會反覆要求使用者輸入，直到得到有效輸入值為止。

將程式碼包括在 try 區塊內

第 22-33 行包含一個 **try 區塊**，區塊內有可能會 throw（拋出）例外的程式碼，以及如果發生例外時，不該被執行的程式碼（亦即如果發生例外，try 區塊中剩餘的程式碼會被略過。）try 區塊包含關鍵字 try，後頭接著以大括號包住的程式碼區塊。[請注意：「try 區塊」這個詞有時候只指稱 try 關鍵字之後的程式碼區塊（不包括 try 關鍵字本身）。為求簡單起見，我們會使用「try 區塊」來代表 try 關鍵字之後的程式碼區塊，以及 try 關鍵字本身。] 從鍵盤讀入整數的兩個敘述（第 25 和 27 行）都使用了 nextInt 方法來讀入 int 數值。如果所讀入的數值並非整數，nextInt 方法就會拋出 InputMismatchException。

有可能造成 ArithmeticException 的除法沒有被包括在 try 區塊中，而是呼叫試圖執行除法的程式碼（第 12 行）的 quotient 方法（第 29 行）；當分母是零時，JVM 就會拋出 ArithmeticException 物件。

軟體工程的觀點 11.1
例外情況可能從 try 區塊中明確的提及程式碼出現，或從其他方法的呼叫中出現，或從 try 區塊中的程式碼所啟動的巢狀方法呼叫的深處出現，或是來自於 Java 虛擬機器執行 Java 位元碼時所拋出。

捕捉例外

此例中的 try 區塊後頭跟隨著兩個 catch 區塊——一個用來處理 InputMismatchException（第 34 到 41 行），另一個用來處理 ArithmeticException（第 42-47 行）。**catch 區塊**（也稱為 **catch 子句 [catch clause]** 或**例外處理常式 [exception handler]**）會捕捉（意即接收）並處理例外狀況。catch 區塊會以關鍵字 catch 作為開頭，其後跟隨著包在括號中的參數（稱為例外參數，我們馬上會加以討論），以及以大括號包住的程式碼區塊。[請注意：「catch 子句」這個詞有時會用來指稱程式碼區塊之前的 catch 關鍵字，而「catch 區塊」用來指稱 catch 關鍵字之後的程式碼區塊，但不包括關鍵字本身。為了簡單起見，我們使用「catch 區塊」來指稱 catch 關鍵字之後的程式碼區塊和關鍵字本身。]

try 區塊後頭，必須緊跟著至少一個 catch 區塊或 **finally 區塊**（討論於 11.6 節）。每個 catch 區塊都會在小括號內指定一個**例外參數**，說明此處理常式能夠處理的例外型別。當 try 區塊中發生例外時，會執行第一個型別相符於所發生之例外的 catch 區塊（意即 catch 區塊的型別與所拋出的例外完全相符，或者是後者的直接或間接的父類別）。例外參數的名稱讓 catch 區塊得以和捕捉到的例外物件進行互動——例如自動呼叫所捕捉之例外的 toString 方法（如第 37 和 44 行），來顯示關於此例外的基本資訊。請注意，我們是使用 **System.err（標準錯誤串流）物件**來輸出錯誤訊息。預設上，System.err 的列印方法與 System.out 的列印方法一樣，會把資料顯示在命令提示字元處。

在第一個 catch 區塊中，第 38 行呼叫了 Scanner 方法 nextLine。因為發生了 InputMismatchException，nextInt 方法的呼叫無法成功讀入使用者的資料——所以我們呼叫 nextLine 方法來讀入這些輸入值。此時我們不會對這個輸入值做任何操作，因為它是無效的。這兩個 catch 區塊都會顯示錯誤訊息，然後要求使用者再試一次。在任一個 catch 區塊結束後，程式會提示使用者輸入。我們很快就會深入檢視處理例外時，這種控制流的運作方式。

常見的程式設計錯誤 11.1
在 try 區塊和其相對應的 catch 區塊之間放置程式碼是一種語法錯誤。

多樣補捉

這是比較常見的，對於 try 區塊後面跟著一些 ctach 區塊來處理各種例外狀況，如果一些 catch 區塊的主體是獨立的，你可以使用**多樣捕捉（multi-catch）**的特色，來捕捉例外狀況，在單一 catch 區塊處理並且執行同樣的任務。多樣捕捉的語法：

```
catch (Type1 | Type2 | Type3 e)
```

每一個例外都會被豎線（｜）分開。前行程式碼指出任何型別（或是子類別）可以被捕捉在例外處理當中。`Throwable` 型別的任何數字可以在多樣捕捉中被指定出來。

未捕捉的例外

未捕捉的例外（**uncaught exception**）指的是沒有相符之 catch 區塊的例外狀況。你已經在圖 11.2 的第二次與第三次執行輸出中，看過未捕捉的例外。請回想一下，該範例中發生例外時，程式提前終止了（在顯示完例外狀況的堆疊蹤跡之後）。未捕捉的例外不一定會造成這樣的結果。Java 使用了「多執行緒」的程式執行模型——每個**執行緒**（**thread**）都是一個同步活動。一支程式可以包含許多執行緒。如果程式只有一個執行緒，未捕捉的例外就會造成程式終止。如果程式有多個執行緒，未捕捉的例外就只會終止發生例外的執行緒。然而，在這種程式中，某些執行緒可能會仰賴其他執行緒來執行，如果某個執行緒因為未捕捉的例外而終止，可能會對程式的其他部分造成不良的影響。第 23 章會深入地討論此一問題。

例外處理的終止模型

如果例外發生在 try 區塊中（例如圖 11.3 的第 25 行程式碼會拋出 `InputMismatchException`），這個 try 區塊會立即終止，將程式控制權轉移給後頭第一個例外參數的型別，與所拋出之例外狀況型別相符的 catch 區塊。在圖 11.3 中，第一個 catch 區塊會捕捉 `InputMismatchExceptions`（發生在輸入無效的輸入值時），第二個 catch 區塊則會捕捉 `ArithmeticExceptions`（發生在試圖除以零時）。在例外處理完後，程式的控制權並不會返回到拋出點，因為 try 區塊已經過期（其區域變數也已全部遺失）。反之，控制權會回到最後一個 catch 區塊之後。這稱為**例外處理的終止模型**（**termination model of exceptionhandling**）。有些語言使用的是**例外處理的回復模型**（**resumption model of exception handling**），在處理完例外之後，將控制權回復到拋出點之後。

請注意，我們根據例外的型別來命名例外參數（inputMismatchException 和 arithmeticException）。Java 程式設計師通常只是簡單地使用字母 e 當做其例外參數的名稱。

在執行 catch 區塊之後，程式的控制流會從最後一個 catch 區塊之後的第一個敘述繼續執行（此例為第 48 行）。do...while 敘述的條件式為 true（continueLoop 變數包含其初始值 true），所以控制權會回到迴圈開頭，再次提示使用者輸入數值。這個控制敘述會一直循環，直到使用者輸入有效的輸入值為止。此時，程式的控制權會抵達第 32 行，將 false 指定給 continueLoop 變數。然後這個 try 區塊就會結束。如果 try 區塊沒有拋出例外，catch 區塊就會被略過，控制權會從 catch 區塊之後的第一個敘述繼續執行（我們會在 11.6 節中討論 finally 區塊時，了解到還有另一種可能性）。此時 do...while 敘述的條件式為 false，main 方法便會結束。

try 區塊與其相對應的 catch 和 / 或 finally 區塊構成了 try 敘述。請不要把「try 區塊」和「try 敘述」搞混了——後者包括 try 區塊和後續的 catch 區塊和 / 或 finally 區塊。

就像其他任何程式碼區塊一樣，當 try 區塊結束時，宣告於該區塊內的區域變數便會超出使用範圍，而再也無法存取；因此，try 區塊的區域變數在相對應的 catch 區塊中，是無法加以存取的。當 catch 區塊結束時，宣告於該 catch 區塊內的區域變數（包括該 catch 區塊的例外參數）也都會超出使用範圍而遭到消滅。try 敘述中任何剩餘的 catch 區塊都會被忽略，程式會從 try...catch 序列之後的第一行程式碼繼續執行──如果有 finally 區塊的話，就會從 finally 區塊繼續執行。

使用 throws 子句

在 quotient 方法（圖 11.3，第 9-13 行）中第 10 行的部分，稱為 **throws 子句（throws clause）**。throws 子句指出如果問題發生時，此方法會拋出的例外。這個必須出現的子句會寫在方法的參數列之後，方法的主體之前，throws 子句中會包含一個以逗點相隔的例外類型列表。這些例外可能是由方法主體中的敘述所拋出，或是方法主體所呼叫的方法所拋出。我們在此應用程式中加入 throws 子句，以告訴程式其他的部分，這個方法可能會拋出 ArithmeticException。有些例外類型，像是 ArithmeticException 就不需要被列出在 throws 子句中。方法會拋出例外的有一種關係，在 throws 子句的類別列表。你會在 11.5 節學到更多關於 throws 子句的事情。

測試和除錯的小技巧 11.1
在程式中使用方法之前，請先閱讀其線上 API 說明文件。這份文件會指出此方法會拋出的例外（如果有的話），並解釋這些例外可能發生的原因。接下來，請閱讀上述例外類別的線上 API 說明文件。例外類別的說明文件，通常會包含這類例外可能的發生原因。最後，請在你的程式中提供這些例外狀況的處理常式。

執行第 12 行時，如果 denominator 是零，JVM 便會拋出一個 ArithmethicException 物件。此物件會被第 42-47 行的 catch 區塊所捕捉，後者會自動呼叫這個例外的 toString 方法，顯示出這個例外的基本資訊，然後要求使用者再輸入一次。

如果 denominator 不是零，quotient 方法就會執行除法運算，然後把運算結果傳回給 try 區塊中，呼叫 quotient 方法的地方（第 29 行）。第 30-31 行會顯示出運算結果，第 32 行則會將 continueLoop 設定為 false。在此情況下，try 區塊順利完成，因此程式會跳過 catch 區塊，在第 48 行條件式測試失敗，令 main 方法正常地完成其執行。

當 quotient 拋出 ArithmeticException 時，quotient 就會終止，而且不會傳回數值，而 quotient 方法的區域變數便會落出使用域外（並且遭到消滅）。如果 quotient 包含內容為物件參照的區域變數，而且沒有其他參照指向這些物件時，這些物件就會被標記為可回收。此外，當例外發生時，呼叫此 quotient 方法的 try 區塊，也會在第 30-32 行可執行前終止。此處，同樣地，如果 try 區塊在拋出例外前有建立區域變數的話，這些變數也會跑出使用域外。

如果第 25 或 27 行產生 InputMismatchException，try 區塊就會終止，程式會從第 34-41 行的 catch 區塊繼續執行。在此狀況下，quotient 方法並不會被呼叫。接著，main 方法會從最後一個 catch 區塊之後（第 48 行）繼續執行。

11.4　何時要使用例外處理

例外處理是設計來處理**同步錯誤（synchronous error）**，意指敘述執行時所發生的錯誤。在本書中常見的例子，包括陣列索引超出範圍、算術溢位（意即數值落在可表示的數值範圍之外）、除以零、不正確的方法參數與執行緒中斷（我們會在第 23 章見到）。例外處理並不是設計來處理與**非同步事件（asynchronous event，**例如磁碟 I/O 完成、網路訊息抵達、滑鼠按鍵和鍵盤按鍵）相關的問題，這些問題會與程式的控制流程同步而且獨立地發生。

軟體工程的觀點 11.2
請從設計程式的一開始，便加入你的例外處理與錯誤回復策略。在系統實作後才加入例外處理，有可能會很困難。

軟體工程的觀點 11.3
例外處理提供了單一且具有一致性的證明、偵測與錯誤回復技術。這點能夠幫助在工作大型專案的程式設計師，了解彼此的錯誤處理程式碼。

軟體工程的觀點 11.4
有很多種情況會產生例外——有些例外是比其他例外容易回復。

11.5　Java 的例外階層

所有的 Java 例外類別都直接或間接繼承自 **Exception** 類別，構成了一個繼承階層。你可以用自己的例外類別擴充這個階層。

圖 11.4 顯示了 **Throwable** 類別（Object 的子類別）繼承階層的其中一小部分，此類別是 Exception 類別的父類別。只有 Throwable 物件可以使用於例外處理機制。Throwable 類別包含兩個直接的子類別：Exception 和 Error。Exception 類別與其子類別——例如 RuntimeException（java.lang 套件）和 IOException（java.io 套件）——表示可能發生於 Java 程式中，並且應用程式能夠加以捕捉的例外狀況。Error 類別與其子類別，則代表了 JVM 中可能發生的不正常狀況。大多數的 Error 並不常發生，而且不應被應用程式捕捉——應用程式通常無法從 Error 中復原。

Java 的例外階層包含幾百個類別。Java 例外類別的相關資訊散佈於 Java API 的各處。你可以檢視 Throwable 的說明文件，它位於 docs.oracle.com/javase/7/docs/api/java/lang/Throwable.html。你可以從這份文件開始，檢視此類別的子類別，以取得更多關於 Java 的 Exception 和 Error 資訊。

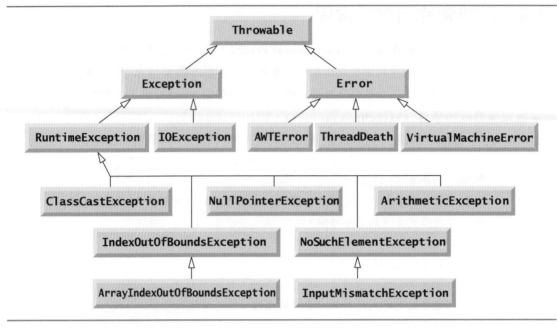

圖 11.4　Throwable 繼承階層的一部分

可檢核例外與不可檢核例外

Java 會區別**可檢核例外**（**checked exception**）與**不可檢核例外**（**unchecked exceptions**）。這兩者的差異很重要，因為 Java 編譯器會強迫可檢核例外必須遵守特別的要求來檢核例外（暫時的討論）。例外的型別，決定了此例外為可檢核或不可檢核。

RuntimeException 是不可檢核例外

所有屬於 RuntimeException 類別的直接或間接子類別（java.lang 套件）的例外型別，都是不可檢核例外。這些例外通常是由於程式碼中的缺陷造成。不可檢核的例外包括：

- ArrayIndexOutOfBoundsException（討論於第 7 章）──請確保陣列索引永遠大於等於 0 且小於陣列的 length，以避免程式中發生 ArrayIndexOutOfBoundsException。

- ArithmeticException（如圖 11.3 所示）──進行除法前，先確定分母不為 0，就可以避免 ArithmeticException 發生。

直接或間接從 Error 類別繼承的類別都是不可檢核的（圖 11.4），因為 Error 是很嚴重的問題，你的程式甚至不應該試著處理它。

可檢核例外

所有繼承自類別 Exception 的類別，但非直接或間接繼承自類別 RuntimeException 的類別，都被認為是可檢核例外。這類例外通常是源於程式無法控制的狀況所造成──例如，在處理檔案時，程式會因為此檔案並不存在，而無法開啟某個檔案。

編譯器與可檢核例外

編譯器會檢查每個方法呼叫及方法宣告，以判斷方法是否會拋出可檢核例外。如果會的話，編譯器會確認這個可檢核例外有被捕捉，或是有宣告於 throws 子句中——這被稱做**捕捉或宣告需求（catch-or-declare requirement）**。我們會在接下來幾個例子中，說明如何捕捉或宣告可檢核的例外。請回想一下 11.3 節，throws 子句會指出方法會拋出的例外。這些例外並沒有在方法主體中被捕捉。為了滿足捕捉或宣告需求中的捕捉部分，會產生例外的程式碼必須包裝在 try 區塊內，並且為可檢核的例外型別（或其父類別之一）提供 catch 處理程式。為了滿足捕捉或宣告需求中的宣告部分，方法如果包含會產生例外的程式碼，就必須在其參數列之後，方法主體之前，提供列出可檢核例外型別的 throws 子句。如果未滿足捕捉或宣告需求，編譯器就會發出錯誤訊息，指出必須捕捉或宣告例外。這樣做會強迫你去思考，當我們呼叫會拋出可檢核例外的方法時，可能會發生的問題。

測試和除錯的小技巧 11.2
你必須處理可檢核例外。比起讓你可以直接忽略例外，這樣做會建立出較為強韌的程式碼。

常見的程式設計錯誤 11.2
如果子類別方法覆寫了父類別的方法，而子類別方法在其 throws 子句中列出的例外狀況，比其所覆寫的父類別方法來得多，就是一種錯誤。然而，子類別的 throws 子句，可以只包含父類別 throws 列表的其中一部分。

軟體工程的觀點 11.5
如果你的方法會呼叫其他會拋出可檢核例外的方法，則這些例外必須在你的方法中被捕捉或宣告。如果在方法中可以有意義地處理例外，則此方法就應該要捕捉此例外，而非宣告它。

編譯器與未檢核例外

與可檢核例外不同，Java 編譯器並不會測試程式碼，以判斷是否有捕捉或宣告不可檢核例外。不可檢核例外通常可藉由正確地撰寫程式碼來加以避免。例如，圖 11.3 的 quotient 方法（第 9-13 行）所拋出的不可檢核例外 ArithmeticException，如果該方法在進行除法前，能先確定分母不為零，就可以避免其發生。不可檢核例外並不需要列在方法的 throws 子句中——就算你將其列入，應用程式也不一定要捕捉這類例外。

軟體工程的觀點 11.6
雖然編譯器並未強制不可檢核例外遵守「捕捉或宣告需求」，但請在你知道這類例外可能發生時，提供適當的例外處理程式碼。例如，程式應該要處理 Integer 方法 parseInt 可能拋出的 NumberFormatException，即使 NumberFormatException（RuntimeException 的間接子類別）是不可檢核例外。這樣會讓你的程式更加強韌。

捕捉子類別例外

如果 catch 處理常式是撰寫來捕捉父類別型別的例外物件,則它也會捕捉所有該類別的子類列物件。這讓 catch 可以處理相關的多型例外。如果這些例外需要不同的處理方式的話,你也可以個別捕捉每一種子類別型別。

只有第一個相符的 catch 會被執行

如果有多個 catch 區塊符合特定的例外型別,則只有第一個相符的 catch 區塊,會在該型別的例外發生時被執行。在與特定 try 區塊相連結的兩個不同 catch 區塊中,捕捉完全相同的型別,是一種編譯錯誤。然而,可能會有數個 catch 區塊相符於某個例外——意即有數個 catch 區塊的型別與例外型別相同,或者是例外型別的父類別。舉例來說,我們可以在 ArithmeticException 型別的 catch 區塊之後,加上 Exception 型別的 catch 區塊——兩者都相符於 ArithmeticException,但是只有第一個相符的 catch 區塊會被執行。

常見的程式設計錯誤 11.3
將父類別例外型別的 catch 區塊,放在其他捕捉子類別例外型別的 catch 區塊之前,會令這些 catch 區塊無法被執行,因此會發生編譯錯誤。

測試和除錯的小技巧 11.3
個別捕捉各個子類別型別很容易發生錯誤,如果忘記明確地測試一或多個子類別;捕捉父類別可以保證所有子類別的物件都會被捕捉。在其他所有子類別的 catch 區塊之後,加上父類別的 catch 區塊,可以確保所有的子類別例外,最終都會遭到捕捉。

軟體工程的觀點 11.7
在業界,拋出或捕捉 Exception 都是不被鼓勵的——我們在這裡使用它只是用來演示例外處理。在子類別的章節中,我們通常拋出並捕捉更精確的例外類型。

11.6　finally 區塊

會取得特定資源的程式,一定要明確地將之交還給系統,以避免發生所謂的**資源漏失**(**resource leak**)。在 C 或 C++ 之類的程式語言中,最常見的資源漏失就是記憶體漏失。Java 會執行自動的垃圾收集來回收程式不再使用的記憶體,由此避免了大多數的記憶體漏失情形。然而,其他類型的資源漏失仍然會發生。例如,在程式不再需要它們之後,沒有被妥善關閉的檔案、資料庫連線、網路連線,其他程式可能就無法使用。

測試和除錯的小技巧 11.4
一個微妙的問題是,Java 並沒有完全消滅記憶體漏失問題。Java 要等到沒有任何參照指向物件時,才會垃圾收集該物件。因此,如果你錯誤地保有參照,指向不需要的物件時,就會發生記憶體漏失。

finally 區塊（包含關鍵字 finally 及其後用大括號包住的程式碼），有時稱為 finally 子句，是可選用的。如果要使用它的話，要將它放在最後一個 catch 區塊之後。如果沒有 catch 區塊，則 finally 區塊就會緊跟在 try 區塊之後。

當 finally 區塊執行

不管相對應的 try 區塊有沒有拋出例外，finally 區塊都會被執行。如果使用 return、break 或 continue 等敘述離開 try 區塊，或只是抵達其結尾右大括號時，finally 區塊也會被執行。如果 try 區塊呼叫 **System.exit** 方法來提早結束應用程式的話，finally 區塊就不會被執行。我們會在第 15 章說明 System.exit 方法，此方法會立即終止應用程式。

　　如果 try 區塊中發生的例外無法被該 try 區塊的 catch 處理常式之一捕捉到時，程式會跳過 try 區塊剩餘的部分，而控制權會前進到 finally 區塊。接著程式會把這個例外交給下一層外層的 try 區塊——通常是在發出呼叫的方法中——它可能會有能捕捉此例外的 catch 區塊。這個程序可能會通過許多層 try 區塊。例外也可能完全沒被捕捉到。還有，例外可以是未捕捉的（如同我們在 11.3 節中討論的）。

　　如果 catch 區塊拋出例外，finally 區塊還是會被執行。然後這個例外會被傳給下一層外層的 try 區塊——同樣的，通常位於發出呼叫的方法中。

finally 區塊釋放資源

　　因為 finally 區塊幾乎永遠會執行，所以它通常包含了用來釋放資源的程式碼。假設 try 區塊中配置了某個資源。如果沒有發生例外，catch 區塊就會被跳過，控制權會前進至 finally 區塊，釋放這個資源。接著控制權會前進到 finally 區塊之後的第一個敘述。如果 try 區塊中發生例外，try 區塊便會終止。如果程式有在其中一個相對應的 catch 區塊中捕捉到例外，它就會處理這個例外，然後 finally 區塊會釋放資源，接著控制權會前進到 finally 區塊之後的第一個敘述。如果程式沒有捕捉到例外，finally 區塊還是會釋放資源，然後呼叫此方法的方法會接著嘗試捕捉此一例外。

測試和除錯的小技巧 11.5
finally 區塊是釋放 try 區塊所取得之資源的理想所在（例如開啟的檔案），這有助於消彌資源漏失。

增進效能的小技巧 11.1
請務必在不再需要資源時，盡早予以明確地釋放。這會讓資源可盡早再被利用，由此改善資源的使用率。

展示 finally 區塊

圖 11.5 說明了即使相對應的 try 區塊沒有拋出例外，finally 區塊還是會執行。此程式包含 static 方法 main（第 6-18 行）、throwException（第 21-44 行）和 doesNotThrowException（第 47-64 行）。throwException 和 doesNotThrowException 方法都宣告為 static，所以 main 方法可以直接呼叫它們，而無需實體化一個 UsingExceptions 物件。

```
1  // Fig. 11.5: UsingExceptions.java
2  // try...catch...finally exception handling mechanism.
3
4  public class UsingExceptions
5  {
6     public static void main(String[] args)
7     {
8        try
9        {
10          throwException();
11       }
12       catch (Exception exception) // exception thrown by throwException
13       {
14          System.err.println("Exception handled in main");
15       }
16
17       doesNotThrowException();
18    }
19
20    // demonstrate try...catch...finally
21    public static void throwException() throws Exception
22    {
23       try // throw an exception and immediately catch it
24       {
25          System.out.println("Method throwException");
26          throw new Exception(); // generate exception
27       }
28       catch (Exception exception) // catch exception thrown in try
29       {
30          System.err.println(
31             "Exception handled in method throwException");
32          throw exception; // rethrow for further processing
33
34          // code here would not be reached; would cause compilation errors
35
36       }
37       finally // executes regardless of what occurs in try...catch
38       {
39          System.err.println("Finally executed in throwException");
40       }
41
42       // code here would not be reached; would cause compilation errors
43
44    }
45
46    // demonstrate finally when no exception occurs
47    public static void doesNotThrowException()
48    {
49       try // try block does not throw an exception
50       {
51          System.out.println("Method doesNotThrowException");
52       }
53       catch (Exception exception) // does not execute
54       {
55          System.err.println(exception);
56       }
```

圖 11.5 try-catch-finally 例外處理機制 (1/2)

```
57          finally // executes regardless of what occurs in try...catch
58          {
59              System.err.println(
60                  "Finally executed in doesNotThrowException");
61          }
62
63          System.out.println("End of method doesNotThrowException");
64      }
65  } // end class UsingExceptions
```

```
Method throwException
Exception handled in method throwException
Finally executed in throwException
Exception handled in main
Method doesNotThrowException
Finally executed in doesNotThrowException
End of method doesNotThrowException
```

圖 11.5　try-catch-finally 例外處理機制 (2/2)

　　System.out 和 System.err 都是**串流（streams）**——意即位元組的串列。相較於 System.out（稱為**標準輸出串流 [standard output stream]**）會顯示程式的輸出，System.err（稱為**標準錯誤串流 [standard error stream]**）則會顯示程式的錯誤。這些串流的輸出都可以重新導向（亦即傳送到命令提示字元以外的地方，例如某個檔案）。使用兩種不同的串流，讓你可以輕易區分錯誤訊息與其他輸出。舉例來說，System.err 輸出的資料可以傳送給記錄檔，System.out 輸出的資料則可以顯示在螢幕上。為了簡單起見，本章不會重新導向 System.err 的輸出，而是將這些訊息顯示於命令提示字元。你會在第 15 章學到更多關於串流的事情。

使用 throw 敘述拋出例外

main 方法（圖 11.5）會開始執行，進入其 try 區塊，然後立即呼叫 throwException 方法（第 10 行）。throwException 方法會拋出一個 Exception。第 26 行的敘述稱為 throw 敘述——程式會執行此敘述以指出有例外發生。到目前為止，你只有捕捉由所呼叫的方法拋出的例外。你可以使用 throw 敘述，自己拋出例外。就和 Java API 方法所拋出的例外一樣，這個例外會告知使用者端應用程式有錯誤發生。throw 敘述要指定拋出的物件，throw 的運算元可以是衍生自 Throwable 類別的任何類別。

　　軟體工程的觀點 11.8
　　對於任何 Throwable 物件呼叫 toString 時，所產生的 String 中都會包含程式提供給其建構子的描述性 String，或如果沒有提供這樣的 String 的話，就只會包含類別的名稱。

　　軟體工程的觀點 11.9
　　我們可以拋出物件，而其中不包含與所發生之問題相關的資訊。在這種情況下，只要知道所發生的是特定型別的例外，可能就足以提供足夠的資訊，供處理常式正確地處理這個問題。

軟體工程的觀點 11.10

建構子可以拋出例外。當建構子偵測到錯誤時，應該要拋出例外，以避免建立出未正確編排的物件。

重新拋出例外

圖 11.5 的第 32 行會**重新拋出例外**。catch 區塊在收到例外時，若它判斷自己無法處理這個例外，或它只能處理一部分時，就會重新拋出例外。重新拋出例外會使得例外處理（或可能是某部分的例外處理）被延遲至與外層 try 敘述相連結的另一個 catch 區塊中。要重新拋出例外，你可以利用 **throw 關鍵字**，後頭加上方才捕捉到的例外物件參照。例外無法從 finally 區塊重新拋出，因為 catch 區塊的例外參數（一個區域變數）已經不復存在。

重新拋出例外時，下一層包含的 try 區塊會偵測到重新拋出的例外，然後此 try 區塊的 catch 區塊便會試著處理這個例外。在此例中，下一層包含的 try 區塊位於 main 方法中的第 8-11 行。然而，在處理這個重新拋出的例外之前，會先執行 finally 區塊（第 37-40 行）。接著，main 方法會在 try 區塊中偵測到重新拋出的例外，然後在 catch 區塊中加以處理（第 12-15 行）。

接著，main 會呼叫 doesNotThrowException 方法（第 17 行）。doesNotThrowException 的 try 區塊（第 49-52 行）不會拋出任何例外，所以程式會跳過 catch 區塊（第 53-56 行），但是仍然會執行 finally 區塊（第 57-61 行）。控制權會前進至 finally 區塊之後的敘述（第 63 行）。控制權接著會傳回給 main，然後程式結束。

常見的程式設計錯誤 11.4

如果控制權進入 finally 區塊時，例外尚未被捕捉到，而 finally 區塊又拋出了沒有在 finally 區塊中捕捉到的例外，此時第一個例外將會遺失，而 finally 區塊所產生的例外會被傳回給發出呼叫的方法。

測試和除錯的小技巧 11.6

請避免將有可能 throw 例外的程式碼放置在 finally 區塊中。如果必須放入這類程式碼的話，請在這個 finally 區塊中用 try...catch 包住這段程式碼。

常見的程式設計錯誤 11.5

以為 catch 區塊拋出的例外會被此 catch 區塊，或是其他關連於同一 try 敘述的 catch 區塊所處理，可能會導致邏輯錯誤。

良好的程式設計習慣 11.1

例外處理的目的是為了將錯誤處理的程式碼，從程式主要的程式碼中移出，由此增進程式的清晰性。請不要在所有可能拋出例外的敘述外頭都包上 try...catch...finally。這會造成程式難以閱讀。反之，請在你程式碼的重要部分外圍放置 try 區塊，然後在此 try 區塊之後放置會處理各種可能例外的 catch 區塊，最後再加上一個 finally 區塊（如果需要的話）。

11.7　堆疊展開以及從例外物件取得資訊

當所拋出的例外無法在特定使用域中被捕捉到時，方法呼叫堆疊就會被「展開」，然後程式會試圖在下一層外層的 try 區塊中 catch 這個例外。這個程序稱為**堆疊展開（stack unwinding）**。展開方法呼叫堆疊，意味著未能捕捉到例外的方法將會終止，所有該方法的區域變數都會落出使用域外，而控制權被傳回給原先呼叫此方法的敘述。如果此敘述包圍在某個 try 區塊中，則此區塊就會試著 catch 這個例外。如果這個敘述沒有被包含在 try 區塊中，或這個例外沒有被捕捉到，就會再次進行堆疊展開。圖 11.6 示範了堆疊展開，而 main 之中的例外處理常式說明了如何存取例外物件中的資料。

堆疊展開

在 main 中，try 區塊（第 8-11 行）會呼叫 method1（宣告於第 35-38 行），後者又會接著呼叫 method2（宣告於第 41-44 行），後者又會接著呼叫 method3（宣告於第 47-50 行）。method3 的第 49 行會拋出一個 Exception 物件——此即為拋出點。因為第 49 行的 throw 敘述並沒有被包在 try 區塊中，所以會進行堆疊展開—— method3 會在第 49 行終止，然後將控制權傳回給 method2 中呼叫 method3 的敘述（亦即第 43 行）。因為第 43 行並沒有被包在 try 區塊中，所以會再次進行堆疊展開—— method2 會在第 43 行終止，然後將控制權傳回給 method1 中呼叫 method2 的敘述（亦即第 37 行）。因為第 37 行並沒有被包在 try 區塊中，所以會再次進行堆疊展開—— method1 會在第 37 行終止，然後將控制權傳回給 main 中呼叫 method1 的敘述（亦即第 10 行）。第 8-11 行的 try 區塊包圍了這個敘述。這個例外尚未被處理，所以 try 區塊會終止，然後第一個相符的 catch 區塊（第 12-31 行）會捕捉並處理這個例外。如果沒有相符的 catch 區塊，此例外也沒有宣告於每個會拋出它的方法中，就會發生編譯錯誤。請記得，情況並非總是如此——對於不可檢核的例外，應用程式會通過編譯，但執行時會產生預期之外的結果。

```java
1  // Fig. 11.6: UsingExceptions.java
2  // Stack unwinding and obtaining data from an exception object.
3
4  public class UsingExceptions
5  {
6     public static void main(String[] args)
7     {
8        try
9        {
10          method1();
11       }
12       catch (Exception exception) // catch exception thrown in method1
13       {
14          System.err.printf("%s%n%n", exception.getMessage());
15          exception.printStackTrace();
16
17          // obtain the stack-trace information
18          StackTraceElement[] traceElements = exception.getStackTrace();
```

圖 11.6　堆疊展開，以及從例外物件取得資料 (1/2)

```
19
20              System.out.printf("%nStack trace from getStackTrace:%n");
21              System.out.println("Class\t\tFile\t\t\tLine\tMethod");
22
23              // loop through traceElements to get exception description
24              for (StackTraceElement element : traceElements)
25              {
26                  System.out.printf("%s\t", element.getClassName());
27                  System.out.printf("%s\t", element.getFileName());
28                  System.out.printf("%s\t", element.getLineNumber());
29                  System.out.printf("%s%n", element.getMethodName());
30              }
31          }
32      } // end main
33
34      // call method2; throw exceptions back to main
35      public static void method1() throws Exception
36      {
37          method2();
38      }
39
40      // call method3; throw exceptions back to method1
41      public static void method2() throws Exception
42      {
43      method3();
44      }
45
46      // throw Exception back to method2
47      public static void method3() throws Exception
48      {
49          throw new Exception("Exception thrown in method3");
50  }
51  } // end class UsingExceptions
```

```
Exception thrown in method3

java.lang.Exception: Exception thrown in method3
        at UsingExceptions.method3(UsingExceptions.java:49)
        at UsingExceptions.method2(UsingExceptions.java:43)
        at UsingExceptions.method1(UsingExceptions.java:37)
        at UsingExceptions.main(UsingExceptions.java:10)

Stack trace from getStackTrace:
Class               File                  Line    Method
UsingExceptions UsingExceptions.java      49      method3
UsingExceptions UsingExceptions.java      43      method2
UsingExceptions UsingExceptions.java      37      method1
UsingExceptions UsingExceptions.java      10      main
```

圖 11.6　堆疊展開，以及從例外物件取得資料 (2/2)

從例外物件取得資料

所有的例外皆衍生自 Throwable 類別，它提供了 printStackTrace 方法，以將堆疊蹤跡（討論於 11.2 節）輸出到標準錯誤串流，通常這樣做有助於測試和偵錯。Throwable 類別也提供了 getStackTrace 方法，以取得可由 printStackTrace 印出的堆疊蹤跡資訊。Throwable 類別的 getMessage 方法，則會傳回存放在例外中的說明字串。

測試和除錯的小技巧 11.7
應用程式未捕捉到的例外，會造成 Java 預設的例外處理常式被執行。此處理常式會顯示出例外的名稱、指出所發生之問題為何的說明訊息，以及完整的執行堆疊蹤跡。在只有單一執行緒的應用程式中，此應用程式將會終止。在具有多個執行緒的應用程式中，造成例外的執行緒將會終止。我們會在第 23 章中討論多執行緒。

測試和除錯的小技巧 11.8
Throwable 方法 toString（被所有 Throwable 的子類別所繼承）會傳回一個 String，其中包含例外類別的名稱以及一個說明訊息。

　　圖 11.6 的 catch 處理常式，示範了 getMessage、printStackTrace 和 getStackTrace 的使用。如果我們想要將堆疊蹤跡資訊輸出到標準錯誤串流以外的串流，我們可以使用 getStackTrace 傳回的資訊，然後將之輸出到另一個串流，或使用其中一種多載版本的 printStackTrace。如何傳送資料到其他串流將於第 15 章討論。

　　第 14 行呼叫了例外的 getMessage 方法以取得例外的說明。第 15 行呼叫了例外的 printStackTrace 方法以輸出堆疊蹤跡，指出例外發生於何處。第 18 行呼叫了例外的 getStackTrace 方法以取得堆疊蹤跡資訊，此資訊為 **StackTraceElement** 物件的陣列。第 24-30 行會取得陣列中的每個 StackTraceElement，然後呼叫其 **getClassName**、**getFileName**、**getLineNumber**、**getMethodName** 等方法，以分別取得該 StackTraceElement 的類別名稱、檔案名稱、行號和方法名稱。每個 StackTraceElement 都代表方法呼叫堆疊中的一次方法呼叫。

　　此程式的輸出說明了 printStackTrace 會遵照以下樣式印出堆疊蹤跡資訊：*className. methodName(fileName:lineNumber)*，其中 *className*、*methodName* 和 *fileName* 分別指出發生例外的類別、方法及檔案名稱，*lineNumber* 則指出例外發生於檔案中的何處。你已經在圖 11.2 看過這種輸出方式。getStackTrace 方法讓我們能夠自訂例外資訊的處理方式。請比較 printStackTrace 的輸出，與利用 StackTraceElement 建立的輸出，來觀察二者包含相同的堆疊蹤跡資訊。

軟體工程的觀點 11.11
偶爾你會想要藉由撰寫一個包含空主體的 catch 處理常式來忽略例外。在這麼做之前，請先確保例外不會指出堆疊越高的程式碼可能想要了解或回復的條件。

11.8　例外連鎖

有時方法會藉由拋出目前應用程式專屬的不同例外型別來回應例外。如果 catch 區塊拋出新的例外，原始例外的相關資訊及堆疊蹤跡便會遺失。先前的 Java 版本並未提供能夠將原始例外資訊與新的例外資訊打包在一起的機制，以提供完整堆疊蹤跡，顯示出原始問題發生於何處。這點令偵測這類問題變得特別困難。**例外連鎖**（**chained exceptions**）讓例外物件可以保有原始例外完整的堆疊蹤跡資訊。圖 11.7 展示了一個連鎖的範例。

```java
1  // Fig. 11.7: UsingChainedExceptions.java
2  // Chained exceptions.
3
4  public class UsingChainedExceptions
5  {
6     public static void main(String[] args)
7     {
8        try
9        {
10          method1();
11       }
12       catch (Exception exception) // exceptions thrown from method1
13       {
14          exception.printStackTrace();
15       }
16    }
17
18    // call method2; throw exceptions back to main
19    public static void method1() throws Exception
20    {
21       try
22       {
23          method2();
24       }
25       catch (Exception exception) // exception thrown from method2
26       {
27          throw new Exception("Exception thrown in method1", exception);
28       }
29    } // end method method1
30
31    // call method3; throw exceptions back to method1
32    public static void method2() throws Exception
33    {
34       try
35       {
36          method3();
37       }
38       catch (Exception exception) // exception thrown from method3
39       {
40          throw new Exception("Exception thrown in method2", exception);
41       }
42    } // end method method2
43
44    // throw Exception back to method2
45    public static void method3() throws Exception
46    {
47       throw new Exception("Exception thrown in method3");
48    }
49 } // end class UsingChainedExceptions
```

圖 11.7 例外連鎖 (1/2)

```
java.lang.Exception: Exception thrown in method1
        at UsingChainedExceptions.method1(UsingChainedExceptions.java:27)
        at UsingChainedExceptions.main(UsingChainedExceptions.java:10)
Caused by: java.lang.Exception: Exception thrown in method2
        at UsingChainedExceptions.method2(UsingChainedExceptions.java:40)
        at UsingChainedExceptions.method1(UsingChainedExceptions.java:23)
        ... 1 more
Caused by: java.lang.Exception: Exception thrown in method3
        at UsingChainedExceptions.method3(UsingChainedExceptions.java:47)
        at UsingChainedExceptions.method2(UsingChainedExceptions.java:36)
        ... 2 more
```

圖 11.7 例外連鎖 (2/2)

程式的控制流

此程式包含四個方法——main（第 6-16 行）、method1（第 19-29 行）、method2（第 32-42 行）和 method3（第 45-48 行）。main 方法中，第 10 行的 try 區塊呼叫了 method1。method1 中，第 23 行的 try 區塊呼叫了 method2。method2 中，第 36 行的 try 區塊呼叫了 method3。method3 中，第 47 行拋出了一個新的 Exception。因爲這個敘述沒有包在 try 區塊內，所以 method3 會終止，此例外會被傳回給第 36 行的呼叫方法（method2）。這個敘述位於 try 區塊內；因此，這個 try 區塊會終止，然後例外會在第 38-41 行被捕捉到。catch 區塊中，第 40 行拋出了新的例外。在此時，我們呼叫的是包含兩個引數的 Exception 建構子，其中第二個引數代表造成原始問題的例外。在此程式中，例外發生於第 47 行。因爲 catch 區塊拋出例外，所以 method2 會終止，將這個新的例外傳回給位於第 23 行的呼叫方法（method1）。再次，此敘述位於 try 區塊內，所以這個 try 區塊會終止，然後此例外會在第 25-28 行被捕捉到。catch 區塊中，第 27 行會拋出新的例外，然後使用所捕捉到的例外作爲 Exception 建構子的第二個引數。因爲 catch 區塊拋出例外，所以 method1 會終止，然後將這個新例外傳回給位於第 10 行的呼叫方法（main）。main 中的 try 區塊會終止，然後例外會在第 12-15 行被捕捉到。第 14 行會印出執行蹤跡。

程式的輸出

請注意，在程式的輸出中，前三行會顯示最近拋出的例外（亦即 method1 在第 27 行拋出的例外）。接下來四行會指出此例外是 method2 在第 40 行拋出的。最後的四行則表示，此例外是 method3 在第 47 行拋出的。此外也請注意，如果你反向閱讀輸出結果，便會顯示出還有多少連鎖的例外。

11.9　宣告新的例外型別

大部分 Java 程式設計師會使用現有的類別來建立 Java 應用程式，這些類別可能來自於 Java API、第三方廠商、還有可免費取得的類別庫（通常是從網際網路下載）。這些類別所提供的方法，通常會被宣告爲在發生問題時，拋出適當的例外。你會撰寫程式碼來處理這些現有的例外，以讓你的程式更爲強韌。

如果你所建構的類別要讓其他程式設計師使用，它通常會適當的宣告你自己的例外類別，專門用來描述其他程式設計師在使用你的可再利用類別時可能會發生的問題，是很有用的一件事。

新的例外類型必須延伸為存在的類型

新的例外類別必須擴充自現有的例外類別，以確保此類別可以使用於例外處理機制中。就像任何類別一樣，例外類別也可以包含欄位與方法。典型的新例外類別只會包含四個建構子：

- 一個無引數，會傳遞一個預設錯誤訊息 String 給父類別建構子的建構子；

- 一個會以 String 接收自訂錯誤訊息，然後將之傳遞給父類別建構子的建構子；

- 一個會以 String 接收錯誤訊息，同時也會接收 Throwable（以供例外連鎖），然後將兩者皆傳遞給父類別建構子的建構子；

- 還有一個會接收 Throwable（以供例外連鎖），然後將之傳遞給父類別建構子的建構子。

良好的程式設計習慣 11.2
將執行時期的每種嚴重問題，都連結至適當命名的 Exception 類別，可以增進程式的清晰性。

軟體工程的觀點 11.12
在你定義自己的例外型別時，請先研讀 Java API 現有的例外類別，並試著擴充自相關的例外類別。例如，如果要建立一個新類別來表示有方法試圖進行除以零的運算，你可能可以擴充 ArithmeticException 類別，因為除以零是在數學算術中發生。如果現有的類別並不適合作為你新例外類別的父類別，請判斷你的新類別應該是可檢核的還是不可檢核的例外類別。如果使用者必須處理此一例外，則新的例外類別應該要是可檢核的例外（亦即擴充自 Exception，但非 RuntimeException）。使用者端應用程式應該要可以合理地從這種例外中復原。如果使用者端程式碼應該要可以忽略這個例外（亦即此例外為不可檢核例外），則這個新的例外類別應該要擴充自 RuntimeException。

自訂例外類別的範例

在第 21 章，我們會提供一個自訂例外類別的範例。我們會宣告一個叫做 List 的可再利用類別，此類別能夠儲存一個物件參照的列表。如果此 List 是空的，則有些經常會對 List 進行的操作是不被允許的，例如從列表的前端或後端移除項目。因此，有些 List 方法會拋出 EmptyListException 類別的例外。

良好的程式設計習慣 11.3
依照慣例，所有例外類別的名稱都應該以 Exception 這個字結尾。

11.10　先決條件和後續條件

程式設計師會花費大量的時間在維護及偵錯程式碼。要幫助這些工作的進行，並改善整體的設計，你可以指定方法執行前後的預期狀態。這些狀態分別稱爲先決條件和後續條件。

先決條件

當方法被呼叫時，**先決條件（precondition）**必然爲眞。先決條件會描述方法參數的限制，以及其他任何方法在開始執行前，對於目前程式狀態的預期。如果不符合先決條件，此方法的行爲便是未定義的──它可能會拋出例外，用不合法的數值繼續執行，或者試圖從錯誤中回復。如果先決條件沒有被滿足，你就不該期盼方法會展現正確的行爲。

後續條件

當方法成功返回後，**後續條件（postcondition）**將會爲眞。後續條件描述了關於傳回值的限制，以及其他任何方法可能會造成的副作用。在定義方法時，你應該要記載下所有的後續條件，讓其他人能知道當他們呼叫你的方法時，該期盼哪些事情，你也應該要確定你的方法會在其先決條件確實符合時，能履行其所有的後續條件。

當先決與後續條件不能滿足時拋出例外

當先決條件和後續條件無法滿足時，方法通常會拋出例外。舉例來說，請檢視 String 方法 charAt，此方法包含一個 int 參數──代表 String 的索引。就先決條件而言，charAt 方法會假設其 index 大於或等於零，而且小於 String 的長度。如果符合此先決條件，則其後續條件會指出此方法會傳回 String 位於 index 參數所指定之位置的字元。否則，此方法會拋出 IndexOutOfBoundsException。只要符合 charAt 方法的先決條件，我們就能相信此方法會滿足其後續條件。我們不需要關心這個方法實際上是如何取得位於該索引之字元的細節。

通常，方法的先決條件與後續條件會被描述在其規格文件中。在設計你自己的方法時，應該要在方法宣告前面的註解中，說明其先決條件和後續條件。

11.11　聲明

在實作與偵錯類別時，有時指出在方法的某一點，某些條件應該爲眞，將會有所助益。這些條件，稱爲**聲明（assertion）**，可以在開發時幫忙抓出潛在的錯誤，並找到可能的邏輯錯誤，以確保程式的有效性。先決條件和後續條件是其中兩種聲明。先決條件是關於方法呼叫時，程式狀態的聲明，後續條件是方法結束後，關於程式狀態的聲明。

雖然聲明可以用註解的方式，在程式開發時引導你，但 Java 也提供了兩種版本的 assert 敘述，讓你可以程式化地驗證聲明。**assert** 敘述會評估一個 boolean 運算式，如果此運算式爲僞，便拋出 **AssertionError**（Error 的子類別）。assert 敘述的第一種形式爲

```
assert expression;
```

如果 *expression* 為 false，便會拋出 AssertionError。第二種形式是

> **assert** *expression1* : *expression2*;

它會評估 *expression1*，如果 *expression1* 為 false，就會用 *expression2* 作為錯誤訊息，拋出 AssertionError。

你可以使用聲明，程式化地實作先決條件和後續條件，或是驗證其他可以幫助你確認程式有正確運作的中間狀態。圖 11.8 示範了 **assert** 敘述的使用。第 11 行會提示使用者輸入一個 0 到 10 之間的數字，然後第 12 行會讀入該數字。第 15 行會判斷使用者所輸入的數字，是否介於合法範圍內。如果此數字超出範圍，**assert** 敘述就會回報錯誤；否則，程式會正常執行。

```java
1  // Fig. 11.8: AssertTest.java
2  // Checking with assert that a value is within range.
3  import java.util.Scanner;
4
5  public class AssertTest
6  {
7     public static void main(String[] args)
8     {
9        Scanner input = new Scanner(System.in);
10
11        System.out.print("Enter a number between 0 and 10: ");
12        int number = input.nextInt();
13
14        // assert that the value is >= 0 and <= 10
15        assert (number >= 0 && number <= 10) : "bad number: " + number;
16
17        System.out.printf("You entered %d%n", number);
18  }
19  } // end class AssertTest
```

```
Enter a number between 0 and 10: 5
You entered 5
```

```
Enter a number between 0 and 10: 50
Exception in thread "main" java.lang.AssertionError: bad number: 50
        at AssertTest.main(AssertTest.java:15)
```

圖 11.8　使用 assert 來檢查數值是否位於範圍內

你主要會使用聲明來偵錯和找出應用程式中的邏輯錯誤。你必須在執行程式時，明確地啟用聲明，因為它們會減低效能，而且對程式使用者來說並不需要。要啟用聲明，請使用 java 命令的命令列選項 -ea，如下：

> Java-ea AssertTest

軟體工程的觀點 11.13

使用者不應該遭遇到任何 AssertionErrors——這種錯誤只用來點出實作中的錯誤。因此，你永遠都不應該捕捉 AssertionErrors。相反地，你應該在這種錯誤發生時，讓程式終止，如此一來，你就可以看見錯誤訊息，找到問題的源頭並加以修正。你應該不要使用 assert 來指示產品程式碼執行時發生的問題（如同我們在圖 11.8 中尉了示範所做的）——請使用例外機制來達成此一目的。

11.12　try-with-resource：自動資源再配置

無論在相對應的 try 區塊中使用資源時，是否有發生例外狀況，我們都應該要把釋出資源的程式碼放置在 finally 區塊中，以確認資源會被釋出。另一種標記法——**try-with-resources** 敘述（Java SE 7 的新功能）——能夠簡化程式碼的撰寫，你原本會取得一或多個資源，將之使用在 try 區塊中，然後在相對應的 finally 區塊中將之釋放。例如，檔案處理應用可以使用包含資源的 try 敘述來處理檔案，可以確保檔案在不再需要時，會正確地被關閉——我們在第 15 章中會展示。這些資源都必須是實作了 AutoCloseable 介面的類別物件——這類類別包含一個 close 方法。包含資源的 try 敘述，其一般化的形式為

```
try (ClassName theObject = new ClassName())
{
    // use theObject here
}
catch (Exception e)
{
    // catch exceptions that occur while using the resource
}
```

其中 *ClassName* 是實作了 AutoCloseable 介面的類別。這個程式碼會建立型別為 *ClassName* 的物件，然後在 try 區塊中使用它，然後呼叫其 close 方法，以釋放任何此物件所使用到的資源。包含資源的 try 敘述會自動在此 try 區塊結束時，呼叫 theObject 的 close 方法。你可以在 try 後頭的括號中，配置多個資源，請以分號（；）來區隔它們。你會在第 15 和 24 章中看到包含資源的 try 敘述的範例。

11.13　總結

在本章中，你學到如何使用例外處理來處理錯誤。例外處理可以把錯誤處理的程式碼，從程式執行的「主線」中移開。我們說明了要如何使用 try 區塊來包住可能拋出例外的程式碼，以及如何使用 catch 區塊來處理可能發生的例外。

你學到例外處理的終止模型，此模型規定，在例外處理之後，程式的控制權不會回到拋出點。我們討論了可檢核與不可檢核的例外，以及如何用 throws 子句指定方法可能會拋出的例外。

　　無論是否發生例外都能使用 finally 區塊來釋放資源。你也學到如何拋出和重新拋出例外。我們說明了如何使用 printStackTrace、getStackTrace 及 getMessage 方法取得關於例外的資訊。接下來，呈現了例外連鎖，讓你可以把原本的例外資訊和新的例外資訊打包在一起。接著，說明了要如何建立自己的例外類別。

　　我們介紹了先決條件和後續條件，以幫助使用你的方法的程式設計師，了解在呼叫方法，以及方法返回時，必須為真的條件。當先決條件與後續條件未能滿足時，方法通常會拋出例外。我們討論了 assert 敘述，以及如何使用它來幫助偵錯程式。明確的說，可以使用 assert 來確認先決條件和後續條件是否有被滿足。

　　另外，也介紹了多重 catch 以在同一個 catch 處理常式中處理幾種例外型別，還有包含資源的 try 敘述，以在 try 區塊使用資源後，自動釋放資源。在下一章中，我們會更深入的探討圖像使用者介面 (GUI)。

摘要

11.1 簡介

- 例外是一種程式在執行中發生問題的指示。
- 例外處理讓程式設計師可以建立能夠自行解決例外狀況的應用程式。

11.2 範例：未使用例外處理，將數值除以零

- 當方法偵測到問題，而且無法處理時，就會拋出例外。
- 例外的堆疊蹤跡包括指出一個發生問題的訊息，裡頭也包含例外的名稱，此外還有一個例外發生時完整的方法呼叫堆疊。
- 程式中發生例外的地方，稱爲拋出點。

11.3 範例：處理 ArithmeticException 和 InputMismatchException

- try 區塊會包住有可能 throw 例外的程式碼，以及在發生例外時不該被執行的程式碼。
- 例外可能產生自 try 區塊中明確提及的程式碼、產生自對於其他方法的呼叫，或甚至產生自 try 區塊中的程式碼所開啓的深層巢狀方法呼叫。
- catch 區塊會以關鍵字 catch 及例外參數作爲開頭，後頭跟隨一個會處理例外的程式碼區塊。當 try 區塊偵測到例外時，便會執行這段程式碼。
- try 區塊之後至少要緊接著一個 catch 區塊或 finally 區塊。
- catch 區塊會在括號內指定一個例外參數，指出它要處理的例外型別。此參數的名稱讓 catch 區塊可以與捕捉到的例外物件互動。
- 未捕捉的例外意即發生時找不到相符之 catch 區塊的例外狀況。如果程式只有一個執行緒，未捕捉例外會造成承是提早終止。相反的，只有例外發生的執行緒會終止。其他部分的成是會繼續運轉，但結果可能不太好。
- 多樣捕捉使你在單一捕捉處理器中，捕捉多個例外類型，並爲每個例外類型表現相同任務。多樣捕捉的句法爲：
  ```
  catch(Type1| Type2 |Type3 e)
  ```
- 每個例外類型都會被垂直的線段（ │ ）分開。
- 如果 try 區塊內發生例外，這個 try 區塊就會立即終止，而程式控制權會被轉移到第一個其參數型別與所拋出的例外型別相符的 catch 區塊。
- 在例外處理過後，程式控制權不會回到拋出點，因爲此 try 區塊已經過期。這稱爲例外處理的終止模型。
- 當例外發生時，如果有多個相符的 catch 區塊，則只有第一個會被執行。
- throws 子句會指定一個以逗號相隔的列表，此列表包含方法可能會拋出的例外，這個子句會寫在方法參數列之後，方法主體之前。

11.4　何時要使用例外處理

- 例外處理是用來處理同步錯誤，意指執行敘述時發生的錯誤。
- 例外處理並非設計來處理和非同步事件有關的問題，這些事件會同步且獨立於程式控制流程之外地發生。

11.5　Java 的例外階層

- 所有的 Java 例外類別都直接或間接繼承自 Exception 類別。
- 程式設計師可以擴充 Java 的例外階層，來建立自己的例外類別。
- Throwable 類別是 Exception 類別的父類別，因此也是所有例外的父類別。只有 Throwable 物件可以使用在例外處理機制中。
- Throwable 類別有兩個子類別：Exception 和 Error。
- Exception 類別及其子類別代表 Java 程式中可能發生，而且可由應用程式捕捉的問題。
- Error 類別和其子類別，則代表 Java 的執行時期系統中可能發生的問題。Error 不常發生，而且通常不應由應用程式來捕捉。
- Java 會區分兩種例外狀況：可檢核與不可檢核。
- Java 編譯器不會進行檢查以判斷不可檢核的例外是否有被捕捉或宣告。不可檢核的例外，通常可藉由妥善地撰寫程式來加以避免。
- RuntimeException 的子類別，代表不可檢核的例外。所有繼承自 Exception 類別，但非繼承自 RuntimeException 類別的例外型別，都是可檢核例外。
- 如果某個 catch 區塊被撰寫來捕捉父類別型別的例外物件，則它也可以捕捉所有該類別的子類別物件。這讓我們可以多型地處理相關的例外。

11.6　finally 區塊

- 取得特定類型資源的程式，一定要將之交還給系統，以避免所謂的資源漏失。釋放資源的程式碼，通常會放在 finally 區塊中。
- finally 區塊是選用的。如果有使用它的話，它會被放在最後一個 catch 區塊之後。
- 不論其相對應的 try 區塊或任何 catch 區塊是否有拋出例外，finally 區塊都會被執行。
- 如果例外無法被該 try 區塊相連結的 catch 處理常式所捕捉的話，控制權就會前進至 finally 區塊。然後這個例外會被傳遞給下一層外層的 try 區塊。
- 如果 catch 區段拋出例外，finally 區塊仍然會被執行。接著這個例外會被傳遞給下一層外層的 try 區塊。
- throw 敘述可以拋出任何 Throwable 物件。
- 當 catch 區塊接收到例外，判斷它無法處理此一例外，或是只能處理一部分時，可能會重新拋出例外。重新拋出例外會將例外處理（或是其一部分）推遲到另一個 catch 區塊。
- 在重新拋出例外時，下一層包含的 try 區塊便會偵測到重新拋出的例外，然後此 try 區塊的 catch 區塊會試著處理這個例外。

11.7　堆疊展開以及從例外物件取得資訊

- 如果在特定的使用域中拋出例外，卻未能捕捉時，方法呼叫堆疊就會展開，然後試著在下一層外層的 try 敘述中 catch 這個例外。
- Throwable 類別提供了 printStackTrace 方法，可以印出方法呼叫堆疊。通常這會有助於測試和偵錯。
- Throwable 類別也提供 getStackTrace 方法，會取得堆疊蹤跡資訊，與 printStackTrace 所印出的相同。
- Throwable 類別的 getMessage 方法會傳回存放在例外中的說明字串。
- getStackTrace 方法會取得堆疊蹤跡資訊，將之表示為 StackTraceElement 物件的陣列。每個 StackTraceElement 都代表方法呼叫堆疊中的一次方法呼叫。
- StackTraceElement 的方法 getClassName、getFileName、getLineNumber、getMethodName，分別會取得類別名稱、檔案名稱、行號及方法名稱。

11.8　例外連鎖

- 例外連鎖讓例外物件可以保有完整的堆疊蹤跡資訊，包括導致目前的例外出現先前例外的資訊。

11.9　宣告新的例外型別

- 新的例外類別必須擴充自現有的例外類別，以確保此類別可以使用於例外處理機制上。

11.10　先決條件和後續條件

- 在呼叫方法時，方法的先決條件必須為眞。
- 在方法成功返回後，方法的後續條件爲眞。
- 在設計你自己的方法時，應該要在方法宣告之前，在註解中指出其先決條件和後續條件。

11.11　聲明

- 聲明有助於捕捉出潛在的錯誤及找到可能的邏輯錯誤。
- assert 敘述讓我們可以程式化地撰寫驗證聲明。
- 若要在執行時期啓用聲明，請在 java 命令上頭使用選項 -ea。

11.12　try-with-resource：自動資源解配置

- 包含資源的 try 簡化了程式碼的撰寫，在原本的程式碼中，你會取得一個資源，在 try 區塊中加以使用，然後在相對應的 finally 區塊中釋放這些資源。反之，你會在 try 關鍵字後頭的小括號中配置資源，然後在此 try 區塊中使用這些資源，然後在區塊結束時，此敘述會自動呼叫資源的 close 方法。
- 每個資源都必須是實作了 AutoCloseable 介面的類別物件——這種類別會擁有 close 方法。
- 你可以在 try 後頭的括號中配置多個資源，然後使用分號（；）來區隔它們。.

自我測驗題

11.1 請列出五個常見的例外範例？

11.2 為什麼例外特別適合用來處理 Java API 中類別的方法所產生的錯誤？

11.3 什麼是「資源洩漏」？

11.4 如果 try 區塊沒有拋出例外，則執行完 try 區塊之後，程式的控制權會前進到何處？

11.5 請提供使用 catch(Exception exceptionName) 的主要優點。

11.6 常規程式是否應用於捕捉 Error 物件？請解釋。

11.7 如果被拋出的物件沒有配對的 catch 處理器會發生什麼事？

11.8 如果被拋出的物件同時有數個配對 catch 區塊會發生什麼事？

11.9 為什麼程式設計師要指定父類別型別作為 catch 區塊的型別？

11.10 運用 finally 區塊的主要原因是什麼？

11.11 當一個 catch 區塊拋出一個 Exception 時會發生什麼事？

11.12 敘述 throw exceptionReference 會在 catch 區塊中做什麼事情？

11.13 當 try 區塊拋出 Exception 時，其中的區域參照會發生什麼事？

自我測驗題解答

11.1 記憶體耗盡、陣列索引超出界限、算術溢出、除數為零、方法參數無效。

11.2 以 Java API 中類別的方法進行錯誤處理，不太可能滿足所有使用者的獨特需求。

11.3 當一個執行中的程式錯誤拋出一個不被需要的資源時，就是資源洩漏。

11.4 該 try 區塊的 catch 區塊會被跳過，程式會從最後一個 catch 區塊之後繼續執行。如果有 finally 區塊，就會先執行 finally 區塊，然後程式會從 finally 區塊之後繼續執行。

11.5 格式 catch(Exception exceptionName) 可以捕捉 try 區塊中拋出任何型別的例外。這樣做的優點是，任何拋出的 Exception 都必然會被捕捉。你接著可以決定要處理此一例外，或是將其重新拋出。

11.6 Errors 通常是 Java 程式中極為嚴重的問題；大部分的程式不會想要捕捉到 Errors 因為會無法修補它們。

11.7 這會使搜索配對的動作在下一個封閉敘述中繼續。如果有一個 finally 區塊，它會在敘述到下一個封閉 try 敘述前執行。如果沒有封閉 catch 區塊的 try 敘述與宣告例外（或未檢核），一個堆疊蹤跡會輸出，而目前的執行緒會提早終止。如果例外是檢核的，但尚未捕捉或宣告，編寫錯誤會發生。

11.8 try 區塊後第一個配對的 catch 區塊會被執行。

11.9 這讓程式得以捕捉相關的例外型別，並以具一致性的方式來處理它們。然而，個別地處理子類別型別，以提供更準確的例外處理，經常有所助益。

11.10 finally 區塊會是拋出資源以避免資源洩漏的首選的手段。

11.11 首先，如果 finally 區塊存在，控制會被傳遞。例外就會被一個與封閉 try 區塊（若是它存在）有關聯的 catch 區塊（若是存在）運行。

11.12 它會在目前 try 敘述的 finally 區塊執行之後，重新拋出這個例外，供外層的 try 敘述來處理。

11.13 這些參照會落出使用域外。如果所參照的物件變得無法抵達，此物件就可以被垃圾收集。

習題

11.14（例外情況）請列出本書到目前為止，各支程式曾發生過的例外情況。請儘可能地列出其他例外情況。針對各種例外，請簡單地描述程式通常會如何利用本章所討論的例外處理技術，來處理此一例外。典型的例外包括除以零、陣列索引超出界限等等。

11.15（例外與建構子出錯）在本章以前，我們發現處理由建構子所偵測到的錯誤，會有些棘手。請解釋為何例外處理機制，是一種處理建構子出錯的有效手段。

11.16（使用父類別捕捉例外）請利用繼承來建立一個例外父類別（稱為 ExceptionA）以及例外子類別 ExceptionB 及 ExceptionC，其中 ExceptionB 繼承自 ExceptionA，而 ExceptionC 繼承 ExceptionB。請撰寫一程式，示範型別為 ExceptionA 的 catch 區塊，也會捕捉型別為 ExceptionB 和 ExceptionC 的例外。

11.17（使用 Exception 類別捕捉例外）請撰寫一支程式，說明各式各樣的例外可以如何用以下方式來捕捉：

```
catch (Exception exception)
```

這次，請定義類別 ExceptionA（繼承自 Exception 類別）和 ExceptionB（繼承自 ExceptionA 類別）。請在你的程式中建立一個 try 區塊，拋出型別為 ExceptionA、ExceptionB、NullPointerException 以及 IOException 的例外。所有例外都應該會被指定了 Exception 型別的 catch 區塊所捕捉。

11.18（catch 區塊的順序）在給定的程式碼中，遇上特定異常 A 的概率是 B 的五倍。請解釋撰寫捕捉的安排會如何影響程式的表現。

11.19（建構子失誤）試撰寫一方法，秀出建構以通過關於建構子失敗為例外處理的資訊。定義 SomeClass 類別，他會在建構子中拋出例外。你的程式應該試著建立 SomeClass 類型的物件，並捕捉從建構子拋出的例外。

11.20（重新拋出例外）定義 average 方法，就是計算陣列中元素的平均，但存取陣列在它的邊界之外的方法。當 computeAverage 捕捉例外時，他會重新拋出例外到呼叫 computeAverage 的 main 方法。你要輸出一個訊息說明重新拋出是如何發生的。

11.21（捕捉使用外部範圍的例外）試撰寫一個可以存取陣列邊界之外方法的程式，並用 0 進行除法。然而，此方法並不處理 0 的除法——表現出外部嘗試捕捉它。

Memo

GUI元件：第一部分

Do you think I can listen all day to such stuff?
—*Lewis Carroll*

Even a minor event in the life of a child is an event of that child's
world and thus a world event.
—*Gaston Bachelard*

You pays your money and you takes your choice.
—*Punch*

學習目標

在本章節中，你將會學習到：
- 如何使用 Java 優雅的跨平台 Nimbus 感視介面。
- 建立 GUI 並處理使用者與 GUI 互動時所產生的事件。
- 了解包含 GUI 元件、事件處理類別及介面的套件。
- 建立並操作按鈕、標籤、清單、文字欄位和圖板。
- 處理滑鼠及鍵盤所產生的事件。
- 利用版面管理員來安排 GUI 元件。

12.1　簡介

圖形使用者介面（**graphical user interface, GUI**）代表一種與應用程式互動的友善操作機制。GUI（發音為「GOO-ee」）讓每支應用程式都能擁有不同的「感視介面（look-and-feel）」。GUI 是利用 **GUI 元件**（**GUI component**）建構而成。GUI 元件有時也被稱為控制項（control）或視窗配件（widget）── window gadget 的縮寫。GUI 元件是一種物件，使用者可以透過滑鼠、鍵盤或其他輸入形式，例如語音辨識，與之進行互動。在本章和第 22 章，你會學到許多 Java 中所謂的 **Swing GUI 元件**，來自於 `javax.swing` 套件。我們會在本書其他的章節中，不時的視需要介紹其他的 GUI 元件。在第 25 章與另外兩個網路章節中，你會學到關於 Java FX ──為了 GUI、圖型與多媒體 API 的最新 Java。

感視介面的觀點 12.1
請為不同的應用程式提供一致且直覺性的使用者介面元件，讓使用者能夠對新的應用程式有熟悉感，這樣使用者便能夠比較快速地學習它，並且更有生產力地使用它。

IDE 對於 GUI 設計的支援

許多 IDE 提供了 GUI 設計工具，你可以利用這些工具，透過滑鼠、鍵盤拖曳，來指定元件確切的大小及位置還有其他屬性。IDE 會為你產生 GUI 的程式碼。雖然這樣可以大幅簡化 GUI 的建立，但每種 IDE 會用不同的方式產生程式碼。因此，我們選擇親手撰寫 GUI 程式碼，如同你在此章範例的原始碼檔案中看到的，我們鼓勵你藉由使用 IDE 來建立 GUI。

範例 GUI：SwingSet3 範例應用程式

圖 12.1 是 GUI 的範例，圖中從 JDK 樣品與樣品下載顯示了 **SwingSet3** 樣品應用程式，你可以從 http://www.oracle.com/technetwork/java/javase/downloads/index.html 下載取得此程式。這支應用程式是個良好的途徑，讓你可以瀏覽 Java 的 Swing GUI API 所提供的各種 GUI 元件。簡單地在視窗左方的 **GUI Components** 區點擊元件的名稱（例如 JFrame、JtabbedPane 等等），然後在視窗的右方觀看此一 GUI 元件的展示。每一個原始碼的展示都會呈現在視窗底部的文字區域中。我們在這支應用程式中，標記了幾種 GUI 元件。在視窗頂端是包含視窗名稱的標題列。其下則是包含選單（**File** 與 **View**）的**選單列**（**menu bar**）。在視窗的右上區域，是一組**按鈕**（**button**）——通常，使用者會按按鈕以執行任務。視窗的 GUI Components 區中是一個**組合方塊**（**combo box**），使用者可以點擊方塊右側的向下箭頭，從一個項目列表中進行選擇。選單、按鈕還有組合方塊都是此應用程式的 GUI 的一部分。它們讓你可以與應用程式進行互動。

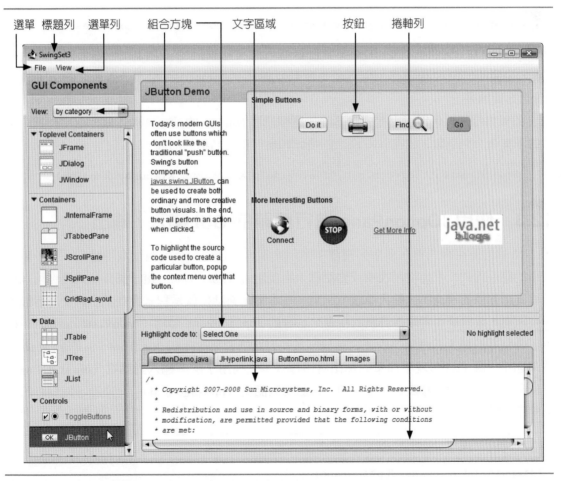

圖 12.1　SwingSet3 應用程式展示了許多 Java 的 Swing GUI 元件

12.2　Java 全的 Nimbus 感視介面

GUI 的外表由視覺元素所組成，例如顏色和字型，以及你用來與 GUI 互動的感知元素，例如按鈕與選單。以上這些放在一起，稱作 GUI 的感視介面。Swing 有一個跨平台的感視介面，被稱作 **Nimbus**。要編排像圖 12.1 一樣的 GUI 螢幕截圖，我們將系統設定爲使用 Nimbus 作爲預設的感視介面。你可以透過三種途徑來使用 Nimbus：

1. 將之設定爲所有在你電腦上執行的 Java 應用程式的預設介面。
2. 當你在啓動應用程式時，藉由傳遞命令列引數給 java 命令，一次性地設定其爲當下的感視介面。
3. 在你的應用程式中，程式化地設定其爲感視介面（請參閱 22.6 節）。

要將 Nimbus 設定爲所有 Java 應用程式的預設介面，必須在你的 JDK 安裝目錄，以及 JRE 安裝目錄底下的 `lib` 資料夾中，都建立一個名爲 `swing.properties` 的文字檔案。請將下列這行程式碼寫入這個檔案中：

```
swing.defaultlaf=com.sun.java.swing.plaf.nimbus.NimbusLookAndFeel
```

除了獨立的 JRE 之外，你的 JDK 安裝目錄底下還巢狀安裝了一個 JRE。如果你所使用的 IDE，是仰賴於 JDK 來運作，你可能也會需要將 swing.properties 檔案放進巢狀的 JRE 資料夾的 lib 資料夾中。

如果你偏好以個別應用程式爲基礎，選擇使用 Nimbus 的話，當你在執行應用程式時，請將下列命令列引數，放在 java 命令的後頭和應用程式名稱的前面：

```
-Dswing.defaultlaf=com.sun.java.swing.plaf.nimbus.NimbusLookAndFeel
```

12.3　使用 JOptionPane 進行簡單的 GUI 輸入 / 輸出

第 2-10 章的應用程式會在命令列視窗中顯示文字，並且從命令列視窗取得輸入。大多數你使用的應用程式，都是使用視窗或**對話框**來與使用者互動。例如，電子郵件程式讓你可以在該程式所提供的視窗中，輸入並讀取訊息。基本上，對話框就是程式會在其中對使用者顯示重要訊息，或向使用者取得資訊的視窗。Java 的 **JOptionPane** 類別（`javax.swing` 套件）提供了分別用於輸入和輸出的內建對話框。這些對話框會藉由呼叫 JOptionPane 的 `static` 方法來顯示。圖 12.2 呈現了簡單的加法應用程式，它利用了兩個**輸入對話框**（**input dialog**）從使用者處取得兩筆整數，然後利用一個**訊息對話框**（**message dialog**），來顯示使用者所輸入的兩整數之和。

```
1  // Fig. 12.2: Addition.java
2  // Addition program that uses JOptionPane for input and output.
3  import javax.swing.JOptionPane;
4
5  public class Addition
6  {
```

圖 12.2　使用 JOptionPane 進行輸入和輸出的加法程式 (1/2)

```
7    public static void main(String[] args)
8    {
9       // obtain user input from JOptionPane input dialogs
10      String firstNumber =
11         JOptionPane.showInputDialog("Enter first integer");
12      String secondNumber =
13          JOptionPane.showInputDialog("Enter second integer");
14
15      // convert String inputs to int values for use in a calculation
16      int number1 = Integer.parseInt(firstNumber);
17      int number2 = Integer.parseInt(secondNumber);
18
19      int sum = number1 + number2; // add numbers
20
21      // display result in a JOptionPane message dialog
22      JOptionPane.showMessageDialog(null, "The sum is " + sum,
23          "Sum of Two Integers", JOptionPane.PLAIN_MESSAGE);
24   }
25 } // end class Addition
```

(a) 第10-11行所顯示的輸入對話框

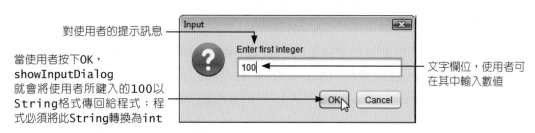

對使用者的提示訊息

當使用者按下OK，
`showInputDialog`
就會將使用者所鍵入的100以
`String`格式傳回給程式；程
式必須將此`String`轉換為`int`

文字欄位，使用者可
在其中輸入數值

(b) 第12-13行所顯示的輸入對話框　　　(c) 第22-23行所顯示的輸入對話框

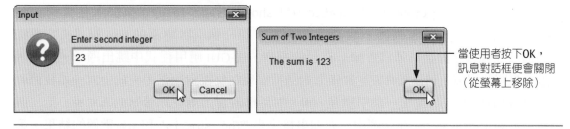

當使用者按下OK，
訊息對話框便會關閉
（從螢幕上移除）

圖 12.2　使用 JOptionPane 進行輸入和輸出的加法程式 (2/2)

輸入對話框

第 3 行匯入了 JOptionPane 類別。第 10-11 行宣告了 String 區域變數 firstNumber，並將
呼叫 JOptionPane 的 static 方法 **showInputDialog** 所得到的結果，指定給此變數。此
方法會顯示一個輸入對話框（請參閱圖 12.2(a) 的螢幕擷圖），然後使用方法的 String 引數
（"Enter first integer"）作為提示訊息。

感視介面的觀點 12.2

輸入對話框中的提示，通常會使用句型大寫規則 (sentence-style capitalization)──只
有文字中第一個字的第一個字母才會被大寫，除非此字是專有名詞（例如 Jones）。

使用者會在文字欄位中鍵入字元，然後點擊 **OK** 或是按下 *Enter* 鍵，將該 String 提交給程式。點擊 OK 也會**關閉（隱藏）該對話框**。[請注意：如果你在文字欄位中鍵入文字但沒有東西出現，請用滑鼠在文字欄位中點擊一下，來啟用它。] 與 Scanner 不同，Scanner 可以用來取得使用者在鍵盤上輸入的數種型別數值，但輸入對話框只能夠輸入 String。這對大多數 GUI 元件來說是司空見慣的事。使用者可以在輸入對話框的文字欄位中鍵入任何字元。我們的程式假設使用者輸入的是有效整數。如果使用者點擊 **Cancel**，showInputDialog 就會傳回 null。如果使用者輸入了非整數值，或者是在輸入對話框中點擊了 **Cancel** 按鈕，便會發生例外，而本程式將無法正確運作。第 12-13 行顯示了另一個輸入對話框，提示使用者輸入第二筆整數。每個你所顯示的 JOptionPane 對話框，都是所謂的**典型對話框（modal dialog）**——當此對話框位在螢幕上時，使用者將無法與應用程式的其他部分進行互動。

感視介面的觀點 12.3
請不要過渡使用典型對話框，因為它們會降低應用程式的可用性。只有禁止使用者在關閉對話框之前與應用程式的其他部分互動時，才使用典型對話框。

將 String 轉換成 int 數值

為了要完成計算，我們得把使用者輸入的 String 轉換成 int 數值。請回想一下，Integer 類別的 static 方法 parseInt 會拋出 NumberFormatException。第 16-17 行會將轉換過的數值指定給區域變數 number1 和 number2，第 19 行則會加總兩者。

訊息對話框

第 22-23 行利用了 JOptionPane 的 static 方法 showMessageDialog，來顯示包含總和值的訊息對話框（在圖 12.2 最後一個畫面截圖中）。第一個引數會協助 Java 程式決定要把對話框放在哪裡。對話框通常會擁有自己的視窗，從 GUI 應用程式中跳出顯示。第一個引數會參照此視窗（稱為父視窗）然後令對話框出現在父視窗的正中央的上方（如我們會在 12.9 節所做的）。如果第一個引數是 null，對話框就會出現在你螢幕的正中央。第二個引數是欲顯示的訊息——在此例中，亦即串接字串 "The sum is" 和 sum 數值的結果。第三個引數—— "Sum of Two Integers" 是應該要顯示在對話框頂端的標題列的 String。第四個引數—— **JOptionPane.PLAIN_MESSAGE** ——代表要顯示的訊息對話框類型。PLAIN_MESSAGE 對話框並不會在訊息的左側顯示圖示。JOptionPane 類別提供多種 showInputDialog 與 showMessageDialog 方法的多載版本，以及用來顯示其他種類對話框的方法。若想取得關於 JOptionPane 類別的完整資料，請參訪 http://docs.oracle.com/javase/7/docs/api/javax/swing/JOptionPane.html。

感視介面的觀點 12.4
視窗的標題列通常會使用書本標題式的大寫規則（book-title capitalization）——將文字中每個重要字詞的首字母都大寫，而且不以任何標點符號結尾（例如，Capitalization in a Book Title）。

JOptionPane 的訊息對話框常數

代表訊息對話框類型的常數，顯示於圖 12.3 中。所有的訊息對話框類型，除了 PLAIN_
MESSAGE 以外，都會在訊息的左側顯示一個圖示。這些圖示提供給使用者其視覺指引訊息的重
要性。QUESTION_MESSAGE 圖示是輸入對話框的預設圖示（請參閱圖 12.2）。

訊息對話框類型	圖示	說明
ERROR_MESSAGE		指出錯誤。
INFORMATION_MESSAGE		指示資訊性的訊息。
WARNING_MESSAGE		警告潛在的問題。
QUESTION_MESSAGE		提出問題。此種對話框通常會要求回應，例如按下 Yes 或 No 的按鈕。
PLAIN_MESSAGE	沒有圖示	只包含訊息，沒有圖示的對話框。

圖 12.3　JOptionPane 用來處理訊息對話框的 static 常數

12.4　Swing 元件

雖然我們可以利用 JOptionPane 對話框來進行輸入和輸出，但大部分的 GUI 應用程式會需
要更精緻的使用者介面。本章接下來會討論許多 GUI 元件，以便讓應用程式開發人員建構
出強韌的 GUI。圖 12.4 列出了一些會加以討論的基本 Swing GUI 元件。

元件	說明
JLabel	用來顯示不可編輯的文字及／或圖示。
JTextField	通常用來接收使用者的輸入。
JButton	在用滑鼠點擊時會觸發事件。
JCheckBox	用來指定可選取或未選取的選項。
JComboBox	下拉式選單，使用者可以從中選擇項目。
JList	項目清單，使用者可以點擊其中任何一者來進行選擇。使用者可以同時選擇多個項目。
JPanel	可以放置及編排元件的區域。

圖 12.4　一些基本的 GUI 元件

Swing 與 AWT

Java GUI 元件其實有兩組。在早期的 Java 版本中，GUI 是透過 **java.awt** 套件中 **Abstract
Window Toolkit (AWT)** 的元件來建構。這些元件的外觀看起來就和目前執行 Java 程式平台
的原始 GUI 元件一樣。例如，在 Microsoft Windows 上執行的 Java 程式，顯示的 Button 物
件，看起來就和其他的 *Windows* 應用程式一樣。在 Apple Mac OS X 上，Button 看起來就和

其他的 *Mac* 應用程式一樣。有時候，連使用者與 AWT 元件進行的互動，也會因平台不同而有所差異。元件的外觀及使用者與之互動的方式，統稱爲**感視介面**（**look-and-feel**）。

感視介面的觀點 12.5
Swing GUI 元件讓你可以爲應用程式指定在所有平台上使用一致的感視介面，或是使用各平台慣用的感視介面。應用程式甚至可以在執行時期改變感視介面，讓使用者可以選擇他們所喜愛的感視介面。

輕量級與重量級 GUI 元件

大部分的 Swing 元件都是**輕量級元件**（**lightweight component**）──它們完全用 Java 來撰寫、操作與顯示。AWT 元件則是**重量級元件**（**heavyweight component**），因爲它們仰賴於本機平台的視窗系統來判斷其功能與感視介面。有一些 Swing 元件是重量級的元件。

Swing 輕量級 GUI 元件的父類別

圖 12.5 的 UML 類別示意圖中展示了一個類別繼承階層，在此階層中，輕量級的 Swing 元件會繼承其共通的屬性與行爲。

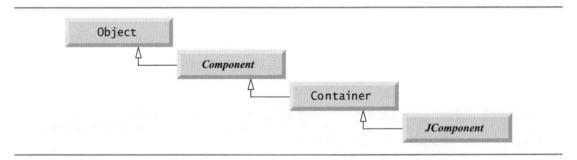

圖 12.5　輕量級 Swing 元件的共同父類別

　　Component 類別（java.awt 套件）是 java.awt 套件與 javax.swing 套件中 GUI 元件的父類別，它宣告了 GUI 元件的共通特性。任何一種 Container（java.awt 套件）的物件，都可以藉由將 Component 放入到 Container，來編排 Component。Container 可以放進其他 Container 中，來編排 GUI。

　　JComponent 類別（javax.swing 套件）是 Container 的子類別。JComponent 是所有輕量級 Swing 元件的父類別，宣告了這些元件共通的屬性及行爲。因爲 JComponent 是 Container 的子類別，所以所有輕量級的 Swing 元件也都是 Container。JComponent 所支援的一些共通功能包括：

1. **可隨插即用的感視介面**（**pluggable look-and-feel**），供你自訂元件的外觀（例如，供特定的平台使用）。你會在 22.6 節看到此功能的範例。

2. 使用快捷鍵（或稱**助憶鍵 [mnemonic]**），透過鍵盤直接操作 GUI 元件。你會在 22.4 節看到此功能的範例。

3. GUI 元件用途的簡短說明（稱為**工具提示 [tool tip]**），會在滑鼠停駐在元件上方短暫時間後才顯示出來。你會在下一節中看到此功能的範例。

4. 支援無障礙服務，例如提供視障朋友使用的點字螢幕閱讀器。

5. 支援使用者介面的**當地化（localization）**——亦即，自訂使用者介面，以顯示不同的語言，使用當地的文化習慣。

12.5　在視窗中顯示文字和圖像

我們接下來的例子，會介紹建構 GUI 應用程式的架構。這個架構中有幾個概念，會出現在許多我們的 GUI 程式中。這是將應用程式呈現在自己視窗中的首例。大多數你所建立，包含 Swing GUI 元件的視窗，都是 **JFrame** 類別或 **JFrame** 子類別的實體物件。**JFrame** 是 **java.awt.Window** 類別的間接子類別，提供了基本的視窗屬性和行為——位於頂端的標題列，以及最小化、最大化和關閉視窗的按鈕。由於應用程式的 GUI 基本上專屬於應用程式，所以我們大部分的例子都會包含兩個類別——一個 **JFrame** 子類別幫助展示新的 GUI 概念，以及另一個應用程式類別，其中 main 方法會建立並顯示應用程式的主要視窗。

標記 GUI 元件

典型的 GUI 包含許多元件。GUI 設計師通常會提供文字描述各個元件的用途。這類文字稱為**標籤（label）**，是利用 **JLabel** 所建立—— **Jcomponent** 的一個子類別。**JLabel** 會顯示唯讀的文字、圖片或同時包含文字和圖片。程式在建立標籤後，很少會改變其內容。

感視介面的觀點 12.6
JLabel 中的文字通常會使用語句形式的大寫習慣。

圖 12.6-12.7 的應用程式，示範了幾種 JLabel 的功能，並且呈現了我們會在大部分 GUI 範例中使用的架構。我們並沒有將此例中的程式碼套色，因為大部分的程式碼都是新的。[請注意：各種 GUI 元件都還有許多功能，無法在範例中一一提及。要了解每種 GUI 元件完整的細節，請拜訪該元件在線上說明文件的頁面。針對 **JLabel** 類別，請造訪 docs.oracle.com/javase/7/docs/api/javax/swing/JLabel.html。]

```
 1  // Fig. 12.6: LabelFrame.java
 2  // JLabels with text and icons.
 3  import java.awt.FlowLayout; // specifies how components are arranged
 4  import javax.swing.JFrame; // provides basic window features
 5  import javax.swing.JLabel; // displays text and images
 6  import javax.swing.SwingConstants; // common constants used with Swing
 7  import javax.swing.Icon; // interface used to manipulate images
 8  import javax.swing.ImageIcon; // loads images
 9
10  public class LabelFrame extends JFrame
11  {
```

圖 12.6　包含文字和圖示的 JLabel (1/2)

```
12      private final JLabel label1; // JLabel with just text
13      private final JLabel label2; // JLabel constructed with text and icon
14      private final JLabel label3; // JLabel with added text and icon
15
16      // LabelFrame constructor adds JLabels to JFrame
17      public LabelFrame()
18      {
19         super("Testing JLabel");
20         setLayout(new FlowLayout()); // set frame layout
21
22         // JLabel constructor with a string argument
23         label1 = new JLabel("Label with text");
24         label1.setToolTipText("This is label1");
25         add(label1); // add label1 to JFrame
26
27         // JLabel constructor with string, Icon and alignment arguments
28         Icon bug = new ImageIcon(getClass().getResource("bug1.png"));
29         label2 = new JLabel("Label with text and icon", bug,
30            SwingConstants.LEFT);
31         label2.setToolTipText("This is label2");
32         add(label2); // add label2 to JFrame
33
34         label3 = new JLabel(); // JLabel constructor no arguments
35         label3.setText("Label with icon and text at bottom");
36         label3.setIcon(bug); // add icon to JLabel
37         label3.setHorizontalTextPosition(SwingConstants.CENTER);
38         label3.setVerticalTextPosition(SwingConstants.BOTTOM);
39         label3.setToolTipText("This is label3");
40         add(label3); // add label3 to JFrame
41      }
42 } // end class LabelFrame
```

圖 12.6 包含文字和圖示的 JLabel (2/2)

```
1  // Fig. 12.7: LabelTest.java
2  // Testing LabelFrame.
3  import javax.swing.JFrame;
4
5  public class LabelTest
6  {
7     public static void main(String[] args)
8     {
9        LabelFrame labelFrame = new LabelFrame();
10       labelFrame.setDefaultCloseOperation(JFrame.EXIT_ON_CLOSE);
11       labelFrame.setSize(260, 180);
12       labelFrame.setVisible(true);
13    }
14 } // end class LabelTest
```

 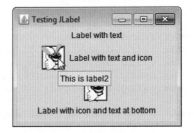

圖 12.7 LabelFrame 的測試類別

　　LabelFrame 類別（圖 12.6）是 JFrame 的子類別。我們會利用 LabelFrame 類別的實體來顯示包含三個 JLabel 的視窗。第 12-14 行宣告了三個 JLabel 的實體變數，它們會在 LabelFrame 建構子中（第 17-41 行）被實體化。通常，JFrame 子類別的建構子，會在應用程式執行時建立視窗中顯示的 GUI。第 19 行使用引數 "Testing JLabel" 呼叫了父類別 JFrame 的建構子。JFrame 的建構子會用這個 String 作爲視窗標題列的文字。

編派版面

在建立 GUI 時，你必須將每個 GUI 元件附加到容器上，例如用 JFrame 所建立的視窗。同樣地，你通常也必須要決定把每個 GUI 元件放在哪裡——這稱爲編派版面。Java 提供了幾種**版面管理員（layout manager）**，可以幫助你定位元件，如你將會在本章最末和第 22 章學到的一樣。

　　許多 IDE 都提供了 GUI 設計工具，你可以利用滑鼠以視覺化的方式，編派元件確切的大小和位置；然後 IDE 就會爲你產生 GUI 程式碼。這類 IDE 可以大幅簡化 GUI 的建立。

　　爲了確保我們的 GUI 可以適用於任何 IDE，我們並未使用 IDE 來建立 GUI 程式碼。而是使用 Java 的版面管理員來設定元件的大小及位置。使用 FlowLayout 版面管理員，元件會依它們加入容器的先後順序，在容器中從左到右排列。如果該行已經沒有空間可以塞下元件的話，元件就會繼續從下一行由左到右顯示。如果容器大小有所改變的話，FlowLayout 會重新導流元件，取決於新的容器寬度爲何，GUI 元件的行數可能會變少或變多。每個容器都包含預設的版面，我們將 LabelFrame 的版面改爲 FlowLayout（第 20 行）。LabelFrame 類別間接從 Container 類別繼承了 setLayout 方法。此方法的引數必須是有實作 LayoutManager 介面的類別物件（例如 FlowLayout）。第 20 行建立了一個新的 FlowLayout 物件，然後將其參照作爲引數傳給 setLayout。

建立並附加 label1

現在我們已經指定好視窗的版面，可以開始建立 GUI 元件，並將之附加到視窗上了。第 23 行建立了 JLabel 物件，並且把 "Label with text" 傳遞給建構子。JLabel 會作爲應用程式 GUI 的一部分，將這段文字顯示在螢幕上。第 24 行利用了 **setToolTipText** 方法（JLabel 繼承自 JComponent）來編派工具提示，會在使用者把滑鼠游標移到 GUI 中的 JLabel 上頭時顯示出來。你可以在圖 12.7 的第二個螢幕截圖中，看到工具提示的範例。當你執行此應用程式時，請試著將滑鼠移到各個 JLabel 上，來觀看它們的工具提示。第 25 行（圖 12.6）透過將 label1 傳遞給 **add** 方法，以將 label1 附加到 LabelFrame 上，此方法是間接繼承自 Container 類別。

常見的程式設計錯誤 12.1
如果你沒有明確將 GUI 元件加入到容器中，則當此容器於螢幕上顯示時，就不會顯示該 GUI 元件。

感視介面的觀點 12.7

請利用工具提示，將說明文字加到你的 GUI 元件中。這個文字會幫助使用者判斷使用者介面中 GUI 元件的用途。

Icon 介面與 ImageIcon 類別

圖示是經常用來加強應用程式感視介面的方式，也通常會被用來指示其功能。例如，相同的圖示會被用來在諸如 DVD 播放器及 MP3 播放器之類的裝置上，播放今日大多數的媒體。有些 Swing 元件可以顯示圖片。圖示通常是透過 **Icon**（javax.swing 套件）引數指定給建構子，或是元件的 **setIcon** 方法。**ImageIcon** 類別支援數種圖片格式，包括 Graphics Interchange Format (GIF)、Portable Network Graphics (PNG) 和 Joint Photographic Experts Group (JPEG)。

第 28 行宣告了一個 ImageIcon。檔案 bug1.gif 所包含的圖片，會被載入並儲存在此 ImageIcon 物件中。這張圖片包含在此範例的目錄中。這個 ImageIcon 物件會被指定給 Icon 參照 bug。

載入圖片資源

在第 28 行中，運算式 getClass().getResource("bug1.gif") 會呼叫 **getClass** 方法（間接繼承自 Object 類別）來取得指向 Class 物件，代表 LabelFrame 類別宣告的參照。這個參照接著會被用來呼叫 Class 方法 getResource，它會以 URL 的形式傳回圖片的位置。ImageIcon 建構子會使用這個 URL 來找到圖片，然後將之載入到記憶體中。如我們在第 1 章討論過的一樣，JVM 會使用類別載入器，將類別宣告載入到記憶體中。類別載入器知道它所載入的每個類別於磁碟上所在的位置。getResource 方法使用了 Class 物件的類別載入器來判斷資源，如圖像檔案所在的位置。在本例中，圖像檔案與檔案 LabelFrame.class 儲存在相同的位置。此處所描述的技巧，讓應用程式可以從磁碟上相對於類別檔案的位置，載入圖像檔案。

建立並附加 label2

第 29-30 行使用了另一個 JLabel 建構子來建立 JLabel，它會顯示文字 "Label with text and icon" 以及第 28 行所建立的 Icon bug。最後一個建構子引數指出此標籤的內容要靠左對齊（意即圖示和文字會位於螢幕上標籤區域的左邊）。**SwingConstants** 介面（java.swing 套件）宣告了一組共通的整數常數（例如 SwingConstants.LEFT、SwingConstants.CENTER 和 SwingConstants.RIGHT），使用於許多 Swing 元件中。預設上，當標籤同時包含文字與圖片時，文字會出現在圖片的右方。我們可以利用 **setHorizontalAlignment** 與 **setVerticalAlignment** 方法，分別設定 JLabel 的水平與垂直對齊方向。第 31 行會為 label2 指定工具提示文字，第 32 行則會將 label2 加入到 JFrame 中。

建立並附加 label3

JLabel 類別提供一些方法，可以在標籤實體化之後，改變其外觀。第 34 行會使用無引數的建構子，建立一個空的 JLabel。第 35 行會利用 JLabel 的 setText 方法，來設定標籤上頭要顯示的文字。**getText** 方法則可以用來取得目前顯示在標籤上頭的文字。第 36 行利用了 JLabel 方法 setIcon，來設定標籤上頭要顯示的 Icon。getIcon 方法則可以用來取得目前標籤上頭所顯示的 Icon。第 37-38 行會使用 JLabel 的 **setHorizontalTextPosition** 與 **setVerticalTextPosition** 方法，來指定標籤中文字的位置。在本例中，文字會水平置中，出現在標籤靠底部的位置。因此，Icon 會出現在文字的上方。SwingConstants 中關於水平位置的常數為 LEFT、CENTER 和 RIGHT（圖 12.8）。SwingConstants 中關於垂直位置的常數為 TOP、CENTER 和 BOTTOM（圖 12.8）。第 39 行（圖 12.6）為 label3 設定了工具提示文字。第 40 行則將 label3 加入到 JFrame 中。

常數	說明	常數	說明
橫向定位常數		縱向定位常數	
LEFT	把文字放在左邊	TOP	把文字放在上方
CENTER	把文字放在中間	CENTER	把文字放在中間
RIGHT	把文字放在右邊	BOTTOM	把文字放在下方

圖 12.8　定位常數（SwingConstants 介面的 static 成員）

建立並顯示一個 LabelFrame 視窗

LabelTest 類別（圖 12.7）建立了一個 LabelFrame 類別的物件（第 9 行），接著為此視窗指定了一個預設的關閉操作。預設上，關閉視窗只是將視窗隱藏起來而已。然而，當使用者關閉此 LabelFrame 視窗時，我們希望應用程式可以終止。第 10 行利用常數 **JFrame.EXIT_ON_CLOSE** 作為引數，來呼叫 LabelFrame 的 **setDefaultCloseOperation** 方法（繼承自 JFrame 類別），指出當使用者關閉視窗時，此程式應當要終止。這行很重要。如果沒有它，應用程式便不會在使用者關閉視窗時終止。接著，第 11 行呼叫了 LabelFrame 的 **setSize** 方法，以像素指定了視窗的寬度和高度。最後，第 12 行使用引數 true，呼叫了 LabelFrame 的 **setVisible** 方法，以將此視窗顯示在螢幕上。請試著改變視窗的大小，看看 FlowLayout 在視窗寬度改變時，會如何改變 JLabel 的位置。

12.6　文字欄位以及使用巢狀類別進行事件處理的簡介

通常，使用者會與應用程式的 GUI 互動，來指示應用程式應該要執行的工作。例如，當你在電子郵件軟體中撰寫電子郵件時，按下 **Send** 按鈕會告訴程式，把這封電子郵件寄到指定的電子郵件地址。GUI 是**由事件所驅動（event driven）**。當使用者與 GUI 元件互動時，此互動——稱為**事件（event）**——會驅動程式去執行任務。一些常見的，會造成應用程式執行任務的使用者互動，包括點擊按鈕、在文字欄位中輸入、從選單中選擇選項、關閉視窗還有移動滑鼠。會執行任務以回應事件的程式碼，稱為**事件處理常式（event handler）**，而回應事件的整個過程，便稱為**事件處理（event handling）**。

讓我們來考量其他兩種會產生事件的 GUI 元件——**JTextField** 與 **JPasswordField**（javax.swing 套件）。JTextField 類別擴充自 **JTextComponent** 類別（javax.swing.text 套件），後者提供了許多 Swing 文字元件的共通功能。JPasswordField 類別擴充自 JTextField 類別，然後加入了幾個專門用來處理密碼的方法。這些元件都包含了單行的區域，使用者可以透過鍵盤在其中輸入文字。應用程式也可以在 JTextField 中顯示文字（請參閱圖 12.10 的輸出）。JPasswordField 會在使用者輸入字元時，顯示出有字元正在被鍵入，但是它會用**回顯字元（echo character）**來隱藏實際的字元，因為它們所代表的密碼應該只有使用者才能知道。

當使用者在 JTextField 或 JPasswordField 中輸入資料，然後按下 Enter 之後，便會產生一個事件。我們的下個範例會示範程式會如何執行任務，以回應事件。此處所介紹的技巧，適用於所有會產生事件的 GUI 元件。

圖 12.9 及圖 12.10 的應用程式，使用了 JTextField 與 JPasswordField 類別來建立並操作四個文字欄位。當使用者在其中一個文字欄位中打字並按下 Enter 時，應用程式便會顯示一個訊息對話框，內含使用者所輸入的文字。你只能夠在位於「**焦點（focus）**」的文字欄位中打字。當你點擊元件時，此元件便會得到焦點。這點很重要，因為擁有焦點的文字欄位，會是當你按下 *Enter* 時產生事件的物件。在本例中，當你在 JPasswordField 中按下 *Enter*，然後顯示出密碼。我們會先討論 GUI 的設定，接著再討論事件處理的程式碼。

TextFieldFrame 類別擴充自 JFrame，並且宣告了三個 JTextField 變數，以及一個 JPasswordField 變數（第 13-16 行）。每個對應的文字欄位都會在建構子中（第 19-47 行）被實體化，並附加到 TextFieldFrame 上。

```
 1  // Fig. 12.9: TextFieldFrame.java
 2  // JTextFields and JPasswordFields.
 3  import java.awt.FlowLayout;
 4  import java.awt.event.ActionListener;
 5  import java.awt.event.ActionEvent;
 6  import javax.swing.JFrame;
 7  import javax.swing.JTextField;
 8  import javax.swing.JPasswordField;
 9  import javax.swing.JOptionPane;
10
11  public class TextFieldFrame extends JFrame
12  {
13      private final JTextField textField1; // text field with set size
14      private final JTextField textField2; // text field with text
15      private final JTextField textField3; // text field with text and size
16      private final JPasswordField passwordField; // password field with text
17
18      // TextFieldFrame constructor adds JTextFields to JFrame
19      public TextFieldFrame()
20      {
21          super("Testing JTextField and JPasswordField");
22          setLayout(new FlowLayout());
```

圖 12.9　JTextField 和 JPasswordField (1/2)

```
23
24          // construct textfield with 10 columns
25          textField1 = new JTextField(10);
26          add(textField1); // add textField1 to JFrame
27
28          // construct textfield with default text
29          textField2 = new JTextField("Enter text here");
30          add(textField2); // add textField2 to JFrame
31
32          // construct textfield with default text and 21 columns
33          textField3 = new JTextField("Uneditable text field", 21);
34          textField3.setEditable(false); // disable editing
35          add(textField3); // add textField3 to JFrame
36
37          // construct passwordfield with default text
38          passwordField = new JPasswordField("Hidden text");
39          add(passwordField); // add passwordField to JFrame
40
41          // register event handlers
42          TextFieldHandler handler = new TextFieldHandler();
43          textField1.addActionListener(handler);
44          textField2.addActionListener(handler);
45          textField3.addActionListener(handler);
46          passwordField.addActionListener(handler);
47       } // end TextFieldFrame constructor
48
49       // private inner class for event handling
50       private class TextFieldHandler implements ActionListener
51       {
52          // process textfield events
53          @Override
54          public void actionPerformed(ActionEvent event)
55          {
56             String string = "";
57
58             // user pressed Enter in JTextField textField1
59             if (event.getSource() == textField1)
60                string = String.format("textField1: %s",
61                   event.getActionCommand());
62
63             // user pressed Enter in JTextField textField2
64             else if (event.getSource() == textField2)
65                string = String.format("textField2: %s",
66                   event.getActionCommand());
67
68             // user pressed Enter in JTextField textField3
69             else if (event.getSource() == textField3)
70                string = String.format("textField3: %s",
71                   event.getActionCommand());
72
73             // user pressed Enter in JTextField passwordField
74             else if (event.getSource() == passwordField)
75                string = String.format("passwordField: %s",
76                   event.getActionCommand());
77
78             // display JTextField content
79             JOptionPane.showMessageDialog(null, string);
80          }
81       } // end private inner class TextFieldHandler
82 } // end class TextFieldFrame
```

圖 12.9 JTextField 和 JPasswordField (2/2)

建立 GUI

第 22 行會將 TextFieldFrame 的版面設定為 FlowLayout。第 25 行會建立包含 10 欄文字的 textField1。文字欄位的寬度，以像素表示，會根據目前文字欄位字型的平均字元寬度來決定。當文字在文字欄位中顯示，而且文字比欄位本身要再更寬的時候，最右側會有一部分文字看不見。如果你在文字欄位中打字，而且游標碰到右邊界時，左邊的文字就會被推到欄位的左邊以外，無法再看見。使用者可以使用左右鍵在完整的文字中移動。第 26 行會將 textField1 加入到 JFrame。

第 29 行使用初始文字 "Enter text here" 來建立 textField2，這個文字會被顯示在文字欄位中。此欄位的寬度是根據建構子所指定的預設文字寬度來決定的。第 30 行會將 textField2 加入到 JFrame 中。

第 33 行建立了 textField3，並呼叫包含兩個引數的 JTextField 建構子──欲顯示的預設文字 "Uneditable text field"，以及文字欄位的欄寬 (21)。第 34 行利用 setEditable 方法（JTextField 繼承自 JTextComponent 類別）來令文字欄位無法編輯──亦即，使用者無法修改欄位中的文字。第 35 行會把 textField3 加入到 JFrame 中。

第 38 行會使用文字 "Hidden text" 顯示在文字欄位中，以建立 passwordField。此欄位的寬度，會由預設文字的寬度來決定。當你執行此應用程式時，請注意這段文字會顯示成一串星號。第 39 行會把 passwordField 加入到 JFrame 中。

為 GUI 元件設定事件處理所需的步驟

此例應該要在使用者於文字欄位中按下 *Enter* 時，顯示一個訊息對話框，其中包含此文字欄位中的文字。在應用程式可以回應特定的 GUI 元件之前，你必須先：

1. 建立代表事件處理常式的類別，並實作適當的介面──稱為**事件監聽者介面**（**event-listener interface**）。
2. 指示步驟 1 所建立的物件，應該要在事件發生時得到通知──稱為**註冊事件處理常式**（**registering the event handler**）。

使用巢狀類別來實作事件處理常式

到目前為止我們討論的所有類別，都是所謂的**頂層類別**（**top-level class**）──也就是說，並非宣告於其他類別中的類別。Java 允許你在其他的類別中宣告類別──稱為**巢狀類別**（**nested class**）。巢狀類別可以是 static 或非 static。非 static 的巢狀類別稱為**內層類別**（**inner class**），經常被用來實作事件處理常式。

內層類別的物件，必須由包含此內層類別的頂層類別物件來建立。每個內層類別的物件，都自動包含指向其頂層類別物件的參照。內層類別物件可以使用此一隱藏參照，直接存取所有其頂層類別的實體變數和方法。static 的巢狀類別並不需要其頂層類別的物件，也並不會自動包含指向頂層類別物件的參照。你會第 13 章大量地使用了 static 巢狀類別。

內層類別 TextFieldHandler

本例中的事件處理，是由 private 內層類別 TextFieldHandler（第 50-81 行）的物件來進行。此類別為 private，因為它只會被用來為頂層類別 TextFieldFrame 的文字欄位，建立事件處理常式。就像其他類別成員一樣，內層類別也可以宣告為 public、protected 或 private。由於事件處理常式通常為宣告它的應用程式所專用，所以它們通常會被實作為 private 內層類別，或匿名內層類別（12.11 節）。

　　GUI 元件可以產生許多事件來回應使用者的互動。每一個事件都是用類別來表示，而且只能被適當型別的事件處理常式來處理。通常，GUI 元件所支援的事件說明，可以在該元件類別和父類別的 Java API 說明文件中找到。當使用者在 JTextField 或 JPasswordField 中按下 *Enter* 時，GUI 元件會產生一個 **ActionEvent**（java.awt.event 套件）。這類事件會被實作了介面 **ActionListener**（java.awt.event 套件）的物件所處理。此處所討論的資訊，可以在 JTextField 和 ActionEvent 類別的 Java API 文件中找到。由於 JPasswordField 是 JTextField 的子類別，因此 JPasswordField 也支援相同的事件。

　　為了準備處理本例中的事件，內層類別 TextFieldHandler 實作了 ActionListener 介面，並宣告了該介面中唯一的方法——actionPerformed（第 53-80 行）。這個方法指定了當 ActionEvent 發生時，該完成的任務。所以，內層類別 TextFieldHandler 滿足本節稍早所列出的步驟 1。我們馬上便會討論 actionPerformed 方法的細節。

為每個文字欄位註冊事件處理常式

在 TextFieldFrame 建構子中，第 42 行建立了一個 TextFieldHandler 物件，並將其指定給變數 handler。此物件的 actionPerformed 方法會在使用者於任何 GUI 文字欄位中按下 *Enter* 時，被自動地呼叫。然而，在這件事能成真之前，程式必須要先將此物件註冊為每個文字欄位的事件處理常式。第 43-46 行是事件註冊敘述，它將 handler 指定為這三個 JTextField 和 JPasswordField 的事件處理常式。這支程式會呼叫 JTextField 的 **addActionListener** 方法，來為每個元件註冊事件處理常式。此方法會在引數中接收一個 ActionListener 物件，它可以是任何實作了 ActionListener 的類別物件。handler 物件是一種 ActionListener，因為 TextFieldHandler 類別實作了 ActionListener。在執行完第 43-46 行之後，物件 handler 會開始監聽事件。現在，當使用者在這四個文字欄位中的任一者按下 *Enter* 時，TextFieldHandler 類別的 actionPerformed 方法（第 53-80 行）就會被呼叫來處理事件。如果事件處理常式沒有為特定的文字欄位註冊，當使用者在該欄位按下 *Enter* 時所發生的事件，就會被**消化掉**（**consumed**）——亦即單純地被應用程式所忽略。

軟體工程的觀點 12.1
事件的監聽程式必須實作適當的事件監聽介面。

常見的程式設計錯誤 12.2
如果你為特定 GUI 元件的事件型別註冊事件處理常式，會導致該型別的事件遭到忽略。

TextFieldHandler 類別 actionPerformed 方法的細節

在此例中，我們使用了一個事件處理物件的 `actionPerformed` 方法（第 53-80 行）來處理四個文字欄位所產生的事件。為了示範，我們想要輸出每個文字欄位實體變數的名字，所以必須判斷每次呼叫 `actionPerformed` 時，是哪個文字欄位產生了事件。事件來源指的是與使用者進行互動的 GUI 元件。當使用者在某個文字欄位或密碼欄位處於焦點時按下 *Enter*，系統便會建立一個獨特的 `ActionEvent` 物件，包含與剛才發生之事件有關的資訊，例如事件來源與文字欄位中的文字。系統會將此 `ActionEvent` 物件傳送給事件監聽程式的 `actionPerformed` 方法。第 56 行宣告了會被顯示的 `String`。該變數被初始化為**空字串（empty string）**——不包含任何字元的 `String`。編譯器要求此變數需得到初始化，以免第 59-76 行的巢狀 if 中沒有任何分支被執行。

`ActionEvent` 方法 `getSource`（在第 59、64、69 和 74 行中被呼叫）會傳回一個指向事件來源的參照。第 59 行的條件式會問：「事件來源是 `textField1` 嗎？」此條件式會使用 `==` 運算子來比較參照，以判斷兩者是否參照到同一個物件。如果它們都指向 `textField1`，使用者便是在 `textField1` 中按下了 *Enter*。接著，第 60-61 行會建立一個 `String`，包含第 79 行會顯示在訊息對話框中的訊息。第 61 行使用了 `ActionEvent` 方法 `getActionCommand` 來取得使用者在產生該事件的文字欄位中所輸入的文字。

在本例中，當使用者在 `JPasswordField` 中按下 `Enter` 後，我們便會顯示其中的密碼文字。有時候我們需要程式化地處理密碼中的字元。`JPasswordField` 類別的方法 `getPassword`，是以 `char` 型別陣列的方式，傳回此密碼的字元。

TextFieldTest 類別

`TextFieldText` 類別（圖 12.10）包含了會執行此應用程式並顯示 `TextFieldFrame` 類別物件的 `main` 方法。當你執行此應用程式時，即使是無法編輯的 `JTextField` (`textField3`)，也可以產生 `ActionEvent`。為了測試這點，請點擊該文字欄位將焦點給予它，然後按下 *Enter*。同樣的，當你在 `JPasswordField` 中按下 *Enter* 時，實際的密碼文字也會顯示出來。當然，你通常並不會顯示密碼！

這個程式使用了單一的 `TextFieldHandler` 類別物件，作為四個文字欄位的事件監聽者。從 12.10 節開始，你會看到我們可以宣告數個同型別的事件監聽者物件，然後把各個物件註冊給不同的 GUI 元件的事件。這種技巧讓我們可以藉由為各元件的事件，提供個別的事件處理常式，來除去此例的事件處理常式所使用的 if…else 邏輯。

```
1  // Fig. 12.10: TextFieldTest.java
2  // Testing TextFieldFrame.
3  import javax.swing.JFrame;
4
5  public class TextFieldTest
6  {
7     public static void main(String[] args)
8     {
```

圖 12.10　TextFieldFrame 的測試類別 (1/2)

```
9            TextFieldFrame textFieldFrame = new TextFieldFrame();
10           textFieldFrame.setDefaultCloseOperation(JFrame.EXIT_ON_CLOSE);
11           textFieldFrame.setSize(350, 100);
12           textFieldFrame.setVisible(true);
13       }
14  } // end class TextFieldTest
```

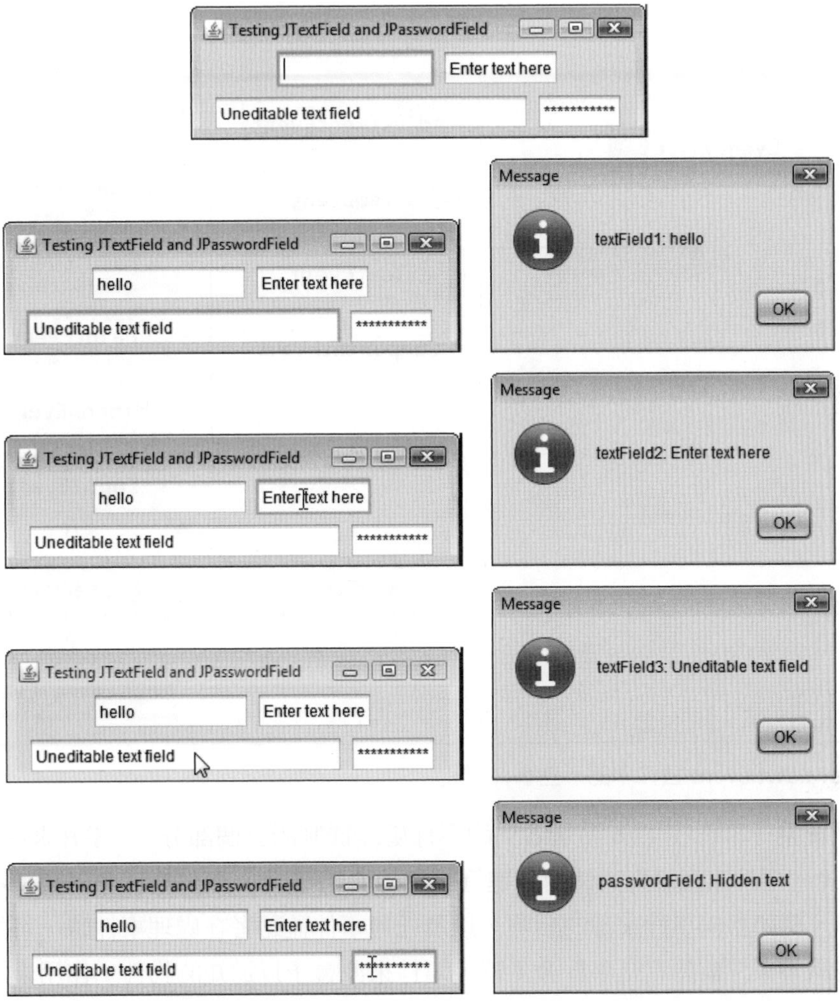

圖 12.10　TextFieldFrame 的測試類別 (2/2)

Java SE 8：用 Lambdas 操作事件監聽者

回想 ActionListener 的介面，在 Java SE 8 中只有一個 abstract 方法為功能性介面。在 17.9 節，我們會用更精簡的方法，譬如用 Java SE 8 lambdas 來實作事件監聽者介面。

12.7　常見的 GUI 事件型別以及監聽者介面

在 12.6 節中，你學到了當使用者在文字欄位中按下 *Enter* 後發生的事件，其相關訊息會儲存在 ActionEvent 物件中。當使用者和 GUI 互動時，還可能會發生許多不同的事件。這些事件的資訊，會儲存在繼承了 AWTEvent（位於 **java.awt** 套件）的類別物件中。圖 12.11 描繪了一個繼承階層，包含 **java.awt.event** 套件中的許多事件類別。我們會在第 22 章討論其中的一些事件。這些事件型別會與 AWT 及 Swing 元件一起運作。其他 Swing GUI 元件獨有的事件型別，則宣告於 javax.swing.event 套件中。

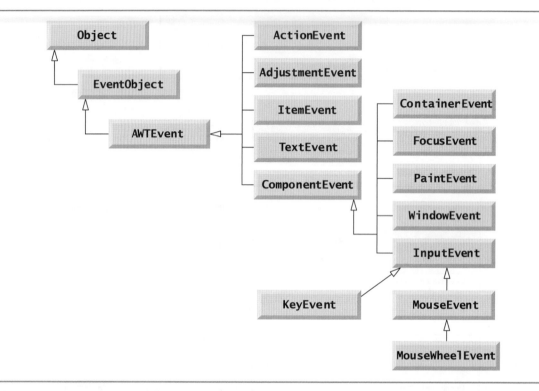

圖 12.11　Java.awt.event 套件中的一些事件類別

　　讓我們統整一下你在 12.6 節所看到的事件處理機制的三個部分——事件來源、事件物件和事件監聽者。事件來源是指與使用者進行互動的 GUI 元件。事件物件會封裝所發生之事件的相關資訊，例如指向事件來源的參照，以及任何事件監聽者在處理事件時，可能會需要的事件專屬資訊。事件監聽者是事件發生時，事件來源會予以通知的物件；作用上，事件監聽者會「監聽」某個事件，它會執行它的某個方法，來回應該事件。當事件監聽者得到事件通知時，其方法會收到一個事件物件。事件監聽者接著會使用這個事件物件來回應該事件。這種事件處理模型稱為**委任事件模型（delegation event model）**——事件的處理會被委任給應用程式中的物件（事件監聽者）。

　　通常每種事件物件型別，都會有一個對應的事件監聽者介面。GUI 事件的事件監聽者，是實作了 **java.awt.event** 及 **javax.swing.event** 套件中一或多個事件監聽者介面的類別物件。這些型別宣告於 **java.awt.event** 套件，其中有些顯示於圖 12.12 中。其他 Swing 元件專用的事件監聽者型別，則宣告於 **javax.swing.event** 套件中。

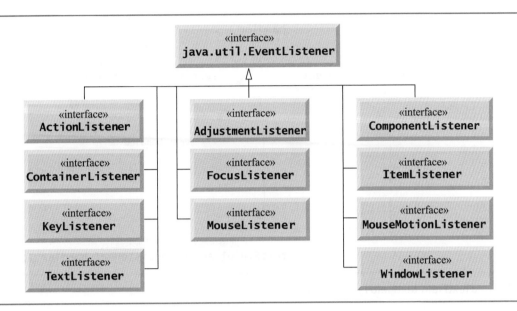

圖 12.12　java.awt.event 套件中，一些常見的事件監聽者介面

　　每一個事件監聽者介面都會指定一或多個事件處理方法，必須宣告於實作此介面的類別中。請想一下 10.9 節，任何實作介面的類別都必須宣告該介面所有的 abstract 方法；否則，此類別就是 abstract 類別，無法用來建立物件。

　　在事件發生時，使用者與之互動的 GUI 元件就會呼叫各監聽者適當的事件處理方法，來通知其註冊的監聽者。例如，當使用者在 JTextField 中按下 *Enter* 鍵時，就會呼叫其註冊之監聽者的 actionPerformed 方法。要如何註冊事件處理常式呢？GUI 元件怎麼會知道要呼叫 actionPerformed，而非其他的事件處理方法？我們會在下一節中回答這些問題，並圖示其互動關係。

12.8　事件處理的運作方式

讓我們利用圖 12.9 範例中的 textField1 為例，來說明事件處理機制是如何運作的。我們在 12.7 節還留下兩個懸而未解的問題：

1. 要如何註冊事件處理常式？
2. GUI 元件怎麼會知道要呼叫 actionPerformed，而非其他的事件處理方法？

第一個問題可由圖 12.9 的第 43-46 行所進行的事件註冊程序來回答。圖 12.13 繪製了 JTextField 的變數 textField1、TextFieldHandler 的變數 handler，以及兩者所參照的物件。

註冊事件

每個 JComponent 都包含一個叫做 listenerList 的實體變數，指向 **EventListenerList** 類別（java.swing.event 套件）的物件。每個 JComponent 子類別的物件，都會維護一個參照，指向它在 listenerList 中註冊的監聽者。為求簡化，我們在圖 12.13 中，將 listerList 繪製為 JTextField 物件底下的一個陣列。

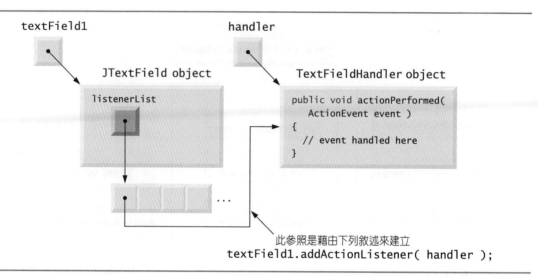

圖 12.13　JTextField textField1 的事件註冊

當圖 12.9 的第 43 行執行

```
textField1.addActionListener(handler);
```

　　包含指向 TextFieldHandler 物件之參照的新項目，就會被放進 textField1 的 listenerList 中。儘管沒有顯示於圖中，這個新項目也會包含監聽者的型別（在此例中為 ActionListener）。利用這套機制，每個輕量級 Swing GUI 元件都會維護自己的監聽者列表，其中包含已註冊來處理該元件事件的監聽者。

事件處理呼叫

事件監聽者的型別，對於回答第二個問題來說很重要：GUI 元件怎麼會知道要呼叫 actionPerformed，而非其他的方法？每個 GUI 元件都支援幾種事件型別，包括滑鼠事件、鍵盤事件等等。當事件發生時，事件只會被**分派（dispatch）**給適當型別的事件監聽者。分派只是一種簡單的程序，GUI 元件會針對其每個監聽者，只要此監聽者有針對所發生的事件型別進行註冊，就會呼叫其事件處理方法。

　　每個事件型別都有一或數個對應到的事件監聽者介面。例如，ActionEvent 會被 ActionListener 所處理，MouseEvent 會被 MouseListener 與 MouseMotionListener 所處理，而 KeyEvent 則會被 KeyListener 所處理。當事件發生時，GUI 元件會（從 JVM）收到一個獨特的**事件 ID（event ID）**，指示出事件的型別。GUI 元件就會使用這個事件 ID，判定其事件應該要分派給哪個監聽者型別，以及判定針對每個監聽者物件，應該要呼叫哪一個方法。針對 ActionEvent，事件會被分派給每個有註冊的 ActionListener 的 actionPerformed 方法（ActionListener 介面唯一的方法）。針對 MouseEvent，事件則會被分派給每個有註冊的 MouseListener 或 MouseMotionListener，取決於所發生的滑鼠事件為何而定。MouseEvent 的事件 ID，會決定要呼叫數種滑鼠事件處理方法中的哪一個。這所有的判斷，都會由 GUI 元件幫你搞定。你需要做的，就是針對你的應用程式所需的特定事件型別，註冊事件處理常式，GUI 元件則會確認此事件處理常式的適當方法，會在事件發生時得到呼叫。當我們介紹新元件，需要使用到其他事件型別及事件監聽者介面時，會再加以討論。

增進效能的小技巧 12.1
GUI 應該總是保持給使用者的回應。在事件處理者中執行一個長期的任務，防止使用者與 GUI 互動直到任務完成。第 23.11 節展示防止這種問題的技巧。

12.9　JButton

按鈕是一種元件，使用者可加以點擊以觸發特定行動。Java 應用程式可以使用數種按鈕，包括**命令按鈕**（command button）、核取方塊（checkbox）、**切換按鈕**（toggle button）和**單選按鈕**（radio button）。圖 12.14 顯示了我們會在本章中使用到的 Swing 按鈕的繼承階層。如你所見，所有的按鈕型別都是 AbstractButton 的子類別（javax.swing 套件），AbstractButton 宣告了 Swing 按鈕共同的功能。在本節中，我們通常會將重點放在用來啟動命令的按鈕上。

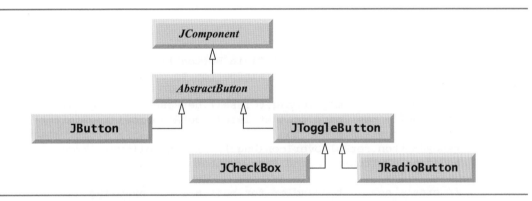

圖 12.14　Swing 按鈕的階層

　　命令按鈕（請參閱圖 12.16 的輸出）會在使用者點擊時產生一個 ActionEvent。命令按鈕是由 JButton 類別所建立。JButton 上頭的文字，稱為**按鈕標籤 (button label)**。GUI 可以擁有許多 JButton，可是每個按鈕標籤在目前所顯示的 GUI 區域中，都應該要是獨一無二的。

感視介面的觀點 12.8
按鈕上的文字，通常會使用的是書本標題形式的大寫慣例。

感視介面的觀點 12.9
擁有多個標籤相同的 JButton，會令其使用者混淆。請為每個按鈕提供獨一無二的標籤。

圖 12.15 和圖 12.16 的應用程式會建立兩個 JButton，然後示範 JButton 也支援圖示的顯示。這些按鈕的事件處理，是由內層類別 ButtonHandler 的單一實體來進行（圖 12.15 第 39-49 行）。

```java
1  // Fig. 12.15: ButtonFrame.java
2  // Command buttons and action events.
3  import java.awt.FlowLayout;
4  import java.awt.event.ActionListener;
5  import java.awt.event.ActionEvent;
6  import javax.swing.JFrame;
7  import javax.swing.JButton;
8  import javax.swing.Icon;
9  import javax.swing.ImageIcon;
10 import javax.swing.JOptionPane;
11
12 public class ButtonFrame extends JFrame
13 {
14    private final JButton plainJButton; // button with just text
15    private final JButton fancyJButton; // button with icons
16
17    // ButtonFrame adds JButtons to JFrame
18    public ButtonFrame()
19    {
20       super("Testing Buttons");
21       setLayout(new FlowLayout());
22
23       plainJButton = new JButton("Plain Button"); // button with text
24       add(plainJButton); // add plainJButton to JFrame
25
26       Icon bug1 = new ImageIcon(getClass().getResource("bug1.gif"));
27       Icon bug2 = new ImageIcon(getClass().getResource("bug2.gif"));
28       fancyJButton = new JButton("Fancy Button", bug1); // set image
29       fancyJButton.setRolloverIcon(bug2); // set rollover image
30       add(fancyJButton); // add fancyJButton to JFrame
31
32       // create new ButtonHandler for button event handling
33       ButtonHandler handler = new ButtonHandler();
34       fancyJButton.addActionListener(handler);
35       plainJButton.addActionListener(handler);
36    }
37
38    // inner class for button event handling
39    private class ButtonHandler implements ActionListener
40    {
41       // handle button event
42       @Override
43       public void actionPerformed(ActionEvent event)
44       {
45          JOptionPane.showMessageDialog(ButtonFrame.this, String.format(
46             "You pressed: %s", event.getActionCommand()));
47       }
48    }
49 } // end class ButtonFrame
```

圖 12.15　命令按鈕與行動事件

```
 1  // Fig. 12.16: ButtonTest.java
 2  // Testing ButtonFrame.
 3  import javax.swing.JFrame;
 4
 5  public class ButtonTest
 6  {
 7     public static void main(String[] args)
 8     {
 9        ButtonFrame buttonFrame = new ButtonFrame();
10        buttonFrame.setDefaultCloseOperation(JFrame.EXIT_ON_CLOSE);
11        buttonFrame.setSize(275, 110);
12        buttonFrame.setVisible(true);
13     }
14  } // end class ButtonTest
```

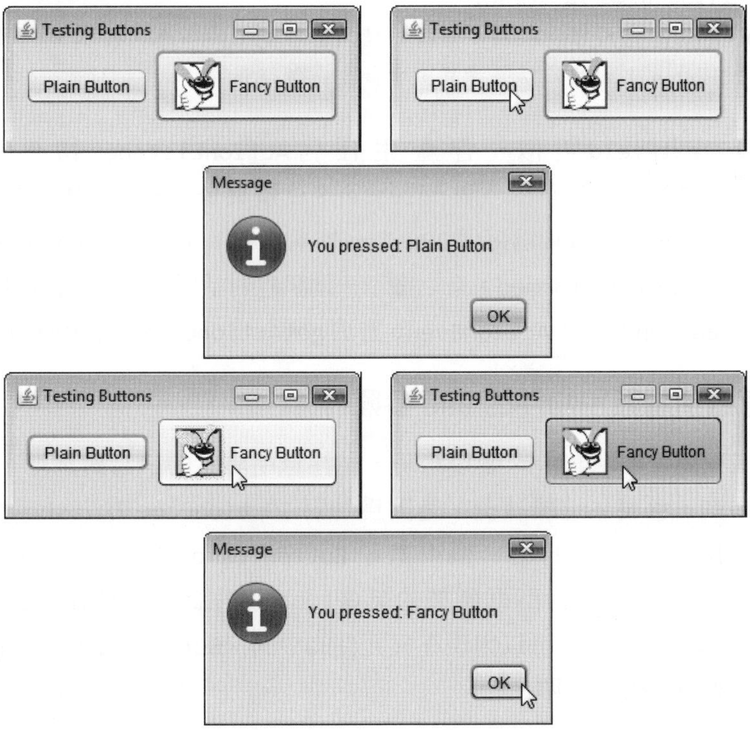

圖 12.16　ButtonFrame 的測試資料

第 14-15 行宣告了 JButton 變數 plainButton 和 fancyButton。相對應的物件，會在建構子中被實體化。第 23 行使用了按鈕標籤 "Plain Button" 來建立 plainButton。第 24 行將 JButton 加入到了 JFrame 中。

JButton 可以顯示圖示（Icon）。為了提供使用者額外一層與 GUI 進行視覺互動時層次，JButton 也可以包含**可變換圖示（rollover Icon）**——當使用者將滑鼠移到 JButton 上頭時，便會顯示出此 Icon。當滑鼠移入或移出螢幕上 JButton 的區域時，按鈕上頭的圖示就會改變。第 26-27 行建立了兩個 ImageIcon 物件，代表第 28 行所建立的 JButton 預設 Icon 與可變換 Icon。這兩個敘述都假設了圖像檔案是儲存在與應用程式相同的目錄中。圖片通常會與應用程式放在同一個目錄中，或放在子目錄中，如 images。這些圖檔都已經伴隨範例程式提供給你了。

第 28 行使用文字 "Fancy Button" 與圖示 bug1，建立了 fancyButton。預設上，這段文字會顯示在圖示的右方。第 29 行利用了 setRolloverIcon 方法（繼承自 AbstractButton 類別），以指定當使用者將滑鼠移到按鈕上時，JButton 上頭要顯示什麼圖片。第 30 行將按鈕加入到 JFrame 中。

感視介面的觀點 12.10
因為 AbstractButton 類別支援在按鈕上顯示文字和圖片，所以所有 AbstractButton 的子類別，也都支援顯示文字和圖片。

感視介面的觀點 12.11
在 JButton 中使用可變換圖示會提供使用者視覺上的回應，指示當使用者將滑鼠游標移到 JButton 上頭時若點擊滑鼠，會發生一個行動。

JButton 與 JTextField 類似，會產生任何 ActionListener 物件能夠處理的 ActionEvent。第 33-35 行建立了一個 private 內層類別 ButtonHandler 的物件，然後使用 addActionListener 將之註冊為每個 JButton 的事件處理常式。ButtonHandler 類別（第 39-48 行）宣告了 actionPerformed，令之顯示一個訊息對話框，裡頭包含使用者所按下之按鈕的標籤。針對 JButton 事件，ActionEvent 方法 getActionCommand 會傳回按鈕的標籤。

從內層類別存取頂層類別物件的 this 參照

當你執行此應用程式並點擊其中一個按鈕時，請注意所顯示的訊息對話框，是出現在應用程式視窗的正中間。會發生這種狀況，是因為針對 JOptionPane 方法 showMessageDialog（第 45-46 行）的呼叫，使用的第一個引數是 ButtonFrame.this，而非 null。當此引數不是 null 時，它代表此訊息對話框所謂的父 GUI 元件（在此例中應用程式視窗即為父元件），並且讓對話框在顯示時，可以出現在父元件的中間。ButtonFrame.this 代表頂層類別 ButtonFrame 的物件的 this 參照。

軟體工程的觀點 12.2
在使用於內層類別中時，關鍵字 this 代表目前正在進行操作的內層類別物件。內層類別的方法可以藉由在 this 前面加上外層類別的名稱與點號 (.)，就像 ButtonFrame.this 這樣，來使用其外層類別物件的 this 參照。

12.10　維護狀態的按鈕

Swing GUI 元件包含三種**狀態按鈕 (state button)**——JToggleButton、JCheckBox 還有 JRadioButton——這些按鈕都擁有開 / 關或真 / 偽的數值。JCheckBox 類別和 JRadioButton 類別都是 JToggleButton 的子類別（圖 12.14）。JRadioButton 不同於 JCheckBox，在於通常會有數個 JRadioButton 組合在一起，而且這些物件彼此互斥——任何時刻都只能選擇群組中的一個物件，就像汽車無線電的按鈕一樣。我們會先討論 JCheckBox 類別。

12.10.1　JCheckBox

圖 12.17-12.18 的應用程式，利用了兩個 JCheckBox 物件來選擇希望顯示在 JTextField 中的文字字型。在加以選擇時，一個會使用粗體字，另一個則使用斜體字。如果同時選擇兩者，字型就會變成粗斜體。程式一開始執行時，並未選取任何 JCheckBox（亦即兩者皆為 false），所以字型為一般樣式。CheckBoxTest 類別（圖 12.18）包含了會執行此應用程式的 main 方法。

```java
1  // Fig. 12.17: CheckBoxFrame.java
2  // JCheckBoxes and item events.
3  import java.awt.FlowLayout;
4  import java.awt.Font;
5  import java.awt.event.ItemListener;
6  import java.awt.event.ItemEvent;
7  import javax.swing.JFrame;
8  import javax.swing.JTextField;
9  import javax.swing.JCheckBox;
10
11 public class CheckBoxFrame extends JFrame
12 {
13    private final JTextField textField; // displays text in changing fonts
14    private final JCheckBox boldJCheckBox; // to select/deselect bold
15    private final JCheckBox italicJCheckBox; // to select/deselect italic
16
17    // CheckBoxFrame constructor adds JCheckBoxes to JFrame
18    public CheckBoxFrame()
19    {
20       super("JCheckBox Test");
21       setLayout(new FlowLayout());
22
23       // set up JTextField and set its font
24       textField = new JTextField("Watch the font style change", 20);
25       textField.setFont(new Font("Serif", Font.PLAIN, 14));
26       add(textField); // add textField to JFrame
27
28       boldJCheckBox = new JCheckBox("Bold");
29       italicJCheckBox = new JCheckBox("Italic");
30       add(boldJCheckBox); // add bold checkbox to JFrame
31       add(italicJCheckBox); // add italic checkbox to JFrame
32
33       // register listeners for JCheckBoxes
34       CheckBoxHandler handler = new CheckBoxHandler();
35       boldJCheckBox.addItemListener(handler);
36       italicJCheckBox.addItemListener(handler);
37    }
38
39    // private inner class for ItemListener event handling
40    private class CheckBoxHandler implements ItemListener
41    {
42       // respond to checkbox events
43       @Override
44       public void itemStateChanged(ItemEvent event)
45       {
```

圖 12.17　JCheckBox 按鈕及項目事件 (1/2)

```
46              Font font = null; // stores the new Font
47
48              // determine which CheckBoxes are checked and create Font
49              if (boldJCheckBox.isSelected() && italicJCheckBox.isSelected())
50                 font = new Font("Serif", Font.BOLD + Font.ITALIC, 14);
51              else if (boldJCheckBox.isSelected())
52                 font = new Font("Serif", Font.BOLD, 14);
53              else if (italicJCheckBox.isSelected())
54                 font = new Font("Serif", Font.ITALIC, 14);
55              else
56                 font = new Font("Serif", Font.PLAIN, 14);
57
58              textField.setFont(font);
59           }
60        }
61 } // end class CheckBoxFrame
```

圖 12.17　JCheckBox 按鈕及項目事件 (2/2)

```
1   // Fig. 12.18: CheckBoxTest.java
2   // Testing CheckBoxFrame.
3   import javax.swing.JFrame;
4
5   public class CheckBoxTest
6   {
7      public static void main(String[] args)
8      {
9         CheckBoxFrame checkBoxFrame = new CheckBoxFrame();
10        checkBoxFrame.setDefaultCloseOperation(JFrame.EXIT_ON_CLOSE);
11        checkBoxFrame.setSize(275, 100);
12        checkBoxFrame.setVisible(true);
13     }
14 } // end class CheckBoxTest
```

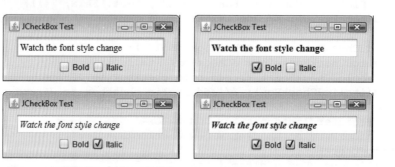

圖 12.18　CheckBoxFrame 的測試類別

　　在建立並初始化 JTextField 之後（圖 12.17，第 24 行），第 25 行會使用 setFont 方法（JTextField 間接繼承自 Component 類別），來將 JTextField 中的字型，設定為 Font 類別（java.awt 套件）的新物件。這個新的 Font 會被初始化為 "Serif"（通用字型，會代表一種字型例如 Times，為所有的 Java 平台所支援）、Font.PLAIN 形式，以及大小為 14 點。接著第 28-29 行會建立兩個 JcheckBox 物件。傳遞給 JCheckBox 建構子的 String，預設會出現在 JCheckBox 右邊的**核取方塊標籤 (checkbox label)**。

當 使 用 者 點 擊 某 個 JCheckBox 時，會 產 生 一 個 ItemEvent。 這 個 事 件 可 由 ItemListener 物件來處理，此物件必須實作方法 itemStateChanged。在此例中，事件處理 是 由 private 內層類別 CheckBoxHandler（第 40-60 行）的實體物件來進行。第 34-36 行 建立了一個 CheckBoxHandler 類別的實體，並利用方法 addItemListener 將之註冊爲兩個 JCheckBox 物件的事件監聽者。

當 使 用 者 點 擊 boldJCheckBox 或 italicJCheckBox 時，就 會 呼 叫 CheckBoxHandler 的 itemStateChanged 方法（第 43-59 行）。在此例中，我們並不需要知道所點擊的是哪 個 CheckBox ——我們使用它們的狀態來決定字型的展示。第 49 行使用了 JCheckBox 方法 isSelected 來判斷兩個 JCheckBox 物件是否都有被選取。如果有的話，第 50 行會藉由在 Font 建構子的字型引數中加入 Font 常數 Font.BOLD 與 Font.ITALIC 來建立粗斜體字。第 51 行會判斷 boldJCheckBox 是否有被選擇，如果有的話，第 52 行會建立粗體字。第 53 行會 判斷 italicJCheckBox 是否有被選取，如果有的話，第 54 行會建立斜體字。如果上述各個 條件皆不爲眞，第 56 行會使用 Font 常數 Font.PLAIN 來建立一般的文字。最後，第 58 行 會設定 textField 的新字型，這樣便會改變螢幕上 JTextField 中的字型。

內層類別與其頂層類別之間的關係

CheckBoxHandler 類 別 使 用 了 變 數 boldJCheckBox（第 49 與 51 行）、italicJCheckBox （第 49 與 53 行）還有 textField（第 58 行），即使它們並未宣告於內層類別中。請回 想一下，內層類別與其頂層類別間有著特殊的關係——內層類別可以存取頂層類別的所 有變數和方法。CheckBoxHandler 的方法 itemStateChanged（第 43-59 行）利用了這種 關係來判斷有哪些 JCheckBox 被核取，以及設定 JTextField 中的字型。請注意內層類別 CheckBoxHandler 中沒有任何程式碼需要指向頂層類別物件的明確參照。

12.10.2　JRadioButton

單選按鈕（radio button，透過 JRadioButton 類別來宣告）與核取方塊類似，兩者皆包含兩 個狀態——已選取和未選取（也稱爲取消選取）。然而，單選按鈕通常會以**群組 (group)** 的 方式出現，同時只能選擇其中一個按鈕（請參閱圖 12.20 的輸出）。選擇另一個單選按鈕， 會迫使其他所有單選按鈕的被取消選取。單選按鈕會被用來表示一組**互斥選項 (mutually exclusive option)**（意即同時間無法選取群組中的多個選項）。單選按鈕之間的邏輯關係， 是 由 ButtonGroup 物件（javax.swing 套件）負責維護，此元件本身並非 GUI 元件。 ButtonGroup 物件會管理一組按鈕，但本身並不會顯示在使用者介面上。反之，是群組中個 別的 JRadioButton 物件會顯示在 GUI 上。

圖 12.19-12.20 的應用程式，與圖 12.17-12.18 的應用程式類似。使用者可以改變 JTextField 中文字的字型。此程式利用單選按鈕，令我們同時只能選取群組中的一種字型 樣式。RadioButtonTest 類別（圖 12.20）包含了會執行此應用程式的 main 方法。

```java
1   // Fig. 12.19: RadioButtonFrame.java
2   // Creating radio buttons using ButtonGroup and JRadioButton.
3   import java.awt.FlowLayout;
4   import java.awt.Font;
5   import java.awt.event.ItemListener;
6   import java.awt.event.ItemEvent;
7   import javax.swing.JFrame;
8   import javax.swing.JTextField;
9   import javax.swing.JRadioButton;
10  import javax.swing.ButtonGroup;
11
12  public class RadioButtonFrame extends JFrame
13  {
14     private JTextField textField; // used to display font changes
15     private Font plainFont; // font for plain text
16     private Font boldFont; // font for bold text
17     private Font italicFont; // font for italic text
18     private Font boldItalicFont; // font for bold and italic text
19     private JRadioButton plainJRadioButton; // selects plain text
20     private JRadioButton boldJRadioButton; // selects bold text
21     private JRadioButton italicJRadioButton; // selects italic text
22     private JRadioButton boldItalicJRadioButton; // bold and italic
23     private ButtonGroup radioGroup; // buttongroup to hold radio buttons
24
25     // RadioButtonFrame constructor adds JRadioButtons to JFrame
26     public RadioButtonFrame()
27     {
28        super("RadioButton Test");
29        setLayout(new FlowLayout());
30
31        textField = new JTextField("Watch the font style change", 25);
32        add(textField); // add textField to JFrame
33
34        // create radio buttons
35        plainJRadioButton = new JRadioButton("Plain", true);
36        boldJRadioButton = new JRadioButton("Bold", false);
37        italicJRadioButton = new JRadioButton("Italic", false);
38        boldItalicJRadioButton = new JRadioButton("Bold/Italic", false);
39        add(plainJRadioButton); // add plain button to JFrame
40        add(boldJRadioButton); // add bold button to JFrame
41        add(italicJRadioButton); // add italic button to JFrame
42        add(boldItalicJRadioButton); // add bold and italic button
43
44        // create logical relationship between JRadioButtons
45        radioGroup = new ButtonGroup(); // create ButtonGroup
46        radioGroup.add(plainJRadioButton); // add plain to group
47        radioGroup.add(boldJRadioButton); // add bold to group
48        radioGroup.add(italicJRadioButton); // add italic to group
49        radioGroup.add(boldItalicJRadioButton); // add bold and italic
50
51        // create font objects
52        plainFont = new Font("Serif", Font.PLAIN, 14);
53        boldFont = new Font("Serif", Font.BOLD, 14);
54        italicFont = new Font("Serif", Font.ITALIC, 14);
```

圖 12.19   JRadioButton 和 ButtonGroup (1/2)

```
55        boldItalicFont = new Font("Serif", Font.BOLD + Font.ITALIC, 14);
56        textField.setFont(plainFont);
57
58        // register events for JRadioButtons
59        plainJRadioButton.addItemListener(
60           new RadioButtonHandler(plainFont));
61        boldJRadioButton.addItemListener(
62           new RadioButtonHandler(boldFont));
63        italicJRadioButton.addItemListener(
64           new RadioButtonHandler(italicFont));
65        boldItalicJRadioButton.addItemListener(
66           new RadioButtonHandler(boldItalicFont));
67     }
68
69     // private inner class to handle radio button events
70     private class RadioButtonHandler implements ItemListener
71     {
72        private Font font; // font associated with this listener
73
74        public RadioButtonHandler(Font f)
75        {
76           font = f;
77        }
78
79        // handle radio button events
80        @Override
81        public void itemStateChanged(ItemEvent event)
82        {
83           textField.setFont(font);
84        }
85     }
86 } // end class RadioButtonFrame
```

圖 12.19　JRadioButton 和 ButtonGroup (2/2)

```
1  // Fig. 12.20: RadioButtonTest.java
2  // Testing RadioButtonFrame.
3  import javax.swing.JFrame;
4
5  public class RadioButtonTest
6  {
7     public static void main(String[] args)
8     {
9        RadioButtonFrame radioButtonFrame = new RadioButtonFrame();
10       radioButtonFrame.setDefaultCloseOperation(JFrame.EXIT_ON_CLOSE);
11       radioButtonFrame.setSize(300, 100);
12       radioButtonFrame.setVisible(true);
13    }
14 } // end class RadioButtonTest
```

圖 12.20　RadioButtonFrame 的測試類別 (1/2)

圖 12.20　RadioButtonFrame 的測試類別 (2/2)

建構子的第 35-42 行（圖 12.19）建立了四個 JRadioButton 物件，並將之加入到 JFrame 中。每個 JRadioButton 都是利用類似第 35 行的建構子呼叫來建立的。這個建構子指定了預設上會出現在 JRadioButton 右邊的標籤，以及 JRadioButton 的初始狀態。第二個引數 true 表示該 JRadioButton 物件應該以已選取的狀態來顯示。

第 45 行實體化了 ButtonGroup 物件 radioGroup。此物件是建立四個 JRadioButton 物件之間邏輯關係的「接著劑」，讓我們同時只能選取一個 JRadioButton。ButtonGroup 中有可能沒有 JRadioButton 被選取，但這種狀況只會發生在 ButtonGroup 中沒有加入預先選取好的 JRadioButton，而且使用者也尚未選取 JRadioButton 時。第 46-49 行使用了 ButtonGroup 的 add 方法，將每個 JRadioButton 與 radioGroup 連結在一起。如果有超過一個已選取的 JRadioButton 被加入到群組中，則只有先加入的那個按鈕會在 GUI 顯示時得到選取。

JRadioButton 就像 JCheckBox 一樣，會在被點擊時產生 ItemEvent。第 59-66 行會建立四個內層類別 RadioButtonHandler（宣告於第 70-85 行）的實體。在此例中，每個事件監聽者物件都被註冊來處理使用者點擊特定的 JRadioButton 時產生的 ItemEvent。請注意每個 RadioButtonHandler 物件都會用特定的 Font 物件（建立於第 52-55 行）來初始化。

RadioButtonHandler 類別（第 70-85 行）實作了 ItemListener 介面，所以它能夠處理 JRadioButton 所產生的 ItemEvent。建構子會將其透過引數所收到的 Font 物件，儲存在事件監聽者物件的實體變數 font 中（宣告於第 72 行）。當使用者點擊 JRadioButton 時，radioGroup 會取消之前所選取的 JRadioButton，而 itemStateChanged 方法（第 80-84 行）則會將 JTextField 中的字型，設定為儲存在此 JRadioButton 所對應到的事件監聽者物件中的 Font。請注意到內層類別 RadioButtonHandler 的第 83 行，利用了頂層類別的 textField 實體變數來設定字型。

12.11　JComboBox；使用匿名的內層類別來進行事件處理

組合方塊（有時又稱為**下拉式清單 [drop-down list]**）讓使用者能夠從清單中選擇某個項目（圖 12.22）。組合方塊是利用 JComboBox 類別來實作，此類別擴充自 JComponent 類別。JComboBox 就像 JCheckBox 就像 ArrayList 類別一樣（第 7 章）。當你建立 JComboBox，你會訂出物件的類型，此類型會安排——JComboBox 展示代表每個物件的 String。

```
1  // Fig. 12.21: ComboBoxFrame.java
2  // JComboBox that displays a list of image names.
3  import java.awt.FlowLayout;
4  import java.awt.event.ItemListener;
5  import java.awt.event.ItemEvent;
```

圖 12.21　顯示圖檔名稱清單的 JComboBox (1/2)

```
 6  import javax.swing.JFrame;
 7  import javax.swing.JLabel;
 8  import javax.swing.JComboBox;
 9  import javax.swing.Icon;
10  import javax.swing.ImageIcon;
11
12  public class ComboBoxFrame extends JFrame
13  {
14     private final JComboBox<String> imagesJComboBox; // hold icon names
15     private final JLabel label; // displays selected icon
16
17     private static final String[] names =
18        {"bug1.gif", "bug2.gif",  "travelbug.gif", "buganim.gif"};
19     private final Icon[] icons = {
20        new ImageIcon(getClass().getResource(names[0])),
21        new ImageIcon(getClass().getResource(names[1])),
22        new ImageIcon(getClass().getResource(names[2])),
23        new ImageIcon(getClass().getResource(names[3]))};
24
25     // ComboBoxFrame constructor adds JComboBox to JFrame
26     public ComboBoxFrame()
27     {
28        super("Testing JComboBox");
29        setLayout(new FlowLayout()); // set frame layout
30
31        imagesJComboBox = new JComboBox<String>(names); // set up JComboBox
32        imagesJComboBox.setMaximumRowCount(3); // display three rows
33
34        imagesJComboBox.addItemListener(
35           new ItemListener() // anonymous inner class
36           {
37              // handle JComboBox event
38              @Override
39              public void itemStateChanged(ItemEvent event)
40              {
41                 // determine whether item selected
42                 if (event.getStateChange() == ItemEvent.SELECTED)
43                    label.setIcon(icons[
44                       imagesJComboBox.getSelectedIndex()]);
45              }
46           } // end anonymous inner class
47        ); // end call to addItemListener
48
49        add(imagesJComboBox); // add combobox to JFrame
50        label = new JLabel(icons[0]); // display first icon
51        add(label); // add label to JFrame
52     }
53  } // end class ComboBoxFrame
```

圖 12.21　顯示圖檔名稱清單的 JComboBox (2/2)

```
 1  // Fig. 12.22: ComboBoxTest.java
 2  // Testing ComboBoxFrame.
 3  import javax.swing.JFrame;
 4
 5  public class ComboBoxTest
 6  {
```

圖 12.22　測試 ComboBoxFrame (1/2)

```
7      public static void main(String[] args)
8      {
9         ComboBoxFrame comboBoxFrame = new ComboBoxFrame();
10        comboBoxFrame.setDefaultCloseOperation(JFrame.EXIT_ON_CLOSE);
11        comboBoxFrame.setSize(350, 150);
12        comboBoxFrame.setVisible(true);
13     }
14 } // end class ComboBoxTest
```

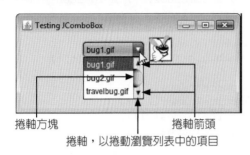

捲軸方塊　　　　　　　　　捲軸箭頭
捲軸，以捲動瀏覽列表中的項目

圖 12.22　測試 ComboBoxFrame (2/2)

　　JComboBox 就像 JCheckBox 及 JRadioButton 一樣，會產生 ItemEvent。這個例子也示範了在事件處理中經常會使用到的特殊形式內層類別。此應用程式（圖 12.21-12.22）會利用 JComboBox 來提供一個包含四個圖檔檔名的清單，使用者可以從中選擇一張圖片來顯示。當使用者選擇其中一個檔名時，應用程式會將相對應的圖片，在 JLabel 上以 Icon 的形式顯示。ComboBoxTest 類別（圖 12.22）則包含了會執行此應用程式的 main 方法。此應用程式的螢幕截圖，顯示出在使用者做好選擇之後的 JComboBox 清單，以說明所選擇的是哪個圖檔名稱。

　　第 19-23 行（圖 12.21）宣告了 icons 陣列，並且用四個新的 ImageIcon 物件來加以初始化。String 陣列 names（第 17-18 行）包含四個圖檔的名稱，這些圖檔都儲存在與應用程式相同的目錄中。

　　在第 31 行，建構子會初始化一個 JComboBox 物件，將陣列 names 中的 String 當作其清單中的項目。清單中的每個項目都有一個**索引 (index)**。第一個項目會被加入到索引 0，下一個項目是索引 1，依此類推。在顯示 JComboBox 時，第一個加入 JComboBox 的項目會成為目前所選擇的項目。你可以藉由點擊 JComboBox，然後從出現的清單中選擇項目，來選擇其他項目。

　　第 32 行使用了 JComboBox 方法 setMaximumRowCount 來設定當使用者點擊 JComboBox 時，會顯示的最大項目數量。如果還有額外的項目，JComboBox 會提供**捲軸（scrollbar，請參**

閱第一張螢幕），讓使用者可以捲動瀏覽清單中所有的項目。使用者可以點擊捲軸頂端或底端的**捲軸箭頭 (scroll arrow)**，可使清單中的項目一次上移或下移一個項目，或者使用者也可以拖曳捲軸中間的**捲軸方塊 (scroll box)** 來上下移動。要拖曳捲軸方塊，請把滑鼠游標移到上頭，按住滑鼠按鍵然後移動滑鼠。在此例中，下拉式清單太短了，無法拖曳捲軸方塊，所以你可以點擊向上或向下的箭頭，或是使用你的滑鼠滾輪，來捲動瀏覽清單中的四個項目。

　　第 49 行將 JComboBox 附加到 ComboBoxFrame 的 FlowLayout 中（設定於第 29 行）。第 50 行建立了用來顯示 ImageIcon 的 JLabel，它是用 Icons 陣列中的第一個 ImageIcon 來初始化。第 51 行將此 JLabel 附加到 ComboBoxFrame 的 FlowLayout 中。

感視介面的觀點 12.12
請設定 JComboBox 的最大顯示列數，以避免清單展開時，會超過其所在之視窗的邊界。

利用匿名的內層類別來進行事件處理

第 34-46 行是一個敘述，宣告了事件監聽者的類別，建立了此類別的物件，然後將之註冊為 imagesJComboBox 的 ItemEvent 的監聽者。這個事件監聽者物件是一個**匿名內層類別 (anonymous inner class)** 的實體——未使用名稱來宣告的內層類別，通常出現在方法宣告中。就像其他內層類別一樣，匿名內層類別也可以存取其頂層類別的成員。然而，對於宣告它的方法的區域變數，匿名內層類別的存取是受到限制的。因為匿名內層類別沒有名字，所以該類別的物件必須在類別宣告的地方同時建立（從第 35 行開始）。

軟體工程的觀點 12.3
宣告於方法中的匿名內層類別，可以存取宣告它的頂層類別物件的實體變數和方法，也可以存取該方法的 final 區域變數，但不能存取該方法的非 final 區域變數。從 Java SE 8 匿名內層類別也可以存取方法 "effectively final" 區域變數，在第 17 章可以獲得更多訊息。

　　第 34-47 行是針對 imageJComboBox 的 addItemListener 方法的呼叫。此方法的引數必須是一種 ItemListener 物件（意即任何實作了 ItemListener 的類別物件）。第 35-46 行是類別實體建立運算式，宣告了一個匿名內層類別，然後建立了一個該類別的物件。指向該物件的參照，接著便會作為引數，被傳遞給 addItemListener。new 後頭的語法 ItemListener()，開始了匿名內層類別的宣告，此類別實作了 ItemListener 介面。這樣做，和用下列語法開始類別宣告是類似的意思：

```
public class MyHandler implements ItemListener
```

　　第 36 行的起始左大括號（{）和第 46 行的結尾右大括號（}），包住了匿名內層類別的主體。第 38-45 行宣告了 ItemListener 的 itemStateChanged 方法。當使用者從 imagesJComboBox 中做出選擇時，此方法會設定 label 的 Icon。程式會藉由使用第 44 行的方法 getSelectedIndex 來判斷 JComboBox 中所選擇的項目索引，以從 icons 陣列中選出 Icon。每次從 JComboBox 選出一個項目，就會造成另一個項目先被取消選擇，所以在選擇項目時，會發生兩次 ItemEvent。我們只想爲使用者方才選取的項目顯示其圖示。因此，第 42 行會判斷 ItemEvent 方法 getStateChange 是否傳回 ItemEvent.SELECTED。如果是的話，第 43-44 行就會設定 label 的圖示。

軟體工程的觀點 12.4

就像其他任何類別一樣，當匿名內層類別實作介面時，此類別必須實作介面中的所有抽像方法。

　　第 35-46 中利用匿名內層類別來建立事件處理常式的語法，類似於 Java 整合發展環境（IDE）會產生的程式碼。通常，IDE 會讓你能以視覺化的方式設計 GUI，接著 IDE 會產生實作該 GUI 的程式碼。你只需要在宣告各事件該如何處理的事件處理方法中，插入敘述即可。

Java SE 8：用 Lambdas 操作匿名內層類別

在第 17.9 節中，顯示如何使用 Java SE 8 lambdas 來建立事件處理器。如同你會學到的，編譯器轉譯 lambda 到匿名內層類別的物件。

12.12　JList

清單會顯示一連串項目，使用者可以從中選擇一或多個項目（請參閱圖 12.24 的輸出）。清單是透過 JList 類別來建立，此類別直接繼承自 JComponent 類別。JList 類別──如同 JComboBox 是一般類別──支援**單選清單**（single-selection list，只允許同時選取一個項目的清單）以及**多選清單**（multiple-selection list，允許選取任意項目數量的清單）。在本節中，我們會討論單選清單。

　　圖 12.23-12.24 的應用程式，建立了包含 13 種顏色名稱的 JList。當點擊 JList 中的顏色名稱時，會產生一個 ListSelectionEvent，此時應用程式會將程式視窗的背景顏色，改變爲所選取的顏色。ListTest 類別（圖 12.24）包含了會執行此應用程式的 main 方法。

```
 1  // Fig. 12.23: ListFrame.java
 2  // JList that displays a list of colors.
 3  import java.awt.FlowLayout;
 4  import java.awt.Color;
 5  import javax.swing.JFrame;
 6  import javax.swing.JList;
 7  import javax.swing.JScrollPane;
 8  import javax.swing.event.ListSelectionListener;
 9  import javax.swing.event.ListSelectionEvent;
10  import javax.swing.ListSelectionModel;
11
12  public class ListFrame extends JFrame
13  {
```

圖 12.23　會顯示顏色清單的 Jlist (1/2)

```
14      private final JList<String> colorJList; // list to display colors
15      private static final String[] colorNames = {"Black", "Blue", "Cyan",
16          "Dark Gray", "Gray", "Green", "Light Gray", "Magenta",
17          "Orange", "Pink", "Red", "White", "Yellow"};
18      private static final Color[] colors = {Color.BLACK, Color.BLUE,
19          Color.CYAN, Color.DARK_GRAY, Color.GRAY, Color.GREEN,
20          Color.LIGHT_GRAY, Color.MAGENTA, Color.ORANGE, Color.PINK,
21          Color.RED, Color.WHITE, Color.YELLOW};
22
23      // ListFrame constructor add JScrollPane containing JList to JFrame
24      public ListFrame()
25      {
26          super("List Test");
27          setLayout(new FlowLayout());
28
29          colorJList = new JList<String>(colorNames); // list of colorNames
30          colorJList.setVisibleRowCount(5); // display five rows at once
31
32          // do not allow multiple selections
33          colorJList.setSelectionMode(ListSelectionModel.SINGLE_SELECTION);
34
35          // add a JScrollPane containing JList to frame
36          add(new JScrollPane(colorJList));
37
38          colorJList.addListSelectionListener(
39              new ListSelectionListener() // anonymous inner class
40              {
41                  // handle list selection events
42                  @Override
43                  public void valueChanged(ListSelectionEvent event)
44                  {
45                      getContentPane().setBackground(
46                          colors[colorJList.getSelectedIndex()]);
47                  }
48              }
49          );
50      }
51  } // end class ListFrame
```

圖 12.23　會顯示顏色清單的 Jlist (2/2)

```
 1  // Fig. 12.24: ListTest.java
 2  // Selecting colors from a JList.
 3  import javax.swing.JFrame;
 4
 5  public class ListTest
 6  {
 7      public static void main(String[] args)
 8      {
 9          ListFrame listFrame = new ListFrame(); // create ListFrame
10          listFrame.setDefaultCloseOperation(JFrame.EXIT_ON_CLOSE);
11          listFrame.setSize(350, 150);
12          listFrame.setVisible(true);
13      }
14  } // end class ListTest
```

圖 12.24　ListFrame 的測試類別 (1/2)

圖 12.24　ListFrame 的測試類別 (2/2)

第 29 行（圖 12.23）建立了 JList 物件 colorList。JList 建構子的引數是要在清單中顯示的 Object 陣列（本例中為 String 陣列）。第 30 行利用了 JList 的方法 setVisibleRowCount，來決定清單中可見的項目數量。

第 33 行利用了 JList 的方法 setSelectionMode，來指定該清單的選取模式 (selection mode)。ListSelectionModel 類別（javax.swing 套件）宣告了三個用來指定 JList 選取模式的常數——SINGLE_SELECTION（只允許同時選取一個項目）、SINGLE_INTERVAL_SELECTION（只允許選取連續項目的多選清單）和 MULTIPLE_INTERVAL_SELECTION（不限制如何選取項目的多選清單）。

與 JComboBox 不同，如果清單中的項目多於可視列數，JList 並不會提供捲軸。在此例中，我們使用 JScrollPane 物件用來提供捲軸功能。第 36 行會增加一個 JScrollPane 類別的新實體到 JFrame 中。JScrollPane 的建構子會接收需要捲軸功能的 JComponent 作為引數（在本例中為 colorJList）。請注意在螢幕擷圖中，有一個 JScrollPane 所建立的捲軸出現在 JList 的右邊。預設上，只有當 JList 的項目數量超過可視項目數量時，捲軸才會出現。

第 38-49 行利用了 JList 的方法 addListSelectionListener，將實作了 ListSelectionListener（javax.swing.event 套件）的物件，註冊為此 JList 選擇事件的監聽者。再一次，我們使用匿名內層類別的實體（第 39-48 行）來當做監聽者。在此例中，當使用者從 colorJList 中做出選擇之後，valueChanged 方法（第 42-47 行）就應該要將 ListFrame 的背景顏色，改成所選擇的顏色。這個任務會在第 45-46 行中完成。請注意第 45 行 JFrame 方法 getContentPane 的使用方式。

每個 JFrame 其實包含三層——分別是背景、內容圖版和玻璃圖版。內容圖版會出現在背景前面，也就是 JFrame 中的 GUI 元件所顯示的地方。而玻璃圖版則是用來顯示工具提示，和其他需要出現在螢幕上的 GUI 元件前面的項目。內容圖版會完全遮蔽 JFrame 的背景；因此，要改變 GUI 元件後面的背景顏色，你必須改變內容圖版的背景顏色。getContentPane 方法會傳回一個指向 JFrame 內容圖版（Container 類別的物件）的參照。在第 45 行中，我們接著使用這個參照來呼叫 setBackground 方法，此方法會將內容圖版的背景顏色，設定為 colors 陣列中的一個元素。這個顏色會利用選取項目的索引值，從陣列中選出。JList 的 getSelectedIndex 方法會傳回選取項目的索引值。就像陣列和 JComboBox 一樣，JList 的索引也是從零開始計算。

12.13　多選清單

多選清單 (multiple-selection list) 讓使用者可以從 JList 中選擇多個項目（請參閱圖 12.26 的輸出）。SINGLE_INTERVAL_SELECTION 清單可以選擇一段連續範圍中的項目。要完成這個任務，請先點選第一個項目，然後按住 Shift 鍵不放，同時點選所需範圍的最後一個項目。MULTIPLE_INTERVAL_SELECTION 清單（預設）也可以像 SINGLE_INTERVAL_SELECTION 清單一樣，選取連續的範圍。這種清單也允許我們選擇非連續的項目，只要在點擊各個項目進行選取時，同時按住 Ctrl 鍵不放即可。要取消選取項目，只需按住 Ctrl 鍵不放，然後再次點選該項目即可。

　　圖 12.25 和 12.26 的程式會利用多選清單將項目從一個 JList 中複製到另一個 JList。其中一個清單是 MULTIPLE_INTERVAL_SELECTION 清單，另一個清單則是 SINGLE_INTERVAL_SELECTION 清單。當你執行此應用程式時，請試著使用前述的選取技巧，在兩個清單中選取項目。

```
1  // Fig. 12.25: MultipleSelectionFrame.java
2  // JList that allows multiple selections.
3  import java.awt.FlowLayout;
4  import java.awt.event.ActionListener;
5  import java.awt.event.ActionEvent;
6  import javax.swing.JFrame;
7  import javax.swing.JList;
8  import javax.swing.JButton;
9  import javax.swing.JScrollPane;
10 import javax.swing.ListSelectionModel;
11
12 public class MultipleSelectionFrame extends JFrame
13 {
14    private final JList<String> colorJList; // list to hold color names
15    private final JList<String> copyJList; // list to hold copied names
16    private JButton copyJButton; // button to copy selected names
17    private static final String[] colorNames = {"Black", "Blue", "Cyan",
18       "Dark Gray", "Gray", "Green", "Light Gray", "Magenta", "Orange",
19       "Pink", "Red", "White", "Yellow"};
20
21    // MultipleSelectionFrame constructor
22    public MultipleSelectionFrame()
23    {
24       super("Multiple Selection Lists");
25       setLayout(new FlowLayout());
26
27       colorJList = new JList<String>(colorNames); // list of color names
28       colorJList.setVisibleRowCount(5); // show five rows
29       colorJList.setSelectionMode(
30          ListSelectionModel.MULTIPLE_INTERVAL_SELECTION);
31       add(new JScrollPane(colorJList)); // add list with scrollpane
32
33       copyJButton = new JButton("Copy >>>");
34       copyJButton.addActionListener(
```

圖 12.25　允許多選的 JList (1/2)

```
35              new ActionListener() // anonymous inner class
36              {
37                  // handle button event
38                  @Override
39                  public void actionPerformed(ActionEvent event)
40                  {
41                      // place selected values in copyJList
42                      copyJList.setListData(
43                          colorJList.getSelectedValuesList().toArray(
44                              new String[0]));
45                  }
46              }
47          );
48
49          add(copyJButton); // add copy button to JFrame
50
51          copyJList = new JList<String>(); // list to hold copied color names
52          copyJList.setVisibleRowCount(5); // show 5 rows
53          copyJList.setFixedCellWidth(100); // set width
54          copyJList.setFixedCellHeight(15); // set height
55          copyJList.setSelectionMode(
56              ListSelectionModel.SINGLE_INTERVAL_SELECTION);
57          add(new JScrollPane(copyJList)); // add list with scrollpane
58      }
59  } // end class MultipleSelectionFrame
```

圖 12.25　允許多選的 JList (2/2)

```
1  // Fig. 12.26: MultipleSelectionTest.java
2  // Testing MultipleSelectionFrame.
3  import javax.swing.JFrame;
4
5  public class MultipleSelectionTest
6  {
7      public static void main(String[] args)
8      {
9          MultipleSelectionFrame multipleSelectionFrame =
10             new MultipleSelectionFrame();
11         multipleSelectionFrame.setDefaultCloseOperation(
12             JFrame.EXIT_ON_CLOSE);
13         multipleSelectionFrame.setSize(350, 150);
14         multipleSelectionFrame.setVisible(true);
15     }
16 } // end class MultipleSelectionTest
```

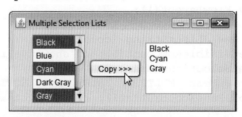

圖 12.26　MultipleSelectionFrame 的測試類別

　　圖 12.25 的第 27 行建立了 JList colorJList，並使用陣列 colorNames 中的 String 將其初始化。第 28 行將 colorList 的可見列數設定為 5。第 29-30 行則指定了 colorJList 為 MULTIPLE_INTERVAL_SELECTION 清單。第 31 行將包含 colorJList 的新 JScrollPane，加入到 JFrame 中。第 51-57 行會針對 copyJList 進行類似的任務，此清單被宣告為 SINGLE_INTERVAL_SELECTION 清單。如果 JList 中未包含項目，就不會顯示在 FlowLayout 中。因此，第 53-54 行利用了 JList 的方法 setFixedCelIWidth 與 setFixedCelIHeight，分別將 copyJList 中每個項目的寬度設為 100 像素，高度設為 15 像素。

　　通常，會由另一個 GUI 元件所產生的事件（稱為**外部事件 [external event]**），來決定應該於何時處理 JList 中的多重選取。在此例中，使用者會點擊稱為 copyJButton 的 JButton 來觸發事件，以將 colorJList 中的選取項目複製到 copyJList 中。

　　第 34-47 行會為 copyJButton 宣告、建立並註冊一個 ActionListener。當使用者點擊 copyJButton 時，actionPerformed 方法（第 38-45 行）會利用 JList 的 setListData 方法來設定 copyJList 要顯示的項目。第 43-44 行會呼叫 colorJList 的 getSelectedValues 方法，此方法會傳回 List<String>（因為 JList 被生產為如同 JList<String>）代表在 colorJList 中的選擇項目。我們呼叫 List<String> 的陣列方法去轉換此例到 String 的陣列，所傳回的陣列會被當作引數，傳給 copyJList 的 setListData 方法。List 的方法 toArray 接收為它的引數陣列，此陣列類型的方法將會被回傳。你會在第 16 章中學到更多關於 List 與 toArray 的資訊。

　　你可能會很好奇，為什麼 copyJList 可以使用於第 42 行，即使應用程式要到第 49 行才會建立它所參照的物件。請記住，除非使用者按下 copyJButton，否則 actionPerformed 方法（第 38-45 行）並不會被執行，而除非建構子執行完畢，應用程式顯示出 GUI，否則這件事並不會發生。當應用程式執行到該點時，copyJList 已經被初始化為新的 JList 物件了。

12.14　滑鼠事件處理

本節會介紹用來處理**滑鼠事件 (mouse event)** 的 MouseListener 與 MouseMotionListener 事件監聽者介面。滑鼠事件可以被任何衍生自 java.awt.Component 的 GUI 元件所處理。MouseListener 與 MouseMotionListener 介面的方法整理於圖 12.27。javax.swing.event 套件包含了 MouseInputListener 介面，此介面擴充自介面 MouseListener 和 MouseMotionListener，以建立包含所有 MouseListener 和 MouseMotionListener 方法的單一介面。當滑鼠與 Component 進行互動，而且該 Component 已經註冊了合適的事件監聽者物件，就會呼叫 MouseListener 和 MouseMotionListener 的方法。

　　每個滑鼠事件處理方法都會接受一個 MouseEvent 物件作為引數，此物件包含所發生之滑鼠事件的資訊，其中也包含事件發生時位置的 x 與 y 座標。這些座標是由發生事件的 GUI 元件的左上角開始計算。x 座標從 0 開始，由左向右增加。y 座標也是從 0 開始，由上向下增加。InputEvent 類別（MouseEvent 的父類別）的方法與常數，讓你得以判斷使用者點擊的是哪個滑鼠按鍵。

> ### MouseListener 與 MouseMotionListener 的介面方法
>
> **MouseListener 介面的方法**
>
> `public void mousePressed (MouseEvent event)`
> 當滑鼠游標移到元件上並按下滑鼠鍵時，會呼叫這個方法。
>
> `public void mouseClicked (MouseEvent event)`
> 當滑鼠游標停留在某個元件上時，按下滑鼠鍵然後放開，就會呼叫這個方法。這個事件之前永遠會發生 mousePressed 和 mouseReleased 呼叫。
>
> `public void mouseReleased (MouseEvent event)`
> 將按下的滑鼠鍵放開時，就會呼叫這個方法。這個事件永遠發生在一次 mousePressed 呼叫，以及一或多次 mouseDragged 呼叫之後。
>
> `public void mouseEntered (MouseEvent event)`
> 當滑鼠游標進入元件的範圍內時，就會呼叫這個方法。
>
> `public void mouseExited (MouseEvent event)`
> 當滑鼠游標離開元件的範圍時，就會呼叫這個方法。
>
> ***MouseMotionListener 介面的方法***
>
> `public void mouseDragged (MouseEvent event)`
> 當滑鼠游標移到某個元件上頭時按下滑鼠鍵，在不放開滑鼠鍵的情況下移動滑鼠，就會呼叫這個方法。這個事件永遠發生在 mousePressed 呼叫之後。所有拖曳事件都會傳送給使用者開始拖曳滑鼠的元件。
>
> `public void mouseMoved (MouseEvent event)`
> 當滑鼠游標在某個元件上移動時（沒有按下滑鼠按鍵），就會呼叫這個方法。所有移動事件都會傳送給滑鼠游標目前所在的元件。

圖 12.27　MouseListener 和 MouseMotionListener 的介面方法

> **軟體工程的觀點 12.5**
> 針對 mouseDragged 的呼叫，會傳送給開始進行拖曳時滑鼠所在 Component 的 MouseMotionListener。同樣地，在拖曳操作結束時的 mouseReleased 呼叫，也會傳送給拖曳操作開始時滑鼠所在 Component 的 MouseListener。

　　Java 也提供了 MouseWheelListener 介面，讓應用程式可以回應滑鼠滾輪的轉動。這個介面宣告了 mouseWheelMoved 方法，此方法會接收 MouseWheelEvent 作為引數。MouseWheelEvent 類別（MouseEvent 的子類別）包含了讓事件處理程式可以取得滾輪轉動量相關資訊的方法。

在 JPanel 上追蹤滑鼠事件

MouseTracker 應用程式（圖 12.28-12.29）展示了 MouseListener 和 MouseMotionListener 介面的方法。此事件處理常式類別（圖 12.28，第 36-97 行）同時實作了這兩個介面。當你同時實作兩個介面時，你必須宣告這兩個介面的全部七個方法。本例中的每個滑鼠事件，都會在附加至視窗底部，稱為 statusBar 的 JLabel 上頭顯示一個字串。

```
 1  // Fig. 12.28: MouseTrackerFrame.java
 2  // Mouse event handling.
 3  import java.awt.Color;
 4  import java.awt.BorderLayout;
 5  import java.awt.event.MouseListener;
 6  import java.awt.event.MouseMotionListener;
 7  import java.awt.event.MouseEvent;
 8  import javax.swing.JFrame;
 9  import javax.swing.JLabel;
10  import javax.swing.JPanel;
11
12  public class MouseTrackerFrame extends JFrame
13  {
14     private final JPanel mousePanel; // panel in which mouse events occur
15     private final JLabel statusBar; // displays event information
16
17     // MouseTrackerFrame constructor sets up GUI and
18     // registers mouse event handlers
19     public MouseTrackerFrame()
20     {
21        super("Demonstrating Mouse Events");
22
23        mousePanel = new JPanel();
24        mousePanel.setBackground(Color.WHITE);
25        add(mousePanel, BorderLayout.CENTER); // add panel to JFrame
26
27        statusBar = new JLabel("Mouse outside JPanel");
28        add(statusBar, BorderLayout.SOUTH); // add label to JFrame
29
30        // create and register listener for mouse and mouse motion events
31        MouseHandler handler = new MouseHandler();
32        mousePanel.addMouseListener(handler);
33        mousePanel.addMouseMotionListener(handler);
34     }
35
36     private class MouseHandler implements MouseListener,
37        MouseMotionListener
38     {
39        // MouseListener event handlers
40        // handle event when mouse released immediately after press
41        @Override
42        public void mouseClicked(MouseEvent event)
43        {
44           statusBar.setText(String.format("Clicked at [%d, %d]",
45              event.getX(), event.getY()));
46        }
47
48        // handle event when mouse pressed
49        @Override
50        public void mousePressed(MouseEvent event)
51        {
52           statusBar.setText(String.format("Pressed at [%d, %d]",
53              event.getX(), event.getY()));
54        }
55
```

圖 12.28　處理滑鼠事件 (1/2)

```
56          // handle event when mouse released
57          @Override
58          public void mouseReleased(MouseEvent event)
59          {
60              statusBar.setText(String.format("Released at [%d, %d]",
61                  event.getX(), event.getY()));
62          }
63
64          // handle event when mouse enters area
65          @Override
66          public void mouseEntered(MouseEvent event)
67          {
68              statusBar.setText(String.format("Mouse entered at [%d, %d]",
69                  event.getX(), event.getY()));
70              mousePanel.setBackground(Color.GREEN);
71          }
72
73          // handle event when mouse exits area
74          @Override
75          public void mouseExited(MouseEvent event)
76          {
77              statusBar.setText("Mouse outside JPanel");
78              mousePanel.setBackground(Color.WHITE);
79          }
80
81          // MouseMotionListener event handlers
82          // handle event when user drags mouse with button pressed
83          @Override
84          public void mouseDragged(MouseEvent event)
85          {
86              statusBar.setText(String.format("Dragged at [%d, %d]",
87                  event.getX(), event.getY()));
88          }
89
90          // handle event when user moves mouse
91          @Override
92          public void mouseMoved(MouseEvent event)
93          {
94              statusBar.setText(String.format("Moved at [%d, %d]",
95                  event.getX(), event.getY()));
96          }
97      } // end inner class MouseHandler
98 } // end class MouseTrackerFrame
```

圖 12.28　處理滑鼠事件 (2/2)

```
1 // Fig. 12.29: MouseTrackerFrame.java
2 // Testing MouseTrackerFrame.
3 import javax.swing.JFrame;
4
5 public class MouseTracker
6 {
7     public static void main(String[] args)
8     {
9         MouseTrackerFrame mouseTrackerFrame = new MouseTrackerFrame();
```

圖 12.29　MouseTrackerFrame 的測試類別 (1/2)

```
10          mouseTrackerFrame.setDefaultCloseOperation(JFrame.EXIT_ON_CLOSE);
11          mouseTrackerFrame.setSize(300, 100);
12          mouseTrackerFrame.setVisible(true);
13     }
14 } // end class MouseTracker
```

圖 12.29　MouseTrackerFrame 的測試類別 (2/2)

　　圖 12.28 的第 23 行建立了 JPanel mousePanel。這個 JPanel 的滑鼠事件會被應用程式所攔截。第 24 行將 mousePanel 的背景顏色設定為白色。當使用者將滑鼠移入 mousePanel 時，應用程式會將 mousePanel 的背景顏色改為綠色。當使用者把滑鼠移出 mousePanel 後，應用程式會再把背景顏色改回白色。第 25 行將 mousePanel 附加到 JFrame 上頭。如你所學到的，你通常必須指定 GUI 元件在 JFrame 中的版面。在該節中，我們介紹了版面管理員 FlowLayout。此處我們則使用 JFrame 內容圖版預設的版面—— BorderLayout ——這種版面管理員會將元件安排至五個區域：NORTH、SOUTH、EAST、WEST 和 CENTER。NORTH 對應於容器的頂端。這個例子使用了 CENTER 和 SOUTH 區域。第 25 行使用了雙引數的 add 方法版本，來把 mousePanel 放入 CENTER 區域。BorderLayout 會自動調整位於 CENTER 的元件大小，令其使用掉 JFrame 中所有沒有被其他區域的元件所佔去的空間。12.18.2 節會更詳細的討論 BorderLayout。

　　在建構子中，第 27-28 行宣告了 JLabel statusBar 並將之附加到 JFrame 的 SOUTH 區域。這個 Jlabel 的寬度與 JFrame 的寬度相同。此區域的高度是由 JLabel 所決定。

　　第 31 行建立了內層類別 MouseHandler（第 36-97 行）的實體，稱為 handler，它會負責回應滑鼠事件。第 32-33 行將 handler 註冊為 mousePanel 滑鼠事件的監聽者。addMouseListener 和 addMouseMotionListener 方法間接繼承自 Component 類別，分別可以用來註冊 MouseListener 和 MouseMotionListener。MouseHandler 物件同時是一種 MouseListener，也是一種 MouseMotionListener，因為該類別同時實作了兩種介面。我們在此選擇同時實作兩種介面，以展示實作了多個介面的類別，但其實也可以改為實作 MouseInputListener 介面就好。

當滑鼠進入及離開 mousePanel 的區域時，分別會呼叫 mouseEntered 方法（第 65-71 行）和 mouseExited 方法（第 74-79 行）。mouseEntered 會在 statusBar 上顯示一個訊息，指出滑鼠進入此 JPanel，並將背景顏色改為綠色。mouseExited 方法會在 statusBar 上顯示一個訊息，指出滑鼠位於此 JPanel 之外（參閱範例的第一個輸出視窗），然後將背景顏色改為白色。

其他五種事件發生時，都會在 statusBar 上頭顯示一個字串，其中包含所發生的事件，以及發生事件的座標。MouseEvent 的方法 *getX* 和 *getY*，會分別傳回事件發生時滑鼠的 *x* 座標與 *y* 座標。

12.15　配接器類別

許多事件監聽者介面包含多個方法，例如 MouseListener 與 MouseMotionListener。有時我們並不想宣告事件監聽者介面中所有的方法。例如，應用程式可能只需要 MouseListener 的 mouseClicked 處理常式，或是 MouseMotionListener 的 mouseDragged 處理常式。WindowListener 介面訂定了七種視窗事件處理方法。針對許多包含多個方法的監聽者介面，java.awt.event 套件和 javax.swing.event 套件，提供了事件監聽者的配接器類別。**配接器類別 (adapter class)** 會實作某個介面，並為該介面的每個方法都提供預設的實作（包含空白的方法主體）。圖 12.30 列出了幾種 java.awt.event 的配接器類別，和它們所實作的介面。你可以擴充配接器類別，來繼承所有方法的預設實作，然後只要覆寫你需要用來進行事件處理的方法即可。

軟體工程的觀點 12.6
當類別實作某個介面時，此類別就會與該介面擁有是一種 (is-a) 關係。所有此類別的直接或間接子類別，也會繼承這個介面。因此，擴充自事件配接器類別的類別物件，也是一種相對應的事件監聽者型別物件（例如，MouseAdapter 的子類別物件，也是一種 MouseListener 物件）。

java.awt.event 中的事件配接器類別	實作介面
ComponentAdapter	ComponentListener
ContainerAdapter	ContainerListener
FocusAdapter	FocusListener
KeyAdapter	KeyListener
MouseAdapter	MouseListener
MouseMotionAdapter	MouseMotionListener
WindowAdapter	WindowListener

圖 12.30　java.awt.event 套件中的事件配接器類別，及其所實作的介面

擴充 MouseAdapter

圖 12.31-12.32 的應用程式，示範了如何判斷滑鼠點擊的次數（亦即點擊計數），以及如何分

辨不同的滑鼠按鍵。此應用程式的事件監聽者是內層類別 MousedClickHandler（圖 12.31，第 25-46 行）的物件，此類別擴充自 MouseAdapter，所以我們可以只宣告此例中所需的 mousedClicked 方法即可。

```java
1  // Fig. 12.31: MouseDetailsFrame.java
2  // Demonstrating mouse clicks and distinguishing between mouse buttons.
3  import java.awt.BorderLayout;
4  import java.awt.event.MouseAdapter;
5  import java.awt.event.MouseEvent;
6  import javax.swing.JFrame;
7  import javax.swing.JLabel;
8
9  public class MouseDetailsFrame extends JFrame
10 {
11    private String details; // String displayed in the statusBar
12    private final JLabel statusBar; // JLabel at bottom of window
13
14    // constructor sets title bar String and register mouse listener
15    public MouseDetailsFrame()
16    {
17       super("Mouse Clicks and Buttons");
18
19       statusBar = new JLabel("Click the mouse");
20       add(statusBar, BorderLayout.SOUTH);
21       addMouseListener(new MouseClickHandler()); // add handler
22    }
23
24    // inner class to handle mouse events
25    private class MouseClickHandler extends MouseAdapter
26    {
27       // handle mouse-click event and determine which button was pressed
28       @Override
29       public void mouseClicked(MouseEvent event)
30       {
31          int xPos = event.getX(); // get x-position of mouse
32          int yPos = event.getY(); // get y-position of mouse
33
34          details = String.format("Clicked %d time(s)",
35             event.getClickCount());
36
37          if (event.isMetaDown()) // right mouse button
38             details += " with right mouse button";
39          else if (event.isAltDown()) // middle mouse button
40             details += " with center mouse button";
41          else // left mouse button
42             details += " with left mouse button";
43
44          statusBar.setText(details);
45       }
46    }
47 } // end class MouseDetailsFrame
```

圖 12.31　點擊滑鼠的左、中、右鍵

```
1   // Fig. 12.32: MouseDetails.java
2  // Testing MouseDetailsFrame.
3  import javax.swing.JFrame;
4
5  public class MouseDetails
6  {
7     public static void main(String[] args)
8     {
9        MouseDetailsFrame mouseDetailsFrame = new MouseDetailsFrame();
10        mouseDetailsFrame.setDefaultCloseOperation(JFrame.EXIT_ON_CLOSE);
11        mouseDetailsFrame.setSize(400, 150);
12        mouseDetailsFrame.setVisible(true);
13     }
14 } // end class MouseDetails
```

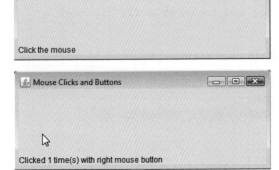
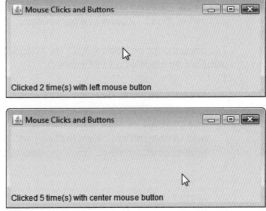

圖 12.32　MouseDetailsFrame 的測試類別

常見的程式設計錯誤 12.3
如果你擴充配接器類別，而且拼錯了你要覆寫的方法名稱，並且沒有用 @Override 宣告方法，你的方法就會變成類別中的另一個方法。這是個很難偵測的邏輯錯誤，因為程式會呼叫繼承自配接器類別方法的空版本。

　　Java 應用程式的使用者，使用的系統可能具有單鍵、雙鍵或三鍵的滑鼠。Java 提供了分辨這些滑鼠按鍵的機制。MouseEvent 類別繼承了 InputEvent 類別的幾種方法，可以用來分辨多鍵滑鼠的按鍵，也可以用組合鍵加上滑鼠按鍵來模擬多鍵滑鼠。圖 12.33 顯示了用來分辨滑鼠按鍵的 InputEvent 方法。Java 假設每個滑鼠都有左鍵。因此，測試按下左鍵是很容易的。然而，使用單鍵或雙鍵滑鼠的使用者，就必須同時利用組合鍵搭配滑鼠按鍵，來模擬缺少的滑鼠按鍵。在使用單鍵或雙鍵滑鼠的情況下，Java 應用程式會假設當使用者按住 Alt 鍵並同時按下雙鍵滑鼠的左鍵，或單鍵滑鼠唯一的按鍵時，等同於按下滑鼠的中鍵。在使用單鍵滑鼠的狀況下，Java 應用程式會假設當使用者按住 Meta 鍵（有時稱為 Command 鍵，或在 Mac 上稱為「Apple」鍵）並同時按下滑鼠按鍵時，等同於按下滑鼠的右鍵。

InputEvent 方法	說明
`isMetaDown()`	當使用者點擊雙鍵或三鍵滑鼠的右鍵時，會傳回 true。為了在單鍵滑鼠上模擬點擊滑鼠右鍵，使用者可以按住鍵盤上的 Meta 鍵不放，並同時點擊滑鼠鍵。
`isAltDown()`	當使用者點擊三鍵滑鼠的中鍵時，會傳回 true。為了在單鍵或雙鍵滑鼠上模擬點擊滑鼠中鍵，使用者可以按住鍵盤上的 Alt 鍵不放，並同時點擊滑鼠左鍵或唯一的按鍵。

圖 12.33　InputEvent 方法，可幫助我們分辨所按下的是滑鼠左鍵、右鍵還是中鍵

圖 12.31 的第 21 行，為 MouseDetailsFrame 註冊了 MouseListener。其事件監聽者是 MouseClickHandler 類別的物件，此類別擴充自 MouseAdapter。這樣做可以只宣告 mouseClicked 方法（第 28-45 行）。這個方法會先抓取事件發生時的座標，並將之儲存在區域變數 xPos 和 yPos 中（第 31-32 行）。第 34-35 行建立了一個名為 details 的 String，其中包含滑鼠連續點擊的次數，此計數是由第 35 行的 MouseEvent 方法 getClickCount 所傳回。第 37-42 行使用了 isMetaDown 方法和 isAltDown 方法來判斷使用者按下了哪個滑鼠按鍵，並且在各狀況下，把適當的 String 附加到 details 上。得出的 String 會顯示在 statusBar 中。MouseDetails 類別（圖 12.32）包含會執行此應用程式的 main 方法。請試著反覆點擊你的每個滑鼠按鍵，觀察按鍵計數的增加。

12.16　可用滑鼠繪圖的 JPanel 子類別

12.14 節說明了如何在 JPanel 中追蹤滑鼠事件。在本節中，我們會使用 JPanel 作為**專用繪圖區 (dedicated drawing area)**，讓使用者可藉由拖曳滑鼠在其中繪圖。此外，本節也會展示一個擴充自轉接器類別的事件監聽者。

paintComponent 方法

擴充自 JComponent 類別的輕量級 Swing 元件（例如 JPanel）都包含方法 paintComponent，此方法會在顯示輕量級 Swing 元件時加以呼叫。藉由覆寫此方法，你便可以指定要如何利用 Java 的繪圖功能來繪製圖形。當我們自訂 JPanel，使用為專屬繪圖區時，此一子類別應該要覆寫 paintComponent 方法，並且使用覆寫方法主體的第一個敘述，來呼叫 paintComponent 的父類別版本，以確保元件可以正確地顯示。原因是 JComponent 的子類別支援**透明度 (transparency)** 的性質。要正確地顯示元件，程式必須要判斷此元件是否為透明。判斷程式碼，位於父類別 JComponent 的 paintComponent 實作中。當元件為透明時，paintComponent 就不會在程式顯示此元件時清除它的背景。當元件為**不透明 (opaque)** 時，paintComponent 就會在元件顯示之前，先清除元件的背景。我們可以利用方法 setOpaque 來設定 Swing 輕量級元件的透明度（`false` 引數會表示此元件是透明的）。

測試和除錯的小技巧 12.1

在 JComponent 子類別的 paintComponent 方法中，第一個敘述永遠應該要呼叫父類別的 paintComopnent 方法，以確保此子類別的物件可以正確地顯示。

常見的程式設計錯誤 12.4

如果被覆寫的 paintComponent 方法沒有呼叫父類別的版本，其子類別元件有可能無法正常地顯示。如果被覆寫的 paintComponent 方法在進行其他繪圖之後，才呼叫父類別的版本，則這些繪圖便會被清除。

定義自訂的繪圖區

圖 12.34-12.35 的 Painter 應用程式展示了一個 JPanel 的自訂子類別，可用來建立一個專用繪圖區。此應用程式利用 mouseDragged 事件處理常式來建立簡單的繪圖應用程式。使用者可以藉由在 JPanel 上頭拖曳滑鼠來畫圖。此範例並沒有使用 mouseMoved 方法，所以我們的事件監聽者類別（圖 12.34，第 20-29 行的匿名內層類別）擴充的是 MouseMotionAdapter。由此類別已宣告了 mouseMoved 和 mouseDragged，我們可以簡單地覆寫 mouseDragged 來提供此應用程式所需的事件處理能力即可。

```java
1  // Fig. 12.34: PaintPanel.java
2  // Adapter class used to implement event handlers.
3  import java.awt.Point;
4  import java.awt.Graphics;
5  import java.awt.event.MouseEvent;
6  import java.awt.event.MouseMotionAdapter;
7  import java.util.ArrayList;
8  import javax.swing.JPanel;
9
10 public class PaintPanel extends JPanel
11 {
12    // list Point references
13    private final ArrayList<Point> points = new ArrayList<>();
14
15    // set up GUI and register mouse event handler
16    public PaintPanel()
17    {
18       // handle frame mouse motion event
19       addMouseMotionListener(
20          new MouseMotionAdapter() // anonymous inner class
21          {
22             // store drag coordinates and repaint
23             @Override
24             public void mouseDragged(MouseEvent event)
25             {
26                points.add(event.getPoint());
27                repaint(); // repaint JFrame
28             }
29          }
30       );
31    }
```

圖 12.34　用來實作事件處理常式的配接器類別 (1/2)

```
32
33    // draw ovals in a 4-by-4 bounding box at specified locations on window
34    @Override
35    public void paintComponent(Graphics g)
36    {
37        super.paintComponent(g); // clears drawing area
38
39        // draw all
40        for (Point point : points)
41            g.fillOval(point.x, point.y, 4, 4);
42    }
43  } // end class PaintPanel
```

圖 12.34　用來實作事件處理常式的配接器類別 (2/2)

　　PaintPanel 類別（圖 12.34）擴充了 JPanel 以建立專用繪圖區。我們會使用此類別的物件，來儲存每個滑鼠拖曳事件的座標。Graphics 類別則用來繪圖。在此範例中，我們會使用 Point（第 13 行）的陣列，來儲存每次滑鼠拖曳事件發生時的位置。如你將會見到的，paintComponent 方法會使用這些 Point 來繪圖。

　　第 19-30 行註冊了 MouseMotionListener 來監聽 PaintPanel 的滑鼠移動事件。第 20-29 行建立了一個匿名內層類別的物件，擴充自配接器類別 MouseMotionAdapter。請回想一下，MouseMotionAdapter 實作了 MouseMotionListener，所以此匿名內層類別物件也是一種 MouseMotionListener。匿名內層類別繼承了方法 mouseMoved 和 mouseDragged 的預設實作，所以它已經實作了介面的所有方法。然而，預設方法在被呼叫時，並不會做任何事情。所以，我們在第 23-28 行覆寫了 mouseDragged 方法，來抓取滑鼠拖曳事件的座標，並將之儲存爲 Point 物件。如果有空元素的話，第 26 行會呼叫 MouseEvent 的 getPoint 方法，以取得事件發生的 Point，並將之儲存在陣列索引爲 pointCount 的元素中。第 27 行會呼叫 repaint 方法（間接繼承自 Component 類別）以指示 PaintPanel 應該要儘快藉由呼叫 PaintPanel 的 paintComponent 方法，在螢幕上更新。

　　會接收一個 Graphics 參數的 paintComponent 方法（第 34-42 行），會在任何需要將 PaintPanel 顯示在螢幕上時——例如當 GUI 元件第一次顯示時——或是需要在螢幕上更新時——例如當呼叫 repaint 方法，或是當 GUI 元件在螢幕上被另一個視窗遮住，後來又再次變成可見時——被自動地呼叫。

感視介面的觀點 12.13
針對 Swing GUI 元件呼叫 repaint 會指示該元件應該要儘速在螢幕上更新。此元件的背景只會在元件不透明時被清除。JComponent 的 setOpaque 方法可以傳入一個 boolean 引數，指示此元件是不透明 (true) 還是透明 (false)。

　　第 37 行呼叫了父類別版本的 paintComponent，以清除 PaintPanel 的背景（JPanel 預設爲不透明）。第 40-41 行會在 ArrayList 中每個 Point 所指定的位置繪製一個橢圓。Graphics 方法 fillOval 會繪製出實心的橢圓。此方法的四個參數，代表了會顯示該橢圓的矩形區域（稱爲邊框）。前兩個參數是矩形區域的左上角 x 座標和左上角 y 座標。後兩個座標則代表了此矩形區域的寬和高。fillOval 方法會繪製橢圓,令其與此矩形區域的四邊中點相切。在第 41 行中,前兩個引數是使用 Point 類別的兩個 public 實體變數——x 與 y 來指定。迴圈會終止在顯示完 pointCount 個點為止。你會在第 13 章中學到更多 Graphics 的功能。

感視介面的觀點 12.14

要在任何 GUI 元件上頭畫圖,都是使用從該 GUI 元件左上角 (0,0) 開始計算的座標值來進行,而非螢幕的左上角。

在應用程式中使用自訂的 JPanel

Painter 類別(圖 12.35)包含了會執行此應用程式的 main 方法。第 14 行建立了一個 PaintPanel 物件,使用者可以在其上拖曳滑鼠來畫圖。第 15 行則將此 PaintPanel 附加到 JFrame 上頭。

```java
1  // Fig. 12.35: Painter.java
2  // Testing PaintPanel.
3  import java.awt.BorderLayout;
4  import javax.swing.JFrame;
5  import javax.swing.JLabel;
6
7  public class Painter
8  {
9     public static void main(String[] args)
10    {
11       // create JFrame
12       JFrame application = new JFrame("A simple paint program");
13
14       PaintPanel paintPanel = new PaintPanel();
15       application.add(paintPanel, BorderLayout.CENTER);
16
17       // create a label and place it in SOUTH of BorderLayout
18       application.add(new JLabel("Drag the mouse to draw"),
19          BorderLayout.SOUTH);
20
21       application.setDefaultCloseOperation(JFrame.EXIT_ON_CLOSE);
22       application.setSize(400, 200);
23       application.setVisible(true);
24    }
25 } // end class Painter
```

圖 12.35　PaintPanel 的測試類別

12.17　鍵盤事件處理

本節將會呈現用來處理**鍵盤事件 (key event)** 的 KeyListener 介面。當按下及放開鍵盤上的按鍵時，就會產生鍵盤事件。實作了 KeyListener 介面的類別，必須提供方法 keyPressed、keyReleased 和 keyTyped 的宣告，這些方法都會接收一個 KeyEvent 作為引數。KeyEvent 類別是 InputEvent 的子類別。在按下任何按鍵時，就會呼叫 keyPressed 方法。當按下任何非**動作按鍵 (action key)** 的按鍵時，就會呼叫 keyTyped 方法作為回應。(動作按鍵包含任何方向鍵、Home、End、Page Up、Page Down、任何功能鍵等等。) 當任何 keyPressed 或 keyTyped 事件發生之後，放開按鍵時，便會呼叫 keyReleased 方法。

　　圖 12.36-12.37 的應用程式，展示了 KeyListener 方法。KeyDemoFrame 類別實作了 KeyListener 介面，所以應用程式中宣告了全部三個方法。建構子 (圖 12.36，第 17-28 行) 註冊了此一應用程式，利用第 27 行的 addKeyListener 方法，來處理它自己的鍵盤事件。addKeyListener 方法宣告於 Component 類別中，所以 Component 的每個子類別都可以通知 KeyListener 物件該 Component 發生的鍵盤事件。

```
1  // Fig. 12.36: KeyDemoFrame.java
2  // Key event handling.
3  import java.awt.Color;
4  import java.awt.event.KeyListener;
5  import java.awt.event.KeyEvent;
6  import javax.swing.JFrame;
7  import javax.swing.JTextArea;
8
9  public class KeyDemoFrame extends JFrame implements KeyListener
10 {
11     private String line1 = ""; // first line of textarea
12     private String line2 = ""; // second line of textarea
13     private String line3 = ""; // third line of textarea
14     private JTextArea textArea; // textarea to display output
15
16     // KeyDemoFrame constructor
17     public KeyDemoFrame()
18     {
19        super("Demonstrating Keystroke Events");
20
21        textArea = new JTextArea(10, 15); // set up JTextArea
22        textArea.setText("Press any key on the keyboard...");
23        textArea.setEnabled(false);
24        textArea.setDisabledTextColor(Color.BLACK);
25        add(textArea); // add textarea to JFrame
26
27        addKeyListener(this); // allow frame to process key events
28     }
29
30     // handle press of any key
31     @Override
32     public void keyPressed(KeyEvent event)
33     {
```

圖 12.36　鍵盤事件處理 (1/2)

```
34        line1 = String.format("Key pressed: %s",
35          KeyEvent.getKeyText(event.getKeyCode())); // show pressed key
36        setLines2and3(event); // set output lines two and three
37      }
38
39      // handle release of any key
40      @Override
41      public void keyReleased(KeyEvent event)
42      {
43        line1 = String.format("Key released: %s",
44          KeyEvent.getKeyText(event.getKeyCode())); // show released key
45        setLines2and3(event); // set output lines two and three
46      }
47
48      // handle press of an action key
49      @Override
50      public void keyTyped(KeyEvent event)
51      {
52        line1 = String.format("Key typed: %s", event.getKeyChar());
53        setLines2and3(event); // set output lines two and three
54      }
55
56      // set second and third lines of output
57      private void setLines2and3(KeyEvent event)
58      {
59        line2 = String.format("This key is %san action key",
60          (event.isActionKey() ? "" : "not "));
61
62        String temp = KeyEvent.getKeyModifiersText(event.getModifiers());
63
64        line3 = String.format("Modifier keys pressed: %s",
65          (temp.equals("") ? "none" : temp)); // output modifiers
66
67        textArea.setText(String.format("%s\n%s\n%s\n",
68          line1, line2, line3)); // output three lines of text
69      }
70  } // end class KeyDemoFrame
```

圖 12.36　鍵盤事件處理 (2/2)

```
1   // Fig. 12.37: KeyDemo.java
2   // Testing KeyDemoFrame.
3   import javax.swing.JFrame;
4
5   public class KeyDemo
6   {
7      public static void main(String[] args)
8      {
9         KeyDemoFrame keyDemoFrame = new KeyDemoFrame();
10        keyDemoFrame.setDefaultCloseOperation(JFrame.EXIT_ON_CLOSE);
11        keyDemoFrame.setSize(350, 100);
12        keyDemoFrame.setVisible(true);
13     }
14  } // end class KeyDemo
```

圖 12.37　KeyDemoFrame 的測試類別 (1/2)

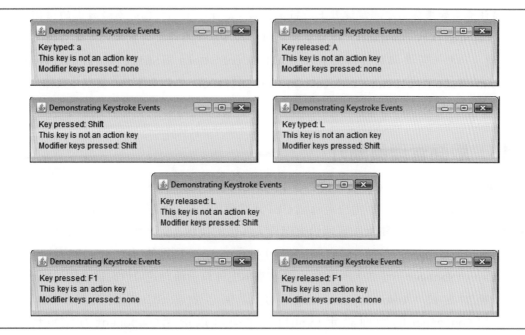

圖 12.37　KeyDemoFrame 的測試類別 (2/2)

在第 25 行中，建構子將 JTextArea textArea（此處會顯示應用程式的輸出）加到 JFrame 中。JTextArea 是一個你可以用來顯示文字的多行區域。我們會在 12.20 節更詳盡地討論 JTextArea。請注意，在螢幕截圖中，textArea 佔滿了整個視窗。這要歸因於 JFrame 預設的 BorderLayout（討論於 12.18.2 節，並展示於圖 12.41）。在 BorderLayout 中只加入一個 Component 時，該 Component 就會佔滿整個 Container。第 23 行停用了 JTextArea，讓使用者無法在其中打字。這樣做會讓 JTextArea 中的文字變爲灰色。第 24 行使用了 setDisabledTextColor 方法，將 JTextArea 中的文字顏色改爲黑色，以利閱讀。

keyPressed 方法（第 31-37 行）和 keyReleased 方法（第 40-46 行）都利用了 KeyEvent 的 getKeyCode 方法，來取得所按下之按鍵的**虛擬鍵盤碼 (virtual key code)**。KeyEvent 類別包含代表鍵盤上所有按鍵的虛擬鍵盤碼常數，這些常數可以與 getKeyCode 的傳回值相比對，以識別鍵盤上的各個按鍵。getKeyCode 的傳回值會被傳遞給 KeyEvent 的 static 方法 getKeyText，此方法會傳回一個字串，包含所按下之按鍵的名稱。若想取得完整的虛擬鍵盤碼列表，請參閱 KeyEvent 類別的線上說明文件（java.awt.event 套件）。keyTyped 方法（第 49-54 行）會利用 KeyEvent 的 getKeyChar 方法（此方法會傳回一個 char），來取得所鍵入之字元的 Unicode 值。

這三個事件處理方法，最後都會以呼叫方法 setLines2and3（第 57-69 行），並且將 KeyEvent 物件傳遞給此方法。此方法會利用 KeyEvent 的 isActionKey 方法（第 60 行）來判定事件中的按鍵是否爲動作按鍵。同時，也會呼叫 InputEvent 的 getModifiers 方法（第 62 行），來判斷當鍵盤事件發生時，是否有按下任何修飾按鍵（例如 Shift、Alt 和 Ctrl）。此方法的傳回結果會被傳入 KeyEvent 的 static 方法 getKeyModifiersText，以產生一個字串，包含所按下的修飾按鍵名稱。

[請注意：如果你需要測試鍵盤上的特定按鍵，KeyEvent 類別已經為鍵盤上的每個按鍵提供一個**按鍵常數 (key constant)**。鍵盤事件處理常式可以使用這些常數來判定是否按下某個特定的按鍵。此外，若要個別判斷是否按下 Alt、Ctrl、Meta 和 Shift 鍵，InputEvent 方法 isAltDown、isControlDown、isMetaDown 和 isShiftDown，都會傳回一個布林數值，指出在鍵盤事件發生時，是否有按下特定的按鍵。]

12.18　版面管理員簡介

版面管理員 (Layout managers) 會編排容器中的 GUI 元件，以供展示。你可以利用版面管理員來達成基本的排版功能，而不用決定每個 GUI 元件確切的位置和大小。這個功能讓你可以專心處理基本的感視介面，讓版面管理員來處理大多數的排版細節。所有的版面管理員都實作了介面 LayoutManager（位於 java.awt 套件）。Container 類別的 setLayout 方法，會取用實作了 LayoutManager 介面的物件作為引數。基本上你有三種方式可以編排 GUI 中的元件：

1. 絕對定位（Absolute positioning）：這提供了對於 GUI 外觀的最高控制權。將 Container 的版面設定為 null，你便可以透過 Component 方法 setSize 及 setLocation 或 setBounds，指定每個 GUI 元件相對於 Container 左上角的絕對位置。如果你這樣做，也必須指定每個 GUI 元件的大小。利用絕對定位來設計 GUI 可能很累人，除非你有可以建立程式碼的整合開發環境（IDE）。

2. 版面管理員（Layout managers）：利用版面管理員來定位元件，可以比利用絕對定位來建立 GUI 更簡單也更快，並使你的 GUI 更能夠調整大小，但你會失去一些對於 GUI 元件大小和精確定位的控制權。

3. 在 IDE 中進行視覺化設計（Visual programming in an IDE）：IDE 提供了讓建立 GUI 變得很簡單的工具。每種 IDE 通常都會提供 **GUI 設計工具（GUI design tool）**，讓你可以從工具箱中把 GUI 元件拉出並放到設計區域上。接著你便可以依照喜好定位、決定大小和對齊 GUI 元件。IDE 會產生用來建立這個 GUI 的 Java 程式碼。此外，你通常還可以藉由雙按特定元件，來為其加上事件處理的程式碼。有些設計工具也讓你可以使用本章和第 22 章所描述的版面管理員。

感視介面的觀點 12.15
大部分的 Java IDE 都有提供 GUI 設計工具，以供視覺化地設計 GUI；設計工具會接著撰寫 Java 程式碼以建立這個 GUI。相較於使用內建的版面管理員，這類工具通常可以提供對於 GUI 元件的大小、定位和對齊有更大的控制權。

感視介面的觀點 12.16
我們可以將 Container 的版面設定為 null，表示不應使用任何版面管理員。在不具版面管理員的 Container 中，你必須指定元件在特定容器中的位置和大小，並且要小心處理，在發生重新設定大小的事件時，所有元件都要視需要重新定位。重設元件大小的事件，可以被 ComponentListener 所處理。

圖 12.38 總結了本章所呈現的版面管理員。其他的版面管理員則會在第 22 章中討論。

版面管理員	說明
FlowLayout	javax.swing.JPanel 的預設值。會依元件加入的順序，依序擺放元件（由左至右）。我們也可以使用 Container 的 add 方法來指定元件的順序，此方法會接收一個 Component 物件和一個整數位置索引作為引數。
BorderLayout	JFrame（和其他視窗）的預設值。會把元件編排至五個區域：NORTH、SOUTH、EAST、WEST 和 CENTER。
GridLayout	利用列和行來編排元件。

圖 12.38　版面管理員

12.18.1　FlowLayout

FlowLayout 是最簡單的版面管理員。GUI 元件會依照加入容器的先後順序，在容器物件中從左到右依序排列。當到達容器的邊緣時，元件就會繼續從下一列開始顯示。FlowLayout 類別也容許 GUI 元件能靠左對齊、置中對齊（預設值）和靠右對齊。

　　圖 12.39-12.40 的應用程式，建立了三個 JButton 物件，然後使用 FlowLayout 版面管理員，將之加入到應用程式中。這些元件預設會置中對齊。當使用者點擊 Left 時，版面管理員的對齊方式，就會改成靠左對齊的 FlowLayout。當使用者點擊 Right 時，版面管理員的對齊方式，就會改成靠右對齊的 FlowLayout。當使用者點擊 Center 時，版面管理員的對齊方式，就會改成置中對齊的 FlowLayout。每個按鈕都有自己的事件處理常式，宣告於實作了 ActionListener 類別的匿名內層類別中。範例輸出視窗顯示了每種 FlowLayout 的對齊方式。此外，範例的最後一個輸出視窗，顯示了縮小視窗寬度之後的置中對齊情形。請注意，Right 按鈕跑到下一列去了。

　　就像前面所介紹的，容器的版面是透過 Container 類別的 setLayout 方法來設定。第 25 行（圖 12.39）將版面管理員設定為第 23 行宣告的 FlowLayout。通常，版面會在加入任何 GUI 元件到容器之前便加以設定。

感視介面的觀點 12.17
每個個別的容器只能使用一個版面管理員，但同應用程式中的不同容器，可以各自使用不同的版面管理員。

```
1  // Fig. 12.39: FlowLayoutFrame.java
2  // FlowLayout allows components to flow over multiple lines.
3  import java.awt.FlowLayout;
4  import java.awt.Container;
5  import java.awt.event.ActionListener;
6  import java.awt.event.ActionEvent;
7  import javax.swing.JFrame;
8  import javax.swing.JButton;
9
```

圖 12.39　FlowLayout 允許元件可以排成多列 (1/3)

```
10 public class FlowLayoutFrame extends JFrame
11 {
12    private final JButton leftJButton; // button to set alignment left
13    private final JButton centerJButton; // button to set alignment center
14    private final JButton rightJButton; // button to set alignment right
15    private final FlowLayout layout; // layout object
16    private final Container container; // container to set layout
17
18    // set up GUI and register button listeners
19    public FlowLayoutFrame()
20    {
21       super("FlowLayout Demo");
22
23       layout = new FlowLayout();
24       container = getContentPane(); // get container to layout
25       setLayout(layout);
26
27       // set up leftJButton and register listener
28       leftJButton = new JButton("Left");
29       add(leftJButton); // add Left button to frame
30       leftJButton.addActionListener(
31          new ActionListener() // anonymous inner class
32          {
33             // process leftJButton event
34             @Override
35             public void actionPerformed(ActionEvent event)
36             {
37                layout.setAlignment(FlowLayout.LEFT);
38
39                // realign attached components
40                layout.layoutContainer(container);
41             }
42          }
43       );
44
45       // set up centerJButton and register listener
46       centerJButton = new JButton("Center");
47       add(centerJButton); // add Center button to frame
48       centerJButton.addActionListener(
49          new ActionListener() // anonymous inner class
50          {
51             // process centerJButton event
52             @Override
53             public void actionPerformed(ActionEvent event)
54             {
55                layout.setAlignment(FlowLayout.CENTER);
56
57                // realign attached components
58                layout.layoutContainer(container);
59             }
60          }
61       );
62
63       // set up rightJButton and register listener
```

圖 12.39　FlowLayout 允許元件可以排成多列 (2/3)

```
64        rightJButton = new JButton("Right"); // create Right button
65        add(rightJButton); // add Right button to frame
66        rightJButton.addActionListener(
67           new ActionListener() // anonymous inner class
68           {
69              // process rightJButton event
70              @Override
71              public void actionPerformed(ActionEvent event)
72              {
73                 layout.setAlignment(FlowLayout.RIGHT);
74
75                 // realign attached components
76                 layout.layoutContainer(container);
77              }
78           }
79        );
80     } // end FlowLayoutFrame constructor
81 } // end class FlowLayoutFrame
```

圖 12.39　FlowLayout 允許元件可以排成多列 (3/3)

```
1  // Fig. 12.40: FlowLayoutDemo.java
2  // Testing FlowLayoutFrame.
3  import javax.swing.JFrame;
4
5  public class FlowLayoutDemo
6  {
7     public static void main(String[] args)
8     {
9        FlowLayoutFrame flowLayoutFrame = new FlowLayoutFrame();
10       flowLayoutFrame.setDefaultCloseOperation(JFrame.EXIT_ON_CLOSE);
11       flowLayoutFrame.setSize(300, 75);
12       flowLayoutFrame.setVisible(true);
13    }
14 } // end class FlowLayoutDemo
```

圖 12.40　FlowLayoutFrame 的測試類別

　　每個按鈕的事件處理常式，都是用個別的匿名內層類別物件來制訂（分別為圖 12.39 的第 30-43、48-61、66-79 行），和方法 actionPerformed 在每種情況下執行兩個敘述。例如，leftJButton 的事件處理常式中，第 37 行利用了 FlowLayout 的 setAlignment

方法來將 FlowLayout 的對齊方式改爲靠左對齊（FlowLayout.LEFT）的 FlowLayout。第 40 行使用了 LayoutManager 介面方法 layoutContainer（所有版面管理員都會繼承此方法）來指定 JFrame 應該要根據調整後的版面來重新編排。根據所點擊的按鈕，每個按鈕的 actionPerformed 方法會把 FlowLayout 的對齊方式設定爲 FlowLayout.LEFT（第 37 行）、FlowLayout.CENTER（第 55 行）或 FlowLayout.RIGHT（第 73 行）。

12.18.2　BorderLayout

BorderLayout 版面管理員（JFrame 的預設版面管理員）會將元件編排至五個區域：NORTH、SOUTH、EAST、WEST 和 CENTER。NORTH 對應於容器的頂端。BorderLayout 類別繼承自 Object 並實作了介面 LayoutManager2（LayoutManager 的子介面，加入了幾種方法來加強版面處理）。

　　BorderLayout 限制了一個 Container 最多只能包含五個元件——每個區域中一個。放置在每個區域中的元件，也可以是能夠附加其他元件的容器。放置在 NORTH 和 SOUTH 區域的元件，可以水平延伸到與容器同寬，高度則與放置於此區域的元件同高。EAST 和 WEST 區域可以在 NORTH 和 SOUTH 之間的區域垂直延伸，寬度則與放置於此區域中的元件同寬。放置在 CENTER 區域的元件，則會延伸填滿版面所有剩餘的空間（這也就是爲什麼圖 12.37 的 JTextArea 會佔滿整個視窗的原因）。如果五個區域都放置了元件，整個容器的空間就會被 GUI 元件所佔滿。如果 NORTH 或 SOUTH 區域沒有放置元件，則放置在 EAST、CENTER 和 WEST 區域的元件，就會往垂直方向延伸，以填滿剩餘的空間。如果 EAST 和 WEST 區域沒有放置元件，位於 CENTER 區域的 GUI 元件，就會往水平方向延伸，以填滿剩餘的空間。如果 CENTER 區域沒有放置元件，則此區域會空置在那——其他的 GUI 元件不會往中央延伸，填滿剩餘的空間。圖 12.41-12.42 的應用程式，使用了五個 JButton，來展示 BorderLayout 版面管理員。

```java
1  // Fig. 12.41: BorderLayoutFrame.java
2  // BorderLayout containing five buttons.
3  import java.awt.BorderLayout;
4  import java.awt.event.ActionListener;
5  import java.awt.event.ActionEvent;
6  import javax.swing.JFrame;
7  import javax.swing.JButton;
8
9  public class BorderLayoutFrame extends JFrame implements ActionListener
10 {
11     private final JButton[] buttons; // array of buttons to hide portions
12     private static final String[] names = {"Hide North", "Hide South",
13        "Hide East", "Hide West", "Hide Center"};
14     private final BorderLayout layout;
15
16     // set up GUI and event handling
17     public BorderLayoutFrame()
18     {
```

圖 12.41　包含五個按鈕的 BorderLayout (1/2)

```
19          super("BorderLayout Demo");
20
21          layout = new BorderLayout(5, 5); // 5 pixel gaps
22          setLayout(layout);
23          buttons = new JButton[names.length];
24
25          // create JButtons and register listeners for them
26          for (int count = 0; count < names.length; count++)
27          {
28             buttons[count] = new JButton(names[count]);
29             buttons[count].addActionListener(this);
30          }
31
32          add(buttons[0], BorderLayout.NORTH);
33          add(buttons[1], BorderLayout.SOUTH);
34          add(buttons[2], BorderLayout.EAST);
35          add(buttons[3], BorderLayout.WEST);
36          add(buttons[4], BorderLayout.CENTER);
37       } // end BorderLayoutFrame constructor
38
39       // handle button events
40       @Override
41       public void actionPerformed(ActionEvent event)
42       {
43          // check event source and lay out content pane correspondingly
44          for (JButton button : buttons)
45          {
46             if (event.getSource() == button)
47                button.setVisible(false); // hide the button that was clicked
48             else
49                button.setVisible(true); // show other buttons
50          }
51
52          layout.layoutContainer(getContentPane()); // lay out content pane
53       }
54    } // end class BorderLayoutFrame
```

圖 12.41　包含五個按鈕的 BorderLayout (2/2)

　　圖 12.41 的第 21 行，建立了一個 BorderLayout。其建構子引數分別指定了水平排列的元件之間的**水平間隔（horizontal gap space）**像素，以及垂直排列元件之間的**垂直間隔（vertical gap space）**像素。預設的水平和垂直間隔都是 1 個像素。第 22 行使用了 setLayout 方法，將內容圖版的版面設定為 layout。

　　我們使用 Container 另一個取用兩個引數的 add 方法版本——要加入的 Component，和 Component 應該要出現在哪個區域——將 Component 加入到 BorderLayout 中。例如，第 32 行會指定 buttons[0] 應該要出現在 NORTH 區域。元件可以用任何順序加入，但每個區域只能加入一個元件。

感視介面的觀點 12.18
如果將 Component 加入 BorderLayout 時，沒有指定區域，則版面管理員就會假定此 Component 是要加入到 BorderLayout.CENTER 區域。

> **常見的程式設計錯誤 12.5**
> 如果將一個以上的元件加入到 BorderLayout 的同一個區域，則只有最後加入到該區域的元件會被顯示出來。不會出現任何錯誤訊息來指示此一問題。

　　BorderLayoutFrame 類別在此例中直接實作了 ActionListener，因此 BorderLayoutFrame 將會處理 JButton 的事件。第 29 行將 this 參照傳遞給每個 JButton 的 addActionListener 方法。當使用者在版面中按下特定的 JButton 時，就會執行 actionPerformed 方法（第 40-53 行）。第 44-50 行的加強版 for 敘述使用了一組 if...else 來隱藏產生此事件的特定 JButton。我們會以引數 false 來呼叫 setVisible 方法（JButton 繼承自 Component 類別的方法；第 47 行）以隱藏此 JButton。如果陣列中目前的 JButton 並非產生事件的按鈕，程式就會用 true 引數來呼叫 setVisible 方法（第 49 行），以確保此 JButton 會顯示在螢幕上。第 52 行使用了 LayoutManage 的 layoutContainer 方法，以重新計算內容圖版的版面。請注意在圖 12.42 的螢幕擷圖中，當 JButton 隱藏起來或延伸顯示到其他區域時，BorderLayout 的某些區域會改變其形狀。請試著調整應用程式視窗的大小，以觀察各區域會如何根據視窗的寬度和高度來調整大小。要建立更複雜的版面，請將 JPanel 中的元件分為群組，並分別給予不同的版面管理員。請利用預設的 BorderLayout，或其他的版面管理員，將 JPanel 放置在 JFrame 上頭。

```java
1  // Fig. 12.42: BorderLayoutDemo.java
2  // Testing BorderLayoutFrame.
3  import javax.swing.JFrame;
4
5  public class BorderLayoutDemo
6  {
7     public static void main(String[] args)
8     {
9        BorderLayoutFrame borderLayoutFrame = new BorderLayoutFrame();
10       borderLayoutFrame.setDefaultCloseOperation(JFrame.EXIT_ON_CLOSE);
11       borderLayoutFrame.setSize(300, 200);
12       borderLayoutFrame.setVisible(true);
13    }
14 } // end class BorderLayoutDemo
```

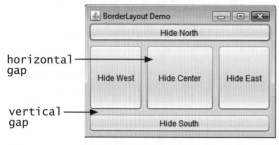
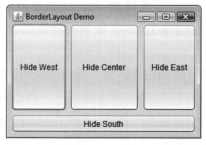

圖 12.42　BorderLayoutFrame 的測試類別 (1/2)

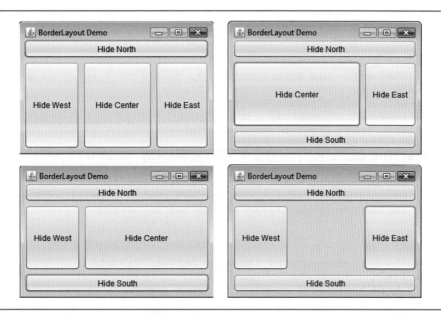

圖 12.42　BorderLayoutFrame 的測試類別 (2/2)

12.18.3　GridLayout

版面管理員 GridLayout 會將容器切割為格線，讓元件可以依照行、列來放置。GridLayout
類別直接繼承自 Object 類別，實作了 LayoutManager 介面。GridLayout 中的每個
Component 都具有相同的寬度和高度。加入到 GridLayout 的元件會先從網格的左上角開始
放置，然後從左至右直到該列填滿為止。接著此程序會繼續從網格的下一列從左至右加入元
件，依此類推。圖 12.43-12.44 的應用程式，使用了六個 JButton 來展示 GridLayout 版面管
理員。

```
 1  // Fig. 12.43: GridLayoutFrame.java
 2  // GridLayout containing six buttons.
 3  import java.awt.GridLayout;
 4  import java.awt.Container;
 5  import java.awt.event.ActionListener;
 6  import java.awt.event.ActionEvent;
 7  import javax.swing.JFrame;
 8  import javax.swing.JButton;
 9
10  public class GridLayoutFrame extends JFrame implements ActionListener
11  {
12     private final JButton[] buttons; // array of buttons
13     private static final String[] names =
14        {"one", "two", "three", "four", "five", "six"};
15     private boolean toggle = true; // toggle between two layouts
16     private final Container container; // frame container
17     private final GridLayout gridLayout1; // first gridlayout
18     private final GridLayout gridLayout2; // second gridlayout
19
```

圖 12.43　包含六個按鈕的 GridLayout (1/2)

```
20      // no-argument constructor
21      public GridLayoutFrame()
22      {
23          super("GridLayout Demo");
24          gridLayout1 = new GridLayout(2, 3, 5, 5); // 2 by 3; gaps of 5
25          gridLayout2 = new GridLayout(3, 2); // 3 by 2; no gaps
26          container = getContentPane();
27          setLayout(gridLayout1);
28          buttons = new JButton[names.length];
29
30          for (int count = 0; count < names.length; count++)
31          {
32              buttons[count] = new JButton(names[count]);
33              buttons[count].addActionListener(this); // register listener
34              add(buttons[count]); // add button to JFrame
35          }
36      }
37
38      // handle button events by toggling between layouts
39      @Override
40      public void actionPerformed(ActionEvent event)
41      {
42          if (toggle) // set layout based on toggle
43              container.setLayout(gridLayout2);
44          else
45              container.setLayout(gridLayout1);
46
47          toggle = !toggle;
48          container.validate(); // re-lay out container
49      }
50 } // end class GridLayoutFrame
```

圖 12.43　包含六個按鈕的 GridLayout (2/2)

```
1 // Fig. 12.44: GridLayoutDemo.java
2 // Testing GridLayoutFrame.
3 import javax.swing.JFrame;
4
5 public class GridLayoutDemo
6 {
7      public static void main(String[] args)
8      {
9          GridLayoutFrame gridLayoutFrame = new GridLayoutFrame();
10         gridLayoutFrame.setDefaultCloseOperation(JFrame.EXIT_ON_CLOSE);
11         gridLayoutFrame.setSize(300, 200);
12         gridLayoutFrame.setVisible(true);
13     }
14 } // end class GridLayoutDemo
```

圖 12.44　GridLayoutFrame 的測試類別

第 24-25 行（圖 12.43）建立了兩個 `GridLayout` 物件。使用於第 24 行的 `GridLayout` 建構子，指定了一個 `GridLayout`，包含 2 列、3 行，網格中 `Component` 之間的水平間隔 5 個像素，垂直間隔也是 5 個像素。第 25 行 `GridLayout` 建構子指定了一個 `GridLayout`，包含 3 列、2 行，使用預設的間隔（1 個像素）。

此例中的 `JButton` 物件一開始先使用 `gridLayout1` 來進行編排（在第 27 行使用 `setLayout` 方法設定給內容圖版）。第一個元件會被加入到第一列的第一行。第二個元件會被加入到第一列的第二行，依此類推。當按下某個 `JButton` 時，便會呼叫 `actionPerformed` 方法（第 39-49 行）。每次呼叫 `actionPerformed`，就會令版面在 `gridLayour2` 與 `gridLayout1` 之間切換，程式使用了 `boolean` 變數 `toggle` 來決定下一次要設定的版面為何。

第 48 行顯示了另一種當版面改變時，重新規劃容器的方法。`Container` 的 `validate` 方法會根據目前 `Container` 的版面管理員，以及目前所顯示的 GUI 元件組合，重新計算容器的版面。

12.19　利用圖版來管理更複雜的版面

複雜的 GUI（如圖 12.1）通常需要將每個元件放置到確切的位置。這類 GUI 通常包含多個圖版，其中每個圖版的元件，會以特定的版面來編排。`JPanel` 類別繼承自 `JComponent`，`JComponent` 又繼承自 `Container` 類別，所以每個 `JPanel` 都是一種 `Container`。因此，所有 `JPanel` 都可以透過 `Container` 方法 `add`，將元件（包括其他圖版），附加到自己身上。圖 12.45-12.46 的應用程式展示了要如何使用 `JPanel` 來建立更複雜的版面，在此版面中，有多個 `JButton` 被放置在 `BorderLayout` 的 SOUTH 區域中。

```
1  // Fig. 12.45: PanelFrame.java
2  // Using a JPanel to help lay out components.
3  import java.awt.GridLayout;
4  import java.awt.BorderLayout;
5  import javax.swing.JFrame;
6  import javax.swing.JPanel;
7  import javax.swing.JButton;
8
9  public class PanelFrame extends JFrame
10 {
11    private final JPanel buttonJPanel; // panel to hold buttons
12    private final JButton[] buttons;
13
14    // no-argument constructor
15    public PanelFrame()
16    {
17       super("Panel Demo");
18       buttons = new JButton[5];
19       buttonJPanel = new JPanel();
20       buttonJPanel.setLayout(new GridLayout(1, buttons.length));
21
22       // create and add buttons
23       for (int count = 0; count < buttons.length; count++)
24       {
```

圖 12.45　使用 GridLayout，包含五個 JButton 的 JPanel，附加到 SOUTH 區域 (1/2)

```
25              buttons[count] = new JButton("Button " + (count + 1));
26              buttonJPanel.add(buttons[count]); // add button to panel
27          }
28
29          add(buttonJPanel, BorderLayout.SOUTH); // add panel to JFrame
30      }
31  } // end class PanelFrame
```

圖 12.45　使用 GridLayout，包含五個 JButton 的 JPanel，附加到 SOUTH 區域 (2/2)

```
1   // Fig. 12.46: PanelDemo.java
2   // Testing PanelFrame.
3   import javax.swing.JFrame;
4
5   public class PanelDemo extends JFrame
6   {
7       public static void main(String[] args)
8       {
9           PanelFrame panelFrame = new PanelFrame();
10          panelFrame.setDefaultCloseOperation(JFrame.EXIT_ON_CLOSE);
11          panelFrame.setSize(450, 200);
12          panelFrame.setVisible(true);
13      }
14  } // end class PanelDemo
```

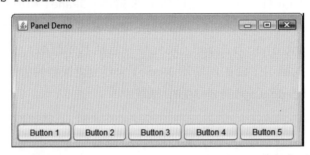

圖 12.46　PanelFrame 的測試類別

在宣告（圖 12.45，第 11 行）並建立（第 19 行）JPanel 類別的 buttonJPanel 之後，第 20 行會將 buttonPanel 的版面設定為包含 1 列、5 行的 GridLayout（因為 buttons 陣列中有五個 JButton）。第 23-27 行將陣列中的 JButton 加入到 JPanel 中。第 26 行會將按鈕直接加到 JPanel 中—JPanel 類別和 JFrame 不同，它並沒有內容圖版。第 29 行使用了 JFrame 預設的 BorderLayout 來把 buttonJPanel 加到 SOUTH 區域中。SOUTH 區域將會和 buttonJPanel 中的按鈕一樣高。JPanel 會按照所包含的元件大小調整尺寸。當加入越多元件的時候，JPanel 就會增大（遵守其版面管理員的限制）以容納這些元件。請調整視窗的大小，看版面管理員會如何調整 JButton 的大小。

12.20　JTextArea

JTextArea 提供了一個用來操作多行文字的區域。和 JTextField 類別一樣，JTextArea 也是 JTextComponent 的子類別，此類別針對 JTextField、JTextArea 和幾個其他以文字為基礎的 GUI 元件，宣告了它們的共通方法。

圖 12.47-12.48 的應用程式展示了 **JTextArea**。其中一個 **JTextArea** 會顯示使用者可加以選取的文字。另一個 **JTextArea** 則是不可編輯的，是用來顯示使用者在第一個 **JTextArea** 中所選擇的文字。與 **JTextField** 不同，**JTextArea** 並沒有行動事件——當你在 **JTextArea** 中打字時按下 Enter，游標只會移到下一行。就像多選的 **JList**（12.13 節）一樣，來自另一個 GUI 元件的外部事件，會指示何時要處理 **JTextArea** 中的文字。例如，在鍵入電子郵件訊息時，你通常會按下 Send 按鈕來寄發訊息中的文字給收件者。同樣的，在文字處理器中編輯文件時，你通常也會藉由在選單中選擇 Save 或 Save As... 選項來儲存檔案。在此程式中，按鈕 Copy>>> 會產生外部事件，複製左側 **JTextArea** 中選擇的文字，將之顯示在右側的 **JTextArea** 中。

```java
1  // Fig. 12.47: TextAreaFrame.java
2  // Copying selected text from one textarea to another.
3  import java.awt.event.ActionListener;
4  import java.awt.event.ActionEvent;
5  import javax.swing.Box;
6  import javax.swing.JFrame;
7  import javax.swing.JTextArea;
8  import javax.swing.JButton;
9  import javax.swing.JScrollPane;
10
11 public class TextAreaFrame extends JFrame
12 {
13    private final JTextArea textArea1; // displays demo string
14    private final JTextArea textArea2; // highlighted text is copied here
15    private final JButton copyJButton; // initiates copying of text
16
17    // no-argument constructor
18    public TextAreaFrame()
19    {
20       super("TextArea Demo");
21       Box box = Box.createHorizontalBox(); // create box
22       String demo = "This is a demo string to\n" +
23          "illustrate copying text\nfrom one textarea to \n" +
24          "another textarea using an\nexternal event\n";
25
26       textArea1 = new JTextArea(demo, 10, 15);
27       box.add(new JScrollPane(textArea1)); // add scrollpane
28
29       copyJButton = new JButton("Copy >>>");
30       box.add(copyJButton); // add copy button to box
31       copyJButton.addActionListener(
32          new ActionListener() // anonymous inner class
33          {
34             // set text in textArea2 to selected text from textArea1
35             @Override
36             public void actionPerformed(ActionEvent event)
37             {
38                 textArea2.setText(textArea1.getSelectedText());
39             }
40          } // end anonymous inner class
```

圖 12.47　從第一個 JTextArea 複製所選擇的文字到另一個 JtextArea (1/2)

```
41          ); // end call to addActionListener
42
43       textArea2 = new JTextArea(10, 15);
44       textArea2.setEditable(false);
45       box.add(new JScrollPane(textArea2)); // add scrollpane
46
47       add(box); // add box to frame
48    } // end TextAreaFrame constructor
49 } // end class TextAreaFrame
```

圖 12.47　從第一個 JTextArea 複製所選擇的文字到另一個 JtextArea (2/2)

```
1   // Fig. 12.48: TextAreaDemo.java
2   // Testing TextAreaFrame.
3   import javax.swing.JFrame;
4
5   public class TextAreaDemo
6   {
7      public static void main(String[] args)
8      {
9         TextAreaFrame textAreaFrame = new TextAreaFrame();
10        textAreaFrame.setDefaultCloseOperation(JFrame.EXIT_ON_CLOSE);
11        textAreaFrame.setSize(425, 200);
12        textAreaFrame.setVisible(true);
13     }
14 } // end class TextAreaDemo
```

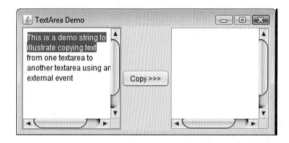 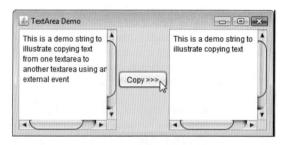

圖 12.48　TextAreaFrame 的測試類別

在建構子中（第 18-48 行），第 21 行建立了一個 Box 容器（javax.swing 套件）來組織 GUI 元件。Box 是 Container 的子類別，使用了 BoxLayout 版面管理員（我們會於 22.9 節中詳細討論）來垂直或水平地編排 GUI 元件。Box 的 static 方法 createHorizontalBox 會建立一個 Box，依照元件附加的順序，從左到右來編排元件。

第 26 行與第 43 行建立了 JtextArea 物件 textArea1 和 textArea2。第 26 行使用了 JTextArea 的三引數建構子，此建構子會取用代表初始文字的 String；以及兩個 int，分別指定了該 JTextArea 包含 10 列和 15 行。第 43 行使用了 JTextArea 的雙引數建構子，指定該 JTextArea 包含 10 列和 15 行。第 26 行指定了 demo 應該要被顯示為 JTextArea 的預設內容。JTextArea 如果無法顯示其全部的內容，並不會提供捲軸的功能。所以，第 27 行建立了一個 JScrollPane 物件，以 textArea1 將之初始化，然後把它附加到容器 box 上。預設上，水平和垂直的捲軸會視需要出現在 JScrollPane 中。

第 29-41 行建立了標籤為 "Copy>>>" 的 JButton 物件 copyJButton，將 copyJButton 加入到容器 box 中，然後為 copyJButton 的 ActionEvent 註冊事件處理常式。這個按鈕提供了一個外部事件，會決定程式何時應該要把 textArea1 中選擇的文字，複製到 textArea2 中。當使用者點擊 copyJButton 時，actionPerformed 中的第 38 行指出 getSelectedText 方法（JTextArea 繼承自 JTextComponent）應該要從 textArea1 中傳回所選擇的文字。使用者會在所需的文字上拖曳滑鼠，將之反白來選擇文字。setText 方法會將 textArea2 中的文字改成 getSelectedText 所傳回的字串。

第 43-45 行建立了 textArea2，將其可編輯的性質設定為 false，然後將之加入到容器 box 中。第 47 行會把 box 加入到 JFrame 中。請回想一下 12.18.2 節，JFrame 的預設版面是 BorderLayout，而且其 add 方法預設上會將其引數附加到 BorderLayout 的 CENTER。

當文字抵達 JTextArea 的邊緣時，文字會跳到下一列繼續列出。這種處理方式稱為**跳行（line wrapping）**。預設上，JTextArea 並不會跳行。

感視介面的觀點 12.19
要為 JTextArea 提供跳行的功能，請使用 true 引數呼叫 JTextArea 的方法 setLineWrap。

JScrollPane 的捲軸策略

此例使用了 JScrollPane 來為 JTextArea 提供捲軸功能。預設上，JScrollPane 只會在需要時才顯示捲軸。你可以在建構 JScrollPane 時，設定其水平和垂直的**捲軸策略（scrollbar policy）**。如果程式擁有指向 JScrollPane 的參照，則此程式可以隨時使用 JScrollPane 的 setHorizontalScrollBarPolicy 方法和 setVerticalScrollBarPolicy 方法來改變捲軸的策略。JScrollPane 類別宣告了以下常數：

```
JScrollPane.VERTICAL_SCROLLBAR_ALWAYS
JScrollPane.HORIZONTAL_SCROLLBAR_ALWAYS
```

指示捲軸應該永遠都要出現，常數：

```
JScrollPane.VERTICAL_SCROLLBAR_AS_NEEDED
JScrollPane.HORIZONTAL_SCROLLBAR_AS_NEEDED
```

則指示捲軸應該有需要的時候（預設值）才出現，而常數

```
JScrollPane.VERTICAL_SCROLLBAR_NEVER
JScrollPane.HORIZONTAL_SCROLLBAR_NEVER
```

則會指示捲軸永遠不該出現。如果水平捲軸策略設定為 JScrollPane.HORIZONTAL_SCROLLBAR_NEVER，附加到 JScrollPane 的 JTextArea 就會自動跳行。

12.21 總結

在本章中,你學習了許多 GUI 元件,以及如何實作事件處理。你也學習了巢狀類別、內層類別以及匿名內層類別。你看到內層類別物件,與其頂層類別物件之間的特殊關係。學到如何使用 JOptionPane 對話框以從使用者處取得文字輸入,以及如何對使用者顯示訊息。學到如何建立一個可以在自己的視窗中執行的應用程式。我們討論了能夠讓使用者與應用程式互動的 JFrame 類別及元件。我們也讓你見識到,要如何顯示文字與圖片給使用者看。學到要如何自訂 JPanel 來建立自訂的繪圖區,下一章中會更廣泛的使用這個技巧。你見到了如何利用版面管理員,在視窗上編排元件,以及如何利用 JPanel 來組織元件,從而建立較複雜的 GUI。最後,學習了 JTextArea 元件,使用者可以在其中輸入文字,應用程式也可以在其中顯示文字。在第 22 章中,你將會學到更進階的 GUI 元件,例如滑桿、選單、還有更複雜的版面管理員。在下一章中,會學到如何在 GUI 應用程式中加入繪圖能力。繪圖能力讓你可以利用顏色和風格,來畫出形狀和文字。

摘要

12.1　簡介

- 圖形使用者介面（GUI）呈現了一種友善的，與應用程式互動的機制。GUI 讓每支應用程式都能擁有獨特的外觀與感受。
- 為不同的應用程式提供一致且直覺的使用者介面元件，讓使用者能夠對新的應用程式有熟悉感，這樣使用者便能夠比較快速地學習它。
- GUI 是利用 GUI 元件建構而成——GUI 元件有時也稱為控制項或是視窗配件。

12.2　Java 全新的 Nimbus 感視介面

- 在 Java SE 6 第 10 版更新中，Java 隨附了全新的、優雅的、跨平台的感視介面，稱為 Nimbus。
- 要將 Nimbus 設定為所有 Java 應用程式的預設介面，請在你的 JDK 及 JRE 安裝資料夾下頭的 lib 資料夾中，建立一個 `swing.properties` 文字檔。請在該檔案中放入以下程式碼：

    `swing.defaultlaf=com.sun.java.swing.plaf.nimbus.NimbusLookAndFeel`

- 若要以個別應用程式為基礎選擇使用 Nimbus，請在你執行應用程式時，將下列命令列引數放在 java 命令的後頭和應用程式名稱的前面：

    `-Dswing.defaultlaf=com.sun.java.swing.plaf.nimbus.NimbusLookAndFeel`

12.3　使用 JOptionPane 進行簡單的 GUI 輸入 / 輸出

- 大部分應用程式會使用視窗或對話框來與使用者互動。
- `javax.swing` 套件中的 `JOptionPane` 類別提供了用來進行輸入和輸出的內建對話框。`JOptionPane` 的 `static` 方法 `showInputDialog` 會顯示輸入對話框。
- 提示訊息通常會使用語句形式的大寫慣例——只有文字中第一個字詞的首字母會大寫，除非該字詞為專有名詞。
- 輸入對話框只能夠輸入 `String`。這對大多數 GUI 元件來說是很典型的情況。
- `JOptionPane` 的 `static` 方法 `showMessageDialog` 會顯示訊息對話框。

12.4　Swing 元件

- 大部分的 Swing GUI 元件，都位在 `javax.swing` 套件中。
- 應用程式的外觀，加上使用者與應用程式互動的方式，統稱為應用程式的感視介面。Swing GUI 元件讓你可以為應用程式在所有的作業平台上指定一致的感視介面，或是使用各平台慣用的感視介面。
- 輕量級的 `Swing` 元件並沒有和執行應用程式的底層平台，所提供的實際 GUI 元件綁在一起。
- 有些 `Swing` 元件是重量級元件，需要和本機的視窗系統直接互動，這點有可能會限制其外觀和功能。

- Component 類別（java.awt 套件）宣告了 java.awt 和 javax.swing 套件中的 GUI 元件，許多共通的屬性和行為。

- Container 類別（java.awt 套件）是 Component 的子類別。Component 會被附加到 Container 上，讓 Component 可以被編排並顯示在螢幕上。

- javax.swing 套件的 JComponent 類別是 Container 的子類別。JComponent 是所有輕量級 Swing 元件的父類別，宣告了這些元件共通的屬性和行為。

- 一些常見的 JComponent 功能包括隨插即用的感視介面、稱為助憶鍵的快捷鍵、工具提示、協助技術的支援以及使用者介面當地化的支援。

12.5　在視窗中顯示文字和圖像

- JFrame 類別提供了視窗的基本屬性和行為。

- JLabel 會顯示出唯讀的文字、圖片，或同時包含文字和圖片。JLabel 中的文字通常會使用語句形式的大寫慣例。

- 每個 GUI 元件都必須附加到容器上，例如使用 JFrame 所建立的視窗。

- 許多 IDE 提供了 GUI 設計工具，你可以使用滑鼠來指定元件確切的大小和位置；接著 IDE 就會為你產生這個 GUI 的程式碼。

- JComponent 方法 setToolTipText 會指定工具提示，它會在使用者將滑鼠移到輕量級元件上頭時顯示出來。

- Container 的 add 方法會將 GUI 元件附加到 Container 上。

- ImageIcon 類別支援了數種圖片格式，包含 GIF、PNG 和 JPEG。

- Object 類別的 getClass 方法會取得一個 Class 物件的參照，這個 Class 物件代表了用來呼叫 getClass 方法之物件的類別宣告。

- Class 方法 getResource 會以 URL 的形式傳回其引數所在的位置。getResource 方法使用了 Class 物件的類別載入器來判斷資源所在的位置。

- 我們可以透過方法 setHorizontalAlignment 與 setVerticalAlignment，分別設定 JLabel 的水平與垂直對齊方式。

- JLabel 的 setText 與 getText 方法，分別會設定及取得標籤上所顯示的文字。

- JLabel 的 setIcon 與 getIcon 方法，分別會設定及取得標籤上的 Icon。

- JLabel 的 setHorizontalTextPosition 與 setVerticalTextPosition 方法，會指定標籤中文字的位置。

- JFrame 方法 setDefaultCloseOperation，若使用常數 JFrame.EXIT_ON_CLOSE 當做引數，表示程式應該要在使用者關閉視窗時終止。

- Component 方法 setSize 指定了元件的寬和高。

- 使用 true 引數呼叫 Component 方法 setVisible，會在螢幕上顯示一個 JFrame。

12.6　文字欄位以及使用巢狀類別進行事件處理的簡介

- GUI 是事件驅動的──當使用者和 GUI 元件互動時，事件會驅使程式去執行某些任務。

- 事件處理常式會執行其工作以回應事件。
- JTextField 類別繼承自 javax.swing.text 套件的 JTextComponent 類別，後者提供了通用的文字元件功能。JPasswordField 類別繼承自 JTextField，另外加入了幾個專門用來處理密碼的方法。
- JPasswordField 會顯示使用者正在輸入字元，但是會使用回顯字元來隱藏真正的字元。
- 當使用者點擊元件時，元件會取得焦點。
- JTextComponent 的方法 setEditable 可以用來把文字欄位變成不可編輯。
- 要回應特定 GUI 元件的事件，你必須建立一個代表事件處理常式的類別，然後實作適當的事件監聽者介面；最後將此事件處理類別的物件註冊為事件處理常式。
- 非 static 的巢狀類別稱為內層類別，經常會用來進行事件處理。
- 非 static 內層類別的物件，必須由包含該內層類別的頂層類別物件來建立。
- 內層類別的物件，可以直接存取其頂層類別的實體變數和方法。
- static 的巢狀類別並不需要其頂層類別的物件，也不會自動包含指向其頂層類別物件的參照。
- 在 JTextField 或 JPasswordField 中按下 Enter，會產生一個 ActionEvent，ActionEvent 位於 java.awt.event 套件中，可以被 ActionListener 所處理（java.awt.event 套件）。
- JTextField 的 addActionListener 方法會為文字欄位的 ActionEvent 註冊事件處理常式。
- 使用者與之互動的 GUI 元件，就是事件來源。
- ActionEvent 物件包含了關於方才所發生之事件的資訊，例如事件來源和文字欄位中的文字。
- ActionEvent 的方法 getSource，會傳回一個指向事件來源的參照。ActionEvent 方法 getActionCommand 會傳回使用者在文字欄位中輸入的文字，或是 JButton 上頭的標籤。
- JPasswordField 的 getPassword 方法會傳回使用者所輸入的密碼。

12.7　常見的 GUI 事件型別以及監聽者介面

- 每個事件物件型別，都有其對應的事件監聽者介面，後者指定了一或多個事件處理方法，只要實作此介面的類別，就必須宣告這些方法。

12.8　事件處理的運作方式

- 當事件發生時，使用者與之互動的 GUI 元件，就會呼叫每種監聽者適當的事件處理方法，來通知其註冊的監聽者。
- 所有的 GUI 元件都支援數種事件型別。當事件發生時，事件只會被分派給適當型別的事件監聽者。

12.9　JButton

- 按鈕是一種元件，使用者會加以點擊以觸發行動。所有的按鈕型別都是 AbstractButton 的子類別（javax.swing 套件）。按鈕標籤通常會使用書名的大寫慣例。

- 命令按鈕是透過 JButton 類別來建立。

- JButton 可以顯示 Icon。JButton 也可以包含可變換的 Icon——使用者把滑鼠移到其上時，便會顯示的 Icon。

- AbstractButton 類別的 setRolloverIcon 方法指定了當使用者把滑鼠移至其上時，按鈕上會顯示的圖片。

12.10 維護狀態的按鈕

- 有三種 Swing 的狀態按鈕型別：JToggleButton、JCheckBox 和 JRadioButton。

- JCheckBox 類別和 JRadioButton 類別都是 JToggleButton 的子類別。

- Component 方法 setFont 會將元件的字型設定為新的 Font 物件（java.awt 套件）。

- 點擊 JCheckBox 會造成 ItemEvent，此事件可以被定義了 itemStateChanged 方法的 ItemListener 所處理。addItemListener 方法會為 JCheckBox 或 JRadioButton 物件的 ItemEvent 註冊監聽者。

- JCheckBox 的 isSelected 方法會判斷某個 JCheckBox 是否有被選取。

- JRadioButton 包含兩種狀態——已選擇與未選擇。單選按鈕通常會以群組的方式出現，而且同時只能選取一個按鈕。

- JRadioButton 會被用來表示彼此互斥的選項。

- JRadioButton 之間的邏輯關係，是由 ButtonGroup 物件來維護。

- ButtonGroup 的 add 方法會將每個 JRadiobutton 連結至 ButtonGroup。如果有多個已選取的 JRadioButton 被加入到群組中，則第一個加入的已選取元件，便會在顯示 GUI 時被選取。

- JRadioButton 在點擊時，會產生 ItemEvent。

12.11 JComboBox：使用匿名的內層類別來進行事件處理

- JComboBox 提供了一份項目清單，使用者可以從中進行單選。JComboBox 會產生 ItemEvent。

- JComboBox 中的每個項目都有一個索引。第一個加入到 JComboBox 的項目，會在顯示 JComboBox 時，成為目前所選擇的項目。

- JComboBox 的 setMaximumRowCount 方法會設定在使用者點擊 JComboBox 時，最多能顯示的元素數量。

- 匿名內層類別是沒有名稱的內層類別，通常會出現在方法宣告中。匿名內層類別的物件，必須在類別宣告時建立。

- JComboBox 的 getSelectedIndex 方法會傳回所選取項目的索引值。

12.12 JList

- JList 會顯示一連串項目，使用者可以從中選取一或多個項目。JList 類別支援了單選清單和多選清單。

- 當使用者點擊了 JList 中的項目時，就會發生 ListSelectionEvent。JList 方法 addListSelectionListener 會為 JList 的選擇事件註冊 ListSelectionListener。javax.swing.event 套件的 ListSelectionListener 必須實作方法 valueChanged。
- JList 的 setVisibleRowCount 方法，可以決定清單中可見項目的數目。
- JList 的 setSelectionMode 方法會指定清單的選擇模式。
- JList 可以附加到 JScrollPane 上，以為此 JList 提供捲軸。
- JFrame 方法 getContentPane 會傳回一個參照，指向 JFrame 的內容圖版，GUI 元件會顯示於其中。
- JList 的 getSelectedIndex 方法會傳回所選取項目的索引值。

12.13　多選清單

- 多選清單讓使用者可以從 JList 中選取多個項目。
- JList 方法 setFixedCellWidth 會設定 JList 的寬度。setFixedCellHeight 方法會為 JList 中所有的項目設定高度。
- 通常，會有另一個 GUI 元件所產生的事件（稱為外部事件），指定了何時應該要處理 JList 中的多重選取。
- JList 的 setListData 方法會設定要在 JList 中顯示的項目。JList 的 getSelectedValues 方法會傳回一個 Object 的陣列，代表 JList 中已選取的項目。

12.14　滑鼠事件處理

- MouseListener 和 MouseMotionListener 事件監聽者介面，會被用來處理滑鼠事件。任何繼承了 Component 的 GUI 元件都可以抓到滑鼠事件。
- javax.swing.event 套件的 MouseInputListener 介面繼承了 MouseListener 介面和 MouseMotionListener 介面，建立一個包含所有其方法的單一介面。
- 每種滑鼠事件處理方法都會取得一個 MouseEvent 物件，裡頭包含關於此事件的資訊，包括事件發生時游標位置的 x、y 座標。這些座標是從發生事件的 GUI 元件的左上角開始計算。
- InputEvent 類別（MouseEvent 的父類別）的方法和常數讓應用程式可以判斷使用者按下的是哪個滑鼠按鍵。
- MouseWheelListener 介面讓應用程式可以回應滑鼠滾輪的滾動。

12.15　配接器類別

- 配接器類別會實作介面，並為該介面的方法提供預設的實作。當你擴充配接器類別時，可以只覆寫你需要的方法。
- MouseEvent 方法 getClickCount 會傳回連續的滑鼠按鍵點擊次數。isMetaDown 方法和 isAltDown 方法會判斷使用者按下的是哪個滑鼠按鍵。

12.16　可用滑鼠繪圖的 JPanel 子類別

- JComponent 的 paintComponent 方法，會在輕量級 Swing 元件顯示時被呼叫。覆寫此方法，你便可以訂定要如何利用 Java 的繪圖功能來繪製圖形。

- 在覆寫 paintComponent 時，請在其主體中的第一個敘述呼叫其父類別的版本。

- JComponent 的子類別支援透明性質。當元件為不透明時，paintComponent 會在元件顯示前先清除其背景。

- Swing 輕量級元件的透明性質可以利用方法 setOpaque 來設定（false 引數來代表該元件是透明的）。

- java.awt 套件的 Point 類別代表了 x-y 座標。

- Graphics 類別是用來繪圖的。

- MouseEvent 的 getPoint 方法能取得滑鼠事件發生時的 Point 位置。

- repaint 方法，間接繼承自 Component 類別，會指示元件應該要盡速在螢幕上更新。

- paintComponent 方法會接收一個 Graphics 參數，每當輕量級元件需要在螢幕上顯示時，此方法便會自動被呼叫。

- Graphics 的方法 fillOval 會繪製實心的橢圓。其前兩個引數是邊框的左上角 x-y 座標，後兩個引數是邊框的寬度及高度。

12.17　鍵盤事件處理

- KeyListener 介面是用來處理當鍵盤上的按鍵被按下或放開時，所產生的鍵盤事件。Component 類別的 addKeyListener 方法會註冊 KeyListener。

- KeyEvent 的 getKeyCode 方法，會取得所按下之按鍵的虛擬鍵盤碼。KeyEvent 類別會維護一組虛擬鍵盤碼常數，代表了鍵盤上所有的按鍵。

- KeyEvent 的 getKeyText 方法會傳回一個字串，其中包含所按下的按鍵名稱。

- KeyEvet 的 getKeyChar 方法會取得所輸入之字元的 Unicode 值。

- KeyEvent 的方法 isActionKey 會判斷事件中的按鍵是否為動作按鍵。

- InputEvent 的 getModifiers 方法會判斷在鍵盤事件發生時，是否有按下任何修飾按鍵（像是 Shift、Alt 和 Ctrl）。

- KeyEvent 的 getKeyModifiersText 方法會傳回一個字串，其中包含所按下的修飾按鍵名稱。

12.18　版面管理員簡介

- 版面管理員會編排容器中的 GUI 元件，以供呈現。

- 所有的版面管理員都實作了 java.awt 套件的 LayoutManager 介面。

- Container 方法 setLayout 訂定了容器的版面。

- FlowLayout 會依元件加入容器的先後順序，從左到右放置元件。當抵達容器的邊緣時，元件會繼續顯示到下一列中。FlowLayout 也允許 GUI 元件靠左對齊、置中對齊（預設值）和靠右對齊。

- FlowLayout 的 setAlignment 方法，會改變 FlowLayout 的對齊方式。
- BorderLayout（JFrame 的預設值）對會將元件編排至五個區域：NORTH、SOUTH、EAST、WEST 和 CENTER。NORTH 對應於容器的頂端。
- BorderLayout 限制了 Container 最多只能包含五個元件——每個區域一個。
- GridLayout 會將容器切分為行與列構成的網格。
- Container 的 validate 方法會根據 Container 目前的版面管理員及目前所顯示的 GUI 元件組合，重新計算容器的版面。

12.19　利用圖版來管理更複雜的版面

- 複雜的 GUI 通常包含多個版面各自不同的圖版。每個 JPanel 都可能包含元件，包括其他圖版，利用 Container 的 add 方法附加於其上。

12.20　JTextArea

- JTextArea 可能包含多行文字。JTextArea 是 JComponent 的子類別。
- Box 類別是 Container 的子類別，使用了 BoxLayout 版面管理員以在水平或垂直方向上編排其 GUI 元件。
- Box 的 static 方法 createHorizontalBox 會建立一個 Box，依元件附加的順序從左至右編排元件。
- getSelectedText 方法會傳回 JTextArea 中所選取的文字。
- 你可以在建構 JScrollPane 時，設定其水平和垂直的捲軸策略。JScrollPane 的 setHorizontalScrollBarPolicy 方法和 setVerticalScrollBarPolicy 方法可以隨時改變捲軸的策略。

自我測驗題

12.1 請填入下列敘述的空格：
- a) 當滑鼠在移動，未按下按鍵，而且已經註冊事件監聽者來處理該事件時，便會呼叫 _____ 方法。
- b) 無法被使用者修改的文字稱為 _____ 文字。
- c) _____ 會編排 Container 中的 GUI 元件。
- d) 用來附加 GUI 元件的 add 方法是類別 _____ 的方法。
- e) GUI 是 _____ 的縮寫。
- f) _____ 方法會被用來指定容器的版面管理員。
- g) mouseDragged 方法呼叫前面會有一個 _____ 方法呼叫，後頭會跟著一個 _____ 方法呼叫。
- h) 類別 _____ 包含了用來顯示訊息對話框和輸入對話框的方法。
- i) 能夠從使用者處接收輸入的輸入對話框，是透過 _____ 類別的 _____ 方法來顯示。
- j) 能夠對使用者顯示訊息的對話框是由類別 _____ 的方法 _____ 來顯示。

k) JTextField 和 JTextArea 都是直接繼承 _____ 類別。

12.2 請判斷下列敘述何者為眞，何者為僞。如果為僞，請說明理由。

a) BorderLayout 是 JFrame 內容圖版的預設版面管理員。

b) 當滑鼠游標移入某個 GUI 元件邊界內時，就會呼叫 mouseOver 方法。

c) JPanel 不能夠加入到另一個 JPanel 中。

d) 在 BorderLayout 中，如果將兩個按鈕加到 NORTH 區域中，則這兩個按鈕會並排放置。

e) 最多只能將五個元件加入到 BorderLayout。

f) 內層類別是不能存取其外層類別中的成員的。

g) JTextArea 中的文字永遠是唯讀的。

h) JTextArea 類別是 Component 類別的直接子類別。

12.3 請找出下列敘述中的錯誤，然後說明要如何更正它：

a) `buttonName = JButton("Caption");`

b) `JLabel aLabel, JLabel;`

c) `txtField = new JTextField(50, "Default Text");`

d) ```
setLayout(new BorderLayout());
    button1 = new JButton("North Star");
    button2 = new JButton("South Pole");
    add(button1);
    add(button2);
```

# 自我測驗題解答

**12.1** a) mouseMoved　b) 不可編輯（唯讀）　c) 版面管理員　d) Container　e) graphical user interface（圖形使用者介面）　f) setLayout　g) mousePressed、mouseReleased　h) JOptionPane　i) showInputDialog、JOptionPane　j) showMessageDialog、JOptionPane　k) JTextComponent。

**12.2** a) 眞。

b) 僞。會呼叫 mouseEntered 方法。

c) 僞。JPanel 可以加入到另一個 JPanel 中，因為 JPanel 是 Component 的間接子類別。因此，JPanel 也是一種 Component。任何 Component 都可以加入到 Container 中。

d) 僞。只會顯示最後加入的按鈕。請記得，BorderLayout 的每個區域中都只應加入一個元件。

e) 眞。[請注意：你可以將包含多個元件的圖版，加入到各個區域。]

f) 僞。內層類別擁有外層類別宣告所有成員的存取權。

g) 僞。JTextAreas 預設上是可編輯的。

h) 僞。JTextArea 是衍生自 JTextComponent 類別。
```

12.3　a)　需要使用 new 來建立物件。

　　　b)　JButton 是類別名稱，不能用來當做變數名稱。

　　　c)　這個敘述應該是 import javax.swing.JLabel;

　　　d)　版面管理員已經設定為 BorderLayout，所加入的元件又未指定區域，所以兩者都會被加入到中央區域。妥當的敘述可能是

```
add(button1, BorderLayout.NORTH);
add(button2, BorderLayout.SOUTH);
```

習題

12.4　請填入下列敘述的空格：

　　　a)　_____ 是用來展示唯讀文字、圖案或兩者皆有。

　　　b)　方法 _____ 在使用者在 GUI 的文字方塊中按下 Enterr 鍵時會自動執行。

　　　c)　Jpanel 的預設顯示管理器為 _____ 。

　　　d)　類別 _____ 是一個沒有名字並出現在方法宣告裡的一個類別。

12.5　請判斷下列敘述何者為真，何者為偽。如果為偽，請說明理由。

　　　a)　一個內層類別可以存取自身最高層級的所有變數和方法。

　　　b)　Jlabel 文本在建立後不可更改。

　　　c)　在 BorderLayout 中，如果 CENTER 沒有被占用，其他組件不會擴張並填滿剩餘空間。

　　　d)　當使用者按下 Enter 鍵時 JtextArea 會生成一個 ActionEvent。

　　　e)　Jpanel 可能具有其他面板。

　　　f)　按下 JcheckBox 會生成一個 ActionEvent。

12.6　請判斷下列敘述何者為真，何者為偽。如果為偽，請說明理由。

　　　a)　JPanel 是一個 Container。

　　　b)　JButton 是一個 JTogglebutton。

　　　c)　一個 ActionListener 是一個介面。

　　　d)　ButtonGroup 是一個 Container。

　　　e)　一個 MouseAdapter 是一個介面。

　　　f)　一個 JPasswordField 是一個 JTextField。

　　　g)　JList 是一個 JComponent。

12.7　找出下列各行程式碼中的任何錯誤，並說明如何加以更正：

　　　a)　`JButton b = new JButton(10, 15);`

　　　b)　`container.add(jb, North);`

　　　c)　`container.setLayout(new GridLayout(2, 5, 5));`

　　　d)　`Import javax.swing.GridLayout.`

12.8 試建立以下 GUI。你不必提供任何功能。

12.9 試建立以下 GUI。你不必提供任何功能。

12.10 試建立以下 GUI。你不必提供任何功能。

12.11 試建立以下 GUI。你不必提供任何功能。

12.12（溫度轉換） 試撰寫一溫度轉換應用程式，它可以把華氏溫度轉成攝氏溫度。華氏溫度應該要從鍵盤輸入（透過 JTextField）。應該要使用 JLabel 來顯示轉換後的溫度。請使用下列公式來進行轉換：

$$攝氏 = \frac{5}{9} \times (華氏 - 32)$$

12.13（溫度轉換修改） 請加入喀氏溫度，來加強習題 12.12 的溫度轉換應用程式。此應用程式應該要讓使用者可以在任兩種溫標中進行轉換。請利用以下公式來轉換喀氏和攝氏溫度（加上習題 12.12 的公式）。

Kelvin = Celsius + 273.15

12.14（猜數字遊戲） 試撰寫一應用程式，會依如下方式玩「猜數字」遊戲：你的應用程式會隨機從範圍 1-1000 中選擇一個整數，作為要猜的數字。此應用程式會在標籤中顯示以下資訊：

```
I have a number between 1 and 1000. Can you guess my number?
Please enter your first guess.
```

你應該要使用 JTextField，讓使用者輸入猜測的數字。每當輸入猜測值時，背景顏色就應該要改變為紅色或藍色。紅色會指示使用者「太熱了」，藍色則指示「太冷了」。你應該要使用 JLabel 來顯示 "Too High" 或 "Too Low" 以幫助使用者瞄準答案。當使用者猜中正確答案時，應該要顯示 "Correct!"，而輸入用的 JTextField 應該要改變為不可編輯。程式應該要提供一個 JButton，讓遊戲者可以再玩一次遊戲。當遊戲者按下 JButton 時，應該要產生一個新的亂數，並將輸入用的 JTextField 變為可編輯。

12.15（顯示事件） 在應用程式執行時，顯示所發生的事件，通常會很有用。這可以幫助你了解事件是於何時發生，以及如何發生。試撰寫一應用程式，讓使用者可以產生並處理本章所討論的所有事件。這支應用程式應該要提供介面 ActionListener、ItemListener、ListSelectionListener、MouseListener、MouseMotionListener 和 KeyListener 中的方法，以在事件發生時顯示訊息。請利用 toString 方法，將每個事件處理常式所收到的事件物件，轉換成可供顯示的 String 格式。toString 方法會建立一個包含事件物件中所有資訊的 String。

12.16（使用 GUI 的 Craps 遊戲） 請修改 6.10 節中的應用程式，提供一個 GUI 讓使用者可以點擊 JButton 來擲骰子。這支應用程式也應該要顯示四個 JLabel 和四個 JTextField，一個 JLabel 搭配一個 JTextField。JTextField 應該要用來顯示每顆骰子的點數，以及每次擲完之後的點數總和。當使用者在第一次丟擲之後尚未決定輸贏的話，點數應該要顯示在第四個 JTextField 中，此點數會繼續顯示在該欄位中，直到遊戲落敗為止。

（選讀）GUI 與繪圖案例研究習題：延伸介面

12.17（互動繪圖應用） 在本習題中，你會使用來自 GUI 與繪圖案例研究習題 10.2 的 MyShape 階層，來建立一個互動式的繪圖應用。你會為此 GUI 建立兩個類別，並提供一個會啟動應用程式的測試類別。MyShape 階層的類別並不需要額外的修改。

第一個要建立的類別是 JPanel 的子類別，稱為 DrawPanel，代表了使用者可以繪圖的區域。DrawPanel 類別應該要包含下列實體變數：

a) 一個型別為 MyShape 的陣列圖型，會儲存使用者所畫的所有形狀。

b) 一個整數 shapeCount，會計算陣列中形狀的個數。

c) 一個整數 shapeType，會決定要畫哪一種形狀。

d) 一個 MyShape 型別的 currentShape，代表使用者目前正在繪製的形狀。

e) 一個 Color 型別的 currentColor，代表目前用來繪圖的顏色。

f) 一個布林值 filledShape，決定是否要繪製實心形狀。

g) 一個 JLabel 型別的 statusLabel，代表狀態列。狀態列會顯示目前滑鼠所在位置的座標。

DrawPanel 類別也應該宣告以下方法：

a) 覆寫方法 paintComponent，它會繪製出陣列中的形狀。使用實體變數 shapeCount

來判斷要繪製多少形狀。paintComponent 方法也應該要呼叫 currentShape 的 draw 方法，前提是 currentShape 不為 null。

b) shapeType、currentColor 和 filledShaped 的 set 方法。

c) clearLastShape 方法應該要藉由遞減實體變數 shapeCount，來清除最後所繪製的形狀。請確認 shapeCount 永遠都不會低於零。

d) clearDrawing 方法應該要藉由將 shapeCount 設定為零，來移除目前所繪製的所有形狀。

clearLastShape 和 clearDrawing 方法都應該要呼叫 repaint 方法（繼承自 JPanel），來指示系統應該要呼叫 paintComponent 方法，以更新 DrawPanel 上頭的繪圖。

DrawPanel 類別也應該要提供事件處理，讓使用者可以利用滑鼠來繪圖。建立單一的內層類別，同時繼承 MouseAdapter 並實作 MouseMotionListener，在一個類別中處理所有的滑鼠事件。

在此內層類別中，請覆寫方法 mousePressed，令其指定一個種類由 shapeType 決定的新形狀給 currentShape，然後將其兩點都初始化為滑鼠的位置。接著，請覆寫 mouseReleased 方法來結束目前的形狀繪製，並將之放入到陣列中。請將 curentShape 的第二個點設定為目前的滑鼠位置，並且將 currentShape 加入到陣列中。實體變數 shapeCount 會決定要插入的索引為何。請將 currentShape 設定為 null，並呼叫 repaint 方法將所繪製的新形狀更新上去。

請覆寫 mouseMoved 方法以設定 statusLabel 的文字，使其顯示滑鼠的座標——這樣每當使用者在 DrawPanel 中移動滑鼠時（但拖曳時不會），都會用座標值來更新標籤。接著，請覆寫 mouseDragged 方法，令其將 currentShape 的第二個點設定為目前滑鼠所在的位置，並呼叫 repaint 方法。這會讓使用者可以在拖曳滑鼠時看到形狀。此外，也請在 mouseDragged 中更新 JLabel 為目前滑鼠的所在位置。

請為 DrawPanel 建立一個包含單一 JLabel 參數的建構子。在此建構子中，請使用參數傳入的數值來初始化 statusLabel。此外也請將陣列 shapes 初始化為 100 個項目，shapeCount 初始化為 0，shapeType 初始化為表示直線的數值，currentShape 初始化為 null，currentColor 則初始化為 Color.BLACK。建構子應該要接著將 DrawPanel 的背景色設定為 Color.WHITE，然後註冊 MouseListener 與 MouseMotionListener，讓 JPanel 能正確地處理滑鼠事件。

接著，請建立一個稱為 DrawFrame 的 JFrame 子類別，提供 GUI 讓使用者能夠控制各種繪圖的面向。針對 DrawFrame 的版面，我們建議使用 BorderLayout，把元件放在 NORTH 區域中，主要繪圖版放在 CENTER 區域，狀態列則放在 SOUTH 區域，就如圖 12.49 所示。每個元件的事件處理常式，都應該要呼叫類別 DrawPanel 中適當的方法。

a) 一個按鈕，可以還原前一個繪製的形狀。

b) 一個按鈕，可以清除繪圖中所有的形狀。

c) 一個組合方塊，可以從 13 個預設的顏色中選取顏色。

d)　一個組合方塊，可以選擇要繪製的形狀。

e)　一個核取方塊，可以指定形狀是否要填滿。

請在 DrawFrame 的建構子，宣告並建立這些介面元件。你會需要在建立 DrawPanel 之前先建立狀態列的 JLabel，這樣你才能將此 JLabel 當做引數傳給 DrawPanel 的建構子。最後，請建立一個測試類別，它會初始化並顯示 DrawFrame，以執行此應用程式。

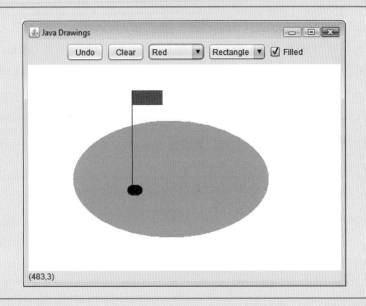

圖 12.49　繪製形狀的介面

12.18（**GUI 版本的 ATM 案例研究**）請將第 33-34 章的 ATM 案例研究，重新實作為 GUI 版本的應用程式。請使用 GUI 元件來模擬圖 33.1 所示的 ATM 使用者介面。針對吐鈔機與存款槽，請利用標記為 Remove Cash 與 Insert Envelope 的 JButton。這會讓應用程式能夠分別在使用者提取現金和放入存款信封時，收到通知事件。

進階習題

12.19（**環保字型**）環保字型 (Ecofont，www.ecofont.eu/ecofont_en.html)──由 SPRANQ 所開發（一家荷蘭公司）──是一套免費的，開放原始碼的電腦字型，其設計可以減少多達 20% 的列印墨水使用量，由此減少了所使用的墨水匣數量，從而減低了製造與運輸過程對於環境造成的衝擊（使用較少的能源，較少燃料在運輸上，等等）。這種字型，以 sans-serif Verdana 為基礎，在字母中加入了細小的「圓孔」，這些圓孔在字型較小時是看不見的──例如常用的 9 點或 10 點字。請下載環保字型，然後依循環保字型網站的指示，安裝字型檔案 Spranq_eco_sans_regular.ttf。接著，請開發一個 GUI 程式，能夠輸入文字字串，用環保字型來顯示。請建立 Increase Font Size 與 Decrease Font Size 按鈕，讓你可以一次將字型放大一點，或縮小一點。請從預設的 9 點字開始。當放大字型時，你會開始較清楚地看見字母中的圓孔。當縮小字型時，圓孔會變得較不明顯。你從多小的字型開始注意到圓孔？

12.20（打字小老師：訓練電腦時代的關鍵技術）快速而正確的打字，是使用電腦及網際網路有效率地工作不可或缺的技巧。在此習題中，你會建立一個 GUI 應用程式，可以幫助使用者學習如何「盲打」（亦即無需看鍵盤而正確的打字）。這支應用程式應該要顯示一個虛擬鍵盤（圖 12.50），然後應該要讓使用者在螢幕上看到他正在打什麼，但不用看著實際的鍵盤。請使用 JButtons 來代表按鍵。當使用者按下每個按鍵時，應用程式都要在 GUI 上反白相對應的 JButton，然後在 JTextArea 中加入字元，顯示使用者到目前為止打了什麼東西。[提示：要反白 JButton，請使用其 setBackground 方法來改變其背景色。當放開按鍵時，請重設回其原本的背景顏色。你可以在改變其顏色之前，使用 getBackground 來取得 JButton 原本的背景顏色。]

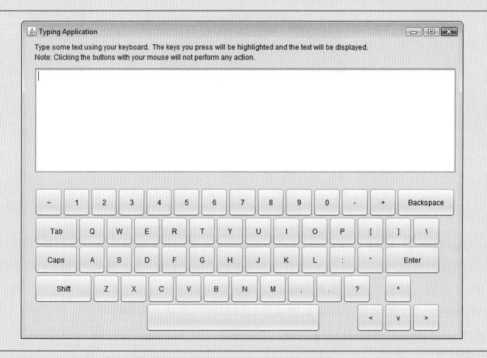

圖 12.50　打字小老師

你可以輸入一個全字母句 (pangram) 來測試程式——全字母句意指一段話，其中包含字母集中所有字母各至少一次——例如「The quick brown fox jumped over a lazy dog」。你可以在網路上找到其他全字母句。

要讓這支程式更有趣，你可以觀察使用者的準確率。讓使用者打入預存在程式中的指定語句，你可以將之顯示在螢幕上虛擬鍵盤的下頭。記錄使用者正確地打入多少按鍵，錯誤地打入多少按鍵。你也可以記錄哪一個鍵對使用者來說較有困難，然後顯示一個報告列出這些按鍵。

繪圖與Java 2D

*One picture is worth ten
thousand words.*
—Chinese proverb

*Treat nature in terms of the
cylinder, the sphere, the cone,
all in perspective.*
—Paul Cézanne

*Colors, like features, follow the
changes of the emotions.*
—Pablo Picasso

*Nothing ever becomes real till it
is experienced—even a proverb
is no proverb to you till your
life has illustrated it.*
—John Keats

學習目標

在本章節中,你將會學習到:

- 了解繪圖環境與繪圖物件。
- 操作顏色與字型。
- 使用 Graphics 類別的方法來繪製各種圖形。
- 使用 Java 2D API 中 Graphics2D 類別的方法,來繪製各種圖形。
- 透過 Graphics2D 顯示的圖形,指定其 Paint 和 Stroke 特徵。

本章綱要

13.1　簡介

在本章中，我們會綜觀幾種 Java 繪製二維圖形、控制顏色和控制字型的功能。Java 一開始的賣點之一，就是對於繪圖的支援，讓程式設計師可以在視覺上強化他們的應用程式。Java 現在於 Java 2D API（呈現於此章）與成功的技術 JavaFX（呈現於第 25 章與兩個網路章節）中，加入了許多更精巧的繪圖功能。本章一開始，會先介紹許多 Java 原有的繪圖功能，接下來我們會呈現幾種威力更強大的 Java 2D 功能，例如控制用來繪製形狀的線條樣式，還有用顏色及圖樣來填滿形狀的方式。這些類別曾經是 Java 原始的繪圖功能，現在被放在 Java 2D API 中。

　　圖 13.1 顯示了部分的 Java 類別階層，其中包含幾種本章所介紹的基本繪圖類別，以及 Java 2D API 類別及介面。**Color** 類別中包含了用來操作顏色的方法與常數。JComponent 類別則包含用來在元件上繪製圖形的 paintComponent 方法，**Font** 類別包含用來操作字型的方法及常數。**FontMetrics** 類別包含用來取得字型資訊的方法。Graphics 類別包含可繪製字串、線段、矩形及其他形狀的方法。**Graphics2D** 類別擴充自 Graphics 類別，可用來進行 Java 2D API 繪圖。**Polygon** 類別則包含用來建立多邊形的方法。此圖的下半部，也列出了幾種 Java 2D API 的類別與介面。**BasicStroke** 類別可幫助你指定所繪製之線段的性質。**GradientPaint** 和 **TexturePaint** 類別可用來指定圖形以顏色或圖案填滿的性質。GeneralPath、Line2D、Arc2D、Ellipse2D、Rectangle2D 及 RoundRectangle2D 類別，則代表幾種 Java 2D 圖形。

　　在開始用 Java 繪圖之前，我們必須先了解 Java 的**座標系統**（**coordinate system**，圖 13.2），這是一套用來識別螢幕上每個點的機制。預設上，GUI 元件（如視窗）左上角的座標為（0, 0）。座標對是由一個 x 座標（**水平座標**）與一個 y 座標（**垂直座標**）所構成。x 座標代表從螢幕最左端向右移動的水平距離。y 座標則代表從螢幕最上端向下移動的垂直距離。x **軸**描述了所有水平座標，y **軸**則描述了所有垂直座標。座標會被用來指示圖形應顯示於螢幕的何處。座標單位是以**像素**（**pixel**，代表 **picture element**）來表示。像素是螢幕解析度的最小單位。

可攜性的小技巧 13.1

不同的顯示螢幕會有不同的解析度（像素分布的密度）。這會造成圖形在不同螢幕上，或相同螢幕上有不同的設定時，所顯示的大小會有所不同。

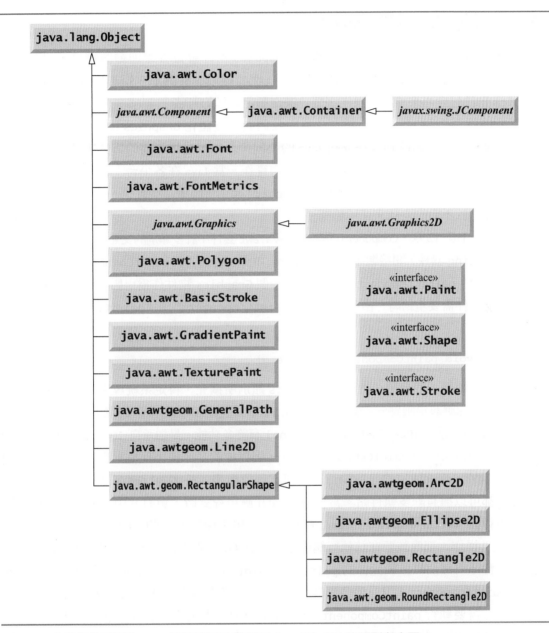

圖 13.1　本章所使用到的 Java 原始繪圖功能以及 Java 2D API 的類別與介面

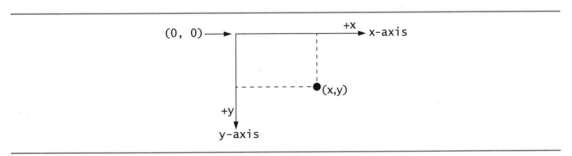

圖 13.2　Java 座標系統。單位是以像素來表示

13.2　繪圖環境與繪圖物件

Java 的**繪圖環境**可讓我們在螢幕上繪圖。Graphics 物件會負責管理繪圖環境，以及在螢幕上畫出像素，表示出文字與其他繪圖物件（例如線段、橢圓形、矩形與其他多邊形）。Graphics 物件包含用來繪圖、操作字型、操作顏色之類的方法。

　　Graphics 是一個 abstract 類別（意即我們無法實體化 Graphics 物件）。這點提升了 Java 的可攜性。因為繪圖功能在支援 Java 的不同平台上，是用不同的方式來執行，因此不可能在所有平台上，只使用同一套繪圖功能的實作。當 Java 在各平台上實作時，都會建立一個 Graphics 的子類別來實作繪圖功能。Graphics 類別會隱藏這些實作，並提供一個介面，讓我們以獨立於平台的方式來使用繪圖。

　　請回想一下第 12 章，Component 類別是 java.awt 套件中許多類別的父類別。JComponent 類別（javax.swing 套件）間接繼承了 Component 類別，包含一個 paintComponent 方法，可以用來繪製圖形。paintComponent 方法會取用一個 Graphics 物件作為引數。這個物件會在輕量級 Swing 元件需要重繪時，由系統傳遞給 paintComponent 方法。paintComponent 方法的標頭為：

```
public void paintComponent(Graphics g)
```

參數 g 所接收的是一個參照，指向由 Graphics 類別所擴充，特定系統專用的子類別實體。上述方法標頭你應該很眼熟——就和我們在第 12 章某些應用程式中所使用的一樣。事實上，JComponent 類別就是 JPanel 的父類別。JPanel 有許多功能，是繼承自 JComponent 類別。

　　你很少會直接呼叫 paintComponent 方法，因為繪圖是一種事件驅動程序。如我們在第 11 章曾提過的，Java 使用的是多執行緒的程式執行模型。每個執行緒都是一個同步活動。每支程式都可以擁有許多執行緒。當你建立 GUI 應用程式時，會有其中一個執行緒叫做**事件分派執行緒（event-dispatch thread, EDT）**——用來處理所有的 GUI 事件。所有的繪圖與 GUI 元件操作，都應該要在該執行緒中進行。當 GUI 程式執行時，應用程式容器在顯示 GUI 時，會呼叫每個輕量級元件的 paintComponent 方法（在事件分派執行緒中）。想要再次呼叫 paintComponent，就必須發生事件（例如，元件被某視窗覆蓋又再次出現）。

　　如果你需要執行 paintComponent（也就是說，如果你想要更新 Swing 元件上頭所繪製的圖形），你可以呼叫 **repaint** 方法，它傳回 void 取得無引數，而且所有 JComponent 都會從 Component 類別（java.awt 套件）間接繼承此方法。

13.3　顏色控制

Color 類別宣告了用來在 Java 程式中操作顏色的方法及常數。圖 13.3 整理了預先定義的顏色常數。圖 13.4 整理了幾種顏色方法及建構子。圖 13.4 中有兩個方法是顏色專用的 Graphics 方法。

Color 常數	RGB 值
public static final Color RED	255, 0, 0
public static final Color GREEN	0, 255, 0
public static final Color BLUE	0, 0, 255
public static final Color ORANGE	255, 200, 0
public static final Color PINK	255, 175, 175
public static final Color CYAN	0, 255, 255
public static final Color MAGENTA	255, 0, 255
public static final Color YELLOW	255, 255, 0
public static final Color BLACK	0, 0, 0
public static final Color WHITE	255, 255, 255
public static final Color GRAY	128, 128, 128
public static final Color LIGHT_GRAY	192, 192, 192
public static final Color DARK_GRAY	64, 64, 64

圖 13.3　Color 常數及其 RGB 值

方法	說明

Color 的建構子及方法

public Color (int r, int g, int b)
　　根據以整數 0 至 255 表示的紅、綠、藍三原色值來建立顏色。

public Color (float r, float g, float b)
　　根據以浮點數 0.0 至 1.0 表示的紅、綠、藍三原色值來建立顏色。

public int getRed()
　　傳回代表紅色成份，介於 0 到 255 之間的數值。

public int getGreen ()
　　傳回代表綠色成份，介於 0 到 255 之間的數值。

public int getBlue ()
　　傳回代表藍色成份，介於 0 到 255 之間的數值。

用來操作 Color 的 Graphics 方法

public Color getColor ()
　　傳回代表繪圖環境目前繪圖顏色的 Color 物件。

public void setColor (Color c)
　　設定繪圖環境目前的繪圖顏色

圖 13.4　Color 方法及與顏色相關的 Graphics 方法

　　所有顏色都是由紅、綠、藍三原色所構成。三者合稱 **RGB 值**。RGB 的三個元素都可以是 0 到 255 之間的整數，或是 0.0 到 1.0 之間的浮點數。第一個 RGB 元素表示紅色的濃度，第二個元素表示綠色的濃度，第三個元素則表示藍色的濃度。RGB 數值越大，該特定顏色的濃度就越高。Java 讓你可以從 256 x256 x256（約 1,670 萬）種顏色中做選擇。並非所有電腦都能顯示出這所有的顏色。電腦會試著顯示出最接近的顏色。

圖 13.4 顯示了兩個 Color 類別的建構子——其中一個會取用三個 int 引數，另一個則會取用三個 float 引數；此三個引數分別指定了紅、綠、藍的濃度。這些 int 數值必須介於範圍 0 到 255 之間，float 數值則必須介於 0.0 到 1.0 之間。新的 Color 物件會擁有指定的紅、綠、藍色濃度。Color 方法 **getRed**、**getGreen** 及 **getBlue** 會傳回 0 到 255 之間的整數值，分別代表紅、綠、藍的濃度。Graphics 方法 getColor 則會傳回一個 Color 物件，表示目前的繪圖顏色。Graphics 方法 **setColor** 則會設定目前的繪圖顏色。

用不同顏色來繪圖

圖 13.5-13.6 示範了幾種圖 13.4 的方法，以不同的顏色來繪製實心矩形和 String。當應用程式開始執行時，會呼叫 ColorJPanel 類別的 paintComponent 方法（圖 13.5，第 10-37 行）來繪製視窗。第 17 行會使用 Graphics 的 setColor 方法來設定繪圖顏色。setColor 方法會接收一個 Color 物件。運算式 new Color(255,0,0) 會產生一個新的 Color 物件，代表紅色（紅色值 255、綠色及藍色值均為 0）。

第 18 行會使用 Graphics 方法 **fillRect**，以目前顏色來繪製一個實心的矩形。fillRect 方法會根據其四個引數來繪製矩形。前兩個整數值代左上角的 x 座標和 y 座標，亦即 Graphics 物件開始繪製矩形的地方。第三和第四個引數為非負整數，分別代表矩形的寬和高，以像素為單位。使用 fillRect 方法繪製的矩形，會以 Graphics 物件目前的顏色填滿。

```java
1  // Fig. 13.5: ColorJPanel.java
2  // Changing drawing colors.
3  import java.awt.Graphics;
4  import java.awt.Color;
5  import javax.swing.JPanel;
6
7  public class ColorJPanel extends JPanel
8  {
9     // draw rectangles and Strings in different colors
10    @Override
11    public void paintComponent(Graphics g)
12    {
13       super.paintComponent(g);
14       this.setBackground(Color.WHITE);
15
16       // set new drawing color using integers
17       g.setColor(new Color(255, 0, 0));
18       g.fillRect(15, 25, 100, 20);
19       g.drawString("Current RGB: " + g.getColor(), 130, 40);
20
21       // set new drawing color using floats
22       g.setColor(new Color(0.50f, 0.75f, 0.0f));
23       g.fillRect(15, 50, 100, 20);
24       g.drawString("Current RGB: " + g.getColor(), 130, 65);
```

圖 13.5　改變 Color 以進行繪圖 (1/2)

```
25
26        // set new drawing color using static Color objects
27        g.setColor(Color.BLUE);
28        g.fillRect(15, 75, 100, 20);
29        g.drawString("Current RGB: " + g.getColor(), 130, 90);
30
31        // display individual RGB values
32        Color color = Color.MAGENTA;
33        g.setColor(color);
34        g.fillRect(15, 100, 100, 20);
35        g.drawString("RGB values: " + color.getRed() + ", " +
36           color.getGreen() + ", " + color.getBlue(), 130, 115);
37    }
38 } // end class ColorJPanel
```

圖 13.5 改變 Color 以進行繪圖 (2/2)

```
1  // Fig. 13.6: ShowColors.java
2  // Demonstrating Colors.
3  import javax.swing.JFrame;
4
5  public class ShowColors
6  {
7     // execute application
8     public static void main(String[] args)
9     {
10        // create frame for ColorJPanel
11        JFrame frame = new JFrame("Using colors");
12        frame.setDefaultCloseOperation(JFrame.EXIT_ON_CLOSE);
13
14        ColorJPanel colorJPanel = new ColorJPanel();
15        frame.add(colorJPanel);
16        frame.setSize(400, 180);
17        frame.setVisible(true);
18    }
19 } // end class ShowColors
```

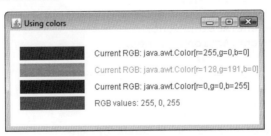

圖 13.6 建立 JFrame，以在 **JPanel** 上顯示顏色

第 19 行 (圖 13.5) 使用 Graphics 方法 drawString，以目前顏色繪製一個 String。運算式 g.getColor() 會從 Graphics 物件取得目前的顏色。接著我們將這個 Color 串接在字串 "CurrentRGB:" 之後，讓程式自動呼叫 Color 類別的 toString 方法。Color 的 String 表示法包含了類別名稱與套件名稱 (java.awt.Color)，以及紅、綠、藍色值。

感視介面的觀點 13.1

每個人對於顏色的感知能力是有所差異的。請小心選擇你的顏色，以確保無論是可以感知顏色的人或是色盲，都能夠看懂你的應用程式。請避免使用太多相近的顏色。

第 22-24 行和第 27-29 行會再次重複上述動作。第 22 行使用了會取用三個 float 引數的 Color 建構子，建立了一個深綠色（紅色 0.50f，綠色 0.75f，藍色 0.0f）。請注意這些數值的語法。浮點數值後頭加上的字母 f，表示該數值應視爲 float 型別來處理。請回想一下，浮點數值預設上會被視爲 double 型別來處理。

第 27 行會將目前的繪圖顏色設定爲其中一個預定義的 Color 常數 (Color.BLUE)。Color 常數爲 static，所以在執行時期，當 Color 類別一載入記憶體時，這些常數便已存在。

第 35-36 行的敘述，會對於預定先義的 Color.MAGENTA 常數呼叫 Color 方法 getRed、getGreen 及 getBlue。ShowColors 類別的 main 方法（圖 13.6，第 8-18 行）會建立一個 JFrame，其中包含會顯示出顏色的 ColorJPanel 物件。

軟體工程的觀點 13.1

若要改變顏色，你必須建立新的 Color 物件（或使用預先定義的 Color 常數）。就和 String 物件一樣，Color 物件也是不可變易的（不可修改）。

JColorChooser 元件（javax.swing 套件），讓使用者可以選擇顏色。圖 13.7-13.8 的應用程式展示了 JColorChooser 對話框。當你點擊 **Change Color** 按鈕時，就會出現一個 JColorChooser 對話框。當你選擇一個顏色然後按下對話框的 **OK** 按鈕後，應用程式視窗的背景顏色便會改變。

```java
1  // Fig. 13.7: ShowColors2JFrame.java
2  // Choosing colors with JColorChooser.
3  import java.awt.BorderLayout;
4  import java.awt.Color;
5  import java.awt.event.ActionEvent;
6  import java.awt.event.ActionListener;
7  import javax.swing.JButton;
8  import javax.swing.JFrame;
9  import javax.swing.JColorChooser;
10 import javax.swing.JPanel;
11
12 public class ShowColors2JFrame extends JFrame
13 {
14     private final JButton changeColorJButton;
15     private Color color = Color.LIGHT_GRAY;
16     private final JPanel colorJPanel;
17
18     // set up GUI
19     public ShowColors2JFrame()
20     {
21         super("Using JColorChooser");
```

圖 13.7　JColorChooser 對話框 (1/2)

```
22
23         // create JPanel for display color
24         colorJPanel = new JPanel();
25         colorJPanel.setBackground(color);
26
27         // set up changeColorJButton and register its event handler
28         changeColorJButton = new JButton("Change Color");
29         changeColorJButton.addActionListener(
30            new ActionListener() // anonymous inner class
31            {
32                // display JColorChooser when user clicks button
33                @Override
34                public void actionPerformed(ActionEvent event)
35                {
36                    color = JColorChooser.showDialog(
37                        ShowColors2JFrame.this, "Choose a color", color);
38
39                    // set default color, if no color is returned
40                    if (color == null)
41                        color = Color.LIGHT_GRAY;
42
43                    // change content pane's background color
44                    colorJPanel.setBackground(color);
45                }
46            } // end anonymous inner class
47         ); // end call to addActionListener
48
49         add(colorJPanel, BorderLayout.CENTER);
50         add(changeColorJButton, BorderLayout.SOUTH);
51
52         setSize(400, 130);
53         setVisible(true);
54      } // end ShowColor2JFrame constructor
55 } // end class ShowColors2JFrame
```

圖 13.7　JColorChooser 對話框 (2/2)

```
1  // Fig. 13.8: ShowColors2.java
2  // Choosing colors with JColorChooser.
3  import javax.swing.JFrame;
4
5  public class ShowColors2
6  {
7     // execute application
8     public static void main(String[] args)
9     {
10        ShowColors2JFrame application = new ShowColors2JFrame();
11        application.setDefaultCloseOperation(JFrame.EXIT_ON_CLOSE);
12     }
13 } // end class ShowColors2
```

圖 13.8　透過 JColorChooser 選擇顏色 (1/2)

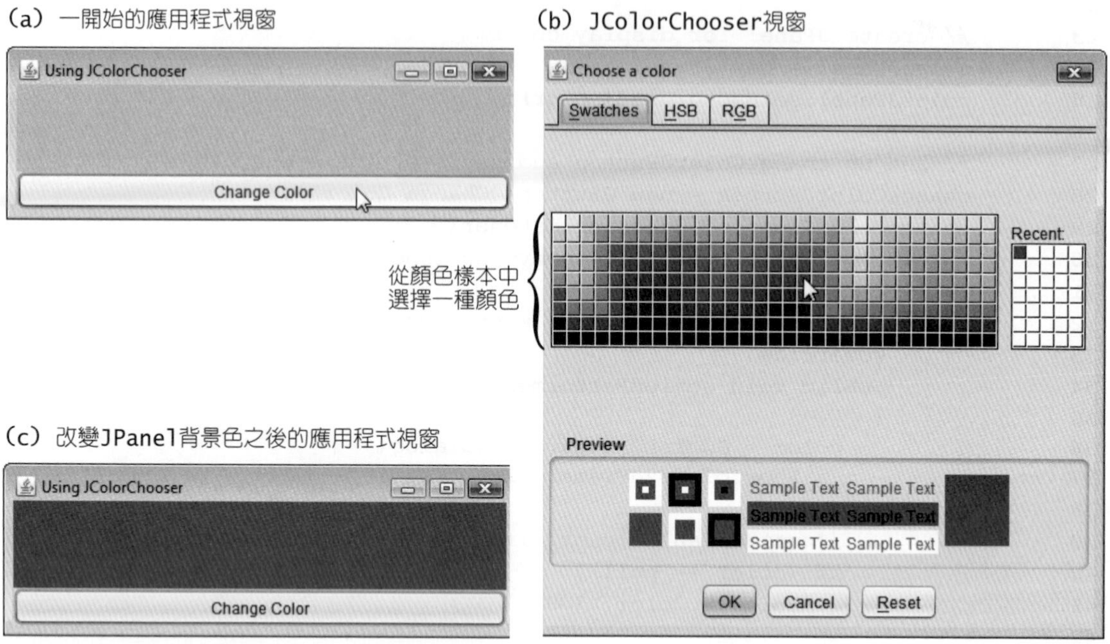

(a) 一開始的應用程式視窗　　　　　　(b) JColorChooser視窗

從顏色樣本中
選擇一種顏色

(c) 改變JPanel背景色之後的應用程式視窗

圖 13.8　透過 JColorChooser 選擇顏色 (2/2)

　　JColorChooser 類 別 提 供 了 static 方 法 showDialog，此 方 法 會 建 立 一 個 JColorChooser 物件，將之附加到對話框上，然後顯示該對話框。圖 13.7 的第 36-37 行會呼叫此方法，以顯示一個顏色選擇對話框，showDialog 會傳回所選擇的 Color 物件，或是 null，如果使用者按下 Cancel，或沒按下 OK 就直接關閉視窗的話。此方法會取用三個引數——一個指向其父 Component 的參照、一個欲顯示在對話框標題列的 String、以及對話框一開始所選擇的 Color。父元件是一個參照，指向會顯示此對話框的視窗（在此例中為 JFrame，參照名稱為 frame）。此對話框會被置於父元件的中央。若父元件為 null，對話框就會置於螢幕中央。當顏色選擇對話框在螢幕上時，使用者在關閉對話框之前，無法與父元件進行互動。這種對話框稱為典型對話框。

　　在使用者選擇顏色之後，第 40-41 行會判斷 color 是否為 null，如果是的話，就將 color 設定為 Color.LIGHT_GRAY。第 44 行會呼叫 setBackground 方法來改變 JPanel 的背景顏色。setBackGround 方法，是大多數 GUI 元件都可以使用的許多 Component 方法之一。使用者可以繼續使用 Change Color 按鈕，來改變應用程式的背景顏色。圖 13.8 包含了會負責執行程式的 main 方法。

　　圖 13.8 (b) 會顯示出預設的 JColorChooser 對話框，讓使用者可以從各式各樣的**顏色樣本**中選擇顏色。這個對話框上方有三個頁籤——**Swatches**、**HSB** 及 **RGB**。這些頁籤代表了三種選擇顏色的方式。HSB 頁籤你可以根據**色度**、**飽和度**和**亮度**來選擇顏色——亮度是用來定義顏色中光的多寡。我們不會討論 HSB 數值。要參考更多關於 HSB 的資訊，請參訪 http://en.wikipedia.org/wiki/HSL_and_HSV 頁籤則讓你可以透過滑桿來選擇紅、藍、綠三原色，以選取顏色。HSB 及 RGB 頁籤如圖 13.9 所示。

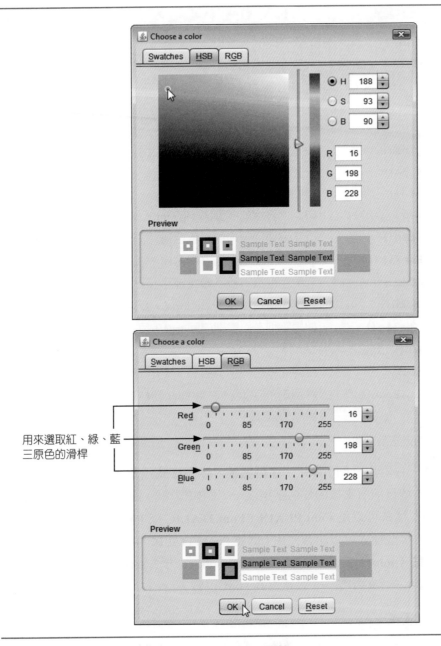

圖 13.9　JColorChooser 對話框的 HSB 及 RGB 頁籤

13.4　操作字型

本節會介紹用來操作字型的方法及常數。大部分的字型方法與常數都位在 Font 類別中。圖 13.10 整理了部分的 Font 及 Graphics 類別的方法。

方法 或 常數	說明
Font 常數、建構子、方法	
public static final int PLAIN	代表一般字體的常數。
public static final int BOLD	代表粗體字的常數。
public static final int ITALIC	代表斜體字的常數。
public Font(String name, int style, int size)	以指定的字型名稱、樣式和大小,建立 Font 物件。
public int getStyle()	傳回代表目前字型樣式的 int。
public int getSize()	傳回代表目前字型大小的 int。
public String getName()	以字串傳回目前的字型名稱。
public String getFamily()	以字串傳回字型的群組名稱。
public boolean isPlain()	如果字型為一般字體便傳回 true,反之則傳回 false。
public boolean isBold()	如果字型為粗體則傳回 true,反之則傳回 false。
public boolean isItalic()	如果字型為斜體則傳回 true,反之則傳回 false。
用來操作 Font 的 Graphics 方法	
public Font getFont()	傳回代表目前字型的 Font 物件參照。
public void setFont(Font f)	將目前的字型設定為 Font 物件參照 f 所指定的字型、樣式和大小。

圖 13.10　與 Font 相關的方法及常數

　　Font 類別的建構子會取用三個引數——**字型名稱**、**字型樣式**以及**字型大小**。字型名稱可以是執行此程式的系統目前所支援的任何字型之一,例如標準的 Java 字型 Monospaced、SansSerif 及 Serif。字型樣式可以是 **Font.PLAIN**、**Font.ITALIC** 或 **Font.BOLD**(皆為 Font 類別的 static 欄位)。字型樣式可以組合使用(例如 Font.ITALIC + Font.BOLD)。字型大小是以點為單位。一**點**(**point**)等於為 1/72 英吋。Graphics 方法 **setFont** 會將目前的繪圖字型——亦即會用來顯示文字的字型——設定為其 Font 引數。

可攜性的小技巧 13.2

可使用的字型因系統而異。Java 提供五種字型——Serif、Monospaced、SansSerif、Dialog 及 DialogInput——可以使用在所有 Java 平台上。每個平台上的 Java 執行環境 (JRE) 都會將這些邏輯字型,對應到該平台上所安裝的實際字型。實際所使用的字型,則因平台而異。

　　圖 13.11-13.12 的應用程式使用了四種不同的字型來顯示文字,每種字型的大小也各自不同。圖 13.11 使用了 Font 建構子來初始化 Font 物件(於第 17、21、25 及 30 行),這每一個 Font 物件都被傳送給 Graphics 的 setFont 方法來改變繪圖字型。每次呼叫 Font 建構子時,都會傳入字型名稱的字串(Serif、Monospaced 或 SansSerif)、字型樣式 (Font.PLAIN、Font.ITALIC 或 Font.BOLD) 還有字型大小。

　　一旦呼叫了 Graphics 的 setFont 方法之後，所有接下來顯示的文字，都會以新的字型出現，直到字型改變為止。各種字型的資訊，在第 18、22、26 及 31-32 行，使用了 drawString 方法來顯示。傳遞給 drawString 方法的座標，對應到的是字型基線的左下角位置。第 29 行會將繪圖顏色改為紅色，讓接下來的文字以紅色顯示，第 31-32 行會顯示出最後一個 Font 物件的相關資訊。Graphics 類別的 **getFont** 方法會傳回代表目前字型的 Font 物件。**getName** 方法則會以字串傳回目前的字型名稱。**getSize** 方法則會傳回目前的字型大小，以點數表示。

軟體工程的觀點 13.2

要改變字型，你必須建立新的 Font 物件。Font 物件是不可變易的——Font 類別並沒有 set 方法可以修改目前的字型性質。

　　圖 13.12 包含了 main 方法，會建立一個 JFrame 來顯示 FontJPanel。我們在這個 JFrame 之中加入一個 FontJPanel 物件（第 15 行），此物件會顯示圖 13.11 所建立的圖形。

```java
1  // Fig. 13.11: FontJPanel.java
2  // Display strings in different fonts and colors.
3  import java.awt.Font;
4  import java.awt.Color;
5  import java.awt.Graphics;
6  import javax.swing.JPanel;
7
8  public class FontJPanel extends JPanel
9  {
10     // display Strings in different fonts and colors
11     @Override
12     public void paintComponent(Graphics g)
13     {
14        super.paintComponent(g);
15
16        // set font to Serif (Times), bold, 12pt and draw a string
17        g.setFont(new Font("Serif", Font.BOLD, 12));
18        g.drawString("Serif 12 point bold.", 20, 30);
19
20        // set font to Monospaced (Courier), italic, 24pt and draw a string
21        g.setFont(new Font("Monospaced", Font.ITALIC, 24));
22        g.drawString("Monospaced 24 point italic.", 20, 50);
23
24        // set font to SansSerif (Helvetica), plain, 14pt and draw a string
25        g.setFont(new Font("SansSerif", Font.PLAIN, 14));
26        g.drawString("SansSerif 14 point plain.", 20, 70);
27
28        // set font to Serif (Times), bold/italic, 18pt and draw a string
29        g.setColor(Color.RED);
30        g.setFont(new Font("Serif", Font.BOLD + Font.ITALIC, 18));
31        g.drawString(g.getFont().getName() + " " + g.getFont().getSize() +
32           " point bold italic.", 20, 90);
33     }
34  } // end class FontJPanel
```

圖 13.11　顯示 string 不同的字體和顏色

```
1  // Fig. 13.12: Fonts.java
2  // Using fonts.
3  import javax.swing.JFrame;
4
5  public class Fonts
6  {
7     // execute application
8     public static void main(String[] args)
9     {
10        // create frame for FontJPanel
11        JFrame frame = new JFrame("Using fonts");
12        frame.setDefaultCloseOperation(JFrame.EXIT_ON_CLOSE);
13
14        FontJPanel fontJPanel = new FontJPanel();
15        frame.add(fontJPanel);
16        frame.setSize(420, 150);
17        frame.setVisible(true);
18     }
19 } // end class Fonts
```

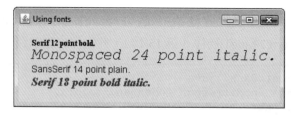

圖 13.12　使用字型

字型規格

有時我們會需要取得關於目前繪圖字型的資訊，例如字型名稱、樣式和大小。圖 13.10 整理了幾種可用來取得字型資訊的 Font 方法。**getStyle** 方法會傳會一筆整數值，代表目前的樣式。此方法所傳回的整數值必然是 Font.PLAIN、Font.ITALIC、Font.BOLD，或是 Font.ITALIC 與 Font.BOLD 的組合其中之一。**getFamily** 方法會傳回目前字型所屬的字型群組名稱。字型群組的名稱會依平台而異。Font 方法也可以用來測試目前字型的樣式，這些方法也整理於圖 13.10 中。如果目前的字型樣式是標準、粗體、斜體，則分別回傳為 isPlain、isBold 和 isItalic 方法為 true。

　　圖 13.13 描繪了一些常用的**字型規格**，這些規格提供了關於字型的準確資訊，例如**行高 (height)**、**字深**（descent，字元低於基準線以下的量）、**字高**（ascent，文字高於基準線以上的量）以及**行距**（leading，本行文字的字高與下一行的字深之間的距離——亦即行間距）。

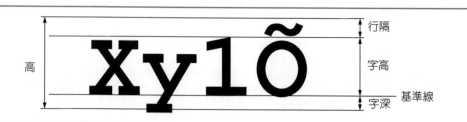

圖 13.13　字型規格

　　FontMetrics 類別宣告了一些用來取得字型規格的方法，圖 13.14 整理了這些方法，還有 Graphics 方法 **getFontMetrics**。圖 13.15-13.16 的應用程式，使用了圖 13.14 的方法來取得兩個字型的字型規格資訊。

方法	說明
FontMetrics 方法	
`public int getAscent()`	傳回字型的字高，以點數為單位
`public int getDescent()`	傳回字型的字深，以點數為單位
`public int getLeading()`	傳回字型的行距，以點數為單位
`public int getHeight()`	傳回字型的行高，以點數為單位
用來取得 Font 的 FontMetrics 的 Graphics 方法	
`public FontMetrics getFontMetrics()`	
	傳回目前繪圖字型的 FontMetrics 物件。
`public FontMetrics getFontMetrics(Font f)`	
	傳回指定 Font 引數的 FontMetrics 物件。

圖 13.14　用來取得字型規格的 FontMetrics 與 Graphics 方法

```java
1  // Fig. 13.15: MetricsJPanel.java
2  // FontMetrics and Graphics methods useful for obtaining font metrics.
3  import java.awt.Font;
4  import java.awt.FontMetrics;
5  import java.awt.Graphics;
6  import javax.swing.JPanel;
7
8  public class MetricsJPanel extends JPanel
9  {
10     // display font metrics
11     @Override
12     public void paintComponent(Graphics g)
13     {
14        super.paintComponent(g);
15
16        g.setFont(new Font("SansSerif", Font.BOLD, 12));
17        FontMetrics metrics = g.getFontMetrics();
18        g.drawString("Current font: " + g.getFont(), 10, 30);
19        g.drawString("Ascent: " + metrics.getAscent(), 10, 45);
20        g.drawString("Descent: " + metrics.getDescent(), 10, 60);
21        g.drawString("Height: " + metrics.getHeight(), 10, 75);
22        g.drawString("Leading: " + metrics.getLeading(), 10, 90);
23
24        Font font = new Font("Serif", Font.ITALIC, 14);
25        metrics = g.getFontMetrics(font);
26        g.setFont(font);
27        g.drawString("Current font: " + font, 10, 120);
28        g.drawString("Ascent: " + metrics.getAscent(), 10, 135);
29        g.drawString("Descent: " + metrics.getDescent(), 10, 150);
30        g.drawString("Height: " + metrics.getHeight(), 10, 165);
31        g.drawString("Leading: " + metrics.getLeading(), 10, 180);
32     }
33  } // end class MetricsJPanel
```

圖 13.15　用來取得字型規格的 FontMetrics 與 Graphics 方法非常有用

```
1  // Fig. 13.16: Metrics.java
2  // Displaying font metrics.
3  import javax.swing.JFrame;
4
5  public class Metrics
6  {
7     // execute application
8     public static void main(String[] args)
9     {
10        // create frame for MetricsJPanel
11        JFrame frame = new JFrame("Demonstrating FontMetrics");
12        frame.setDefaultCloseOperation(JFrame.EXIT_ON_CLOSE);
13
14        MetricsJPanel metricsJPanel = new MetricsJPanel();
15        frame.add(metricsJPanel);
16        frame.setSize(510, 240);
17        frame.setVisible(true);
18     }
19  } // end class Metrics
```

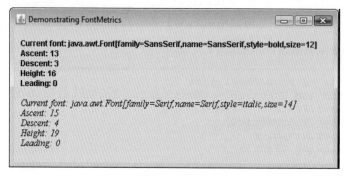

圖 13.16　顯示字型規格資訊

　　圖 13.15 的第 16 行會建立一個 SansSerif、粗體、大小為 12 點的字型，並將之設定為目前的繪圖字型。第 17 行使用了 Graphics 的 getFontMetrics 方法來取得目前字型的 FontMetrics 物件。第 18 行則會輸出 g.getFont() 所傳回之 Font 的 String 表示法。第 19-22 行使用了 FontMetric 方法來取該字型的字高、字深、行高及行距。

　　第 24 行則建立了一個 Serif、斜體、大小為 14 點的新字型。第 25 行使用了另一個版本的 Graphics 方法 getFontMetrics，此方法會接收 Font 作為引數然後傳回相對應的 FontMetrics 物件。第 28-31 行會取得該字型的字高、字深、行高以及行距。這兩種字型的規格稍有不同。

13.5　繪製線段、矩形和橢圓形

本節會呈現用來繪製線段、矩形或橢圓形的 Graphics 方法。這些方法與其參數，整理於圖 13.17。每一種需要 width 與 height 參數的方法，其 width 與 height 都必須是非負值。否則，圖形會無法顯示出來。

方法	說明

`public void drawLine(int x1, int y1, int x2, int y2)`

在點 (x1, y1) 與點 (x2, y2) 之間繪製線段

`public void drawRect(int x, int y, int width, int height)`

繪製具有指定 width 和 height 的矩形。此一矩形的左上角位於 (x, y)。只有矩形的外框會以 Graphics 物件的顏色來繪製——但矩形內部並不會用此顏色填滿。

`public void fillRect(int x, int y, int width, int height )`

以目前的顏色繪製具有指定 width 和 height 的實心矩形。此矩形的左上角位於 (x, y)。

`public void clearRect(int x, int y, int width, int height)`

以目前的背景色，繪製具有指定 width 和 height 的實心矩形。此矩形的左上角位於 (x, y)。如果你想移除圖片的某個部分，這個方法會很有用。

`public void drawRoundRect(int x, int y, int width, int height, int arcWidth, int arcHeight)`

以目前的顏色繪製具有指定 width 和 height 的圓角矩形。arcWidth 和 arcHeight 會決定圓角的大小（參閱圖 13.20）此方法只會繪製圖形的外框。

`public void fillRoundRect(int x, int y, int width, int height, int arcWidth,    int arcHeight)`

以目前的顏色，繪製具有指定 width 和 height 的實心圓角矩形。arcWidth 和 arcHeight 會決定圓角的大小（參閱圖 13.20）

`public void draw3DRect(int x, int y, int width, int height, boolean b)`

以目前的顏色繪製具有指定 width 和 height 的三維矩形。此矩形的左上角位於 (x, y)。當 b 為 true 時圖形會浮出，false 的話則會陷入。此方法只會繪製圖形的外框。

`public void fill3DRect(int x, int y, int width, int height, boolean b)`

以目前的顏色繪製具有指定 width 和 height 的實心三維矩形。此矩形的左上角位於 (x, y)。當 b 為 true 時圖形會浮出，false 的話則會陷入。

`public void drawOval(int x, int y, int width, int height)`

以目前的顏色繪製具有指定 width 和 height 的橢圓形。其矩形外框的左上角位於 (x, y)。此橢圓形會與其矩形外框的四邊中點相切（參閱圖 13.21）。此方法只會繪製圖形的外框。

`public void fillOval(int x, int y, int width, int height)`

以目前的顏色繪製具有指定 width 和 height 的實心橢圓形。其矩形外框的左上角位於 (x, y)。此橢圓會與其矩形外框的四邊中點相切（參閱圖 13.21）。

圖 13.17　用來繪製線段、矩形和橢圓形的 Graphics 方法

　　圖 13.18-13.19 的應用程式，示範了如何繪製各式各樣的線段、矩形、三維矩形、圓角矩形及橢圓形。在圖 13.18 中，第 17 行繪製了一條紅線，第 20 行繪製了一個空心的藍色矩形，第 21 行則繪製了一個實心的藍色矩形。**fillRoundRect** 方法（第 24 行）和 **drawRoundRect** 方法（第 25 行）會繪製出圓角矩形。這兩個方法的前兩個引數，指定了其 **矩形邊框（bounding rectangle）** 的左上角座標──矩形邊框為用來繪製圓角矩形的區域。此

左上角座標並非位於圓角矩形的邊上，但如果此矩形為直角矩形的話，該點就會在其邊上。第三和第四個引數指定了矩形的寬和高。而最後兩個引數則指定了用來代表圓角的圓弧，水平和垂直方向的直徑（亦即弧寬和弧高）。

　　圖 13.20 標記出圓角矩形的弧寬、弧高、寬度和高度。若弧寬和弧高使用相同數值，就會讓每個圓角都是四分之一圓。當弧寬、弧長、寬度與長度都相等的時候，將會形成一個圓形。如果 width 和 height 的數值相等，而 arcWidth 與 arcHeight 的數值等於零的話，就會畫出一個正方形。

```java
1  // Fig. 13.18: LinesRectsOvalsJPanel.java
2  // Drawing lines, rectangles and ovals.
3  import java.awt.Color;
4  import java.awt.Graphics;
5  import javax.swing.JPanel;
6
7  public class LinesRectsOvalsJPanel extends JPanel
8  {
9     // display various lines, rectangles and ovals
10    @Override
11    public void paintComponent(Graphics g)
12    {
13       super.paintComponent(g);
14       this.setBackground(Color.WHITE);
15
16       g.setColor(Color.RED);
17       g.drawLine(5, 30, 380, 30);
18
19       g.setColor(Color.BLUE);
20       g.drawRect(5, 40, 90, 55);
21       g.fillRect(100, 40, 90, 55);
22
23       g.setColor(Color.BLACK);
24       g.fillRoundRect(195, 40, 90, 55, 50, 50);
25       g.drawRoundRect(290, 40, 90, 55, 20, 20);
26
27       g.setColor(Color.GREEN);
28       g.draw3DRect(5, 100, 90, 55, true);
29       g.fill3DRect(100, 100, 90, 55, false);
30
31       g.setColor(Color.MAGENTA);
32       g.drawOval(195, 100, 90, 55);
33       g.fillOval(290, 100, 90, 55);
34    }
35 } // end class LinesRectsOvalsJPanel
```

圖 13.18　繪製線段、矩形和橢圓形

```java
1  // Fig. 13.19: LinesRectsOvals.java
2  // Testing LinesRectsOvalsJPanel.
3  import java.awt.Color;
4  import javax.swing.JFrame;
5
```

圖 13.19　測試 LinesRectsOvalsJPanel (1/2)

```
6 public class LinesRectsOvals
7 {
8    // execute application
9    public static void main(String[] args)
10   {
11      // create frame for LinesRectsOvalsJPanel
12      JFrame frame =
13         new JFrame("Drawing lines, rectangles and ovals");
14      frame.setDefaultCloseOperation(JFrame.EXIT_ON_CLOSE);
15
16      LinesRectsOvalsJPanel linesRectsOvalsJPanel =
17         new LinesRectsOvalsJPanel();
18      linesRectsOvalsJPanel.setBackground(Color.WHITE);
19      frame.add(linesRectsOvalsJPanel);
20      frame.setSize(400, 210);
21      frame.setVisible(true);
22   }
23 } // end class LinesRectsOvals
```

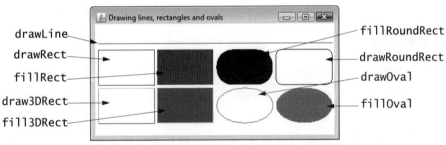

圖 13.19　測試 LinesRectsOvalsJPanel (2/2)

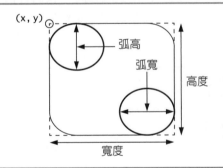

圖 13.20　圓角矩形的弧寬與弧高

　　draw3DRect 方法（圖 13.18，第 28 行）與 **fill3DRect** 方法（第 29 行），會取用相同的引數。前兩個引數指定矩形的左上角。接著兩個引數分別指定矩形的寬和高。最後一個引數則決定矩形為**浮出** (true) 或**陷入** (false)。draw3DRect 的三維效果，是將矩形其中兩邊以原來的顏色繪製，另外兩邊以稍微深一些的顏色繪製來達成。fill3DRect 的三維效果，則是將矩形其中兩邊以原來的顏色繪製，另外兩邊及填滿色彩以稍微深一些的顏色繪製來達成。浮出的矩形，以原繪圖顏色繪製的是矩形的上邊與左邊。陷入的矩形，以原色繪製的則是底邊與右邊。某些顏色較難顯示出立體的效果。

    drawOval 和 **fillOval** 方法（第 32-33 行）會取用相同的四個邊數。前兩個引數指定包含此橢圓形之矩形外框的左上角座標。後兩個引數則分別指定了矩形外框的寬度與高度。圖 13.21 顯示了一個橢圓形及其矩形邊框。此橢圓形會與矩形邊框的四邊中點相切。（矩形並不會顯示在螢幕上。）

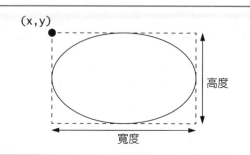

圖 13.21 包含矩形邊框的橢圓形

13.6　繪製圓弧

圓弧會被繪製為橢圓形的一部分。弧角是以**度**為量測單位。圓弧會從**起始角**開始，**劃過**（sweep，亦即沿曲線移動）**弧角**所指定的角度。起始角指定了圓弧開始的角度。弧角則指定了圓弧所劃過的總度數。圖 13.22 描繪了了兩種圓弧。左邊的座標顯示了一段從零度劃到大約 110 度的圓弧。以逆時鐘方向劃過的圓弧，會以**正角度**來表示。右邊的座標則顯示了一段從零度劃到大約 –110 度的圓弧。以順時鐘方向劃過的圓弧，會以**負角度**來表示。請注意圖 13.22 中弧線外圍的虛線外框。在繪製圓弧時，我們會指定橢圓形的矩形外框。此圓弧會劃過這個橢圓形的一部分。圖 13.23 整理了用來繪製圓弧的 Graphics 方法 **drawArc** 與 **fillArc**。

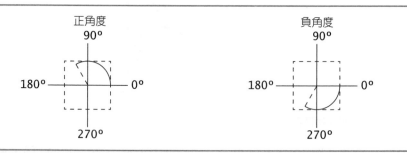

圖 13.22 正弧角與負弧角

方法	說明
`public void drawArc(int x, int y, int width, int height, int startAngle, int arcAngle)` 　　針對左上角座標為 x 和 y，具有指定 width 及 height 的矩形外框，繪製一道圓弧。這段圓弧，會從 startAngle 開始繪製，劃過 arcAngle 度。	

圖 13.23 用來繪製圓弧的 Graphics 方法 (1/2)

方法	說明

public void fillArc(int x, int y, int width, int height, int startAngle, int arcAngle)

針對左上角座標為 x 和 y，具有指定 width 及 height 的矩形外框，繪製一塊實心圓弧（亦即扇形）。這個扇形，會從 startAngle 開始繪製，劃過 arcAngle 度。

圖 13.23　用來繪製圓弧的 Graphics 方法 (2/2)

　　圖 13.24-13.25 展示了圖 13.23 的圓弧方法。此一應用程式繪製了六段圓弧（三段弧線及三塊扇形）。為了展示矩形外框如何協助判斷圓弧出現的位置，前三道圓弧會被顯示在一塊紅色矩形中，此矩形與圓弧擁有相同的引數 x、y、width 及 height。

```java
1  // Fig. 13.24: ArcsJPanel.java
2  // Drawing arcs.
3  import java.awt.Color;
4  import java.awt.Graphics;
5  import javax.swing.JPanel;
6
7  public class ArcsJPanel extends JPanel
8  {
9     // draw rectangles and arcs
10    @Override
11    public void paintComponent(Graphics g)
12    {
13       super.paintComponent(g);
14
15       // start at 0 and sweep 360 degrees
16       g.setColor(Color.RED);
17       g.drawRect(15, 35, 80, 80);
18       g.setColor(Color.BLACK);
19       g.drawArc(15, 35, 80, 80, 0, 360);
20
21       // start at 0 and sweep 110 degrees
22       g.setColor(Color.RED);
23       g.drawRect(100, 35, 80, 80);
24       g.setColor(Color.BLACK);
25       g.drawArc(100, 35, 80, 80, 0, 110);
26
27       // start at 0 and sweep -270 degrees
28       g.setColor(Color.RED);
29       g.drawRect(185, 35, 80, 80);
30       g.setColor(Color.BLACK);
31       g.drawArc(185, 35, 80, 80, 0, -270);
32
33       // start at 0 and sweep 360 degrees
34       g.fillArc(15, 120, 80, 40, 0, 360);
35
36       // start at 270 and sweep -90 degrees
37       g.fillArc(100, 120, 80, 40, 270, -90);
38
39       // start at 0 and sweep -270 degrees
40       g.fillArc(185, 120, 80, 40, 0, -270);
41    }
42 } // end class ArcsJPanel
```

圖 13.24　使用 drawArc 及 fillArc 來顯示圓弧

```
1    // Fig. 13.25: DrawArcs.java
2   // Arcs displayed with drawArc and fillArc.
3   import javax.swing.JFrame;
4
5   public class DrawArcs
6   {
7      // execute application
8      public static void main(String[] args)
9      {
10         // create frame for ArcsJPanel
11         JFrame frame = new JFrame("Drawing Arcs");
12         frame.setDefaultCloseOperation(JFrame.EXIT_ON_CLOSE);
13
14         ArcsJPanel arcsJPanel = new ArcsJPanel();
15         frame.add(arcsJPanel);
16         frame.setSize(300, 210);
17         frame.setVisible(true);
18      }
19 } // end class DrawArcs
```

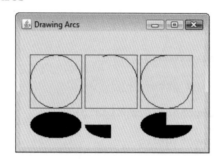

圖 13.25　畫出 arcs

13.7　繪製多邊形與多折線

多邊形是一種由許多直線段構成的封閉多邊圖形。**多折線**則是一連串相連的點，圖 13.26 討論了用來繪製多邊形和多折線的方法。有些方法需要使用到 **Polygon** 物件（`java.awt` 套件）。圖 13.26 也說明了 Polygon 類別的建構子。圖 13.27-13.28 的應用程式，則會繪製多邊形與多折線。

方法　　說明
用來繪製多邊形的 Graphics 方法
`public void drawPolygon(int xPoints[], int yPoints[], int points)` 　　　　繪製一個多邊形。所有頂點的 x 座標指定於陣列 xPoints 中，所有頂點的 y 座標則指定於陣列 yPoints 中。最後一個引數則指出頂點的數量。這個方法會繪製一個封閉多邊形。如果最後一個頂點不同於第一個頂點，則最後一個頂點會被連接至第一個頂點，完成封閉多邊形。
`public void drawPolyline(int xPoints[], int yPoints[], int points)` 　　　　繪製一連串相連的線段。所有頂點的 x 座標指定於陣列 xPoints 中，所有頂點的 y 座標則指定於陣列 yPoints 中。最後一個引數則指出頂點的數量。如果最後一個頂點不同於第一個頂點，則多折線就不會封閉。

圖 13.26　用來繪製多邊形的 Graphics 方法以及 Polygon 類別的方法 (1/2)

方法	說明

public void drawPolygon(Polygon p)
　　繪製指定的多邊形。

public void fillPolygon(int xPoints[], int yPoints[], int points)
　　繪製實心多邊形。所有頂點的 x 座標指定於陣列 xPoints 中，所有頂點的 y 座標則指定於陣列 yPoints 中。最後一個引數則指出頂點的數量。此方法會繪製一個封閉多邊形。如果最後一個頂點不同於第一個頂點，則最後一個頂點會被連接至第一個頂點，完成封閉多邊形。

public void fillPolygon(Polygon p)
　　繪製指定的實心多邊形。此多邊形會是封閉圖形。

Polygon 的建構子與方法

public Polygon()
　　建構一個新的多邊形物件。此多邊形不包含任何頂點。

public Polygon(int xValues[], int yValues[], int numberOfPoints)
　　建構一個新的多邊形物件。此多邊形擁有 numberOfPoints 個邊，其中每個頂點都包含來自 xValues 陣列的 x 座標，以及來自 yValues 陣列的 y 座標。

public void addPoint(int x, int y)
　　增加 x 座標與 y 座標到多邊形當中。

圖 13.26　用來繪製多邊形的 Graphics 方法以及 Polygon 類別的方法 (2/2)

```
1  // Fig. 13.27: PolygonsJPanel.java
2  // Drawing polygons.
3  import java.awt.Graphics;
4  import java.awt.Polygon;
5  import javax.swing.JPanel;
6
7  public class PolygonsJPanel extends JPanel
8  {
9     // draw polygons and polylines
10    @Override
11    public void paintComponent(Graphics g)
12    {
13       super.paintComponent(g);
14
15       // draw polygon with Polygon object
16       int[] xValues = {20, 40, 50, 30, 20, 15};
17       int[] yValues = {50, 50, 60, 80, 80, 60};
18       Polygon polygon1 = new Polygon(xValues, yValues, 6);
19       g.drawPolygon(polygon1);
20
21       // draw polylines with two arrays
22       int[] xValues2 = {70, 90, 100, 80, 70, 65, 60};
23       int[] yValues2 = {100, 100, 110, 110, 130, 110, 90};
24       g.drawPolyline(xValues2, yValues2, 7);
25
```

圖 13.27　使用 drawPolygon 及 fillPolygon 來顯示多邊形 (1/2)

```
26          // fill polygon with two arrays
27          int[] xValues3 = {120, 140, 150, 190};
28          int[] yValues3 = {40, 70, 80, 60};
29          g.fillPolygon(xValues3, yValues3, 4);
30
31          // draw filled polygon with Polygon object
32          Polygon polygon2 = new Polygon();
33          polygon2.addPoint(165, 135);
34          polygon2.addPoint(175, 150);
35          polygon2.addPoint(270, 200);
36          polygon2.addPoint(200, 220);
37          polygon2.addPoint(130, 180);
38          g.fillPolygon(polygon2);
39       }
40    } // end class PolygonsJPanel
```

圖 13.27　使用 drawPolygon 及 fillPolygon 來顯示多邊形 (2/2)

```
1    // Fig. 13.28: DrawPolygons.java
2    // Drawing polygons.
3    import javax.swing.JFrame;
4
5    public class DrawPolygons
6    {
7       // execute application
8       public static void main(String[] args)
9       {
10          // create frame for PolygonsJPanel
11          JFrame frame = new JFrame("Drawing Polygons");
12          frame.setDefaultCloseOperation(JFrame.EXIT_ON_CLOSE);
13
14          PolygonsJPanel polygonsJPanel = new PolygonsJPanel();
15          frame.add(polygonsJPanel);
16          frame.setSize(280, 270);
17          frame.setVisible(true);
18       }
19    } // end class DrawPolygons
```

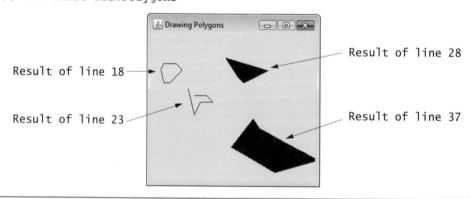

圖 13.28　畫出多邊形

　　圖 13.27 的第 16-17 行建立了兩個 int 陣列，然後用之來指定 Polygon　polygon1 的頂點。第 18 行的 Polygon 建構子呼叫，會接收 xValues 陣列，其中包含每個頂點的 *x* 座標；

還有 yValues 陣列，其中包含每個頂點的 y 座標；以及 6（多邊形的頂點數）。第 19 行將 polygon1 作為引數傳遞給 Graphics 方法 **drawPolygon**，來繪製 polygon1。

　　第 22-23 行建立了兩個 int 陣列，然後用之來指定一連串相連線段的頂點。陣列 xValues2 包含每個頂點的 x 座標，陣列 yValues2 則包含每個頂點的 y 座標。第 24 行使用了 Graphics 方法 **drawPolyline** 來顯示由引數 xValues2、yValues2 及 7（頂點數量）所指定的一連串相連線段。

　　第 27-28 行建立了兩個 int 陣列，然後用之來指定多邊形的頂點。陣列 xValues3 包含每個頂點的 x 座標，陣列 yValue3 包含每個頂點的 y 座標。第 29 行藉由將兩個陣列（xValues3 及 yValues3）及欲繪製的頂點數（4）作為引數，傳遞給 Graphics 的 **fillPolygon** 方法，來顯示出此一多邊形。

> **常見的程式設計錯誤 13.1**
> 如果傳遞給 drawPolygon 或 fillPolygon 方法的第三個引數所指定的點數，大於用來指定欲顯示之多邊形的座標陣列中的元素數目的話，便會拋出 ArrayIndexOutOfBoundsException。

　　第 32 行建立了不含任何頂點的 Polygon 物件 polygon2。第 33-37 行使用了 Polygon 方法 **addPoint** 來將 x 座標與 y 座標加入到這個 Polygon 中。第 38 行會將 Polygon 物件 polygon2 傳遞給 Graphics 方法 fillPolygon，以顯示此多邊形。

13.8　Java 2D API

Java 2D API 為需要精細及複雜的圖形操作之程式設計師，提供了進階的二維繪圖功能。這個 API 在 java.awt、java.awt.image、java.awt.color、java.awt.font、java.awt.geom、java.awt.print 以及 java.awt.image.renderable 套件中，包含了可用來處理線條藝術、文字與圖片的功能。API 的功能過於廣泛以至於無法在本書綜覽，請參閱網站 http://docs.oracle.com/javase/7/docs/technotes/guides/2d/。在本節中，我們只會概述幾種 Java 2D 功能。

　　要使用 Java 2D API 來繪圖，需要透過一個 **Graphics2D** 參照（java.awt 套件）。Graphics2D 是 Graphics 類別的抽象子類別，所以它包含所有本章之前所介紹的繪圖功能。事實上，在所有 paintComponent 方法中用來繪圖的實際物件，都是被傳入 paintComponent 方法的 Graphics2D 子類別實體，它們是透過父類別 Graphics 進行存取。要使用 Graphics2D 的功能，我們必須將傳入 paintComponent 的 Graphics 參照（g），使用諸如下列敘述，轉型成 Graphics2D 參照：

```
Graphics2D g2d = (Graphics2D) g;
```

接下來兩個範例都會使用這個技巧。

線段、矩形、圓角矩形、圓弧及橢圓形

此範例會示範幾種 java.awt.geom 套件中的 Java 2D 圖形，包括 **Line2D.Double**、**Rectangle2D.Double**、**RoundRectangle2D.Double**、**Arc2D.Double** 以及 **Ellipse2D.Double**。請注意各個類別名稱的語法。每個類別都代表一種圖形，其維度是以 double 數值來指定。每種圖形也都有以 float 數值來表示的版本（例如 **Ellipse2D.Float**）。在每種圖形中，Double 指的是點號左邊所指定的類別（例如 Ellipse2D）內的 public static 巢狀類別。要使用 static 的巢狀類別，我們只需要用外層類別名稱來修飾其類別名稱即可。

在圖 13.29-13.30 中，我們繪製了 Java 2D 圖形，並修改它們的繪圖特性，例如更改線段的粗細、用圖樣來填滿圖形或是繪製虛線。這只是 Java 2D 所提供的大量功能中的一小部分而已。

圖 13.29 的第 25 行會將 paintComponent 方法收到的 Graphics 參照轉型為 Graphics2D 參照，然後將之指定給 g2d，讓我們可以使用 Java 2D 功能。

```java
 1  // Fig. 13.29: ShapesJPanel.java
 2  // Testing ShapesJPanel.
 3  import java.awt.Color;
 4  import java.awt.Graphics;
 5  import java.awt.BasicStroke;
 6  import java.awt.GradientPaint;
 7  import java.awt.TexturePaint;
 8  import java.awt.Rectangle;
 9  import java.awt.Graphics2D;
10  import java.awt.geom.Ellipse2D;
11  import java.awt.geom.Rectangle2D;
12  import java.awt.geom.RoundRectangle2D;
13  import java.awt.geom.Arc2D;
14  import java.awt.geom.Line2D;
15  import java.awt.image.BufferedImage;
16  import javax.swing.JPanel;
17
18  public class ShapesJPanel extends JPanel
19  {
20     // draw shapes with Java 2D API
21     @Override
22     public void paintComponent(Graphics g)
23     {
24        super.paintComponent(g);
25        Graphics2D g2d = (Graphics2D) g; // cast g to Graphics2D
26
27        // draw 2D ellipse filled with a blue-yellow gradient
28        g2d.setPaint(new GradientPaint(5, 30, Color.BLUE, 35, 100,
29           Color.YELLOW, true));
30        g2d.fill(new Ellipse2D.Double(5, 30, 65, 100));
31
32        // draw 2D rectangle in red
33        g2d.setPaint(Color.RED);
34        g2d.setStroke(new BasicStroke(10.0f));
35        g2d.draw(new Rectangle2D.Double(80, 30, 65, 100));
36
37        // draw 2D rounded rectangle with a buffered background
38        BufferedImage buffImage = new BufferedImage(10, 10,
39           BufferedImage.TYPE_INT_RGB);
```

圖 13.29　展示一些 Java 2D 圖形 (1/2)

```
40
41      // obtain Graphics2D from buffImage and draw on it
42      Graphics2D gg = buffImage.createGraphics();
43      gg.setColor(Color.YELLOW);
44      gg.fillRect(0, 0, 10, 10);
45      gg.setColor(Color.BLACK);
46      gg.drawRect(1, 1, 6, 6);
47      gg.setColor(Color.BLUE);
48      gg.fillRect(1, 1, 3, 3);
49      gg.setColor(Color.RED);
50      gg.fillRect(4, 4, 3, 3);
51
52      // paint buffImage onto the JFrame
53      g2d.setPaint(new TexturePaint(buffImage,
54         new Rectangle(10, 10)));
55      g2d.fill(
56         new RoundRectangle2D.Double(155, 30, 75, 100, 50, 50));
57
58      // draw 2D pie-shaped arc in white
59      g2d.setPaint(Color.WHITE);
60      g2d.setStroke(new BasicStroke(6.0f));
61      g2d.draw(
62         new Arc2D.Double(240, 30, 75, 100, 0, 270, Arc2D.PIE));
63
64      // draw 2D lines in green and yellow
65      g2d.setPaint(Color.GREEN);
66      g2d.draw(new Line2D.Double(395, 30, 320, 150));
67
68      // draw 2D line using stroke
69      float[] dashes = {10}; // specify dash pattern
70      g2d.setPaint(Color.YELLOW);
71      g2d.setStroke(new BasicStroke(4, BasicStroke.CAP_ROUND,
72         BasicStroke.JOIN_ROUND, 10, dashes, 0));
73      g2d.draw(new Line2D.Double(320, 30, 395, 150));
74   }
75 } // end class ShapesJPanel
```

圖 13.29　展示一些 Java 2D 圖形 (2/2)

```
1 // Fig. 13.30: Shapes.java
2 // Demonstrating some Java 2D shapes.
3 import javax.swing.JFrame;
4
5 public class Shapes
6 {
7    // execute application
8    public static void main(String[] args)
9    {
10      // create frame for ShapesJPanel
11      JFrame frame = new JFrame("Drawing 2D shapes");
12      frame.setDefaultCloseOperation(JFrame.EXIT_ON_CLOSE);
13
14      // create ShapesJPanel
15      ShapesJPanel shapesJPanel = new ShapesJPanel();
```

圖 13.30　測試 ShapesJPanel (1/2)

```
16        frame.add(shapesJPanel);
17        frame.setSize(425, 200);
18        frame.setVisible(true);
19    }
20 } // end class Shapes
```

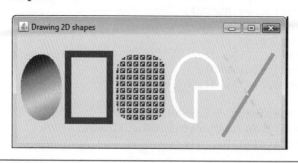

圖 13.30　測試 ShapesJPanel (2/2)

橢圓形、漸層填滿與 Paint 物件

我們所繪製的第一個圖形是一個以漸層顏色填滿的橢圓形。第 28-29 行呼叫了 Graphics2D 的 **setPaint** 方法，來設定 **Paint** 物件，決定圖形要顯示的顏色。Paint 物件實作了 java. awt.Paint 介面。它可以很簡單，像是 13.3 節所介紹的預定義 Color 物件 (Color 類別實作了 Paint)，或者它也可以是 Java 2D API 的 GradientPaint、SystemColor、TexturePaint、LinearGradientPaint 或 RadialGradientPaint 類別的實體。在這範例中，我們使用 GradientPaint 物件。

GradientPaint 類別可幫助我們繪製顏色會逐漸改變的圖形——稱為**漸層**。此處使用的 GradientPaint 建構子需要七個引數。前兩個引數指定了漸層開始的座標。第三個引數指定了漸層開始的 Color。第四和第五個引數指定了漸層結束的座標。第六個引數指定了漸層結束的 Color。最後一個引數則會指定漸層是**循環** (true) 還是**非循環的** (false)。這兩組座標會決定漸層的方向。因為第二個座標 (35, 100) 在第一個座標 (5, 30) 的右下方，所以漸層會往右下進行。由於此漸層是循環的 (true)，所以顏色會從藍色開始，逐漸轉為黃色，然後再逐漸轉回藍色。如果漸層不是循環的，顏色的轉換就只會從第一種指定的顏色（例如藍色）轉換成第二種顏色（例如黃色）。

第 30 行使用了 Graphics2D 的 **fill** 方法來繪製一個實心的 **Shape** 物件——這是一個實作了 Shape 介面（java.awt 套件）的物件。在此例中，我們顯示了一個 Ellipse2D.Double 物件。Ellipse2D.Double 建構子會接收四個引數，指定欲顯示之橢圓形的矩形外框。

矩形、Stroke

接著，我們用較粗的邊來繪製一個紅色矩形。第 33 行呼叫了 setPaint 以將 Paint 物件設定為 Color.RED。第 34 行則使用了 Graphics2D 方法 **setStroke** 來設定矩形外邊的性質（或其他任何圖形的線段性質）。setStroke 方法需要一個實作了 **Stroke** 介面（java.awt 套件）的物件作為引數。在此例中，我們會使用 BasicStroke 類別的實體。BasicStroke 類別提供了幾種建構子，可指定線段的寬度、線段結束的方式（稱爲**結束端點 [end cap]**）、線段相接的方式（稱爲**線段接點 [line join]**）以及線段的虛線性質（若此爲虛線的話）。此處的建構子指定了線段應爲 10 個像素寬度。

第 35 行使用了 Graphics2D 的 **draw** 方法來繪製 Shape 物件——在此例中，爲一 Rectangle2D.Double 物件。Rectangle2D.Double 建構子會接收指定了左上角 x 座標、左上角 y 座標、寬度以及高度的引數。

圓角矩形、BufferedImage 和 TexturePaint 物件

接下來我們會繪製一個圓角矩形，並使用 **BufferedImage**（java.awt.image 套件）物件所建立的圖樣來將之填滿。第 38-39 行會建立一個 BufferedImage 物件。BufferedImage 類別可以用來建立彩色或灰階的影像。此一 BufferedImage 物件爲 10 像素寬及 10 像素高（如建構子前兩個引數所指定的一樣）。第三個引數 **BufferedImage.TYPE_INT_RGB** 指出這個影像會以 RGB 顏色表示法來儲存。

爲了建立圓角矩形的填滿圖樣，我們必須先在 BufferedImage 中繪製此圖樣。第 42 行建立了一個 Graphics2D 物件（藉由呼叫 BufferedImage 的 **createGraphics** 方法），可以用來在 BufferedImage 中繪圖。第 43-50 行使用了 setColor、fillRect 和 drawRect 方法來建立圖樣。

第 53-54 行將 Paint 物件設定爲一個新的 TexturePaint 物件（java.awt 套件）。TexturePaint 物件會使用存放在其相關之 BufferedImage（其建構子的第一個引數）中的影像，作爲填滿圖形的填入紋理。第二個引數則指定了 BufferedImage 中會被複製爲紋理的 Rectangle 區域。在此例中，Rectangle 的尺寸與 BufferedImage 相等。然而，我們也可以使用較小部分的 BufferedImage 來填滿圖形。

第 55-56 行使用了 Graphics2D 的 **fill** 方法來繪製一個實心的 Shape 物件——在此例中，爲一個 RoundRectangle2D.Double 物件。RoundRectangle2D.Double 類別的建構子會接收六個引數，指定矩形的維度及用來決定圓角的弧寬與弧高。

圓弧

接著，我們用粗白線來繪製一個派狀的圓弧。第 59 行會將 Paint 物件設定爲 Color.WHITE。第 60 行會將 Stroke 物件設定爲新的 BasicStroke 物件，代表寬度爲 6 像素的線段。第 61-62 行使用了 Graphics2D 的 draw 方法來繪製一個 Shape 物件——在此例中，爲一 Arc2D.Double。Arc2D.Double 建構子的前四個引數指定了此圓弧矩形外框的左上角 x 座標、左上角 y 座標、寬度及高度，第五個引數指定了起始角。第六個引數指定了圓弧角。最後一個引數則指定了圓弧結束的方式。常數 **Arc2D.PIE** 指出這道圓弧要藉由繪製兩條線段來形成封閉圖形——一條線連接圓弧的起始點到矩形外框中點，另一條線則從矩形外框中點，連接到圓弧的結束點。Arc2D 類別提供另外兩種靜態常數，來指定圓弧要如何封閉。常數 **Arc2D.CHORD** 會繪製一條連接起始點與結束點的線段。常數 **Arc2D.OPEN** 則會指示該圓弧不該封閉。

線段

最後，我們會使用 **Line2D** 物件來繪製兩條線段——一道實線和一道虛線。第 65 行會將 Paint 物件設定為 Color.GREEN。第 66 行會使用 Graphics2D 的 draw 方法，來繪製一個 Shape 物件——在此例中，為一個 Line2D.Double 類別的實體。Line2D.Double 建構子的引數，會指定線段的起始座標及結束座標。

第 69 行宣告了一個元素的 float 陣列，其數值為 10。此陣列會描述虛線的性質。在此例中，每一小段虛線都會是 10 像素長。要在圖樣中建立不同長度的虛線，只需提供每道虛線的長度，作為陣列中的元素即可。第 70 行會將 Paint 物件設定為 Color.YELLOW。第 71-72 行則會將 Stroke 物件設定為新的 BasicStroke。這個線段會是 4 個像素寬，而且具有圓形的端點（**BasicStroke.CAP_ROUND**）。如果有多條線段連結在一起（例如矩形的頂角），它們的接點將會是圓形的（**BasicStroke.JOIN_ROUND**）。dashes 引數指定了線段中的虛線長度。最後一個引數則指定了 dashes 陣列的起始索引，用來繪製圖樣中的第一道虛線。接著第 73 行便使用目前的 Stroke 繪製了一道線段。

使用通用路徑來建立你自己的圖形

接著，我們要來說明**通用路徑**（general path）——一種由直線和複雜曲線所構成的圖形。通用路徑是以 **GeneralPath** 類別（java.awt.geom 套件）的物件來表示。圖 13.31 及圖 13.32 的應用程式，會示範繪製五芒星形的通用路徑。

```
1  // Fig. 13.31: Shapes2JPanel.java
2  // Demonstrating a general path.
3  import java.awt.Color;
4  import java.awt.Graphics;
5  import java.awt.Graphics2D;
6  import java.awt.geom.GeneralPath;
7  import java.security.SecureRandom;
8  import javax.swing.JPanel;
9
10 public class Shapes2JPanel extends JPanel
11 {
12    // draw general paths
13    @Override
14    public void paintComponent(Graphics g)
15    {
16       super.paintComponent(g);
17       SecureRandom random = new SecureRandom();
18
19       int[] xPoints = {55, 67, 109, 73, 83, 55, 27, 37, 1, 43};
20       int[] yPoints = {0, 36, 36, 54, 96, 72, 96, 54, 36, 36};
21
22       Graphics2D g2d = (Graphics2D) g;
23       GeneralPath star = new GeneralPath(); // create GeneralPath object
24
```

圖 13.31　Java 2D 的通用路徑 (1/2)

```
25      // set the initial coordinate of the General Path
26      star.moveTo(xPoints[0], yPoints[0]);
27
28      // create the star--this does not draw the star
29      for (int count = 1; count < xPoints.length; count++)
30          star.lineTo(xPoints[count], yPoints[count]);
31
32      star.closePath(); // close the shape
33
34      g2d.translate(150, 150); // translate the origin to (150, 150)
35
36      // rotate around origin and draw stars in random colors
37      for (int count = 1; count <= 20; count++)
38      {
39          g2d.rotate(Math.PI / 10.0); // rotate coordinate system
40
41          // set random drawing color
42          g2d.setColor(new Color(random.nextInt(256),
43              random.nextInt(256), random.nextInt(256)));
44
45          g2d.fill(star); // draw filled star
46      }
47   }
48 } // end class Shapes2JPanel
```

圖 13.31　Java 2D 的通用路徑 (2/2)

```
1 // Fig. 13.32: Shapes2.java
2 // Demonstrating a general path.
3 import java.awt.Color;
4 import javax.swing.JFrame;
5
6 public class Shapes2
7 {
8     // execute application
9     public static void main(String[] args)
10    {
11        // create frame for Shapes2JPanel
12        JFrame frame = new JFrame("Drawing 2D Shapes");
13        frame.setDefaultCloseOperation(JFrame.EXIT_ON_CLOSE);
14
15        Shapes2JPanel shapes2JPanel = new Shapes2JPanel();
16        frame.add(shapes2JPanel);
17        frame.setBackground(Color.WHITE);
18        frame.setSize(315, 330);
19        frame.setVisible(true);
20    }
21 } // end class Shapes2
```

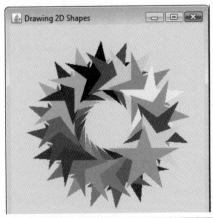

圖 13.32　展示通用路徑

第 19-20 行（圖 13.31）宣告了兩個 int 陣列，代表了星形中每一點的 x 與 y 座標。第 23 行建立了 GeneralPath 物件 star。第 26 行使用 GeneralPath 的 **moveTo** 方法，來指定 star 的第一個點。第 29-30 行的 for 敘述，會使用 GeneralPath 的 **lineTo** 方法來繪製連往 star 中下一點的線段。每次對於 lineTo 方法的新呼叫，都會從前一個點繪製線段到目前的點。第 32 行使用了 GeneralPath 的 **closePath** 方法，從最後一個點繪製線段到前一次呼叫 moveTo 時所指定的點。這樣便完成了通用路徑的繪製。

第 34 行使用了 Graphics2D 的 **translate** 方法，將繪圖原點移動到座標 (150, 150)。現在所有的繪圖操作，都會使用 (150, 150) 作為 (0, 0)。

第 37-46 行的 for 迴圈會繪製 star 20 次，令之繞著新的原點旋轉。第 39 行使用了 Graphics2D 的 **rotate** 方法，來旋轉下一個要顯示的圖形。其引數以弧度（其中 $360° = 2\pi$ 弧度）指定了旋轉的角度。第 45 行使用了 Graphics2D 的 **fill** 方法，來繪製 star 的實心版本。

13.9　總結

在本章中，你學會如何使用 Java 的繪圖功能，來產生多彩多姿的繪圖。如何使用 Java 的座標系統來指定物件位置，如何利用 paintComponent 方法在視窗內繪圖。我們也介紹了 Color 類別，學到如何使用此類別，藉由 RGB 三原色來指定不同的顏色。也使用了 JColorChooser 對話框，讓使用者能夠在程式中選擇顏色。接著，你學到如何在視窗中繪製文字時，使用字型。如何透過字型名稱、樣式及大小建立 Font 物件，以及如何存取字型的規格。接著，在視窗中繪製各式各樣的圖形，例如矩形（一般、圓角或 3D）、橢圓形、多邊形以及線段與圓弧。利用了 Java 2D API 來建立更複雜的圖形，並以漸層或圖樣來填滿它們。本章最後，是以關於通用路徑的討論作結束，我們會使用通用路徑，以利用直線段及複雜曲線來建構圖形。在下一章中，會討論 String 類別及其方法。並介紹正規表示法，以在字串中進行圖樣比對，示範如何使用正規表示法來驗證使用者的輸入。

摘要

13.1　簡介

- Java 的座標系統是一種用來識別螢幕上每個像點的機制。
- 座標對包含一個 x 座標（水平）與一個 y 座標（垂直）。
- 座標會被用來指定圖形應該要顯示於螢幕上的何處。
- 座標單位是以像素 (pixel) 來表示。像素是螢幕解析度的最小單位。

13.2　繪圖環境與繪圖物件

- Java 的繪圖環境讓我們可以在螢幕上繪圖。
- Graphics 類別包含可用來繪製字串、線段、矩形及其他形狀的方法。通常也會包含用來操作字型及顏色的方法。
- Graphics 物件會負責管理繪圖環境，並可在螢幕上繪製像素，來代表文字與其他繪圖物件，例如線段、橢圓、矩形與其他多邊形。
- Graphics 類別是一種 abstract 類別。每個 Java 實作都包含一個 Graphics 子類別，提供繪圖的能力。Graphics 類別會隱藏這些實作不讓我們看見，並提供一個介面，讓我們得以用與平台無關的方式使用繪圖功能。
- paintComponent 方法可以用來在任何 JComponent 物件上繪製圖形。
- 當輕量級 Swing 元件需要重繪時，paintComponent 方法就會收到一個系統傳來的 Graphics 物件。
- 當應用程式執行時，應用程式的容器會呼叫 paintComponent 方法。要再次呼叫 paintComponent 方法，必須發生事件。
- 在顯示 JComponent 時，會呼叫其 paintComponent 方法。
- 對於元件呼叫 repaint 方法，會更新此元件上頭的繪圖。

13.3　顏色控制

- Color 類別宣告了在 Java 程式中用來操作顏色的方法及常數。
- 所有顏色都是由紅、綠、藍三原色所構成。三者合稱 RGB 值。RGB 的成員會分別指定紅、綠、藍色的濃度。RGB 值越大，則該特定顏色的濃度就越高。
- Color 方法 getRed、getGreen 及 getBlue，分別會傳回代表紅色、綠色及藍色量的 int 數值，介於 0 到 255 之間。
- Graphics 的 getColor 方法會傳回一個包含目前的繪圖顏色的 Color 物件。
- Graphics 的 setColor 方法會設定目前的繪圖顏色。
- Graphics 的 fillRect 方法會繪製一個由 Graphics 物件目前的顏色所填滿的矩形。
- Graphics 的 drawString 方法會以目前的顏色繪製一個 String。
- GUI 元件 JColorChooser 讓應用程式使用者得以選取顏色。
- JColorChooser static 方法 showDialog 會顯示一個狀態 JColorChooser 對話框。

13.4　操作字型

- Font 類別包含用來操作字型的方法及常數。
- Font 類別的建構子會取用三個引數——字型名稱、字型樣式與字型大小。
- Font 的字型樣式可以是 Font.PLAIN、Font.ITALIC 或 Font.BOLD（均為 Font 類別的 static 欄位）。字型樣式可以結合使用（例如 Font.ITALIC + Font.BOLD）。
- 字型大小是以點為單位來量測。一點是 1/72 英吋。
- Graphics 的 setFont 方法會設定繪圖字型，文字將以此字型顯示。
- Font 的 getSize 方法，則會以點數傳回字型的大小。
- Font 的 getName 方法，則會以字串傳回代表目前字型的名稱。
- Font 的 getStyle 方法會傳回一個代表目前 Font 樣式的整數值。
- Font 的 getFamily 方法，會傳回目前字型所屬的字型群組名稱。字型群組的名稱會依作業平台而有所不同。
- FontMetrics 類別包含可用來取得字型相關資訊的方法。
- 字型規格包括行高、字高、字深與行距。

13.5　繪製線段、矩形和橢圓形

- Graphics 方法 fillRoundRect 和 drawRoundRect，會繪製圓角矩形。
- Graphics 方法 draw3DRect 和 fill3DRect，會繪製立體矩形。
- Graphics 方法 drawOval 及 fillOval，會繪製橢圓形。

13.6　繪製圓弧

- 圓弧會被繪製為不完整的橢圓形。
- 圓弧會從起始角開始，然後劃過弧角所指定的度數。
- Graphics 的 drawArc 方法及 fillArc 方法，會被用來繪製圓弧。

13.7　繪製多邊形與多折線

- Polygon 類別包含可用來建立多邊形的方法。
- 多邊形是一種由直線段構成的封閉多邊圖形。
- 多折線則是一連串相連的點。
- Graphics 方法 drawPolyline 會顯示出一連串相連的線段。
- Graphics 方法 drawPolygon 及 fillPolygon 會被用來繪製多邊形。
- Polygon 方法 addPoint 會將 x 及 y 座標對加入到 Polygon 中。

13.8　Java 2D API

- Java 2D API 提供了進階的二維繪圖功能。
- Graphics2D 類別——Graphics 的子類別——會被用來進行 Java 2D API 的繪圖。
- Java 2D API 可用來繪製圖形的類別包括 Line2D.Double、Rectangle2D.Double、

RoundRectangle2D.Double、Arc2D.Double 及 Ellipse2D.Double。

- GradientPaint 類別可幫助你繪製顏色逐漸改變的圖形——稱爲漸層。
- Graphics2D 的 fill 方法可繪製任何型別的實心物件，只要此型別有實作 Shape 介面即可。
- BasicStroke 類別可幫助你指定線段的繪圖性質。
- Graphics2D 的 draw 方法，會被用來繪製 Shape 物件。
- GradientPaint 和 TexturePaint 類別，可幫助你指定用顏色或圖樣填滿圖形的性質。
- 通用路徑是一個用直線和複雜曲線所構成的圖形，以 GeneralPath 類別的物件來代表。
- GeneralPath 的 moveTo 方法會指定通用路徑中的第一個點。
- GeneralPath 的 lineTo 方法會繪製出連往路徑中下一個點的線段。每次新呼叫 lineTo 方法，都會從前一個點連接線段到目前的點。
- GeneralPath 的 closePath 方法，會從最後一個點，連接到上次呼叫 moveTo 時所指定的點。這樣便完成了通用路徑的繪製。
- Graphics2D 的 translate 方法，會被用來將繪圖原點，搬移到新的位置。
- Graphics2D 的 rotate 方法，會被用來旋轉下一則要顯示的圖形。

自我測驗題

13.1 請填入下列敘述中的空格：
a) Java 2D 中，_____ 類別中的 _____ 方法，可設定 stroke 的特性，使用於繪製一個形狀。
b) _____ 類別有助於指定實心圖形內部顏色的變換。
c) Graphics 類別的 _____ 方法會在兩點之間畫線。
d) RGB 是 _____、_____ 和 _____ 的簡稱。
e) 字型大小的單位是 _____。
f) _____ 類別運用 BufferedImage 指定實心圖形中的圖樣。

13.2 請指出下列何者爲眞，何者爲僞。如果爲僞，請說明理由。
a) Graphics 方法 drawOval 的前兩個引數指定了橢圓形的中點座標。
b) 在 Java 座標系統中，x 座標是由左向右遞增，而 y 座標則是由上向下遞增。
c) Graphics 方法 fillPolygon 會以目前的顏色繪製實心多邊形。
d) Graphics 方法 drawArc 容許使用負數角度。
e) Graphics 的 getSize 方法會傳回目前字型的尺寸，以公分爲單位。
f) 像素座標 (0, 0) 位於螢幕的正中央。

13.3 請找出以下程式碼的錯誤，並說明如何更正。假設 g 是一個 Graphics 物件。
a) `g.setFont("SansSerif");`
b) `g.erase(x, y, w, h); // clear rectangle at (x, y)`
c) `Font f = new Font("Serif", Font.BOLDITALIC, 12);`
d) `g.setColor(255, 255, 0); // change color to yellow`

自我測驗題解答

13.1 a) setStroke、Graphics2D b) GradientPaint c) drawLine d) 紅色、綠色、藍色 e) 點 f) TexturePaint

13.2 a) 偽。前兩個引數指定了矩形外框的左上角。

b) 真。

c) 真。

d) 真。

e) 偽。字型大小是以點為量測單位。

f) 偽。座標值 (0, 0) 對應到繪圖出現於其上的 GUI 元件左上角。

13.3 a) setFont 方法是接收 Font 物件作為引數——而非 String。

b) Graphics 類別沒有 erase 方法。clearRect 方法應該被使用。

c) Font.BOLDITALIC 不是個有效的字型，要用粗體 italic 字型，請使用粗體 +ITALIC 字型。

d) setColor 方法將 Color 物件為引數不是三個整數。

習題

13.4 請填入下列敘述中的空格：

a) Java 2D API 中的 _____ 類別是用來畫橢圓形。

b) Graphics2D 的 draw 及 fill 方法需要一個 _____ 型別的物件當作它們的參數。

c) 三個用來指定字體的常數是 _____、_____ 和 _____。

d) Graphics2D 的 _____ 方法用於設定 Java 2D 圖形的繪圖顏色。

13.5 請指出下列何者為真，何者為偽。如果為偽，請說明理由。

a) Graphics2D 延伸出類別 Graphics。

b) Java 座標系統中，螢幕中心代表點 (0,0)。

c) Graphics 方法 drawCircle 用於畫圓形。

d) 若要更新現有的圖形，需要呼叫方法 repaint。

e) 若要改變字型，需要建立一個新的字型物件。

f) Graphics 是一個介面。

g) isBold 是類別 FontMetrics 其中一個方法。

13.6 （使用 **drawArc 方法繪製同心圓**）試撰寫一應用程式，會繪製連續八個同心圓。每個圓應該要相隔 10 個像素。請使用 Graphics 方法 drawArc。

13.7 （使用 **Ellipse2D.Double 類別繪製同心圓**）請修改你習題 13.6 的答案，改用 Ellipse2D.Double 類別和 Graphics2D 類別的 draw 方法來繪製橢圓形。

13.8 （使用 **drawArc 和 drawLine 繪製時鐘**）試撰寫一個繪製時鐘的應用程式。運用方法 drawLine 使得分針指向 12 而時針指向 3。（注意：時針通常比分針短。）

13.9 （**繪製一個風扇**）試撰寫一個繪製類風扇圖形的應用程式（具有四個連接同一個中心

的等腰三角形。)所有的三角形必須使用同一個顏色。運用類別 Graphics2D 中的方法 GeneralPath 和方法 fill 繪製三角形。

13.10（隨機字元）試撰寫一應用程式，會在螢幕上不同位置以不同的字型、大小及顏色隨機繪製 "Your Name"。

13.11（使用 **drawLine** 方法繪製網格）試撰寫一應用程式，會在螢幕上不同位置以不同的字型、大小及顏色隨機繪製 "Your Name"。

13.12（繪製一個使用不同顏色填滿的圓形）試撰寫一繪製擁有兩種顏色的圓形（上半圓是紅色，下半圓是綠色）的應用程式。

13.13（使用 **drawRect** 方法繪製網格）試撰寫一應用程式，繪製 10 乘 10 的網格。請利用 Graphics 方法 drawRect。

13.14（請繪製巢狀矩形）試撰寫一使用類別 Rctangle2d.Double 繪製 10 個巢狀矩形的應用程式。所有的矩形必須使用 10 個像素分開。

13.13（繪製四面體）試撰寫一應用程式，繪製四面體（三維圖形，四面皆為三角形的錐體）。請使用 GeneralPath 類別和 Graphics2D 類別的 draw 方法。

13.16（繪製立方體）試撰寫一應用程式，繪製立方體。請使用 GeneralPath 類別和 Graphics2D 類別的 draw 方法。

13.17（使用 **Ellipse2D.Double** 類別繪製圓形）試撰寫一應用程式，會請求使用者以浮點數輸入圓形半徑，然後繪製出該圓形。並顯示該圓的直徑、圓周和面積。請使用數值 3.14139 來表示 π。[請注意：你也可以使用預定義的常數 Math.PI 來表示 π。這個常數比 3.14139 還要精確。Math 類別宣告於 java.lang 套件，所以你並不需要 import 它。] 請使用下列公式（r 表示半徑）：

diameter = $2r$
circumference = $2 \pi r$
area = πr^2

除了半徑之外，此程式應當要提示使用者輸入一組座標。然後請使用 Ellipse2D.Double 物件來表示圓形，用 Graphics2D 類別的 draw 方法來顯示該圓形，以繪製此圓形，並顯示其直徑、圓周和面積。

13.18（螢幕保護程式）試撰寫一應用程式，模擬螢幕保護程式。此程式應當要使用 Graphics 類別的 drawLine 方法來隨機繪製線段。在畫完 100 條線之後，應用程式應當要先清除自己，然後再開始重新畫線。為了讓程式可以連續繪圖，請在 paintComponent 方法的最後一行放置一個 repaint 呼叫。請注意到這種做法在你的系統上，有造成什麼問題嗎？

13.19（使用 **Timer** 的螢幕保護程式）javax.swing 套件包含一個稱為 Timer 的類別，它可以每隔固定時間（時間單位為毫秒），呼叫 ActionListener 介面的 actionPerformed 方法。請修改你習題 13.18 的答案，從 paintComponent 方法中移除 repaint 呼叫。請宣告你自己的類別，以實作 ActionListener。（actionPerformed 方法只需呼叫 repaint。）請在你的類別中宣告一個型別為 Timer 的實體變數 timer。在你類別的建構子中，請撰寫以下敘述：

```
timer = new Timer(1000, this);
timer.start();
```

這會產生一個 Timer 類別的實體，它會每隔 1000 毫秒（亦即每秒）呼叫一次 this 物件的 actionPerformed 方法。

13.20（隨機數量線段的螢幕保護程式） 請修改你習題 13.19 中的答案，讓使用者可以選擇在應用程式清除自己，重新開始繪製線段之前，應該要顯示的隨機線段數量。請使用 JTextField 來取得此一數值。使用者應該要能夠在程式執行時，隨時在 JTextField 中輸入新的數值。請使用內層類別，來進行 JTextField 的事件處理。

13.21（繪製螢幕保護程式的圖形） 請修改你習題 13.20 的答案，使用亂數產生器以選擇顯示不同的形狀。請使用 Graphics 類別的方法。

13.22（使用 Java 2D AIP 的螢幕保護程式） 請修改你習題 13.21 的答案，使用 Java 2D API 的類別和繪圖功能。請繪製諸如矩形或橢圓形的形狀，使用隨機產生的漸層。請使用 GradientPaint 類別來產生漸層。

13.23（烏龜繪圖法） 請修改你習題 7.21——烏龜繪圖法——的答案，請利用 JTextField 及 JButton 加入圖形使用者介面。請繪製線段，代替星號 (*)。當烏龜繪圖程式指定移動時，請將位置編號乘以 10（或任何你選擇的數字）的數值，將之轉換成螢幕上的像素值。請使用 Java 2D API 來實作其繪圖。

13.24（騎士行） 請建立騎士行問題的圖形化版本（習題 7.22、習題 7.23 以及習題 7.26）。每進行一次移動，棋盤上適當的方格，就應該要更新為正確的可抵達度。若程式的結果是完整行程或封閉行程，程式也應該要能夠顯示出適當的訊息，如果你喜歡，也可以使用 Timer 類別（參閱習題 13.19）幫助騎士行動畫化。

13.25（龜兔賽跑） 請為龜兔賽跑的模擬程式（習題 7.28）建立圖形化的版本。請繪製從視窗左下角延伸到右上角的圓弧，來模擬高山，烏龜和兔子應該要比賽爬上這座山峰。請實作圖形化輸出，在每次移動時實際印出圓弧上的烏龜及兔子。[提示：請延伸比賽的距離從 70 增加到 300，讓你可以擁有較大的繪圖區域。]

13.26（繪製螺旋） 試撰寫一應用程式，會使用 Graphics 方法 drawPolyline 繪製類似圖 13.33 所示的螺旋圖形。

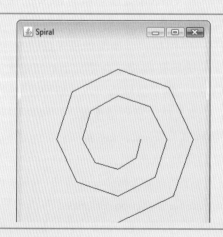

圖 13.33　使用 drawPolyline 方法繪製的螺旋。

13.27 (圓餅圖) 試撰寫一程式，可輸入四個數字，然後將之繪製爲圓餅圖。請使用 Arc2D. Double 類別及 Graphics2D 類別的 fill 方法來進行繪圖。請用不同的顏色來繪製圓餅的每一塊。

13.28 (選擇圖形) 試撰寫一程式，讓使用者從 JComboBox 中選擇形狀，然後在 paintComponent 方法中，以隨機位置和大小繪製該形狀 20 次。JComboBox 的第一個項目應該要是預設圖形，會在第一次呼叫 paintComponent 時加以顯示。

13.29 (隨機顏色) 請修改你在習題 13.28 的答案，以隨機選擇的顏色，來繪製 20 個隨機大小的圖形。請在 Color 陣列中，使用預定義的全部 13 個 Color 物件。

13.30 (JColorChooser 對話) 請對習題 13.28 進行修改使得使用者可以從一個 JColorChooser 對話中選擇填滿圖形的顏色。

(選讀) GUI 及繪圖案例研究：加入 Java 2D

13.31 Java 2D 引進了許多新功能，可以建立獨特且令人印象深刻的圖形。我們將這些功能的一小部分，加入到你在習題 12.17 所建立的繪圖程式中。在這個版本中，你會讓使用者可以指定用來填滿圖形的漸層，以及改變繪製線段及圖形外框的筆觸性質。使用者可以選擇漸層所使用的顏色，以及設定筆觸的寬度和虛線長度。

首先，你必須更新 MyShape 階層以支援 Java 2D 功能。請在 MyShape 類別中進行以下修改：

a) 將 abstract 方法 draw 的參數型別，從 Graphics 改爲 Graphics2D。

b) 將所有型別爲 Color 的變數，改爲 Paint 型別，以支援漸層功能。[請注意：請回想一下，Color 類別實作了 Paint 介面。]

c) 請在 MyShape 類別中加入型別爲 Stroke 的實體變數，以及在建構子中加入 Stroke 參數，以初始化新的實體變數。預設的筆觸應該要是 BasicStroke 類別的實體。

MyLine、MyBoundedShape、MyOval 及 MyRectangle 類別，應該都要在建構子中加入一個 Stroke 參數。在 draw 方法中，每種圖形都應該要在繪製或填滿圖形前，設定其 Paint 和 Stroke。由於 Graphics2D 是 Graphics 的子類別，所以我們可以繼續使用 Graphics 的方法 drawLine、drawOval、fillOval 諸如此類等等，來繪製圖形。當呼叫上述方法時，這些方法會使用指定的 Paint 和 Stroke 設定，來繪製適當的圖形。

接下來，你要更新 DrawPanel，以處理 Java 2D 的功能。請將所有的 Color 變數改爲 Paint 變數。請宣告一個型別爲 Stroke 的實體變數 currentStroke，並爲其提供 set 方法。請更新所有對個別圖形建構子的呼叫，加入 Paint 和 Stroke 引數。在 paintComponent 方法中，請將 Graphics 參照轉型爲 Graphics2D 型別，然後使用此 Graphics2D 參照來進行每次 MyShape 的 draw 方法呼叫。

接著，請讓 GUI 能夠使用 Java 2D 的新功能。請建立一個 GUI 元件的 JPanel，來設定 Java 2D 選項。請將這些元件，加入到目前包含標準圖形控制項的圖版下方，DrawFrame 的頂端 (參閱圖 13.34)。這些 GUI 元件應該要包含：

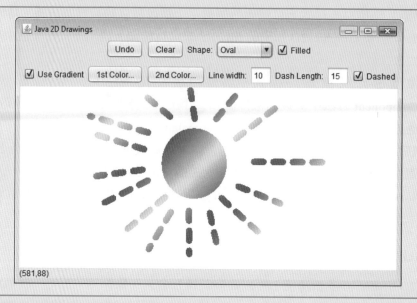

圖 13.34　使用 Java 2D 繪圖

   a)　一個核取方塊，以指定是否要使用漸層來填色。

   b)　兩個 JButton，兩者皆會顯示 JColorChooser 對話框，讓使用者可以選擇漸層的第一及第二個顏色。（這些對話框會取代掉習題 12.17 中用來選擇顏色的 JComboBox）。

   c)　一個文字欄位，用來輸入 Stroke 寬度。

   d)　一個文字欄位，用來輸入 Stroke 的虛線長度。

   e)　一個核取方塊，用來選擇要繪製虛線或實線。

如果使用者選擇以漸層繪圖，請將 DrawPanel 上頭的 Paint 設定爲使用者所選擇的兩個顏色的漸層。運算式

```
new GradientPaint(0, 0, color1, 50, 50, color2, true))
```

會建立一個 GradientPaint，從左上到右下，沿對角線每 50 個像素就循環一次。變數 color1 及 color2 代表使用者所選擇的顏色。如果使用者並未選擇使用漸層，只需簡單地將 DrawPanel 上頭的 Paint，設定成使用者所選擇的第一個 Color 就好。

針對筆觸，如果使用者選擇了實線，則請使用下列運算式建立 Stroke：

```
new BasicStroke(width, BasicStroke.CAP_ROUND, BasicStroke.JOIN_ROUND)
```

其中變數 width，代表使用者在線條寬度的文字欄位中，所輸入的指定寬度。如果使用者選擇了虛線，請以以下運算式建立 Stroke：

```
new BasicStroke(width, BasicStroke.CAP_ROUND, BasicStroke.JOIN_
   ROUND,10, dashes, 0)
```

其中 width 仍然是線條寬度欄位的輸入值，dashes 則是一個單元素的陣列，其數值等於虛線長度欄位中指定的長度。在 DrawPanel 中建立圖形時，也必須將 Panel 和 Stroke 物件傳給圖形物件的建構子。

進階習題

13.32（為低視能者顯示大字型）電腦與網際網路對所有人而言，不管他有什麼殘疾，都要能達到無障礙環境，這件事變得越來越為重要；而這些輔助工具在我們的日常生活與工作中，也扮演著越來越重要的角色。根據世界衛生組織最新的資料 (www.who.int/mediacentre/factsheets/fs282/en/)，全世界有 2.46 億人有低視能的問題。要了解更多關於低視能的資訊，請看看使用 GUI 的低視能模擬，位於 www.webaim.org/simulations/lowvision.php。低視能者在閱讀電子文件與網頁時，可能會比較希望選擇某種字型，或較大的字型大小。Java 提供五種內建的「邏輯」字型，保證可在任何 Java 實作上使用，包括 Serif、Sans-Serif 還有 Monospaced。試撰寫一 GUI 應用程式，提供一個 JTextArea 讓使用者可以輸入文字。請讓使用者從 JComboBox 選擇 Serif、Sans-serif 或 Monospaced。請提供一個 Bold JCheckBox，如果勾選的話，請讓文字變粗體。請加入 Increase Font Size 與 Decrease Font Size 的 Jbuttons，讓使用者可以將字型分別調大或調小，一次調整一點。請從 18 點的字型大小開始。為了達成此習題的目的，請將 JComboBox、JButtons 和 JCheckBox 的字型大小都設定為 20 點，讓低視能的人也能夠閱讀上頭的文字。

Memo

字串、字元和正規表示法

The chief defect of Henry King
Was chewing little bits of string.
—Hilaire Belloc

Vigorous writing is concise.
A sentence should contain
no unnecessary words, a
paragraph no unnecessary
sentences.
—William Strunk, Jr.

I have made this letter longer
than usual, because I lack the
time to make it short.
—Blaise Pascal

學習目標

在本章中，你將會學習到：

- 建立及操作不可變易的 String 類別字串物件。
- 建立及操作可變易的 StringBuilder 類別字串物件。
- 建立及操作 Character 類別的物件。
- 使用 String 方法 split 將 String 物件切割成字符。
- 使用正規表示法來驗證輸入至應用程式中的 String 資料。

14.1 簡介

本章會介紹 Java 的字串與字元處理能力。此處所討論的技巧，可用於驗證程式輸入、對使用者顯示資訊，以及其他與文字有關的操作。這些技巧也可用於開發文字編輯器、文字處理器、排版軟體、電腦排版系統，以及其他文字處理軟體。我們在前幾章中，已呈現過幾種字串處理功能。本章會詳細討論 java.lang 套件中的 String、StringBuilder 與 Character 類別的功能——這些類別提供了 Java 字串與字元處理的基礎。

    本章也討論了正規表示法，提供應用程式驗證輸入值的能力。這些功能除了 String 類別之外，也包含在 java.util.regex 套件的 Matcher 和 Pattern 類別中。

14.2 字元和字串的基本原理

字元是 Java 原始碼的基本建構單位。每支程式都是由一連串字元所構成——以有意義的方式組織在一起—— Java 編譯器會將之解讀爲一連串用來完成任務的指令。程式中可能包含**字元字面（character literal）**。字元字面是一個整數值，表示單引號中的字元。例如，'z' 代表 z 的整數值，'\t' 則代表換行符號的整數值。字元字面的數值等於該字元在 **Unicode 字元集（Unicode character set）**中所對應的整數值。附錄 B 呈現了這些字元在 ASCII 字元集中對應的整數值，ASCII 是 Unicode 的子集合（於線上教材附錄 H 中討論）。

    請回想一下 2.2 節，字串是將一連串字元當作一個單位來處理。字串可以包含字母、數字和**各種特殊字元（special charactes）**，例如 +、-、*、/ 及 $ 等。字串是 String 類別的物件。**字串字面（String literal，在記憶體中以 String 物件的形式儲存）**會寫成雙引號中的一連串字元，如：

```
"John Q. Doe"              (a name)
"9999 Main Street"         (a street address)
"Waltham, Massachusetts"   (a city and state)
"(201) 555-1212"           (a telephone number)
```

我們也可以將字串指定給 String 參照。宣告：

```
String color = "blue";
```

會將 String 變數 color，初始化為指向包含字串 **"blue"** 的 String 物件。

 增進效能的小技巧 14.1
為了節省記憶體，Java 會將所有內容相同的字串字面，都處理為一個 String 物件，並擁有許多指向它的參照。

14.3 String 類別

在 Java 中，String 類別來表示字串。接下來幾個小節會介紹許多 String 類別的功能。

14.3.1 String 建構子

String 類別提供了可以用許多方式初始化 String 物件的建構子。圖 14.1 的 main 方法，示範了其中四種建構子。

```
1  // Fig. 14.1: StringConstructors.java
2  // String class constructors.
3
4  public class StringConstructors
5  {
6     public static void main(String[] args)
7     {
8        char[] charArray = {'b', 'i', 'r', 't', 'h', ' ', 'd', 'a', 'y'};
9        String s = new String("hello");
10
11       // use String constructors
12       String s1 = new String();
13       String s2 = new String(s);
14       String s3 = new String(charArray);
15       String s4 = new String(charArray, 6, 3);
16
17       System.out.printf(
18          "s1 = %s\ns2 = %s\ns3 = %s\ns4 = %s\n", s1, s2, s3, s4);
19    }
20 } // end class StringConstructors
```

```
s1 =
s2 = hello
s3 = birth day
s4 = day
```

圖 14.1　String 類別的建構子

第 12 行使用了 String 類別的無引數建構子實體化一個新的 String，然後將其參照指定給 s1。這個新的 String 物件不包含任何字元（亦即**空字串 [empty string]**，也可以表示爲 ""），長度爲 0。第 13 行使用了 String 類別會取用一個 String 物件作爲引數的建構子，來實體化一個新的 String 物件，然後將其參照指定給 s2。新的 String 物件，與作爲引數傳送給建構子的 String 物件 s，具有相同的字元序列。

> **增進效能的小技巧 14.2**
> 複製一個現有的 String 物件是不必要的。String 物件是不可變易的，因爲 String 類別不提供任何程式可以修改 String 物件的方法。

第 14 行使用了 String 類別取用 char 陣列作爲引數的建構子，實體化了一個新的 String 物件，並將其參照指定給 s3。新的 String 物件會包含這個陣列中字元的副本。

第 15 行使用了 String 類別取用 char 陣列，以及兩個整數作爲引數的建構子，實體化一個新的 String 物件，並將其參照指定給 s4。第二個引數指定了從陣列中取用字元的起始位置（偏移量）。請記得第一個字元是位於位置 0。第三個引數則指定了要從陣列中取用的字元數目（計數）。新的 String 物件會使用所取用的字元來組成。如果引數所指定的偏移量或計數，會造成程式存取位在字元陣列界線之外的元素，便會拋出 StringIndexOutOfBoundsException。

14.3.2 String 方法 length、charAt 和 getChars

String 方法 **length**、**charAt** 和 **getChars**，分別傳回 String 的長度、位於 String 特定位置的字元，以及從 String 中取得一組字元成爲 char 陣列。圖 14.2 示範了上述各個方法。

```
1  // Fig. 14.2: StringMiscellaneous.java
2  // This application demonstrates the length, charAt and getChars
3  // methods of the String class.
4
5  public class StringMiscellaneous
6  {
7     public static void main(String[] args)
8     {
9        String s1 = "hello there";
10       char[] charArray = new char[5];
11
12       System.out.printf("s1: %s", s1);
13
14       // test length method
15       System.out.printf("\nLength of s1: %d", s1.length());
16
17       // loop through characters in s1 with charAt and display reversed
18       System.out.printf("%nThe string reversed is: ");
19
20       for (int count = s1.length() - 1; count >= 0; count--)
21          System.out.printf("%c ", s1.charAt(count));
22
```

圖 14.2 String 方法 length、charAt 和 getChars (1/2)

```
23          // copy characters from string into charArray
24          s1.getChars(0, 5, charArray, 0);
25          System.out.printf("%nThe character array is: ");
26
27          for (char character : charArray)
28              System.out.print(character);
29
30          System.out.println();
31      }
32 } // end class StringMiscellaneous
```

```
s1: hello there
Length of s1: 11
The string reversed is: e r e h t o l l e h
The character array is: hello
```

圖 14.2　String 方法 length、charAt 和 getChars (2/2)

　　第 15 行使用了 String 方法 length 來判斷 String s1 中的字元數。就像陣列一樣，字串也知道自己的長度。然而，與陣列不同的是，你得透過 String 類別的 length 方法來取得 String 的長度。

　　第 20-21 行會以反向順序印出 String s1 中的字元（並以空格相隔）。String 方法 charAt（第 21 行）會傳回 String 中位於指定位置的字元。charAt 方法會接收一個整數引數，用來作爲索引值，並傳回位於該位置的字元。就像陣列一樣，String 的第一個元素也是位於位置 0。

　　第 24 行使用了 String 方法 getChars 來複製 String 的字元到字元陣列中。第一個引數是要開始複製字元的起始索引值。第二個引數則是位於最後一個要從 String 中複製的字元之後的索引值。第三個引數則是欲複製之字元的目標字元陣列。最後一個引數則是目標字元陣列要開始放置複製字元的位置索引值。接著，第 27-28 行會印出這個 char 陣列，一次印出一個字元。

14.3.3　字串比較

第 19 章討論過陣列的排序與搜尋。經常，我們要排序或搜尋的資料中，會包含必須加以比較的 String，以便將這些資訊依序擺放，或是判斷某個字串是否有出現在陣列（或其他資料集合）中。String 類別提供了比較字串的方法，如下兩個範例所示範。

　　要了解何謂一個字串大於或小於另一個字串，請考量依字母排列姓氏的程序。無庸置疑的，你會將「Jones」放在「Smith」前面，因爲在英文字母中，「Jones」的第一個字母順序在「Smith」的第一個字母前面。但英文字母不只是 26 個字母而已——它是一個有序的字元集合。每個字母都會出現在集合的特定位置上。Z 不只是一個英文字母——它是英文字母中的第二十六個字母。

　　電腦要怎麼知道某個字母位於另一個字母之後呢？所有字元在電腦中，都是以數字編碼的方式來表示（請參閱附錄 B）。當電腦在比較 String 時，其實是在比較 String 中字元的數字編碼。

圖 14.3 展示了 String 方法 equals、**equalsIgnoreCase**、**compareTo** 和 **regionMatches**，並使用等號運算子 == 來比較 String 物件。

```java
1   // Fig. 14.3: StringCompare.java
2   // String methods equals, equalsIgnoreCase, compareTo and regionMatches.
3
4   public class StringCompare
5   {
6      public static void main(String[] args)
7      {
8         String s1 = new String("hello"); // s1 is a copy of "hello"
9         String s2 = "goodbye";
10        String s3 = "Happy Birthday";
11        String s4 = "happy birthday";
12
13        System.out.printf(
14           "s1 = %s\ns2 = %s\ns3 = %s\ns4 = %s\n\n", s1, s2, s3, s4);
15
16        // test for equality
17        if (s1.equals("hello"))   // true
18           System.out.println("s1 equals \"hello\"");
19        else
20           System.out.println("s1 does not equal \"hello\"");
21
22        // test for equality with ==
23        if (s1 == "hello")   // false; they are not the same object
24           System.out.println("s1 is the same object as \"hello\"");
25        else
26           System.out.println("s1 is not the same object as \"hello\"");
27
28        // test for equality (ignore case)
29        if (s3.equalsIgnoreCase(s4))   // true
30           System.out.printf("%s equals %s with case ignored\n", s3, s4);
31        else
32           System.out.println("s3 does not equal s4");
33
34        // test compareTo
35        System.out.printf(
36           "\ns1.compareTo(s2) is %d", s1.compareTo(s2));
37        System.out.printf(
38           "\ns2.compareTo(s1) is %d", s2.compareTo(s1));
39        System.out.printf(
40           "\ns1.compareTo(s1) is %d", s1.compareTo(s1));
41        System.out.printf(
42           "\ns3.compareTo(s4) is %d", s3.compareTo(s4));
43        System.out.printf(
44           "\ns4.compareTo(s3) is %d\n\n", s4.compareTo(s3));
45
46        // test regionMatches (case sensitive)
47        if (s3.regionMatches(0, s4, 0, 5))
48           System.out.println("First 5 characters of s3 and s4 match");
49        else
50           System.out.println(
51              "First 5 characters of s3 and s4 do not match");
52
```

圖 14.3　String 方法 equals、equalsIgnoreCase、compareTo 和 regionMatches (1/2)

```
53          // test regionMatches (ignore case)
54          if (s3.regionMatches(true, 0, s4, 0, 5))
55              System.out.println(
56                  "First 5 characters of s3 and s4 match with case ignored");
57          else
58              System.out.println(
59                  "First 5 characters of s3 and s4 do not match");
60      }
61  } // end class StringCompare
```

```
s1 = hello
s2 = goodbye
s3 = Happy Birthday
s4 = happy birthday

s1 equals "hello"
s1 is not the same object as "hello"
Happy Birthday equals happy birthday with case ignored

s1.compareTo(s2) is 1
s2.compareTo(s1) is -1
s1.compareTo(s1) is 0
s3.compareTo(s4) is -32
s4.compareTo(s3) is 32

First 5 characters of s3 and s4 do not match
First 5 characters of s3 and s4 match with case ignored
```

圖 14.3　String 方法 equals、equalsIgnoreCase、compareTo 和 regionMatches (2/2)

String 方法 equals

第 17 行的條件式使用了 equals 方法來比較 String s1 和 String 字面 "hello" 是否相等。equals 方法（一個在 String 中被多載的 Object 類別方法）會測試任兩個物件是否相等——亦即兩個物件包含的字串是否一模一樣。如果物件的內容相等，則此方法會傳回 true，反之則會傳回 false。前述條件式為 true，因為 String s1 被初始化為字串字面 "hello"。equals 方法是使用**詞典比較法（lexicographical comparison）**——它會比較代表兩個字串中每個字母的 Unicode 整數值（請參見線上教材附錄 H 以獲得更多資訊）。因此，如果 String "hello" 和 String "HELLO" 做比較，結果會是 false，因為小寫字母的整數表示法，和相對應的大寫字母是不相同的。

使用 == 運算子比較 String

第 23 行的條件式會使用相等運算子 == 來比較 String s1 是否等於 String 常數 "hello"。在使用 == 比較基本型別數值時，如果兩者的數值相等，結果就會是 true。在使用 == 比較參照時，如果兩個參照指向記憶體中相同的物件的話，結果就會是 true。要比較物件的實際內容（或稱狀態資訊）是否相等，就必須呼叫方法。就 String 而言，此方法便是 equals。前述第 23 行的條件式結果為 false，因為 s1 參照是用下列敘述來初始化：

```
s1= new String("hello");
```

這個敘述會建立一個新的 String 物件，包含字串字面 "hello" 的副本，然後將這個新物件指定給變數 s1。如果 s1 是以下列敘述初始化的話：

```
s1 = "hello";
```

字串字面 "hello" 被直接指定給變數 s1，所以條件式會傳回 true。請記得 Java 會將所有內容相同的字串字面都當作同個物件來處理，但令許多參照指向它，因此，第 8、17 和 23 行所參照的，全是記憶體中的同一個 String 物件 "hello"。

常見的程式設計錯誤 14.1

使用 == 比較參照會造成邏輯錯誤，因為 == 在比較參照時，是判斷它們是否指向同一物件，而非兩物件是否擁有相同的內容。當兩個一模一樣（但不同的）物件使用 == 來比較時，結果將會是 false。在比較物件，判斷兩者是否擁有相同內容時，請使用 equals 方法。

String 方法 equalsIgnoreCase

如果你正在排序 String，可以使用 equalsIgnoreCase 方法來比較其是否相等，此方法在進行比較時，會忽略 String 中每個字母的大小寫，因此字串 "hello" 和字串 "HELLO" 相比會是相等的。第 29 行使用了 String 的方法 equalsIgnoreCase 來比較 String s3 — Happy Birthday — 是否與 String s4 — happy birthday — 相等。此比較的結果為 true，因為它不考慮大小寫。

String 方法 compareTo

第 35-44 行使用了 compareTo 方法來比較 String。compareTo 方法宣告於 Comparable 介面，實作於 String 類別。第 36 行會比較 String s1 和 String s2。如果兩個 String 相等，compareTo 方法會傳回 0，如果呼叫 compareTo 的 String，小於當作引數傳入的 String，compareTo 會傳回負值。如果呼叫 compareTo 的 String，大於當作引數傳入的 String，則 compareTo 會傳回正值。compareTo 方法使用的是詞典比較法——它會比較兩個 String 中相對應字元的數值。

String 方法 regionMatch

第 47 行的條件式使用了 String 的方法 regionMatches 來比較兩個 String 是否相等。第一個引數代表呼叫此方法的 String 起始索引值。第二個引數則是欲比較的 String。第三個引數是欲比較之 String 的起始索引值。最後一個引數則是兩個 String 要比較的字元數。如果所指定的這些字元，在詞典比較上相等，此方法便會傳回 true。

最後，第 54 行的條件式會使用五引數版本的 String 方法 regionMatches，來比較兩個 String 的某部分是否相同。當第一個引數為 true 時，此方法會忽略欲比較之字元的大小寫。剩下的引數與四引數的 regionMatches 方法相同。

String 方法 startsWith 及 endsWith

下個範例（圖 14.4）示範了 String 方法 **startsWith** 和 **endsWith**。main 方法會建立陣列 strings，其中包含 "started"、"starting"、"ended" 和 "ending"。main 方法剩下的部分包含了三個 for 敘述，會測試陣列的元素，以判斷它們是否以特定的字元集開頭或結束。

```java
1  // Fig. 14.4: StringStartEnd.java
2  // String methods startsWith and endsWith.
3
4  public class StringStartEnd
5  {
6     public static void main(String[] args)
7     {
8        String[] strings = {"started", "starting", "ended", "ending"};
9
10       // test method startsWith
11       for (String string : strings)
12       {
13          if (string.startsWith("st"))
14             System.out.printf("\"%s\" starts with \"st\"\n", string);
15       }
16
17       System.out.println();
18
19       // test method startsWith starting from position 2 of string
20       for (String string : strings)
21       {
22          if (string.startsWith("art", 2))
23             System.out.printf(
24                "\"%s\" starts with \"art\" at position 2\n", string);
25       }
26
27       System.out.println();
28
29       // test method endsWith
30       for (String string : strings)
31       {
32          if (string.endsWith("ed"))
33             System.out.printf("\"%s\" ends with \"ed\"\n", string);
34       }
35    }
36 } // end class StringStartEnd
```

```
"started" starts with "st"
"starting" starts with "st"

"started" starts with "art" at position 2
"starting" starts with "art" at position 2

"started" ends with "ed"
"ended" ends with "ed"
```

圖 14.4　String 方法 startsWith 與 endsWith

　　第 11-15 行使用了 startsWith 方法會取用一個 String 引數的版本。if 敘述（第 13 行）中的條件式會判斷陣列中的每個 String，是否皆以字元 "st" 來開頭。如果是的話，此方法會傳回 true，應用程式會印出該 String。否則，此方法會傳回 false，不做任何事情。

　　第 20-25 行則使用了會取用一個 String 和一個整數作為引數的 startsWith 方法。整數引數指定了 String 中要開始比對的索引。if 敘述（第 22 行）中的條件式，會判斷陣列中的每一個 String 從第 3 個字元開始，是否包含字元 "art"。如果是的話，此方法會傳回 true，應用程式會印出該 String。

　　第三個 for 敘述（第 30-34 行）則使用了會取用一個引數的 endsWith 方法。第 32 行的條件式會判斷陣列中的每個 String 是否是以 "ed" 為結尾。如果是的話，此方法會傳回 true，應用程式會印出這個 String。

14.3.4　在字串中找出字元及子字串

在字串裡搜尋某個字元或某一組字元，通常是很有用的功能。例如，如果你在設計自己的文書處理器，你可能會想要提供在文件中進行搜尋的功能。圖 14.5 展示了許多版本的 String 的方法 indexOf 和 lastIndexOf，它們會在 String 中搜尋指定的字元或子字串。

```java
1  // Fig. 14.5: StringIndexMethods.java
2  // String searching methods indexOf and lastIndexOf.
3
4  public class StringIndexMethods
5  {
6     public static void main(String[] args)
7     {
8        String letters = "abcdefghijklmabcdefghijklm";
9
10       // test indexOf to locate a character in a string
11       System.out.printf(
12          "'c' is located at index %d\n", letters.indexOf('c'));
13       System.out.printf(
14          "'a' is located at index %d\n", letters.indexOf('a', 1));
15       System.out.printf(
16          "'$' is located at index %d\n\n", letters.indexOf('$'));
17
18       // test lastIndexOf to find a character in a string
19       System.out.printf("Last 'c' is located at index %d\n",
20          letters.lastIndexOf('c'));
21       System.out.printf("Last 'a' is located at index %d\n",
22          letters.lastIndexOf('a', 25));
23       System.out.printf("Last '$' is located at index %d\n\n",
24          letters.lastIndexOf('$'));
25
26       // test indexOf to locate a substring in a string
27       System.out.printf("\"def\" is located at index %d\n",
28          letters.indexOf("def"));
29       System.out.printf("\"def\" is located at index %d\n",
30          letters.indexOf("def", 7));
31       System.out.printf("\"hello\" is located at index %d\n\n",
```

圖 14.5　字串搜尋方法 indexOf 及 lastIndexOf (1/2)

```
32              letters.indexOf("hello"));
33
34      // test lastIndexOf to find a substring in a string
35      System.out.printf("Last \"def\" is located at index %d\n",
36          letters.lastIndexOf("def"));
37      System.out.printf("Last \"def\" is located at index %d\n",
38          letters.lastIndexOf("def", 25));
39      System.out.printf("Last \"hello\" is located at index %d\n",
40          letters.lastIndexOf("hello"));
41   }
42 } // end class StringIndexMethods
```

```
'c' is located at index 2
'a' is located at index 13
'$' is located at index -1

Last 'c' is located at index 15
Last 'a' is located at index 13
Last '$' is located at index -1

"def" is located at index 3
"def" is located at index 16
"hello" is located at index -1

Last "def" is located at index 16
Last "def" is located at index 16
Last "hello" is located at index -1
```

圖 14.5　字串搜尋方法 indexOf 及 lastIndexOf (2/2)

　　本例所有的搜尋都會使用在 String letters 上（初始化為 "abcdefghijklmabcdefghijklm"）。第 11-16 行使用了 indexOf 方法來找出 String 中某字元第一次出現的位置。如果此方法有找到該字元，它會傳回該字元在 String 中的索引──否則，它會傳回 -1。有兩個版本的 indexOf，可以搜尋 String 中的字元。第 12 行的運算式所使用的 indexOf 方法版本，會取用一個代表字元的整數來進行搜尋。第 14 行的運算式則使用了另一個版本的 indexOf 方法，它會取用兩個整數引數──欲搜尋的字元，以及要開始搜尋此 String 的起始索引。

　　第 19-24 行使用了 lastIndexOf 方法來找出某字元最後一次出現於 String 中的位置。此方法會從尾到頭搜尋 String。如果它發現該字元，便會傳回該字元在 String 中的索引──否則，它會傳回 -1。用來在 String 中搜尋字元的 lastIndexOf 也有兩個版本。第 20 行的運算式，使用的是取用字元整數表示法的版本。第 22 行的運算式所使用的版本則會取用兩個整數引數──字元的整數表示法，以及要開始進行反向搜尋的索引。

　　第 27-40 行示範了取用 String 當作第一個引數的 indexOf 和 lastIndexOf 方法版本。這些版本的運作方式，和前面的方法所描述的幾乎相同，不同之處在於它們搜尋的是由其 String 引數指定的字元序列（或稱子字串）。如果有找到該子字串，這些方法便會傳回子字串第一個字元在 String 中的索引。

14.3.5　從字串中取出子字串

String 類別提供了兩種 substring 方法，讓我們可以複製現有 String 物件的一部分，以建立新的 String 物件。這兩種方法都會傳回一個新的 String 物件。圖 14.6 示範了這兩種方法。

```
1  // Fig. 14.6: SubString.java
2  // String class substring methods.
3
4  public class SubString
5  {
6     public static void main(String[] args)
7     {
8        String letters = "abcdefghijklmabcdefghijklm";
9
10       // test substring methods
11       System.out.printf("Substring from index 20 to end is \"%s\"\n",
12          letters.substring(20));
13       System.out.printf("%s \"%s\"\n",
14          "Substring from index 3 up to, but not including 6 is",
15          letters.substring(3, 6));
16    }
17 } // end class SubString
```

```
Substring from index 20 to end is "hijklm"
Substring from index 3 up to, but not including 6 is "def"
```

圖 14.6　String 類別的 substring 方法

　　第 12 行的運算式 letters.substring(20) 使用了會取用一個整數引數的 substring 方法。這個引數指定了要從原始 String letters 中，開始複製字元的起始索引。所傳回的子字串包含從該起始索引到 String 結尾的字元副本。若指定的索引超過 String 的邊界，便會造成 **StringIndexOutOfBoundsException**。

　　第 15 行使用了會取用兩個整數引數的 substring 方法——要從原始 String 何處開始複製字元的起始索引，以及要複製之最後一個字元後一個字元的索引（亦即，要複製到 String 的哪個索引爲止，但不包含該索引本身）。所傳回的子字串，包含了原始 String 中指定字元的副本。索引若超過 String 的邊界，便會造成 StringIndexOutOfBoundsException。

14.3.6　串接字串

String 方法 **concat**（圖 14.7）會串接兩個 String 物件（與使用 + 運算子相像），然後傳回一個新的 String 物件，其中包含兩個原始 String 的字元。第 13 行的運算式 s1.concat (s2) 會藉由將 s2 中的字元，附加到 s1 的字元之後，構成新的 String。s1 與 s2 所參照的原始 String 並不會遭到修改。

```
1  // Fig. 14.7: StringConcatenation.java
2  // String method concat.
3
4  public class StringConcatenation
5  {
6     public static void main(String[] args)
7     {
8        String s1 = "Happy ";
9        String s2 = "Birthday";
```

圖 14.7　String 方法 concat (1/2)

```
10
11        System.out.printf("s1 = %s\ns2 = %s\n\n",s1, s2);
12        System.out.printf(
13           "Result of s1.concat(s2) = %s\n", s1.concat(s2));
14        System.out.printf("s1 after concatenation = %s\n", s1);
15     }
16 } // end class StringConcatenation
```

```
s1 = Happy
s2 = Birthday

Result of s1.concat(s2) = Happy Birthday
s1 after concatenation = Happy
```

圖 14.7　String 方法 concat (2/2)

14.3.7　其他 String 方法

String 類別提供了幾種方法，可以傳回修改後的 String 副本，或是字元陣列。圖 14.8 的應
用程式會展示這些方法──這些方法沒有任何一種會在被呼叫時修改 String。

```
1  // Fig. 14.8: StringMiscellaneous2.java
2  // String methods replace, toLowerCase, toUpperCase, trim and toCharArray.
3
4  public class StringMiscellaneous2
5  {
6     public static void main(String[] args)
7     {
8        String s1 = "hello";
9        String s2 = "GOODBYE";
10       String s3 = "   spaces   ";
11
12       System.out.printf("s1 = %s\ns2 = %s\ns3 = %s\n\n", s1, s2, s3);
13
14       // test method replace
15       System.out.printf(
16          "Replace 'l' with 'L' in s1: %s\n\n", s1.replace('l', 'L'));
17
18       // test toLowerCase and toUpperCase
19       System.out.printf("s1.toUpperCase() = %s\n", s1.toUpperCase());
20       System.out.printf("s2.toLowerCase() = %s\n\n", s2.toLowerCase());
21
22       // test trim method
23       System.out.printf("s3 after trim = \"%s\"\n\n", s3.trim());
24
25       // test toCharArray method
26       char[] charArray = s1.toCharArray();
27       System.out.print("s1 as a character array = ");
28
29       for (char character : charArray)
30          System.out.print(character);
31
32       System.out.println();
33    }
34 } // end class StringMiscellaneous2
```

圖 14.8　String 方法 replace、toLowerCase、toUpperCase、trim 和 toCharArray (1/2)

```
s1 = hello
s2 = GOODBYE
s3 =    spaces

Replace 'l' with 'L' in s1: heLLo

s1.toUpperCase() = HELLO
s2.toLowerCase() = goodbye

s3 after trim = "spaces"

s1 as a character array = hello
```

圖 14.8　String 方法 replace、toLowerCase、toUpperCase、trim 和 toCharArray (2/2)

第 16 行會使用 String 方法 replace 來傳回一個新的 String 物件，其中 s1 每次出現字元 'l'（小寫的 L）的地方，都會被取代為字元 'L'。replace 方法不會修改原本的 String。如果第一個引數沒有出現在 String 中，replace 方法就會傳回原本的 String。多載版本的 replace 方法，則讓你能夠取代子字串，而非個別字元。

第 19 行使用了 String 方法 **toUpperCase** 來產生一個新的 String 物件，其內容會將 s1 中相對應的小寫字母都改成大寫。此方法會傳回一個新的 String 物件，其中包含轉換後的 String，但並不會改變原來的 String。如果沒有字元需要轉換，toUpperCase 方法就會傳回原本的 String。

第 20 行使用了 String 的 **toLowerCase** 方法來傳回一個新的 String 物件，其內容會將 s2 中相對應的大寫字母都改成小寫。原本的 String 內容並不會被改變。如果原始 String 中沒有字元需要轉換，toLowerCase 會傳回原本的 String。

第 23 行使用了 String 方法 **trim** 來產生新的 String 物件，此方法會將其所作用的 String 中，所有開頭或結尾出現的空白通通去除。此方法會傳回一個新的 String 物件，包含去除掉開頭或尾端空白的 String。原本的 String 並不會被改變。如果開頭或結尾沒有空白字元的話，trim 會傳回原本的 String。

第 26 行使用了 String 方法 **toCharArray**，來建立一個新的字元陣列，其中包含 s1 中字元的副本。第 29-30 行會輸出陣列中的每個 char。

14.3.8　String 方法 valueOf

如同我們看過的，每個 Java 中的物件都包含 toString 方法，讓程式可以取得物件的 *String 表示法*。不幸的是，這個技巧沒辦法使用在基本型別上，因為它們並沒有方法。String 類別提供了 static 方法，會取用任意型別的引數，然後將之轉換為 String 物件。圖 14.9 示範了 String 類別的 **valueOf** 方法。

第 18 行的運算式 String.valueOf(charArray) 使用字元陣列 charArray 來建立一個新的 String 物件。第 20 行的運算式 String.valueOf(charArray, 3, 3) 使用了字元陣列 charArray 的一部分，來建立一個新的 String 物件。其中，第二個引數指定了要開始使用字元的起始索引。第三個引數則指定了要使用的字元個數。

```
1   // Fig. 14.9: StringValueOf.java
2   // String valueOf methods.
3
4   public class StringValueOf
5   {
6      public static void main(String[] args)
7      {
8         char[] charArray = {'a', 'b', 'c', 'd', 'e', 'f'};
9         boolean booleanValue = true;
10        char characterValue = 'Z';
11        int integerValue = 7;
12        long longValue = 10000000000L; // L suffix indicates long
13        float floatValue = 2.5f; // f indicates that 2.5 is a float
14        double doubleValue = 33.333; // no suffix, double is default
15        Object objectRef = "hello"; // assign string to an Object reference
16
17        System.out.printf(
18           "char array = %s\n", String.valueOf(charArray));
19        System.out.printf("part of char array = %s\n",
20           String.valueOf(charArray, 3, 3));
21        System.out.printf(
22           "boolean = %s\n", String.valueOf(booleanValue));
23        System.out.printf(
24           "char = %s\n", String.valueOf(characterValue));
25        System.out.printf("int = %s\n", String.valueOf(integerValue));
26        System.out.printf("long = %s\n", String.valueOf(longValue));
27        System.out.printf("float = %s\n", String.valueOf(floatValue));
28        System.out.printf(
29           "double = %s\n", String.valueOf(doubleValue));
30        System.out.printf("Object = %s\n", String.valueOf(objectRef));
31     }
32  } // end class StringValueOf
```

```
char array = abcdef
part of char array = def
boolean = true
char = Z
int = 7
long = 10000000000
float = 2.5
double = 33.333
Object = hello
```

圖 14.9　String 的 valueOf 方法

　　valueOf 方法有其他七種版本，分別會取得型別為 boolean、char、int、long、float、double 和 Object 的引數。這些版本展示於第 21-30 行。取用 Object 作為引數的 valueOf 版本可以這樣做，是因為所有的 Object 都可以透過 toString 方法轉換成 String。

　　[請注意：第 12-13 行分別使用了字面數值 10000000000L 和 2.5f 作為 long 變數 longValue 與 float 變數 floatValue 的初始值。預設上，Java 會將整數字面視為 int 型別，將浮點數字面視為 double 型別。在字面 10000000000 後頭加上字母 L，以及在字面 2.5 後頭加上字母 f，會指示編譯器應當視 10000000000 為 long 型別，2.5 為 float 型別來處理。大寫的 L

或小寫的 1，都可以用來標記 long 型別的變數；大寫的 F 或小寫的 f 也都可以用來標記為 float 型別的變數。]

14.4 StringBuilder 類別

我們現在要來討論 **StringBuilder** 類別的功能，此類別可以建立及操作動態的字串資訊——亦即可修改的字串。所有的 StringBuilder 都能夠儲存其容量所指定的字元數。如果 StringBuilder 的容量已超過，其容量便會擴充以容納額外的字元。

增進效能的小技巧 14.3
Java 會對於 String 物件執行某些最佳化操作（例如從多個變數參照同一個 String 物件），因為它知道這些物件不會改變。如果資料不會改變，你應該要使用 String 類別（而非 StringBuilder）。

增進效能的小技巧 14.4
在經常執行字串串接或其他字串修改的程式中，使用 StringBuilder 類別來實作這類修改，通常會比較有效率。

軟體工程的觀點 14.1
StringBuilder 並沒有執行緒安全性。如果有多筆執行緒需要存取同一個動態字串資訊，請在你的程式碼中使用 StringBuffer 類別。StringBuilder 和 StringBuffer 類別提供完全相同的功能，但 StringBuffer 類別具有執行緒的安全性。更多關於執行緒的細節，請參閱第 23 章。

14.4.1 StringBuilder 建構子

StringBuilder 類別提供四個建構子。我們會在圖 14.10 示範其中三者。第 8 行使用了無引數的 StringBuilder 建構子來建立一個未包含任何字元的 StringBuilder，初始容量為 16 個字元（StringBuilder 的預設容量）。第 9 行使用會取用一個整數引數的 StringBuilder 建構子，來建立未包含任何字元的 StringBuilder，而其初始容量由其整數引數來決定（亦即 10）。第 10 行使用了會取用一個 String 引數的 StringBuilder 建構子，來建立一個 StringBuilder，其中包含 String 引數中的字元。其初始容量等於 String 引數中的字元數量加上 16。

第 12-14 行會自動使用 StringBuilder 類別的 toString 方法，以 printf 方法來輸出 StringBuilder。在 14.4.4 節中，我們會討論 Java 要如何使用 StringBuilder 物件，來實作運算子 + 和 +=，以進行字串串接。

```
1  // Fig. 14.10: StringBuilderConstructors.java
2  // StringBuilder constructors.
3
4  public class StringBuilderConstructors
5  {
6      public static void main(String[] args)
7      {
```

圖 14.10 StringBuilder 建構子 (1/2)

```
 8          StringBuilder buffer1 = new StringBuilder();
 9          StringBuilder buffer2 = new StringBuilder(10);
10          StringBuilder buffer3 = new StringBuilder("hello");
11
12          System.out.printf("buffer1 = \"%s\"\n", buffer1);
13          System.out.printf("buffer2 = \"%s\"\n", buffer2);
14          System.out.printf("buffer3 = \"%s\"\n", buffer3);
15      }
16 } // end class StringBuilderConstructors
```

```
buffer1 = ""
buffer2 = ""
buffer3 = "hello"
```

圖 14.10　StringBuilder 建構子 (2/2)

14.4.2　StringBuilder 方法 length、capacity、setLength 和 ensureCapacity

StringBuilder 類別提供了 **length** 和 **capacity** 方法，分別會傳回目前 StringBuilder 中所包含的字元數量，以及 StringBuilder 在無需配置更多記憶體前可儲存的的字元數量。**ensureCapacity** 方法會確保 StringBuilder 至少擁有指定的容量。**setLength** 方法會增加或減少 StringBuilder 的長度。圖 14.11 示範了這些方法。

```
 1 // Fig. 14.11: StringBuilderCapLen.java
 2 // StringBuilder length, setLength, capacity and ensureCapacity methods.
 3
 4 public class StringBuilderCapLen
 5 {
 6    public static void main(String[] args)
 7    {
 8       StringBuilder buffer = new StringBuilder("Hello, how are you?");
 9
10       System.out.printf("buffer = %s\nlength = %d\ncapacity = %d\n\n",
11          buffer.toString(), buffer.length(), buffer.capacity());
12
13       buffer.ensureCapacity(75);
14       System.out.printf("New capacity = %d\n\n", buffer.capacity());
15
16       buffer.setLength(10);
17       System.out.printf("New length = %d\nbuffer = %s\n",
18          buffer.length(), buffer.toString());
19    }
20 } // end class StringBuilderCapLen
```

```
buffer = Hello, how are you?
length = 19
capacity = 35

New capacity = 75

New length = 10
buffer = Hello, how
```

圖 14.11　StringBuilder 的 length、setLength、capacity 和 ensureCapacity 方法

　　這支應用程式包含一個叫做 buffer 的 StringBuilder。第 8 行使用了會取用一個 String 引數的 StringBuilder 建構子，將此 StringBuilder 初始化爲 "Hello, how are you?"。第 10-11 行會印出此一 StringBuilder 的內容、長度和容量。請注意輸出視窗中，StringBuilder 的初始容量是 35。請回想一下，取用 String 引數的 StringBuilder 建構子，會將其容量初始化爲以引數傳入之字串的長度加上 16。

　　第 13 行使用 ensureCapacity 方法來擴充 StringBuilder 的容量到至少 75 個字元，事實上，如果原始容量少於引數的長度，則此方法會確認一個大於引數所指定的數字，以及原來的容量乘上兩倍加 2 的容量。如果目前的容量大於所指定的容量，StringBuilder 的容量便會維持不變。

增進效能的小技巧 14.5
動態地增加 StringBuilder 的容量，有可能需要花上較長的時間。執行大量這類操作，有可能降低應用程式的效能。如果 StringBuilder 可能會多次大幅增加其長度的話，那麼在一開始將它的容量設高一點將會增進效能。

　　第 16 行使用了 setLength 方法將 StringBuilder 的長度設定爲 10。如果所指定的長度小於目前 StringBuilder 所包含的字元數，則其緩衝區會被縮減爲指定的長度（亦即 StringBuilder 中位於指定長度之後的字元，將會被丟棄）。如果指定長度大於目前 StringBuilder 中的字元數量，則後頭會附加以 null 字元（數值表示法爲 0 的字元），直到 StringBuilder 的總字元數量等於指定長度爲止。

14.4.3　StringBuilder 方法 charAt、setCharAt、getChars 和 reverse

StringBuilder 類別提供了 **charAt**、**setCharAt**、**getChars** 和 **reverse** 方法來操作 StringBuilder 中的字元（圖 14.12）。charAt 方法（第 12 行）會取用一個整數引數，並傳回 StringBuilder 中位於該索引的字元。getChars 方法（第 15 行）會從 StringBuilder 複製字元到引數所傳入的字元陣列中。此方法會取用四個引數——要開始複製 StringBuilder 字元的起始索引、最後一個要從 StringBuilder 複製的字元索引加 1、要存放所複製之字元的字元陣列，以及所複製之第一個字元，要放在字元陣列中的起始位置。setCharAt 方法（第 21 和 22 行）會取用一個整數和一個字元引數，然後將 StringBuilder 中指定位置的字元，設定爲此字元引數。reverse 方法（第 25 行）則會反轉 StringBuilder 的內容。試圖存取位於 StringBuilder 的邊界之外的字元，會導致 StringIndexOutOfBoundsException。

```
1  // Fig. 14.12: StringBuilderChars.java
2  // StringBuilder methods charAt, setCharAt, getChars and reverse.
3
4  public class StringBuilderChars
5  {
6     public static void main(String[] args)
7     {
8        StringBuilder buffer = new StringBuilder("hello there");
9
```

圖 14.12　StringBuilder 方法 charAt、setCharAt、getChars 與 reverse (1/2)

```
10          System.out.printf("buffer = %s\n", buffer.toString());
11           System.out.printf("Character at 0: %s\nCharacter at 4: %s\n\n",
12              buffer.charAt(0), buffer.charAt(4));
13
14          char[] charArray = new char[buffer.length()];
15          buffer.getChars(0, buffer.length(), charArray, 0);
16          System.out.print("The characters are: ");
17
18          for (char character : charArray)
19              System.out.print(character);
20
21          buffer.setCharAt(0, 'H');
22          buffer.setCharAt(6, 'T');
23          System.out.printf("\n\nbuffer = %s", buffer.toString());
24
25          buffer.reverse();
26          System.out.printf("\n\nbuffer = %s\n", buffer.toString());
27      }
28 } // end class StringBuilderChars
```

```
buffer = hello there
Character at 0: h
Character at 4: o

The characters are: hello there

buffer = Hello There

buffer = erehT olleH
```

圖 14.12　StringBuilder 方法 charAt、setCharAt、getChars 與 reverse (2/2)

14.4.4　StringBuilder 的 append 方法

StringBuilder 類別提供了多載的 **append** 方法（圖 14.13 中），讓各種型別的數值，都可以附加到 StringBuilder 的尾端。此方法針對每一種基本型別、字元陣列、String、Object 等等（請記得，toString 方法會產生任何 Object 的字串表示法）。每個版本的方法，都會取用其引數，將之轉換爲字串，然後附加到 StringBuilder 後頭。

```
1 // Fig. 14.13: StringBuilderAppend.java
2 // StringBuilder append methods.
3
4 public class StringBuilderAppend
5 {
6    public static void main(String[] args)
7    {
8       Object objectRef = "hello";
9       String string = "goodbye";
10      char[] charArray = {'a', 'b', 'c', 'd', 'e', 'f'};
11      boolean booleanValue = true;
12      char characterValue = 'Z';
13      int integerValue = 7;
14      long longValue = 10000000000L;
```

圖 14.13　StringBuilder 的 append 方法 (1/2)

```
15          float floatValue = 2.5f;
16          double doubleValue = 33.333;
17
18          StringBuilder lastBuffer = new StringBuilder("last buffer");
19          StringBuilder buffer = new StringBuilder();
20
21          buffer.append(objectRef)
22                  .append("%n")
23                  .append(string)
24                  .append("%n")
25                  .append(charArray)
26                  .append("%n")
27                  .append(charArray, 0, 3)
28                  .append("%n")
29                  .append(booleanValue)
30                  .append("%n")
31                  .append(characterValue)
32                  .append("%n")
33                  .append(integerValue)
34                  .append("%n")
35                  .append(longValue)
36                  .append("%n")
37                  .append(floatValue)
38                  .append("%n")
39                  .append(doubleValue)
40                  .append("%n")
41                  .append(lastBuffer);
42
43          System.out.printf("buffer contains%n%s%n", buffer.toString());
44      }
45 } // end StringBuilderAppend
```

```
buffer contains
hello
goodbye
abcdef
abc
true
Z
7
10000000000
2.5
33.333
last buffer
```

圖 14.13　StringBuilder 的 append 方法 (2/2)

　　事實上，編譯器可以使用 StringBuilder 以及 append 方法，來實作字串串接運算子 + 和 +=。舉例來說，假設下列宣告

```
String string1 = "hello";
String string2 = "BC";
int value = 22;
```

和下列敘述

```
String s = string1 + string2 + value;
```

會串接 "hello"、"BC" 和 22。則此串接操作可以執行如下：

```
String s = new StringBuilder().append("hello").append("BC").
   append(22).toString();
```

首先，上述敘述會建立一個空的 StringBuilder，然後將字串 "hello"、"BC" 還有整數 22 附加到它上頭。接下來，StringBuilder 的 toString 方法會將 StringBuilder 轉換成 String 物件以指定給 String s。敘述

```
s += "!";
```

可以執行如下 (可能因編譯器而異)：

```
s = new StringBuilder().append(s).append("!").toString();
```

這樣會建立一個空的 StringBuilder，然後將目前 s 的內容後面加上 "!"，附加到它上頭。接著，StringBuilder 的 toString 方法（此處必須明確地呼叫）會將 StringBuilder 的內容作為 String 傳回，然後將結果指定給 s。

14.4.5　StringBuilder 的插入與刪除方法

StringBuilder 類別提供多載的 **insert** 方法，以插入各種型別的數值到 StringBuilder 的任意位置。此方法針對每一種基本型別、字元陣列、String、Object、CharSequence。每種版本的方法都會取用其第二個引數，然後將之插入到第一個引數所指定的索引處。如果第一個引數小於 0 或大於 StringBuilder 的長度，就會發生 StringIndexOutOfBoundsException。StringBuilder 類 別 也 提 供 了 **delete** 方 法 和 **deleteCharAt** 方 法， 以 刪 除 位 於 StringBuilder 任意位置的字元。delete 方法會取用兩個引數──起始索引，以及欲刪除之最後一個字元的下一個索引。所有從起始索引開始，到結束索引之前，但不包括結束索引本身的字元，都將被刪除。deleteCharAt 方法會取用一個引數──欲刪除的字元索引。無效的索引會令上述兩個方法拋出 StringIndexOutOfBoundsException。圖 14.14 展示了方法 insert、delete 及 deleteCharAt。

```
 1  // Fig. 14.14: StringBuilderInsertDelete.java
 2  // StringBuilder methods insert, delete and deleteCharAt.
 3
 4  public class StringBuilderInsertDelete
 5  {
 6     public static void main(String[] args)
 7     {
 8        Object objectRef = "hello";
 9        String string = "goodbye";
10        char[] charArray = {'a', 'b', 'c', 'd', 'e', 'f'};
11        boolean booleanValue = true;
12        char characterValue = 'K';
```

圖 14.14　StringBuilder 方法 insert、delete 和 deleteCharAt (1/2)

```
13          int integerValue = 7;
14          long longValue = 10000000;
15          float floatValue = 2.5f; // f suffix indicates that 2.5 is a float
16          double doubleValue = 33.333;
17
18          StringBuilder buffer = new StringBuilder();
19
20          buffer.insert(0, objectRef)
21                .insert(0, "  ") // each of these contains new line
22                .insert(0, string)
23                .insert(0, "  ")
24                .insert(0, charArray)
25                .insert(0, "  ")
26                .insert(0, charArray, 3, 3)
27                .insert(0, "  ")
28                .insert(0, booleanValue)
29                .insert(0, "  ")
30                .insert(0, characterValue)
31                .insert(0, "  ")
32                .insert(0, integerValue)
33                .insert(0, "  ")
34                .insert(0, longValue)
35                .insert(0, "  ")
36                .insert(0, floatValue)
37                .insert(0, "  ")
38                .insert(0, doubleValue);
39
40       System.out.printf(
41          "buffer after inserts:\n%s\n\n", buffer.toString());
42
43       buffer.deleteCharAt(10); // delete 5 in 2.5
44       buffer.delete(2, 6); // delete .333 in 33.333
45
46       System.out.printf(
47          "buffer after deletes:\n%s\n", buffer.toString());
48    }
49 } // end class StringBuilderInsertDelete
```

```
buffer after inserts:
33.333 2.5 10000000 7 K true def abcdef goodbye hello
buffer after deletes:
33 2. 10000000 7 K true def abcdef goodbye hello
```

圖 14.14　StringBuilder 方法 insert、delete 和 deleteCharAt (2/2)

14.5　Character 類別

Java 提供了八種**包裝器類別**（**type-wrapper classes**）──Boolean、Character、Double、Float、Byte、Short、Integer 和 Long──讓我們可以用物件的方式來處理基本型別數值。在本節中，我們會介紹 Character 類別──基本型別 char 型別的包裝器類別。

　　大部分的 Character 方法都是 static 方法，設計出方便處理個別的 char 數值。這些方法至少會取用一個字元引數，並對於該字元進行測試或操作。Character 類別也包含一個

建構子，會取用一個 char 引數來初始化 Character 物件。我們會在以下三個範例中，介紹
Character 類別大部分的方法。更多關於 Character 類別（及其他所有型別包裝器類別）的
資訊，請參閱 Java API 文件中的 java.lang 套件。

圖 14.15 示範了用來測試字元的 static 方法，以判斷字元是否為某個特定種類的字元；
以及可以對字元執行大小寫轉換的 static 方法。你可以輸入任何字元，然後對此字元實用這
些方法。

```java
1  // Fig. 14.15: StaticCharMethods.java
2  // Character static methods for testing characters and converting case.
3  import java.util.Scanner;
4
5  public class StaticCharMethods
6  {
7     public static void main(String[] args)
8     {
9        Scanner scanner = new Scanner(System.in); // create scanner
10       System.out.println("Enter a character and press Enter");
11       String input = scanner.next();
12       char c = input.charAt(0); // get input character
13
14       // display character info
15       System.out.printf("is defined: %b\n", Character.isDefined(c));
16       System.out.printf("is digit: %b\n", Character.isDigit(c));
17       System.out.printf("is first character in a Java identifier: %b\n",
18          Character.isJavaIdentifierStart(c));
19       System.out.printf("is part of a Java identifier: %b\n",
20          Character.isJavaIdentifierPart(c));
21       System.out.printf("is letter: %b\n", Character.isLetter(c));
22       System.out.printf(
23          "is letter or digit: %b\n", Character.isLetterOrDigit(c));
24       System.out.printf(
25          "is lower case: %b\n", Character.isLowerCase(c));
26       System.out.printf(
27          "is upper case: %b\n", Character.isUpperCase(c));
28       System.out.printf(
29          "to upper case: %s\n", Character.toUpperCase(c));
30       System.out.printf(
31          "to lower case: %s\n", Character.toLowerCase(c));
32    }
33 } // end class StaticCharMethods
```

```
Enter a character and press Enter
A
is defined: true
is digit: false
is first character in a Java identifier: true
is part of a Java identifier: true
is letter: true
is letter or digit: true
is lower case: false
is upper case: true
to upper case: A
to lower case: a
```

圖 14.15　Character 用來測試字元及轉換大小寫的 static 方法 (1/2)

```
Enter a character and press Enter
8
is defined: true
is digit: true
is first character in a Java identifier: false
is part of a Java identifier: true
is letter: false
is letter or digit: true
is lower case: false
is upper case: false
to upper case: 8
to lower case: 8
```

```
Enter a character and press Enter
$
is defined: true
is digit: false
is first character in a Java identifier: true
is part of a Java identifier: true
is letter: false
is letter or digit: false
is lower case: false
is upper case: false
to upper case: $
to lower case: $
```

圖 14.15　Character 用來測試字元及轉換大小寫的 static 方法 (2/2)

　　第 15 行使用了 Character 方法 **isDefined**，來判斷字元 c 是否定義於 Unicode 字元集中。如果是的話，此方法會傳回 true，否則會傳回 false。第 16 行使用了 Character 方法 **isDigit**，來判斷字元 c 是否是已定義的 Unicode 數字。如果是的話，此方法會傳回 true，否則會傳回 false。

　　第 18 行使用了 Character 方法 **isJavaIdentifierStart** 來判斷 c 是否可作為 Java 識別字的第一個字元——亦即字母、底線（_）或錢字號（$）。如果可以的話，此方法會傳回 true，否則會傳回 false。第 20 行使用了 Character 方法 **isJavaIdentifierPart** 來判斷字元 c 是否可使用在 Java 的識別字中——亦即數字、字母、底線（_）或錢字號（$）。如果可以的話，此方法會傳回 true，否則會傳回 false。

　　第 21 行使用了 Character 方法 **isLetter** 來判斷字元 c 是否為字母。如果是的話，此方法會傳回 true，否則會傳回 false。第 23 行使用了 Character 方法 **isLetterOrDigit** 來判斷字元 c 是否為字母或數字，如果是的話，此方法會傳回 true，否則會傳回 false。

　　第 25 行使用了 Character 方法 **isLowerCase** 來判斷字元 c 是否為小寫字母。如果是的話，此方法會傳回 true，否則會傳回 false。第 27 行使用了 Character 方法 **isUpperCase** 來判斷字元 c 是否為大寫。如果是的話，此方法會傳回 true，否則會傳回 false。

　　第 29 行使用了 Character 方法 **toUpperCase** 將字元 c 轉換為其大寫字母。如果此字元有大寫，則此方法會傳回轉換後的字元，否則此方法會傳回原本的引數。第 31 行使用了 Character 方法 **toLowerCase** 將字元 c 轉換為小寫字母。如果此字元有小寫，則此方法會傳回轉換後的字元，否則此方法會傳回原本的引數。

　　圖 14.16 展示了 Character 的靜態方法 **digit** 和 **forDigit**，分別在不同的數字系統中，將字元轉換為數字，或將數字轉換為字元。常見的數字系統包括十進位（以 10 為基數）、八進位（以 8 為基數）、十六進位（以 16 為基數）和二進位（以 2 為基數）。數字的基數也稱為**根數（radix）**。更多關於數字系統間轉換的資訊，請參閱網路附錄 J。

```java
1  // Fig. 14.16: StaticCharMethods2.java
2  // Character class static conversion methods.
3  import java.util.Scanner;
4
5  public class StaticCharMethods2
6  {
7     // executes application
8     public static void main(String[] args)
9     {
10       Scanner scanner = new Scanner(System.in);
11
12       // get radix
13       System.out.println("Please enter a radix:");
14       int radix = scanner.nextInt();
15
16       // get user choice
17       System.out.printf("Please choose one:\n1 -- %s\n2 -- %s\n",
18          "Convert digit to character", "Convert character to digit");
19       int choice = scanner.nextInt();
20
21       // process request
22       switch (choice)
23       {
24          case 1: // convert digit to character
25             System.out.println("Enter a digit:");
26             int digit = scanner.nextInt();
27             System.out.printf("Convert digit to character: %s\n",
28                Character.forDigit(digit, radix));
29             break;
30
31          case 2: // convert character to digit
32             System.out.println("Enter a character:");
33             char character = scanner.next().charAt(0);
34             System.out.printf("Convert character to digit: %s\n",
35                Character.digit(character, radix));
36             break;
37       }
38    }
39  } // end class StaticCharMethods2
```

```
Please enter a radix:
16
Please choose one:
1 -- Convert digit to character
2 -- Convert character to digit
2
Enter a character:
A
Convert character to digit: 10
```

圖 14.16　Character 類別的 static 轉換方法 (1/2)

```
Please enter a radix:
16
Please choose one:
1 -- Convert digit to character
2 -- Convert character to digit
1
Enter a digit:
13
Convert digit to character: d
```

圖 14.16　Character 類別的 static 轉換方法 (2/2)

第 28 行使用了方法 forDigit，來將整數 digit 轉換為整數 radix（數字的基數）所指定之數字系統下的字元，例如，十進位整數 13，在基數為 16（radix）的數字系統中，其字元數值為 'd'。在數字系統中大、小寫字母代表相同的數值。第 35 行使用了 digit 方法將變數 chracter 轉換為整數 radix（數字的基數）所指定之數字系統下的整數。例如，字元 'A' 在基數 16（radix）的表示法中所代表的數值是基數為 10 的數值 10。基數必須介於 2 到 36 之間，包含這兩個值。

圖 14.17 展 示 了 Character 類 別 的 建 構 子，和 幾 種 實 體 方 法──charValue、toString 和 equals。第 7-8 行分別指定了字元常數 'A' 和 'a' 給 Character 變數，來實體化兩個 Character 物件。Java 會自動將這些 char 字面轉換成 Character 物件──此程序稱為自動封裝（autoboxing），我們會在 16.4 節更詳盡地加以討論。第 11 行使用了 Character 方法 charValue 來傳回 Character 物件 c1 中所儲存的 char 數值。第 11 行使用 toString 方法傳回了 Character 物件 c2 的字串表示法。第 13 行的條件式使用了 equals 方法，來判斷物件 c1 的內容是否和物件 c2 相同（亦即兩物件內部的字元是相同的）。

```
1  // Fig. 14.17: OtherCharMethods.java
2  // Character class instance methods
3  public class OtherCharMethods
4  {
5     public static void main(String[] args)
6     {
7        Character c1 = 'A';
8        Character c2 = 'a';
9
10       System.out.printf(
11          "c1 = %s\nc2 = %s\n\n", c1.charValue(), c2.toString());
12
13       if (c1.equals(c2))
14          System.out.println("c1 and c2 are equal\n");
15       else
16          System.out.println("c1 and c2 are not equal\n");
17    }
18 } // end class OtherCharMethods
```

```
c1 = A
c2 = a

c1 and c2 are not equal
```

圖 14.17　Character 類別的非 static 方法

14.6　String 字符化

當你閱讀句子時，你的腦袋會將句子切開成**字符**（token）──會向你傳達意義的個別單字或標點符號。編譯器也會執行字符切割的操作。編譯器會將敘述切割成個別的片段，像是關鍵字、識別字、運算子以及其他程式語言元素。我們現在要來學習 String 類別的 **split** 方法，此方法會將 String 分割成其成員字符。字符之間會以**分界符號**（delimiter）相隔，分界符號通常是空白字元，例如空格、定位、換行或歸位。其他字元也可以作爲分界符號來間隔字符。圖 14.18 的應用程式，展示了 String 的 split 方法。

當使用者按下 Enter 鍵時，輸入的句子會被儲存在變數 sentence 中。第 17 行使用 String 引數 " " 呼叫了 String 方法 split，此方法會傳回一個 String 陣列。String 引數中的空格字元，代表 split 方法用來定位 String 字符的分界符號。你會在下一節學到，split 方法的引數可以是正規表示法，來進行更複雜的字符化。第 19 行會顯示出 tokens 陣列的長度──亦即 sentence 中的字符數量。第 21-22 行會將各字符分別輸出到不同行。

```java
1  // Fig. 14.18: TokenTest.java
2  // StringTokenizer object used to tokenize strings
3  import java.util.Scanner;
4  import java.util.StringTokenizer;
5
6  public class TokenTest
7  {
8     // execute application
9     public static void main(String[] args)
10    {
11       // get sentence
12       Scanner scanner = new Scanner(System.in);
13       System.out.println("Enter a sentence and press Enter");
14       String sentence = scanner.nextLine();
15
16       // process user sentence
17       String[] tokens = sentence.split(" ");
18       System.out.printf("Number of elements: %d\nThe tokens are:\n",
19          tokens.length);
20
21       for (String token : tokens)
22          System.out.println(token);
23    }
24 } // end class TokenTest
```

```
Enter a sentence and press Enter
This is a sentence with seven tokens
Number of elements: 7
The tokens are:
This
is
a
sentence
with
seven
tokens
```

圖 14.18　用來字符化字串的 StringTokenizer 物件

14.7 正規表示法、Pattern 類別與 Matcher 類別

正規表示法（regular expression）是一個 String，描述了一個搜尋樣式，用來比對其他 String 中的字元。正規表示法可用於驗證輸入，確保資料符合特定的格式。例如，郵遞區碼必須包含五位數字，而姓氏只能包含字母、空格、撇號和連字號。正規表示法的其中一個應用，是幫助建構編譯器。通常，編譯器會使用大量且複雜的正規表示法，來驗證程式的語法。如果程式碼與正規表示法不相符，編譯器就會知道程式碼中出現語法錯誤。

　　String 類別提供了幾種可以進行正規表示法操作的方法，其中最簡單的就是比對操作。String 方法 matches 會接收一筆指定了正規表示法的 String，然後比對呼叫此方法的 String 物件內容，與此正規表示法是否相符。此方法會傳回一個 boolean 數值，指出比對是否成功。

　　正規表示法是由文字字元和特殊符號所組成。圖 14.19 描述了一些**預定義的字元類別（predefined character class）**，可以使用在正規表示法中。字元類別是一組跳脫序列（escape sequence），代表某一群字元。數字包含任何數值字元。**文字字元（word character）**包含任何字母（大寫或小寫）、任何數字或底線字元。空白字元包含空格、定位、歸位、換行或換頁字元（form feed）。每個字元類別，都會和我們試圖與正規表示法相比對的 String 中的單一字元相比對。

　　正規表示法不只限於這些預定義的字元類別而已。正規表示法使用了各式各樣的運算子和其他標記形式，以進行複雜的樣式比對。我們會在圖 14.20 和圖 14.21 的應用程式中，檢驗幾種這類技巧，這支應用程式會透過正規表示法來驗證使用者的輸入。[請注意：這支應用程式並未設計成可比對所有可能的使用者合法輸入。]

字元	相符條件	字元	相符條件
\d	任何數字	\D	任何非數字
\w	任何文字字元	\W	任何非文字字元
\s	任何空白字元	\S	任何非空白字元

圖 14.19　預定義的字元類別

```
1  // Fig. 14.20: ValidateInput.java
2  // Validating user information using regular expressions.
3
4  public class ValidateInput
5  {
6     // validate first name
7     public static boolean validateFirstName(String firstName)
8     {
9        return firstName.matches("[A-Z][a-zA-Z]*");
10    }
11
12    // validate last name
13    public static boolean validateLastName(String lastName)
14    {
```

圖 14.20　使用正規表示法驗證使用者的資訊 (1/2)

```
15          return lastName.matches("[a-zA-z]+(['-][a-zA-Z]+)*");
16      }
17
18      // validate address
19      public static boolean validateAddress(String address)
20      {
21          return address.matches(
22              "\\d+\\s+([a-zA-Z]+|[a-zA-Z]+\\s[a-zA-Z]+)");
23      }
24
25      // validate city
26      public static boolean validateCity(String city)
27      {
28          return city.matches("([a-zA-Z]+|[a-zA-Z]+\\s[a-zA-Z]+)");
29      }
30
31      // validate state
32      public static boolean validateState(String state)
33      {
34          return state.matches("([a-zA-Z]+|[a-zA-Z]+\\s[a-zA-Z]+)") ;
35      }
36
37      // validate zip
38      public static boolean validateZip(String zip)
39      {
40          return zip.matches("\\d{5}");
41      }
42
43      // validate phone
44      public static boolean validatePhone(String phone)
45      {
46          return phone.matches("[1-9]\\d{2}-[1-9]\\d{2}-\\d{4}");
47      }
48  } // end class ValidateInput
```

圖 14.20　使用正規表示法驗證使用者的資訊 (2/2)

```
1  // Fig. 14.21: Validate.java
2  // Input and validate data from user using the ValidateInput class.
3  import java.util.Scanner;
4
5  public class Validate
6  {
7      public static void main(String[] args)
8      {
9          // get user input
10         Scanner scanner = new Scanner(System.in);
11         System.out.println("Please enter first name:");
12         String firstName = scanner.nextLine();
13         System.out.println("Please enter last name:");
14         String lastName = scanner.nextLine();
15         System.out.println("Please enter address:");
16         String address = scanner.nextLine();
17         System.out.println("Please enter city:");
18         String city = scanner.nextLine();
19         System.out.println("Please enter state:");
20         String state = scanner.nextLine();
```

圖 14.21　使用 ValidateInput 類別從使用者處輸入資料並加以驗證 (1/2)

```
21          System.out.println("Please enter zip:");
22          String zip = scanner.nextLine();
23          System.out.println("Please enter phone:");
24          String phone = scanner.nextLine();
25
26          // validate user input and display error message
27          System.out.println("\nValidate Result:");
28
29          if (!ValidateInput.validateFirstName(firstName))
30             System.out.println("Invalid first name");
31          else if (!ValidateInput.validateLastName(lastName))
32             System.out.println("Invalid last name");
33          else if (!ValidateInput.validateAddress(address))
34             System.out.println("Invalid address");
35          else if (!ValidateInput.validateCity(city))
36             System.out.println("Invalid city");
37          else if (!ValidateInput.validateState(state))
38             System.out.println("Invalid state");
39          else if (!ValidateInput.validateZip(zip))
40             System.out.println("Invalid zip code");
41          else if (!ValidateInput.validatePhone(phone))
42             System.out.println("Invalid phone number");
43          else
44             System.out.println("Valid input.  Thank you.");
45    }
46 } // end class Validate
```

```
Please enter first name:
Jane
Please enter last name:
Doe
Please enter address:
123 Some Street
Please enter city:
Some City
Please enter state:
SS
Please enter zip:
123
Please enter phone:
123-456-7890

Validate Result:
Invalid zip code
```

```
Please enter first name:
Jane
Please enter last name:
Doe
Please enter address:
123 Some Street
Please enter city:
Some City
Please enter state:
SS
Please enter zip:
12345
Please enter phone:
123-456-7890

Validate Result:
Valid input. Thank you.
```

圖 14.21　使用 ValidateInput 類別從使用者處輸入資料並加以驗證 (2/2)

圖 14.20 會驗證使用者的輸入。第 9 行會驗證名字。要比對一組沒有預定義字元類別的字元，請使用方括號 []。例如，樣式 "[aeiou]" 會比對單一的母音字元。你可以在兩字元之間加上連字號（-），來表示字元的範圍。在此例中 "[A-Z]" 會比對單一的大寫字母。如果方括號中的第一個字元是 "^"，則此正規表示法會接受除了後面所指定的字元之外的任何字元。然而，"[^Z]" 並不等同於 "[A-Y]"，後者相符於大寫字母 A 到 Y－"[^Z]" 相符於任何非大寫字母 Z，包括小寫字母，以及非字母例如換行字元等。字元類別的範圍是由字母的整數值所決定。在此例中，"[A-Za-z]" 相符於所有大小寫字母。範圍 "[A-z]" 除了相符於所有大小寫字母之外，也相符於所有介於大寫 Z 到小寫 a 之間的字元（例如 [與 \，更多有關字元整數值的資訊，請參閱附錄 B）。就像預定義的字元類別一樣，放在方括號中的字元類別，會與搜尋物件中的單一字元進行比對。

第 9 行中，位於第二個字元類別之後的星號，表示可以比對任何數量的字母。一般來說，當正規表示法運算子 "*" 出現在正規表示法中時，應用程式便會試圖比對零或多次 "*" 前方緊接的子表示式。運算子 "+" 則會試圖比對一或多次 "+" 前方緊接的子表示式。所以 "A*" 和 "A+" 都相符於 "AAA"，但只有 "A*" 相符於空字串。

如果 validateFirstName 方法會傳回 true（圖 14.21，第 29 行），則應用程式會試圖呼叫 validateLastName 方法（圖 14.20，第 13-16 行）來驗證姓氏（第 31 行）。正規表示法會驗證姓氏是否相符於任意數量中間隔以空格、單引號或連字號的字母。

圖 14.21 的第 33 行呼叫了 validateAddress 方法（圖 14.20，第 19-23 行）來驗證地址。第一個字元類別相符於任何出現一次以上的數字（\\d+）。此處使用了兩個 \，因為 \ 在字串中正常會用來表示跳脫序列的開頭。所以在 String 中，\\d 代表正規表示法樣式 \d。接著我們會比對一或多個空白字元（\\s+）。透過字元 "|"，字串可以相符於其左邊的表示法，也可以相符於其右邊的表示法。例如，"Hi (John|Jane)" 與 "Hi John" 或 "Hi Jane" 皆相符。括號是用來將部分的正規表示法歸為一群。在此例中，| 的左邊會比對一個單字，右邊則會比對兩個相隔任意數量空白的單字。所以，地址必然包含一個數字，然後後頭接著一或兩個字。因此，"10 Broadway" 和 "10 Main Street" 在本例中都是合法的地址。城市（圖 14.20，第 26-29 行）和州（圖 14.20，第 32-35 行）的驗證方法，也會比對任何至少包含一個字元的單字，或任兩個至少包含一個字元，以單個空格相隔的兩個單字，所以 Waltham 與 West Newton 都會相符。

量詞

星號（*）和加號（+）的正式名稱叫做**量詞**（**quantifier**）。圖 14.22 列出了所有量詞。我們已經討論過星號（*）和加號（+）量詞的運作方式。所有的量詞都只會影響緊接於此量詞前面的子表示式。量詞問號（?），會比對其所量化的表示式零或一次。一對大括號中間包含一個數字（{n}），會比對其所量化的表示式恰好 n 次。我們在圖 14.20 的第 40 行，示範使用了此一量詞來驗證郵遞區號。在大括號所包含的數字後頭，如果加上一個逗號，表示至少要比對 n 次其所量化的表示式。包含兩個數字的一對大括號（{n, m}），會比對其所量化的運算子介於 n 到 m 次之間。量詞也可以應用於括號中包含的樣式，來建立更複雜的正規表示法。

量詞	相符條件
*	相符於出現零或多次樣式。
+	相符於出現一或多次樣式。
?	相符於出現零或一次樣式。
{n}	相符於出現恰好 n 次樣式。
{n,}	相符於出現至少 n 次樣式。
{n,m}	相符於出現 n 到 m 次樣式（包括兩端點值）。

圖 14.22　正規表示法所使用的量詞

　　所有的量詞都是**貪婪的**（**greedy**）。這表示只要樣式仍然相符，它們就會盡可能地比對最多次樣式的出現。然而，任何量詞如果後頭加上問號（**?**），此量詞就會變爲**保守的**（**reluctant**，有時也稱爲**懶惰的** **[lazy]**）。這時，只要樣式相符，它們會盡可能地比對最少次樣式的出現。

　　郵遞區號（圖 14.20，第 40 行）會比對數字五次。這個正規表示法使用了數字字元類別，以及在大括號中放入了數字爲 5 的量詞。電話號碼（圖 14.20，第 46 行）則會比對三個數字（第一個數字不可爲零），後頭加上連字號，再加上三個數字（第一個數字也同樣不可爲零），後頭再加上四個數字。

　　String 方法 matches 會檢查整個 String 是否相符於正規表示法。例如，我們會接受 "Smith" 作爲姓氏，但不會接受 "9@Smith#"。如果只有子字串相符於正規表示法，matches 方法就會傳回 false。

代換子字串及分割字串

有時候取代部分的字串，或是分割字串，會有其用處。因此，String 類別提供了 **replaceAll**、**replaceFirst** 和 **split** 方法。圖 14.23 展示了這些方法。

```java
1  // Fig. 14.23: RegexSubstitution.java
2  // String methods replaceFirst, replaceAll and split.
3  import java.util.Arrays;
4
5  public class RegexSubstitution
6  {
7     public static void main(String[] args)
8     {
9        String firstString = "This sentence ends in 5 stars *****";
10       String secondString = "1, 2, 3, 4, 5, 6, 7, 8";
11
12       System.out.printf("Original String 1: %s\n", firstString);
13
14       // replace '*' with '^'
15       firstString = firstString.replaceAll("\\*", "^");
16
17       System.out.printf("^ substituted for *: %s\n", firstString);
18
```

圖 14.23　String 方法 replaceFirst、replaceAll 和 split (1/2)

```
19          // replace 'stars' with 'carets'
20          firstString = firstString.replaceAll("stars", "carets");
21
22          System.out.printf(
23              "\"carets\" substituted for \"stars\": %s\n", firstString);
24
25          // replace words with 'word'
26          System.out.printf("Every word replaced by \"word\": %s\n\n",
27              firstString.replaceAll("\\w+", "word"));
28
29          System.out.printf("Original String 2: %s\n", secondString);
30
31          // replace first three digits with 'digit'
32          for (int i = 0; i < 3; i++)
33              secondString = secondString.replaceFirst("\\d", "digit");
34
35          System.out.printf(
36              "First 3 digits replaced by \"digit\" : %s\n", secondString);
37
38          System.out.print("String split at commas: ");
39          String[] results = secondString.split(",\\s*"); // split on commas
40          System.out.println(Arrays.toString(results)); // display results
41      }
42 } // end class RegexSubstitution
```

```
Original String 1: This sentence ends in 5 stars *****
^ substituted for *: This sentence ends in 5 stars ^^^^^
"carets" substituted for "stars": This sentence ends in 5 carets ^^^^^
Every word replaced by "word": word word word word word word ^^^^^

Original String 2: 1, 2, 3, 4, 5, 6, 7, 8
First 3 digits replaced by "digit" : digit, digit, digit, 4, 5, 6, 7, 8
String split at commas: ["digit", "digit", "digit", "4", "5", "6", "7", "8"]
```

圖 14.23　String 方法 replaceFirst、replaceAll 和 split (2/2)

　　只要原始的 String 相符於正規表示法（第一個引數），replaceAll 方法就會將 String 中的文字代換為新的文字（第二個引數）。第 15 行會將 firstString 中出現的每一個 "*"，都代換以 "^"。正規表示法 ("*") 在 * 的前面加上了兩個反斜線。一般來說，* 代表量詞，會指示正規表示法應該要比對出現任意次數的前文樣式。然而，在第 15 行中，我們想要找出所有的字面字元 *，要完成這個任務，我們必須將 * 用反斜線跳脫。使用 \ 跳脫正規表示法的特殊字元，會指示比對引擎尋找實際的字元。由於表示式會被儲存於 Java String 中，而 \ 在 Java String 中又是特殊字元，所以我們必須再加上一個 \。所以 Java String "*" 便代表正規表示法樣式 *，相符於搜尋字串中的單個 * 字元。在第 20 行，firstString 中所有相符於正規表示法的 "stars" 的子字串，都會被取代為 "carets"。第 27 行使用了 replaceAll 將字串中所有的單字代換成 "word"。

　　replaceFirst 方法（第 33 行）會取代樣式第一次出現的地方。Java String 是不可變易的，所以 replaceFirst 方法會傳回一個新的 String，其中適當的字元已經經過代換。這行程式會取用原本的 String，然後將之置換成 replaceFirst 所傳回的 String。藉由循環三次，我們將 secondString 中前三次出現數字 (\d) 的地方，都代換成了文字 "digit"。

split 方法會將 String 分割成多個子字串。原來的 String 會在任何符合指定之正規表示法的地方被分開。split 方法會傳回一個 String 陣列，其中包含相符於正規表示法的文字之間的子字串。第 39 行中，我們使用了 split 方法，從包含以逗點分隔的整數列的字串中取出字符。其引數就是用來定位分界符號的正規表示法。在此例中，我們使用正規表示法 ",\\s*"，以在所有逗點出現的地方，分割子字串。藉由比對任何空白字元，我們從所得到的子字串中，消除掉多餘的空格。逗點和空白字元，並不會出現在所傳回的子字串中。同樣的，Java String ",\\s*" 代表正規表示法 ,\s*。第 40 行使用了 Arrays 方法 toString 將陣列 results 的內容顯示在方括號中，以逗點分隔各項。

Pattern 和 Matcher 類別

除了 String 類別的正規表示法功能外，Java 也在 java.util.regex 套件中提供了其他的類別，能幫助開發者操作正規表示法。Pattern 類別代表一個正規表示法。**Matcher** 類別則同時包含正規表示法的樣式，以及一個要用來搜尋此樣式的 CharSequence。

CharSequence（java.lang 套件）是一種介面，讓我們可讀取字元序列。此介面必須宣告 charAt、length、subSequence 和 toString 方法。String 和 StringBuilder 都實作了 CharSequence 介面，所以這兩個類別的實體，都可以使用於 Matcher 類別中。

常見的程式設計錯誤 14.2
正規表示法可以和任何實作 CharSequence 介面的類別物件進行比對，但正規表示法必須爲 String。試圖以 StringBuilder 建立正規表示法是一種錯誤。

如果正規表示法只會使用一次，則可以使用 Pattern 的 static 方法 **matches**。此方法會取用一個代表正規表示法的 String，以及一個欲進行比對的 CharSequence。此方法會傳回一個 boolean 值，指出所搜尋的物件（第二個引數）是否相符於正規表示法。

如果正規表示法會使用超過一次（例如在迴圈中），則使用 Pattern 的 static 方法 **compile**，來建立特定的 Pattern 物件表示該正規表示法，會比較有效率。此方法會接收一個代表樣式的 String，然後傳回一個新的 Pattern 物件，接著此物件便可以用來呼叫 matcher 方法。此方法會接受一個欲搜尋的 CharSequence，然後傳回一個 Matcher 物件。

Matcher 提供了 **matches** 方法，會執行與 Pattern 的 matches 方法相同的工作，但它不接收引數——搜尋樣式和搜尋物件，都被封裝在 Matcher 物件中。Matcher 類別也提供了其他的方法，包括 **find**、**lookingAt**、**replaceFirst** 和 **replaceAll**。

圖 14.24 呈現了一個運用正規表示法的簡單範例。這支程式會比對生日與正規表示法。這個正規表示法只相符於不在四月出生，名字以 "J" 開頭的人的生日。

```
1  // Fig. 14.24: RegexMatches.java
2  // Classes Pattern and Matcher.
3  import java.util.regex.Matcher;
4  import java.util.regex.Pattern;
5
6  public class RegexMatches
7  {
8     public static void main(String[] args)
9     {
10       // create regular expression
11       Pattern expression =
12          Pattern.compile("J.*\\d[0-35-9]-\\d\\d-\\d\\d");
13
14       String string1 = "Jane's Birthday is 05-12-75\n" +
15          "Dave's Birthday is 11-04-68\n" +
16          "John's Birthday is 04-28-73\n" +
17          "Joe's Birthday is 12-17-77";
18
19       // match regular expression to string and print matches
20       Matcher matcher = expression.matcher(string1);
21
22       while (matcher.find())
23          System.out.println(matcher.group());
24    }
25 } // end class RegexMatches
```

```
Jane's Birthday is 05-12-75
Joe's Birthday is 12-17-77
```

圖 14.24　Pattern 類別與 Matcher 類別 (2/2)

　　第 11-12 行藉由呼叫 Pattern 的靜態方法 compile，建立了一個 Pattern。正規化表示法（第 12 行）中的點號字元 "."，相符於任何除了換行以外的單一字元。第 20 行建立了一個 Matcher 物件來存放編譯後的正規表示法，以及欲比對之序列 (string1)。第 22-23 行使用了一個 while 迴圈來巡訪 String。第 22 行使用了 Matcher 的 find 方法，試圖找出搜尋物件中與搜尋樣式相符的片段。每次呼叫這個方法，就會從上次呼叫結束的地方繼續開始，所以可以找出多處相符的地方。Matcher 的 lookingAt 方法也會以相同的方式執行，但它永遠會從搜尋物件的起始處開始搜尋，如果有相符的話，永遠會傳回第一個相符的片段。

　　　　常見的程式設計錯誤 14.3
　　　　只有在整個搜尋物件相符於正規表示法時，matches 方法 (String、Pattern 或 Matcher 類別的) 才會傳回 true。find 和 lookingAt 方法 (Matcher 類別) 則會在搜尋物件部分相符於正規表示法時傳回 true。

　　第 23 行使用了 Matcher 的 **group** 方法，此方法會從搜尋物件中，傳回相符於搜尋樣式的 String。所傳回的 String，是最近一次呼叫 find 或 lookingAt 方法比對相符的子字串。圖 14.24 的輸出顯示了在 String1 中找到兩個相符的子字串。

Java SE 8

正如你在 17.7 節所看到，你可以結合正規化表示法來處理 Jave SE 8 lambdas 和串流，來展現強大的字串和檔案處理的應用程式。

14.8　總結

在本章中，你學到更多的 `String` 方法，可用來選取部分的 `String`，以及操作 `String`。學到 `Character` 類別，以及此類別所宣告，一些用來處理 `char` 的方法。本章也討論了使用 `StringBuilder` 類別來建構 `String` 的功能。本章最後討論了正規表示法，正規表示法提供了強大的功能來搜尋比對部分的 `String` 是否相符於特定的樣式。在下一章中，你會學到檔案處理，包括永久性資料的儲存與取得方式。

摘要

14.2 字元和字串的基本原理

- 字元字面的數值是該字元在 Unicode 中的整數值。字串可以包含字母、數字和特殊字元，諸如 +、-、*、/ 及 $ 等。Java 的字串是 String 類別的物件。String 字面通常會以 String 物件的方式來參照，在程式中則會寫在雙引號中。

14.3 String 類別

- String 物件是不可以變易的——它們在建立之後，字元內容就無法更改。
- String 方法 length 會傳回 String 中的字元數目。
- String 方法 charAt 會傳回指定位置的字元。
- String 方法 regionMatches 比較兩個字串部分是否相等。
- String 方法 equals 會測試字串是否相等。如果兩個字串的內容相等，此方法就會傳回 true，反之則傳回 false。equals 方法對於 String 是採用詞典比較法。
- 當基本型別數值用 == 進行比較時，如果兩者的數值相等，結果就會是 true。當參照用 == 進行比較時，如果兩個參照指向相同的物件，結果才會是 true。
- Java 會將所有內容相同的字串字面，處理為單一的 String 物件。
- String 方法 equalsIgnoreCase 會進行忽略大小寫的字串比較。
- String 方法 compareTo 會使用詞典比較法，如果 String 相等，便傳回 0；如果呼叫 compareTo 的字串小於 String 引數，則傳回負數；如果呼叫 compareTo 的字串大於 String 引數，則傳回正數。
- String 方法 regionMatches 會比較兩字串的某部分是否相同。
- String 方法 startsWith 與 endsWith 會判斷字串是否以指定字元開頭或結尾。
- String 方法 indexOf 會找出字元或子字串在字串中第一次出現的位置。String 方法 lastIndexOf 方法則會找出字元或子字串最後一次出現在字串中的位置。
- String 方法 substring 會複製並傳回現有的字串物件的某部分。
- Striing 方法 concat 會串接兩個字串物件，然後傳回一個新的字串物件。
- String 方法 replace 會傳回一個新的字串物件，會將 String 中所有其第一個字元引數出現的地方，都替換為其第二個字元引數。
- String 方法 toUpperCase 會傳回一個新的字串，將原字串中包含小寫字母的地方，都取代為大寫字母。String 方法 toLowerCase 則會傳回一個新的字串，將原字串中包含大寫字母的地方，都取代為小寫字母。
- String 方法 trim 會傳回一個新的字串物件，其中所有開頭或結尾的空白字元（例如，空格、換行、定位等）都會被移除。
- String 方法 toCharArray 會傳回一個 char 陣列，包含該字串之字元的副本。
- String 類別的 static 方法 valueOf，會將其引數轉換為字串然後傳回。

14.4 StringBuilder 類別

- StringBuilder 類別所提供的建構子,可以讓 StringBuilders 初始化為不包含任何字元,預設容量為 16 字元;或是不包含任何字元,以整數引數指定其初始容量;或者包含 String 引數的字元副本,以及初始容量為此 String 引數中的字元數量加上 16。

- StringBuilder 方法 length 會傳回目前 StringBuilder 中儲存的字元數目。StringBuilder 方法 capacity 會傳回在未配置更多記憶體前,StringBuilder 中可存放的字元數量。

- StringBuilder 方法 ensureCapacity 會確保 StringBuilder 至少擁有指定的容量。setLength 方法可以增加或減少 StringBuilder 的長度。

- StringBuilder 方法 charAt 會傳回位於指定索引的字元。setCharAt 方法會設定位於指定索引的字元。StringBuilder 方法 getChars 會將 StringBuilder 中的字元複製到作為引數傳入的字元陣列中。

- StringBuilder 多載的 append 方法會將基本型別、字元陣列、String、Object 或 CharSequence 數值附加到 StringBuilder 的尾端。

- StringBuilder 多載的 insert 方法會將基本型別、字元陣列、String、Object 和 CharSequence 數值插入到 StringBuilder 中的任意位置。

14.5 Character 類別

- Character 方法 isDefined 會判斷字元是否位於 Unicode 字元集中。

- Character 方法 isDigit 會判斷字元是否是已定義的 Unicode 數字。

- Character 方法 isJavaIdentifierStart 會判斷字元是否可用作 Java 識別字的第一個字元。Character 方法 isJavaIdentifierPart 會判斷字元是否可使用在識別字中。

- Character 方法 isLetter 會判斷字元是否為字母。Character 方法 isLetterOrDigit 會判斷字元是否為數字或字母。

- Character 方法 isLowerCase 會判斷字元是否為小寫字母。Character 方法 isUpperCase 會判斷字元是否為大寫字母。

- Character 方法 toUpperCase 會將字元轉換為相對應的大寫字母。Character 方法 toLowerCase 會將字元轉換為相對應的小寫字母。

- Character 方法 digit 會將其字元引數轉換成其整數引數 radix 所指定的數字系統下的整數。Character 方法 forDigit 會將其整數引數 digit,轉換為其整數引數 radix 所指定的數字系統下的字元。

- Character 方法 charValue 會傳回 Character 物件中儲存的 char。Character 方法 toString 會傳回 Character 的 String 表示法。

14.6 String 字符化

- String 類別的 split 方法會根據引數所指定的分界符號,將 String 切割為字符,然後傳回一個 String 陣列，包含這些字符。

14.7　正規表示法、Pattern 類別與 Matcher 類別

- 正規表示法是一個字元與符號的序列，定義了一組字串。正規表示法可用來驗證輸入，確保資料符合特定的格式。

- String 方法 matches 會接收一個指定正規表示法的字串，然後將呼叫此方法之 String 的內容，與此正規表示法相比對。此方法會傳回一個 boolean 值，指出比對是否成功。

- 字元類別是一個跳脫序列，用來表示一群字元。每個字元類別都會對應到我們試圖以正規表示法進行比對的字串中的單一字元。

- 文字字元 (\w) 包括任何字母（大寫或小寫）、數字或底線。

- 空白字元 (\s) 包含空格、定位、歸位、換行或表單饋入字元。

- 數字 (\d) 包含任何數值字元。

- 要比對沒有預定義字元類別的字元集合，請使用方括號 []。你可以用連字號 (-) 來表示介於兩字元間的範圍。如果方括號中的第一個字元是 "^"，則此表示式會接收除了後頭所指定的字元之外的任何字元。

- 當正規表示法運算子 "*" 出現在正規表示法中時，程式會試圖比對零或多次 "*" 前方緊接的子表示式。

- 運算子 "+" 會試圖比對一或多次其前方緊接的子表示式。

- 字元 "|" 表示可相符於其左邊或右邊的表示式。

- 括號 ( ) 是用來將部分的正規表示法結合為群組。

- 星號 (*) 和加號 (+) 的正式名稱為量詞。

- 量詞只會影響其前面緊接的子表示式。

- 量詞問號 (?) 會比對零或一次其量化的表示式。

- 包含一個數字的大括號 ({n})，會比對恰好 n 次其所量化的表示式。在大括號中的數字後面加上逗點，表示要比對至少 n 次。

- 大括號中包含兩個數字 ({n, m})，會比對 n 到 m 次其所量化的表示式。

- 量詞都是貪婪的——只要能成功比對，它們會盡可能的比對越多子字串。如果量詞位於問號 (?) 之後，量詞就會便為消極的，只要能成功比對，它們會盡可能的比對越少子字串。

- String 方法 replaceAll，會將原始字串中所有相符於正規表示法（第一個引數）的文字，全部代換成新的文字（第二個引數）。

- 使用 \ 跳脫正規表示法的特殊字元，會指示正規表示法的比對引擎尋找實際的字元，而非此字元在正規表示法中代表的特殊意義。

- String 方法 replaceFirst 會代換第一個成功比對的樣式，然後傳回適當的字元被代換後的新字串。

- String 方法 split 會在任何相符於指定之正規表示法的地方，將字串切割為子字串，然後傳回這些子字串的陣列。

- Pattern 類別代表正規表示法。

- Matcher 類別包含正規表示法的樣式，以及要用來搜尋的 CharSequence。

- CharSequence 是一個介面，讓我們可以讀取字元序列。String 與 StringBuilder 都有實作此一介面，所以兩者都可以使用於 Matcher 類別。

- 如果正規表示法只會被使用一次，Pattern 類別的靜態方法 matches 會取用一個指定了正規表示法的字串，以及一個要進行比對的 CharSequence。此方法會傳回一個 boolean，指出搜尋物件是否相符於正規表示法。

- 如果某個正規表示法會被使用多次，則使用 Pattern 的靜態方法 compile 來建立代表該正規表示法的特定 Pattern 物件，會比較有效率。此方法會接收一個代表該樣式的字串，然後傳回一個新的 Pattern 物件。

- Pattern 方法 matcher 會接收一個 CharSequence，然後傳回一個 Matcher 物件。Matcher 的 matches 方法會執行與 Pattern 的 matches 方法相同的操作，但不需要引數。

- Matcher 的 find 方法會試圖比對搜尋物件的片段與搜尋樣式。每次呼叫此方法，就會從上次呼叫結束的位置繼續進行，所以可以找出多筆相符的子字串。

- Matcher 的 lookingAt 方法所執行的操作與 find 相同，但它永遠會從搜尋物件的開頭開始搜尋，如果有相符的話，永遠會找到第一筆相符的子字串。

- Matcher 的 group 方法會傳回搜尋物件中與搜尋樣式相符的字串。所傳回的字串是前次呼叫 find 或 lookingAt 方法所找到的相符子字串。

自我測驗題

14.1 請指出下列何者爲眞，何者爲僞。如果爲僞，請說明理由。

　　a) 當 String 物件使用 == 做比較，如果 String 有相同的值，則結果爲眞

　　b) String 可在創造之後修改。

14.2 針對以下各小題，請撰寫單一敘述來完成指定的工作：

　　a) 比較在 s1 的 String 與在 s2 的 String 是否有平等的內容。

　　b) 富加 string s2 到 s1 藉由使用 +=。

　　c) 決定在 s1 的長度。

自我測驗題解答

14.1 a) 僞。String 物件使用 == 比較是決定它們是否在記憶體內有同樣物件。

　　b) 僞。String 物件是不可改變的，而且不能在創造之後修改。StringBuilder 物件才是可在創造之後修改。

14.2 a) s1.equals(s2)

　　b) s1 += s2;

　　c) s1.length()

習題

14.3 （迴文）迴文會讀取前面與後面的兩個同樣的字，像是'radar'與'madam'。是撰寫一個應用程式來檢查字串是否是迴文。

14.4 （比較部分的 String）試撰寫一應用程式，使用 String 方法 regionMatches 來比較使用者所輸入的兩個 String。此應用程式應該要輸入欲比較的字元數目，以及要開始進行比較的索引。應用程式應該要指出，兩字串是否相等。在進行比較時，請忽略字元的大小寫。

14.5 （隨機文句）試撰寫一應用程式，使用亂數產生器來產生句子。請使用四個字串陣列，名之為 article、noun、verb 和 preposition。請依以下順序，隨機從各個陣列中選出一個單字，來產生句子：article、noun、verb、preposition、article、noun。每選取一個單字，就將之與句子之前的單字串接在一起。這些單字之間都應該間隔以空格。在輸出最後的句子時，第一個字母應該要大寫，最後應該以句點作結。這支應用程式應該要產生並顯示 20 個句子。

冠詞陣列應該要包含冠詞 "the"、"a"、"one"、"some" 與 "any"；名詞陣列應該要包含名詞 "boy"、"girl"、"dog"、"town" 與 "car"；動詞陣列應該要包含動詞 "drove"、"jumped"、"ran"、"walked" 與 "skipped"；介係詞陣列應該要包含介係詞 "to"、"from"、"over"、"under" 與 "on"。

14.6 （專題：五行打油詩）五行打油詩是一種幽默的五行詩體，其中第一、第二行與第五行押韻，第三行則與第四行押韻。請使用類似於習題 14.5 所開發出的技巧，撰寫一支會隨機產生五行打油詩的 Java 應用程式。改良本程式以產生品質較佳的五行打油詩，是個具有挑戰性的問題，但結果必然值得你努力！

14.7 （Pig Latin）試撰寫一應用程式，會將英文片語編碼為 pig Latin。Pig Latin 是一種編碼語言。要建立 pig Latin 片語，有許多不同的方法。為求簡化，請使用以下演算法：要從英文片語建立 pig Latin 片語，請先用 String 方法 split 將片語字符化為單字。要將各個英文單字轉譯為 pig Latin 單字，請將英文單字的第一個字母放到單字的尾端，然後加上字母 "ay"。因此，單字 "jump" 會變成 "umpjay"，單字 "the" 會變成 "hetay"，而單字 "computer" 會變成 "omputercay"。單字與單字之間的空白仍然維持為空白。請假設以下事項：英文片語是由空白相隔的單字所組成，沒有標點符號，而且所有單字都包含二個以上的字母。printLatinWord 方法應該要顯示出每個單字。請將各個字符傳遞給 printLatinWord 方法，以印出 pig Latin 單字。請讓使用者能夠輸入句子。請在文字區域中，持續顯示所有轉換後的句子。

14.8 （從電話號碼取出字符）試撰寫一應用程式，以格式 (555) 555-5555 的字串輸入電話號碼。此應用程式應該要使用 String 方法 split 取出區碼作為字符，取出電話號碼的前三位數字作為字符，以及電話號碼的最後四位數字作為字符。電話號碼的七位數字，應該要串接成一個字串。區碼與電話號碼都應該要列印出來。請記得，在取出字符的過程中，你必須更改分界字元。

14.9 （顯示句子，掉轉其單字）試撰寫一應用程式，輸入一行文字，使用 String 方法 split 來字符化這行文字，然後以相反的順序印出這些字符。請使用空格作為分界符號。

14.10 （句字中最長的字）試撰寫一個應用程式輸入一行文字並顯示出句子中最長的字（就是字母最多的單字）。

14.11 （複數名詞）試撰寫一個應用程式將一個名詞輸入並將其寫文複數形式。如果名詞以 "s", "x", "z", "ch", 或 "sh" 結尾，那就加上 "es" 使其為複數形態。如果名詞以 "y" 結尾而前面的字母是子音，請將 "y" 改為 "ies"。其他的強況請加上 "s" 使名詞為複數形態。

14.12 （搜尋 String）試根據習題 14.11 的應用程式，撰寫一應用程式，輸入一行文字，然後使用 String 的 indexOf 方法，判斷文字中各個字母出現的總次數。大寫和小寫字母應該要合併計算。請將每個字母出現的總次數儲存在陣列中，然後在判斷完總次數之後，以表格格式印出這些數值。

14.13 （字符化字串）試撰寫一個應用程式讀取一行文字，使用空格字元當分隔符號字符行段，並只輸出大寫開頭的字。

14.14 （字符化與比較字串）試撰寫一應用程式，會讀入一行文字，使用空格字元作為分界符號將之字符化，然後只輸出以字母 "ED" 結尾的單字。

14.15 （將 int 數值轉換為字元）試撰寫一個應用程式讀取一行文字，使用空格字元當分隔符號標記行段，並只輸出大寫開頭的字。

14.16 （定義你的 String 方法）試撰寫你自己的 String 的搜尋方法 indexOf 與 lastIndexOf。

14.17 （從五個字的 String 創造三個字）試撰寫一個應用程式讀取五個字的單字，並生產所有可能的三個字的單字。舉例來說，"bathe" 可以生產 "ate," "bat," "bet," "tab," "hat," "the" and "tea."。

專題：進階字串操作習題

上述習題主要著重在文字上，是設計來測試你對於基本字串操作概念的理解程度。本節包含了一系列中階與進階的字串操作習題。你應該會發現這些問題很具挑戰性，也很有娛樂效果。這些問題的難度差異非常大。有些習題需要花上一兩個小時來撰寫及實作應用程式。其他可用來作為課程作業的習題，可能需要二到三週的研究和實作。有些則是挑戰級的期末專題。

14.18 （文件分析）具有字串操作能力的電腦的出現，產生了一些相當有趣的方法，來分析偉大作家的寫作。許多人曾致力研究是否真有莎士比亞這個人。有些學者相信，有充分的證據指出，記名在莎士比亞底下的鉅作，其實是由馬羅所執筆。研究者也曾使用過電腦，來找出這兩位作家寫作上的相似性。本習題會檢驗三種用電腦來分析文件的方法。

a) 試撰寫一應用程式，從鍵盤讀入一行文字，然後印出一個表格，指出這段文字中每個字母出現的次數。例如，片語：

```
To be, or not to be: that is the question::
```

包含一個 "a"、兩個 "b"、沒有 "c" 依此類推。

b) 試撰寫一應用程式，會讀入一行文字，然後印出一個表格，指出這段文字中出現的單字母單字、雙字母單字、三字母單字等等各有多少個。例如，圖 14.25 顯示了下列片語中單字出現的數量

```
Whether 'tis nobler in the mind to suffer
```

c) 試撰寫一應用程式，會讀入一行文字，然後印出一個表格，指出這份文字中各個不同單字出現的次數。你的應用程式在表格中列出單字的順序，應該要與單字在文字中出現的順序相同。例如，以下兩行

```
To be, or not to be: that is the question:
Whether 'tis nobler in the mind to suffer
```

包含了單字 "to" 三次，單字 "be" 兩次，單字 "or" 一次等等。

單字長度	出現次數
1	0
2	2
3	1
4	2（包括 'tis）
5	0
6	2
7	1

圖 14.25　字　串 "Whether 'tis nobler in the mind to suffer" 中單字長度的計數

14.19 （以各種格式印出日期）日期可以用數種常見的格式印出。其中兩種較常見的格式為

```
04/25/1955 and April 25, 1955
```

試撰寫一應用程式，可以讀入第一種格式的日期，然後以第二種格式將之印出。

14.20 （支票保護）電腦經常用於支票簽發系統，例如薪資或應付帳款應用程式。曾發生過許多奇怪的故事，比如單週的薪資支票上頭，（錯誤的）印出超過 1 百萬的金額。電腦化的支票簽發系統會印出不正確的金額，是因為人為錯誤或機器的失靈所致。系統設計者應該要在其系統中建構控制機制，以避免發出這類錯誤的支票。

另一個嚴重的問題，是有人蓄意更改支票的金額，企圖詐領支票的金額。為了避免支票金額被修改，有些電腦化的支票簽發系統，會使用稱為支票保護的技巧。設計為使用電腦列印的支票，會包含固定數量的空格，讓電腦可以在其中印出金額。假設薪資支票包含八個空格，電腦應該要在其中印出週薪支票的金額。如果金額較大，則八個空格都會被填滿。例如：

```
1,230.60 (check amount)
--------
12345678 (position numbers)
```

另一方面來說，如果金額小於 $1000，有些空格一般就會保留空白。例如：

```
   99.87
--------
12345678
```

包含了三個空格。如果印出支票時包含空格，就很容易讓人竄改金額。爲了避免金額的竄改，許多支票簽發系統會插入前置的星號來保護金額，如下：

```
***99.87
--------
12345678
```

試撰寫一程式，會輸入一個要列印在支票上頭的金額，然後在需要時，以帶有前置星號的支票保護格式印出此金額。假設你有九個空格可印出金額。

14.21（以文字撰寫支票金額） 繼續習題 14.20 的討論，我們再次強調設計支票簽發系統，以避免支票金額遭到竄改的重要性。一種常見的保護方法，要求金額除了以數字寫出之外，也要用文字拼出。即使有人能夠竄改支票的數值金額，要改變文字金額也極度困難。試撰寫一應用程式，會輸入少於 $1000 的數值支票金額，然後寫出該金額的文字表示法。例如，金額 112.43 應該要寫成

```
ONE hundred TWELVE and 43/100
```

14.22（摩斯電碼） 摩斯電碼或許是世界上最有名的編碼策略，係由山謬摩斯 (Samuel Morse) 於 1832 年開發，使用於電報系統上。摩斯電碼把一連串的點和線指定給每個字母、數字和一些特殊字元（例如句點、逗點、冒號、分號）。在音訊導向的系統中，點代表一短聲，線則代表一長聲。燈光導向系統與令旗系統，則會用其他方式來表示點和線。單字之間的間隔是以空白來表示，或簡單的說，就是沒有點和線。在音訊導向系統中，空白是以一段未傳送聲音的短暫時間來表示。圖 14.26 顯示出國際版的摩斯電碼。

試撰寫一應用程式，會讀入英文片語，然後將之編碼爲摩斯電碼。也請撰寫另一支應用程式，會讀入摩斯電碼的片語，然後將之轉換回英文。請在每個摩斯電碼字母之間加上一個空白；每個摩斯編碼文字之間，加上三個空白。

字元	編碼	字元	編碼	字元	編碼
A	.-	N	-.	數字	
B	-...	O	---	1	.----
C	-.-.	P	.--.	2	..---
D	-..	Q	--.-	3	...--
E	.	R	.-.	4	....-
F	..-.	S	...	5	.....
G	--.	T	-	6	-....
H	....	U	..-	7	--...
I	..	V	...-	8	---..
J	.---	W	.--	9	----.
K	-.-	X	-..-	0	-----
L	.-..	Y	-.--		
M	--	Z	--..		

圖 14.26　以國際摩斯電碼表示的字母與數字

14.23（公英制換算）試撰寫一應用程式，協助使用者進行公英制的換算。你的應用程式應該要讓使用者以字串指定單位的名稱（例如公制系統的公分、公升、公克等等，以及英制系統的英吋、夸脫、磅等等），然後回應一些簡單的問題，例如：

```
"How many inches are in 2 meters?"
"How many liters are in 10 quarts?"
```

你的應用程式應該要能夠辨認出無效的轉換。例如，以下問題：

```
"How many feet are in 5 kilograms?"
```

是沒有意義的，因為「呎」是長度單位，「公斤」則是重量單位。

專題：具有挑戰性的字串操作專題

14.24（專題：拼字檢查程式）許多常用的文字處理軟體套裝程式，都包含內建的拼字檢查程式。在本專題中，我們要求你開發你自己的拼字檢查公用程式。我們會給一些建議，以協助開始設計。你接著應該要考量加入更多功能。請利用電腦字典（如果你可取得某個電腦字典）作為單字的來源。

為什麼我們會鍵入這麼多拼錯的單字？在某些狀況下，是因為我們根本不知道正確的拼法，所以我們會儘量去猜測拼字。在某些情況下，是因為我們對調了兩個字母（例如拼成 "defualt" 而非 "default"）。有時候我們會不小心多按了某個字母一下（例如拼成 "hanndy" 而非 "handy"）。有時候我們會按到旁邊的按鍵，而非我們原本想按的按鍵（例如，拼成 "biryhday" 而非 "birthday"），諸如此類等等。

請使用 Java 設計及實作一支拼字檢查應用程式。你的應用程式應該要維護一個字串陣列 wordList。請讓使用者可以輸入這些字串。[請注意：我們會第 15 章介紹檔案處理。利用此項能力，你便可以從儲存於檔案的電腦字典檔中，取得單字供拼字檢查程式使用。]

你的應用程式應該要請使用者輸入一個單字。接著此應用程式應該要尋找該單字是否位在 wordList 陣列中，如果單字位於陣列中，你的應用程式應該要印出 "Word is spelled correctly."。如果單字沒有位於陣列中，你的應用程式應當要印出 "Word is not spelled correctly."。接著你的應用程式應該要試著找出 wordList 中，另一個有可能是使用者原本打算鍵入的單字。例如，你可以嘗試將所有可能的相鄰單字對調，以發現單字 "default" 直接相符於 wordList 中的單字。當然，這意味著你的程式也會檢查其他所有位置對調一次的方式，例如 "edfault"、"dfeault"、"deafult"、"defalut" 以及 "defautl"。當你找到一個新的單字，相符於 wordList 中的某個單字時，請將之印出在訊息中，例如：

```
Did you mean "default"?
```

請實作其他測試，例如將兩個連續字母替換成一個，或其他任何你可以開發的測試，以增加你的拼字檢查程式的價值。

14.25（專題：縱橫字謎產生器）大部分人都玩過縱橫填字謎，但很少人曾試圖去產生一個縱橫字謎。此處我們提出作為字串操作專題的縱橫字謎產生器，需要大量的複雜技術及心力。

即使是最簡單的縱橫字謎產生器應用程式，程式設計師還是必須解決許多問題，才能令其能夠運作。例如，你要如何在電腦中表示縱橫字謎的格子？你應該要使用一連串字串，還是二維陣列呢？

程式設計師需要一個應用程式可直接加以參照的單字來源（亦即電腦字典）。這些單字該用什麼格式來儲存，才能便於應用程式所需的複雜操作呢？

如果你真的具有雄心壯志，你也可以產生謎題的提示部分，也就是對於每個橫列及直行的單字，印出其簡單的提示。單單列印出空白謎題本身，就不是個簡單的問題。

進階習題

14.26（用更健康的原料來烹調）在美國，過重的人數以令人擔憂的速率增長中。請看看疾病控制與預防中心（Centers for Disease Control and Prevention，CDC）所提供的地圖，位於 www.cdc.gov/nccdphp/dnpa/Obesity/trend/maps/index.htm，此圖顯示出美國過去 20 年來過重的趨勢。當過重人數增加，相關問題的發生次數也隨之增加（例如心臟病、高血壓、高膽固醇、第二型糖尿病）。試撰寫一程式，幫助使用者在烹調時選擇較健康的原料，並幫助對於某些食物過敏（例如堅果、麵筋）的人找到替代食品。此程式應該要從 JTextArea 中讀入食譜，然後建議將某些原料替換成較健康的替代品。為求簡化，你的程式應該要假設食譜不包含度量單位的縮寫，例如茶匙、杯、湯匙等等，而且會使用數字來表示量值（例如 1 顆蛋，2 杯），而非將之用文字拼出來（一顆蛋，兩杯）。一些常用的替代食品如圖 14.27 所示。你的程式應該要顯示諸如「在劇烈改變你的飲食習慣之前，務必先諮詢你的醫師。」的警告。

你的程式應該要考量到某些替換並不總是一比一替換。例如，如果某個蛋糕食譜需要三顆蛋，它可能會合理地使用六顆蛋白來替代。度量單位及替代食品的轉換資料，可以在網站上取得，例如：

```
chinesefood.about.com/od/recipeconversionfaqs/f/usmetricrecipes.htm
www.pioneerthinking.com/eggsub.html
www.gourmetsleuth.com/conversions.htm
```

你的程式應該要考量使用者的健康顧慮，例如高膽固醇、高血壓、減重、麵筋過敏等等。針對高膽固醇，此程式應該要建議蛋及乳製品的替代食品；如果使用者想要減重，程式就應該提出如糖一類原料的低卡洛里替代食品。

原料	替代品
1 杯酸奶油	1 杯優格
1 杯牛奶	1/2 杯煉乳和 1/2 杯的水
1 茶匙檸檬汁	1/2 茶匙的醋
1 杯糖	1/2 杯蜂蜜、1 杯糖漿或 1/4 杯龍舌蘭花蜜
1 杯奶油	1 杯乳瑪琳或優格
1 杯麵粉	1 杯裸麥麵粉或米粉
1 杯美乃滋	1 杯奶酪 1/8 杯美乃滋以及 7/8 杯的優格
1 顆蛋	2 湯匙的玉米粉、葛粉或馬鈴薯澱粉，或者 2 個蛋白，或者 1/2 根大根的香蕉（磨成泥）
1 杯牛奶	1 杯豆奶
1/4 杯油	1/4 杯蘋果醬
白麵包	全麥麵包

圖 14.27　原料與替代品

14.27（垃圾信掃瞄程式）垃圾信（或垃圾電郵）每年花費了美國公司數十億美金在裝設防阻垃圾信軟體、設備、網路資源及頻寬上頭，而損失了生產力。請到線上研究一些最常見的垃圾信電子郵件訊息，然後檢查你自己的垃圾電郵資料夾。請建立一個包含 30 個單字及片語的清單，這些單字及片語經常出現在垃圾訊息中。試撰寫一應用程式，讓使用者可以在 JTextArea 中輸入電子郵件訊息。接著，請掃瞄此訊息，找尋這 30 個關鍵字及片語。針對這些關鍵字在訊息中的每次出現，請增加一分到訊息的「垃圾信分數」上。接著，請根據訊息所得到的分數，評估此訊息為垃圾信的可能性。

14.28（簡訊語言）簡訊服務 (Short Message Service，SMS) 是一種通訊服務，讓我們可以在手機之間，傳送包含 140 個字元以下的文字訊息。隨著手機使用率在全世界的激增，簡訊在許多開發中國家被用來進行政治活動（例如語音的政見與反對意見）、報告關於天然災害的新聞等等。例如，請參考一下 comunica.org/radio2.0/archives/87。源於 SMS 訊息的長度有限，所以經常會使用到簡訊語言——在手機文字簡訊、電子郵件、即時訊息等等中，縮寫常見的單字及片語。例如，在簡訊語言中 "in my opinion（就我的意見而言）" 會變成 "imo"。請到線上研究簡訊語言。試撰寫一 GUI 應用程式，使用者可以使用簡訊語言輸入訊息，然後點擊一個按鈕將之轉譯成英文（或你的母語）。也請提供一個能夠將以英文（或你自己的語言）撰寫的文字，轉譯成簡訊語言。一個潛在的問題在於，一個簡訊縮寫，可能會展開出各式各樣的片語。舉例來說，IMO（如上述使用方式）也可以代表 "International Maritime Organization"、"in memory of" 等等。

Memo

檔案、串流、物件序列化

Consciousness ... does not appear to itself chopped up in bits.... A "river" or a "stream" are the metaphors by which it is most naturally described.
—William James

學習目標

在本章節中，你將會學習到：

■ 建立、讀取、寫入與更新檔案。

■ 取得關於使用 NIO.2 API 的特色之檔案與目錄的資訊。

■ 文字檔和二進位檔的差異

■ 使用 Formatter 類別輸出文字到檔案。

■ 使用 Scanner 類別從檔案輸入文字。

■ 使用物件序列化、介面 Serializable 與類別 ObjectOutputStream 和 ObjectInputStream 的檔案來編寫物件及讀取物件。

■ 使用 JFileChooser 對話框，讓使用者在磁碟上選擇檔案或目錄。

15.1 簡介

儲存在變數與陣列中的資料是暫時性的——當區域變數離開其使用域，或程式結束時，它們就會消失。要長期保存資料，甚至在建立資料的程式結束後亦然，電腦會利用**檔案（file）**。你每天的工作都會用到檔案，例如撰寫文件，或是建立試算表。電腦會將檔案儲存在**輔助性儲存裝置（secondary storage device）**上，例如硬碟、磁碟機、快閃記憶體、光碟等等。保存在檔案中的資料是**永久性資料（persistent data）**——在程式結束執行之後，這些資料仍然存在。在本章，我們會說明 Java 程式要如何建立、更新及處理檔案。

　　我們一開始會討論 Java 程式處理檔案的架構。接著我們會解釋資料可以儲存在文字檔（text files）與二進位檔（binary files）中——然後我們會說明兩者的不同。我們會示範如何使用類別 Paths 和 Files，以及介面 Path 和 DirectoryStream（所有來自 java.nio.file 的套件）來取得關於檔案及目錄的資訊，然後介紹從檔案中讀寫資料的各種機制。我們會先說明如何建立及操作循序存取的文字檔。運用文字檔，你可以較快速也較方便地開始操作檔案。然而你會了解到，要將資料從文字檔案讀回成物件格式是很困難的。幸運的是，有許多物件導向語言（包括 Java）提供了從檔案中讀寫物件的途徑（稱為物件序列化和解序列化）。為了示範此點，我們將一些使用過的文字檔循序存取程式，改爲將物件儲存在二進位檔，並從中取得物件。

15.2 檔案和串流

Java 會將每個檔案視爲循序的**位元組串流（stream of bytes，**圖 15.1)[1]。所有的作業系統都會提供判定檔案結尾的機制，像是檔案**結尾標記（end-of-file marker）**，或是檔案中的位元組總數，紀錄在由系統維護的管理資料結構中。Java 程式在處理位元組串流時，一旦抵達串流

1　Java 的 NIO APIs 也包含類別和介面，為了高性能的 I/O，可實現所謂的基礎通道架構。這些主題已超過此書　範圍。

的終點，就會收到作業系統的告知——程式無需知道底層平台表示檔案或串流的方式。在某些情況下，檔案結尾的告知會以例外的方式發生。在其他情況下，這個告知則會是程式對於串流處理物件所呼叫之方式的傳回值。

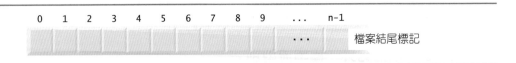

圖 15.1　Java 眼中具有 n 位元組的檔案

以位元組為單位和以字元為單位的串流

檔案串流可以用位元組或是字元為單位來輸入輸出資料。

- **以位元組為單位的串流**，會以二進位的格式來輸入輸出資料——一個 char 為兩個位元組，一個 int 為四個位元組，一個 double 為八個位元組，以此類推。
- **以字元為單位的串流**，則會以連續的字元，也就是以每一字元為兩個位元組來輸入輸出資料——一個給定值的位元組的數量取決於字元的數量，在同等的給定值下。舉例來說，2000000000 這個數值需要 20 個位元組（10 個字元為兩個位元組），不過，數值 7 卻只需要兩個位元組（1 字元為兩個位元組）。

使用以位元組串流建立的檔案稱為二進位檔，而使用字元串流建立的檔案則稱為文字檔。文字檔可以被文字編輯器所讀取，而二進位檔則需要由了解該檔案特定內容及其順序的程式來讀取。兩種形式之間的差異在於，數值可以當作整數運用在計算中，而字元 5 就只是字元，可以使用在字串裡，例如 "Sarah Miller is 15 years old"。

標準輸入、標準輸出、標準錯誤串流

Java 程式會透過建立物件，然後將位元組或字元串流與之銜接，以**開啟（open）**檔案。此物件的建構會與作業系統互動，以開啟檔案。Java 也可以將串流和不同的裝置銜接。當 Java 程式開始執行時，它會建立三個與裝置銜接的串流物件—— System.in、System.out、System.err。System.in 物件（標準輸入串流物件）一般會讓程式可以從鍵盤讀入位元組；System.out 物件（標準輸出串流物件）一般讓程式可以將字元資料輸出到螢幕上；System.err 物件（標準錯誤串流物件）則通常讓程式能夠把以字元表示的錯誤訊息輸出到螢幕上。這三個串流都可以**重新導向**。對 System.in 而言，這個能力讓程式能夠從各種來源讀入位元組。至於 System.out 與 System.err，則讓程式可以將輸出送給不同的地方，例如磁碟上的檔案。System 類別提供了 **setIn**、**setOut** 和 **setErr** 方法分別來**重新導向（redirect）**標準輸入、輸出和錯誤串流。

java.io 與 java.nio 套件

Java 程式表現基本串流的處理用 java.io 套件與 **java.nio** 子套件的類別與介面—— Java 的新 I/O APIs 自從在 Java SE 6 首次介紹過後就一直有在增強。也有其他的 Java API 套件包含 java.io 與 java.nio 套件的類別與介面。

以字元爲基礎的輸入和輸出也可以透過 Scanner 類別和 **Formatter** 類別來進行，如同你會在 15.4 節中看到的。Scanner 類別被廣泛運用在從鍵盤輸入資料上，它也可以從檔案讀入資料。Formatter 類別讓我們可以將格式化的資料輸出到任何文字串流，方式類似於使用 System.out.printf 方法。附錄 I 會說明使用 printf 進行格式化輸出的細節。這些功能也都可以被使用在格式化的文字檔案。在第 28 章中，我們將使用串流類別來操作網路應用程式。

Java SE 8 新增的另外一種串流型別

第 17 章中，Java SE 8 Lambda 與 Stream，介紹了串流的新型別，它可用來處理元素的集合（像是陣列與 ArrayLists），而不是位元組的串流（我們在檔案處理章節的範例中有討論）。

15.3　使用 NIO 類別與介面取得檔案及直接資訊

Path 介面、DirectoryStream 介面、Paths 類別與 Files 類別（全來自 java.nio.file 套件）用於檢索磁盤上的檔案和目錄的資訊很有用。

- **Path** 介面──這是類別的物件，執行這個介面代表檔案或是目錄的位置。Path 物件不會打開檔案或是提供任何檔案處理的能力。
- **Paths** 類別──提供 static 方法用來取得代表檔案或目錄位置的 Path 物件。
- **Files** 類別──提供 static 方法給一般的檔案與目錄操作，像是複製檔案、創造與刪除檔案與目錄；取得和讀取關於檔案與目錄的資訊，允許你操作檔案與目錄的內容等等。
- **DirectoryStream** 介面──這是類別的物件，執行這個介面能夠使得程式透過目錄的內容進行迭代。

建立 Path 物件

你會使用 Paths 類別的 static 方法 **get**，將代表檔案或目錄位置的 String 轉換到 Path 物件。之後，你可以使用 Path 介面和 Files 類別的方法，來決定特定檔案或目錄的資訊。我們將討論一些暫時性的方法，要瞭解完整的細節，請造訪：

```
http://docs.oracle.com/javase/7/docs/api/java/nio/file/Path.html
http://docs.oracle.com/javase/7/docs/api/java/nio/file/Files.html
```

絕對路徑 vs. 相對路徑

檔案或目錄的路徑，指定了它在磁碟上的位置。路徑會包含可引向檔案或目錄的部分目錄或完整目錄。**絕對路徑（absolute path）** 包含了從根目錄（**root directory**）開始，一直到特定檔案或目錄所在位置的所有目錄。位在特定磁碟上的所有檔案或目錄，其路徑都擁有相同的根目錄。**相對路徑（relative path）** 則通常是從應用程式開始執行的所在目錄開始，因此是「相對於」目前目錄的路徑。

從 URI 取得 Path 物件

一個多載的 Files static 方法 get，使用 URI 物件放在檔案或是目錄中。**統一資源識別碼**

（**Uniform Resource Identifier，URI**）是更為一般化的格式，是用來定位網站的**統一資源定址器**（**Uniform Resource Locator，URL**）。例如，http://www.deitel.com/ 是 Deitel & Associates 網站的 URL。不同作業系統所使用的 URI 各有不同。在 Windows 平台上，URI

```
file://C:/data.txt
```

會識別儲存在 C 磁碟根目錄底下的檔案 data.txt。在 UNIX/Linux 平台上，URI

```
file:/home/student/data.txt
```

則會辨識儲存在使用者 student 的 home 目錄底下的檔案 data.txt。

範例：取得檔案與目錄資訊

圖 15.2 提示使用者輸入檔案或目錄名稱，然後使用 Paths、Path、Files 和 DirectoryStream 類別來輸出關於該檔案或目錄的資訊。此程式一開始會提示使用者輸入檔案或目錄（第 16 行）。第 19 行會輸入檔案名稱或目錄名稱，然後將之傳遞給 Paths stactic 方法，接著轉換 String 到 Path。第 21 行呼叫 Files static 的方法 exists，其接收 Path 與決定它是否存在於磁碟機（不論 Path 是檔案或目錄），如果所輸入的名稱不存在，控制權就會前進到第 49 行，然後在螢幕上顯示包含使用者所輸入之名稱，後頭加上「does not exist」（不存在）的訊息。否則第 24-45 行會執行：

- Path 的方法 getFileName（第 24 行）在沒有任何位置資訊的情況下，取得 String 的檔案或目錄名稱。
- Files static 的方法 **isDirectory**（第 26 行）接收 Path 並傳回 boolean 指出 Path 是否代表在桌面的目錄。
- Path 的方法 isAbsolute（第 28 行）傳回 boolean 指出 Path 是否代表檔案或目錄的絕對路徑。
- Files static 的方法 **getLastModifiedTime**（第 30 行）接收 Path 並傳回 FileTime（java.nio.file.attribute 套件）指出當檔案最後被修改的時候。程式會輸出 FileTime 中代表預設的 String。
- Files static 的方法 **size**（第 31 行）接收 Path 並傳回 long 代表檔案或目錄字節的數字。對於目錄來說，數值傳回是特定平台。
- Path 的方法 **toString**（第 32 行）回傳 String 以代表 Path。
- Path 的方法 **toAbsolutePath**（第 33 行）轉換 Path 到絕對路徑。

如果 Path 代表目錄（第 35 行），第 40–41 行使用 Files static 方法 **newDirectoryStream**（第 40–41 行）來取得 DirectoryStream<Path> 包含 Path 物件為了目錄的內容。第 43–44 行展示在 DirectoryStream<Path> 的 String 則代表每一個 Path。請注意 DirectoryStream 是泛型，如同 ArrayList（第 7.16 節）。

　　這支程式的第一個輸出展示 Path 因為資料夾包含此章節的範例，第二個輸出展示 Path 因為此範例的原始碼檔案。在兩個案例中，我們將定出絕對路徑。

```java
 1  // Fig. 15.2: FileAndDirectoryInfo.java
 2  // File class used to obtain file and directory information.
 3  import java.io.IOException;
 4  import java.nio.file.DirectoryStream;
 5  import java.nio.file.Files;
 6  import java.nio.file.Path;
 7  import java.nio.file.Paths;
 8  import java.util.Scanner;
 9
10  public class FileAndDirectoryInfo
11  {
12     public static void main(String[] args) throws IOException
13     {
14        Scanner input = new Scanner(System.in);
15
16        System.out.println("Enter file or directory name:");
17
18        // create Path object based on user input
19        Path path = Paths.get(input.nextLine());
20
21        if (Files.exists(path)) // if path exists, output info about it
22        {
23           // display file (or directory) information
24           System.out.printf("%n%s exists%n", path.getFileName());
25           System.out.printf("%s a directory%n",
26                 Files.isDirectory(path) ? "Is" : "Is not");
27           System.out.printf("%s an absolute path%n",
28                 path.isAbsolute() ? "Is" : "Is not");
29           System.out.printf("Last modified: %s%n",
30                 Files.getLastModifiedTime(path));
31           System.out.printf("Size: %s%n", Files.size(path));
32           System.out.printf("Path: %s%n", path);
33           System.out.printf("Absolute path: %s%n", path.toAbsolutePath());
34
35           if (Files.isDirectory(path)) // output directory listing
36           {
37              System.out.printf("%nDirectory contents:%n");
38
39              // object for iterating through a directory's contents
40              DirectoryStream<Path> directoryStream =
41                 Files.newDirectoryStream(path);
42
43              for (Path p : directoryStream)
44                 System.out.println(p);
45           }
46        }
47        else // not file or directory, output error message
48        {
49           System.out.printf("%s does not exist%n", path);
50        }
51     }
52  } // end class FileAndDirectoryInfo
```

圖 15.2　用來取得檔案和目錄資訊的 File 類別 (1/2)

```
Enter file or directory name:
c:\examples\ch15

ch15 exists
Is a directory
Is an absolute path
Last modified: 2013-11-08T19:50:00.838256Z
Size: 4096
Path: c:\examples\ch15
Absolute path: c:\examples\ch15

Directory contents:
C:\examples\ch15\fig15_02
C:\examples\ch15\fig15_12_13
C:\examples\ch15\SerializationApps
C:\examples\ch15\TextFileApps
```

```
Enter file or directory name:
C:\examples\ch15\fig15_02\FileAndDirectoryInfo.java

FileAndDirectoryInfo.java exists
Is not a directory
Is an absolute path
Last modified: 2013-11-08T19:59:01.848255Z
Size: 2952
Path: C:\examples\ch15\fig15_02\FileAndDirectoryInfo.java
Absolute path: C:\examples\ch15\fig15_02\FileAndDirectoryInfo.java
```

圖 15.2　用來取得檔案和目錄資訊的 File 類別 (2/2)

測試和除錯的小技巧 15.1

一旦你確認 Path 的存在，仍有可能像圖 15.2 所示範的方法，丟出 IOException。舉例來說，系統在呼叫 Files 的 exists 方法之後，或是在第 24-45 行的其他敘述被執行之前，檔案或目錄可能會藉由 Path 被刪除。而工業強度的檔案與目錄，會繼續要求程式擴展例外處理，以便從這類的可能性中恢復。

分隔字元

分隔字元（**separator character**）會用來區隔路徑中的目錄及檔案。在 Windows 電腦上，分隔字元為反斜線（/）。在 Linux 或 Mac OS X 系統上，則是正斜線（/）。Java 在處理路徑名稱時，會將上述兩者視為相同。例如，如果我們使用下列路徑

```
c:\Program Files\Java\jdk1.6.0_11\demo/jfc
```

它使用了兩種分隔字元，但 Java 仍然可以正確的處理此路徑。

良好的程式設計習慣 15.1

當建立成路徑資訊的 String，請使用 File.separator 來獲得電腦的適當分隔字元而不是明確的使用 / 或 \。這些是由一個字元組成的—系統適當的分隔者。

常見的程式設計錯誤 15.1

在字串字面中，使用 \ 而非 \\ 作為目錄分隔字元的話，是一種邏輯錯誤。單一的 \ 表示 \ 和下一個字元會組成一個跳脫序列。使用 \\ 可以在字串字面中插入一個 \。

15.4 循序存取的文字檔

接下來，我們會建立及操作循序存取檔案，其記錄會依照記錄－鍵值欄位的順序來存放。我們先從文字檔開始，讓讀者可以快速地建立及編輯人類可讀的檔案。我們會討論如何建立循序存取文字檔、寫入資料到其中、從中讀入資料以及更新此檔案。我們也包含了一個會從檔案中取得特定資料的信用額度查詢程式。此程式如同第 15.4.1 節至第 15.4.3 節的部分，都存在 TextFileApps 目錄，如此就能操作同一個文字檔。

15.4.1 建立循序存取的文字檔

Java 並不會為檔案設定任何結構——記錄之類的概念並不存在於 Java 語言中。因此，你必須設計檔案的結構，以令其能符合你應用程式的需求。在下例中，我們會看到要如何在檔案上加入具鍵值的記錄結構。

　　程式會建立一個簡易的循序存取檔案，它通常用在應收帳款系統上，以便讓公司能追蹤其信用客戶的積欠金額。針對每位客戶，程式都會從使用者處取得帳號、客戶名稱和餘額（亦即客戶因為購買公司的產品或服務而積欠的金額）。每位客戶的資料都會構成該位客戶的一筆「記錄」。此應用程式會使用帳號作為記錄鍵值——檔案會依帳號的順序來建立及維護。此程式假設使用者會按照帳號順序輸入記錄。在綜合性的應收帳款系統中（以循序存取檔案為基礎），會提供排序功能，這樣使用者就可以用任意順序來輸入記錄。接著記錄會被排序並寫入到檔案中。

CreateTextFile 類別

CreateTextFile 類別（圖 15.3）用 Formatter 去輸出格式的 Strings，和 System.out. printf 方法使用相同的格式功能。Formatter 物件可以輸出到各種地方，例如螢幕或檔案，就像此例中所做的一樣。Formatter 物件實體化於第 26 行，openFile 方法（第 22-38 行）中。第 26 行所使用的建構子會取用一個引數——一個包含檔案名稱，及其路徑的 String。如果沒有指定路徑，就像此處的例子一樣，JVM 就會假設檔案放在執行程式的目錄中。針對文字檔，我們使用 .txt 副檔名。如果檔案不存在，它就會被建立。如果開啟已存在的檔案，其內容就會被**剪除（truncate）**——檔案中所有的資料都會被丟棄。此刻檔案將會被開啟以供寫入，所得到的 Formatter 物件就可以用來將資料寫入到檔案中。

```
1  // Fig. 15.3: CreateTextFile.java
2  // Writing data to a sequential text file with class Formatter.
3  import java.io.FileNotFoundException;
4  import java.lang.SecurityException;
5  import java.util.Formatter;
6  import java.util.FormatterClosedException;
7  import java.util.NoSuchElementException;
8  import java.util.Scanner;
```

圖 15.4 透過 Formatter 類別將資料寫入到循序文字檔中 (1/3)

```
 9
10 public class CreateTextFile
11 {
12    private static Formatter output; // outputs text to a file
13
14    public static void main(String[] args)
15    {
16       openFile();
17       addRecords();
18       closeFile();
19    }
20
21    // open file clients.txt
22    public static void openFile()
23    {
24       try
25       {
26          output = new Formatter("clients.txt"); // open the file
27       }
28       catch (SecurityException securityException)
29       {
30          System.err.println("Write permission denied. Terminating.");
31          System.exit(1); // terminate the program
32       }
33       catch (FileNotFoundException fileNotFoundException)
34       {
35          System.err.println("Error opening file. Terminating.");
36          System.exit(1); // terminate the program
37       }
38    }
39
40    // add records to file
41    public static void addRecords()
42    {
43       Scanner input = new Scanner(System.in);
44       System.out.printf("%s%n%s%n? ",
45          "Enter account number, first name, last name and balance.",
46          "Enter end-of-file indicator to end input.");
47
48       while (input.hasNext()) // loop until end-of-file indicator
49       {
50          try
51          {
52             // output new record to file; assumes valid input
53             output.format("%d %s %s %.2f%n", input.nextInt(),
54                input.next(), input.next(), input.nextDouble());
55          }
56          catch (FormatterClosedException formatterClosedException)
57          {
58             System.err.println("Error writing to file. Terminating.");
59             break;
60          }
61          catch (NoSuchElementException elementException)
62          {
63             System.err.println("Invalid input. Please try again.");
```

圖 15.4　透過 Formatter 類別將資料寫入到循序文字檔中 (2/3)

```
64                 input.nextLine(); // discard input so user can try again
65          }
66
67          System.out.print("? ");
68       }
69    }
70
71    // close file
72    public static void closeFile()
73    {
74       if (output != null)
75          output.close();
76    }
77 } // end class CreateTextFile
```

```
Enter account number, first name, last name and balance.
Enter end-of-file indicator to end input.
? 100 Bob Blue 24.98
? 200 Steve Green -345.67
? 300 Pam White 0.00
? 400 Sam Red -42.16
? 500 Sue Yellow 224.62
? ^Z
```

圖 15.4　透過 Formatter 類別將資料寫入到循序文字檔中 (3/3)

　　第 28-32 行處理了 **SecurityException**，如果使用者沒有權限寫入資料到檔案的話，就會發生此例外。第 33-37 行處理了 **FileNotFoundException**，如果檔案不存在，也無法建立新檔時，就會發生此例外。如果開啟檔案時發生錯誤，也可能發生此一例外。這兩個例外處理常式中，我們都會呼叫 static 方法 **System.exit**，然後傳入數值 1。此方法會終止應用程式的執行。將引數 0 傳給 exit 方法，代表程式成功結束。傳入非零值，例如本例的 1，通常表示有錯誤發生。這個數值會被傳給執行此程式的命令列視窗。如果此程式是在 Windows 系統上用**批次檔**（**batch file**）執行，或是在 UNIX/Linux/Mac OS X 系統上用 **shell　script** 來執行，這個引數就會很有用處。批次檔和 shell　script 提供了連續執行數個程式的便利途徑。當第一個程式結束，下一個程式就會開始執行。我們可以在批次檔或 shell　script 中使用 exit 方法的引數，以決定是否該執行其他的程式。更多關於批次檔或 shell script 的資訊，請參閱你的作業系統說明文件。

　　addRecords 方法（第 41-69 行）會提示使用者輸入記錄的各個欄位，或是在輸入完資料之後，輸入檔案結尾的按鍵序列。圖 15.4 列出了在各種電腦系統上，用來輸入檔案結尾的按鍵組合。

作業系統	按鍵組合
UNIX/Linux/Mac OS X	*\<Enter\> \<Ctrl\> d*
Windows	*\<Ctrl\> z*

圖 15.4　檔案結尾的按鍵組合

第 44-46 行促進使用者輸出。第 48 行使用 Scanner 的方法 hasNext 來判斷是否輸入了檔案結尾的組合鍵。迴圈會一直執行，直到 hasNext 遇到檔案結尾為止。

第 53-54 行使用 Scanner 來讀取資料，然後藉由使用 Formatter 輸出資料為記錄。如果資料的格式錯誤（例如預期輸入 int 卻收到字串），或是沒有更多資料可供輸入，則每個 Scanner 輸入方法會拋出 NoSuchElementException（處理於第 61-65 行）。記錄的資訊是藉由 format 方法輸出，format 方法可以進行和 System.out.printf 方法完全相同的格式化操作，後者我們在前幾章曾大量地使用。方法會輸出格式化後的字串到 Formatter 物件的輸出目的地──檔案 clients.txt。格式字串 "%d %s %s %.2f%n" 指出目前的記錄會被儲存為一個整數（帳號），後頭接著一個 String（名字），再一個 String（姓氏），最後是一個浮點數值（餘額）。每個資訊彼此之間相隔一個空格，而浮點數值（餘額）則是輸出為包含小數點後兩位（由 %.2f 中的 .2 所指示）。這個文字檔中的資料可以用文字編輯器來檢視，或是稍後利用設計來讀取此檔案的程式來取得（第 15.4.2 節）。

當第 66-68 行執行時，如果 Formatter 物件是關閉的，就會拋出 **FormatterClosed-Exception**。此例外處理於第 76-80 行。[你也可以利用 **java.io.PrintWriter** 類別，把資料輸出到文字檔中，該類別也提供了 format 與 printf 方法，來輸出格式化的資料。]

第 93-97 行宣告了 closeFile 方法，它會關閉 Formatter 和底層的輸出檔案。第 96 行藉由呼叫 **close** 方法來關閉此物件。如果你沒有明確呼叫 close 方法，作業系統通常會在程式執行結束時關閉檔案──這是作業系統會「管理家務」的一例。然而，不再需要檔案時，請務必明確地關閉檔案。

樣品輸出

樣品輸出的樣本可以參考圖 15.5。在樣品輸出中，使用者輸入資訊給五個帳戶，然後輸入最終文件來暗示資料完成。樣品輸出不會秀出資料如何記錄出現在檔案中。在下一個章節中，我們將會看到程式如何藉由讀取檔案並印出檔案內容的成功案例。因為是文字檔，所以用文字編輯器也能開啟並檢視它。

範例資料			
100	Bob	Blue	24.98
200	Steve	Green	-345.67
300	Pam	White	0.00
400	Sam	Red	-42.16
500	Sue	Yellow	224.62

圖 15.5　圖 15.5–15.7 的程式範例資料

15.4.2　從循序存取的文字檔中讀取資料

資料會被儲存在檔案裡，在需要時就能取用並處理。15.4.1 節示範了如何建立一個供循序存取的檔案。本節會說明如何從文字檔中循序讀入資料。我們會示範要如何使用 Scanner 類別

從檔案中輸入資料，而非從鍵盤。應用程式（圖 15.6）從 "clients.txt" 讀取紀錄，藉由
15.4.1 節中的應用程式來創造，並展示其記錄內容。第 13 行會說明用 Scanner 來重複輸入
到檔案中。

```java
1  // Fig. 15.6: ReadTextFile.java
2  // This program reads a text file and displays each record.
3  import java.io.IOException;
4  import java.lang.IllegalStateException;
5  import java.nio.file.Files;
6  import java.nio.file.Path;
7  import java.nio.file.Paths;
8  import java.util.NoSuchElementException;
9  import java.util.Scanner;
10
11 public class ReadTextFile
12 {
13    private static Scanner input;
14
15    public static void main(String[] args)
16    {
17       openFile();
18       readRecords();
19       closeFile();
20    }
21
22    // open file clients.txt
23    public static void openFile()
24    {
25       try
26       {
27          input = new Scanner(Paths.get("clients.txt"));
28       }
29       catch (IOException ioException)
30       {
31          System.err.println("Error opening file. Terminating.");
32          System.exit(1);
33       }
34    }
35
36    // read record from file
37    public static void readRecords()
38    {
39       System.out.printf("%-10s%-12s%-12s%10s%n", "Account",
40          "First Name", "Last Name", "Balance");
41
42       try
43       {
44          while (input.hasNext()) // while there is more to read
45          {
46             // display record contents
47             System.out.printf("%-10d%-12s%-12s%10.2f%n", input.nextInt(),
48                input.next(), input.next(), input.nextDouble());
49          }
50       }
51       catch (NoSuchElementException elementException)
52       {
```

圖 15.6　利用 Scanner 循序讀入檔案 (1/2)

```
53          System.err.println("File improperly formed. Terminating.");
54        }
55        catch (IllegalStateException stateException)
56        {
57          System.err.println("Error reading from file. Terminating.");
58        }
59    } // end method readRecords
60
61    // close file and terminate application
62    public static void closeFile()
63    {
64      if (input != null)
65        input.close();
66    }
67 } // end class ReadTextFile
```

```
Account    First Name    Last Name    Balance
100        Bob           Blue           24.98
200        Steve         Green        -345.67
300        Pam           White          0.00
400        Sam           Red          -42.16
500        Sue           Yellow       224.62
```

圖 15.6　利用 Scanner 循序讀入檔案 (2/2)

　　openFile 方法（第 23-34 行）在第 27 行藉由實體化 Scanner 物件，來開啓供讀入的檔案。我們傳遞了一個 Path 物件給建構子，此物件指定了 Scanner 物件要從檔案「clients. txt」中讀入資料，而該檔案位於應用程式的執行目錄下。如果找不到檔案，就會發生 **IOException**。此例外會在第 29-33 行被處理。

　　readRecords 方法（第 37-59 行）會從檔案中讀入記錄並加以顯示。第 39-40 行在應用程式的輸出中顯示了各欄的標題。第 44-49 行會從檔案中讀入資料，直到遇到檔案結尾標記爲止（在這種情況下，hasNext 方法會在第 44 行傳回 false）。第 47-48 行利用了 Scanner 方法 nextInt、next 和 nextDouble 來輸入一筆 int（帳號）、兩個 String（名字和姓氏）以及一個 double 數值（餘額）。每筆記錄都是檔案中的一行資料。這些數值會被儲存在 record 物件中。如果檔案中的資訊格式不正確（例如在應該是餘額的地方，出現了姓氏），就會在輸入記錄時，發生 NoSuchElementException。這個例外會在第 51-54 行被處理。如果 Scanner 在資料輸入之前就被關閉，則會發生 **IllegalStateException**（處理於第 55-58 行）。請注意到在第 47 行的格式字串中，帳號、名字和姓氏都是向左對齊，而餘額則是向右對齊，並帶有兩位小數的精準度。迴圈的每次循環都會從文字檔中輸入一行文字，這行文字便代表一筆記錄。第 62-66 行定義 closeFile 方法，它會關閉 Scanner。

15.4.3　案例研究：信用額度查詢程式

要循序地從檔案中取得資料，程式會從檔案的開頭開始，連續地讀入所有的資料，直到找到所需的資料爲止。在程式執行期間，可能需要（從檔案的開頭）循序地處理檔案好幾次。Scanner 類別並不允許我們重新定位到檔案開頭。如果需要再次讀入檔案，程式必須關閉檔案再重新開啟。

　　圖 15.7-15.8 的程式讓信用部經理可以拿到一個餘額爲零的客戶列表（亦即沒有欠錢的客戶）、有貸方餘額的客戶（亦即公司欠他錢的客戶），以及有借方餘額的客戶（亦即因爲購買產品和服務而欠公司錢的客戶）。貸方餘額是負數，借方餘額則是正數。

MenuOption 列舉

我們從建立一個 enum 型別開始（圖 15.7），以定義使用者可選擇的不同選單選項，也就是信用管理者，它用在當你需要從 enum 常數中找特定數值的時候。這些選項與其數值表列於第 7-10 行。

```
1  // Fig. 15.7: MenuOption.java
2  // enum type for the credit-inquiry program's options.
3
4  public enum MenuOption
5  {
6     // declare contents of enum type
7     ZERO_BALANCE(1),
8     CREDIT_BALANCE(2),
9     DEBIT_BALANCE(3),
10    END(4);
11
12    private final int value; // current menu option
13
14    // constructor
15    private MenuOption(int value)
16    {
17       this.value = value;
18    }
19 } // end enum MenuOption
```

圖 15.7　信用餘額查詢程式選單選項的列舉

CreditInquiry 類別

圖 15.8 包含了信用餘額查詢程式的功能。此程式會顯示一個文字選單，並允許信用管理者輸入三個選項的其中之一，來取得信用資訊。

- 選項 1（ZERO_BALANCE）會顯示出餘額爲零的帳戶。
- 選項 2（CREDIT_BALANCE）會顯示出有貸方餘額的帳戶。
- 選項 3（DEBIT_BALANCE）會顯示出有借方餘額的帳戶。
- 選項 4（END）會終止程式的執行。

```
1  // Fig. 15.8: CreditInquiry.java
2  // This program reads a file sequentially and displays the
3  // contents based on the type of account the user requests
4  // (credit balance, debit balance or zero balance).
5  import java.io.IOException;
6  import java.lang.IllegalStateException;
7  import java.nio.file.Paths;
```

圖 15.8　信用餘額查詢程式 (1/4)

```java
 8 import java.util.NoSuchElementException;
 9 import java.util.Scanner;
10
11 public class CreditInquiry
12 {
13    private final static MenuOption[] choices = MenuOption.values();
14
15    public static void main(String[] args)
16    {
17       // get user's request (e.g., zero, credit or debit balance)
18       MenuOption accountType = getRequest();
19
20       while (accountType != MenuOption.END)
21       {
22          switch (accountType)
23          {
24             case ZERO_BALANCE:
25                System.out.printf("%nAccounts with zero balances:%n");
26                break;
27             case CREDIT_BALANCE:
28                System.out.printf("%nAccounts with credit balances:%n");
29                break;
30             case DEBIT_BALANCE:
31                System.out.printf("%nAccounts with debit balances:%n");
32                break;
33          }
34
35          readRecords(accountType);
36          accountType = getRequest(); // get user's request
37       }
38    }
39
40    // obtain request from user
41    private static MenuOption getRequest()
42    {
43       int request = 4;
44
45       // display request options
46       System.out.printf("%nEnter request%n%s%n%s%n%s%n%s%n",
47          " 1 - List accounts with zero balances",
48          " 2 - List accounts with credit balances",
49          " 3 - List accounts with debit balances",
50          " 4 - Terminate program");
51
52       try
53       {
54          Scanner input = new Scanner(System.in);
55
56          do // input user request
57          {
58             System.out.printf("%n? ");
59             request = input.nextInt();
60          } while ((request < 1) || (request > 4));
61       }
```

圖 15.8 信用餘額查詢程式 (2/4)

```
62          catch (NoSuchElementException noSuchElementException)
63          {
64              System.err.println("Invalid input. Terminating.");
65          }
66
67          return choices[request - 1]; // return enum value for option
68      }
69
70      // read records from file and display only records of appropriate type
71      private static void readRecords(MenuOption accountType)
72      {
73          // open file and process contents
74          try (Scanner input = new Scanner(Paths.get("clients.txt")))
75          {
76              while (input.hasNext()) // more data to read
77              {
78                  int accountNumber = input.nextInt();
79                  String firstName = input.next();
80                  String lastName = input.next();
81                  double balance = input.nextDouble();
82
83                  // if proper acount type, display record
84                  if (shouldDisplay(accountType, balance))
85                      System.out.printf("%-10d%-12s%-12s%10.2f%n", accountNumber,
86                          firstName, lastName, balance);
87                  else
88                      input.nextLine(); // discard the rest of the current record
89              }
90          }
91          catch (NoSuchElementException |
92              IllegalStateException | IOException e)
93          {
94              System.err.println("Error processing file. Terminating.");
95              System.exit(1);
96          }
97      } // end method readRecords
98
99      // use record type to determine if record should be displayed
100     private static boolean shouldDisplay(
101         MenuOption accountType, double balance)
102     {
103         if ((accountType == MenuOption.CREDIT_BALANCE) && (balance < 0))
104             return true;
105         else if ((accountType == MenuOption.DEBIT_BALANCE) && (balance > 0))
106             return true;
107         else if ((accountType == MenuOption.ZERO_BALANCE) && (balance == 0))
108             return true;
109
110         return false;
111     }
112 } // end class CreditInquiry
```

圖 15.8　信用餘額查詢程式 (3/4)

```
Enter request
1 - List accounts with zero balances
2 - List accounts with credit balances
3 - List accounts with debit balances
4 - Terminate program
? 1

Accounts with zero balances:
300        Pam          White         0.00
Enter request
1 - List accounts with zero balances
2 - List accounts with credit balances
3 - List accounts with debit balances
4 - Terminate program
? 2

Accounts with credit balances:
200        Steve        Green        -345.67
400        Sam          Red           -42.16
Enter request
1 - List accounts with zero balances
2 - List accounts with credit balances
3 - List accounts with debit balances
4 - Terminate program
? 3

Accounts with debit balances:
100        Bob          Blue          24.98
500        Sue          Yellow       224.62
Enter request
1 - List accounts with zero balances
2 - List accounts with credit balances
3 - List accounts with debit balances
4 - Terminate program
? 4
```

圖 15.8　信用餘額查詢程式 (4/4)

　　我們會讀入整個檔案，收集記錄資訊，然後判斷每筆記錄是否都符合所選擇的帳戶類型。在 main 中的第 18 行會下令給 getRequest 方法來顯示選單選項（第 41-68 行），把使用者所輸入的數字轉譯成 MenuOption，然後將結果儲存至 MenuOption 變數 accountType 中。第 20-37 行的迴圈會不斷執行直到使用者指示要終止程式爲止。第 22-33 行會顯示目前要輸出到螢幕的記錄標題。第 35 行執行 readRecords 方法（第 71-97 行），此方法會循覽檔案然後讀入每一筆記錄。

　　readRecords 方法用 try-with-resources statement（在 11.12 節介紹過）開啓了一個用來讀取的檔案（第 74 行），此過程 try-with-resources 就會在 try 程式區塊成功關閉資源或例外引發時下令。每次下令給這個方法時，都會用一個新的 Scanner 物件來開啓此檔案以供讀入，所以我們可以再次從檔案開頭進行讀取。第 78-81 行會讀入一筆記錄。第 84 行會呼叫 shouldDisplay 方法（第 100-111 行）來決定目前的記錄是否符合所請求的帳戶類型。如果 shouldDisplay 傳回 true，程式就會顯示該帳戶的資訊。當遇到檔案結尾標記時，迴圈會終止，並用 try-with-resources statement 來關閉 Scanner 和檔案。請注意這會發生在 finally 區塊中，不管檔案是否有成功地讀取，它都會執行。一旦讀完所有的資料，控制權就會傳回給 main 和 getRequest 方法，然後程式會再次下令（第 36 行）以取得使用者的下一筆選單選項。

15.4.4　更新循序存取的檔案

在許多循序檔案中的資料，若想要修改，很難避免掉破壞檔案中其他資料的風險。例如，如果需要將名稱 "White" 改成 "Worthington"，則我們無法簡單覆寫舊的名稱，因為新的名稱需要較多空間。White 的記錄會以如下方式被寫進檔案中：

```
300 Pam White 0.00
```

如果記錄是使用新的名稱，從檔案的相同位置開始覆寫，記錄就會變成

```
300 Pam Worthington 0.00
```

新的記錄比原本的記錄來得大（擁有較多字元）。"Worthington" 將會覆寫在最近紀錄中的 "0.00"，然後在 "Worthington" 第二個 "o" 之後的字元，就會覆寫到檔案中的下一個循序記錄。此處的問題在於，文字檔案中的欄位——因此記錄也是——大小有可能各不相同。舉例來說，7、14、-115、2074 與 27383 都是 int，在內部都是儲存成相同數量的位元組（4），但當它們以文字顯示於螢幕上或是寫入到檔案中時，就會成為不同大小的欄位。因此，循序存取檔案中的記錄，通常不會在原來的位置上進行更新。反之，我們通常會重寫整個檔案。要更改上述名稱，300 Pam White 0.00 之前的記錄會被複製到新的檔案中，然後再寫入新的記錄（大小可能與其所取代的記錄有所不同），然後 300 Pam White 0.00 之後的記錄，會再被複製到新檔案中。重寫整個檔案對於只更新一筆記錄來說，是很不適當的，但如果有大量的資料需要更新的話，那就合理了。

15.5　物件序列化

在 15.4 節中，我們說明了如何將個別欄位的記錄用文字寫入到檔案中，以及如何從檔案中讀出這些欄位。當資料輸出到磁碟檔案中時，有些資訊會流失，例如每個數值的型別。舉例來說，如果從檔案讀入數值 "3"，我們並沒有辦法知道，該數值是來自於 int、String 還是 double。在磁碟上，我們只有資料，沒有型別資訊。

　　Java 提供了這樣的機制，稱為**物件序列化（object serialization）**。所謂的**序列化物件（Serialized object）**，指的是將一個物件表示成一連串位元組，其中也包含物件的資料，以及與物件型別，還有儲存在物件中的資料型別相關的資訊。在序列化物件被寫入到檔案中後，它可以從檔案中讀取然後**解序列化（deserialize）**——也就是說，代表物件及其資料的型別資訊和位元組，可以用來在記憶體中重建物件。

ObjectInputStream 類別與 ObjectOutputStream 類別

`ObjectInputStream` 類別和 `ObjectOutputStream` 類別（java.io 的套件）分別實作了 `ObjectInput` 和 `ObjectOutput` 介面，讓我們可以從串流讀取整個物件，或寫入整個物件（串流也可能是檔案）。要針對檔案使用序列化，我們會使用對檔案讀寫的串流物件來初始化 `ObjectInputStream` 和 `ObjectOutputStream` 物件。像這樣使用其他串流物件來初始化串流物件，有時稱為**包裝(wrapping)**——新建立的串流物件，會包裝建構者引數所指定的串流物件。

　　`ObjectInputStream` 類別和 `ObjectOutputStream` 類別只能以位元組為基礎的代表物件——因為這兩個類別並不知道要在何處讀寫位元組。傳給 `ObjectInputStream` 建構者的串流物件提供 `ObjectInputStream` 轉換位元組的功能。同樣的情況，傳給 `ObjectInputStream` 建構者的串流物件將會把以位元組為基礎的代表物件（由 `ObjectInputStream` 生產並關於位元組的代表物件）帶到特定地點（好比說檔案、網路連結處等等）。

ObjectOutput 介面及 ObjectInput 介面

`ObjectOutput` 介面包含 **writeObject** 方法，此方法會取用 Object 作為引數，然後將其資訊寫入到 OutputStream。實作了 `ObjectOutput` 介面的類別（例如 `ObjectOutputStream`）會宣告此方法，然後確認要輸出的物件有實作 Serializable 介面（馬上會加以討論），與其相似的是，`ObjectInput` 介面包含 **readObject** 方法，此方法會從 InputStream 中讀入 Object 並傳回其參照。在讀入物件之後，其參照可以轉型成物件真正的型別。如你會在第 28 章看到的一樣，透過網路，例如網際網路來通訊的應用程式，也可以在網路上傳送整個物件。

15.5.1　透過物件序列化來建立循序存取檔案

本節與 15.5.2 節會利用物件序列化，來建立及操作循序存取檔案。我們此處說明的物件序列化，是以位元組串流來進行，所以所建立及操作的循序檔案，會是二進位檔。請回想一下，二進位檔案通常無法在標準的文字編輯器中檢視。因此，我們撰寫了個別的應用程式，它知道如何讀取並顯示序列化物件。我們從建立和寫入序列化物件到循序檔案中開始。此範例類似 15.4 節的範例，所以我們把重點放在新功能上。

定義 Account 類別

首先，讓我們來定義 Account 類別（圖 15.9），其封裝客戶記錄的資料被使用在序列化的範例中。這些範例和 Account 類別都是在此章節中存在於 SerializationApps 目錄裡的例子。它允許 Account 類別透過這兩個例子來使用，因為它們的檔案都被定義在相同的套件裡。Account 類別包含 private 實體變數：account、firstName、lastName 和 balance（第 7-10 行）；也包含 set 和 get 方法來訪問這些實體變數。雖然 set 方法並沒有在這個範例中驗證資料，它們應該在具有工業強度的系統上這樣做。Account 類別實作了 **Serializable 介面**（第 5 行），這使得類別的物件，分別被 ObjectOutputStreams 和 ObjectInputStreams 進行序列化和解序列化。Serializable 介面是一種**標記介面 (tagging interface)**。這種介面不包含任何方法。實作了 Serializable 的類別，會被標記為 Serializable 物件。這點很重要，因

為 ObjectOutputStream 不會輸出物件，除非此物件是 Serializable 物件，亦即任何實作了
Serializable 的類別物件。

```java
1  // Fig. 15.9: Account.java
2  // Serializable Account class for storing records as objects.
3  import java.io.Serializable;
4
5  public class Account implements Serializable
6  {
7     private int account;
8     private String firstName;
9     private String lastName;
10    private double balance;
11
12    // initializes an Account with default values
13    public Account()
14    {
15       this(0, "", "", 0.0); // call other constructor
16    }
17
18    // initializes an Account with provided values
19    public Account(int account, String firstName,
20       String lastName, double balance)
21    {
22       this.account = account;
23       this.firstName = firstName;
24       this.lastName = lastName;
25       this.balance = balance;
26    }
27
28    // set account number
29    public void setAccount(int acct)
30    {
31       this.account = account;
32    }
33
34    // get account number
35    public int getAccount()
36    {
37       return account;
38    }
39
40    // set first name
41    public void setFirstName(String firstName)
42    {
43       this.firstName = firstName;
44    }
45
46    // get first name
47    public String getFirstName()
48    {
49       return firstName;
50    }
51
```

圖 15.9　使用可序列化物件的 Account 類別 (1/2)

```
52      // set last name
53      public void setLastName(String lastName)
54      {
55          this.lastName = lastName;
56      }
57
58      // get last name
59      public String getLastName()
60      {
61          return lastName;
62      }
63
64      // set balance
65      public void setBalance(double balance)
66      {
67          this.balance = balance;
68      }
69
70      // get balance
71      public double getBalance()
72      {
73          return balance;
74      }
75  } // end class AccountRecordSerializable
```

圖 15.9　使用可序列化物件的 Account 類別 (2/2)

　　在 Serializable 類別中，每個實體變數也都必須為 Serializable。非 Serializable
的實體變數，必須宣告為 **transient**，表示在序列化程序中，應該忽略這些變數。預設上，
所有基本型別變數都是可序列化的。針對參照型別變數，你必須確認類別的說明文件（也可
能要確認其父類別），以確保此型別為 Serializable。例如，String 是 Serializable。
預設上，陣列是可序列化的，然而，在參照型別陣列中，所參照的物件可能是不可序列化
的。Account 類別包含了 private 資料成員的帳目（account）、名字（firstName）、姓氏
（lastName）及餘額（balance）──全都是 Serializable。此類別也提供了 public 的 *get*
與 *set* 方法，來存取這些 private 欄位。

將序列化物件寫入到循序存取檔案中

現在，讓我們來討論會建立循序存取檔案的程式碼（圖 15.10）。此處我們只會把注意力放在
新的觀念上。為了打開檔案，第 27 行下令給 Files static 方法 **newOutputStream** 會接收
Path 所指定的檔案並打開。如果檔案存在的話，傳回 OutputStream 就能用來寫進檔案裡。
現有的檔案如果以此方式開啟以供輸出的話，就會被清空。我們選擇副檔名 .ser 代表包含
序列化物件的二進位檔案，但這並非必要。

```
1  // Fig. 15.10: CreateSequentialFile.java
2  // Writing objects sequentially to a file with class ObjectOutputStream.
3  import java.io.IOException;
4  import java.io.ObjectOutputStream;
5  import java.nio.file.Files;
6  import java.nio.file.Paths;
```

圖 15.10　透過 ObjectOutputStream 建立的循序檔案 (1/3)

```
 7  import java.util.NoSuchElementException;
 8  import java.util.Scanner;
 9
10  public class CreateSequentialFile
11  {
12     private static ObjectOutputStream output; // outputs data to file
13
14     public static void main(String[] args)
15     {
16        openFile();
17        addRecords();
18        closeFile();
19     }
20
21     // open file clients.ser
22     public static void openFile()
23     {
24        try
25        {
26           output = new ObjectOutputStream(
27              Files.newOutputStream(Paths.get("clients.ser")));
28        }
29        catch (IOException ioException)
30        {
31           System.err.println("Error opening file. Terminating.");
32           System.exit(1); // terminate the program
33        }
34     }
35
36     // add records to file
37     public static void addRecords()
38     {
39        Scanner input = new Scanner(System.in);
40
41        System.out.printf("%s%n%s%n? ",
42           "Enter account number, first name, last name and balance.",
43           "Enter end-of-file indicator to end input.");
44
45        while (input.hasNext()) // loop until end-of-file indicator
46        {
47           try
48           {
49              // create new record; this example assumes valid input
50              Account record = new Account(input.nextInt(),
51                 input.next(), input.next(), input.nextDouble());
52
53              // serialize record object into file
54              output.writeObject(record);
55           }
56           catch (NoSuchElementException elementException)
57           {
58              System.err.println("Invalid input. Please try again.");
59              input.nextLine(); // discard input so user can try again
60           }
```

圖 15.10　透過 ObjectOutputStream 建立的循序檔案 (2/3)

```
61              catch (IOException ioException)
62              {
63                  System.err.println("Error writing to file. Terminating.");
64                  break;
65              }
66
67              System.out.print("? ");
68          }
69      }
70
71      // close file and terminate application
72      public static void closeFile()
73      {
74          try
75          {
76              if (output != null)
77                  output.close();
78          }
79          catch (IOException ioException)
80          {
81              System.err.println("Error closing file. Terminating.");
82          }
83      }
84 } // end class CreateSequentialFile
```

```
Enter account number, first name, last name and balance.
Enter end-of-file indicator to end input.
? 100 Bob Blue 24.98
? 200 Steve Green -345.67
? 300 Pam White 0.00
? 400 Sam Red -42.16
? 500 Sue Yellow 224.62
? ^Z
```

圖 15.10　透過 ObjectOutputStream 建立的循序檔案 (3/3)

　　OutputStream 類別提供了用來將 byte 陣列，或個別的 byte 寫入檔案的方法，但我們希望能將物件寫入到檔案中。因此，我們傳入一個新的 OutputStream 物件到 ObjectOutputStream 的建構子中（第 26-27 行），以將 OutputStream 包裝進 ObjectOutputStream 裡頭。ObjectOutputStream 物件會利用 OutputStream 物件來寫入物件到檔案中，而檔案是由位元組代表的完整物件。如果開啓檔案時發生問題（例如在空間不足的磁碟上開啓檔案以供寫入，或開啓唯讀檔案以供寫入時），第 26-27 行可能會拋出 **IOException**。如果發生這種情況，此程式會顯示錯誤訊息（第 29-33 行）。如果沒有例外發生，檔案就會開啓，變數 output 便可用來將物件寫入其中。

　　此程式假設資料有正確地，按照妥當的記錄編號順序輸入。addRecords 方法（第 37-69 行）會執行寫入操作。第 50-51 行會利用使用者所輸入的資料，建立一個 Account 物件。第 54 行會呼叫 ObjectOutputStream 的 writeObject 方法，將 record 物件寫入到輸出檔案。要寫入整個物件，只需要一個敘述。

closeFile 方法（第 72-83 行）會呼叫了 ObjectOutputStream 的 **close** 方法來關閉 ObjectOutputStream，及其底下的 OutputStream。對於 close 方法的呼叫，被包含在 try 區塊中。如果檔案無法正常關閉，close 方法就會拋出 IOException。在使用包裝後的串流時，關閉最外層的串流，也會同時將底層的檔案關閉。

在圖 15.10 程式的範例執行中，我們輸入了五個帳戶的資訊——與圖 15.5 所示的一模一樣。此程式並不會顯示資料記錄實際在檔案中的樣貌。請記得我們現在使用的是二進位檔，人類是無法閱讀的。要驗證檔案已經成功地建立，下一節會呈現一支程式讀入該檔案的內容。

15.5.2　從循序存取檔案讀入資料並將其解序列化

前一節說明了如何利用物件序列化，來建立一個供循序存取的檔案。在本節中，我們會討論該如何循序地從檔案中讀入序列化資料。

圖 15.11 的程式，從 15.5.1 節的程式所建立的檔案中讀入記錄，然後顯示其內容。此程式透過呼叫 Files static 方法 **newInputStream** 來開啓檔案以供輸入，其接收一個 Path 並指定去打開文件，而且如果檔案是存在的，就會從檔案的讀取中傳回一個 InputStream。在圖 15.10，我們使用 ObjectOutputStream 物件，將物件輸入到檔案中。我們必須用相同於檔案寫入的格式，來讀入資料。因此，此程式中我們使用了包裝 InputStream 的 ObjectInputStream（第 26-27 行），如果開啓時檔案沒有發生例外，input 變數就可以用來從檔案中讀入資料。

```
 1  // Fig. 15.11: ReadSequentialFile.java
 2  // Reading a file of objects sequentially with ObjectInputStream
 3  // and displaying each record.
 4  import java.io.EOFException;
 5  import java.io.IOException;
 6  import java.io.ObjectInputStream;
 7  import java.nio.file.Files;
 8  import java.nio.file.Paths;
 9
10  public class ReadSequentialFile
11  {
12     private static ObjectInputStream input;
13
14     public static void main(String[] args)
15     {
16        openFile();
17        readRecords();
18        closeFile();
19     }
20
21     // enable user to select file to open
22     public static void openFile()
23     {
24        try // open file
25        {
```

圖 15.11　使用 ObjectInputStream 循序地讀入物件檔案，然後顯示各筆記錄 (1/3)

```
26              input = new ObjectInputStream(
27                  Files.newInputStream(Paths.get("clients.ser")));
28          }
29      catch (IOException ioException)
30      {
31          System.err.println("Error opening file.");
32          System.exit(1);
33      }
34  }
35
36  // read record from file
37  public static void readRecords()
38  {
39      System.out.printf("%-10s%-12s%-12s%10s%n", "Account",
40          "First Name", "Last Name", "Balance");
41
42      try
43      {
44          while (true) // loop until there is an EOFException
45          {
46              Account record = (Account) input.readObject();
47
48              // display record contents
49              System.out.printf("%-10d%-12s%-12s%10.2f%n",
50                  record.getAccount(), record.getFirstName(),
51                  record.getLastName(), record.getBalance());
52          }
53      }
54      catch (EOFException endOfFileException)
55      {
56          System.out.printf("%nNo more records%n");
57      }
58      catch (ClassNotFoundException classNotFoundException)
59      {
60          System.err.println("Invalid object type. Terminating.");
61      }
62      catch (IOException ioException)
63      {
64          System.err.println("Error reading from file. Terminating.");
65      }
66  } // end method readRecords
67
68  // close file and terminate application
69  public static void closeFile()
70  {
71      try
72      {
73          if (input != null)
74              input.close();
75      }
76      catch (IOException ioException)
77      {
78          System.err.println("Error closing file. Terminating.");
79          System.exit(1);
80      }
81  }
82 } // end class ReadSequentialFile
```

圖 15.11　使用 ObjectInputStream 循序地讀入物件檔案，然後顯示各筆記錄 (2/3)

```
Account      First Name    Last Name      Balance
100          Bob           Blue             24.98
200          Steve         Green          -345.67
300          Pam           White            0.00
400          Sam           Red            -42.16
500          Sue           Yellow         224.62

No more records
```

圖 15.11　使用 ObjectInputStream 循序地讀入物件檔案，然後顯示各筆記錄 (3/3)

此程式會使用 readRecords 方法（第 37-66 行），從檔案中讀入記錄。第 46 行呼叫了 ObjectInputStream 的 readObject 方法，從檔案中讀入一個 Object。為了要使用 Account 獨有的方法，我們將所傳回的 Object 向下轉型為 Account。如果試圖讀取檔案結尾以後的資料，readObject 方法就會拋出 **EOFException**（處理於第 54-57 行）。如果找不到所讀入之物件的類別，readObject 方法會拋出 ClassNotFoundException。如果在沒有該類別的電腦上存取該檔案時，便可能發生此一情形。

軟體工程的觀點 15.1
此節中介紹物件序列化並展示基本序列化技巧。序列化是有許多陷阱與缺陷的深奧主題。在操作物件序列化之前，請仔細地閱讀網路上關於物件序列化的 Java 文件。

15.6　利用 JFileChooser 開啟檔案

JFileChooser 類別會顯示一個對話框（稱為 JFileChooser 對話框），讓使用者能夠輕易地選擇檔案或目錄。為了示範使用此種對話框，我們加強了 15.3 節的範例，如圖 15.12–15.13 所示。此範例現在包含圖形使用者介面，但仍然會顯示和前面相同的資料。在第 24 行建構子呼叫了 analyzePath 方法。此方法接著呼叫了第 31 行的 getFileOrDirectoryPath 方法，以取得 Path 物件，來代表選擇的檔案或目錄。

getFileOrDirectoryPath 方法（圖 15.12，第 71-85 行）建立了一個 JFileChooser（第 74 行）。第 75-76 行呼叫了 **setFileSelectionMode** 方法，以指定使用者能夠從 fileChooser 選擇哪些東西。在此程式中，我們使用 JFileChooser 的 static 常數 **FILES_AND_DIRECTORIES**，指示使用者可以選擇檔案和目錄。其他的 static 常數包括 **FILES_ONLY**(預設值) 和 **DIRECTORIES_ONLY**。

第 77 行呼叫了 **showOpenDialog** 方法，來顯示標題為 Open 的 JFileChooser 對話框。引數 this 指定了 JFileChooser 對話框的父視窗，此視窗會決定對話框在螢幕上的位置。如果傳入 null，對話框就會顯示在螢幕正中央——否則，對話框會出現在應用程式視窗的正中央（由引數 this 所指定）。JFileChooser 對話框是典型對話框，不允許使用者與其他任何程式中的視窗互動，直到使用者點擊 Open 或 Cancel 按鈕來關閉 JFileChooser 為止。使用者可以選擇磁碟、目錄或檔案名稱，然後點擊 Open。showOpenDialog 方法會傳回一筆整數，指出使用者是點擊某個按鈕（Open 或 Cancel）來關閉對話框。第 48 行比較傳回結果

與 static 常數 **CANCEL_OPTION**，來測試使用者是否點擊了 Cancel 按鈕。如果兩者相等，
程式便會終止。第 84 行呼叫 JFileChooser 方法的 **getSelectedFile** 去取得 File 物件
（java.io 的套件），此物件代表使用者選擇的檔案或目錄，然後呼叫 File 的 **toPath** 方法
去回傳 Path 物件。之後程式會顯示選定的檔案或目錄的資料。

```java
 1  // Fig. 15.12: JFileChooserDemo.java
 2  // Demonstrating JFileChooser.
 3  import java.io.IOException;
 4  import java.nio.file.DirectoryStream;
 5  import java.nio.file.Files;
 6  import java.nio.file.Path;
 7  import java.nio.file.Paths;
 8  import javax.swing.JFileChooser;
 9  import javax.swing.JFrame;
10  import javax.swing.JOptionPane;
11  import javax.swing.JScrollPane;
12  import javax.swing.JTextArea;
13
14  public class JFileChooserDemo extends JFrame
15  {
16     private final JTextArea outputArea; // displays file contents
17
18     // set up GUI
19     public JFileChooserDemo() throws IOException
20     {
21        super("JFileChooser Demo");
22        outputArea = new JTextArea();
23        add(new JScrollPane(outputArea)); // outputArea is scrollable
24        analyzePath(); // get Path from user and display info
25     }
26
27     // display information about file or directory user specifies
28     public void analyzePath() throws IOException
29     {
30        // get Path to user-selected file or directory
31        Path path = getFileOrDirectoryPath();
32
33        if (path != null && Files.exists(path)) // if exists, display info
34        {
35           // gather file (or directory) information
36           StringBuilder builder = new StringBuilder();
37           builder.append(String.format("%s:%n", path.getFileName()));
38           builder.append(String.format("%s a directory%n",
39                 Files.isDirectory(path) ? "Is" : "Is not"));
40           builder.append(String.format("%s an absolute path%n",
41                 path.isAbsolute() ? "Is" : "Is not"));
42           builder.append(String.format("Last modified: %s%n",
43                 Files.getLastModifiedTime(path)));
44           builder.append(String.format("Size: %s%n", Files.size(path)));
45           builder.append(String.format("Path: %s%n", path));
46           builder.append(String.format("Absolute path: %s%n",
47              path.toAbsolutePath()));
48
```

圖 15.12　示範 JFileChooser (1/2)

```
49                 if (Files.isDirectory(path)) // output directory listing
50                 {
51                     builder.append(String.format("%nDirectory contents:%n"));
52
53                     // object for iterating through a directory's contents
54                     DirectoryStream<Path> directoryStream =
55                         Files.newDirectoryStream(path);
56
57                     for (Path p : directoryStream)
58                         builder.append(String.format("%s%n", p));
59                 }
60
61                 outputArea.setText(builder.toString()); // display String content
62             }
63             else // Path does not exist
64             {
65                 JOptionPane.showMessageDialog(this, path.getFileName() +
66                     " does not exist.", "ERROR", JOptionPane.ERROR_MESSAGE);
67             }
68       } // end method analyzePath
69
70       // allow user to specify file or directory name
71       private Path getFileOrDirectoryPath()
72       {
73           // configure dialog allowing selection of a file or directory
74           JFileChooser fileChooser = new JFileChooser();
75           fileChooser.setFileSelectionMode(
76               JFileChooser.FILES_AND_DIRECTORIES);
77           int result = fileChooser.showOpenDialog(this);
78
79           // if user clicked Cancel button on dialog, return
80           if (result == JFileChooser.CANCEL_OPTION)
81               System.exit(1);
82
83           // return Path representing the selected file
84           return fileChooser.getSelectedFile().toPath();
85       }
86 } // end class JFileChooserDemo
```

圖 15.12　示範 JFileChooser (2/2)

```
1 // Fig. 15.13: JFileChooserTest.java
2 // Tests class JFileChooserDemo.
3 import java.io.IOException;
4 import javax.swing.JFrame;
5
6 public class JFileChooserTest
7 {
8    public static void main(String[] args) throws IOException
9    {
10      JFileChooserDemo application = new JFileChooserDemo();
11      application.setSize(400, 400);
12      application.setDefaultCloseOperation(JFrame.EXIT_ON_CLOSE);
13      application.setVisible(true);
14   }
15 } // end class JFileChooserTest
```

圖 15.13　測試類別 FileDemonstration (1/2)

a) 使用此對話框定位和選擇檔案或目錄

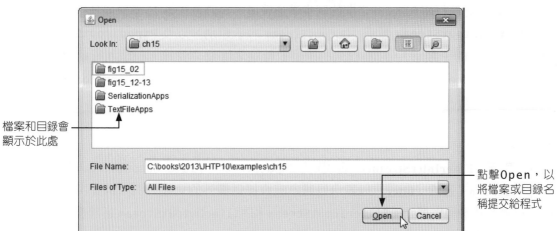

檔案和目錄會
顯示於此處

點擊 Open，以
將檔案或目錄名
稱提交給程式

b) 選擇檔案或目錄的資訊：如果它是一個目錄，那就會顯示目錄的內容

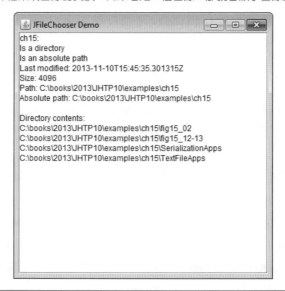

圖 15.13　測試類別 FileDemonstration (2/2)

15.7　（選讀）其他的 java.io 類別

本節會概述其他可用來進行位元組輸入輸出串流，以及類別（來自 `java.io` 套件）。

15.7.1　以位元組為基礎的輸入輸出介面和類別

InputStream 與 OutputStream 都是 abstract 類別，分別宣告了用來進行位元組輸入與位元組輸出的方法。

串流管線化

管線（pipe）是執行緒 (thread) 之間的同步溝通管道。我們會在第 23 章討論執行緒。Java 提供了 **PipedOutputStream** 類別（OutputStream 的子類別）以及 **PipedInputStream** 類別（InputStream 的子類別），以在程式的兩個執行緒之間建立管線。一個執行緒會藉由寫入 PipedOutputStream，傳送資料給另一個執行緒。目標執行緒則會透過 PipedInputStream，從管線中讀入資訊。

過濾串流

過濾串流（FilterInterStream）會過濾 InputStream，FilterOutputStream 則會過濾 OutputStream。**過濾（filter）**只表示過濾串流會提供額外的功能，例如將資料位元組聚集成有意義的基本型別單元。FilterInputStream 和 FilterOutputStream 通常都會被擴充，所以它們的某些過濾功能是由其子類別所提供。

PrintStream（FilterOutputStream 的子類別）會將文字輸出到指定串流。事實上，本書到目前為止都一直在使用 PrintStream 來進行輸出——System.out 和 System.err 都是 PrintStream 物件。

資料串流

使用原始位元組讀入資料較快速，但粗陋。程式通常會以群集的位元組方式讀入資料，構成 int、float、double 等型別。Java 程式可以使用幾種類別來輸入或輸出以位元組群集形式表示的資料。

DataInput 介面描述了從輸入串流中讀取基本型別的方法。**DataInputStream** 類別和 RandomAccessFile 類別都實作了此一介面，以讀入多個位元組，並將之視為基本資料型別數值。DataInput 介面包含各種方法諸如 readBoolean、readByte、readChar、readDouble、readFloat、readFully（供讀入 byte 陣列）、readInt、readLong、readShort、readUnsignedByte、readUnsignedShort、readUTF（供讀入 Java 編碼的 Unicode 字元——我們會在附錄 H 討論 UTF 編碼）以及 skipBytes。

DataOutput 介面描述了一組可用來將基本型別寫入到輸出串流中的方法。**DataOutputStream** 類別（FilterOutputStream 的子類別）和 RandomAccessFile 類別都實作了此一介面，以將基本型別數值以位元組形式寫入。DataOutput 介面包含多載版本的 write 方法（使用於 byte 或 byte 陣列），以及方法 writeBoolean、writeByte、writeBytes、writeChar、writeChars（供 Unicode String 使用）、writeDouble、writeFloat、writeInt、writeLong、writeShort 與 writeUTF（輸出針對 Unicode 修改後的文字）。

緩衝串流

緩衝（buffering）是一種提昇 I/O 效能的技巧。利用 **BufferedOutputStream**（FilterOutputStream 類別的子類別），每一個輸出敘述都不一定會將實際資料傳輸到輸出裝置（相較於處理器和主記憶的速度而言，這是個慢速的操作）。反之，每一筆輸出操作都會導向到記憶體中一塊稱爲**緩衝區（buffer）**的區域，這塊區域大到足以容納許多輸出操作的資料。接著，每當緩衝區填滿時，就會以一次大量的**實體輸出操作（physical output operation）**，實際將資料傳送到輸出裝置。將資料導向至記憶體的輸出緩衝區的輸出操作，通常稱爲**邏輯輸出操作（logical output operation）**。使用 BufferedOutputStream 時，我們可以隨時呼叫串流物件的 flush 方法，強制將尚未填滿的緩衝區輸出到輸出裝置。

　　使用緩衝可以大幅提升應用程式的效能。一般的 I/O 操作相較於存取電腦記憶體中的資料，速度極度緩慢。緩衝藉由先在記憶體中把小量的輸出結合在一起，從而減少了 I/O 操作的次數。相較於程式發送出的 I/O 請求次數，實際上進行的實體 I/O 操作次數是很少的。因此，使用緩衝的程式會較有效率。

增進效能的小技巧 15.1
緩衝 I/O 較之未緩衝的 I/O，可以產生顯著的效能提升。

透過 **BufferedInputStream**（FilterInputStream 類別的子類別），檔案中許多資料的「邏輯」區塊，會利用一次大量的實體輸入操作，讀入到記憶體緩衝區中。每當程式請求新的資料區塊，它就會從緩衝區中被拿出來。（這個程序有時會稱爲**邏輯輸入操作 [logical input operation]**。）當緩衝區清空時，輸入裝置就會進行下一次實體輸入操作，以讀入下一群「邏輯」資料區塊。因此，眞正的實體輸入操作次數，較之於程式所發送出的讀取請求次數，要少上許多。

利用記憶體的 byte 陣列串流

Java 的串流 I/O 具有從記憶體的 byte 陣列進行輸入，以及輸出到記憶體的 byte 陣列的能力。ByteArrayInputStream（InputStream 的子類別）會從記憶體中的 byte 陣列讀入資料。ByteArrayOutputStream（OutputStream 的子類別）則會將資料輸出到記憶體中的 byte 陣列。byte 陣列 I/O 的一個用途，是資料驗證。程式可以從輸入串流一次將一整行的資料輸入到 byte 陣列中。然後，驗證常式便可以檢查 byte 陣列的內容，然後視需要更正資料。最後，程式可以繼續從此 byte 陣列輸入資料，「知道」所輸入的資料格式是正確的。將資料輸出到 byte 陣列，是一種利用 Java 串流強大的格式化輸出功能的良好途徑。例如，資料可以使用與稍後欲顯示的格式相同的格式，儲存在 byte 陣列中，接著此一 byte 陣列便可以輸出到檔案，以保留其格式。

從多個串流循序輸入

SequenceInputStream（InputStream 的子類別）會在邏輯上串接幾個 InputStream ——程式會將這一群串流，視爲一個連續的 InputStream。當程式抵達輸入串流的終點，此串流便會關閉，然後開啓序列中的下一個串流。

15.7.2 以字元為基礎的輸入輸出介面和類別

除了位元組串流外，Java 也提供了 **Reader** 和 **Writer** **abstract** 類別，這兩者是雙位元組，以字元為單位的串流，就如在 15.4 節中用來處理文字檔的串流。大多數以位元組為單位的串流，都有對應的，以字元為單位的具象 Reader 或 Writer 類別。

以字元為單位的緩衝 Reader 與 Writer

BufferedReader 類別（abstract 類別 Reader 的子類別）和 **BufferedWriter** 類別（abstract 類別 Writer 的子類別）提供字元串流緩衝的功能。請記得字元串流使用的是 Unicode 字元——這類串流可以處理任何 Unicode 字元集所表示的語言資料。

使用記憶體的 char 陣列 Reader 與 Writer

CharArrayReader 類別與 **CharArrayWriter** 類別分別會從 char 陣列讀入字元串流，以及將字元串流寫入到 char 陣列中。**LineNumberReader**（BufferedReader 的子類別）是一個緩衝字元串流，會記錄已讀入的行數——換行、返回或是歸位與換行的組合，都會增加行數）。如果程式需要告知讀者，是哪一行發生錯誤，那麼記錄行數就會派上用場。

以字元為單位的檔案、管線化以及字串 Reader 及 Writer

InputStream 可以透過 InputStreamReader 類別轉換成 Reader。同樣地，OuputStream 也可以透過 OutputStreamWriter 類別轉換成 Writer。FileReader 類別（InputStreamReader 的子類別）與 FileWriter 類別（OutputStreamWriter 的子類別）會分別從檔案讀入字元和寫入字元。PipedReader 類別和 PipedWriter 類別實作了管線化字元串流，以在執行緒之間傳輸資料。**StringReader** 類別和 **StringWriter** 類別分別會從 String 讀寫字元。PrintWriter 類別會將字元寫入到串流中。

15.8 總結

在這章中，你學到了如何操作永久性資料。我們比較了字元串流與位元組串流，然後介紹了 java.io 和 java.nio.file 套件所提供的幾種檔案處理類別。你使用了 File 和 Path 類別以及 Path 介面和 DirectoryStream 來取得關於檔案或目錄的資訊。你運用了循序存取檔案處理，來操作按照記錄鍵值欄位排序儲存的記錄。你學到了文字檔案處理和物件序列化的差別，以及利用序列化來儲存及取得整個物件。本章最後以使用 JFileChooser 對話框的小範例作結，讓使用者可以輕易地從 GUI 中選擇檔案。下一章會介紹 Java 類別，以供來操作資料的收集——例如 Array-List 類別，我們在 7.16 節介紹過。

摘要

15.1 簡介

- 電腦會使用檔案來長期保存大量的永久性資料，甚至在建立這些資料的程式終止之後。
- 電腦會將檔案儲存在輔助性儲存裝置，例如硬碟中。

15.2 檔案和串流

- Java 會視每個檔案爲循序的位元組串流。
- 每種作業系統都會提供判定檔案結尾的機制，例如檔案結尾標記，或是檔案中的位元組總數。
- 位元組串流是以二進位格式來表示資料。
- 字元串流會將資料表示爲字元序列。
- 使用位元組串流建立的檔案會是二進位檔案。使用字元串流建立的檔案會是文字檔案。文字檔可以被文字編輯器所讀取，二進位檔案則需要用程式來讀取，此程式會將資料轉換成人類可讀的格式。
- Java 也可以將串流和不同的裝置銜接在一起。當 Java 程式開始執行時，會將三個串流物件與裝置銜接在一起——System.in、System.out 和 System.err。

15.3 使用 NIO 類別與介面取得檔案與目錄資訊

- Path 代表檔案或目錄的位置。Path 物件不會打開檔案或是提供任何檔案處理的能力。
- Path 類別用來取得代表檔案或目錄位置的 Path 物件。
- Files 類別提供 static 方法給一般的檔案與目錄操作，像是複製檔案、創造與刪除檔案與目錄；取得和讀取關於檔案與目錄的資訊，允許你操作檔案與目錄的內容等等。
- DirectoryStream 使得程式透過目錄的內容進行迭代。
- Paths 類別的 static 方法 get，將代表檔案或目錄位置的 String 轉換到 Path 物件。
- 根據字元輸出與輸入可用 Scanner 類別與 Formatter 類別表現。
- Formatter 類別使格式化的資料被輸出到螢幕或是到檔案，其相似於 System.out.printf。
- 絕對路徑包含了從根目錄（root directory）開始，一直到特定檔案或目錄所在位置的所有目錄。位在特定磁碟上的所有檔案或目錄，其路徑都擁有相同的根目錄。
- 相對路徑則通常是從應用程式開始執行的所在目錄開始，因此是「相對於」目前目錄的路徑。
- Files static 的方法 exists 接收 Path 與決定它是否存在於桌面。
- Path 的方法 getFileName 在沒有任何位置資訊的情況下，取得 String 的檔案或目錄名稱。
- Files static 的方法 isDirectory 接收 Path 並傳回 boolean，指出 Path 是否代表在桌面的目錄。
- Path 的方法 isAbsolute 傳回 boolean，指出 Path 是否代表絕對路徑。
- Files static 的方法 getLastModifiedTime 接收 Path，並傳回 FileTime（java.nio.

file.attribute 套件）指出檔案是最後修改。

- Files static 的方法 size 接收 Path，並傳回 long 代表檔案或目錄字節的數字。對於目錄，傳回數值是特定平台。
- Path 的方法 toString 回傳 String 以代表 Path。
- Path 的方法 toAbsolutePath 轉換 Path 在絕對路徑上。
- Files static 的方法 newDirectoryStream 傳回 DirectoryStream<Path> 包含 Path 物件為了目錄的內容。
- 分隔字元是用來分開在路徑上的目錄與檔案。

15.4 循序存取的文字檔

- Java 沒有定義任何檔案結構。你必須自己結構化檔案，以符合你應用程式的需求。
- 要循序地從檔案取回資料，程式通常會從檔案開頭開始，連續讀入所有資料，直到找到所需的資料為止。
- 在許多循序檔案中，若要修改資料，很難避免掉破壞檔案中其他資料的風險。要更新循序存取檔案中的記錄，通常會重寫整個檔案。

15.5 物件序列化

- Java 提供了稱為物件序列化的機制，讓我們可以把整個物件寫入到串流，或是從串流中讀出。
- 序列化物件會被表示為一連串的位元組，其中包含了物件的資料，以及關於物件型別及物件所儲存之資料型別的資訊。
- 在序列化物件寫入到檔案之後，便可以從檔案中讀取然後解序列化，以在記憶體中重建此物件。
- ObjectInputStream 與 ObjectOutputStream 類別讓我們可以從串流讀出或寫入整個物件。
- 只有實作了 Serializable 介面的類別，才能夠序列化及解序列化。
- ObjectOutput 介面包含 writeObject 方法，此方法會取用一個 Object 作為引數，然後將其資訊寫入到 OutputStream。實作此介面的類別，例如 ObjectOutputStream，會確認該 Object 為 Serializable。
- ObjectInput 介面包含了 readObject 方法，此方法會從 InputStream 中讀出 Object，然後傳回其參照。在讀取物件之後，其參照可以轉型成物件真正的型別。

15.6 利用 JFileChooser 開啟檔案

- JFileChooser 類別會用來顯示一個對話框，讓程式使用者可以輕易地從 GUI 中選擇檔案或目錄。

15.7 其他的 java.io 類別

- InputStream 與 OutputStream 是用來進行位元組 I/O 的 abstract 類別。
- 管線（pipe）是執行緒之間的同步溝通管道。執行緒會透過 PipedOutputStream 傳送資料。

目標執行緒則會透過 `PipedInputStream` 來讀取資訊。

- 過濾串流提供了額外的功能，例如將資料位元組聚集成有意義的基本型別單元。`FilterInputStream` 和 `FilterOutputStream` 通常都會被擴充，所以這兩者的其中一些過濾功能，會由其具象子類別所提供。

- `PrintStream` 會進行文字輸出。`System.out` 與 `System.err` 都是 `PrintStream`。

- `DataInput` 介面描述了用來從輸入串流中讀入基本型別的方法。`DataInputStream` 類別與 `RandomAccessFile` 類別都實作了此一介面。

- `DataOutput` 介面描述了用來將基本型別資料寫入到輸出串流中的方法。`DataOutputStream` 類別和 `RandomAccessFile` 類別都實作了此一介面。

- 緩衝是一種提昇 I/O 效能的技巧。緩衝會藉由先在記憶體中合併較小量的輸出，來減少 I/O 操作的次數。實體 I/O 操作的次數，會遠小於程式所發送出的 I/O 請求次數。

- 利用 `BufferedOutputStream`，每個輸出操作都會被大到足以存放多次輸出操作資料的緩衝區中。當緩衝區填滿時，就會以一次大量的實體輸出操作，將資料傳送到輸出裝置。你可以隨時呼叫串流物件的 `flush` 方法，強迫將尚未填滿的緩衝區輸出到輸出裝置。

- 使用 `BufferedInputStream`，可以利用一次大量的實體輸入操作，從檔案讀入許多資料的「邏輯」區塊到記憶體緩衝區中。當程式請求資料時，就會從緩衝區中取出。當緩衝區清空時，就會進行下一筆實體輸入操作。

- `ByteArrayInputStream` 會從記憶體中的 `byte` 陣列讀入資料。`ByteArrayOutputStream` 則會輸出資料到記憶體中的 `byte` 陣列。

- `SequenceInputStream` 會串接多個 `InputStream`。當程式抵達輸入串流的終點時，該串流會被關閉，然後開啟序列中的下一個串流。

- `Reader` 及 `Writer` abstract 類別，是 Unicode 字元串流。大部分位元組串流都有相對應的字元具象 `Reader` 類別或 `Writer` 類別。

- `BufferedReader` 類別和 `BufferedWriter` 類別會緩衝字元串流。

- `CharArrayReader` 類別與 `CharArrayWriter` 類別會操作 `char` 陣列。

- `LineNumberReader` 是一個緩衝的字元串流，會追蹤已讀入的行數。

- `FileReader` 類別和 `FileWriter` 類別會進行以字元為單位的檔案 I/O。

- `PipedReader` 類別與 `PipedWriter` 類別實作了管線化的字元串流，以在執行緒之間傳輸資料。

- `StringReader` 類別和 `StringWriter` 類別分別會從 `String` 中讀寫字元。`PrintWriter` 類別會將字元寫入到串流。

自我測驗題

15.1 請判斷下列何者為眞，何者為偽。如果為偽，請說明理由。

   a) 你必須明確地建立串流物件 System.in、System.out 和 System.err。

   b) 當從檔案使用 Scanner 類別讀取資料，如果你希望讀取檔案的資料很多次，檔案必須被關閉並重新打開從檔案的開頭再次讀取。

c) Files static 的方法 exists 接收 Path 並決定它是否存在於磁碟機。

d) 人類可在文字編輯器中閱讀二進位檔。

e) 絕對路徑包含了從根目錄開始，一直到特定檔案或目錄所在位置的所有目錄。

f) Formatter 類別包含了 printf 方法，讓格式化資料可以輸出到螢幕或檔案中。

15.2 請完成以下任務，假設每個例子都使用於同個程式中：

a) 撰寫一個敘述，開啓檔案 "oldmast.txt" 以供輸入——利用 Scanner 變數 inOldMaster。

b) 撰寫一個敘述，開啓檔案 "trans.txt" 以供輸入——利用 Scanner 變數 inTransaction。

c) 撰寫一個敘述，開啓檔案 "newmast.txt" 以供輸出（及建立）——利用 formatter 變數 outNewMaster。

d) 撰寫要從檔案 "oldmast.txt" 中讀入一筆記錄所需的敘述。請使用這些資料來建立一個 Account 類別的物件——利用 Scanner 變數 inOldMaster。假設 Account 類別與圖 15.9 的 Account 類別是相同的。

e) 撰寫要從檔案 "trans.txt" 中讀入一筆記錄所需的敘述。這筆記錄會是 TransactionRecord 類別的物件——利用 Scanner 變數 inTransaction。假設 TransactionRecord 類別包含 setAccount 方法（此方法會取用一個 int 引數）以設定帳號，以及 setAmount 方法（會取用一個 double）來設定交易的總數。

f) 撰寫一個敘述，將一筆記錄輸出到檔案 "newmast.txt"。這個記錄是 Account 型別的物件——利用 Formatter 變數 outNewMaster。

15.3 請完成以下任務，假設每個例子都使用於同個程式中：

a) 撰寫一個敘述，開啓檔案 "oldmast.ser" 以供輸入——利用 ObjectInputStream 變數 inOldMaster 來包裝 InputStream 物件。

b) 撰寫一個敘述，開啓檔案 "trans.ser" 以供輸入——利用 ObjectInputStream 變數 inTransaction 來包裝 nputStream 物件。

c) 撰寫一個敘述，開啓檔案 "newmast.ser" 以供輸出（及建立）——利用 ObjectOutputStream 變數 outNewMaster 來包裝 utputStream 物件。

d) 撰寫一個敘述，從檔案 "oldmast.ser" 中讀入一筆記錄。此記錄是 Account 類別的物件——利用 ObjectInputStream 變數 inOldMaster。假設 Account 類別和圖的 Account 類別是相同的。

e) 撰寫一個敘述，從檔案 "trans.ser" 中讀入一筆記錄。此記錄是 TransactionRecord 類別的物件——利用 ObjectInputStream 變數 inTransaction。

f) 撰寫一個敘述，將型別爲 Account 的記錄輸出到檔案 "newmast.ser" 中——利用 ObjectOutputStream 變數 outNewMaster。

自我測驗題解答

15.1 a) 偽。當 Java 程式開始執行時，便會為你建立這三個串流。

b) 真。

c) 真。

d) 偽。要是文字檔案，人類才可以使用文字編輯器來閱讀。人類可能有辦法閱讀二進位檔，但只有當檔案中的位元組剛好代表 ASCII 字元時

e) 真。

f) 偽。Formatter 類別包含 format 方法，此方法讓格式化資料可以輸出到螢幕或檔案中。

15.2 a) `Scanner inOldMaster = new Scanner(Paths.get("oldmast.txt"));`

b) `Scanner inTransaction = new Scanner(Paths.get("trans.txt"));`

c) `Formatter outNewMaster = new Formatter("newmast.txt");`

d) `Account account = new Account();`

   `account.setAccount(inOldMaster.nextInt());`

   `account.setFirstName(inOldMaster.next());`

   `account.setLastName(inOldMaster.next());`

   `account.setBalance(inOldMaster.nextDouble());`

e) `TransactionRecord transaction = new Transaction();`

   `transaction.setAccount(inTransaction.nextInt());`

   `transaction.setAmount(inTransaction.nextDouble());`

f) `outNewMaster.format("%d %s %s %.2f%n",`

   `account.getAccount(), account.getFirstName(),`

   `account.getLastName(), account.getBalance());`

15.3 a) `ObjectInputStream inOldMaster = new ObjectInputStream(`

   `Files.newInputStream(Paths.get("oldmast.ser")));`

b) `ObjectInputStream inTransaction = new ObjectInputStream(`

   `Files.newOutputStream(Paths.get("trans.ser")));`

c) `ObjectOutputStream outNewMaster = new ObjectOutputStream(`

   `Files.newOutputStream(Paths.get("newmast.ser")));`

d) `Account = (Account) inOldMaster.readObject();`

e) `transactionRecord = (TransactionRecord) inTransaction.readObject();`

f) `outNewMaster.writeObject(newAccount);`

習題

15.4 （檔案比對）自我測驗習題 15.2，要求你撰寫一連串的單一敘述。事實上，這些敘述會形成一種重要的檔案處理程式的核心——亦即檔案比對程式。在商用資料處理中，每個應用程式系統都包含好幾個檔案，是很常見的事。例如，在應收帳款系統中，通常會有一個主檔案，包含關於每個客戶的詳細資訊，例如客戶的名稱、地址、電話號

碼、未償付餘額、信用額度、折扣項目、契約安排,也可能會有近期採購和現金支付的濃縮記錄。

交易發生時(亦即賣出商品,然後款項以郵件寄達)關於交易的資訊會被輸入到檔案中。在每次企業結算週期的尾聲時(有些公司是一個月,其他公司是一週,某些情況下是一天),交易的檔案(名爲 "trans.txt")會被運用在主檔案上(稱爲 "oldmast.txt")來更新每個帳戶的消費和付款記錄。在更新記錄時,程式會重新撰寫主檔案,成爲檔案 "newmast.txt",此檔案會接著在下一次結算週期結尾時被使用到,以再次開始進行更新。

檔案比對程式必須處理某些在單一檔案程式中不會遇到的問題。例如,並不一定會有相符的檔案。主檔案中的客戶,如果在這次結算週期中沒有任何的購買或付款,交易檔案中就不會出現這位客戶的記錄。同樣的,確實有購買和付款的客戶,有可能剛搬到這個社區來,若然如此,公司可能還來不及替這位客戶建立一個主記錄。

請撰寫一個完整的應收款項檔案比對程式。請在每個檔案中,使用帳號作爲記錄鍵值,以進行比對。假設每個檔案都是循序文字檔案,記錄是按照帳號遞增的順序來儲存。

a) 請定義 TransactionRecord 類別。此類別的物件包含了帳號與交易的金額。請提供修改和取得這些數值的方法。

b) 請修改圖 15.9 的 Account 類別,以納入方法 combine,此方法會取用一個 TransactionRecord 物件,然後合併 Account 物件的餘額和 TransactionRecord 物件的金額。

c) 撰寫一程式來建立測試程式的資料。請使用圖 15.14 和圖 15.15 的樣本帳戶資料。請執行程式來建立檔案 trans.txt 和 oldmast.txt,以使用於你的檔案比對程式。

主檔案帳號	姓名	餘額
100	Alan Jones	348.17
300	Mary Smith	27.19
500	Sam Sharp	0.00
700	Suzy Green	-14.22

圖 15.14 主檔案的範例資料

交易檔案帳號	交易金額
100	27.14
300	62.11
400	100.56
900	82.17

圖 15.15 交易檔案的範例資料

d) 建立 FileMatch 類別，來執行檔案比對功能。此類別應當要包含會讀入 oldmast.txt 與 trans.txt 的方法。當找到相符配對時（亦即擁有相同帳號的記錄同時出現在主檔案和交易檔案中），請將交易記錄中的金額加到主檔案目前的餘額中，然後寫入 "newmast.txt" 記錄。（假設交易檔案中，購買是以正數金額表示，付款以負數金額表示。）當特定帳戶擁有主記錄，但沒有相對應的交易記錄時，只需要將主記錄寫入到 "newmast.txt" 即可。當有交易記錄，但沒有對應的主記錄時，請在執行記錄檔中印出訊息 "Unmatched transaction record for account number..."（填入交易記錄中的帳號）。執行記錄檔應該要是名為 "log.txt" 的文字檔。

15.5 （**多重交易的檔案比對**）我們可能會（事實上經常會）擁有多筆具有相同記錄鍵值的交易記錄。例如，客戶如果在結算期間，進行了數次購買和付款操作，就會發生這種情況。請重新撰寫你習題 15.4 的應收帳款檔案比對程式，提供處理多筆具有相同記錄鍵值之交易記錄的可能。請修改 CreateData.java 的測試資料，加入圖 15.16 中額外的交易記錄。

帳號	金額
300	83.89
700	80.78
700	1.53

圖 15.16　額外的交易記錄

15.6 （**利用物件序列化的檔案比對**）假設你有一個包含學生紀錄的文字檔。每一行的紀錄需包含以下的資料：學生 ID(int)、名字 (string)、以及三項成績 (double)，分別以空白件分開的字元建立。請寫一個應用程式來讀檔，並建立一個新檔來存取序列化物件的相同資料。

15.7 （**電話號碼單字產生器**）標準的電話按鍵包含數字 0 到 9。從 2 到 9 的每個數字，都結合了三個字母（圖 15.17）。許多人覺得電話號碼很難記，所以他們會使用數字與字母之間的對應，來開發七個字母的單字，對應到他們的電話號碼。例如，若某人的電話號碼是 686-2377，他便可以利用圖 15.17 的對照表，開發出七字母單字「NUMBERS」。每個七字母單字，都只會對應到恰好一個七位數的電話號碼。想要增進外賣業務的餐廳，則可以使用號碼 825-3688（也就是 TAKEOUT，外帶的意思）來達成這點。

數字	字母	數字	字母	數字	字母
2	A B C	5	J K L	8	T U V
3	D E F	6	M N O	9	W X Y
4	G H I	7	P R S		

圖 15.17　電話鍵盤上的數字與字母

每個七位數的電話號碼，則會對應到許多不同的七字母單字，這些單字大部分都是無法辨識的字母隨意排列。然而，理髮店的老闆會很樂意知道，理髮店的電話號碼 424-7288，可以對應到 "HAIRCUT"（剪髮）。電話號碼是 738-2273 的獸醫，會很樂意知道這個號碼對應到字母 "PETCARE"（寵物照護）。汽車經銷商會很樂意知道其經銷電話號碼，639-2277，對應到 "NEWCARS"（新車）。

試撰寫一程式，指定七位數號碼，使用 PrintStream 物件，將該號碼對應到的所有七字母單字組合可能性，寫入到檔案中。這些組合會有 2,187 (3⁷) 種。請避開包含數字 0 和 1 的電話號碼。

15.8　（文件加密和解密）為了防止未經授權的他人讀取內容，將訊息編碼就是加密文件的過程。而相反的操作方式就是解密，能幫助我們儲存原始訊息。The Caesar cipher 就是一個簡易的加密算法，它將每個在訊息中的文字就會被取代成其他的字。其關鍵就在於你轉換的文字數量。舉例來說，如果原始訊息中的關鍵字是 "welcome"，那麼加密過的訊息就會是 "xfmdpnf"。請建立一個應用程式來為文字檔進行加密和解密。你的應用程式應該要用 GUI 來和使用者互動。而 GUI 應該使用 JTextFields 來進行檔案的輸入、輸出、關鍵字、"加密" 和 "解密" 按鈕。此外，你的程式必須要使用和應用程式相同的文件夾來讀取檔案。

15.9　（在 **MyShape 繪圖應用程式中加入物件序列化**）請修改習題 12.17，讓使用者可以使用物件序列化，將繪圖儲存到檔案中，或是從檔案中讀出先前的繪圖。請增加 Load 按鈕（以從檔案讀入物件）及 Save 按鈕（寫入物件到檔案）。請利用 ObjectOutputStream 來寫入檔案，用 ObjectInputStream 從檔案中讀入資料。請使用 writeObject 方法（ObjectOutputStream 類別）來寫入 MyShape 陣列，然後利用 readObject 方法 (ObjectInputStream) 來讀取該陣列。物件序列化的機制可以讀取或寫入整個陣列——我們不需要個別操作 MyShape 物件陣列中的每個元素。只需要所有圖形都是 Serializable 即可。針對 Load 按鈕和 Save 按鈕來說，請使用 JFileChooser，讓使用者可以選擇要將圖形儲存到那個檔案，或是從哪個檔案讀取圖形。當使用者第一次執行程式時，螢幕上不會顯示任何形狀。使用者可以藉由開啟先前儲存的檔案，或是繪製新圖形來顯示圖形。一旦螢幕上有圖形，使用者就可以利用 Save 按鈕將之儲存到螢幕上。

進階習題

15.10（**網路釣魚掃描程式**）網路釣魚是一種身份詐騙，在這種騙局中，電子郵件的寄件人表面上看來是可信賴的來源，會試圖取得你的私人資訊，例如你的使用者名稱、密碼、信用卡號還有社會安全號碼。網路釣魚郵件會聲稱自己來自於看來相當正派的大銀行、信用卡公司、拍賣網站、社群網路以及線上付費服務。這些詐騙訊息通常會提供連往假網站的連結，這些網站會要求你輸入敏感性資訊。

請找出網路釣魚詐騙清單。也請看看反釣魚工作小組 (Anti-Phishing Working Group，www.antiphishing.org/) 與 FBI 的科技調查 (Cyber Investigations) 網站 (www.fbi.gov/about-us/investigate/cyber/cyber)，你可以在此找到關於最新詐騙手法的資訊，以及要如何保護自己。

請建立一個 30 字的清單，包含經常出現在釣魚訊息中的單字、片語和公司名稱。根據你評估各單字出現在釣魚訊息的可能性，給予每個單字分數（例如，如果有一點可能，就給予一分；如果普通可能，就給兩分；如果很可能，就給三分）。試撰寫一應用程式，會掃瞄文字檔，尋找這些詞彙和片語。針對關鍵字或片語每次在文字檔案中的出現，請增加指定的分數到該單字或片語的總分。針對每一個找到的關鍵字或片語，請輸出一行，包含此單字或片語、出現的次數還有總分。接著請顯示出整個訊息的總分。你實際收到的釣魚郵件，你的系統會給它高分嗎？它會給一些合法的郵件高分嗎？

Memo

Java SE 8 Lambdas 運算式與串流

17

Oh, could I flow like thee,
And make thy stram
My great example,
As it is my theme!
— William Shakespeare

學習目標

在本章節中，你將會學習到：

- 何謂函數程式設計，及其如何協助物件導向程式設計。
- 使用函數程式設計簡化其他技巧所編寫的指令。
- 編寫執行功能性介面的 Lambda 表示式。
- 學習何謂串流，以及串流管線如何從串流來源、中間操作和最終操作形成。
- 以 IntStreams 執 行 運 算，包括 forEach、count、min、max、sum、average、reduce、filter 以及 sorted。
- 以 Steams 執 行 運 算，包括 filter、map、sorted、colect、forEach、findFirst、distinct、mapToDouble 以 及 reduce。
- 建立代表 int 值的範圍和隨機 int 值的串流。

本章綱要

17.1　簡介

你對於 Java 程式設計的觀念將永遠改變。在 Java SE 8 之前，Java 支援三種不同的程式典範：程序化程式設計、物件導向程式設計和泛型程式設計。Java SE 8 則又增加了函數程式設計。支援這個典範的新語言與程式庫功能被納入 Java 裡面，當作 *Project Lambda* 的一部份：

```
http://openjdk.java.net/projects/lambda
```

在本章中，我們將會定義函數程式設計，並示範給你看如何利用它來更快、更精確無誤地寫出程式。在第 23 章，你會發現函數程式設計更容易被並行化（亦即同時執行多重運算），使得你所寫的程式可以用多核心建構的優勢增進效能。在讀本章之前，你應先複習 10.10 節，了解 Java SE 8 新介面功能（包含 `default` 跟 `static` 方法），並且探討功能介面的概念。

本章提供許多函數程式設計的範例，通常是為了展現如何更簡單的實現前面章節中的題目（圖 17.1）。

Pre-Java-SE-8 主題	呼應 Java SE 8 討論與範例
第 7 章	17.3-17.4 節介紹基本 lambda 與串流處理一維陣列的能力。
第 10 章	10.10 節介紹支援函數程式設計的新的 Java SE 8 介面特色（default 方法、static 方法和功能性介面的概念）。
第 12 章	17.9 節展示如何使用一個 lambda 實作一個 Swing 事件監聽者的功能介面。
第 14 章	17.5 節展現如何使用多個 lambda 與串流去運算 string 物件的集合。
第 15 章	17.7 節展現如何使用 lambda 以及串流運算檔案中的文件裡的字行。
第 22 章	探討使用 lambda 去實現 Swing 事件監聽者功能介面。
第 23 章	函數程式設計較為容易並行，所以它們可以在多核心架構增進效能上有優勢。展現並行串流運作。顯示 Arrays 方法 parallelSort 在分類大型陣列時，增進多核心架構效能。
第 25 章	討論運用 lambdas 以實作 JavaFX 事件監聽者功能介面。

圖 17.1　Java SE 8 lambdas 與串流的討論與範例

17.2　函數程式設計技術概況

在前面的章節，你學會了各種程序、物件導向和一般的程式設計技巧。儘管你經常使用 Java 函式庫的類別和功能介面處理各種任務，但通常只決定要做「什麼」，而非明確地指出「如何」去做。舉例來說，假設你想要加總名為 value（資料源）的陣列中元素的和。你可能會用下面的程式碼：

```
int sum = 0;
for (int counter = 0; counter < values.length ; counter++)
    sum += values [counter] ;
```

這個迴圈指出了我們想要如何把每個陣列元素加總到 sum ——使用一個 for 重複敘述，可以一次處理一個元素，將它們加到 sum 中。這個疊代技巧稱作**外部疊代**（**external iteration**）（因為是由你定出如何疊代，而非由程式庫），而且需要你依序從頭到尾以一種單一執行緒存取元素。為完成之前的任務，你要建立兩個變數（sum 和 counter）以因應不斷的變化，也就是說，它們的值在任務中不斷地在改變。你也執行很多相似的陣列和集合任務，比方說顯示在陣列中的元素、總結一個擲了 6 百萬次的骰子，以及計算陣列元素的平均值等等。

外部疊代容易出錯

大部分的 Java 程式設計師習慣使用外部疊代。但卻有些出錯的可能性。比方說，你可能會弄錯變數 sum 的初始值、變數 counter 的初始值、迴圈持續條件、增加錯誤的控制變數 counter 或是陣列值的總和。

內部疊代

在**函數程式設計**中,你可以指定想在任務中做到什麼,而非如何去做。如同你在本章所見,為求得多個資料源的元素和(比方說從集合或陣列中),你可以使用新的 Java SE 8 程式庫功能,因而你可以說,「這就是資料源,給我它的元素和」。你不需要特別的分辨如何使用元素疊代或者宣告和使用任何共同變數。這就是所謂的**內部疊代**,因為是由程式庫來決定如何存取所有元素去執行任務。內部疊代可以使你更容易的告訴程式庫,使用並行處理執行工作並充分運用電腦的多核心架構優勢——這可以明顯的提高工作進度。就像你將在第 23 章所學到的,如果運算的任務修改程式的狀態資訊(即其變數值),那麼建立正確運算的並行任務會很困難。所以你在這裡學習到的函數程式設計功能著重於**不變性(immutability)**——不修改正在運算的資料源或其他程式狀態。

17.2.1 功能介面

第 10.10 節介紹了 Java SE 8 的新介面特色——default 方法以及 state 方法——並討論了一個功能介面的概念——一個介面只有一個 abstract 方法(也或許會包含 default 或 state 方法)。這樣的介面也被稱為單一抽象方法(SAM)介面。功能介面被廣為運用在函數程式設計上,因為它們是作為函數中的物件導向函數模型。

在 java.until.function 套件中的功能介面

Java.until.function 套件包含數個功能介面。圖 17.2 展示了六個基本通用功能介面。藉由表格得知,T 和 R 是通用型別名稱,這是代表功能介面運算的物件型別,以及回傳方法的型別。在 java.until.function 套件裡還有很多其他功能介面,它們是圖 17.2 中的特殊版。大部分是運用在 int、long 和 double 原始值上,但也有通用自定義於二元運算的 Consumer、Function 和 Predicate ——使用兩個引數的方法。

介面	描述
BinaryOperator<T>	包含擷取兩個引數 T 的 apply 方法,並在其上執行一個動作(例如,計算)並回傳一個型別 T 的值。在 17.3 節你會看到幾個 BinaryOperators 的例子。
Consumer<T>	包含擷取一個引數 T 的 accept 方法,並回傳 void。並用它的引數 T 執行一個工作,比如匯出物件、呼叫物件的方法等。在 17.3 節你會看到幾個 Consumer 的例子。
Function<T,R>	包含擷取一個引數 T,並回傳一個型別 R 值的 apply 方法。在引數 T 呼叫一個方法並回傳方法的結果。在 17.5 節你會看到幾個 Function 的例子。
Predicate<T>	包含擷取一個引數 T 並回傳一個 boolean 的 test 方法。測試引數 T 是否滿足一個狀況。在 17.3 節,你會看到幾個 Predicate 的例子。

圖 17.2 在 java.until.function 套件里的六個基本通用功能介面 (1/2)

介面	描述
`Supplier<T>`	包含不擷取任何引數並建立一個型別 T 值的 get 方法。常用於建立一個串流運算結果中的物件集合。在 17.7 節你會看到幾個 Suppliers 的例子。
`UnaryOperator<T>`	包包含不擷取任何引數並回傳一個型別 T 值的 get 方法。在 17.3 節，你會看到幾個 UnaryOperators 的例子。

圖 17.2　在 java.until.function 套件里的六個基本通用功能介面 (2/2)

17.2.2　Lambda 運算式

函數程式設計因 lambda 運算式而被建立。lambda 運算式代表一個匿名的方法，一個用於實現功能介面的簡化符號，類似於一個匿名內層類別(12.11 節)。lambda 運算式的類別等同實現的功能介面的型別。lambda 運算式可以被用在任何需要功能介面的地方。現在開始，我們將統稱 lambda 運算式稱呼爲 lambdas。我們在這個單元討論的是 lambdas 語法以及 lambda 特性。

Lambda 語法

一個 lambda 具有一個參數表，接著是一個**箭號（->）**和一個主體：

```
(parameterList) -> {statements}
```

接下來的 lambda 接收兩個 int 並傳回它們的和：

```
( int x , int y) -> { return x + y ; }
```

這個情況下，主體是一個敘述區塊並包含一個或多個敘述在大括號中。這個語法有許多的變化。比方說，參數型別通常有可能會被省略，如：

```
( x , y ) -> {return x + y ; }
```

此種狀況下，編譯器在 lambda 中決定了參數與傳回型別——我們之後將討論更多這一方面。

　　當主體僅包含一個運算式時，return 關鍵字和大括號可能被省略，如：

```
( x, y ) -> x + y
```

在本例中，運算式的值將自動被回傳。當參數列表僅包含一個參數時，括號可能被省略，如：

```
Value -> System.out.printf ("%d ", value)
```

以一個空白參數列表定義一個 lambda，指定參數列表爲在箭號 (->) 左側的空白括號，如：

```
( ) -> System.out.printIn ("Welcome to lambdas!")
```

此外，對於前述的 lambda 語法，有專門的速記符號，被稱爲方法參照。詳見 17.5.1 節。

17.2.3 串流

Java SE 8 介紹了**串流**的概念,跟第 16 章中提到的疊代相似。串流是實現 Stream 介面(從 java.until.stream 套件)的類別物件或其用以集合運算的 int、long 或 double 值的串流介面之一。和 lambda 相同,串流使你得以從元素的集合中執行工作——通常來自於陣列或物件集合。

串流管線

串流藉由一系列的運算步驟移動元素——也就是**串流管線**(**stream pipeline**)——從一個資料源(一個陣列或集合)開始,運算各種中間操作在資料源的元素上,並以最終操作結尾。一個串流管線是由鏈接方法呼叫組成。不像集合,串流並沒有自己的儲存空間——只要一個串流開始運算,便不可以再被利用,因為它並沒有保存原始資料源的副本。

中間操作與最終操作

中間操作指定工作運算在串流元素上,總是能生成一個新的串流。中間操作很**懶惰**(**lazy**)——它在最終操作被呼叫前不會執行。這使得程式庫開發者能夠最佳化串流運算效能。比如說,如果你有一個 100 萬個 Person 物件的集合,並且尋找第一個姓 "Jones" 的人,串流運算可以在找到這個 Person 物件時立即中止。

一個**最終操作**開始一個串流管線的中間操作並取得結果。最終操作很**急切**(**eager**)——它們在被呼叫時會立即執行被要求執行的程式。我們會在本章中不斷地提到懶惰與急切的操作,你會看到惰性操作如何增進效能。圖 17.3 是一些常見的中間操作,圖 17.4 則是最終操作。

中間操作運算	
filter	給出一個僅包含能滿足現有狀況元素的串流。
distinct	給出一個僅包含獨特元素的串流。
limit	給出一個僅包含獨特並在舊串流開頭元素的串流。
map	給出一個原始串流元素都被賦予一個新的值(有可能是不同的類別)的串流。
sorted	給出一個元素按照順序排列的串流。新串流與舊串流擁有相同數目的元素。

圖 17.3 常見中間操作運算

最終操作	
forEach	運算在串流中的每個元素上。(例如,顯示每一個元素。)
減少操作—擷取串流中所有值並傳回一個值	
average	計算數字串流中的每個元素的平均值。
count	傳回串流中元素的數目。
max	定位數字串流中最大的值。

圖 17.4 常見最終操作 (1/2)

最終操作	
min	定位數字串流中最小的值。
reduce	用關聯性累積函數將集合中的元素減少至一個值（例如，一個 lambda 是相加兩個元素）
可變減少操作 – 建立一個容器（如一個集合或是 StringBuilder）	
collect	建立一個新的元素集合包含串流之前運算的成果。
toArray	建立一個包含串流之前運算結果的陣列。
搜索運算	
findFirst	以之前的中間操作找尋第一個串流元素；在元素被找到時立即中止串流管線的運算。
finAny	以之前的中間操作找尋任意串流元素；在元素被找到時立即中止串流管線的運算。
anyMatch	辨別任意串流元素是否符合特定的狀況；在元素被找到時立即中止串流管線運算。
allMatch	辨別所有串流元素是否符合特定狀況。

圖 17.4　常見最終操作 (2/2)

檔案執行中的串流 v.s. 函數程式設計中的串流

這個章節中，我們運用串流代入函數程式設計中——這跟 15 章中所討論的 I/O 串流概念並不相同，在其中一個程式從檔案中讀取一個串流的位元或匯出一個串流的位元到檔案。如同你在 17.7 節中會看到的，你也可以使用功能性程式設計來操作檔案內容。

17.3　IntStream 運算

[這個單元定義了 lambdas 和串流如何被使用於簡化程式撰寫工作，你在第 7 章有學過。]

　　圖 17.5 展示 IntStream 上的運算（java.until.stream 套件），一個特殊的串流用於操作 int 值。此範例中所顯示的技巧也與 LongStreams 與 DoubleStreams 相關，因爲 long 與 double 數值的關係。

```
1  // Fig. 17.5: IntStreamOperations.java
2  // Demonstrating IntStream operations.
3  import java.util.Arrays;
4  import java.util.stream.IntStream;
5
6  public class IntStreamOperations
7  {
8     public static void main(String[] args)
9     {
10        int[] values = {3, 10, 6, 1, 4, 8, 2, 5, 9, 7};
11
```

圖 17.5　展示 IntStream 運算子 (1/3)

```java
12          // display original values
13          System.out.print("Original values: ");
14          IntStream.of(values)
15                  .forEach(value -> System.out.printf("%d ", value));
16          System.out.println();
17
18          // count, min, max, sum and average of the values
19          System.out.printf("%nCount: %d%n", IntStream.of(values).count());
20          System.out.printf("Min: %d%n",
21              IntStream.of(values).min().getAsInt());
22          System.out.printf("Max: %d%n",
23              IntStream.of(values).max().getAsInt());
24          System.out.printf("Sum: %d%n", IntStream.of(values).sum());
25          System.out.printf("Average: %.2f%n",
26              IntStream.of(values).average().getAsDouble());
27
28          // sum of values with reduce method
29          System.out.printf("%nSum via reduce method: %d%n",
30              IntStream.of(values)
31                  .reduce(0, (x, y) -> x + y));
32
33          // sum of squares of values with reduce method
34          System.out.printf("Sum of squares via reduce method: %d%n",
35              IntStream.of(values)
36                  .reduce(0, (x, y) -> x + y * y));
37
38          // product of values with reduce method
39          System.out.printf("Product via reduce method: %d%n",
40              IntStream.of(values)
41                  .reduce(1, (x, y) -> x * y));
42
43          // even values displayed in sorted order
44          System.out.printf("%nEven values displayed in sorted order: ");
45          IntStream.of(values)
46                  .filter(value -> value % 2 == 0)
47                  .sorted()
48                  .forEach(value -> System.out.printf("%d ", value));
49          System.out.println();
50
51          // odd values multiplied by 10 and displayed in sorted order
52          System.out.printf(
53              "Odd values multiplied by 10 displayed in sorted order: ");
54          IntStream.of(values)
55                  .filter(value -> value % 2 != 0)
56                  .map(value -> value * 10)
57                  .sorted()
58                  .forEach(value -> System.out.printf("%d ", value));
59          System.out.println();
60
61          // sum range of integers from 1 to 10, exlusive
62          System.out.printf("%nSum of integers from 1 to 9: %d%n",
63              IntStream.range(1, 10).sum());
64
65          // sum range of integers from 1 to 10, inclusive
66          System.out.printf("Sum of integers from 1 to 10: %d%n",
67              IntStream.rangeClosed(1, 10).sum());
68      }
69  } // end class IntStreamOperations
```

圖 17.5　展示 IntStream 運算子 (2/3)

```
Original values: 3 10 6 1 4 8 2 5 9 7

Count: 10
Min: 1
Max: 10
Sum: 55
Average: 5.50
```

```
Sum via reduce method: 55
Sum of squares via reduce method: 385
Product via reduce method: 3628800

Even values displayed in sorted order: 2 4 6 8 10
Odd values multiplied by 10 displayed in sorted order: 10 30 50 70 90

Sum of integers from 1 to 9: 45
Sum of integers from 1 to 10: 55
```

圖 17.5　展示 IntStream 運算子 (3/3)

17.3.1　建立一個 IntStream 並用 forEach 最終操作顯示它的值

IntStream static 方法 of（第 14 行）接收了一個 int 陣列，並將其當作一個參數，傳回一個 IntStream 用以運算陣列的值。在你建立一個串流後，可以鏈接多個方法呼叫去建立一個串流管線。第 14-15 行的敘述為陣列 values 建立了一個 IntStream，然後運用 IntStream 方法 forEach（一個最終操作）去執行每個串流元素的任務。方法 forEach 接受作為它的參數物件，實現 IntConsumer 功能介面（java.until.function 套件）的物件——這是 Consumer 功能介面的 int- 特殊版本。這個介面的 accept 方法接受一個 int 值並使用它來執行任務，在這種情況下，顯示其值和空間。在 Java SE 8 之前，你通常會用匿名內層類別的介面實現 IntConsumer，如：

```java
new IntConsumer()
{
  public void accept(int value)
  {
    System.out.printf("%d ", value);
  }
}
```

但在 Java SE 8 中，你可以簡單地撰寫 lambda

```java
value -> System.out.printf("%d ", value)
```

accept 方法的參數名（value）變成 lambda 的參數，並且 accept 方法的主體敘述變成了 lambda 運算式的主體。如你所見的，lambda 語法相對於匿名內層類別較為清晰與精確。

型別介面及 lambda 的目標型別

Java 編譯器通常可以推論出 lambda 參數的型別與推論出由 lambda 從程式主體中回傳的型別。這是由 lambda 的**目標型別**所判斷——是存在於有 lambda 出現的程式碼之功能介面型別。第

15 行中，目標型別是 IntConsumer。這樣一來，lambda 參數型別被推論出屬於 int，因為介面 IntConsumer 的 accept 方法期望接收一個 int。你可以宣告參數的型別，如：

```
( int value ) -> System.out.printf("%d", value)
```

如此，lambda 的參數表必須囊括於括號中。在範例中，我們一般會讓編譯器推論 lambda 參數的型別。

final 區域變數、有效 final 區域變數及捕捉的 lambda

在 Java SE 8 之前，當實現一個匿名內層類別時，你可以用封閉方法中的區域變數（或是詞彙範圍），但你會被要求宣告那些區域變數為 final。Lambdas 也可以使用區域變數 final。在 Java SE 8 中，匿名內層類別和 lambda 也可以使用**有效 final 區域變數**——也就是說，在最初宣告後沒有被修改過的區域變數。一個 lambda 代表一個在詞彙範圍中的區域變數，被認為是**捕捉的 lambda**。編譯器捕捉了區域變數的值，並確保其值能夠在 lambda 最終執行時堪用，但也有可能在詞彙範圍消失後發生。

在 lambda 使用在一個實體方法中出現的 this

作為匿名內層類別，lambda 可以使用外部類別的 this 參考。在匿名內層類別中，你必須使用語法 OuterClassName.this——否則，this 參考會指向匿名內層類別物件。在一個 lambda 中，你可將指向外部類別的物件，簡單寫成 this。

Lambda 的參數與變數名稱

在 lambdas 中使用的參數名稱與變數名稱，不能跟 lambda 的詞彙範圍的其他區域變數一樣，否則會發生編寫錯誤。

17.3.2　最終操作 count、min、max、sum 和 average

IntStream 類別提供各種最終操作，代表整數型串流。最終操作很急切—它們會立即執行在串流上的項目。常見的 IntStream 運算包含：

- **count**（第 19 行）傳回串流中的元素數值。
- **min**（第 21 行）傳回串流中最小的 int。
- **max**（第 23 行）傳回串流中最大的 int。
- **sum**（第 24 行）傳回串流中所有 int 的總和。
- **average**（第 26 行）傳回一個 **OptionalDouble**（java.until 套件）包含在串流中以 double 型態代表的 int 平均值。對任何串流來說，它有可能在串流中是沒有元素的。傳回 OptionalDouble 可以讓方法 average 傳回最少具有一個元素的串流平均值。在這個例子，串流擁有 10 個元素，所以我們呼叫 OptionalDouble 類別的 **getAsDouble** 方法去取得平均值。如果沒有元素，OptionalDouble 就不會包含平均值和 getAsDouble，並拋出 NoSuchElementException。為預防這種例外，你可以呼叫

方法 **orElse**，如果有存在一個值，它會傳回 OptionalDouble 的值，或者其值會被傳送到 orElse。

類別 IntStream 也提供 summaryStatistics 方法，在一個 IntStream 的元素中，它會執行 count、min 、max、sum 和 average 等運算，並用一個 IntSummaryStatistics 物件（java.until 套件）的形式傳回結果。這個物件擁有攜帶各個結果的方法，和一個總結所有結果的 toString 方法。舉例來說，敘述：

```
System.out.println(IntStream.of(values).summaryStatistics());
```

產生

```
IntSummaryStatistics{count=10, sum=55, min=1, average=5.500000,max=10}
```

給圖 17.5 的陣列值。

17.3.3　最終操作 reduce

你可以自行定義 IntStream 的縮減，對於呼叫 IntStream 的 **reduce** 方法（圖 17.5，第 29-31 行）。每個在 17.3.2 節的最終操作都是一個特殊的 reduce 實現。舉例來說，第 31 行展現如何以 reduce 求得一個 IntStream 值的總和。第一個引數 (0) 是一個可以幫助你開始縮減操作的數值，而第二個引數是操作 **IntBinaryOperator** 功能性界面（java.util.function 套件）物件。Lambda：

```
( x , y) -> x + y
```

實現了 applyAsInt 方法的介面，接收兩個 int 值（呈現左與右邊的二進位操作的運算元），並執行一個值的計算——在此例中，加總這些值。Lambda 擁有兩個或更多參數，必須將參數置於括號內。縮減過程的演化如下：

- 在第一個 reduce 的呼叫，lambda 參數 x 的值是定義值 (0) 且 lambda 參數 *y* 的值是串流中第一個 int(3)，顯示總和 3(0+3)。
- 接下來 reduce 的呼叫，lambda 參數 *x* 的值是第一個計算的結果 (3) 且 lambda 參數 *y* 的值是第二個串流中的 int(13)，顯示總和 13(3+10)。
- 接下來 reduce 的呼叫，lambda 參數 *x* 的值是前一個計算的結果 (13) 且 lambda 參數 *y* 的值是串流中第三個 int(6)，顯示出的總和 19(13+6)。

這個過程會繼續顯示 IntStream 值的總值，一直到它們被使用爲止，並且將最後的總和傳回。

reduce 方法的識別值引數

reduce 方法的第一個引數正式的稱呼是**識別值**——當使用 IntBinaryOperator 與任何串流元素結合後，會顯示元素的原始值。舉例來說，當在總結元素時，識別值爲 0（任何整數值加上 0 都還是原來的數），而且當取得元素的產物時，識別值爲 1（任何整數乘以 1 都還是原來的數）。

以 reduce 方法求值的平方和

圖 17.5，第 34-36 行使用 reduce 方法計算 IntStream 值平方的總和。Lambda 在此例中，將現有值的平方加上運算的總值。過程的演化如下：

- 在第一個 reduce 的呼叫，lambda 參數 x 的值是定義值 (0) 且 lambda 參數 y 的值是串流中第一個 int(3)，顯示總和 9(0+3²)。
- 接下來 reduce 的呼叫，lambda 參數 x 的值是第一個計算的結果 (9) 且 lambda 參數 y 的值是第二個串流中的 int(10)，顯示出總和 109(9+10²)。
- 接下來 reduce 的呼叫，lambda 參數 x 的值是前一個計算的結果 (109) 且 lambda 參數 y 的值是串流中第三個 int(6)，顯示出的總和 145(109+6²)。

這個過程會繼續顯示 IntStream 值的總值，一直到它們被使用為止，並且將最後的總和傳回。

以 reduce 方法計算值的乘積

圖 17.5，第 39-41 行，使用 reduce 方法求得 IntStream 值的乘積。在此例，lambda 將兩個引數相乘。因為此例中我們在生產產品時，我們會以 1 作為起始的識別值。過程的演化如下：

- 在第一個 reduce 的呼叫，lambda 參數 x 的值是定義值 (1) 且 lambda 參數 y 的值是串流中第一個 int(3)，顯示和 3(1*3)。
- 接下來 reduce 的呼叫，lambda 參數 x 的值是第一個計算的結果 (3) 且 lambda 參數 y 的值是第二個串流中的 int(10)，顯示出和 30(3*10)。
- 接下來 reduce 的呼叫，lambda 參數 x 的值是前一個計算的結果 (30) 且 lambda 參數 y 的值是串流中第三個 int(6)，顯示出的和 180(30*6)。

這個過程會繼續顯示 IntStream 值的總值，一直到它們被使用為止，並且將最後的積傳回。

17.3.4 中間操作：過濾跟排序 IntStream 值

圖 17.5，第 45-48 行建立了一個定位 IntStream 偶數整數的串流管線，將它們排序至一個遞增序列，並以空一格的形式展現它們的值。

中間操作 filter

你過濾元素產生符合狀況的中間操作值的結果串流——稱為謂詞（predicate）。IntStream 的方法 **filter**（第 46 行）接收一個實現 **IntPredicate** 功能介面的物件（**java.util.function** 套件）。在第 46 行中的 lambda：

```
Value - > value % 2 == 0
```

實現介面的 **test** 方法，以接收一個 int 並傳回一個 boolean，標明 int 是否符合謂詞——在此處，如果值是 2 的倍數，IntPredicate 會傳回 true。呼叫 filter 與其他中間串流是懶惰的——它們在最終操作之前不會去求數值。在第 45-48 行，當 forEach 被呼叫時，此情形會出現（第 48 行）。

中間操作 sorted

IntStream 方法 **sorted** 將串流中的元素排列成遞增順序。像 filter、sorted 是一個懶惰的運算；然而，當 sorting 最終被執行，所有之前的串流管線的中間操作運算必須先完成，以便 sorted 知道哪個元素要過濾。

串流管線運算和無狀態 vs 有狀態中間操作運算

當 forEach 被呼叫時，串流管線就會被運算。第 46 行生成一個中間操作運算 IntStream 只包含偶數，然後第 47 行將它們分類且 48 行展現每個元素。

　　filter 方法是一個**無狀態中間操作運算（stateless intermediate operation）**——它不需要任何關於其他串流的元素資訊，以測試現有元素是否符合預測。相同的，方法 map（討論較少）是一個無狀態中間操作運算。Sorted 方法是**有狀態中間操作運算（stateful intermediate operation）**，它需要在串流中關於其他元素的全部資訊，才能夠分類它們。同樣的，distinct 方法是有狀態串流操作運算。線上文件對於每一個中間串流操作運算指定它是否為無狀態或有狀態操作。

功能介面 IntPredicate 的其他方法

介面 IntPredicate 也包含 3 個 default 方法：

- **and** —— 在它被呼叫的 IntPredicate 與接收的 IntPredicate 之間，用 short-circuit 評估（5.9 節）執行一個邏輯 AND 運算。
- **negate** ——反轉被呼叫的 IntPredicate 的 boolean 值。
- **or** —— 在它被呼叫的 IntPredicate 與接收的 IntPredicate 之間，用 short-circuit 評估執行一個邏輯 OR 運算。

撰寫 lambda 運算式

你可以使用這些方法以及 IntPredicate 物件撰寫更複雜的狀況。比方說，請看以下的 2 個 IntPredicates：

```
IntPredicate even = value -> value % 2 == 0;
IntPredicate greaterThan5 = value -> value > 5;
```

要定位所有大於 5 的偶數，你可以用下面的 IntPredicate 取代第 46 行的 lambda

```
even.and(greaterThan5)
```

17.3.5　中間操作：Mapping

圖 17.5，第 54-58 行建立了一個定位在 IntStream 中的奇數的串流管線，將每個數乘以 10，將值排列成遞增序列並呈現。

中間操作 map

這裡介紹的新特性是將每個值乘以 10 的 mapping 的運算。Mapping 是一個中間操作,它將串流中的元素轉換爲新值,並產生一個包含元素結果的串流。有時候這些元素並不同於原本的串流元素。

InStream 方法 **map**(第 56 行)接收了一個實現 **IntUnaryOperator** 功能介面(java.util.function 套件)的物件。第 55 行的 lambda:

```
Value - > value * 10
```

實現介面的方法 **applyAsInt**,它會接收一個 int 並將它映射給一個新的 int 值。映射的呼叫很懶惰。映射方法是一個無狀態串流運算。

串流管線運算

當 forEach 被呼叫時(第 58 行),串流管線的運算也被執行。首先,第 55 行會建立一個中間 IntStream 僅含奇數值。接著,第 56 行將每個奇數整數乘以 10。最後,第 57 行將值排序,並在第 58 行顯示各元素。

17.3.6　以 Instream 方法 range 與 rangeClosed 建立 int 串流

如果你需要一個有序的整數值,你可以建立一個 IntStream,它包含 IntStream 的方法 range(圖 17.5,第 63 行)以及 rangeClosed(第 67 行)的數值。兩個方法都以兩個 int 引數代表值的範圍。range 方法產生數值的序列,是從它的第一個引數,但不包含它的第二個引數。rangeClosed 方法產生數值的序列,包含了它的兩個引數。第 63 與 67 行展示這些方法,分別從 1-9 還有 1-10 產生有序的整數值。想要完整的 IntStream 方法,請參照:

```
http://download.java.net/jdk8/docs/api/java/util/stream/IntStream.html
```

17.4　操作 Stream<Integer>

[本章展示 lambda 與串流如何被使用來簡化程式設計,如同你在第 7 章學到的。]

就像類別 IntStream 的 of 方法可以從 int 陣列建立一個 IntStream,Array 類別的 stream 方法可以用在一個陣列的物件建立一個 Stream。圖 17.6 表現了過濾和排序 Stream<Integer> 的應用,使用了與你在第 17.3 章所學相同的技巧。這個程式也展示了如何蒐集一個串流管線的運算結果,並彙整成一個可以在後續的敘述中處理的集合。透過這個範例,我們使用 Integer 的陣列 values(第 12 行),其值已經被初始化爲 int 數值——編譯器將每個 int 封裝到 Integer 物件中。第 15 行在我們表現任何的串流處理之前,會展示 values 的內容。

```java
1  // Fig. 17.6: ArraysAndStreams.java
2  // Demonstrating lambdas and streams with an array of Integers.
3  import java.util.Arrays;
4  import java.util.Comparator;
5  import java.util.List;
6  import java.util.stream.Collectors;
7
8  public class ArraysAndStreams
9  {
10    public static void main(String[] args)
11    {
12       Integer[] values = {2, 9, 5, 0, 3, 7, 1, 4, 8, 6};
13
14       // display original values
15       System.out.printf("Original values: %s%n", Arrays.asList(values));
16
17       // sort values in ascending order with streams
18       System.out.printf("Sorted values: %s%n",
19          Arrays.stream(values)
20             .sorted()
21             .collect(Collectors.toList()));
22
23       // values greater than 4
24       List<Integer> greaterThan4 =
25          Arrays.stream(values)
26             .filter(value -> value > 4)
27             .collect(Collectors.toList());
28       System.out.printf("Values greater than 4: %s%n", greaterThan4);
29
30       // filter values greater than 4 then sort the results
31       System.out.printf("Sorted values greater than 4: %s%n",
32          Arrays.stream(values)
33             .filter(value -> value > 4)
34             .sorted()
35             .collect(Collectors.toList()));
36
37       // greaterThan4 List sorted with streams
38       System.out.printf(
39          "Values greater than 4 (ascending with streams): %s%n",
40          greaterThan4.stream()
41             .sorted()
42             .collect(Collectors.toList()));
43    }
44  } // end class ArraysAndStreams
```

```
Original values: [2, 9, 5, 0, 3, 7, 1, 4, 8, 6]
Sorted values: [0, 1, 2, 3, 4, 5, 6, 7, 8, 9]
Values greater than 4: [9, 5, 7, 8, 6]
Sorted values greater than 4: [5, 6, 7, 8, 9]
Values greater than 4 (ascending with streams): [5, 6, 7, 8, 9]
```

圖 17.6　與 Integer 陣列一起展示的 lambdas 與串流

17.4.1 建立一個 Stream<Integer>

當你傳遞一個物件陣列到類別 Array 的 static 方法 stream，方法會傳回一個適當型別的 Stream 即為第 19 行從 Integer 陣列產生 Stream<Integer>。Stream 介面（java.until. stream 套件）是一個用於在非主要型別（non-primitive type）執行串流運算的常見介面。這些被運算的物件型別是被 Stream 的來源定義的。

　　Array 類別也提供 stream 方法的多載模式從整個 int、long 和 double 陣列或是從陣列中的元素範圍建立 InStreams、LongStreams 和 DoubleStreams。特別的 IntStream、LongStream 和 DoubleStream 類別為常用運算和資料串流提供不同的方法，如同你在第 17.3 節學的。

17.4.2 排序 Stream 並收集結果

在 7.15 節，你會學到如何使用 Array 類別的 sort 與 parallelSort static 方法排序陣列。你通常會排序串流運算的結果，所以在第 18-21 行中，我們會使用串流技巧排序 values 的陣列，並顯示被排序的數值。首先，第 19 行會從 values 產生 Stream<Integer>。接著，第 20 行會呼叫 Stream 的 sorted 方法來排序元素——排序的結果會以數字由小到大的順序，在 Stream<Integer> 的中段呈現。

　　為了展示排序的結果，我們可以使用 Stream 最終操作 forEach 匯出每個值（如同圖 17.5，第 15 行）。但是，當運算串流時，你通常要建立包含這些結果的新集合，這樣就可以對它們執行額外的運算。要建立一個新集合，你可以使用 Stream 的方法 collect（圖 17.6，第 21 行）是屬於最終操作的方法。當串流被處理時，collect 方法會執行一個**可變縮減法運算（mutable reduction）**，它會將結果置於接下來可以被修改的物件——通常為一個集合，像是 List、Map 或 Set。第 21 行中的 collect 方法的版本，會接收一個物件為它的引數，而這個物件會實現 Collector 介面（java.until.stream 套件）指定如何執行可變縮減。Collectors 類別（java.until.stream 套件）提供傳回未定義 Collector 實作的方法 static。舉例來說，Collectors 的 toList 方法（第 21 行）轉變 Stream<Integer> 為 List<Integer> 集合。第 18-21 行，List<Integer> 的結果會展示一個默默呼叫它的 toString 方法。

　　我們會在第 17.6 節中，展示另外一個版本的 collect 方法。更多關於類別 Collectors 的細節，請參見：

```
http://download.java.net/jdk8/docs/api/java/util/stream/Collectors.html
```

17.4.3 過濾 Stream 和排序結果以備使用

圖 17.6 的第 24-27 行建立了一個 Stream<Integer>，呼叫 Stream 的方法 filter（接收一個 Predicate）以放置所有大於 4 的值並 collect 結果成為一個 List<Integer>。像 IntPredicate（17.3.4 節），Predicate 功能介面有一個 test 方法會傳回一個 boolean 顯示引數是否合乎狀況，and、negate 和 or 方法亦同。

　　我們將串流管線的 List<Integer> 結果放置到變數 greaterThan4，用於第 28 行展現大於 4 的值，並在第 40-42 行再次使用在展現額外在僅大於 4 的值之運算上。

17.4.4　過濾和排序 Stream 並收集結果

第 31-35 行展現大於 4 的值之排序順序。首先，32 行建立一個 Stream<Integer>。再來，第 33 行過濾元素來放置所有大於 4 的值。然後，第 34 行顯示我們需要將結果排序。最後，第 35 行 collects 這個結果到 List<Integer>，並以 String 的方式展現。

17.4.5　排序之前集合的結果

第 40-42 行使用 greaterThan4 集合，就是在第 24-27 行的集合，展現在一個包含前一個串流管線結果集合的額外運算。在這個案例中，我們使用串流排序 greaterThan4 中的值，collect 這個結果至一個新的 List<Integer> 並展示排序的值。

17.5　Stream<String> 的操作

[本節展示 lambda 與串流如何用來簡化在第 14 章學過的程式設計。]

圖 17.7 執行了一些你在 17.3-17.4 節學到的運算法，但是這次是在 Stream<String> 上執行。另外，我們展現一個不區分大小寫排序以及遞減排序。透過這個範例，我們使用 String 的 strings 陣列（第 11-12 行），它會與顏色的名稱一起初始化——與一些大寫字首一起。在我們表現串流運算法之前，第 15 行展示 strings 的內容。

```
1  // Fig. 17.7: ArraysAndStreams2.java
2  // Demonstrating lambdas and streams with an array of Strings.
3  import java.util.Arrays;
4  import java.util.Comparator;
5  import java.util.stream.Collectors;
6
7  public class ArraysAndStreams2
8  {
9     public static void main(String[] args)
10    {
11       String[] strings =
12          {"Red", "orange", "Yellow", "green", "Blue", "indigo", "Violet"};
13
14       // display original strings
15       System.out.printf("Original strings: %s%n", Arrays.asList(strings));
16
17       // strings in uppercase
18       System.out.printf("strings in uppercase: %s%n",
19          Arrays.stream(strings)
20                .map(String::toUpperCase)
21                .collect(Collectors.toList()));
22
23       // strings greater than "m" (case insensitive) sorted ascending
24       System.out.printf("strings greater than m sorted ascending: %s%n",
25          Arrays.stream(strings)
```

圖 17.7　String 陣列展示 lambda 與串流 (1/2)

```
26                    .filter(s -> s.compareToIgnoreCase("m") > 0)
27                    .sorted(String.CASE_INSENSITIVE_ORDER)
28                    .collect(Collectors.toList()));
29
30        // strings greater than "m" (case insensitive) sorted descending
31        System.out.printf("strings greater than m sorted descending: %s%n",
32            Arrays.stream(strings)
33                    .filter(s -> s.compareToIgnoreCase("m") > 0)
34                    .sorted(String.CASE_INSENSITIVE_ORDER.reversed())
35                    .collect(Collectors.toList()));
36    }
37 } // end class ArraysAndStreams2
```

```
Original strings: [Red, orange, Yellow, green, Blue, indigo, Violet]
strings in uppercase: [RED, ORANGE, YELLOW, GREEN, BLUE, INDIGO, VIOLET]
strings greater than m sorted ascending: [orange, Red, Violet, Yellow]
strings greater than m sorted descending: [Yellow, Violet, Red, orange]
```

圖 17.7　String 陣列展示 lambda 與串流 (2/2)

17.5.1　使用方法參照，映射 Strings 到大寫

第 18-12 行展示大寫的 String。要這麼做，請先從第 19 行的陣列 strings 建立一個 Stream<String>，然後第 20 行呼叫 Streams 方法 map 去映射每一個 String 到它的大寫版本，以呼叫 String 實體方法 toUpperCase，String::toUpperCase 被稱為方法參照 (method reference)，是 lambda 運算式的速記符號。就此範例來說，Lambda 運算式就像：

```
(String s) -> {return s.toUpperCase();}
```

或

```
s -> s.toUpperCase()
```

String::toUpperCase 是一個方法參照，為 String 實體方法 toUpperCase。圖 17.8 展示了 4 個方法參照類型。

Lambda	描述
String :: toUpperCase	方法參照為類別的實體方法。建立一個單一參數 lambda，以呼叫在 lambda 引數上的實體方法，並傳回方法的結果。在圖 17.7 中使用。
System.out::printInt	方法參照為在具體物件上應該被呼叫的實體方法。建立一個單一參數的 lambda 以呼叫在具體物件上的實體方法。傳遞 lambda 的引數到實體方法，而且傳回方法的結果。在圖 17.10 中使用。
Math::sqrt	方法參照為類別的 static 方法。建立一個單一參數的 lambda，其 lambda 的引數被傳遞給一個指定的 static 方法，且這個 lambda 會傳回方法的結果。
TreeMap::new	建構子參考。建立一個 lambda 以呼叫指定類別的無參數建構子來建立並初始化一個類別的新物件。在圖 17.17 中使用。

圖 17.8　方法參照的類型

Stream 的方法 map 將一個實現功能介面 Function 的物件，當作引數接收實體方法 String::toUpperCase 被當作一個實踐 Function 介面的 lambda。這個介面的方法 apply 接收一個參數並傳回一個結果──在這裡，apply 方法接收了一個 String 並傳回大寫的 String。第 21 行將收集的結果放到 List<String>，而且我們會將它輸出爲 String。

17.5.2　過濾 String 然後在不區分大小的遞增排序中排列它們

第 24-28 行過濾並排序 Strings。第 25 行從陣列字串中建立了一個 Stream<String>，然後第 26 行呼叫 Stream 的方法 filter 去尋找所有大於"m"的 Strings，使用一個不區分大小寫在 Predicate lambda 進行比較。第 27 行排序結果且第 28 行將它們收集到一個 List<String>，我們將其匯出爲 String。在這裡，第 27 行呼叫 Stream 的方法 sorted 的模式，並接收一個 Comparator 當作引數。如圖你在 16.7.1 節中學到的，一個 Comparator 定義爲 compare 方法，如果第一個值小於第二個值則會傳回一個負值，如果等於則是 0，如果大於則是一個正值。在預設情況下，sorted 方法在類型上使用原始順序對於 String 原始順序是要區分大小寫的，也就是說 Z 比 a 小。通過預先定義的 ComparatorString.CASE_INSENSITIVE_ORDER 會有大小寫之分。

17.5.3　過濾 String 然後在不區分大小的遞減排序中排列它們

第 31-35 行執行跟第 24-28 行相同的任務，但卻以遞減順序排序 Strings。Comparator 功能介面包含 default 方法 **reversed**，會反轉一個現存 Comparator 的順序。當被應用在 String.CASE_INSENSIIVE_ORDER，這個 Strings 被以遞減順序排序。

17.6　操作 Stream<Employee>

圖 17.9-17.16 中的例子以一個 Stream<Employee> 展示了不同的 lambda 以及串流功能。Employee 類別（圖 17.9）代表一個代表員工的名字、姓氏、薪資和部門，並提供操作這些值的方法。另外，類別提供了 getName 方法（第 69-72 行），會傳回結合的名字和姓氏爲一個 String，且 toString 方法（第 75-80 行）會傳回一個包含員工名字、姓氏、薪資和部門的格式化 String。

```
 1  // Fig. 17.9: Employee.java
 2  // Employee class.
 3  public class Employee
 4  {
 5     private String firstName;
 6     private String lastName;
 7     private double salary;
 8     private String department;
 9
10     // constructor
11     public Employee(String firstName, String lastName,
12        double salary, String department)
```

圖 17.9　在圖 17.10-17.16 中使用的 Emloyee 類別 (1/3)

```
13   {
14       this.firstName = firstName;
15       this.lastName = lastName;
16       this.salary = salary;
17       this.department = department;
18   }
19
20   // set firstName
21   public void setFirstName(String firstName)
22   {
23       this.firstName = firstName;
24   }
25
26   // get firstName
27   public String getFirstName()
28   {
29       return firstName;
30   }
31
32   // set lastName
33   public void setLastName(String lastName)
34   {
35       this.lastName = lastName;
36   }
37
38   // get lastName
39   public String getLastName()
40   {
41       return lastName;
42   }
43
44   // set salary
45   public void setSalary(double salary)
46   {
47       this.salary = salary;
48   }
49
50   // get salary
51   public double getSalary()
52   {
53       return salary;
54   }
55
56   // set department
57   public void setDepartment(String department)
58   {
59       this.department = department;
60   }
61
62   // get department
63   public String getDepartment()
64   {
65       return department;
66   }
67
```

圖 17.9　在圖 17.10-17.16 中使用的 Emloyee 類別 (2/3)

```
68      // return Employee's first and last name combined
69      public String getName()
70      {
71          return String.format("%s %s", getFirstName(), getLastName());
72      }
73
74      // return a String containing the Employee's information
75      @Override
76      public String toString()
77      {
78          return String.format("%-8s %-8s %8.2f    %s",
79              getFirstName(), getLastName(), getSalary(), getDepartment());
80      } // end method toString
81  } // end class Employee
```

圖 17.9　在圖 17.10-17.16 中使用的 EmIoyee 類別 (3/3)

17.6.1　建立並顯示一個 List<Employee>

類別 ProcessingEmployees（圖 17.10-17.16）被分成幾個圖，所以我們可以為你展示 lambda 和串流運算以及它們的對應輸出。圖 17.10 建立 Employee 陣列（第 17-24 行）並取得它的 List 觀點（第 27 行）。

```
1  // Fig. 17.10: ProcessingEmployees.java
2  // Processing streams of Employee objects.
3  import java.util.Arrays;
4  import java.util.Comparator;
5  import java.util.List;
6  import java.util.Map;
7  import java.util.TreeMap;
8  import java.util.function.Function;
9  import java.util.function.Predicate;
10 import java.util.stream.Collectors;
11
12 public class ProcessingEmployees
13 {
14     public static void main(String[] args)
15     {
16         // initialize array of Employees
17         Employee[] employees = {
18             new Employee("Jason", "Red", 5000, "IT"),
19             new Employee("Ashley", "Green", 7600, "IT"),
20             new Employee("Matthew", "Indigo", 3587.5, "Sales"),
21             new Employee("James", "Indigo", 4700.77, "Marketing"),
22             new Employee("Luke", "Indigo", 6200, "IT"),
23             new Employee("Jason", "Blue", 3200, "Sales"),
24             new Employee("Wendy", "Brown", 4236.4, "Marketing")};
25
26         // get List view of the Employees
27         List<Employee> list = Arrays.asList(employees);
28
29         // display all Employees
```

圖 17.10　建立 Employees 的陣列，將其轉換成 List 和顯示 List (1/2)

```
30          System.out.println("Complete Employee list:");
31          list.stream().forEach(System.out::println);
32
```

```
Complete Employee list:
Jason     Red      5000.00   IT
Ashley    Green    7600.00   IT
Matthew   Indigo   3587.50   Sales
James     Indigo   4700.77   Marketing
Luke      Indigo   6200.00   IT
Jason     Blue     3200.00   Sales
Wendy     Brown    4236.40   Marketing
```

圖 17.10　建立 Employees 的陣列，將其轉換成 List 和顯示 List (2/2)

第 31 行建立了一個 Stream<Employee>，然後運用 Stream 的方法 forEach 來顯示每個員工的 String 表現。System.out::println 這個實體方法參照是被編譯器轉換爲一個功能介面 Consumer 的有效物件。這個介面的 accept 方法接收了一個引數並傳回 void。在此範例中，accept 方法會通過每個 Employee 到 System.out 物件的 println 實體方法中，此方法預設呼叫 Employee 的 toString 方法來取得 String 的表現。在圖 17.10 結尾的輸出，顯示全部 Employee 的結果。

17.6.2　以特定範圍內的薪資過濾 Employees

圖 17.11 展示了使用一個物件過濾 Employees 並實現功能介面 Predicate<Employees>，並在第 34-35 行被定義爲一個 lambda。如此定義 lambdas 使你能夠重新使用它們數次，如第 42 行和第 49 行一樣。第 41-44 行輸出 Employees 薪資，過濾其範圍在 4000-6000 以內：

- 第 41 行從 List<Employees> 建立一個 Stream<Employees>。
- 第 42 行使用 Predicate 命名爲 fourToSixThousand 以過濾串流。
- 第 43 行排序仍在串流中的 Employees 的薪資。爲薪資指定一個 Comparator，我們運用 Comparator 介面的 static 方法 comparing。方法參照 Employee::getSalary 傳遞一個引數，被編譯器轉換爲一個實現 Function 介面的物件。這個 Function 被運用在串流中的物件分離出一個值來比較。方法 comparing 傳回一個 Comparator 物件，並在兩個 Employee 物件上呼叫 getSalary，然後如果第一個值小於第二個值傳回一個負值，若是相等傳回 0，若是大於則傳回一個正數值。
- 最後，第 44 行執行一個終止 forEach 操作，以運行串流管線並輸出由薪資排序的 Employees。

```
33          // Predicate that returns true for salaries in the range $4000-$6000
34          Predicate<Employee> fourToSixThousand =
35              e -> (e.getSalary() >= 4000 && e.getSalary() <= 6000);
36
37          // Display Employees with salaries in the range $4000-$6000
38          // sorted into ascending order by salary
39          System.out.printf(
```

圖 17.11　用 $4000-$6000 的薪資範圍過濾 Employee (1/2)

```
40              "%nEmployees earning $4000-$6000 per month sorted by salary:%n");
41      list.stream()
42          .filter(fourToSixThousand)
43          .sorted(Comparator.comparing(Employee::getSalary))
44          .forEach(System.out::println);
45
46      // Display first Employee with salary in the range $4000-$6000
47      System.out.printf("%nFirst employee who earns $4000-$6000:%n%s%n",
48          list.stream()
49              .filter(fourToSixThousand)
50              .findFirst()
51              .get());
52
```

```
Employees earning $4000-$6000 per month sorted by salary:
Wendy    Brown        4236.40    Marketing
James    Indigo       4700.77    Marketing
Jason    Red          5000.00    IT

First employee who earns $4000-$6000:
Jason    Red          5000.00    IT
```

圖 17.11　用 $4000-$6000 的薪資範圍過濾 Employee (2/2)

Short-Circuit 串流管線處理

在第 5.9 節中，你研究了短路計算伴隨著邏輯 AND(&&) 與邏輯 OR(||) 運算子。懶惰計算的一個好處是表現短路計算 (short circuit evaluation) 的能力——也就是說，要阻止運算串流管線就要和期望的結果出來的一樣快。第 50 行展示 Stream 的 **findFrist** 方法——會處理串流管線的短路最終操作，也在串流管線中發現第一個物件時終止運算。根據 Employee 原始的清單，在第 48-51 行串流的運算——就是以 $4000-$6000 的範圍來過濾 Employee 的薪資——以這樣方式運算：Predicate fourToSixThousand 應用於第一個 Employee(Jason Red)。他的薪資 ($5000.00) 在 $4000-$6000 的範圍內，所以 Predicate 立即傳回 true 與串流終止的運算，這樣在串流中只有處理八個物件的其中之一。findFirst 方法之後會傳回 Optional（此例中為 Optional<Employee>），它包含任何被找到的物件。Option 的方法 get（第 51 行）的呼叫傳回符合此範例中 Employee 的物件，儘管串流包含百萬個 Employee 物件，filter 運算子還是會一直運算，直到找到符合的。

17.6.3　以不同屬性排序 Employees

圖 17.12 展示如何使用串流以排序不同屬性的物件。在這個例子裡，我們使用姓氏排序 Employees，然後，對於擁有同樣姓氏的 Employees，我們用名字來排序他們。我們先建立兩個 Function 各自接收一個 Employee 並傳回一個 String：

- byFirstName（第 54 行）被指派一個方法參照給 Employee 的實體方法 getFirstName。
- byLastName（第 55 行）被指派一個方法參照給 Employee 的實體方法 getLastName。

接下來，我們用這些 Functions 去建立一個 Comparator（lastThenFirst；第 58-59 行），它首先使用姓氏比較兩個 Employees 再用名字比較它們。我們運用 Comparator 方法 comparing 建立一個 Comparator，其在 Emploee 呼叫 Function byLastName，以取得它的姓氏。在 Comparator 的結果上，我們呼叫 Comparator 方法 **thenComparing** 建立一個 Comparator，首先比較 Employee 姓氏，如果姓氏一樣，再比較名字。第 64-65 運用這個新的 lastThenFirst Comparator 以遞增順序排序 Employees，然後展示結果。我們在第 71-73 行重新使用 Comparator，但是呼叫它的 reversed 方法來指出 Employee 應該以姓氏而非名字，並且以遞減順序來排序。

```
53    // Functions for getting first and last names from an Employee
54    Function<Employee, String> byFirstName = Employee::getFirstName;
55    Function<Employee, String> byLastName = Employee::getLastName;
56
57    // Comparator for comparing Employees by first name then last name
58    Comparator<Employee> lastThenFirst =
59       Comparator.comparing(byLastName).thenComparing(byFirstName);
60
61    // sort employees by last name, then first name
62    System.out.printf(
63       "%nEmployees in ascending order by last name then first:%n");
64    list.stream()
65       .sorted(lastThenFirst)
66        .forEach(System.out::println);
67
68    // sort employees in descending order by last name, then first name
69    System.out.printf(
70       "%nEmployees in descending order by last name then first:%n");
71    list.stream()
72       .sorted(lastThenFirst.reversed())
73       .forEach(System.out::println);
74
```

```
Employees in ascending order by last name then first:
Jason      Blue       3200.00    Sales
Wendy      Brown      4236.40    Marketing
Ashley     Green      7600.00    IT
James      Indigo     4700.77    Marketing
Luke       Indigo     6200.00    IT
Matthew    Indigo     3587.50    Sales
Jason      Red        5000.00    IT
Employees in descending order by last name then first:
Jason      Red        5000.00    IT
Matthew    Indigo     3587.50    Sales
Luke       Indigo     6200.00    IT
James      Indigo     4700.77    Marketing
Ashley     Green      7600.00    IT
Wendy      Brown      4236.40    Marketing
Jason      Blue       3200.00    Sales
```

圖 17.12　用姓氏而不是名字來排序 Employee

17.6.4 映射 Employees 至特殊 Last Name 字串

你之前使用了映射運算子以執行 int 值計算且將 Strings 轉換成大寫。在兩個案例中，串流結果包含了與原始串流相同的類型的數值。圖 17.13 展示如何映射一種物件型別 (Employee) 至另一種不同的物件型別 (String)。第 77-81 行執行了此項任務：

- 第 77 行建立一個 Stream<Employee>。
- 第 78 行使用 Empoyee::getName 實體方法參照映射 Employees 至它們的姓氏，作爲方法 map 的 Function 引述。其結果就是一個 Stream<String>。
- 第 79 行 在 Stream<String> 上 呼 叫 Stream 的 方 法 **distinct**，以 便 消 除 任 何 Stream<String> 中重複的 String 物件。
- 第 80 行排序特殊姓氏。
- 最後，第 81 行執行了一個終止 forEach 操作，它處理了串流管線以及輸出，依照特殊姓氏的排序順序。

第 86-89 行先以姓氏再以名字排序 Employees，然後映射 Employees 至具有 Employee 實體方法 getName 的 Strings，且以終止 forEach 顯示排序後的姓名。

```
75        // display unique employee last names sorted
76        System.out.printf("%nUnique employee last names:%n");
77        list.stream()
78            .map(Employee::getLastName)
79            .distinct()
80            .sorted()
81            .forEach(System.out::println);
82
83        // display only first and last names
84        System.out.printf(
85            "%nEmployee names in order by last name then first name:%n");
86        list.stream()
87            .sorted(lastThenFirst)
88            .map(Employee::getName)
89            .forEach(System.out::println);
90
```

```
Unique employee last names:
Blue
Brown
Green
Indigo
Red

Employee names in order by last name then first name:
Jason Blue
Wendy Brown
Ashley Green
James Indigo
Luke Indigo
Matthew Indigo
Jason Red
```

圖 17.13 映射 Employee 物件到姓氏與全名

17.6.5 以部門將 Employees 分組

圖 17.14 使用 Stream 方法 collect（第 95 行）將 Employees 以部門分組。collect 方法的引數是 Collector，它會分辨如何彙整資料為有用形式。在這裡，我們使用藉由 Collectors 的方法 **gouringBy** 所傳回的 Collector，它會接收一個 Function 以分類串流中的物件。由這個 Function 所傳回的值會以鍵值的形式在一個 Map 裡使用。在預設當中相對應的數值，是包含指定類別的串流元素的 Lists。當 collect 方法與這個 Collector 並用時，結果會是一個 Map<String>，List<Employee> 其中每一個 String 鍵值是一個部門且每一個 List<Employee> 包含在部門中的員工。我們將這個 Map 指定至變數 groupByDepartment，其被運用在第 96-103 行以顯示被部門排序後的 Employees。Map 方法 **forEach** 執行在每個 Map 鍵值上的運算。方法的引數是一個有效化功能介面 **BiConsumer** 的物件。此介面的 accept 方法有兩個參數，對於 map，第一個參數代表鍵值，而第二個參數代表數值。

```
91      // group Employees by department
92      System.out.printf("%nEmployees by department:%n");
93      Map<String, List<Employee>> groupedByDepartment =
94         list.stream()
95            .collect(Collectors.groupingBy(Employee::getDepartment));
96      groupedByDepartment.forEach(
97         (department, employeesInDepartment) ->
98         {
99            System.out.println(department);
100           employeesInDepartment.forEach(
101              employee -> System.out.printf("   %s%n", employee));
102        }
103     );
104
```

```
Employees by department:
Sales
   Matthew  Indigo  3587.50  Sales
   Jason    Blue    3200.00  Sales
IT
   Jason    Red     5000.00  IT
   Ashley   Green   7600.00  IT
   Luke     Indigo  6200.00  IT
Marketing
   James    Indigo  4700.77  Marketing
   Wendy    Brown   4236.40  Marketing
```

圖 17.14　用部門分類 Employee

17.6.6 計算每個部門中 Employees 的數量

圖 17.15 再一次展示了 Stream 的方法 collect 和 Collectors static 的方法 groupingBy，但是在這裡我們要計算每個部門中 Employees 的數量。第 107-110 行會產生一個 Map<String,Long>，每個 String 鍵值就是一個部門名稱，且對應的 Long 值就是裡面的 Employees 數量。在此例中，我們運用 Collectors static 方法 gourpingBy 的模式來接

收兩個引數——第一個是分類串流物件的 Function，第二個是另一個 Collectors（被稱做 downstream Collector）。在此例中，我們使用一個呼叫讓 Collectors static 的方法 counting 為第二個引數。這個方法會傳回一個 Collector，它會計算在一個指定類別中物件的數量。第 111-113 行此刻就會從 Map<String,Long> 結果中輸出關鍵值。

```
105        // count number of Employees in each department
106        System.out.printf("%nCount of Employees by department:%n");
107        Map<String, Long> employeeCountByDepartment =
108           list.stream()
109              .collect(Collectors.groupingBy(Employee::getDepartment,
110                 TreeMap::new, Collectors.counting()));
111        employeeCountByDepartment.forEach(
112           (department, count) -> System.out.printf(
113              "%s has %d employee(s)%n", department, count));
114
```

```
Count of Employees by department:
IT has 3 employee(s)
Marketing has 2 employee(s)
Sales has 2 employee(s)
```

圖 17.15　計算每個部門的 Employee 數量

17.6.7　求出 Employee 薪資的總和與平均值

圖 17.16 展示了 Stream 方法 **mapToDouble**（第 119、126 與 132 行），它可以映射物件為 double 值並傳回一個 DoubleStream。在這個情況下，我們映射 Employee 物件為他們的薪資，以便可以計算總和以及平均值。mapToDouble 方法接收一個可以實現功能介面 **ToDoubleFunction**（java.until.function 套件）的物件。這個介面的方法 **appkyAsDouble** 呼叫實體方法在一個物件上，並傳回一個 double 值。第 119、126 以及 132 行各自傳遞到 mapToDouble 的 Employee 實體方法參照 Employee::getSalary，其會傳回正確的 Employee 的薪資作為 double。編譯器會轉換這個方法參照，作為一個能夠有效化功能介面 ToDoubleFunction 的物件。

```
115        // sum of Employee salaries with DoubleStream sum method
116        System.out.printf(
117           "%nSum of Employees' salaries (via sum method): %.2f%n",
118           list.stream()
119              .mapToDouble(Employee::getSalary)
120              .sum());
121
122        // calculate sum of Employee salaries with Stream reduce method
123        System.out.printf(
124           "Sum of Employees' salaries (via reduce method): %.2f%n",
125           list.stream()
126              .mapToDouble(Employee::getSalary)
127              .reduce(0, (value1, value2) -> value1 + value2));
128
```

圖 17.16　Employee 薪資的總和與平均 (1/2)

```
129        // average of Employee salaries with DoubleStream average method
130        System.out.printf("Average of Employees' salaries: %.2f%n",
131           list.stream()
132              .mapToDouble(Employee::getSalary)
133              .average()
134              .getAsDouble());
135     } // end main
136 } // end class ProcessingEmployees
```

```
Sum of Employees' salaries (via sum method): 34524.67
Sum of Employees' salaries (via reduce method): 34525.67
Average of Employees' salaries: 4932.10
```

圖 17.16　Employee 薪資的總和與平均 (2/2)

　　第 118–120 行 建 立 Stream<Employee>，映 射 它 到 DoubleStream，然 後 呼 叫 DoubleStream 的 sum 方法來計算 Employee 的薪資總和。第 125–127 行也總結了 Employee 的薪資，但卻是使用 DoubleStream 的 reduce 方法而不是 sum 來總結──我們在第 17.3 節中隨著 IntStream 介紹過 reduce 方 法。最 後，第 131-134 行 會 使 用 DoubleStream 的 average 方法計算 Employee 的薪資平均，此方法會傳回 OptionalDouble 以防止 DoubleStream 沒有包含任何元素。此例中，我們知道 stream 有元素，所以能簡單的呼叫 OptionalDouble 的 getAsDouble 方法來取得結果。你也可以使用 orElse 方法來指定數值，此數值應該被使用在當 average 方法被呼叫在一個空的 DoubleStream 的時候，因此它會無法計算平均。

17.7　從檔案建立一個 Stream<String>

圖 17.17 運用 lambda 和串流總結檔案中每個字出現的次數，並顯示一個以字首順序排列的總結。這通常被稱為詞語索引((http://en.wikipedia.org/wiki/Concordance_(publishing))。詞語索引通常被用於分析出版作品。舉例來說，William Shakespeare 和 Christopher Marlowe 的詞語索引，曾被用於分辨兩者是否為同一人。圖 17.18 展示了程式的輸出。圖 17.17 的第 16 行建立了正規表示法 Pattern，我們會使用它來分開文字的行段，到他們獨立的作品中。這個 Pattern 代表一個或多個連續的空白字元。(我們在 14.7 節中有介紹正規表示法。)

```
1  // Fig. 17.17: StreamOfLines.java
2  // Counting word occurrences in a text file.
3  import java.io.IOException;
4  import java.nio.file.Files;
5  import java.nio.file.Paths;
6  import java.util.Map;
7  import java.util.TreeMap;
8  import java.util.regex.Pattern;
9  import java.util.stream.Collectors;
10
```

圖 17.17　在文字檔案中計算字數 (1/2)

```
11 public class StreamOfLines
12 {
13    public static void main(String[] args) throws IOException
14    {
15       // Regex that matches one or more consecutive whitespace characters
16       Pattern pattern = Pattern.compile("\\s+");
17
18       // count occurrences of each word in a Stream<String> sorted by word
19       Map<String, Long> wordCounts =
20          Files.lines(Paths.get("Chapter2Paragraph.txt"))
21             .map(line -> line.replaceAll("(?!')\\p{P}", ""))
22             .flatMap(line -> pattern.splitAsStream(line))
23             .collect(Collectors.groupingBy(String::toLowerCase,
24                TreeMap::new, Collectors.counting()));
25
26       // display the words grouped by starting letter
27       wordCounts.entrySet()
28          .stream()
29          .collect(
30             Collectors.groupingBy(entry -> entry.getKey().charAt(0),
31                TreeMap::new, Collectors.toList()))
32          .forEach((letter, wordList) ->
33             {
34                System.out.printf("%n%C%n", letter);
35                wordList.stream().forEach(word -> System.out.printf(
36                   "%13s: %d%n", word.getKey(), word.getValue()));
37             });
38    }
39 } // end class StreamOfLines
```

圖 17.17 在文字檔案中計算字數 (2/2)

A		I		R	
	a: 2		inputs: 1		result: 1
	and: 3		instruct: 1		results: 2
	application: 2		introduces: 1		run: 1
	arithmetic: 1	J		S	
B			java: 1		save: 1
	begin: 1		jdk: 1		screen: 1
C		L			show: 1
	calculates: 1		last: 1		sum: 1
	calculations: 1		later: 1	T	
	chapter: 1		learn: 1		that: 3
	chapters: 1	M			the: 7
	commandline: 1				their: 2
	compares: 1		make: 1		then: 2
	comparison: 1		messages: 2		this: 2
	compile: 1	N			to: 4
	computer: 1		numbers: 2		tools: 1
D		O			two: 2
	decisions: 1		obtains: 1	U	
	demonstrates: 1		of: 1		use: 2
	display: 1		on: 1		user: 1
	displays: 2		output: 1	W	
E		P			we: 2
	example: 1		perform: 1		with: 1
	examples: 1		present: 1	Y	
F			program: 1		you'll: 2
	for: 1		programming: 1		
	from: 1		programs: 2		
H					
	how: 2				

圖 17.18 以三個欄位輸出圖 17.17 的程式

總結每個單字在檔案中的展示

第 19-24 行總結文字檔「Chapter2Paragraph.txt」（它與範例一起放在資料夾中）的內容為一個 Map<String,Long>，在其中每個 String 鍵值都是一個檔案裡的文字，且對應的 Long 值是字的出現次數。此敘述表現下列任務：

- 第 20 行使用 Files 方法 **lines** 建立一個 Stream<String> 以讀取檔案中的文本內容。Files 類別（java.nio.file 套件）是其中一個 Java API 中被增強用以支援 Streams 的類別。

- 第 21 行使用 Streams 方法 map 去除文本中所有的標點符號，除了撇號。Lambda 引數在它的 String 引數上面表示一個 Function，以呼叫 String 的 replaceAll 方法。此方法包含兩個引數——第一個是正規表示法有符合的 String，第二個是每個被替換的 String。在正規表示法中，「(?!)」指出剩下的正規表示法應該忽略省略符號（像是在縮寫中的「you'll」，還有「\\p{P}」）符合任何標點符號的字元。對於符合的那些，replaceAll 的呼叫用空白的 String 替代標點符號。第 21 行的結果是一個包含無符號文本的終止 Stream<String>。

- 第 22 行使用 Stream 的方法 **flatMap** 將每一行文本分成單字。faltMap 方法接收了一個 Function，其會映射一個物件到元素的串流裡面。在此例中，物件是一個包含文字的 String，而結果是另一個獨立文字的中間 Stream<String>。在第 22 行的 Lambda 通過代表文字的行段 String 到 Pattern 的 splitAsStream 方法（Java SE 8 的新方法），它使用正規表示法在 Patterm（第 16 行）中指定出來，標記了 String 到它的獨立文字中。

- 第 23-24 行使用 Stream 的 collect 方法計算每個字的頻率，並將文字與數目放置到 TreeMap<String,Long> 裡面。在這裡，我們使用 Collectors 的 groupingBy 方法來接收 3 個引數分類器、Map 工廠 (Map factory) 與下游 Collector (downstream Collector)。分類器是一個 Function，會將傳回的物件在 Map 結果中作為鍵值使用——方法參照 String::toLowerCase 轉換每個在 Stream<String> 中的字為小寫。Map 工廠是一個可以實現介面 Supplier 與傳回一個新 Map 的集合——建構子參考 (constructor referenceconstructor reference) TreeMap::new 傳回一個 TreeMap，以維持鍵值排序順序。Collectors.counting( ) 是一個下游 Collector，它會辨別串流中件值的出現次數。

以字首分組作為總結的展示

接下來，第 27-37 行在 Map wordCounts 裡面，用鍵值的第一個字母排序了關鍵數值。這產生了一個新的 Map，每個鍵值都是一個 Character，且對應的值是在 wirdCounts 裡面的鍵值 List。此敘述表現了以下的任務：

- 首先我們需要得到一個 Stream 用於在 wordCounts 裡計算鍵值。Map 介面傳回的 Stream 不包含任何方法。所以，第 27 行呼叫在 wordCount 上的 Map.Entry 的 Set 方法以得到 Map.Entry 物件集，包含一個從 wordCount 來的關鍵值。這會產生 Set<Map.Entry<String, Long>> 類型的物件。

- 第 28 行呼叫了 Set 方法 stream 以得到一個 Stream<map.Entry<String,Long>>。

- 第 29-31 行呼叫了 Stream 方法 collect 以及 3 個引數——分類器、Map 工廠與下游 Collecetor。此 Functiony 分類器在此例得到 Map 工廠的鍵值，運用 String 的 charAt 方法得到鍵值的第一個字元，這變成了 Map 結果裡的第一個 Character 鍵值。再者，我們使用建構子參考 TreeMap::new 當作 Map factory 建立一個 TreeMap 以維持它的鍵值排序順序。下游 Collector(Collectors.toList()) 將 Map.Entry 物件放置在一個 List 集合裡面。Collect 的結果是 Map<Character, List<Map.Entry<String, Long>>>。

- 最後，為了顯示文字以及字母的數目總結（即為索引），第 32-37 行傳遞了一個 lambda 到 Map 方法 forEach。Lambda(BiConsumer) 接手兩個參數 letter 跟 wordList，代表 Character 鍵值以及 List 值，對每個在 Map 裡由 collect 運算出來的鍵值。這個 Lambda 的主體有兩個語句，所以它必須被封閉在 {} 裡面。在第 34 行的敘述展示了 Character 的鍵值在它自己的行上面。在第 35-36 行的此敘述從 wordList 取得 Stream<Map.Entry<String, Long>>，然後從每個 Map.Entry 物件呼叫 Stream 的 forEach 方法來展示鍵值與數值。

17.8 建立隨機數值的串流

在圖 6.7 中，我們展示了如何擲一個骰子 6,000,000 次並以 external iteration(for 迴圈) 總結每個面出現的次數和一個 switch 語句決定技術器增量。我們接著展示使用分開敘述表現外部互動的結果。在圖 7.7 中，我們重新操作圖 6.7，用在陣列中的遞增計數器的單一敘述，取代了完整的 switch 敘述——此次擲骰子還是使用外部互動來生產與總結 6,000,000 次隨機的投擲，並展示最終結果。兩次先前的範例皆使用可變變數來控制外部互動，並總結結果。在圖 17.19 以單一語句重新實現那些程式，使用 lambda、串流、內部疊代以及不可變變數擲骰子 6,000,000 次，計算頻率並顯示結果。

```java
1  // Fig. 17.19: RandomIntStream.java
2  // Rolling a die 6,000,000 times
3  import java.security.SecureRandom;
4  import java.util.Map;
5  import java.util.function.Function;
6  import java.util.stream.IntStream;
7  import java.util.stream.Collectors;
8
9  public class RandomIntStream
10 {
11     public static void main(String[] args)
12     {
13         SecureRandom random = new SecureRandom();
14
15         // roll a die 6,000,000 times and summarize the results
```

圖 17.19 用 streams 擲骰子 600 萬次 (1/2)

```
16          System.out.printf("%-6s%s%n", "Face", "Frequency");
17          random.ints(6_000_000, 1, 7)
18              .boxed()
19              .collect(Collectors.groupingBy(Function.identity(),
20                  Collectors.counting()))
21              .forEach((face, frequency) ->
22                  System.out.printf("%-6d%d%n", face, frequency));
23      }
24  } // end class RandomIntStream
```

```
Face   Frequency
1      999339
2      999937
3      1000302
4      999323
5      1000183
6      1000916
```

圖 17.19　用 streams 擲骰子 600 萬次 (2/2)

建立一個隨機值的 IntStream

Java SE 8 中，類別 SecureRandom 有多載方法 **ints**、**longs** 和 **doubles**，它是從類別 Random
（java.until 套件）繼承的。這些方法傳回 IntStream、LongStream 和 DoubleStream，代
表了隨機數的串流。每個方法有 4 個多載。我們在這裡描述 ints 多載——方法 longs 和
doubles 為串流 long 和 double 值執行相同的任務：

- Ints()——建立一個 IntStream 給一個隨機 int 無限串流。一個**無限串流 (infinite
  stream)** 有無限的元素——你可以使用一個短路最終操作完成一個無限串流的運算。
  我們會在第 23 章中使用無限串流伴隨 Sieve of Eratosthenes 來尋找原始數字。
- Ints(long)——建立一個有特定數目隨機整數的 Instream。
- Ints(int, int)——建立一個 IntStream 的隨機 int 值的無限串流。在第一個引數的
  範圍裡，但不包括第二引數。
- Ints(long, int, int)——建立一個 IntStream 有特定數目的隨機 int 值。在第一
  個引數的範圍裡，但不包括第二個引數。

第 17 行使用最後一個 ints 的多載模式，建立一個範圍在 1-6 的 6,000,000 隨機整數值
的 IntStream。

轉換一個 IntStream 為 Stream<Integer>

我們藉由收集它們到 Map<Integer,Long> 中，總結擲骰子比率的範圍，其每個 Integer
鍵值都是一個骰面，且每個 Long 值都是那個特定面的出現頻率。然而，Java 並不允許優
先值出現在集合中，所以為了將結果總結於一個 Map，我們首先必須轉換 IntStream 為
Stream<Integer>。我們以呼叫 IntStream 方法 **boxed** 來完成這項動作。

總結擲骰比率

第 19-20 行 呼 叫 Stream 的 collect 方法總結這個結果爲 Map<Integer,Long>。第 一 個
引 數 爲 Collector 的 groupingBy 方法（第 19 行），從 介 面 Function 呼 叫 static 方 法
identity，建立一個 Function 簡單的傳回它的引數。使得眞正的隨機值能夠被當作 Map 的
鍵值使用。第二個引數爲方法 groupingBy 計算每個鍵值出現次數。

顯示結果

第 21-22 行呼叫結果 Map 的 forEach 方法顯示結果摘要。這個方法接收了一個物件，它能
操作 BiConsumer 功能介面爲引數。回想 Map，第一個參數代表鍵值，而第二個代表對應
數值。第 21-22 行的 lambda 使用參數 face 爲鍵值以及 frequency 爲值，並且顯示 face 跟
frequency。

17.9　Lambda 事件處理器

在 12.11 節中，你學會了如何運用匿名內層類別有效化一個事件處理器。一些事件監聽者介
面——比如 ActionListener 以及 ItemListener 都是功能介面。對於這類介面，你可以用
lambdas 操作事件處理器。比方說，圖 12.21 的敘述如下：

```
imagesJComboBox.addItemListener(
   new ItemListener() // anonymous inner class
   {
      // handle JComboBox event
      @Override
      public void itemStateChanged(ItemEvent event)
      {
         // determine whether item selected
         if (event.getStateChange() == ItemEvent.SELECTED)
            label.setIcon(icons[
               imagesJComboBox.getSelectedIndex()]);
      }
   } // end anonymous inner class
); // end call to addItemListener
```

爲 JComboBox 註冊了一個事件處理器可以更簡潔的呈現

```
imagesJComboBox.addItemListener(event -> {
  if (event.getStateChange() == ItemEvent.SELECTED)
    label.setIcon(icons[imagesJComboBox.getSelectedIndex()]);
});
```

對於像這樣一個簡單的事件處理器，透過 lambda 可以明顯減少你所需要撰寫的程式碼。

17.10　關於額外 Java SE 8 介面的討論

Java SE 8 介面允許繼承方法實作

功能介面必須包含僅一個 abstract 方法，但可以同時包含一個 default 方法以及 static 方法在介面宣告上得以充分實現。例如，Function 介面——在功能性程式設計中廣泛的被使用——有方法 apply(abstract)、compose(default)、andThen(default) 以及 identity(static)。

　　當一個類別以 default 方法實現一個介面，並避免它們多載，此類別會繼承 default 方法實作。一個介面的設計者可以增加新的 default 與 static 方法，使介面演進且同時避免破壞現有的介面程式碼。例如，介面 Comparator（16.7.1 節）現在包含多個 default 與 static 方法，但先前此介面的實作類別也會在 Java SE 8 裡編譯及正常運算。

　　如果一個類別從兩個無關聯的介面繼承同樣的 default 方法，此類別必然使其方法多載；否則，編譯器將無法得知應該運行哪一個方法，所以它會產生一個編譯錯誤。

Java SE 8：@FunctionalInterface 註解

你可以建立自己的功能介面，只要確定它們各自僅包含一個 abstract 方法，而且有一個以上的 default 或 static 方法。儘管這並不是必須的，但你可以在介面前加上 **@FunctionalInterface** 註解，以宣告它是一個功能介面。編譯器就會確保介面僅包含一個 abstract 方法；否則，它會產生一個編譯錯誤。

17.11　Java SE 8 與函數程式設計資源

訪問本書網站

```
http://www.deitel.com/books/jhtp10
```

這個網址可連結到 Deitel Resoource Center，那是我們在撰寫此書時所建立。

17.12　總結

在這個章節，你學到了關於 Java SE 8 的新函數程式設計能力。我們展示了很多範例，給予更簡單的方法以便有效的實現你在之前的章節所撰寫的程序。

　　我們複習了關鍵函數程式設計技術——功能介面、lambdas 以及串流。你學到了如何運算 IntStream 中的元素——由 int 值組成的串流。你用 int 陣列建立了一個 IntStream，然後使用中間及終止串流運算建立並運行一個產生結果的串流管線。你使用 lambdas 建立了實作介面的匿名方法。

　　我們展示了如何使用一個 forEach 最終操作子對串流的每個元素執行運算。我們使用遞減運算計算串流元素數目，定義最小值與最大值，以及值的總和與平均值。也學到了如何使用方法 reduce 建立你自己的遞減運算。

　　你使用了中間操作來篩選元素，此元素符合語句並映射元素為新的數值——在每個情況中，這些操作產生了中間串流，而你也可以執行額外的操作。學習如何排序元素為遞增和遞減順序，以及如何排序元件為不同屬性。

　　我們展示了如何儲存串流管線結果為一個集合。過程中，你運用了類別 Collector 給予不同的預定 Collector 實現優勢。你同時也學到了如何使用一個 Collector 將元素分成不同種類。

　　你已經從各種的 Java SE 8 類別，了解如何增強以支援函數程式設計。接著使用 Files 方法 lines 得到一個 Stream<String> 可以從檔案存取文字檔。你也學到了如何轉換 IntStream 成為 IntStream<Integer>（通過方法 boxed），所以你可以使用 Stream 方法 collect 去總結 Integer 值的比率，並將結果儲存在一個 Map 裡面。

　　再來，你學會如何以 lambda 有效執行一個事件處理器的功能介面。最後，我們展示了一些額外關於 Java SE 8 介面與串流的資訊。在下一個章節中，我們會討論遞迴程式設計中，哪些方法會直接或間接的呼叫自己。

摘要

17.1　簡介

- 在 Java SE 8 之前，Java 支援 3 種程式程式設計——過程式程式設計、物件導向式程式設計以及泛型程式設計。Java SE 8 增加了函數程式設計。
- 為了支援函數程式設計，新增語言與程式庫功能，加進 Java 作為 Project Lambda 的一部份。

17.2　函數程式設計技術概況

- 在函數程式設計出現前，需先定義你想要完成什麼，然後再特別指出確切完成任務的步驟。
- 使用一個迴圈疊代一個元素集合，被稱為外部疊代，並需要逐步存取元素。這種疊代也需要可變變數。
- 函數程式設計中，你需要指定想要完成什麼任務，並非如何完成它。
- 讓程式庫自行決定如何疊代元素集合，被稱為內部疊代。內部疊代較為容易並行。
- 函數程式設計著重於不可變性——不去修改執行中的資料源或任何其他程式狀態。

17.2.1　功能介面

- 功能介面也被稱為單一抽象方法 (SAM) 介面。
- `java.until.function` 套件包含六個基本功能介面：`BinaryOperator`、`Consumer`、`Function`、`Predicate`、`Supplier` 以及 `UnaryOperator`。
- 六個基本功能介面有很多不同的特殊版本可以使用，如 `int`、`long` 和 `double` 原始值。也存在 `Consumer`、`Function` 以及 `Predicate` 對於二位元運算的一般訂製——也就是擁有兩個引數的方法。

17.2.2　Lambda 運算式

- 一個 lambda 運算式展示了一個匿名方法——用於使功能介面生效的速記符號。
- Lambda 的型別就是 lambda 實作的功能介面的型別。
- Lambda 運算式可以在任何有功能介面的地方使用。
- 一個 lambda 包含一個參數表以及一個箭號和一個主體，如

  ```
  (parameterList)  - > {statement}
  ```

  舉例來說，以下的 lambda 接收兩個 `ints` 並傳回它們的總和：

  ```
  (int x, int y) - > { return x + y ;}
  ```

  這個 lambda 主體可能包含一個或多個封閉在 {} 中敘述的敘述區塊。
- 一個 lambda 的參數型別可能可以被省略，如：

  ```
  (x, y) - > { return x + y ;}
  ```

如此一來，參數以及傳回的型別是以 lambda 內容辨別的。

- 一個具備單一運算式的 lambda 主體可以寫為：

    (x, y) - > x + y

此例當中，運算式的值被預設會傳回。

- 當一個參數表包含僅一個參數時，括號可以被省略，如：

    Value -> System.out.printf ("%d" , value)

- 一個擁有空白參數表的 lambda 是以箭號左邊的 () 定義的，如：

    ( ) -> System.out.println("Welcome to lambdas!")

- Lambdas 的特定速記符號，也被稱引用方法，也存在不同模式。

17.2.3　串流

- 串流是一個用來實現介面 Stream(java.util.stream 套件) 的物件，且使你可以執行函數程式設計任務。用於運算 int、long 或者 double 值的串流介面也存在。

- 串流以一系列的運算步驟移動元素——被稱為串流管線——它以資料資源為開端，表現多種在資料資源的元素上的中間操作，並以最終操作為結尾。一個串流管線是由鏈接方法呼叫形成。

- 不像集合，串流沒有自己的儲存空間——只要一個串流被運行，就不能再被使用，因為它沒有保有原資料源的備份。

- 一個中間操作運算辨別執行在串流元素上的任務，並總是產生新的串流。

- 中間操作運算很懶惰——它們在最終操作實現前不會執行。這使得程式庫開發商最佳化串流操作的表現。

- 一個最終操作初始化一個串流管線的中間操作運算執行，並產生一個結果，最終操作很急迫，它們被呼叫時會執行需要的程式。

17.3　IntStream 運算

- 一個 IntStream（java.util.stream 套件）接收一個特別用於操作 int 值的串流。

17.3.1　建立一個 IntStream 並以 forEach 最終操作顯示它的值

- IntStream static 的 of 方法接收一個 int 陣列為一個引數，並傳回一個 IntStream 來運算陣列的值。

- IntStream 的 forEach 方法接收一個物件當它的引數，以實現 IntConsumer 功能介面。這個功能介面的 accept 方法接收一個 int 值並以它執行一個任務。

- Java 編譯器可以推斷一個 lambda 的參數型，並以一個 lambda 從 lambda 被使用的內容傳回的型。這是以 Lambda 的目標類型辨別——功能介面類型在 lambda 存在的程式碼中。

- Lambdas 可以使用 final 區域變數或者有效的 final 區域變數。

- 在封閉詞彙範圍中指向區域變數的 Lambda 被稱做捕獲的 lambda。

- Lambda 可在外部類別的名稱尚未正名時，用外部類別的 this 參考。

- 你在 lambda 中使用的參數名稱與變數名稱，不會與其他在 lambda 的字彙範圍的區域變數相同，否則會發生編寫錯誤。

17.3.2 最終操作 count、min、max、sum 和 average

- IntStream 類別提供最終操作給常見串流遞減法——count 傳回元素數目、min 傳回最小的 int、max 傳回最大的 int、sum 傳回 ints 的總和以及 average 傳回一個 OptionalDouble（java.util 套件），包含 ints 的平均為一個 double 類型的值。

- OptionalDouble 類別的 getAsDouble 方法，傳回物件中的 double 或拋出一個 NoSuchElementException。如果有的話，為避免這個例外，你可以呼叫方法 orElse，傳回 OptionalDouble 的值。

- IntStream 方法 summaryStatistics 執行 count、min、max、sum 以及 average，運算在一個 IntStream 元素的傳遞，並傳回結果為一個 IntSumaryStatistics 物件。

17.3.3 最終操作 reduce

- 你可以定義自己的 IntStream，並呼叫它的 reduce 方法。第一個引數的值會幫助你開始遞減操作，而第二個引數是能操作 InBinaryOperator 功能性界面的物件。

- 方法 reduce 的第一個引數的正式稱呼為標識值，當與任何一個串流元素以 IntBinaryOperator 結合產生元素的原本值。

17.3.4 中間操作：過濾跟排序 IntStream 值

- 你過濾元素產生一個中間結果串流以對應一個 predicate。IntStream 方法 filter 接收一個實現 IntPredicate 功能介面（java.util.funtion 套件）的物件。

- IntStream 的 sorted 方法將串流元素以遞增順序排列。所有位於串流管線之前的中間操作，必須完成以確保方法 sorted 知道要排序哪個元素。

- filter 方法一個無狀態中間操作——它沒有需要任何關於其他在串流元素的資訊，以測試是否元素符合 predicate。

- sorted 方法是一個有狀態的中間操作，並且需要所有其他串流中元素的資訊以排序它們。

- IntPredicate 介面的 default 的 and 方法執行一個邏輯 AND，其伴隨著在被呼叫的 IntPredicate 與它的 IntPredicate 引數之間的短路計算。

- IntPredicate 介面的 default 的 negate 方法，在被呼叫時反轉 IntPredicate 的 boolean 數值。

- IntPredicate 介面的 default 的 or 方法表現邏輯 OR 操作子，其伴隨著在被呼叫的 IntPredicate 與它的 IntPredicate 引數之間的短路計算。

- 你可以使用 IntPredicat default 方法來完成更加複雜的條件。

17.3.5 中間操作：映射 Mapping

- 映射是一個會轉變一個串流的元素制新值，與產生一個包含元素結果（可能是不同類型的）的串流的中間操作算。

- IntStream 方法 map（一個無狀態中間操作）接收一個實現 IntUnaryOperator 功能介面（java.util.function 套件）的物件。

17.3.6　以 IntStream 方法 range 和 rangeClosed 建立 int 串流

- IntStream 方法 range 和 rangeClosed 各自產生一個 int 值序列。兩個方法都以兩個 int 引數表示值的範圍。方法 range 由它的第一個引數到這個產生一個值序列，但是不包含地案個引數。方法 rangeCLosed 產生一個值序列包含它的兩個引數。

17.4　操作 Stream<Integer>

- Array 類別的 streeam 方法從物件的陣列被用來建立 Stream。

17.4.1　建立一個 Stream<Integer>

- Stream 介面（java.util.stream 套件）是一個泛型介面，用來在物件上執行串流運算。被運算物件的類型由 Stream 的來源辨別。
- Array 類別提供多載串流方法以陣列元素範圍內從 int、long 和 double 陣列建立 IntStream, LongStream, 以及 DoubleStream。

17.4.2　排序 Stream 並收集結果

- Stream 方法 sorted 以 default 排序一個串流的元素至遞增序列。
- 要建立一個包含流管線結果的集合，你可以使用 Stream 方法 collect（一個最終操作）。當流管線被運算，方法 collect 執行一個可變遞減運算會將結果放置在一個物件裡，如一個 List、Map 或者 Set。
- 方法 collect 有一個引數接受一個用來實現介面 Collector（java.util.stream 套件）的物件，會細分如何執行可變縮減法。
- Collectors 類別（java.util.stream 套件）提供 static 方法以傳回預先定義 Collector 實作。
- Collectors 方法 toList 轉換一個 Stream<T> 成為一個 List<T> 集合。

17.4.3　過濾串流和排序結果以備使用

- Stream 方法 filter 接收一個 Predicate，並造成一個物件形成的串流結果，並切合 Predicate。Predicate 的 test 方法傳回一個 boolean 指向滿足狀況的引數。介面 Predicate 也有 and、negate 以及 or 方法。

17.4.5　排序之前集合的結果

- 當你將串流管線的一個結果放進一個集合裡面，你就可以從執行額外串流運算的集合建立一個新的串流。

17.5.1 使用方法參照，映射 Strings 到大寫

- Stream 方法 map 映射每個元素至一個新的值並產生一個新的並擁有相同元素數目的流管線。

- 一個資料引用方法是一個給 lambda 運算式的速記符號。

- ClassName::instanceMethodName 表示一個引用方法給一個類別的資料方法。建立一個單一參數 lambda 實現資料方法在 lambda 的引數上面以及傳回方法的結果。

- objectName::instanceMethodName 表示一個引用方法給一個引用方法應該呼叫一個特定物件。建立一個單一參數 lambda 實現在特定物件上的資料方法—傳遞 lambda 的引數至資料方法—並傳回方法的結果。

- ClassName::staticMethodName 表示一個引用方法給一個類別的 static 方法，當 lambda 引數透過特定的 static 方法，建立一個 lambda 參數，然後 lambda 會傳回一個方法的結果。

- ClassName::new 表示一個建構子引用。建立一個 lambda 以實現特定類別的無引數建構子，建立並初始化一個新的類別物件。

17.5.2 過濾 String 然後在不區分大小的遞增排序中排列它們

- Stream 的 sorted 方法可以接收一個 Comparator 當一個引數去細分如何去比較串流元素以分類。

- 預設之下，sorted 方法使用自然順序排列串流的元素類型。

- 對 Strings 來說，自然順序區分大小寫，就代表 "z" 小於 "a"。傳遞預先定義的 Comparatort String.CASE_INSENSITIVE_ORDER 執行一個不區分大小寫排序。

17.5.3 過濾 String 然後在不區分大小的遞減排序中排列它們。

- Comparator 功能性界面的 default 的 reversed 方法反轉一個存在的 Comparator 的順序。

17.6.1 建立並顯示一個 List<Employee>

- 當資料引用方法 System.out::println 被傳遞到 Stream 方法 forEach，它被編譯器轉換為一個實現 Consumer 功能介面的物件。這個介面的 accept 方法接收一個引數並傳回一個 void。如此，accept 方法傳遞引數到 System.out 物件的 println 資料方法。

17.6.2 以特定範圍內的薪資過濾 Employees

- 以重新利用一個 lambda，你可以指定它到一個適合的功能介面類型的變數。

- Comparator 介面的 static 方法 comparing 接收了一個 Function 用以分離串流中一個用來比較的物件的值並且傳回一個 Comparator 物件。

- 懶惰計算的一個好處是表現短路計算的能力——也就是說，要阻止串流管線的運算要和迫切結果取得的時間一樣快。

- Stream 方法 findFirst 是一個會運行串流管線的短路的最終操作，而且在串流管線的第一個物件被找到時終結運算。方法傳回一個包含找到物件的 Optional。

17.6.3　以不同屬性排序 Employees

- 如果要以兩個屬性排序物件，你必須建立一個會運用兩個 Function 的 Comparator。首先你呼叫 Comaprator 方法 comparing 來以第一個 Function 建立一個 Comparator。在結果的 Comparator，你會呼叫 thenComparing 方法伴隨著第二個 Function。出來的 Comparator 以第一個 Function 比較物件，然後，對於相同的物件，以第二個 Function 比較。

17.6.4　映射 Employees 至特殊 Last Name 字串

- 你可以映射串流中的物件至不同的類型，以產生另一個與原先串流擁有同樣數目元素的串流。
- Stream 方法 distinct 消除串流中成對的物件。

17.6.5　以部門將 Employees 分組

- Collectors static 方法 groupingBy 有一個引數接收一個 Function 以分類串流中的物件——被這個 Function 傳回的值會被用在 Map 做鍵值。此相對應的值在預設之下，是在給與目錄中包含串流元素的 List。
- Map 的 forEach 方法對每個鍵值執行一個運算。方法接收一個實現功能介面 BiConsumer 的物件。這個介面的 accept 方法有兩個參數。對於 Map，第一個代表鍵值，第二個是對應的數值。

17.6.6　計算每個部門中 Employees 的數量

- Collectors static 方法 groupingBy 有兩個引數接收一個 Function，以分類串流中的物件與另一個 Collector（被稱做下游 Collector）。
- 在給定的分類中，Collectors static 方法 counting 傳回一個 Collector 以計算分類中的物件數量，而不在收集他們在 List 中。

17.6.7　求出 Employee 薪資的總和與平均值

- Stream 方法 mapToDouble 映射物件為 double 值並傳回一個 DoubleStream。方法接收一個實現功能介面 ToDoubleFunction（java.util.funation 套件）的物件。這個介面的 applyAsDouble 方法在一個物件上實現一個資料方法並傳回一個 double 值。

17.7　從檔案建立一個 Stream<String>

- Files 方法 lines 建立一個 Stream<String> 以從檔案存取文字檔。
- Stream 方法 flatMap 接收一個 Function 會映射一個物件為一個串流。
- Pattern 方法 splitAsStream 使用一個普通運算式計畫一個 String。
- Collectors 方法 groupingBy 有三個引數接收分類器 ,Map 工廠與下游 Collector。分類器是個會傳回物件的 Function，此物件被當作關鍵在結果的 Map 使用。Map 工廠是個會操作 Supplier 介面的物件，並會傳回一個新的 Map 集合。下游 Collector 會決定如何收及每個類群的元素。

- Map 方法 entrySet 傳回一個 Set of Map.Entry 包含 Map 的關鍵值的物件。
- Set 方法 stream 傳回一個為了運行 Set 的元素的串流。

17.8　產生隨機數值的串流

- 類別 SecureRandom 的方法 ints、longs 和 doubles（從 Random 類別繼承而來）傳回 IntStream、LongStream 和 DoubleStream 給予隨機數字串流。
- 沒有引數的 ints 方法建立一個 IntStream 給隨機 int 值的 infinite stream。一個 infinitestream 是一個有未知元素數目的串流你使用一個短路最終操作來完成一個 infinitestream 的操作。
- 有一個 long 引數的 ints 方法建立一個有特定隨機數目 int 值的 IntStream。
- ints 方法有兩個 int 引數，建立了伴隨著特定隨機整數值的數字的 IntStream，他在一個範圍中伴隨著第一個引數開始並上升，但是沒有包含第二個引數。
- 有著 long 以及兩個引數的 int 方法，建立了一個有著特定隨機數字的 int 數值 IntStream，而且這個數值的範圍是在第一個引數之上，但是不包含第二個引數。
- 若是要轉換一個 IntStream 成為一個 Stream<Integer>，呼叫 IntStream 方法 boxed。
- Function static 的 identity 方法建立一個只傳回它的引數的 Function。

17.9　Lambda 事件處理器

- 有一些事件監聽者介面是功能介面。對於這些介面，你可以與 lambda 一起操作事件監聽者，對於一個簡單的事件監聽者，lambdas 可以有效的減少你需要撰寫的程式碼。

17.10　關於額外 Java SE 8 介面的討論

- 功能介面必須包含僅一個 abstract 方法，但可以包含在面宣告的完整實現的 default 方法和 static 方法。
- 當一個類別用 default 方法實現一個介面且並沒有使它們被覆寫，此類別繼承 default 方法的實現。一個介面的設計者可以增加新的 default 與 static 方法，以在避免破壞現有程式碼的條件下進一步有效化介面。
- 如果類別從兩個介面繼承了同樣的 default 方法，此類別必須覆寫那個方法；不然，編譯器會產生一個編譯錯誤。
- 你可以建立自己的功能介面，只要確定它們各自只包含一個 abstract 方法，以及 0 或者多個 default 或者 static 方法。
- 你可以宣告一個介面為功能性界面，只要用 @FunctionalInterface 註解處理就行了。編譯器會直接確認介面僅包含一個 abstract 方法；不然它會產生一個編譯錯誤。

自我檢測題

17.1 將以下的句子填滿：

a) Lambda 運算式實踐 _____ 。

b) 函數程式設計可以輕易的 _____（同時進行多個運算），所以你的程式可以利用多和新結構的優勢增強效能。

c) 隨著 _____ 疊代，程式庫得以辨別如何存取所有集合中的元素以執行任務。

d) 功能介面 _____ 包含具有兩個引數 T 的方法 apply，對它們（例如計算）執行一個運算並傳回類型 T 的值。

e) 功能介面 _____ 包含取得一個引數 T 並傳回一個 boolean 的方法 test，且測試引數 T 是否符合狀況。

f) _____ 表示一個匿名方法——為了實現一個功能介面的速記符號。

g) 中間操作是 _____——它們在最終操作實現前不會執行。

h) 最終操作 _____ 在串流中每一個元素上執行運算。

i) _____lambdas 從詞彙範圍中使用區域變數

j) 一個懶惰的求值的效能特徵是去執行 _____ 求值——就是，在需求結果出現後盡快停止運算串流管線。

k) 對 Maps 來說，一個 BiConsumer 的第一個參數表達 _____ 且它的第二個參數表達對應的 _____。

17.2 下列何者為真和者為偽。若為偽，請解釋。

a) Lambda 運算式可以被用在任何功能介面出現的地方。

b) 最終操作很懶惰——它們只有在被呼叫的時候會執行運算。

c) reduce 方法的第一個引數被正式稱為標識值——在用 IntBinaryOperator 與串流元素結合時會產生串流元素原本直的值。舉例來說，總結元素時，數值是 1，而取得元素的產品時，數值是 0。

d) Stream 方法 findFirst 是一個短路最終操作，它運行串流管線，但在物件被找到時會終結。

e) Stream 方法 flatMap 接收一個 Function 會映射一個串流為一個物件。舉例來說，那個物件可以是一個包含文字的 String，並且結果也可以是另一個獨立文字的中間 Stream<String>。

f) 當一個類別以 default 方法實現了一個介面並使它們多載，那個類別會繼承 default 方法的實作。一個介面的設計者可以用增加新 default 與 static 方法的方式，求取一個介面的值並避免破壞介面現有程式碼。

17.3 為以下的每個任務撰寫一個一個 lambda 或是引用方法：

a) 試撰寫一個可以用於下列匿名內層類別位置的 lambda：

```
new IntConsumer ( )
{
    public void accept (int value)
```

```
        {
            System.out.printf("%d",value) ;
        }
    }
```

b) 試撰寫一個可以被運用在以下 lambda 位置的引用方法：

(String s) -> { return s.toUpperCase( ) ;}

c) 撰寫一個預設值傳回 String"Welcome to lambdas!" 的無引數 lambda。

d) 撰寫一個 Math 方法 sqrt 的方法引數。

e) 建立一個會傳回自己引數的三次方的單一參數 lambda。

自我檢測題答案

17.1 a) 功能介面 b) 並行 c) 內部 d) BinaryOperator<T> e) Predicate<T> f)lambda 運算式 g) 懶惰 h) forEach i) 捕獲 j) 短路 k) 鍵值、數值。

17.2 a) 眞 b) 僞。最終操作很急迫——它們在被呼叫時會表現要求的操作。c) 僞。 當將元素相加時，標識值爲 0 且當取得元素的產品時，標識值爲 1 。d) 眞。 e) 僞。 Stream 方法 flatMap 接受一個 Function 會將一個物件映射爲一個串流。 f) 僞。並不會多載。

17.3 a) `value -> System.out.printf("%d",value)`

b) `String::toUpperCase`

c) `( ) - > "Welcome to lambdas!"`

d) `Math::sqrt`

e) `value -> value * value * value`

習題

17.4 將下列句子補滿：

a) Stream_____是由串流源、中間操作和最終操作形成的

b) 以下的程式碼使用了 _____ 疊代的技術：

```
int sum = 0 ;
for ( int counter = 0; counter < values.length; counter++)
    sum += values [counter] ;
```

c) 函數程式設計能力著重於 _____ ——並不是修改運行中的資料源。

d) 功能介面 _____ 包含方法 accept 拿一個引數 T 並傳回 void；accept 以它的引數 T 執行一個任務，像是輸出物件，實現物件方法，等等。

e) 功能介面 _____ 包含方法 get 不具有引數且產生一個型別 T 的值——這通常被用於建立一個集合物件用來放置串流運算的結果。

f) 串流是實現介面 Stream 的物件且使你能夠在 _____ 元素上執行函數程式設計任務。

g) 中間操作運算 _____ 結果成爲一個包含僅符合狀況元素的串流。

h) _____ 運算一個串流管線的結果放置在一個集合裡，如 List、Set 或 Map。

i)　呼叫 filter 與其他中間串流很懶惰——它們不計算直到迫切的 _____ 操作被執行。

j)　Pattern 方法 _____ 使用一個普通運算式標識一個 String。

k)　功能介面必須只包含一個 _____ 方法，但可以同時包含 _____ 方法與 static 方法。

17.5　請指出下來何者為真，何者為偽，若為偽，請解釋。

a)　一個中間操作運算細分任務在串流的元素上執行；這很有效率因為它避免建立新的串流。

b)　縮減運算取得串流中所有的值並將它們變成一個新的串流。

c)　如果你需要一個有序的 int 值排列，你可以建立一個包含 IntStream 方法 range 與 rangeClosed 的 IntStream。兩個方法都有兩個代表數值範圍的整數。方法 rangeClosed 從第一個引數產生一個數值的排序，但是不包含第二個引數。

d)　Files 類別（java.nio.file 套件）是 JavaAPI 中增強以支援 Streams 的其中一個類別。

e)　介面 Map 不包含任何傳回 Streams 的方法。

f)　Function 功能性界面——延伸使用在功能性程式設計——有 apply 方法 (abstract)、compose 方法 (abstract)、andThen 方法 (default) 和 identity 方法 (static)。

g)　如果一個類別從兩個介面繼承同樣的 default 方法，那麼類別必須覆寫該方法。否則編寫器會不知道要使用哪個方法，所以會產生編寫錯誤。

17.6　試為以下任務撰寫一個 lambda 或方法：

a)　試撰寫一個 lambda 運算式以接收兩個 double 參數 a 與 b 並傳回它們的積。使用可以列出所有參數的 lambda 形式。

b)　重新撰寫 Part(a) 的 lambda 運算式，試使用 lambda，不要列出每個參數的型別。

c)　重新撰寫 Part(b) 的 lambda 運算式，試使用 lambda，傳回 lambda 主體運算式的值。

d)　試撰寫一個可以傳回字串 "Welcome to lambdas!" 的沒有引數的 lambda 運算式。

e)　試為類別 ArrayList 撰寫一個建構子引用。

f)　請重新以 lambda 使以下的語句當事件處理器作用：

```
button.addActionListener(
   new ActionListener()
   {
      public void actionPerformed(ActionEvent event)
      {
         JOptionPane.showMessageDialog(ParentFrame.this,
             "JButton event handler");
      }
   }
);
```

17.7　假定 list 是一個 List<Integer>，請詳細解釋下列串流管線：

```
list.stream()
    .filter(value -> value < 0)
    .distinct()
    .count()
```

17.8 假定 random 是一個 SecureRandom 物件，請解釋下列的串流管線：

```
random.ints(1000000, 1, 3)
    .boxed()
    .collect(Collectors.groupingBy(Function.identity(),
        Collectors.counting()))
    .forEach((side, frequency) ->
        System.out.printf("%-6d%d%n", side, frequency));
```

17.9 （將字元總結於一個檔案中）修改圖 17.17 的程式以總結檔案中每個字元出現的數字。

17.10 （將檔案類別總結到一個目錄中）15.3 節展現了如何由光碟中得到檔案和目錄的資訊。此外，你運用 DirectoryStream 展示目錄的內容。介面 DirectoryStream 現在包含 default 方法 entries，會傳回一個 Stream。使用 15.3 節的技術，DirectoryStream 方法 entries、lambdas 和串流總結檔案類型到特定的目錄裡。

17.11 （操作一個 Stream<Invoice>）使用由 exercise 資料夾提供的類別 Invoice 以及這個章節的例子建立一個 Invoice 物件的陣列。使用圖 17.20 的範例資料。Invoice 類別包含 4 個性質—— PartNumber(type int)、PartDescription (type String)、Quantity 為購買的物品 (type int) 以及 Price(type double)。執行 Invoice 物件陣列的查詢動作並顯示以下任務的結果：

a) 使用 lambdas 以及串流以 PartDescription 排序 Invoice 物件並顯示結果。

b) 使用 lambdas 以及串流以 Price 排序 Invoice 物件並顯示結果。

c) 使用 lambdas 以及串流以 PartDescription 與 Quantity 映射 Invoice 物件，以 Quantity 排序結果並顯示結果。

d) 使用 lambdas 以及串流以 PartDescription 映射 Invoice 物件與 Invoice 值並顯示結果。

e) 修改 Part(d) 以選擇在範圍 $200 到 $500 的 Invoice 值。

Part number	Part description	Quantity	Price
83	Electric sander	7	57.98
24	Power saw	18	99.99
7	Sledge hammer	11	21.50
77	Hammer	76	11.99
39	Lawn mower	3	79.50
68	Screwdriver	106	6.99
56	Jig saw	21	11.00
3	Wrench	34	7.50

圖 17.20　習題 17.11 的樣本資料

17.12 （奇數和偶數的平均）試撰寫一個程式以產生十個落於 0 至 1,000 之間的隨機整數，並顯示它們之間有多少奇數和多少偶數；同時也顯示所有奇數和偶數的平均值。

17.13 （排序一個相片目錄）試撰寫一個從檔案文字檔存取電話紀錄索引的程式。文字檔裡的每一行都代表一個由姓氏、名字以及電話號碼所組成的以空白鍵分隔的紀錄。你的程式應該要移除所有重複的紀錄，並輸出兩個文字檔：

      a)　一個由電話號碼排序的電話索引

      b)　一個由姓名字母排序的電話索引

17.14（**映射並縮減一個並行的 IntStream**）在 lambda，你傳遞到一個串流的 reduce 方法應該要具有關聯性——也就是說，不分先後順序，其中被評估的子運算式，結果應該是相同的。圖 17.5，第 34-36 行的 lambda 並沒有關聯性。如果你對 lambda 使用並行串流，你也許會得到錯誤的平方和，取決於子運算式被評估的順序。正確實現第 34-36 行的方法，首先映射每個 int 值為數值的平方，然後縮減串流為平方和。試以上述方式，修改圖 17.5 的第 34-36 行。

Memo